三峡工程库区地质灾害防治

殷跃平　黄波林　张枝华 等　著

科 学 出 版 社

北 京

内 容 简 介

本书介绍了三峡工程蓄水运行库区地质灾害防治研究成果，包括地质灾害监测预警与风险控制、滑坡复活特征与新型治理技术、岩质岸坡劣化失稳与测试评价、崩滑涌浪复合成灾模式与工程治理，以及三峡库区地质安全保障措施等关键科学技术问题。全书共五个部分、15 章。第 1 部分（第 1～2 章）介绍了蓄水运行地质环境变迁与地质灾害监测预警系统，跟踪研究了水库运行滑坡时空分布规律和风险控制方法；第 2 部分（第3～5 章）研究了顺层基岩古滑坡和堆积层滑坡复活失稳机理和阶跃变形特征，介绍了水力型滑坡中小口径抗滑桩群新型防治技术；第 3 部分（第 6～10 章）分析了消落区岸坡岩体劣化失稳特征，介绍了现场原位精细探测、室内测试和地质强度指标评价方法，研究了典型岸坡劣化失稳机理和崩滑涌浪复合成灾模式；第 4 部分（第 11～14 章）介绍了失稳岸坡应急整治、临失稳岸坡工程防治、亚失稳岸坡工程防护和损伤岸坡生态地质修复方法与技术；第 5 部分（第 15 章）讨论了三峡库区长期地质安全保障措施。

本书可供从事地质灾害防治、水利水电工程、工程地质、岩土工程、城镇建设和内河航运等领域的科研和工程技术人员参考，也可供有关院校教师和研究生参考使用。

审图号：GS（2022）2636 号

图书在版编目(CIP)数据

三峡工程库区地质灾害防治 / 殷跃平等著. —北京：科学出版社，2022.10

ISBN 978-7-03-073293-4

Ⅰ. ①三… Ⅱ. ①殷… Ⅲ. ①三峡水利工程-地质灾害-灾害防治 Ⅳ. ①P694

中国版本图书馆 CIP 数据核字（2022）第 179058 号

责任编辑：韦 沁 / 责任校对：何艳萍

责任印制：吴兆东 / 封面设计：北京图阅盛世

科 学 出 版 社 出版

北京东黄城根北街 16 号

邮政编码：100717

http://www.sciencep.com

北京建宏印刷有限公司 印刷

科学出版社发行 各地新华书店经销

*

2022 年 10 月第 一 版 开本：787×1092 1/16

2023 年 6 月第二次印刷 印张：43 3/4

字数：1 037 000

定价：598.00 元

作者名单

殷跃平　黄波林　张枝华　马　飞　王海露　刘朋飞　谭维佳
赵瑞欣　代贞伟　王鲁琦　闫国强　张晨阳　覃　雯　闫　慧
李　滨　胡明军　赵　鹏　程温鸣　杜春兰　张天贵　唐光平
张志斌　伍志石　王雪冰　罗建华　余　姝　杨　柳　秦　臻
贺　凯　高　杨　朱赛楠　张　楠　丁幸波　肖明友　张　鹏

主要参研人员（按姓氏笔画为序）

马霄汉　王　平　王　春　王　勋　王　健　王　曾　王　磊
王文沛　王世昌　王代生　叶义成　付小林　代　波　白林丰
冯　驰　冯　振　冯万里　吕　韬　向　强　刘广宁　孙　伟
李　伟　李　科　李　俊　李少荣　李进财　李宏林　杨　松
杨　春　吴坤达　吴帮强　邸　勇　汪金才　张　全　张　衡
张安乐　张森林　陈小婷　陈云飞　陈云霞　陈立德　林　轩
易中军　罗　英　罗朝林　金建武　周　华　周云龙　郑　涛
郑嘉豪　赵永波　赵海林　胡　雷　胡刘洋　侯雪峰　姜治兵
姚　望　贺建波　秦盼盼　聂邦亮　高敬轩　郭　健　唐俊刚
谈德富　龚道杰　彭光泽　彭轩明　蒋文明　蒋先念　童广现
曾国机　靳　鹏　褚宏亮　谭建民　熊　超　熊华山　霍志涛
魏云杰

第一作者简介

殷跃平，地质灾害防治著名专家，现任中国地质环境监测院（自然资源部地质灾害防治技术指导中心）首席科学家。任中国岩石力学与工程学会副理事长兼滑坡与边坡分会理事长、中国地质学会地质灾害防治分会主任、中国地质学会工程地质专业委员会副主任委员，曾当选国际滑坡协会主席；被聘为国务院三峡枢纽工程质量检查专家组地质灾害专家（2010 年 11 月—2021 年 5 月）、国家减灾委专家委员会委员（2020 年至今）。2019 年被中国地质调查局授予“李四光学者”（卓越科技人才）称号。

他自 20 世纪 80 年代开始从事三峡库区重大地质灾害防治与研究。1992 ~ 1998 年，负责了三峡链子崖特大危岩体工程整治预应力锚固工程设计，并成功指导了工程的实施，消除了危岩体入江对长江航道和拟建的三峡大坝的威胁；1997 ~ 2003 年，承担了国务院三峡建设委员会国家移民局重大科研项目“长江三峡库区移民迁建新址重大地质灾害及防治研究”，为保障百万移民就地后靠安置的地质安全做出了突出贡献；2003 年三峡水库 135m 蓄水后，主持开展了库水升降水力型地质灾害防治研究，特别是 2008 年 175m 试验性蓄水运行以来，受聘为国务院三峡枢纽工程质量检查专家组的地质灾害防治专家，对水库蓄水运行期地质灾害风险和长期地质安全问题进行了系统跟踪研究。

他主编了国家标准《滑坡防治工程勘查规范》、《滑坡防治设计规范》和《地质灾害危险性评估规范》3 部，获国家发明专利 31 项，发表学术论文 200 余篇，出版专著 6 部。获国家科技进步奖二等奖 2 项，省部级科技进步奖一等奖 5 项。获李四光地质科学奖（2013 年）和光华工程科技奖（2020 年）等科研荣誉。

序　一

2020年11月，三峡工程全面完成整体竣工验收，标志着三峡工程进入正常运行期的新阶段。殷跃平同志告诉我，他对自2008年175m试验性蓄水运行以来三峡工程库区地质灾害防治与研究进行了总结凝练，完成了《三峡工程库区地质灾害防治》新作，即将付梓出版。他请我为该书作序，我欣然应允。

2008年三峡工程开始175m高程正常高设计水位试验性蓄水以来，库区的地质安全受到了全社会高度关注。2011年11月，为了加强库区地质灾害风险的研判，根据时任专家组组长的潘家铮院士提议，增补了殷跃平同志为国务院三峡工程建设委员会三峡枢纽工程质量检查专家组成员。我和殷跃平同志作为三峡枢纽工程质量检查专家组的地质灾害防治专家，每年都要对三峡工程蓄水运行库区地质灾害新问题新动向进行会商研判，为保障三峡枢纽工程的建设和运行安全提供科学参考。为了全面把握三峡工程蓄水运行后库区地质灾害的发育演化规律和防治问题，他带领科研团队对三峡库区开展了10多年的持续跟踪研究，取得了丰硕的科研成果，有力支撑保障了三峡工程蓄水运行的地质安全。

殷跃平同志自20世纪80年代中期开始，在胡海涛院士的带领下开展三峡库区地质灾害研究，经历了工程规划论证阶段、开工建设阶段和蓄水运行阶段全过程的地质灾害防治工作，成为三峡工程库区地质灾害防治著名专家之一。2008年175m高程正常高设计水位试验性蓄水运行以来，水位抬升了近百米，而且每年还因汛期防洪需要，水位将消落到145m高程，库区地质环境发生了巨大改变。如何科学调度水库运行和管控地质灾害风险成为试验性蓄水阶段的重要问题之一。他带领科研团队开展了水位升降速率对滑坡稳定影响的系统研究，提出了采用多日水位变速和变幅等综合指标进行库区滑坡风险管控的方法，不仅为降低库区地质灾害风险提出了科学依据，也为保障枢纽工程调度安全提供了重要支撑。针对三峡库区水位周期性消落导致峡谷区岸坡岩体劣化并增高滑坡涌浪风险的新问题，他带领科研团队对岸坡岩体劣化灾变效应和防控进行了系统研究，提出了岩质岸坡劣化带的形成机制、空间分布、地质强度特征、长期稳定性、涌浪成灾和防控等一整套分析理论与方法，并指导了西陵峡、巫峡、瞿塘峡等多处岸段特大不稳定山体的整治工程。该专著正是这些研究成果的结晶，通过对三峡工程蓄水运行地质安全问题系统研究，在库区滑坡易滑地质结构特征与变形破坏机理，峡谷区岸坡劣化带特征、长期稳定性评价与成灾模式，滑坡涌浪复合型灾害机制与风险评价技术，库区水动力型滑坡与岸坡劣化带新型防治技术，以及库区城镇和航道长期地质安全保障措施等方面都取得了可喜进展。

《三峡工程库区地质灾害防治》是三峡工程蓄水运行以来库区地质灾害研究的一部系统著作，也是殷跃平同志继《长江三峡库区移民迁建新址重大地质灾害及其防治研究》后在三峡库区学术研究方面的又一力作。相信该专著不仅为三峡工程库区地质灾害防治，也将为我国大江大河水电开发，以及国内外地质灾害防治提供宝贵的理论和技术借鉴。衷心祝贺该专著成功出版！祝愿殷跃平同志再创辉煌！

中国科学院院士　陈祖煜

2022 年 10 月 1 日

序　二

殷跃平同志的新著《三峡工程库区地质灾害防治研究》即将付梓出版。该专著系统总结了他和他的团队在三峡库区蓄水运行以来，持续开展地质灾害防治方面的研究成果。作为自然资源部地质灾害技术指导中心首席科学家，殷跃平既注重应用理论研究，又重视工程技术创新，为我国地质灾害防治做出了重大贡献。

三峡工程是当今世界上最大的水利枢纽工程，也是一项利国利民、彪炳千秋的伟大工程。自2003年开始135m高程蓄水发电，特别是2010年实现175m正常高程蓄水位运行以来，防洪、发电、航运、水资源利用、生态环境保护等综合效益非常显著。由于三峡两岸历来是地质灾害的高发区和易发区，虽然库区建设过程中进行了系统的地质灾害整治，但是蓄水运行之后所面临的地质安全形势仍不容乐观。该专著从水库运行滑坡变形失稳机理与风险控制、基岩岸坡易滑地质结构与劣化失稳机理、消落带岸坡劣化原位测试技术与评价方法、崩滑涌浪模拟技术及风险评估、水库堆积层滑坡防治技术与设计方法，以及消落区岸坡劣化带防治技术等方面对三峡库区蓄水后面临的地质灾害问题进行了系统的研究，取得了多项创新性成果。主要包括：①跟踪研究了蓄水运行以来滑坡发生的时空分布规律，揭示了堆积层老滑坡在库水位上升阶段稳定性先逐渐增高后缓慢降低，在库水位下降阶段稳定性先逐渐降低后缓慢增高的过程，建立了库水位多年平均升降与典型堆积层滑坡地下水浸润线的关系；②针对水库堆积层滑坡地下水与库水联通性良好，难以实施常规抗滑桩工程的问题，研发了中小口径抗滑桩群非开挖技术，并建立了相应的防治工程设计方法；③系统开展了不同地质结构水库消落带的岩体损伤劣化类型和岸坡失稳破坏机理研究，提出了失稳、临失稳、亚失稳和劣化岸坡四种类型原位测试、劣化趋势评价和工程防治方法；④针对峡谷区特有的柱状危岩体，建立了新型滑坡涌浪试验平台，系统分析了崩塌—堆积—涌浪动力全过程，揭示了各类型典型滑坡涌浪波动力特性，构建了针对航道和城镇的滑坡涌浪风险评价技术体系，进而开展了库区滑坡涌浪风险评价应用示范。

近年来，我曾多次参加了三峡工程库区地质灾害治理方案讨论，深深感受到这些科研成果为三峡库区地质灾害防治起到了不可替代的支撑作用。针对长江经济带建设和三峡工程库区长期地质安全等国家战略需求，2021年初，中国工程院设立了重点战略咨询研究项目“新三峡库区城镇和航道长期地质安全保障战略研究”，历时一年半，开展了库岸滑坡崩塌涌浪致灾风险防控和综合治理、库区地质灾害监测预警和早期诊断、库区城镇新建和扩建区地质勘查与灾害防治等长期地质安全保障战略研究，研究成果受到了国家相关部委，以及湖北省、重庆市人民政府和相关部门的高度重视，部分建议被及时采纳。殷跃平同志在战略咨询项目中发挥了极其重要的骨干作用，是践行把论文写在祖国大地上的典型代表。

最近，殷跃平及其团队正在开展金沙江、雅鲁藏布江下游等西部山区水电工程库区地质灾害防灾减灾研究，该专著的出版必将进一步提升复杂山区水电工程的地质安全保障能力。为此，我诚挚祝贺该专著成功出版，并衷心祝愿他们再创佳绩！

中国工程院院士 任辉启

2022 年 10 月 1 日

前　言

三峡地区是我国地质灾害的高发区。在三峡工程开工建设之前，20 世纪 80 年代初发生的云阳特大鸡扒子滑坡和秭归特大新滩滑坡，摧毁了村镇，滑坡入江涌浪并堵塞长江航道，造成了巨大灾害。国家开展了三峡库区特大地质灾害的防治，成功预报了新滩滑坡，上千名群众及时撤离，避免了地质灾难的发生，同时，开展秭归链子崖危岩体和巴东黄腊石滑坡工程治理，及时消除了威胁长江航道和县城的特大地质灾害。三峡工程建设期间，库区百万移民就地后靠迁建安置带来的地质灾害风险受到了高度关注，特别是 2001 年 5 月 1 日重庆武隆城区边坡失稳，体积仅 1.7 万 m^3 的滑坡，摧毁了 9 层高楼，导致 79 人遇难，震惊全国。随后，全面开展了三峡工程库区地质灾害的综合防治，保障了移民城镇和乡村的地质安全。2003 年 7 月，三峡工程 135m 高程二期蓄水伊始，发生了体积达 2400 万 m^3 的秭归千将坪滑坡，导致滑坡体上的移民村组被毁，并堵塞三峡库区支流青干河。特别是 2008 年开始 175m 高程水位试验性蓄水，由库水变动形成的渗透压力成为诱发滑坡主要因素，为老堆积层滑坡高发期，同时，由水位每年循环消落导致的岸坡岩体结构劣化，正孕育形成以新生型为主的基岩滑坡，并增加崩滑涌浪风险。如何保障库区城镇和航道的长期地质安全，开展三峡工程蓄水运行期间地质灾害的防治，成为本书研究的重点内容。

十多年来，针对三峡工程蓄水运行带来的库区城镇和航道地质安全问题，作者组建了一支稳定的三峡库区地质灾害失稳机理与防治技术攻关团队，先后主持了国家科技支撑计划项目、国家地质调查计划项目、重庆市相关科研项目，取得了一批系统和原创性的科研成果，及时支撑了三峡库区重大地质灾害防灾减灾。本书是在这些项目研究成果的基础上，吸收了作者等在三峡库区长期的地质调查、科学研究、工程治理和战略咨询的成果凝练而成，涉及了水库运行滑坡变形失稳机理与风险控制、基岩岸坡易滑地质结构与劣化失稳机理、消落带岸坡劣化原位测试技术与评价方法、崩滑涌浪模拟技术及风险评价理论、水库堆积层滑坡防治技术与设计方法、水库消落区岸坡劣化带防治方法技术等六大方面内容，对三峡工程蓄水运行后的主要地质灾害问题进行了系统的总结。

本书的出版得到了作者所在单位的大力支持与帮助。感谢中国地质调查局、中国地质环境监测院、三峡大学。感谢湖北省自然资源厅、湖北省地质矿产勘查开发局、重庆市规划与自然资源局、重庆市地质矿产勘查开发局。感谢任辉启院士，邀请作者参与了中国工程院 2021 重点战略咨询项目“新三峡工程库区城镇和航道长期地质安全战略咨询研究”，开拓了作者的研究思路。

特别要感谢陈祖煜院士和任辉启院士，在百忙中为本书题序，给予了作者鼓励。

2022 年 10 月 1 日

目　录

绪 论

0.1 研究背景

2008 年 9 月，三峡工程开始 175m 正常高设计水位试验性蓄水，水位抬升百余米，每年因防汛调度还形成高差达 30m 的水位涨落。巨大水位变化和 100 多座城镇沿江就地后靠迁建等人工因素的叠加，强烈改变了库区的地质环境，地质灾害防治面临新的考验。如何确保库区城镇和航运的地质安全，维护库区社会经济可持续发展，成为关系三峡水库建设成败的重大问题之一，受到了高度关注。

三峡工程库区地处中国地形第二级阶梯和第三级阶梯的过渡带，构造上位于大巴山断褶带、川东褶皱带和川鄂湘黔隆起褶皱带三大构造单元的交汇处，形成了以中高山峡谷和低山为主的侵蚀地貌，地质环境脆弱，历来是我国地质灾害的高发易发区域。2003 年 6 月，开始 135m 高程二期水位蓄水，诱发了多处滑坡，并入江形成涌浪等复合型灾害。例如，2003 年 7 月 13 日发生的千将坪滑坡，造成了 346 间房屋倒塌、4 个大型工厂被摧毁、24 人死亡的严重灾难。此后，水位变动、降雨与滑坡关系的研究成为研究热点。自 2008 年三峡水库 175m 试验性蓄水以来，三峡库区的地质灾害防控面临新的挑战。水位周期性的升降不仅使岸坡孔隙水压力周期性变动，还导致高差达 30m 的消落区岩体损伤松动，并易引发崩塌滑坡涌浪灾害。例如，体积达 36 万 m^3 的巫峡箭穿洞危岩体，其基座岩体严重劣化，失稳趋势加剧，对长江航道和居民集聚区构成严重威胁。自 2012 年以来，针对箭穿洞危岩体开展了监测、勘查和治理工程，历时七年消除隐患，工程难度极大。因此，及早揭示水库长期蓄水运行对岸坡的相关作用机制，分析崩塌滑坡变形失稳演化规律，提出针对性的风险防控建议，对于保护长江航道和沿江城镇地质安全非常重要。

国家和地方高度关注三峡工程蓄水运行期间地质灾害防治的科学研究。“十二五”期间，作者主持的国家科技支撑计划项目“地质灾害监测预警与风险评估技术方法研究”（项目编号：2012BAK10B00），将三峡库区地质灾害作为重要的研究内容。“十二五”和“十三五”期间，作者先后承担了国家地质调查项目“西部复杂山体地质灾害成灾模式与风险防控研究”（项目编号：水［2010］01-1212011140011）和“高位远程地质灾害防治技术集成研究”（项目编号：DD20190637），负责了国家重点研发课题“岩溶岸坡岩体劣化与失稳模式”（项目编号：2018YFC1504806），还主持了重庆市规划和自然资源局科研项目“三峡工程重庆库区消落区岩体劣化灾变特征与早期防控研究”。这些科研项目为组建一支稳定的三峡库区地质灾害防治攻关团队奠定了基础，取得了一批系统和原创性的科研成果。本专著是在这些项目研究成果的基础上，吸收了作者等在三峡库区长期的地质调查、科学研究、工程治理和战略咨询的成果凝练而成。

0.2 主要研究内容

本书以库水动力型滑坡和新近出现的岸坡劣化带为重点研究对象，吸收了国内外重大水库滑坡风险防控研究成果，以支撑国之重器三峡工程长期蓄水运行、城镇和航道等重要基础设施地质安全保障为目标，重点开展了如下五个方面的研究：①水库滑坡易滑地质结构特征与变形破坏机理；②岩质岸坡劣化带特征、长期稳定性与成灾模式；③岸坡劣化带失稳入江产生涌浪机制与滑坡涌浪风险评价技术；④库水动力型滑坡与岸坡劣化带新型防治技术；⑤新三峡库区长期地质安全保障措施。主要内容及成果如下：

0.2.1 水库滑坡易滑地质结构特征与变形破坏机理

创新和发展了水库滑坡形成演化过程易滑地质结构控制的理论和分析方法。建立了软硬相间顺层单斜结构的“顺层基岩（古）滑坡”、碎裂灰岩岩体反倾结构的“逆向碎裂岩质滑坡”、基覆界面或堆积层含可塑状黏土滑带结构的“堆积层滑坡”、塔柱状平缓层上硬下相对软结构的“柱状危岩体”等四种典型水库易滑地质结构类型，发现了水库蓄水运行对岸坡的两种作用方式，包括地表地下水位联动升降带来的动态渗透压力作用和水位长期波动与水流-应力-化学耦合带来的低高程区岩体结构劣化作用。

以藕塘滑坡为例，分析了三峡库区典型巨型顺层基岩（古）滑坡的多级多期次滑动变形特征，多级多期次滑动形成机制及演化模式各异：一级滑坡体为拉裂-滑移（弯曲）-剪断模式，二级滑坡体为平面滑移模式，三级滑坡体为滑移-剪断模式；集中降雨及水库蓄水导致的渗透压力变化是这一类型滑坡复活的主要诱因。

以龚家坊滑坡为例，分析了三峡库区典型逆向碎裂岩质滑坡的变形破坏过程，包括岩层倾倒变形阶段、坡脚弱化滑移阶段和滑面贯通-倾倒崩滑阶段；蓄水后坡脚浸泡弱化塌岸导致的下部抗滑结构失效是这一类型滑坡的主要诱因。

以凉水井滑坡为例，分析了三峡库区典型堆积层滑坡变形与水位变化对应关系，每年的水位波动凉水井滑坡都会出现一次位移的阶跃。以水位变化 5 天累计和 10 天累计时间窗口深入分析后认为：每年 5 ~ 6 月库水位下降速率最大（0.3 ~ 0.4m/d）；而每年 6 ~ 7 月滑坡位移变化速率也将达到年度最大值，出现波峰特征；每年 10 ~ 11 月，库水位平均上升速率达到最大，而滑坡位移速率变化较小。

以箭穿洞危岩体为例，分析了三峡库区塔柱状危岩体的变形破坏机理；“硬—相对软—硬”的硬岩岩性组合和清晰的三维切割边界造成基座相对软弱岩体处于类似单轴抗压状态，形成压致破坏与临空侧拉裂挤出破坏，导致临空基座应力集中；水流-应力-化学作用下低高程区基座岩体进一步破裂化和弱化直至压裂破坏，柱状危岩体经历复杂的滑移—倾倒—坠落的压溃崩塌破坏过程。

0.2.2　岩质岸坡劣化带特征、长期稳定性与成灾模式

本书针对周期性水位变动形成的消落带岩体劣化新问题，首次系统地提出了岩质岸坡劣化带的形成机制、空间分布、地质强度特征、长期稳定性和涌浪成灾等一整套分析理论与方法。

系统调查并划分了五种消落带岩体劣化类型，包括差异性崩解、结构面崩解（块裂）、机械侵蚀掏蚀、溶蚀（潜蚀）和裂隙扩展与延伸等类型，其形成机制包括水解作用、水化作用、溶蚀作用、水力冲刷作用、水流-化学-应力耦合下的断裂作用。提出了基于裂隙网络的连通性和水力边界条件的劣化岩体空间分析方法；大型结构面会强烈改变三维裂隙岩体的连通性，极大地扩大了岩体劣化空间。改进了高精度的三维探地雷达观测系统，通过新型高密度数据采集和时序处理技术，利用雷达云图电场强度振幅的强弱和能量团几何形态的改变来分析浅表层岩体内部的裂隙扩展及其形态变化。

首次揭示了消落带岩体劣化带来的岩体结构退化和强度下降规律：水力耦合状态下水压会持续削弱颗粒之间的力键强度，加速了颗粒之间力键的断裂，促进了微裂纹的扩展，导致塑性变形增加和峰值强度降低；结合原位多年跨孔声波测速，构建了具有时间效应的 $\mathrm{GSI}(t)$、$E_{\mathrm{rm}}(t)$ 曲线；结合广义 Hoek-Brown（H-B）准则，解得不同深度岩体的三维强度劣化屈服函数 $\mathrm{GSI}(t, h)$；岩体强度劣化包线可用于求解随时间变化的不同深度原位岸坡岩体强度。

岸坡低高程区岩体结构劣化加快了岸坡整体演化进程，总体破坏模式为“低高程区岩体劣化—低高程区结构失效—岸坡整体变形失稳”，根据岸坡结构类型又可分为泥岩岸坡风化崩解后退、差异风化致岩体崩塌失稳、顺层岩体劣致滑移失稳、类土质岸坡劣化破坏、碳酸盐顺层岸坡劣化滑移式破坏、塔柱状岸坡劣化溃屈式破坏、板状岸坡劣化崩塌式破坏、岩溶角砾岩不稳定滑坡等八个类型；典型岸坡的力学响应和长期稳定性分析显示岩体劣化导致应力集中于低高程区，整体稳定性系数呈波状下降。

0.2.3　岸坡劣化带失稳入江产生涌浪机制与滑坡涌浪风险评价技术

本书针对峡谷区特有的柱状危岩体，系统开展了滑坡涌浪产生机制、危岩体崩塌涌浪流固耦合数值分析预测和典型水库区滑坡涌浪风险评价等研究；建立了新型滑坡涌浪观测系统，分析了崩塌—堆积—涌浪动力全过程，揭示了各类型典型滑坡涌浪波动力特性，构建了滑坡涌浪风险评价技术体系。

建立了基于粒子图像测速（particle image velocimetry，PIV）的滑坡涌浪非接触量测系统，实现了物理模拟全场速度矢量测量。试验研究了柱状危岩体重力崩滑—流固耦合—水体涌浪的动力全过程，分析颗粒体的运动距离和运动速度的控制因素，提出了崩塌入水的能量耗散机制，发现了颗粒柱体产生三种典型涌浪波类型的动力特性。

构建了颗粒流方程和重正化群（renormalization group，RNG）湍流方程耦合的滑坡涌浪数值模型，以靠近巫山县城 1km、位于小三峡龙门峡内的龙门寨危岩体为例，开展了典

型案例滑坡涌浪预测计算；分析了不同水位工况下大宁河和长江航道的涌浪强烈程度和航行船只、码头船只的潜在危害情况。

与滑坡灾害的危害对象不同，滑坡涌浪的危害对象以航道、码头为主。本书引入和建立了航道、码头、临江建筑物、人口等承灾体脆弱性计算方程，形成了水库滑坡涌浪风险评价技术框架和流程。以板壁岩和巫峡为例，开展了滑坡涌浪风险评价的应用示范，有效支撑水库区滑坡涌浪风险预警和风险排序管控。

0.2.4　库水动力型滑坡与岸坡劣化带新型防治技术

本书继承和发展了库水动力型滑坡防治技术，创新和示范了岸坡劣化带防治理念和技术。首次提出了使用实测数据总结获取的多年库水位升降工况代替现行规范中的水位骤降工况；针对库水位和堆积体滑坡体地下水联通性好，难以采用疏干排除竖井地下水方法进行常规抗滑桩施工，本书提出了适用于水库滑坡的新型抗滑结构-埋入式中小口径抗滑桩群设计方法。以塔坪滑坡为例，开展了中小口径抗滑桩群的群桩推力分配和传递规律分析，并使用中小口径抗滑桩群的极限承载力设计方法进行抗滑桩群的设计计算，同时进行滑坡-桩群结构体系的渗流场评价计算和支护效果计算评价，该方法预期可有效控制特大水力型滑坡的变形；可为我国三峡水库和西南山区水库运行期水库滑坡的防治设计提供重要参考。

针对反倾碎裂岩质岸坡劣化问题，总结该区域岸坡防护工程主要围绕解决三个问题展开，即岸坡稳定性加固问题、坡面防护问题和坡脚防掏蚀问题。在茅草坡 4 号岸坡展开了试验性修复治理工作，该段岸坡防护工程试验了肋锚结合护坡工程、格构锚固护坡工程、连续微型桩墙、注浆锚杆+微型桩墙工程+喷射（玻纤维、聚丙烯纤维）混凝土面板等四种试验性治理工作，总结了浇混凝土面板和喷射（玻纤维、聚丙烯纤维）混凝土面板的诸多优点和其他各类治理措施的适用条件，为后续该类型岸坡劣化带治理积累了经验。茅草坡 2 号岸坡段采用了平整坡面+普通锚杆（局部暗肋）+聚乙烯纤维砼面板支护+护脚墙阻隔塌岸的治理方案，防治效果良好。同时，探索以茅草坡 1 号岸坡无可供植被生长的土壤条件为工程背景，采用由有机质层、反滤垫、草皮增强垫和锚固系统（organic matter layer，anti-filter pad，turf reinforcement pad and anchorage system，OATA）组成的生态防护和生态袋防护等技术在巫峡茅草坡岸坡修复工程中应用的可行性，并提出了复绿工程的施工方法。

针对临失稳的柱状危岩体岸坡，以箭穿洞危岩体为例开展了防治设计；设计方案针对危岩“上硬下软”的岩性组合，提出基座补强加固、消落带防掏蚀是关键，通过对削方、抗滑键、支墩等多种工程方案在经济、技术、施工难度以及对周边环境影响等方面的比选，选择了“基座软弱岩体补强加固+防护工程（锚索、被动防护网、主动防护网、水下柔性防护垫）”的治理方案。

针对亚失稳岸坡劣化带，提出了防治关口前移、“未病先治”的岸坡防护理念；即对亚稳定岸坡消落带区域采用加固、补强等方式，对其劣化关键部位如裂隙、层面、溶孔等进行胶结、封闭、固化，以提高其整体防劣化能力，辅以生态防护等工程协同实施，进而实现岸坡整体稳定性提升和绿化环保。以板壁岩危岩体为例，开展了干预性防治设计，具体方案为“应急排危+裂缝封闭+消落带岩体灌浆补强+消落带坡面防护+专业监测”。

0.2.5 新三峡库区长期地质安全保障措施

本书研究了三峡库区蓄水前后导致的水文气象变迁趋势和区域水库滑坡时空分布规律，提出了水库滑坡诱灾因素从早期的蓄水、蓄水+降雨演化为降雨+蓄水+岩体劣化。消落带岩体劣化成为岩质岸坡重要的诱灾因素。针对岩体劣化现象，提出了三维激光扫描技术、振弦式应力监测技术、多点位移计监测技术、声波测试监测技术等新型监测技术和方法；这一监测内容将融入三峡库区群测群防和专业监测体系，为三峡库区地质灾害监测预警和防灾减灾提供有力支撑。

最后，本书提出了新三峡库区长期地质安全保障措施和战略建议。三峡库区由于易滑地质结构发育，加之水位循环消落、暴雨和人类工程活动强烈等因素，地质灾害隐蔽性、突发性、动态性的特点，决定了地质灾害防治任务的阶段性和长期性。地质灾害易发的基本态势没有改变，但是失稳机理和成灾模式发生了变化，带来了防灾减灾的复杂性和不确定性。因此，本书结合三峡库区地质灾害成灾背景，提出了长期地质安全保障措施建议：① 大力提升库区滑坡、危岩体和岸坡劣化带的实时监测与精准预警信息化水平；② 高度重视岸坡劣化带造成的滑坡、崩塌灾害风险，并加快分区分期综合治理；③ 加强三峡库区地质灾害防治和应急处置能力建设。

0.3 章节安排及分工

本书共分为15章，内容涉及三峡工程库区蓄水运行以来库区地质环境变化与地质灾害风险、老滑坡复合失稳机理与工程治理方法技术、消落区岸坡岩体劣化特征以及不同劣化阶段的防治与防护措施，最后，对三峡库区城镇和航道长期地质安全进行了研究。

第1章由殷跃平、黄波林、马飞、张志斌、朱赛楠等执笔。研究了三峡水库蓄水运行地质环境变迁与地质灾害发生规律。三峡水库水位每年在9月中旬开始蓄水，12月中下旬左右达到175m水位，次年6月初降至145m水位。三峡工程试验性蓄水初期为老滑坡复活高发阶段。2008年175m蓄水造成333处滑坡，从2011年开始每年蓄水诱发滑坡明显下降至十几处，2017年以来滑坡数小于10处，处于低水平的偶发阶段。本章系统跟踪研究了水位升降速率对滑坡稳定性的影响，研究表明：①库水位上升阶段，滑坡内部地下水位上升滞后于库水位，从而滑坡内低外高压力差产生的“加固效应”使得滑坡更为稳定、滑坡稳定性系数增加，但当库水位上升至175m稳定水位后，滑坡内部水位逐渐上升，滑坡内外压力差逐渐消散，从而导致滑坡稳定性系数降低，这一消散过程与滑体渗透系数有关；②库水位下降阶段，滑坡内部地下水位下降滞后于库水位，从而形成的内高外低压力差使得滑坡稳定性降低，库水位下降速率越大，滑坡稳定性系数下降到最小值就越快，其最小值也就越小，但当库水位下降至145m稳定水位后，随着时间的增大，滑坡内部水位逐渐下降到稳定水位，滑坡内外压力差逐渐消散，从而导致滑坡稳定性系数增高。本章研究了水位升降速率对滑坡稳定性的影响，对区域滑坡的发生具有一定的控制作用。提出了采用 1 天、5 天和 10 天的多水位变化指标进行库区滑坡的风险控制的方法。

第 2 章由刘朋飞、马飞、程温鸣、张枝华等执笔。本章介绍了三峡库区地质灾害监测预警系统，以及水库蓄水运行期间地质灾害监测预警技术、理论与实践。按照 2003 年 135m 高程水位二期蓄水运行以前、2003 ~ 2008 年 156m 高程三期蓄水和 2008 年 175m 试验性蓄水运行以来三期，对三峡库区监测预警建设内容进行了梳理，总结了三峡库区构建专业监测、群测群防和信息系统等内容。以巫山望霞崩塌、云阳旧县坪滑坡等为例，对典型滑坡的监测技术、布置原则、风险预警等进行了总结分析。针对三峡库区岸坡消落带岩体劣化，提出了三维激光扫描、振弦式应力监测、多点位移计监测、声波测试监测等新型监测技术和方法，支撑了岩体劣化的形变、压力和完整性监测，为岩体劣化规律和研究提供了基础。自三峡工程蓄水运行以来，专业技术和群测群防相结合的地质灾害监测预警体系为库区地质安全提供了重要保障，经受住了三峡水库 135m、156m、175m 高程水位蓄水和 12 次 30m 的大幅度水位波动，以及 2014 年“8 · 31”暴雨、2017 年秋汛久雨和 2020 年极端洪水等的严峻考验，实现了连续 18 年地质灾害“零伤亡”。

第 3 章由代贞伟、罗建华、马飞、唐光平等执笔。三峡库区顺层岸坡广泛发育，受集中降雨、库水位升降等影响，易诱发大型顺层岩质滑坡。本章将以奉节藕塘滑坡为例，研究三峡工程蓄水运行顺层古滑坡失稳机理。藕塘滑坡为特大型顺层古滑坡，受 175m 试验性蓄水的影响，近年来有发生较大变形的迹象。自三峡水库工程建成 2003 年试验性蓄水以来，据不完全统计数据显示滑坡区内已发现因蓄水诱发的大小裂缝超过了 160 条。基于大量的工程地质勘查、室内外物理力学试验和现场专业监测数据，分析了顺层基岩古滑坡——藕塘滑坡的地质地貌、易滑地质结构特征，以及成因演化过程和年代。三峡工程蓄水运行后，随库水位大幅抬升，滑坡体前缘地下水位明显升高，滑坡前缘散裂状碎裂岩体受水致弱化、泥化作用影响明显，受库水位变动和降雨影响，滑坡累计位移-时间曲线具有阶段“跳跃”式增长特征。滑坡位移速率呈“波峰”变化特征，与库水位升降速率呈负相关关系，滑坡位移速率急剧增加往往发生于库水位快速下降阶段；位移变形速率最大峰值较库水位最大下降值，具有一定滞后效应；每年 5 ~ 9 月雨季阶段滑坡位移平均变形速率与平均降雨强度总体呈正相关关系，平均雨强峰值与平均位移速率峰值具有很好的一致性。本章还对顺层古滑坡的防治对策进行了探讨，提出了采用“滑坡后缘削方减载+前缘回填压脚+格构护坡+地表地下排水”的工程防治措施。

第 4 章由赵瑞欣、殷跃平、李滨、伍志石等执笔。堆积层滑坡在三峡库区分布广泛，受水位升降影响易于复活变形滑动。本章以长江右岸云阳凉水井堆积层滑坡为例，研究了库水位变动下，滑坡变形与水位变化的对应关系。以水位变化 5 天累计和 10 天累计时间窗口深入分析后认为，在库水位上升和下降阶段，凉水井滑坡都发生位移显著变形。每年 5 ~ 6 月库水位下降速率最大（0.3 ~ 0.4m/d），而每年 6 ~ 7 月滑坡位移变化速率也将达到年度最大值，出现波峰特征。每年 10 ~ 11 月，库水位平均上升速率达到最大而滑坡位移速率变化较小。应用饱和-非饱和理论分析库水位变动对滑坡地下水渗流场及堆积层滑坡稳定性的影响，通过对水位变化速率下的滑坡稳定性分析表明：水位变化速率（v）= 0.8m/d 作为快速下降（rapid drawdown）的定义数值具有显著的代表意义。当 v<0.6m/d 时，水库型滑坡的安全系数有较显著降低，成灾风险随即上升，提出了三峡工程满足当前堆积层滑坡

稳定性的可接受风险变幅范围（即小于0.6m/d），为低风险；0.6m/d≤v≤0.8m/d，为中风险；v>0.8m/d，为高风险。通过分析凉水井滑坡的影响因素，结合现场不同坡面段实际情况以及经济性、施工难易程度、工期等因素，探讨水库区堆积层滑坡“削方减载+排水工程”的防治措施。

第5章由张晨阳、殷跃平、闫慧、张天贵等执笔。2008年三峡工程175m高程蓄水运行之前，由于缺乏库水位运行调度实测曲线，按蓄水前制定的技术标准要求，滑坡地下水浸润线计算大多采用了175m正常高程设计水位到145m防洪高程水位骤降工况，带来了滑坡渗流稳定性分析和防治工程设计的误差。本章跟踪分析了2008年至2020年间三峡工程175m正常高程设计水位试验运行调度过程，建立了正常工况下库水位多年平均升降典型曲线。建议使用多年平均库水位升降工况，作为三峡水库运行期水库滑坡稳定性评价和工程设计的常规工况。本章以巫山塔坪滑坡为例，通过修正的一维非稳定渗流方程解析解，建立库水位多年平均升降与典型堆积层滑坡地下水浸润线的关系；由此，采用包含时间变量的不平衡推力法计算堆积层滑坡安全系数随库水位升降的动态曲线。并采用数值模拟验证解析分析的结果。考虑到岸坡堆积层滑坡地下水与库水联通性良好，难以使用常规抗滑桩工程，本章还讨论了采用中小口径抗滑桩群对水库滑坡进行防治的方法。值得指出，2020年8月，三峡库区遭遇自2003年建库以来的最大洪峰流量（百年一遇），达到75000m^3/s。本章对该水文年的滑坡稳定性进行了研究，可为特殊工况下库区滑坡稳定性分析和防治设计提供参考。

第6章由张枝华、黄波林、余姝、张志斌、杜春兰、张鹏执笔。三峡工程蓄水运行以来，库水位每年在175m至145m周期性消落，这种水位循环交替形成的物理、化学和水力作用导致了岸坡岩体损伤、变形和失稳，可称为劣化现象。本章根据三峡库区地层岩性和工程岩组特征等研究了岩体劣化特征和地质类型，将岸坡岩体劣化分为侏罗系红层地层及碳酸盐岩区域岩体两大类；根据其不同的劣化机理和破坏机理，又细分为泥岩岸坡风化崩解后退、差异风化致岩体崩塌失稳、顺层岩体劣致滑移失稳、类土质岸坡劣化雪崩式破坏、顺层岸坡劣化滑移式破坏、塔柱状岸坡劣化溃屈式破坏、板状岸坡劣化崩塌式破坏等多个亚段类型。从空间分布上，三峡库区自长寿至秭归段岸坡两岸总长约1070km，其中，岸坡劣化较强烈区段长约205km，主要分布于云阳（左岸）、奉节（顺向区）、巫山（高陡峡谷区）、巴东（上游碳酸盐岩高陡峡谷区，下游至郭家坝碎屑岩段）、秭归（碳酸盐岩高陡峡谷区）；一般劣化区段长约405km，主要分布于丰都、万州、云阳、奉节，巴东区域；轻微劣化区段长约460km。通过对各种类型的破坏机制进行阐述分析，概括了长江干流的水位变动带岸坡岩体劣化致灾破坏类型。通过对破坏机制和模式的总结，为典型岸坡水位变动带岩体劣化分析，提供了理论基础。

第7章由黄波林、张枝华、杨柳、秦臻等执笔。本章在消落带岩体结构观测和探测基础上，以龚家坊为例分析了大型结构面对岩体劣化空间分布的影响，构建了一套可用于探测岩体裂隙扩展的高精度三维探地雷达观测系统。运用三维探地雷达技术和三维离散裂隙网络空间分析方法探明了岩溶岸坡岩体内部裂隙的劣化特征，采用定位裂隙与随机裂隙叠加方式构建了主干裂隙和次级裂隙空间分布特征，提出了基于裂隙网络的连通性和水力边界条件的劣化岩体空间分析方法与分析步骤。构建了一套适用于斜坡岩体上2m×2m区域、测线间距为2cm、天线频率为1500Hz的三维探地雷达观测系统，通过三维数据采集、处理、解释和显示技术，能够对深达2m的岩体内部的裂隙形态进行展布，其垂向分辨率和横向分辨率为厘米级。既能观察垂直岩体表面的裂隙，又能观察平行岩体表面的岩体内部顺层裂隙。多期的三维雷达数据对比可以用来分析青石区域岸坡岩体的空间劣化程度。分析表明，顺层裂隙面的贯通程度、垂直裂隙的空间扩张可以通过雷达云图上电场强度振幅的强弱和能量团几何形态的改变来体现。该区岩体在靠近临空面的方向劣化程度较强，并向岩体内部和远方减弱。

第8章由王鲁琦、闫国强、张枝华、胡明军等执笔。三峡库区消落带岩体劣化研究多针对室内岩样，难以应用到现场岸坡稳定性分析评价中。本章将库区涉水厚层危岩体劣化失稳演化全过程划分为基座初始损伤区形成、渐进式累积变形以及突发性破坏三个阶段，其中，库区周期性水位升降导致涉水危岩体基座初始损伤区的形成；力学状态的周期性转换会进一步加速渐进式累积变形的演化速度，进而降低基座岩体破坏的峰值强度；当轴向压力大于试样的长期强度时，试样进入突发性破坏时期，该时期的演化过程将呈现非线性加速的特征，且与单一力学状态相比，力学状态转换下的演化速度更快。本章利用水库实际运行状态下原位跨孔声波测试和井下电视等方法，获取了不同深度下岩体物理力学参数，改进了GSI系统对岸坡劣化带岩体的描述，拓展了广义H-B准则在劣化带岩体强度动态评价中的应用，并结合水位循环消落原位跨孔声波测速，改进并构建了GSI量化取值方法。GSI结合广义H-B准则得到了特征深度强度包线，构建了考虑劣化过程的GSI(t)、$E_{rm}(t)$ 时效曲线，并基于GSI(t) 获得不同深度结构面处三维强度劣化包线，揭示表层结构面的劣化敏感性高于深层，且表层受劣化影响H-B准则适用范围下降最明显；结合多层面GSI(t) 曲线建立了三维结构面GSI(t, h) 时空函数。这种基于消落带原位跨孔声波的GSI(t) 时效函数以及结构面强度劣化包线分析方法为岸坡岩体劣化评估、稳定性分析和工程治理提供了更加科学合理的参数。

第9章由闫国强、张枝华、贺凯、赵鹏等执笔。三峡库区易滑地质结构复杂，形成了多样化的岩质岸坡类型，在库水位周期性消落下，劣化带岩体强度逐渐下降，由于劣化带往往是三峡库区岸坡的阻滑段或者坡脚部位，岸坡劣化带的结构性碎裂、强度降低将导致岸坡整体失稳风险。本章选取了塔柱状危岩体、顺层岩质岸坡、反倾碎裂岩质岸坡和岩溶角砾岸坡等四种典型劣化岸坡进行水位变动下力学响应分析。巫峡黄岩窝危岩体为典型的塔柱状危岩体，失稳模式为压致溃屈或滑移-倾倒。反倾碎裂岩体则是弯曲倾倒，最后沿着折断面进行滑移-剪出。巫山青石6号斜坡为典型的顺层岸坡破坏模式，由前期后缘岩体沿层面滑移推挤，至最后前缘劣化带滑移-溃屈型破坏。岩溶角砾岩岸坡则受岩溶角砾岩基座的劣化或前缘侵蚀、碎裂变形的影响，最终导致压溃崩塌。在这四种典型岸坡破坏模式中，由于岸坡低高程区劣化带的存在，都加剧了岸坡破坏，缩短了岸坡整体破坏的时间。可以概括为“低高程区岩体劣化—低高程区结构失效—岸坡整体变形失稳”的破坏模式。前缘劣化带对岸坡整体演化进程起着“关键区段”的作用。如何有效遏制消落带岩体的劣化演化进程，将“劣化带”变为“固化带”是对后续三峡库区岸坡的整体稳定性防治的挑战。该类岸坡的防治应将重点落脚于劣化带岩体“强度衰减”与“结构碎裂”这两大因素上，并结合各个岸坡结构类型进行针对性的防治。

第10章由黄波林、殷跃平、张枝华、李滨执笔。自2003年三峡工程开始135m高程二期蓄水以来，发生了秭归青干河千将坪、巫峡龚家坊、巫山红岩子等多起滑坡涌浪灾害。本章在系统研究水岸坡坡崩滑失稳机理基础上，重点开展了滑坡涌浪复合型地质灾害成灾模式和风险防控的研究。运用粒子图像测速（PIV）技术，研究了颗粒柱体重力崩塌产生涌浪的全过程，揭示了坡脚淹没颗粒与干颗粒体的崩塌过程有较大差异，在水面附近颗粒体呈镜像S型向外运动。坡脚有水后，颗粒体的运动距离和运动时间均变短。裹水、漩涡、翻滚和黏滞拖曳等水力机制加剧了颗粒柱体的能量耗散，降低了颗粒体的流动性。试验表明，颗粒柱体产生的涌浪有三种类型，包括潮波、孤立波和非线性过渡波；它们的分区可由形状系数和相对厚度构成的函数不等式进行区划。运用海啸风险评价技术，建立了水库滑坡涌浪风险评价技术框架和流程，包括风险评估范围界定、涌浪灾害分析、脆弱性分析、涌浪风险估计、涌浪风险划分这五个大的步骤。以板壁岩和巫峡为例，开展了单体和区域的滑坡涌浪风险评价。水库及沿岸的承灾体在不同工况，不同滑坡涌浪作用下暴露度不一样，滑坡涌浪风险差异大。单体滑坡涌浪风险评价有利于涌浪预警，区域滑坡涌浪分析评价有利于滑坡涌浪风险排序和区域防灾减灾。以支流大宁河口龙门寨为例，预测了典型柱状危岩体涌浪危害情况，构建了单体和区域水库滑坡涌浪分析评价技术体系，并在峡谷区进行了应用示范。

第11章由谭维佳、覃雯、贺凯、高杨等执笔。2008年11月，三峡工程初始进行175m试验性蓄水，体积达38万m^3的巫峡龚家坊发生滑坡并引发高达31.8m的涌浪。龚家坊滑坡为反倾碎裂岩层岸坡，这种水库蓄水导致的岸坡失稳机理受到了高度关注。本章以龚家坊滑坡为例，研究了碎裂岩层岸坡易滑结构特征和倒转滑移变形机制，分析了反倾碎裂岩层渗流-应力耦合作用下的岸坡稳定性，提出了以坡脚防护为主的反倾碎裂岩层滑坡防治模式。根据反倾碎裂岩层岸坡的倾倒变形特征，可将此类岸坡变形区划分为滑动区、倾倒区和稳定区。反倾岸坡中下部分布的厚层岩体对上部倾倒变形起到了锁固作用，使其成为滑动区和倾倒区的分界处，承担了上覆岩体的重力作用，使下部滑动区岩体受力减小，厚层岩体将成为岸坡稳定的关键块段。反倾碎裂岩层岸坡稳定性的变化趋势与库水位升降速率密切相关，当库水位上升时，岸坡稳定性系数呈先增加后减少最后趋于稳定的趋势，当库水位下降时，岸坡稳定性系数呈先减小后增大最后趋于稳定的趋势。在相同渗透系数时，库水位上升速率越快，岸坡稳定性系数上升速率越快，库水位下降速率越快，岸坡稳定性系数下降速率越快；库水位升降速率越快，岸坡越快达到稳定性系数峰值。

第12章由赵鹏、殷跃平，黄波林、王海露、张枝华、唐光平等执笔。三峡工程蓄水运行以来，由于消落带岩体劣化过程加速，导致有些地段岸坡变形和应力明显增加，显示了进入临滑破坏状态。本章以巫峡箭穿洞危岩为例，重点从箭穿洞危岩的工程地质特征和危岩结构与演化特征、蓄水运行期塔柱状危岩基座劣化过程评价和危岩体稳定性分析、蓄水运行期危岩入江涌浪灾害风险评估、库水动力作用下的危岩防治设计以及特大型高陡临失稳危岩体防治施工技术等方面介绍了三峡库区临失稳岸坡整治工程情况。针对涉水高陡塔柱状危岩的特点，在评价模式和方法、涌浪灾害链风险评价、防治工程结构和治理施工技术等方面开展了理论创新、技术攻关和方法融合。箭穿洞危岩防治工程设计方案针对危岩“上硬下软”的岩性组合，提出基座补强加固、消落带防劣化是关键，通过对削方、抗滑键、支墩等多种工程方案在经济、技术、施工难度以及对周边环境影响等方面的比选，最终选择了“基座软弱岩体补强加固+防护工程（锚索、被动防护网、主动防护网、水下柔性防护垫）”的治理方案。危岩防治效果表明，上述新技术、新方法和新工艺的运用是切实可行和科学有效的，可为三峡库区以箭穿洞危岩为代表的同类危岩以及临失稳岸坡整治工程的防治技术研究及有效治理提供一定的借鉴经验。

第 13 章由胡明军、张枝华、赵鹏、王雪冰、张楠等执笔。亚失稳岸坡指被多组大型优势软弱结构面分离，但破坏面尚未完全贯通的，稳定性正在持续下降的岸坡。由于水库变动导致消落区规律性新生裂纹或裂缝扩张，宏观上未发生明显变形破坏，且监测数据未显示明显异常，但持续劣化下将会发生较大规模破坏或整体崩滑失稳。本章将以巫峡板壁岩危岩为例，探讨水位升降下亚失稳岸坡的易滑地质结构特征、劣化失稳趋势，以及防治理论和技术。针对目前三峡水库消落区岸坡在长期水位升降条件下综合地质结构分析、宏观和微观变形、监测等多源数据分析后，提出了亚失稳阶段这种稳定性阶段描述方式。不同于现行地质灾害防治规范的描述，遵循“未病先治”的思路，更多地考虑了未来地质变化与岩体强度劣化预测的因素。采用常规的极限平衡法对亚失稳岸坡进行稳定性分析时，由于计算模式的限制，稳定性系数将大于工程安全系数，在防治工程设计中没有推力存在。因此，从设计理念上，在对此类岸坡进行防护治理的时候，不以抗倾和抗滑稳定性计算作为设计依据，应以补强加固措施为主，辅以生态防护等工程协同实施。防护材料不应采用如高强锚索、高强混凝土等强力材料，应更多地选用可封闭、耐冲刷、耐久的水稳定性胶结和锚固新型材料。对劣化关键部位如裂隙、层面、溶孔等进行胶结、封闭、固化；以提高其整体防劣化能力，进而提升岸坡整体稳定性。

第 14 章由覃雯、谭维佳、肖明友、伍志石等执笔。在消落带岸坡劣化带工程治理早期，采用了现有行业和地方地质灾害防治规范进行设计；但在一般工况和特殊工况下，很难计算得到滑动力；同时，考虑长江生态保护和环境美观的需要，提出了开展水位消落区劣化岸坡生态加地质修复的概念。本章以巫峡茅草坡的四段岸坡为例，在分析各段地质条件及塌岸变形特征的基础上，介绍各段多种试验性防护措施的选取、布设及后期运行情况，从生态修复与防护工程相结合的角度，探讨两种生态修复技术在该区域应用的可行性。通过变形监测点数据分析、宏观巡视及地质分析等方法，对茅草坡的四段岸坡边坡进行了稳定性评价及预测。结合茅草坡各段岸坡劣化的程度和工程地质的要求，总结出该区域岸坡防护工程围绕解决三个问题展开，即岸坡稳定性加固问题、坡面防护问题和坡脚防掏蚀问题。针对这三个问题，首先在茅草坡 4 号不稳定斜坡体（M4）库岸展开了试验性修复治理工作，该段岸坡修复工程尝试了多种手段和方法的组合，最终总结出浇混凝土面板和喷射（玻纤维、聚丙烯纤维）混凝土面板有诸多优点；也给出了其他各类治理措施的适用条件，为后续各段治理积累经验，提供借鉴。茅草坡 3 号不稳定斜坡体（M3）提出采用：坡面平整+肋柱锚+锚喷射混凝土+柔性防护网的设计方案。这也是首次在巫峡岸坡尝试使用柔性防护技术。茅草坡 2 号不稳定斜坡体（M2）段采用平整坡面+普通锚杆（局部暗肋）+聚乙烯纤维砼面板支护+护脚墙阻隔塌岸的治理方案。除上述传统防护措施外，以茅草坡 1 号不稳定斜坡体（M1）无可供植被生长的土壤条件为工程背景，探讨 OATA 生态防护和生态袋防护等技术在巫峡茅草坡岸坡修复工程中应用的可行性，并提出了复绿工程的施工方法。

第15章由殷跃平、马飞、王海露、黄波林、王雪冰、丁幸波等执笔。三峡库区易滑地质结构发育，受水位循环消落、暴雨和人类工程活动等因素影响，地质灾害具有高易发性和复杂性。本章回顾了三峡工程规划建设之前，移民迁建期间和蓄水运行后地质灾害特征与防治状况，对三峡工程蓄水运行期间长期地质安全问题提出对策建议。从时间上，三峡库区地质灾害发育演化可分为四个阶段：第一阶段为1994年三峡移民工程开工建设之前，库区地质灾害主要由河流冲蚀和降雨等自然因素诱发；第二阶段为1994年至2003年库区百万移民就地后靠迁建安置期间，强烈的城镇边坡开挖和建设等人类工程活动成为诱发地质灾害的主要因素，由于就地后靠安置，形成了大量的切坡和工程弃渣，滑坡和泥石流灾害明显增加，特别是在1998年形成高峰；第三阶段为2003年三峡工程开始135m蓄水之后至2008年，由库水变动形成的渗透压力成为滑坡灾害的主要诱发因素；第四阶段始自2008年，175m高程正常高设计水位蓄水运行，库水周期性变动及降雨成为三峡库区的正常工况，由于水位每年循环消落导致了岸坡岩体结构劣化失稳，形成了以消落区岩体结构破坏导致的新生型基岩滑坡。本章针对自2008年175m正常高设计水位蓄水运行以来，三峡库区地质灾害出现了新的特点，提出了高度重视岸坡劣化带造成的滑坡、崩塌灾害风险，并加快分区、分期综合治理；进一步加强库区城镇扩展新区不良地质工程和潜在滑坡灾害整治，探索划定地质灾害红线；加强移民城镇的地质灾害风险管理和地质安全诊断。

全书由殷跃平、黄波林、张枝华统稿。

0.4 主要科技创新

（1）水库运行滑坡变形失稳机理与风险控制。跟踪研究了2008～2020年175m试验性蓄水期间滑坡发生的时间和空间分布规律，发现13次三峡水库175m试验性蓄水诱发了801处滑坡，其中老滑坡681处。研究揭示了老滑坡在库水位上升阶段稳定性先逐渐增高后缓慢降低，在库水位下降阶段稳定性先逐渐降低后缓慢增高的过程。揭示了受库水位变动和降雨影响老滑坡复活变形失稳具有阶段“跳跃”式增长特征，且库水位变化速率越大，滑坡稳定性变化越大。提出了采用多日水位变幅指标进行库区滑坡风险控制的方法，避免了三峡水库试运行初期采用单日水位升降限制指标进行水库运行调度带来的水力资源的严重浪费和电网运行安全隐患。

（2）基岩岸坡易滑地质结构与劣化失稳机理。三峡库区水位变动带来了消落区岩体劣化新问题。三峡峡谷地段岩体大型切割裂隙发育，具有顺层软弱夹层、上硬下软二元结构、高陡逆向碎裂岩体等基岩岸坡易滑地质结构，研究划分了不同地质结构的岩体损伤劣化类型，首次系统研究了低高程区强度下降和结构碎裂带来的岩质岸坡失稳破坏机理。以典型柱状危岩体为例，建立了水位涨落状态下劣化岩体的损伤本构模型；提出了采用水位周期涨落后劣化带的峰值应力与劣化带有效应力之比作为危岩溃屈稳定性系数的定量评价方法。针对高陡岸坡的岩体劣化-溃屈失稳破坏模式，提出了基座劣化岩体补强加固的防护方案，为三峡库区高陡危岩防灾减灾提供了支撑。

（3）消落带岸坡劣化原位测试技术与评价方法。三峡库区消落带岩体劣化研究多针对室内岩样，难以应用到现场岸坡稳定性分析评价中。本研究开展了水库实际运行状态下原位跨孔声波测试、井下电视等原位测试方法，首次揭示了消落带岩体劣化带来的岩体结构退化和强度下降规律，获取了不同深度下不同时间序列的岩体物理力学参数，改进了 GSI 系统对岸坡劣化带岩体的描述，拓展了广义 Hoek-Brown（H-B）准则在劣化带岩体强度评价的应用。这种基于消落带原位测试数据的 GSI(t) 和 $E_{rm}(t)$ 时效函数以及二、三维结构面强度劣化包线分析方法为岸坡岩体劣化评估、稳定性分析和工程治理提供了更加科学合理的参数。

（4）崩滑涌浪模拟技术及风险评价理论。三峡库区消落带岩体劣化增加了高陡岸坡滑坡涌浪风险，危及沿江居民和长江航道安全。构建了新型滑坡涌浪粒子量测系统，实现了物理模拟从点测量和定性描述到全场测量和矢量描述的跨越。试验研究了柱状危岩体重力崩滑—流固耦合—水体涌浪的动力全过程；发现了潮波、孤立波和非线性过渡波等涌浪波的流体动力特性。建立了颗粒流方程和 RNG 湍流方程全耦合的滑坡涌浪数值模型，预测了县城附近典型危岩体涌浪危害情况。引入和建立了航道、人口等承灾体脆弱性计算方程，形成了水库滑坡涌浪风险评价理论框架和流程；以巫峡为例，开展了单体和区域的滑坡涌浪风险评价应用示范，为三峡库区高陡岸坡风险管理提供支撑。

（5）水库堆积层滑坡防治技术与设计方法。跟踪分析 2008～2020 年三峡工程试验运行水位调度过程，首次建立正常工况下库水位多年平均升降典型曲线。修正了一维非稳定渗流方程解析解，建立库水位多年平均升降与典型堆积层滑坡地下水浸润线的关系，推导了包含时间变量的不平衡推力法，计算了堆积层滑坡稳定性系数随库水位升降的曲线。针对水库堆积层滑坡地下水与库水联通性良好，难以实施常规抗滑桩工程的问题，研发了中小口径抗滑桩群非开挖技术，并建立了相应的防治工程设计方法。2020 年 8 月，三峡库区遭遇了建库以来的最大洪峰流量（百年一遇），达到 75000m^3/s。本研究对该水文年的滑坡稳定性进行了分析，可为特殊工况下库区滑坡稳定性分析和防治设计提供参考。

（6）水库消落区岸坡劣化带防治方法技术。首次系统提出了失稳岸坡、临失稳岸坡、亚失稳岸坡和劣化岸坡四类劣化带工程防治方法技术。对于失稳岸坡，以龚家坊滑坡为例，提出清除后缘危岩残体、多级台阶放坡和锚杆主动防护网应急工程处置措施。以箭穿洞危岩体为例，提出了临失稳阶段岸坡的工程整治方法；针对危岩上硬下软的岩性组合，提出了基座软弱岩体补强加固和硬岩锚索加固的治理方案。以板壁岩危岩体为例，提出了亚失稳岸坡劣化带“未病先治”的防治措施；针对性提出了对劣化关键部位选用抗冲刷、耐久的水稳定性胶结和锚固新型材料。以巫峡茅草坡库岸为例，提出了劣化岸坡生态地质修复理念和工程方案，探讨了 OATA 生态防护和生态袋防护等技术在巫峡茅草坡岸坡修复工程中应用的可行性，并提出了复绿工程的施工方法。

第 1 章　新三峡库区地质环境与地质灾害

1.1　概　　述

三峡工程库区控制了从宜昌茅坪到重庆江津段的长江水域，干流长约 662.9km，水域覆盖面积约 1040km²。三峡工程的兴建和蓄水运行不可避免地对三峡库区生态地质环境带来多方面的影响和改变。蓄水后，库首区水位抬升约 100 ~ 175m，水面急剧扩大。由于水体的辐射性质、热容量和导热率不同于岩土体，改变了库区与大气间的热交换。库水面增强了水分蒸发，使库区附近的空气湿度增大。水面增加所产生的局地效应与大尺度气候系统叠加，会导致局地气象特征发生变化。

水库蓄水后的大幅水位抬升也会诱使坝区、水库库盆或近岸范围内发生地震。据统计（夏金梧，2020），全世界发生水库诱发地震 150 余例，其中震级大于 6.0 级的有四起，分别为中国新丰江水库（1962 年 3 月 19 日，*M* 6.1）、赞比亚和津巴布韦边界的卡里巴（Kariba）水库（1963 年 9 月 23 日，*M* 6.1）、希腊克里马斯塔（Kremasta）水库（1965 年 2 月 5 日，*M* 6.2）和印度科伊纳（Koyna）水库（1967 年 12 月 10 日，*M* 6.3）。大于 5.0 级地震仅 15 例，大部分水库诱发地震是小于 5.0 级的中等地震、中小地震及微震，约占 90%。

蓄水运行带来的水位变动、气候变迁和地震动都会导致水库区地质灾害的发生。本章将分析总结三峡工程蓄水运行以来，库区的地质环境变迁和地质灾害发生规律，内容包括：①新三峡库区地质环境变迁对比研究；②175m 水位试验性蓄水与地质灾害；③水位升降速率对地质灾害的影响分析；④水库水位调度与地质灾害发生规律。

1.2　新三峡库区地质环境变迁对比研究

1.2.1　气象水文环境变迁

1.2.1.1　气温变迁

根据区域平均的方法，取三峡库区及附近 32 个气象站点平均值，得到蓄水前三峡库区 1960 ~ 2003 年的年平均气温为 16.9℃。通过分析历年年均气温序列发现，最低温度出现在 1989 年，为 16.3℃；最高温度出现在 1998 年，达 18.1℃，比历年年均气温高出 1.2℃。年平均气温总体呈显著上升趋势（图 1.1），线性升温率为 0.13℃/10a。春、夏、秋、冬四季的平均升温率分别为 0.10℃/10a、0.005℃/10a、0.19℃/10a、0.21℃/10a。

四季平均气温均呈上升趋势，但升温幅度有所不同，夏季较小、冬季较大（林德生等，2010）。

图 1.2 展示了蓄水前重庆市年平均气温的变化过程。重庆市年平均气温具有一定的年际波动，波动范围在 17.8～19.5℃。其中，年平均气温最小的是 1996 年，为 17.82℃；年平均气温最大的是 1998 年，为 19.32℃。年平均气温总体呈显著上升趋势（图 1.2），线性升温率为 0.08℃/10a（封瑞雪等，2019）。

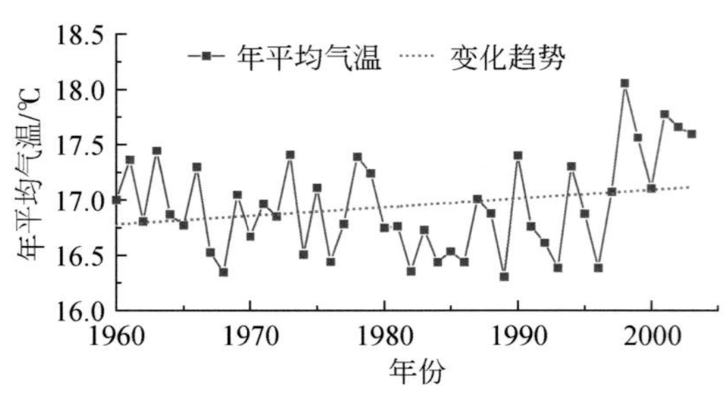

图 1.1　三峡库区 1960～2003 年年平均气温

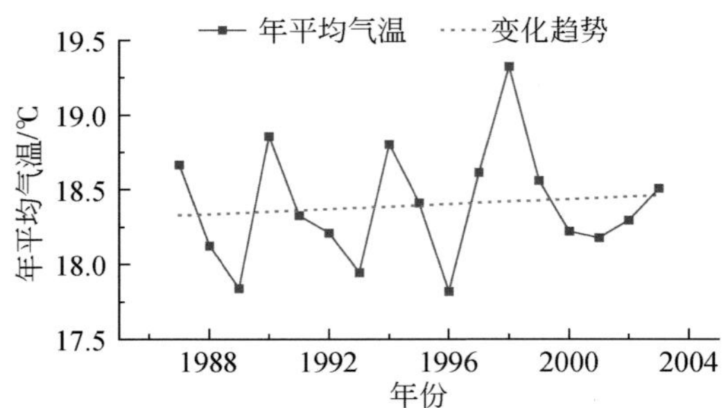

图 1.2　重庆市 1986～2003 年年平均气温

蓄水后，取三峡库区 12 个沿江站点的平均值，得出三峡库区蓄水后 2004～2019 年年平均气温平均为 18.1℃。其中，最小年平均气温在 2012 年，为 17.4℃；最大年平均气温在 2006 年，为 18.6℃（图 1.3）。通过分析历年年平均气温序列可以发现，库区蓄水后年平均气温总体上呈上升趋势，线性升温率为 0.093℃/10a（张静等，2019）。

蓄水后，重庆市气温仍保持增加趋势。年平均气温总体呈显著上升趋势（图 1.4），线性升温率为 0.67℃/10a。从图 1.4 可以看出，年平均气温具有一定的年际波动，波动范围为 17.8～19.5℃。其中，年平均气温最小的是 2012 年，为 17.84℃；年平均气温最大的是 2013 年，为 19.46℃。多年季节平均气温在冬季下降、春夏秋季上升（封瑞雪等，2019）。

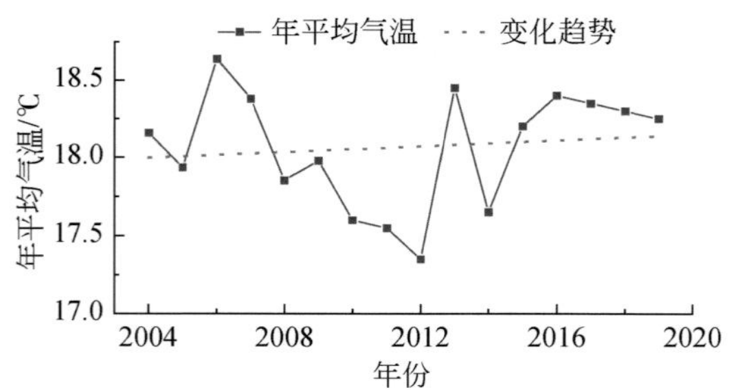

图 1.3　三峡库区 2004～2019 年年平均气温

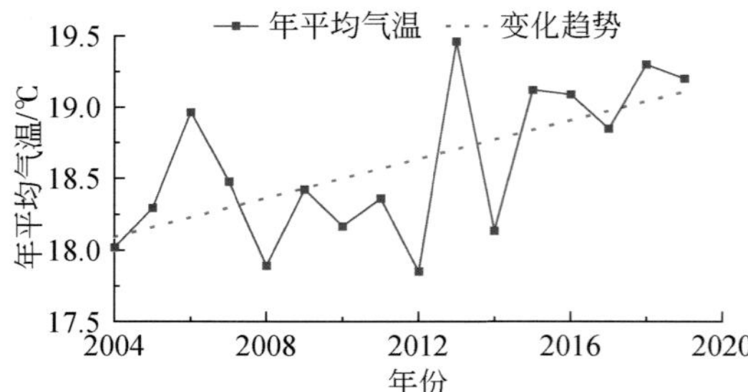

图 1.4　重庆市 2004～2019 年年平均气温

对比蓄水前后，三峡库区年平均气温的变化趋势没有变，都呈上升趋势；但上升幅度变小。局部区域变化规律与总体变化规律稍有区别，如重庆市在库水蓄水后气温上升趋势大于蓄水前。以 2003 年为分界，1962～2002 年为蓄水前时间序列、2003～2017 年为蓄水后时间序列，以此对比三峡库区蓄水前后局部地区的年平均气温变化规律见图 1.5。蓄水后除巴东站年平均气温变化不是特别明显，其余几个站点的年平均气温均有较为明显的升高。因此，三峡库区蓄水前后气温变化趋势均主要为不显著上升，但蓄水后上升趋势小于蓄水前（武慧铃等，2021）。

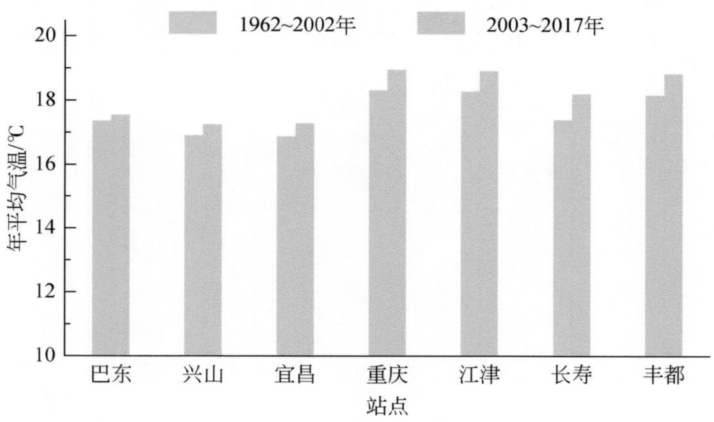

图 1.5　三峡库区七个站点蓄水前后年平均气温变化图

1.2.1.2　降水量变迁

三峡库区 1950 ~ 2011 年年降水量平均为 1167mm，最大年降水量为 1954 年的 1538mm、最小年降水量为 2001 年的 853mm，最大年降水量约为最小年降水量的 1.8 倍，这说明三峡库区年际降水差异较大，存在明显的丰水年、枯水年。从 1950 年到 2011 年年降水量呈减少趋势，总的线性倾向率为-1.98mm/10a。年降水日数呈现显著的减少趋势（图 1.6），降水日内容易出现短时强降雨（陈祥义等，2015）。

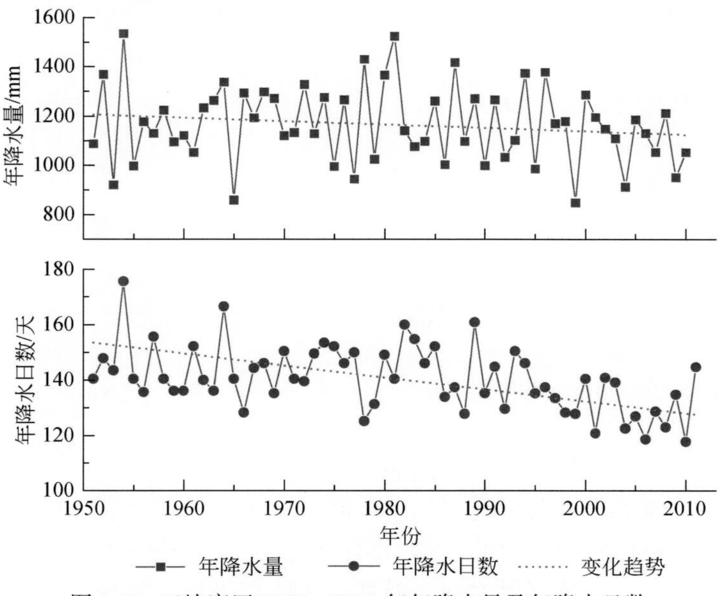

图 1.6　三峡库区 1950 ~ 2011 年年降水量及年降水日数

从重庆市来看，蓄水前 1960～2003 年年降水量平均为 1141.7mm，最小年降水量为 2001 年的 867.1mm、最大年降水量为 1998 年的 1435.4mm。年降水量呈下降趋势，降幅为-6.6mm/10a（图 1.7）。

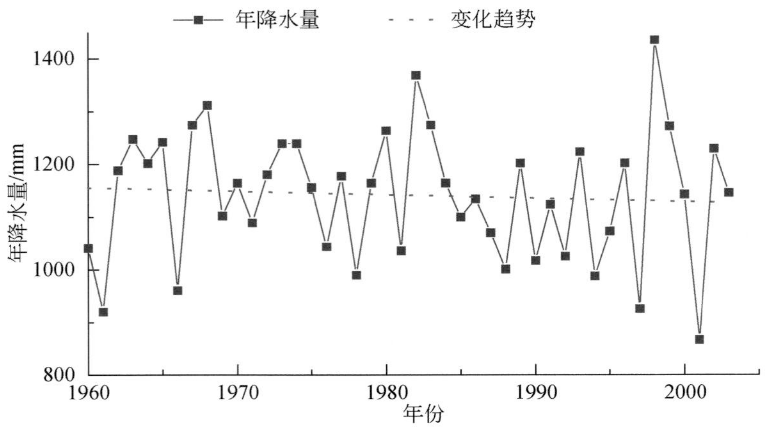

图 1.7　重庆市 1960～2003 年年降水量

蓄水后，三峡库区年降水量和年降水日数都有所增加。图 1.8 展示了 2004～2016 年年降水量的变化情况。最大年降水量出现在 2016 年，为 1229.8mm；最小年降水量出现在 2006 年，为 900.4mm。从图 1.8 可看出，库区蓄水后十几年来，年降水量和年降水日数均呈显著上升趋势。从变化的速率来看，蓄水后年降水量的增长速率显然高于年降水日数的增长速率，表明降水日内容易出现短时强降雨（张静等，2019）。

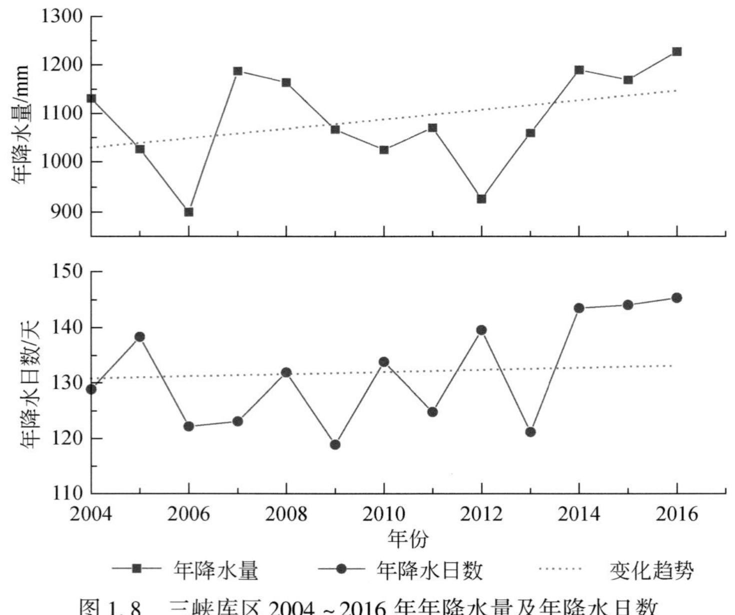

图 1.8　三峡库区 2004～2016 年年降水量及年降水日数

从重庆市来看，蓄水后 2004～2019 年库区平均年降水量为 1088.5mm，最小年降水量为 2006 年的 871.6mm、最大年降水量为 2019 年的 1316.4mm。重庆市年降水量呈上升趋势，升幅为 152.2mm/10a（图 1.9）。

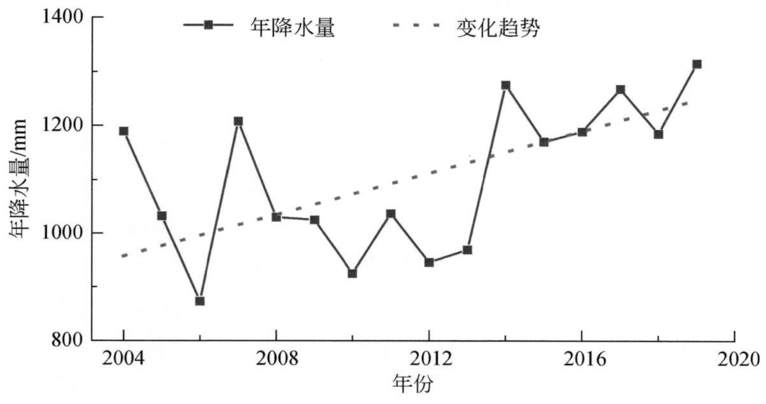

图 1.9　重庆市 2004～2019 年年降水量

对比蓄水前后，三峡库区年降水量的变化趋势发生了明显变化，由蓄水前的下降趋势转化为蓄水后的上升趋势。局部区域与总体的变化规律稍有区别。以 2003 年为分界，1962～2002 年为蓄水前时间序列、2003～2017 年为蓄水后时间序列，以此对比三峡库区蓄水前后局部地区的年降水量变化规律见图 1.10。蓄水前后巴东及重庆两个站点降水量稍有升高；长寿和丰都两个站点的降水量稍有降低，其中前三个站点变化较为明显、后一个站点变化不明显。因此，总体来看，三峡库区蓄水前降水量主要呈不显著下降趋势，蓄水后主要呈不显著上升趋势；局部来看，各自的趋势变化较复杂（武慧铃等，2021）。

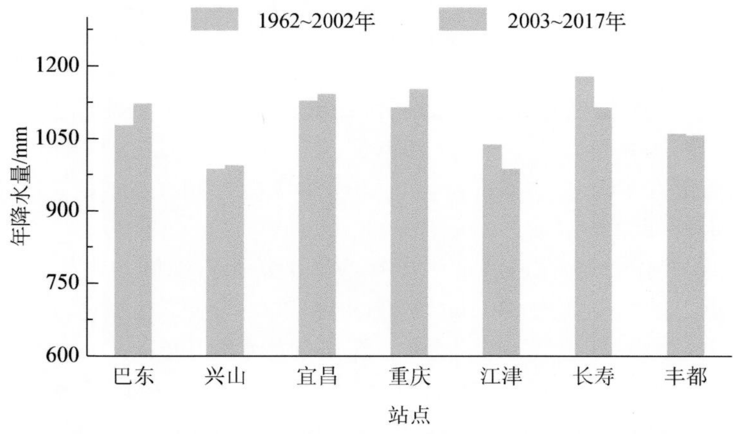

图 1.10　三峡库区七个站点蓄水前后年降水量变化图

1.2.2 库水位调度

1.2.2.1 蓄水过程与库水位变动

图 1.11 统计了 2003～2021 年三峡水库水位过程线，其中：

三峡工程自 2002 年 11 月 6 日第二次截流后至 2003 年 4 月 9 日，坝前水位控制在69～70m 范围内。2003 年 4 月 10 日开始，水位缓慢上升，至 5 月 24 日达到 80m。5 月 25 日水库开始正式蓄水，至 6 月 10 日 22：00 蓄水至 135m，日均升幅为 1.24m。2003 年 6 月 11 日至 10 月 25 日，水位在 135m 上下波动。2003 年 6 月，三峡工程首次蓄水，坝前水位达到 135m。同年 11 月，水库蓄水至 139m，初步具备了枯水期航运补水和汛期应急防洪的功能。2003 年 6 月至 2006 年 9 月为三峡水库围堰发电期，坝前水位为 135（汛期）～139（非汛期）m，水库回水末端达到重庆市涪陵区李渡镇，回水长度为 498km。2003 年 10 月 26 日至 11 月 5 日，水位由 135.5m 上升至 138.7m，之后水位在 138～139m 波动。

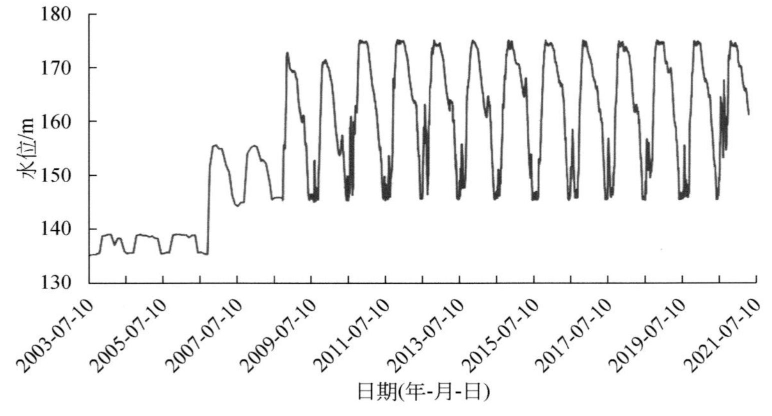

图 1.11　三峡水库 2003～2021 年水位过程线

2006 年 10 月，水库蓄水至 156m，较初步设计提前一年进入初期运行期，具备了初期运行期的防洪能力。2006 年 9 月至 2008 年 9 月为三峡水库初期运行期，汛期在水库没有防洪任务时水位控制在 141.9～145m 范围内，枯季水位控制在 156m，水库回水末端达到重庆铜锣峡，回水长度为 598km。

2008 年，水库开始 175m 试验性蓄水，具备了正常运行期的防洪能力。水库回水末端达到重庆江津附近，回水长度为 660km。2008 年和 2009 年水库最高蓄水位分别为 172.8m 和 171.43m，2010～2020 年连续 11 年蓄水，至正常蓄水位 175m。

2008 年 9 月至 2009 年 8 月为首次 175m 试验性蓄水。从 2008 年 9 月 28 日至 11 月 4 日，历时 37 天，水位从 145.27m 上升到 172.8m，升幅达 27.53m，平均上升速率为 0.74m/d。

第一次消落时间从 2008 年 11 月 13 日开始，库水位从 172.79m 到 2009 年 6 月 19 日回落至 145.21m，历时 218 天，降幅为 27.59m，平均下降速率为 0.13m/d。

2009 年 9 月至 2010 年 8 月为第二次 175m 试验性蓄水。从 2009 年 9 月 15 日至 11 月 24 日，历时 70 天，水位从 145.87m 上升到 171.43m，升幅达 22.56m，平均上升速率为 0.32m/d。

第二次消落时间从 2009 年 11 月 25 日开始，库水位在约 171.4m 高程持续了 1 天，随后至 2010 年 6 月 19 日，回落至 145.19m，历时 206 天，平均上升速率为 0.13m/d。

此后 11 年间，水位上涨历时一般为 45 ~ 70 天，平均历时约为 60 天，平均上升速率为 0.31 ~ 0.45m/d。水位下降历时一般为 160 ~ 185 天，平均历时约为 165 天，平均下降速率为 0.16 ~ 0.20m/d。

1.2.2.2　洪水过程

每年 6 月到 9 月三峡水库由于调蓄洪需要，会存在行洪过程。例如，2010 年和 2012 年汛期，长江上游分别出现入库洪峰流量为 70000m^3/s 和 71200m^3/s 的洪水，经三峡水库拦洪削峰，下泄最大流量为 40000m^3/s 和 45000m^3/s。有时会有多轮行洪过程，如 2011 年 6 月和 9 月的多次水位上升。最为典型的是 2020 年的五次编号洪水（图 1.12）：

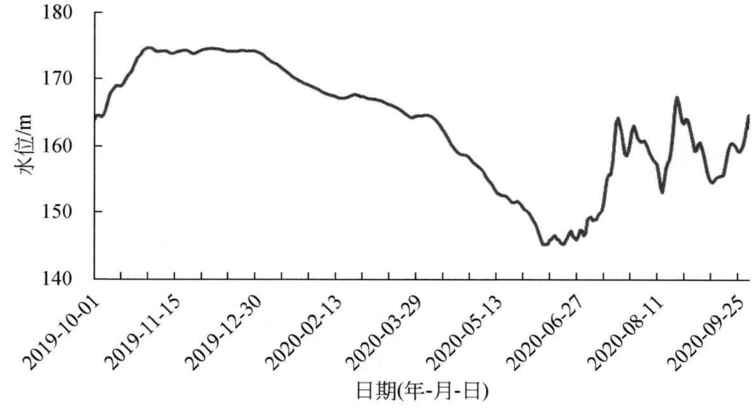

图 1.12　三峡水库 2020 年特大洪水过程线

① 2020 年 7 月 2 日形成了长江 2020 年第 1 号洪水，洪水过程从 7 月 2 日持续至 7 月 12 日。7 月 2 日，三峡大坝开启 3 孔泄洪，拦蓄洪水流量大致达到了 25 亿 m^3。② 2020 年 7 月 17 日形成长江 2020 年第 2 号洪水，洪水过程从 7 月 17 日持续至 7 月 22 日，三峡水库迎来了 61000m^3/s 的洪水过程。通过三峡水库的联合调度拦蓄，削弱洪峰率达到了 32.8%。③ 2020 年 7 月 26 日形成长江 2020 年第 3 号洪水，受长江上游强降雨影响流量迅速上涨而出现的。洪水过程从 7 月 26 日持续至 7 月 29 日，三峡水库流量极值达到了 60000m^3/s。长江上游部分水库群配合三峡水库对洪水进行拦蓄，削弱洪峰率达到了 31.3%。④ 2020 年 8 月 14 日形成了长江 2020 年第 4 号洪水。洪水造成了四川盆地多地区遭漫灌，地势低洼处被淹没，长江上中游部分水段超警戒水位，下游防汛压力进一步增大，三峡水库流量极值达到了 62000m^3/s。⑤ 2020 年 8 月 17 日形成了长江 2020 年第 5 号洪水，是我国长江流域自 1981 年以来发生的最大洪水。第 5 号洪水和第 4 号洪水相距时间短，甚至在第 4 号洪水过程尚未结束的情况下再次过境，多地发生了超历史洪水，造成

了较大的经济损失，并导致长江干流全线大幅超过保证水位。三峡水库迎来了建库以来流量的最大值 75000m^3/s，并首次开启十一孔泄洪。

1.2.2.3　标准年调度水位过程线

2008 年以来，三峡库区水位处于 145 ~ 175m 常态化周期性运行，将 2008 ~ 2020 年库区水位波动曲线取平均值，可以获取三峡库区多年平均水位运行曲线，见图 1.13。其中，每年 9 ~ 11 月水位抬升至 175m；11 月至次年 1 月处于 175m 高位运行；1 ~ 4 月水位降至 162m；5 ~ 7 月降至 145m。

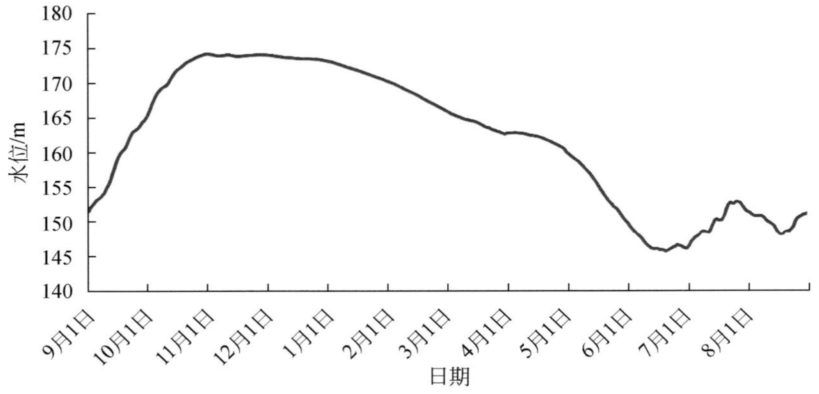

图 1.13　三峡库区多年平均水位线

根据多年平均水位线，考虑 175m 试验性蓄水以来的实际运行情况，将多年平均水位线进行概化，见图 1.14。概化的年调度水位过程线，可用以代替现行规范中的水位降落工况，进行相关计算分析，以更符合 175m 试验性蓄水以来三峡库区的实际水位运行情况。这一概化曲线的水位调度情况如下：9 月 1 日起蓄水位为 150m，11 月 1 日蓄水至 175m，保持 175m 水位至来年 1 月 1 日。然后，水库开始下降，4 月 1 日下降至 163m，5 月 1 日下降至 160m，6 月 15 日下降至 145m，保持至 7 月 1 日。在 7 月 27 日上升至 153m，8 月 15 日上升至 148m，8 月 31 日至 151m。

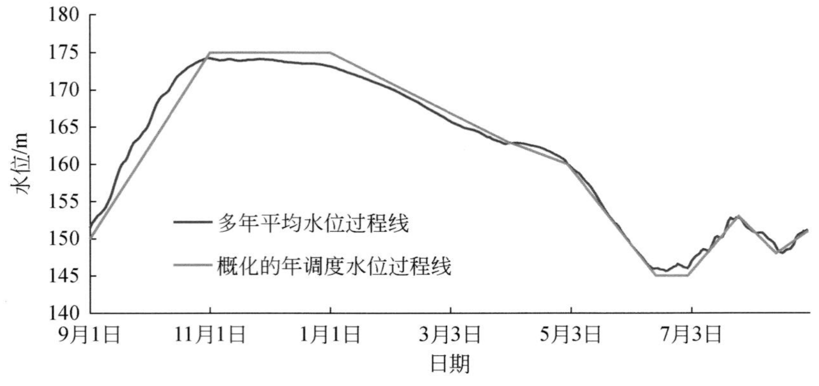

图 1.14　三峡库区概化年调度水位过程线

概化水位线的上升速率约为 0.19 ~0.41m/d，9 月 1 日至 11 月 1 日的上升速率最大，为 0.41m/d。概化水位线的下降速率约为 0.13 ~0.33m/d，5 月 1 日至 6 月 15 日的下降速率最大，为 0.33m/d。

1.2.3　地震变化

1.2.3.1　蓄水前地震情况及预测情况

蓄水前三年地震主要分布在三个地区（图 1.15）：① 黄陵背斜与秭归盆地接壤的香溪河两岸（三间、香溪一带），虽然该区只有四次地震，但强度大（如 2001 年 12 月 13 日秭归贾家店 M_L 4.0 级）；② 秭归的肖家坪至野花坪一带；③ 巫山的两河至双龙一带（夏金梧，2020）。历史上，这一区域最大的地震为 1979 年秭归龙会观 M 5.1 级地震。

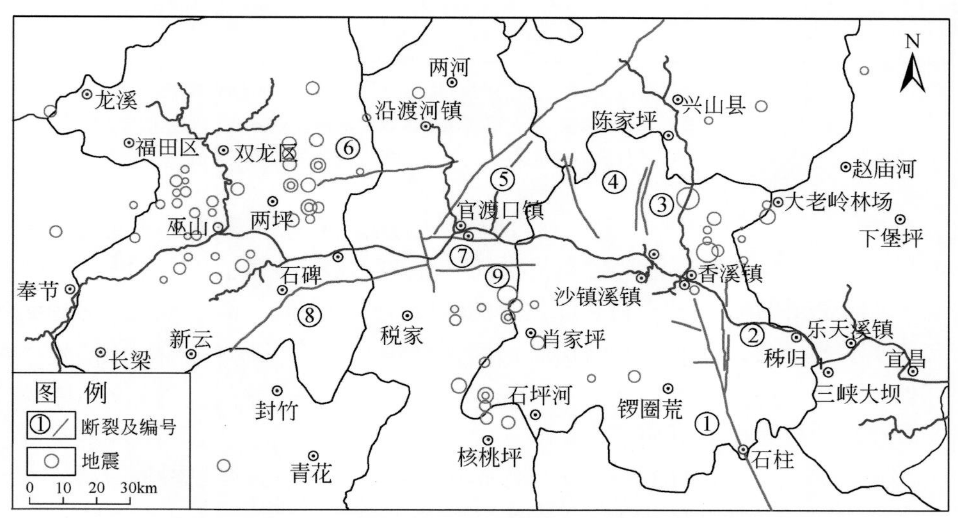

图 1.15　三峡库区大坝至奉节段蓄水前地震震中分布图

① 仙女山断裂；② 九畹溪断裂；③ 水田坝断裂；④ 白水河断裂；⑤ 高桥断裂；⑥ 三溪河断裂；⑦ 巴东断裂；⑧ 天子崖断裂；⑨ 马鹿池断裂

“八五”国家重点科技项目（攻关）计划中的“长江三峡工程地壳稳定性与水库诱发地震问题的深化研究”专题对三峡库区奉节以下至坝址区库段地震潜在震源区进行了进一步研究，对可能产生水库诱发地震的地段和强度进行了进一步预测（图 1.16）。水库诱发地震最常见的有岩溶塌陷气爆型和断层破裂型（或称构造型）等。不同成因的水库地震应该有不同的判别标志。夏其发等（1988）参照国内外有关文献，特别是近年来许多学者对我国震例的详细研究成果，提出了相应的判别标注，对潜在震源区和可能发震地点进行了分析。

“长江三峡工程地壳稳定性与水库诱发地震问题的深化研究”专题和夏其发等（1988）提出的主要潜在震源区包括：

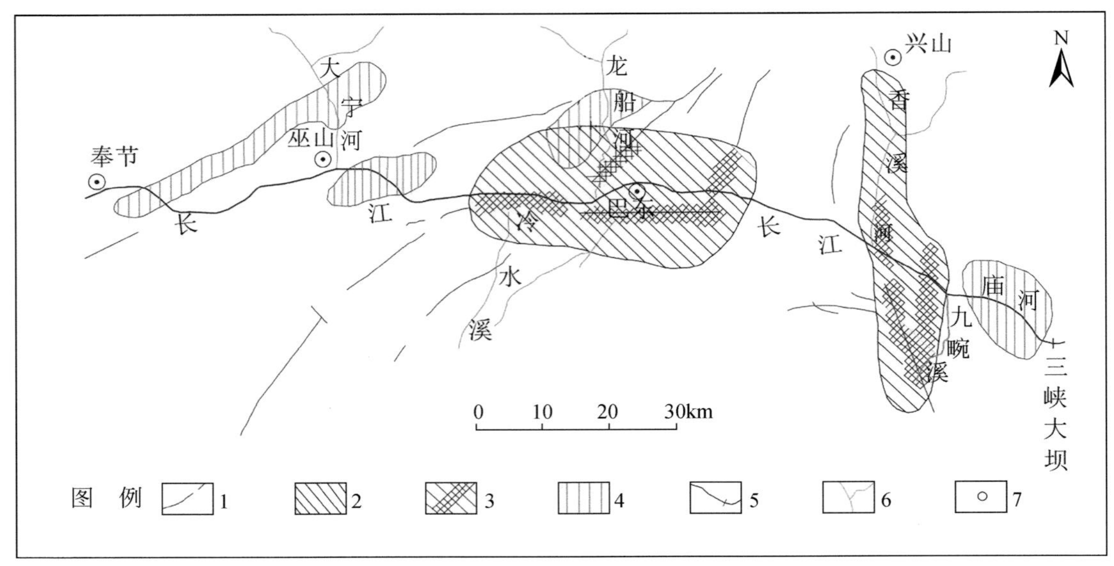

图 1.16 三峡库区大坝至奉节段水库地震潜在震源区分布略图

1. 断层；2. 主要潜在震源区；3. 最有可能诱发地震的部位；4. 次要潜在震源区；5. 长江和三峡大坝；6. 支流；7. 主要城镇

（1）仙女山–九畹溪断裂带，其中最可能发震的地段有路口子断层、九畹溪断层，以及九畹溪断层切错仙女山断层的地带和黄陵背斜与秭归盆地接壤部位的香溪一带。

（2）秭归至巴东库段，其中最可能发震的地段有坪阳坝断层南端与龙船河相交处、培石断层与冷水溪相交处、近 EW 向的楠木园断层一带，以及秭归牛口镇下游 NNE 向断层穿过长江处。

次要潜在震源区包括：

（1）岩溶塌陷气爆型水库地震，主要包括巫峡部分峡谷段、龙船河灰岩峡谷段、瞿塘峡中段、大宁河灰岩河段以及乌江的灰岩库段。

（2）址坝结晶岩库段不具备诱发中等强度以上的水库地震之条件，但考虑到以 NE 至 NEE 向的小断层和辉绿岩脉为主的浅层水文地质结构面的存在，不排除蓄水后诱发个别震源极浅的微震。

得出的综合预测结论：三峡库区花岗岩体内诱发地震的上限震级不超过 4.0 级，庙河—香溪河碳酸盐岩峡谷段和香溪河—巴东碎屑岩库段不超过 5.0 级（图 1.17）。

1.2.3.2 蓄水后地震情况

在 2003 年首次 135m 蓄水过程中，坝前水深增加约 69m（图 1.18）。由图 1.18 可知，在水库蓄水前，库首及邻区地震活动微弱、强度不大、频次较低，0.5 级和 1.5 级以上地震活动年频次分别仅为 25 次和 5 次。随着水库水位的上升，地震活动频次也急剧上升，具体表现形式为（夏金梧，2020）：2003 年 5 月 25 日至 6 月 7 日，库水位由 80m 上升至 124m，长江两岸 10km 以内无地震活动；6 月 7 日 15：00 在距长江库岸约 1km 的巴东火焰

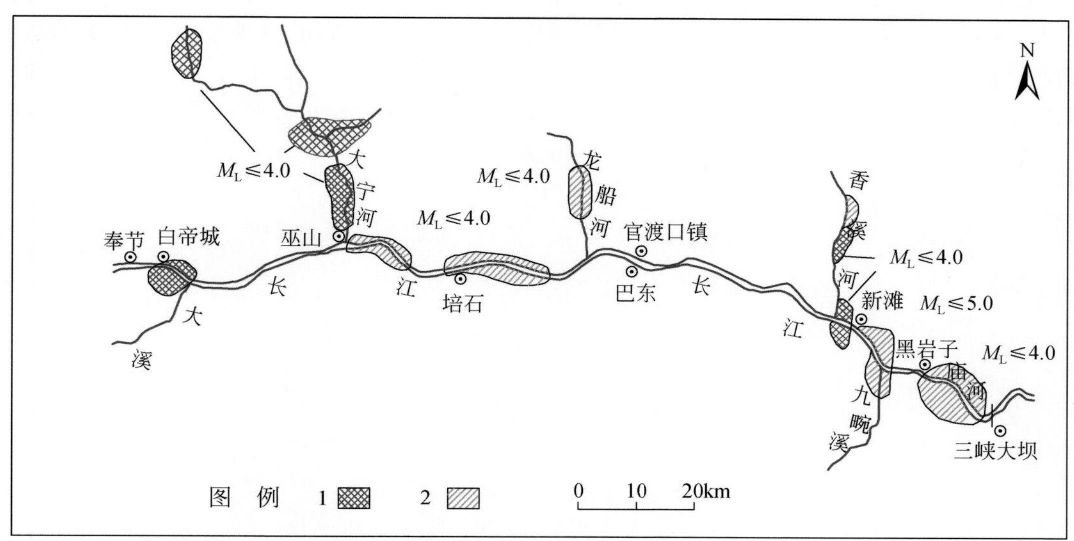

图 1.17　三峡工程水库诱发地震可能发震地段和震级估计示意（据夏其发等，1988 修改）

1. 可能诱发地震地段；2. 诱发地震可能性较小地段

石发生一次 M_L 2.1 级地震；6 月 8 日 20：00 水位上升至 128.8m，当日无震；至 6 月 9 日 5：00，巴东长江北岸的东瀼口一带突发密集性小震群，当天共记录到能定位的微震 15 次，同时巴东地震台记录到 M_L 0 级左右的极微震高达 562 次。之后，在库区水位上升到 135m 或在 135m（初期四个月）和 139m 上下波动的过程中，库区地震活动频次也出现了起伏变化。水库蓄水后库区出现了高频次地震活动异常，很明显是由于水库水位抬升造成的，属于典型的水库诱发地震现象。

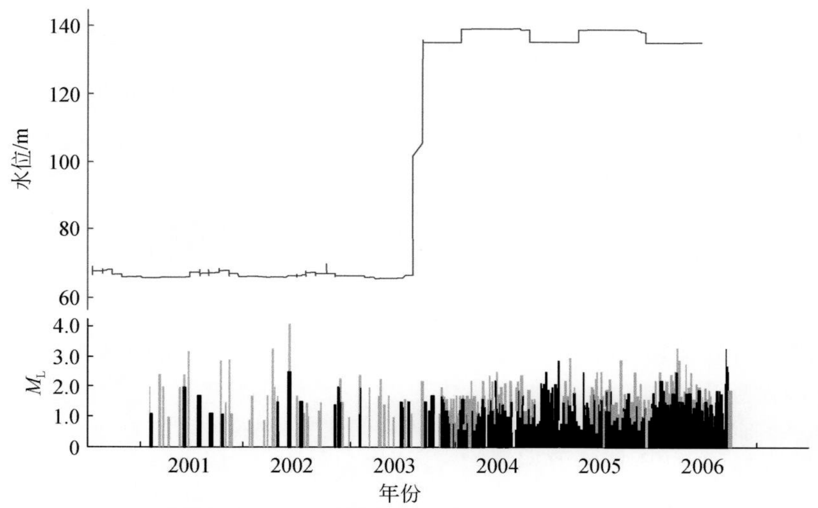

图 1.18　三峡水库蓄水前后 $M_L \geqslant 0.5$ 级地震震级及水位示意图（据夏金梧，2020 修改）

175m 蓄水后，开展了系统的地震监测。2008 年 10 月汛后，最高库水位从 156m 提高至 172. 80m 时，地震活动的月平均次数短期提升至 181 次，但很快就下降。2009 年汛后最高库水位达 171. 43m，地震活动月平均频次为 83 次。2010 年以后，每次蓄水造成的地震活动不尽相同，总体呈先增后减态势。从 2015 年 4 月至 2018 年 1 月间下降至 45 次以下。图 1. 19 展示了蓄水以来地震活动的震中分布。

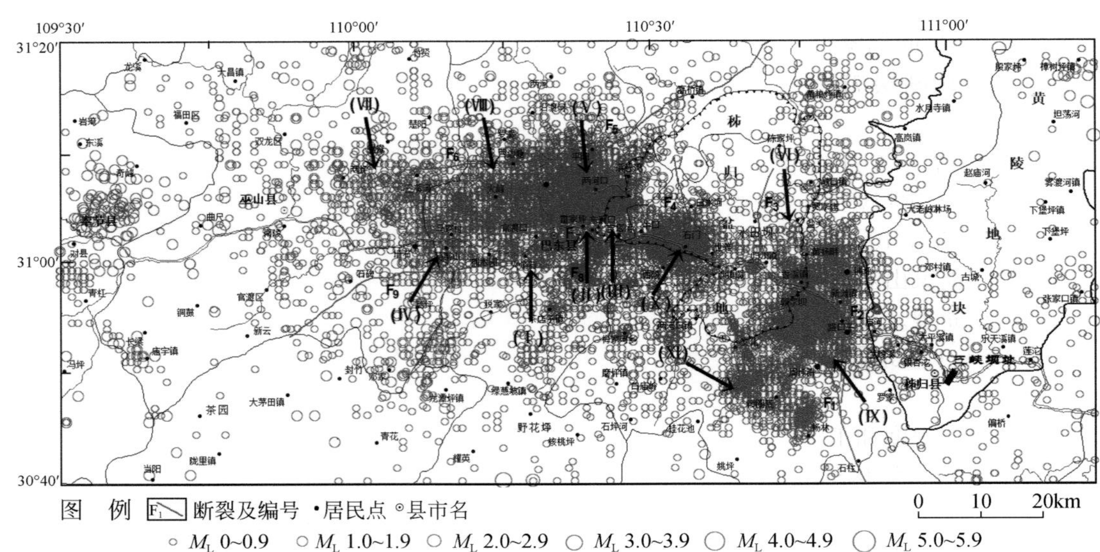

图 1. 19　三峡库区蓄水以来地震活动震中分区的分布图[①]

（Ⅰ）官渡口火焰石震区；（Ⅱ）雷家坪-东瀼口震区；（Ⅲ）宝塔河-鹿子岩震区；（Ⅳ）楠木园-培石震区；（Ⅴ）高桥断裂南西段震区；（Ⅵ）黄阳畔-盐关震区；（Ⅶ）两坪-三溪河震区；（Ⅷ）西边塘震区；（Ⅸ）九畹溪-仙女山震区；（Ⅹ）白水河-泄滩震区；（Ⅺ）罗圈荒震区。F_1 仙女山断裂；F_2 九畹溪断裂；F_3 水田坝断裂；F_4 白水河断裂；F_5 高桥断裂；F_6 三溪河断裂；F_7 巴东断裂；F_8 马鹿池断裂；F_9 天子崖断裂

地震的震中发育区集中在 11 个区域，包括官渡口火焰石震区、雷家坪-东瀼口震区、宝塔河-鹿子岩震区、楠木园-培石震区、高桥断裂南西段震区、黄阳畔-盐关震区、两坪-三溪河震区、西边塘震区、九畹溪-仙女山震区、白水河-泄滩震区和罗圈荒震区。

蓄水以来发生的 M_L 4. 0 级以上地震包括：

（1）2008 年 11 月 22 日秭归县屈原镇 M_L 4. 1 级地震。震中区位于 NNW 向仙女山断裂北部，由 2 ~3 条 NW340° ~350°的断裂平行排列而成。该断裂早—中更新世有明显活动，晚更新世以来活动不明显。地震类型为构造型水库诱发地震。

（2）2013 年 12 月 16 日巴东县东瀼口镇 M_L 5. 1 级地震。震中区东西两侧分别发育 NE—NNE 向高桥断裂和周家山-牛口断裂带，宏观震中北部还可见一小型近 EW 向断裂-大坪断裂，南部则有近 EW 向的马鹿池断裂。地震类型为构造型水库诱发地震。

（3）2014 年 3 月 27 日秭归县屈原镇 M_L 4. 2 级地震。震中区位于 NNW—NW 向仙女

① 国务院三峡工程地震地质专家组，2019，三峡工程地震地质质量检查报告。

山断裂、九畹溪断裂北侧，产状较陡、造岩胶结差、破碎带较宽，并不切割不同年代地层和构造单元，断裂早—中更新世有过活动。地震类型为构造型水库诱发地震。

（4）2014年3月30日秭归县屈原镇 M_L 4.5级地震。震中区位于NNW—NW向仙女山断裂、九畹溪断裂北侧，地震与仙女山微地块的活动有关。地震类型为构造型水库诱发地震。

（5）2017年6月16日巴东县东瀼口镇 M_L 4.3级地震。震中区位于秭归盆地西缘水库边，在NNE向周家山断裂和NE向高桥断裂之间，距高桥断裂最短距离为10km，距NNE向周家山断层7km。高桥断裂为晚更新晚期活动断裂。地震类型为构造型水库诱发地震。

（6）2017年6月18日巴东县东瀼口镇 M_L 4.1级地震。震中区位置与2017年6月16日巴东县东瀼口镇 M_L 4.3级地震相同，地震类型亦相同。

（7）2018年10月11日秭归县沙镇溪镇 M_L 4.5级地震。震中区附近发育NE—NNE向高桥断裂、周家山断裂、新华-水田坝断裂，以及近EW向马鹿池断裂，这四条断裂为中更新世活动断裂。历史上发生两次破坏性地震（1979年秭归龙会观 M_L 5.1级地震和2013年巴东 M_L 5.1级地震）。地震类型为库水渗透作用下在沉积盖层内诱导生成的非典型构造地震。

由于工作程度和工作精度的提升，震区划分与20世纪的工作相比精细很多。对比蓄水后的地震集中发生区域，蓄水前后地震发生空间、震级等有如下认识：

（1）三峡水库诱发地震震级保持在前期预测的水平范围之内，震中空间位置与预测一致。同时，三峡水库诱发地震震级与未蓄水前基本保持相当，震中空间位置分布与未蓄水前有差异。

（2）因水库蓄水引发的地震震源较浅、震中都在离库岸十余千米以内的范围。三峡工程蓄水后水库地震活动空间分布具有密集“成团（带）”的特点，主要分布在库段两岸的10km以内，且绝大多数地震分布在工程前期预测的水库地震潜在危险区内及其周缘。地震震中主要分布在巴东县高桥断裂上盘与秭归盆地西缘接壤部位和秭归县仙女山断裂北段，反映了这些地段具有诱发水库地震的客观环境背景；地震震源深度主要在0～10km，且绝大部分在0～5km。

（3）自2003年6月1日三峡工程蓄水以来至2018年3月31日，在监测范围内共记录到 M_L 0.5级以上地震19788次，其中绝大多数为非构造型的微震和极微震（$M_L<1.0$），占地震总频次的99.9%以上。175m试验性蓄水以来，发生了六次4级以上地震，这些地震主要是库水沿断裂软弱破碎岩体渗透导致的浅层应力调整形成的水库地震。其中，最大地震为2013年12月16日巴东县东瀼口 M_L 5.1级地震，与蓄水前的天然地震最大震级相当，在工程前期的预测强度 M_L 5.5级范围内。由于地震强度不大，最大为 M_L 5.1级，最高震中烈度为Ⅶ度。由于强度较低，迄今为止，并未引发库区各类次生地质灾害。总体上，水库地震活动对库区环境的影响只是局部的和有限的。

1.3　175m水位试验性蓄水与地质灾害

2008年9月，三峡水库开始按正常高设计水位175m高程进行试验性蓄水。根据世界上大多数水库蓄水的经验，蓄水初期和周期性的水位涨落将会造成老滑坡复活和新滑坡发生（Trzhtsinskii，1978；Schuster，1979；Wang et al.，2008a；Pinyol et al.，2012；肖诗荣等，2013；Guo et al.，2015）。本节将从时间过程和空间分布两个方面分析175m试验性蓄水中三峡库区水库滑坡规律。

1.3.1　水库型滑坡时间过程特征

从2008年9月至2021年4月，三峡水库进行了13次175m试验性蓄水（图1.20，表1.1）。其中，2008年、2009年试验性蓄水坝前最高水位分别为172.8m、171.4m；2010～2020年试验性蓄水坝前最高水位均为175.0m。

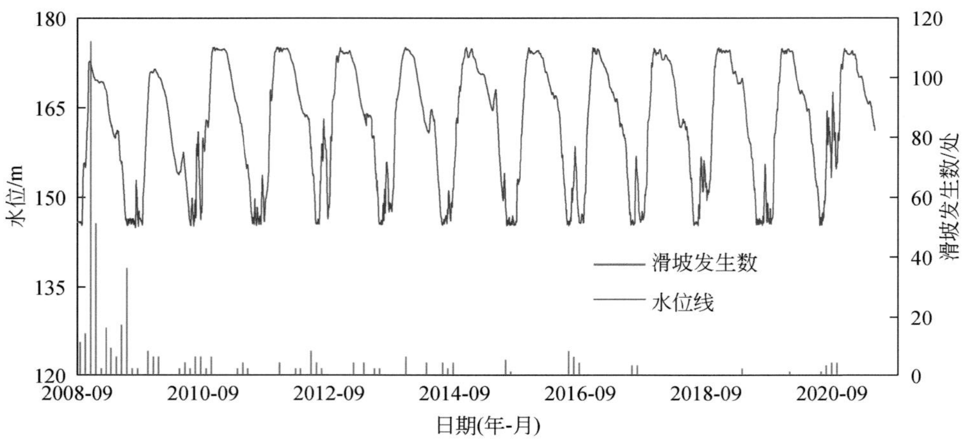

图1.20　三峡库区13次175m试验性蓄水的水位过程线与滑坡发生数关系图

表1.1显示了每次水位升降（蓄水、退水）的持续时间、总变化幅度和平均变化幅度。第一次175m试验性蓄水水位升降引发了大量老滑坡复活和新滑坡发生。凉水井滑坡是在这期间复活的老滑坡之一（谭玲，2011），滑坡为顺层滑坡滑动后堆积形成的老滑坡，总体积约400万m^3。2008年11月22日，水位上升到171.49m，滑坡复活并出现大变形，出现大型的圈椅状裂缝，从后缘一直贯通延伸到长江，导致滑坡体上房屋严重破坏，紧急撤离滑坡区内11户55人。2009年4月12日，水位下降至160.2m后，滑坡变形再次加剧，长江航道被迫临时限制通航。同时，也诱发产生了多处新生滑坡，如龚家坊滑坡。它位于巫山县长江左岸的巫峡口，为逆向岩质斜坡，主要由中厚–薄层状灰岩构成（Huang et al.，2012）。2008年11月23日，三峡水库蓄水至172.8m高程后，龚家坊发生了第一次滑坡，体积约38万m^3，形成了13m高的涌浪。2009年5月18日，三峡水库退水至150.5m高程后，该斜坡再次发生崩塌，体积约1.5万m^3。

表1.1　三峡库区13次蓄水及退水的水位变化表

次数	蓄水				退水			
	时间范围	持续时间/天	总变化幅度/(m/d)	平均变化幅度/(m/d)	时间范围	持续时间/天	总变化幅度/(m/d)	平均变化幅度/(m/d)
第一次	2008. 9. 28—2008. 11. 4	37	27. 53	0. 744	2008. 11. 13—2009. 6. 19	218	27. 59	0. 127
第二次	2009. 9. 15—2009. 11. 24	70	25. 56	0. 365	2009. 11. 25—2010. 6. 19	206	26. 21	0. 127
第三次	2010. 9. 10—2010. 10. 26	46	14. 80	0. 322	2011. 3. 1—2011. 7. 5	185	29. 55	0. 160
第四次	2011. 9. 10—2011. 10. 30	50	22. 76	0. 455	2012. 1. 1—2012. 7. 15	166	29. 34	0. 177
第五次	2012. 9. 10—2012. 10. 30	50	15. 72	0. 314	2012. 12. 24—2011. 7. 15	173	29. 34	0. 170
第六次	2011. 9. 10—2011. 11. 12	63	17. 88	0. 283	2011. 12. 13—2014. 6. 16	185	28. 76	0. 156
第七次	2014. 8. 3—2014. 10. 31	89	28. 52	0. 320	2014. 12. 5—2015. 6. 30	207	28. 91	0. 140
第八次	2015. 8. 18—2015. 10. 28	71	28. 96	0. 408	2015. 12. 31—2016. 6. 8	160	28. 50	0. 178
第九次	2016. 9. 8—2016. 11. 3	56	29. 34	0. 524	2016. 11. 29—2017. 6. 17	200	29. 30	0. 147
第十次	2017. 8. 18—2017. 10. 21	64	28. 80	0. 450	2017. 11. 27—2018. 6. 9	194	28. 98	0. 149
第十一次	2018. 8. 25—2018. 10. 31	67	24. 50	0. 366	2019. 1. 2—2019. 6. 6	155	29. 24	0. 189
第十二次	2019. 9. 2—2019. 10. 31	59	28. 83	0. 489	2019. 12. 23—2020. 6. 8	168	29. 06	0. 173
第十三次	2020. 9. 11—2020. 10. 28	47	20. 12	0. 428	2020. 12. 12—2021. 6. 9	179	29. 45	0. 165

老滑坡复活和新滑坡出现与水位升降过程关系密切。总的来看，在这13次175m试验性蓄水期间，库区共发生滑坡801处，滑坡总体积约6.7亿m^3（图1.21）。其中，在2008年9月1日至12月31日首次水位升降过程造成老滑坡复活和新生滑坡333处，占总数量的41.6%。在总结第一次水位升降的经验后，第二次至第十三次175m试验性蓄水减少了水位日平均升幅，略微增加了水位日平均降幅（表1.1）。随后，老滑坡的复活和新生滑坡的发生数量大幅下降，从2011年开始175m试验性蓄水期间发生的滑坡明显下降至十几处，特别是在2013~2014年和2017~2019年甚至下降至低于10处。滑坡发生处于低水平的偶发阶段。

对801处水库滑坡分析表明，约有120处为新生滑坡，占总数量的15.0%。新生滑坡可分为两种变形失稳类型：第一类仅出现初始缓慢变形拉裂，如地面开裂、小规模塌岸、沉陷等，尔后持续缓慢变形，如青石神女溪滑坡；第二类是发生快速失稳滑动，如龚家坊滑坡。据2009年调查，三峡库区涉水滑坡、崩塌共1946处。因此，可以粗略推断，13次175m试验性蓄水，引发了约41%的滑坡变形失稳。

第一次水位升降过程中，水库型滑坡集中发生在水位上升至大于160m高程之后。水位缓慢下降后，滑坡数量仍不断增加，并且一直持续到2009年6月水位下降至145m高程之后。第二次175m试验性蓄水水位升降期间，滑坡主要发生在两个时段：水位持续上升且水位达160m以上后（2009年10~12月）和夏汛期间水位急剧升降期（2010年4~8月）。第三次175m试验性蓄水水位升降诱发的水库型滑坡与前两次相比数量显著减少，主要发生在水位上升初期和水位下降中后期。从第四次175m试验性蓄水水位升降开始，水库诱发的滑坡主要集中在水位下降期间，滑坡数量不多，出现时间较分散。2015年至2017年的滑坡均是发生在库水位下降且夏汛期间，时间较集中分布在6月。2020年的滑

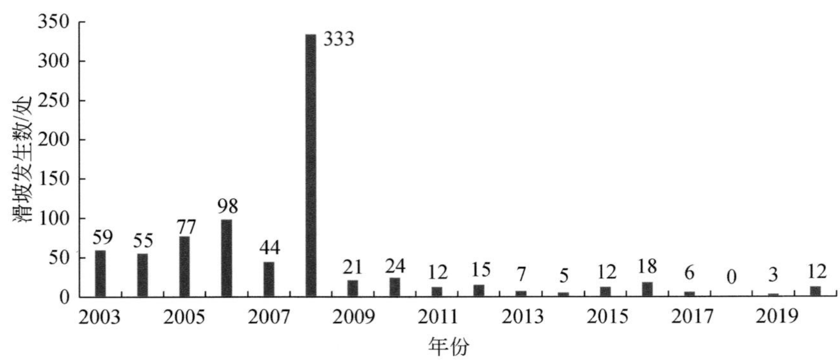

图 1.21　三峡库区 175m 试验性蓄水诱发滑坡数统计图
（时间范围：2001 年 9 月 1 日至 2020 年 12 月 31 日）

坡发生在夏汛和秋汛接连发生的洪水期间，时间分布在 6 ~ 8 月。

三峡库区 175m 试验性蓄水诱发的滑坡是符合山区水库蓄水变化规律的：在蓄水初期，为滑坡高发时段，随着时间的推移，滑坡发生呈递减态势（Schuster，1979），特别是库区水位变化幅度小于初期，在后期滑坡治理和库岸防护力度得到加强的情况下，递减趋势明显。

1.3.2　水库型滑坡空间分布特征

图 1.22 展示了六次 175m 试验性蓄水诱发的滑坡分布情况。从地理空间来看，水库型滑坡主要集中分布在长江干流和部分支流。由于长江沿线的斜坡地质环境条件差异巨大，各段的滑坡发育情况也有较大差异。可按地质岩性将三峡库区划分为三个库段：

（1）下库段——结晶岩低山丘陵宽谷段从坝址至庙河，长 16km（图 1.22 中Ⅰ）。由黄陵背斜核部前震旦系结晶岩体组成，两岸地形低缓、河谷开阔，基本无大型滑坡发育，规模较大的仅有野猫面滑坡。该滑坡位于牛肝马肺峡至空岭滩之间的峡谷北岸，距三峡水库坝址 17km，体积约 1680 万 m^3。专业监测表明，野猫面滑坡体整体无明显位移变化，滑坡体局部监测点位移在库水位上升及消落期有微量变化，但未见统一规律，滑坡体目前处于基本稳定状态（杨红等，2012）。

（2）中库段——碳酸盐岩夹碎屑岩段从庙河至白帝城，长 141.5km（图 1.22 中Ⅱ）。该段地貌上峡谷与宽谷相间出现，构造上属上扬子台褶带的黔江拱褶断束。六次试验性蓄水中，水库型滑坡主要发育在巫山县-白帝城附近区域。这一区域的岩性分布复杂多变，连续出露从志留系至三叠系。峡谷区岩性主要为灰岩，宽谷区岩性主要为泥岩、砂岩和页岩互层。该段崩塌、滑坡较发育。龚家坊滑坡为峡谷区发育的典型岩质滑坡，望霞崩塌也发生在该段峡谷区。秭归县沙镇溪镇至巴东县城段也是滑坡极易发区，这一段由于靠近库首，其新生滑坡和老滑坡复活多集中在 2003 ~ 2007 年的 135m 蓄水和 156m 蓄水期间。这一区域出露的基岩主要为侏罗系和三叠系巴东组，为三峡库区的易滑地层。该段主要为堆积层的老滑坡，发育有千将坪滑坡（Wang et al.，2008a）、树坪滑坡（Wang et al.，2008b）等大型滑坡。

（3）上库段——碎屑岩段从白帝城至库尾猫儿峡，长 492.5km（图 1.22 中Ⅲ）。该段地貌上为低山丘陵宽谷，构造上属四川台拗的川东褶皱带。六次试验性蓄水中，水库型滑坡主要发育在巫山县至云阳县故陵镇段、云阳县至丰都县段、长寿区至木洞镇段。该段主要出露的岩性为侏罗系泥岩粉砂岩砂岩互层，多为中、缓倾角顺向坡，滑坡发育。典型滑坡如凉水井滑坡、峰包岭滑坡群等都分布在该段。

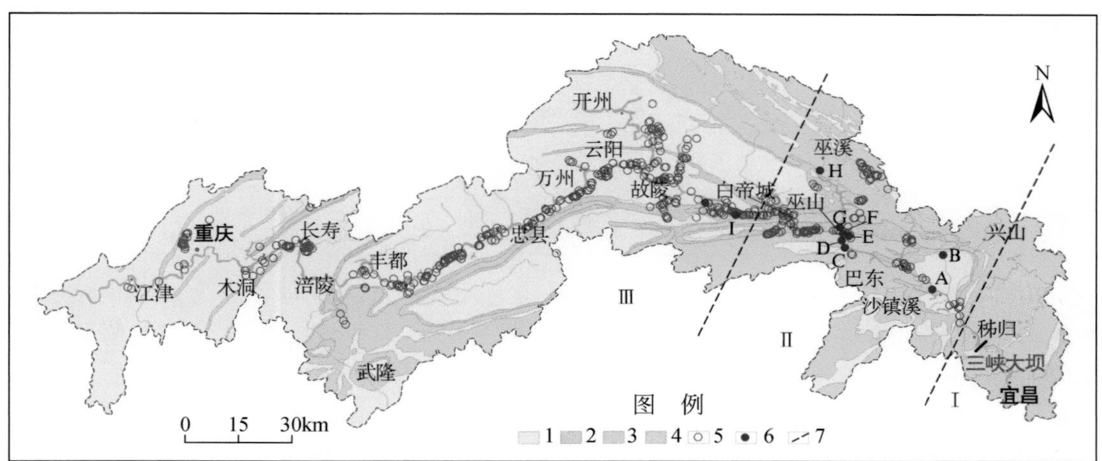

图 1.22　三峡库区试验性蓄水诱发的滑坡分布图（时间范围：2008 年 9 月 1 日至 2021 年 4 月 1 日）

1. 砂岩、页岩及煤系地层；2. 泥岩夹砂岩、页岩；3. 灰岩、白云岩夹页岩；4. 花岗岩；5. 六次试验性蓄水诱发的水库滑坡；6. 重点描述的九处滑坡（A—I）；7. 库区分段线。A. 树坪滑坡；B. 泥儿湾滑坡；C. 青石滑坡；D. 干井子滑坡；E. 望霞崩塌；F. 龚家坊滑坡；G. 红岩子滑坡；H. 川主村滑坡；I. 凉水井滑坡。Ⅰ. 下库段；Ⅱ. 中库段；Ⅲ. 上库段

1.4　水位升降速率对地质灾害的影响分析

1.4.1　基于统计的水位升降速率对地质灾害风险分析

表 1.2 统计了 13 次 175m 试验性蓄水的水位平均升降速率（时间范围从 2008 年 9 月 1 日至 2018 年 10 月 31 日），其中：

2008 年第一次 175m 试验性蓄水，水位变化幅度最大，水位平均上升速率达 0.744m/d；水位平均下降速率达 0.126m/d。为地质灾害的高发期。

2009 年第二次 175m 试验性蓄水，水位平均上升速率仅为 2008 年的 46%；水位平均下降速率为 0.130m/d，略大于 2008 年的第一次蓄水。新生地质灾害明显趋缓。

2010 年第三次 175m 试验性蓄水，水位平均上升速率为 0.311m/d，略大于 2009 年第二次蓄水；水位平均下降速率为 0.160m/d，大于 2009 年的第二次蓄水。新生地质灾害进一步减少。

2011 年第四次 175m 试验性蓄水，水位平均上升速率为 0.450m/d，为 2008 年首次蓄水的约 60%，但为 2009 年第二次蓄水和 2010 年第三次蓄水的 1.32 倍和 1.47 倍；水位平均下降速率为 0.176m/d，大于 2008 年、2009 年和 2010 年的三次蓄水。未发生与水位升

降明显对应的新生地质灾害，但呈现出与汛期暴雨叠加下诱发的特点。

表 1.2　三峡库区 13 次 175m 试验性蓄水多日过程水位平均升降速率统计表　（单位：m/d）

第一次		第二次		第三次		第四次		第五次		第六次		第七次	
2008.9—2009.8		2009.9—2010.8		2010.9—2011.8		2011.9—2012.8		2012.9—2013.8		2013.9—2014.8		2014.9—2015.8	
上升	下降	上升	下降	上升	下降	上升	下降	上升	下降	上升	下降	上升	下降
0.744	0.126	0.342	0.130	0.311	0.160	0.450	0.176	0.314	0.176	0.283	0.156	0.320	0.140
第八次		第九次		第十次		第十一次		第十二次		第十三次			
2015.9—2016.8		2016.9—2017.8		2017.9—2018.8		2018.9—2019.8		2019.9—2020.8		2020.9—2021.8			
上升	下降	上升	下降	上升	下降	上升	下降	上升	下降	上升	下降		
0.408	0.178	0.524	0.147	0.450	0.149	0.366	0.189	0.489	0.173	0.429	0.165		

2012 年第五次 175m 试验性蓄水，水位平均上升速率为 0.314m/d，为 2008 年首次蓄水的 42%，与 2009 年第二次蓄水和 2010 年第三次蓄水相近；水位平均下降速率为 0.176m/d，略大于 2008 年、2009 年和 2010 年的三次蓄水，与 2011 年的第四次蓄水相近。未发生与水位升降明显对应的新生地质灾害，但呈现出与汛期暴雨叠加下诱发的特点。

2013 年第六次 175m 试验性蓄水，水位平均上升速率为 0.283m/d，为 2008 年首次蓄水的 38%；水位平均下降速率低于前三次 175m 试验性蓄水。仅发生与水位升降明显对应的新生地质灾害一起，并呈现出与汛期暴雨叠加下诱发的特点。

2014 年第七次 175m 试验性蓄水，水位平均上升速率为 0.320m/d，为 2008 年首次蓄水的 43%，与 2010 年的第三次蓄水和 2012 年的第五次蓄水的相近；水位平均下降速率为 0.140m/d，大于第一、二次蓄水的平均值，略小于 2010 年的第三次蓄水。该年发生四起与水位升降明显对应的新生地质灾害，但呈现出与汛期暴雨叠加下诱发的特点。

2015 年第八次 175m 试验性蓄水，水位平均上升速率为 0.408m/d，为 2008 年首次蓄水的 55%，与 2009 年第二次蓄水和 2012 年第四次蓄水相近；水位平均下降速率为 0.178m/d，与第三、四和五次蓄水的水位平均下降速率相近。在 2015 年里，发生的红岩子、干井子等六起新生地质灾害与水位过快的下降有关，同时与汛期暴雨相关。

2016 年第九次 175m 试验性蓄水，水位平均上升速率为 0.524m/d，为 2008 年首次蓄水的 70%，除了小于 2008 年的第一次蓄水之外，大于其他七次中任意一次的水位平均上升速率；水位平均下降速率为 0.147m/d，与 2014 年的第七次蓄水相近。在 2016 年里，发生三起受水位升降影响的地质灾害，同时与汛期暴雨相关。

2017 年第十次 175m 试验性蓄水，水位平均上升速率为 0.450m/d，为 2008 年首次蓄水的 60%，与 2011 年的第四次和 2015 年的第八次蓄水相近；水位平均下降速率为 0.149m/d，与第三次、第六次、第七次和第九次蓄水的水位平均下降速率相近。在 2017 年里，发生六起受水位升降影响的地质灾害，同时与汛期暴雨相关。

2018 年第十一次 175m 试验性蓄水，水位平均上升速率为 0.366m/d，与 2009 年第二次蓄水、2010 年第三次蓄水和 2012 年第五次蓄水的水位平均上升速率相近。2019 年上半年水位下降时，发生两起地质灾害。

2019 年第十二次 175m 试验性蓄水，水位平均上升速率为 0.489m/d，与 2016 年的第九次蓄水和 2017 年的第十次蓄水相近。在 2019 年高水位期间，发生一起地质灾害。

2020 年第十三次 175m 试验性蓄水，水位平均上升速率为 0.429m/d，与 2015 年的第八次蓄水、2017 年第十次蓄水和 2019 年的第十二次蓄水相近。在 2020 年的五次洪水期间，水位调度频繁且变化幅度较大，发生 12 起地质灾害。

1.4.2　基于计算的水位升降速率对滑坡稳定性影响分析

以树坪滑坡为例，模拟库水位在 145m 和 175m 间变动，计算时间为 30 天和 180 天。水位升降速率分别设为 0.2m/d、0.4m/d、0.6m/d、0.8m/d、1.0m/d、1.2m/d、1.4m/d、1.6m/d、1.8m/d 和 2.0m/d。计算采用瞬态渗流场耦合极限平衡 Janbu 法，来分析滑坡稳定性系数变化情况。图 1.23、图 1.24 为库水位在 145 ~ 175m 升降变化时，滑坡稳定性系数随时间的变化曲线。

不同水位上升速率模拟结果分析可得：蓄水初期随着库水位上升，滑坡稳定性系数增加（图 1.23）。滑坡内部水位上升滞后于库水位，从而滑坡内低外高压力差形成的“加固效应”（stabilizing effect）使得滑坡更为稳定。当库水位上升至 175m 稳定水位后，随着时间的增大，滑坡内部水位逐渐也上升，滑坡内外压力差逐渐消散，从而导致滑坡稳定性系数降低。这一消散过程与滑体渗透系数有关。若库水位上升至 175m 稳定水位后足够长的时间，滑坡稳定性系数会低于 145m 稳定水位的对应值。

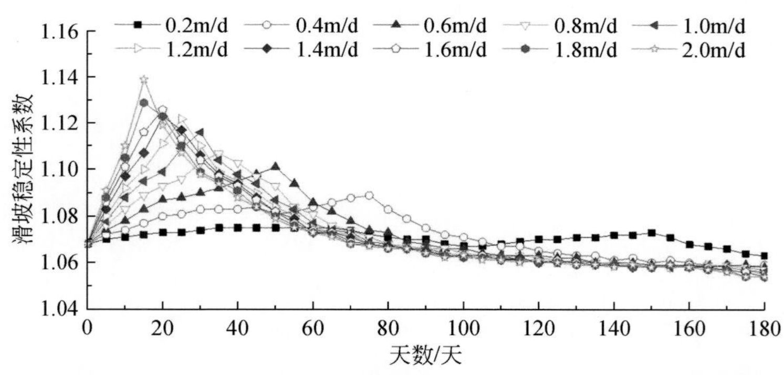

图 1.23　不同水位上升速率下秭归树坪滑坡稳定性系数变化曲线

库水位从 175m 下降至 145m 的过程中，滑坡稳定性系数均呈下降趋势（图 1.24）。滑坡内部水位下降滞后于库水位下降，从而形成的内高外低压力差使得滑坡更为不稳定（Jiang et al.，2011；Pinyol et al.，2012）。库水位下降速率越大，滑坡稳定性系数下降到最小值就越快，其最小值也越小。水位下降速率在 1.0m/d 左右时，滑坡稳定性系数最小值仅在0.99 ~ 1.01，属于极限平衡状态；而在水位下降速率超过 1.4m/d 时，滑坡稳定性系数最小值小于 0.9，处于失稳状态。当库水位下降至 145m 稳定水位后，随着时间的增大，滑坡内部水位逐渐也下降到稳定水位，滑坡内外压力差逐渐消散，从而导致滑坡稳定性系数增高；若库水位下降至 145m 水位后稳定足够长的时间，滑坡稳定性系数会略高于 175m 稳定水位的对应值。

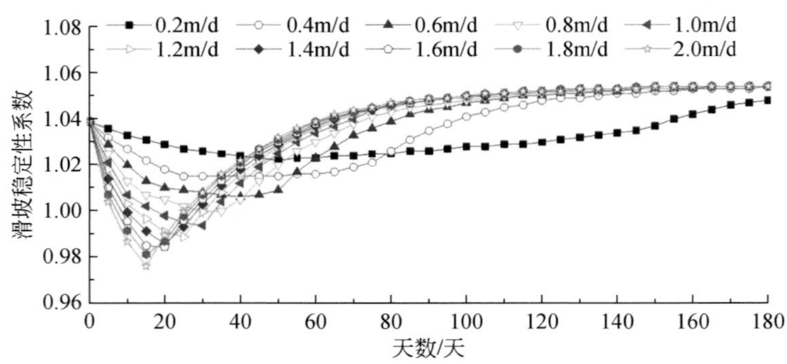

图 1.24　不同水位下降速率下秭归树坪滑坡稳定性系数变化曲线

从树坪滑坡不同水位升降速率对滑坡稳定性的影响分析可见，水位升降速率强烈影响着滑坡稳定性。但本书仅采用了同一渗透系数开展研究，可以预见的是，不同渗透性物质在不同水位升降速率时会有不同的响应，对稳定性的影响也会有所差异。但可以确定的是，高水位变化幅度（如大于 1.0m/d 的下降速率）肯定会严重影响滑坡体的稳定性。

1.5　水库水位调度与地质灾害发生规律

1.5.1　多日水位变化幅度建议

三峡水库初次 175m 试验性蓄水时，触发了 333 处滑坡；显然，此时的水库运行调度造成的滑坡风险是非常高的。随后的五次蓄水，滑坡年发生数量低于 25 处，显示了数据的随机性，可以认为，此时三峡库区的滑坡处于可控状态，其风险是可以接受的。因此，可以建立这样的标准：若滑坡年发生数量（N）≥100 处，三峡水库升降带来的滑坡风险处于不可接受范围；若滑坡年发生数量（N）<25 处，三峡水库升降带来的滑坡风险处于可接受范围；而介于其间的 $100>N\geq25$，为滑坡风险勉强接受范围。

通过统计分析 5 天上升幅度与滑坡发生数量的关系时发现，上升幅度与滑坡发生数量的相关性不明显。统计分析 5 天下降幅度与滑坡发生数量的关系时发现，下降幅度与滑坡发生数量的相关性更不明显。其他水位变化指标的统计也是类似结果。因此，完全依赖数学统计来获得水位变化指标阈值可能很难达到。

但是通过上述统计分析、典型滑坡安全系数（FOS）计算和定性判断，基于滑坡风险控制，本书提出了 1 天、5 天和 10 天的多水位变化指标的综合建议表（表 1.3）。表 1.3 中的三项指标是并集关系，只要其中一项达到高一级的阈值，即达到对应的风险程度。值得指出，表 1.3 提出的水位升降速率对应的滑坡数量可接受风险程度并不完全等同于滑坡灾害的可接受风险程度。在具体实施中应尽量依据可接受风险程度的水位变化指标运行。

表 1.3　基于滑坡可接受风险程度的三峡库区多水位变化指标的综合建议表

（单位：m）

风险程度	水位变化	1 天				5 天				10 天			
		上升		下降		上升		下降		上升		下降	
		最小	最大	最小	最大	最小	最大	最小	最大	最小	最大	最小	最大
可接受	总数	1.00 ~ 1.17		0.67	0.83	1.60	4.38	2.92	1.75	8.33	10.00	5.00	6.67
	平均每天	0.83	1.17	0.67	0.83	0.72	0.88	0.58	0.75	0.83	1.00	0.50	0.67
勉强接受	总数	1.17	1.27	0.73	0.91	4.38	6.0	1.75	4.09	10.0	10.91	6.67	7.27
	平均每天	1.17	1.27	0.73	0.91	0.88	1.2	0.75	0.82	1.00	1.09	0.67	0.73
不可接受	总数	1.27	1.40	0.91	1.00	6.0	6.50	4.09	4.50	10.91	12.00	7.27	8.00
	平均每天	1.27	1.40	0.91	1.00	1.20	1.30	0.82	0.90	1.09	1.20	0.73	0.80

1.5.2　水库型滑坡发生因素与阶段性

三峡库区 13 次 175m 试验性蓄水诱发的滑坡有 85.0% 为老滑坡复活；尤其是大型–特大型的滑坡，基本都为复活的老滑坡。老滑坡复活问题以往探讨得较多，而且在三峡库区老滑坡大多被地质灾害监测网络（群测群防+专业监测网络）所覆盖，其变形特征多以台阶状累进性位移增加为主，如秭归县香溪河右岸的白家包滑坡。白家包滑坡为堆积层老滑坡，呈明显的圈椅状地貌。滑坡后缘以基岩为界，高程大致为 270m，前缘剪出口高程约 120m，滑坡体积约 990 万 m^3。从 2003 年 6 月三峡水库 135m 蓄水时起，该滑坡地表宏观裂缝持续变形。图 1.25 展示了 2006 年 10 月—2016 年 10 月间白家包滑坡累计位移。这一台阶状变形曲线是库区老滑坡长期变形曲线的典型形态，加速阶段和平缓阶段的诱发因素和影响因素不同。因此，水库滑坡毫无疑问的受水位波动影响，但对许多滑坡而言，水位波动不是唯一影响因素。

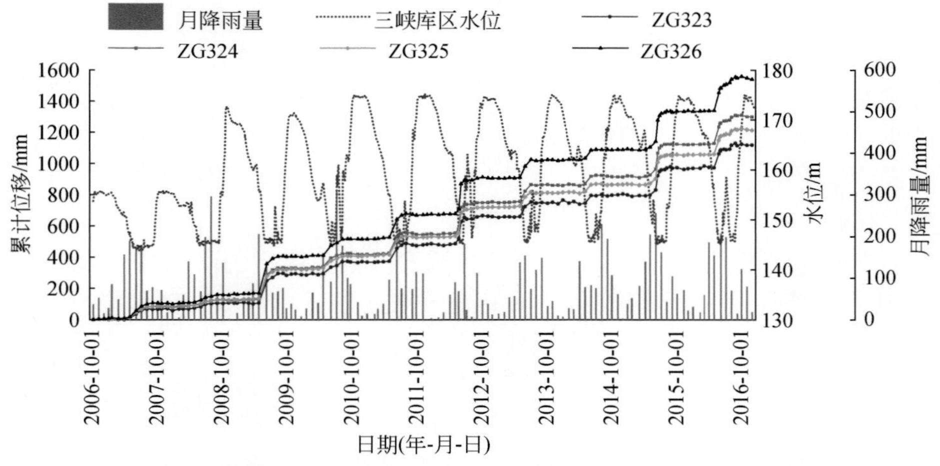

图 1.25　白家包滑坡累计位移、三峡库区水位和月降雨量之间的关系曲线

ZG323. 位移监测点，余同

在分析水位升降速率与滑坡发生的相关性时，理想方法是通过每个滑坡发生时的当地水位变化过程统计建立水位升降阈值，同时需要建立和使用滑坡的变形机制分类表。但由于调查的区域太大和资料短缺，开展这项工作目前是非常困难的。

表 1.4 进一步选取了 14 个在 175m 试验性蓄水期间发生整体或局部滑动的大型–特大滑坡进行统计分析，可以发现，水位变化幅度与滑坡发生时间的相关性并不明显，不少滑坡是在水位变化幅度较小的情况下发生的。这显示出水库型滑坡发生机制具有复杂性和多样性（Wang et al.，2008a；Zhang et al.，2010；Xia et al.，2013；Lu，2015）。

表 1.4　三峡库区 14 个典型滑坡的发生日期及水位变化幅度

序号	名称	体积/万 m^3	滑动	发生时间（年–月–日）	水位变化幅度		
					/(m/1d)	/(m/5d)	/(m/10d)
1	曾家棚滑坡	487	整体	2012-05-31	−0.5	−1.1	−4.9
2	黄莲树滑坡	515	整体	2012-05-31	−0.5	−1.1	−4.9
3	红岩子滑坡	20	整体	2015-06-24	−1.1	−4	−7.1
4	峰包岭滑坡	15.4	局部	2010-01-01	−0.3	−1.3	−2.4
5	鹤峰乡场镇滑坡	435	局部	2008-11-09	2	8.3	11.3
6	土狗子洞滑坡	286	整体	2008-11-06	2	8.3	11.3
7	塘角滑坡	102	局部	2007-04-01	−0.1	0.5	0.9
8	龚家坊滑坡	38	整体	2008-11-23	−0.2	−0.8	4.6
9	李家坡滑坡	25	局部	2008-11-02	2	5.8	9.2
10	青石滑坡	1500	局部	2010-10-26	0.5	1.4	6.5
11	川主村滑坡	100	整体	2008-11-22	−0.2	−0.8	11.3
12	凉水井滑坡	360	局部	2008-11-22	−0.2	−0.8	11.3
13	泥儿湾	80	整体	2008-11-05	2	8.3	11.3
14	卡门子湾	42	整体	2019-12-10	0.03	0.04	0.04

注：表中正数为水位上升数据，负数为水位下降数据。

自 2008 年 9 月 175m 试验性蓄水以来，在初期滑坡主要发生在水位上升期间；随后第二阶段主要发生在水位下降期间，近年来，在发生时间上逐渐向汛期转移，主要由水位变动和暴雨叠加引发。这也说明了库水变化对滑坡的影响不具严格的周期性。实际上，由于水位变动带坡体遭受长期浸泡和掏蚀，145 ~ 175m 的岩土体结构损伤破坏，可能导致新滑坡的发生（Huang et al.，2016）。

回顾历史可以发现，库区地质灾害发育与诱发因素呈明显的阶段性（表 1.5）。第一阶段为 1994 年三峡移民工程开工之前，库区地质灾害主要由河流冲蚀和降雨等自然因素诱发。第二阶段为 1994 ~ 2003 年移民迁建期间，高强度的人类工程活动和暴雨是主要的诱发因素。第三阶段为 2003 ~ 2008 年三峡水库阶段性蓄水期间，主要由库水位变动引发。第四阶段为 2008 ~ 2019 年，始于 2008 年的 175m 水位试验性蓄水，诱发因素为库水周期性变动及降雨。岩体劣化的灾变效应可能将三峡库区地质灾害带入第五个阶段，其标志性事件是箭穿洞危岩体和卡门子湾滑坡防治。2019 年 12 月无明显水位变动和降雨，秭归卡门子湾在 12 月 10 日发生了滑坡。10 多年水位变动导致的滑体中下部岩体劣化被认为是该红层基岩滑坡的诱发因素。

表 1.5　三峡库区地质灾害发育与诱发因素阶段表

阶段	诱发因素	典型滑坡案例
第一阶段（1994 年之前）	自然因素	云阳鸡扒子滑坡、秭归新滩滑坡
第二阶段（1994～2003 年）	人类工程活动+暴雨	武隆五一滑坡、巫山新城址中段滑坡
第三阶段（2003～2008 年）	蓄水	秭归千将坪滑坡、秭归白家包滑坡、巫山龚家坊滑坡、巫山青石滑坡
第四阶段（2008～2019 年）	蓄水+降雨	秭归泥儿湾滑坡、巫山红岩子滑坡、巫山干井子滑坡
第五阶段（2019 年至今）	蓄水+岩体劣化、蓄水+降雨+岩体劣化	秭归卡门子湾滑坡、巫山箭穿洞危岩体

1.6　小　　结

在资料收集整理、野外调查和趋势分析基础上，开展了三峡水库蓄水运行地质环境变迁与地质灾害发生规律研究，得到了以下结论：

（1）三峡库区蓄水前年平均气温总体呈显著上升趋势，线性升温率为 0.13℃/10a，蓄水后线性升温率为 0.093℃/10a，气温上升幅度变小。从 1950 年到 2000 年降水量呈减少趋势，总的线性倾向率为-1.98mm/10a，年降水日数呈显著减少趋势。蓄水后，年均降水量和降水日数均呈显著上升趋势。库水位每年在 12 月左右达到 175m，次年 6 月初降至 145m；同时，7～8 月有行洪过程。蓄水后，地震频次增加，但震级没有超过历史最大地震震级；震中空间位置分布与未蓄水前有一定差异。

（2）早期水库滑坡的发生与水位升降过程关系密切。三峡水库蓄水初期老滑坡复活和新生滑坡高发，如 2008 年 175m 蓄水造成 333 处滑坡。从 2011 年开始滑坡明显下降至十几处；2017～2019 年滑坡数小于 10 处，处于低水平偶发阶段。水库型滑坡主要集中分布在长江干流和部分支流。

（3）水位升降速率影响水库滑坡稳定性，对区域滑坡的发生具有一定的控制作用。建议以 1 天、5 天和 10 天的多水位变化指标进行库区滑坡的风险控制。

（4）从滑坡发生原因和发生时间来看，水库滑坡诱灾因素从早期的蓄水、蓄水+降雨演化为岩体劣化。季节变动带（消落带）的快速岩溶及岩体劣化是岩溶岸坡重要的诱灾因素。岩体劣化给三峡库区高陡岩溶岸坡带来了前所未有的失稳风险，使得库区地质灾害防治面临了新挑战。

第 2 章 三峡库区地质灾害监测预警研究

2.1 概　　述

三峡库区滑坡、崩塌、泥石流等地质灾害约 7400 多处。开展监测预警成为掌握地质灾害变化趋势，国家和地方进行风险管理，避免人员伤亡的重要手段。三峡库区是我国最早开展地质灾害监测预警的地区之一，为全国和国际地质灾害的监测预警提供了非常宝贵的经验。三峡工程兴建和蓄水运行以来，加强了地质灾害监测预警理论研究和技术研发（Yin et al.，2010），涵盖蓄水引发的地质灾害形成机理、分析评价方法、监测预警预报技术方法、监测仪器研制、信息化建设等，解决了库区地质灾害监测预警工程中的理论及技术难题，丰富了我国地质灾害监测预警理论、技术与方法体系，极大地提升了我国地质灾害监测预警科学研究水平。

自 2003 年三峡库区地质灾害监测预警体系持续建设运行以来，经受住了三峡水库 135m、156m、175m 蓄水，13 次 30m 的大幅度水位波动，以及 2014 年“8・31”暴雨、2017 年秋汛久雨和 2020 年特大洪水等极端天气的严峻考验，实现了连续 18 年地质灾害“零伤亡”。

本章将介绍三峡库区地质灾害监测预警系统建设，以及水库蓄水运行期间地质灾害监测预警技术、理论与实践，主要内容包括：① 三峡库区地质灾害监测预警系统建设；② 库区地质灾害监测技术；③ 消落带岩体劣化监测技术；④ 地质灾害风险预警理论与实践概论。蓄水运行地质灾害监测预警研究覆盖了早期蓄水型滑坡监测预警研究和当前岩体劣化诱发地质灾害监测预警研究等内容。

2.2 三峡库区地质灾害监测预警系统建设

三峡库区的地质灾害监测预警工作始于 20 世纪 70 年代，在湖北省秭归县新滩滑坡上实施专业监测，1985 年 6 月 12 日，新滩滑坡预警成功，成为我国首个大型地质灾害专业监测成功预报的经典范例。通过多年努力，建立了三峡库区监测预警网，构建了地质灾害自动化专业监测+网格化群测群防的监测预警网络体系，深入开展了地质灾害监测预警理论与技术方法研究，监测预警能力和水平得到了大幅提升。

2.2.1 三峡库区地质灾害监测预警工程建设阶段

2.2.1.1 2003 年前地质灾害监测概况

三峡库区的地质灾害监测预警工作始于 20 世纪 70 年代，围绕三峡库区工程建设开展地质灾害预警主要是在1998年至2003年，原国土资源部先后启动了“三峡库区地质灾害监测工程试验示范区研究”和“长江三峡地质灾害监测与预报”两个专项。这些工作以三峡库区常见的降雨型滑坡、水库型滑坡为主要研究对象，开展新技术、新方法的试验与应用，并在链子崖、黄腊石、黄土坡、巫山示范站等重大地质灾害点进行了综合监测示范（殷跃平等，2012）。对链子崖危岩体的监测具有很强的代表性。链子崖危岩体距三峡大坝仅27km，与新滩大滑坡隔江对峙，扼长江航道咽喉，一旦失稳，将危及大坝运行和长江航运的安全。

链子崖地形陡峻，岩体软硬相间，主要由下二叠统栖霞组坚硬灰岩夹薄层页岩组成，坐落于1.6～2.2m厚的马鞍山煤系地层之上，岩层走向为N30°～50°E，倾向NW，倾角为27°～35°。链子崖总体呈SN向展布，北宽南窄、南高北低，俯视长江，岩顶面向NW倾斜，主要变形迹象为岩体张裂，形成深大裂缝将岩体肢解，构成危岩，岩体表层破裂。

链子崖危岩体工程防治系统由位移变化监测、岩体应力动态监测、宏观地质现象巡查、地下水及气象要素监测、数据库管理等子系统和专家决策系统有机结合而成（王洪德等，2001），主要利用岩体表面大地变形监测（绝对位移）、裂缝相对位移计、钻孔倾斜仪监测、预应力锚索测力计监测和煤层采空区混凝土承重阻力滑键体顶面压力监测等手段。工程治理完成后，工程监测表明危岩体整体变形速率逐步变小，地压分布基本稳定，整个危岩体趋于稳定，监测系统可满足工程信息化反馈施工和工程效果评价的要求。三峡库区蓄水至175m至今，危岩体位移速率未发生明显变化，岩体压力略有减小，达到稳定状态，表明蓄水后整个危岩体的稳定性未受到明显影响。链子崖危岩体治理是中国地质灾害防治监测领域的先行者，对后期三峡库区地质灾害监测预警起到了示范及推动作用。

2.2.1.2　2003～2020年监测预警工程建设情况

2003～2020年为三峡库区地质灾害监测全面建设开展阶段，主要分为三峡库区二期、三期和后续规划监测预警工程。二期蓄水（坝前水位135m）前应完成的三峡库区地质灾害监测预警工程划分为二期监测预警工程；三期蓄水（坝前水位156m）和四期蓄水（坝前水位175m）前应完成的三峡库区地质灾害监测预警工程划分为三期监测预警工程；2010～2020年划分为后续规划监测预警工程。

2001年7月，国务院安排专项资金启动了三峡库区地质灾害防治工作，按照国土资源部编制完成、国务院批准的《三峡库区地质灾害防治总体规划》的要求，三峡库区开展了集中大规模崩塌、滑坡、塌岸监测预警工程。根据该规划，三峡库区二期监测预警工程主要任务：建立覆盖全库区的全球导航卫星系统（global navigation satellite system，GNSS）监测A级网，以及二期监测范围内的GNSS监测B级网和C级网；完成全库区首期遥感（remote sensing，RS）监测；对133处崩塌、滑坡和库岸建立专业监测网；建立20个区县地质环境监测站；对1216处崩塌、滑坡建立群测群防监测网；初步建立三峡库区地质灾害防治信息系统和网络系统并投入运行。二期监测预警工程建设于2003年开始，2005年建成。

2006 年，根据《三峡库区地质灾害防治总体规划》开展三峡库区三期监测预警工程，主要任务：在充分依靠二期已建工程的基础上进行必要的扩建、补充和完善。具体为建立覆盖三期监测范围内的 GNSS 监测 B 级网和 C 级网；完成全库区第二次、第三次遥感（RS）监测；对 122 处重大崩塌、滑坡建立专业监测网并投入监测；增建八个区县级地质环境监测站；对 1897 处崩塌、滑坡和不稳定库岸段建立群测群防监测网并投入监测；初步建立应急预警指挥系统，进行试运行；对库区地质灾害信息系统和网络系统进行必需的补充和扩充。三期监测预警工程自 2006 年 8 月开始实施，2007 年 4 月全部完工；三期信息系统和应急预警指挥系统建设于 2006 年 8 月开始实施，2009 年基本建成。

2010～2020 年，根据《三峡工程后续工作三峡库区地质灾害防治规划》，后续规划监测预警工程主要任务：新增五个 A 级控制标、八个 B 级控制标，形成扩建后的三峡库区地质灾害监测基准网。具体为开展五次航空遥感监测，完成区域地质灾害分析评估；完成专业监测点共 182 个，其中专业监测点新建设综合立体监测网 20 个，二、三期专业监测网补充（或恢复）建设 78 个；新进入“三峡库区地质灾害防治总体规划”的群测群防项目 2624 个（占规划监测项目的 51.6%），加强监测站能力建设与补充。后续规划监测预警工程自 2010 年开始实施，2020 年全部完工。

2.2.1.3 2020 年后监测预警工程建设情况

2020 年后，依靠新技术、新方法在地质灾害监测方面的不断应用，特别是信息化手段、大数据技术、云计算技术、人工智能技术的不断发展与应用，群测群防监测手段开始推广应用。按照《自然资源部地质勘查管理司关于印发〈2020 年地质灾害监测预警普适型设备试用工作方案〉的通知》（自然资地勘函〔2020〕41 号）的要求，2020 年我国扩大地质灾害监测预警普适型设备试用。普适型设备是传统群测群防监测预警工作的有效补充，以现行地质灾害监测预警工作为基础，以智能化为引领，综合运用多重手段，通过在地质灾害隐患点上布设地表裂缝、GNSS、房屋墙裂缝、地面倾斜、降雨量、泥位计、报警器等智能化监测设备，进一步提升群测群防监测预警水平。据已有资料分析及野外核查成果，建立了不同地质灾害的地质模型，对不同地质灾害的破坏特征、失稳机理、诱发因素、变形特征、诱发条件进行了全面分析；针对不同类型、区域、斜坡单元及失稳模式，叠加监测预警设备监测数据和降雨量数据，建立了算法模块，构建了地质灾害智能化监测预警模型；通过智能化算法，实现了模型参数自我学习优化以及监测预警数据智能分析预警；以地质灾害智能化监测预警判据为核心，通过在系统设置相邻告警阈值和累计告警阈值，实现了对地质灾害智能化监测数据的分析，当监测预警数据达到预警阈值，系统自动发出告警信息。

2.2.2 三峡库区地质灾害监测预警网络体系

三峡库区地质灾害监测预警工程所建设的监测预警体系，是由专业监测预警系统、群测群防系统和地质灾害防治信息系统三个部分构成（程温鸣，2014）。在地方各级政府的组织实施及配合支持下，采取群专结合，以群测群防监测为基础，对地质灾害进行全面监测预警；以专业监测预警为重点，对重要的地段、危害严重的滑坡实施重点监测预警和险情调查评估；以信息系统为决策支持的中心，用以存储、管理及应用信息等，及时预警预报险情，为政府及有关部门提供三峡库区内已经发生的地质灾害和将要发生的地质灾害动态信息，为政府防灾减灾决策及时提供科学依据和技术支持，为三峡库区社会稳定、经济建设和可持续发展提供保障。

2.2.2.1　专业监测预警系统

专业监测预警是采用精密的地表监测设备（如自动位移计、GNSS、雨量计等）进行全天候的连续专业监测，并为后续地质灾害的科学预警提供可靠的数据支持。三峡库区以丘陵山地地貌为主，历来就是地质灾害的重灾区和多发区。三峡库区建设与百万移民相叠加，水库蓄水水位迅速抬升及后续水位升降，导致大量老滑坡的复活和新滑坡的产生；移民迁建时采用的高切坡大填方等方式，在移民迁建区诱发地质灾害并产生重大危害。在目前阶段将属于有成灾隐患的（潜在不稳定的）崩滑体全部纳入工程治理与社会发展水平不相适应，应对一般地质灾害点以开展群测群防为主，对重要灾害点在其没有明显活动之前开展专业监测。科学布置专业监测能反映地质灾害隐患变形过程，分析不同时期的自稳状态、可能的破坏方式及危害区域，对采取下一步合理采取防治措施具有重要意义。

应在三峡库区大力推动地质灾害的专业监测预警工作，对于危害性较大、变形发展趋势不明的地质灾害通过专业监测预警方法进行防灾减灾。对于地质灾害监测方案的确定，按照勘查—明确成因模式—确定变形破坏关键区域—选用对应监测设备并进行布设的原则进行。

三峡库区专业监测与群测群防监测是同步启动的，建立了集全球卫星导航系统（GNSS）、综合立体监测（CS）、遥感动态监测（RS）的“3S”专业监测系统，监控库区重大地质灾害点，构建了包含 A 级控制点（图 2.1）、B 级滑坡监测基准点、C 级变形监测点的三级 GNSS 变形监测网，建立 GNSS 监测桩 1520 个、深部位移监测 141 孔、地下水位监测 84 孔、推力监测 9 孔、雨量监测 138 个、地裂缝监测点 81 个，以及综合监测孔、平硐监测、视频监测等其他监测点 10 个。

截至 2020 年底，三峡库区共实施专业监测 218 处，包括崩塌、滑坡和不稳定库岸等的专业监测点总计 204 处，以及应急监测点 14 处，分布在三峡库区秭归、巴东等 17 个区县。其中湖北三峡库区专业监测点 81 处、应急监测点 4 处，重庆三峡库区专业监测点 123 处、应急监测点 10 处。从分布情况上看，专业监测点主要分布在万州下游崩塌、滑坡频发的区县，包括秭归、巴东、巫山、奉节、云阳、万州等六个区县，实施专业监测的崩塌、滑坡数量为 159 处，占三峡库区专业监测总数的 78%。除以上六个重点区县外，还有 10 个区县专业监测点数量在 10 处以下，湖北夷陵区和重庆巫溪、主城区等 10 个区县在库区内没有专业监测点。专业监测的崩塌、滑坡威胁居民 6 万余人。

三峡库区地质灾害专业监测采用地表位移监测、深部位移（钻孔倾斜）监测、地下水位监测、滑坡推力监测、雨量监测、地裂缝监测等与宏观地质调查巡查相结合的综合监测

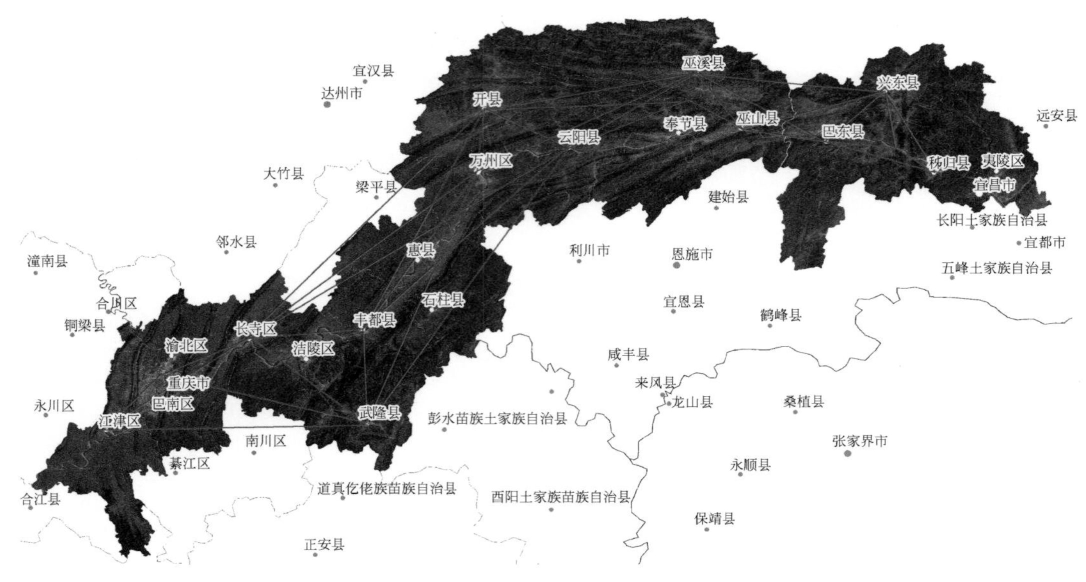

图 2.1　三峡库区地质灾害监测预警工程 GNSS 监测 A 级网示意图

手段。其中，地表位移监测使用最为普遍，覆盖库区所有专业监测点。对于部分重点滑坡，根据需要采用了多种监测手段相结合构建的滑坡立体监测。

2.2.2.2　群测群防系统

地质灾害群测群防系统是指县、乡、村地方政府组织城镇或农村社区居民为防治地质灾害而自觉建立与实施的一种工作体制和减灾行动。国家与省级政府职能部门应定期组织对群测群防工作人员进行地质灾害防治知识培训，重点进行灾害识别、监测方法、预案编制和应急处置等方面的培训，使受训人员有能力对地质灾害多发区的公民进行防灾减灾知识宣传。群测群防系统工作内容包括在已知的地质灾害隐患点建立群测群防工作体系，开展简易监测或定期巡查，发现地质灾害前兆，及时启动防灾预案而成功避灾。或当地居民发现局部滑塌或裂缝等宏观前兆，及时报告当地政府主管部门；或当地主管部门人员及时巡查、判断可能成灾时，通过广播、电话通知、手机短信、呼喊等手段组织撤离而实现成功避灾。

库区对已经查明的4000多处地质灾害全部纳入群测群防系统，均按县、乡、村三级群测群防监测网体系运行，落实了监测预警岗位责任制，逐级签订了责任书，每个群测群防地质灾害点有监测人和责任人（图2.2），制订了汛期值班制度、险情巡视警报制度等，制定发放了《防灾工作明白卡》和《避险明白卡》（两卡的发放率达100%）。三峡库区建立的地质灾害点群测群防系统在库区地质灾害防治中发挥了重要作用，由于群测群防员处于地质灾害防治一线，具有很强的时效性，据统计群测群防员及时发现了千余处地质灾害点有变形迹象，为防灾减灾做出了突出贡献。

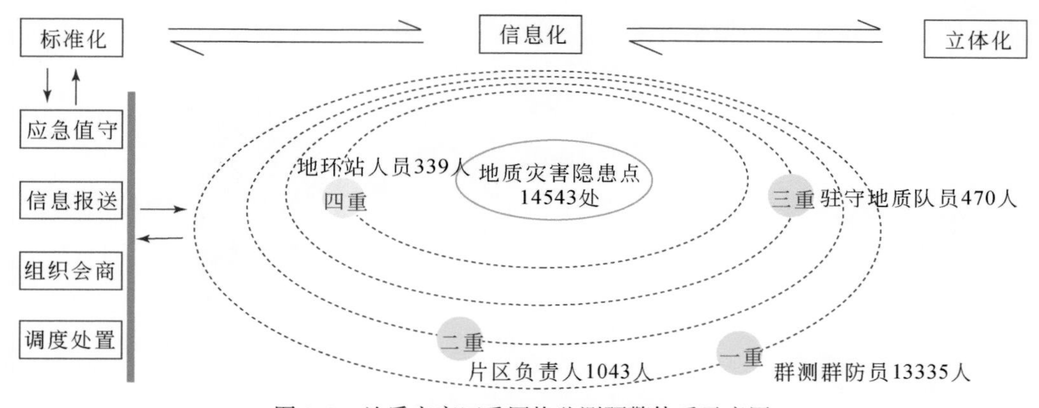

图 2.2　地质灾害四重网格监测预警体系示意图

2.2.2.3　地质灾害防治信息系统

针对库区地质灾害监测预警的需求和有关信息，进行了三峡库区地质灾害防治信息与决策支持系统总设计和各专项设计；建立了库区地质灾害防治标准代码体系，完成数据文件及其属性、名词术语代码等八种数据字典，实现工作流程标准化和规范化；完成了库区 1∶50000～1∶2000 多尺度基础地理、基础地质、水文地质、工程地质、地质灾害体、监测等数据库及图形库建设［包括数字栅格地图（digital raster graphic，DRG）库、数字线划地图（digital line graphic，DLG）库、数字高程模型（digital elevation model，DEM）库、增强型专题制图仪（enhanced thematic mapper，ETM）、资源一号和 SPOT 数字正射影像图（digital orthophoto map，DOM）库、符号库、元数据库（metadata database，MD）、数据字典库等］，形成多个层面的宏观到微观的地质灾害空间数据库和监测动态数据库；开发了基于地理信息系统（geographic information system，GIS）、管理信息系统（management information system，MIS）的网络版地质灾害监测预警信息与网络管理软件系统和 11 类专题单机版的信息系统软件，均已投入运行，实现了地质灾害数据的采集、存储、管理和信息的检索、查询、统计分析等应用。

在地质灾害监测预警方面，开展了相应的群测群防和专业监测，信息系统成为预警和应急处置的关键方面，建立了功能强大的三峡库区地质灾害防治信息与预警决策支持系统，构建了地质灾害灾险情应急技术支撑平台。防治信息与预警决策支持系统在网络及基础设施、标准化体系、数据体系和安全防护体系等支持下，实现了地质灾害防治信息服务及预警决策支持服务，建立了基于面向服务架构（service oriented architecture，SOA）的国家、省、地、县四级联动、野外-室内资源共享的地质灾害防治信息服务平台（图 2.3），增加了基于无人机的地质灾害应急响应系统、地质灾害风险识别与险情发布系统等系统功能，具有较完备的地质灾害信息管理和处理分析功能。地质灾害灾险情应急技术支撑平台引入 Mesh 自组网通信技术，融合航空图像监控系统，建成了轻量级便携式的地质灾害临灾调查与远程会商移动通信平台；集成有线网络、无线通信、卫星通信等技术，建立了地质灾害灾险情现场调查和应急会商的数据通信网络；构建了一套地质灾害灾险情现场调查与多方会商的应急支撑平台，解决了重大地质灾害突发险情时现场处置人员与后方专家通信不畅的问题，有效提高了地质灾害应急的响应支撑力度。

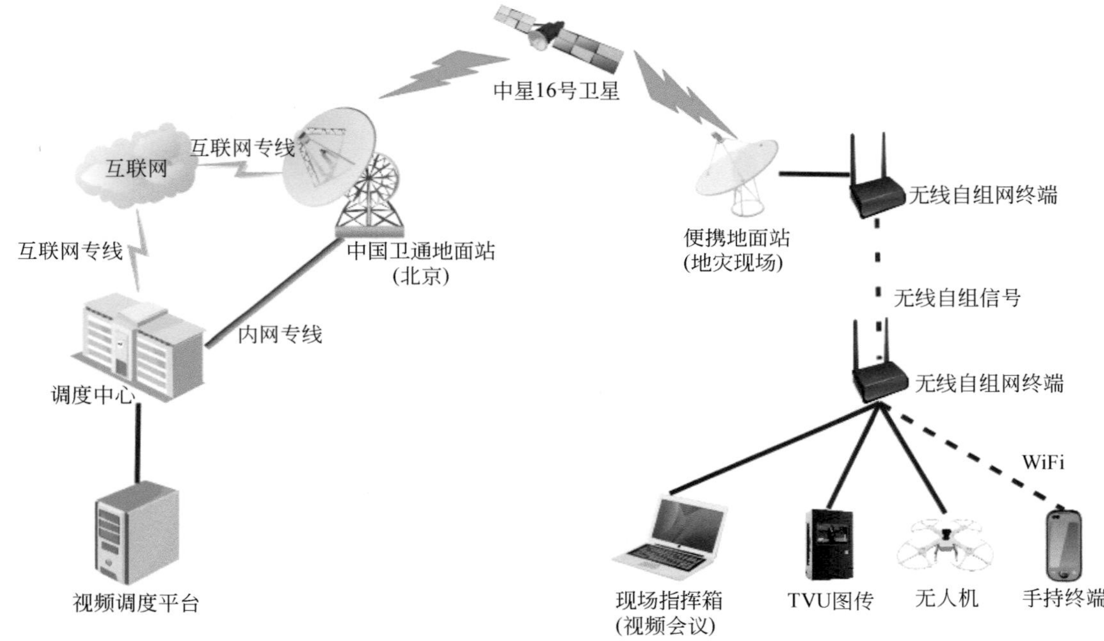

图 2.3　地质灾害防治信息服务平台的构建示意图

2.3　库区地质灾害监测技术

库区地貌受地层岩性、地质构造和新构造运动的控制，以奉节为界，分为东西两大地貌单元，奉节以西，属川东盆地侵蚀剥蚀低山丘陵平行岭谷区；奉节以东，属三峡侵蚀溶蚀低中山峡谷段。地层岩性以层状碎屑岩类、层状碳酸岩类、松散松软岩（土）类及零星分布块状结晶岩类为主，坡体结构呈现软硬相间。地质构造位于扬子准地台区，跨越八面山台褶带、四川台拗和大巴山台拗缘褶皱三个二级构造单元带，地质条件复杂，是地质灾害高发区，历史上曾因山体滑坡、崩塌多次阻断长江水道。

三峡工程建成蓄水后，水位抬升百米，三峡水库蓄水淹没及汛后影响涉及湖北省四个区县、重庆市 22 个区县，共 26 个区县，使一部分原本位于地表水和地下水位线以上的库岸被地表水、地下水长期浸泡，导致岸坡和滑坡软弱面、软层的力学强度降低，使其易产生失稳破坏。每年水库调度形成 30m 的水位涨落，周期性升降使水位变动带的岸坡常年处于干湿交替的过程，使风化、软化作用进一步加强，使库岸斜坡和滑坡体的岩土物理力学性质衰减，库岸斜坡地下水渗流场发生重大改变，致使斜坡岩土体受力状态发生变化，库水位快速消落时岸坡和滑坡体内产生巨大的渗透压力，易导致库岸斜坡和滑坡产生变形破坏失稳。巨大水位变化和城镇就地后靠迁建等人工因素的叠加，扰动了库区的地质环境，地质灾害防治面临巨大挑战，确保库区移民城镇和长江航运的地质安全是重要关键问题。三峡库区地质灾害隐患全部工程治理以目前经济发展水平是难以实现的，监测预警成为防灾减灾的重要手段。三峡库区地质灾害以崩塌、滑坡和塌岸为主，诱发因素以降雨、库水位升降、移民城市建设为主，监测预警手段在水库地质灾害监测预警中具有很强的代表性。

2.3.1　三峡库区地质灾害监测的内容和方法

滑坡、崩塌、塌岸是斜坡岩土体在重力以及降雨、地震、库水位升降、人类工程活动等作用下，表现出的一种变形失稳过程和现象。在失稳过程中，斜坡应力变化是发生变形破坏的内在因素和根本动力，岩土体的内部破坏导致外部呈现宏观变形表象特征，地质灾害监测内容主要分为应力变化、声波监测、变形监测和地质环境条件监测（殷跃平等，2018）。

应力变化主要是斜坡自然重力和其他因素在斜坡中产生的附加作用。重力以体力的方式一直持续作用在斜坡岩土体中，因此成为驱使斜坡变形破坏的最主要作用力。降雨的影响主要是通过渗流渗入坡体改变岩土体的强度和转化为孔隙水压力降低斜坡的稳定性（冯夏庭和丁梧秀，2005）。对库区地质灾害，特别是涉水地质灾害（陈瑜等，2010），在地表水位升降时，通过改变斜坡地下水渗流场的方式影响斜坡稳定性（Jian et al.，2009），监测内容主要是降雨及影响斜坡水文地质条件的指标（Huang et al.，2017），包括降雨量、含水量、地下水位、渗透系数、孔隙水压力等（Dochez et al.，2014）。人类工程活动主要通过挖方、加载等方式改变斜坡的临空条件及所造成的受力状态重分布来影响斜坡的稳定性，主要监测指标为应力监测（表 2.1）。

表 2.1　应力监测的主要特征与适用条件

监测内容	监测方法	常用监测仪器	监测特点	监测方法适用性
应力监测	应力-应变监测法	地应力计、压缩应力计、管式应变计、锚索（杆）测力计等	埋设于钻孔、平硐、竖井内，监测滑坡、崩塌内不同深度应力、应变情况，区分压力区、拉力区等。锚索（杆）测力计用于预应力锚固工程锚固力监测	适用于不同滑坡、崩塌的变形监测。应力计也可埋设于地表，监测表部岩土体应力变化情况
	深部横向推力监测法	刚弦式传感器、分布式光纤压力传感器、频率仪等	利用钻孔在滑坡的不同深度埋设压力传感器，监测滑坡横向推力及其变化，了解滑坡的稳定性。调整传感器的埋设方向，还可用于垂向压力的监测。均可以自动监测和遥感监测	适用于不同滑坡的变形监测。也可以为防治工程设计提供滑坡推力数据

声波、次声波监测是针对岩体脆性特征的突发型岩质滑坡、崩塌监测的重要方法之一。脆性岩体灾害呈现出突发性特点，从岩土体破坏发射声波方面来监测成为重要手段。具有致灾条件的斜坡，在各种诱发因素作用下，易发生岩体脆性特征的突发型岩质滑坡、崩塌，岩土体内部开始破坏并逐渐扩展，多有声波、次声波等现象出现，显著的宏观变形

破坏迹象不明显，但大量的监测成果显示，此类滑坡、崩塌在失稳前有明显的声波、次声波信号。次声波监测的主要特征与适用条件可见表 2. 2。

表 2. 2　次声波监测的主要特征与适用条件

监测内容	监测方法	常用监测仪器	监测特点	监测方法适用性
次声波监测	声发射监测法	声发射仪、地音仪等	监测岩音频度、大事件（单位时间内振幅较大的声发射事件次数）、岩音能率（单位时间内声发射释效能量的相对累计值），用以判断岩质滑坡、崩塌变形情况和稳定情况	适用于岩质滑坡、崩塌加速变形、临近崩滑阶段的监测。不适用于土质滑坡的监测

变形监测是目前应用最广泛和最为直观的监测内容，它主要反映了宏观变形现象，如位移、相对位移、深部位移、角度变化、角速度或加速度变化等。宏观变形是指地质灾害在破坏过程中呈现出的明显变形，可以通过监测手段如地表位移、裂缝，深部位移等监测内容反映斜坡的变形过程和破坏特征。大量的数据表明，具备宏观变形特征地质灾害数量最多、代表性最强，成为简易监测和专业监测的最重要内容（表 2. 3）。

表 2. 3　变形监测的主要特征与适用条件

监测内容		监测方法	常用监测仪器	监测特点	监测方法适用性
地表变形监测	滑坡、崩塌变形绝对位移监测	（常规）大地测量法	高精密测角、测距光学仪器和光电测量仪器，包括经纬仪、水准仪、测距仪等	监测滑坡、崩塌的绝对位移量。能大范围控制滑坡、崩塌的变形，技术成熟、精度高、成果资料可靠。但受地形、视通条件限制和气象条件影响	适用于所有滑坡、崩塌不同变形阶段的监测，是一切监测工作的基础
		全球导航卫星系统（GNSS）测量法	单频、双频 GNSS 接收机等	可实现与大地测量法相同的监测内容，能同时测出滑坡、崩塌的三维位移量及其速率，且不受视通条件和气象条件影响	同大地测量法
		近景摄影测量法	陆摄经纬仪等	对滑坡、崩塌监测点摄影，构成立体图像，利用立体坐标仪量测图像上各测点的三维坐标	主要适用于变形速率较大的滑坡、崩塌监测
		遥感法	地球卫星、飞机和相应的摄影、测量装置、InSAR 数据	利用地球卫星、飞机等周期性的数据分析滑坡、崩塌的变形	适用于大范围、区域性的滑坡、崩塌的变形监测
	倾斜监测	地面倾斜法	地面倾斜仪等	监测滑坡、崩塌地表倾斜变化及其方向，精度高、易操作	主要适用于倾倒和角变化的滑坡、崩塌的变形监测

续表

监测内容		监测方法		常用监测仪器	监测特点	监测方法适用性
地表变形监测	滑坡、崩塌相对位移监测	测缝法	简易监测法	钢尺、水泥砂浆片、玻璃片、纸条等	在滑坡、崩塌裂缝、崩塌面、软弱面两侧设标记或埋桩，或在裂缝、崩滑面、软弱带上贴水泥砂浆片、玻璃片等，用钢尺定时量测其变化	适用于群测群防监测
			机测法	双向或三向测缝计、收敛计、伸缩计等	监测对象和监测内容同简易监测法。成果资料直观可靠，精度高	同简易监测法。是滑坡、崩塌变形监测的主要和重要方法
			电测法	电感调频式位移计、多功能频率测试仪、位移自动巡回检测系统等	传感器的电性特征或频率变化来表征裂缝、崩塌面、软弱带的变形情况，精度高、自动化、数据采集快、可远距离有线传输，并数据微机化	同简易监测法。特别适用于加速变形、临近破坏的滑坡、崩塌的变形监测
地下变形监测	滑坡、崩塌变形绝对位移监测	深部横向位移监测法		钻孔倾斜仪	监测滑坡、崩塌内任一深度崩塌面、软弱面的变形，以及崩滑面、软弱带的位置、变形速率等。资料可靠，但量程有限，变形过大后易损毁	是滑坡、崩塌深部变形监测的主要和重要方法
		测斜法		地下倾斜仪、多点倒锤仪	在平硐内、竖井中监测不同深度崩塌面、软弱带的变形情况。精度高、效果好，但成本相对较高	适用于滑坡、崩塌深部变形监测
		测缝法		基本同地表测缝法，还常用多点位移计、井壁位移计等	基本同地表测缝法。人工测在平硐、竖井中进行；自动监测和遥感监测将仪器埋设在地下。精度高、效果好，缺点是仪器易受地下水、气等的影响和危害	基本同地表测缝法

随着我国科技的发展，全球导航卫星系统（GNSS）日益成熟，在地质灾害监测领域发挥了重要的作用。与常规的变形测量方法相比，GNSS 技术具有高精度、高效益、全天候、不需通视等优点，GNSS 技术已经广泛应用于地质灾害变形监测中，并取得了很好的效果。近年来星载合成孔径雷达干涉测量（interferometric synthetic aperture radar，InSAR）技术也发展迅猛。星载 InSAR 技术是一种对地观测技术，在信息技术、摄影测量技术、数字信号处理技术等基础上发展而来，逐渐趋于成熟，实现了区域主动、全天候、大面积、高精度监测，尤其是具有大范围连续跟踪观测微小地表形变的能力，成为滑坡地质灾害专业监测的新技术、新手段。

地质环境的变化与地质灾害的发展、发生或诱发息息相关（王伟等，2017）。三峡库区地质灾害诱发因素以降雨、库水位升降、移民城市建设为主，根据地质环境特征和诱发因素，采用的主要监测内容包括地表水、地下位移监测、地震动监测、降雨量监测等（殷坤龙等，2014）。这些环境要素的监测可为地质灾害的孕灾机理、诱发因素、成灾概率分析研究等提供基础支撑。表 2.4 列出了主要的地质环境条件监测的主要特征与适用条件。

表 2.4　地质环境条件监测的主要特征与适用条件

监测内容	监测方法	常用监测仪器	监测特点	监测方法适用性
地质环境条件监测	地下水动态监测法	监测蛊、水位自动记录仪、孔隙水压力计、钻孔渗压计、测流仪、水温计、测流堰	监测滑坡、崩塌内地下水水位、水量、水温和孔隙水压力等动态，掌握地下水变化规律，分析地下水、地表水、大气降水与滑坡、崩塌的关系	适用于土质滑坡、碎裂岩体滑坡和随库水变化而变形的滑坡及危岩体
	地表水动态监测法	水位标尺、水位自动记录仪、流速仪和自动记录流速仪、流量堰等	监测与滑坡、崩塌相关的江河或水库等地表水体的水位、流速、流量等，分析其与地下水、大气降水的联系	适用于涉水滑坡、崩塌及地表水影响稳定性的库岸
	水质动态监测	取水样设备和相关设备	监测滑坡、崩塌内及周边地下水、地表水水化学成分变化情况	根据需要确定
	气象监测	温度计、雨量计、风速仪等气象监测常规仪器	监测降水量、气温等，必要时监测风速、分析其与滑坡、崩塌的关系	一般情况下均应进行
	地震监测	地震仪等	监测滑坡、崩塌内及外围地震强度、发震时间、震中位置、震源深度、地震烈度等	我国设有专门地震台网，故应以收集资料为主
	人类工程活动监测	无人机、激光扫描仪、陆摄经纬仪等	监测开挖、削坡、加载、洞掘、水利设施运营，分析其对滑坡、崩塌的影响	一般都应进行

2.3.2　典型地质灾害专业监测技术应用

三峡库区地质灾害以滑坡、崩塌和塌岸为主，其中以滑坡占比最多，大型及以上规模滑坡以涉水型顺层基岩滑坡和堆积层滑坡为主，其中三峡库区顺层岩质库区长度达 980 余千米，占比约 46%，库岸干流大型、巨型滑坡中，顺层共 16 处，占比 64%（殷跃平，2004a），在 2003 年 7 月 13 日三峡库区发生了千将坪顺层基岩滑坡，本书以大型顺层岩质滑坡——旧县坪滑坡为例介绍三峡库区专业监测技术应用情况（胡亚波和王丽艳，2005）。

旧县坪滑坡位于重庆云阳段长江的左岸，距云阳县城直线距离约 11.3km，为一大型、深层、顺层的岩质滑坡。旧县坪滑坡位于黄柏溪向斜北翼，断裂构造不发育。旧县坪滑坡体中上部斜坡坡度为 15°～30°，坡面倾向为 140°。滑坡下部 160～190m 高程处发育一宽缓平台，受库水位升降影响，这一平台间断性出露或部分淹没于水下，滑坡体左、右两侧边界都发育有季节性冲沟。滑坡平面呈扇形展布，滑坡左右侧均以冲沟为界（图 2.4），左侧至汪宗沟、右侧至水井沟；两侧冲沟边界处基岩大面积出露。滑坡后缘高程约 570m，前缘伸入长江，以堆积层与基岩为界，前缘高程约 95m。该滑坡主滑方向为 144°，纵长 1800m、横宽 1600m，滑体厚度为 5 ~ 97m，前厚后薄、左厚右薄，平均厚度为 40m，面积约 174 万 m^2，体积约 6800 万 m^3，为特大型深层岩质滑坡。旧县坪滑坡主要威胁对象包括：滑坡体上居民 42 户 210 人，滑坡前缘工厂 3 处及厂区工人 450 人，驾校训练场地 1 处及一座小型码头，滑坡后部云阳县殡仪馆办公楼及墓地、滑坡中部 2.5km 云双公路及过往车辆、行人。旧县坪滑坡为涉水滑坡，滑坡一旦失稳并威胁滑坡前缘长江航道 2.5km 的通行安全，可能造成经济损失约 1.5 亿元。

据勘探揭露，滑体由黏砂土夹碎块石、碎块石夹黏砂土及碎裂岩体组成，其中以碎裂岩体为主，为紫红、灰白色长石砂岩与紫红色泥岩互层组成，占滑体总体积的 90%，其连续性及完整性较好。滑面位于遂宁组（J_3s）上段近底部泥岩中，滑带土为粉质黏土，紫红、棕黄色夹少量砂泥岩碎石，砾径为 1 ~ 2cm，磨圆度较好，湿度中等，塑性较强，擦痕明显。滑带土厚度为 0.5 ~ 0.6m。滑面上具有清晰可辨的滑动擦痕，滑面形态及产状主要受滑床基岩层面控制，在纵向上滑面呈上陡下缓的“勺”形，滑面倾向为 NE36°，倾角下部为 16°、上部为 24°，而剪出口一段滑体反翘与岩层倾向相反。诱发因素主要受库水位侵蚀升降和降雨影响。

图 2.4　旧县坪滑坡全貌照片

2.3.2.1　专业监测系统

根据《三峡工程后续工作三峡库区地质灾害防治规划》（2010 ~ 2020 年），旧县坪滑坡为保留的二期专业监测点，监测级别为一级监测。按《重庆市国土房管局关于开展三峡库区后续地质灾害防治监测预警工程专业监测及群测群防监测设计工作的通知》（渝国土房管〔2012〕649号）中该等级的滑坡监测采用实时监测。中国地质科学院探矿工艺所开展了该项目监测工作，如图2.5所示监测内容包括：地表位移监测（12个GNSS地表位移监测点）、深部位移监测（两个深部位移监测点）、地下水位监测（两个地下水位监测点）、地表裂缝位移监测（五个地表裂缝位移监测点）、降雨量监测（一个降雨量监测点）（表2.5）。遵循“以自动化监测为主，以人工监测为辅”的原则，对监测方案设计进行了必要的优化，适当调整监测内容和工作量。

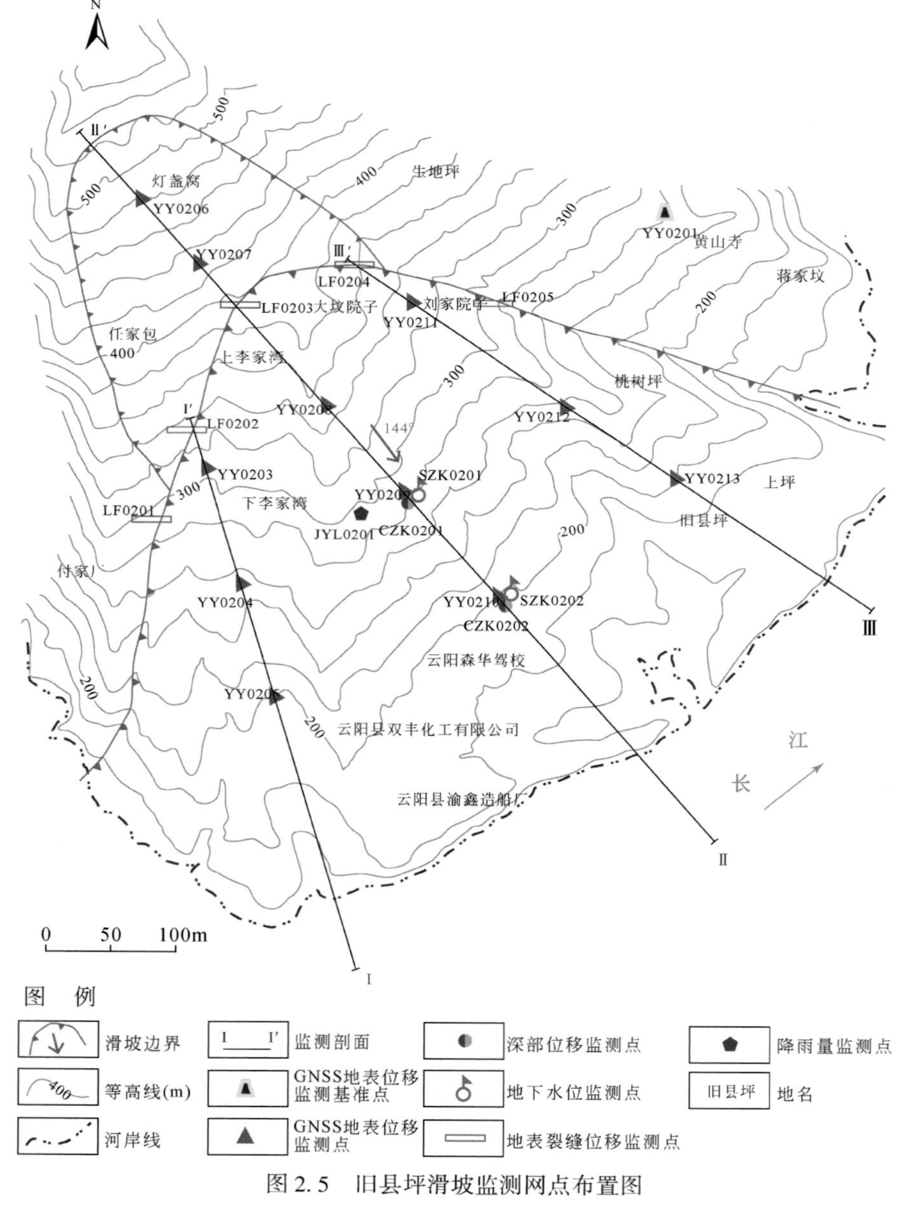

图2.5　旧县坪滑坡监测网点布置图

表 2.5　监测仪器主要技术指标一览表

监测方法	仪器	方式	精度	备注
地表位移监测	GNSS	实时	水平：±2.5mm+1ppm RMS； 垂直：±5mm+1ppm RMS	供电电源：120W 太阳能板，100Ah 蓄电池； 功耗：≤5W； 工作温度：−40～+80℃； 电源接口：LEMO 头；电源输入：10～32V（直流）； 通信接口：三个 RS-232 接口、一个 RJ45 接口； 传输方式：无线网桥、GPRS、3G、数据传输模块
深部位移监测	固定式自动化钻孔倾斜仪	实时	±0.1% F.S.	供电电源：100W 太阳能板，20Ah 电池； 工作温度：−20～+80℃； 长期稳定性：±0.25% F.S./a
地下水位监测	地下水动态自动监测仪	实时	±0.25%、±0.5%（包括非线性、迟滞性和重复性）	供电电源：16Ah 锂电池； 工作温度：−25～+80℃； 长期稳定性：平均无故障时间>30000h
地表裂缝位移监测	裂缝自动监测仪	实时	±1mm	供电电源：60W 太阳能板、20Ah 电池； 测量方向：双向； 长期稳定性：平均无故障时间>30000h
降雨量监测	翻斗式雨量计	实时	0.1mm	工作温度：−25～+80℃； 长期稳定性：平均无故障时间>30000h； 双要素一体化，数据采集仪、通信模块、供电系统一体化

注：F.S. 为满量程（full scale）；RMS 为均方根（root mean square）；Ah 为安培小时；$1\text{ppm}=10^{-6}$。

根据滑体的形体特征、变形特征、赋存条件特点，监测网应因地制宜地进行布设。监测网由监测线（剖面）和监测点组成，要能形成点、线、面的监测网，能监测变形方位、变形量、变形速度、变形发展趋势，并能监测滑体的宏观变形迹象、监测变形破坏的主要诱发因素，能及时提供预警预报所需的主要监测数据。监测网点布设要少而精，力争以尽量少的监测点来达到监测预报的需求。监测点布置时还应综合考虑 GNSS 监测点布置的注意事项。

1. 地表位移监测

在滑坡上布设Ⅰ-Ⅰ′、Ⅱ-Ⅱ′、Ⅲ-Ⅲ′三条监测剖面，Ⅰ-Ⅰ′监测剖面上布设三个 GNSS 地表位移监测点，分布高程分别为 190m、240m、300m；Ⅱ-Ⅱ′监测剖面上布设五个 GNSS 地表位移监测点，分布高程分别为 190m、270m、340m、420m、470m；Ⅲ-Ⅲ′监测剖面上布设三个 GNSS 地表位移监测点，分布高程分别为 190m、240m、322m；在滑坡体外稳定基岩处布设一个 GNSS 地表位移监测基准点。

2. 深部位移监测

在Ⅱ-Ⅱ′监测剖面上布设两个深部位移监测点，分布高程分别为 190m、270m，对应孔深分别为 60.0m、72.0m。监测时用测斜仪测孔在正交两个方向延深度的偏移值，从而得到测斜孔延深度的变形情况和偏移变化。深部位移监测孔紧邻地表位移监测点布置。

3. 地下水位监测

在Ⅱ-Ⅱ′监测剖面上布设两个地下水位监测点，高程分别为190m、270m，对应孔深分别为60.0m、72.0m。地下水位孔紧邻地表位移监测点。采用地下水动态自动监测仪对地下水的水位和水温的动态变化进行连续、长期、自动监测。

4. 地表裂缝位移监测

布设五个，选择在后部、两侧边界安装裂缝计。

5. 降雨量监测

布设一个，设置于滑坡体中部附近。

6. 宏观巡查监测

宏观巡查监测为工程地质人员按照巡视路线定期对滑坡体进行调查，巡视路线为现场踏勘调查后确定的重点区域，通过对已出现的宏观变形迹象（如裂缝发生及发展，地面沉降、下陷、坍塌、膨胀、隆起，建筑物变形等）、与变形有关的异常现象（如地声、地下水异常、动物异常等）、水位情况等进行调查记录，结合相关专业知识对滑坡变形趋势做出宏观判断。

2.3.2.2　专业监测数据简要分析

通过滑坡主剖面地表位移监测（图2.6），揭示了旧县坪滑坡的基本特征，滑坡后缘堆积层布置了两个监测点YY0206和YY0207，通过2～4年监测变形数据显示，YY0206和YY0207数据变形特征不明显，仅在2017年6月出现明显变化，位移量较小，最大值为3cm。前缘布置的YY0208、YY0209和YY0210三个监测点通过近五年的长时间监测，变形规律基本一致，滑坡变形与库水位的关联性主要体现在库水位下降的过程中，无论在高水位还是低水位稳定期，变形量都较小。滑坡变形最大值出现在库水位下降最快阶段，库水位上升对滑坡变形影响不大，2017年和2018年库水位下降速率最大，变形量也最大；而2019年和2020年库水位下降速率略小，变形量也随之减小，同时滑坡变形对库水位变化的响应还有一定的滞后性。

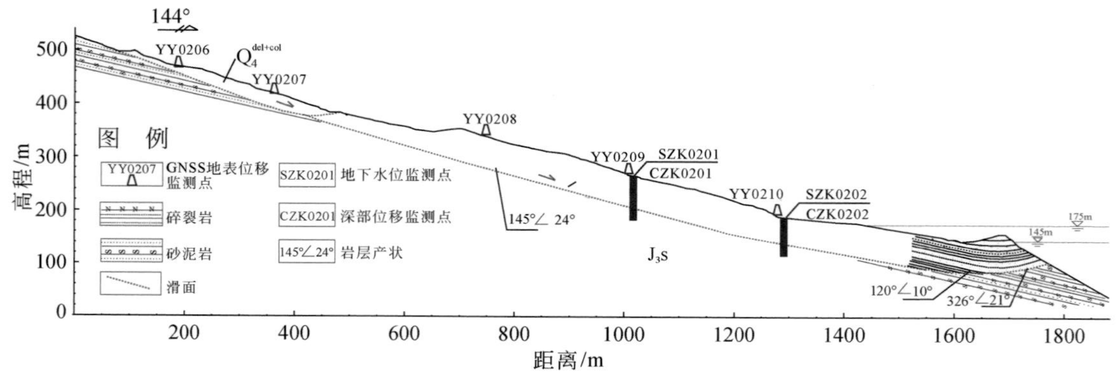

图2.6　旧县坪滑坡Ⅱ-Ⅱ′剖面监测图

从图2.7监测数据说明，库水位下降与旧县坪滑坡地表形变密切相关，坡体内水位差产生的渗透压对滑坡影响很大（谭淋耘等，2021）。水位升降是滑坡主要诱发因素，库水位下降速率对滑坡产生很大影响，库水位下降速率越大稳定性变化越快，渗流场滞后性越明显，造成渗透压力越大。库水位上升期，渗透压力受力方向为坡内，对稳定性影响不大。根据对旧县坪滑坡的专业监测，初步揭示了三峡库区由水位升降诱发大型顺层滑坡的变形规律。旧县坪滑坡的变形规律呈牵引式，由于滑坡前缘涉水，为大型顺层岩质滑坡，地层为砂泥岩互层结构，前缘反翘，一定程度增加了抗滑力，有助于滑坡的稳定；但库水位反复升降，前缘涉水岩体劣化，强度不断衰减，特别是水库下降速率最大时，稳定性系数最小，应加强监测频率。监测所得的实时相关参数及地表变形特征可为下一步减灾防灾提供参考依据。

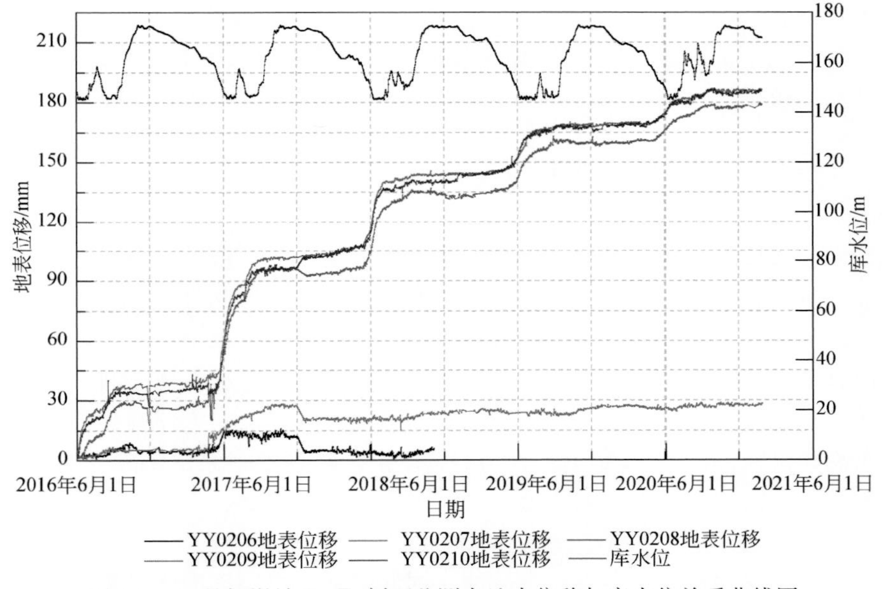

图2.7　旧县坪滑坡Ⅱ-Ⅱ′剖面监测点地表位移与库水位关系曲线图
（监测时间：2016年6月至2021年6月）

顺层岩质滑坡往往受软弱夹层控制，软弱夹层性状基本决定了滑坡的整体性状，三峡库区大型顺层岩质滑坡滑带主要为页岩、泥岩等软岩，软弱夹层产生层间错动，软岩表现出明显的蠕变和渐进破坏特性。在水位波动及降雨长期作用下，加速软弱夹层的力学衰减速率，促使滑坡产生，同时由于渐变性，为防灾减灾提供了通过监测得到失稳依据的可行性。相似条件的顺层岩质滑坡具有群发性，在三峡库区有大量相似的地质坡体结构，大量的监测预警成果，可为此类型地质灾害防范提供参考依据。

2.4　消落带岩体劣化监测技术

2008年11月，自三峡工程试验性蓄水175m以来，由于周期性水位调度，三峡库区已经经历了10多年的145～175m的水位波动。水位变化常态化强烈地改变了库岸斜坡的地质环境条件，三峡库区水位变动带岩体损伤松动强烈，部分区域形成了高 30m 的斜坡劣化带（Yin et al.，2010）。其中，在以往关注较少的峡谷区岩溶岸坡，部分水位变动带溶蚀岩体劣化快速而强烈。由于其高势能和强致灾性，岩溶岸坡岩体劣化及其灾变效应受到大量学者和政府的广泛关注（Yin et al.，2015）。

溶蚀岩体宏观损伤加速了部分岩溶岸坡变形破坏演化进程（王恒等，2019），带来了前所未有的工程灾变效应问题，诱发或新生了如龚家坊滑坡、青石滑坡、箭穿洞危岩体、板壁岩危岩体、棺木岭危岩体、黄岩窝危岩体等大量地质灾害，造成了数亿元的经济损失（黄波林等，2019b）。溶蚀岩体易脆性破坏，以较大的速度冲击水体，形成灾害性涌浪。三峡航道是长江黄金水道的重要咽喉，岩溶岸坡岩体劣化的灾变是当前三峡库区地质灾害防治面临的新挑战。因此，针对性的监测消落带岩体劣化成为当前地质灾害防灾减灾的重要工作内容之一。

本节主要对应用于消落带岩体劣化的三维激光扫描监测技术、振弦式应力监测技术、多点位移计监测技术、声波测试监测技术及常规的其他监测技术进行了探讨。

2. 4. 1　三维激光扫描监测技术

三维激光扫描技术采用非接触式测量方法进行数据采集，快速获得物体表面的三维坐标，与传统测量方式相比，具有快速性、高精度、高密度、实时性、动态性、自动化等特点，单次扫描可获取高精度的三维点云数据，根据多次扫描成果的计算，可获取高精度的三维变形信息。三维激光扫描技术起初多应用于矿山、地下隧道等复杂且对精度要求高的工程中，随着三维激光扫描技术的发展及应用，国内外很多研究人员对该技术在监测领域做了很多实验和研究工作。三维扫描技术被越来越多地应用到监测领域，目前在露天矿坑边坡监测，危岩体监测，地下矿洞变形监测，采空区变形监测，滑坡、泥石流监测等领域均有应用案例（徐进军等，2010）。

研究区域水位变动带常年受到江水冲蚀，因此大部分岩层表面无植被、土体等大面积覆盖物，为激光扫描创造了天然的监测条件，如箭穿洞、板壁岩、黄岩窝危岩体，剪刀峰、青石顺向坡等地质灾害点的水位变动带大部分区域具备此特征，本书以箭穿洞的应用场景为例，介绍三维激光扫描技术在库区水位变动的应用情况。

箭穿洞危岩体基座为大冶组泥质条带灰岩，岩石强度较低，在上部荷载和坡体应力作用下，该层出现了劈裂状的裂缝（图 2. 8）。基座上分布三处平硐，平硐顶板的岩体呈网状块状，3#平硐的顶板已发生了小规模的垮塌；平硐底板岩体在长江江水的作用下岩体顺着纵张裂缝逐渐被掏蚀，形成宽 0. 1 ~ 1. 0m、深 1 ~ 2m 的裂缝；基座岩体具泥质条带状构造，在长江江水的掏蚀作用下，形成层间裂缝，高 5 ~ 20cm，贯通长度为 1 ~ 2. 9m。

一个测站点采用埋石的方式布设于箭穿洞危岩体西北侧岩体上，四个球形标靶点采用埋设标靶杆的方式布设于箭穿洞西北侧岩体上。每次扫描时只需要将扫描仪器架设于测站点上，将球形标靶上在标靶杆上即可以开始扫描作业。

数据采集后，数据处理通过点云数据拼接、点云数据滤波、点云数据缩减和数据分析手段，得出基于多期三维激光扫描获取的箭穿洞危岩体变形数据，数据获取时间见表 2. 6。

图 2.8　箭穿洞危岩体现状全貌（底部基座表面无覆盖）

4 月扫描数据与 8 月扫描数据特征点 X 方向变形量在-0.037～-0.485mm、Y 方向变形量在 0.161～1.647mm、Z 方向变形量在-0.006～-0.075mm，变形量非常小。危岩体变形量在-2.0799～2.0799mm，变形量在-0.204～0.204mm 的点有 4017580 个，占 99.1169%。

表 2.6　箭穿洞三维点云数据获取时间统计表

数据获取轮次	数据获取时间
第一次	2018 年 4 月 28 日
第二次	2018 年 5 月 25 日
第三次	2018 年 6 月 22 日
第四次	2018 年 7 月 20 日
第五次	2018 年 8 月 18 日
第六次	2018 年 9 月 15 日

箭穿洞主要监测手段为全站仪机器人自动化监测，采用进口拓普康 IS-IMAGING STATION 影像型三维扫描全站仪机器人［测角精度为 0.5″/1″，测距为 1mm+（2mm+2ppm×D^{-6}），D 为实测距离］，采用极坐标法进行观测，垂直位移采用三角高程法进行观测。同期（2018 年 4 月至 2018 年 9 月），不同监测手段获取的危岩体变形量如表 2.7 所示。通过

三维激光扫描获取的危岩体变形数据明显小于全站仪监测的变形数据，表明在箭穿洞的监测项目中，基于三维激光扫描获取的变形数据精度优于全站仪监测得到的。

表 2.7　同期不同监测手段变形量对照表

监测手段	三维激光扫描技术	全站仪监测
变形成果	三维变形量为-0. 204 ~ 0. 204mm	水平变化量为 1 ~ 13mm； 沉降变化量为 7 ~ 14mm
精度	毫米级	厘米级

三维激光扫描技术结合了摄影测量和全站仪监测的优点。通过箭穿洞项目对三维激光扫描技术的应用和总结，库岸水位变动带大部分表面干净无覆盖物的特性为实施三维激光扫描提供了天然的应用场景；基于三维激光扫描技术获取的变形数据是厘米级分辨率的点云变形信息，同时监测精度可以实现毫米级监测精度——可以监测出水位变动带岩体发生的几何微小形变。

2. 4. 2　振弦式应力监测技术

振弦式应力传感器是目前国内外普遍重视和广泛应用的一种非电量电测的传感器。由于振弦传感器直接输出振弦的自振频率信号，因此，具有抗干扰能力强、受电参数影响小、零点飘移小、受温度影响小、性能稳定可靠、耐震动、寿命长等特点（陈志坚等，2002）。目前已经广泛应用于港口工程、土木建筑、道路桥梁、矿山冶金、机械船舶、水库大坝、地基基础等的测试，已成为工程、科研中一种不可缺少的测试手段。本书以箭穿洞的应用场景为例，介绍振弦式应力传感器在库区消落带的应用情况。

箭穿洞危岩体的变形均与危岩基座相关，基座变形引发上部岩体的变形，破坏方式属于基座压裂型崩塌失稳。重庆市 208 地质队在箭穿洞基座平硐内布置了三组八个振弦式应力传感器（图 2. 9）。

图 2. 9　箭穿洞平硐及应力监测设备

将通过应力盒获取的数据进行整理和库区水位进行综合分析，形成了箭穿洞三个平硐的压力与库水位的相关性曲线图（图2.10～图2.12）。根据图2.10～图2.12，危岩基座压力曲线呈波动状，在水位下降时基座压力增大、水位上升时基座压力减小。其中a1、c1监测点在2014年和2015年175m水位期间监测数据减小为0，当水位下降后，压应力又开始恢复。

为了排除江水位对压力值的影响，选择每年江水位降至危岩基座以下时压力监测数据的最大值进行对比，见表2.8。

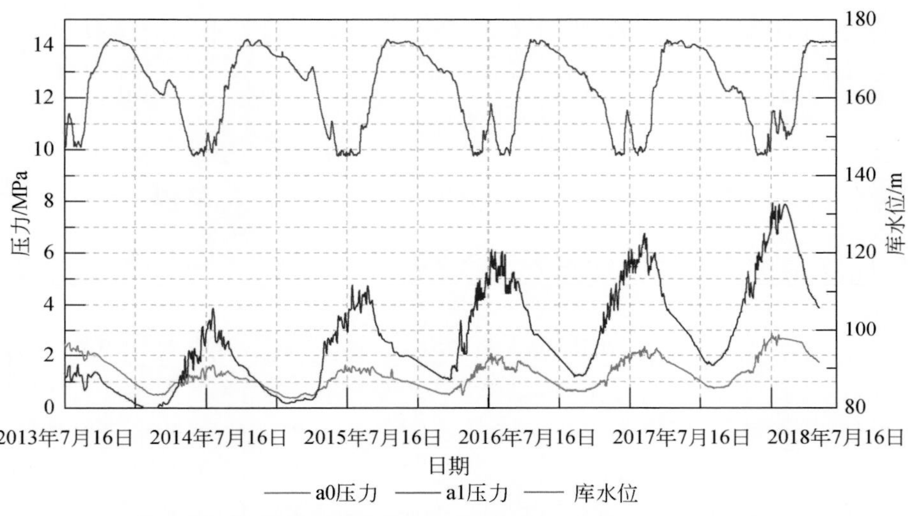

图2.10　箭穿洞1#平硐内压力监测点（a0、a1）监测曲线

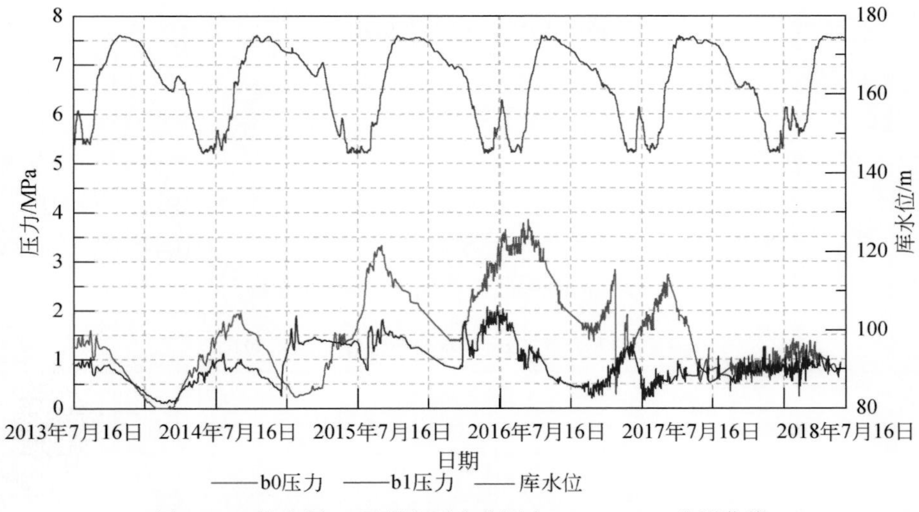

图2.11　箭穿洞2#平硐内压力监测点（b0、b1）监测曲线

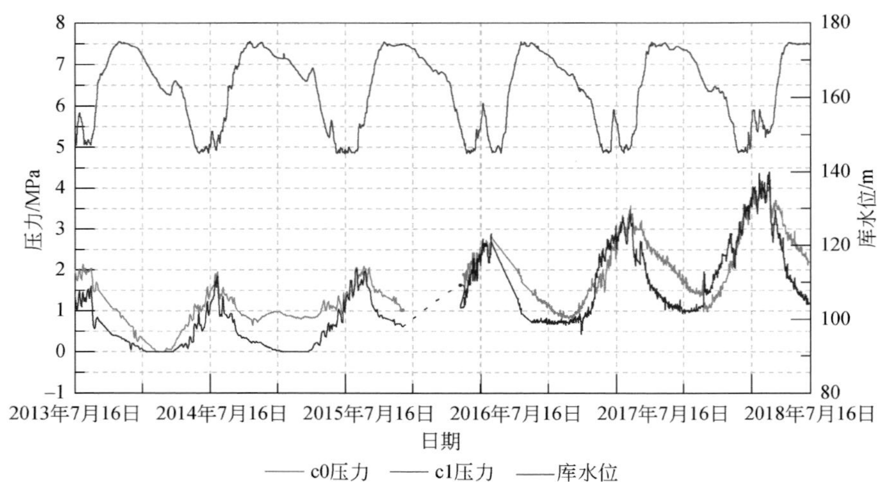

图 2.12　箭穿洞 3#平硐内压力监测点（c0、c1）监测曲线

表 2.8　江水位降至危岩基座以下时压力监测数据最大值对比表

年份	水位	a0	a1	b0	b1	c0	c1
		压力/MPa	压力/MPa	压力/MPa	压力/MPa	压力/MPa	压力/MPa
2013	低于基座 155m 高程	2.48	1.65	1.60	1.04	2.13	1.60
2014		1.62	3.87	1.96	1.12	1.95	1.84
2015		1.62	4.75	3.33	1.89	2.09	2.01
2016		2.06	6.02	3.85	2.10	2.88	2.88
2017		2.32	6.74	2.83	1.35	3.57	3.48
2018		2.67	6.96	0.99	0.72	3.83	3.87
累计变化量/MPa		0.19	5.31	−0.61	−0.28	1.70	2.27

由表 2.8 可知，各监测点建点时（2013 年）的初始应力为 1.04（b1）~2.48（a0）MPa，部分监测点（a0、c0）应力在 2014 年略有降低之后，各监测点应力逐年增大。至 2018 年单点累计变化量最大为 5.31MPa（a1），根据各监测点分布位置，1#平硐（a0、a1、b0、b1）、2#平硐（c0、c1）基座压力平均增大值分别为 1.98MPa、1.98MPa。

根据历年监测曲线，危岩体基座压力一般在 8 月达到最大，为比较 2017 年与 2018 年基座压力变化速率（表 2.9），选择每年危岩基座压力峰值进行对比。

表 2.9　2017 年与 2018 年基座压力变化速率对比表

监测点	a0	a1	c0	c1
2016 年压力峰值/MPa	2.06	6.02	2.88	2.88
2017 年压力峰值/MPa	2.32	6.74	3.57	3.48
2018 年压力峰值/MPa	2.79	7.87	4.17	4.36
2018 年变化速率/(MPa/a)	0.47	1.13	0.60	0.88
2017 年变化速率/(MPa/a)	0.26	0.72	0.69	0.60

目前，危岩体基座压力在逐年增加，基座岩体在江水的软化和侵蚀作用下，岩体强度及完整性逐渐降低；在危岩体上部荷载作用下，基座岩体被压碎，并逐年向上部发展。

根据应力变化曲线，发现库区的蓄水、退水与箭穿洞基座承受的压力具备明显的相关性，且得到了基座压力变化过程。同时，振弦传感器有着独特的机械结构形式，并以振弦频率的变化量来表征受力的大小，具有长期稳定的性能。该技术可针对性地运用于库岸危岩底部基座应力的变化监测，在消落带岸坡监测中可以推广应用。

2.4.3　多点位移计监测技术

振弦式多点位移计主要由位移传感器及护管、不锈钢测杆及 PVC 护管、安装基座、护管连接座、锚头、护罩、信号传输电缆等组成。当被测结构物发生位移变形时将会通过多点位移计的锚头带动测杆，测杆再拉动位移计的拉杆产生位移变形。位移计拉杆的位移变形传递给振弦转变成振弦应力的变化，从而改变振弦的振动频率。电磁线圈激振振弦并测量其振动频率，频率信号经电缆传输至读数装置，即可测出被测结构物的变形量。振弦式多点位移计可同步测量埋设点的温度值。因此利用这种多点位移计可以获取的地下相对位移数据具有稳定可靠、高精度、高灵敏度的特点（张奇华和严忠祥，2002）。本书以黄岩窝、板壁岩危岩体为例，介绍多点位移计监测技术在消落带中的应用。

黄岩窝危岩体水位变动带布置一个自动化多点位移计（图 2.13，表 2.10），安装在水平钻孔内，共布置了四个锚头，安装在危岩体内的四条裂缝上，分别在 15m、24m、25m、36m 处。

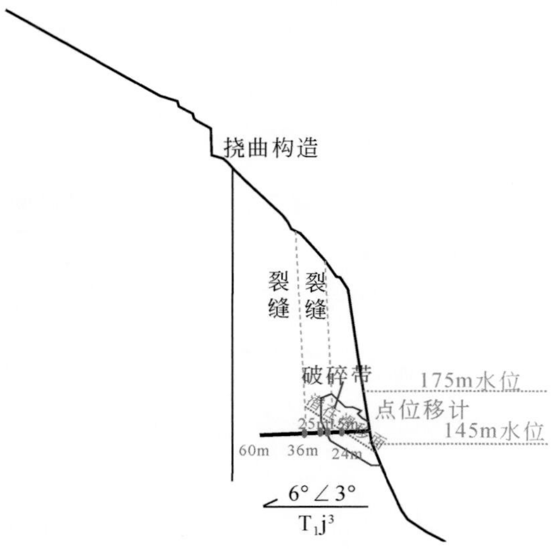

图 2.13　黄岩窝危岩体多点位移监测点位置剖面示意图

表 2.10　黄岩窝危岩体多点位移监测数据统计表

监测点编号	初始值/mm（2018 年 6 月 21 日）	现状值/mm（2019 年 11 月 29 日）	累计变化值/mm
1 号（36m 处）	20.1389	20.1400	0.0011
2 号（25m 处）	29.7770	28.3619	-1.4151
3 号（24m 处）	36.4769	35.3310	-1.1459
4 号（15m 处）	32.2980	32.0120	-0.2860

重庆市 208 地质队在板壁岩危岩体上布置了一个自动化多点位移计（图 2.14，表 2.11），安装在危岩体下游侧的 XK4 水平钻孔内，共布置了四个锚头，安装在危岩体内的四条裂缝上，分别在 5.5m、21m、25m、30m 处。

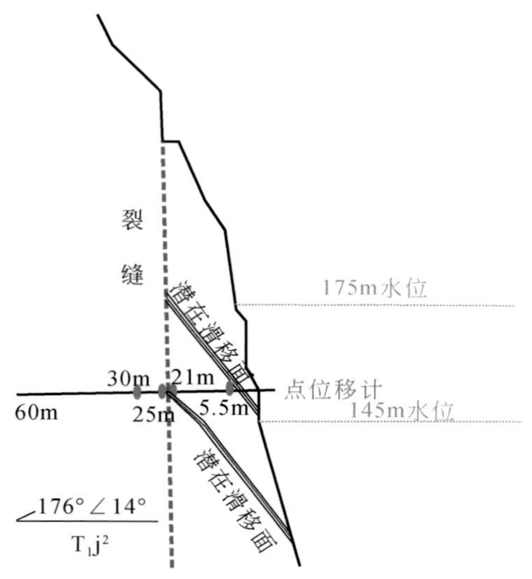

图 2.14　板壁岩危岩体多点位移监测点位置剖面示意图

表 2.11　板壁岩危岩体多点位移监测数据统计表

监测点编号	初始值/mm（2018 年 1 月 1 日）	现状值/mm（2019 年 12 月 15 日）	累计变化值/mm
CD1（30m）	18.068	18.273	0.205
CD2（25m）	28.508	27.615	-0.839
CD3（21m）	20.464	20.283	-0.181
CD4（5.5m）	29.331	29.909	0.578

2018 年至 2021 年黄岩窝危岩体四个点的多点位移变形曲线如图 2.15 所示，危岩体现处于微变形阶段。黄岩窝四个多点位移计的变形曲线较为平滑的特征与实际变形状态吻合。

2018 年至 2021 年板壁岩危岩体四个点的多点位移变形曲线如图 2.16 所示，与黄岩窝情况类似，监测期限较短，危岩体现处于微变形阶段，板壁岩四个多点位移计的变形曲线较为平滑的特征与实际变形状态吻合。

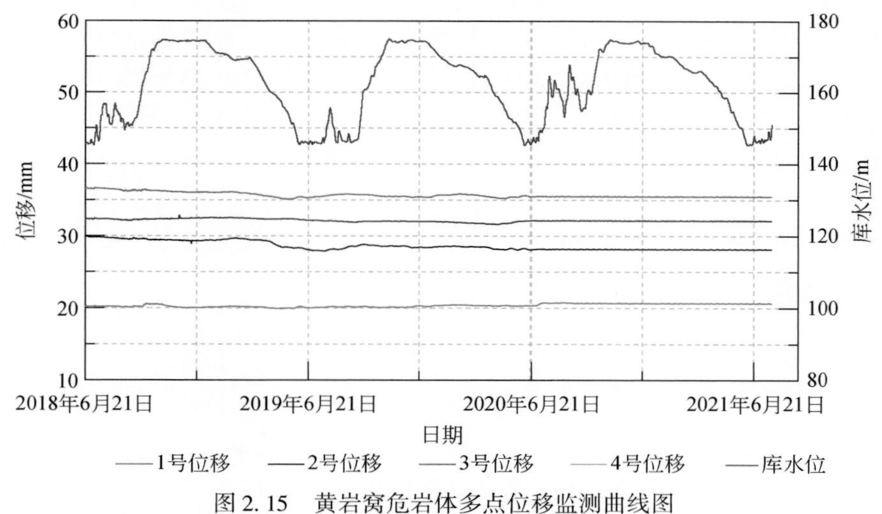

图 2.15　黄岩窝危岩体多点位移监测曲线图

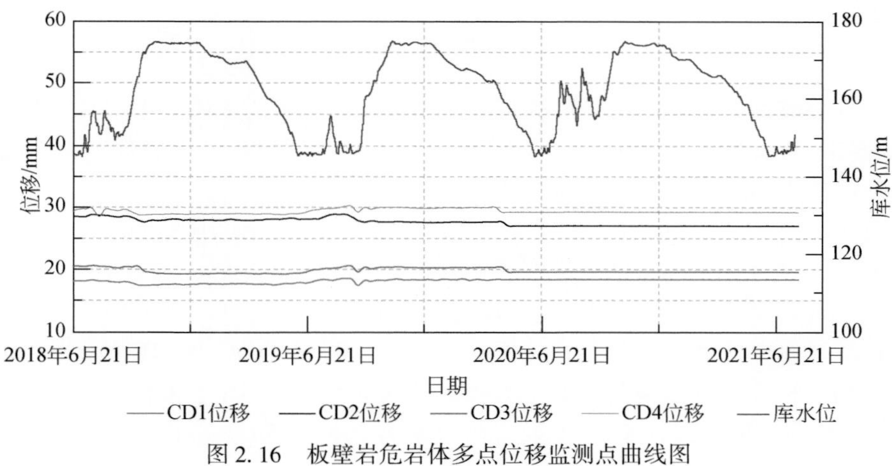

图 2.16　板壁岩危岩体多点位移监测点曲线图

多点位移计监测地下相对位移数据具有稳定可靠、高精度、高灵敏度的技术特点，引入该监测技术可充分获取水位变动带地下相对位移变形信息，反映水位变动带内部变形情况。目前黄岩窝、板壁岩监测项目已经在应用研究阶段，该技术在消落带岸坡监测中可以推广应用。

2.4.4　声波测试监测技术

岩体的弹性参数是表征其完整性、物理力学强度的一项重要参数，通过声波测试（跨孔法）测取被测孔之间的岩体弹性参数，多期测试获取的弹性参数及求得的弹性参数差异，可以反映被测块体的岩体劣化过程。

现场声波波速试验的基本原理是利用弹性波在介质中传播速度与介质的动弹性模量、

动剪切模量、动泊松比以及密度等的理论关系，从测定波的传播速度入手，求取土的弹性参数。弹性波包括体波和面波。体波分纵波和横波，面波分为瑞利波和勒夫波。在岩土工程勘查中主要利用的是直达波的横波速度和纵波速度，方法有单孔法和跨孔法。

跨孔法有采用两孔的（图 2.17；对穿测试，一孔激发、一孔接收），也有采用三孔的（一孔激发、两孔接收）。振源孔和测试孔应布置在一条直线上；测试孔的孔距在土层中宜取 2 ~ 5m，在岩层中宜取 8 ~ 15m，测点垂直间距宜取 1 ~ 2m；当测试深度大于 15m 时，应进行振源孔和测试孔倾斜度和倾斜方位的量测，测点间距宜取 1m。本书以青石 6 号斜坡为例介绍声波测试监测技术在消落带中的应用。

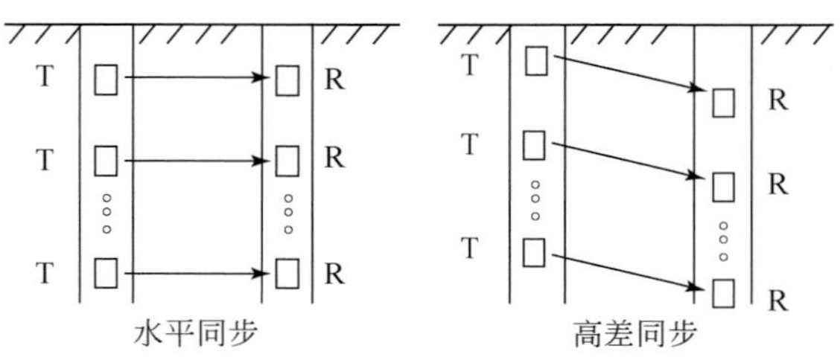

图 2.17　跨孔法测试示意图

T. 激化；R. 接收

青石 6 号斜坡出露下三叠统嘉陵江组，岩性主要为浅灰色薄层夹中厚层泥质灰岩、泥粒灰岩及中薄层白云岩夹泥质灰岩。该斜坡为顺向斜坡，坡度在 34°左右，该斜坡地质条件和交通条件易于实施声波测试（跨孔法）监测的应用开展。

2017 年 9 月 25 日，重庆市 208 地质队完成了 12 个声波测试孔的钻探，孔下电视摄像及套管安装工作，为后续长期观测和测试提供基本条件（图 2.18、图 2.19）。斜坡上布设了六组 12 个钻孔，高程分布在 150m、165m、181m 附近，呈两条纵剖面布置。上游侧纵剖面上钻孔对高程从低到高编号依次为 ZK01A-ZK01B、ZK02A-ZK02B 和 ZK03A-ZK03B，下游侧纵剖面上钻孔对高程从低到高编号依次为 ZK04A-ZK04B、ZK05A-ZK05B、ZK06A-ZK06B。每对钻孔相隔距离为 2m，垂直进尺分别为 20m、33m、43m。

图 2.18　孔位布置照片

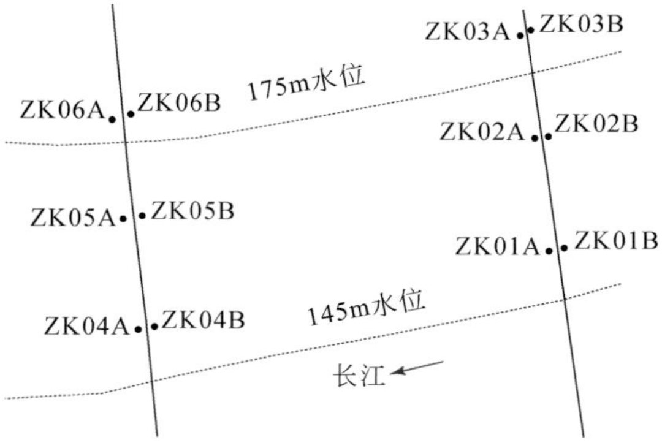

图 2.19　孔位布置示意图

2017 ~ 2019 年间青石 6 号斜坡获取的六组声波变量曲线如图 2.20 所示：

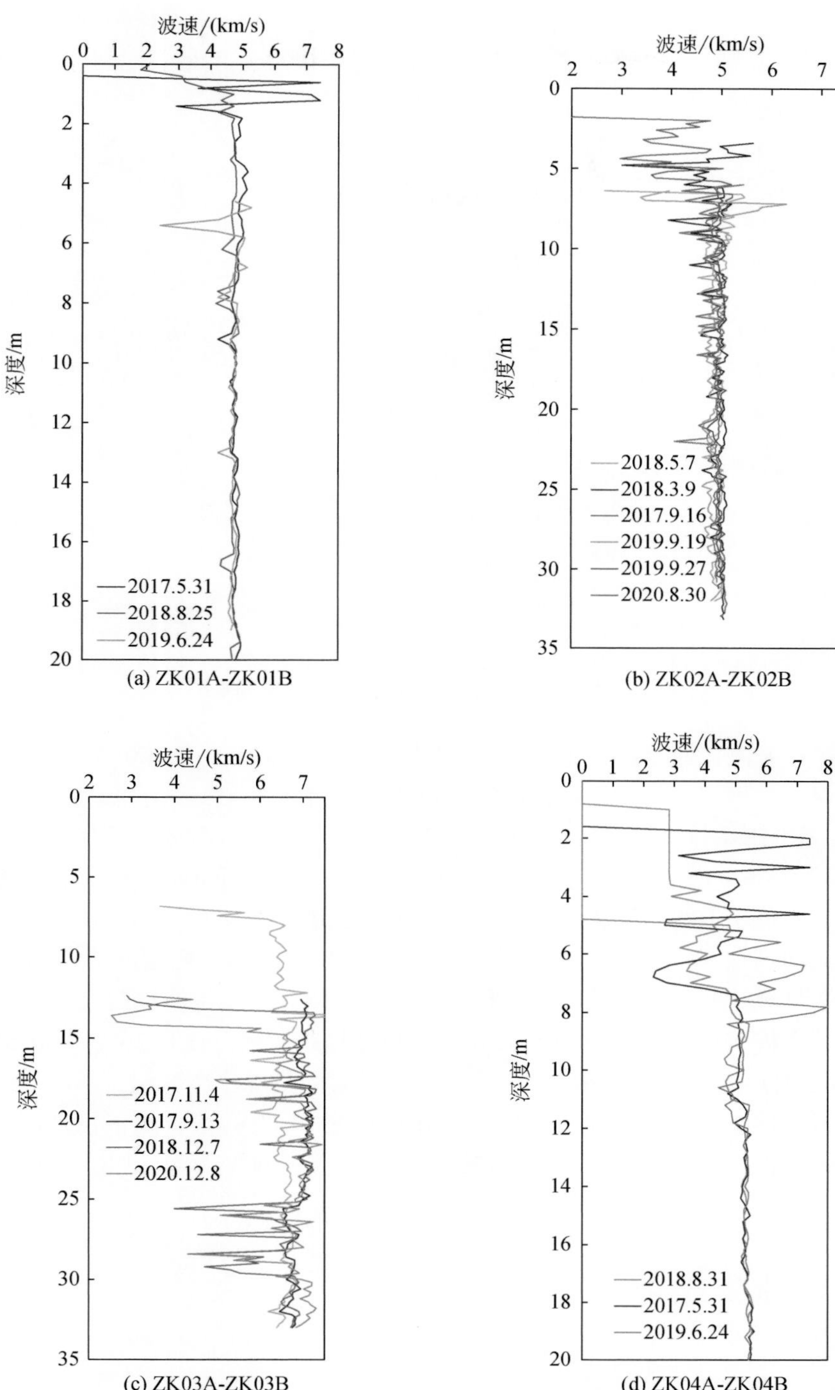
波速/(km/s)
深度/m
2017.5.31
2018.8.25
2019.6.24
(a) ZK01A-ZK01B
2018.5.7
2018.3.9
2017.9.16
2019.9.19
2019.9.27
2020.8.30
(b) ZK02A-ZK02B
2017.11.4
2017.9.13
2018.12.7
2020.12.8
(c) ZK03A-ZK03B
2018.8.31
2017.5.31
2019.6.24
(d) ZK04A-ZK04B

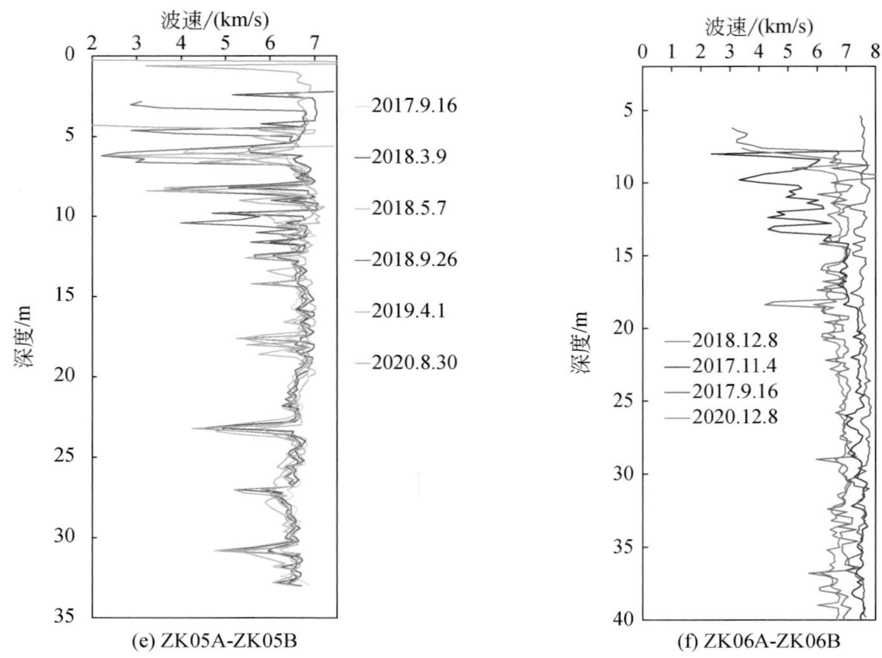

图 2.20 青石 6 号斜坡多周期波速–深度曲线

根据六组声波测试曲线：位于 150m 高程的 ZK01A-ZK01B 和 ZK04A-ZK04B 所测三期的钻孔声波对穿数据间吻合度较好，声波波速整体保持在 2～5km/s。位于 165m 高程上下游的 ZK02A-ZK02B 和 ZK05A-ZK05B，三期声波对穿测试显示声波波速保持在 6～7km/s，其中 ZK02A-ZK02B 的波速值吻合度较好；相反，165m 高程下游的 ZK05A-ZK05B 的波速值变化较明显。位于 180m 高程上下游的 ZK03A-ZK03B 和 ZK06A-ZK06B 所测三期的钻孔声波对穿数据间吻合度较好，声波波速整体保持在 7～8km/s。随着布孔高程升高，声波测试值的声速呈规律变化，可见随着高程的变化，岩体的物理特性也随之变化，反映出岩体的完整性随高程变化。ZK05A-ZK05B 位于水位变动带，根据该孔 2017 年至 2019 年多期声波测试值的时间–深度–波速曲线图，声速明显随时间呈规律性变化，基本可以反映出该点监测期间岩体逐渐劣化的过程。因此，利用声波测试（跨孔法）可以用来监测水位变动带的岩体劣化过程；声波波速的下降是岩体完整性下降的典型标志，因此也是岩体质量劣化的典型标志。

2.4.5 其他监测技术

2.4.5.1 GNSS 卫星定位技术

全球导航卫星系统（GNSS）变形监测是利用现代通信技术将 GNSS 监测基站和监测站获取的定位数据传输到远程终端并通过特定的算法获取高精度形变数据的监测手段

(Yang et al., 2010)，具有全天候测量、可同时获取监测点三维变形数据（即东方向、北方向和垂直方向的形变数据）等技术特点。目前，GNSS 监测技术具备很明显的技术优势，已运用于大坝、滑坡、建筑物等的变形监测领域。基于 GNSS 卫星定位技术的变形监测技术已广泛运用于三峡库区长江干流段的监测项目中，成为库区监测项目的主要监测手段。本书以青石滑坡为例介绍 GNSS 变形监测技术在消落带中的应用。

青石顺向坡 1 ~ 6 号斜坡变形特征为顺向临空部分未见有贯通的卸荷裂隙，目前出现的变形为在陡崖带上受构造裂隙切割与地形影响发育的危岩单体；顺向不临空部分，目前未见该区域有贯通的卸荷裂隙，主要变形集中分布在斜坡坡角的消落带上，在 2 号、3 号、4 号斜坡消落带发现三处明显的错动破碎带（图 2.21），发育高程为 145 ~ 175m、宽度为 0.3 ~ 0.8m、长度为 25 ~ 70m，发育方向与岸坡走向基本一致，岩体呈破碎状，与岸坡构造裂隙呈小角度相交，为溃屈–滑坡破坏的早期变形特征。青石顺向坡 9 号斜坡库岸段水下发育陡坡地形，从河谷底部一直延伸至 145m 高程处，地形坡角为 50° ~ 65°，从 145m 水位至 300m 高程发育一斜坡地形，地形坡角为 40° ~ 45°，300m 高程左右发育一级陡崖地形，陡崖相对高度为 100 ~ 150m，高程为 300 ~ 450m，450m 以上表现为缓–陡坡地形，地形坡角为 30° ~ 50°，整体顺向临空。

图 2.21　斜坡消落带发育错动破碎带

青石顺向坡共布设六个 GNSS 自动化监测点（GNSS01 ~ GNSS06），监测点为靠近水位变动带的库岸，监测点布置见图 2.22。

自 2018 年自动化 GNSS 监测实施以来，其中 GNSS01、GNSS04、GNSS06 监测点累计变形量为 28.7 ~ 169mm。根据监测曲线（图 2.23）来看，在长江处于高水位期间，地表基本未发生位移，在低水位期间，地表位移急剧增大，与位于这些监测点附近的其他监测手段的变形数据和宏观巡查变形结果差异较大。在库区水位变动带利用 GNSS 技术进行监测还需通过技术改进增加监测数据的稳定性和可靠性。

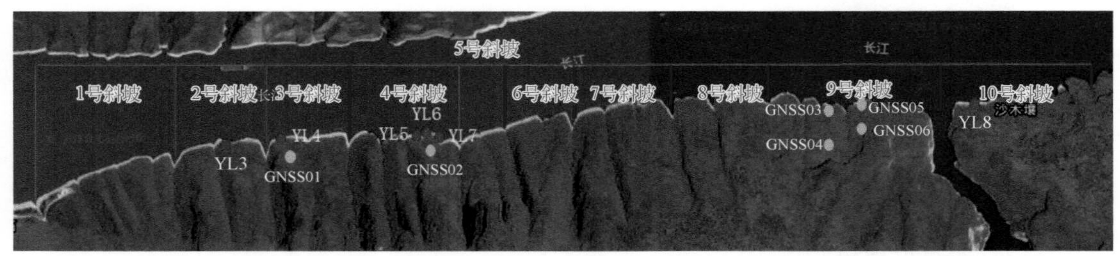

图 2.22　青石段库岸监测点位置示意图

GNSS01 ~ GNSS06. GNSS 自动化监测点；YL3 ~ YL8. 压力监测点

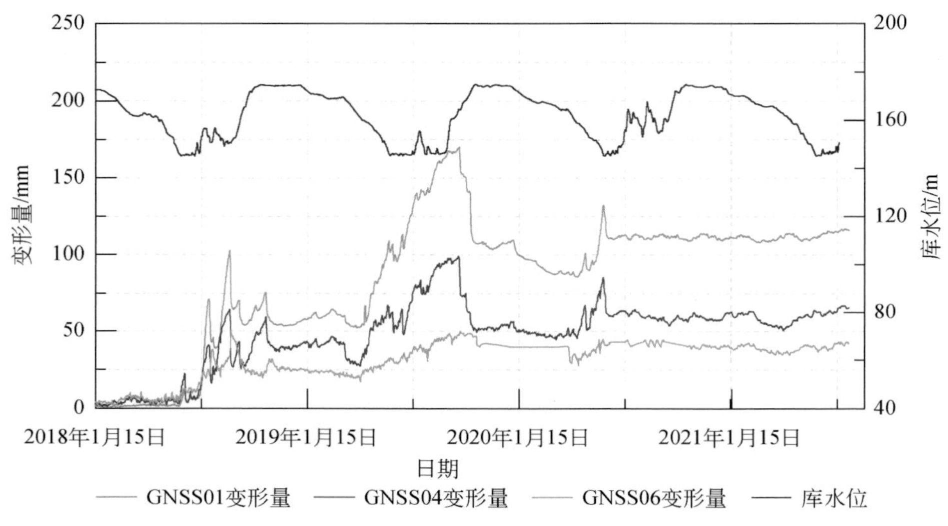

图 2.23　青石顺向坡 GNSS 监测曲线（GNSS01、GNSS04、GNSS06）

2.4.5.2　自动化拉线式裂缝位移监测技术

自动化拉线式裂缝位移监测技术是将传统的地表裂缝相对位移监测与现代通信技术相结合，实时采集和发布地表相对位移监测数据的监测技术。自动化拉线式裂缝位移计进行监测主要的特点和优势为易于实现，受场景影响小，同时裂缝监测精度高、功耗低，能实现全天候实时监测功能。其局限性在于：自动化拉线式裂缝位移监测是垂直于裂隙方向补设拉线，因此该技术方法只能针对已经有明显拉张裂缝的变形体进行监测。目前，自动化拉线式裂缝位移监测技术已经广泛运用于各种不同场景的变形监测工程中，且成果显著。本书以剪刀峰为例介绍自动化拉线式裂缝位移监测技术的应用。

在剪刀峰段库岸 2 号斜坡坡体裂缝上共布置了两个自动化裂缝监测点（LF1、LF2），在剪刀峰段库岸 6 号斜坡层面裂缝上布置了一个自动化裂缝监测点（LF3；图 2.24）。

剪刀峰段库岸 2 号斜坡局部表层临空，坡体裂缝发育，本次监测在临空面上布置了一

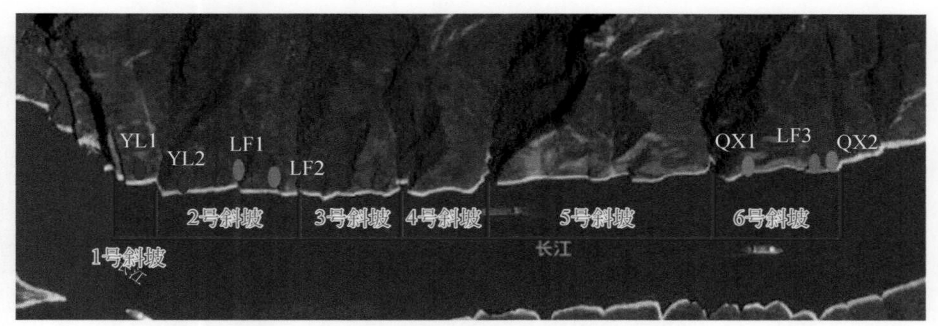

图 2.24　剪刀峰段库岸监测点位置示意图

YL1、YL2. 压力监测点；LF1 ~ LF3. 裂缝监测点；QX1、QX2. 倾斜监测点

个压力监测点（YL2），在坡体裂缝上布置了两个裂缝监测点（LF1、LF2）。监测点数据统计见表 2.12、表 2.13，监测曲线图 2.25、图 2.26。

表 2.12　剪刀峰 2 号斜坡裂缝监测数据统计表

监测点编号	位移初始值/mm（2018 年 1 月 1 日）	位移现状值/mm（2021 年 7 月 25 日）	变化值/mm
LF2	45.24	43.64	-1.6

表 2.13　剪刀峰 2 号斜坡压力监测数据统计表

监测点编号	压力初始值/MPa（2018 年 1 月 1 日）	压力现状值/MPa（2018 年 12 月 16 日）	变化值/MPa
YL2	0.546	0.506	-0.04

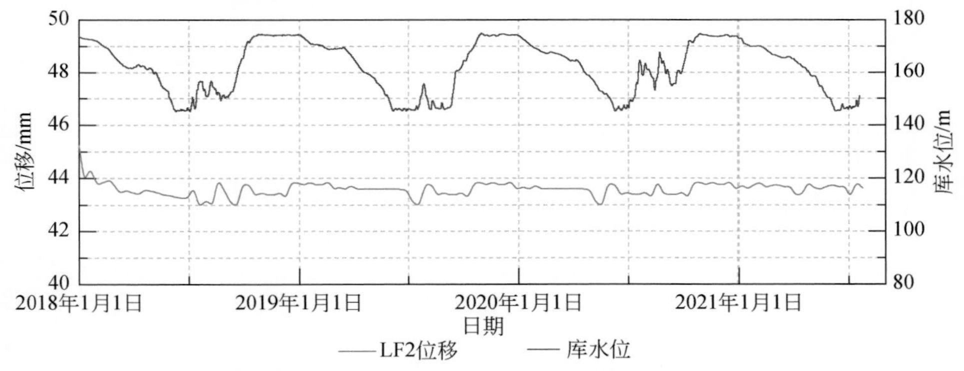

图 2.25　剪刀峰 2 号斜坡裂缝位移与库水位关系曲线图

根据布置在斜坡上的 YL2 监测数据来看，2 号斜坡局部临空区压力无明显变化，说明临空岩体目前整体尚未发生剪切破坏，斜坡裂缝无明显张开的趋势，通过宏观巡查，目前斜坡无明显变形趋势，整体处于稳定状态。应力表现和裂缝表现基本一致，均无明显变形。

6 号斜坡整体顺向不临空，层面陡立局部反倾，其破坏模式为倾倒式，本次监测在陡

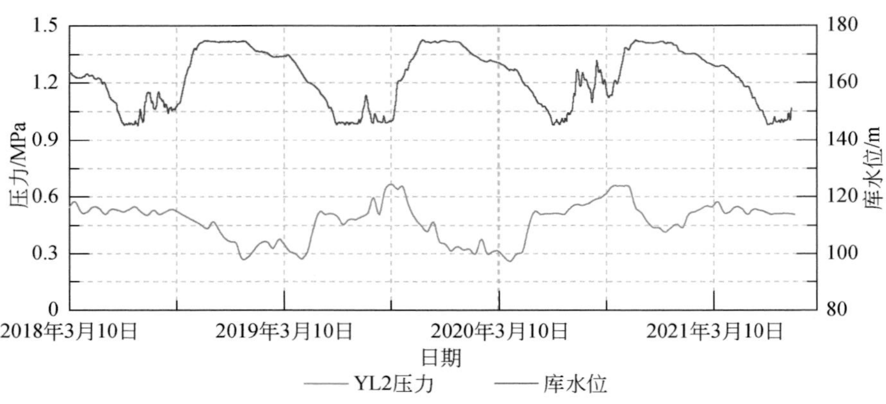

图 2.26　剪刀峰 2 号斜坡压力与库水位曲线图

崖面上布置两个倾斜监测点（QX1、QX2），在层面裂缝上布置一个裂缝监测点（LF3）。监测点变形数据见表 2.14、表 2.15，监测曲线见图 2.27、图 2.28。

表 2.14　剪刀峰 6 号斜坡裂缝监测数据统计表

监测点编号	位移初始值/mm（2018 年 3 月 14 日）	位移现状值/mm（2021 年 7 月 25 日）	变化值/mm
LF3	71.25	72.46	1.21

表 2.15　剪刀峰 6 号斜坡倾斜监测数据统计表

监测点编号	倾斜角度初始值/(°)（2018 年 3 月 9 日）	倾斜角度现状值/(°)（2021 年 7 月 25 日）	变化值/(°)
QX1	−0.54	−0.573	0.033
QX2	−1.03	−1.042	−0.012

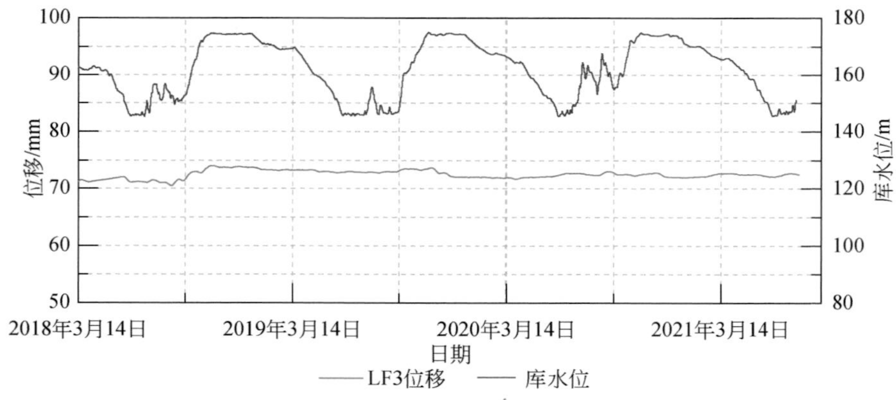

图 2.27　剪刀峰 6 号斜坡裂缝位移与库水位关系曲线图

根据监测点数据来看，6 号斜坡目前裂缝位移量非常小，陡崖面倾斜角度也非常小，基本在误差范围内；通过巡查监测，斜坡目前未见明显的变形迹象，斜坡目前整体处于稳

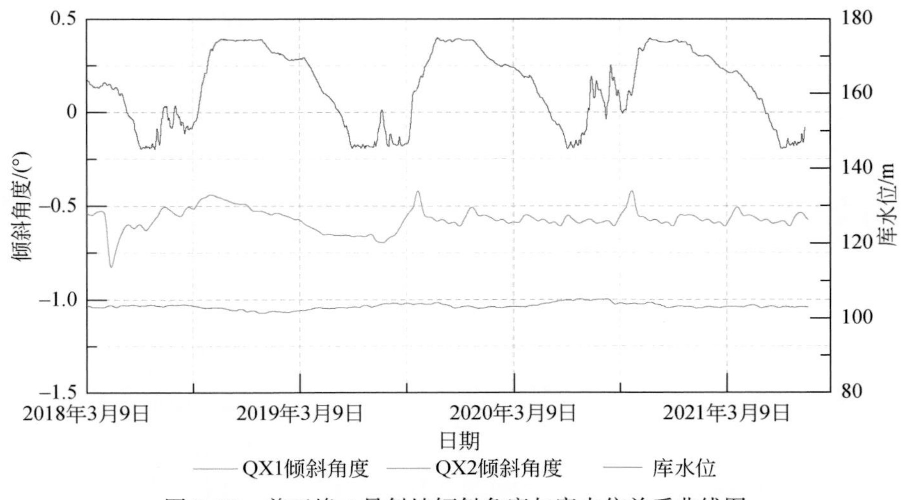

图 2.28　剪刀峰 6 号斜坡倾斜角度与库水位关系曲线图

定状态。裂缝监测获取的变形数据和倾斜角度等与其他监测手段获取的表现一致。自动化拉线式裂缝位移监测数据具有稳定可靠、高精度、高灵敏度的特点，特别适用于水位变动带地表相对位移变形监测。

2.5　地质灾害风险预警理论与实践概论

2.5.1　基于变形的地质灾害预警理论与实践

2.5.1.1　地质灾害监测预警理论

斜坡变形演化具有很强的复杂性、随机性和不确定性，准确地对地质灾害进行预报是世界性难题之一。随着对地质灾害破坏过程数据的不断积累和对成灾机理研究的不断深入，对地质灾害的形成条件、成因机制、外界因素影响等进行了大量的总结（廖野澜和谢谟文，1996；黄润秋和许强，1997；许强等，2004），依据位移监测数据和地质条件，形成了三大类的预报模型（表 2.16），主要包括确定性预报模型、统计预报模型和非线性预报模型。

表 2.16　滑坡定量预报代表性模型

预报模型	方法	基本特点	适用阶段	备注
确定性预报模型	斋滕迪孝方法、福囿斜坡时间预报法等	用严格的推理方法，特别是数学、物理方法，进行精确分析，得出明确的推理判断	加速蠕变段	加速蠕变经验方程
	蠕变-样条联合模型		临滑预报	考虑了外动力因素
	滑坡形变分析预报法		中短期预报	适用黄土滑坡
	极限分析法		长期预报	—

续表

<table>
<tr><th>预报模型</th><th>方法</th><th>基本特点</th><th>适用阶段</th><th>备注</th></tr>
<tr><td rowspan="6">统计预报模型</td><td>灰色 GM(1, 1) 模型</td><td rowspan="6">以因果关系分析和统计关系分析为基础建立的各种预报模型</td><td>短临预报</td><td>—</td></tr>
<tr><td>生物生长模型（Pearl 模型、Verhulst 模型、Verhulst 反函数模型）</td><td rowspan="4">中短期预报</td><td rowspan="4">趋势预报和跟踪预报为主。当滑坡处于加速变形阶段时，可较准确地预报剧滑时间</td></tr>
<tr><td>曲线回归分析模型</td></tr>
<tr><td>时间序列预报模型</td></tr>
<tr><td>模糊数学法</td></tr>
<tr><td>灰色位移向量角法</td><td>短期预报</td><td>主要适用堆积层滑坡</td></tr>
<tr><td rowspan="5">非线性预报模型</td><td>BP 神经网络模型</td><td rowspan="5">依据非线性理论建立的各种模型</td><td>中期预报</td><td>适合短期预报</td></tr>
<tr><td>协同预测模型</td><td>临滑预报</td><td>—</td></tr>
<tr><td>动态分维跟踪预报</td><td>中长期预报</td><td>—</td></tr>
<tr><td>非线性动力学模型</td><td>长期预报</td><td>—</td></tr>
<tr><td>位移动力学分析法</td><td>长期预报</td><td>—</td></tr>
</table>

确定性预报模型：根据预警滑坡本体及影响因素的相关参数给予权重赋值，运用数学、物理方法进行公式拟合计算，得出相关的预警判断标准。此类模型预报能够反映滑坡的本体，具有很强的物理意义，多适用于滑坡或斜坡单体预测；以斋滕迪孝方法、福囿斜坡时间预报法和极限分析法等为代表性模型。

统计预报模型：主要是利用野外调查与统计得到大量的滑坡预报实践经验数据，采用现代数理统计方法拟合不同滑坡的位移-时间曲线进行预警预报；以灰色 GM(1，1) 模型、生物生长模型、曲线回归分析模型等为代表性模型。

非线性预报模型：运用非线性科学，把滑坡体系看作一个开放系统，提出了一系列的滑坡预报模型；以非线性动力学模型、反向传播（back propagation，BP）神经网络模型、动态分维跟踪预报模型等为代表性模型。

随着滑坡预警实践不断深入，逐渐认识到地质灾害发生在本体条件、成因机理以及外界影响因素等方面具有很大的复杂性和不确定性。仅从数学理论的角度建立定量预报模型来解决地质灾害监测预警是不可靠的，结合宏观变形破坏特征分析预警阶段（王念秦等，1999），目前已经成为监测预警的主要手段。

根据《中华人民共和国突发事件应对法》的规定，将地质灾害预警级别按变形破坏的发展阶段、变形速度、发生概率和可能发生时间排序分为注意级、警示级、警戒级、警报级，将上述四级分别以蓝色、黄色、橙色、红色予以标示。根据《三峡库区地质灾害防治崩塌、滑坡专业监测预警工作职责及相关工作程序的暂行规定》，预警级别需根据该规定工作程序进行认定并报主管部门批准后，方可由相关单位发布。监测预警级别划分表述见表 2. 17。

表 2.17　地质灾害预警级别的划分表

预警级别	变形阶段	宏观前兆	破坏时间	预报时间
红色（警报级）	加加速变形	各种短临前兆显著	数小时或数周内发生的概率很大	临滑预报
橙色（警戒级）	加速变形中后期	有一定宏观前兆特征	几天或数周内发生的概率大	短期预报
黄色（警示级）	加速变形初期	有明显变形特征	数月或一年内破坏的概率较大	中期预报
蓝色（注意级）	匀速变形	有变形迹象	一年内破坏的可能性不大	长期预报

由于专业监测布置点数量有限，三峡库区地质灾害监测遵循“人工监测结合自动化监测”的原则，将宏观巡查结论作为预警预报模型的参考指标。滑坡区域内是否出现新拉裂缝，原裂缝拉开扩张、垮塌，渗出水，树木倾斜等异常现象是宏观变形加剧的表现。三峡库区大多数地质灾害以上述变形理论进行监测预警，取得了良好的效果。堆积层滑坡是三峡库区最重要的滑坡灾害之一，降雨及库水位变化是滑坡体变形发展的主要诱发因素，由于三峡库区蓄水诱发了大量的堆积层滑坡复活，凉水井、青石滑坡成为重要的典型，本书以青石滑坡为例，简述基于形变的三峡库区监测预警。

2.5.1.2　基于变形的典型滑坡监测预警案例

青石滑坡位于三峡库区巫山县抱龙镇青石村八、九社神女溪右岸，滑坡区构造上受神女峰背斜和官渡–神女溪向斜影响，总体位于官渡–神女溪向斜的东南翼。地层以下三叠统嘉陵江组和大冶组灰岩为主。青石滑坡形成过程为原顺层滑坡滑动，前缘形成堆积体，由于三峡库区蓄水等因素影响，老滑坡堆积体复活。自 2010 年 10 月三峡库区三期 175m 蓄水工程启动，受蓄水工况的直接影响，青石滑坡出现严重险情，强变形区日变化量最大达到 16cm 左右，前缘垮塌不断，后缘拉裂缝变形日趋增大，针对早期的人工巡查监测数据和宏观变形现象，滑坡险情预警标准被确定为橙色。2011 年 2 月底，重庆市 208 地质队开展专业监测，自 2014 年 5 月起采用“两级排水沟+裂缝封闭+坡体前缘危石清理+强变形区 A 区顶部削坡+主动防护网”的措施对滑坡进行了应急处置，于 2014 年 11 月竣工。根据监测数据表明，在应急处置竣工后，滑坡变形趋缓，整体处于基本稳定状态。但由于应急处置并非根治性工程治理，且滑坡仍在缓慢变形中，为了保障神女溪航道的正常运行和来往游客的安全，需继续对青石滑坡进行专业监测。

1. 监测点布置

青石滑坡专业监测主要包含变形监测及孕灾环境监测两个部分。变形监测采用自动化 GNSS 地表位移监测，孕灾环境监测采用自动化雨量监测及自动化库水位监测，同时辅以专业技术人员宏观地质巡查，形成一套综合性监测网。

1）地表位移监测

共包含三条监测剖面、11 个地表位移监测点及两个监测基准点。

1-1′监测剖面位于滑坡中部，监测整个滑坡区域，剖面上布设四个 GNSS 监测点（GNSS01 ~ GNSS04），其中，GNSS01、GNSS02 监测强变形区 B 区；GNSS03、GNSS04 监测弱变形区 D 区。2-2′监测剖面位于中部，监测滑坡前缘的强变形区 B 区，布设两个

GNSS 监测点（GNSS05、GNSS6）。3-3′监测剖面位于滑坡右侧，剖面上布设五个 GNSS 监测点（GNSS07 ~ GNSS11），其中，GNSS07、GNSS08、GNSS09 监测强变形区 C 区；GNSS10、GNSS11 监测弱变形区 D 区。在滑坡范围外稳定区域布设两个 GNSS 监测基准点：JG1 和 JG2。各 GNSS 监测点位置关系见表 2.18，监测点平面布置见图 2.29、1-1′监测剖面图见图 2.30。

表 2.18　GNSS 监测点位置区域对应表

GNSS 监测点编号	监测点位置	监测剖面
GNSS01	强变形区 B 区	1-1′剖面
GNSS02		
GNSS03	弱变形区 D 区	
GNSS04		
GNSS05	强变形区 B 区	2-2′剖面
GNSS06		
GNSS07	强变形区 C 区	3-3′剖面
GNSS08		
GNSS09		
GNSS10	弱变形区 D 区	
GNSS11		
JG1（基准点）	滑坡右侧	—
JG2（基准点）	滑坡左侧	

2）广播式预警及雨量监测点

在滑坡 D 区房屋密集区域布设一个广播式预警及雨量监测点，实时监测滑坡区降雨量，分析降雨对滑坡变形的影响并及时进行广播预警。

3）库区水位监测

通过一体化地表水自动监测站实时对库区水位进行实时监测，分析水位涨跌与滑坡稳定性的关系。

4）宏观地质巡查

监测人员按照巡视路线（7.7km）定期对滑坡体进行调查，同时采用无人机对滑坡前缘及两侧边界等人工无法到达的区域进行拍摄对比。通过对已出现的宏观变形迹象（如裂缝发生及发展、地面沉降、下陷、坍塌、膨胀、隆起、建筑物变形等）、与变形有关的异常现象（如地声异常、地下水异常、动物异常等）、水位情况等进行调查记录，结合相关专业知识对滑坡变形趋势做出宏观判断。

2. 变形特征分析

滑坡 A 区变形主要以前缘斜坡的垮塌为主，在 2009 年三峡库区蓄水至 156m 以后滑坡开始发生垮塌，在 2009 ~ 2011 年初，滑坡 A 区发生数次规模较大的垮塌，总方量 10 万余立方米；在 2011 年之后 A 区变形减弱，但在降雨后仍在发生数十立方米至数百立方米的

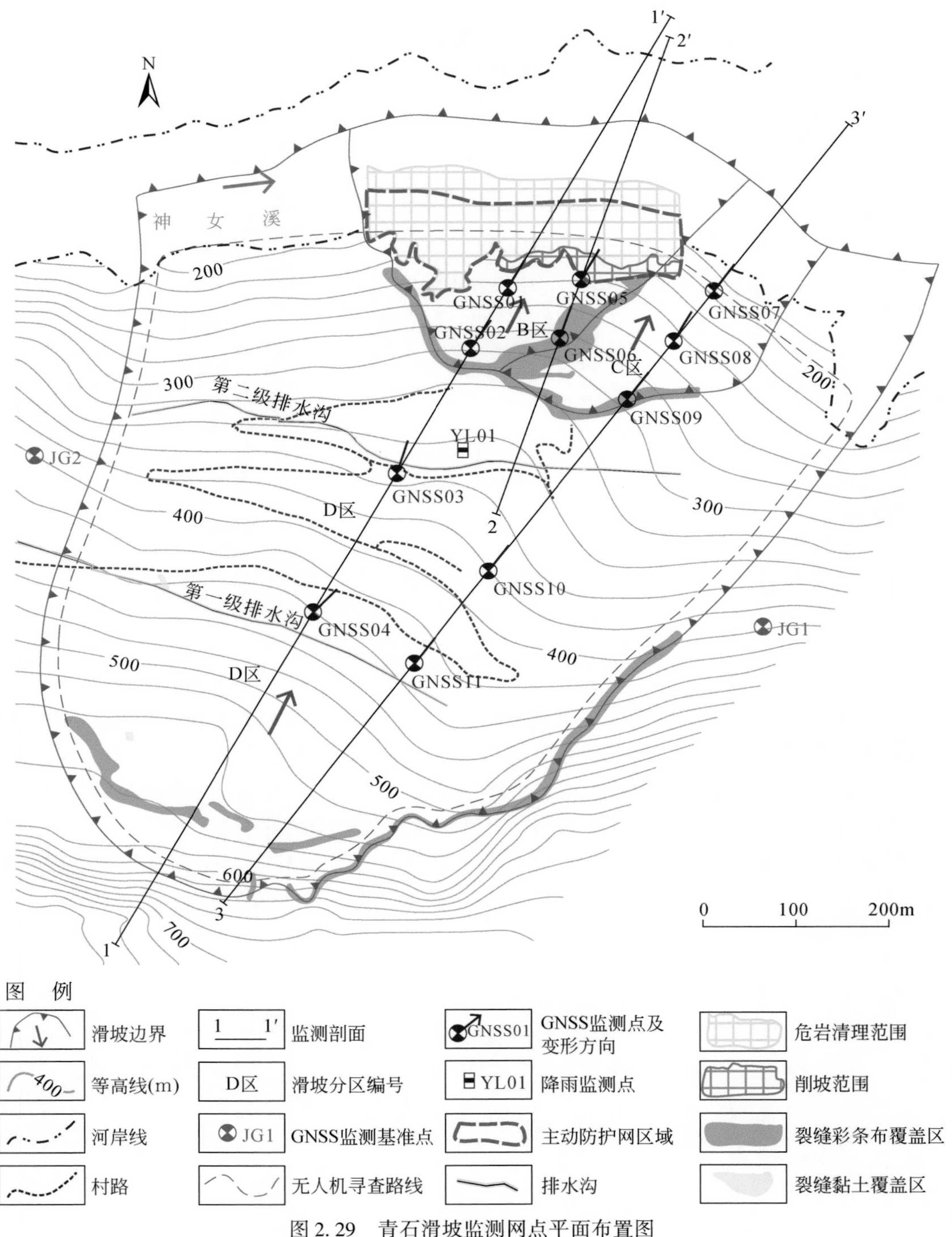

图 2.29　青石滑坡监测网点平面布置图

垮塌。在 2014 年 5 月滑坡应急处置施工启动，于 2014 年 11 月竣工。对 A 区采取“危石清理、顶部削坡及主动防护网”的处置措施，清除了 A 区表面不稳定块体，降低斜坡顶部

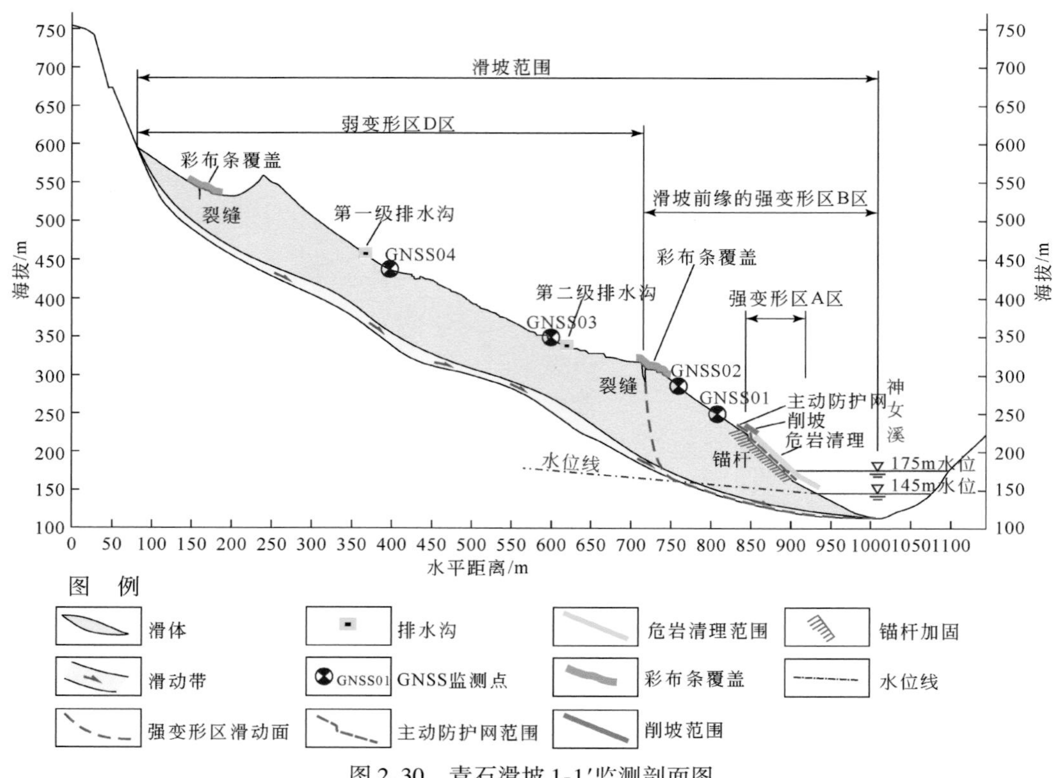

图 2.30　青石滑坡 1-1′监测剖面图

坡率，并在表面铺设主动防护网。由于 A 区坡度较陡，且变形主要为表面垮塌，因此，该区域未布置监测点，专业监测工作主要为宏观地质巡查及无人接航拍进行对比。通过对 A 区的宏观巡查，滑坡 A 区内无大规模的垮塌现象发生，也无明显新的变形迹象。因此，综合判断滑坡 A 区现状处于基本稳定状态，近期发生大规模垮塌的可能性很小。

根据 B 区监测点曲线图 2.31、图 2.32，B 区在 2010 年 11 月至 2011 年 2 月监测曲线

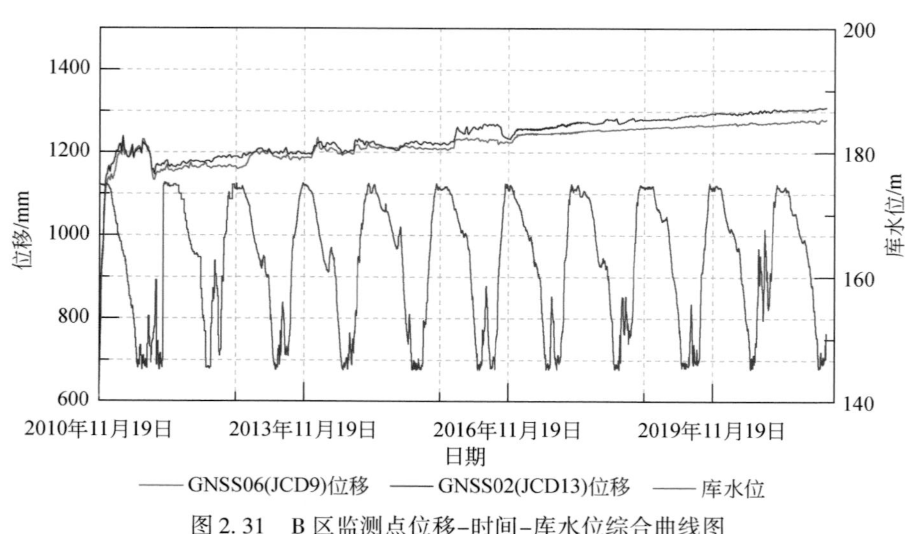

图 2.31　B 区监测点位移-时间-库水位综合曲线图

陡立上升，水平位移变形量大，地表出现明显拉裂变形。之后滑坡变形趋缓，在 2011 年及 2012 年两个水文年，B 区水平位移年变化量在 22.6～35.0mm。2014 年后的六个水文年，滑坡变形进一步减缓，各监测点位移年变化量基本保持在 20mm 以内。各监测点年累计位移变化量基本在 10mm 内（GNSS02 最大，为 16.6mm），监测期间各监测点无明显加剧变形，库区水位的升降以及降雨量的大小对滑坡变形无明显相关性，与 2014 年之后的几个水文年基本一致，滑坡目前处于匀速缓慢变形状态。

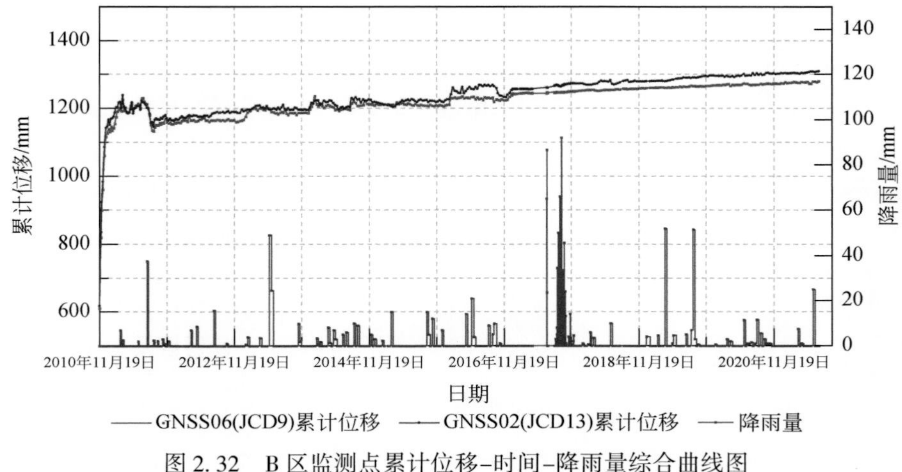

图 2.32　B 区监测点累计位移-时间-降雨量综合曲线图

根据 C 区监测点曲线图 2.33、图 2.34，应急抢险监测阶段及第一个水文年，监测曲线斜率较大，滑坡 C 区地表变形速率快、位移变形量大，年水平位移为 72.1～107.9mm，地表出现裂缝不断增大。进入 2012 年以后，滑坡变形速率明显减缓，除个别监测点外，年水平位移及沉降位移均小于 20mm。2014 年 11 月工程竣工后监测曲线逐渐趋于平缓，变形速率较施工之前有微弱减慢。各监测点变化量在 7.1～21.8mm 范围内，与应急处置之后的四个水文年基本一致，滑坡区目前处于匀速缓慢变形状态。

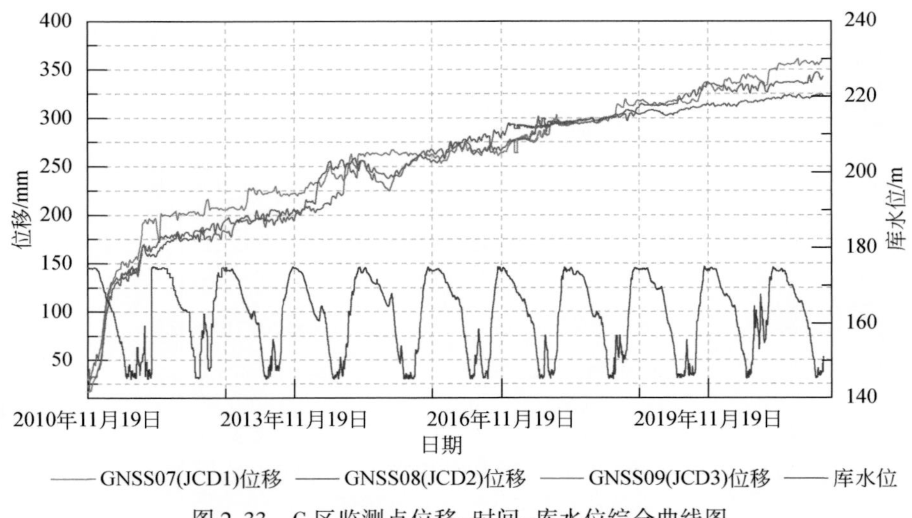

图 2.33　C 区监测点位移-时间-库水位综合曲线图

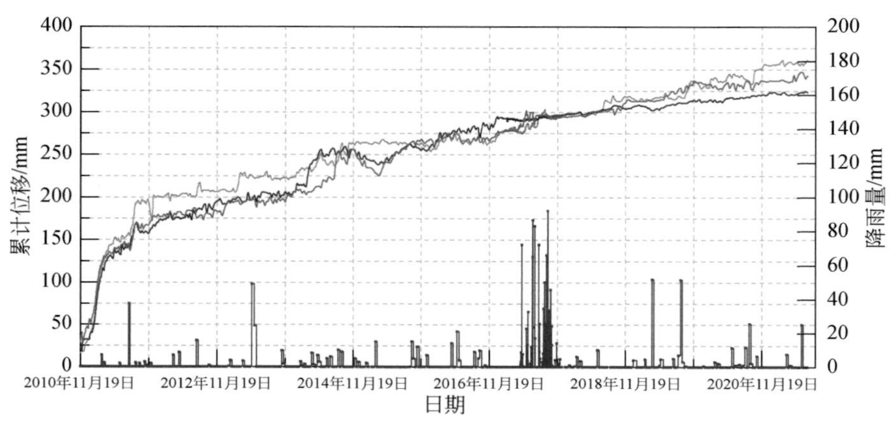

图 2.34　C 区监测点累计位移-时间-降雨量综合曲线图

根据历年累计位移与水位曲线，在 2014 年及 2016 年的水位下降期间，滑坡 C 区地表位移监测点 GNSS09（JCD3）垂直方向变形速率出现加快，在水位稳定后逐渐趋于平缓，说明 2017 年前滑坡变形受水位升降影响明显，在 2017 年至今滑坡变形趋缓，其间库水位升降及降雨对滑坡 C 区变形无明显影响。

根据 D 区监测点累计位移曲线图 2.35、图 2.36，应急抢险监测阶段及第一个水文年，监测曲线呈上升趋势，斜率较大、滑坡变形速率快，年水平位移量为 65.3～196.5mm，年沉降位移量为 17.6～45.3mm，滑坡地表变形明显，坡体发育拉张裂缝。在 2011 年之后，滑坡变形明显减缓，至 2016 年底大部分监测点年水平位移量小于 30mm。

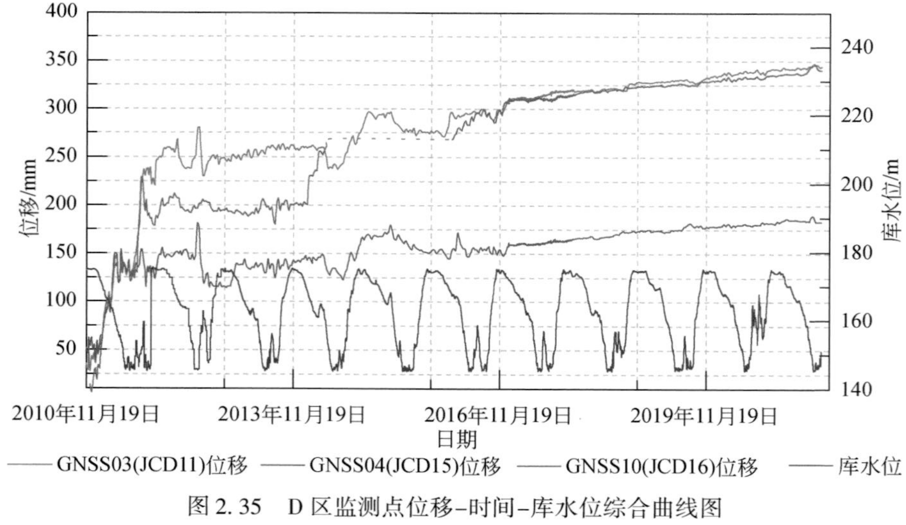

图 2.35　D 区监测点位移-时间-库水位综合曲线图

根据变形曲线图（图 2.31～图 2.36）在 2017 年前各个地表位移监测点在库区水位升降期间有明显变形加快特征，2017 年后地表位移变化与库区水位升降相关性不明显。

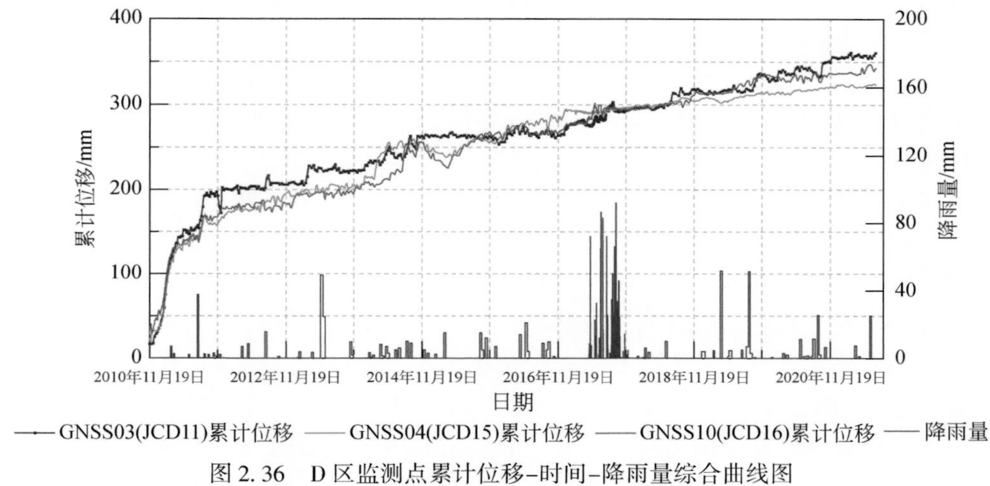

图2.36　D区监测点累计位移-时间-降雨量综合曲线图

GNSS11从2017年至2018年底处于持续缓慢变形，本年度上半年变形不明显，下半年8～10月变形增大，但D区其余三个GNSS监测点变形很微弱，说明D区整体在经过八个水文年的应力调整后，整体变形已非常缓慢。因滑坡属于牵引式滑坡，前缘初期位移较大后缘位移量稍小，目前前缘基本稳定，后缘GNSS11左侧为滑坡边界冲沟，地形上较D区其他监测点更陡，受降雨等影响出现短期变形增大属正常现象。本年度滑坡D区整体变形量基本在10mm内（GNSS11除外）与2018年度基本一致，目前滑坡D区整体处于匀速缓慢变形状态。

2011～2012年完成了青石滑坡的应急勘查工作，根据“三峡库区重庆市巫山县抱龙镇青石（神女溪）滑坡应急抢险勘查报告”结论，滑坡整体属于基本稳定状态，强变形区在高水位叠加暴雨（175m）及退水叠加暴雨（175m退至145m）工况下处于欠稳定状态，其余工况为基本稳定状态。通过近10年监测数据来看，滑坡经过了九个水文年应力调整，其变形速率已非常缓慢，近三年监测期间强变形区未再发生规模较大的变形破坏，滑坡整体及强变形区均处于基本稳定状态，监测预警等级从橙色调整为蓝色。

2.5.2　基于风险的地质灾害预警理论与实践

2.5.2.1　基于风险的地质灾害预警理论

风险是在某一特定的区域和给定时间段内，由于某种特定的危险（灾害）而造成的预计损失值（受伤或死亡的人数、被破坏的财产和经济活动的价值），数学表达式为风险（risk）=危险性（hazard）×易损性（vulnerability）。目前，该风险的定义已被普遍认可并在不同学科领域得到推广和应用。滑坡危险性是滑坡发生的位置、时间以及强度相结合的综合评价，易损性被定义为“一定强度的潜在灾害现象可能造成的损失程度”。

单体地质灾害风险研究首先要确定研究对象的破坏机理，并在此机理上进行危险性和易损性评价（吴树仁，2012）。单体地质灾害危险性评价是根据不同因素影响下滑坡的变形破坏模式和机理，计算各种工况条件下的稳定性和破坏概率（向喜琼和黄润秋，2000）。单体地质灾害承灾体的易损性分析，结合地质灾害的规模、变形程度，以及承灾体的属性、分布等，分析滑坡的破坏强度和承灾体的脆弱性，评价滑坡处于不同工况下对承灾体造成的危害（殷坤龙等，2008）。最后，结合地质灾害在不同破坏模式下的破坏概率和生命承灾体易损性以及经济承灾体经济价值，确定单体地质及其次生灾害处于不同工况条件下的风险水平（李红英等，2013）。

由于三峡大坝等大型人类工程的工程地质条件、地形地貌以及建设技术条件等通常都很复杂，而且大型工程建设之前，都是经过严格的安全性评估和风险评估，因此公众对此类大型工程的风险容忍程度往往高于自然灾害，但还是存在一定的承受极限。目前，我国地质灾害引起的死亡率整体呈下降趋势，但是由于地质条件的复杂性，很多因素尚不可预见。伴随水库地质灾害而产生的涌浪灾害称作次生灾害，其与地质灾害往往会形成一条灾害链，给人类社会带来深重的灾难，其后果有时会远远超过地质灾害本身。为最大程度降低地质灾害给人类社会带来的危害，评价地质灾害风险、确定地质灾害预警等级并采取针对性措施是行之有效的方法。

三峡库区特别是瞿塘峡、巫峡和西陵峡段，地貌上属于高陡峡谷区，高位危岩发育，地质灾害发生灾害链效应明显（黄波林等，2014a），地质灾害风险高。本节以巫峡段望霞危岩为例，从地质灾害风险角度介绍三峡库区高陡峡谷区地质灾害监测预警。

2.5.2.2　望霞危岩基本特征

重庆市巫山县望霞危岩位于长江三峡巫峡上段北岸坡顶，分布于横石溪背斜轴部，地层上部为二叠系，下部为石炭系、泥盆系，岩层产状为335°～340°∠3°～8°，两翼倾角逐渐变陡，倾角为12°～27°，主要发育两组节理：① 235°～255°∠75°～85°；② 150°～175°∠75°～85°，间距为1.0～3.5m，宽度为3～15cm，基本无充填。属中低山中深切割侵蚀河谷斜坡地貌，总体呈北高南低，最高点位于望霞危岩陡坡坡顶，高程约1230m（黄海高程），最低点位于长江岸边。

危岩变形区平面（图2.37）呈扇形，分布高程为1120～1220m，长300m、宽50m、厚75m，体积约112万m^3。变形区主要发育有W1、W2（W2-1和W2-2）两个危岩单体和一个楔形体，总体积约40万m^3。其中，W1危岩体高约65m、长约8m、宽约6m，体积约3200m^3，为倾倒式；W2-1危岩体高70～75m、长约120m、厚30～35m，体积约29.7万m^3，实体结构，为滑移式；W2-2危岩体高约70m、长约80m、厚10～15m，体积约7万m^3（W2-2危岩又称“七万方”），呈板状，为滑移式；楔形体高约50m、厚5～11m，体积约4000m^3，呈楔形，为坠落式。

1999年7月受降雨等因素影响，望霞危岩具有明显变形迹象，国土资源部水文地质工程地质技术方法研究所（现中国地质调查局水文地质环境地质调查中心，简称水环中心）对危岩0.07km^2的面积进行了初步勘查，运用物探方法和现场调查等手段，共调查出煤洞10条、裂缝10条、塌陷坑4处。

图 2. 37　望霞危岩崩塌前（2010 年 9 月 3 日）

2003 年，望霞危岩被纳入三峡库区二期地质灾害防治规划，并实施专业监测预警，水环中心承担了望霞危岩的专业监测预警工作，截至 2010 年 7 月积累了近七年的专业监测资料表明，望霞危岩自实施专业监测以来（至 2010 年 7 月），未发现明显的变形加大迹象。

2010 年 8 月 28 日，望霞危岩发生明显变形破坏特征后，水环中心组成了由六名专业技术人员组成的应急工作小组驻守野外现场，及时开展了应急调查和应急监测工作，根据望霞危岩变形特征，对主变形区内监测点和监测方法进行了适当调整，编制了监测方案设计。

2010 年 10 月 21 日、2011 年 10 月 21 日，望霞危岩两次发生大面积垮塌（乐琪浪等，2011），水环中心根据监测数据分析结果，与有关部门紧密协作，及时成功预警，避免了危岩下方居民生命财产安全免受损失，保障了长江航运安全。

2. 5. 2. 3　专业监测及处置

1. 监测方案

望霞危岩应急监测不仅为监测预警服务，同时为后期调查评价、勘查和施工设计提供技术依据，具体监测方案如下。

1）监测危岩主变形区变形

主要监控危岩空间三维变形动态、块体变形特征和相互关系，监测内容主要为块体的地表三维空间绝对位移矢量，陡壁块体的变形特征，T10、T11、T12、T13 等裂缝的拉张、位错和沉降变形。

2）监测危岩次级变形区变形

主要监测危岩次级变形区变形现状、原有裂缝的发展情况，监测内容主要为次级变形区地表绝对空间位移矢量、T9 等原有裂缝的拉张、位错和沉降变形。

3）监测变形区边界变形

监测变形区实际边界的范围和可能的扩展，主要监测现后缘控制裂缝外围和危岩东西段延伸部分，监测内容为地表绝对位移变形。

4）诱发因素监测

危岩下部软弱基座的压缩变形、煤层采空区塌陷和降雨等因素均是影响危岩稳定性的不利因素，因此除进行降雨量监测外，还应监测陡壁关键块体的软弱基座变形。

2. 监测点的布设

根据应急调查和危岩变形特征分析，主变形区危岩主要位移方向为240°~250°，并伴有沉降变形，沉降变形量大于水平位移量，随着变形的发展。监控危岩主变形区位移趋势，在主变形区布设监测剖面四条（图2.38~图2.41）：

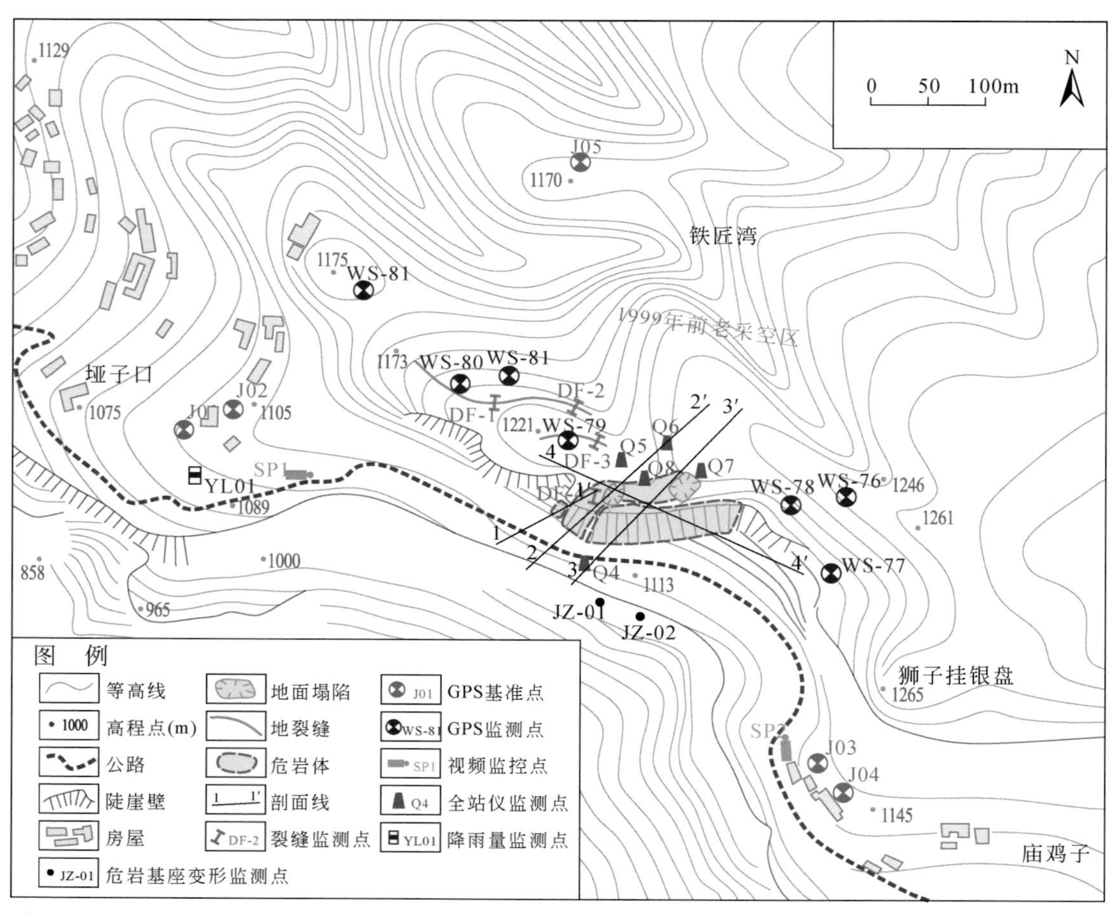

图2.38　望霞危岩监测点平面布置图（2010年10月21日垮塌前）

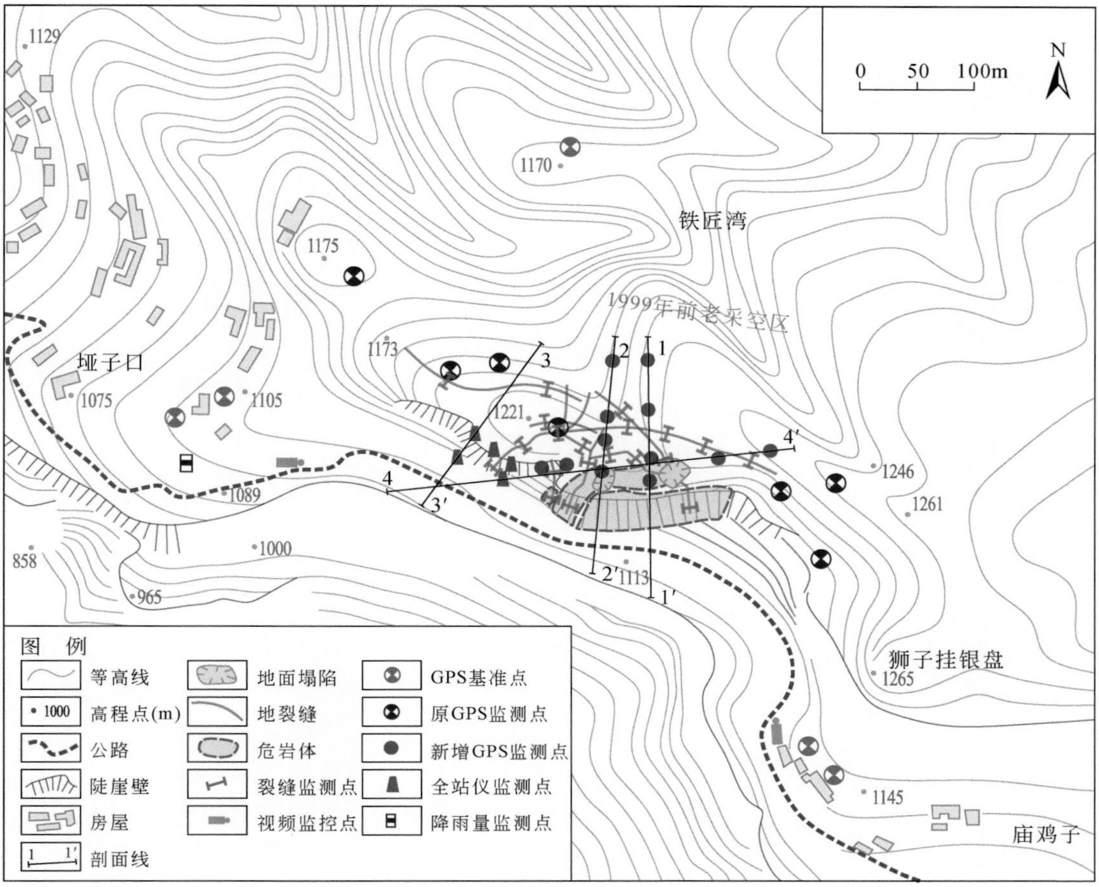

0　50　100m
N
1170
铁匠湾
1175
1999年前老采空区
1173
3
2
1
垭子口
1075
1105
1221
4′
1246
1261
1089
4
3′
1000
858
2′ 1113
1′
965
狮子挂银盘
1265
1145
庙鸡子
图　例
等高线
高程点(m)
公路
陡崖壁
房屋
剖面线
地面塌陷
地裂缝
危岩体
裂缝监测点
视频监控点
GPS基准点
原GPS监测点
新增GPS监测点
全站仪监测点
降雨量监测点

图2.39　望霞危岩监测点平面布置图（2010年10月21日垮塌后）

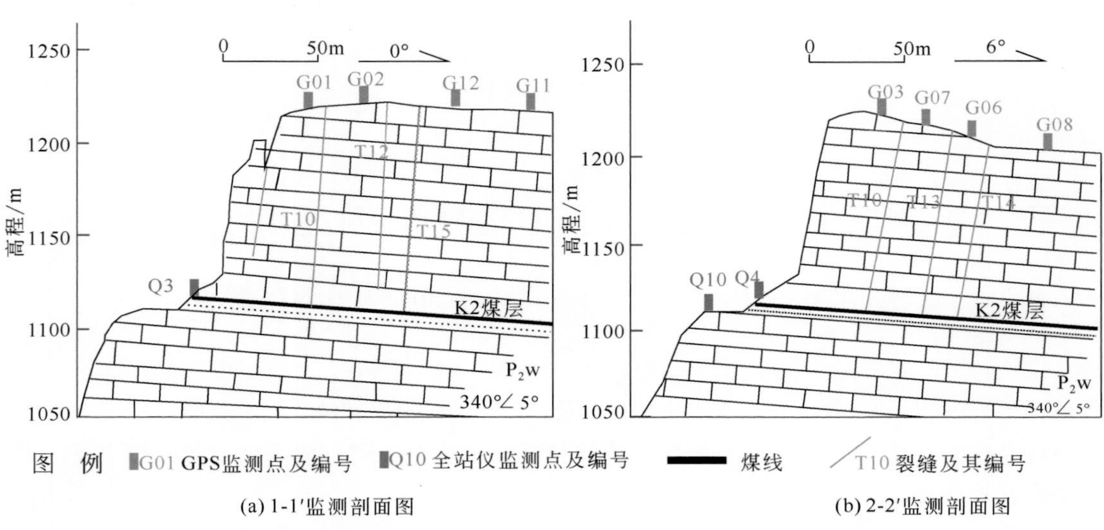

(a) 1-1′监测剖面图　　(b) 2-2′监测剖面图

图2.40　1-1′和2-2′监测剖面图（2010年10月21日垮塌前）

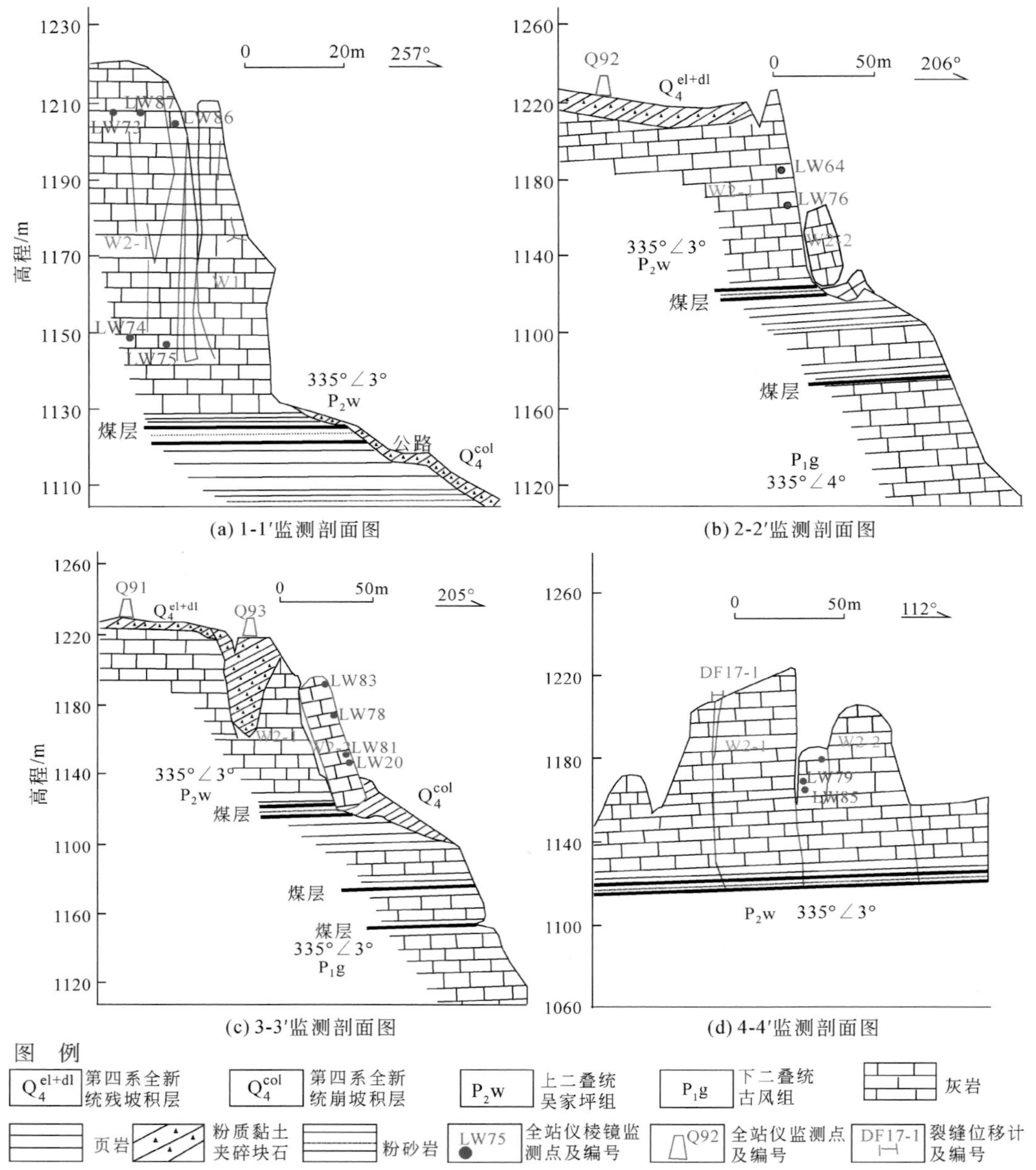

图 2.41　1-1′～4-4′监测剖面图（2010 年 10 月 21 日垮塌后）

1-1′剖面：该剖面布设于危岩区的东段，自 NE 向 SW 跨过整个变形区的中段，与危岩延伸方向垂直，近 SN 向，与剖面 3-3′一致。剖面跨 T10、T12、T15 裂缝，主要控制主变形区块体沿剖面方向空间绝对位移、块体相互变形关系，同时控制监测 T10 缝北侧可能的变形边界和危岩基座变形、软岩顶板应力变化。

2-2′剖面：该剖面布设于主变形区的西段，走向与 1-1′剖面近平行，与勘查剖面 4-4′一致。剖面跨 T10、T13、T14 裂缝，主要用于控制监测块体沿剖面方向的绝对位移，崖壁独立岩柱变形、岩体基座变形、软层顶板应力变化、主变形区北侧可能的变形边界及新旧裂缝的联通情况。

3-3′剖面：该剖面布设于危岩区的西段，垂直于危岩走向，N40°E 与勘查剖面 2-2′一致。剖面主要用于控制监测非主变形区内 T9 裂缝、块体沿剖面方向的绝对位移、岩体基座变形、软层顶板应力变化、变形区边界范围。

4-4′剖面：该剖面布设于主变形区的崖顶，方向为 250°。剖面主要用于控制监测主变形区内各裂缝、块体沿剖面方向的空间位移情况。

三峡库区望霞危岩于 2010 年 8 月变形加剧，望霞危岩产生两次大的变形破坏过程，在 2010 年 10 月 21 日第一次变形破坏（2010 年 10 月 14 日至变形之日）崖上后缘 T10 裂缝最大变形速率为 62.0mm/d（图 2.42，表 2.19）；T11 和 T12 裂缝间危岩（W2-2）最大水平变形速率为 33.9mm/d，最大垂直变形速率为 38.3mm/d，总体向 SW 方向位移（表 2.20）；T13 裂缝西崖壁危岩（W2-1）最大水平变形速率为 37.7mm/d，最大垂直变形速率为 36.9mm/d，水平向 240°方向位移（表 2.21）；西侧孤立岩柱（W1）最大水平变形速率为 22.8mm/d，最大垂直变形速率为 1.4mm/d，位移方向 220°左右。根据监测数据进行分析研究，LW04、LW11 监测点自 2010 年 10 月 14 日发生急剧变化以来变形量急剧增大，变形活动强烈，说明该危岩已经处于急剧变形阶段，动态变化曲线出现拐点，极有可能随时出现整体性崩塌。又由于前期降雨较多，在变形期间危岩不断出现掉块现象，后缘 T10 裂缝区裂缝变形明显，其中下沉量最大，塌陷坑内不断有石块撞击声，于 2010 年 10 月 20 日下午发出临灾预报，在 10 月 21 日发生垮塌，方量为 10 万 m^3。

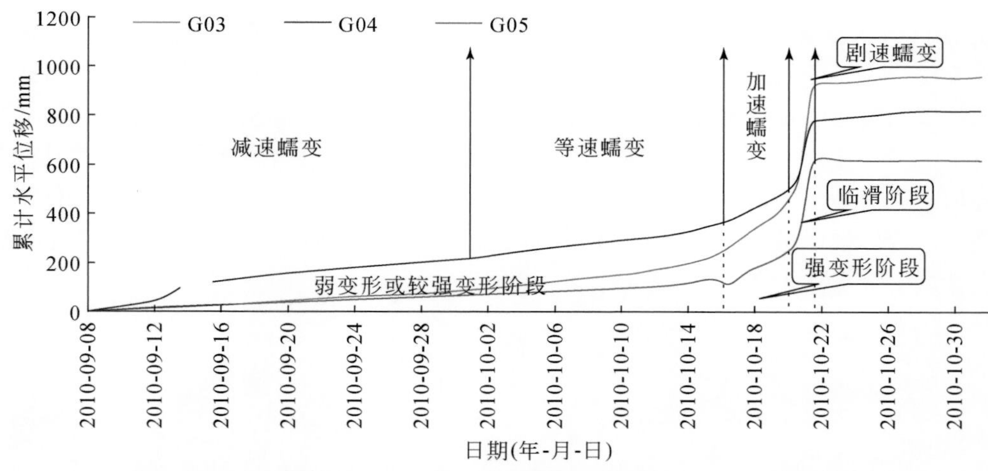

图 2.42　T10 裂缝区 2010 年 10 月 21 日第一次变形破坏动态变化曲线图

表 2.19　第一次变形破坏裂缝位移计监测数据

监测点位置	T10 裂缝			T11 裂缝		T13 裂缝
裂缝位移监测点	DF21	DF22	DF11	DF12	DF15	DF16
累计位移/mm	441.0	448.0	336.0	211.0	98.0	15.0
变形速率/(mm/d)	63.0	62.0	48.0	30.1	12.0	2.1

表 2. 20　第一次变形破坏 W2-2 危岩监测数据

监测点位置	T11 和 T12 裂缝间危岩（W2-2）					
全站仪棱镜监测点	LW06 水平	LW06 垂直	LW07 水平	LW07 垂直	LW10 水平	LW10 垂直
累计位移/mm	237. 3	-158. 0	202. 2	-268. 0	73. 7	192. 0
变形速率/(mm/d)	33. 9	-22. 6	28. 9	-38. 3	10. 5	27. 7

表 2. 21　第一次变形破坏 W2-1 危岩监测数据

监测点位置	T13 裂缝西崖壁危岩（W2-1）			
全站仪棱镜监测点	LW04 水平	LW04 垂直	LW11 水平	LW11 垂直
累计位移/mm	207. 9	10. 0	263. 9	-258. 0
变形速率/(mm/d)	29. 7	1. 4	37. 7	-36. 9

2010 年 8 月 21 日，地质灾害专业人员发现危岩有局部变形，虽然根据监测预警模型，地质灾害处于蠕变阶段，预警级别为蓝色。但是，考虑到危岩崩塌严重威胁着危岩体下方村民约 32 户 230 余人、煤码头及长江航运安全，间接影响猴子包附近约 45 户 200 余人及望霞小学 100 余师生的生命财产安全，滚落的巨大石块可能对位于长江左岸边的猴子包及向家湾老滑坡的造成复活，地质灾害风险巨大；提高地质灾害风险等级，确定为橙色预警。2010 年 9 月 7 日完成受威胁群众撤离、停止矿区作业、保障航运安全等处置措施。由于威胁对象众多，基于形变和风险启动了高级别橙色预警，有效保障了人民群众和过往船只的安全。

从 2011 年 8 月望霞危岩应急抢险排危施工开始后，后缘开挖、裸露地表，致使雨水入渗速率加快，改变危岩物理力学参数、降低危岩稳定性。经过两次爆破作业，危岩产生了不同程度的扰动。2011 年 10 月 10 ~ 15 日有一个近 60mm 的降雨过程，导致危岩各部位变形自 2011 年 10 月 11 日开始加速，10 月 21 日早上 7 点多在 T13 裂缝区顶部出现块体崩塌，随后“七万方”（W2-2）开始裂解剧变，西侧孤立岩柱上部坠落，整个危岩体变形区内出现一个岩体整体垮塌。在 2011 年 10 月 21 日第二次变形破坏崖上后缘原来 T10 裂缝处最大变形下沉量达 8. 9m（图 2. 43）。

图 2. 43　2011 年 10 月 21 日 T10 裂缝区变形破坏前后对比图

T11 和 T12 裂缝间危岩（W2-2）最大水平变形速率为 481.81mm/d，最大垂直变形速率为 588.69mm/d，该区岩体上部向 NE 方向水平变形伴随沉降变形，下部向近 S 方向水平变形伴随沉降变形（表 2.22）；T13 裂缝西崖壁危岩（W2-1）LW64 最大水平变形速率为 1612.15mm/d，最大垂直变形速率为 512.43mm/d，变形方向基本为 SWW；西侧孤立岩柱（W1）最大水平变形速率为 2139.65mm/d，最大垂直变形速率为 462.67mm/d，岩体水平朝 NW 方向变形（表 2.23）。

表 2.22　第二次变形破坏 W2-2 危岩监测数据

监测点位置	T11 和 T12 裂缝间危岩（TW2-2）					
全站仪无棱镜监测点	LW17 水平	LW17 垂直	LW18 水平	LW18 垂直	LW20 水平	LW20 垂直
累计位移/mm	6263.51	-7106.00	4902.20	-3488.00	3825.00	-7653.00
变形速率/(mm/d)	481.81	-546.62	408.52	-290.67	292.23	-588.69

表 2.23　第二次变形破坏 W1 监测数据

监测点位置	西侧孤立岩柱（W1）			
全站仪无棱镜监测点	LW61 水平	LW61 垂直	LW62 水平	LW62 垂直
累计位移/mm	12837.92	-2776.00	10823.78	-2570.00
变形速率/(mm/d)	2139.65	-462.67	1803.96	-428.33

由以上宏观地质现象及对监测曲线的分析总结，依据 2010 年灾变成功预警的经验基于形变理论于 2011 年 10 月 20 日下午及 21 日凌晨发出临灾预报。在 10 月 21 日 7 点 28 分，T13 裂缝西崖壁危岩（W2-1）发生大规模岩体垮塌现象，缝区底部不断有岩石崩裂及土石滚落现象。“七万方”（W2-2）岩体东侧顶部发生掉块及岩石崩裂现象，并产生较大量的水平位移及沉降位移。西侧孤立岩柱（W1）发生整体性垮塌（图 2.44），后缘原 T10 裂缝以沉降变形为主，实测落差达到 8.9mm。受降雨影响，裂缝局部区域有土石垮塌现象。

从地质灾害风险预警的角度来看，崩塌体坐落于斜坡上，一旦失稳，考虑到崩塌体与长江河面高差较大、势能较大，对长江航道过往船只存在威胁并可能产生涌浪次生灾害。正值三峡大坝 175m 蓄水期间，下方向家湾滑坡稳定性有所降低，若遇堆积体冲击、加载，有诱发滑坡复活并滑入江中的可能性。猴子包滑坡位于崩落路径以外，崩落的块体不会直接诱发猴子包滑坡的复活，但碎屑流入江或大的岩体入江后引起的涌浪对猴子包滑坡的稳定性将产生不利影响（图 2.45）。岩土体失稳入江就会立即产生涌浪，涌浪速度很快，速度达到 20 ~ 30m/s，甚至更快，因此地质灾害预警与涌浪预警可同时开展（黄波林等，2015）。

因此，基于地质灾害风险，判定望霞斜坡为红色预警区，下方航道为橙色预警区，立即启动封航措施，并召开专家组会商会议。由于出现险情，暂停施工，在前期采用“清除+削顶减载+面层裂隙封闭+主动防护网+排水沟+被动防护网”综合治理方案的基础上，确定最终应急治理方案为“边坡坡表清危+斜坡不稳定块体清除+后侧母岩削坡+公路恢复+裂缝封闭+拦渣脚墙、排水沟”。应急抢险治理工程于 2014 年 6 月 5 日开工，2015 年 5 月 12 日竣工，彻底消除隐患。

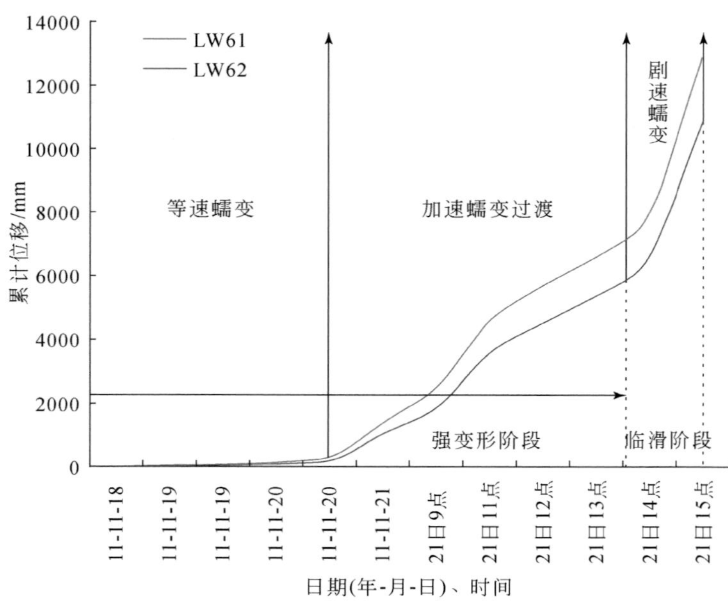

图 2.44　西侧孤立岩柱（W1）2011 年 10 月 21 日第二次变形破坏动态变化曲线图

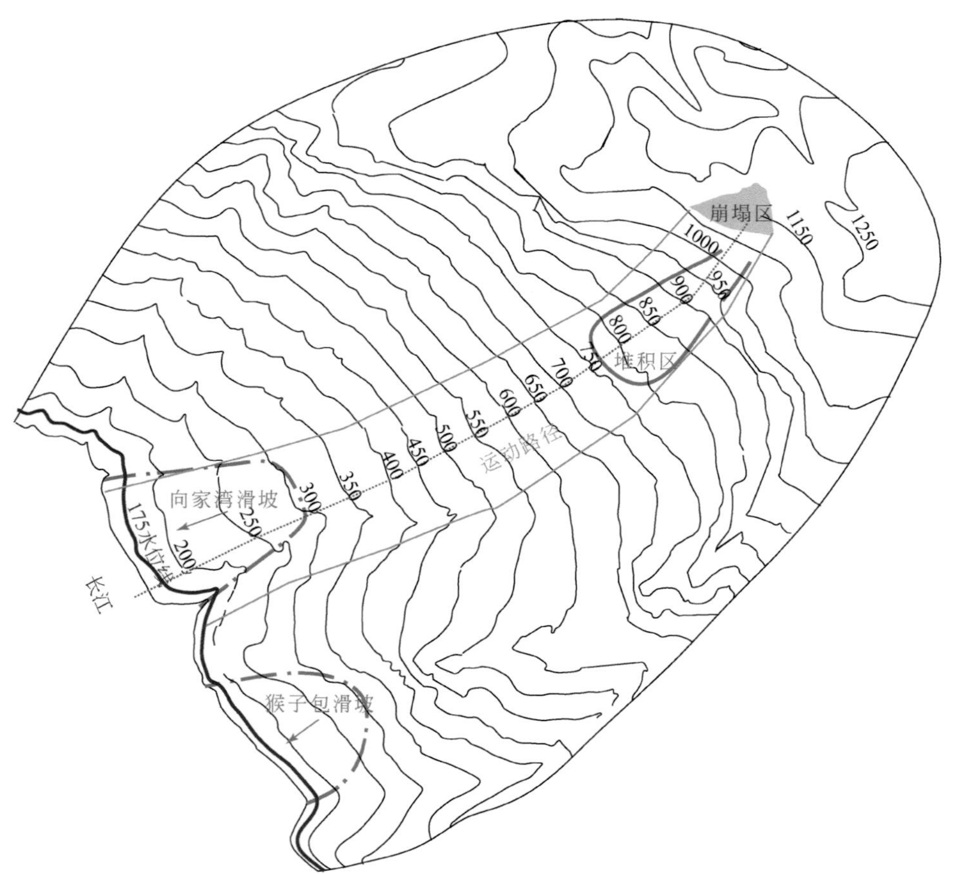

图 2.45　堆积区分布及其影响示意图（单位：m）

2.6 小　　结

通过对三峡库区监测预警工作梳理和分析，得到以下结论：

（1）针对三峡库区监测预警建设，根据建设阶段，按照三个阶段（即 2003 年以前、2003 ~ 2020 年和 2020 年后）对三峡库区监测预警建设内容进行了梳理，总结了三峡库区构建了群测群防和专业监测体系，并建立了信息化系统，结合专业监测情况对专业监测情况进行了分析，并以旧县坪滑坡为例，分析了典型滑坡监测的手段和布置原则。

（2）针对三峡库区库岸消落带岩体劣化，提出了三维激光扫描技术、振弦式应力监测技术、多点位移计监测技术、声波测试监测技术等新型监测技术和方法，支撑了岩体劣化的形变、压力和完整性监测，为岩体劣化规律研究奠定了基础。

（3）基于地质灾害形变，地质灾害监测预警取得了重要成果，按照变形阶段划分匀速变形、加速变形初期、加速变形中后期、加加速变形分别对应长期预报、中期预报、短期预报和临滑预报对防灾减灾具有重要的意义。同时，地质灾害风险性应考虑到危险性和易损性，三峡库区涉及航道安全和移民城镇建设安全，在相同的危险性条件下，风险比一般地质灾害高。依据由结合地质灾害危险性和易损性得到的风险性来确定地质灾害预警等级更具有保障。

（4）由于三峡工程的建设，形成了在 145 ~ 175m 高程的水位消落带。在库水位升降循环中，岩土体处于环境长期变动和应力变化的状态，导致了岩体劣化。消落带岩体自身结构的特殊性（三峡库区以碳酸盐岩和碎屑岩分布为主，内部发育有孔隙、微裂隙）为下一步水对其劣化作用提供了空间，岩性劣化将导致库岸稳定性下降。基于岩体劣化的地质灾害风险是当前库区亟需关注的地质安全问题，即防患于未然或“未病先治”，应针对性开展专业监测和工程治理，提早防范消落带造成的地质灾害风险。

第 3 章　蓄水运行顺层基岩古滑坡复活失稳机理

3.1　概　　述

三峡库区顺层岸坡广泛发育，受集中降雨、库水位升降等影响，易诱发大型顺层岩质滑坡。据统计，三峡库区顺层库岸长度为 981.83km，库岸滑坡总数约 62% 属于顺层滑坡（殷跃平，2004a；邹宗兴，2014；代贞伟，2016）；其中库区规模最大的巴东范家坪、黄土坡滑坡等巨型滑坡均为顺层滑坡。2003 年 7 月 13 日，135m 试验性蓄水初期，青干河左岸秭归沙镇溪镇发生了体积高达 1500 万余立方米的千将坪顺层岩质滑坡，造成了巨大经济损失和人员伤亡（殷跃平和彭轩明，2007）。顺层岩质滑坡具有极易发生和危害巨大的特征，其变形失稳机理研究一直是国内外研究重点。

受三峡工程 175m 试验性蓄水影响，位于重庆市奉节县安坪镇长江右岸的藕塘滑坡近年来出现了显著的变形迹象，存在由浅层土质滑坡向整体深层岩质滑坡演变的可能。藕塘滑坡的稳定与否关乎安坪镇 3900 余人的生命财产安全以及长江航道正常运行，为水库蓄水诱发巨型顺层基岩古滑坡复活的典型滑坡案例，也是三峡库区新近发生规模最大的滑坡灾害之一（Yin et al.，2016）。

本章将以藕塘滑坡为例，在工程地质勘查、室内外物理力学试验和现场专业监测数据分析基础上，研究三峡库区典型顺层滑坡的失稳机理及蓄水后的演化特征，内容包括：① 藕塘滑坡工程地质与易滑结构；② 藕塘滑坡成因及演化模式研究；③ 藕塘滑坡复活变形及特征研究；④ 库水位与降雨耦合作用下藕塘滑坡变形机理研究；⑤ 藕塘滑坡复活滑动模式与防治措施研究。

3.2　藕塘滑坡工程地质与易滑结构

3.2.1　藕塘滑坡自然地理地质背景

藕塘滑坡位于奉节县安坪镇的长江南岸，滑坡区域的具体位置如图 3.1 所示，滑坡区距离奉节县城 12km，上距万州 98km、重庆 425km，下距三峡大坝 177km、宜昌 223km。安坪镇地处长江三峡库区腹心地带，是三峡工程移民的重点集镇，行政区划隶属于重庆市奉节县，东邻永乐镇，南接新民镇、五马镇、甲高镇，西连云阳龙洞乡，北临长江，长江自西向东流经滑坡前缘，与朱衣镇、康坪乡隔江相望，区域公路、水路通畅，交通便利（代贞伟等，2015）。

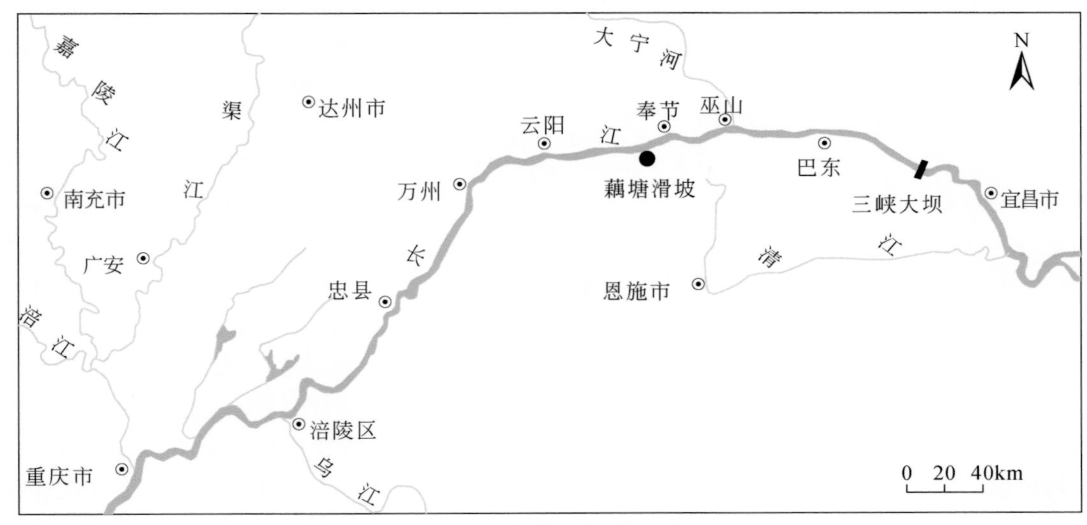

图3.1　藕塘滑坡位置示意图

奉节属于亚热带暖温季风气候区，四季分明，春冬多雾寒潮、夏秋多雨潮湿；年均气温为16.3℃，滑坡所在区域位于以万州为中心的川东暴雨带边缘，降雨充沛，年均降雨量为1147.9mm，年最大降雨量为1636.3mm，月最大降雨量为548.4mm（1982年7月），单日最大降雨量为158.6mm（1982年7月16日），最大连续降雨量达488.7mm，全年降雨量约70%集中分布在5～9月（汛期），具有明显的集中降雨时域分布特征，参见2008～2013年奉节县降雨量分布（图3.2）。

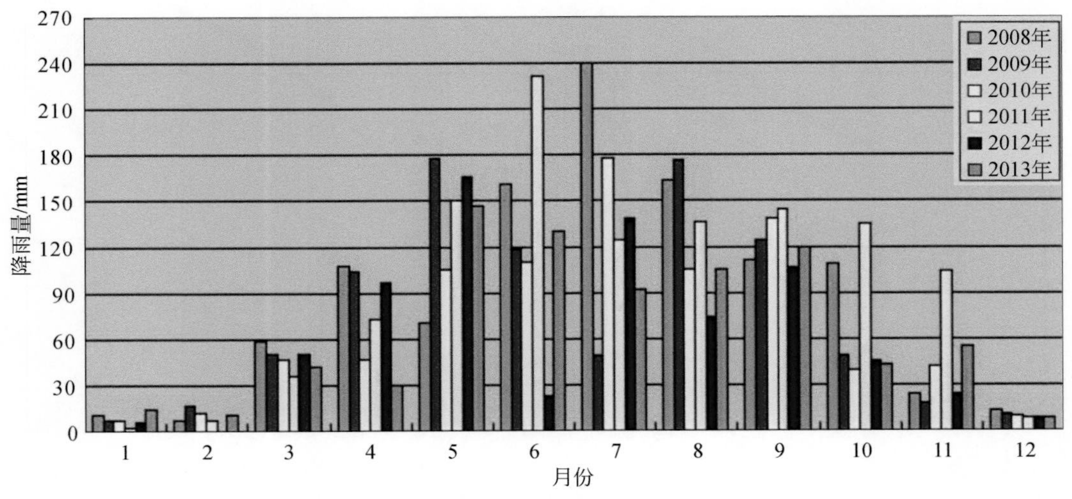

图3.2　奉节县降雨量分布统计（2008～2013年）

滑坡前缘的长江多年平均流量约为13700m³/s，径流量为$4.335\times10^{12}m^3$，三峡水库建成之前，奉节县城最高洪水位为129.9m、最低枯水位为75.01m。三峡水库建成后库水位历经135m、143m、156m、173m、175m等不同试验性蓄水阶段。目前三峡水库水位调度具有一定的周期性变化规律，每年6月中旬至9月底，库水位控制防洪限制水位145m，10月初至次年6月上旬，库水位在145～175m变化，水位变幅高达30m。坝前水位145m和175m时，滑坡研究区域回水位分别为145.1m和175.1m，滑坡研究区的长江水位涨落曲线基本与坝前长江水位涨落保持一致。

研究区域位于扬子准地台之次级构造单元——四川台拗与上扬子台褶带（又称八面山台褶带）交汇处。研究区域主要受故陵向斜构造褶曲影响（图3.3），故陵向斜长度达83km，西至云阳新场，东至奉节观武镇，褶曲轴向变化由新场NE50°至故陵区域NE70°，总体呈现凸向NW方向的弧形，与区域内其他向斜褶曲构造形成雁行式平行排列分布，其核部和两翼区域地层主要由上三叠统—侏罗系构成。其核部地势平缓开阔，两翼近背斜处变陡，岩层倾角为15°～85°。该向斜轴线从滑坡区长江对岸通过，两翼岩层产状变化呈渐变形态，岩体内发育张性裂隙和扭性裂隙。张性裂隙是受SN向张应力作用产生，其走向呈NE—SW向，与岩层走向近于一致，倾角为55°～75°；扭性裂隙是受NW向和NE向剪切应力作用产生，平均走向以310°～340°为主，倾向为40°～70°，倾角一般为60°～85°（代贞伟等，2016b）。

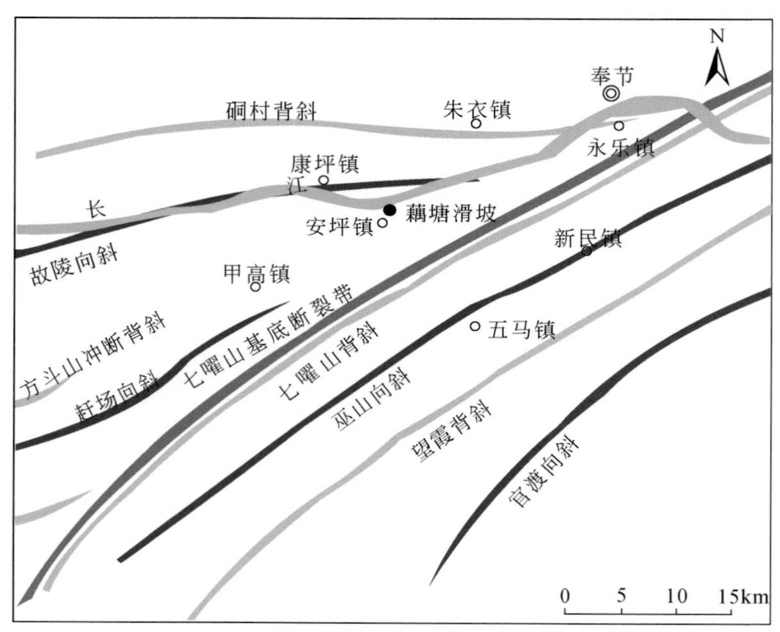

图3.3　藕塘滑坡区域构造纲要示意图

从云阳至奉节段，长江段总体走向呈NE向（70°～80°），与构造轴线大致平行，对向斜两翼的岩层进行冲刷切割形成临空面，致使向斜北西翼或南东翼呈现顺向岸坡，因此在此段长江两岸岸坡发育一些大型的顺层滑坡，如旧县坪滑坡、云阳县西城区滑坡、故陵滑坡、宝塔滑坡、高家咀滑坡、百衣庵滑坡、藕塘滑坡、新屋滑坡、茨草沱滑坡等。

3.2.2　藕塘滑坡工程地质条件

3.2.2.1　地形地貌

藕塘滑坡位于安坪镇长江南岸，地貌属于构造-浅切割的河谷单斜顺向岸坡，南高北低；滑坡体的地形总体上呈折线型斜坡，具有上陡下缓、陡缓相间特点，坡角一般为12°~38°，局部较陡斜坡地带达40°~62°；集镇区域主要分布在斜坡中下部的宽缓平台（145~220m高程），奉节县至安坪镇乡级公路从斜坡前部穿过（图3.4）（代贞伟等，2016b）。

图3.4　藕塘滑坡正面地貌全景

3.2.2.2　地质构造

藕塘滑坡位于故陵向斜扬起端附近南东翼，区域内无区域性大断裂和小断层，岩层产状为320°~350°∠20°~28°。此外，滑坡区岩层产状还具有由西向东渐缓、由北至南变陡的整体趋势，呈后仰“圈椅”状，在庙包一带出露基岩呈反翘状，倾角为10°~15°。依据藕塘滑坡区域基岩露头裂隙调查统计，区内主要发育有两组构造裂隙，一组与岩层走向近于一致的裂隙L1（产状为120°~150°∠55°~75°），间距为1.1~2.0m，可见长度为1.5~5.0m；另一组与岩层走向近于正交的裂隙L2（产状为60°~85°∠40°~70°），间距为1.2~3.3m，可见长度为2.0~3.2m（图3.5）。

3.2.2.3　地层岩性

据地面调查、收集资料及钻探揭露，滑坡区地层岩性主要为第四系覆盖层及下伏的侏

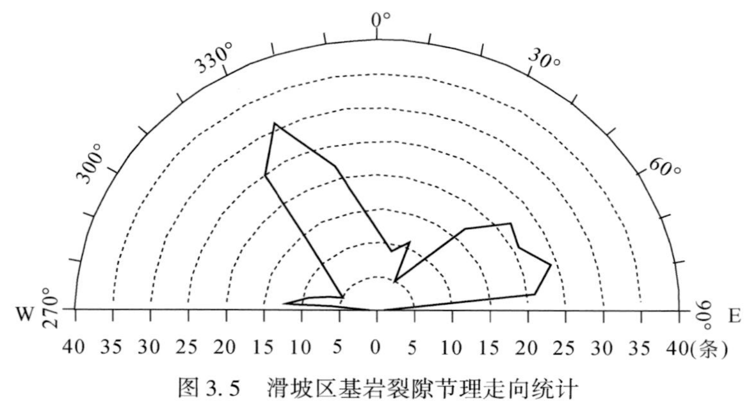

图 3.5　滑坡区基岩裂隙节理走向统计

罗系砂岩、泥质粉砂岩基岩组成，岩土体物理力学性质差异性大，地层分布及岩性特征见表 3.1。

表 3.1　藕塘滑坡区域地层分布及岩性特征

系	统	地层名称		地层代号	特征简述
第四系	全新统	残坡积层		Q_4^{dl+el}	灰褐色黏性土夹碎块石组成，碎块石成分为砂岩、粉砂岩等，一般呈次棱角状或棱角状，碎石粒径为 5～20cm，块石直径为 30～120cm，主要分布于滑坡范围外两侧及后缘外斜坡地带，一般厚 2～5m
		冲洪积层		Q_4^{al+pl}	深灰、浅灰褐色，结构较松散，以卵、砾、粉细砂为主，卵石粒径为 2～15cm，主要分布于长江岸坡、冲沟沟道等处，一般厚 1～5m
		滑坡堆积层		Q_4^{del}	上部主要由黏性土夹砂岩、粉砂岩构成碎块石土，结构松散-稍密，土石比为 6∶4～8∶2，钻探揭露厚度为 1.1～18.7m，最厚约为 29.5m；下部分由砂岩、细砂岩构成碎块石夹黏土岩或页岩，结构稍密，土石比为 4∶6～1∶9，钻探揭露厚度为 0.6～11.9m；底部为中-细粒砂岩碎裂大岩块（偶夹煤线或薄层状黏土岩），钻探揭露厚度为 2.3～115.0m
侏罗系	中、下统	自流井组	一段	$J_{1-2}z^1$	灰、深灰色页岩、泥质粉砂岩，夹一层厚约 1m 的钙质介壳粉砂岩，厚度为 25～40m
			二段	$J_{1-2}z^2$	灰、灰绿、紫红色泥岩及灰色泥质粉砂岩、石英砂岩，厚度为 10～20m
			三段	$J_{1-2}z^3$	灰、深灰色中厚层石英砂岩及泥岩，富含介壳类化石，局部相变为介壳灰岩，厚度为 50～70m
侏罗系	下统	珍珠冲组		J_1z	主要以灰、灰绿色粉砂质泥岩、页岩、泥质粉砂岩为主，下部夹细砂岩，底部出现泥岩夹煤线和菱铁矿条带，厚度为 185～248m
三叠系	上统	须家河组		T_3xj	以灰白色厚层中细粒长石岩屑石英砂岩为主，近底部段夹含砾砂岩，厚度为 130～160m；含砾砂岩厚度约 1.0m，胶结程度较好，砾石成分以黑色硅质岩为主，少量为浅灰色石英岩

据前期勘查资料显示滑带主要发育在下侏罗统珍珠冲组（J_1z）中，由表3.1分析可知下侏罗统珍珠冲组（J_1z）下部是以灰色中厚层含铁质结核细砂岩为主，夹薄层状灰褐、灰黑色黏土岩或页岩，厚度为67～88m，所夹黏土岩或页岩至少有10层之多，其中，从老至新黏土岩和页岩层中对应于藕塘滑坡滑带影响范围内软弱夹层主要包括R1、R2、R3层（图3.6）。

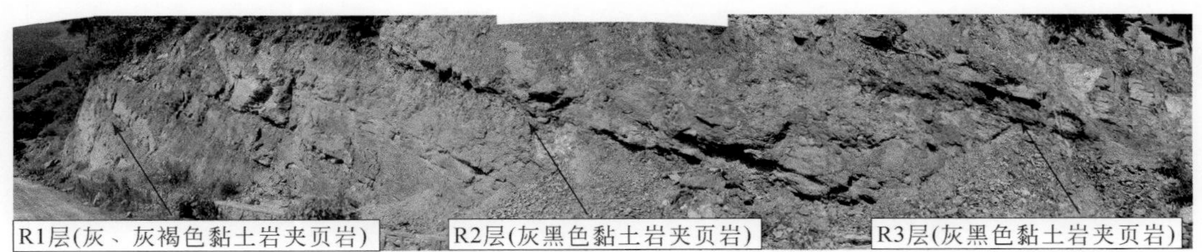

图3.6 奉节藕塘滑坡典型软弱层

3.2.2.4 水文地质特征

滑坡区地表植被发育，主要为柑橘种植林地。滑坡体冲沟较发育，切割深度为3～6m，东侧以大沟为界，滑坡体中部发育鹅颈项沟，滑坡西侧纵向分布的冲沟主要包括石湾沟、梅子湾沟、田湾沟、竹林沟、油坊沟；滑坡中部纵向分布有桥坝沟、老祠堂沟、祠堂沟；滑坡区东侧纵向发育两条小的冲沟；长江是滑坡区最低排泄基准面，绝大部分地表水沿冲沟运移；部分地表水由裂隙渗入基岩内部，转化为基岩裂隙水。

滑坡区地下水主要为赋存于珍珠冲组砂岩之中的基岩裂隙水，地下水的运移受地形坡度控制，由高向低径流，地形转折处多以泉水形式排泄，大气降水补给作用十分明显，并通过潜流方式排入长江，地下水埋深大，一般位于滑带之上或滑带附近区域；此外，第四系土层和碎裂岩体中松散岩类孔隙水，以大气降水补给为主，短途径流，赋存条件较差，通常位于陡坎部位以散流形式排泄。

3.2.3 藕塘滑坡地质结构特征

3.2.3.1 滑坡形态及规模

藕塘滑坡平面形态总体呈斜歪倒立“古钟”状，前宽后窄，滑体最大纵长约1800m，面积约1.78km^2；地表平均坡度为25°，陡缓相间，总体呈折线型斜坡地形；滑体平均厚度约50.8m，体积约9000万m^3，主滑方向为340°～350°，坡向近于正北。长江由西流向NE，流经藕塘滑坡前缘，与岩层走向夹角为10°～15°，前缘剪出口位于145m江水之下，分布高程为90～102m，后缘直达狮子包垭口一带，距长江175m水位约1.8km，距长江145m水位约2.0km，分布高程约705m，相对高差达603～628m（图3.7）。

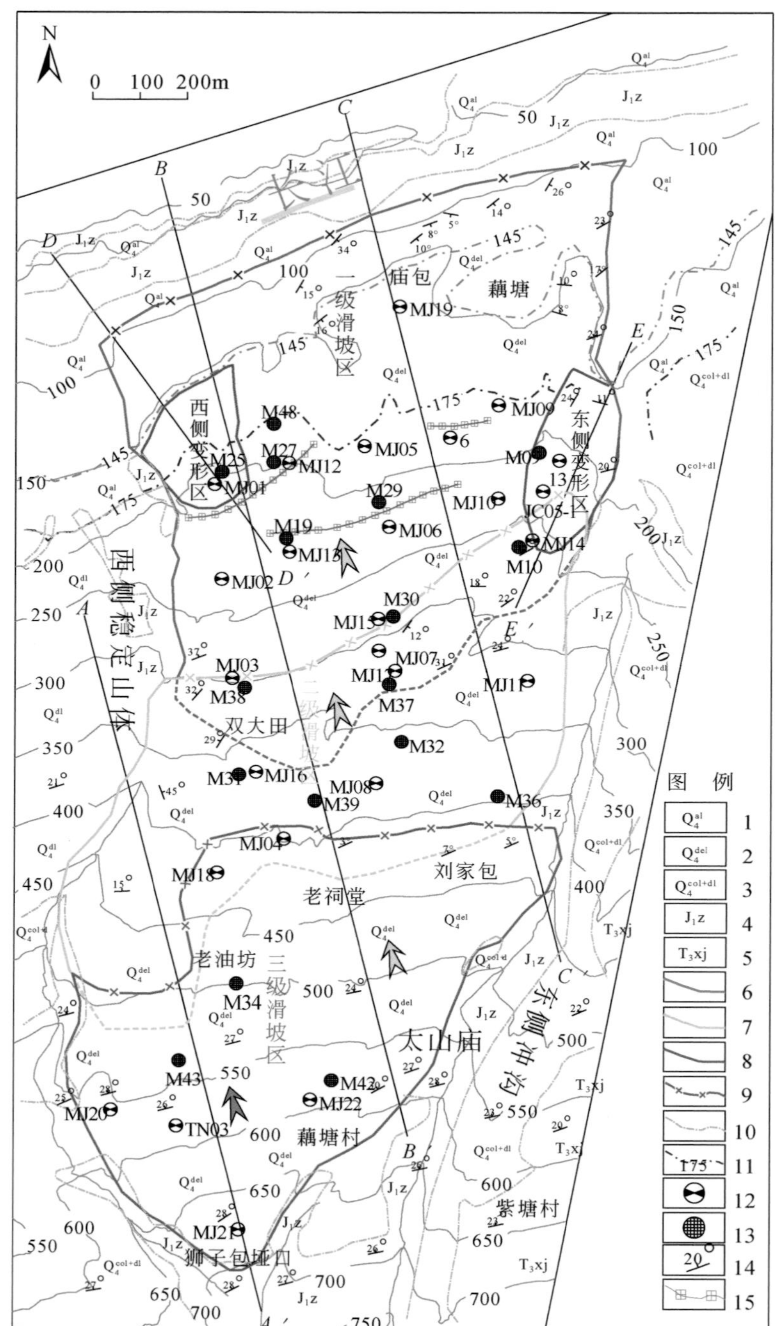

图 3.7　藕塘滑坡工程地质平面图（单位：m）

1. 第四系全新统冲积层；2. 第四系全新统崩坡积层；3. 第四系全新统滑坡堆积层；4. 下侏罗统珍珠冲组砂岩；5. 上三叠统须家河组；6. 一级滑体边界；7. 二级滑体边界；8. 三级滑体边界；9. 滑坡剪出口；10. 地层分界线；11. 水位线；12. 地表 GPS 监测点及编号；13. 深部倾斜监测孔及编号；14. 岩层产状；15. 前期治理抗滑桩

依据前期多次勘查资料综合判定，藕塘滑坡为典型的特大型顺层基岩古滑坡，具有多级多期次滑动特点，主要可分为三级滑动形式，如图3.8所示：一级、二级滑体主要沿R3软弱层滑动，三级滑体主要沿R1软弱层滑动。由于藕塘滑坡地质条件及不同区域滑坡体变形趋势的复杂性，藕塘滑坡分为一级滑体、二级滑体、三级滑体和东侧强变形区和西侧强变形区五个工程地质区域。

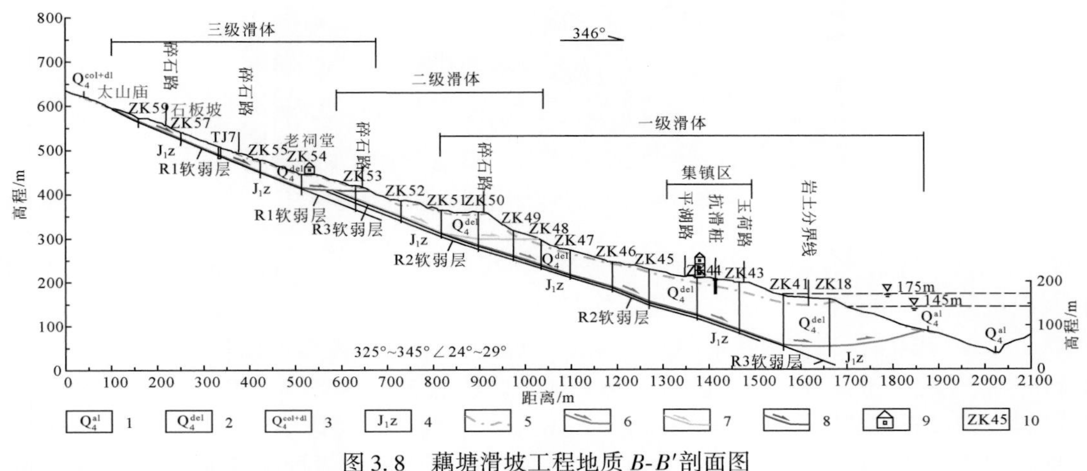

图3.8 藕塘滑坡工程地质 $B\text{-}B'$ 剖面图

1. 第四系全新统冲积层；2. 第四系全新统崩坡积层；3. 第四系全新统滑坡堆积层；4. 下侏罗统珍珠冲组砂岩；5. 岩土分界线；6. 一级滑体滑带及滑动方向；7. 二级滑体滑带及滑动方向；8. 三级滑体滑带及滑动方向；9. 房屋建筑；10. 钻孔编号

3.2.3.2 多级多期次滑动变形特征

一级滑体平面形态呈斜歪倒立古钟状，后缘位于鹅颈项沟-中间屋一带，高程为300~370m，前缘剪出口位于长江145m水位之下，由庙包-藕塘一带分布的碎裂岩体产状（图3.9）及钻孔揭露情况综合分析判定，前缘呈切层反翘剪出，西侧以油坊沟—田湾沟一带西侧稳定岩脊为界，东侧以鹅颈项沟-大沟一带冲沟为界，剪出口高程为90~102m；滑体纵长约880m、横宽约1100m，面积约92.2万 m^2，主滑方向约345°。

一级滑体沿R3软弱层滑动，纵向滑面形态：由后缘至中部呈近平面状向NW倾斜，与下伏基岩倾角相近，倾角为18°~25°，在安坪镇临江外侧渐变为近似圆弧状，至临江带呈近水平或反翘状，倾角为-15°~5°；前缘庙包处滑体厚度最大，达到了115m，后缘相对较薄；横向滑面形态：由东往西总体呈近平面状向西侧缓倾，倾角为2°~7°，在西侧边界附近抬升至地面岩脊露头处，平均滑体厚度约70.3m，总体方量约6480万 m^3，属特大型、超深层顺层岩质滑坡。

为了掌握滑带的分布特征，在地质调查及钻探基础上，通过布设在一级滑体的平硐PD1揭露发现滑带厚度分布不均匀，从后缘至前缘厚度由薄变厚，泥化状黏土岩含量减少、碎块石增多；由东至西、从南向北埋深逐渐增大。

据平硐PD1开掘揭露，入硐深177.0~180.0m见一层厚40~70cm的黑色碳质黏性土

图 3.9 藕塘滑坡一级滑体前缘庙包一带反翘碎裂岩体

（对应于滑坡 R3 软弱层），上部潮湿，为软塑-可塑状，厚约 10cm，下部干燥多为硬塑状，碳质黏性土中裹挟有砂岩碎石及白色高温结晶物，粒径为 2 ~ 20mm，多呈次棱角-次圆状，碎颗粒定向排列结构特征明显，碳质黏性土中可见清晰滑面及擦痕（图 3.10、图 3.11），碳质黏性土之下底板为砂岩碎裂岩体，产状为 340° ~ 350°∠20° ~ 55°。滑带之间为砂岩、粉砂岩碎裂岩体，局部夹厚 2 ~ 5cm 不连续煤线，岩体破碎，受挤压拖带作用，可见碎裂岩体被揉搓而呈波浪状（图 3.12）。滑带内镜面擦痕与揉皱现象明显，滑带底界以下的滑床基岩连续稳定，岩层产状为 325° ~ 350°∠20° ~ 25°。据平硐 PD1 揭露的滑带取样进行颗粒分析，滑带土粉粒和黏粒含量占 59.7% ~ 79.8%。

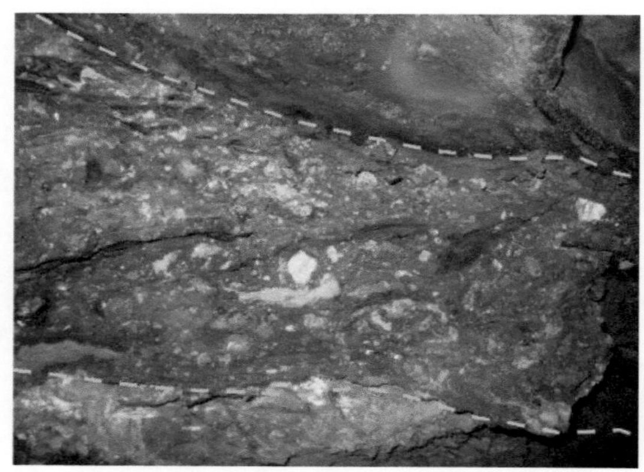

图 3.10 藕塘滑坡平硐 PD1 黑色碳质黏性土的碎颗粒定向排列

图 3.11 藕塘滑坡平硐 PD1 黑色碳质黏性土的清晰滑面及擦痕

二级滑体位于藕塘滑坡中部，形状不规则，滑体纵长约 440m、横宽约 650m，面积约 31.6 万 m^2，主滑方向约 345°，滑体平均厚度约 32.3m，总体方量约 1020 万 m^3；后缘从刘家包平台起，至老油坊一带，高程为 400 ~ 530m；前缘冲覆在一级滑体后缘之上，呈切层剪出后略有反翘状，剪出口高程为 250 ~ 300m；滑坡东侧主要以东部顺坡直线岩脊附近为界（图 3.13），西侧边界从田湾沟中部开始，绕过了中间屋西侧的阻挡山脊（图 3.14），直至草屋包北东侧平台的前缘地带。

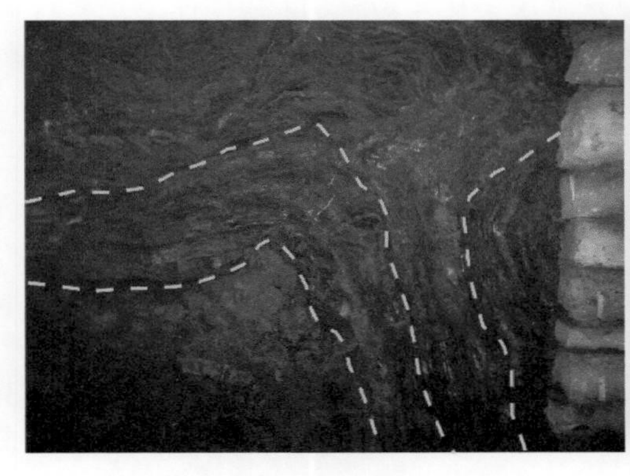

(a) 滑带中岩层被挤压揉搓呈波浪状

(b) 滑带中岩块被裹夹携带产生翻滚

图 3.12　藕塘滑坡平硐 PD1 揭露滑带岩层变形破坏特征

图 3.13　藕塘滑坡东侧顺坡直线岩脊

图 3.14　藕塘滑坡西侧阻挡山脊

通过钻孔、探井、探槽和平硐 PD2 揭露显示二级滑体主要沿 R3 软弱层滑动，仅西侧部分区域沿着 R5 浅层软弱层滑动。纵向滑面形态：由后缘至中前部呈近平面状向 NW 倾斜，与下伏基岩倾角相近，倾角为 25°～27°，在鹅颈项至双大田一带呈切层和反翘剪出，倾角为-12°～4°（图 3.15）；横向滑面形态：从东侧至中部靠西呈近平面状向西缓倾，倾角一般 3°左右，从中部靠西至西侧呈圆弧状逐渐抬升至地面。

(a) 双大田外侧近水平状剪出带岩体　　(b) 鹅颈项平台外侧陡坎岩体

图 3.15　藕塘滑坡二级滑体前缘水平缓剪出带外侧陡坎

通过布设在二级滑体的平硐 PD2 揭露发现滑体以碎裂岩体为主，对应于滑坡 R3 软弱层为一层厚 20～40cm 灰黑色黏性土，其下部滑床基岩连续稳定（图 3.16）。此外，TJ4 揭露二级滑体的滑带以灰黑色黏性土为主（图 3.17），主要由泥化碳质黏土岩、黏土岩夹碎石角砾组成，滑动挤压较强烈，上下界面可见黏性土夹碎屑条带，黏性土多呈灰黑、深灰色，黏粒含量占 60%～80%，呈软塑-可塑状，可见显著的泥化现象，而所夹碎屑条带主要为砂岩、粉砂岩碎颗，粒径一般为 0.5～6cm，挤压碾磨强烈，以次棱角状为主，部分具一定磨圆度且呈定向排列结构，镜面擦痕清晰。

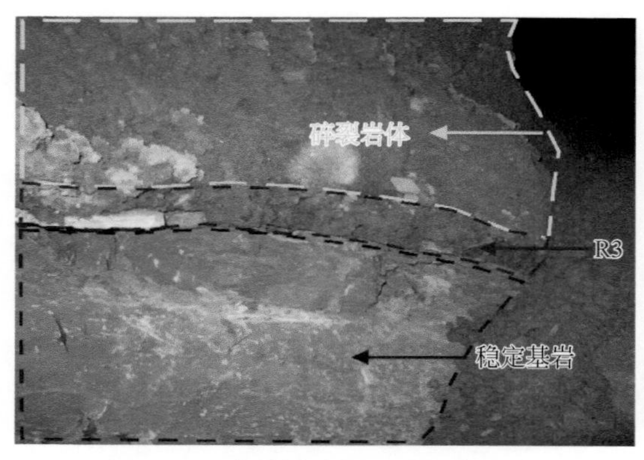

图 3.16　藕塘滑坡平硐 PD2 灰黑色黏性土滑带（R3 软弱层）

图 3.17　藕塘滑坡二级滑体 TJ4 灰黑色滑带土及滑面（R3 软弱层）

三级滑体总体平面形态呈斜歪倒立古钟状，后缘以狮子包垭口为界，高程约 705m；

西侧以石湾沟—梅子湾沟左侧岩脊为界（岩脊区域岩层产状正常，未见层间错动现象），东侧以煤炭槽—太山庙—叫花子湾一线冲沟为界，前缘剪出口覆盖于二级滑体后缘之上，位于草屋包北东侧台地、老祠堂台地、刘家包台地一带，零星可见呈近水平状碎裂岩体，分布高程为 400 ~ 530m（图 3.18）。滑体纵长约 640m、横宽约 830m，面积约 54.3 万 m^2，滑体平均厚度为 27.2m，总体方量达到 1450 万 m^3，主滑方向约 345°。

通过钻孔、探井、探槽揭露三级滑体主要沿 R1 软弱层滑动（图 3.19），其纵向滑面形态：由后缘至中前部呈近平面状的顺坡向倾斜，倾角为 20° ~ 25°，至前缘剪出平台处逐渐转至近水平状至反翘状，倾角为 0° ~ 10°（图 3.20）；由于受二级滑体后缘的阻滑，在草屋包北东侧、老祠堂、刘家包一带平缓剪出，形成多级台地地貌；横向滑面形态：从东侧至中部呈近平面状，以 4°倾角向西微斜，中部至西侧呈梯状抬升（即从 R1 软弱层抬升至 R5 软弱层），倾角为 8° ~ 18°，在西侧边界岩脊地带区域呈近直立状陡倾角。

图 3.18　藕塘滑坡三级滑体前缘老祠堂附近碎裂岩呈近水平状体剪出

图 3.19　藕塘滑坡三级滑体后缘东侧煤炭槽-碳质黏土岩 R1 软弱夹层出露

图 3.20　藕塘滑坡三级滑体模型示意图（顺层滑动→转折→水平剪出或反翘）（方位角：105°58′）

依据三级滑体后缘探槽 TC6、TC7 和探井 TJ1、TJ2 揭露，滑带土呈灰黑色碳质泥化黏土岩夹碎屑（图 3.21 ~ 图 3.24），厚一般为 10 ~ 35cm，碎屑含量占比约 25%，其成分以砂石及煤颗粒为主，粒径为 2 ~ 18mm，受剧烈碾磨的作用多呈次棱-次圆角状，具有一定磨圆度；局部含泥化状、土状的黏土岩，占比为 75%，黏粒含量较高。

图 3.21　藕塘滑坡三级滑体 TC6 揭露灰黑色滑带土（R1 软弱层）

图 3.22　藕塘滑坡三级滑体 TC7 揭露灰黑色滑带土（R1 软弱层）

图 3.23　藕塘滑坡三级滑体 TJ1 揭露灰黑色滑带碎屑颗粒

图 3.24　藕塘滑坡三级滑体 TJ2 揭露滑带土内的清晰擦痕

3.2.3.3　三维视角下侧向阻滑变形特征

通过一级滑体前缘西侧（长江勘测规划设计研究院）勘查开掘的平硐 MPD2 揭露发现碎裂岩体（产状为 95°～100°∠33°～36°，摄像方位角为 16°）存在明显的推挤剪切破坏、岩层反翘迹象（图 3.25）。此外，为了探明藕塘滑坡的三维地质结构形态特征，于滑坡后缘西侧山脊布设了探槽 TC2，通过探槽开挖揭露同样发现碎裂岩体（产状为 65°～85°∠10°～15°，摄像方位角为 70°）存在严重地推挤剪切破坏、岩层反翘变形特征（图 3.26）。

根据现场调查易见：山脊及东侧岩层产状产生突变，呈向东偏转迹象，而山脊西侧岩层产状保持正常。基于上述变形特征，由此推测滑坡体在顺层下滑过程中，受到西侧稳定岩脊的阻挡作用（图 3.14），致使滑移的碎裂岩体向东产生翻转，同时也对阻碍的稳定岩脊产生一定深度范围的推挤剪切破坏。

(a) 平硐MPD2碎裂岩体推挤剪切破坏

(b) 平硐MPD2碎裂岩体岩层反翘

图 3.25　藕塘滑坡一级滑体平硐 MPD2 揭露碎裂岩体变形破坏特征

(a)　(b)

图 3.26　藕塘滑坡 TC2 揭露碎裂岩体变形破坏特征

藕塘滑坡受控于西侧山脊阻滑作用可以很好解释以下两方面问题：①西侧滑体运动受阻滞后于东侧滑体，形成滑坡平面形态，呈斜歪 NE 走向不规则形状；②西侧滑体厚度通常大于东侧滑体厚度。由此分析推断：一级、二级滑体在滑动前进方向受西侧稳定山体阻挡，产生剧烈的推挤剪切破坏现象，由于西侧山脊稳定性较好，致使滑体未推挤开，从而产生一定程度的向东扭转变形迹象，与鸡尾山滑坡、大光包滑坡类似，滑坡在滑动方向受阻发生一定偏转（殷跃平，2010；殷跃平等，2011，2012）。

3.2.3.4　滑床特征

藕塘滑坡滑床主要由下侏罗统珍珠冲组（J_1z）下段的灰、深灰色中-厚层状细粒-中粒砂岩，局部夹碳质页岩或灰、深灰色黏土岩组成，滑床面前部埋深约 130m，中部埋深约 50m，出露于滑坡后部，且滑床面有地下水渗出迹象。

滑床面形态从横向上看，平坦少起伏，并与上覆滑面基本保持一致，总体以 4°～7°倾角向西缓倾，仅在西侧边界阻滑岩脊地带以陡倾角呈梯状抬升至地面；纵向形态而言：从后缘至剪出口处滑床面较陡直，产状为325°～345°∠24°～29°，岩体完整性较好，节理裂隙不发育；而在一级、二级和三级滑体前缘剪出口处滑床面多呈近水平或略向上弯曲弧形状，倾角从0°渐变到-15°，滑面之下滑床附近的岩体受上部碎裂岩体滑移拖带影响，向上弯折破坏，岩体极破碎。

3.2.3.5 滑体特征

据岩性结构特征，滑坡体物质结构组成可由上到下分为四层，具体的结构特征统计如表3.2所示。

表3.2 滑坡体物质结构组成及分布特征

岩土体类别	岩组代号	特征简述
素填土	Q_4^{ml}	黄褐色，主要由粉质黏土夹砂岩、泥岩碎块石组成，块石块径为1～35cm，土石比约7∶3，集中分布于安坪集镇
粉质黏土夹碎块石	Q_4^{del}	灰褐、黄褐色，主要由粉质黏土夹砂岩、粉砂岩及黏土岩碎块石组成，粉质黏土呈可塑-硬塑状，块石块径为1～40cm，多呈棱角状-次棱角状，土石比为8∶2～6∶4，厚3～20m，主要分布于各级滑体表层的前缘及中部
块碎石土	Q_4^{del}	黄褐色，主要为砂岩、粉砂岩及黏土岩碎块石夹少量粉质黏土，块石块径为1～75cm，局部可达110cm，多呈棱角状-次棱角状，粉质黏土呈可塑-硬塑状，块石含量一般为45%～90%，该层广泛分布于一级滑体表层，厚3～25m
碎裂岩体	Q_4^{del}	灰色，主要由砂岩、粉砂岩，黏土岩块石组成，厚度为10～85m，碎裂岩体由上至下，由破碎至较完整，局部岩体极破碎，各级滑坡体中的碎裂岩体具有较为一致的特征，即各级滑坡后缘至前缘碎裂岩体的岩层产状变化较明显，岩层倾角由陡变缓至近水平，甚至反翘；各级滑坡剪出口滑带以上附近碎裂岩体多见揉搓扭曲变形现象，剪出口的滑带以下附近岩层受切层剪出的拖带影响，岩层倾角变陡

3.3 藕塘滑坡成因及演化模式研究

藕塘滑坡作为三峡库区典型顺层基岩古滑坡，其空间结构特征、成因机制及蓄水后的稳定性等问题由来已久，由于藕塘滑坡规模巨大、地质条件十分复杂，自三峡库区蓄水以来，尤其是2008年175m试验性蓄水阶段，滑坡变形加剧，存在复活失稳的可能性。尽管历经不同部门单位及工程技术人员长期研究，但到目前为止，关于藕塘滑坡的边界范围、成因演化机制、稳定性状等方面仍未达成统一意见。本节依据藕塘滑坡地质结构的最新研究成果，以长江三峡库区地质环境为研究背景，开展以藕塘滑坡为典型的巨型顺层基岩滑坡的成因及演化模式系统研究，主要运用地貌学、地质力学理论及试验分析等手段，从地质和环境因素两方面阐述滑坡成因，分析滑坡多级多期次演化过程。

3.3.1 藕塘滑坡多级多期次滑动形成年代研究

由藕塘滑坡地质结构特征分析可知，其具有多级多期次滑动特征，主要可以分为三级滑动形式，为了进一步研究其演化过程及变形机制，需要查明藕塘滑坡一至三级滑体不同期次的形成年代和先后顺序，为此选取了不同典型区域滑带土进行电子自旋共振（electron spin resonance，ESR）测年试验。

3.3.1.1　滑坡电子自旋共振（ESR）测年方法及理论依据

滑坡发生实际上是岩石受力产生变形运移的发展过程，此过程之中滑坡岩土体必然受到压力、温度等的影响，致使矿物晶格中产生缺陷与离子交换现象，导致天然热释光（thermoluminescence，TL）衰减损失、石英等 ESR 讯号强度降低至零。滑坡事件发生后，在自然辐射作用下将重新获得新的天然热释光，或在射线照射作用下，重新诱发对辐照有良好响应特性的 ESR 讯号，由此可以测试滑坡事件发生的年龄，而且热释光（TL）和电子自旋共振（ESR）两种测试方法均适用于滑坡年代学研究。其中滑带土中的石英、碳酸钙都是良好 ESR 测年矿物，常温条件下石英的氧空位寿命约 10 亿年，石英测试时间范围可达 2 亿年，碳酸钙测试时间范围约 1000 万年。试验样品可选用 0.2 ~ 0.125mm 粒度石英，石英测年信号选用 E′心或 Ge 心。

3.3.1.2　藕塘滑坡测年分析研究

1. 试样样品选取

为查明藕塘滑坡多级多期次滑动变形时间，分别在一至三级滑体典型不同区域选取了深部滑带土试样，运用 ESR 试验进行测年，试样样品采样位置及样品类型描述如表 3.3 所示，测年试验均是在成都理工大学核技术应用研究所完成。

表 3.3　藕塘滑坡测年试验样品统计表

样品编号	样品描述	取样深度/m	备注
PD1-183	灰黑色滑带土，擦痕明显	183.00 ~ 183.50	一级滑体
ZK93	泥化碳质黏土岩夹煤	122.00 ~ 123.90	
ZK50-3	灰色黏土岩夹页岩	41.40 ~ 43.75	二级滑体
ZK52	灰黑色、灰色泥化碳质黏土岩	32.87 ~ 34.20	
ZK53-1	灰色泥化黏土岩	29.60 ~ 29.80	
ZK104	灰黑色泥化碳质黏土岩夹煤	44.50 ~ 49.23	
ZK14	灰色泥化黏土岩	40.81 ~ 41.06	三级滑体
ZK54	深灰色泥化黏土岩夹煤线	28.95 ~ 29.60	
TC9	灰黑色滑带土	2.70 ~ 2.80	
TC16	灰色滑带土	3.20 ~ 3.50	

2. 试验要求及其过程

试样测量条件如下：室温控制在 20 ~ 25℃，德国 ER-200D-3000F 型电子自旋共振谱仪的控制参数包括微波频率为 9.844GHz，微波功率为 0.21 ~ 0.30mW，调制振幅为 0.30Gpp，调制功率为 100kHz，放大系数为 10^5 ~ 10^7，时间常数为 40.960ms，扫场范围为

3495～3540G。顺磁共振谱图横坐标是以高斯（G）为单位的磁场强度，纵坐标表示相对放大系数。

试验过程主要包括以下三个步骤：

（1）待样品自然分干后，将颗粒粉碎至规定要求（小于0.125mm），采用铀钍钾谱仪和微机 α 数据系统分别测定 α 和 γ 天然放射性，确定年剂量，放射性测量误差小于7.0%；

（2）在每个试验样品中，分选单矿物石英（碳酸钙）试验样品若干，置于钴-60 辐照场中，在预先标定好剂量率点上进行定剂量辐照，剂量监测使用标准丙氨酸剂量，剂量监测误差±3.2%；

（3）运用德国 ER-2000-SRC 型电子自旋共振仪，在最佳测量条件下，测定其顺磁共振谱，每一件样品绘制四条顺磁共振谱线，为使其测年信号振幅最大化，谱图分别绘制在两张不同纵坐标的坐标系内，顺磁共振谱线测量误差不大于0.1%。基于以上分析，进行数据处理，测定每个样品的年龄值及其误差。

3. 试验结果分析

基于电子自旋共振（ESR）测年试验可知藕塘滑坡的滑带土形成时间分布规律为：一级滑体滑带土形成于距今13.0万～12.1万年，二级滑体滑带土形成于距今6.8万～4.9万年，三级滑体滑带土形成于距今4.9万～4.7万年，显然，该滑坡发生时序一级滑体→二级滑体→三级滑体。藕塘滑坡一至三级滑体不同区域滑带土形成的年代如表3.4和图3.27所示：

表3.4　藕塘滑坡一至三级滑体不同区域测年结果统计表

样品编号	样品描述	古剂量/Gy	年剂量/mGy	年龄/万年	备注
PD1-183	灰黑色滑带土，擦痕明显	806.8	7.133	12.1±1.2	一级滑体
ZK93	泥化碳质黏土岩夹煤	791.9	6.085	13.0±1.3	
ZK50-3	灰色黏土岩夹页岩	500.0	7.508	6.7±0.5	二级滑体
ZK52	灰黑、灰色泥化碳质黏土岩	468.3	6.923	6.8±0.5	
ZK53-1	灰色泥化黏土岩	280.0	5.130	5.5±0.5	
ZK104	灰黑色泥化碳质黏土岩夹煤	286.5	5.846	4.9±0.4	
ZK14	灰色泥化黏土岩	295.8	6.345	4.9±0.4	三级滑体
ZK54	深灰色泥化黏土岩夹煤线	261.8	5.371	4.9±0.4	
TC9	灰黑色滑带土	246.1	5.253	4.7±0.4	
TC16	灰色滑带土	309.1	6.394	4.8±0.4	

3.3.1.3　藕塘滑坡与古气候关系

特定的地质历史时期，三峡地区发育和形成了众多古滑坡，相关研究发现古老滑坡形成年代学证据与区域地质构造运动历史和古气候古环境等有一定的相关性。基于上述电子自旋共振（ESR）滑带土测年试验数据，结合已有的三峡库区大型古滑坡的绝对年龄测试

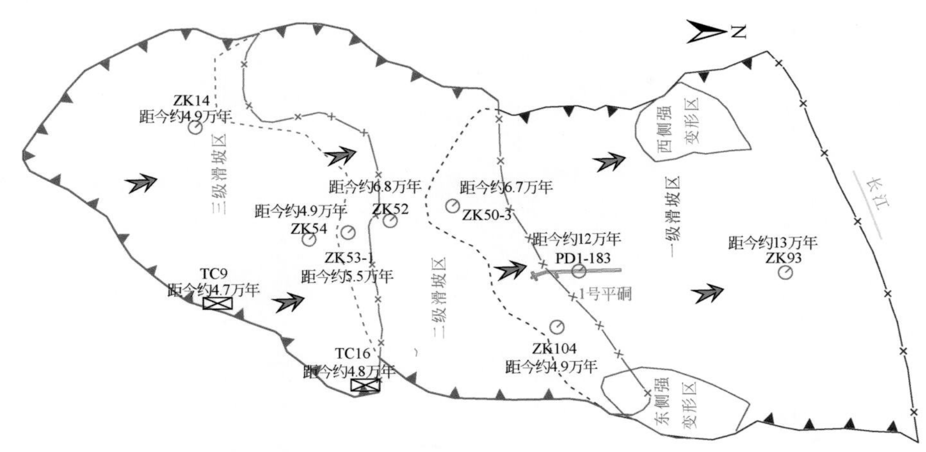

图3.27　藕塘滑坡不同区域滑带土测年结果分布示意图

数据（表3.5），对比分析古滑坡发生分布规律与古气候关系（张年学，1993；李晓等，2008；滑帅，2015）。

表3.5　三峡库区部分典型古滑坡形成年代统计表

序号	滑坡名称	滑坡绝对年龄/万年			资料来源
		^{14}C	TL	ESR	
1	旧县坪主滑坡			5.61	张年学，1993年
2	旧县坪西滑坡		2.92		张年学，1993年
3	新滩滑坡			4.46	张年学，1993年
4	故陵滑坡		12.6	11.6	张年学，1993年
5	茨草沱滑坡		26.6		张年学，1993年
6	大坪滑坡		27.7		张年学，1993年
7	百焕坪滑坡		33.1		张年学，1993年
8	黄腊石大石板		12		张年学，1993年
9	曲尺盘滑坡			9.1	张年学，1993年
10	赵树岭滑坡		11.68		崔政权，1999年
11	黄腊石台子角		10～17		崔政权，1999年
12	安乐寺		31～38		崔政权，1999年
13	吊岩坪		23～29		崔政权，1999年
14	奉节藕塘滑坡		16～17		崔政权，1999年
15	马家屋场	3～4			崔政权，1999年
16	宝塔滑坡			32.4	李晓，2004年
17	白衣庵滑坡		15.1		李晓，2003年

续表

序号	滑坡名称	滑坡绝对年龄/万年			资料来源
		^{14}C	TL	ESR	
18	巫山新城滑坡	2～4			何满潮，1996 年
19	黄腊石谭家湾		7.48		水利部长江水利委员会，1990 年
20	黄腊石大石板		10.5	12.0	水利部长江水利委员会，1990 年
21	黄腊石石榴树包			6.89	李兴唐，1990 年
22	黄腊石台子角			8.60	李兴唐，1990 年
23	黄土坡		37～41		钟立勋，1992 年
24	镇江寺滑坡		18.1		四川省地质矿产勘查开发局，1990 年
25	李子坝滑坡		15.9		四川省地质矿产勘查开发局，1990 年

通过对三峡库区大量古滑坡测年数据分析统计，相关研究资料表明三峡地区古滑坡年代分布规律具有高频和低频发育时段，近 40 万年以来主要发育时间阶段：5 万～17 万年、27 万～31 万年、37 万～41 万年，尤其是中更新世晚期 15 万年以来，古滑坡发生数量显著增加的同时，延续时间也呈增长趋势（图 3.28）（邓清禄和王学平，2000；李晓等，2008）。

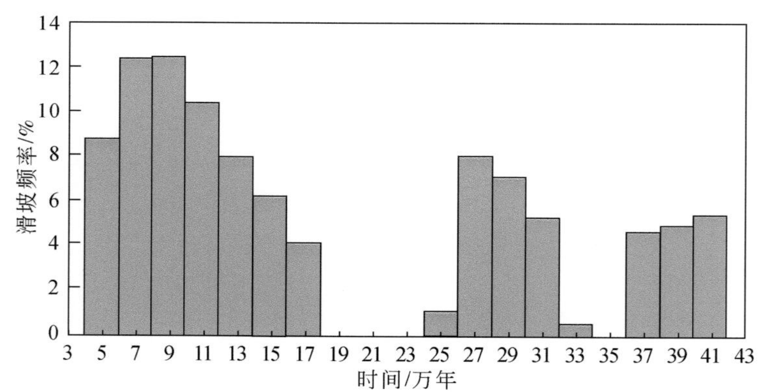

图 3.28　三峡库区更新世滑坡年代分布直方图（据邓清禄和王学平，2000 修改）

古气候相关研究成果显示出第四纪以来全球性气候经历冷暖、干湿的多次交替演变过程，国内外许多学者对第四纪以来全球性冰期、间冰期进行了大量的研究，目前较为普遍接受的成果是基于西太平洋赤道附近进行的深海钻探岩心生物碎屑氧同位素分析而得出的 11 个气候期（表 3.6）（张年学，1993），其中奇数期为暖期，偶数期为冰期或冷期。

表 3.6　基于深海孔氧同位素阶段年龄的古气候分布规律

地质时代/万年 B. P.	古气候期	深海孔氧同位素阶段年龄/万年
全新世（Q_4）1.1 至现代	1	0～1.0
上更新世（Q_3）13.0～1.1	2	1.0～2.9
	3	2.9～6.1
	4	6.1～7.3
	5	7.3～12.8
中更新世（Q_2）73.0～13.0	6	12.8～（18.5～21.4）
	7	（18.5～21.4）～（24.9～26.4）
	8	（24.9～26.4）～（29.7～32.9）
	9	（29.7～32.9）～（33.9～37.4）
	10	（33.9～37.4）～（36.8～40.4）
	11	>（36.8～40.4）

由表 3.6 分析可知，藕塘滑坡一级滑体形成年代［距今约（13.0～12.1）±1.3 万年］对应于上更新世第五暖湿气候期，同样，藕塘滑坡二级滑体［距今约（6.8～4.9）±0.5 万年］以及藕塘滑坡三级滑体［距今约（4.9～4.7）±0.4 万年］形成年代对应于上更新世第三暖湿气候期（间冰期），显然，滑坡的发育与暖湿气候的分布较好地吻合，由此可一定程度上说明藕塘特大型古滑坡的形成发育除受到其滑坡本身地质结构特征的影响之外，还可能与降雨量大且温暖潮湿的古气候有关。

3.3.2　藕塘滑坡成因分析

对于发育形成于上更新世的巨型顺层基岩古滑坡——藕塘滑坡而言，其形成演化过程经历了很长的地质历史时期，大量的研究表明古滑坡形成及复活受到地球内外动力耦合作用的影响，其成因及影响因素主要分为地质因素和环境因素两个方面：地质因素包括地形地貌、地层岩性、地质构造、断裂活动、古气候等；环境因素包括降雨、库水位变动、人类工程活动等。

3.3.2.1　地质因素

1. 地层岩性

据前文所述，从奉节至云阳段，故陵向斜河谷岸坡地层由东往西分别包括巴东组（T_2b）、须家河组（T_3xj）、珍珠冲组（J_1z）、自流井组（$J_{1-2}z$）、新田沟组（J_2x）、沙溪庙组（J_2s）、遂宁组（J_3s）以及蓬莱镇组（J_3p）。研究显示从晚三叠世开始，海水退落扬子陆台，开始内陆河湖沉积，三峡库区云阳至奉节段形成了一套由三叠系到侏罗系的成层复杂交替内陆湖河相砂岩、泥岩、页岩沉积建造，除强度较高的碳酸盐岩、砂岩外，通常泥岩、页岩岩层夹有不同矿物组分，其中相当一部分的泥岩、页岩岩层中含有一定数量的膨胀黏土矿物，因其结构强度较低，易形成软弱层。正是由于此类软弱夹层的存在，构成了顺层岸坡沿层滑动的物质基础（张年学，1993；代贞伟等，2015，2016a，2016b）。

藕塘滑坡地层岩性为下侏罗统珍珠冲组（J_1z）下段砂岩、粉砂岩，夹有灰黑色的碳质页岩及薄煤层，碳质页岩及薄煤层为易滑软弱夹层，而其上覆岩层和下伏岩层均以砂岩、粉砂岩等硬岩为主，形成上硬下软、硬岩夹软岩的组合特征。一旦形成不利临空面，在岩体自重作用下，易滑软弱夹层则容易发生蠕动变形。

2. 地质构造

从云阳复兴场—奉节库岸地段，长江纵切故陵向斜盆地，故陵向斜在该区段主要呈梳状开阔向斜，此段轴向为 NEE，轴部平缓、两翼较陡（30°—50°—70°）。具有川东褶皱带向斜的一般特点，总体呈现梳状背斜和宽缓向斜构成的低山丘陵和平行岭谷相间的特征。受长江切割的顺向岸坡地带发育众多的大型、特大型顺层滑坡，如宝塔滑坡、旧县坪滑坡、高家咀滑坡、西城滑坡、白衣庵滑坡等。

藕塘滑坡位于故陵向斜东南翼，岩层产状为 320°～350°∠18°～28°，主要发育 NW 向张性构造裂隙及 NEE 向扭性构造裂隙，其中一组走向与岩层走向近于一致的裂隙 L1 产状为 120°～150°∠55°～75°；另一组走向与岩层走向近于正交的裂隙 L2 产状为40°～70°∠60°～85°；岩体节理裂隙发育，软弱层面和节理切割面破坏了原岩整体性和完整性，促进岩体风化，是地表水充分渗入坡体的优势通道，为岸坡变形破坏创造了有利条件。

3. 地貌及岸坡结构

藕塘滑坡区域属于长江横截单面山系，呈纵横向叠压不对称三角形岸坡，原始岸坡坡形陡直，切割深度大，岩层走向与长江近于平行，倾向长江呈顺向坡，是易形成顺层滑坡的地貌及岸坡结构。

藕塘滑坡总体地形属于折线型斜坡特征，具有上陡下缓、陡缓相间的特点，坡角为 12°～38°，局部较陡斜坡段达 40°～62°，岩层倾角纵向上由上到下逐渐变缓，上部岩层倾角平均约 29°～32°，至前缘处岩层为近水平状或略向上弯曲弧形状；因上部岩层倾角一般大于滑带内摩擦角，为其发生长期蠕滑变形提供了条件。

4. 长江侵蚀下切与阶地抬升

据相关研究资料表明，第四纪以来近几十万年期间，长江三峡地区受新构造运动的上升作用强烈。据三峡库区各河段下切速率统计值（表 3.7）可知：重庆河段下切速率达 77.6～92.4cm/ka，奉节河段下切速率达 75.1～92.5cm/ka，万州河段下切速率达 74.8cm/ka，涪陵河段下切速率达到了 94.7cm/ka，宜昌河段下切速率达到了 74.3cm/ka（杨达源，2006）。显而易见，长江河道存在着相对快速深切的过程，整体表现为地壳阶段性的隆起抬升以及长江侵蚀下切，由此造成了长江三峡地区地貌形态具有高山峡谷、多级夷平面、多级阶地特征，剖面形态呈明显的层状地貌，是孕育顺层滑坡的有利地质环境。

表 3.7　长江三峡库区各河段区域下切速率

河段	地点（高程/m）	河流下切幅度/m	年龄/万年	下切速率/(cm/ka)
重庆	李家沱黄家嘴（208）	35.7	45.92±3.90	77.6
	广阳坝大旗寺（254）	84	104.71±8.90	80.0
	广阳坝大旗寺（203）	25	28.25±2.40	88.3
	广阳坝大旗寺（194）	16	17.42±1.48	92.4
涪陵	焦岩（178）	36	38.33±3.26	94.7
丰都	镇江镇（192）	56.8	81.34±6.91	70.1
忠县	水平小区（148）	5.5	7.22±0.61	78.5
	水平小区（172）	49	61.93±5.26	79.0
万州	五桥（227）	95	126.58±10.67	74.8
奉节	白帝镇（155）	56.3	75.13±6.39	75.1
	白帝镇（194）	95.3	102.86±8.74	92.5
宜昌	三斗坪中堡岛（75）	15	20.21±0.90	74.3

据前文所述，由晚更新世晚期至早更新世晚期，奉节—巫山河段区域为三峡地区地壳隆升的中心区域，长江对岸坡的侵蚀深切，改变了岸坡原始形态，形成了不对称“V”字形河谷地貌，长江快速深切也促使岸坡岩体的快速卸荷和强烈风化，造成深埋易滑软弱夹层逐渐地裸露于坡面，加之坡脚受水致浸泡软化效应，加速了岸坡变形破坏的进程。

5. *断裂构造活动*

根据三峡地区断裂活跃与滑坡活跃的相关研究资料（邓清禄和王学平，2000；李晓等，2008），分析可知不同地质历史时期，断裂、滑坡活动均呈阶段性，且断裂活动年代与滑坡活动时间具有较好的相关性，表现出滑坡活跃期一定程度的滞后于断层活跃期的特征（图 3.29）。

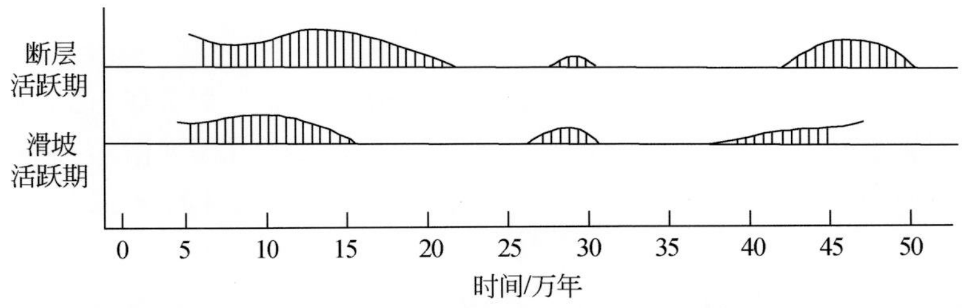

图 3.29　三峡库区断层活跃期与滑坡活跃期分布规律（据邓清禄和王学平，2000 修改）

就藕塘滑坡而言，一至三级滑体滑动形成时间（距今约 13.0 万 ~ 4.7 万年）均分布在第一期的断裂活跃期之内，由此可推断，断裂活动及其孕育的地震也是藕塘滑坡形成的潜在诱发因素之一。

3.3.2.2　环境因素

1. 集中降雨

奉节位于以万州为中心的川东暴雨带边缘，降雨较充沛，年平均降雨量为1147.9mm，年最大降雨量为1636.3mm，年最小降雨量为721.6mm，年降雨量约70%集中分布在5～9月；月最大降雨量达548.4mm（1982年7月），日最大降雨量为158.6mm（1982年7月16日），最长连续降雨达16日（1982年7月15～29日），最大连续降雨量达488.7mm。由于滑体物质透水性较好，在集中降雨作用下，大量雨水入渗滑体中，导致滑体部分岩土体饱和，从而使得滑坡体自重和下滑力一定程度增加；此外，以碳质黏性土层为易滑软层相对隔水将导致水在该层面上的富集，使泥化物含水量大大增加，影响滑带土抗剪强度，造成坡体稳定性降低。

2. 三峡水库蓄水

水库蓄水对滑坡体的不利影响通常主要包括软化、泥化作用、浮力减重作用、渗透压力作用、冲刷侵蚀作用。

一方面，滑坡体前缘部分岩土体由于水位上升影响受浸泡作用导致其物理力学性质发生变化，抗剪强度降低，从而影响坡体的稳定性。另一方面，库水位上升使得滑坡体中前缘部分（阻滑段）受水的浮托力影响增大，阻滑力减少，其稳定性则相应降低；库水位快速下降造成坡体产生内高外低水头差，由此形成指向坡外的渗透压力，对于坡体稳定不利（卢书强等，2014）；与此同时，库水位周期性波动势必影响到库岸消落带区域的地下水位变化，进而导致消落带松散土体陷落，压密变形。此外，库水冲刷侵蚀作用将造成坡体前缘坍塌变形，对坡体稳定性不利。

3. 人类工程活动

安坪镇建设在藕塘滑坡中、前部一带（下滑段与阻滑段过渡地带），在移民新址建设过程中存在修建房屋、边坡开挖与基础回填、公路沟渠修建、农田整治等人类活动，但是工程建设活动对原坡体的改造作用相对于该巨型滑坡整体规模而言比例小，对滑坡整体性稳定性影响较小，故可不予考虑。

概言之，节理裂隙发育的软硬相间顺层单斜结构，非常不利于岸坡的稳定，是藕塘滑坡形成的控制因素；长江快速深切侵蚀的河谷发育演化过程为藕塘滑坡提供动力基础和运动空间；诱发滑坡复活变形的主要外在环境因素为集中降雨及水库蓄水。

3.3.3　藕塘滑坡形成机制及演化过程分析

基于上述调查，以地貌学和工程地质力学的理论方法为基础，结合滑带土电子自旋共振（ESR）测年试验结果，推断藕塘滑坡形成机制和演化过程如下（图3.30～图3.36）。

（1）长江河谷不断深切，形成早期的高陡斜坡，且不断削弱顺层坡脚层间软弱层夹层（R3）之上的阻滑体（图3.30）；受裂隙切割以及坡面汇水的侵蚀，在斜坡中下部的西侧形成深切冲沟（现油坊沟一带）。

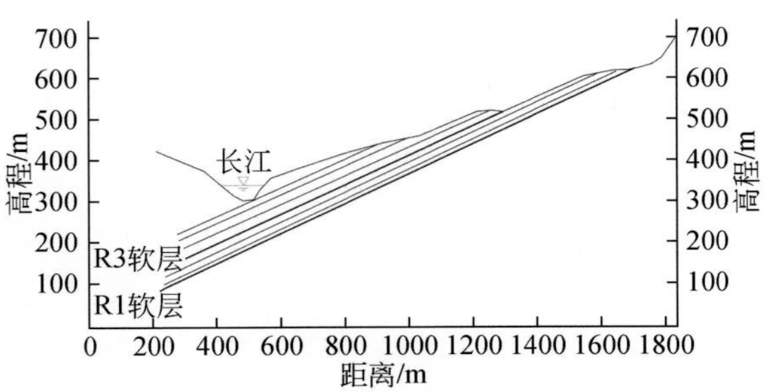

图 3.30　藕塘滑坡形成演化过程：早期的高陡斜坡

（2）原斜坡具有硬岩夹软岩（珍珠冲组下段）组合特征，岩体受到与岸坡大角度相交的裂隙切割，在岩体自重作用下，岩体内部应力逐步调整，斜坡中部（主动传力区）沿着易滑软层（R3）产生顺层蠕动滑移变形，且沿切层裂隙与斜坡上部岩体逐渐拉裂分开，下部坡脚一带（被动挤压区）顺层岩体产生弯曲-隆起（图 3.31）。

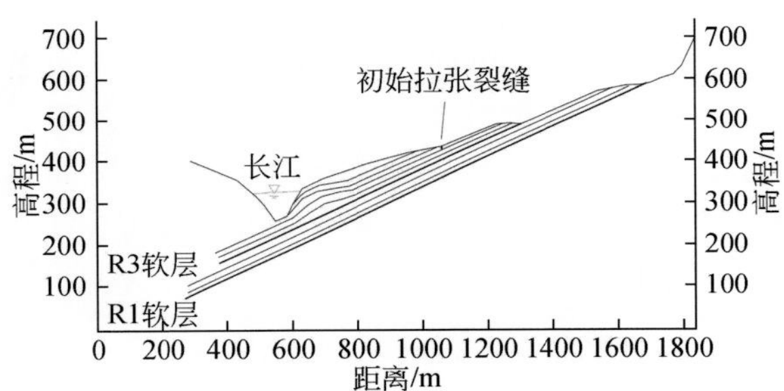

图 3.31　藕塘滑坡形成演化过程：顺层蠕动滑移变形

（3）随着原斜坡岩体中应力不断调整，斜坡中上部（主动传力区）将继续蠕变，下部坡脚一带（被动挤压区）弯曲-隆起加剧，沿顺向坡易滑软层及坡脚弯曲-隆起处存在剪切破坏的趋势（图 3.32）。

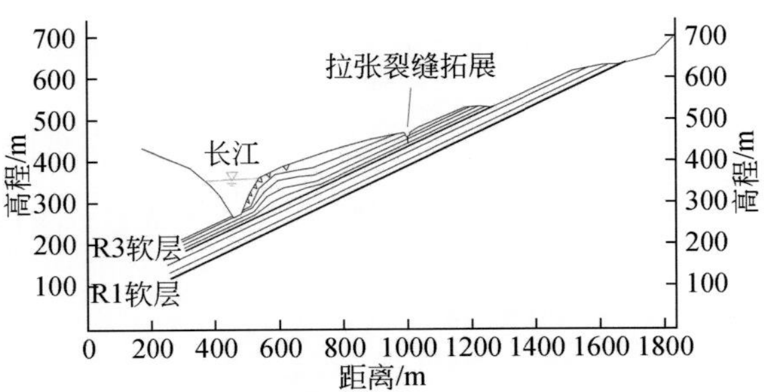

图 3.32　藕塘滑坡形成演化过程：弯曲-隆起加剧

（4）距今约 13 万年，长江河谷继续向下快速深切，坡脚一带（被动挤压区）岩体被剪断从而导致一级滑体产生，前缘形成现今庙包-藕塘一带反翘破碎岩体（图 3.33）。一级滑体变形特征是受控于坡体层间软弱层（R3）的“拉裂—滑移（弯曲）—剪断”模式。

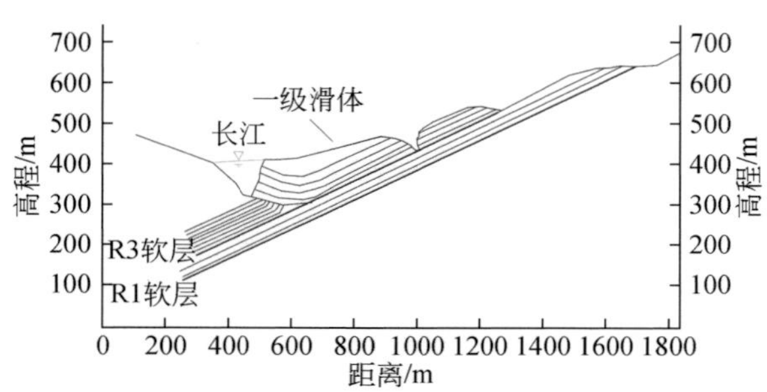

图 3.33　藕塘滑坡形成演化过程：坡脚岩体剪断形成一级滑体

滑坡中后部滑体顺层由 SE 向 NW 滑动，其西侧滑体在顺层滑动过程中受西侧 NE 走向的陡壁或岩脊阻挡约束，下滑过程中西侧后部滑体推挤西侧岩脊，但未推挤开，造成了西侧岩脊的基岩发生了由倾向 NW 至倾向 E 的扭转变形，西侧中前部滑体向东扭转变形；西部滑体较中部及东部滑体更为破碎，碎裂岩体层更加凌乱，由此可推测西部滑体为顺层滑动过程中因西侧岩脊阻挡作用，遭受后面的滑体挤压揉搓所致。

（5）一级滑体滑移后，在其后缘即斜坡上部（二级滑体）前缘形成新的临空面，在地下水逐渐侵蚀软化作用下，坡体层间软弱层（R3）力学强度不断降低，距今约 7 万 ~ 5 万年，在岩体自重作用下，斜坡岩体沿着易滑软弱层（R3）向前缘临空面产生了顺层平面滑移，导致二级滑体产生（图 3.34）；二级滑体顺层滑移覆盖于一级滑体后缘之上，由于受到一级滑体后缘滑体的阻挡，从而形成现今鹅颈项、双大田一带的近水平至反翘状碎裂岩体。

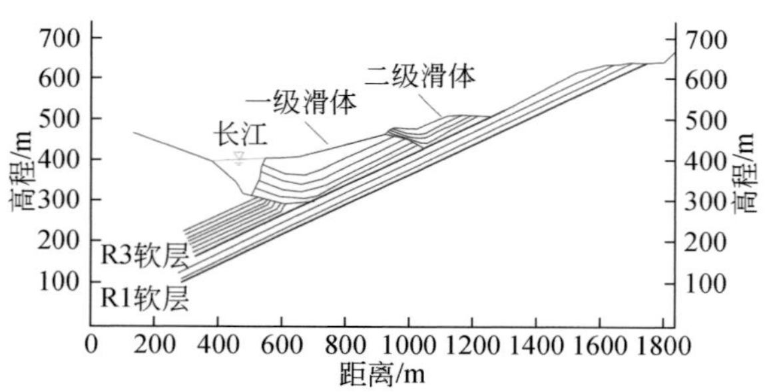

图 3.34　藕塘滑坡形成演化过程：二级滑体顺层滑移

与一级滑体类似，二级滑体在顺层滑动过程中同样受到了西侧稳定岩脊的阻挡，滑体遇阻发生向东扭转变形。二级滑体主要是受控于坡体层间软弱层（R3）的“平面滑移”模式。

（6）二级滑体的生成造成原后缘斜坡的层间软弱层（R1）之上的阻滑体大多消失，在岩体自重作用下，岩体内部应力逐步调整，原后缘斜坡坡脚一带产生应力集中，促使坡脚裂隙发育地段（相对薄弱带）裂隙进一步发育（图 3.35）。

（7）随着原后缘斜坡岩体中应力不断调整，地下水进一步侵蚀、软化易滑软弱层（R1），斜坡继续产生蠕变，坡脚裂隙发育带在水的侵蚀软化下，形成了软弱带，距今约

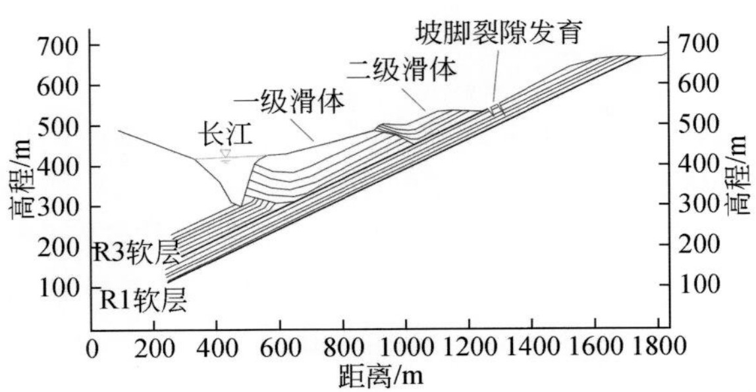

图 3.35　藕塘滑坡形成演化过程：应力调整后缘坡脚裂隙发育

4.9 万 ~4.7 万年，坡脚软弱带已无法阻挡后缘斜坡的岩体，向前缘临空面剪断阻滑岩体则生成三级滑体（图 3.36）。三级滑体是受控于坡体层间软弱层（R1）的“滑移—剪断”模式。

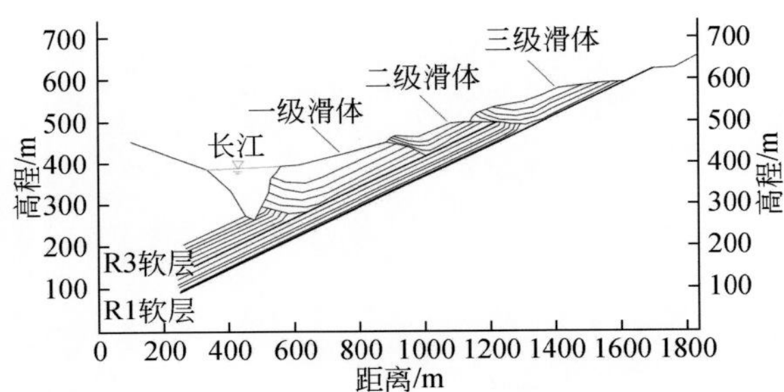

图 3.36　藕塘滑坡形成演化过程：阻滑岩体剪断三级滑体形成

3.4　藕塘滑坡复活变形及特征研究

如何科学合理地评价滑坡变形特征及其诱发因素是进行滑坡变形预测预报及制定防灾减灾措施的重要前提。本节主要通过大量现场地质调查，深入挖掘滑坡监测数据，对藕塘滑坡复杂地质综合体的位移变形与降雨、库水位波动之间关系开展系统分析。

3.4.1　滑坡变形概况

藕塘滑坡为特大型顺层古滑坡，受 175m 试验性蓄水的影响，近年来发生较大变形迹象。自三峡水库工程建成 2003 年试验性蓄水以来，据不完全统计数据显示滑坡区内已发现因蓄水诱发的大小裂缝超过了 160 条。

3.4.1.1　地表变形迹象

基于藕塘滑坡体结构特征及变形迹象程度的差异，将藕塘滑坡研究区划分为一级滑体、二级滑体、三级滑体，以及东、西侧强变形区，各级滑坡体地表破坏迹象及特征如下：

1. 一级滑体范围

2008 年 9 月 30 日首次 175m 试验性蓄水之前，一级滑体范围内基本无地表变形，地表变形主要集中发生于 2008～2009 年，除东侧强变形区外，其余区域地表变形在 2012 年之后普遍减弱，至今未见明显的发展；2012 年之后明显发展或新生的地表变形集中于公路一带，主要为 2013 年 6 月东侧强变形区应急治理工程的施工重车碾压震动所致的沉降或鼓胀变形。其中，一级滑体前缘庙包一带的临江陡岸坍塌（图 3. 37），自二期蓄水期间就开始出现，至今一直发展，相较蓄水前，库岸已后退约 5m。

图 3. 37　藕塘滑坡前缘临江岸坡坍塌照片

2. 二级滑体范围

依据现场调查统计，二级滑体范围内的地表变形数量较少（12 处）、规模小、分布分散，其变形主要是局部陡坡浅表松散土体滑移或不均匀沉降所致。

3. 三级滑体范围

据走访调查获悉，三级滑体的后缘狮子包垭口近 50 年以来向前蠕变近 6m（图 3. 38）。依据探槽 TC6 揭露，狮子包垭口处上部的碎裂岩体部分可见成层性，但产状与下伏基岩不一致，并可见拉张裂缝较发育，底部为泥化 R1 软弱层，存在地下水从后缘坡体沿泥化 R1 软弱层渗出现象，泥化 R1 软弱层呈现软塑–可塑状。

三级滑体局部区域每年雨季地表均会出现公路下沉、田地拉裂等缓慢蠕变现象（图 3. 39），据探槽及钻探揭露，上部滑体主要是沿 R1 软弱夹层泥化而形成的滑面在每年雨季向下产生蠕变迹象。

3. 4. 1. 2　地表变形特征分析

（1）分布范围：变形迹象最为严重的区域分别位于滑体东侧前缘和西侧前缘一带

图 3.38　藕塘滑坡后缘狮子包垭口蠕动变形形成的拉裂槽

图 3.39　藕塘滑坡中后部区域典型的田地拉裂变形迹象

(即东、西侧强变形区，两者 175m 水位以上面积，约占滑坡总面积 4%)；一级滑体前部变形裂缝较多且密集，而二级滑体、三级滑体变形裂缝具有较稀少和分散的特点。

(2) 生成时间：2008 年试验性蓄水之前，滑坡区出现的变形裂缝数量少、频率低，从 2008 年开始出现较多变形裂缝，2009 年新生裂缝数量达到高峰，2012 年以后则明显减弱 (图 3.40)。

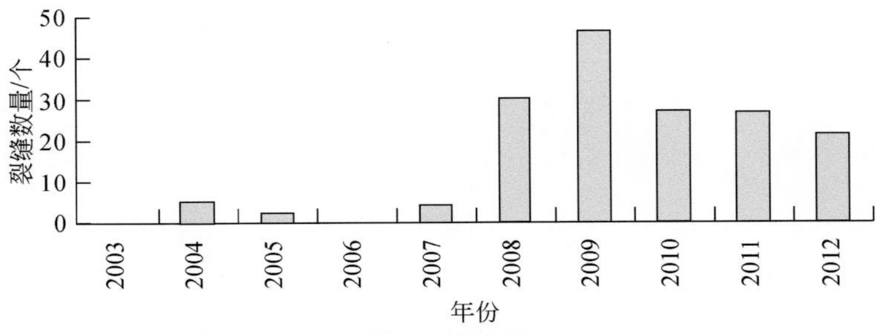

图 3.40　藕塘滑坡新生裂缝时间分布统计图

（3）宏观变形形式：滑坡区变形形式以地表或建筑物的缓慢或匀速蠕滑拉裂与沉降为主，垮塌、崩解、坠落、滑坡等剧烈、快速变形现象或形式较为少见。

3.4.2　滑坡变形特征与影响因素研究

滑坡是一个复杂的地质综合体，其位移变形除与基础地质条件相关之外，更取决于诱发影响因素的动态作用，而滑坡变形的影响因素各异，处于滑坡变形破坏不同阶段，各因素的影响程度也呈现动态变化的特征（殷坤龙，2004；杜娟等，2009）。如何合理评价各动态影响因素对滑坡变形影响程度是进行滑坡变形预测预报及制定科学有效防灾减灾措施的重要前提。

藕塘滑坡于2010年12月开始实施专业监测，监测内容主要包括地表位移、深部位移、地下水位、降雨量与库水位监测等。

3.4.2.1　滑坡累计位移与降雨量、库水位的关系

为掌握降雨量、库水位对于滑坡位移变形的影响，选取典型区域监测点进行分析，其主要包括位于滑坡西侧强变形区的监测点MJ01；位于滑坡东侧强变形区的监测点13、MJ14；位于一级滑体区监测点MJ05、MJ06；位于二级滑体区的监测点MJ07、MJ08；位于三级滑体区的监测点MJ21、TN03，基于现有专业监测数据进行如下统计（图3.41、图3.42）。

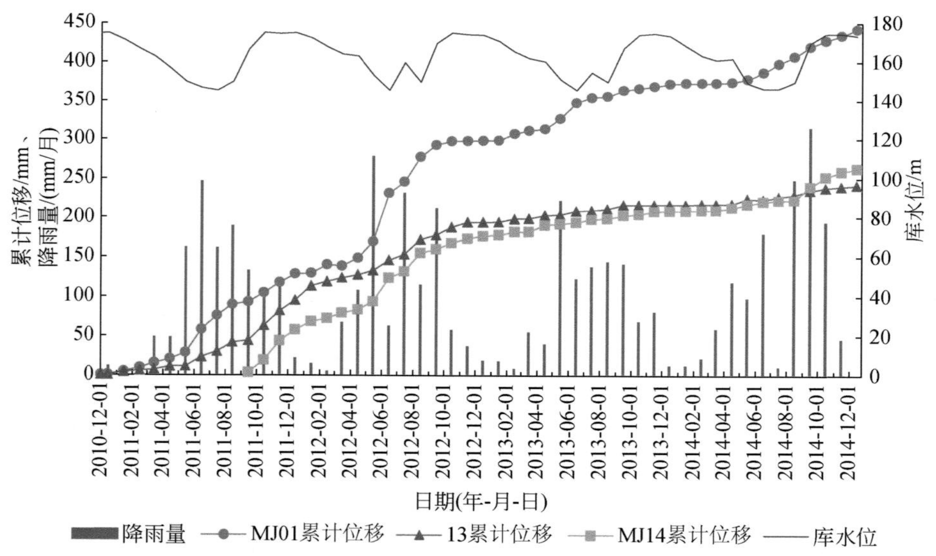

图3.41　藕塘滑坡东、西侧强变形区GPS监测点累计位移与库水位、降雨量之间的关系曲线

图3.41、图3.42为滑坡体典型区域GPS监测累计位移与库水位、降雨量的相关性曲线（从2010年12月至2014年12月），滑坡变形具有如下特征：

（1）GPS监测曲线显示滑坡不同区域地表位移差异性较大，整体表现为东、西侧强变

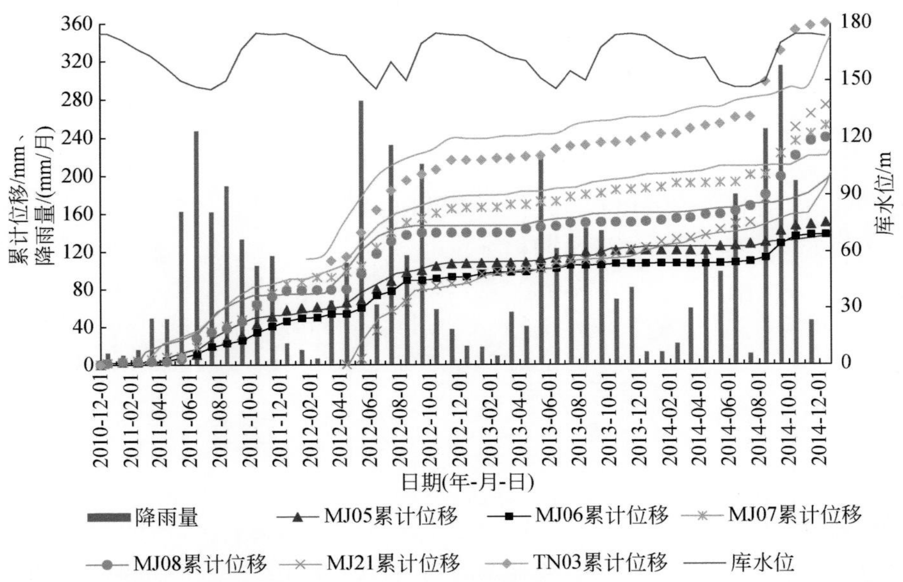

图 3.42　藕塘滑坡一至三级滑体 GPS 监测点累计位移与库水位、降雨量之间的关系曲线

形区的累计位移远大于深层滑体累计位移；深层滑坡体累计位移具有三级滑体>二级滑体>一级滑体的变形规律。

（2）滑坡累计位移–时间曲线显著地呈阶段性“跳跃”式增长，对绝大多数位移监测点而言，阶段性“跳跃”式位移增长具有一定时间分布规律，总体表现为起始于每年 5 月，剧烈变形阶段主要发生在每年 6 ~ 7 月，变形发展持续至每年的 9 月。通过典型滑坡监测点累计位移曲线相关数据统计发现，位移变形量 70% 主要发生于每年 5 ~ 9 月期间。以 MJ01 监测点为例，专业监测四年期间，每年 5 ~ 9 月位移变形总量高达 311.8mm，而其余时间段位移变形总量仅 113.2mm，其余监测点也具有相类似的变形规律。

（3）据三峡水库水位调度方案可知为增强其蓄水防洪能力，库水位每年 5 ~ 6 月以较快下降速率迅速降至最低水位；此外，奉节位于以万州为中心的川东暴雨带边缘，年平均降雨量约 70% 集中在 5 ~ 9 月；据此可知阶段性“跳跃”式位移增长与集中降雨、库水位快速下降时间分布较吻合，由此可推断滑坡阶段性“跳跃”式位移变形特征与集中降雨和库水位快速下降存在显著的相关性。

3.4.2.2　滑坡位移变化速率与库水位波动、降雨量的关系

由前文所述可知滑坡位移变化与库水位、降雨量存在一定的相关性，为了深入挖掘 GPS 位移监测数据内在规律，分别从滑坡位移变化速率与库水位升降速率相关性（图 3.43、图 3.44）、“跳跃”式滑坡位移增长阶段变化速率与降雨量相关性（图 3.45、图 3.46）等方面开展滑坡变形影响因素研究。

图 3.43、图 3.44 为滑坡体典型区域 GPS 监测点位移变化速率与库水位升降速率相关性曲线（从 2010 年 12 月至 2014 年 12 月），具有如下特征：

（1）动态分析滑坡位移变化速率与库水位升降速率相关性曲线表现出不同时间段滑坡

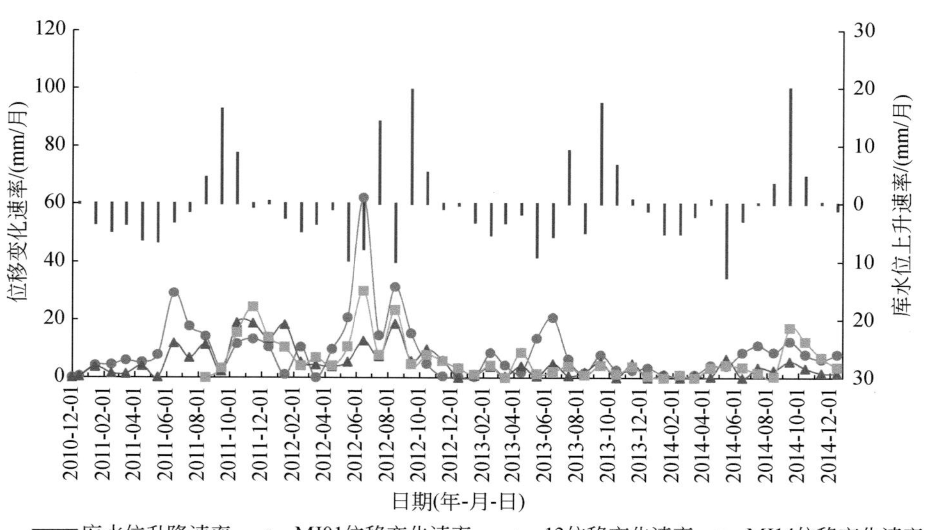

图 3.43　藕塘滑坡东、西侧强变形区 GPS 监测点位移变化速率与库水位升降速率之间的关系曲线

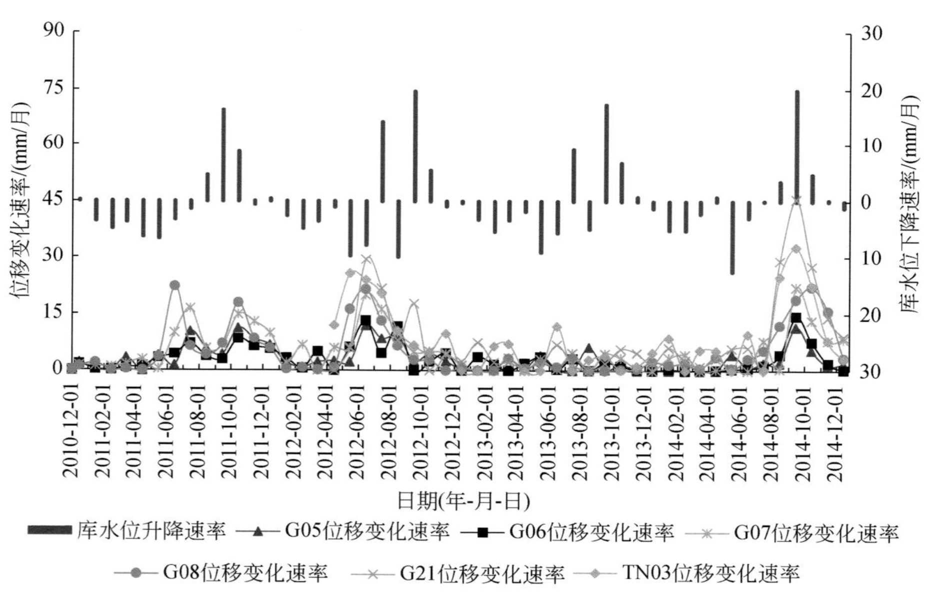

图 3.44　藕塘滑坡一至三级滑体 GPS 监测点位移变化速率与库水位升降速率之间的关系曲线

位移变化速率差异性较大，具有显著的"波峰"特征，位移变化速率最大值往往出现在每年 6 月，正值库水位急剧下降、强降雨时段。

（2）不考虑降雨影响，滑坡位移变化速率与库水位升降速率呈负相关关系，总是表现出滑坡位移速率增加伴随着库水位下降的特点；此外位移增加速率的最大"波峰"主要分布于每年 6 ~ 7 月，而库水位最大平均下降速率（0.3 ~ 0.4m/d）通常发生于每年 5 ~ 6 月；每年 10 ~ 11 月，库水位的平均上升速率达到最大，但滑坡平均位移速率变化较小，波动性不大。

（3）以MJ01监测点位移数据为例，自2012年1～6月，库水位从174.8m降至145.5m，尤其是5月库水位下降速率达到最大值的9.75m/月，监测点位移变化速率高达20.7mm/月；与此同时，6月库水位下降速率为7.75m/月，而其位移变化速率则达到了年度最大“波峰”值的62.2mm/月。显而易见，位移变化速率最大峰值相较于库水位最大下降速率，具有一定程度的滞后效应，由此推断库水位的快速下降是影响滑坡变形的主要影响因素之一。

（4）关于2014年9月适逢库水位以最快上升速率20m/月由149m上升至169m过程中，滑坡位移变化速率则出现最大“波峰”值的反常变形特征，分析发现，虽然该阶段未受到库水位快速下降的影响，但是与百年一遇的渝东北地区极端强降雨过程吻合，9月降雨量高达312mm/月（图3.42）远高于专业监测四年期间同月降雨量。与此类似的还有2011年10月强降雨作用下，位移变化速率出现了显著增长的特征。由此可以说明滑坡位移变化速率与强降雨具有显著的相关性。

按前文所述，全年降雨量的70%集中分布于每年5～9月（雨季），与此同时，累计位移变形量的70%也是主要发生于每年5～9月期间，显然集中降雨对滑坡位移变形具有一定的影响。然而，对于每年5～9月平均降雨量与平均位移变化速率之间的关系并不甚清晰，需要进一步地深入探讨。为此，基于上述滑坡位移以及降雨量监测数据，统计5～9月平均降雨量与滑坡平均位移变化速率之间的相关性曲线如图3.45、图3.46所示。

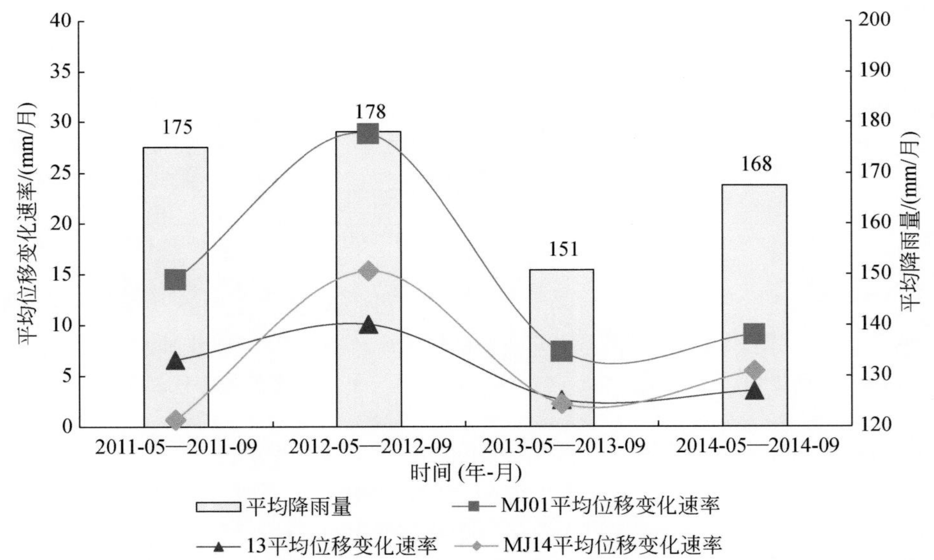

图3.45　藕塘滑坡东、西侧强变形区5～9月平均降雨量与平均位移变化速率之间的关系曲线

图3.45为滑坡东、西侧强变形区5～9月平均降雨量与平均位移变化速率之间的关系曲线（2011～2014年），从图可以看出，每年5～9月滑坡平均位移变化速率与平均降雨量总体呈正相关关系，最为显著特征表现为平均降雨量峰值与平均位移变化速率峰值具有很好的一致性。例如，平均降雨量最大值为2012年5～9月达到的178mm/月，在此期间，

东、西侧强变形区监测点 MJ01、13、MJ14 平均位移速率均达到了其各自的峰值，分别为 28.8mm/月、10.1mm/月、15.3mm/月，由此也侧面反映出西侧强变形区较东侧强变形区受强降雨影响大。此外，2012 年 5～9 月平均降雨量是 2013 年的 1.2 倍，但对 MJ01、13、MJ14 平均位移变化速率而言，2012 年平均位移变化速率分别是 2013 年平均位移变化速率的 3.9 倍、3.8 倍、6.9 倍。由于以上统计分析均是在相同时间段、相同库水位波动情况下，由此可说明强降雨（集中降雨）是影响滑坡浅层局部滑体变形加速的重要原因之一。

图 3.46 为藕塘滑坡一至三级滑体 5～9 月平均降雨量与平均位移变化速率之间的关系曲线（2011～2014 年），与东、西侧浅层局部强变形区相类似，平均位移变化速率最大峰值出现在 2012 年 5～9 月雨季（平均降雨量也达到最大峰值 178mm/月），在此期间平均位移变化速率最大峰值一级滑体区的 MJ05 和 MJ06 为 6.7～7.0mm/月，二级滑体区的 MJ07 和 MJ08 为 11.4～12.1mm/月，三级滑体区的 MJ21 和 TN03 为 16.6～17.4mm/月。显然，每年 5～9 月一至三级滑体平均位移变化速率与平均降雨量也呈正相关关系。

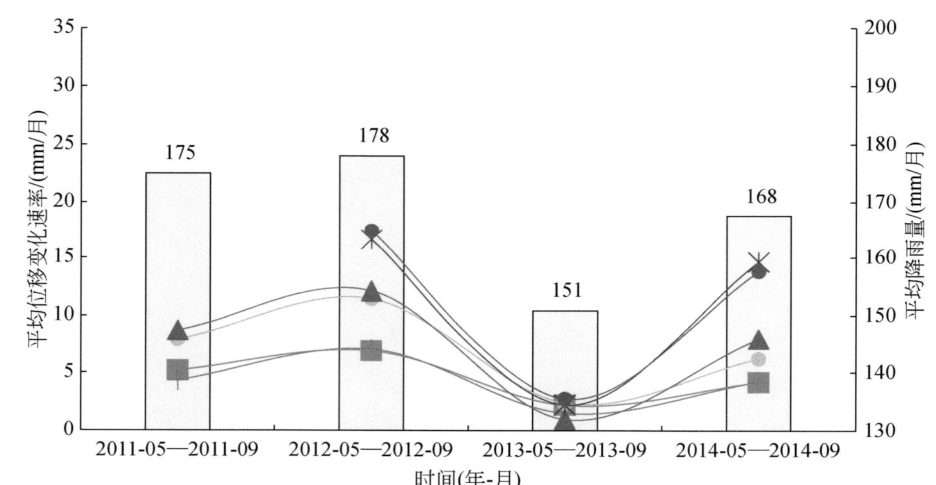

图 3.46　藕塘滑坡一至三级滑体 5～9 月平均降雨量与平均位移变化速率之间的关系曲线

此外，相同时间段、相同降雨强度条件下，藕塘滑坡位移变化速率呈三级滑体>二级滑体>一级滑体的整体变形特征，由此也说明现阶段滑坡变形主要为由后至前渐进式变形，三级滑体相对于二级滑体、一级滑体而言，受降雨影响最大。究其原因主要包括两个方面：其一，不同区域滑体厚度相差较大，一级滑体前缘滑体最厚处超 110m，而位于三级滑体区域的 MJ21、TN03 监测点处滑体厚度仅有 3.0～6.5m，持续强降雨易入渗至滑带，一方面弱化滑带抗剪强度，另一方面形成一定的浮托力，造成滑体位移变形增加；其二，三级滑体后缘拉裂槽的存在有利于降雨入渗，形成较高的静水压力，导致滑体稳定性不断降低。

综上，基于系统深入地分析可推断降雨量和库水位波动，尤其是强降雨（集中降雨）、库水位快速下降是导致藕塘滑坡复活变形的主要影响因素。

3.4.2.3　地下水位与库水位、降雨的关系

依据布置于一级滑体前缘地下水长观孔监测水位监测资料及抽水试验数据统计（图 3.47）分析可知，集镇区地下水与长江库水联系密切，连通性较好，地下水位受长江水涨落影响明显，当江水涨落时地下水位亦随之升降。其中，前缘临江地带地下水位与长江库水位基本保持一致（据长观孔 ZK27、ZK135），靠山侧受后缘斜坡地下水补给，水位呈逐步抬升迹象，场镇一带地下水位略高于长江库水位约 3.6 ~ 9.8m（据长观孔 ZK77），场镇西侧边缘（据长观孔 ZK28）高于长江库水位约 22m。

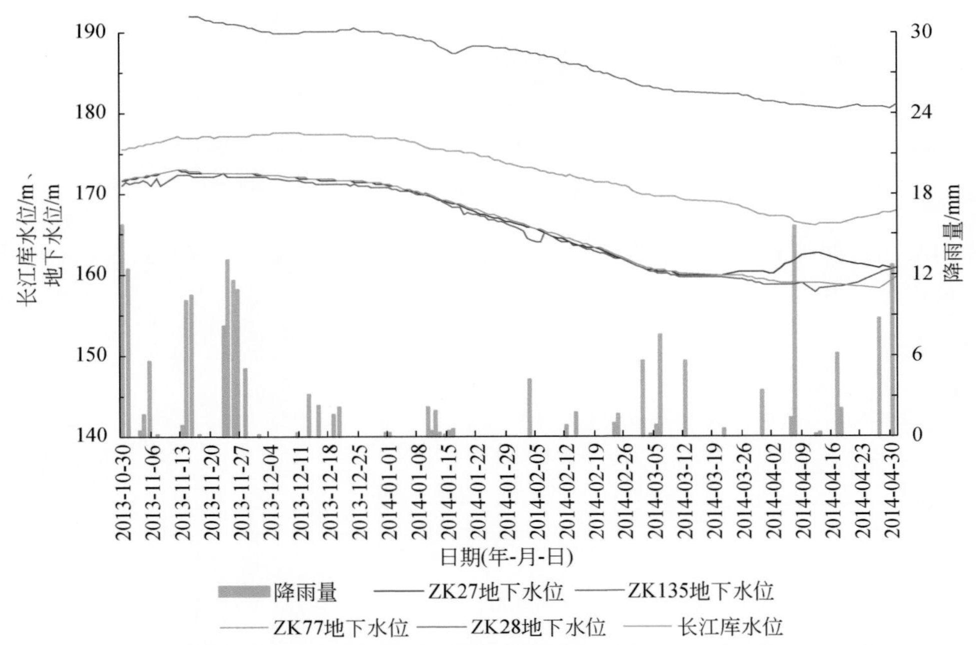

图 3.47　藕塘滑坡一级滑体前缘集镇区地下水位与长江库水位、降雨量关系曲线

依据一级滑体中部（场镇后部靠近 175m 基岩线一带）地下水长观孔水位监测资料及抽水试验数据统计（图 3.48），分析可知该区域地下水主要受后缘斜坡地下水补给，地下水位主要受深层滑带（隔水层）控制，一般较稳定的高于深层滑面 11.6 ~ 15.4m。其中，地下水长观孔 ZK79 受暴雨补给影响明显，随暴雨而涨落，具有一定的滞后性，通常滞后时间约 3 ~ 4 天，小雨基本无影响；但是地下水长观孔 ZK64、ZK66 基本不受降雨量及长江库水位涨落影响，保持比较稳定水位，一般高于深层滑面 8.0 ~ 38m。

据位于一级滑体后缘东侧鹅颈项沟以北一带地下水长观孔 ZK101、ZK102、ZK120 资料分析可见，该区域受降雨及库水涨落影响程度不明显，暴雨影响细微涨落，滞后约 1 ~ 5 天，小雨基本无影响；此外该区域主要受后缘斜坡地下水及降雨补给作用，因后缘斜坡的

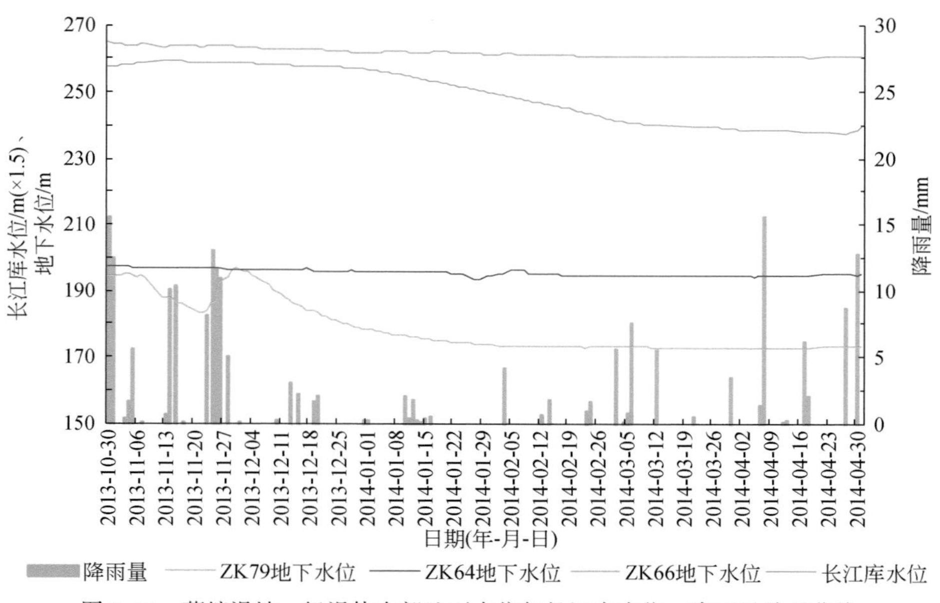

图 3.48　藕塘滑坡一级滑体中部地下水位与长江库水位、降雨量关系曲线

大多降雨被鹅颈项沟截排，地下水位主要为泥化 R3 滑带（隔水层）控制，通常位于滑带附近，最大高于 R3 滑面 3.22m（图 3.49）。

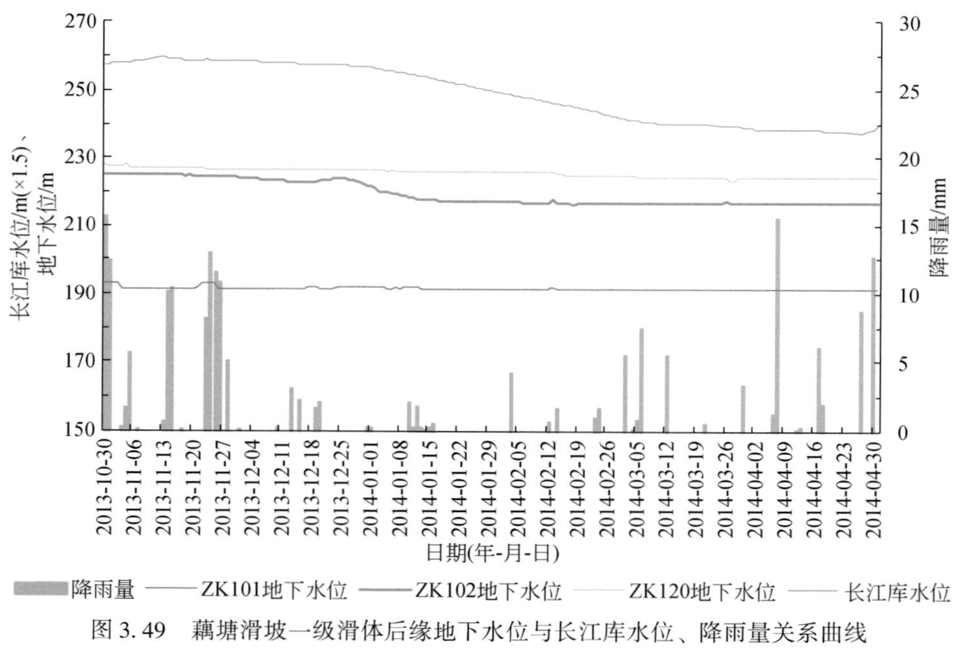

图 3.49　藕塘滑坡一级滑体后缘地下水位与长江库水位、降雨量关系曲线

通过对二级滑体区钻孔地下水位观测资料（ZK21、ZK31）统计分析发现，该区域主要受后缘斜坡地下水及降雨补给，地下水位受泥化 R3 滑带（隔水层）控制，一般高于滑

面 15.5～31.2m，同时受降雨补给的影响也较明显，随降雨而涨落，略有滞后，二级滑体由后至前滞后性呈一定增加趋势，即便是对于小雨量降雨过程而言其影响也具有类似特征（图 3.50）。

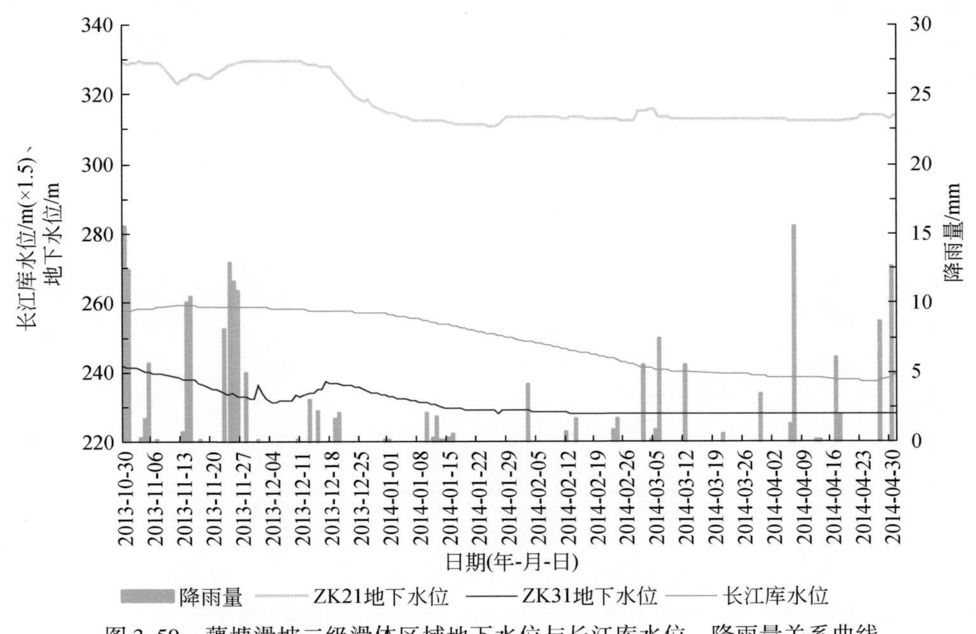

图 3.50　藕塘滑坡二级滑体区域地下水位与长江库水位、降雨量关系曲线

三级滑体表层岩土体零星分布，碎裂岩体多裸露，裂隙较发育、透水性较强、地表降雨较易入渗，其底部为碳质黏土岩泥化形成的 R1 深层滑带（相对隔水层），地表降雨入渗滑体将富集于 R1 深层滑带，顺层向前缘径流。除受降雨补给以外，三级滑体还受东侧外围基岩裂隙水补给作用，如 TC6、TC7 开挖过程可见外围地下水呈滴状沿泥化 R1 深层滑带入渗滑体（2013 年 8 月雨季）。

其中，据三级滑体中部靠后缘 TJ1、东侧中部 TJ7 揭露可知底部泥化 R1 深层滑带顶板附近地下水呈面状散流或小股状渗出，流量达到 2～6t/d。TJ1 揭露显示水位埋深为 24.5m，位于 R1 滑带内；TJ7 揭露水位埋深为 13.8m，高于滑带 2.5m。此外，TJ3、TJ6 揭露发现位于泥化 R1 深层滑带之上 6～10m 出现了滴状或线状地下水渗出，向下开挖地下水渐增。泥化 R1 深层滑带位置，TJ3 流量为 24.0～30.0t/d、TJ6 流量为 2.0～4.0t/d；TJ3 水位埋深为 28.3m，高于滑带 9m，TJ6 水位埋深为 28.6m，位于 R1 深层滑带内。

综上，滑坡前缘临江一带（集镇区）地下水与长江库水联系较密切，连通性较好，地下水位主要受库水位调控影响；滑坡中后部（一级滑体中后部斜坡、二级滑体及三级滑体范围）的地下水补给条件差、地下水赋存条件差，主要受降雨控制影响，并且具有总体西侧高于东侧，西部相对富集的特征，主要由于地下水岩层由 SE 向 NW 径流，在西侧受 NE 向岩脊阻后而转向北侧的长江径流排泄，相对在西部汇集所致。

3.4.2.4 深部位移变化特征分析

藕塘滑坡共布设了 17 个倾斜监测孔（位置见图 3.7），对滑体深部侧向位移进行监测，现选取滑坡典型区域的深部位移监测点分析研究，其中，M25 监测孔位于西侧强变形区；M09 监测孔位于东侧强变形区；M29 监测孔位于一级滑体区；M38 监测孔位于二级滑体区；M43 监测孔位于三级滑体区，其深部位移变形曲线及东、西侧强变形区剖面如图 3.51 ~ 图 3.55 所示（代贞伟，2016）。

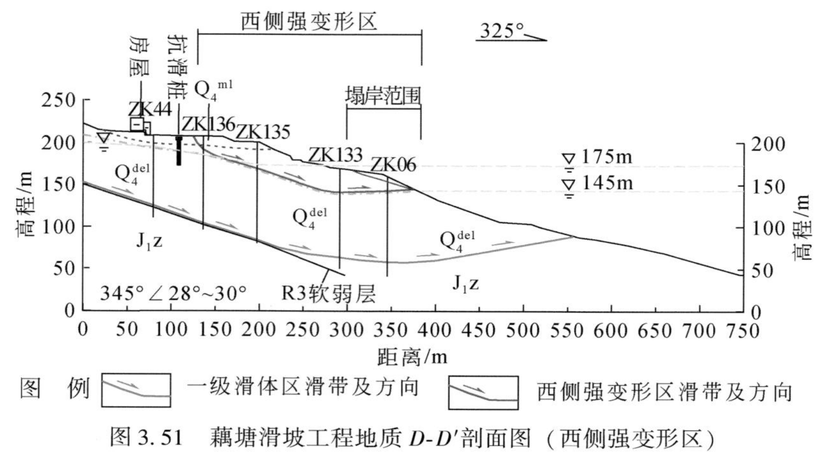

图 3.51 藕塘滑坡工程地质 *D-D′*剖面图（西侧强变形区）

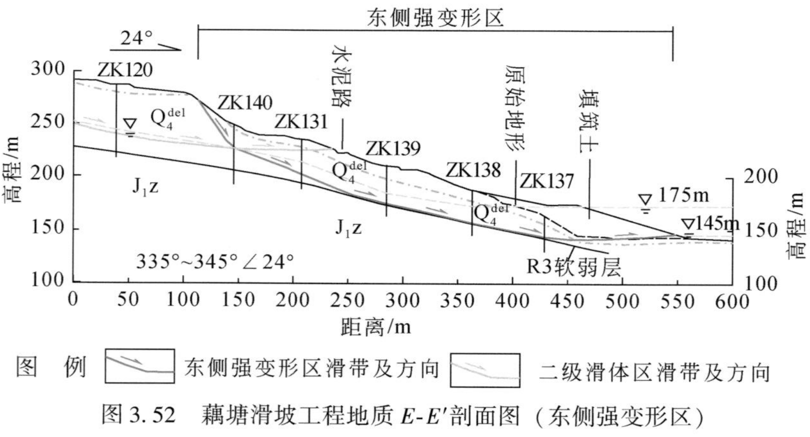

图 3.52 藕塘滑坡工程地质 *E-E′*剖面图（东侧强变形区）

由图 3.53 分析可知，西侧强变形区 M25 监测孔于孔深 29m 处出现明显剪切错位变形，同时在孔深 74m 处也存在一定程度的剪切错位现象，说明其主要是位于 29m 处以上的浅层坡体产生了显著变形迹象（图 3.51）。同样，由图 3.54 分析可知，东侧强变形区 M09 监测孔深部位移曲线于 46m 处产生明显剪切突变，对比发现与东侧强变形区工程地质剖面的浅层滑带—下侏罗统珍珠冲组（J_1z）下部 R3 软弱层层位基本吻合（图 3.52）。

通过分别位于一级滑体、二级滑体、三级滑体的 M29、M38、M43 倾斜监测孔的深部位移曲线分析可知，一级滑体 M29、二级滑体 M38 监测孔发生明显的剪切错位变形位置相对应于 R3 浅层软弱层的层位；而三级滑体 M43 监测孔产生突变的位置则对应于 R1 深层软弱层的层位；总体而言，三级滑体深部位移突变位置的深度与现场平硐、探槽、钻孔揭露滑带的埋深基本吻合［图 3.55（a）~（c）］。随着滑坡持续蠕动变形，测斜孔由于超过其量程，致使部分测斜孔深部位移失测（代贞伟，2016）。

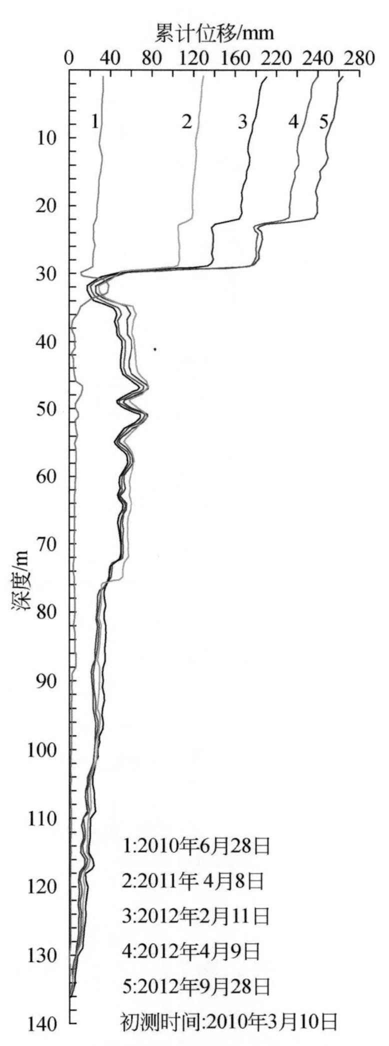

图 3.53　藕塘滑坡西侧强变形区 M25 深部位移变形曲线

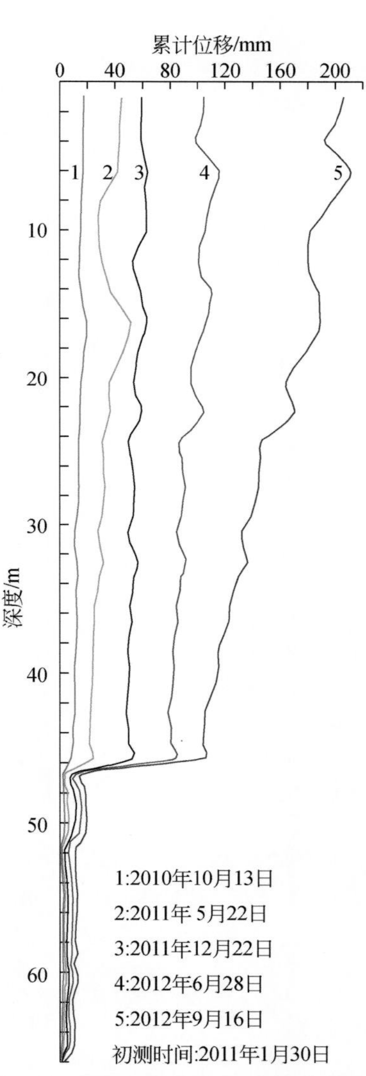

图 3.54　藕塘滑坡东侧强变形区 M09 深部位移变形曲线

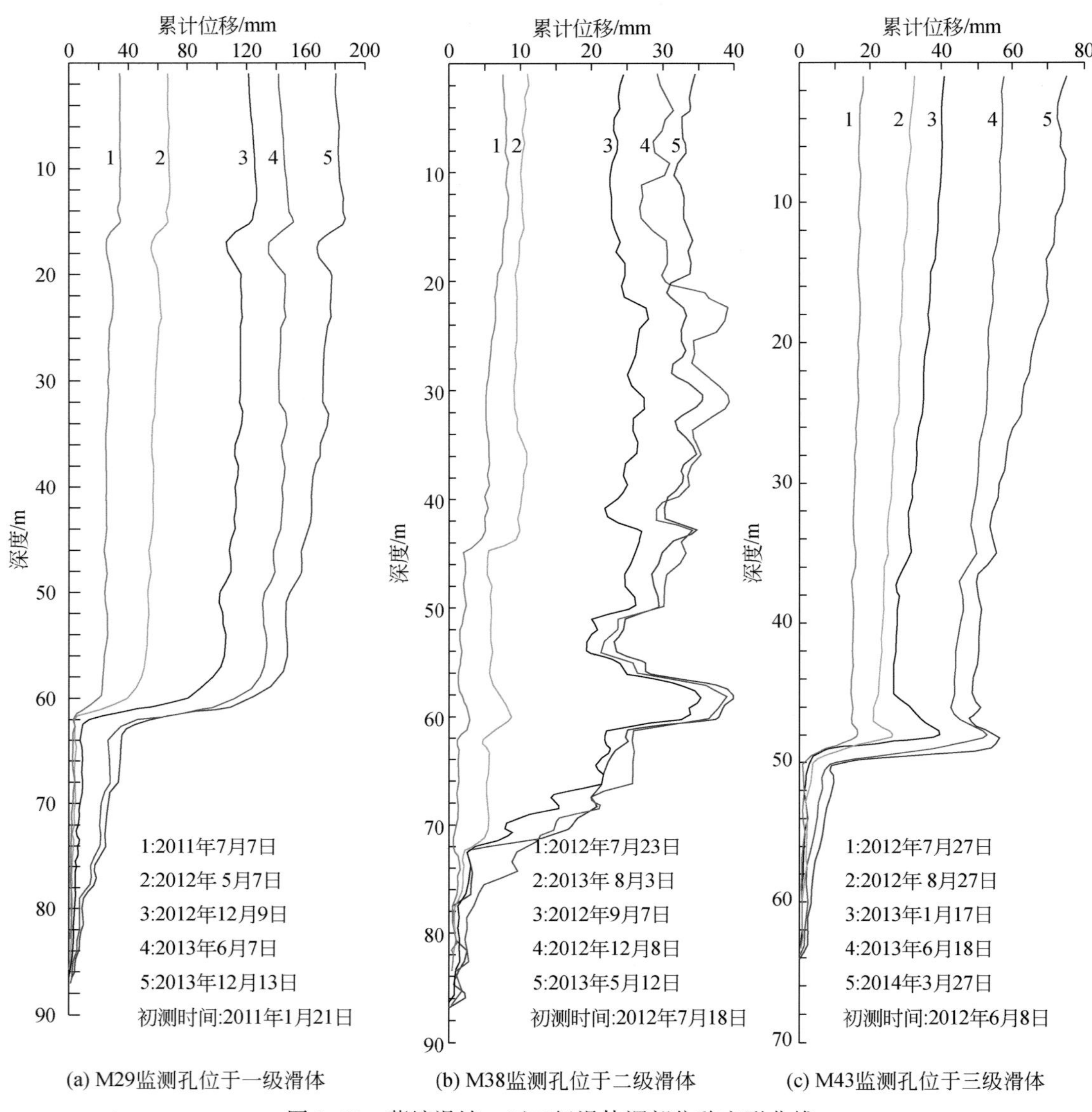

(a) M29监测孔位于一级滑体　(b) M38监测孔位于二级滑体　(c) M43监测孔位于三级滑体

图 3.55　藕塘滑坡一至三级滑体深部位移变形曲线

3.5　库水位与降雨耦合作用下藕塘滑坡变形机理研究

由前文分析研究可知库水位波动与集中降雨是藕塘滑坡产生复活变形的关键外在触发因素；为进一步探明滑坡对库水位波动与降雨作用的响应程度，本节基于滑坡典型剖面的地质概化模型，运用非稳态非饱和渗流和非饱和土抗剪强度理论，系统研究不同库水位升降速率条件下不同渗透系数滑体渗流场变化特征及稳定性变化规律；并结合实际降雨量和库水位波动监测资料，开展滑坡稳定性变化动态全过程分析，旨在为类似的库岸顺层岩质滑坡变形失稳机理提供参考。

3.5.1　数值模型

3.5.1.1　地质概化模型的建立

依据最新勘查研究成果可知藕塘滑坡的滑体物质主要由浅表层粉质黏土夹碎块石（局部为块碎石土）及中下部碎裂岩体组成，渗透系数分布范围较广，滑床基岩主要由下侏罗统珍珠冲组（J_1z）下段完整性较好的砂岩组成，呈弱透水性，滑坡深层滑带可分为滑坡后部灰黑色黏土岩夹碎屑（R1 软弱层）及滑坡中前部黑色碳质黏性土（R3 软弱层），其渗透性介于滑体与滑床基岩之间。

由于藕塘滑坡为巨型顺层岩质滑坡，体积约 $9.0\times10^7\text{m}^3$，面积约 1.78km^2，为了掌握滑坡岩土体水文特性，进行钻孔注水、钻孔抽水以及试坑渗水（图 3.56）等岩土体水文试验，其渗透性试验部分结果统计如表 3.8 所示，显而易见不同区域滑体渗透性差异十分显著，粉质黏土夹碎块石渗透系数为 $9.00\times10^{-5}\sim7.30\times10^{-3}\text{cm/s}$，而碎裂岩体渗透系数为 $9.52\times10^{-5}\sim1.63\times10^{-2}\text{cm/s}$。

图 3.56　藕塘滑坡现场典型试坑渗水试验过程

表 3.8　现场滑坡岩土体水文试验渗透系数统计成果（部分）

编号	试验位置深度/m	地层岩性	渗透系数/(cm/s)	备注
ZK47	23.15～23.90	碎裂岩体（砂岩）	1.22×10^{-2}	钻孔注水
ZK47	39.27～44.60	碎裂岩体（砂岩）	3.20×10^{-3}	
ZK64	23.22～25.73	碎裂岩体（砂岩）	1.25×10^{-2}	
ZK79	16.26～22.50	碎裂岩体	2.21×10^{-3}	
ZK119	31.59～35.20	碎裂岩体（砂岩）	6.75×10^{-3}	
ZK138-1	13.33～14.51	碎裂岩体（砂岩）	1.30×10^{-2}	
ZK138-2	27.45～29.70	碎裂岩体（砂岩）	1.50×10^{-3}	
ZK140-2	33.13～34.64	碎裂岩体	6.04×10^{-3}	
ZK50	29.52～31.43	碎裂岩体（砂岩）	1.31×10^{-2}	
ZK92	11.61～13.82	碎裂岩体（砂岩）	8.11×10^{-3}	
ZK103-2	16.80～20.82	碎裂岩体（砂岩）	2.83×10^{-3}	

续表

编号	试验位置深度/m	地层岩性	渗透系数/(cm/s)	备注
ZK45	45.6～48.10	碎裂岩体（砂岩）	9.30×10^{-3}	钻孔注水
ZK59-2	20.85～33.15	碎裂岩体（页岩）	7.29×10^{-3}	
ZK74-2	26.95～32.5	碎裂岩体（页岩）	4.30×10^{-3}	
ZK99-2	33.02～34.92	碎裂岩体（粉砂岩）	6.80×10^{-3}	
ZK99-3	57.16～61.69	碎裂岩体（碳质页岩）	4.87×10^{-4}	
ZK117-2	24.03～25.86	碎裂岩体	2.73×10^{-3}	
ZK138	3.11～5.60	块碎石土	3.21×10^{-3}	
ZK5-1	17.50～18.55	碎裂岩体	3.35×10^{-3}	
ZK11	25.65～27.70	碎裂岩体	8.40×10^{-3}	
ZK13-1	38.41～40.41	碎裂岩体	3.83×10^{-3}	
ZK15	28.45～30.75	碎裂岩体	1.63×10^{-2}	
ZK17	17.18～18.98	碎裂岩体	1.26×10^{-2}	
ZK25-1	17.95～20.70	碎裂岩体（砂岩）	5.22×10^{-3}	
ZK55-1	16.40～18.60	碎裂岩体	9.44×10^{-3}	
ZK43	40.20～67.34	碎裂岩体	8.86×10^{-4}	钻孔抽水
ZK44	51.34～70.01	碎裂岩体	1.02×10^{-3}	
ZK77	19.03～51.20	碎裂岩体	9.52×10^{-5}	
ZK135	35.59～59.11	碎裂岩体	1.74×10^{-4}	
ZK42	地表浅坑	粉质黏土夹碎块石	7.30×10^{-3}	试坑渗水
ZK10	地表浅坑	粉质黏土夹碎块石	9.26×10^{-4}	
ZK17	地表浅坑	粉质黏土夹碎块石	4.26×10^{-3}	
ZK59-1	6.09～10.09	粉质黏土夹碎块石	6.70×10^{-3}	钻孔注水
ZK22	地表浅坑	块碎石土	6.43×10^{-4}	试坑渗水
ZK107	地表浅坑	碎石土	9.00×10^{-5}	
ZK52	地表浅坑	碎石土	5.40×10^{-3}	
ZK106	8.13～9.90	块碎石土	6.23×10^{-3}	钻孔注水

基于现场地质勘查发现滑坡体浅表层粉质黏土夹碎块石（碎石土、块碎石土）一般较松散，碎块石含量较多，土石结构差异明显，导致其透水性变化范围较大；碎裂岩体上部通常节理裂隙张开度较大致使其透水性较好；而碎裂岩体由上至下岩体完整性不断增强，使得下部碎裂岩体节理裂隙闭合性较好，其透水性较差。

按照前文所述藕塘滑坡地质结构特征，对其地质模型进行合理概化，一方面尽可能反应滑坡物质组成分布特征；另一方面也要适应不同课题内容与研究方向的要求。在渗流数值计算边界条件方面应充分结合现场地下水位监测原始资料，合理设置藕塘滑坡的水力边界条件。为了能够涵盖上述地层结构特征，现选取了滑坡主轴面 *B-B′* 剖面为研究对象。为了探究藕塘滑坡沿深层滑带的整体稳定性状，不考虑次级剪出的影响条件下，由滑坡物质组成渗透性差异角度出发，将滑坡地质剖面模型概化为粉质黏土夹碎块石、碎裂岩体、滑带以及基岩四种不同岩组介质。

目前，SEEP/W 有限元数值软件最为适用于研究多孔介质岩土体地下水渗流和孔隙水压力分布规律等问题，本节利用 SEEP/W 软件建立渗流数值分析模型，并采用四边形、三角形混合单元对模型进行有限元网格剖分，共划分了 2141 个节点、3903 个单元（图 3.57）。

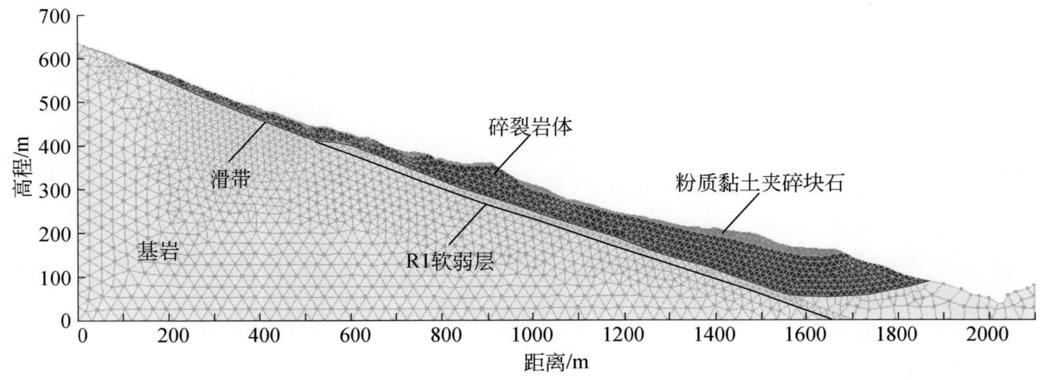

图 3.57　藕塘滑坡渗流数值计算地质概化模型

3.5.1.2　边界条件

为了研究库水位涨落条件与降雨作用下的藕塘滑坡渗流场分布特征及稳定性变化规律，其初始稳态渗流边界及非饱和非稳态渗流模拟边界条件设置如下：

（1）初始稳态渗流边界：前缘以 175m 作为定水头边界，依据地质剖面上部分钻孔地下水位监测数据（包括滑坡后缘控制点 ZK54、中部控制点 ZK51、前缘控制点 ZK45），结合地表变形发展趋势与滑坡岩土体物理力学及水力学参数试验结果对地下水初始边界条件反演，获得与地质勘查推测的 145m、175m 库水位高程条件下的地下水位线大致相同的初始渗流场，如图 3.58、图 3.59 所示，滑床基岩左侧设为定水头边界，右侧边界及底面设为零流量边界。

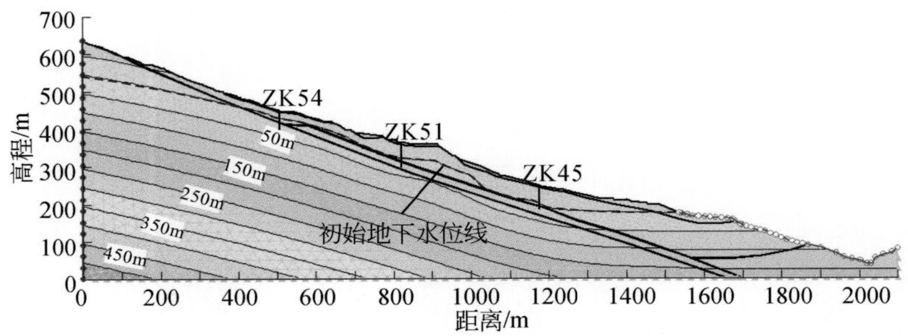

图 3.58　藕塘滑坡初始稳态渗流场（175m 库水位）

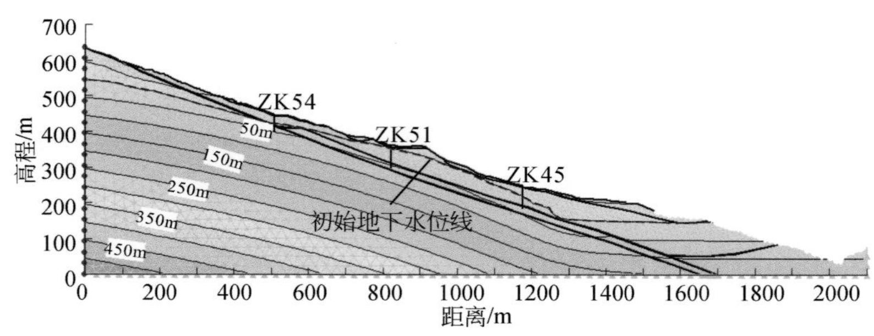

图 3.59　藕塘滑坡初始稳态渗流场（145m 库水位）

（2）库水位波动作用非稳态渗流模拟边界：库水位之上设为零流量边界，库水位之下设置为变水头边界；当库水位从 145m 升至 175m 过程，滑坡前缘设置为变水头边界；当库水位从 175m 降至 145m 过程，前缘设为变水头潜在溢出边界。

（3）库水位波动与降雨联合作用非稳态渗流模拟边界：滑坡体表面设为降雨入渗的单位流量边界，前缘设置为变水头边界或潜在溢出边界。

3.5.1.3　参数选取

据勘查报告滑坡岩土体物理力学试验成果，参考三峡库区类似顺层基岩滑坡岩土体参数，运用工程地质类比方法，并且根据地下水和地表变形监测成果进行了参数反演，提出本章拟定的藕塘滑坡渗流场计算岩土体物理力学及水力学参数（表 3.9）。

表 3.9　滑坡岩土体物理力学及水力学参数

编号	土层名称	密度（ρ）/(kN/m^3)	黏聚力/kPa	内摩擦角/(°)	饱和体积含水量/%	渗透系数/(m/d)
1	粉质黏土夹碎块石	20.5	16	14.6	0.320	1.05
2	碎裂岩体	26	70	16.2	0.275	0.26
3	滑带	21	8	16.5	0.300	0.05
4	基岩	27.6	700	42	0.050	0.003

基于 GeoStudio 软件中的渗流分析模块 SEEP/W，并采用 V-G 经验预测模型获取滑体、滑带土-水特征曲线及渗透性函数分别如图 3.60 ~ 图 3.63 所示。

3.5.1.4　计算工况及设计依据

1）计算工况一：库水位不同升降速率下藕塘滑坡稳定性时程变化分析

三峡水库实际调控方案库水位波动具有一定的时间分布规律，即每年 6 ~ 9 月，为了适应汛期的防洪需要，库水位通常保持在 145m 左右低水位；上升阶段从 9 月中旬开始，至 10 月底达到 175m，平均升速约 1m/d；库水位下降阶段通常是从 12 月底或次年 1 月初开始，至 5 月底或 6 月回落至 145m 左右，历时近六个月，平均下降速率约 0.167m/d；此外，通过对三峡库区 2011 年 9 月 1 日至 2014 年 9 月 1 日期间的库水位实际调度资料的

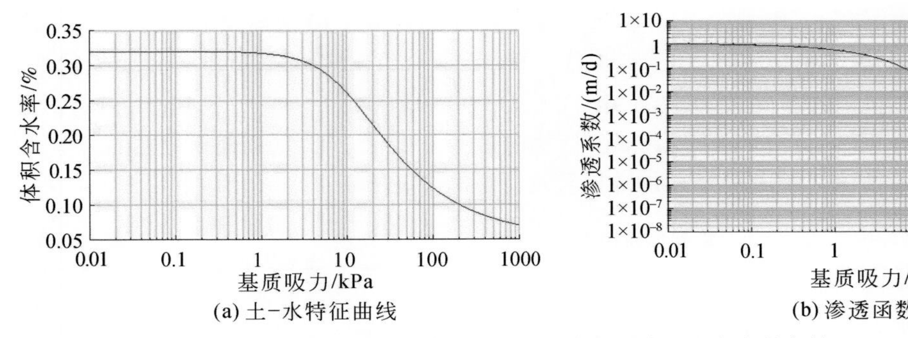

(a) 土-水特征曲线

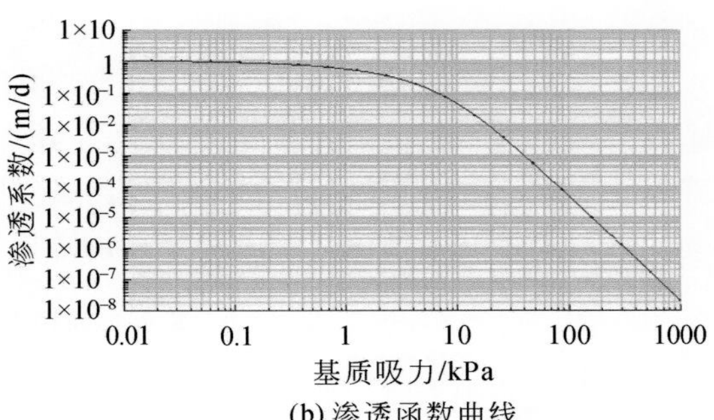

(b) 渗透函数曲线

图 3.60　滑体粉质黏土夹碎块石非饱和水力学参数

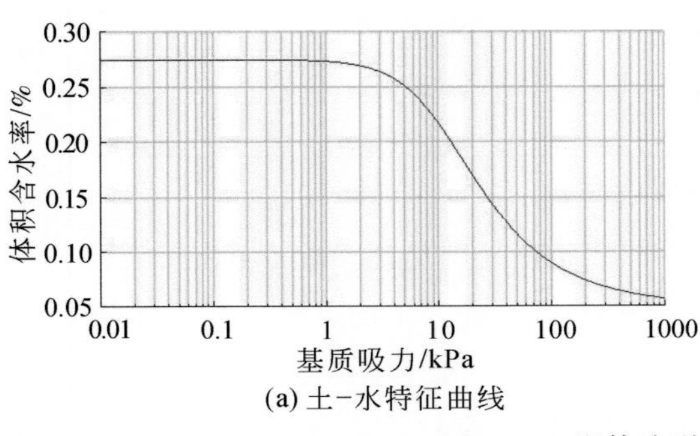

(a) 土-水特征曲线

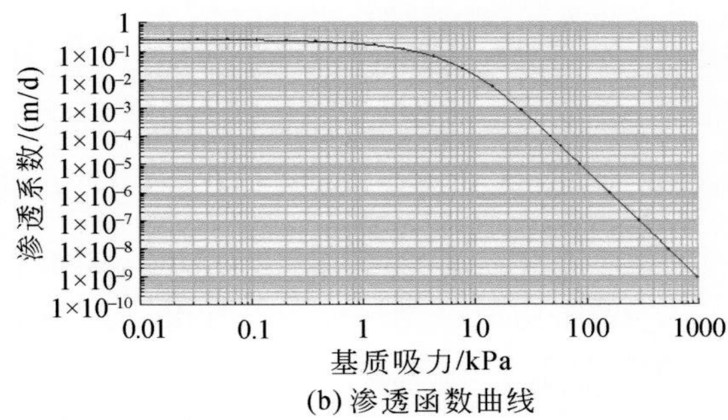

(b) 渗透函数曲线

图 3.61　滑体碎裂岩体非饱和水力学参数

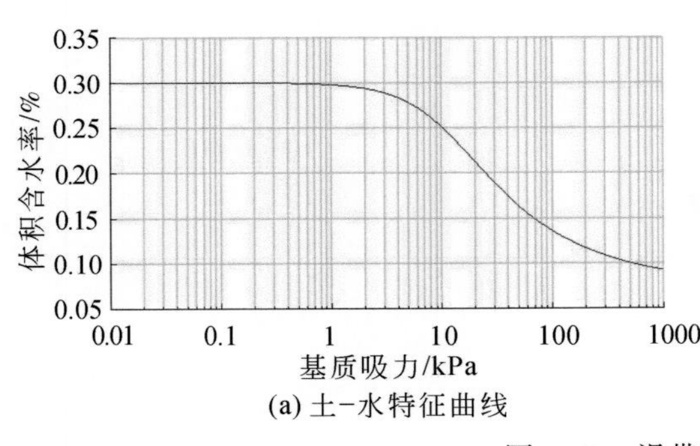

(a) 土-水特征曲线

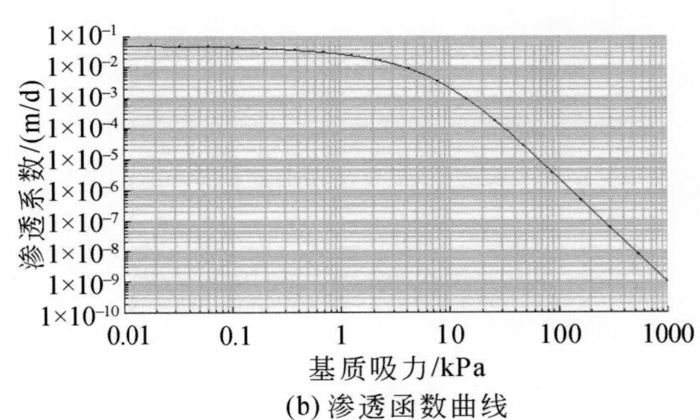

(b) 渗透函数曲线

图 3.62　滑带非饱和水力学参数

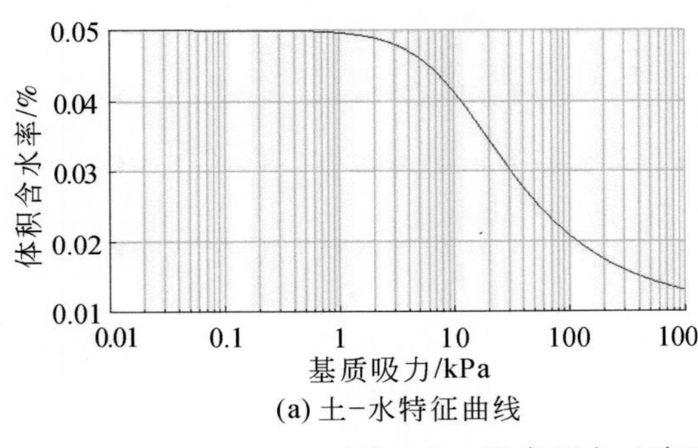

(a) 土-水特征曲线

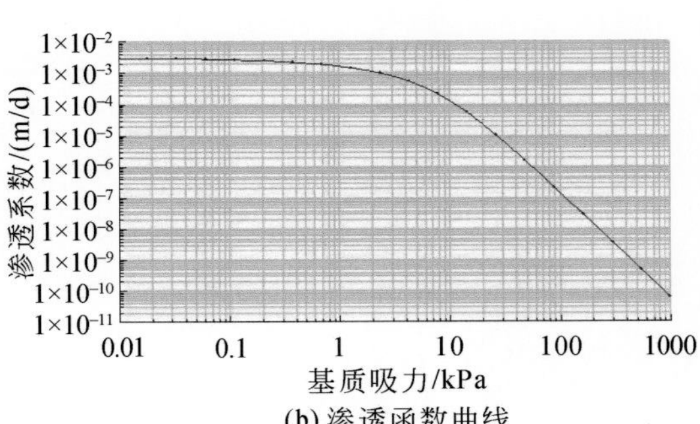

(b) 渗透函数曲线

图 3.63　滑床基岩（珍珠冲组砂岩）非饱和水力学参数

统计分析如表 3. 10 所示：库水位单日最大升幅达到 3. 21m/d（2012 年 7 月 24 日），而库水位单日最大降幅为−2. 79m/d（2013 年 5 月 1 日）。综合以上库水位升降实际变化情况，本章将以五种不同升降速率级别 0. 25m/d、0. 5m/d、1. 0m/d、2. 0m/d、3. 0m/d，周期升降 30m 水位落差（145m 至 175m），其渗流计算时间为 180 天，以此来分析库水位不同波动速率对于藕塘滑坡渗流场及稳定性的响应程度。

表 3. 10　三峡库水位单日最大升降幅前五次统计

	排序	日期	水位/m	升幅/(m/d)		排序	日期	水位/m	降幅/(m/d)
水位单日最大升幅	1	2012. 7. 24	156. 65	3. 21	水位单日最大降幅	1	2013. 5. 1	160. 17	−2. 79
	2	2012. 9. 3	154. 05	3. 15		2	2012. 7. 17	158. 33	−1. 67
	3	2011. 9. 20	162. 03	2. 55		3	2012. 8. 13	155. 99	−1. 59
	4	2011. 9. 21	162. 58	2. 48		4	2012. 8. 15	152. 84	−1. 56
	5	2012. 9. 4	157. 20	2. 46		5	2012. 8. 16	151. 31	−1. 53

注：统计时间范围为 2011 年 9 月 1 日至 2014 年 9 月 1 日。

2）计算工况二：实际库水位波动和降雨作用下的藕塘滑坡风险过程分析

如前文所述，滑坡位于以万州为中心的川东暴雨带的边缘，年均降雨量为 1147. 9mm，约 70% 分布在 5 ~9 月；滑坡研究区的长江水位涨落曲线与坝前长江水位涨落基本保持一致，即由于防洪作用需要，每年 6 月中旬至 9 月底，坝前库水位控制在 145m 低水位，每年 10 月至次年的 6 月上旬，库水位在 145 ~ 175m 变化，水位最大变幅为 30m，详细实测数据参见图 3. 64。

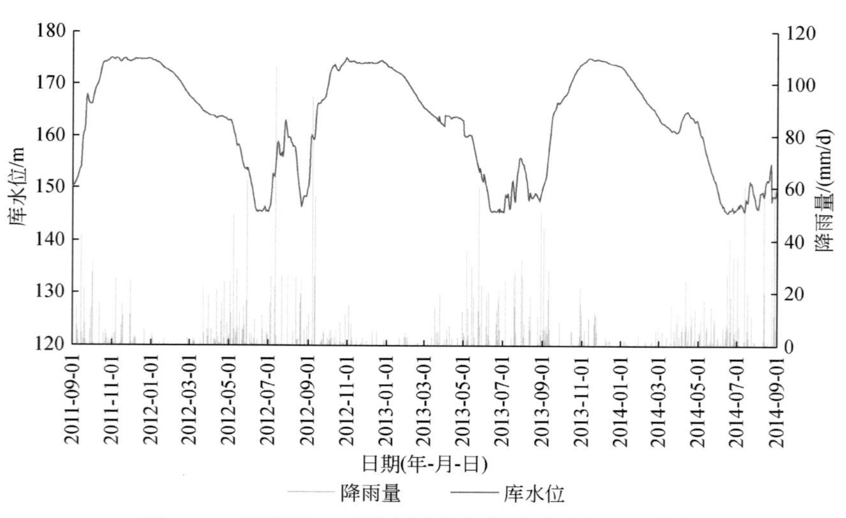

图 3. 64　藕塘滑坡区域实际库水位波动及降雨量分布

3. 5. 2　不同水位升降速率下滑坡渗流场模拟及稳定性时程变化分析

通过 GeoStudio 软件 SEEP/W 模块以五种不同升降速率（v）周期涨落 30m 水位落差，

历时180天，获得藕塘滑坡不同工况下的滑体渗流场变化情况，现以 $v=0.25\mathrm{m/d}$、$v=1.0\mathrm{m/d}$、$v=3.0\mathrm{m/d}$ 为例加以说明（图3.65～图3.70）。

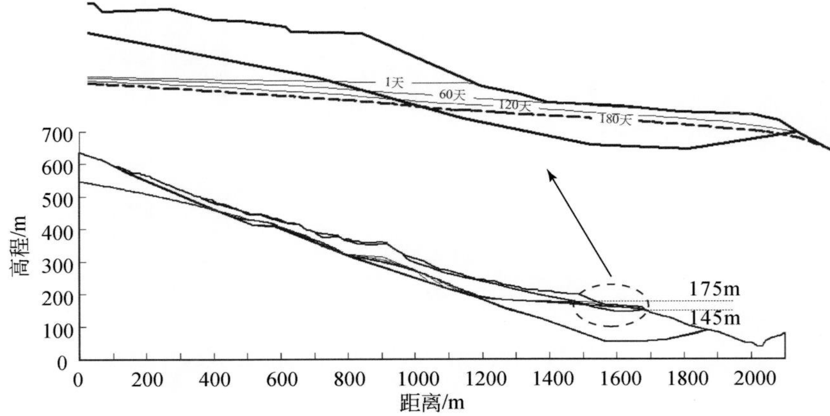

图3.65　库水位从175m降至145m阶段浸润线变化（$v=0.25\mathrm{m/d}$）

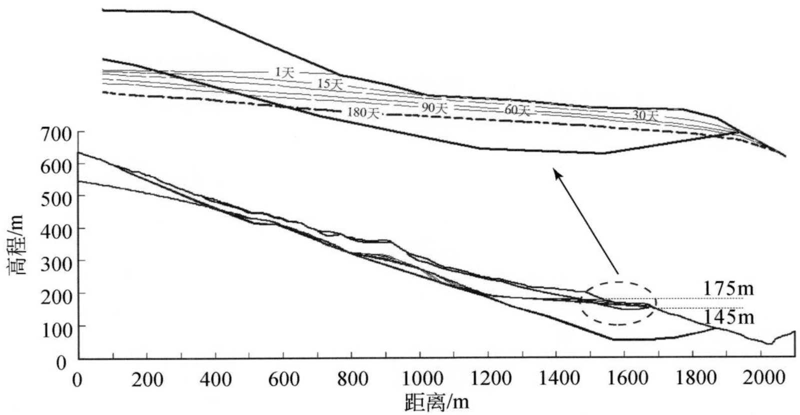

图3.66　库水位从175m降至145m阶段浸润线变化（$v=1.0\mathrm{m/d}$）

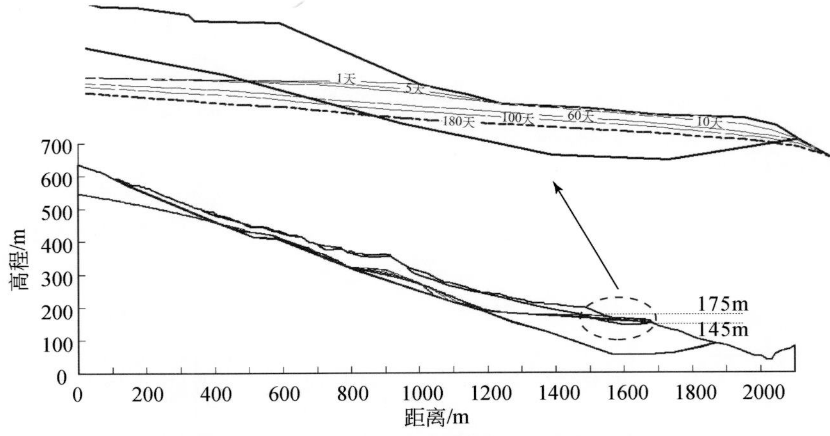

图3.67　库水位从175m降至145m阶段浸润线变化（$v=3.0\mathrm{m/d}$）

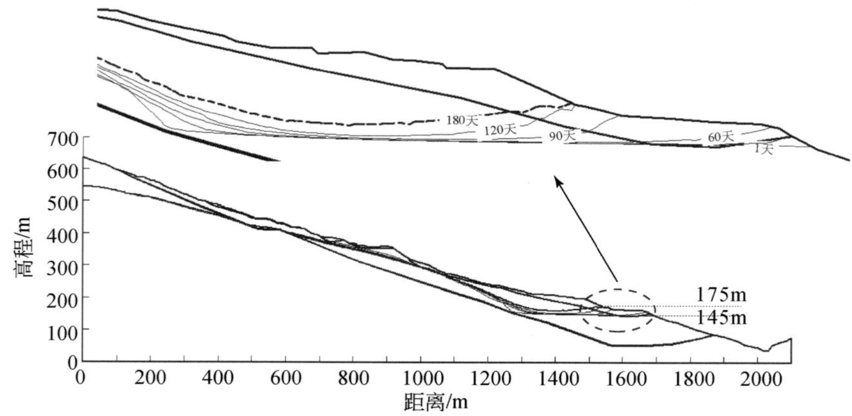

图 3.68　库水位从 145m 升至 175m 阶段浸润线变化（v=0.25m/d）

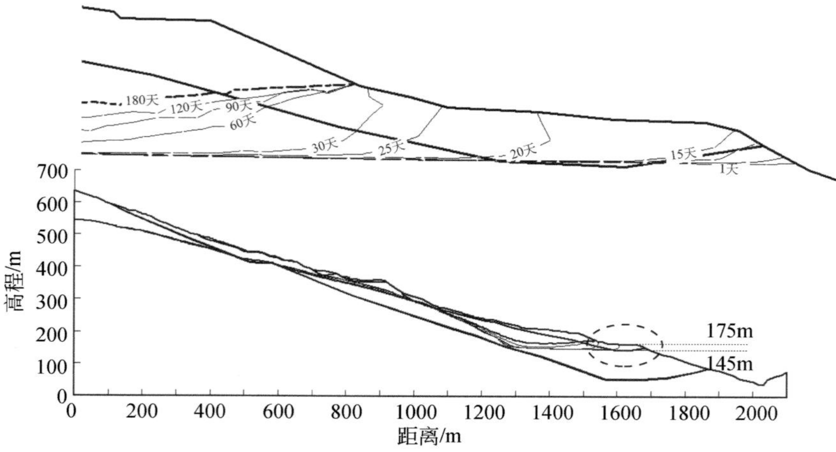

图 3.69　库水位从 145m 升至 175m 阶段浸润线变化（v=1.0m/d）

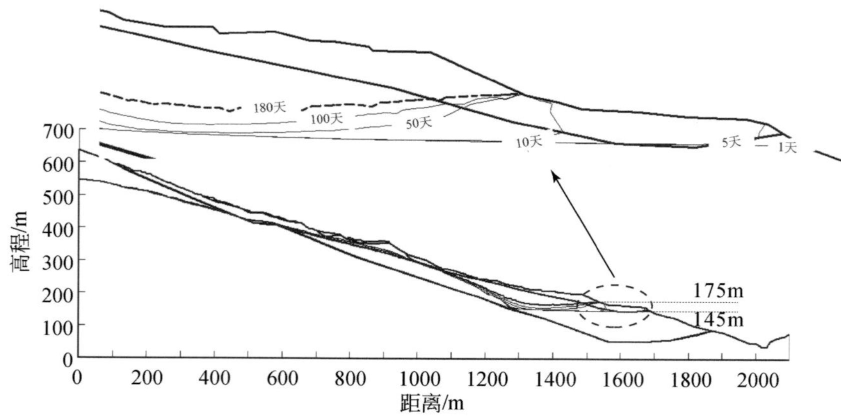

图 3.70　库水位从 145m 升至 175m 阶段浸润线变化（v=3.0m/d）

（1）由图3.65～图3.67易见，库水位不同下降速率作用下藕塘滑坡地下水的渗流特征具有一定的相似性，即库水位从175m以不同等级速率下降过程中，滑坡体内地下水位随之下降，但明显滞后于库水位，滑坡体前缘浸润线由平行状逐渐变化成弯向滑坡体外。从浸润线变化情况可以明显看出，在库水位下降一定时间之后，滑坡体前缘浸润线“上凸”。究其原因，是因为由于在库水位下降时，滑坡体内水在岩土体内发生非饱和渗流，原本饱和岩土体中的水向水库排出，而排出速率又远小于水位下降速率，坡体内水位下降要滞后于库水下降，故而一定时间后出现滑坡体前缘浸润线上凸现象，此时，库水作用于滑坡的力以动水压力为主，对滑坡稳定性不利。但经长时间持续排水，滑坡体内地下水位将趋于稳定，最后基本与库水位持平。

（2）库水位不同上升速率作用下藕塘滑坡地下水的渗流浸润线动态变化如图3.68～图3.70所示。分析可知水位从145m以不同上升速率分别经历120天、60天、30天、15天、10天升至175m，滑坡体内地下水位随着库水位上升而抬高，但是库水位上升速率明显快于坡内地下水，滑坡体前缘浸润线出现了明显的“反翘”现象，主要是由于库水上升速率较快，远大于滑体的渗透速率，滑坡体地下水位线变化滞后于库水位变化，使得库水向滑体“倒灌”，此时，库水作用于滑坡的力以渗透压力为主，对滑坡稳定性十分有利。随着时间不断增加，坡体内地下水位逐渐上涨，坡内外水头差减小，“倒灌”现象将逐渐减弱，最终也将与库水位线基本持平。

基于SEEP/W程序暂态渗流模拟获得不同工况不同时段滑坡的渗流场分布，然后将渗流场中的水头输入边坡稳定性计算模块SLOPE/W之中，依据非饱和土的抗剪强度理论，采用Morgenstern-Price极限平衡法开展滑坡稳定性的时程变化规律研究，其计算结果及统计相关曲线见图3.71、图3.72。

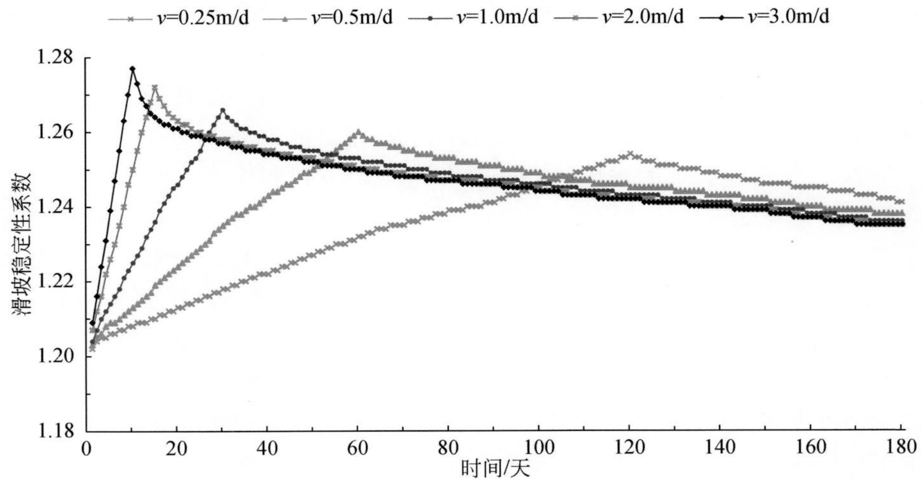

图3.71　不同库水位上升速率下藕塘滑坡稳定性系数与持续时间关系曲线

依据前文滑坡岩土体物理力学及水力学试验结果并结合工程地质类比选定的藕塘滑坡滑体渗透系数为1.05～0.26m/d，滑带渗透系数为0.05m/d，滑床基岩渗透系数为0.003m/d，以库水位实际波动统计数据为基础，设置了0.25m/d～3.0m/d的五种不同升

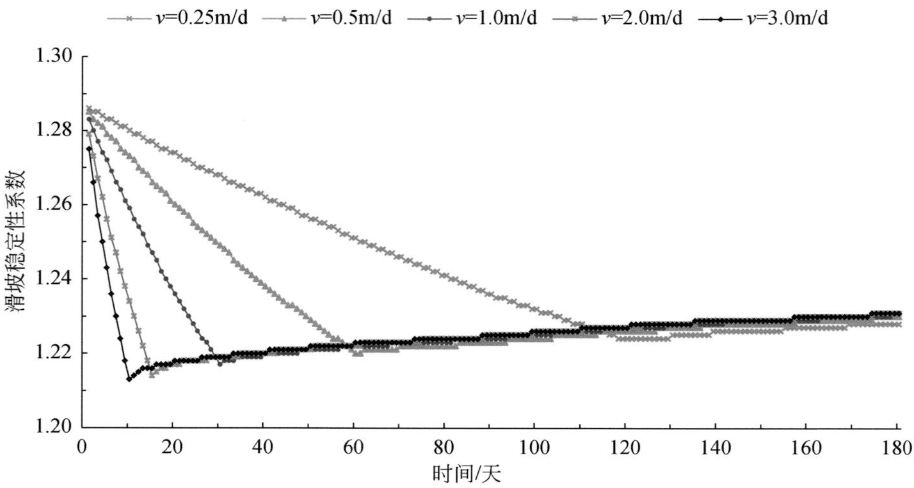

图 3.72　不同库水位下降速率下藕塘滑坡稳定性系数与持续时间关系曲线

降速率，不同库水位升降速率作用下滑坡稳定性系数随时间的变化关系如图 3.71、图 3.72 所示。

从图 3.71 可以看出，库水位从 145m 上升至 175m 的过程中，滑坡稳定性系数时程曲线均呈不断上升趋势，即随着库水位的上升，滑坡稳定性系数不断增加，其原因主要在于滑坡内部水位上升滞后于库水位，从而形成内低外高压力差；库水位上升速率越大，滑坡稳定性系数上升到最大值也就越快，其最大值也越大，如库水位以 $v=3.0$m/d 上升速率历时 10 天由 145m 升至 175m，滑坡稳定性系数达到最大值约 1.28，明显高于库水位以 $v=0.25$m/d 上升速率历时 120 天升至 175m 时滑坡稳定性系数约 1.25；此外，当库水位上升至 175m 稳定水位后，滑坡内外水头差随时间增加而不断减小，即内部水位逐渐上升到稳定水位，滑坡内外压力差逐渐消散，从而导致滑坡稳定性系数不断降低，当库水位以上升速率 $v=3.0$m/d 历时 180 天之后，滑坡稳定性系数降至最低为 1.235。

由图 3.72 分析易见，在库水位从 175m 下降至 145m 过程中，藕塘滑坡稳定性系数时程曲线均呈不断下降变形特征，即滑坡稳定性系数随库水位下降而降低，究其原因主要在于滑坡内部水位下降速率滞后于库水位变化速率，从而形成内高外低水头差；当库水位以 $v=3.0$m/d 下降速率历时 10 天由 175m 降至 145m，滑坡稳定性系数达到最小值 1.213，低于库水位以 $v=0.25$m/d 下降速率经过 120 天降至 145m 时的滑坡稳定性系数 1.224，由此可以看出库水位下降速率越快，滑坡稳定性系数下降到最小值越快，其最小值也越小；库水位下降至 145m 稳定水位之后，随时间的不断增大，滑坡内部水位逐渐下降到相应的稳定水位，滑坡内高外低压力差不断消散，因而导致滑坡稳定性系数呈现一定程度的增高。

综上，由于藕塘滑坡体量巨大，体积约 $9.0\times10^7\mathrm{m}^3$、面积达 $1.78\mathrm{km}^2$，由库水位升降作用形成的地下水渗流面积只占滑体总面积的 6%～9%，库水位下降所形成地下水渗透压力相对滑坡整体规模而言比例小，因此，对滑坡整体性稳定性影响也较小。

3.5.3　实际库水位波动与降雨作用下的藕塘滑坡风险过程分析

基于非饱和非稳态渗流理论，运用 Morgenstern-Price 极限平衡法对藕塘滑坡主剖面进行渗流场及稳定性变化过程分析，计算工况一：实际库水位波动作用；工况二：实际库水位波动与降雨联合作用，依据现有的现场监测数据，计算时间定为从 2011 年 11 月 1 日起至 2014 年 8 月 22 日，其中，图 3.73 与图 3.74 为实际水位波动与降雨联合作用下计算历时 1 年、近 4 年的滑坡稳定性系数与时间关系曲线。

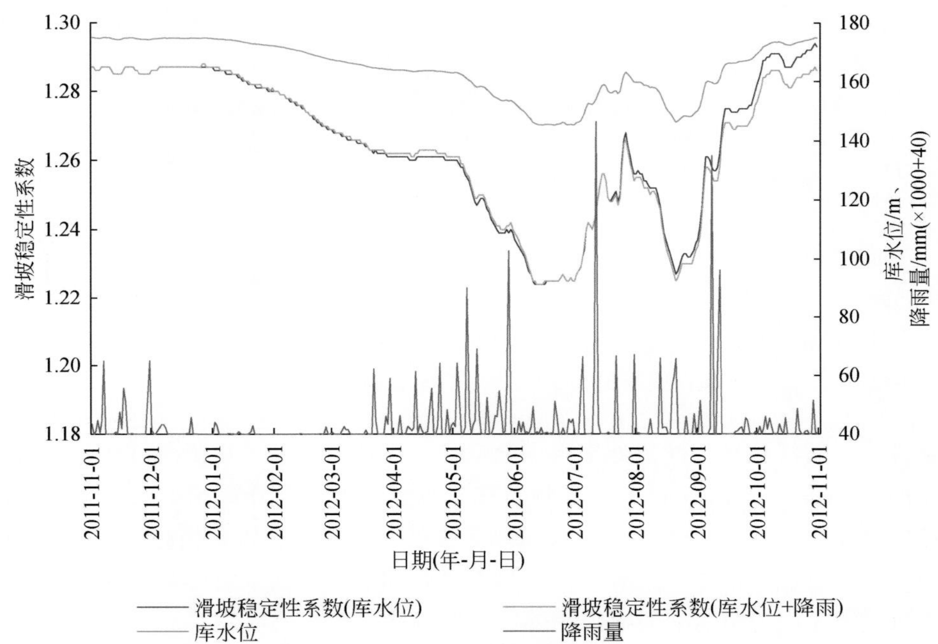

图 3.73　实际库水位波动与降雨联合作用下藕塘滑坡稳定性系数与持续时间关系曲线（2011 年 11 月 1 日至 2012 年 12 月 31 日）

从实际库水位波动与降雨作用下藕塘滑坡风险过程曲线分析可知其具有一定变化规律，主要包括：

（1）仅考虑实际库水位涨落作用，滑坡稳定性系数升降与库水位波动总体来说具有显著的正相关关系，即随着库水位上升，滑坡稳定性不断增加；随着库水位下降，滑坡稳定性逐步降低。滑坡稳定性系数在 2011 年 9 ~ 11 月库水位上升期间逐步上升，增长幅度约 0.06；同样从 2011 年 12 月至 2012 年 6 月库水位下降期间，滑坡稳定性系数降低幅度也达到了 0.06。

（2）库水位波动与降雨综合作用下滑坡稳定性系数通常是小于仅考虑库水位波动作用下的滑坡稳定性系数，一般情况下滑坡稳定性系数最小值往往出现在水位快速下降与持续强降雨期间（每年 5 ~ 7 月）。

（3）滑坡稳定性系数基本上分布在 1.20 ~ 1.29，即便在考虑库水位波动及降雨长时

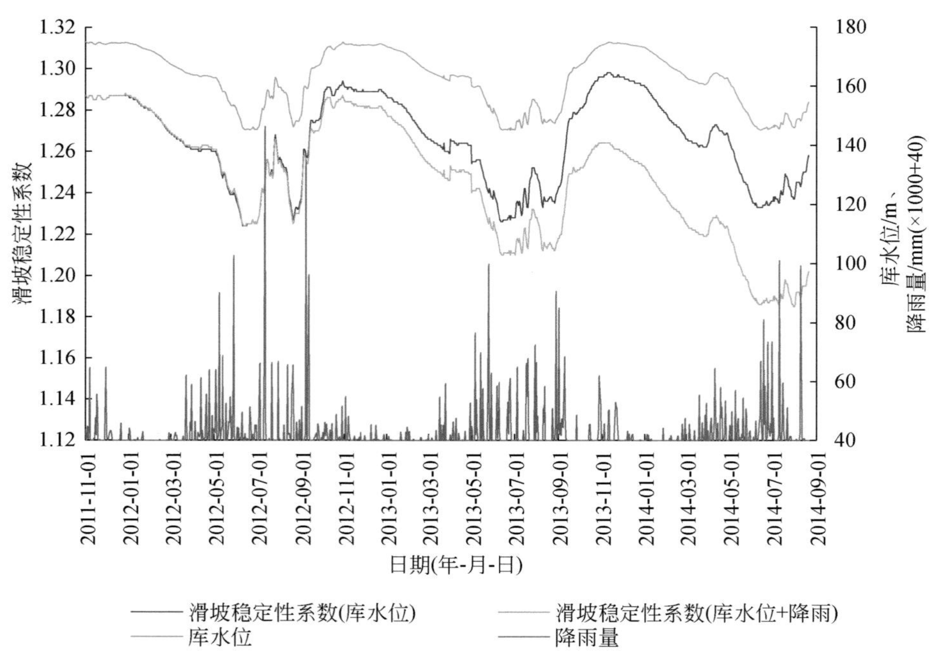

图 3.74　实际库水位波动与降雨联合作用下藕塘滑坡稳定性系数与持续时间关系曲线（2011 年 11 月 1 日至 2014 年 8 月 22 日）

间计算条件下，其滑坡稳定性仍处于基本稳定状态，其原因主要在于滑坡体量巨大，体积约 $9.0\times10^7 m^3$、面积达 $1.78km^2$，一方面如前文所述库水位升降作用形成的地下水渗流面积只占滑体总面积的 6%～9%，库水位波动形成的地下水渗透压力相对滑坡整体规模而言比例很小；另一方面，滑体深度较大，平均厚度约 50.8m，前缘滑体最大深度超过 115m，降雨入渗仅增加了滑体自重，对滑坡整体性稳定性影响较小。

（4）滑坡研究区每年 5～9 月降雨呈现集中分布特征，由库水位波动与降雨联合作用下 2011 年 7 月 12 日孔隙水压力等值线云图（图 3.75）分析可知由于降雨量集中（当日降雨量达到 106.5mm——年度单日最大降雨量），滑坡岩土体渗透速率有限，雨水来不及入渗，在滑坡体后缘处地表形成了暂态饱和区，持续的降雨致使岩土体基质吸力逐渐减小，使得岩土抗剪强度降低，不利滑坡稳定。

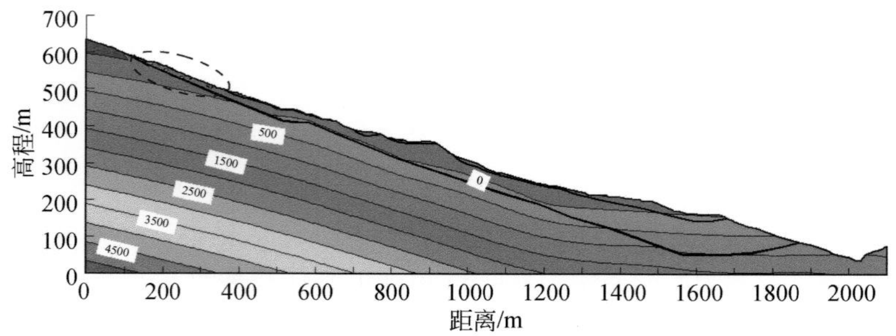

图 3.75　实际库水位波动与降雨联合作用下孔隙水压力等值线云图（单位：Pa；2011 年 7 月 12 日）

3.6　藕塘滑坡复活滑动模式与防治措施研究

通过大量野外工程地质调查、平硐、探槽、钻孔揭露，现已查明藕塘滑坡具有三维空间侧向阻滑效应的特殊地质结构，为了能够更加清楚掌握侧向阻滑约束效应对于巨型顺层基岩滑坡影响，采用 FLAC3D 模拟滑坡变形渐进化演化侧向阻滑特征，并结合现场监测数据评价其前期治理工程效果，预测滑坡变形发展趋势，提出综合防治建议。

3.6.1　藕塘滑坡复活滑动模式

1. 三维地质力学模型建立

据藕塘滑坡的地质结构特征，现选取三维计算区域范围为北至长江，南至斜坡后缘狮子包垭口上方，南北纵长约 2400m、东西横宽约 1900m，建立 FLAC3D 有限差分网格数值计算模型（图 3.76）。为了探究藕塘滑坡整体沿着深层滑带的变形演化过程，不考虑次级剪出影响条件下，可将三维滑坡地质模型概化为滑体（粉质黏土夹碎块石、碎裂岩体）、滑带、滑床基岩以及 R1-R3 软弱层之间碎裂状岩体四种不同岩组介质。数值模型概化条件主要包括：

（1）材料定义：滑体、滑床基岩、R1-R3 软弱层之间碎裂状岩体、滑带；

（2）边界条件定义：固定 X、Y 侧边界及底部边界 Z 方向，顶部采用自由边界条件；

（3）模型：采用莫尔–库仑（Mohr-Coulomb）本构模型；

（4）物理力学参数：以勘查推荐参数为依据（表 3.11）。

表 3.11　岩土体抗剪强度参数取值表

序号	岩体类型	容重（ρ）/（kN/m^3）	内摩擦角（φ）/（°）	黏聚力（c）/kPa	泊松比（γ）	剪切模量/MPa	体积模量/MPa
1	滑床基岩	27	40～45	500～1000	0.20	120	200
2	滑体	26	20～40	50～100	0.25	50～100	150～200
3	滑带	21	15～20	10～15	0.23	50	150
4	R1-R3 软弱层之间碎裂状岩体	26	20～35	50～100	0.25	100	150

2. 数值模拟结果分析

为了探究藕塘滑坡在侧向约束条件下滑坡变形演化过程受力特征，主要针对滑坡在自重应力作用、长期蠕动变形作用下应力–应变分布特征开展数值分析，计算结果如图 3.77～图 3.82 所示。

由图 3.77～图 3.82 分析可知滑坡在自然重力作用（长期蠕动变形）主要沿着以 R1-R3 软弱层形成的滑带产生蠕动变形，滑坡体最大剪切应变增量集中在前缘滑体底滑面，在滑体与稳定山体之间形成了明显的速度高值区；滑坡体位移场总体由沿 330°的真倾角方

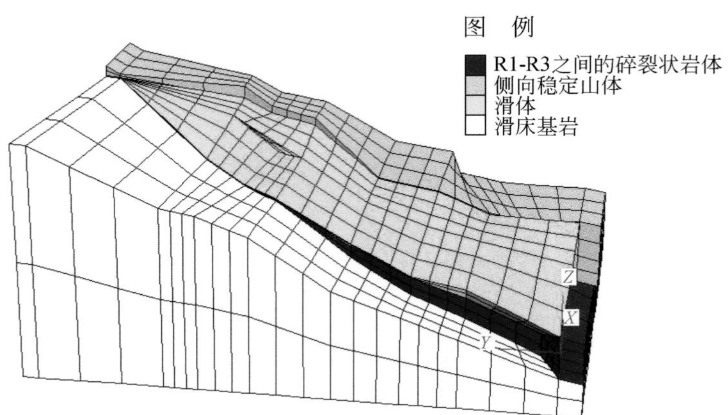

图 3.76　藕塘滑坡三维地质概化模型

向偏转为360°视倾角方向；但分别位于位移监测点的数据显示在自然重力作用下滑坡位移变形具有前缘滑体位移量最大、后缘滑体位移量次之、中部滑体位移量最小的特征，而在长期蠕动变形条件下滑坡位移变形则是后缘位移量>前缘位移量>中部位移量。

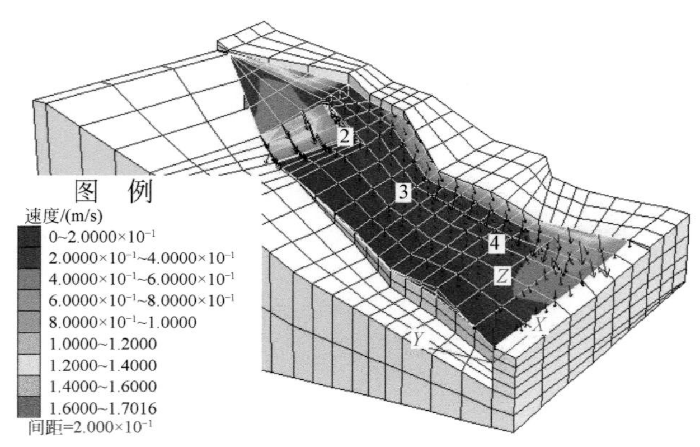

图 3.77　滑坡自然重力作用下速度云图

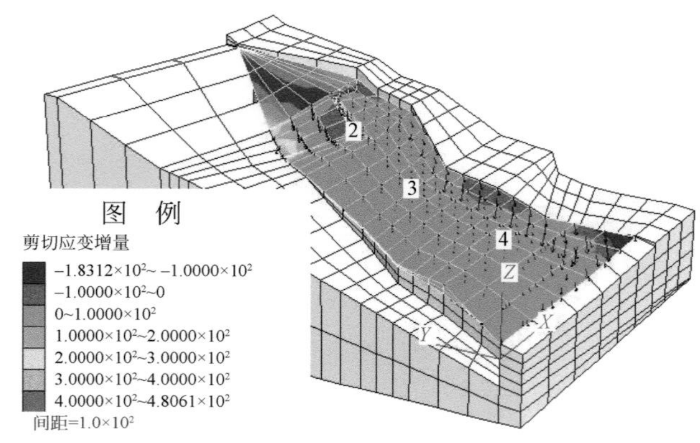

图 3.78　滑坡自然重力作用下剪切应变增量云图

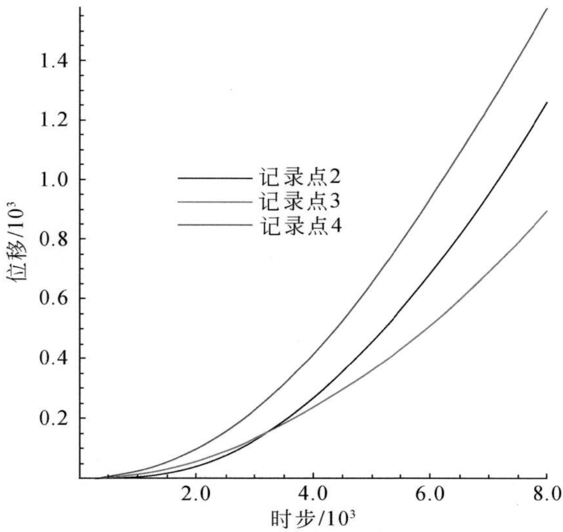

图3.79　滑坡自然重力作用下监测点位移-时步曲线

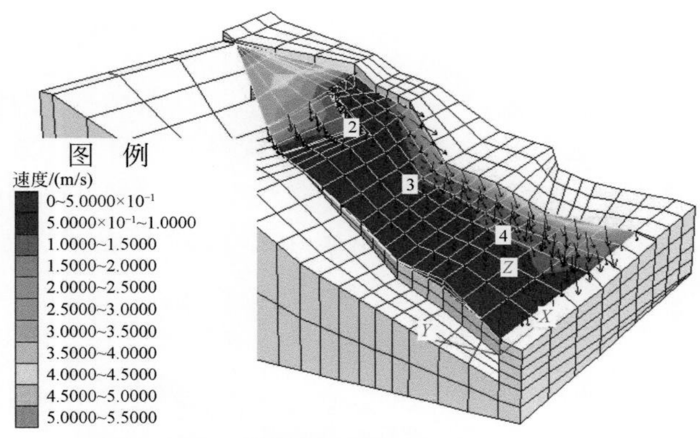

图3.80　滑坡长期蠕变作用下速度云图

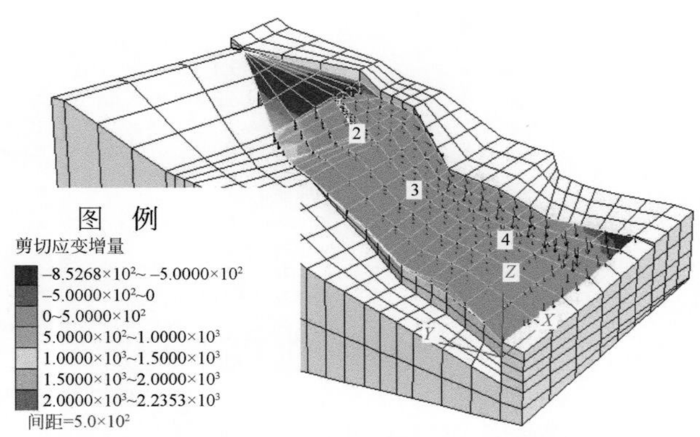

图3.81　滑坡长期蠕变作用下剪切应变增量云图

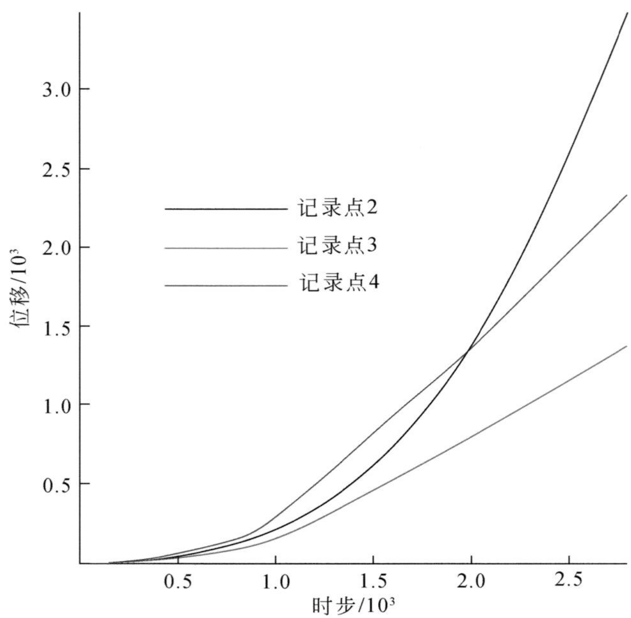

图 3. 82　滑坡长期蠕变作用下监测点位移-时步曲线

由滑坡长期自然演化过程的模拟分析可知西侧稳定山体对于滑坡具有明显的侧向阻滑作用，参考相关文献研究方法（殷跃平，2010；殷跃平等，2011，2012），通过将重力加速度分解到稳定山体接触面方向，进行侧向约束条件下滑坡变形特征分析，模拟结果易见滑体受稳定山体侧向阻滑效应，滑体与稳定山体之间形成了明显剪切应变高值区(图 3. 83)。

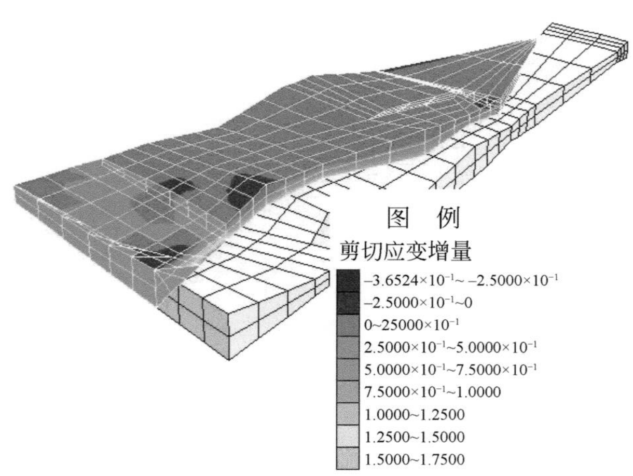

图 3. 83　滑坡侧向阻滑剪切应变增量云图

3. 侧向阻滑条件下滑坡稳定性能量学解析

大量的现场地质调查发现顺层岩质滑坡通常其岩层走向与边坡坡面走向之间存在一定

夹角，以藕塘滑坡为代表的三峡库区顺层岩质滑坡发育地质背景往往存在一侧冲沟深切，另一侧稳定山体阻挡，即侧向阻滑约束效应（图 3.84）。

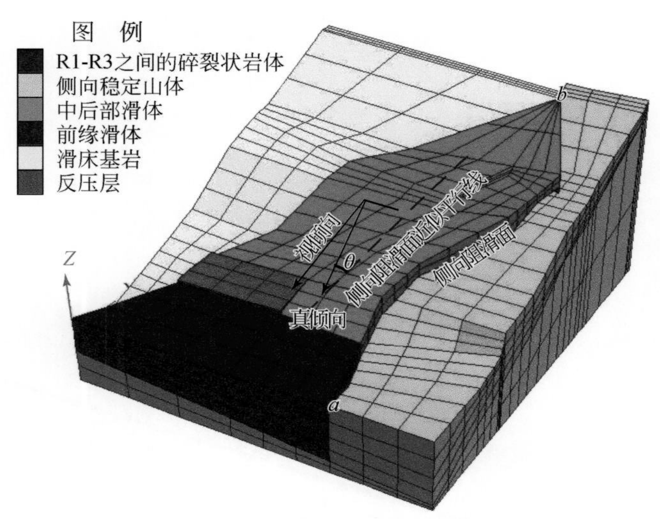

图 3.84　滑坡三维侧向阻滑结构模型示意图

关于侧向约束条件下滑坡稳定性分析方法研究，相关文献从极限平衡角度进行力学解析，推出考虑侧向约束边坡稳定性近似计算公式（白云峰，2005；冯振，2012）。由于极限平衡方法仅是基于阻滑力与抗滑力之间力的平衡，尚未顾及抗滑力和阻滑力是否作用在同一条直线上，以及由此而产生的力偶作用，而基于能量学角度数值解析可较好地解决此问题。为此，本章尝试利用滑坡体变形位移过程中，重力做功的功率与底面滑带及侧面阻滑的能量耗散之间的平衡关系推导滑坡稳定性公式。

假定滑坡岩土体为刚塑性体，塑性极限分析上限定理提出所有在机动允许的位移场（速度场）对应的荷载中是极限荷载上限，外荷载做功就等于塑性变形机构中所耗散的能量。为此，将滑体下滑过程中重力做功视为外荷载做功，而底面滑带耗散能量及侧面阻滑的能量视为内部耗散能量，推导过程如下：

计算分析模型如图 3.84 ~ 图 3.86 所示，G 为下滑滑体重力；α 为岩层倾角；θ 为水平投影面上方向与岩层真倾向间的夹角；$c_{底}$ 为滑带黏聚力；$\varphi_{底}$ 为滑带内摩擦角；$A_{底}$ 为底滑面沿真倾角方向长度；$A_{侧}$ 为侧向阻滑面长度；$\varphi_{侧}$ 为侧向阻滑面内摩擦角。

由图 3.85 分析可知下滑滑体重力（G）沿着真倾角方向可分解为

垂直真倾角方向法向力：

$$N = G\cos\alpha \tag{3.1}$$

平行真倾角方向下滑力：

$$F = G\sin\alpha \tag{3.2}$$

其中，沿着侧向阻滑面（ab）进行分解可得

平行侧向阻滑面（ab）方向下滑力：

$$F' = F\cos\theta = G\sin\alpha\cos\theta \tag{3.3}$$

垂直侧向阻滑面（ab）方向法向力：

$$N' = F\sin\theta = G\sin\alpha\sin\theta \tag{3.4}$$

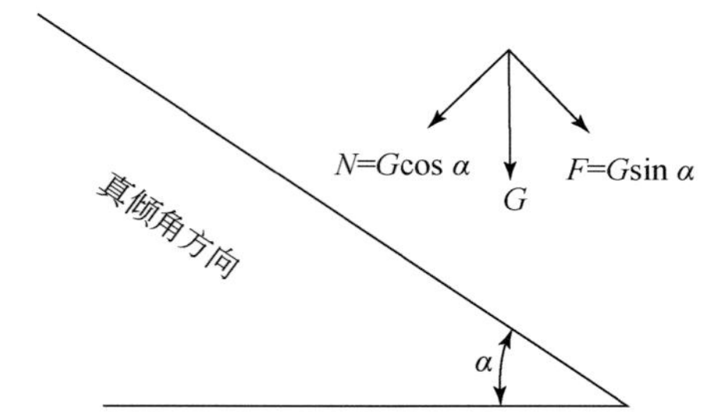

图 3.85　滑体重力分解示意图（沿真倾角方向）

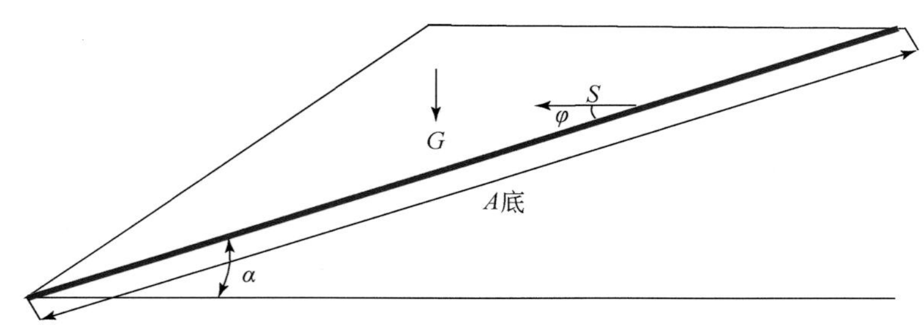

图 3.86　滑体沿底滑面滑动力学分解示意图（剖面方向示意滑动真倾角方向）

由图 3.86 分析可知由于滑体符合莫尔–库仑（Mohr-Coulomb）破坏准则，则可假定下滑滑体沿滑面 S 单位的位移与滑面的夹角为处于极限状态下的滑带内摩擦角。

外荷载做功：下滑滑体重力做功为

$$W_{\mathrm{G}} = GS\sin(\alpha - \varphi_{底}) \tag{3.5}$$

内部耗散能量：

（1）底面滑带内能耗散。

按照假定滑体为刚塑性体，其下滑过程中部分内能耗散在底层滑面中，可以由垂直于滑面方向的法向应力（σ）和平行于滑面方向的剪切应力（τ_{f}）推导得到内能耗散为

$$D_1 = A_{底}(\tau_{\mathrm{f}} S\cos\varphi_{底} - \sigma S\sin\varphi_{底}) \tag{3.6}$$

依据 Mohr-Coulomb 公式，滑带土的抗剪强度为

$$\tau_{\mathrm{f}} = c_{底} + \sigma\tan\varphi_{底} \tag{3.7}$$

由此可得

$$D_1 = c_{底} A_{底} S\cos\varphi_{底} \tag{3.8}$$

（2）侧向阻滑面内能耗散。

由上述获得的平行侧向阻滑面方向的 F' 和垂直侧向阻滑面方向的 N' 代入可求得其侧向阻滑面内能耗散为

$$D_2 = A_{侧}(F'S'\cos\varphi_{侧} - N'S'\sin\varphi_{侧}) \tag{3.9}$$

式中，S' 为给定沿底滑面方向的 S 单位的位移投影在侧向阻滑面的位移量，其数值与 S 之

间换算关系为

$$S' = S\cos\theta \tag{3.10}$$

将式（3.3）、式（3.4）、式（3.10）分别代入式（3.9）推导可得侧向阻滑面内能耗散为

$$D_2 = A_{侧}(G\sin\alpha\cos\theta \cdot S\cos\theta \cdot \cos\varphi_{侧} - G\sin\alpha\sin\theta \cdot S\cos\theta \cdot \sin\varphi_{侧}) \tag{3.11}$$

由此可得侧向阻滑约束条件下滑坡稳定性能量耗散评价指标稳定性系数（F_S）为

$$F_S = \frac{D_1 + D_2}{W_G} = \frac{G \cdot A_{侧} \cdot \sin\alpha[\cos\varphi_{侧} + \cos(2\theta + \varphi_{侧})] + 2c_{底} A_{底} \cos\varphi_{底}}{2G\sin(\alpha - \varphi_{底})} \tag{3.12}$$

其中，F_S等于1时，滑坡处于极限状态；F_S大于1时，滑坡处于稳定状态；而F_S小于1时，滑坡处于失稳状态。

3.6.2　防治措施及前期工程治理效果评价

1. 前期工程治理效果评价

据前期勘查治理工程相关资料可知藕塘滑坡前期治理工程主要包括：浅层局部治理工程、浅层滑坡变形体治理工程、局部库岸防护工程、排水系统①。

1）浅层局部治理工程——拉锚抗滑桩

由前期治理工程布置可知（图3.87），浅层局部治理工程主要是对安坪小学、广场一带布设50根拉锚抗滑桩，拉锚桩断面自上而下分三段，分别为2.4m×1.9m、2.6m×2.1m、2.3m×1.8m，桩长29.2～44.1m，锚索吨位为1000kN级，其中自由段长30m左右、锚固段长8m左右，抗滑桩间距约3.7m。

据现场调查发现该区段抗滑桩外侧地表变形较严重，如安坪镇小学操场地表出现深长的地裂缝，裂缝宽度为2～8cm，最大裂缝宽度达13cm（图3.88）；而抗滑桩的坡里地表变形轻微，通常仅有部分细小的地裂缝及墙体裂缝变形迹，裂缝宽度为1～3cm。因此从拉锚抗滑桩内、外侧地表变形迹象对比分析可知抗滑桩治理效果较明显，增加了滑坡前缘西部浅层滑体稳定性。

2）浅层滑坡变形体治理工程——悬臂抗滑桩

前期浅层滑坡变形体治理工程主要是分别布设在玉荷路、平湖路沿线94根悬臂抗滑桩（图3.87）。依据现场调查发现悬臂抗滑桩未治理区域局部地表变形较严重，墙体出现开裂现象，而经过悬臂抗滑桩治理区域内地表变形轻微，仅在地表零星见缝宽极小的裂缝。由此表明悬臂抗滑桩对浅层滑坡变形体的稳定起到一定的增强效果。

受控于前缘高陡临空面及库水位涨落作用，一级滑体东侧前缘强变形区，2011年5月至2012年11月持续显著变形，累计位移达到约190mm，为此，2013年6月起开始对东侧强变形区开展了回填压脚+格构护坡应急治理工程（图3.89）；由东侧强变形区监测曲线

① 吕韬，罗建华，姚望，等，2014，重庆市三峡库区后续地质灾害防治工程治理项目奉节藕塘滑坡勘查报告，重庆市地质矿产勘查开发局南江水文地质工程地质队。

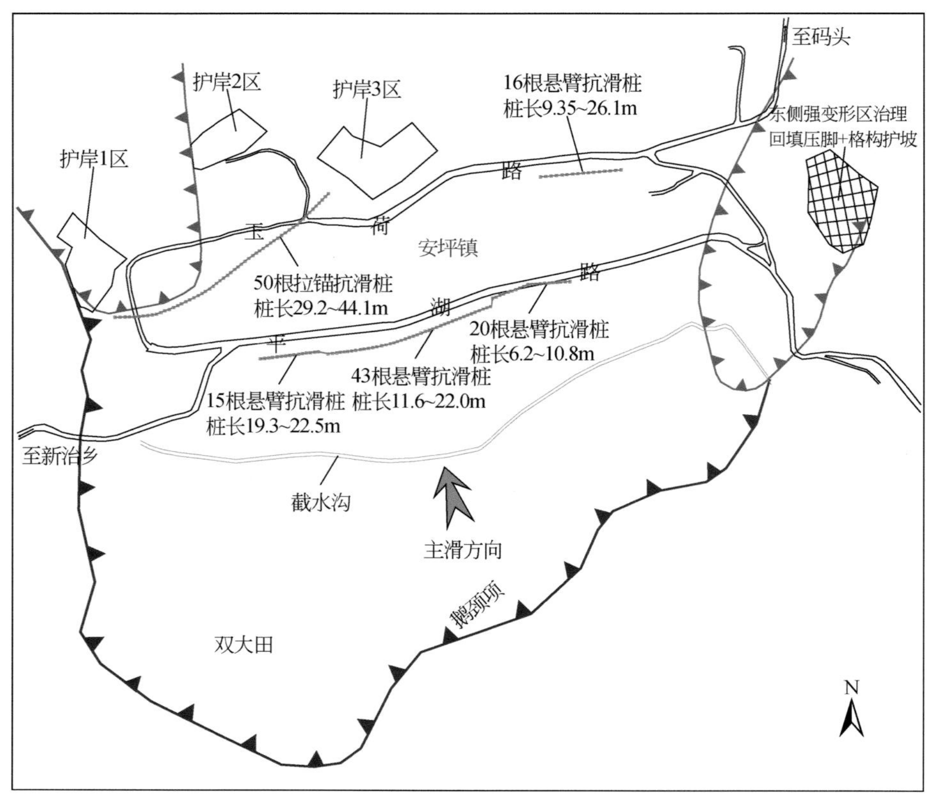

图 3.87　藕塘滑坡前期治理工程示意图

图 3.88　藕塘滑坡西侧前缘安坪镇小学操场地表裂缝变形

分析可知自应急治理工程实施之后，东侧强变形区的位移变形增长趋势放缓（图 3.90）。

3）局部库岸防护工程

由于滑坡前缘外侧一带的临江陡岸在库水位涨落作用下，致使岩土体物理力学性质不断弱化，造成了滑坡前缘外侧局部较陡岸坡坍塌现象严重，为此，前期开展局部库岸防护工程，主要治理方式包括局部开挖及回填放坡、表面干砌片石护岸；由图 3.91 可知共计三处护岸，包括护岸 1 区（紧邻一级滑体西部边界）、护岸 2 区（处于西侧变形体东部边

(a) 东侧强变形区应急治理之前

(b) 东侧强变形区应急治理之中

图 3. 89　藕塘滑坡东侧强变形区回填压脚+格构护坡应急治理工程

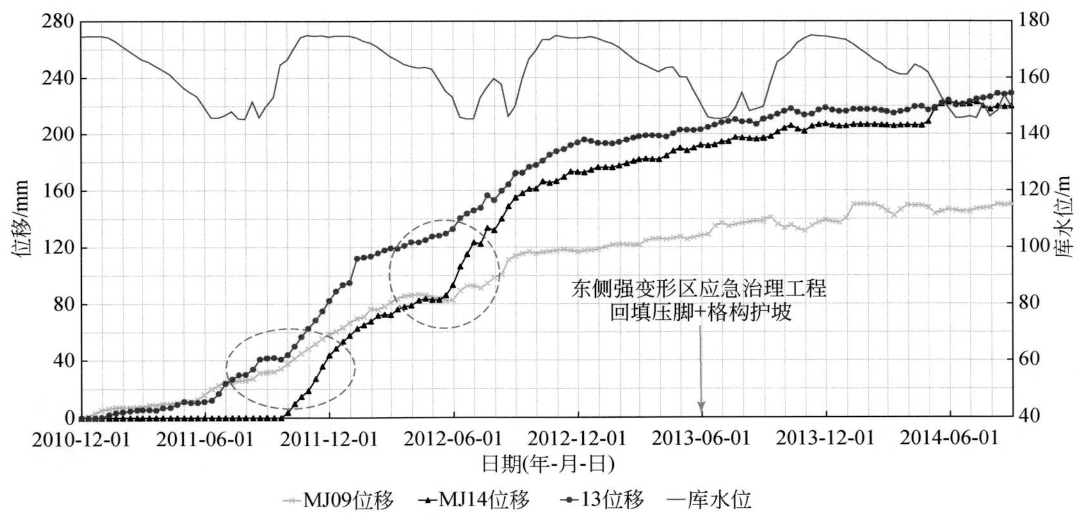

图 3. 90　藕塘滑坡东侧强变形区位移监测曲线

界)、护岸 3 区（紧邻玉荷路中部外侧）。

据现场调查发现，仅护岸 1 区存在局部片石区下陷呈凹坑或槽状和护岸砼体马道下错断裂外，护岸 2 区和护岸 3 区未见明显变形迹象（图 3. 91）。

通过对比一级滑体前缘庙包一带临江陡岸严重坍塌现象（图 3. 91），由于未进行护岸防护治理，自二期蓄水期间就开始出现，一直发展至今，相较蓄水前，库岸已后退约 5m；由此可见干砌片石护岸防护实际效果较好，对于滑坡前缘局部地势较陡岸坡的稳定具有较为有效的防护作用。

4）排水系统

为减少降雨作用产生的地表径流，需及时有效地疏导滑坡体的地表水，防止地表水下渗致使滑坡岩土体抗剪强度降低，对滑体稳定性产生的不利影响。前期治理工程进行了地表排水系统建设。

(a) 护岸1区：护岸砼体马道下错断裂

(b) 护岸1区：局部片石下陷呈凹坑或槽状

(c) 护岸2区：护岸片石工程未见变形迹象

(d) 护岸3区：护岸片石工程未见变形迹象

图 3.91　藕塘滑坡前缘外侧局部库岸防护工程变形迹象

依据现场调查发现居民区内及道路旁雨污排水网比较完善，现阶段能够及时有效地将地表水排入长江；而位于一级滑体中后部横贯滑坡体的截水沟（沟长达到825m，横断面呈倒梯形），现场调查发现在东侧强变形区后缘的截水沟段和邻近东侧强变形区后缘的截水沟段可见裂缝将截水沟损坏迹象明显，疏导排水功能受到一定程度的影响，对于滑坡稳定性不利（图 3.92）。

(a) 邻近东侧强变形区后缘的截水沟段

(b) 东侧强变形区后缘的截水沟段

图 3.92　藕塘滑坡截水沟变形破坏迹象

通过现阶段前期治理工程区域的地表变形迹象分析可知：抗滑桩（拉锚抗滑桩、悬臂抗滑桩）、回填压脚、干砌片石护岸、地表排水等前期工程治理措施对一级滑体区滑体稳定性有一定程度的改善和提升。

2. 防治措施

由前文所述的藕塘滑坡稳定性及风险过程相关研究，结合滑坡现场变形迹象以及监测数据综合判断：藕塘滑坡自形成后，经历地质年代的长期改造，藕塘滑坡前缘反翘带形成的自然抗力体未遭大的破坏；库区蓄水前，滑坡整体处于稳定状态；库区蓄水后，库水位大幅抬升，引起地下水位大幅抬升；滑坡前缘散裂状碎裂岩体受水致弱化、泥化作用明显，致使岩土体的力学强度不断降低，从而对滑坡的稳定性产生不利影响。

由前期监测资料表明滑坡东、西侧强变形区及一至三级滑体变形迹象十分明显。虽然现阶段东侧强变形区进行回填压脚+格构护坡的应急治理措施，其变形趋势放缓；然而在暴雨、库水位极端条件下，东、西侧强变形区及一至三级滑体仍存在失稳的可能性。可采用如下的综合防治措施：① 为防止藕塘滑体局部失稳变形，对一至三级滑体采取后缘削方减载+地表排水综合治理措施；对东、西侧强变形区，可采取前缘回填压脚+格构防护治理措施。② 地表排水及地下排水系统：维护前期地表排水系统的同时，完善地表截排水系统。

3.7 小　　结

本章以藕塘滑坡为研究对象，在大量的现场野外地质调查、室内外试验和详细的现场监测的基础上，对滑坡地质地貌及地质结构特征、滑坡成因演化过程、滑坡变形特征及影响因素开展系统地研究，取得了如下认识：

（1）藕塘滑坡为三峡库区新近发生的规模最大的特大型顺层岩质古滑坡，体积约 $9.0\times10^7m^3$、面积约 $1.78km^2$。从平面形态看，具有三级滑动特征：一级滑体为“拉裂—滑移（弯曲）—剪断”模式；二级滑体为“平面滑移”模式；三级滑体为“滑移—剪断”模式。从三维空间形态看：具有侧向阻滑视向变形特征，主要受西侧阻挡山脊控制作用。藕塘滑坡三级滑动时序均分布在古滑坡发育高频时段（距今 17 万 ~ 5 万年），为上更新世暖湿气候期或间冰期。

（2）从现场位移变形监测角度分析，滑坡不同区域的地表位移差异性较大，东、西侧强变形区的累计位移远大于深层滑体；深层滑坡体累计位移具有三级滑坡体>二级滑坡体>一级滑坡体的总体变形特征。受库水位变动和降雨影响，滑坡累计位移-时间曲线具有阶段“跳跃”式增长特征。滑坡位移速率呈“波峰”变化特征，与库水位升降速率呈负相关关系，滑坡位移速率急剧增加往往发生于库水位快速下降阶段；位移变化速率最大峰值较库水位最大下降值，具有一定滞后效应；每年 5 ~ 9 月雨季阶段滑坡平均位移变化速率与平均降雨量总体呈正相关的关系，平均降雨量峰值与平均位移变化速率峰值具有很好的一致性。

（3）实际库水位及降雨量滑坡渗流场及稳定性变化计算表明，滑坡稳定性系数总是随着库水位升降而升降；库水位波动与降雨联合作用下滑坡稳定性系数通常是小于仅考虑库水位波动作用下的滑坡稳定性系数，尤其是水位快速下降与持续强降雨期间，其滑坡稳定性系数出现大幅度降低。由于滑体渗透速率小于水位升降速率，滑体内地下水位升降总滞后于库水位升降。库水位下降过程中，滑坡体前缘浸润线呈“上凸”状，内高外低水头差造成动水压力增大；库水位上升过程中，滑体前缘浸润线呈“反翘”状，库水作用于滑坡以渗透压力为主；渗透系数越大，滑体前缘浸润线“上凸”或“反翘”现象越不明显。

（4）藕塘滑坡在长期自重应力作用下主要是沿着真倾角产生蠕动变形，在滑坡体与稳定山体之间形成了明显的速度高值区；当变形遇阻其位移场变形发生一定的偏转，具有侧向阻滑约束效应。防治措施以“预防为主，防治结合”为原则，可采用“滑坡后缘削方减载+前缘回填压脚+格构护坡+地表地下排水”的防治措施。

第4章　蓄水运行堆积层滑坡复活失稳机理

4.1　概　　述

堆积层滑坡是发生在第四系及近代松散堆积层的一类滑坡，由滑坡、崩塌等形成的块碎石堆积滑坡，是三峡库区滑坡中分布广泛、暴发频率较高、持续危害性较大的一类致灾体（殷跃平，2004a，2004b）。三峡工程建成蓄水后，水位抬升百米，每年水库调度形成30m的水位涨落，将对堆积层滑坡的稳定性带来明显影响。追踪2008～2020年175m试验性蓄水期间滑坡发生的时间和空间分布规律，发现13次三峡水库175m试验性蓄水诱发了801处滑坡，其中老滑坡681处，而老滑坡以堆积层滑坡为主。三峡库区堆积层滑坡大多属于典型的水库诱发滑坡，研究水库运行对堆积层滑坡稳定性的影响和堆积层老滑坡的复活失稳机理对三峡库区滑坡和水库型滑坡防灾减灾具有广泛的指导意义（赵瑞欣，2016）。

关于水库型滑坡，Terzaghi（1950）在其《滑坡机理》一书中就库水快速和慢速下降对滑坡体稳定性的影响进行了专门分析，指出库水快速下降后坡脚会出现渗透变形。Lane和Griffiths（2000）改进了Morgenstern（1963）全浸斜坡的安全系数（FOS）计算方法，给出了快、慢两种水位下降条件下的斜坡稳定性计算方法。Pinyol等（2012）对Canelles水库滑坡进行了详细分析，提出了从现场调查—地质模型建立—稳定性分析—成灾模式—防治工程系统性的研究方法。

本章将以长江右岸云阳凉水井堆积层滑坡为例，在工程地质调查、室内外物理力学试验、饱和-非饱和理论数值分析等基础上，研究库水位变动下典型堆积层滑坡变形失稳机理，内容包括：① 三峡库区典型堆积层滑坡工程地质及变形特征；② 典型堆积层滑坡物理力学性质研究；③ 蓄水运行下凉水井滑坡渗流稳定分析；④ 三峡库区堆积层滑坡复活失稳风险评价模型。研究成果将支撑三峡工程长期蓄水运行堆积层滑坡防灾减灾工作。

4.2　三峡库区典型堆积层滑坡工程地质及变形特征

4.2.1　三峡库区堆积层滑坡分布

殷跃平（2004a）根据滑坡体物质组成和结构形式等因素，对三峡库区滑坡进行了分类，见表4.1。

表 4.1　三峡工程库区滑坡主要类型分类

类型	亚类	特征描述
堆积层滑坡	滑坡堆积体滑坡	由滑坡等形成的块碎石堆积体，沿下伏基岩或体内滑动
	崩塌堆积体滑坡	由崩塌等形成的块碎石堆积体，沿下伏基岩或体内滑动
	崩滑堆积体滑坡	由崩滑等形成的块碎石堆积体，沿下伏基岩或体内滑动
岩质滑坡	近水平层状滑坡	由基岩构成，沿缓倾岩层或裂隙面滑动，滑动面倾角小于10°
	顺层滑坡	由基岩构成，沿缓倾岩层或裂隙面滑动
	切层滑坡	由基岩构成，滑动面与岩层层面相切，常沿倾向坡山外的一组软弱面滑动
	逆层滑坡	由基岩构成，沿倾向坡外的一组软弱面滑动，岩层倾向山内，滑动面与岩层面相切
变形体	危岩体	由基岩构成，岩体受多组软弱面控制，存在潜在滑动面
	堆积层变形体	由堆积层构成，以蠕滑变形为主，滑动面不明显
其他	残坡积层滑坡	由花岗岩风化壳、沉积岩残坡积等构成，浅表层滑动
	冲洪积土滑坡	由河流冲洪积物构成
	人工弃土滑坡	由人工开挖堆填弃渣构成，次生滑坡
	土质滑坡	由“巫山黄土”沿江堆积土构成

三峡库区的滑坡在分布上表现出明显的地域和空间上差异：以万州为界分东西两段，其中万州以西段滑坡分布稀疏，滑坡体积相对较小；万州以东段滑坡分布密集，滑坡体积相对较大。具体来说，滑坡分布与地质构造、岩性组合以及岸坡结果等密切相关。

据现有资料分析，在现已查明的滑坡灾害点中，多以中小型滑坡为主，大型、特大型滑坡虽然数量上相对较少但表现却比较活跃。从大型、特大型滑坡分布的高程来看，由西向东逐渐增高：在四川盆地内部，滑坡体后缘一般分布在海拔250～360m，向东至万州一带增至海拔500m左右。同时，滑坡前缘分布绝大多数与当地侵蚀基准面保持一致，部分略低于当地侵蚀基准面或高于当地侵蚀基准面。从其分布的规模来讲，也有由西向东增大的趋势。重庆至涪陵一带基本上没有大型特大型滑坡塌，均以小型为主。万州至云阳、奉节一带，滑坡体规模为4000万～6000万m^3，秭归境内的范家坪滑坡体积达1亿m^3，马家坝左滑坡的范围竟达10km^2，推测古滑体的体积为2亿m^3以上。

三峡库区大型崩塌、滑坡堆积体比较多地集中分布在新滩—链子崖地段、巴东—秭归地段、巫峡上段、大溪—巫山地段、万州—奉节地段以及万州以上。

（1）新滩—链子崖地段：主要的滑坡有新滩滑坡、链子崖滑坡以及猴子岭崩塌堆积等。另外，在过去的研究中还发现，新滩九龙村地下的鸦子砾岩，已被第四阶地堆积物覆盖，它原本亦是滑坡堆积物。新滩—链子崖地段长江河谷为反向谷，两岸为黄陵背斜西翼的单面山系，自西向东出露三叠系到志留系之间的岩系，包含煤系和砂页岩层等，相对切割深度约12000～14000m，据估计约40万～50万年以来，长江新滩河段已深切约100m。

（2）巴东—秭归地段：西起官渡口东到香溪纵长约47.5km，主要的滑坡堆积体有官渡口滑坡、巴东黄土坡滑坡、黄腊石滑坡、大坪滑坡、范家坪滑坡等，本河段长江河谷为走向谷（次成谷），长江右岸为顺向坡，相对比较平缓；左岸（北岸）为逆向坡，比较陡峻，坡度一般在 20°～40°以上。泄滩以下，长江河谷与侏罗系岩层走向斜交，为斜交次成谷，许多硬砂岩层斜插在长江河道之中，所以河岸线特别曲折，水情特别险恶，两侧的滑坡特别多。

（3）巫峡上段：指大宁河河口以下的跳石附近，向下到巫山县南流湖之间的河段，本段的主要特点是沿江分布有较多的崩塌堆积体，如跳石崩塌堆积体、雅雀湾崩塌堆积体、曹家湾崩塌堆积体等。在长江干流横切巫山复背斜的地方，在横石溪口附近的背斜核部江滨陡坡上出露志留系砂页岩，向上与向两侧出露薄层泥盆系砂岩、页岩以及石炭-二叠系灰质页岩夹煤层和厚层的二叠系白云质灰岩等，相对切割深度为 100～1300m，峡谷两侧的直壁高度达 300～500m。因此，该河段崩塌堆积体分布较多的一个很重要的原因就是谷坡很陡，谷坡的组成物质为厚层坚硬的岩层，分布在高部位上，在河岸遭受侵蚀的情况下，上部的坚硬岩层坠落而形成披盖式的崩塌堆积体。

（4）大溪—巫山地段：长约 24km，为大型崩塌、滑坡堆积体密集分布的地段。本地段长江干流纵切了大溪盆地中的中三叠统、上三叠统以及侏罗系的碎屑沉积岩系，大段岩层为黏土岩、泥灰岩与砂岩互层。河谷较开阔，谷坡呈阶梯状，并分布有多级侵蚀剥蚀阶状平台。该地段的滑坡有基岩顺层滑坡、切层滑坡，还有崩塌堆积体的滑移，以及谷坡岩层被拉裂的裂块等。

（5）万州—奉节地段：大量的大型滑坡体分布在自奉节往上到云阳附近，再到万州附近的沿江两岸。万州到奉节长江干流总长约 125km，纵切了万州-忠县复合型侏罗系向斜盆地，及其向东延伸的向斜翘起端，谷坡出露侏罗系与三叠系碎屑沉积岩系。本地段的滑坡有部分是谷坡岩层拉裂与裂块的滑移，其余为大型碎屑质滑坡。

（6）万州以上：到丰都附近长约 165km 的范围内，沿江分布有 50 多处滑坡体或者崩塌、滑坡堆积体。该地段长江干流总体上向 NE 方向纵穿万州-忠县侏罗系盆地，岩层倾角比较平缓，谷底比较宽阔，谷坡下段比较陡，可达 30°～40°，但谷坡上段特别平缓，往往有几级侵蚀剥蚀平台，相对切割深度 150～300m 不等。

其中，从丰都到石宝寨长约 71km，右岸较陡，达 30°～40°，石宝寨以下左岸逆向坡较陡，一些大型的崩塌堆积体和滑坡体大部分分布在右岸。涪陵以下长江干流为 NE 向，分布有几处大型的重力堆积体，如黄家嘴崩塌堆积体、方家嘴滑坡。

4.2.2　三峡库区典型堆积层滑坡易滑地质结构

本节以重庆云阳县凉水井滑坡为例，对三峡库区堆积层滑坡易滑地质结构进行分析。

4.2.2.1　滑坡基本特征

凉水井滑坡位于长江右岸斜坡，属构造剥蚀丘陵和河流阶地地貌。区内陆地部分主要为构造剥蚀丘陵地貌，地势起伏，南高北低，东西部较平缓，区内中部及后部地形较陡，后部可见圈椅状陡崖。自然坡度为 30°～35°，前部较缓。滑坡东、西两部均有一冲沟，走向分别为 342°和 351°，长分别为 250m 和 220m，纵向坡度为 40°～60°，截面大多为“V”

形，处于冲沟发育阶段的第一期，为自然形成，仅雨季有流水，水量直接受降雨影响。滑坡前部有零散居民点，区内植被发育，主要为果树、灌木、杂草等植物，覆盖率约 65%。靠近长江水域地带以及长江水位下为河流阶地地貌，受长江的侵蚀切割作用明显，地势起伏，南高北低，自然坡度为 25°～28°；江水以下长江水流冲积作用明显，地势较缓，西高东低，自然坡度为 5°～15°。滑坡前部有当地农民居民点，区内地势最低点为 45.0m、最高点为 345.5m，相对高差约 305.5m。凉水井滑坡全貌见图 4.1。

图 4.1　云阳凉水井滑坡全貌

4.2.2.2　滑坡空间形态

1. 滑坡边界

凉水井滑坡边界裂缝已全部贯通，并延伸至长江，平面形态呈“U”形，裂缝宽度一般为 5～30cm，局部超过 1.0m，下错高度一般为 10～45cm，局部超过 1.5m，滑坡后缘裂缝为滑体土与基岩陡坎的接触带；东侧边界位于滑坡东部冲沟以东约 85m 的裂缝外侧，西侧边界位于西部冲沟以西 80m 的裂缝外侧；滑坡前缘位于长江水位下，未能进行实地调查，但从地质剖面推断，前缘高程约 100m，见图 4.2。

2. 滑面形态

滑面为第四系滑坡堆积层与基岩接触面，滑面形态整体后陡前缓，逐渐变缓，后部坡度一般为 35°～45°，前部坡度一般为 8°～15°，穿过了原河漫滩上堆积的砂土层。纵剖面上滑面形态呈折线形；横向两侧滑面较陡，呈凹形，见图 4.3。

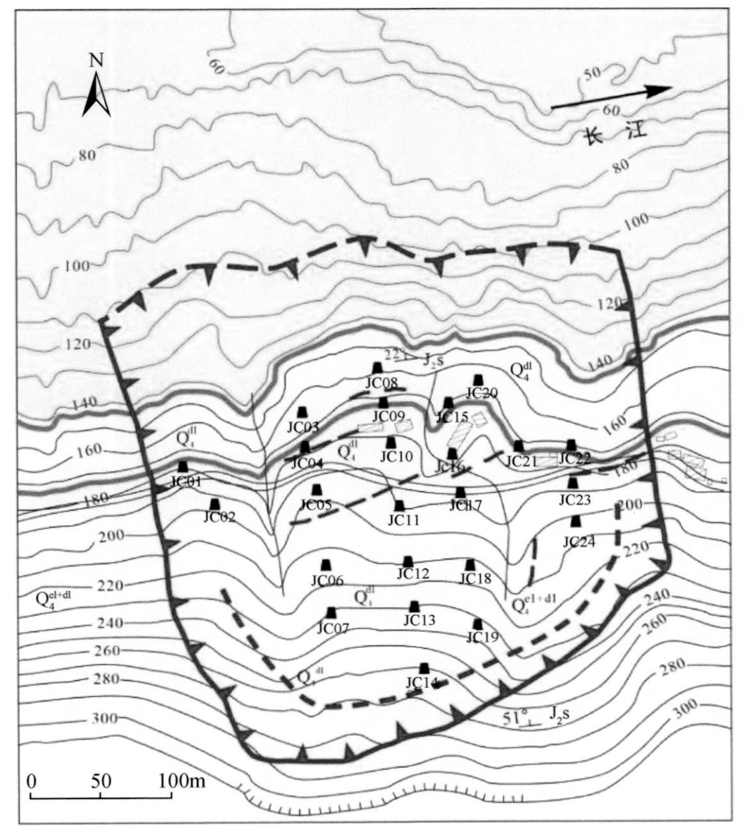

图4.2　云阳凉水井滑坡平面图（单位：m）

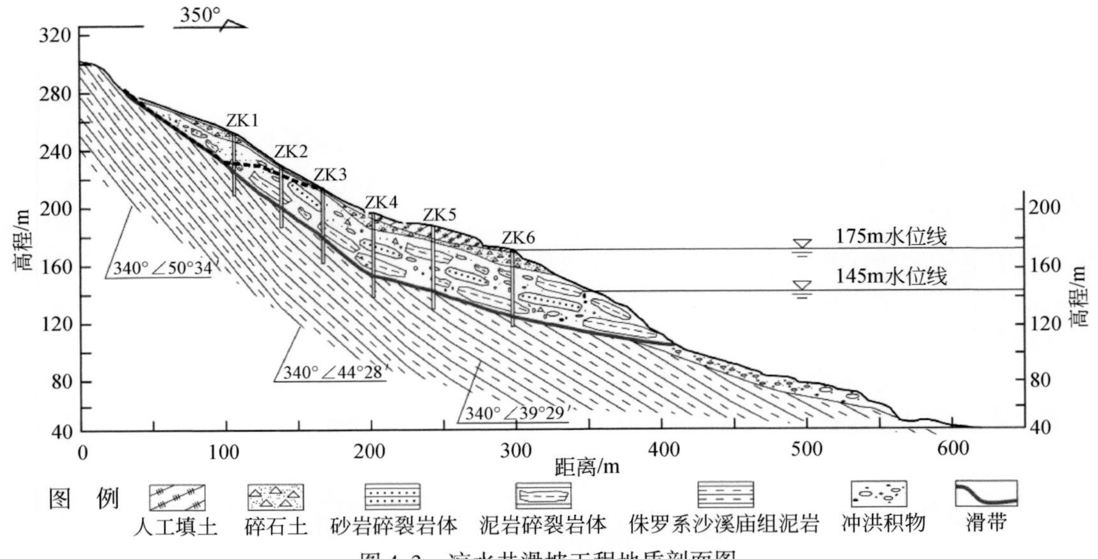

图4.3　凉水井滑坡工程地质剖面图

3. 滑体厚度空间变化

凉水井滑坡为覆盖于基岩上部的第四系滑坡堆积（Q_4^{del}）构成，前缘最低高程为100m、后缘最高高程为319.5m，相对高差为221.5m，平面纵向长度为434m、横向宽度为358m，面积约11.82万m^2，滑体平均厚度约34.5m，总体积约407.79万m^3。滑坡整体上中后部较厚，最大厚度为44.1m，前缘及后缘较薄，横向厚度变化不大，中部稍厚，前缘、后部及两侧相对较薄，两侧厚度逐渐减小。

综合分析，滑坡滑体厚度一般为9.5～44.10m，平均厚度为34.5m，滑坡为深层大型复活型堆积层滑坡。

4.2.2.3 滑坡物质组成及结构特征

1. 滑体特征

凉水井滑坡的滑体为滑坡堆积土（Q_4^{del}），包括含角砾粉质黏土，粉质黏土夹碎块石，砂、泥岩块石和粉细砂。含角砾粉质黏土为紫红、红褐色，主要由粉质黏土、角砾及少量碎石、块石等组成，级配一般，稍湿，中密，主要分布于滑坡区域内地表浅部，滑坡中前部分布较厚，中部和后部陡坡地带较薄，层厚0.9～23.1m。砂岩、泥岩块石呈黄灰、灰白、紫红色，为原岩质顺层滑坡滑动解体后分解块体组成，由于滑动解体过程中多为整体滑动，具有整体性，大部分块石还保持着基岩特点，裂隙发育，主要分布于滑带以上，厚度较大，为9.3～32.7m。粉细砂呈灰褐色，主要由细砂及少量黏粒、角砾等组成，颗粒形状规则，多呈椭圆状，磨圆度较好，颗粒粒径大于0.075mm的颗粒质量约为总质量的60%～90%，湿-很湿，稍密，切面粗糙，无光泽，砂感强，摇振反应快、韧性低、干强度低，该层分布于滑坡区前缘一带，层厚0～13m。

该滑坡堆积体物质组成在垂向上变化较大，物质呈不均匀分布，但滑坡堆积上部以含角砾粉质黏土、碎块石土为主，下部以砂岩、泥岩块石为主。

2. 滑带特征

陆域部分滑带主要依据探槽、探井及钻孔揭露的滑带土体特征来综合确定。根据探槽、钻孔、探井揭露，凉水井滑坡滑带位于第四系滑坡堆积层与下伏基岩接触带，由于该滑带土较薄（总厚度为3～5cm，其中黏土层厚度为1～3cm），且由于滑带附近砂岩、泥岩块石较破碎，钻孔中难以发现该夹层，但根据钻孔揭露地层结构和岩心产状变化等特征，综合确定滑带位置为砂岩、泥岩块石与基岩的接触带。水域部分根据水上钻孔揭露，砂岩、泥岩块石下为粉细砂土，该砂土为原长江河漫滩，砂土下为基岩，砂土为软弱层，因此将其判定为滑带。

滑坡滑带为含角砾粉质黏土，粉质黏土为紫褐、棕褐色，很湿，处于软塑-可塑状，稍有光泽，手可搓成条状；角砾直径为2～20mm，含量约15%，粉质黏土含水量高，呈软塑-可塑状，滑带土厚度为3～5cm，其中黏土层厚度为1～3cm。

3. 滑床特征

凉水井滑坡滑床为中侏罗统沙溪庙组（J_2s）互层砂岩和泥岩，泥岩为紫红色，局部夹灰绿色团斑条纹，主要由黏土矿物组成，泥质结构，薄层-中厚层状构造，岩质较软，岩心较完整，呈短柱-柱状，多为中风化带，强风化带较薄，为 0.3 ~ 0.8m；砂岩为黄灰、灰白色，主要由石英、长石、云母等矿物成分组成，细-中粒结构，厚层状构造，钙、泥质胶结，岩质较硬，与泥岩呈不等厚互层关系。该区域岩层产状为 340°∠45° ~ 51°，基岩面呈近似靠椅状；区内主要发育有两组构造裂隙面，产状为 295°∠90°和 28°∠87°。滑坡滑床形态与其滑面形态基本一致，后缘较陡，中部和前部逐渐变缓。

4.2.3　蓄水条件下堆积层滑坡复活变形规律

由图 4.2、图 4.3 可以看到，凉水井滑坡前缘位于长江水面以下，滑坡体受到库水位 175m—145m—175m 的循环作用，特别是 30m 的消落带完全位于坡体之上。2008 年受三峡库区 175m 试验性蓄水影响，滑坡出现明显变形，2009 年 3 月滑坡再次出现变形加剧，主要表现为滑坡后缘地表拉裂缝全部贯通，滑坡中部横向地表拉裂缝、中前部剪切裂缝以及两侧斜裂缝形成，滑坡已出现整体变形。宏观变形迹象表明，凉水井滑坡整体处于等速蠕变阶段。

凉水井滑坡滑体为滑坡堆积土，包括含角砾粉质黏土，粉质黏土夹碎块石，砂、泥岩块石和粉细砂，其透水性属中等透水。陆域部分滑面为第四系滑坡堆积层与基岩接触面；水域部分滑面位于第四系滑坡堆积层与基岩之间的沙土层内，该砂土为原长江河漫滩，砂土为软弱层。滑面形态整体后陡前缓，逐渐变缓。滑床形态与滑面状态基本一致。三峡库区蓄水后，滑坡前缘位于 175m 水位以下，为滑坡失稳创造了临空条件。结合滑坡周界裂缝状态，可判定凉水井滑坡已具备失稳条件。

受三峡库水位影响，当库水位下降时，地下水将对滑坡产生较大的渗透压力，影响滑坡稳定性；当库水位上升时，地下水对滑体将产生浮托减重以及对滑坡土体的浸泡软化作用，同样对滑坡稳定性可能产生不利影响。结合已经出现的水位调动时滑坡变形加剧的事实，可认定库水位的升降是影响滑坡稳定进而引发滑坡失稳的重要诱因，若同时出现降雨、人为扩大临空面等不利工况，滑坡失稳破坏的可能性将增大。

图 4.4 展示的是 2009 年 9 月至 2014 年 6 月凉水井滑坡主剖面监测点的累计位移曲线，检测仪器于 2009 年 4 月安装投入使用。

结合平面图 4.2，可知 JC09、JC11、JC14 分别位于滑坡体前缘、中部、后缘。从 2009 年至 2014 年五年的全过程曲线我们可以看出，随着库水位每一次的周期性变化，滑坡地表位移也会相应进行变化，前缘位移明显大于后缘位移，长期来看坡体变形速率趋缓，JC09、JC11、JC14 累计位移分别达到 1312.5mm、1027.7mm、1087.4mm。由图 4.4 我们知道，库水位的每一次周期变化包含上升和下降过程，以 2009 ~ 2010 年、2011 ~ 2012 年为例，位移曲线分别单独成图，如图 4.5 所示。蓝色曲线是库水位高程，JC09、JC11、JC14 分别位于滑坡体前缘、中部、后缘。不难发现，每年的水位变化过程中，库水位下降时滑坡位移变化大于库水位上升时。2010 ~ 2011 年，JC09、JC11、JC14 的增量位移分别为 213.63mm、159.30mm、114.75mm，见图 4.5（a）；2011 ~ 2012 年 JC09、JC11、JC14 的增量位移分别为 311.67mm、183.64mm、225.23mm，见图 4.5（b）。

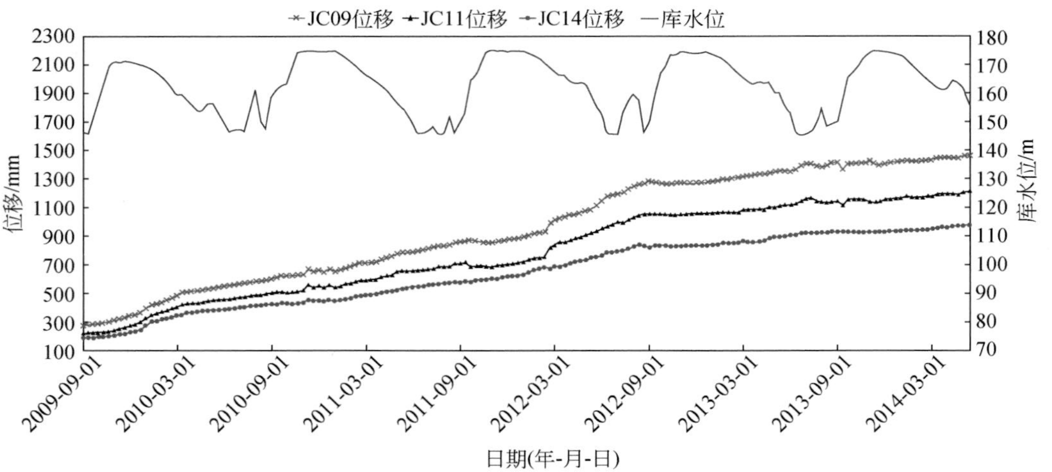

图 4.4　凉水井滑坡地表累计位移全过程曲线（2009 年 9 月至 2014 年 6 月）

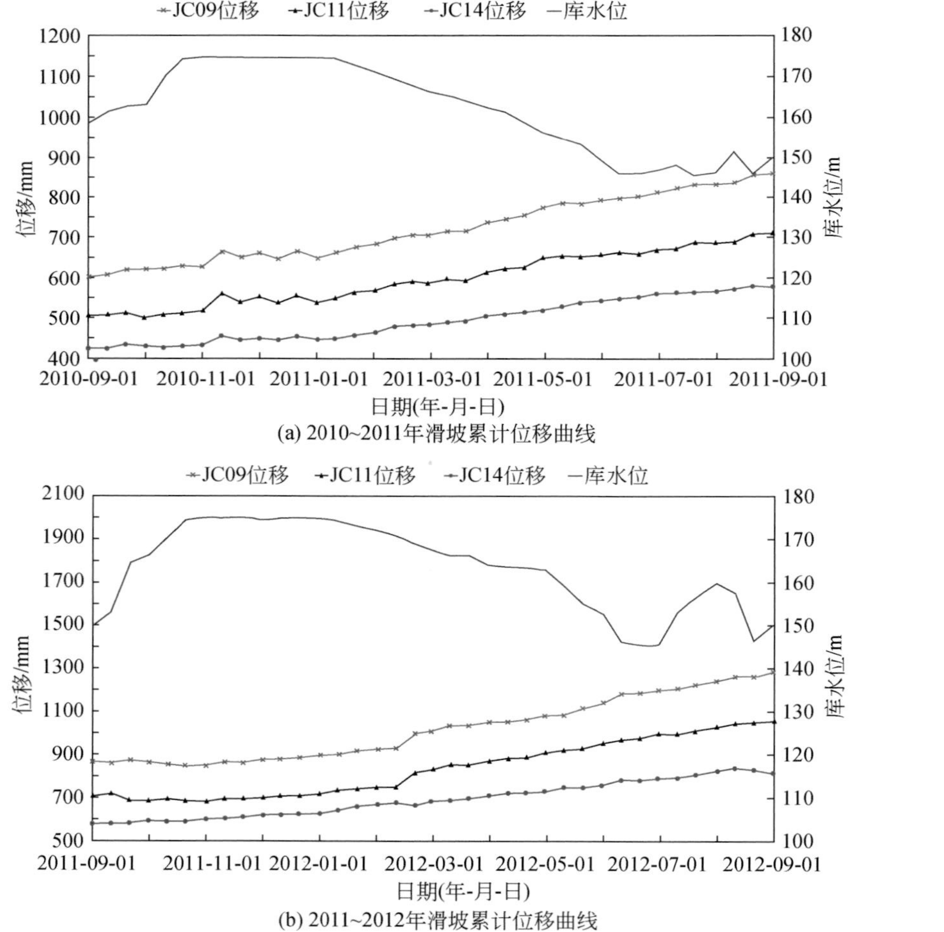

图 4.5　凉水井滑坡地表累计位移曲线

通过以上原始数据的分析，这五年中库水位变化的速率并不相同，为了分析库水变化的速率是如何影响滑坡变形的，对位移曲线进行一些处理。由于单日变幅和位移均有一定的离散型，且库水对滑坡位移的影响具有一定的滞后，因此选择以 5 天变幅和 10 天变幅作为时间窗口进行分析，见图 4.6、图 4.7。选择位移变化明显的 2008 年到 2011 年的数据。为了分析的方便与直观，在两幅图下均附上一张时间对应的库水位变化曲线。图中蓝色曲线代表 5 天库水位变化速率，正值是水位上升，负值是水位下降，单位为 m/5d，红色曲线代表 5 天滑坡位移变化速率，单位为 mm/5d，10 天曲线同理。在之前的曲线中，由于库水位下降与位移变化的明显对应关系，很容易忽略了库水位上升时的位移变化，此时，图 4.6、图 4.7 清晰显示出：不论滑坡处于库水位上升阶段还是下降阶段，只要 5 天、10 天累计变化幅度过大时（不论正负），滑坡位移均会发生较大变化（增加）。本研究认为，如果只用地表位移一个指标来作为风险评估时，该滑坡的风险将会增大，然而根据现场勘查发现滑坡并未整体失稳。

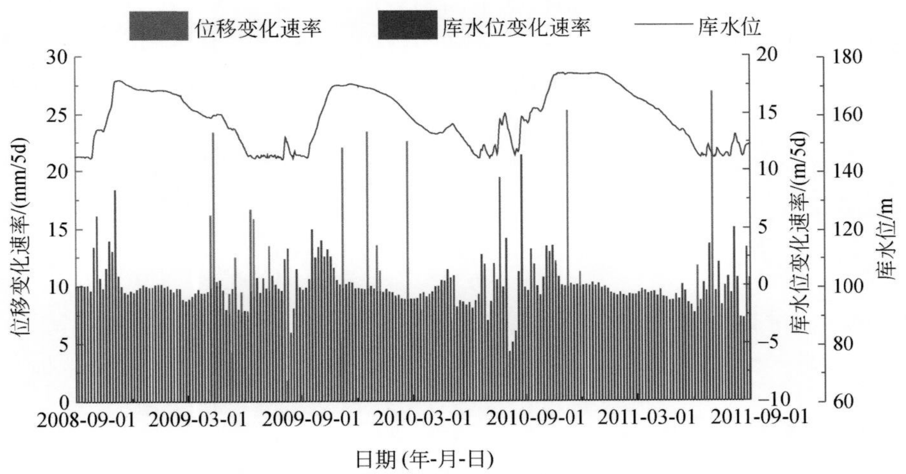

图 4.6　库水位变化速率与位移变化速率曲线（5 天累计）

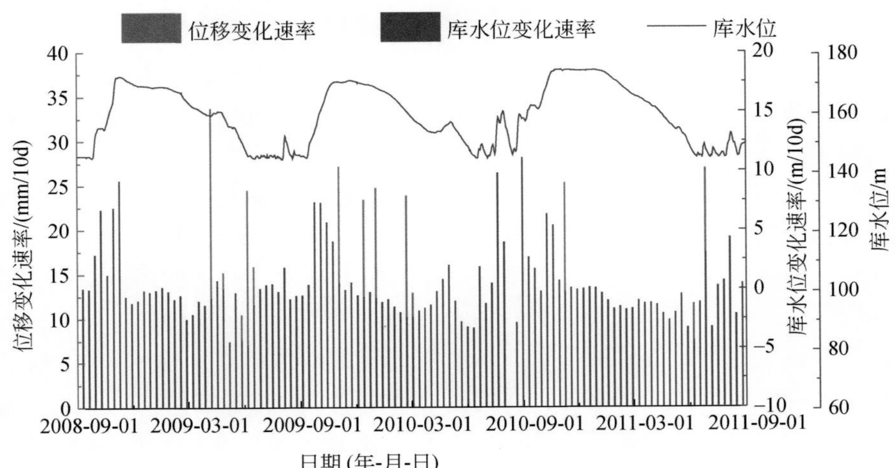

图 4.7　库水位变化速率与位移变化速率曲线（10 天累计）

结合滑坡体24个监测点的数据来看，同一主滑方向剖面上的监测点，前缘位移大于中部和后缘位移，这显然是因为前缘监测点处于坡体变形最活跃的消落带位置的原因。后缘和中部位移有时受到地表裂缝和降雨的影响，有时中部位移大于后缘，多数情况是后缘位移大于中部位移。结合剖面图4.3，分析认为这是由于后缘滑体较薄且后壁基岩出露变形较易发生所致。

4.3 典型堆积层滑坡物理力学性质研究

4.2节从地表位移监测数据着手，运用统计学方法讨论分析了凉水井滑坡对库水位变化的响应规律。本章研究属于滑坡工程地质勘查的一部分内容，目的是为滑坡防治工程的规划、设计和施工提供所需的地质资料，着重从地质方面保证工程的安全、经济和正常运行。滑坡工程地质勘查是滑坡防治工程技术体制中的一个重要环节，是滑坡防治工程首先必须开展的基础性工作，基本任务是根据不同勘查阶段的基本要求，为滑坡防治工程的规划、设计、施工及监测等提供参与计算评价的有关岩土物理力学参数及地下水的有关参数；查明或预测成灾危害情况；阐明滑坡防治的必要性，为防治工程设计提供地质依据。

本节着眼于堆积层滑坡体本身的物理力学性质研究，既在力学理论上探讨受库水影响的堆积层滑坡的应力–应变响应规律，又为后续渗流–稳定数值模拟分析提供可靠参数依据。

4.3.1 典型堆积层滑坡的渗透特性

4.3.1.1 试验仪器及方法

依据《土工试验方法标准》中的关于粗颗粒土的渗透及渗透变形试验的规定，试验模型截面直径或边长应不小于试验样特征粒径D_{85}的4～6倍。试验土石料$D_{85}=46\text{mm}$，$D_{max}=60\text{mm}$。

试验方法执行《土工试验方法标准》，进行了天然级配碎石土的渗透试验。试验采用垂直渗透试验方法，水流方向由下至上，为避免水泥或黏土护壁造成的拱效应对破坏比降的影响，试验采用无护壁装样。

试样装好后，测量试样的实际厚度，然后使之饱和。调整水箱水位略高于试样底面位置，再缓慢提升水箱至一定高度，待水箱水位与试样中水位相等，并停留一段时间后，再提升水箱水位。随着水箱水位上升，水由试样底部向上渗入，使试样缓慢饱和，以完全排除试样中的空气。

试验时提升供水桶，使供水桶的水面高出渗透仪的溢水口（上进水口），保持常水头差，形成渗透坡降，记录测压管水位，并用量筒测量渗水量，若连续三次测得的渗水量基本稳定，又无异常现象，即可提升至下一级水头。试验中采用0.01～0.04较低的起始比降，然后逐渐抬高水头，试验中同时测读水温、气温，并观测记录试验过程中出现的各种现象，如水的浑浊程度，冒气泡，细颗粒的跳动、移动或被水流带出，土体悬浮，渗流量及测压管水位的变化等。当试样出现破坏或达到设备最大供水能力时停止试验。根据 J-v 曲线（渗透比降与流速的双对数曲线）直线段成果求取试样的渗透系数，结合 J-v 曲线变化和试验现象判定试样的渗透变形类型、临界比降以及破坏比降值。

4.3.1.2　试验成果及分析

试样干密度取为 0.93 的压实度，即为 2.19g/cm^3。试验 1-1 开始时，下游水面澄清，无明显细颗粒流出。在渗透化降（J）= 0.25 时，试样边壁出现团雾，水浑，3 分钟后水变清，以后每升一级水头均产生上述现象；直至 J=0.84 时，试样抬起 1mm，水浑；在 J=1.22 时，试样抬起 2mm，水浑，流量大增，有细颗粒流出；在 J=2.23 时，试样抬起 4mm，水浑，细颗粒大量流出，上游水头支撑不住，试样发生破坏。如图 4.8 所示，以试样产生团雾时的比降与其前一级比降的平均值 0.22 作为临界比降；以试样破坏时候的比降与其前一级比降的平均值 1.87 作为破坏比降。试样产生团雾现象前渗透系数为 0.75m/d。

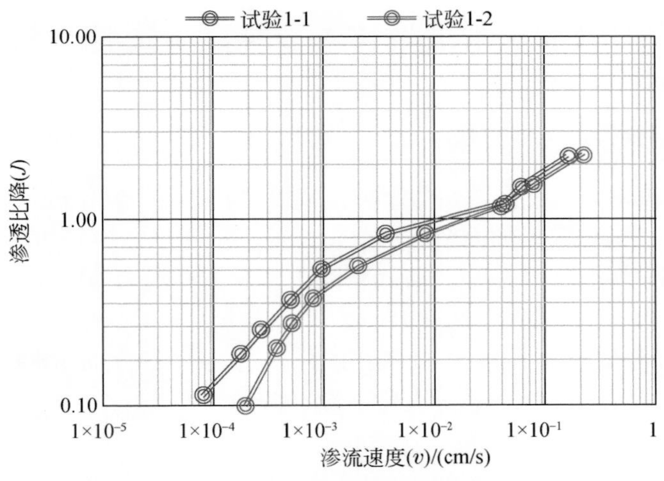

图 4.8　凉水井滑坡碎石土渗透变形试验 J-v 曲线

试验 1-2 开始时，下游水面澄清，无明显细颗粒流出。在 J=0.20 时，试样边壁出现团雾，水浑，3 分钟后水变清，以后每升一级水头均产生上述现象；直至 J=0.56 时，试样抬起 1mm，水浑；在 J=0.83 时，试样抬起 2mm，水浑，流量大增，有细颗粒流出；在 J=2.25，试样抬起 4mm，水浑，细颗粒大量流出，上游水头支撑不住，试样发生破坏。由于试样产生团雾时的比降及其上一级比降均较小，此处以开始团雾时的比降 0.20 作为临界比降；以试样破坏时候的比降与其前一级比降的平均值 1.90 作为破坏比降。试样产生团雾现象前渗透系数为 1.58m/d。

过渡型破坏属于管涌、流土之间的一种，试验中有细颗粒抬动、跳出都是很明显的颗粒析出现象，下游水由水浑变水清，土体整体抬起都是明显的流土破坏现象，综合根据本次试验现象，试样破坏类型为过渡型。

综上所述，本组试验渗透系数为 2.78m/d，临界比降为 0.20，破坏比降为 1.87，破坏类型为过渡型。

4.3.2　滑坡土石体击实特性

采用重型击实仪（击实筒尺寸为 Φ 152mm×116mm，直径 152mm，高 116mm）对凉水井滑坡碎石土进行击实试验。

（1）最大粒径为 60mm 时的平均级配在 2684.9kJ/m^{3}击实功下的最优含水率为 4.1%，最大干密度为 2.35g/cm^3。

（2）最大粒径为 20mm 时的平均级配在 2684.9kJ/m^{3}击实功下的最优含水率为 4.8%，最大干密度为 2.32g/cm^3。

（3）对平均级配的土料，在大于 5mm 颗粒含量和击实功能相同的条件下，控制不同的试样允许最大粒径，用等量替代法所得的土料的最大干密度和最优含水率十分接近，符合土料击实的一般规律。这说明对于试验土样采用等量替代法进行级配模拟是合理的。

4.3.3　含水率对堆积层滑坡坡体物质强度变形特性的影响

4.3.3.1　试验仪器及控制方法

为了研究含水率对强度变形特性的影响，采用大型高压三轴仪进行含水率分别为 2%、4.1%、6%、10%（饱和样）的固结排水剪切试验。试样尺寸为 Φ 300mm×600mm，干密度为 2.19g/cm^3，压实度为 93%。三轴试验围压取 0.1MPa、0.2MPa、0.4MPa、0.6MPa。剪切速率控制为 0.02mm/min（0.2%/h）。

三轴试验采用大型三轴压缩试验仪，试样尺寸为 Φ 300mm×600mm，最大围压为 3.0MPa，最大轴向应力为 21MPa，最大行程为 300mm。

4.3.3.2　试验成果

对不同含水率的试样进行固结排水剪切试验，得到的应力应变关系曲线、体变曲线及强度包线。不同含水率土样固结排水剪切试验得到强度统计如表 4.2 所示，由表可知，在整体趋势上，随着试样含水率的增加，内摩擦角减小。

表 4.2　三轴试验的强度统计表

试样尺寸/mm	含水率/%	围压/MPa	主应力差/MPa	内摩擦角/(°)
Φ 300×600	2	0.1	0.476	41.8
		0.2	0.931	
		0.4	1.713	
		0.6	2.491	

续表

试样尺寸/mm	含水率/%	围压/MPa	主应力差/MPa	内摩擦角/(°)
Φ 300×600	4.1	0.1	0.515	40.5
		0.2	1.038	
		0.4	1.579	
		0.6	2.328	
	6	0.1	0.321	39.2
		0.2	0.892	
		0.4	1.461	
		0.6	2.096	
	10	0.1	0.362	38.1
		0.2	0.789	
		0.4	1.324	
		0.6	2.022	

由表4.3可得，随着试样含水率（ω）的增加，试样的内摩擦角（φ）减小、黏聚力（c）减小。

表4.3　不同含水率下坡体物质的 c、φ 值

ω/%	c/kPa	φ/(°)
2	23	41.8
4.1	21	40.5
6	19	39.2
10	18	38.1

4.3.4　密度对堆积层滑坡坡体物质强度变形特性的影响

4.3.4.1　试验仪器及控制方法

为了研究土体密度对强度力学参数的影响，利用中型三轴仪开展不同压实度下的固结排水剪切试验。试样尺寸为 Φ 150mm×300mm，土样的最大干密度为 2.32g/cm^3，选取试样的含水率为最优含水率4.8%，压实度分别为90%、93%、95%，对应的干密度分别为2.09g/cm^3、2.16g/cm^3、2.20g/cm^3，剪切速率控制在0.024mm/min。

4.3.4.2　试验成果

随着试样含水率（ω）的增加，内摩擦角（φ）减小。当压实度从90%变为93%时，土样的内摩擦角从24.8°增至27.2°，而当压实度继续增加为95%时，土样的内摩擦角略有增加，约27.4°，见表4.4。

表 4.4　不同密度条件的坡体物质的 c、φ 值

密度/(g/cm³)	压实度/%	c/kPa	φ/(°)
2.09	90	35	24.8
2.16	93	37	27.2
2.20	95	37	27.4

4.3.5　试样级配对堆积层滑坡坡体物质强度变形特性的影响

4.3.5.1　试验仪器及控制方法

为了研究土体级配对强度力学参数的影响，利用中型三轴仪开展不同级配下的固结排水剪切试验。试样尺寸为 Φ 150mm×300mm，最大干密度为 2.32g/cm³，选定压实度为 93%，分别采用等量替代级配、粗粒级配和细粒级配设定不同的级配，如表 4.5 所示，剪切速率控制在 0.024mm/min。

4.3.5.2　试验成果

表 4.5 分别为天然（等量替代）级配、粗粒级配和细粒级配试样（压实度 93%）土样进行三轴剪切试验得到的应力-应变关系曲线和强度包线。粗、细粒级配试验的内摩擦角十分接近，为 31°和 32°；天然（等量替代）级配试样的内摩擦角较小，约 27.2°。

表 4.5　不同颗粒级配条件的坡体物质的 c、φ 值

颗粒级配	压实度/%	c/kPa	φ/(°)
天然级配	93	37	27.2
粗粒级配	93	33	31
细粒级配	93	30	32

4.4　蓄水运行下凉水井滑坡渗流稳定分析

涉水堆积层滑坡稳定性计算地质模型是对滑坡稳定性变形破坏条件和规律的科学模式概括，同时，也是力学模型、监测模型和预测模型的基础。通过对涉水土质滑坡稳定性计算地质模型的研究，把握斜坡变形破坏的基本规律和主控因素，建立科学的斜坡变形破坏地质模型体系，为力学-数学模型、监测模型建立以及稳定性评价奠定基础，并利用该模型宏观反映斜坡稳定势态、变形趋势及破坏方式。

滑坡地质模型是在滑坡分类体系的基础上，针对土质滑坡的发育状况和地质特征，抓住滑体结构特征、动力成因、变形运动特征和发育阶段四个控制性因素的实际表现，组合建立而成的。计算模型的生成是滑坡稳定性分析的基础，但要完全模拟岩土体的实际特征是不现实的，仅能在充分利用现有地质勘查资料情况下，对滑坡体进行尽可能真实的模拟。

在4.2节提到了凉水井滑坡的具体地质模型，根据前面章节对凉水井滑坡物质组成及结构特征的分析可知：滑体主要由第四系残坡积的粉质黏土夹碎块石组成；靠近滑带之间为碎裂沿体，滑面为第四系滑坡堆积层与基岩接触面，岩性为侏罗系沙溪庙组红褐色中厚层泥质砂岩，结构致密坚硬。堆积层的物质组成成分相同，故将凉水井滑坡的物理介质概化为滑体与基岩两种介质，两种介质以堆积层与块裂岩接触面为分界面。

4.4.1　凉水井滑坡渗流模拟分析

根据工程地质剖面、室内试验、现场试验及工程类比确定材料的物理力学参数，使用有限元软件GeoStudio中SEEP/W模块对该滑坡进行渗流分析。SEEP/W模块具有饱和-非饱和稳定渗流计算、饱和-非饱和非稳定渗流计算等功能。

建立的渗流分析模型如图4.9所示，为了计算瞬态渗流问题的解能更稳定收敛，对计算模型有限元网格划分，采用三角形单元和任意四边形单元等参有限元法进行水文地质模型的单元剖分，渗流分析的参数选取4.3节已经详细介绍。

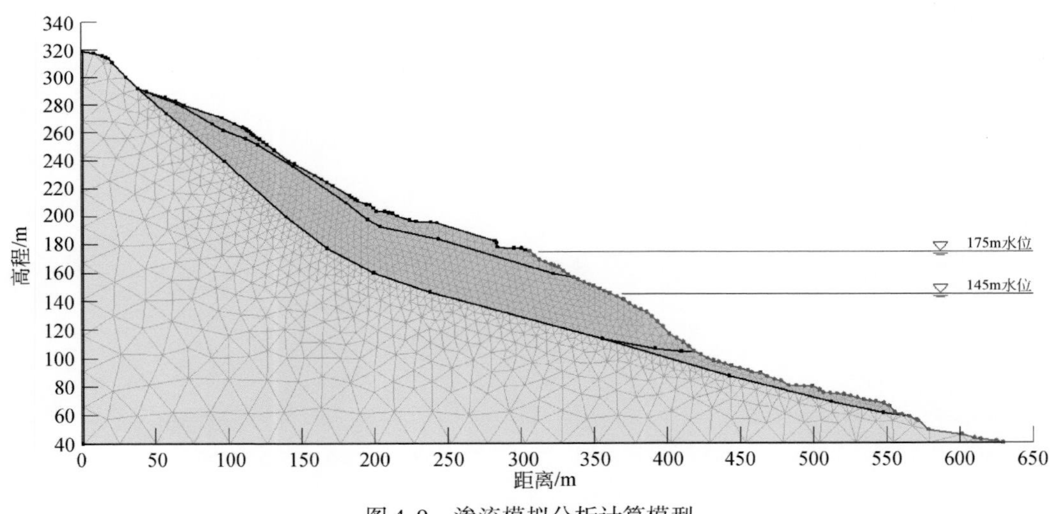

图4.9　渗流模拟分析计算模型

渗流边界条件设置：模型左端假定为不受库水影响，以滑坡勘查时的地下水位作为定水头边界，模型右侧长江库水位以上为零流量边界，库水位以下为定水头边界。模型底部滑床为隔水边界，即零流量边界。初始库水位定位为勘查时的165m，作为滑坡渗流模拟起始点，先进行稳态分析，将该稳态分析的结果作为下面瞬态分析的初始状态，并输入实际库水变化的边界条件进行瞬态渗流分析。

4.4.2　不同水位变速时滑坡渗流模拟分析

根据4.2节的分析，滑坡在库水上升和下降过程中变形较为明显，因此，在本节针对库水位上升和下降过程中不同时刻的渗流场进行了提取与分析。根据数值模拟结果，分析其地下水浸润线和孔隙水压力变化过程：

（1）由于滑坡岩土体的渗透系数（K）小于库水的降速，滑坡体内浸润线的变化在下降阶段滞后于库水位的变化。库水位上升过程中渗流场属于向内补给型，浸润线内凹倾向坡体内；库水位下降过程中渗流场属于向外排泄型，浸润线则外凸指向库岸。

（2）水位上升初期，库水对滑坡坡体的补给以深层水平向补给为主；随着水位继续上升，浸润线与负方向的夹角接近于90°，库水对坡体的补给以浅层水平向补给为主，滑坡内外的水力坡降不断增大，指向坡内的渗透压力也不断增大，有利于滑坡稳定性的提高。

（3）水位下降水初期，滑坡体对水库的排泄以水平排泄为主，坡体内地下水的浸润线与正方向夹角较小，地下水位坡降较小，相应的地下水渗透作用也不明显。此时库水的作用主要体现为对坡体的静水压力，随着库水位的不断降低，浸润线与正方向的夹角接近60°，坡内水位与库水位的水位差不断增大，使得坡体内地下水向外渗流并形成较大的渗透力，从而增加坡体的下滑力，不利于滑坡稳定。

（4）图4.10显示了不同库水下降速率下坡体内的浸润线分布，从图中可以看出库水下降越快，坡体内的地下水向外也渗流形成较大的渗透力，从而增加坡体的下滑力，因此其最不利于滑坡的稳定。

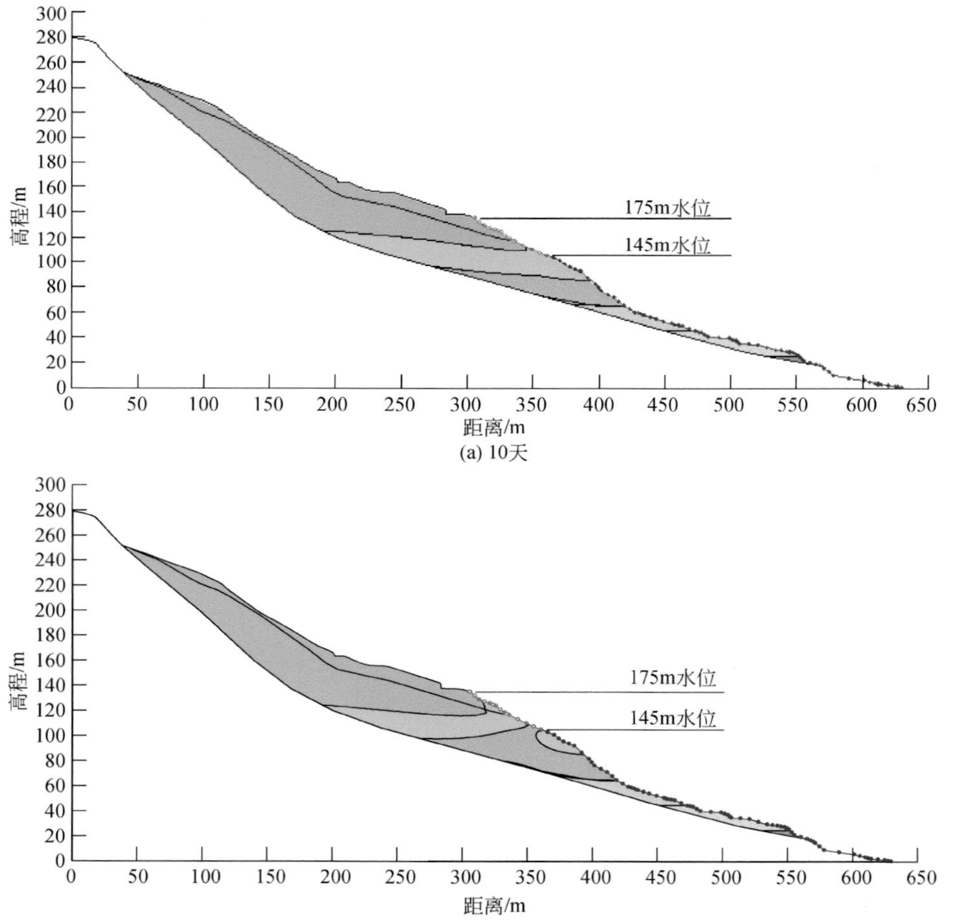

(a) 10天

(b) 30天

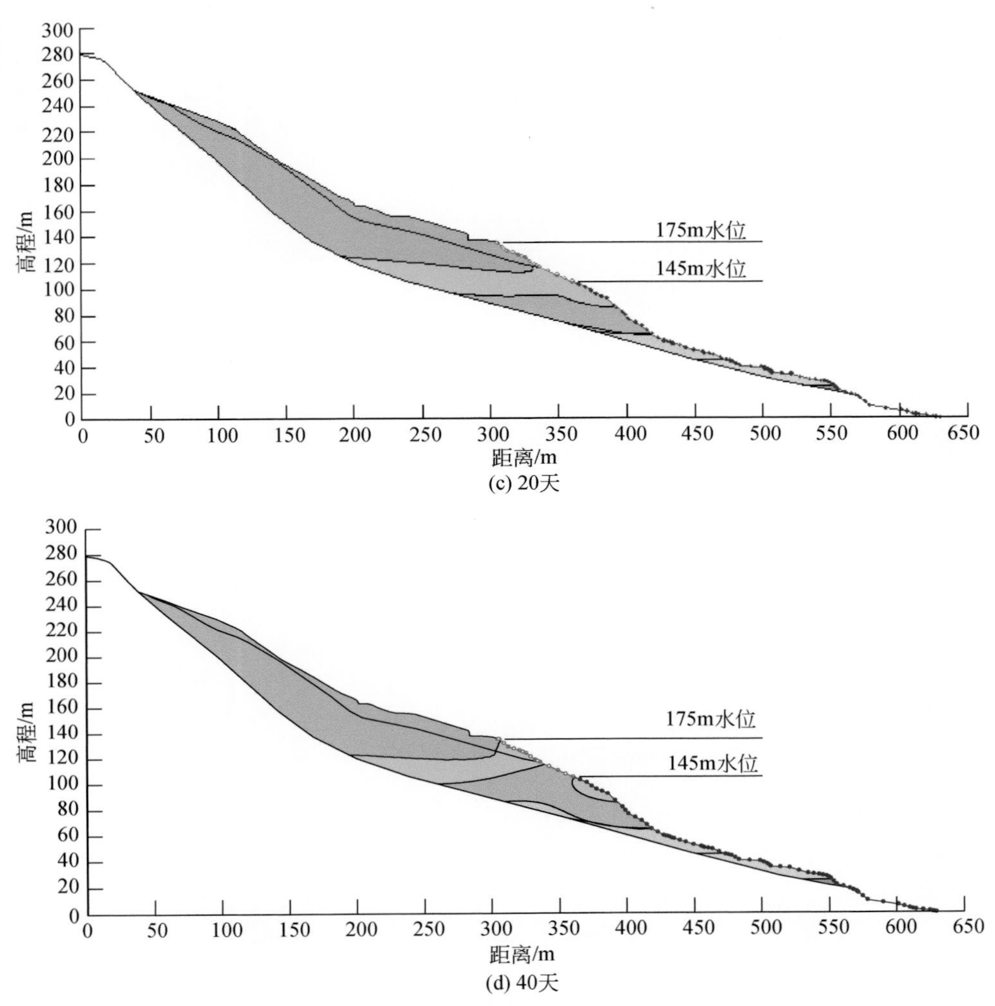

图 4.10　库水位下降过程中孔隙水压力变化

4.4.3　凉水井滑坡稳定性模拟分析

凉水井滑坡作为库岸涉水滑坡的典型案例，其特殊性在于它的变形活动与库水位升降有密切的关系。

库水位波动对滑坡的影响是一个非常复杂的过程，它主要通过改变滑坡水动力场和岩土体物理力学参数影响滑坡稳定性。因此，运用数值模拟的手段探讨水库型滑坡形成机理，尤其是在考虑库水位波动过程中滑坡稳定性变化趋势时必须充分考虑并耦合渗流场的动态变化过程。

模拟及其耦合过程如下：①首先根据监测剖面钻孔资料和地质剖面图建立 SEEP/W 地质模型；②以实际监测得到的库水位和降雨资料作为边界条件进行模拟，然后以监测得到的地下水孔隙水压力数据与模拟结果进行比较，对模型参数进行反复的校正和反演；③通过在 SEEP/W 中设置不同的边界条件，实现不同库水位升降速率和降雨强度条件的模拟，模拟相应工况下滑坡体渗流场动态响应过程；④将渗流场模拟得到的孔压分布结果导入 SLOPE/W 进行耦合分析，最终实现不同工况条件下滑坡稳定性变化的模拟。整个模拟过程的实现见图 4. 11。

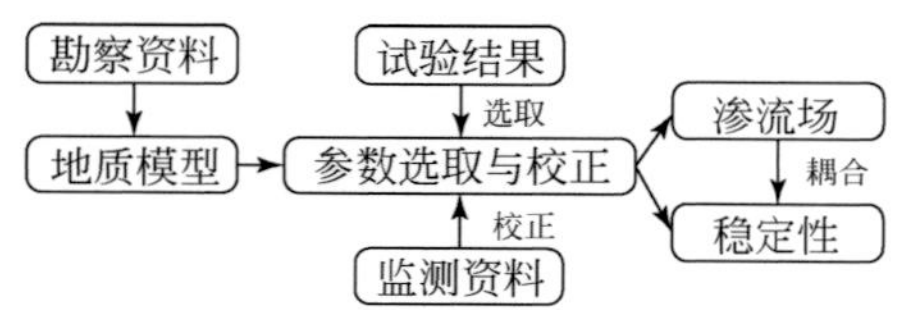

图 4. 11　数值模拟计算流程

凉水井滑坡稳定性计算，继承 SEEP/W 渗流分析的网格模型，进行 SLOPE/W 中进行稳定性分析，稳定性计算模型如图 4. 12 所示。

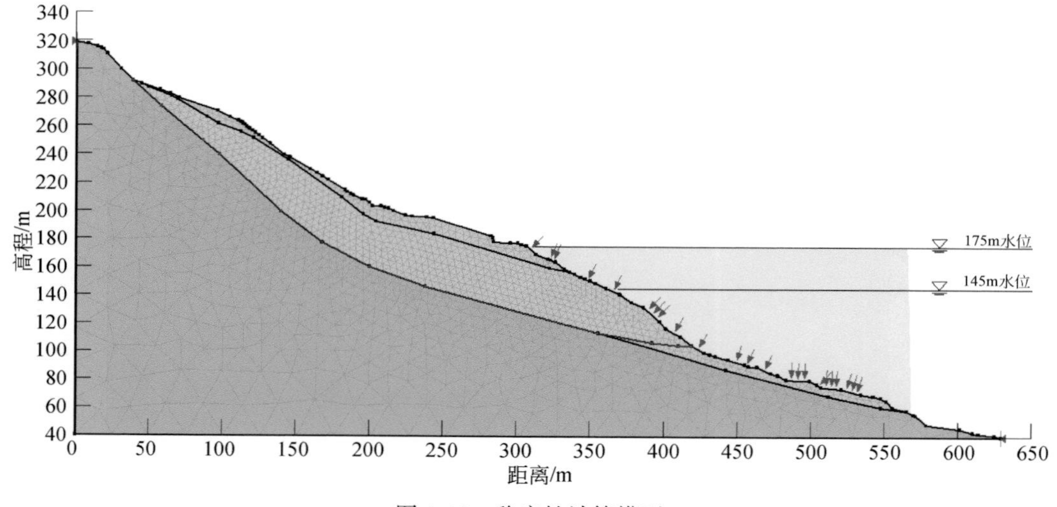

图 4. 12　稳定性计算模型

由 4. 2 节的位移曲线，以及 4. 4. 1、4. 4. 2 节的渗流分析可知，库水位波动对滑坡稳定性的影响分为上升阶段和下降阶段。另外，在渗流分析中发现坡体物质的渗透系数与库水变化速率的关系对滑坡稳定性的影响较为复杂，本节研究利用多种渗透系数，多个水位速率的工况数值模拟，对比分析二者直接的关系。

4. 4. 3. 1　库水位上升时堆积层滑坡稳定性分析

经过本节的实验，计算滑体饱和的渗透系数（K）= 2. 8m/d。模拟工况库水位从 145m 上升至 175m，计算时间为 180 天，水位上升速率分别设为 0. 2m/d、0. 4m/d、0. 6m/d、0. 8m/d、1. 0m/d、1. 2m/d、1. 4m/d、1. 6m/d、1. 8m/d、2. 0m/d，滑坡稳定性计算方法选择 Janbu 法，并且同时计算了饱和的渗透系数（K）为 0. 01m/d、0. 1m/d、1m/d、10m/d 以及实际情况 2. 8m/d 的情况进行计算，结果如图 4. 13 ~ 图 4. 15 所示。

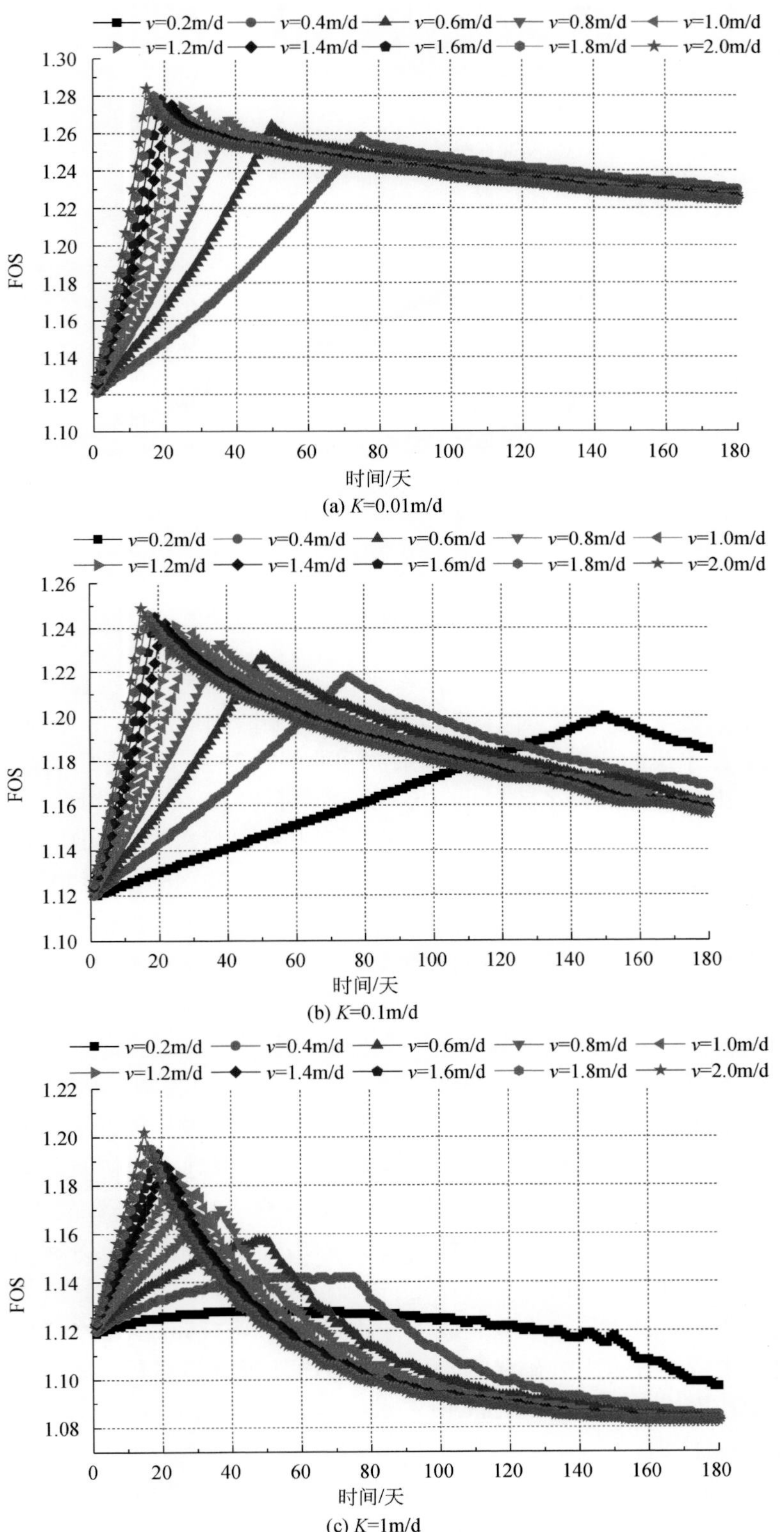

(a) K=0.01m/d

(b) K=0.1m/d

(c) K=1m/d

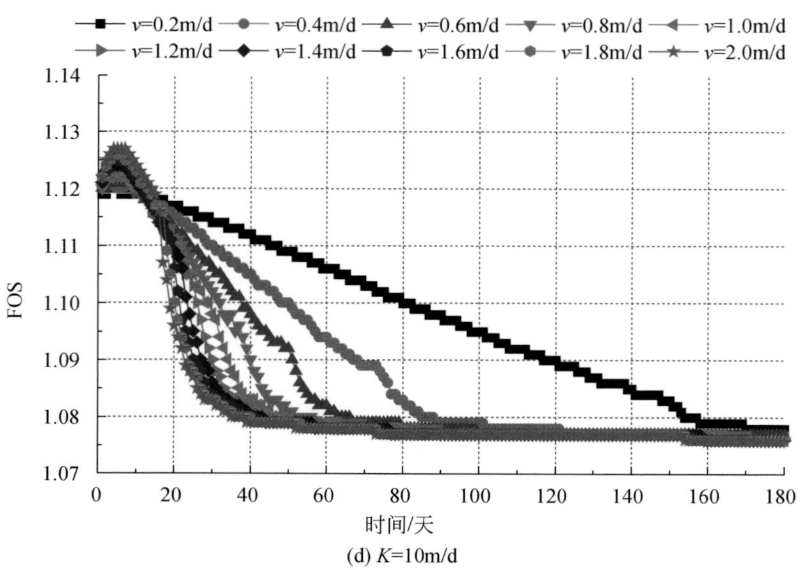

(d) K=10m/d

图 4.13　不同渗透系数、库水位上升速率条件下滑坡安全系数曲线（180 天）

图 4.13 为四种不同渗透系数、10 种库水位上升速率下，库水位在从 145m 上升到 175m，滑坡安全系数（FOS）随时间变化的曲线。起始时刻四簇共 40 条曲线值是相同的，位于 1.12，随着库水位的上升，不同渗透系数间曲线形态发生了明显的改变。从图 4.13（a）可以看出，由于坡体渗透系数很小（K=0.01m/d<0.2m/d≪2m/d），库水上升过程就是一个静水加载过程，FOS 随水位的升高而升高，当水位到达 175m 时，水位上升速率最快的最先达到 FOS 的最大值。当我们把图 4.13 中的变化最剧烈的前 30 天拿出重新成图时，见图 4.14，则更直观。随后由于处于高水位，坡体遇水强度降低 FOS 随之下降，坡体内水分虽不能及时排出，但指向临空面的渗透压力贡献较少，而容重加大滑坡安全系数较长时间内高于初始状态。从图 4.14（d）可以看出，当坡体渗透系数很大（K=10m/d>2m/d≫0.02m/d）时，FOS 曲线形状完全改变，水位上升只在最初几天使得滑坡安全系数又所提升，之后迅速下降，稳定后安全系数低于初始值。因为坡体内外水位几乎同时上升，而一开始库水向坡体补给，有较大的指向坡体内的渗透力；提升了 FOS，随着水位的上升，饱和土体参数下降，滑坡安全系数快速降低，稳定时远小于初始安全系数。

需要指出的是：①库水位从 145m 上升至 175m 过程中，安全系数的 40 条曲线呈上升趋势，即随着库水位的上升，安全系数在增加，说明滑坡内部水位上升滞后于库水位，从而形成的内低外高压力差使得滑坡更为稳定；②库水位上升速率越大，滑坡安全系数上升到最大值也就越快，其最大值也越大；③当库水位上升至 175m 稳定水位后，随着时间的增大，滑坡内部水位逐渐也上升到稳定水位，滑坡内外压力差逐渐消散，从而导致滑坡安全系数降低；④若库水位上升至 175m 稳定水位后足够长的时间，滑坡安全系数会低于 145m 稳定水位的对应值。

凉水井滑坡实际渗透系数为 K=2.8m/d，图 4.15 为凉水井滑坡对不同库水位上升速率的安全系数响应。

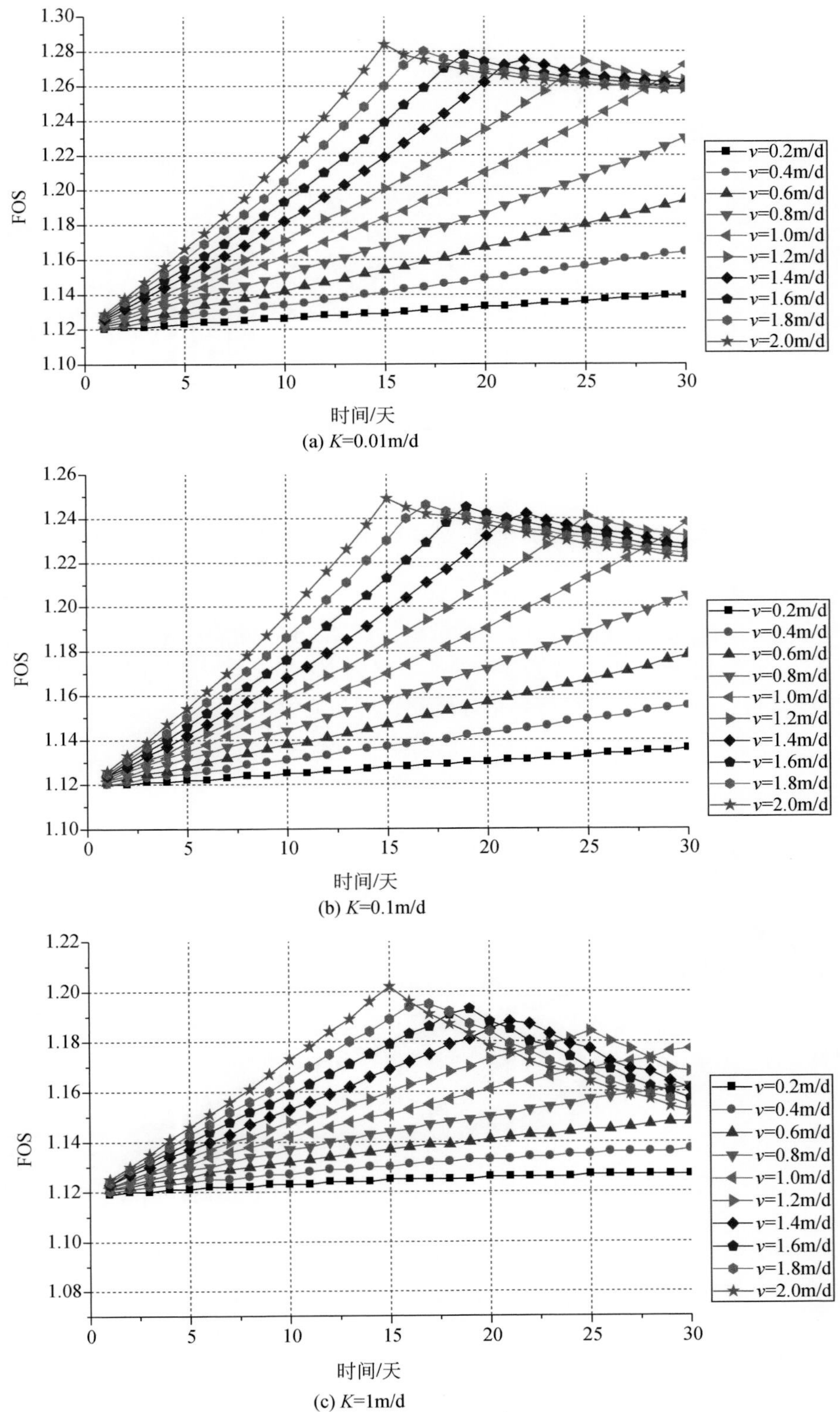

(a) K=0.01m/d

(b) K=0.1m/d

(c) K=1m/d

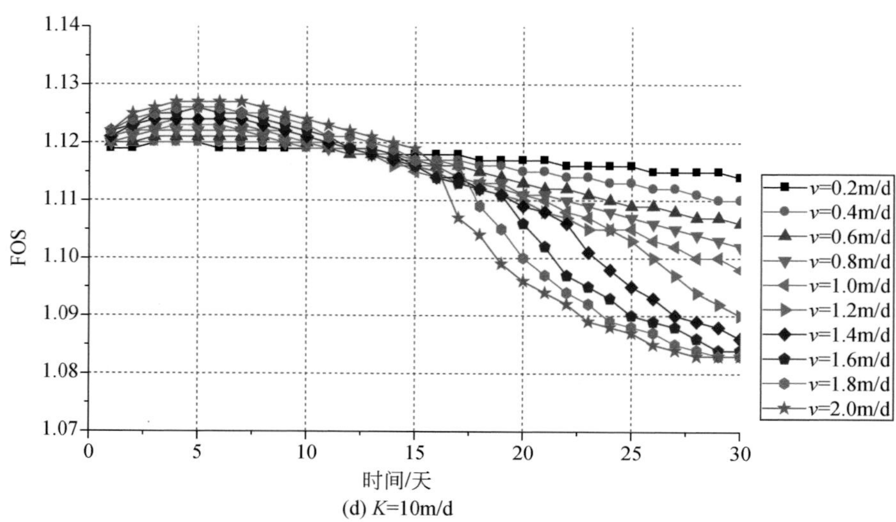

(d) K=10m/d

图 4.14　不同渗透系数、库水位上升速率条件下滑坡安全系数曲线（30 天）

不难看出，图 4.15（a）、图 4.15（b）分别与图 4.13（c）、图 4.14（c）曲线形态相似，因为 $K=2.8\text{m/d}$ 与 1m/d 是同一数量级。图 4.15 中随着库水位的上升，滑坡安全系数（FOS）从 1.12 上升到 1.17，之后快速下降到 1.08 稳定，在生产生活中，变幅如此之大的 FOS 使得这一参数不能很好地指导风险管理与应急预报。

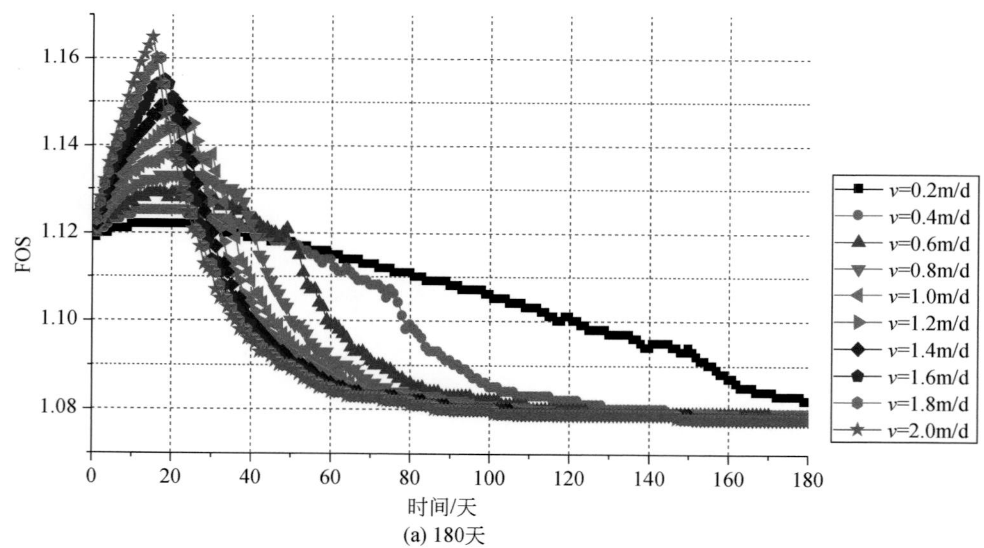

(a) 180天

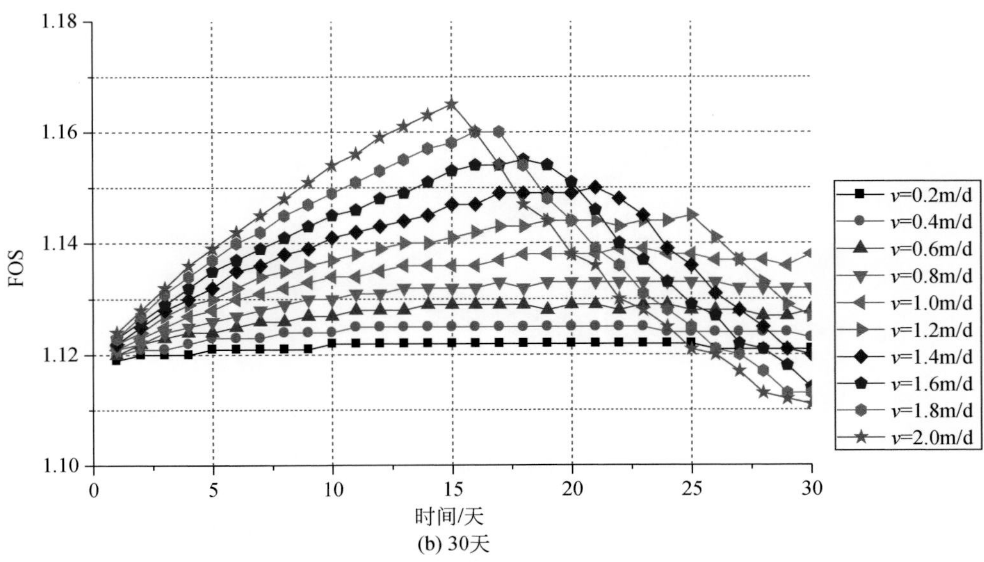

(b) 30天

图 4.15　不同库水位上升速率条件下滑坡安全系数曲线（$K=2.8\text{m/d}$）

4.4.3.2　库水位下降时堆积层滑坡稳定性分析

分析了库水上升过程中各个水位变化速率对滑坡安全系数（FOS）的影响，在实际生产中往往需要更多的关注库水下降时堆积层滑坡的稳定性。模拟工况库水位从 175m 下降至 145m，计算时间为 180 天，水位下降速率分别设为 0.2m/d、0.4m/d、0.6m/d、0.8m/d、1.0m/d、1.2m/d、1.4m/d、1.6m/d、1.8m/d、2.0m/d，滑坡稳定性计算方法选择 Janbu 法，并且同时计算了渗透系数（K）为 0.01m/d、0.1m/d、1m/d、10m/d 以及实际情况 2.8m/d 的情况进行计算，结果如图 4.16～图 4.18 所示。

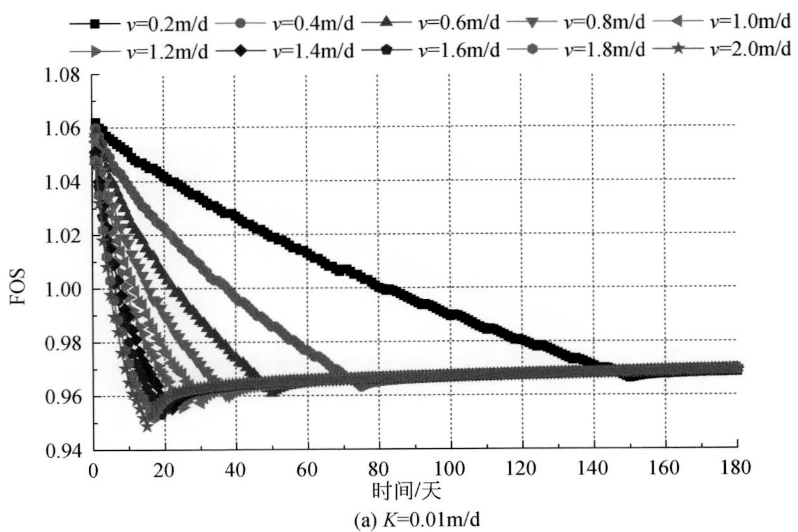

(a) $K=0.01\text{m/d}$

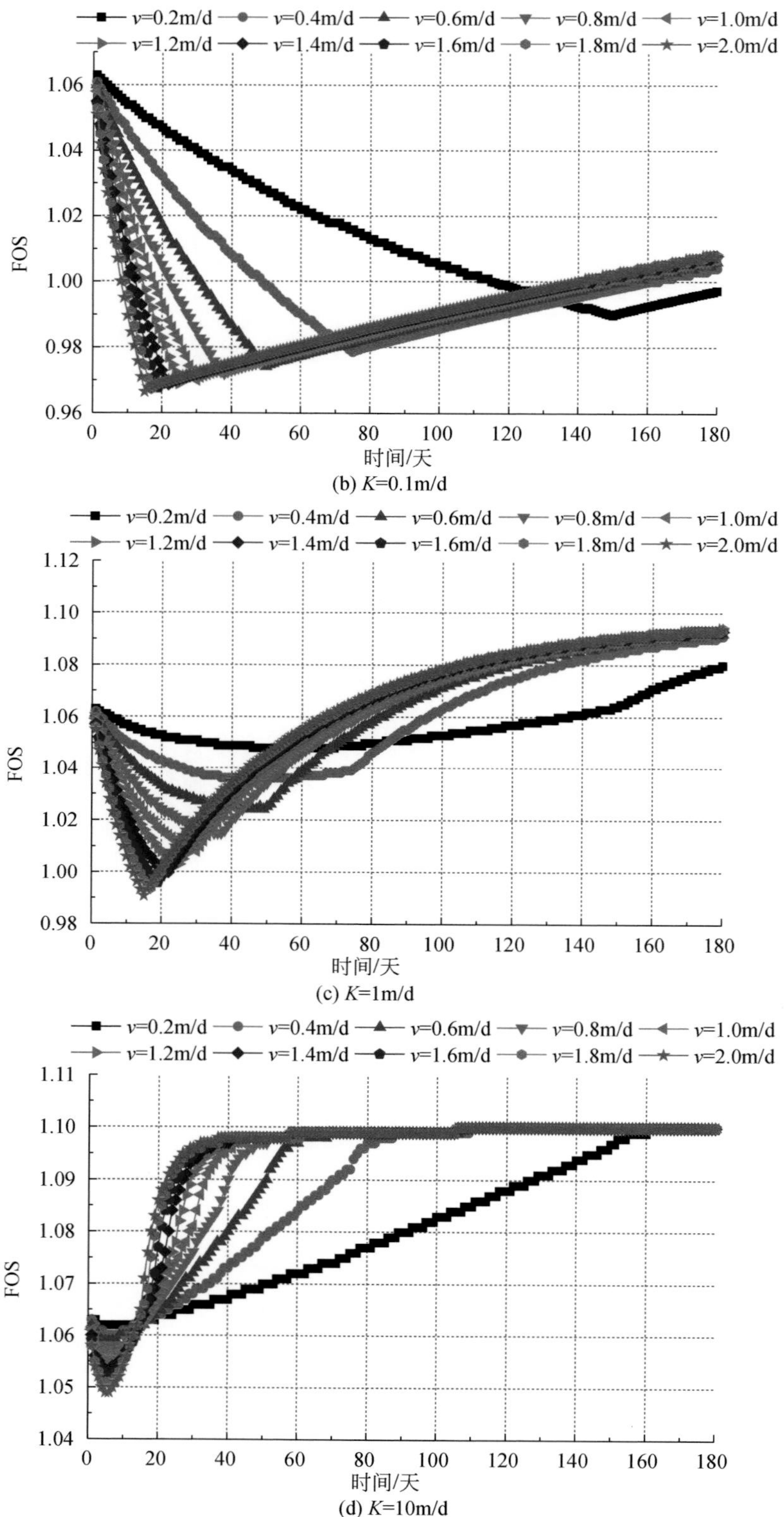

(b) K=0.1m/d

(c) K=1m/d

(d) K=10m/d

图 4.16　不同渗透系数、库水位下降速率条件下滑坡安全系数曲线（180 天）

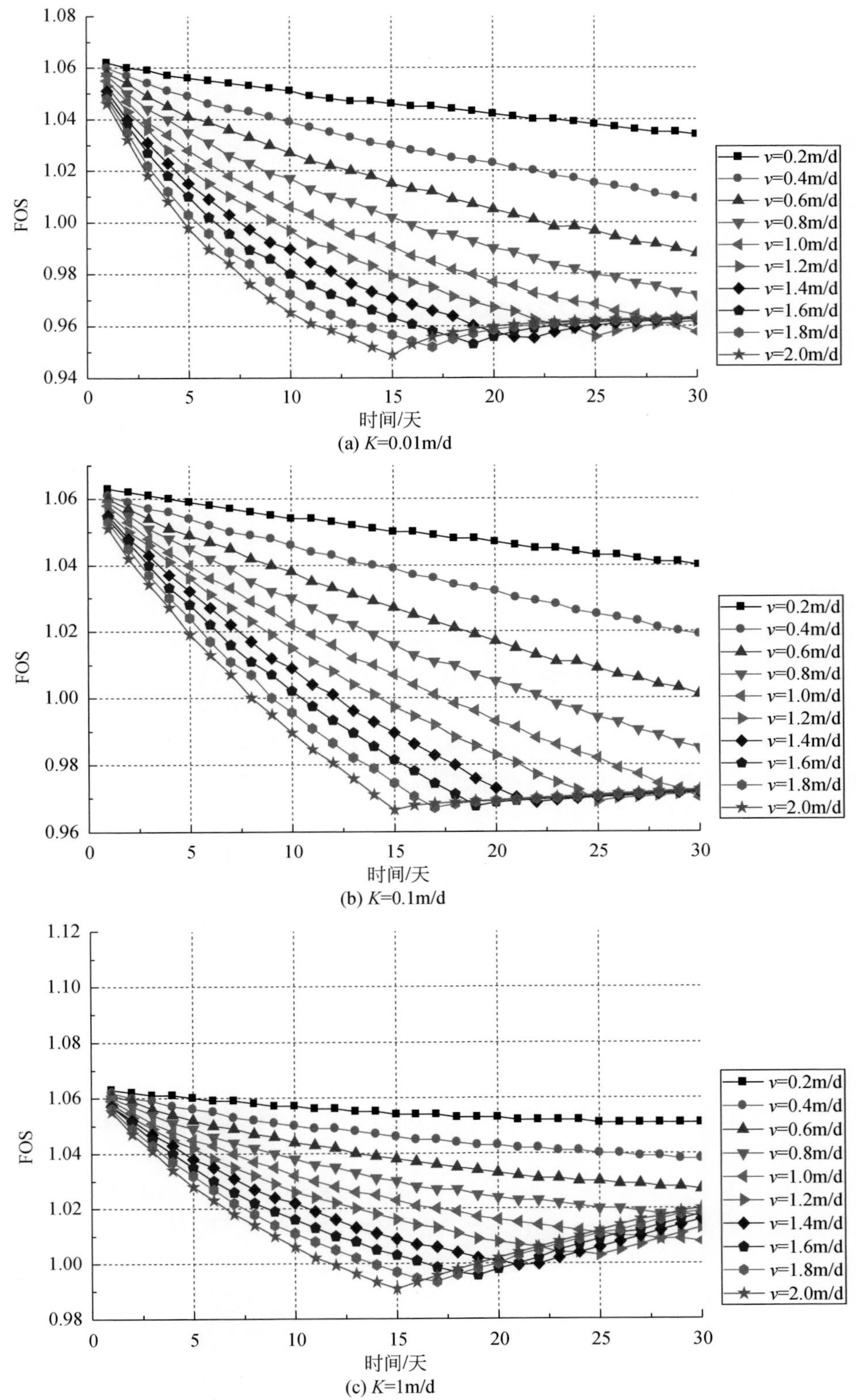

(a) K=0.01m/d

(b) K=0.1m/d

(c) K=1m/d

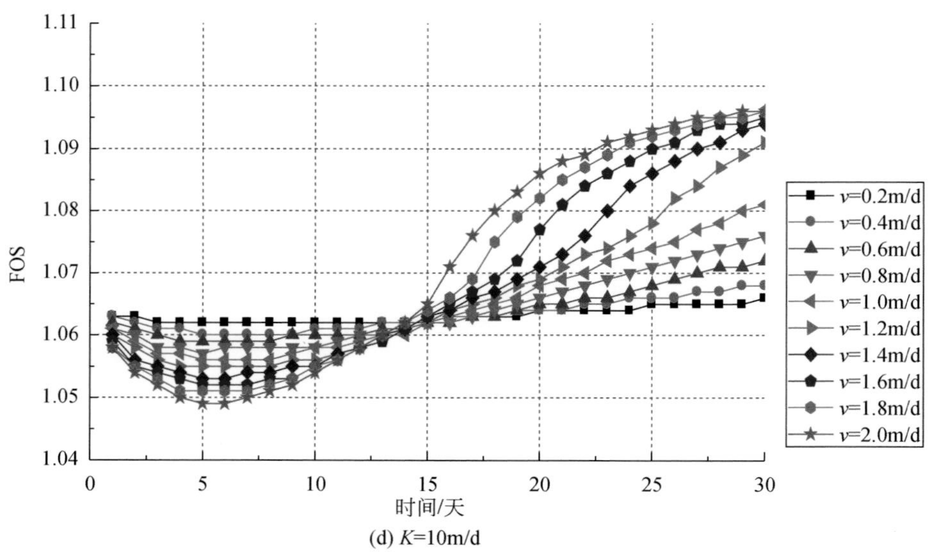

(d) K=10m/d

图 4.17　不同渗透系数、库水位下降速率条件下滑坡安全系数曲线（30 天）

图 4.16 为四种不同饱和渗透系数、10 种库水位下降速率下，库水位在从 175m 下降到 145m，滑坡安全系数随时间的变化曲线。起始时刻四簇共 40 条曲线值是一致的，位于 1.06，随着库水位的下降，不同渗透系数间的曲线形态发生了显著的改变。从图 4.16（a）可以看出，由于坡体渗透系数很小（K=0.01m/d<0.2m/d≪2m/d），库水下降过程就是一个减载过程，滑坡安全系数随水位的降低而降低，当水位到达 145m 时，水位下降速率最快的最先达到 FOS 的最小值。当我们把图 4.16 中的变化最剧烈的前 30 天拿出重新成图时，见图 4.17，则更直观。随后由于水位降低，上部坡体虽然会因排水疏干后强度上升，但毕竟渗透系数太小，更多是处于饱和状态，而卸载对应 FOS 影响更大，因此稳定时 FOS 也小于初始时刻。从图 4.17（d）可以看出，当坡体渗透系数很大（K=10m/d>2m/d≫0.02m/d）时，FOS 曲线形状完全不同，水位下降只在最初几天使得滑坡安全系数有所下降，之后迅速上升，稳定后安全系数高于初始值。因为坡体内外水位几乎同时下降，而一开始下降是滑坡向水库补给，有较大的指向坡体外的渗透力，降低了 FOS，随着水位的下降，孔隙水压力的消散，饱和土体经过排水疏干参数上升，FOS 快速增加，稳定时远大于初始安全系数。

同理，凉水井滑坡实际渗透系数为 K=2.8m/d，图 4.18 为凉水井滑坡对不同库水位下降速率的滑坡安全系数响应。

需要指出的是：①库水位从 175m 下降至 145m 过程中，安全系数的 40 条曲线呈下降趋势，即随着库水位下降，安全系数降低，说明滑坡内部水位下降滞后于库水位，从而形成的内高外低压力差使得滑坡更为不稳定（Yin，2016）；②库水位下降速率越大，滑坡安全系数下降到最小值也就越快，其最小值也越小；③当库水位下降至 145m 稳定水位后，随着时间的增大，滑坡内部水位逐渐也下降到稳定水位，滑坡内外压力差逐渐消散，从而导致滑坡安全系数增高；④若库水位下降至 145m 稳定水位后足够长的时间，滑坡安全系

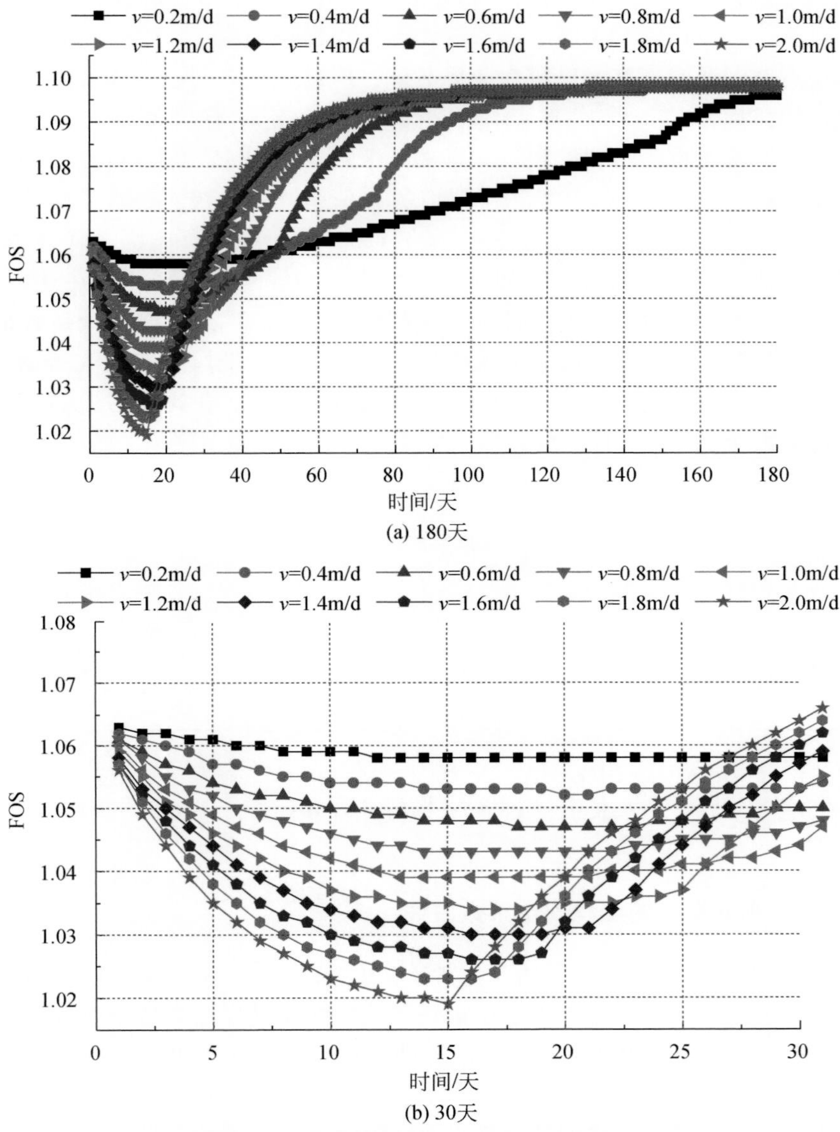

图 4.18　不同库水位下降速率条件下滑坡安全系数曲线（K=2.8m/d）

数会高于 175m 稳定水位的对应值。

本研究所涉及的渗透系数 K 值为 0.01m/d、0.1m/d、1m/d、10m/d，涵盖了从粉质黏土到粗砂的绝大多数材料，因此，本研究内容在三峡库区具有更广泛的意义。

4.4.4　库水升降速率与滑坡风险估计

由于库水位快速下降（rapid drawdown）是科研界和工程界共同关注的问题，国内外均有不少滑坡发生在库水下降时段。关于库水位快速下降、骤降的定义，Terzaghi（1950）

在其专著《滑坡机理》指出“The term rapid drawdown refers to the lowering of water level in a reservoir... at a rate of at least several feet per day.”“several feet per day”（1feet=0.3048m）在研究水库型滑坡问题时，基本已成为业界共识，但是并没有明确具体数值。

本研究认为，库水位下降速率（v）对于滑坡的稳定性有着重要的影响，合理定义“rapid drawdown”具有重要的理论和实际意义。由图 4.16（c）和图 4.17（c）可以看出，此时 $K=1$m/d，K 值与库区大多数堆积层滑坡的 K 值是同一量级，最具有代表性。当库水位下降速率小于 0.6m/d 时，滑坡安全系数在 1.05 以上；当库水位下降速率在 0.6m/d 时，滑坡安全系数最小值为 1.02，尚属欠稳定状态；当库水位下降速率在 0.8m/d 时，滑坡安全系数最小值逼近临界值 1.0；而在降速超过 1.2m/d 时，滑坡安全系数最小值小于 1.0，处于失稳状态。显然，0.8m/d 的速率是一个能保证最低风险的最大速率。本研究认为，以 $v=0.8$m/d 作为快速下降（rapid drawdown）的定义数值具有相当的代表意义。当库水位下降速率大于 0.8m/d 时，水库性滑坡安全系数有较显著降低，成灾风险随即上升，见表 4.6。

表 4.6　三峡库区库水位降速分类表

库水位下降速率/(m/d)	定义	风险等级
<0.6	慢速下降	低风险
0.6~0.8	正常下降	中风险
>0.8	快速下降	高风险

4.4.5　库水变动下凉水井滑坡风险过程曲线

4.4.5.1　凉水井滑坡的全程安全系数曲线

通过 4.4.2、4.4.3 节的研究分析，以凉水井滑坡为例，对库区堆积层滑坡的变形特征、失稳机理有了一定认识，生产生活中最需要关注的就是安全系数。本节以 SEEP/W 分析饱和-非饱和渗流模型，继承了 SLOPE/W 进行稳定性分析的方法，实现了多场耦合的数值模拟。选择变形较大的 2011 年作为模拟的时间起止点，水力边界的库水位变化以真实三峡水库水位输入，降雨边界的数据来自距离凉水井最近的故陵镇站点，材料参数如前所述。

图 4.19 展示的是按照前文方法基于流固耦合分析方法的凉水井滑坡 2011 年全年安全系数曲线，横坐标表示计算的时间范围为 2011 年全年的 350 天，纵坐标左侧为安全系数，右侧是库水位（单位：m）与降雨量（单位：mm）。为了将二者放到同一坐标内，对降雨量数据进行了简单处理，计算过程未经过任何修改处理，此处是为了美观方便。从图 4.19 中我们可以看到在库水位快速变化时，包含上升和下降，安全系数也会相应有较大变化。我们十分关注的水库上升和下降阶段都有比较集中的降雨，因此，就安全系数来看，叠加降雨使得本就急剧变化的 FOS 向失稳一方更加偏移。只有库水位作用时，滑坡安全系数最大值和最小值分别为 1.15 和 1.08，叠加降雨后滑坡安全系数最大值和最小值分别为 1.13

和 1.04。

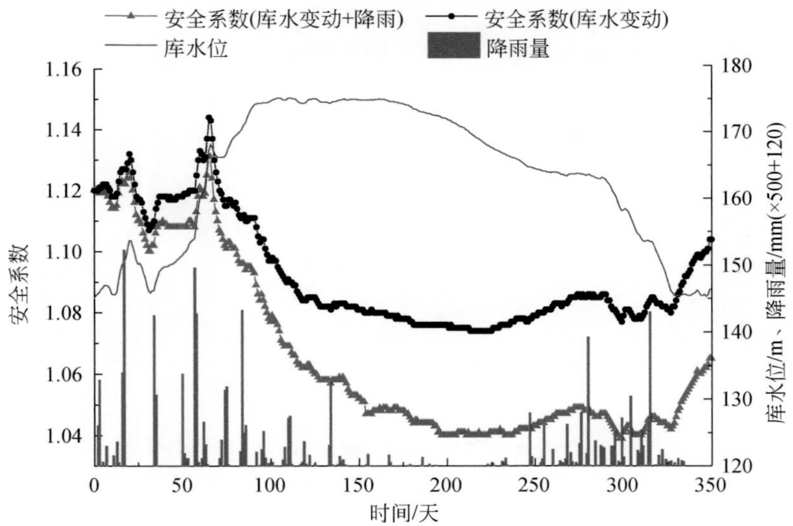

图 4.19　凉水井滑坡 2011 年全年安全系数曲线

4.4.5.2　凉水井滑坡的凉水井滑坡风险过程曲线

我们将图 4.20 的全年安全系数曲线与地质灾害风险等级蓝、黄、橙、红进行叠加，得到图 4.21。

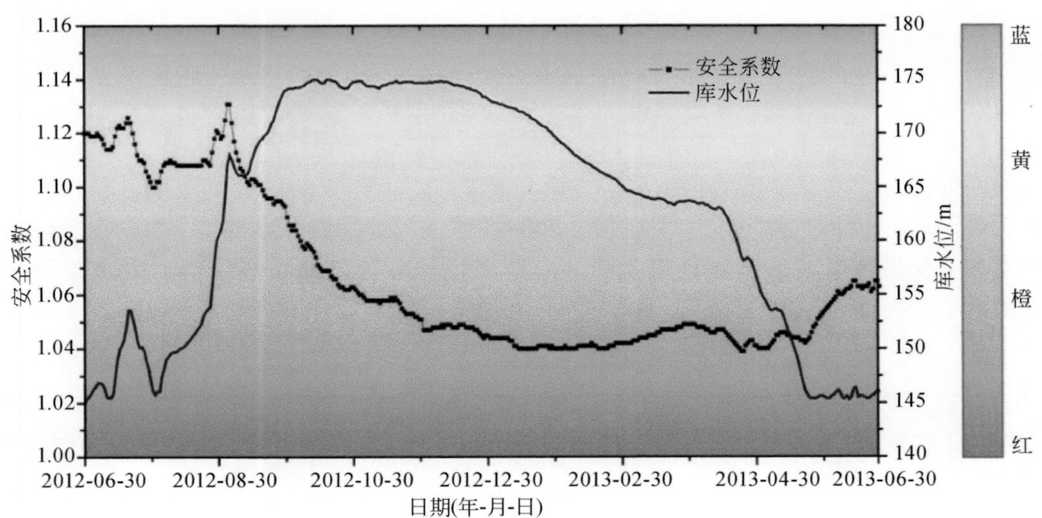

图 4.20　凉水井滑坡全年风险过程曲线

从图 4.21 整体来看，2011 全年凉水井滑坡虽然一直持续变形，但仍处于橙色到黄色风险等级。将凉水井滑坡自 2009 ~ 2014 年长期安全系数用同样方法进行分析计算，得到凉水井滑坡连续五年风险过程曲线见图 4.22。

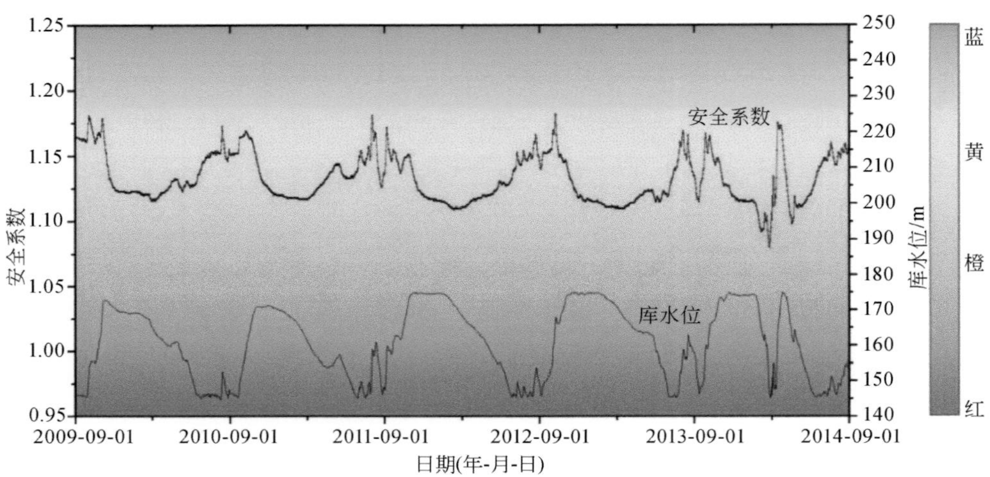

图 4.21　凉水井滑坡 2009 ~ 2014 年风险过程曲线

4.5　三峡库区堆积层滑坡复活失稳风险评价模型

滑坡稳定状态的分析研究由来已久，20 世纪 50 年代，苏联和我国学者多采用“地质历史分析法”，偏重于条件的定性描述和分析。60 年代，随着滑坡理论研究的深入，国内外工程地质学家认识到边坡是一个时效变形体，边坡演变是一个累进性过程，这一过程包含的力学机理只有近代岩土力学能解释，从而使边坡稳定性研究进入模拟机制研究和内部作用过程研究的新阶段。80 年代以来，数值模拟和物理模型模拟等方法广泛应用在边坡稳定研究之中，为定量或半定量再现边坡变形破坏过程和内部作用机理奠定了基础。同时，智能科学、模糊数学、灰色理论、数学规划、信息论、概率分析等新理论、新方法的应用，促进了非确定性分析、智能分析等边坡理论创新的产生。

国内外专家学者在滑坡的预测预报方面开展了广泛而深入的研究（晏同珍，1989；殷坤龙和晏同珍，1996；黄志全和王思敬，2003；许强等，2004；秦四清，2005），运用众多模型和方法进行滑坡的预测预报工作。总体来说可分为长期预报模型、中短期预报模型、临滑预报模型，见表 4.7。

表 4.7　滑坡预报模型及预报方法（据晏同珍，1989）

预报类别	预报模型及预报方法
长期预报	稳定性系数法和稳定性模糊综合评判法
中短期预报	黄金分割法、非线性动力学模型、分形理论模型、时序分析理论、卡尔曼滤波分析法和灾变模型
临滑预报	Verhulst 模型、Verhulst 反函数模型、突变模型、Kawamwa 模型、灰色位移矢量角法、指数平滑法、斋藤模型、二阶回归模型、蠕变-样条联合模型、Perl 模型、滑体变形功率模型和神经网络模型

随着监测新技术、新设备的推进，基于位移监测的时序统计预测模型近年来受到广泛关注。通过对位移、降雨及地下水位等指标的观测，研究降雨量、降雨强度和地下水与滑坡位移及其失稳的时序对应关系，建立时序统计预测模型。

然而，这些方法的共同特点是对滑坡体的位移资料进行了数学分析和数学层面上的外推，而较少涉及滑坡的物理背景和物理动力学作用，因而难以描述从连续到突变，尤其在突变时滑坡孕育过程的动力学行为，特别是对地质边界条件复杂且位移时序具有强烈随机振荡型的大型堆积层滑坡的预测；预报往往容易引起误判，正因为这些物理作用背景和动力学作用过程决定了滑坡位移现象的复杂性和发展趋势。另外，位移预测参数易受外界因素干扰而出现多期加速阶梯状振荡变化，而这种变化并不一定能代表滑坡的整体失稳，而且该类方法位移预测参数没有统一失稳判据，因而无法对滑坡灾害的发生时间做出准确判别与预测。

加卸载响应比（load-unload response ratio，LURR）理论是由我国学者尹祥础提出的一种用于研究非线性系统失稳前兆和失稳预报的理论（尹祥础和尹灿，1991）。LURR 理论是吸收了目前非线性科学、系统科学等学科研究的新成就，并且结合了现代地震预测预报理论研究而逐渐形成的。LURR 理论被提出后，在国内外非线性预测领域取得了很多成果，具有较好的应用性（姜彤等，2007；贺可强等，2008a，2008b；李新志，2008；汤罗圣和殷坤龙，2012；尹祥础和刘月，2013）。本研究基于 LURR 理论，在前人研究基础上，综合考虑库水位升降叠加降雨条件，建立了堆积层滑坡的预测模型。

4.5.1　库水位加卸载响应比模型

对于三峡库区堆积层滑坡来说，滑坡失稳主要是由于库水位变动引起坡体内外动、静水压力所引起的，这是该类滑坡的主要特点。4.2 节分析过滑坡的位移速率、安全系数与库水位的周期性变化密切相关，滑坡对库水位变化的响应视渗透系数的不同会有不同程度的滞后效应。

因此，对于库水位上升阶段：

以每年全过程日均上升速率$\overline{v_0}$为稳态；3 天、5 天、10 天为加卸载周期；以 3 天、5 天、10 天平均速率与上升段日均速率关系作为加卸载条件。

当$\overline{v_3}$、$\overline{v_5}$、$\overline{v_{10}}>\overline{v_0}$时即为加载条件，记为 Δv_+；

当$\overline{v_3}$、$\overline{v_5}$、$\overline{v_{10}}<\overline{v_0}$时即为减载条件，记为 Δv_-。

同理，对于库水位下降阶段：

以每年全过程日均下降速率$\overline{v_0}$为稳态；3 天、5 天、10 天为加卸载周期；以 3 天、5 天、10 天平均速率与下降段日均速率关系作为加卸载条件。

当$\overline{v_3}$、$\overline{v_5}$、$\overline{v_{10}}>\overline{v_0}$时即为加载条件，记为 Δv_+；

当$\overline{v_3}$、$\overline{v_5}$、$\overline{v_{10}}<\overline{v_0}$时即为减载条件，记为 Δv_-。

确定了加卸载条件后还需选择适当的响应参数。前文分析滑坡的位移速率与位移加速度与库水位的变化有着密切相关性，根据水库型堆积层滑坡的加卸载受力特点和位移响应规律，可以将加卸载时 3 天、5 天、10 天堆积层滑坡位移加速度选作坡体对外部荷载变化的加卸载响应：

加载响应时的位移加速度记为 a_+；

减载响应时的位移加速度记为 a_-。

从而建立水库型堆积层滑坡加卸载响应比预测模型：

$$Y=\frac{X_+}{X_-}=\frac{\Delta R_+}{\Delta P_+}\Big/\frac{\Delta R_-}{\Delta P_-}=\frac{\frac{1}{t}\sum_{k=1}^{t}\overline{v_k}}{\frac{1}{t}\sum_{k=1}^{t}\Delta\overline{a_k}}\Big/\frac{\Delta\overline{v_0}}{\Delta\overline{a_0}} \tag{4.1}$$

式中，k 为库水位上升段次数（每 3 天、5 天、10 天为一段）；t 为天数，取值为 3、5、10；$\frac{1}{t}\sum_{k=1}^{t}\Delta\overline{a_k}$，$\frac{1}{t}\sum_{k=1}^{t}\overline{v_k}$ 分别为前 k 个库水位上升段的坡体位移加速度均值与库水位速度均值；v_0，a_0 分别为前一段位移加速度均值与该段库水位变化幅度均值。

4.5.2　降雨加卸载响应比模型

尽管本研究的研究焦点聚集在库水位的影响上，然而对于三峡库区堆积层滑坡来说，库区的降雨是影响滑坡稳定性的另一因素。有了 4.5.1 节针对库水位响应的研究方法，根据三峡库区降雨诱发失稳型堆积层滑坡的变形特点，选取降雨量为加卸载参量，3 天、5 天、10 天为加卸载周期。

周期内降雨量（j_k）与前一周期降雨量（j_{k-1}）的差值（Δj）作为加卸载量，以之作为加卸载参数：

当 $\Delta j>0$ 时为加载条件，记做 j_+；

当 $\Delta j<0$ 时为减载条件，记做 j_-；

将滑坡周期内位移加速率（a）作为加卸载响应参量：

当 $a>0$ 时为加载响应参数，记做 a_+；

当 $a<0$ 时为卸载响应参数，记做 a_-。

从而得到边坡关键部位在不同时刻所对应的单位加卸载响应比为

$$Y=\frac{X_+}{X_-}=\frac{\Delta R_+}{\Delta P_+}\Big/\frac{\Delta R_-}{\Delta P_-}=\left(\frac{a_+}{j_+}\right)\Big/\left(\frac{a_-}{j_-}\right)=\left(\frac{a_+}{a_-}\right)\Big/\left(\frac{j_+}{j_-}\right) \tag{4.2}$$

理论分析认为，在滑坡发生整体失稳垮塌时，加卸载响应比应该是一个明显超越前值的异常值，根据此异常值与前值的变化速率，可以较为准确预报滑坡发生的时间。

4.5.3　风险预警模型验证

根据 4.2 节分析内容，选择滑坡变形较大的 2009 年 1 月至 2013 年 12 月作为分析的时间起止点，对主剖面监测点 JC09、JC11 和 JC14（图 4.23）应用本节研究结果对凉水井滑坡 LURR 模型进行评价计算，首先通过对库水位的变化数据和降雨数据（表 4.8）进行分析，得到模型的加卸载区间（表 4.9）；之后按照式（4.1）、式（4.2）进行计算，结果见

表 4.10。

表 4.8　凉水井滑坡 2009 ~ 2013 年降雨量

年份	月降雨量/mm											
	1 月	2 月	3 月	4 月	5 月	6 月	7 月	8 月	9 月	10 月	11 月	12 月
2009	10.4	3.2	6.3	109	133.3	180.8	115.9	43.2	1.1	0.7	29.6	5.7
2010	8.4	11.8	25.4	37.7	110.4	196.1	99.5	185.4	121.8	41.3	42.5	4.9
2011	4.5	8.6	31.6	35.7	116.2	163.5	55.5	166.3	173.2	143.4	82.2	10.6
2012	8.2	0.5	39	101.3	165	30.8	176.9	130	98.6	34.6	34.1	10
2013	6.5	6.1	31.3	20.3	141.9	75.9	76.2	71.1	96.7	61.6	73.3	4.9
月均降雨/mm	7.6	6	26.7	60.8	133.4	129.4	104.8	119.2	98.3	56.3	52.3	7.2

表 4.9　凉水井滑坡加卸载区间划分

年份	1 月	2 月	3 月	4 月	5 月	6 月	7 月	8 月	9 月	10 月	11 月	12 月
2009	+	-	-	+	-	+	+	-	-	-	-	-
2010	+	+	-	-	-	+	-	+	+	-	-	-
2011	-	+	+	-	-	+	-	+	+	+	+	+
2012	+	-	+	+	+	-	+	+	-	-	-	+
2013	-	-	+	-	+	-	-	-	-	+	+	-

注：“+” 表示加载；“-” 表示卸载。

表 4.10　监测点 JC09、JC11 和 JC14 的 LURR 值

年份	LURR（JC09）	LURR（JC11）	LURR（JC14）
2009	0.0065	0.0122	0.0145
2010	0.0395	0.0089	0.5917
2011	0.2388	0.0825	0.7942
2012	0.3717	0.1873	0.6376
2013	0.1326	0.0916	0.3496

将表 4.10 数据用曲线表示出来，如图 4.23 所示。图 4.22 中黑、红、蓝色曲线分别表示监测点 JC09、JC11、JC14 的加卸载响应比（LURR）值。从曲线可以看出，整体上凉水井滑坡在 2009 ~ 2012 年有偏离稳态的趋势，LURR 值呈现增加现象，对照图 4.4 累计位移曲线，我们可以看到滑坡地表位移在 2009 ~ 2012 年有较大的连续性增加，2013 年后位移变化趋缓，偏离稳态趋势降低。

反映在曲线上如图 4.22 所示，分析认为监测点 JC14 的 LURR 值在 2010 年增加显著是受到库水波动的影响，2010 年、2013 年降雨量的变化值较其他年份大，位于滑坡体后缘的监测点 JC14 拉张裂缝（图 4.23）对降雨反应敏感。监测点 JC09、JC11 则呈现出从稳态向偏移稳态发展的趋势，与位移监测曲线结果一致。

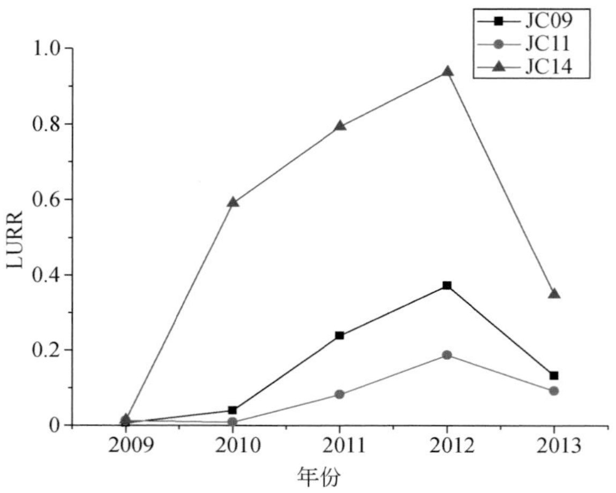

图 4.22　监测点 JC09、JC11 和 JC14 加卸载响应比曲线

(a) 镜向270°

(b) 镜向180°

图 4.23　JC14 点附近的裂缝照片

需要指出的是，由于凉水井滑坡未出现整体结构破坏、滑坡体完全失稳垮塌的现象，故 LURR 没有出现十分明显的异常值作为临滑预报，但滑坡稳定趋势与实际检测一致，且能反映出降雨等因素的影响，因此认为 LURR 模型可以对库水型堆积层滑坡进行预测。

4.6　堆积层滑坡防治工程

4.6.1　堆积层滑坡防治主要措施

三峡库区移民工程“就地后靠”后不得不对稳定性原本就差的老滑坡体“斩腰切角”，因此，在库区不仅要防治滑坡，而且还要开发利用滑坡体作为工程建设的场地。为了正确有效地加固滑坡体，提高滑坡稳定性，为库区防治滑坡灾害提供依据，本章将讨论库区堆积层滑坡防治设计的一般方法。

滑坡防治工程应遵循下列基本原则（殷跃平，2004b）：

（1）滑坡防治工程须与库区人民的社会、经济和环境发展相适应。须进行技术经济论证，采用先进方法技术，使工程达到安全可靠、经济合理、美观实用。

（2）在一般条件下，防治工程应控制滑坡体变形不超过允许范围，不产生危及建筑安全的地质灾害。在特殊条件下，防治工程应能控制滑坡体的整体稳定，不产生危及生命和财产的重大地质灾害。

（3）滑坡防治工程设计标准应按 50 ~ 100 年服务期限考虑，特殊工程应进行专门论证。位于人口密集区的滑坡防治工程，安全系数应适当增加。滑坡防治工程设计中考虑的三峡水库水位，按坝前 175m 高程接五年一遇洪水位计。

（4）滑坡防治工程应根据滑坡类型、规模、稳定性，并结合滑坡区工程地质条件、建筑类型及分布情况、施工设备和施工季节条件，选用截排水、抗滑桩、预应力锚索、格构锚固、挡土墙、注浆、减载压脚、植物工程等多种形式综合治理。

4.6.2　凉水井滑坡防治工程

确定凉水井滑坡的防治工程措施时，首先需要对滑坡的影响因素进行分析。

4.6.2.1　滑坡影响因素

凉水井滑坡的影响因素可分为内在因素和外在因素。

1. 内在因素

（1）岩土性质：滑带为含角砾粉质黏土，主要由粉质黏土及泥岩角砾组成，粉质黏土含水量高，呈软塑–可塑状，滑带土厚度为 3 ~ 5cm，其中黏土层厚度为 1 ~ 3cm，较薄，为砂岩、泥岩块石与下伏互层砂岩、泥岩的夹层。

（2）内部构造特征：基岩面倾向与坡向一致时易产生滑坡，其倾角大于 20°极易产生滑坡，且滑体为强透水层，滑床主要为泥岩隔水层，为地下水促使滑带形成及软化创造良好条件。

（3）地形地貌：向斜两翼的陡斜坡地带是最容易产生滑坡的地貌单元之一，凉水井滑坡地处故陵向斜南翼，地形坡度及基岩倾角均较大；滑坡呈上陡下缓的凹形，滑坡前缘地形较缓，后部地形较陡，与其后方基岩陡壁呈脱离之势，即滑坡后部的自身重力为滑坡中、前部形成加载提供了动力条件。滑坡前部在库水位的侵蚀、剥蚀作用下，形成临空面。

2. 外在因素

（1）水的因素：由于滑坡地形坡度陡，地表水径流条件好，大气降水补给地下水，滑面强度降低；滑坡水域部分地下水主要受江水水位控制，滑坡前部抗滑段滑体自身有效重力减小，滑面参数也减小，导致滑坡抗滑力明显下降。此外，三峡水库正常运行，在库水长期涨落作用下，前缘堆积体受库水浸泡，库水位快速涨落以及波浪冲刷、掏蚀等作用影响，发生一定程度的库岸再造，形成新的卸荷、临空面，进一步减少了阻滑段长度，导致因稳定性降低而变形失稳，并逐渐向中部发展，最终影响滑坡的整体稳定性。

（2）人类工程活动：滑坡区内存在一条库周复建路，路基已基本形成，由于库周路的修建，形成了几处人工切坡，无支护，导致坡体局部临空，可能出现边坡局部失稳；但由于目前道路施工终止，形成的人工切坡高度较小，对滑坡整体稳定性暂无大的影响。

（3）振动：大地震、大爆破会使岩土体结构发生破坏，并可能引起孔隙水压力的增加和抗剪强度的降低，诱发滑坡。

4.6.2.2　防治方案设计

凉水井滑坡在长江库水作用下处于欠稳定状态，存在失稳的可能，滑坡危害对象主要为长江航道，由于该滑坡区内长江航道较狭窄，滑坡体积较大，失稳后滑体入江将直接威胁航道内过往船舶及乘客安全。

凉水井滑坡治理工程方案的拟定是结合现场不同坡面段实际情况以及经济性、施工难易程度、工期等方面进行的综合考虑，提出采用方案：削方减载（分期实施+监测预警）+排水工程。对中后部滑体采取清除处理，减小滑坡的下滑力，提高滑坡的稳定性；在人工边坡坡脚位置设置截水沟和排水沟。削方时采用分期实施，分期实施后采取监测预警，根据监测成果，适时开展后期治理。

由于此滑坡为推移式堆积层滑坡，将滑坡后缘挖出的土体堆填在滑坡前缘，可以有利于增加滑坡整体的稳定性，在滑坡稳定性分析时，仅把这部分土体作为一种安全储备，未参与计算；同时，此部分土体体积约 15.3 万 m^3，相对于整个三峡库区来说，是非常微小的，不会对三峡库区的库容产生影响；此部分堆填土体，大部分涉水，在库水作用下，其失稳不会对航道正常通行及安全运营产生影响。

在堆填这部分挖方荷载时，应该注意在靠近坡体内侧不应堆填过高，同时应当在内侧填土表面进行适当压实，并做好有利于排水的措施。

对机耕道后侧滑面以上滑体采取清除处理，具体方案如下：

1. 削方工程

1-1′剖面从后缘开始，沿着滑面进行削方，至 240.5m 高程，设置平台宽约 17.82m，采用厚 0.3m 黏土回填碾压封闭；然后按坡率 1∶2.0、坡高 10m，削方至 230.5m，设置马道宽约 2m；最后再按坡率 1∶2.0、坡高 10m，削方至 220.5m，设置 2m 宽的马道，每延米削方体积为 1099.5m^3。削方后，后侧为基岩的边坡，坡度为 1∶1.5～1∶1.2，坡度较缓，无临空外倾结构面，边坡稳定性较好，无须对边坡进行加固。在滑坡后侧坡脚设置简易截水沟，沟内侧表面使用黏土压面封闭，便于雨水排出；在其余坡脚设置宽 1.2m 的排水沟，沟内侧表面使用黏土压面，对 240.5～220.5m 的斜坡采用厚 0.3m 黏土回填、碾压、封闭。

2-2′剖面从后缘开始，沿着滑面进行削方，至 260.12m 高程，设置平台宽约 36.72m，采用厚 0.3m 黏土回填碾压封闭，每延米削方体积为 784.8m^3。削方后，滑坡后侧为基岩的边坡，坡度为 1∶1.42，坡度较缓，无临空外倾结构面，边坡稳定性较好，无须对边坡进行加固。在滑坡后侧坡脚设置简易截水沟，沟内侧表面使用黏土压面封闭，便于雨水排出；在其余坡脚设置排水沟，沟内侧表面使用黏土压面。

3-3′剖面从后缘开始，沿着滑面进行削方，至249.1m高程，设置平台宽约35.9m，采用厚0.3m黏土回填碾压封闭，每延米削方体积为663.8m³。削方后，后侧为基岩的边坡，坡度为1∶0.9，无临空外倾结构面，边坡稳定性较好，无须对边坡进行加固。在滑坡后侧坡脚设置简易截水沟，沟内侧表面使用黏土压面封闭，便于雨水排出；在其余坡脚设置排水沟，沟内侧表面使用黏土压面。

4-4′剖面从后缘开始，沿着滑面进行削方，至279.39m高程，设置平台宽约15.33m，采用厚0.3m黏土回填碾压封闭，每延米削方体积为242.2m³。削方后，后侧为基岩的边坡，坡度为1∶0.8，无临空外倾结构面，边坡稳定性较好，无须对边坡进行加固。在滑坡后侧坡脚设置简易截水沟，沟内侧表面使用黏土压面封闭，便于雨水排出；在其余坡脚设置排水沟，沟内侧表面使用黏土压面。

5-5′剖面不需要削方。

削方工程平面图见图4.24。

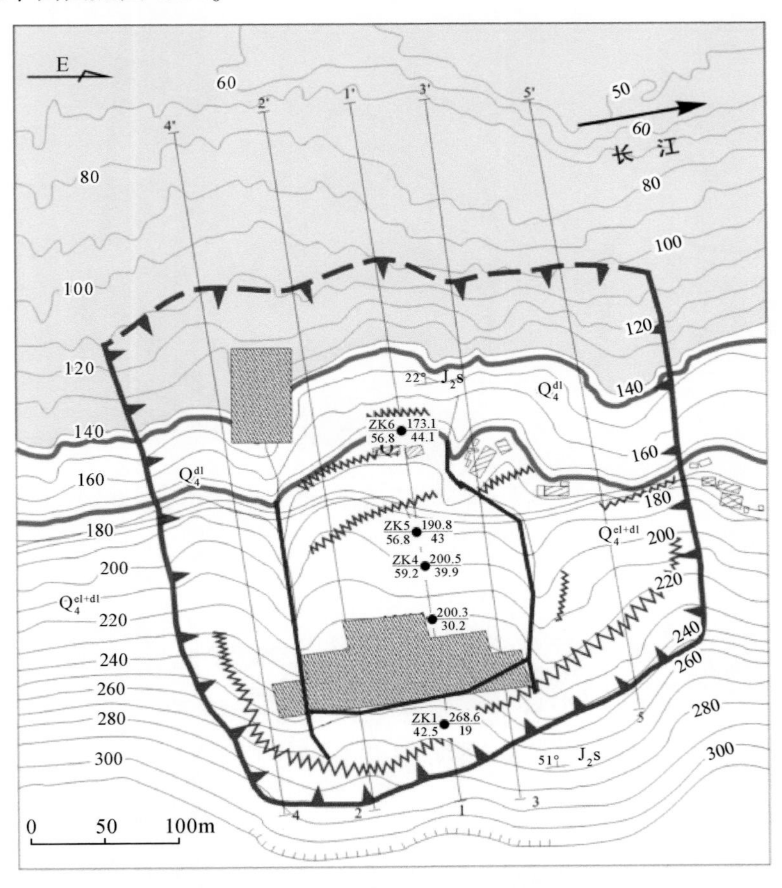

图4.24　凉水井滑坡削方工程平面展示图（单位：m）

2. 排水工程

设置截水沟长653m，排水沟长860m，排水沟顶宽1.40m、底宽0.8m、深1.0m，断面为对称梯形断面，该形状断面用作滑坡两侧排水沟，在滑坡的后缘采用非对称梯形断面，面积大于等于对称梯形断面。沟壁30cm厚夯实黏土封闭。同时封闭滑坡区内的变形裂缝，见图4.25。

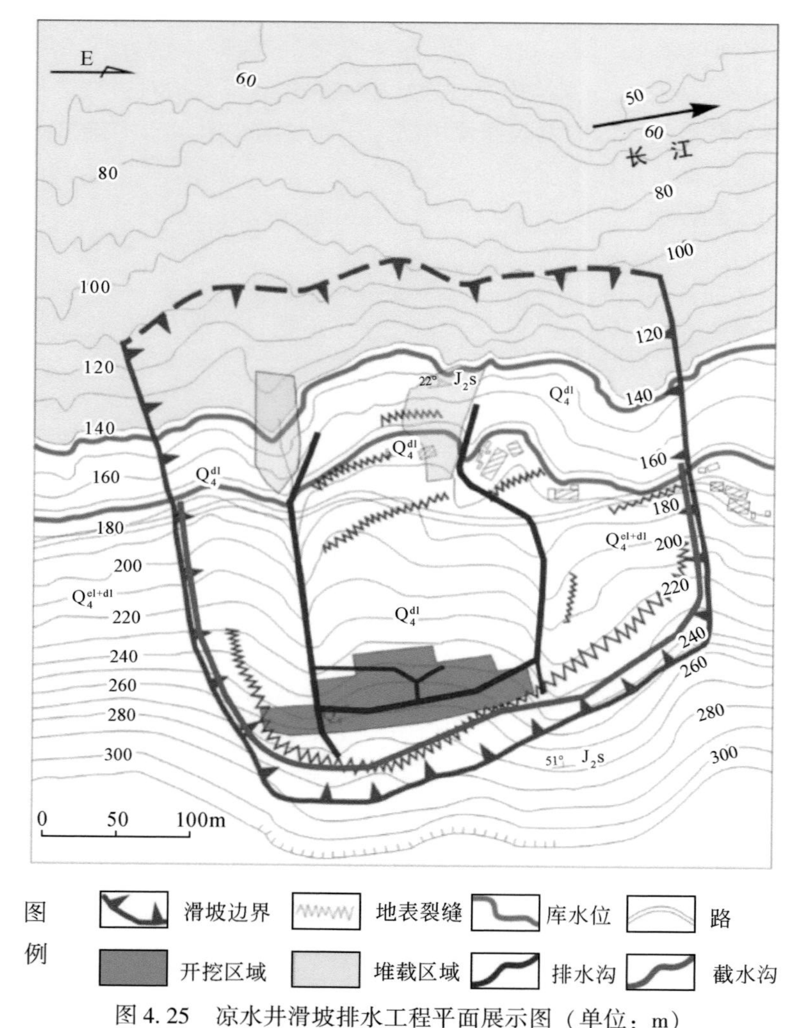

图4.25　凉水井滑坡排水工程平面展示图（单位：m）

3. 监测预警

第一期治理后，应加强专业监测工作，每年应对监测成果进行会商，分析滑坡所处状态和变形趋势。当滑坡仍处于变形状态时，应继续开展削方工程，增大削方量，提高滑坡稳定性；当滑坡没有变形迹象时，需继续开展监测预警工作，防止滑坡变形对长江航道产生不利影响。

4.6.3　防治工程评价

通过分析凉水井滑坡的影响因素，结合现场不同坡面段实际情况以及经济性、施工难易程度、工期等因素，提出治理方案为“削方减载（分期实施+监测预警）+排水工程”。利用数值分析软件，计算了治理前、后凉水井滑坡的安全系数，见图 4.26。治理后滑坡安全系数有了明显提升，此方案可推广应用于库区堆积层滑坡治理。

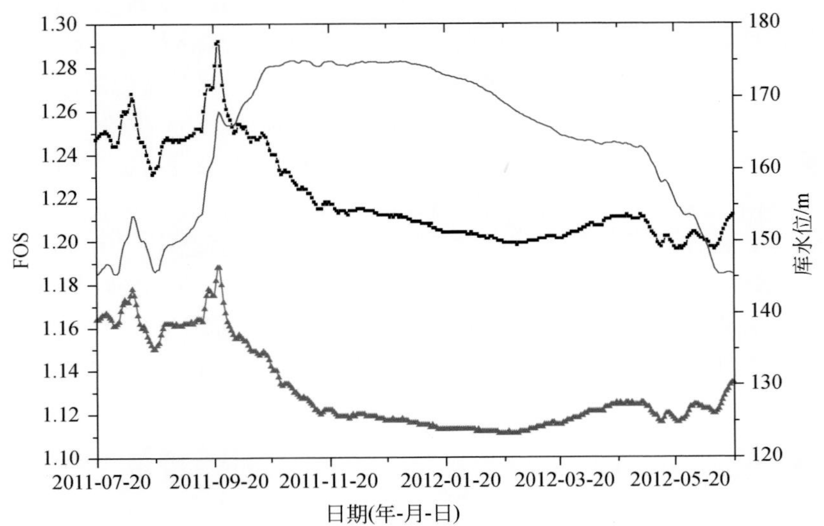

图 4.26　凉水井滑坡工程治理前、后的安全系数曲线
红色曲线为治理前凉水井滑坡安全系数曲线；黑色曲线为治理后安全系数曲线；蓝色曲线为库水位

4.7　小　　结

通过现场勘查、室内试验、专业监测、数值模拟等手段，以库区典型堆积层老滑坡凉水井滑坡为例，开展了老滑坡复活失稳机理相关研究。取得如下进展：

（1）凉水井滑坡位于长江右岸，面积约 11.82 万 m^2，滑体平均厚度约 34.5m，总体积约 407.79 万 m^3。受到库水位变动影响，滑坡变形与水位变化对应关系明显，每年的水位波动凉水井滑坡都会出现一次位移的阶跃。以水位变化 5 天累计和 10 天累计时间窗口深入分析后认为，在库水位上升和下降阶段，凉水井滑坡都发生位移显著变形。每年 5 ~ 6 月库水位下降速率最大（0.3 ~ 0.4m/d），每年 6 ~ 7 月滑坡位移变化速率将达到年度最大值，出现波峰特征。每年 10 ~ 11 月，库水位平均上升速率达到最大而滑坡位移速率变化较小。

（2）通过应用饱和−非饱和理论对凉水井滑坡进行了稳定−非稳定流渗流数值模拟分析，得出库水位变动对滑坡地下水渗流场及堆积层滑坡稳定性的影响。文中采用饱和−非饱和渗流理论和强度理论，实现了多场耦合的数值模拟计算。模拟结果分析认为：库水位从 145m 上升至 175m 过程中，滑坡安全系数曲线先呈上升趋势，至 175m 稳定水位后再缓慢降低。库水位从 175m 下降至 145m 过程中，安全系数的曲线先呈下降趋势，至 145m 稳定水位后再缓慢升高。滑体内部水位变化滞后于库水位变化，水位上升形成短期“加固效应”；水位下降速率越大，滑坡安全系数下降的也就越快。

（3）通过对 0.2m/d、0.4m/d、0.6m/d、0.8m/d、1.0m/d、1.2m/d、1.4m/d、1.6m/d、1.8m/d、2.0m/d 共 10 种水位变化速率下滑坡稳定性的深入分析认为：水位变化速率（v）= 0.8m/d 作为快速下降（rapid drawdown）的定义数值具有显著的代表意义。当水位下降速率大于 0.8m/d 时，水库型滑坡的安全系数有较显著降低，成灾风险随即上升。结合数值模拟与库区多年实际运行曲线，本章建立了水库运行与滑坡成灾可接受风险的关系，提出了三峡工程满足当前堆积层滑坡稳定性的可接受风险变幅范围，即 $v<0.6$m/d，低风险；0.6m/d $\leqslant v \leqslant$ 0.8m/d，中风险；$v>0.8$m/d，高风险。这一取值范围为水库调度提供了科学依据。由此，可对库区堆积层滑坡可接受风险的库水运行方案进行优化与建议，将长期安全系数曲线与地质灾害风险等级结合，给出了凉水井滑坡多年的风险曲线。

（4）通过分析凉水井滑坡的影响因素，结合现场不同坡面段实际情况以及经济性、施工难易程度、工期等因素进行综合考虑，提出“削方减载（分期实施+监测预警）+排水工程”的优化综合防治措施并进行了数值模拟并对比分析。结果显示经过综合治理，滑坡安全系数有了较大提高，该方案可推广至库区堆积层滑坡的防治工程中。

第 5 章　三峡库区水力型滑坡防治工程研究

5.1　概　　述

2001 年以来，国家系统开展了三峡工程库区受蓄水影响的滑坡工程治理。由于缺乏库水位运行调度实测曲线，按蓄水前制定的技术规范标准要求，滑坡地下水浸润线计算大多采用了 175m 正常高程设计水位到 145m 防洪高程水位骤降工况，带来了滑坡渗流稳定性分析和防治工程设计的误差。

国内外大量的学者对库水位升降条件下涉水滑坡的稳定性进行了研究。其中，库水位抬升导致的孔隙水压力及库水位下降时滑坡体内的渗透力，被认为是导致水库滑坡失稳的主要因素（Lane and Griffiths，2000；殷跃平，2003；Pinyol et al.，2012；Zhang et al.，2021）。Zangerl 等（2010）报道了奥地利 Gepatsch 水库水位升降对深层岩质滑坡的影响。

在国际上，水库蓄水触发滑坡地质灾害的报道屡见不鲜。最为经典的是意大利瓦伊昂水库库首区滑坡，该水库于 1960 年蓄水运行，1963 年 10 月 9 日 22 时，2.4 亿 m^3 的超巨型滑坡体滑入水库，形成 200 多米高的涌浪，导致坝体下游近 3000 人死亡（Paronuzzi et al.，2013）。研究表明，瓦伊昂滑坡的形成主要受软弱黏土层和基底滑动面控制，而水库蓄水引起的坡体孔隙水压力增大是诱发滑坡的主要因素（Müller，1964，1968；Nonveiller，1987；Alonso and Pinyol，2010）。在美国，大古力（Grand Coulee）水库于 1941 年开始蓄水，此后 12 年间，水库区共发生了约 500 处滑坡。其中，约 250 处发生在水库蓄水两年后；约 150 处滑坡发生于库水位下降阶段（Jones et al.，1961）。在日本，也有大量关于水库诱发滑坡的案例报道。据相关资料表明，其中，约 40% 的水库滑坡发生在水库蓄水期，其余 60% 发生在库水位下降阶段（Nakamura and Wang，1990）。

在国内，库水位升降对滑坡稳定性的影响受到了广泛关注（Gong et al.，2021；Gu et al.，2017；Hu et al.，2021）。殷跃平（2003）对三峡库区滑坡防治工程设计中的渗透压力问题进行了较为系统的研究。郑颖人等（2004）通过解析解的方法计算了库水位下降过程中坡体内的浸润线。时卫民和郑颖人（2004）在上述研究的基础上，进一步研究获取了库水位下降情况下滑坡的稳定性变化规律。杨金等（2012）通过巴东黄土坡滑坡的监测数据对库水位升降下的浸润线位置进行了详细分析。也有大量的学者使用有限元和离散元数值计算获取了库水位升降作用下滑坡浸润曲线和稳定性变化规律（郑颖人和唐晓松，2007；赵瑞欣等，2017）。

本章以巫山塔坪滑坡为研究案例，提出了代替现行规范的计算方法，开展三峡库区水动力型滑坡防治工程研究。主要内容包括：①巫山塔坪滑坡地质背景；②蓄水运行期巫山塔坪滑坡复活滑动特征；③巫山塔坪滑坡水文地质结构与渗流特征；④基于 175m 试验性蓄水运行的巫山塔坪滑坡稳定性分析；⑤库水动力作用下塔坪滑坡防治设计模式研究；

⑥库水动力型滑坡防治工程施工技术探讨。本章成果为三峡工程和西部山区大型水库蓄水运行期间水库滑坡稳定性评价和防治工程设计提供新的方法。

5.2　巫山塔坪滑坡地质背景

5.2.1　滑坡基本概况

巫山塔坪滑坡位于三峡库区长江左岸临江岸坡上，为一古滑坡，其平面形态呈圈椅状，东起冬瓜沟，西以绞滩窑沟为界，北起后山脚，南抵长江。南北长1150m、东西宽1000～1100m，面积为1.26km^2，总方量约3080万m^3，属特大型岩质滑坡。

古滑坡中前部发育两个老滑坡体塔坪H1滑坡及塔坪H2滑坡，其中塔坪H1滑坡后缘起于小五谷坪后缘，高程约300m，前缘剪出口高程为145～160m，滑舌直抵三峡水库蓄水前的长江枯水位，高程为70m，东侧与H2滑体交汇于沙湾子沟，西侧以绞滩窑沟东侧山脊为界（图5.1）。该滑体平面形态呈矩形，长530～580m、宽480～550m，分布面积约28.3万m^2，滑体平均厚度为45m，总方量约1270万m^3。

图5.1　巫山塔坪滑坡全貌照

2006年对巫山塔坪H1滑坡中前部曲尺场镇外侧浅层滑体进行了治理，2011年9月至2012年5月对该部分又进行了补强治理。但随着长江三峡库区开始蓄水运行，受库区水位周期性涨落的影响，塔坪H1滑坡中前部场镇外侧斜坡出现缓慢的变形，并分别于2009年、2012年及2015年出现变形加剧的现象。变形区域平面呈横长形，长约330m、宽约450m，分布面积约14.89万m^2，平均厚度约50m，总方量约634.4万m^3，属大型滑坡。

5.2.2　滑坡工程地质条件

滑坡区最高点位于场镇后侧斜坡上，高程约325m，最低点位于长江水位线以下，长江最低水位线为145m，相对高差为180m（图5.2）。区内临江岸坡坡角为17°~37°；斜坡上部曲尺乡场镇区呈平缓台阶状，坡角为2°~7°；东侧是村民生活耕作主要区域，总体呈凹形，坡体上发育有炭硐沟和沙湾子沟两条主要季节性冲沟，纵向上两冲沟在花栎湾后缘尖灭，并形成圈椅状地形，坡面平台、斜坡相间分布，平缓地带坡角为5°~10°，斜坡坡角为15°~27°。滑坡东临冬瓜沟、西临绞滩窑沟，两沟属深切沟谷，沟深为90~160m，沟壁坡角为40°~67°，横断面呈“V”形。

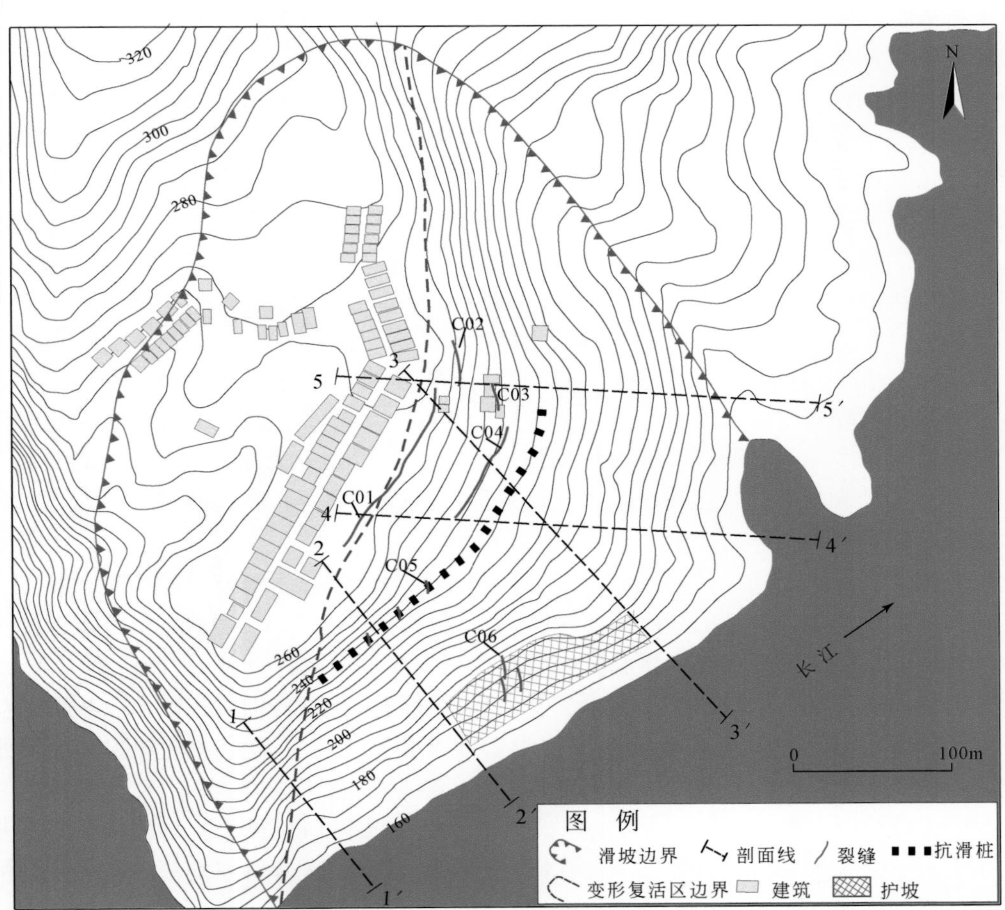

图5.2　巫山塔坪滑坡平面图（单位：m）

C01~C06为裂缝

滑坡区位于巫山复式向斜近核部区域，龙王庙向斜在滑坡区前缘斜交而过，大五谷坪北西侧出露上三叠统须家河组香底部页岩，测得的岩层产状为142°∠34°，滑坡区南东侧冬瓜沟沟口处页岩上测得岩层产状为147°∠16°。滑坡体上出露的砂岩均为古滑坡滑移后形成的碎裂岩体，产状较为混乱，砂岩上裂隙密集发育，岩体呈块裂状，主要发育裂隙：裂隙①产状为317°∠82°，一般延伸长度为0.4～2.8m，张开度为2～15mm，间距为0.05～0.45m；裂隙②产状为238°∠86°，一般延伸长度为0.5～2.5m，张开度为1～5mm，间距为0.12～0.55m。

研究区出露地层为中三叠统巴东组四段（T_2b^4）和上三叠统须家河组（T_3xj）以及第四系全新统（Q_4）堆积层，具体如下所述。

中三叠统巴东组四段（T_2b^4）：岩性以黄灰、紫红色粉砂质泥岩夹泥灰岩为主，顶部为浅蓝灰、黄灰色中层状泥质白云岩。区域总厚度约125～254m，根据收集到的资料在研究区南东侧塔坪老滑坡前缘以下有大面积出露（现已被库水位所淹没）。在滑坡前缘钻孔也有揭露，揭露最大垂直厚度为26.2m。

上三叠统须家河组（T_3xj）：调查区分布该组地层的下亚组，其底部为灰、灰白色水云母质高岭石黏土岩，以及灰黑色粉砂质页岩、碳质页岩，下部为暗红色中层状含铁岩屑长石砂岩，向上铁质减少，为黄灰色中细粒岩屑长石砂岩。中部为灰白、黄灰色中粒岩屑石英砂岩，呈中厚-厚层状。上部为灰白色厚层状粗粒石英砂岩，平行层理及斜层理发育，质地纯白。在勘查区北西侧炭洞沟至冬瓜沟一带以及塔坪老滑坡后缘大五谷坪后侧可见底部灰黑色粉砂质页岩及碳质页岩出露。在勘查区南西侧绞滩窖沟内可见黄灰色岩屑长石砂岩分布呈碎裂状，塔坪滑坡后缘可见有灰白色厚-中厚层状长石石英砂岩出露。勘查时钻孔中可见有灰白、黄灰色岩屑石英砂岩、长石石英砂岩，以及黄灰、暗红色岩屑长石砂岩，似层状分布，纵向裂隙发育，呈碎裂岩体状产出。

全新统（Q_4）：①残坡积层（Q_4^{dl+el}）：黏性土夹碎块石，黏性土稍湿，硬塑，含量为60%～80%，块碎石以砂岩及页岩为主，含量为20%～40%。主要分布在滑坡后缘及两侧的缓坡区域，厚度一般较薄。②滑坡堆积物（Q_4^{del}）：可以划分为碎裂状岩体、块碎石土及粉质黏土，其母岩为上三叠统须家河组下段岩屑长石砂岩及长石石英砂岩，多序次的滑动后形成的碎裂岩体及块碎石土。

滑坡区地表水主要通过西侧绞滩窖沟、东侧冬瓜沟以及坡面季节性冲沟排入长江，绞滩窖沟和冬瓜沟均属常年性溪沟，沟谷呈“V”字形，谷深为90～160m，枯水期流量为10～150L/s。曲尺乡场镇居民生活、耕作用水均从绞滩窖沟上游引水。

区内地下水类型为松散岩类孔隙水、基岩风化裂隙水及基岩构造裂隙水。松散岩类孔隙水主要分布于河流冲洪积和滑坡堆积物中，分布零星，主要接受大气降水和灌溉水补给，并随季节变化明显，一般经短距离径流后在低洼区呈散状渗出。基岩风化裂隙水主要赋存于中三叠统巴东组（T_2b）风化裂隙中，主要接受大气降水补给。基岩构造裂隙水主要赋存于上三叠统须家河组（T_3xj）岩屑长石石英砂岩中，砂岩裂隙发育含有一定的裂隙水，但一般不均匀。区内地下水的运移受地形坡角控制，由高向低径流。临江地带即滑坡前缘地下水丰富，地下水位埋深一般较浅，而中后部水位埋深较深。

滑坡区附近的人类工程活动主要包括以下几个方面：

工程建设：工作区小五谷坪至花栎包一带为曲尺乡移民区（曲尺新场镇），区内在移民新场镇建设中新建了巫山县东莞中学、小学、曲尺乡政府、卫生院、邮局以及移民屋。区内唯一的过境公路巫（山）—曲（尺）路穿过滑坡区，公路两侧民房日益密集，对区内滑坡体的稳定性产生不利影响。

三峡工程建设库区蓄水：目前研究区处于三峡工程 175m 蓄水运行阶段，勘查区库岸段受库区水位的抬升和降落影响，库水位对库岸段前缘进行冲刷、掏蚀作用，对岸坡的稳定性产生不利影响。

农耕及生活用水：区内人口逐渐密集但区内的排水系统并不完善，致使地表水大量渗入坡体。而坡体地表呈中缓坡，阶梯状、台阶状，是当地居民长期农耕活动的主要场所。在农业生产活动中，大量而频繁开垦种植和改造，形成多级阶状台坎，造成大量地表水渗入滑体，对滑坡的稳定性造成不利影响。

5.2.3　滑坡物质组成及结构特征

5.2.3.1　滑体

巫山塔坪滑坡滑体为古滑坡滑动崩解形成的碎裂状岩体，碎裂岩体的母岩为上三叠统须家河组的灰白、黄灰色岩屑石英砂岩、长石石英砂岩，以及黄灰、暗红色岩屑长石砂岩。区内出露须家河组岩层自上而下依次为较硬的长石石英砂岩，易风化的岩屑长石砂岩，易软化的碳质页岩、粉砂质页岩，下伏为碳酸盐及碎屑岩互层的巴东组。这种上硬下软的地层结构，且受区内地质构造的影响，整体为顺向坡在近长江处反翘，在长江快速下切过程中应力松弛卸荷反弹过程中，易形成底滑面（图 5.3）。

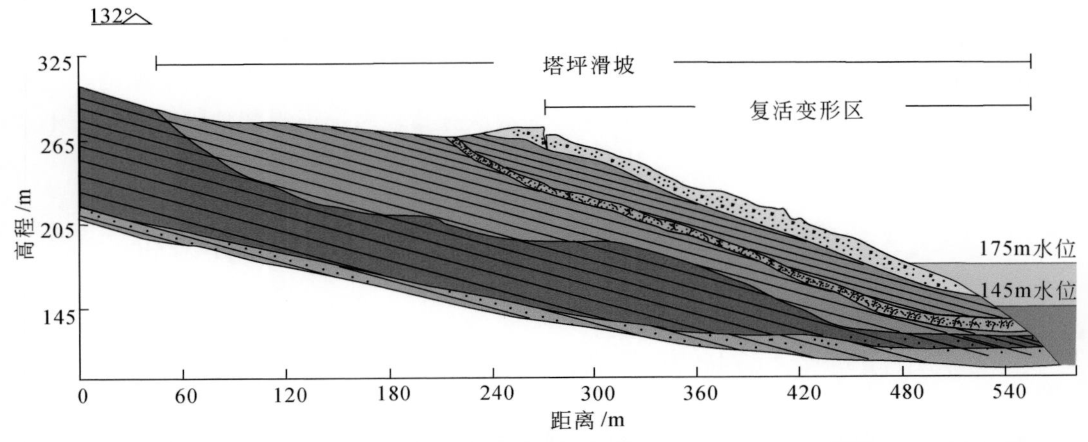

图 5.3　巫山塔坪滑坡剖面图

受古滑坡滑体滑动的距离、序次不同，不同地段碎裂岩体的破碎程度也不同，总体上后缘完整、前缘破碎，上部较完整、下部较破碎。在部分段呈块石土状，块石成分为长石石英砂岩及岩屑长石砂岩，块石含量一般为 65% ~80%，多呈次棱角状，少量棱角状；研究区土体主要为粉质黏土及砂土。

5.2.3.2　滑床

塔坪滑坡前缘-中前部的滑床主要为须家河组底部的页岩，其中页岩上部多有泥化现象，中下部岩心多呈短柱状，部分饼状。滑坡中后部-后缘的滑床为须家河组碎裂状的砂岩，滑床的剖面形态呈“凹”字形，呈上陡下缓状。

5.2.3.3　滑带

滑坡区内碎裂岩体内多发育有软弱层、破碎带，也多有镜面等滑动面现象，发育深度由浅表至深部，须家河组底部页岩顶面皆有分布，其规律性不强。根据探井及钻孔的揭露情况可知，区内碎裂岩体下部的须家河组底部页岩表层多有明显的泥化现象，部分有擦痕、镜面等现象。部分段在页岩层顶部分布黏土层，并有磨光面及擦痕。另外碎裂岩体内部也多有粉质黏土及碎石土层分布，部分具有滑面特征，碎裂岩体上也可见磨光面及擦痕特征，详见以下论述。

塔坪滑坡中部，探井在43.6m处揭露到滑带，滑面光滑，局部可见擦痕。滑面倾角为15°~22°，滑带厚0.15~0.20m，颜色以褐黄色为主，并夹有黑色及锈红色的角砾及碎石，粒径为5~22cm，含量为30%~40%。滑带土呈稍湿-湿润状，接触面有少许地下水浸出。滑带土下部为较为完整的中厚层状砂岩，探井开挖至该层后向下又开挖了2.7m，未揭穿该层较为完整的层状岩体；而在探井临江方向揭露了破碎的岩体。探井中部揭露纵向的软弱错动带，由砂土、少量黏土、碎石及圆粒角砾组成，呈松散状。

塔坪滑坡中后部，探井在中上部的碎裂岩体中也揭露到了多层的软弱破碎带。勘查过程中钻孔在碎裂岩体内部也有滑面、滑带及软弱带的揭露。根据钻孔及探井揭露情况，在研究区内滑体碎裂岩体多夹有碎块石层、碎块石土层及黏土层，从孔口至须家河组底部页岩顶面皆有分布，分布厚度不均，整体规律为前缘分布较多（前缘部分段以碎块石土及粉质黏土为主，夹少量碎裂状岩体），中后部较少。

5.3　蓄水运行期巫山塔坪滑坡复活滑动特征

5.3.1　巫山塔坪滑坡地表变形破坏特征

巫山塔坪滑坡的变形迹象主要表现在滑体中前部变形区（图5.4）。该变形区的中后部发育长10~22m的裂缝、中前部发育多级台坎，台坎最大错落高度为1.2m（图5.4中的C02）。变形区左侧后缘出现一条断续拉裂缝，高程为230~250m，长约113m（图5.4中的C01）。滑坡前缘的四根抗滑桩向外移（向长江）0.1m以上，后缘陡坡段多处出现裂缝；变形区部分民房墙体开裂、下座，地坪开裂下沉、护坡挡墙变形坍塌等，裂缝宽度一般达到0.05~0.1m（图5.4中C03）。

巫山塔坪滑坡后缘出现贯通性的拉张裂缝（图5.4中C04），主要发育在曲尺场镇至码头的公路上及民房院坝及墙体上。变形裂缝特征见图5.4。另外据前期的监测资料在滑坡左侧后缘斜坡上出现过断续相连总长约为 200m 的裂缝，单条长度为 5 ~ 18m，张开度为 1 ~ 5cm。

图 5.4　巫山塔坪滑坡变形破坏迹象

5.3.2　库水位运行期滑坡时空变形规律

为了获取塔坪滑坡的变形规律，自 2009 年以来，滑坡体上安装了原位监测系统。原位监测系统包括位移监测和水文监测，监测点位见图 5.5。

5.3.2.1　空间变形特征

根据 2009 年至 2019 年巫山塔坪滑坡上 GNSS 监测点的平均变形速率，可以绘制出巫

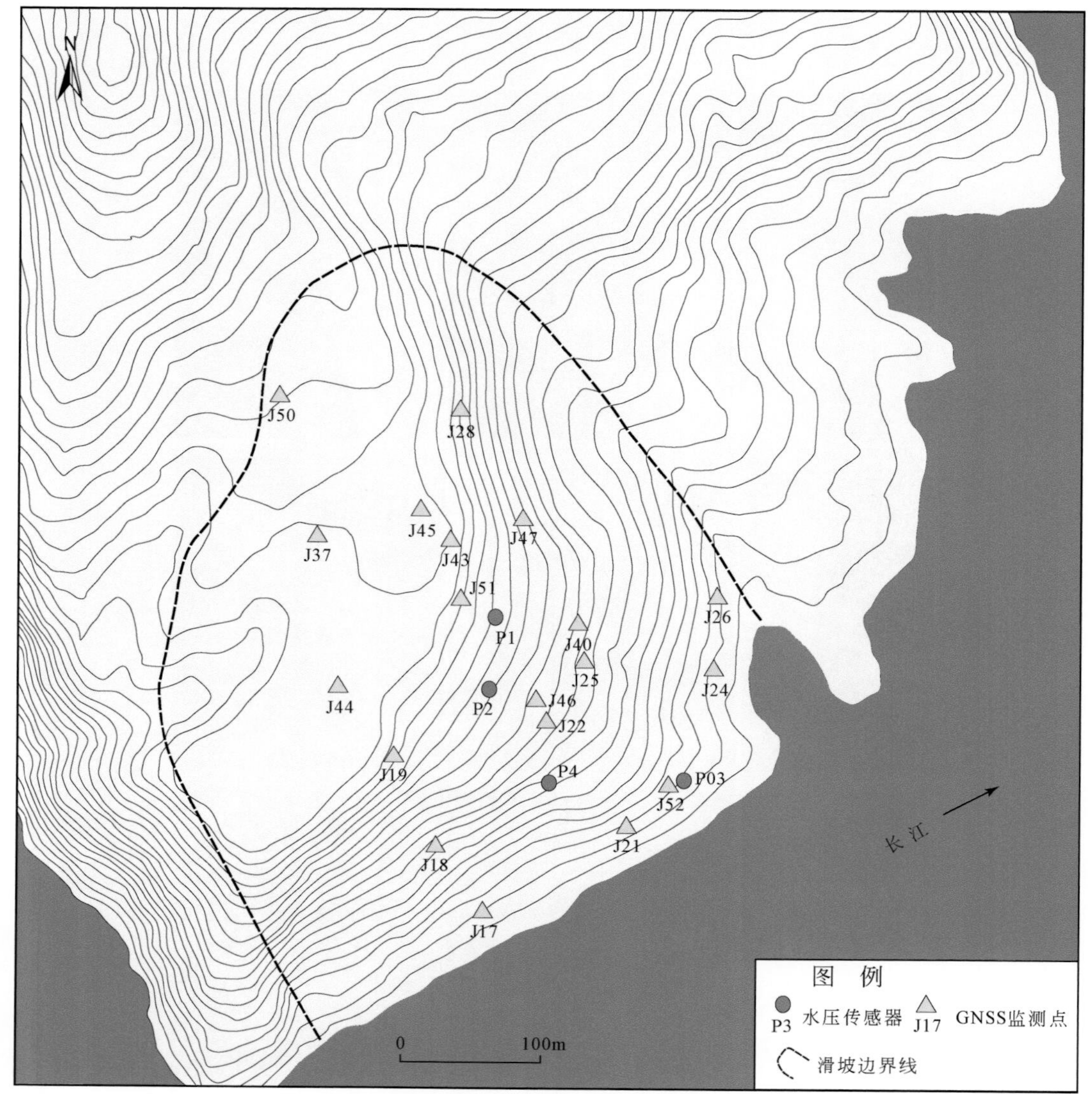

图 5.5　巫山塔坪滑坡监测系统

山塔坪滑坡变形的空间分布图（图 5.6）。如图 5.6 所示，研究区可划分为三个变形区，即强烈活动区、中等活动区和相对稳定区（Zhang et al.，2021）。强烈活动区位于山脚及滑坡东南段附近，近 10 年平均移动速率可达 4.28～8.26mm/月；中等活动区主要位于滑坡中段，平均移动速率为 2.29～4.28mm/月；相对稳定区位于曲池镇所在的滑坡体后部附近，平均移动速率小于 2.29mm/月。各监测点位移方向均在 110°和 149°之间，指向岸坡临空方向，主要受滑坡的微观形态和整体变形控制。

5.3.2.2　时间序列变形特征

图 5.7 为2009 年 11 月至2019 年4 月期间，滑坡体上六个点位的水平位移–时间曲线。

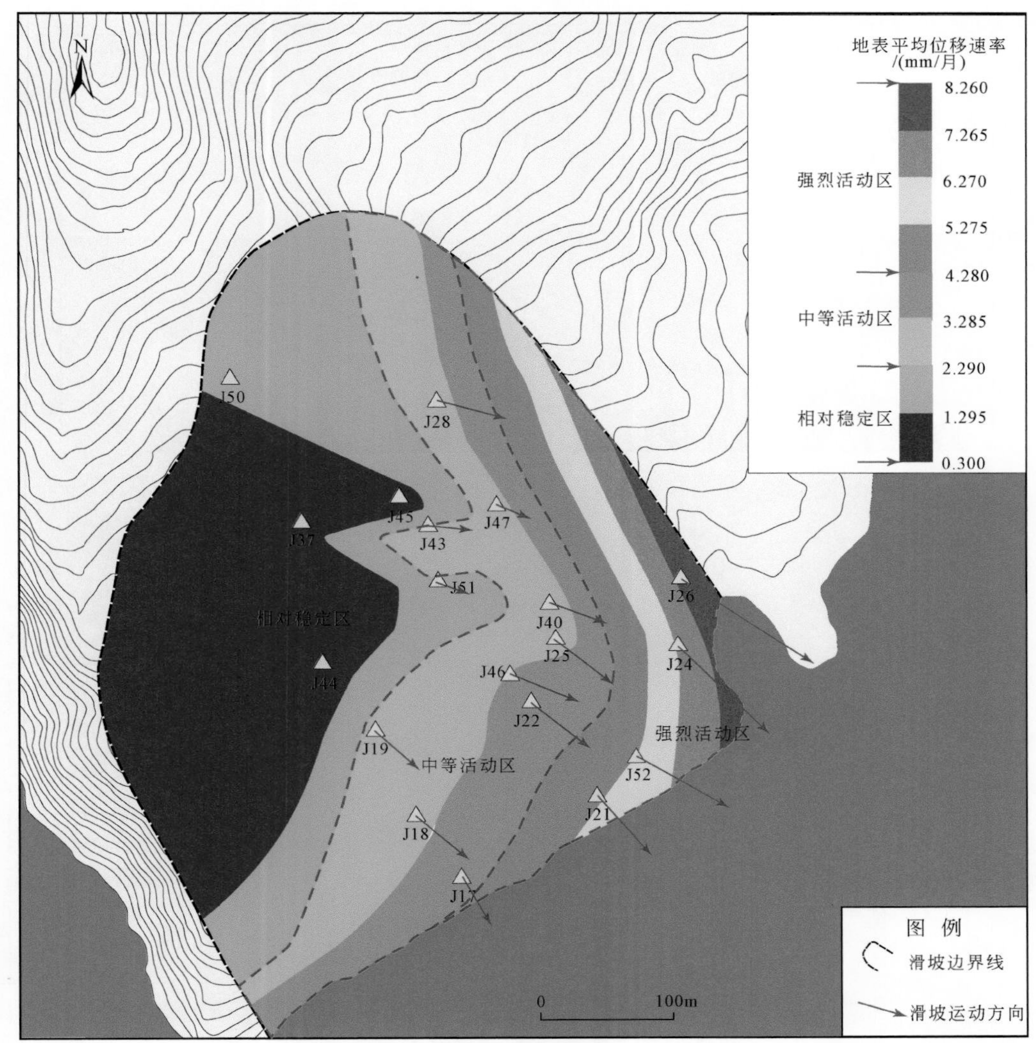

图5.6　巫山塔坪滑坡变形空间分布特征

如图5.7所示，水平位移–时间曲线显示塔坪滑坡为阶梯式变形模式，其特征是短时间内快速运动和长时间内缓慢运动的循环交替。雨季和库水位下降期，滑坡的运动速率增大，快速运动期从7月持续到9月。但随着库水位的上升和雨季的结束，滑坡位移几乎没有变化。截至2019年4月，强烈活动区内J21监测点的最大水平位移可达到600mm。

从2010年到2018年，滑坡有八个快速运动期被显著观察到（2014年的快速运动期由于数据中断没有被记录）。如图5.8所示，可以计算六个GNSS监测点在快速运动期间的位移增量。值得注意的是，为打捞2015年6月8日至20日沉没的“东方之星”号邮轮，库水位短期内迅速下降8.83m，下降速率达到0.74m/d。因此，该年塔坪滑坡的位移增量最大。除2015年外，可以发现滑坡前缘快速运动期间的位移增量未来有增加的趋势，而中部的位移增量没有增加的趋势。这表明塔坪滑坡未来最有可能在坡脚处率先发生破坏。

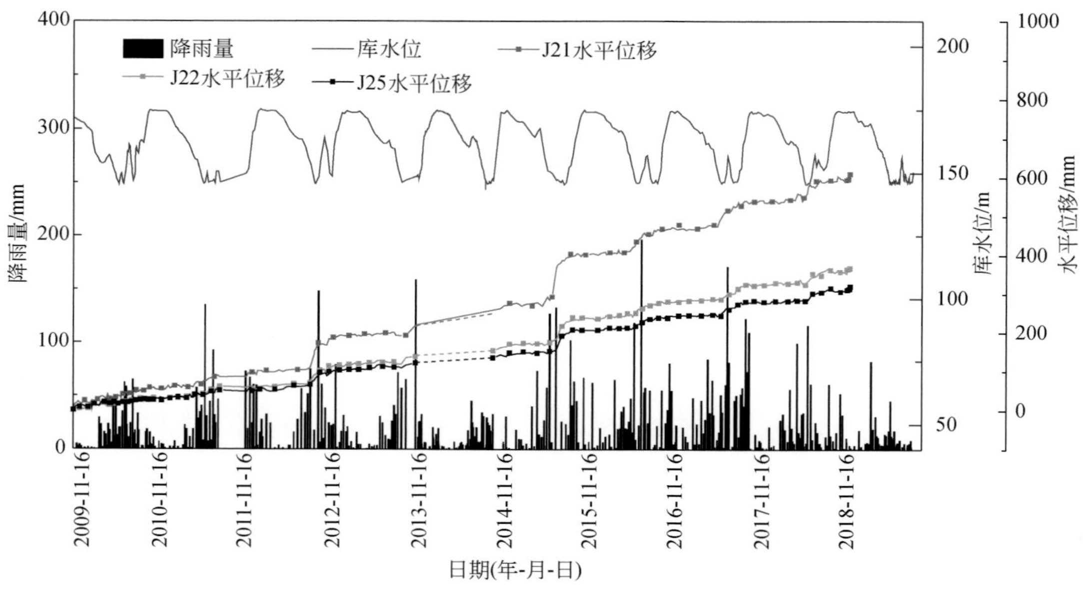

图 5.7　巫山塔坪滑坡时间序列变形特征

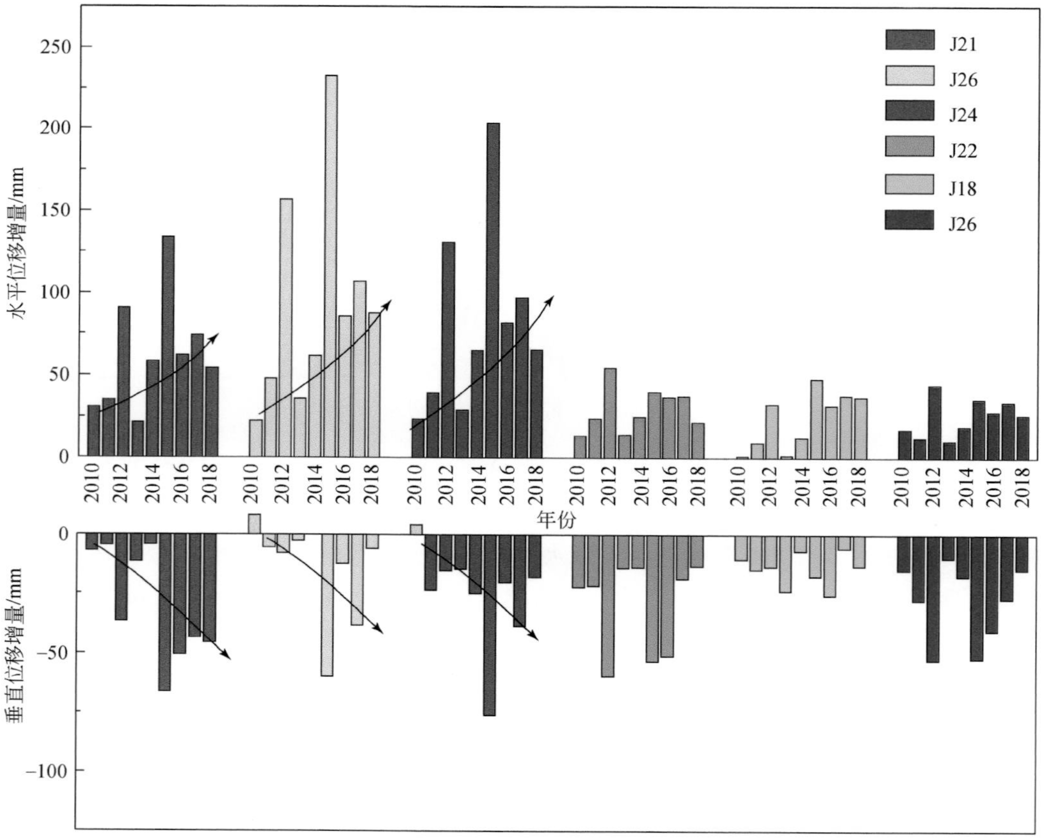

图 5.8　巫山塔坪滑坡位移增量

5.3.2.3　滑坡深部变形特征

探槽、钻孔和测斜数据揭示了塔坪滑坡的深部变形特征。钻孔 ZK07 显示，钻孔岩心在 56m 深度以上极其破碎。在 56 ~ 57m 深处，岩心为泥质，呈黏土状，含有大量砾石和角砾（图 5.9）。安装在 ZK07 的 In07 测斜仪数据也表明，2017 年 7 月 3 日至 2018 年 5 月 28 日，深部位移最大发生在 55m 深处，可达 15.73mm［图 5.9（a）］。2018 年 5 月 28 日后，测斜管在钻孔 54m 至 56m 深处严重损坏。测斜仪数据还表明，岩体在 57m 深度以下相对稳定。综合以上钻探成果和 ZK07 钻孔测斜资料分析，在 54 ~ 57m 深度范围内存在明显的剪切带，可确定为塔坪滑坡的深层滑动面。

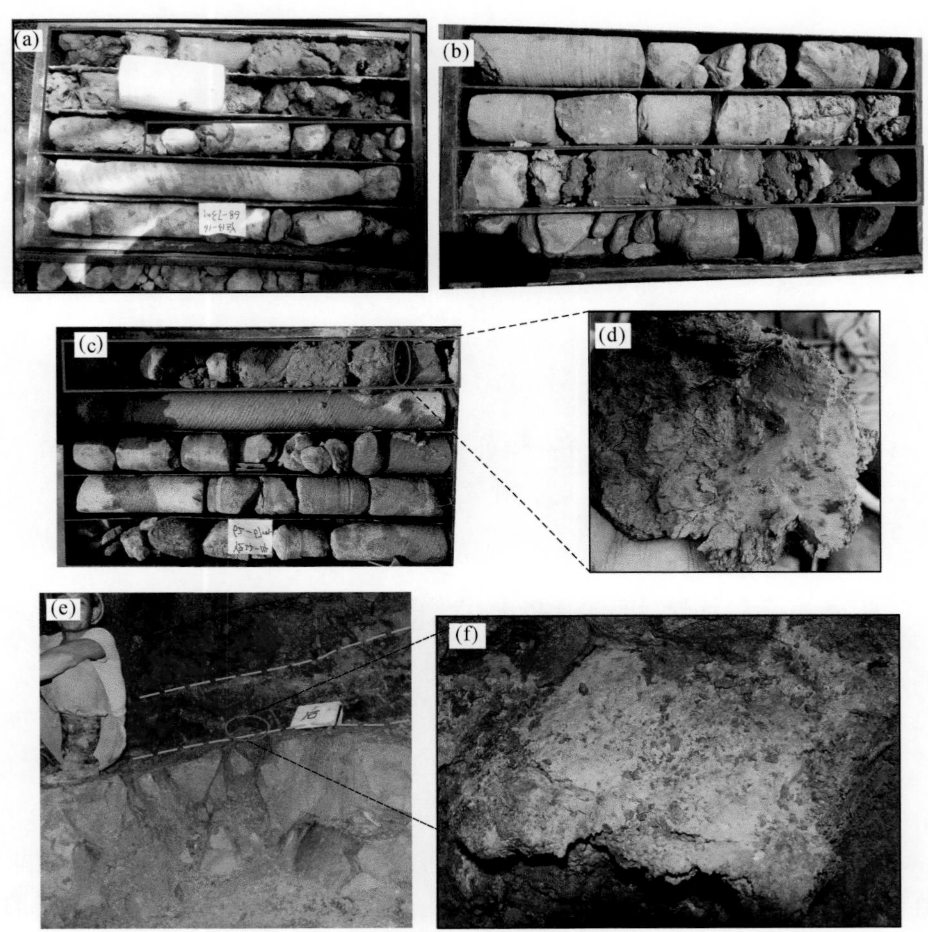

图 5.9　巫山塔坪滑坡钻孔和探槽照片

钻孔 ZK08 的岩心揭示了由粉质黏土组成的软层，位于 39.1 ~ 42.0m 深处［图 5.9（b）］。钻孔 ZK08 的岩心还揭示了 62m 深处存在深层滑动面，位于上三叠统须家河组（T_3xj）碎裂砂岩与石英砂岩的界面。在岩心中可以看到镜面和擦痕［图 5.9（d）］。钻孔结果与测斜结果相一致，安装在 ZK08 中 In08 测斜仪数据也表明滑坡存在两个明显的剪切面。第一个剪切面位于 38 ~ 40m 深处，2017 年 8 月 19 日至 2018 年 9 月 23 日，变形可达 17.73mm［图 5.10（b）］；第二个剪切面位于 63 ~ 66m 深处，2017 年 8 月 19 日至 2018 年 9 月 23 日，变形可达 9mm［图 5.10（b）］。综合以上钻探成果和钻孔 ZK08 位置处测斜数据总结可知，塔坪滑坡在该位置有两个明显的滑动面。

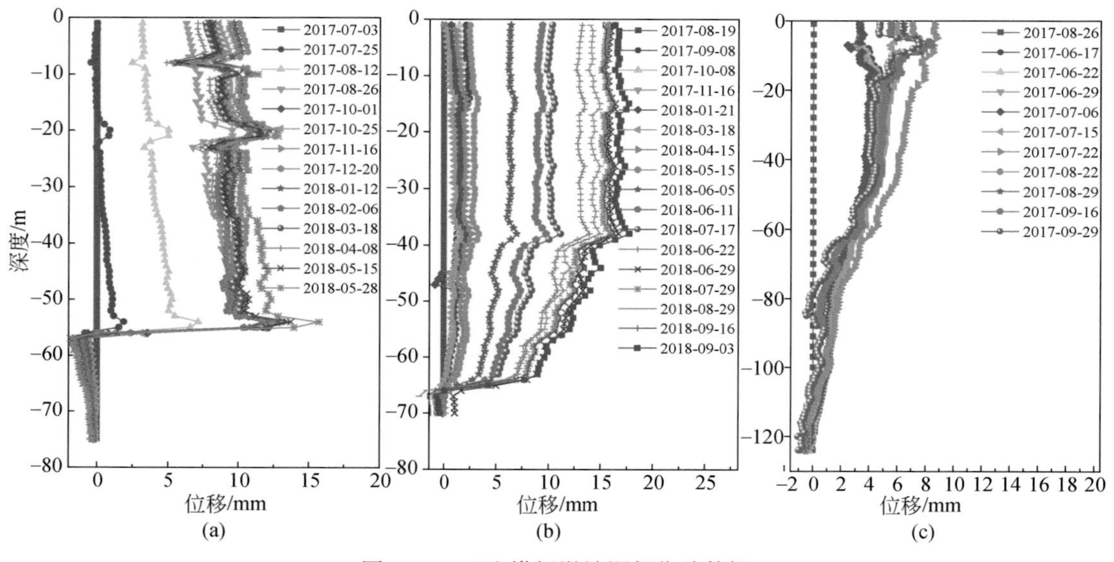

图 5.10　巫山塔坪滑坡深部位移数据

探槽 YTJ02 揭示了，在滑坡 43.6m 深处有一处明显的滑动带，滑动面倾角为 15° ~ 22°，厚度为 0.3 ~ 0.4m［图 5.9（e）］。滑带土主要为褐黄色黏土，夹黑、红色砾石。砾石粒径为 5 ~ 22cm，含量为 30% ~ 40%。

5.4　巫山塔坪滑坡水文地质结构与渗流特征

5.4.1　巫山塔坪滑坡水文地质结构

巫山塔坪滑坡地处长江左岸的岸坡地带，分水岭位于大五谷坪北西侧的山脊，高程约 510m，滑坡两侧为冬瓜沟及绞滩窖沟，属常年性溪沟，滑坡体上发育的沙湾子沟及炭硐沟则属季节性冲沟。滑坡区的汇水面积约 1.13km^2，大气降雨部分沿两侧冲沟向长江排泄，部分通过碎裂岩体的裂隙向下入渗在滑坡前缘汇入长江。

滑坡区地下水类型为松散岩类孔隙水、基岩风化裂隙水及基岩构造裂隙水。区内地下水的运移受地形坡角控制，由高向低径流，动态特征受气候影响明显。临江地带即滑坡前缘地下水丰富，地下水位埋深一般较浅，而中后部地下水位埋深很深。勘查资料表明在三峡库水位蓄水以前，塔坪 H1 滑坡左侧前缘标高 116m 处出露一常年泉水，流量约 0.15L/s。滑坡中部探井在 18.5m 深处（高程为 177.54m，当时长江水位高程为 146.1m）有地下水呈股状涌出，流量约 0.45L/s；滑坡中后部探井在 22.5m 深处（高程为 173.53m，当时长江水位高程为 147.1m）的软弱带有地下水呈线状渗出，流量约 0.035L/s；滑坡后部探井在 32.4m 深处（高程为 171.71m，当时长江水位高程为 146.5m）有地下水呈股状涌出，流量约 0.2L/s。

另据勘查期间钻孔内水位的资料以及收集到的滑坡区地下水监测资料来看，滑坡中前部临江段的地下水主要受长江水位影响，而滑坡中后部的地下水位与库水位的联系不大，主要受大气降雨的影响。根据滑坡区的地下水监测资料可做出滑坡区高水位（库水位为 2175m 时）及枯水位（库水位为 145m 时）的地下水等高线图，见图 5.11。由图 5.11 可知，175m 和 145m 库水位时，塔坪滑坡中后部的地下水位线较为一致，而滑坡中前缘的地下水位变化较大。这表明塔坪 H1 滑坡中前部的地下水位受长江库水位的影响，而滑坡中后部的地下水位高程受长江库水位影响不明显。另外，在 145m 水位线时，塔坪滑坡中前部的等水头线十分密集，这说明低水位时，塔坪滑坡前部的水力梯度较大，这对滑坡的稳定性十分不利。

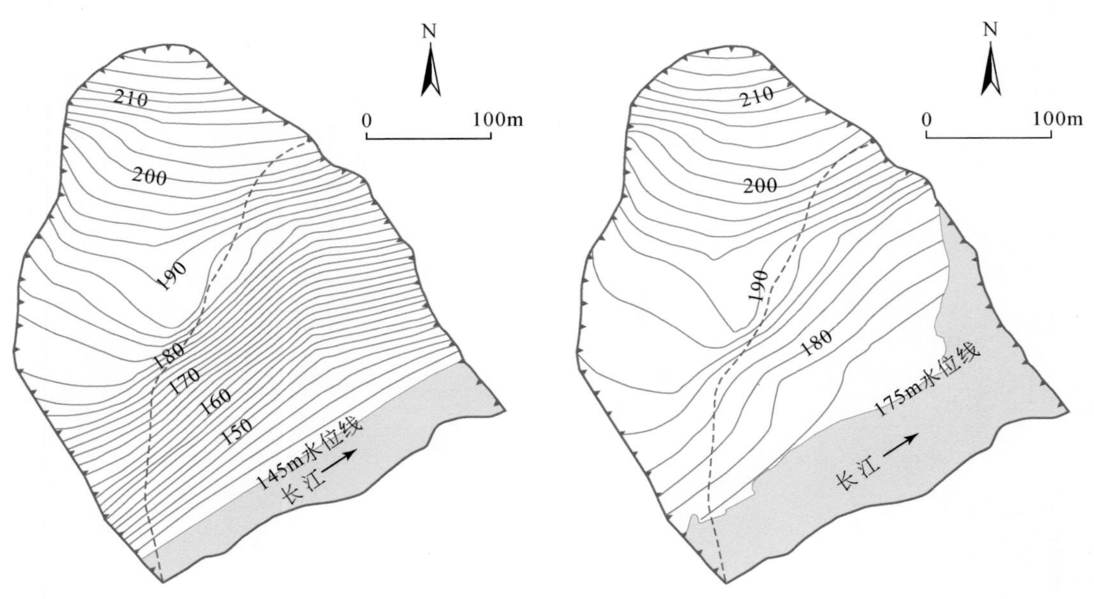

图 5.11　巫山塔坪滑坡库水位和 145m 库水位时地下水位线等高线图（单位：m）

5.4.2　库水位波动作用下塔坪滑坡渗流及动力学响应特征

根据塔坪滑坡安装的水压计（位置见图 5.5）的长期监测资料，可以分析获取库水位波动时塔坪滑坡内部地下水位的响应规律。并进一步根据坡体 GNSS 监测数据，分析了水文因素对滑坡运动的影响。如图 5.12 所示，在整个水文年中，库水位在防洪基准面 145m 和最高水位 175m 之间波动。

水压计观测结果表明，P1 和 P2 中的地下水位在整个分析时间段（2017 年 6 月至 2019

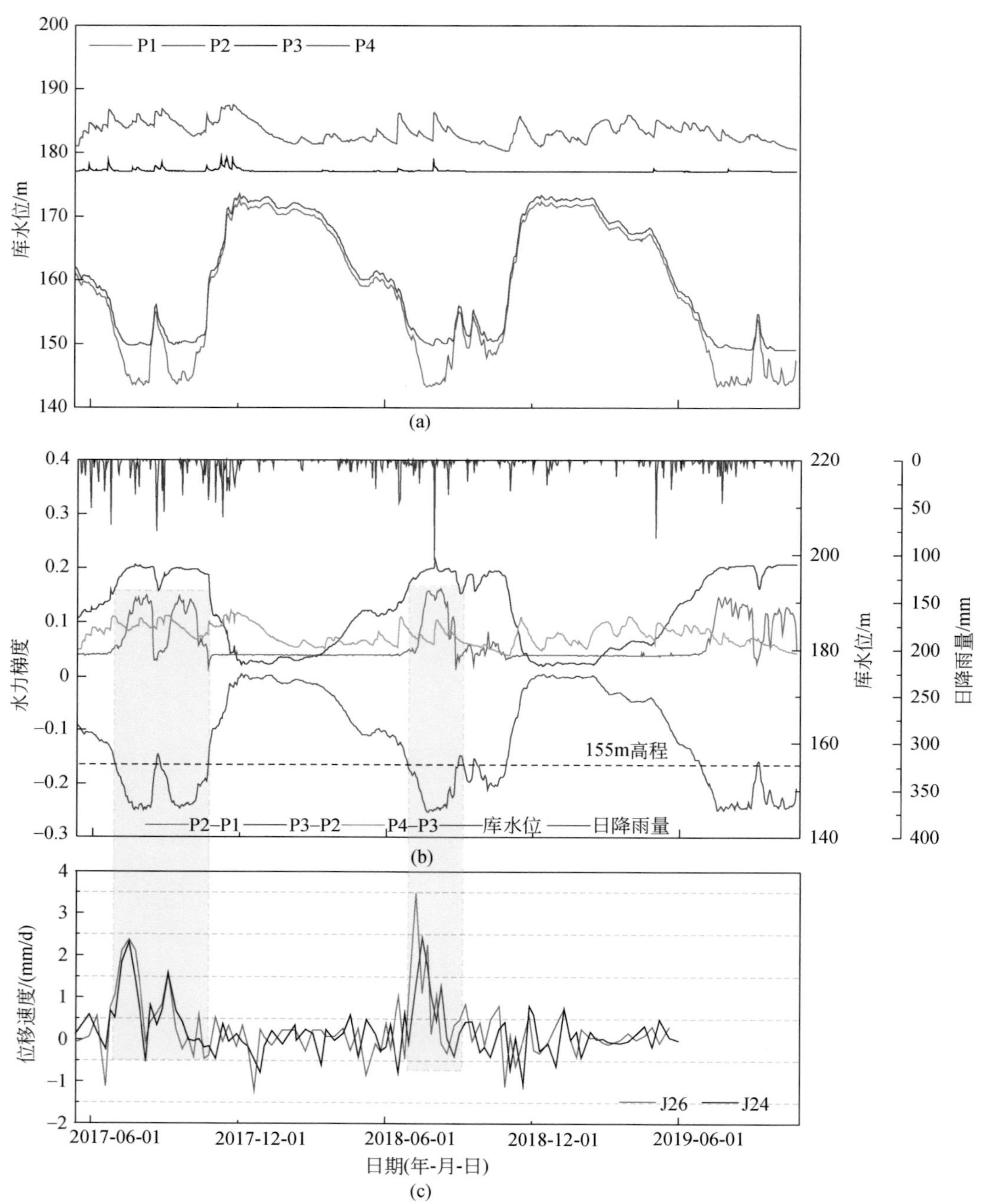

图 5.12　巫山塔坪滑坡地下水监测数据

年 12 月）与库水位波动的规律较为一致（图 5.12），且两个水压计的地下水位在旱季的高程几乎相同。在 7～10 月雨季时，库水位不断下降时，P1 监测点的地下水位也随之不断降低；然而，当库水位降至 155m 以下时，P2 中的地下水位不再继续下降［图 5.12（a）］。这导致在滑坡前缘，P1 和 P2 之间出现存在较大的水力梯度［图 5.12（b）］。当水力梯度增大时，渗流力也相应地增大，从而导致滑坡的下滑力不断增大。这可能诱发了滑坡前缘的快速移动。此外，分析塔坪滑坡前部水力梯度和 J24 和 J26 处的位移速度之间的关系可知（图 5.13），当坡脚处的水力梯度小于 0.07 时，位移速度在-1～1m/d 波动，与水力梯度无显著关系；当滑坡前部的水力梯度大于 0.07 时，位移速度显著提高。滑坡前部最大水力梯度可达 0.16，位移速度相应也大于 2mm/d。随着库水位的升高，滑坡前部水力梯度也逐渐减小。当库水位高程大于 155m 时，P1 和 P2 之间的水头差完全消失，滑坡运动也相应停止。

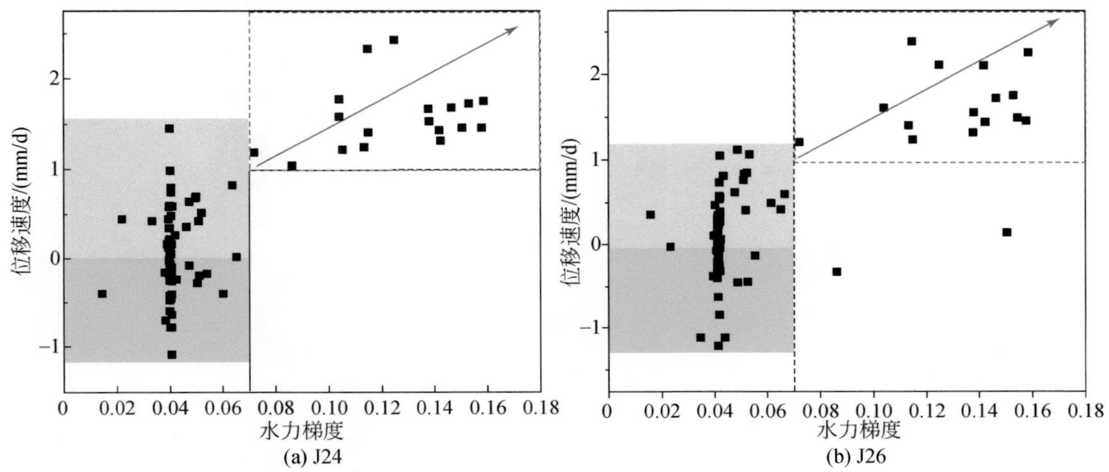

图 5.13　巫山塔坪滑坡前部水力梯度和位移速度之间的关系

测压计 P3（位置可见图 5.5）监测结果表明，该位置的地下水位与库水位波动无关，但与降雨密切相关［图 5.12（a）］。当滑坡前缘处的库水位快速下降时，坡脚处的地下水位也相应下降。然而，监测数据表明，滑坡中部的地下水位很难消散。因此，该位置的水力梯度显著增加［图 5.12（b）］。从测压计 P3 监测获取的地下水位曲线［图 5.12（a）］可知，当降雨充足时，该位置的地下水位将明显抬升，幅度可达 2～3m。这将显著增加滑体的含水量，降低了滑带土的有效应力。

分析塔坪滑坡中部水力梯度、日降雨量和位移速度之间的关系（图 5.14）可知，当该区域的水力梯度小于 0.15 时，J22 处的位移速度在-1～1m/d 波动，与水力梯度没有显著关系。然而，当水力梯度大于 0.15 时，位移速度均大于 0m/d，且显著增加。此外，当水力梯度大于 0.15 时，位移速度与前七天的平均日降雨量有显著的相关性。对 J46 来说，当前七天的平均日降雨量小于 10mm 时，该点的位移速度在-1.5～1.5m/d 波动，与降雨量无明显关系。当前七天平均日降雨量大于 10mm 时，降雨量与位移速度呈显著的正相关关系。此外，在 J46 处，水力梯度和位移速度之间似乎没有显著关系。总的来说，塔坪滑坡中段的变形受降雨量和库水位变化引起的水力梯度增大共同控制。

滑坡后部 P4 监测点处的地下水位与库水位无关，但与降雨量有一定关系。这可能是因为后方地势平坦，雨水很容易汇集。除降雨外，城镇居民生活用水排泄、农业灌溉等也

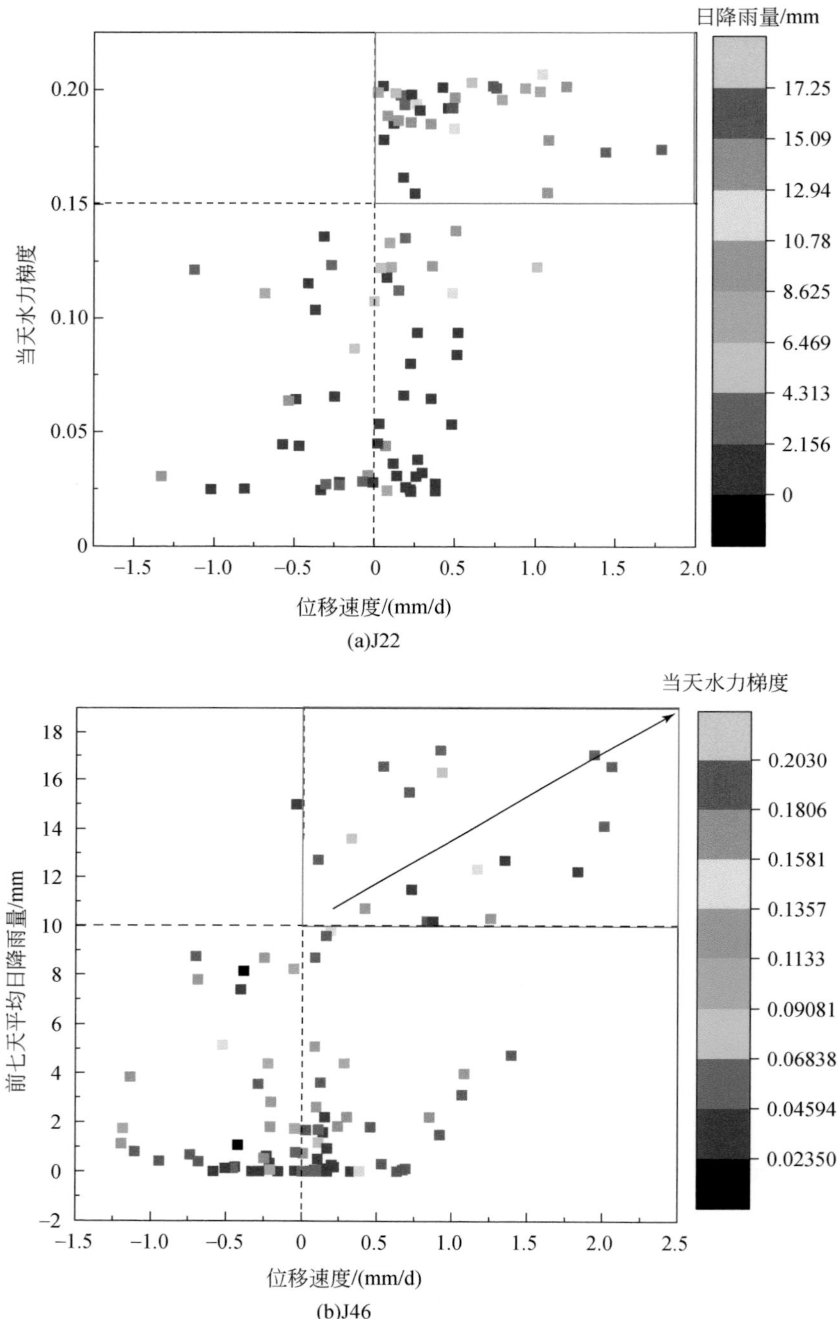

图 5.14　巫山塔坪滑坡中部水力梯度、日降雨量和位移速度之间的关系

会导致地下水位的增加。这不仅会显著降低滑带土的有效应力，而且会增大滑体的下滑力，诱发滑坡运动。分析滑坡后部地下水位、前七天平均日降雨量和后部位移速度之间的关系（图 5.15），可知，地下水位和位移速度之间存在显著的正相关关系。此外，快速的

变形速度对应着 185.5m 以上的地下水位。

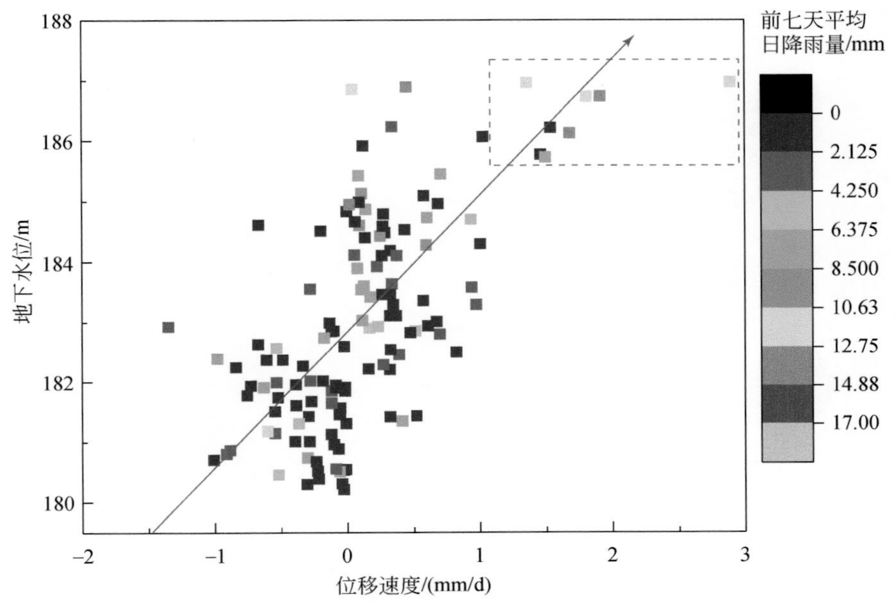

图 5.15　巫山塔坪滑坡后部地下水位、前七天平均日降雨量和后部位移速度之间的关系

5.5　基于 175m 试验性蓄水运行的巫山塔坪滑坡稳定性分析

5.5.1　库水位波动作用下滑坡渗流解析解与稳定性计算

5.5.1.1　库水位波动作用下库岸浸润线解析解计算方法研究

本节根据一维非稳定性渗流方程，在前人解析解（郑颖人等，2004）的基础上，扩展得到了库水位连续波动时库岸滑坡的浸润线计算公式。

潜水面的渗流速度由达西定律计算：

$$v_x = KI = -K\frac{\partial H}{\partial x} \tag{5.1}$$

对于一维渗流问题，其中潜水面高度仅随着 x 改变，与 z 无关，即 $H=H(x, t)$，因此，单宽流量为

$$q_x = v_x(H-Z_L)\times 1 = -K\frac{\partial H}{\partial x}(H-Z_L) \tag{5.2}$$

式中，Z_L为隔水底板的高程。如果将基准面取在隔水底板处，则单宽流量为

$$q_x = -Kh\frac{\partial h}{\partial x} \tag{5.3}$$

单位流入量和流出量之差为该段地下水体积的变化量，有

$$\Delta V=q(x,t)\Delta t-q(x+\Delta x,t)\Delta t \tag{5.4}$$

且

$$\Delta V=[h(x,t+\Delta t)-h(x,t)]\Delta x u_d \tag{5.5}$$

则有

$$q(x,t)\Delta t-q(x+\Delta x,t)\Delta t=[h(x,t+\Delta t)-h(x,t)]\Delta x u_d \tag{5.6}$$

式中，u_d为重力给水度。

式（5.6）两边都除以 $\Delta x\Delta t$，得

$$\frac{[q(x,t)-q(x+\Delta x,t)]}{\Delta x}=\frac{[h(x,t+\Delta t)-h(x,t)]u_d}{\Delta t} \tag{5.7}$$

令 $\Delta t\to 0$，$\Delta x\to 0$，则得

$$-\frac{\partial q}{\partial x}=u_d\frac{\partial h}{\partial t} \tag{5.8}$$

将式（5.3）代入式（5.8），则有

$$\frac{\partial}{\partial x}\left(Kh\frac{\partial h}{\partial x}\right)=u_d\frac{\partial h}{\partial t} \tag{5.9}$$

式（5.9）即为潜水的一维非稳定性运动微分方程——布辛尼斯克（Boussinesq）方程，整理后写为

$$\frac{\partial h}{\partial t}=\frac{K}{u_d}\frac{\partial}{\partial x}\left(h\frac{\partial h}{\partial x}\right) \tag{5.10}$$

这是一个二阶非线性偏微分方程，目前还没有求解析解的方法，通常采用简化方法。

简化方法是将括号中的一个含水层厚度（h）近似地看作常量，用时段始、末潜水流厚度的平均值（h_m）代替，即可得到简化的一维非稳定渗流运动方程为

$$\frac{\partial h}{\partial t}=a\frac{\partial^2 h}{\partial^2 x},\quad a=\frac{Kh_m}{u_d} \tag{5.11}$$

在一维非稳定性渗流方程的基础上，推到获取库水位连续波动作用下岸坡浸润线计算公式。首先做以下几点基本假定：①含水层均质、各向同性，侧向无限延伸，具有水平不透水层；②初始潜水面水平；③潜水流为一维流；④库水位以速度 v 等速变化；⑤库岸按垂直考虑、库水降幅内的库岸与大地相比小得多，为了简化将其视为垂直库岸。

初始时刻，即 $t=0$ 时，各点水位为 $h(0,0)$，设距库岸 x 处在 t 时刻的地下水位变幅为

$$u(x,t)=h_{0,0}-h_{x,t}=\Delta h_{x,t} \tag{5.12}$$

断面 $t=0$ 时的水位变幅为

$$u(x,0)=h_{0,0}-h_{x,t}=0$$

库水位以速度 v 变化时，则在 $x=0$ 断面处，有

$$u(0,t)=vt$$

在 $x=\infty$的断面处，有

$$u(\infty,t)=0$$

由式（5.12）可以把上述水位下降的半无限含水层中地下水非稳定渗流归结为下列数学模型：

$$\frac{\partial u}{\partial t}=a\frac{\partial^2 u}{\partial^2 x},\quad 0<x<\infty,t>0 \tag{5.13}$$

$$u(x,0)=0,\quad 0<x<\infty \tag{5.14}$$

$$u(0,t)=vt,\quad t>0 \tag{5.15}$$

$$u(\infty,t)=0,\quad t>0 \tag{5.16}$$

将上述式（5.13）~式（5.16）表述的数学模型利用拉普拉斯积分变换和逆变换，可得到微分方程的解析解，如下：

$$u(x,t)=vt\left[(1+2\lambda^2)\operatorname{erfc}(\lambda)-\frac{2}{\sqrt{\pi}}\lambda e^{-\lambda^2}\right] \tag{5.17}$$

其中，

$$\lambda=\frac{x}{2}\sqrt{\frac{u_{\mathrm{d}}}{kh_{\mathrm{m}}t}},\quad \operatorname{erfc}=\frac{2}{\sqrt{\pi}}\int_x^{\infty}e^{-x^2}\mathrm{d}x$$

令$f(\lambda)=(1+2\lambda^2)\operatorname{erfc}(\lambda)-\frac{2}{\sqrt{\pi}}\lambda e^{-\lambda^2}$，则式（5.12）可以修改为

$$h_{x,t}=h_{0,0}-u(x,t)=h_{0,0}-vtf(\lambda) \tag{5.18}$$

直接使用$f(\lambda)$的表达式太复杂，因此前人对其进行了拟合，得

$$f(\lambda)=\begin{cases}0.1091\lambda^4-0.7501\lambda^3+1.9283\lambda^2-2.2319\lambda+1, & (0\leqslant\lambda<2)\\0, & (\lambda\geqslant 2)\end{cases} \tag{5.19}$$

则库水位单次等速变化时的浸润线方程为

$$h_{x,t}=\begin{cases}h_{0,0}-vtf(\lambda), & (0\leqslant\lambda<2)\\h_{0,0}, & (\lambda\geqslant 2)\end{cases} \tag{5.20}$$

在库水位单次等速变化时的浸润线公式的基础上，可将 t 时刻库水位的高程写为 h_t，$t-1$ 时刻库水位的高程定义为 h_{t-1}，$t-1$ 时刻 x 位置的地下水位定义为 $h_{x,t-1}$。则在 x 位置，t 时刻的浸润线可写为式（5.21）（以隔水底板为基准线），则扩展可得库水位连续变化下的浸润线为式（5.21）~式（5.24）：

$$h_{x,t}=h_{x,t-1}-S_tf(\lambda),(t-1)\geqslant 0 \tag{5.21}$$

$$S_t=h_{t-1}-h_t \tag{5.22}$$

$$f(\lambda)=\begin{cases}0.1091\lambda^4-0.7501\lambda^3+1.9283\lambda^2-2.2319\lambda+1, & (0\leqslant\lambda<2)\\0, & (\lambda\geqslant 2)\end{cases} \tag{5.23}$$

$$\lambda=\frac{x}{2}\sqrt{\frac{u_{\mathrm{d}}}{Kh_{\mathrm{m}}t}} \tag{5.24}$$

式中，K 为渗透系数，m/d；h_{m}为平均含水层厚度，m；$h_{x,t-1}$为 $t-1$ 时刻的库岸坡体 x 位置的地下水浸润线高度；$h_{x,t}$为 t 时刻的库岸坡体 x 位置的地下水浸润线高度，$h_{x,0}$可由勘查资料获取；h_{t-1}为 $t-1$ 时刻库水位的高程；h_t为 t 时刻库水位的高程；S_t为 t 至 $t-1$ 时刻库水位波动幅度，可由库水位波动曲线计算获取；u_{d}为给水度。

由库水位的波动曲线可计算获得不同时步下库水位的波动幅度值（S_t），将S_t代入式（5.21），即可计算获取坡体不同位置在库水位连续波动的不同时步下的浸润线位置。

5.5.1.2　库水位连续升降下滑坡稳定性剩余推力法计算

本节详细解释如何计算在库水位连续波动的不同时步下滑坡安全系数和剩余下滑力。传递系数法计算说明如图 5.16 所示。

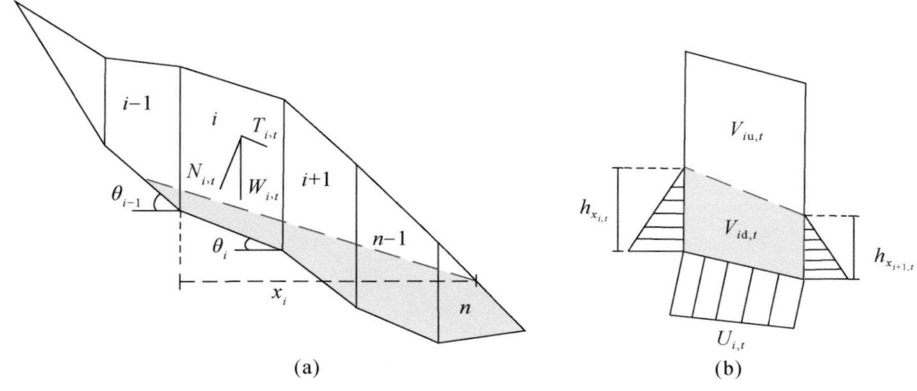

图 5.16　传递系数法计算说明图

考虑库水位波动的滑坡稳定性传递系数法（剩余推力法）见式（5.25）~式（5.32）。

$$\mathrm{FOS}_{(t)}=\frac{\sum_{i=1}^{n-1}\left(R_{i,t}\prod_{j=i}^{n-1}\phi_j\right)+R_{n,t}}{\sum_{i=1}^{n-1}\left(T_{i,t}\prod_{j=i}^{n-1}\phi_j\right)+T_{n,t}} \tag{5.25}$$

$$\varphi_j=\cos(\theta_i-\theta_{i+1})-\sin(\theta_i-\theta_{i+1})\tan\varphi_{i+1} \tag{5.26}$$

$$R_{i,t}=N_{i,t}\tan\varphi_i+c_il_i \tag{5.27}$$

$$T_{i,t}=W_{i,t}\sin\theta_i+\Delta p_{i,t}\cos\theta_i \tag{5.28}$$

$$N_{i,t}=W_{i,t}\cos\theta_i-\Delta p_{i,t}\sin\theta_i-U_{i,t} \tag{5.29}$$

$$\Delta p_{i,t}=\frac{1}{2}\gamma_{\mathrm{w}}\left({h_{x_i,t}}^2-{h_{x_{i+1},t}}^2\right) \tag{5.30}$$

$$W_{i,t}=\gamma V_{\mathrm{iu},t}+\gamma_{\mathrm{sat}}V_{\mathrm{id},t}+F_{i,t} \tag{5.31}$$

$$U_{i,t}=\frac{1}{2}\left(h_{x_i,t}+h_{x_{i+1},t}\right)\gamma_{\mathrm{w}}l_i \tag{5.32}$$

式中，$\mathrm{FOS}_{(t)}$为滑坡在 t 时刻的安全系数；ϕ_j 为第 i 条块的剩余下滑力传递至 $i+1$ 条块时的传递系数（$j=i$）；$R_{i,t}$为第 i 条块在 t 时刻的抗滑力；$T_{i,t}$为第 i 条块在 t 时刻的下滑力；$N_{i,t}$为第 i 条块在 t 时刻在滑动面法线上的分力；c_i 为黏聚力；φ_{i+1}为内摩擦角；l_i 为第 i 条块的滑动面长度；$W_{i,t}$为第 i 条块在 t 时刻的自重和地面荷载之和；θ_i 为第 i 条块底面倾角，反倾时取负值；$\Delta p_{i,t}$为第 i 条块在 t 时刻的两侧静水压力的合力；$F_{i,t}$为第 i 条块在 t 时刻的坡面荷载；$U_{i,t}$为第 i 条块在 t 时刻的底部孔隙水压力；$V_{\mathrm{iu},t}$为第 i 条块在 t 时刻的浸润线以上的体积；$V_{id,t}$为i条块在t时刻的浸润线以下的体积。

根据库水位波动曲线，可由式（5.22）确定t时刻的库水位波动值S_t；同时，确定了第i条块距库岸的距离x_i后，可以由式（5.21）~式（5.24）求出第i条块的浸润线高度$h_{x_i,t}$（初始浸润线位置$h_{x,0}$可由勘查资料获取）。由此，可由式（5.30）~式（5.32）计算出不同时步下的$\Delta p_{i,t}$、$V_{iu,t}$、$V_{id,t}$、$U_{i,t}$。

5.5.1.3　计算结果

三峡库区现行的滑坡稳定性计算工况主要参考《三峡库区地质灾害防治工程地质勘查技术要求》，涉水滑坡的计算荷载主要考虑水库运行工况和暴雨工况。其中，水库运行工况分为静止水位和水位降落工况。静止水位工况主要包括175m水位和145m水位，水位降落工况只考虑了库水位单次下降，即175m或162m降至145m工况。库水位下降后的坡体浸润线可由规范中相应的计算公式获取。在实际工程应用中，常按照滑坡前部为145m库水位时的地下水位线，滑坡中后部为175m库水位时的地下水位线，中间位置定性地连接获取。

据多年水位波动曲线（图5.17）可知，2003年三峡水库初步蓄水至135m，2006年蓄水至156m，2008年库水位抬升至172m。2010年以来，库水位处于145~175m常态化周期性运行。其中，每年9~11月库水位抬升至175m；11月至次年1月处于175m高位运行；1~4月水位降至162m；5~6月降至145m。因此，现行规范中采用单次水位降落工况进行滑坡稳定性计算，已经不符合三峡水库175m试验性蓄水以来的水位运行特征。

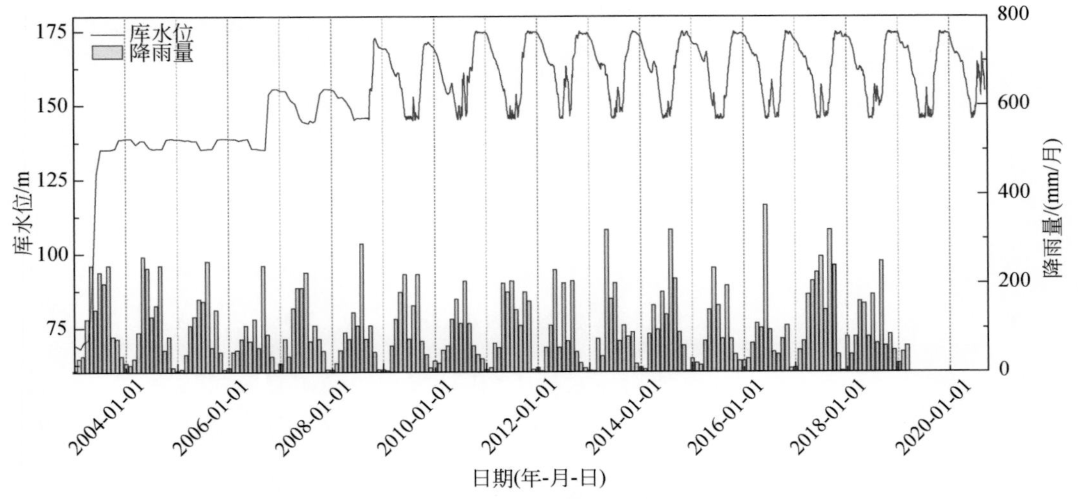

图5.17　三峡水库水位波动曲线

考虑175m试验性蓄水以来的实际运行情况，将2010~2020年库水位波动曲线取平均值，可以获取三峡库区多年平均库水位运行曲线，见图5.18（a）。作者建议，将多年平均水位运行工况代替现行规范中的水位降落工况，进行涉水滑坡稳定性计算，更符合175m试验性蓄水以来三峡库区的实际水位运行情况。2019~2020年三峡水库出现史上最高的 75000m^3/s 的入库流量，三峡库区的水位调度出现了 167m 骤降至 155m 的极端工况。因此，可使用 2019～2020 年的库水位运行曲线［图 5.18（b）］作为校核工况，进行涉水滑坡的稳定性计算。为了减少计算量，可将曲线进行线性简化。如图 5.19（a）所示，可将多年平均库水位运行曲线根据关键的特征点，简化为六个阶段、七个节点；如图 5.19（b）所示，可将 2019～2020 年库水位波动曲线简化为 10 个阶段、11 个节点。在实际工程应用中，可将简化后的多年平均水位运行曲线和 2019～2020 年水位运行曲线，作为三峡库区涉水滑坡稳定性评价的计算工况和校核工况。

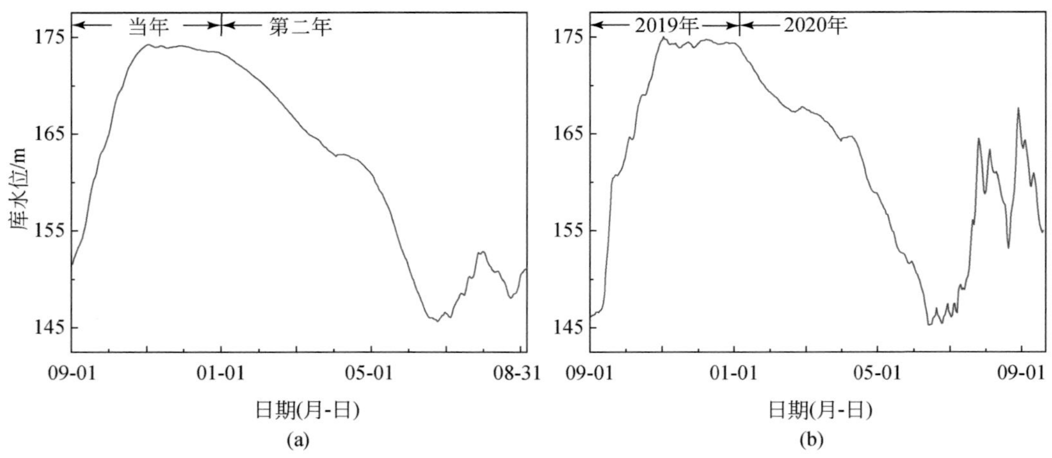

图 5.18　多年平均库水位波动曲线（a）及 2019～2020 年库水位波动曲线（b）

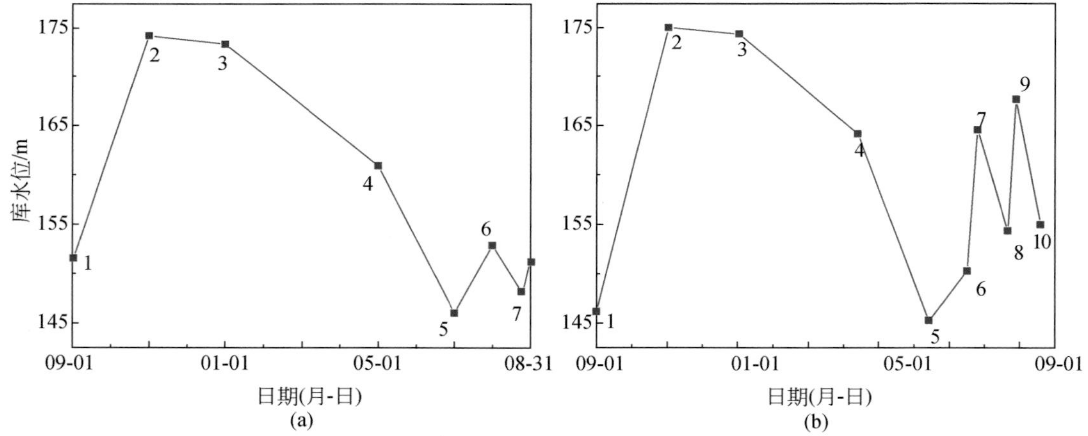

图 5.19　简化的多年平均库水位波动曲线（a）及简化的 2019～2020 年库水位波动曲线（b）

使用上述多年平均库水位运行工况和 2019～2020 年的库水位运行工况，进行塔坪滑坡稳定性计算。首先，使用库水位连续升降下的浸润线式（5.21）～式（5.24），计算获取两种工况中不同时步下的坡体浸润线，计算所用的渗透系数为 2m/d，计算结果如图 5.20 所示。接着，将获取的浸润线代入滑坡传递系数法计算公式［式（5.25）～式

(5.32)] 中，可计算获取塔坪滑坡随库水位升降时安全系数的变化曲线。传递系数法的计算条块划分如图 5.20 所示，稳定性计算时材料的物理力学参数如表 5.1 所示。

表 5.1　稳定性计算时材料的物理力学参数

材料	容重/(kN/m³)		黏聚力/kPa		内摩擦角/(°)	
	天然值	饱和值	天然值	饱和值	天然值	饱和值
滑体	24.62	25.21	43.5	39.2	35.2	31.7
滑带	24.62	25.21	22.5	20.2	20.9	18.8

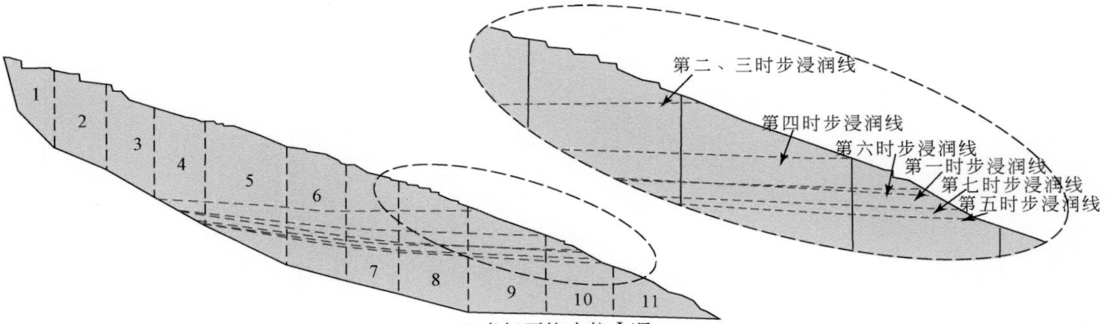

(a) 多年平均水位Ⅰ况

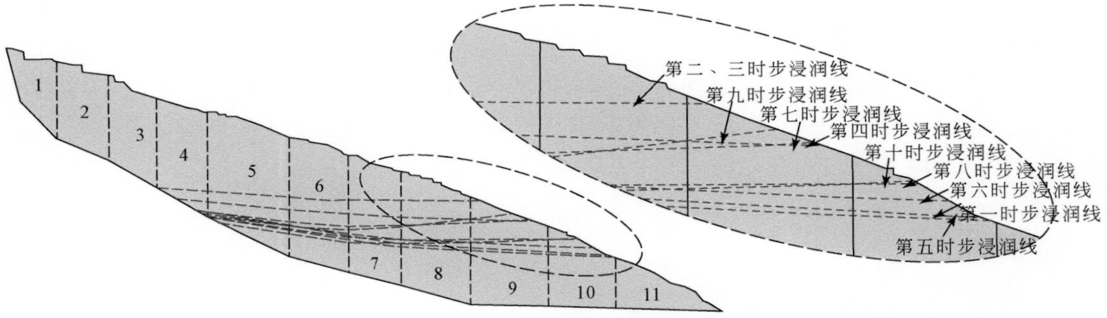

(b) 2019~2020年水位Ⅰ况

图 5.20　不同时步下的坡体浸润线及传递系数法计算条块

由计算结果（图 5.21）可知，多年平均水位运行工况下，塔坪滑坡安全系数在 175m 水位时最大，可达 1.15；随着水位的下降，安全系数不断降低，145m 最低水位时，安全系数降至最低，为 1.092；在 2019 ~ 2020 年库水位运行工况下，库水位为 150m 时（第六时步），塔坪滑坡安全系数降至最低，为 1.093。

5.5.2　三峡库区蓄水运行期滑坡渗流和稳定性数值模拟

5.5.2.1　库水位连续波动作用下库岸浸润线有限元模拟计算

考虑二维空间内，单位空间内的一定时间间隔内，流体流入和流出单元体的差等于储水量的变化，相应的二维渗流微分方程为

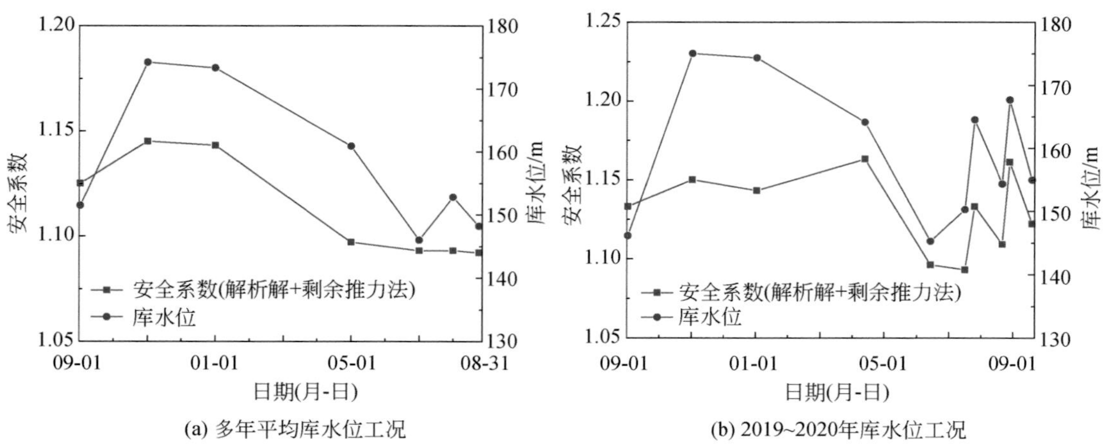

(a) 多年平均库水位工况　　(b) 2019~2020年库水位工况

图 5.21　巫山塔坪滑坡安全系数随库水位变化曲线

$$\frac{\partial}{\partial x}\left(K_x\frac{\partial H}{\partial x}\right)+\frac{\partial}{\partial y}\left(K_y\frac{\partial H}{\partial y}\right)+Q=\frac{\partial \theta}{\partial t} \tag{5.33}$$

式中，H 为总水头；K_x 为 x 方向的渗透系数；K_y 为 y 方向的渗透系数；Q 为施加的边界流量。

浸润线计算使用有限元数值模拟软件 GeoStudio 中的 SEEP/W 模块。根据塔坪滑坡的地质模型，可建立其数值模型，如图 5.22 所示。模型共有 9508 个节点、9540 个单元。模型滑坡前缘施加多年平均水位波动和 2019 ~ 2020 年库水位波动边界条件。初始的地下水位分布，由勘查资料可获取。滑体材料的渗透系数设置为 2m/d。在滑坡的三个位置设置 A、B、C 三个地下水位监测点。

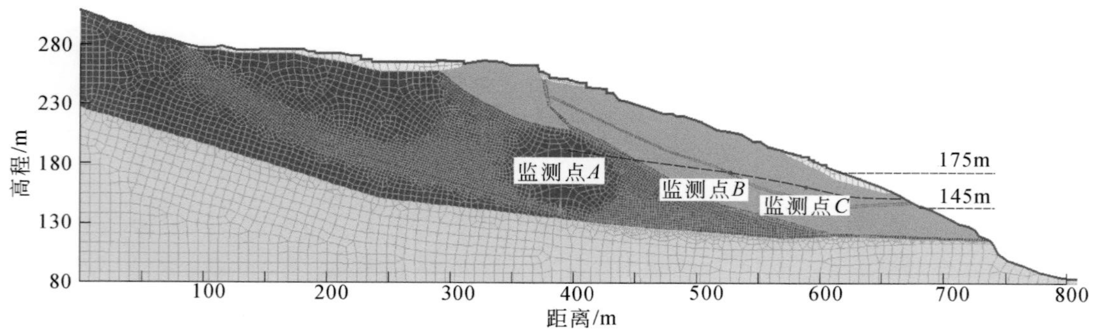

图 5.22　塔坪滑坡二维渗流计算有限元模型

图 5.23（a）和（b）为多年平均水位波动工况和 2019 ~ 2020 年水位波动工况下，塔坪滑坡三个监测点处的地下水位波动曲线。如图 5.23 所示，在多年平均水位波动和 2019 ~ 2020 年水位波动工况下，坡体中前部两处监测点的地下水位与库水位波动规律一致。但是随着库水位的抬升和下降，离水库越远的监测点，其地下水位抬升和下降的幅度越小，响应程度越弱。值得注意的是，滑坡后部监测点 A 处的地下水位不受库水位的影响。图 5.23（c）和（d）是多年平均水位波动工况和 2019 ~ 2020 年水位波动工况下，塔

坪滑坡坡体内水力梯度响应曲线。如图 5.23 所示，水力梯度变化曲线与地下水位波动曲线的规律相反，当库水位不断抬升时，坡体内前后缘的水头差不断降低，水力梯度因此不断降低；当库水位快速下降时，由于滑坡坡体内不同位置的地下水位对库水位的响应有一定的延时，因此，坡体内的水力梯度快速增大。对于多年平均水位波动工况，7 月和 9 月库水位快速降至低位时，坡体内水力梯度达到最大。对于 2019 ~ 2020 年水位波动工况，库水位在 6、8 和 9 月三次快速降至低位时，坡体内水力梯度均快速增大至峰值。

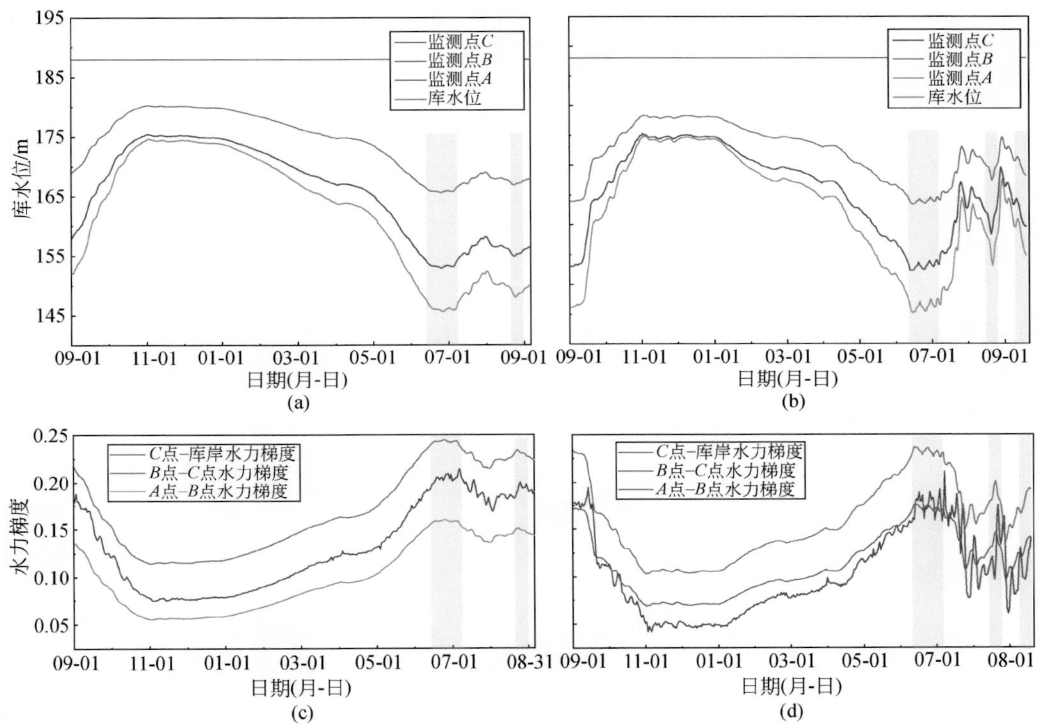

图 5.23　多年平均库水位波动工况下监测点地下水位高程（a）、2019 ~ 2020 年库水位波动工况下监测点地下水位高程（b）、多年平均库水位波动工况下坡体水力梯度（c）以及 2019 ~ 2020 年库水位波动工况下坡体水力梯度（d）

5.5.2.2　库水位运行作用下塔坪滑坡稳定性有限元强度折减法计算

将 GeoStudio 中计算获取的两种库水位波动工况下不同时步的地下水浸润曲线，耦合进 FLAC3D 软件中。使用强度折减法，计算塔坪滑坡在多年平均库水位波动和 2019 ~ 2020 年库水位波动工况下不同时步的安全系数。

强度折减法中，滑坡安全系数定义为实际抗剪强度与滑坡发生破坏临界状态时虚拟的折减强度指标的比值。

$$\mathrm{FOS}=\frac{\int\left(\dfrac{c}{K}+\dfrac{\sigma}{K}\tan\varphi\right)\mathrm{d}A}{\int\tau\mathrm{d}A}=\frac{\int(c'+\sigma\tan\varphi')\mathrm{d}A}{\int\tau\mathrm{d}A}\tag{5.34}$$

$$c' = \frac{c}{K}, \quad \varphi' = \arctan\left(\frac{\tan\varphi}{K}\right) \tag{5.35}$$

通过逐步调整渗透系数（K），得到不同的 c' 和 φ'，直至计算坡体达到临界状态，这时 K 值即滑坡安全系数。数值模型中各材料的物理力学参数如表 5.2 所示。

表 5.2　数值模型中各材料的物理力学参数

材料	天然容重/(kN/m³)	黏聚力/kPa	内摩擦角/(°)	弹性模量/kPa	抗拉模量/kPa	剪切模量/kPa	泊松比
滑体	24.62	43.5	35.2	65000	68000	62000	0.32
浅层滑带	24.62	22.5	20.9	45000	48000	43000	0.35
深层滑带	24.62	22.5	20.9	45000	48000	44000	0.35

多年平均库水位波动工况下，塔坪滑坡在不同时步下的浸润线、孔隙水压力、位移和安全系数的计算结果如图 5.24 所示。由图 5.24 可知，库水位在高位运行阶段（第二时步和第四时步），滑坡主要以浅层滑体失稳为主，安全系数可达 1.18。当库水位转入低位运行时（第五、六、七时步），深层滑体也会出现较大的变形，坡脚处滑体出现明显的圆弧形滑动，滑坡表现为前缘牵引式变形破坏模式。且在第五时步，库水位降至 145m 时，滑坡安全系数降至最低，为 1.08。

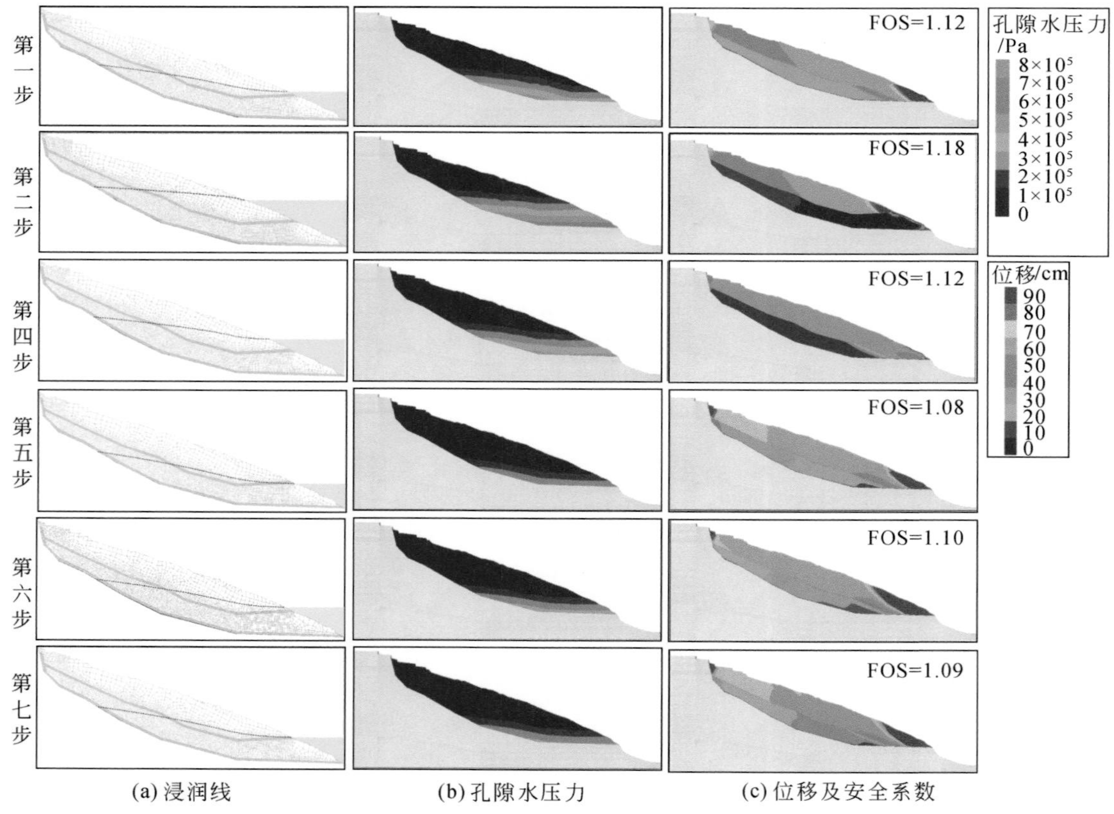

图 5.24　多年平均水位波动工况下塔坪滑坡浸润线、孔隙水压力、位移和安全系数

2019～2020 年库水位波动工况下，塔坪滑坡在不同时步下的浸润线、孔隙水压力、位移和安全系数的计算结果如图 5.25 所示。由图 5.25 可知，库水位在高位运行阶段（第二时步），滑坡的浅层滑体变形较大，而深层滑体几乎没有变形，且坡体的安全系数较大，约 1.21。当库水位降至 145m 时（第五时步），深层滑体也出现了较大的位移，且坡脚靠近长江的滑体出现明显的圆弧形滑动，滑坡后缘变形拉裂十分严重。滑坡安全系数降至最低 1.08。为了满足汛期防洪要求，该极端工况出现了两次水位骤降情况（第八时步和第十时步），滑坡的安全系数分别降至 1.08 和 1.10。

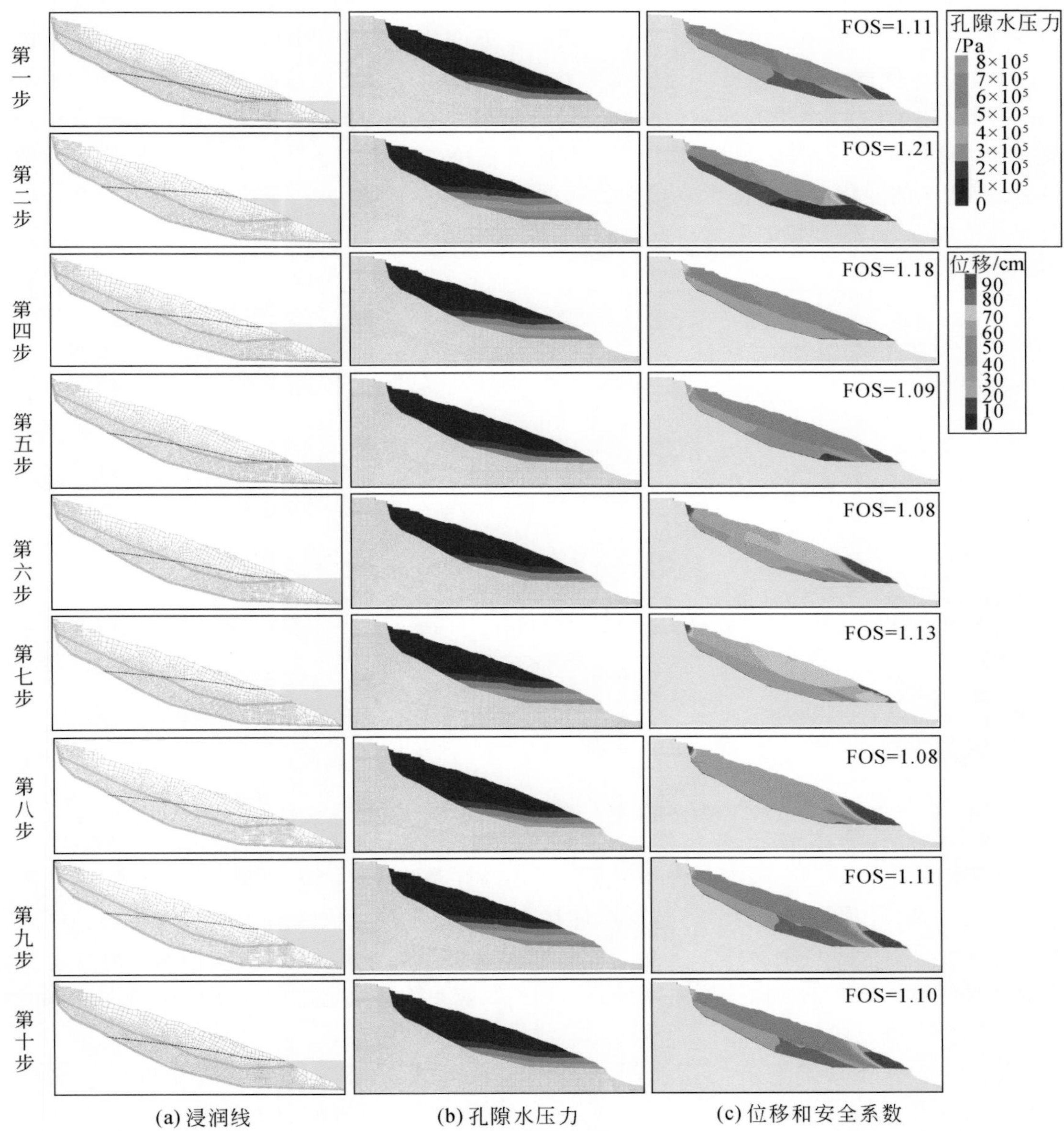

图 5.25　2019～2020 年水位波动工况下塔坪滑坡浸润线、孔隙水压力、位移和安全系数

5.5.3　库水位和降雨联合作用下巫山塔坪滑坡长期稳定性计算

使用2009～2019年降雨和库水位数据进行巫山塔坪滑坡十年的渗流场、位移场和稳定性计算。计算采用GeoStudio软件，数值模型与图5.22一致。稳定性计算采用极限平衡法中的M-P法。降雨曲线设置为滑坡地表的水力边界条件，库水位曲线设置为滑坡右侧边界的水力边界条件。

在仅考虑库水位升降的影响下，塔坪滑坡浅层和深层滑体的稳定性表现为周期性变化规律（图5.26）。其中，浅层滑体稳定性系数主要变化区间为1.025～1.08，深层滑体稳定性系数大于浅层滑体，主要变化区间为1.07～1.10。由于浅层滑面和深层滑面的位置不同，因此它们受到库水位的影响也有所不同。在库水位波动作用下，浅层滑体的稳定性系数波动幅度更大，这可能是由于浅层滑体的厚度较小，下滑力更小，库水位的改变导致的应力-应变场的变化对其整体影响更大；而深层滑体的厚度较大，下滑力更大，库水位的改变导致的应力-应变场的变化对其整体影响更小。

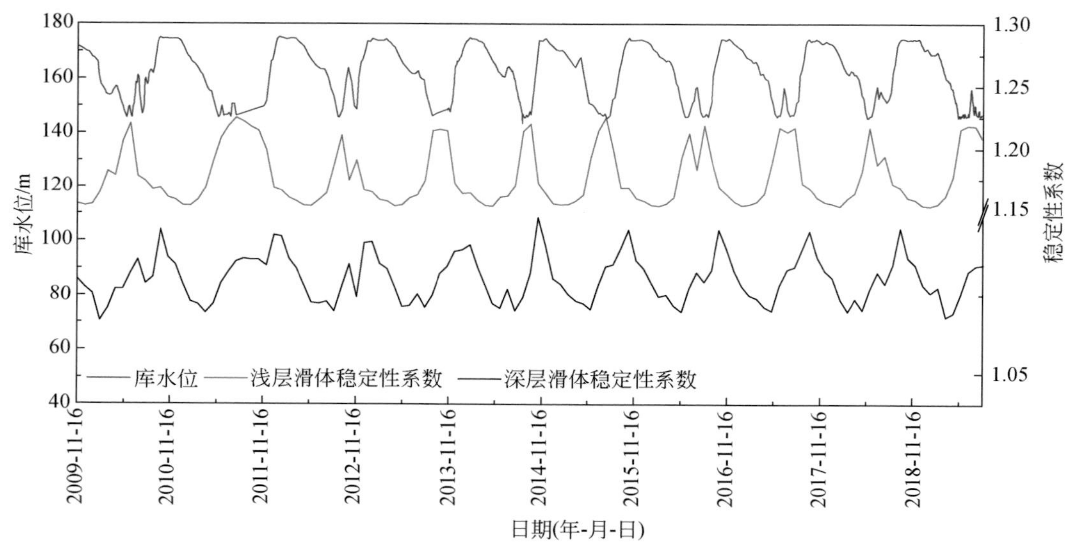

图5.26　2009～2019年库水位作用下巫山塔坪滑坡深层滑体和浅层滑体稳定性系数变化曲线

在考虑库水位波动和降雨联合作用下，巫山塔坪滑坡浅层滑体和深层滑体稳定性系数变化较为复杂。由图5.27可知，浅层滑体稳定性系数主要变化区间为1.00～1.15，深层滑体稳定性系数大于浅层滑体，主要变化区间为1.05～1.125。由此可知，深层滑体主要受到库水位波动的影响，而浅层滑体受到降雨的影响更大，这可能是由于浅层滑面的深度较浅，雨水可以更快的进入滑面，从而影响浅层滑体的稳定性。

将SEEP/W中计算获取的渗流场结果输入SIGMA/W中，可以计算获取塔坪滑坡2009～2019年的位移变化特征。接着我们导出滑坡模型中设置的JC21、JC22、JC25三个监测点处的位移数据（具体位置见图5.22），结果如图5.28所示。计算结果表明，随着库水位的周期性波动，塔坪滑坡的地表位移出现阶梯式变形特征，即每年的库水位下降阶段，滑坡的位移有一定增大，且前缘监测点的地表位移可达 250mm，中后部的地表位移可达 150mm。

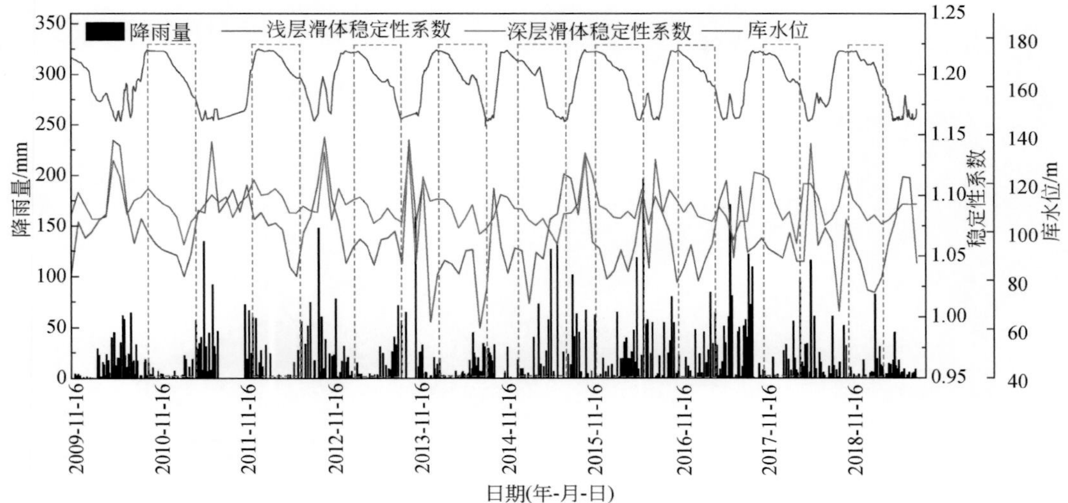

图 5.27　2009～2019 年库水位和降雨联合作用下巫山塔坪滑坡稳定性系数变化曲线

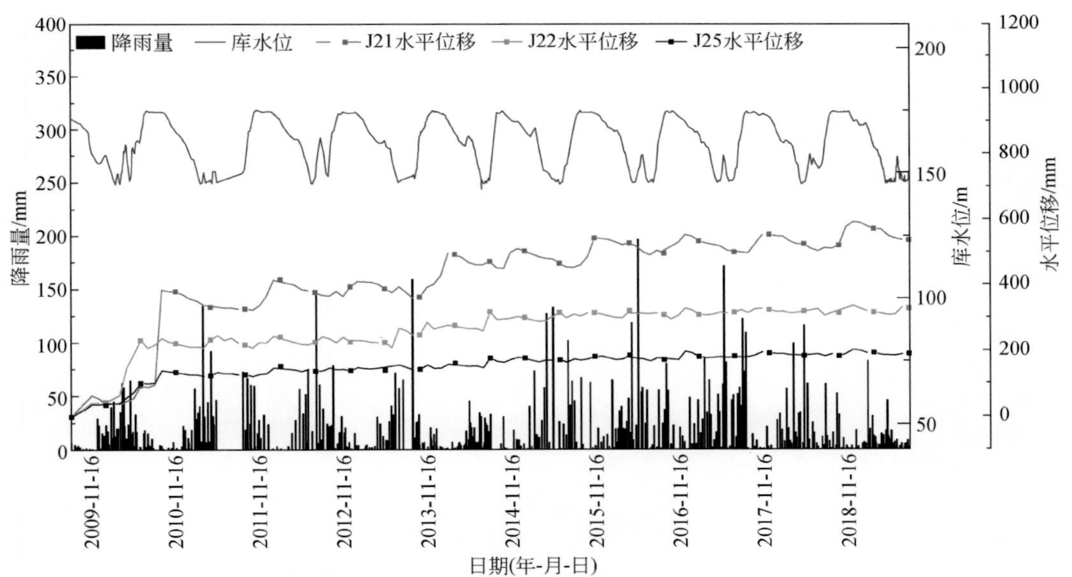

图 5.28　2009～2019 年库水位和降雨联合作用下巫山塔坪滑坡地表位移曲线

5.5.4　库水位运行下塔坪滑坡安全系数分区

使用有限差分法进行塔坪滑坡安全系数分区计算，计算软件采用 FLAC3D 有限差分软件。首先进行滑坡的初始地应力平衡，接着进行库水位在175m工况下的滑坡渗流场和应力-应变耦合计算，获取滑坡的应力-应变场，接着采用强度折减法获取滑坡稳定性系数，最后调用FISH函数计算滑坡安全系数分区。为了提高计算速度和精度，计算模型仅使用塔坪滑坡变形区的部分（图5.29）。

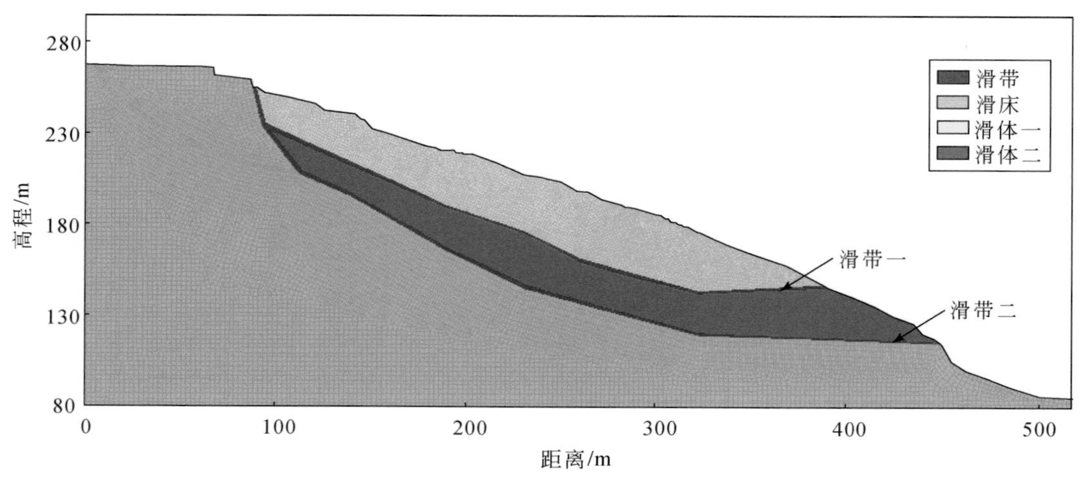

图5.29　FLAC3D中塔坪滑坡的数值计算模型

计算所得175m库水位下，坡体孔隙水压力分布如图5.30所示。滑坡的中前部受到库水位影响较大，坡体后缘几乎不受影响。计算获取的剪应变增量（shear strain increment，SSI）分布如图5.31所示，剪应变增量反映了滑坡岩土体发生的剪切变形量，剪应变增量较大的区域可以在一定程度上代表滑坡可能的失稳破坏面。由图5.31可知，滑坡可能在坡脚位置出现圆弧形滑动，而滑坡的中部和后部均出现几处较大的剪应变集中区，这表明滑坡可能为前缘牵引式破坏。滑坡位移场计算结果也表明，滑坡在坡脚位置的位移最大，可达0.4m，往滑体后部，滑坡的位移逐渐减小，最小仅为0.2m左右（图5.32）。

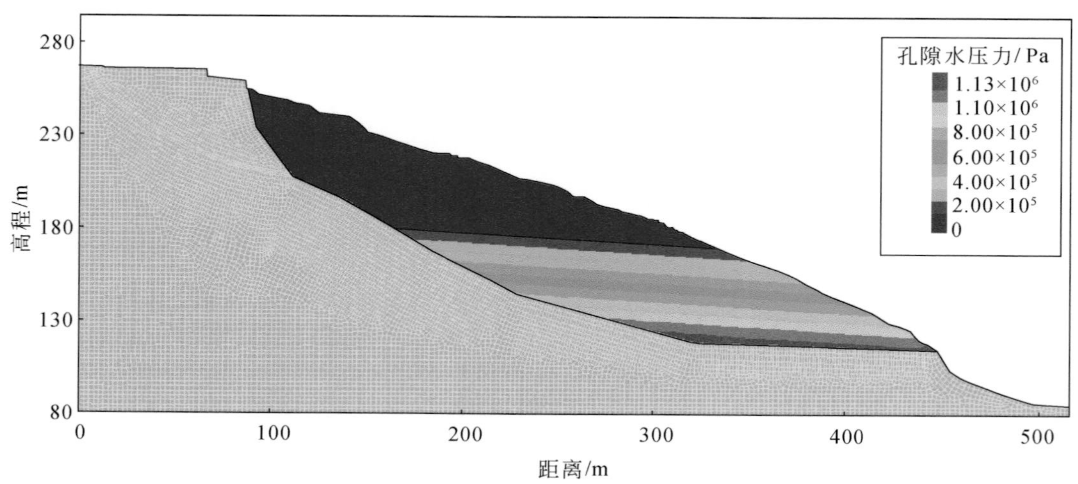

图5.30　175m库水位下塔坪滑坡孔隙水压力云图

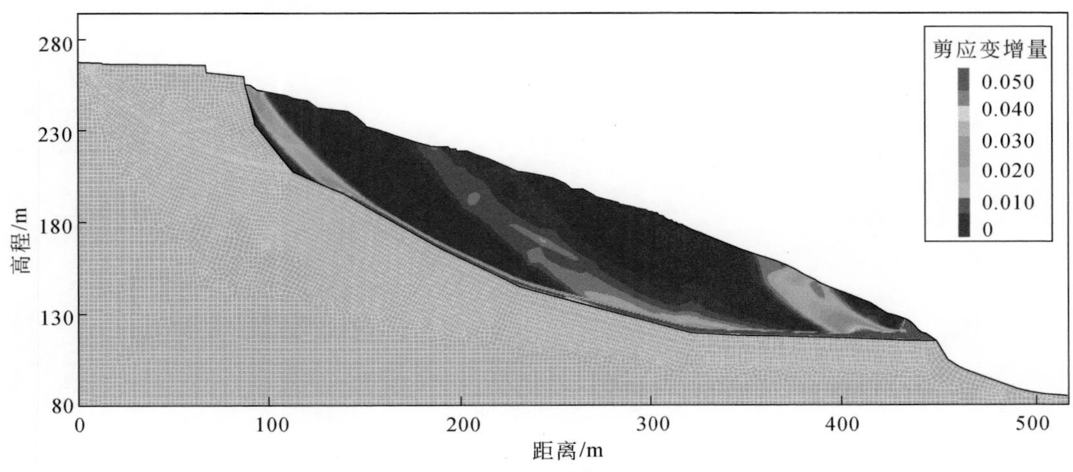

图5.31　175m库水位下塔坪滑坡SSI云图

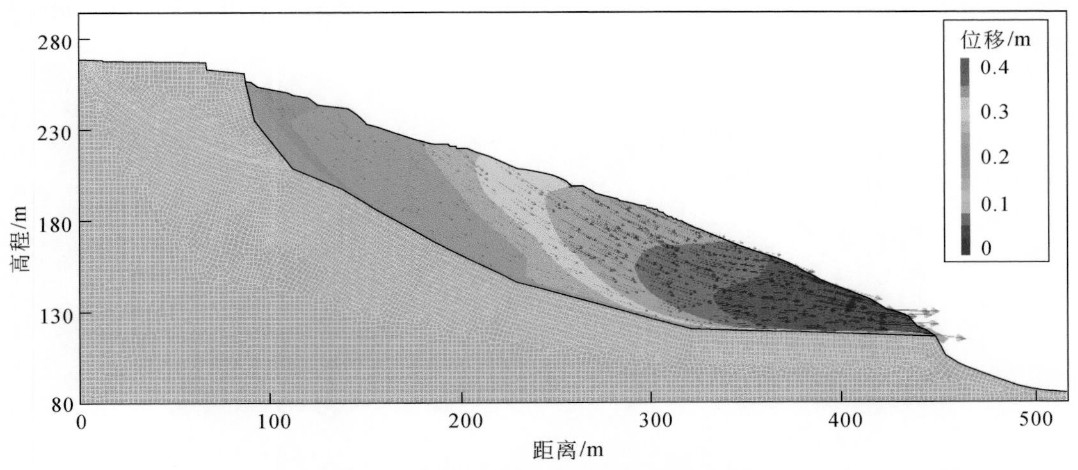

图5.32　175m库水位下塔坪滑坡位移云图

最后，可以计算获取滑坡安全系数分区，结果如图5.33所示。结果表明，塔坪滑坡在175m库水位状态下，坡脚库水位变动区的安全系数最小，约1.00~1.05。滑体中前部的安全系数低于1.10，后缘滑体安全系数约1.10~1.20。安全系数计算结果也进一步表明，塔坪H1新滑坡为一前缘牵引式滑坡。

5.5.5　库水位运行下塔坪滑坡三维计算

将塔坪滑坡的地表数据点和钻孔获取的深层和浅层滑带的空间位置点导入犀牛(Rhino)软件，建立塔坪滑坡的三维地质模型，如图5.34所示。模型中包括364025个单元、66343个节点。计算软件采用FLAC3D有限差分软件。在模型的前缘设置了175m库水位的孔隙水压力边界，模型的后侧设置了地下水位的边界条件。另外在模型的底部左右

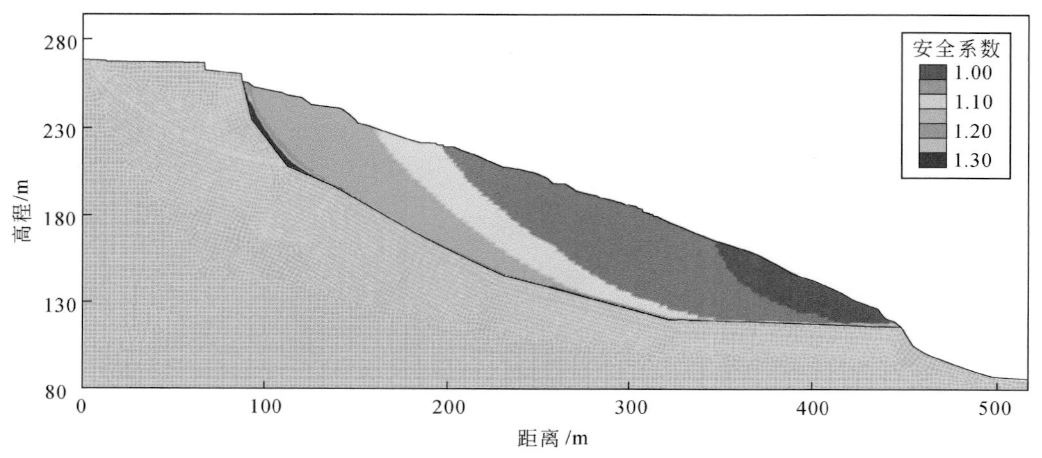

图 5.33　175m 库水位下塔坪滑坡分区安全系数

两侧和前后两侧均设置了固定位移的边界条件。首先，进行地应力平衡；随后，计算 175m 库水位作用下，滑坡的渗流场和应力-应变场的特征；最后，采用强度折减法进行稳定性计算。

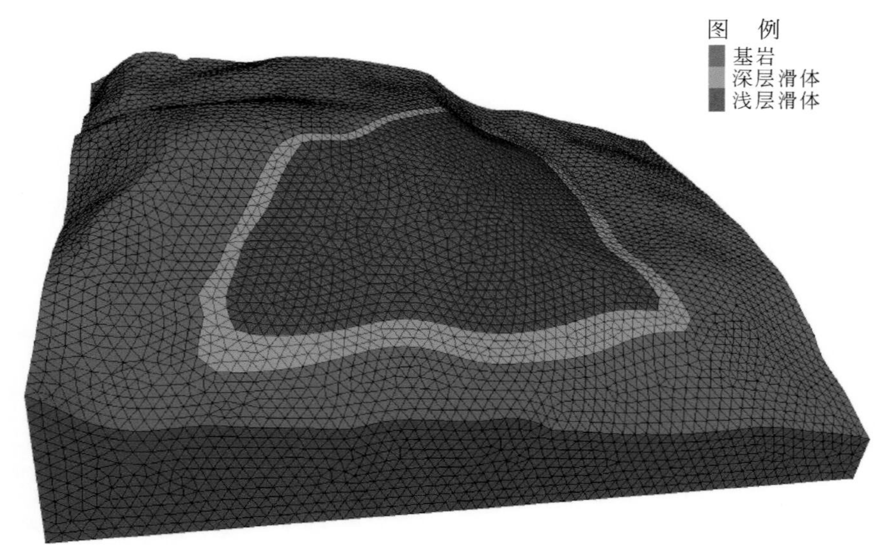

图 5.34　塔坪滑坡三维模型

三维计算结果表明，塔坪滑坡在库水位作用下，滑坡的地下水位呈平缓的线性分布，在坡脚位置，孔隙水压力较小、地下水位高程较低；在滑坡的后缘，地下水位较高、孔隙水压力较大（图 5.35）。

滑坡的位移场计算结果表明，塔坪滑坡位移在坡脚库水位以下滑面以上的区域最大，可达到 1m 左右（图 5.36）。往后缘滑坡的位移逐渐降低，但是整体的位移均大于 0.2m。另外滑坡的位移场计算结果表明，滑坡左侧坡脚的位移也较大，这可能是由于该位置的地形较陡，导致的坡体的稳定性较差。

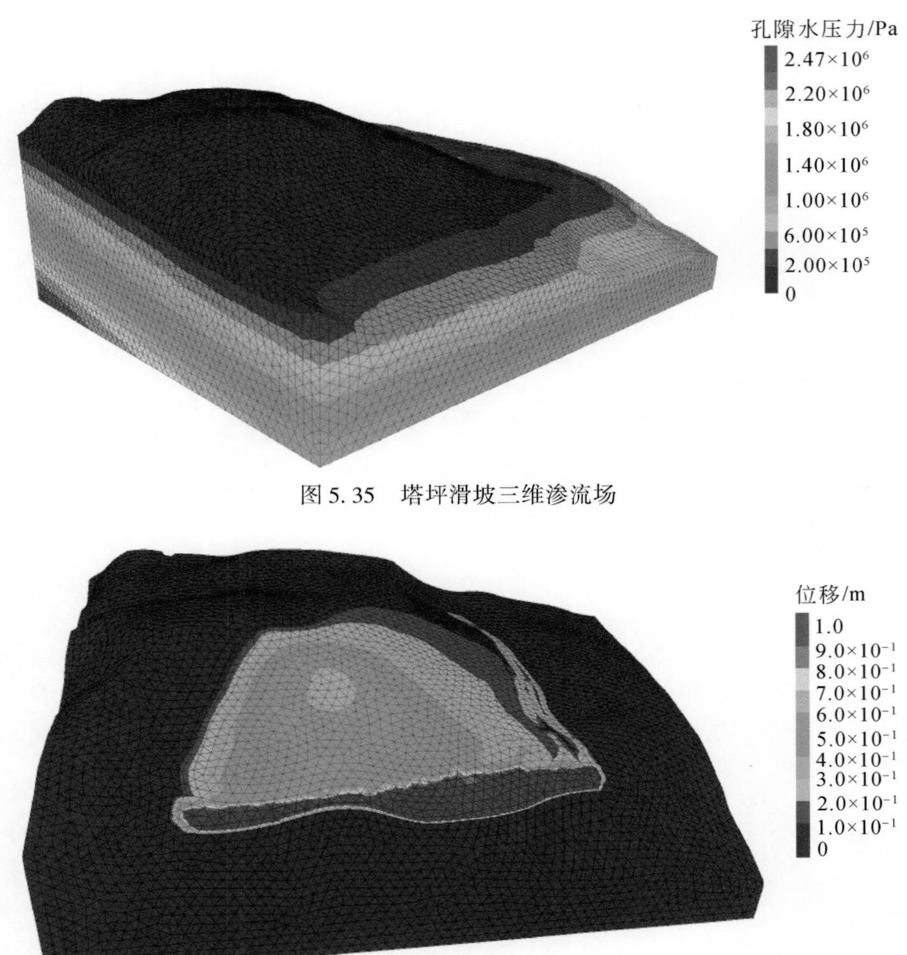

图 5.35　塔坪滑坡三维渗流场

图 5.36　塔坪滑坡三维位移云图

在坡体内切出三个剖面，可以观察到滑坡在不同深度的位移变化情况。由图 5.37 可知，三个剖面的位移均在坡脚位置最大，极容易发生失稳破坏，滑坡中后缘在深部滑带以上的位移较大。三个剖面的位移分布相似。

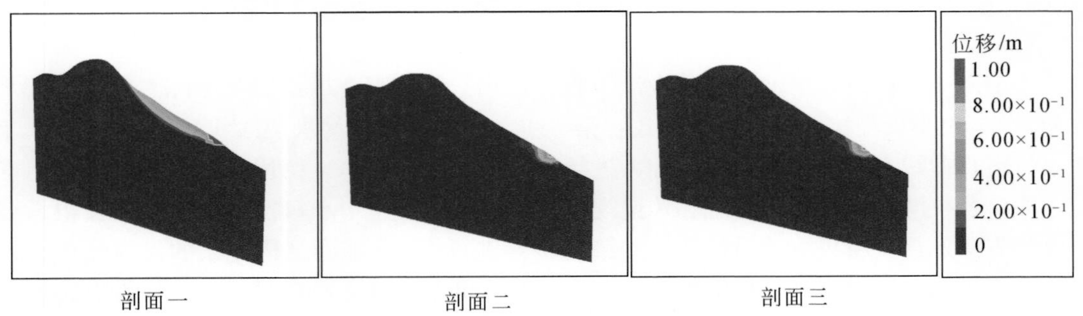

图 5.37　塔坪滑坡剖面位移云图

剪应变增量（SSI）分布可以判断滑坡发生剪切变形的位置，通过三维计算可以发现，塔坪滑坡剪应变增量较大的区域主要分布在滑坡坡脚，即库水位以下的剪出口位置以及滑坡两侧边界。值得注意的是，滑坡后缘位置的剪应变增量较小，这表明，滑坡时前缘在库水位软化作用下呈牵引式渐进破坏模式，滑坡后缘目前受到的影响有限（图 5.38）。

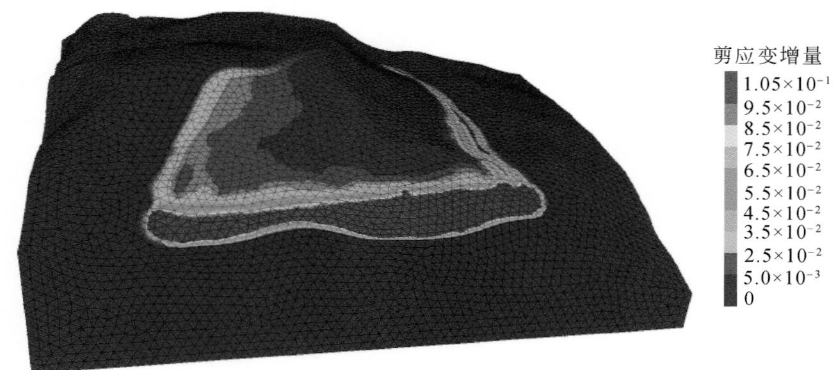

图 5.38　塔坪滑坡三维 SSI 云图

塔坪滑坡在设定的三个剖面处剪应变区的分布有所不同。由图 5.39 可知，剖面二中，剪应变区主要沿着深层滑带分布，坡脚位置的剪应变增量最大；剖面一的剪应变区也主要是沿着深层滑带分布，虽然该剖面的滑带已经贯通，但是 SSI 的数值稍小；剖面三的剪应变区在坡脚位置较大，但是坡面中后部较小，这表明剖面三位置的滑带仍未贯通。

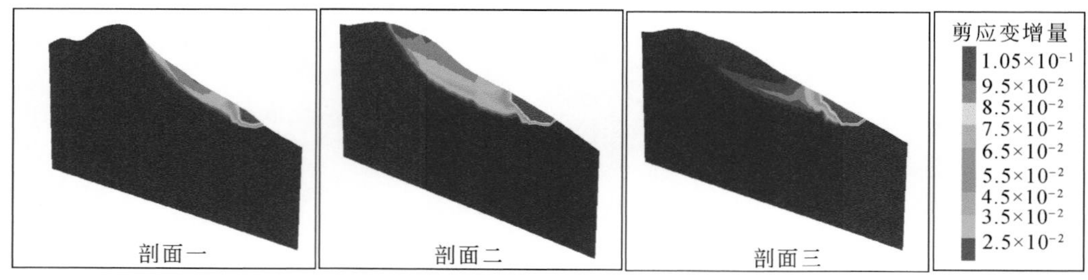

图 5.39　塔坪滑坡剖面 SSI 云图

5.6　库水动力作用下塔坪滑坡防治设计模式研究

本节基于巫山塔坪滑坡的防治设计工程，提出三峡库区 175m 蓄水运行工况下特大水力型滑坡-中小口径抗滑桩群设计模式：第一步，基于多年平均水位曲线和 2019 ~ 2020 年库水位运行曲线对滑坡的稳定性和推力进行优化计算；第二步，使用数值计算的方法，确定中小口径抗滑桩群的推力分配和传递规律；第三步，使用中小口径抗滑桩群的极限承载力设计方法进行抗滑桩群的设计计算；第四步，进行滑坡-桩群结构体系的渗流场评价计算；第五步，进行中小口径抗滑桩支护效果计算评价。本节主要介绍巫山塔坪滑坡防治工程的设计方案。

5.6.1　基于 175m 水位运行工况下滑坡稳定性和推力优化计算

使用上文中库水位连续波动作用下的浸润线和稳定性计算方法，以简化的多年库水位运行曲线和 2019～2020 年水位运行曲线作为稳定性计算工况，计算塔坪滑坡的浸润线和安全系数。稳定性计算时材料的物理力学参数见表 5.1。

将三峡库区多年平均库水位运行曲线代入浸润线计算公式中，获取塔坪滑坡在多年平均库水位波动作用下的浸润线。为了减少计算量，将曲线进行线性拟合，将其分为七个节点［图 5.18（a)］。另外，2019～2020 年三峡水库出现史上最高的入库流量 75000m^3/s，因此采用 2019～2020 年的库水位运行曲线作为极端工况，获取塔坪滑坡在该年库水位波动作用下的浸润线。为了减少计算量，将曲线进行线性拟合，将其分为 10 个节点［图 5.18（b)］。接着考虑库水位波动+地表荷载+自重+非汛期 N 年一遇暴雨（$q_{枯}$）工况进行滑坡传递系数法计算，获取了塔坪滑坡底滑面的稳定性系数变化曲线。由于中浅层滑面几乎不受库水位波动的影响，因此仅计算了 175m 和 145m 常水位工况下的安全系数。

首先使用库水位连续波动下的浸润线公式［式（5.21）～式（5.24)］，计算获取两种工况中不同时步下的坡体浸润线，剖面 3-3′（位置见图 5.2）的计算结果如图 5.20 所示。剖面 3-3′在多年平均库水位和 2019～2020 年库水位波动曲线下底滑面安全系数曲线如图 5.21 所示。剖面 3-3′底滑面在两种工况下的最危险的安全系数分别为 1.092 和 1.093。

使用上文中库水位连续波动作用下的浸润线解析解公式和稳定性计算方法，以简化的多年平均库水位运行曲线和 2019～2020 年库水位运行曲线作为稳定性计算工况，对塔坪滑坡的防治工程进行优化设计。当设计安全系数取值为 1.10 时，传统规范中的库水位单次骤降工况与本书提出的库水位波动工况下的滑坡设计剩余下滑力如图 5.40 所示（以剖面 3-3′为例)。由图 5.40 可知，对于浸润线位置变化较大的坡脚 8～11 号条块，库水位波

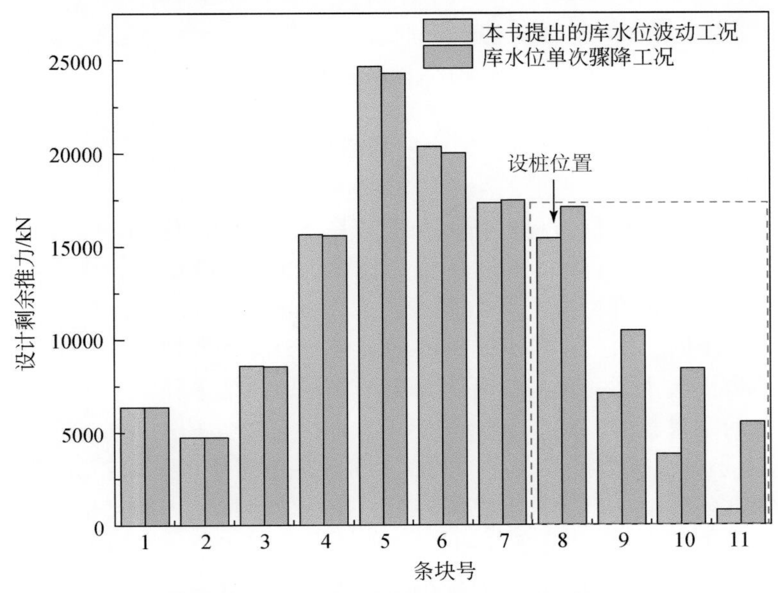

图 5.40　塔坪滑坡主剖面各条块剩余推力对比

动工况下计算获取的滑坡剩余推力显著小于单次骤降工况。设桩位置为 8 号条块时，库水位单次骤降工况计算获取的桩后设计剩余推力为 17081kN；库水位波动工况计算获取的桩后设计剩余推力为 15131kN。考虑桩前抗力的影响，传统的 175m 降至 145m 水位骤降工况计算获取的设计剩余推力为 5467kN；本章提出的库水位波动工况下设桩处的剩余推力为 3754kN。后者相较前者降低了 31.3%。

5.6.2　中小口径抗滑桩群设计

5.6.2.1　多排中小口径抗滑桩推力分配计算

巫山塔坪滑坡典型剖面 3-3′为例，本小节使用有限差分软件 FLAC3D 获取中小口径抗滑桩群推力传递规律。数值模型中，中小口径抗滑桩采用结构单元 Pile 进行模拟。模拟中将浅层和深层滑带分开考虑，分别获取中小口径抗滑桩群在支护塔坪滑坡浅层和深层滑带中的推力传递系数。图 5.41 为塔坪滑坡中小口径抗滑桩群数值计算模型。

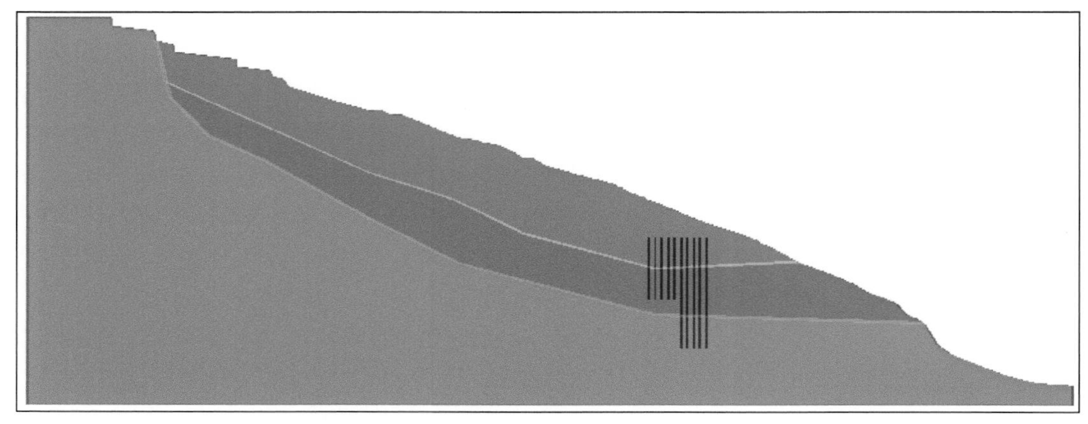

图 5.41　塔坪滑坡中小口径抗滑桩群数值计算模型

图 5.42 为中小口径抗滑桩群在支护深层滑带中的剩余推力和位移分布云图。由计算结果可知，多排中小口径抗滑桩群的第一排桩的位移最大，后排桩变形相对较小。且剩余推力最大值出现在中小口径抗滑桩的滑面位置。图 5.43 是中小口径抗滑桩群在支护深层滑带中的剩余推力分布图。将第一排桩的推力值设为 1，则可做出五排中小口径抗滑桩群在支护深层滑带中的剩余推力分配系数曲线，如图 5.44 所示。由计算结果可知，当第一排的推力值假设为 1 时，第二到第五排桩的剩余推力分配系数均在 0.3～0.5，最后一排桩剩余推力分配系数仅次于第一排桩，可达 0.5 左右。这一结果和朱本珍等（2011）通过原位试验监测获取的结果较为一致。

图 5.45 为中小口径抗滑桩群在支护剖面 3-3′浅层滑带中的剩余推力和位移分布云图。由计算结果可知，多排中小口径抗滑桩群的第一排桩位移最大，后排桩位移相对较小，且剩余推力最大值出现在中小口径抗滑桩群的滑面位置。图 5.46 为 3m 排间距下，中小口径抗滑桩群在支护浅层滑带中的剩余推力分布图。将第一排桩的推力值设为 1，则可做出 10

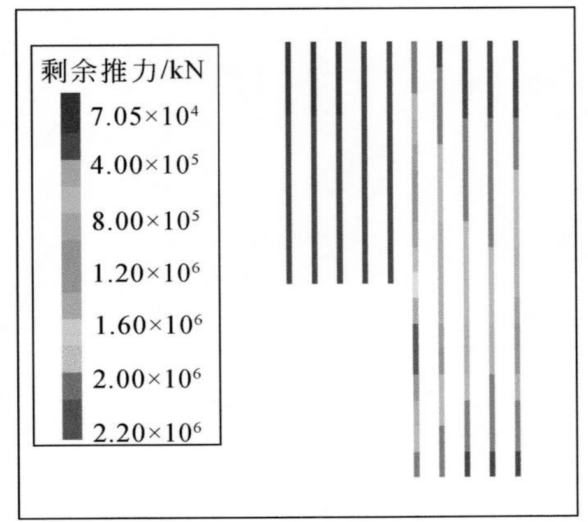

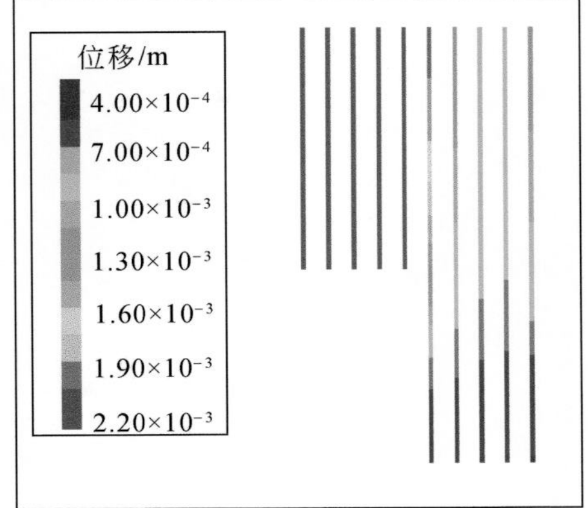

图5.42　中小口径抗滑桩群在支护深层滑带中的剩余推力和位移分布云图

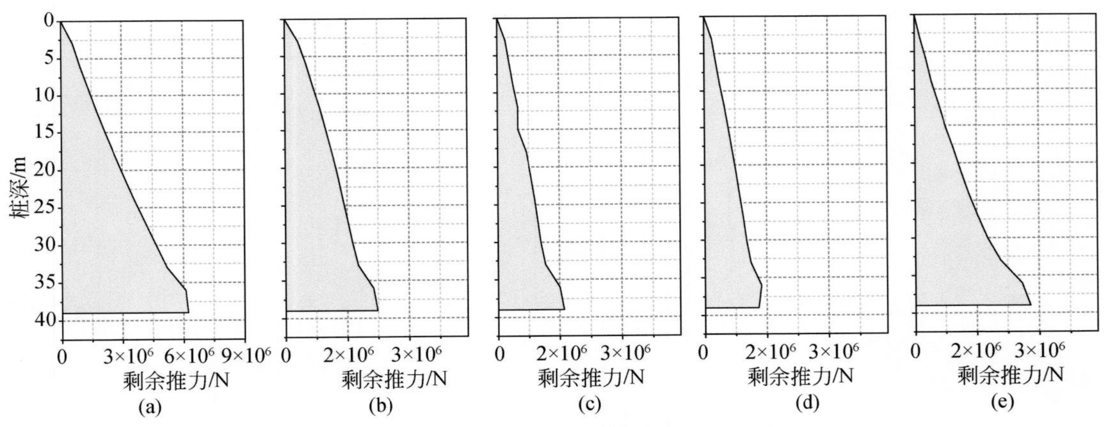

图5.43　中小口径抗滑桩群在支护深层滑带中的剩余推力分布图

（a）～（e）分别为第一到第五排桩

排中小口径抗滑桩群在支护浅层滑带中的剩余推力分配系数曲线，如图5.47所示。由计算结果可知，当第一排桩的推力值假设为1时，第二到第九排桩的剩余推力分配系数均在0.2～0.3，最后一排桩剩余推力分配系数仅次于第一排桩，可达0.4左右。

将浅层滑带的结果与深层滑带的结果比较可知，多排中小口径抗滑桩群在支护浅层滑带中的推力传递能力较在深层滑带中更差。这可能是由于，桩的悬臂段在支护浅层滑带中更短，因此，桩的变形较小，从而向后排桩的推力传递能力相对较弱；也可能由于，随着桩的排数增大，第一排桩承受的推力不变，但后排桩群平均分配到的推力相应降低。

由于使用结构单元模拟抗滑桩时，桩身的位移变形无法导致桩间岩土体的变形，计算获得的剩余推力分配系数值偏小。另外，后排桩的剩余推力分配系数过低，会导致各排桩的配筋率差异过大。因此，在治理工程设计中，我们基于数值模拟的结果，调整了中小口径抗滑桩群在支护深层和浅层滑带中的剩余推力分配系数，具体结果见表5.3和表5.4。

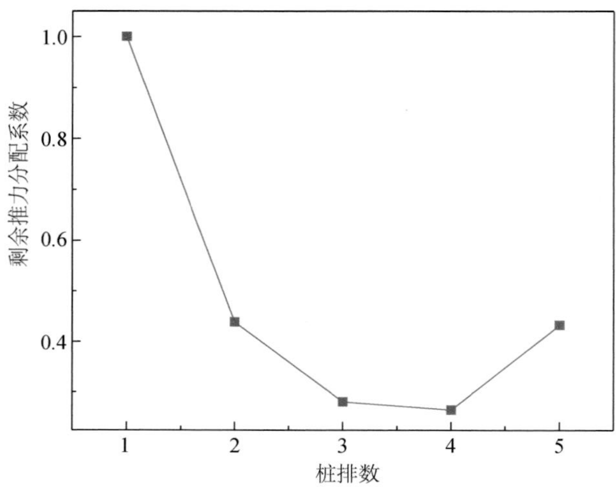

图 5.44　五排中小口径抗滑桩群（3m 排间距）在支护深层滑带中的剩余推力分配系数

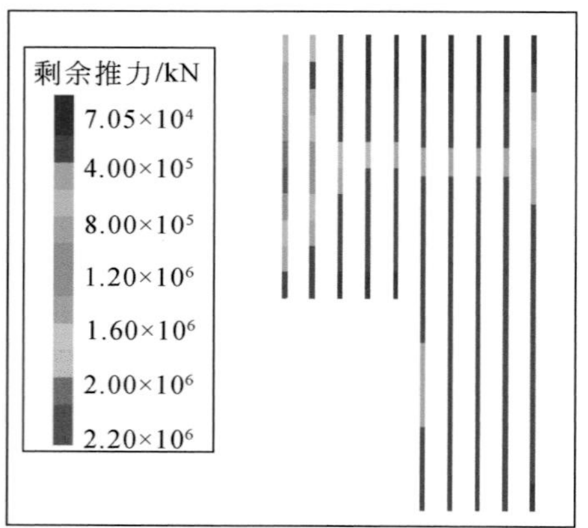

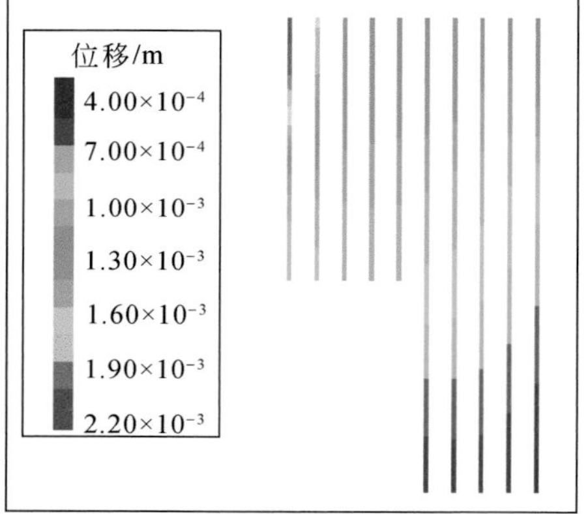

图 5.45　中小口径抗滑桩群在支护剖面 3-3′浅层滑带中的剩余推力和位移分布云图

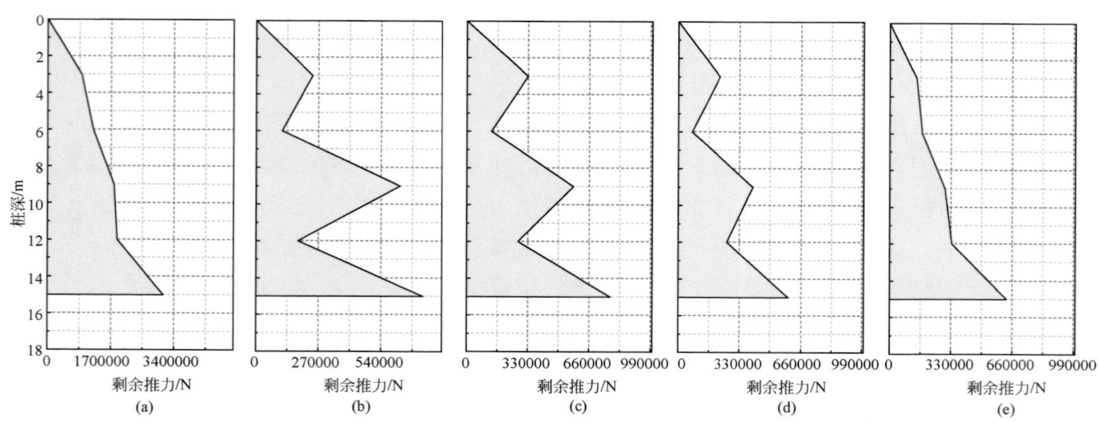

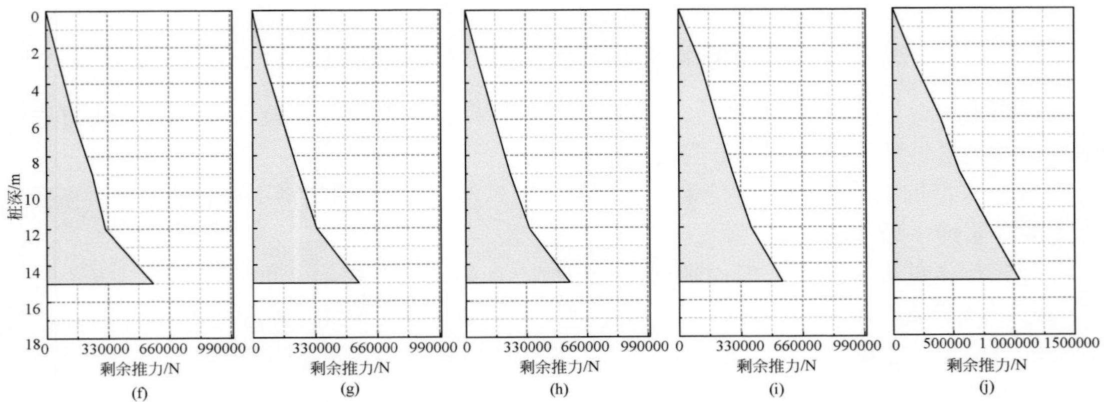

图 5.46　10 排中小口径抗滑桩群在支护浅层滑带中的剩余推力分布图

(a)～(j) 分别为第一到第十排桩

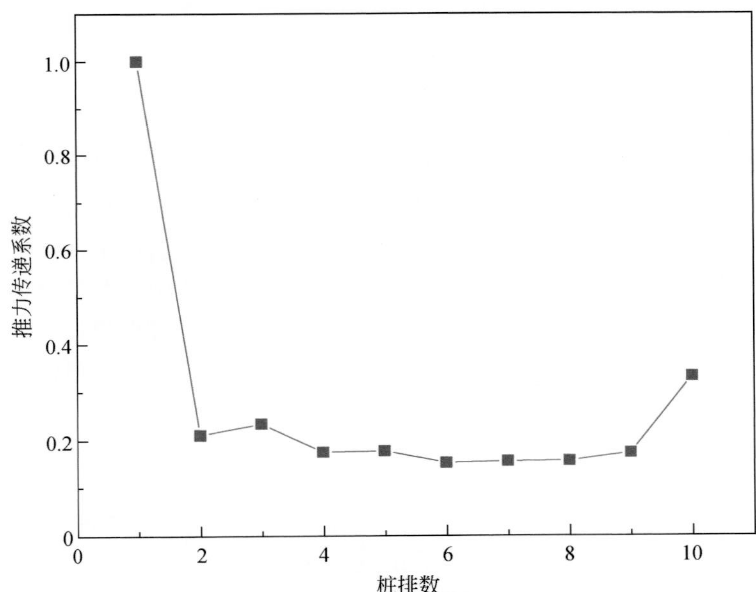

图 5.47　中小口径抗滑桩群在支护浅层滑带中的剩余推力分配系数

表 5.3　中小口径抗滑桩群在支护深层滑带中的剩余推力分配系数

桩排数	第一排桩	第二排桩	第三排桩	第四排桩	第五排桩
剩余推力分配系数	1	0.5	0.5	0.5	0.6

表 5.4　中小口径抗滑桩群在支护浅层滑带中的剩余推力分配系数

桩排数	第一排桩	第二排桩	第三排桩	第四排桩	第五排桩
剩余推力分配系数	1	0.4	0.4	0.4	0.4
桩排数	第六排桩	第七排桩	第八排桩	第九排桩	第十排桩
剩余推力分配系数	0.4	0.4	0.4	0.4	0.5

5.6.2.2　中小口径抗滑桩群极限承载力法设计计算方法

采用中小口径抗滑桩群中的极限承载力法进行抗滑桩群的整体设计。极限承载力法对中小口径抗滑桩的设计做出以下假定：

（1）桩群的承力构件主要是钢筋，混凝土或砂浆只是起保护作用，计算时可以忽略混凝土或砂浆的承载作用；

（2）桩群的破坏位置在滑面附近，滑坡推力在各排桩上均匀分布；

（3）在岩质滑坡中，钢筋主要起到抗剪作用；在土质滑坡中，钢筋在桩身开裂之前起到抗弯剪作用。在桩身开裂之后，转变为以承受的抗拉作用为主。

具体的计算方法如下所述。

设钢筋的设计强度值为f_s，桩群的排数为n，在确定了各排桩的推力（T_n）后，则每排微型桩在计算宽度内所需的钢筋截面积（A_s）为

$$A_s=\frac{\mathrm{FOS}_s T_n}{nf_s} \tag{5.36}$$

式中，FOS_s为钢筋的截面设计安全系数。

另外，桩群的受力较为复杂，在滑面处除了承受剪力外，还有弯矩和轴向拉力作用，而桩周的地基则受到挤压作用。当桩身发生开裂以后，破坏区的混凝土将首先退出工作，这时只有钢筋在起作用，并主要承受剪力和轴向拉力。随着变形的增加，由于破坏区以外上下两段桩体的约束作用，钢筋所受到的拉力逐渐增加，从而增加了滑体和滑床之间的摩擦力。此时，如果中小口径抗滑桩的桩长不足，在钢筋拉力作用下，就可能发生类似锚杆被拔出的破坏。为了避免由此类破坏引起的桩群失效，在进行桩群设计计算时，必须对抗拔力进行验算。设中小口径抗滑桩的直径为D，桩内钢筋直径为d，则桩的长度可按下列公式计算，并取其中的较大值：

$$L=\frac{\mathrm{FOS}f_s A_s}{\pi D q_1} \tag{5.37}$$

$$L=\frac{\mathrm{FOS}f_s A_s}{n\pi \mathrm{d}\xi q_s} \tag{5.38}$$

式中，FOS为安全系数；q_1为水泥结石体与岩土孔壁间的黏结强度设计值；q_s为水泥结石体与钢筋间的黏结强度设计值；n为钢筋根数；d为单根钢筋的直径，mm；ξ为采用两根或两根以上钢筋时，界面黏结强度降低系数。

分别把滑体和滑床的参数代入式（5.38）中，可以计算出单桩滑面以上的锚固长度（L_a）和滑面以下的锚固段长度（L_b）。

通过极限承载力法可对中小抗滑桩群的桩间距、桩长、桩直径、桩排数、单桩的配筋等进行整体设计，形成设计方案。

5.6.2.3　塔坪滑坡-中小口径抗滑桩群设计

1. 底滑面中小口径抗滑桩群设计

计算获取塔坪剖面3-3′底滑面在设桩位置第八条块的下滑力为15411.8kN，设桩处的

抗力计算为 14571. 6kN，折减系数取 0. 80 时，则设桩位置的设计剩余推力为 3754. 53kN。

1）埋入式中小口径抗滑桩配筋量

埋入式中小口径抗滑桩间距为 4m、排间距为 3m、桩径为 1000mm，“品字形”布置。

单桩容许抗剪强度为

$$\tau_{fa}=\beta_a[\tau]A_s$$

式中，β_a为未考虑钢筋弯曲影响的折减系数；$[\tau]$为钢材抗剪强度，采用 Q345 钢，$[\tau]_s=180\text{MPa}$。

则

$$\tau_{fa}=[\tau]A_s=180000A_s$$

每延米埋入式中小口径抗滑桩群抗滑力为 $R_{fa}=n\tau_{fa}$；埋入式中小口径抗滑桩群布置五排，则每延米中小口径抗滑桩的数量为 $n=5/4=1.25$；埋入式中小口径组合抗滑桩群的抗滑力抵抗滑坡推力，即 $E=R_{fa}$；平均单根抗滑桩钢筋横截面积为 $A_s=16686.8\text{mm}^2$；剩余推力分配系数按表 5. 2 取值。

则可以求出每排桩调整后的钢筋配筋量：

$A_{s1}=\dfrac{\eta_1}{\bar{\eta}}A_s=27236.77\text{mm}^2$，为了防治抗滑桩群在第一排破坏，因此配两根 22b 工字钢和 23Φ32（23 根直径为 32mm，下同）钢筋；

$A_{s2}=\dfrac{\eta_2}{\bar{\eta}}A_s=13618.4\text{mm}^2$，配 17$\Phi$32 钢筋；

$A_{s3}=\dfrac{\eta_3}{\bar{\eta}}A_s=13618.4\text{mm}^2$，配 17$\Phi$32 钢筋；

$A_{s4}=\dfrac{\eta_4}{\bar{\eta}}A_s=13618.4\text{mm}^2$，配 17$\Phi$32 钢筋；

$A_{s5}=\dfrac{\eta_5}{\bar{\eta}}A_s=16342.06\text{mm}^2$，配 21$\Phi$32 钢筋。

2）埋入式中小口径抗滑桩的桩长

埋入式中小口径抗滑桩群的长度应满足抗拔要求，以埋入式中小口径抗滑桩与周围岩土体的黏结力抵抗所受的滑坡推力计算。

位于滑床中的嵌固段长度应满足：

$$l_a\geqslant\frac{\text{FOS}N_{ak}}{n\pi Df_{rb}}$$

式中，FOS 为桩体抗拔安全系数，取 2. 5；N_{ak}为桩体所受总的轴向拉力，kN，取 3754. 53kN；f_{rb}为桩体与滑床岩土体的黏结强度特征值，kPa，取 300kPa；n 为每延米中小口径抗滑桩的数量，取 1. 25；D 为孔径，m，设计为 1m。计算获取嵌固段长度需大于 7. 97m。

位于滑体中的受荷段长度应满足：

$$l_a \geqslant \frac{\text{FOS}N_{ak}}{n\pi Df_{rb}}$$

式中，FOS 为桩体抗拔安全系数，取 2.5；N_{ak} 为桩体所受总的轴向拉力，kN，取 3754.53kN；f_{rb}为桩体与滑体的黏结强度特征值，kPa，取 220kPa；n 为每延米中小口径抗滑桩的数量，取 1.25；D 为孔径，m，设计为 1m。计算获取受荷段长度需大于 10.87m。

2. 中层滑面中小口径抗滑桩群设计

据滑坡稳定性和推力计算结果，不考虑桩前抗力，剖面 3-3′中层滑面的剩余下滑力为 9182.82kN。

1）埋入式中小口径抗滑桩群配筋量

埋入式中小口径抗滑桩间距为 4m、排间距为 3m、桩径为 1000mm，“品字形”拱圈布置。

单桩容许抗剪强度为

$$\tau_{fa}=\beta_a[\tau]A_s$$

式中，β_a为未考虑钢筋弯曲影响的折减系数；［τ］为钢材抗剪强度，采用 Q345 钢，$[\tau]_s=180\text{MPa}$。

则

$$\tau_{fa}=[\tau]A_s=180000A_s(\text{kN})$$

每延米埋入式中小口径抗滑桩群抗滑力为 $R_{fa}=n\tau_{fa}$；埋入式中小口径抗滑桩群布置 10 排，则每延米中小口径抗滑桩的数量 $n=10/4=2.5$；埋入式中小口径组合抗滑桩群的抗滑力抵抗滑坡推力，即 $E=R_{fa}$；平均单根中小口径抗滑桩钢筋横截面积 $A_s=20406.3\text{mm}^2$；中层滑面中小口径抗滑桩群的推力分配系数按表 5.3 取值。

则可以求出每排桩调整后的钢筋配筋量：

$A_{s1}=\frac{\eta_1}{\bar{\eta}}A_s=44361.52\text{mm}^2$，配三根 22b 工字钢和 38$\Phi$32 钢筋；

$A_{s2}=\frac{\eta_2}{\bar{\eta}}A_s=17744.6\text{mm}^2$，配 23$\Phi$32 钢筋；

$A_{s3}=\frac{\eta_3}{\bar{\eta}}A_s=17744.6\text{mm}^2$，配 23$\Phi$32 钢筋；

$A_{s4}=\frac{\eta_4}{\bar{\eta}}A_s=17744.6\text{mm}^2$，配 23$\Phi$32 钢筋；

$A_{s5}=\frac{\eta_5}{\bar{\eta}}A_s=17744.6\text{mm}^2$，配 23$\Phi$32 钢筋；

$A_{s6}=\frac{\eta_6}{\bar{\eta}}A_s=17744.6\text{mm}^2$，配 23$\Phi$32 钢筋；

$A_{s7}=\frac{\eta_7}{\bar{\eta}}A_s=17744.6\text{mm}^2$，配 23$\Phi$32 钢筋；

$A_{s8}=\frac{\eta_8}{\bar{\eta}}A_s=17744.6\text{mm}^2$，配 23$\Phi$32 钢筋；

$A_{s9}=\frac{\eta_9}{\bar{\eta}}A_s=17744.6\text{mm}^2$，配 23$\Phi$32 钢筋；

$A_{s10}=\frac{\eta_{10}}{\bar{\eta}}A_s=22180.76\text{mm}^2$，配 28$\Phi$32 钢筋。

2）埋入式中小口径抗滑桩的桩长

埋入式中小口径抗滑桩的长度应满足抗拔要求，以埋入式中小口径抗滑桩与周围岩土体的黏结力抵抗所受的滑坡推力计算。

位于滑床中的嵌固段长度应满足：

$$l_a \geqslant \frac{\text{FOS}N_{ak}}{n\pi Df_{rb}}$$

式中，FOS 为桩体抗拔安全系数，取 2.5；N_{ak} 为每延米桩体所受总的轴向拉力，kN，取 9182.82kN；f_{rb} 为桩体与滑床岩土体的黏结强度特征值，kPa，取 220kPa；n 为每延米中小口径抗滑桩的数量，取 2.5；D 为孔径，m，设计为 1m。嵌固段长度需大于 13.29m。

位于滑体中的受荷段长度应满足：

$$l_a \geqslant \frac{\text{FOS}N_{ak}}{n\pi Df_{rb}}$$

式中，FOS 为桩体抗拔安全系数，取 2.5；N_{ak} 为每延米桩体所受总的轴向拉力，kN，取 9182.82kN；f_{rb} 为桩体与滑体的黏结强度特征值，kPa，取 220kPa；n 为每延米中小口径抗滑桩的数量，取 2.5；D 为孔径，m，设计为 0.5m。受荷段长度需大于 13.29m。

综合以上计算结果可知，最终确定 C 型埋入式中小口径抗滑桩群，布置于塔坪滑坡剖面 3-3′附近的区域。中小口径抗滑桩群的桩径设计为 1m，共布置 10 排，桩间距为 4m、排间距为 3m、桩径为 1000mm。其中，一排（C1）平均单根桩长 30m，选配三根 22b 工字钢和 38Φ32 钢筋；四排（C2）平均单根桩长 30m，选配 23Φ32 钢筋；一排（C3）平均单根桩长 54m，选配两根 22b 工字钢和 23Φ32 钢筋；三排（C4）平均单根桩长 54m，选配 17Φ32 钢筋；一排（C5）平均单根桩长 54m，选配 21Φ32 钢筋。C 型桩共计埋入式中小口径抗滑桩 295 根，总长度为 14831.4m。剖面 3-3′中小口径抗滑桩群的布置图可见图 5.48。其余四个剖面（位置见图 5.2）均可按该剖面的设计方法进行计算，获取塔坪滑坡的中小口径抗滑桩群的设计方案。

5.6.2.4　库岸特大水力型滑坡-中小口径抗滑桩群二维渗流计算

为了评价及优化不同桩群间距下的滑坡渗流场分布，将抗滑桩设置为不透水材料，进行滑坡-桩群体系的二维渗流场有限元分析，通过桩群前后的水力梯度，优化桩群间距参数。

由塔坪滑坡 175m 库水位和 145m 库水位时地下水位线等势图（图 5.11）可知，塔坪滑坡在库水位波动时地下水位的流动方向主要为剖面 1-1′、2-2′、3-3′区域。因此本次模拟以该区域为研究范围，为了更好地寻找规律和结论，将前缘设桩区域概化为规则的理想

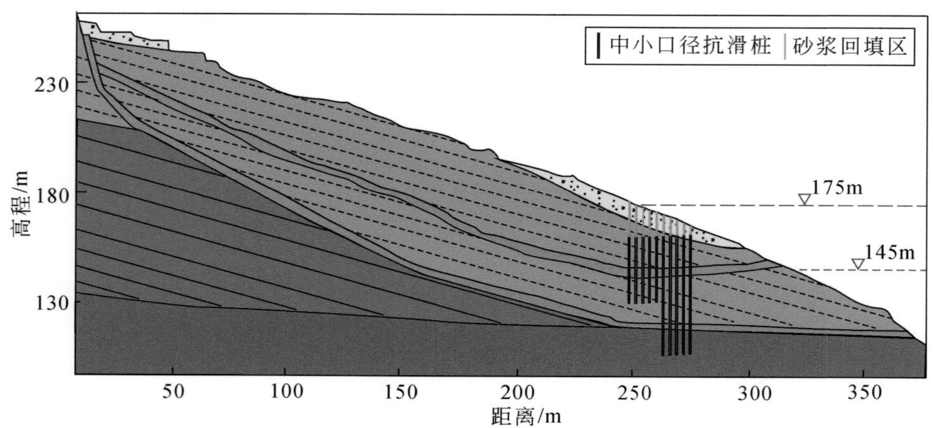

图 5.48　巫山塔坪滑坡中小口径抗滑桩群剖面 3-3′布置图

模型，以剖面 1-1′、2-2′、3-3′桩群的布置范围为计算区域。中小口径抗滑桩群的直径为 1000mm，考虑混凝土灌浆扩散半径为 500mm，桩间距为 4m。设置 A 组工况，一个剖面的桩群为一组，共三组桩群；设置 B 组工况，一个剖面的桩群分为二组，即六组桩群。桩群间距设置为 6m、8m、10m、12m、15m，具体的工况设置如表 5.5 所示。

表 5.5　工况设置

工况	桩半径	扩散半径	桩群间距				
A 组	500mm	500mm	6m	8m	10m	12m	15m
工况	桩半径	扩散半径	桩群间距				
B 组	500mm	500mm	6m	8m	10m	12m	

A 组工况和 B 组工况下桩群的二维有限元渗流概化计算模型见图 5.49。其中模型的底边界设置为多年平均库水位波动曲线，模型的上边界设置为 175m 定水头边界。模型的左右两侧设置为单位梯度边界，即透水边界。模拟时间为 365 天。

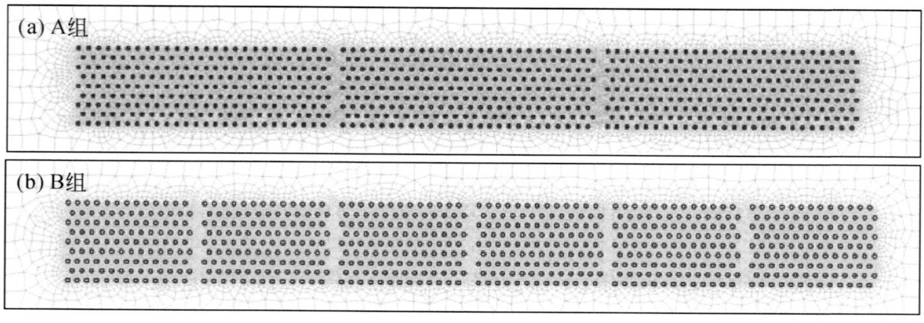

图 5.49　塔坪滑坡中小口径抗滑桩群二维渗流有限元模型

A 组三组桩群，分别对应着剖面 1-1′、2-2′、3-3′的桩群。三组桩群 6m、8m、10m、12m、15m 间隔的渗流场计算结果如图 5.50 所示。由图 5.50 可知，随着前缘库水位的波动，地下水由后缘向前缘渗流。由于受到抗滑桩的阻挡，地下水绕着桩群的渗流，且渗流矢量方向较复杂，因此渗流速度较慢。而在桩群的间隔处无抗滑桩，渗透性较好，在滑坡-桩群体系中相当于优势渗流通道，地下水渗流方向较为稳定，速度较快。

导出各组计算结果中桩群中部和桩群间隔处前后的水头差，结果见图 5.51。由图 5.51 可知，随着桩群间隔的增大，桩群中部剖面前后的水头差几乎不发生变化，其前后缘水头差在最大时刻比无桩工况下大 2m 左右。而对于桩群间隔处，随着桩群间隔的增大，桩群前后的水头差不断降低，15m 的间隔工况下，比无桩工况大 0.5m 左右。

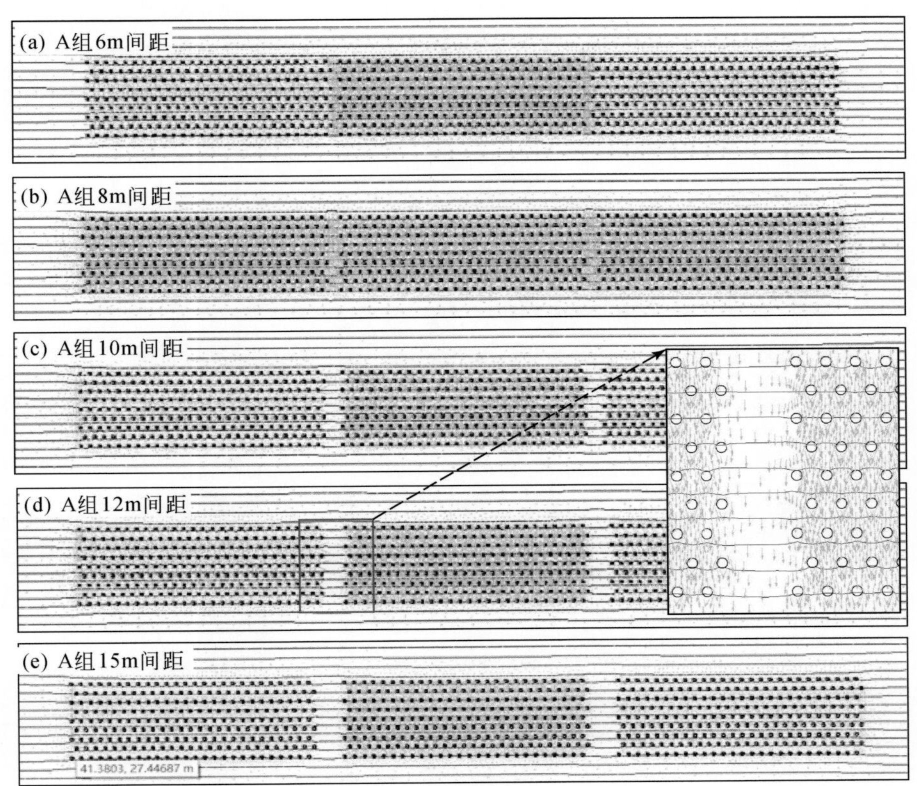

图 5.50　巫山塔坪滑坡 A 组桩群渗流计算结果

B 组六组桩群，分别对应着剖面 1-1′、2-2′、3-3′的桩群。六组桩群在 6m、8m、10m、12m 间隔下的渗流场计算结果如图 5.52 所示。导出各组计算结果中桩群中部和桩群间隔处前后的水头差，如图 5.53 所示。随着桩群间隔的增大，桩群中部剖面前后的水头差几乎不发生变化，其前后缘水头差在最大的时候均比无桩工况下大 2m 左右。而对于桩群之间间隔处剖面处，随着桩群间隔的增大，桩群前后的水头差不断降低，但 10m 的间隔工况下，比无桩工况大 0.5m 左右，在 12m 间隔工况下，仅比无桩工况大 0.3m 左右。

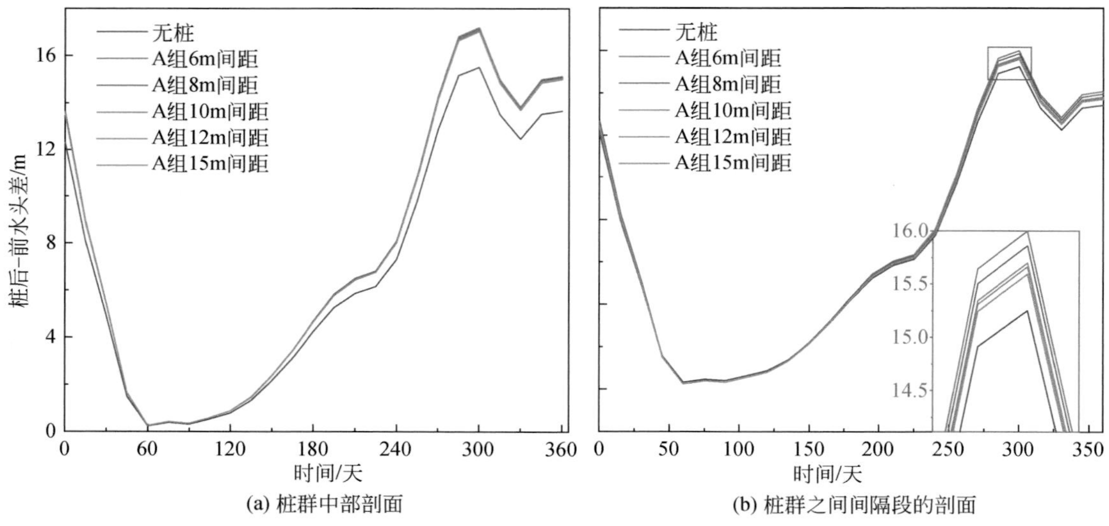

图 5.51　库水位波动作用下 A 组桩群前后水头差

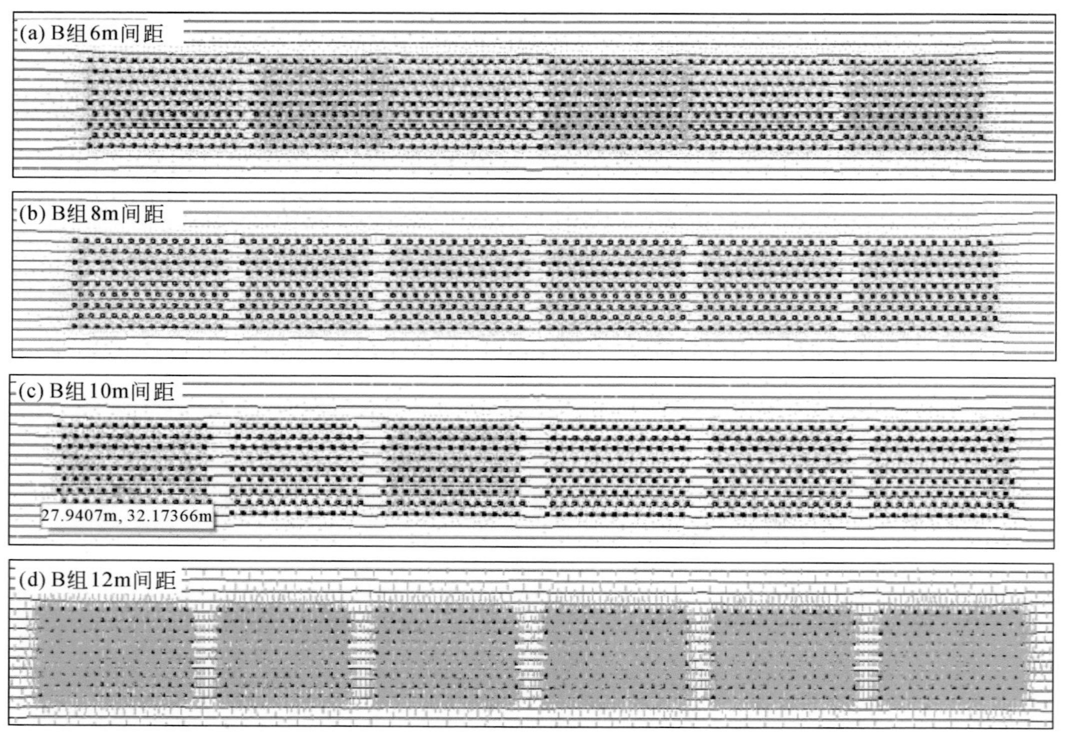

图 5.52　B 组中小口径抗滑桩群渗流计算结果

总体来看，如果桩群间隔为 6m，桩群前后的水头差比无桩工况下大 2m 左右，这说明桩群严重地影响了地下水排泄，会导致滑坡下滑力显著增大，对桩群的长期稳定性不利。当三组桩群间隔为 15m，以及六组桩群间隔为 10m 时，桩群间隔处前后缘的水头差可大大

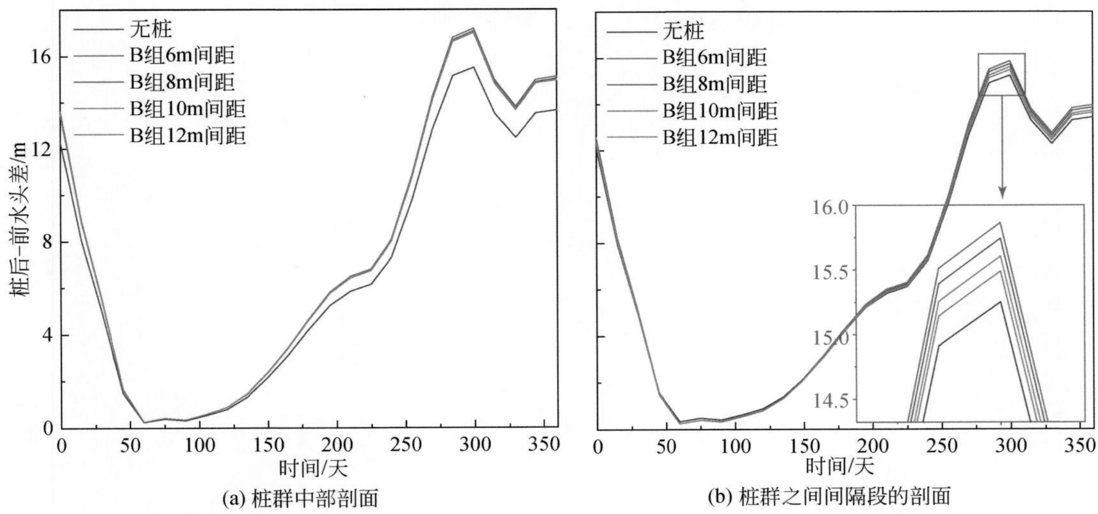

(a) 桩群中部剖面　(b) 桩群之间间隔段的剖面

图 5.53　库水位波动作用下 B 组桩群前后水头差

降低，仅比无桩工况下大 0.5m。

综合考虑数值模拟结果，同时为了防止岩土体从桩群间挤出，采用 B 组方案进行布置，每组抗滑桩群内部各排之间呈“品字形”布置，且各组桩群间隔设置为 10m，以达到最好的排水和抗滑效果。

5.6.2.5　中小口径抗滑桩群设计方案

最终可确定塔坪滑坡的中小口径抗滑桩群的设计方案如下所述，平面布置如图 5.54 所示。A 型埋入式中小口径抗滑桩群，布置于剖面 1-1′附近的区域，即标高 159～165m 范围内，共布置六排，桩间距为 4m、排间距为 3m、桩径为 1000mm。其中，第一排（A1）平均单根桩长 41m，配四根 22b 工字钢和 30Φ32 钢筋；第二到四排（A2）平均单根桩长 41m，配 21Φ32 钢筋；第五排（A3）平均单根桩长 30m，配 21Φ32 钢筋，第六排（A4）平均单根桩长 30m，配 27Φ32 钢筋。A 型埋入式中小口径抗滑桩共计 150 根，总钻孔深度为 4144.4m。抗滑桩群内部各排之间呈“品字形”布置，且桩群间隔设置为 10m，已留出排水通道。

B 型埋入式中小口径抗滑桩群，布置于剖面 2-2′附近区域，即标高 163～170m 范围内，共布置八排，桩间距为 4m、排间距为 3m。其中，第一排（B1）平均单根桩长 54.5m，配筋选用两根 22b 工字钢和 25Φ32 钢筋；第二到四排（B2）平均单根桩长 54.5m，配筋选用 18Φ32 钢筋；第五排（B3）平均单根桩长 54.5m，配筋选用 22Φ32 钢筋；第六和第七排（B4）平均单根桩长 30m，配筋选用 15Φ32 钢筋；第八排（B5）平均单根桩长 30m，配筋选用 18Φ32 钢筋。B 型埋入式中小口径抗滑桩共计 184 根，总钻孔深度为 9122m。抗滑桩群内部各排之间呈“品字形”布置，且桩群间隔设置为 10m，已留出排水通道。

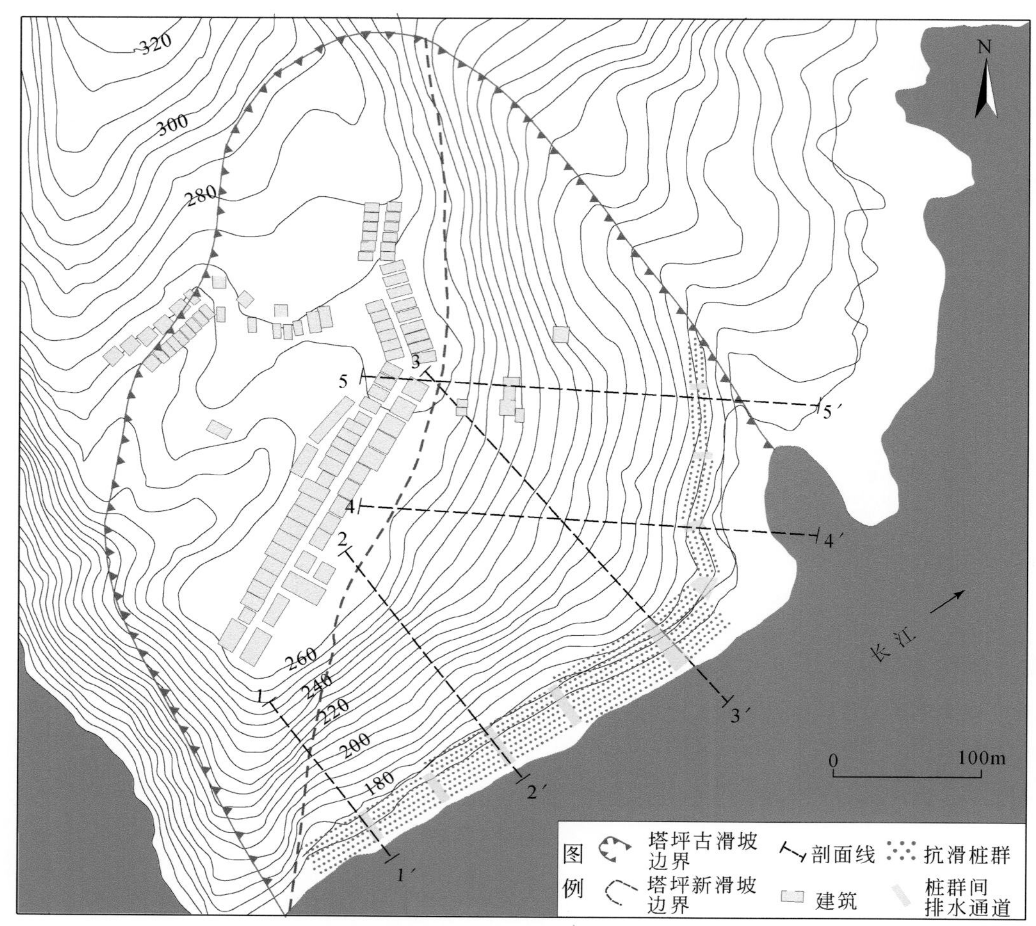

图 5.54　塔坪滑坡中小口径抗滑桩群平面布置图（单位：m）

C 型埋入式中小口径抗滑桩群，布置于剖面 3-3′附近的区域，即标高 162～172.5m 范围内，共布置 10 排，桩间距为 4m、排间距为 3m、桩径为 1000mm。其中，第一排（C1）平均单根桩长 53.5m，选配三根 22b 工字钢和 38Φ32 钢筋；第二到第五排（C2）平均单根桩长 53.5m，选配 23Φ32 钢筋；第六到第九排（C3）平均单根桩长 30m，选配 23Φ32 钢筋；第十排根（C4）平均单根桩长 30m，选配 28Φ32 钢筋。C 型埋入式中小口径抗滑桩共计 295 根，总长度为 14831.4m。抗滑桩群内部各排之间呈“品字形”布置，且桩群间隔设置为 10m，已留出排水通道。

D 型埋入式中小口径抗滑桩群，布置于剖面 4-4′附近的区域，即标高 162.5～165m 范围内，共布置四排，桩长 30m、桩间距为 4m、排间距为 3m、桩径为 1000mm。悬臂段为 15m，底部滑面嵌固段为 15m。其中，第一排（D1）配两根 22b 工字钢和 22Φ32 钢筋；第二和第三排（D2）配 17Φ32 钢筋；第四排（D3）配 20Φ32 钢筋。D 型埋入式中小口径抗滑桩共计 68 根，总长度为 3556.4m。抗滑桩群内部各排之间呈“品字形”布置，且桩群间隔设置为 10m，已留出排水通道。

E 型埋入式中小口径抗滑桩群，布置于剖面 5-5′附近的区域，即标高 167～172m 范围内，共布置三排，桩长 20m、桩间距为 4m、排间距为 3m、桩径为 1000mm。悬臂段为 10m，底部滑面嵌固段为 10m。其中，第一排（E1）配两根 22b 工字钢和 19Φ32 钢筋；第二排（E2）配 12Φ32 钢筋；第三排（E3）配 15Φ32 钢筋。E 型埋入式中小口径抗滑桩共计 84 根，总长度为 1881. 18m。抗滑桩群内部各排之间呈“品字形”布置，且桩群间隔设置为 10m，已留出排水通道。

5. 6. 3　中小口径抗滑桩群防治效果评价

5. 6. 3. 1　库水运行期中小口径桩群支护后滑坡稳定性计算

使用 GeoStudio 数值模拟软件中的 SEEP/W 和 SLOPE/W 模块，对塔坪 H1 新滑坡的五个剖面，分别进行了加桩前后的多年平均库水位作用下的渗流场和稳定性耦合计算。滑坡的安全系数计算方法采用极限平衡法中的 Morgenstern-Price 法，渗流场由 SEEP/W 模块计算结果导入。抗滑桩群的相关参数均按照实际设计方案赋值。

多年平均库水位作用下，塔坪 H1 新滑坡剖面 3-3′深层滑体在支护前后的安全系数（FOS）如图 5. 55 所示。计算结果表明，剖面 3-3′深层滑体的安全系数在未加桩前随着库水位波动，在 1. 05 至 1. 08 之间波动；在植入中小口径抗滑桩后，剖面 3-3′深层滑体的安全系数增大至 1. 11 至 1. 13，大于设计安全系数 1. 10。剖面 3-3′中层滑体在支护前后的安全系数如图 5. 56 所示。计算结果表明，剖面 3-3′中层滑体的安全系数在未加桩前随着库水位波动，在 1. 05 至 1. 10 之间波动；在植入中小口径抗滑桩后，剖面 3-3′中层滑体的安全系数增大至 1. 26 至 1. 32，大于设计安全系数 1. 10。计算结果说明现有的支护方案满足设计需求。

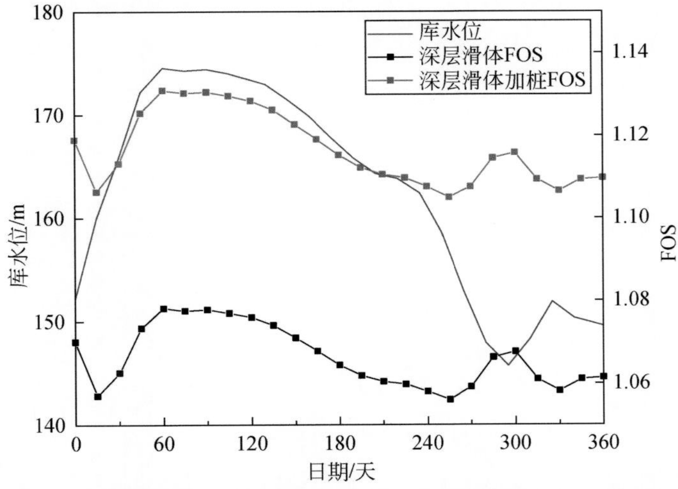

图 5. 55　剖面 3-3′深层滑体在库水位波动作用下支护前后安全系数对比

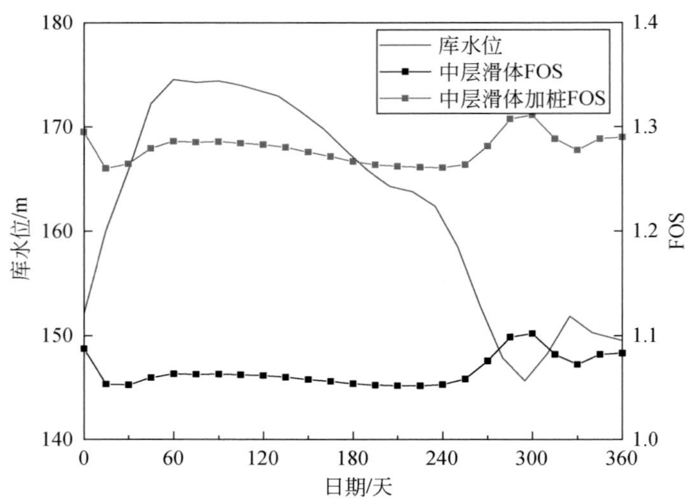

图 5.56　剖面 3-3′中层滑体在库水位波动作用下支护前后安全系数对比

5.6.3.2　中小口径抗滑桩群支护后滑坡长期稳定性

使用 GeoStudio 数值模拟软件中的 SEEP/W、SIGMA/W 和 SLOPE/W 模块，选用剖面 3-3′建立数值模型，对塔坪滑坡的中小口径抗滑桩群支护后的长期位移和动态稳定性进行计算。首先使用 2019 年的年降雨数据和多年库水位波动数据模拟未来五年塔坪滑坡渗流场的变化特征，随后将渗流场的计算结果输入 SIGMA/W 中，计算塔坪滑坡在进行支护后未来五年位移的变化规律。最后将渗流场的结果导入 SLOPE/W 模块，计算获取巫山塔坪滑坡的稳定性系数变化特征。

如图 5.57 所示，在模拟库水位和降雨联合作用下，未来五年巫山塔坪滑坡支护后的地表位移得到了较好的控制，水平位移基本控制在 50mm 以内，且随着库水位的升高位移

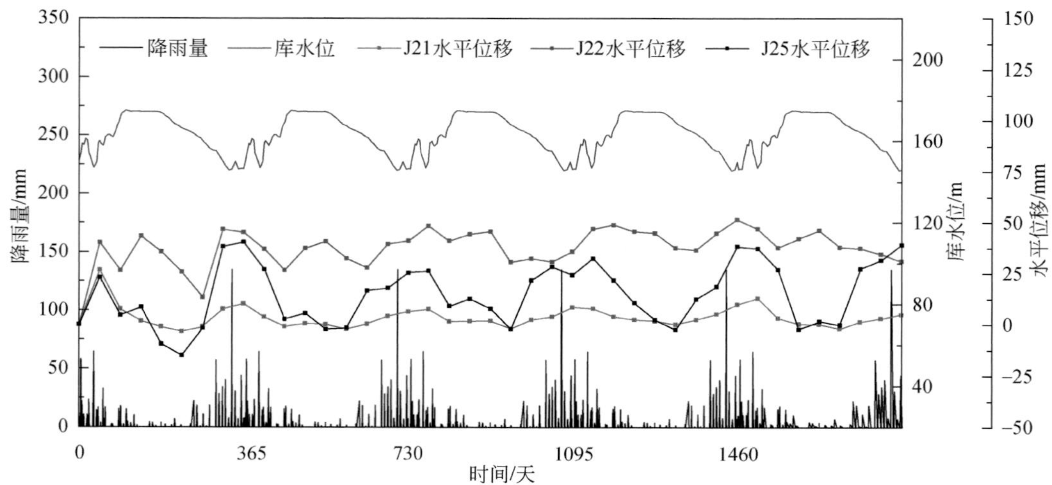

图 5.57　库水位升降作用下塔坪滑坡加桩后位移变化曲线

有所降低，库水位下降位移开始增大，这表明滑坡在支护后的变形基本以库水位下降时卸荷作用导致的弹性变形为主，塑性变形所占的比例较小。

模拟库水位升降单一因素作用下，巫山塔坪滑坡在支护后未来五年的稳定性系数有了显著增大。由图5.58可知，浅层滑坡的稳定性系数变化区间为1.28～1.38，深层滑坡的稳定性系数变化区间为1.14～1.16。相比支护前，两者的稳定性系数分别提高了0.3和0.05。

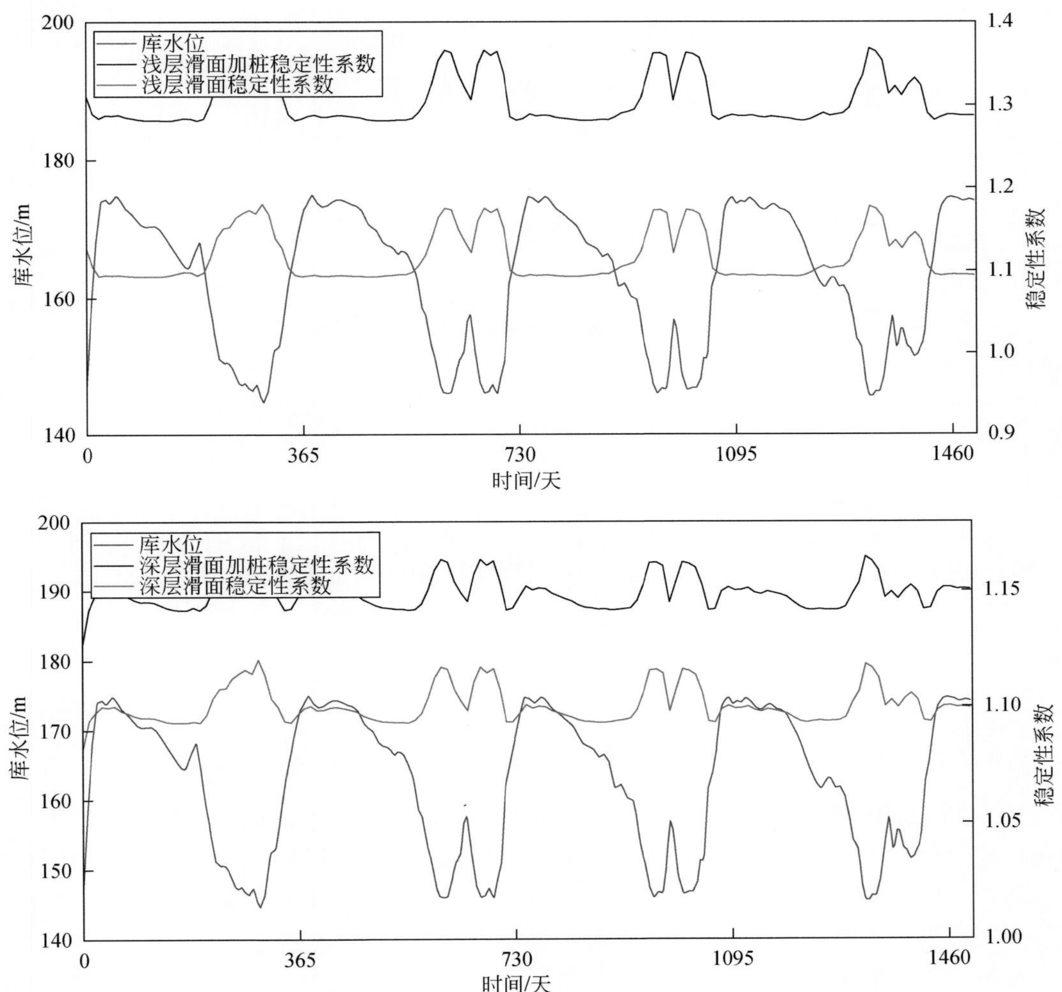

图5.58　库水位升降作用下塔坪滑坡加桩后稳定性系数变化曲线

模拟库水位升降和降雨联合作用下，塔坪滑坡在支护后的稳定性系数也有显著增大（图5.59），浅层滑坡的稳定性系数变化区间为1.27～1.37，深层滑坡的稳定性系数变化区间为1.14～1.16。相比支护前，两者的稳定性系数分别提高了0.19和0.05。

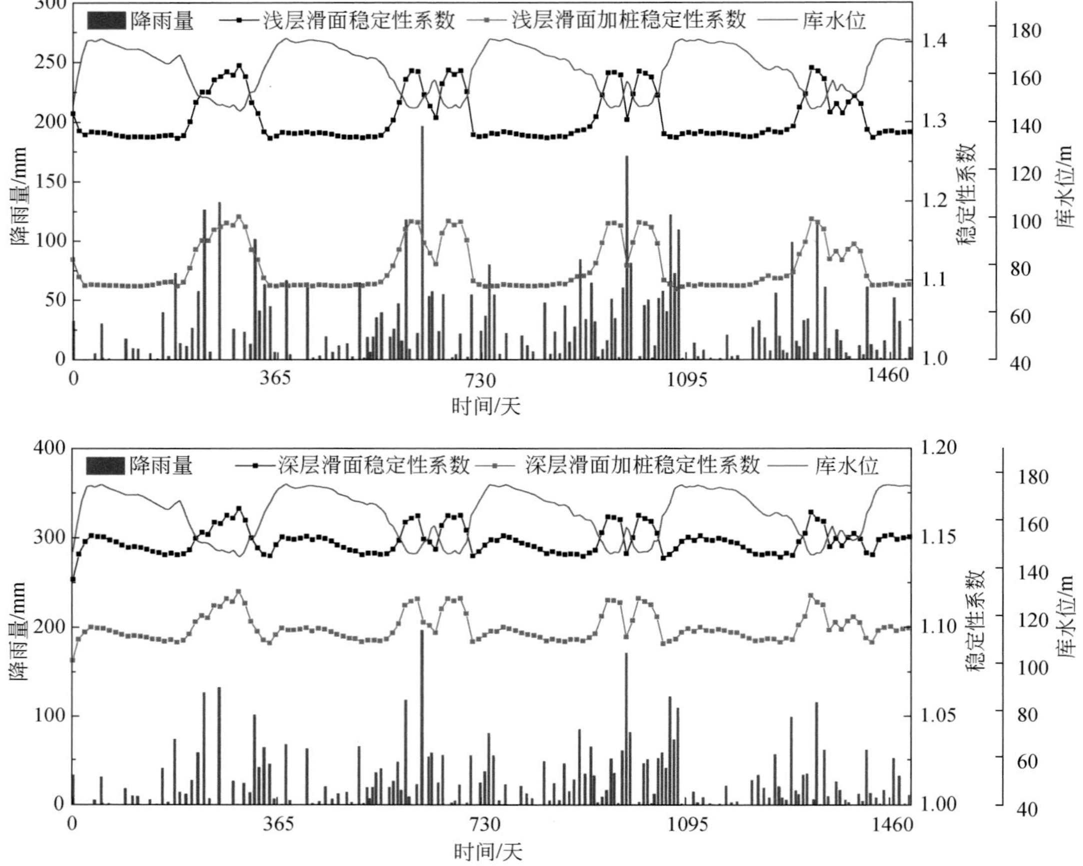

图 5.59　库水位升降和降雨联合作用下塔坪滑坡加桩后稳定性系数变化曲线

5.6.3.3　中小口径组合抗滑桩群支护后滑坡分区稳定性计算

使用 FLAC3D 进行塔坪滑坡安全系数分区计算。首先进行滑坡的初始地应力平衡，接着进行库水位在 175m 情况下的滑坡渗流场和应力-应变耦合计算，获取滑坡的应力-应变场，接着采用强度折减法获取滑坡稳定性系数，最后调用 FISH 函数计算滑坡安全系数分区。为了提高计算速度和精度，计算模型仅使用塔坪 H1 新滑坡的部分。

数值计算结果表明，加桩作用下塔坪滑坡的剪应变区有明显的变化，其中坡体中后部的剪应变集中区明显减小并消失，而桩后坡脚位置的剪应变集中区仍然较大（图 5.60）。另外，在桩身的前侧的岩土体中出现了剪应变集中区，这说明抗滑桩群起到了抵抗滑坡下滑的作用。位移场计算结果表明（图 5.61），除了坡脚局部位置的位移仍然较大以外，坡体的中后部的位移被控制在 0.05 ~ 0.2m。滑坡安全分区计算结果显示（图 5.62），塔坪滑坡的坡脚位置的安全系数介于 1.0 ~ 1.05，仍然有局部滑动的风险，但是该区域的规模较小，风险因此也较小。滑坡中部的安全系数提高至 1.15 ~ 1.20，滑坡后部的安全系数提高至 1.2 ~ 1.3，这表明在滑坡前部抗滑段布置的埋入式抗滑桩的支护效果较好。

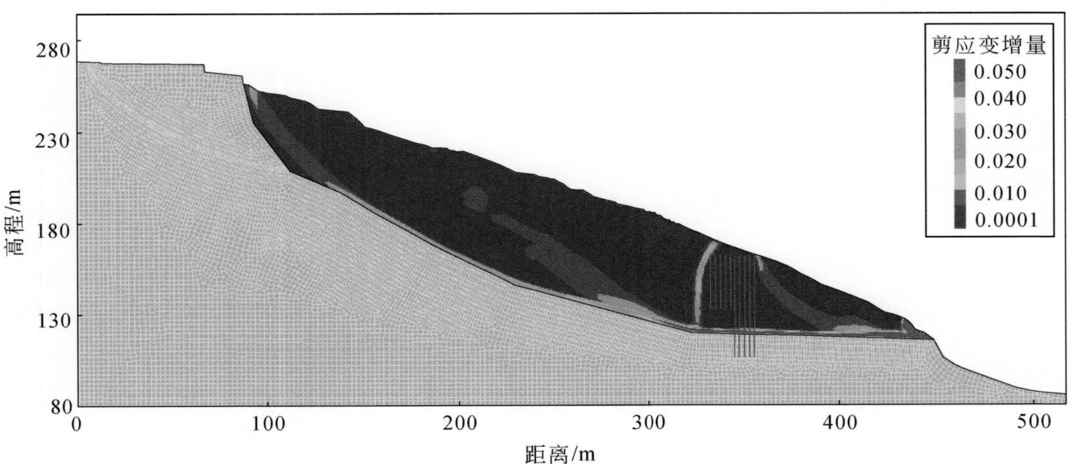

图 5.60　塔坪滑坡 175m 库水位下中小口径抗滑桩群防治后剪应变增量分区

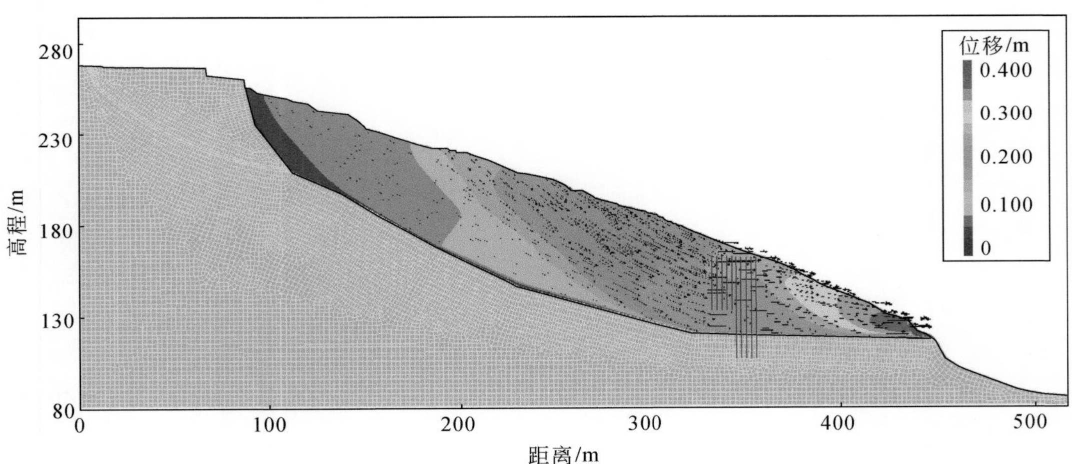

图 5.61　塔坪滑坡 175m 库水位下中小口径抗滑桩群防治后位移分区

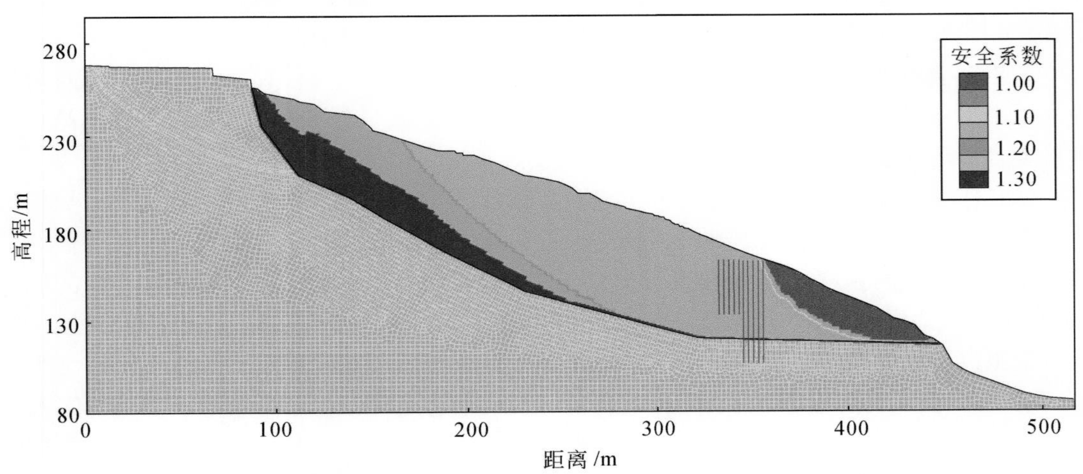

图 5.62　塔坪滑坡 175m 库水位下中小口径抗滑桩群防治后安全系数分区

5.7 库水动力型滑坡防治工程施工技术探讨

5.7.1 施工顺序

滑坡治理工程主要为埋入式中小口径组合抗滑桩群，中小口径抗滑桩成孔采用钻机成孔，人工安装绑扎钢筋，C30砼浇筑。桩顶以上的桩孔需填埋，填埋材料可采用土或碎石土，近地表位置需夯实或用素砼浇筑。

埋入式中小口径组合抗滑桩群工程的施工顺序如下：

（1）施工前首先要建立和完善滑坡区地质灾害防治监测网，为制定防灾预警方案和工程施工过程中进行反馈设计积累监测数据资料。

（2）施工前应先期开展占地拆迁与三通一平等施工准备工作。

（3）测量放线，在修整好的斜坡定位，并施工埋入式中小口径组合抗滑桩群+截排水。

（4）现场编制钢筋笼，并浇注细石混凝土。

（5）对桩顶以上的桩孔进行填埋。

（6）施工占地应根据工程施工顺序安排，先施工的工程单元必须提前腾出场地，保证施工顺利进行。

5.7.2 施工技术要点

在测量人员放好桩位埋设护管前，应在护管外四周分边用钢筋在四个方位定好十字线，两线相交处对准桩中心，不低于护管顶以便于埋设好护管后进行桩中心校对。

在开钻之前桩位必须经过复验，护管中心与桩位中心的偏差不得大于50mm。护管直径应大于桩径100mm，护管埋深不宜小于1m。护管的埋设必须在测量人员的控制下进行，护管外侧用黏土回填夯实，以保证其垂直度，防止位移，护管应高出地面10cm。

钻机安装后，底座与顶端应平稳，在钻机过程中不应发生位移和沉降，否则应及时处理。以上工作做好后应测量护管标高，填报“开钻工序质量报验单”，由现场质检员、监理检查合格后才能开钻。

钻孔作业应连续进行，钻进过程中应填写钻孔施工记录，记载地层变化情况、交接班注意事项、进尺情况等。钻进到强风化和中风化地层时应及时通知技术人员确认并做好记录，钻进中风化的深度应经过勘查或监理单位确认满足设计要求后方能停钻终孔，填写“成孔工序质量报验单”。孔深允许偏差为+300mm。

施工过程中如发现地质情况与原钻探资料不符应立即通知设计监理等部门及时处理。

下钢筋笼前，需用空压机吹尽孔内残渣，安放钢筋笼时，要求配技术娴熟的焊工及操作工人，按照检测单位的要求进行安放；钢筋笼安放完后，并报验请监理确认后，立即进行砼灌注，桩头超1.5倍桩径进行灌注，确保桩顶砼质量。

浇筑材料宜采用细石混凝土，并用早强剂等作为外加剂，其外加剂必须符合混凝土外掺剂应用的有关技术规程。

5.8　讨论与建议

由渗流计算和原位监测结果可知，在库水位快速下降阶段，塔坪滑坡坡脚的水力梯度快速增大，产生较大的渗透力（Huang et al.，2018）。在渗透力的作用下滑坡出现显著的变形。位移计算和原位监测结果表明（Zhang et al.，2021），每年的库水位下降阶段，滑坡前缘位移增量有不断增大的趋势，这可能意味着经过多次库水位循环，滑坡坡脚区域将率先发生破坏。塔坪滑坡前缘滑带近乎水平，这为后部滑体提供了抗滑力的作用。当前缘出现局部破坏失稳，将为中后部滑体失稳提供空间，且滑坡前缘的抗力消失，这十分不利于中后部滑坡的稳定。坡体裂缝将会进一步向深部扩展，这也进一步利于雨水入渗，地下水位显著抬升。几种因素共同作用下，中后部滑体也最终将出现滑移破坏。塔坪滑坡最终的破坏模式为：受库水位波动影响，滑坡坡脚处率先局部破坏，逐渐向上坡延伸的牵引式渐进破坏模式。

库水位升降作用下滑坡体内浸润线的位置滑坡稳定性计算和防治设计中的关键问题（Luo et al.，2019；Li et al.，2021）。库水位升降引起的坡体内部浸润线位置的改变，会导致滑体不同位置浮托力和侧向静水压力（渗透力）的改变（Song et al.，2018；Tang et al.，2019）；同时也会引起前缘坡面库水压力的变化。现行规范中，由于缺少实测数据，三峡工程库区涉水滑坡稳定性计算荷载中的水位降落工况只考虑了库水位单次下降，即 175m 降至 145m 以及 162m 降至 145m 工况。这会导致稳定性计算时，坡体中前部的浸润曲线陡降，产生较大的水头差，坡体中前部的下滑力偏大，计算获取的滑坡安全系数偏低，低估了滑坡的稳定性。因此，采用单次水位骤降工况进行滑坡稳定性计算，已经不符合三峡水库 175m 试验性蓄水以来的水位运行特征，也无法有效反映水库滑坡的实际稳定状态。

当采用实测数据总结获取的库水位连续升降工况对滑坡稳定性进行评价时，坡体内的浸润线分时步逐渐变化，坡体内的渗透压力、浮托力和坡体中前部的坡面库水压力值与实际情况更加吻合。计算获取的安全系数和下滑力更能反映滑坡的真实状态。以巫山塔坪滑坡为例，使用实测数据总结获取的多年库水位升降工况和 2019 ~ 2020 年的库水位升降工况，相较现行规范中的 175m 至 145m 骤降工况，计算获取的最危险时步的安全系数提高了约 0.05；滑坡的设计剩余推力降低了 31.3%；防治工程的总造价降低约 34%。

综上所述，本书建议在三峡库区涉水滑坡的稳定性计算和工程设计中，使用实测数据总结获取的多年库水位升降工况，代替现行规范中的库水位单次下降工况，作为三峡库区水库滑坡稳定性分析的一般工况。另外，建议使用 2019 ~ 2020 年的库水位运行工况，作为三峡库区水库滑坡稳定性分析的极端工况。

在我国其他水电开发区域，如黄河流域的龙羊峡水库，长江上游的乌东德、溪洛渡、白鹤滩等水库区域，未来在其水库滑坡的稳定性计算和防治工程设计中，作者建议可采用实测数据总结获取的库水位连续升降工况对滑坡稳定性进行计算。

5.9 小　　结

本章采用野外调查、位移和水压监测、数值分析和理论推导等方法手段，针对现行规范的不足，对三峡库区特大水动力型滑坡——巫山塔坪滑坡开展了变形特征、渗流特征、稳定分析和防治设计等创新性研究，主要认识如下：

（1）巫山塔坪滑坡面积约 28.3 万 m^2，滑体平均厚度为 45m，总方量约 1270 万 m^3。滑坡中部钻探成果和测斜监测分析表明，在 54 ~ 57m 深度范围内存在明显的剪切带，可确定为塔坪滑坡的深层滑动面。强烈活动区位于山脚及滑坡东南段附近，近 10 年平均移动速率可达 4.28 ~ 8.26mm/月。截至 2019 年 4 月，强烈活动区内 J21 监测点的最大水平位移达到 600mm。破坏模式为库水位波动作用和周期性渗透力驱动影响下，滑坡坡脚处率先局部破坏失稳，并逐渐向上坡延伸的牵引式渐进破坏模式。

（2）滑坡区地下水监测表明，滑坡靠近前缘的 P1 和 P2 中的地下水位在整个分析时间段（2017 年 6 月至 2019 年 12 月）与库水位波动的规律较为一致。但是两个水压计的地下水位在旱季的水位高程几乎相同；导致在滑坡前缘 P1 和 P2 之间出现存在较大的水力梯度。高程稍高的测压计 P3 和 P4 的地下水位与库水位波动无关，但与降雨密切相关。175m 和 145m 库水位时，塔坪滑坡中后部的地下水位线较为一致，而滑坡中前缘的地下水位变化较大。低水位时，塔坪滑坡前部的水力梯度较大，这对滑坡的稳定性十分不利。

（3）使用实测数据总结获取的多年库水位升降工况和 2019 ~ 2020 年的库水位升降工况，代替现行规范中的水位骤降工况，对塔坪滑坡的防治工程进行了优化。计算获取的最危险安全系数相较现行的水位骤降工况提高了约 0.05。以此为依据，塔坪滑坡的设计剩余推力降低了 31.3%。因此，本章提出以三峡库区多年平均库水位运行工况作为水库运行期库岸水库滑坡稳定性计算的常规工况；并建议使用 2019 ~ 2020 年的库水位运行工况作为校核工况，进行库岸水库滑坡的稳定性评价和工程设计。

（4）巫山塔坪特大型水库滑坡前缘位于 175m 蓄水水位线之下，库水位和滑坡体地下水联通性好，难以采用疏干竖井地下水方法进行常规抗滑桩施工，本章提出了适用于水库滑坡的新型抗滑结构——埋入式中小口径抗滑桩群设计方法。该方法预期可有效控制库岸特大水力性滑坡的变形，可为我国三峡水库和西南山区水库运行期水库滑坡的防治设计提供重要参考。

第6章　水库消落带岸坡劣化特征与机理

6.1　概　　述

由于三峡工程库区水位周期性涨落在高程145～175m范围，库区消落带岩溶岸坡岩体遭受的应力和环境条件（如温度、水位）周期性变化，带来了物理、化学、水力和应力作用导致了岸坡岩体质量和物理力学性能会快速劣化，可称为岩溶岸坡岩体劣化现象（殷跃平，2005；张枝华等，2018；黄波林等，2020a；闫国强等，2020）。消落带岸坡地表岩体劣化具体现象是什么，浅层岩体及其结构面的劣化情况与机理如何，当前解答类似问题的岸坡岩体劣化研究甚少，它却是影响库岸岩体（长期）稳定的关键。

同时，三峡工程库区消落带岸坡岩体劣化带来的影响已经显现。除了龚家坊附近类似的不稳定斜坡外，在三峡库区都发现了岩体劣化形成的潜在崩滑体。经初步调查，在三峡库区秭归—奉节沿岸都发现了不同程度的岸坡劣化现象，其中高陡峡谷区段劣化现象尤为强烈、典型，如巫峡段（巫山县城至培石）、西陵峡段（香溪河入江口至库首秭归段）、瞿塘峡段，劣化带全长共计约1070km。这些都是开展岩溶岸坡岩体劣化研究的原动力。

本章将消落带岩体宏观劣化分为碳酸盐岩区域岩体与侏罗系红层地层（碎屑岩）两个大类、七个亚类，根据三峡库区沿岸地层岩性和工程岩组特征等研究岩体劣化的特征和破坏机理；主要研究内容如下：①三峡库区岸坡劣化带发育分布特征；②红层碎屑岩岸坡典型劣化类型与机理；③碳酸盐岩逆向碎裂岩层岸坡典型劣化类型与机理；④碳酸盐岩顺向岩层岸坡典型劣化类型与机理；⑤碳酸盐岩平缓厚层岸坡典型劣化类型与机理；⑥岩溶角砾岩不稳定岸坡典型劣化类型与机理。本章首次系统划分和研究了全库区岩体劣化类型与破坏机理，将为三峡库区岩体劣化研究与防治提供扎实的技术基础。

6.2　三峡库区岸坡劣化带发育分布特征

6.2.1　水位变动带岩体劣化分类

根据三峡库区沿岸工程地质条件（地层岩性和工程岩组特征），可将岩体劣化分为两大类：碳酸盐岩区域岩体劣化及侏罗系红层地层劣化；根据其不同的劣化机理和破坏机理（傅晏，2010；王新刚，2014；Wang et al.，2020a，2020b，2020c），可细分为七个亚段类型，水位变动带岩体劣化分类见图6.1。

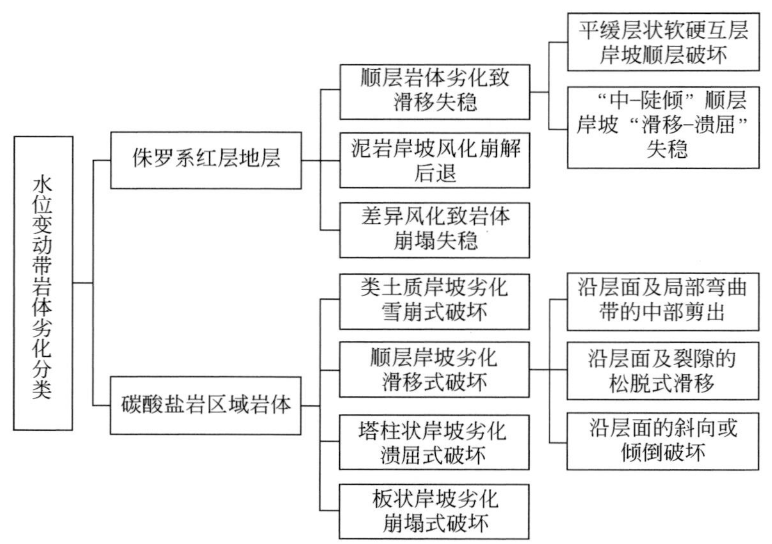

图 6.1　水位变动带岩体劣化分类图

6.2.2　三峡库区水位变动带库岸劣化分段

根据三峡库区各段地形地质条件、岩体劣化孕育特征及地质灾害现状等因素考虑，可将库岸分为 15 个大段，详细分段情况及分段图见表 6.1。

表 6.1　三峡库区岸坡岩体劣化发育分段一览表

段号	分段名称	库岸工程地质条件及岩体劣化分段特征
1	九畹溪至庙河段（平缓岩溶区）	全长约 4.6km，其特征为薄-中厚层缓倾层状（块状）结构灰岩、白云岩夹薄层泥页岩被大量冲蚀-溶蚀及松动-剥落。整体上，该段岸坡为缓坡，坡体坡度较小。该段由水位变动岩体劣化致灾的风险性低
2	西陵峡村至九畹溪段（高陡岩溶区）	全长约 3.0km，其特征为陡倾至陡立顺层及斜顺层岸坡层状结构，岩性主要以寒武系灰岩和白云岩居多，劣化类型主要表现为碳酸盐岩的溶蚀作用，以溶蚀-潜蚀及裂缝显化扩张型为主，岩体结构面较发育、岩体破碎加剧。由于岩层陡倾，当结构面扩展或显化后，在重力作用下会引发块体的旋转或下滑。该段由水位变动岩体劣化致灾的风险性高；局部危岩体的致灾风险性极高
3	链子崖至西陵峡村段（高陡岩溶区）	全长约 6.2km，岩性为奥陶系灰岩、白云岩，以及夹薄层泥灰岩、泥质白云岩、页岩。由于九畹溪大断裂穿过，致使该段岩体极其破碎，劣化类型主要表现为岩体机械侵蚀（掏蚀）。该段由水位变动岩体劣化致灾的风险性中等；局部危岩体的致灾风险性高-极高
4	郭家坝至链子崖段（高陡岩溶区）	全长约 3.6km，其特征为陡倾至陡立顺层及斜顺层岸坡层状结构，岩性主要以二叠系、三叠系灰岩和白云岩居多，劣化类型主要表现为碳酸盐岩的溶蚀作用，以溶蚀潜蚀及裂缝显化扩张型为主，岩体结构面极其发育、岩体破碎加剧。当结构面扩展或显化后，在重力作用下会引发块体的旋转或下滑。该段由水位变动岩体劣化致灾的风险性高

续表

段号	分段名称	库岸工程地质条件及岩体劣化分段特征
5	宝塔河至郭家坝段（平缓宽谷区）	全长约 32.9km，该段主要以侏罗系红层碎屑岩为主，岸坡平缓，坡体结构主要以顺层、斜顺层居多，岩性主要为砂岩夹泥页岩互层，主要表现的岸坡岩体劣化类型为冲蚀-磨蚀、松动-剥落、结构面崩解-块裂及软硬相间侵蚀等，其中以松动-剥落类型居多。该段由水位变动岩体劣化致灾的风险性低
6	小溪河至宝塔河段（平缓宽谷区）	全长约 8.8km，该段主要以三叠系和侏罗系泥灰岩、红层碎屑岩为主，其特征为缓倾顺层岸坡层状结构面较发育、岩体破碎加剧。由于岩层陡倾，当结构面扩展或显化后，在重力作用下会引发块体的旋转或下滑，造成岩体表层松动破碎，岩体结构面进一步增多。该段由水位变动岩体劣化致灾的风险性高
7	神女溪至小溪河（高陡岩溶区）	全长约 24km，主要是下三叠统坚硬的中厚层状强岩溶化灰岩及白云岩岩组；呈高陡峡谷状产出。库岸整体变形表现为水对岩体的掏蚀、浪蚀及溶蚀作用，岩体呈现局部的强烈劣化崩解、溶蚀、滑移等现象，其余区段存在不同程度的溶蚀和物理劣化现象。该段由水位变动岩体劣化致灾的风险性极高
8	巫峡口至神女溪段（高陡岩溶区）	全长约 12km，主要是中—下三叠统，局部出露志留系、泥盆系，岩性主要为坚硬的中-厚层状中等岩溶化灰岩及白云岩；形成切向和逆向的岩质岸坡，呈高陡峡谷状产出。库岸整体变形表现为水对岩体的掏蚀、浪蚀及溶蚀作用。该段由水位变动岩体劣化致灾的风险性中等
9	大溪至巫山段（宽谷岩溶区）	全长约 30km，主要是中三叠统巴东组坚硬的中-厚层状中等岩溶化灰岩夹软弱的薄层状泥岩岩组，该类岩体整体破碎；形成切向-近顺向岩土质混合岸坡。库岸整体呈宽缓谷状及台阶状产出。库岸整体变形表现为水对土体和岩体的掏蚀、浪蚀及溶蚀作用，库岸消落带岩土体劣化严重。该库岸段大量既有地灾点虽然已做防护处理，但近年来突发和变形的地灾点数量仍然很大，故由劣化致灾的风险性高
10	瞿塘峡段（高陡岩溶区）	全长约 6km，主要是中—下三叠统坚硬的中-厚层状中等岩溶化灰岩及白云岩岩组；形成切向岩质岸坡，呈高陡峡谷状产出。库岸整体变形表现为水对岩体的掏蚀、浪蚀及溶蚀作用。水位变动带岩体的表观劣化呈微弱发展趋势，主要表现为构造及岩体裂缝的缓慢新生和扩展，本段库岸由劣化致灾的风险性低
11	奉节至瞿塘峡段（岩溶区）	全长约 20km，主要是中三叠统巴东组坚硬的中-厚层状中等岩溶化灰岩夹软弱的薄层状泥岩，岩体整体破碎，形成切向岩质岸坡；库岸整体呈宽缓谷状及台阶状产出。库岸整体变形表现为水对土体和岩体的掏蚀、浪蚀及溶蚀作用，库岸消落带岩土体劣化严重。该库岸段大量既有地灾点已做防护处理，由水位变动劣化致灾的易损对象等级低，故由劣化致灾的风险性中等
12	万州至奉节段（顺层红层区）	全长约 103km，主要是侏罗系红层较坚硬-软弱的中厚层状砂、泥岩互层岩组；在库岸南侧多形成顺向库岸段，北侧多为逆向库岸段，库岸整体呈宽缓谷状及台阶状产出。库岸整体变形表现为水对土体和易风化岩体的掏蚀和浪蚀作用。由于库岸顺层发育且局部库岸段存在软弱夹层，受水位影响，存在局部或整体滑移的趋势和应力调整现象。库岸消落带岩土体劣化严重，该库岸段由劣化致灾的风险性高
13	丰都至万州段（缓倾顺层红层区）	全长约 152km，主要是侏罗系红层较坚硬-软弱的中厚层状砂、泥岩互层岩组；以同倾顺向库岸为主，库岸整体呈宽缓谷状产出。库岸整体变形表现为水对土体和易风化岩体的掏蚀和浪蚀作用。同时，由于库岸顺层发育，受水位影响，存在局部滑移的趋势和应力调整现象。库岸消落带岩土体劣化比较严重，但由劣化致灾的风险性低

续表

段号	分段名称	库岸工程地质条件及岩体劣化分段特征
14	江北至丰都段（切层红层区）	全长约155km，主要是侏罗系红层，部分出露三叠系；岩性主要为较坚硬-软弱的中厚层状砂、泥岩互层岩组。库岸多呈切向坡，大部分区域呈宽谷状产出。水位变动带岸坡多覆盖厚层古近系、新近系、第四系冲洪积土层；库岸整体变形表现为水对土体和易风化岩体的掏蚀和浪蚀作用，库岸消落带岩土体劣化较严重，但由劣化致灾的风险性低
15	江津至江北段（宽谷红层区）	全长约155km，主要以侏罗系较坚硬-软弱的中厚层状砂岩、泥岩互层岩组为主；库岸多呈切向坡产出；库岸坡度平缓，多覆盖第四系冲洪积土层及残坡积层。主要表现的岸坡岩体劣化类型为冲蚀-磨蚀、松动-剥落、局部结构面崩解-块裂及软硬相间侵蚀等，其中以松动-剥落类型居多，由劣化致灾的风险性低

根据前期地质调核查，三峡库区自长寿至秭归段库岸两岸总长约1070km，其中岸坡劣化强烈区段长约205km，主要分布于云阳（左岸）、奉节（顺向区）、巫山（高陡峡谷区）、巴东（上游碳酸盐岩高陡峡谷区，下游至郭家坝碎屑岩段）、秭归（碳酸盐岩高陡峡谷区），劣化较强烈区段长约405km，主要分布于丰都、万州、云阳、奉节，巴东区域，劣化一般区段长约460km。劣化程度分区图及劣化类型分布图见图6.2。

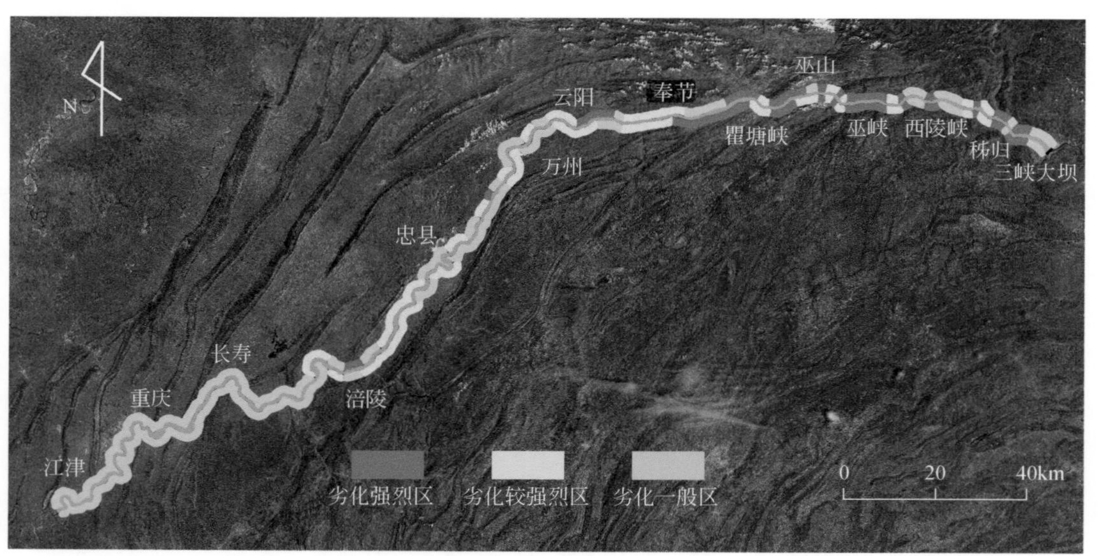

图6.2　三峡库区岸坡岩体劣化分布

6.3　红层碎屑岩岸坡典型劣化类型与机理

6.3.1　侏罗系红层地区库岸典型变形破坏特征

根据长江干流沿线地质构造特征，侏罗系顺层库岸沿江发育在长寿—丰都一线、万州—奉节一线、巴东宝塔河-秭归郭家坝一带。而在所有约246km（左右侧）的顺向岸坡段中，尤其以丰都段右段、奉节—云阳段右段、巴东宝塔河-秭归郭家坝一带最具典型性。

自丰都向忠县段，受丰都-忠县向斜的构造影响，在长江两岸形成丰都—武陵顺向岸坡段，库岸右侧顺向段总长度约 86km。该段库岸位于向斜南东翼近轴部，岩层倾角一般为 0°～15°，极少数段倾角大于 15°。由于地层岩性呈砂泥岩互层状产出，加上岩层倾缓，使该段库岸大部分地区地形与岩层倾角呈同倾产出。由于地层倾角较缓，故库岸在水位变动带 175～145m 位置多被厚层土层覆盖，水位变动带以上地形多呈阶梯状。该段顺层库岸在多年的水位影响下，主要表现为侵蚀、浪蚀型塌岸破坏。在 2008 年蓄水前后，骤然升降的水位使平缓岩层内的软弱夹层、砂泥岩交界面浸水发生性变，使岸坡地下水位线影响范围内的岩体产生应力重调整，近水库岸段岩体发生蠕滑变形，以至于该库岸段在短时间内产生了大量滑坡变形。随着水位的规律性波动，处于蠕滑阶段的岩体在应力调整完毕后，进入一个漫长的蠕滑变形阶段，位于库岸段内的滑坡变形趋于稳定或暂停阶段。根据三个年度（2017～2019 年）的反复地质调查复核，位于丰都段的顺层库岸段目前仍处于相对稳定的极慢速蠕滑变形阶段，水位变动带内的库岸再造仍以冲蚀磨蚀为主（图 6.3），整体发生顺层滑移的可能性较小。

图 6.3　丰都段顺向岸坡地形及水平变动带库岸现状

在故陵—安坪段，受故陵向斜构造影响，在江岸两侧形成约 38km 的顺向岸坡段（单向），一般岩层倾角大于 25°，局部可达 35°～40°，该区域也为地质灾害发育较密集区域，库岸上部存在大量土质滑坡点，存在顺层滑坡风险的库岸段有藕塘段、大生田段。

奉节—云阳段顺层库岸区，近水段库岸地形坡角与岩层产状密切相关。在靠近向斜轴部的位置，岩层相对较缓，库岸一般呈同倾坡产出，此类库岸坡表覆盖深厚的土层，水位变动带的库岸典型破坏表现为表层土体的松动破坏，此类库岸段如故陵场镇段。在向斜两翼位置，岩层产状往往较陡，近水段库岸一般呈同倾坡产出，受水位变动的影响，坡表的土体已经被冲失，岩体裸露，砂岩大片出露位置基本无植被生长，泥岩出露位置多半在短时间内会生长出一些绿草。在水位规律性涨落变动下，位于水位变动带的岩体裂缝充填物被逐渐带走，使岩体呈现出不同的性状。在水位变动下，泥岩的破坏速度较快，在库岸上形成较多的浪坎和局部垮塌坑（图 6.4）；砂岩的破坏速度较慢，主要破坏仍然是沿裂隙面及砂泥岩交界面被掏蚀和冲蚀（黄波林等，2020b），进而发生局部的顺层滑移。

值得注意的是，在部分区域如藕塘库岸段，由于构造作用在岩层间存在软弱夹层带（藕塘存在两条），此类库岸段受构造作用、长江下切、软弱夹层、水位变动及地下水的共同影响，呈现出整体顺层滑移特征，此类库岸的破坏具备必然性，水位的变动只是加速了该类库岸的破坏速度。

图 6.4　奉节段顺向岸坡地形及水位变动带库岸现状

巴东宝塔河–秭归郭家坝一带碎屑岩类岸坡消落带岩性主要为泥质砂岩及泥页岩，遇水极易发生软化进而松动，在水流掏蚀和自身重力作用下发生剥落，从而形成消落带岸坡岩体劣化现象。这一类劣化类型主要表现特征为坡面有大小不均的块体，以紫红色砂岩为主，可见冲蚀孔洞，坡面局部可见第四系堆积物，研究区典型顺向岸坡消落带岩体松动剥落现象（图 6.5）。

巴东宝塔河–秭归郭家坝一带出露大量的砂岩夹泥页岩互层消落带，遇水极易发生软化，在水流掏蚀作用下发生掉块和磨圆现象。这一类劣化类型主要表现特征为坡面碎屑物质较少，整体坡面较干净，表面岩体被冲蚀磨圆。以紫红色砂岩为主，可见冲蚀孔洞，仅局部可见第四系堆积物（图 6.6）。

巴东宝塔河–秭归郭家坝一带在水流掏蚀作用下砂泥岩互层中的泥页岩易发生掏空剥蚀，致使中厚层的砂岩沿着原生结构面发生崩解–块裂，从而形成岸坡结构面崩解–块裂劣化现象。这一类劣化类型主要表现特征为坡体表面发育有大量的卸荷裂隙，以两组原生结构面为主，一组近平行于岸坡坡面，另一组近垂直于岸坡坡面。以紫红色砂岩为主，可见大量块体挂于坡体表面，形成“豆腐块”状，极易发生掉块（图 6.7）。

图6.5　秭归郭家坝顺向岸坡消落带岩体松动剥落现象

图6.6　秭归泄滩典型岸坡岩体冲蚀–磨蚀劣化现象

巴东宝塔河–秭归郭家坝一带较多地段岸坡以斜顺层岸坡结构为主，且均为层状构造，软硬相间出露于岸坡，硬岩主要为石灰岩和石英砂岩等脆性岩为主，软岩主要为强度较低的塑性岩体，包括泥岩、页岩等。这类岸坡是由软硬相间岩层的层状岩体组合而成的，岸坡以紫红、灰绿色岩体交替出现，岸坡坡度较大，坡体较陡立。区内出露较多的砂岩夹泥

图 6.7 秭归泄滩岸坡岩体结构面崩解–块裂劣化现象

页岩互层段，以归州至沙镇溪段尤为显著。这类岸坡的岩体劣化类型以软硬相间侵蚀型为主，首先泥页岩作为硬岩的夹层遇水极易发生软化，在水流作用下发生掏空剥蚀，致使薄至中厚层的砂岩和灰岩沿着层面发生脱落，从而形成岸坡岩体劣化。这一种劣化类型主要表现特征为坡面碎屑物质较少，整体坡面较干净。这类坡体表面泥页岩大部分已被软化成土质或类土质，紫红色砂岩用地质锤轻轻敲打即可形成掉块，从母岩脱落（图 6.8）。

图 6.8 秭归泄滩岸坡岩体软硬相间侵蚀劣化现象

6.3.2　侏罗系红层地区库岸劣化失稳机理

三峡库区重庆段自江津至奉节草堂段、巴东宝塔河-秭归郭家坝一带，沿江岸两侧分布均为侏罗系红层，红层是红色陆相沉积为主的碎屑沉积岩层，岩性以砂岩、泥岩、粉砂岩和页岩为主。该类岩层多为软岩与硬岩相间，呈互层状产出，层间结合力弱。根据贯通性结构面与坡向之间的组合关系，红层地层沿江主要呈顺向和切向产出。根据不同岩性在水位变动带下的不同特性，侏罗系红层区域岩体劣化有如下几种类型：泥岩岸坡风化崩解后退、差异风化致岩体崩塌失稳、顺层岩体劣致滑移失稳。

1. *泥岩岸坡风化崩解后退*

红层中的泥岩具有透水性弱，亲水性强，遇水易软化、塑变，抗风化能力弱，易崩解等特性（邓华锋等，2016）。特别是遇水后岩体及结构面抗剪强度大幅度降低，并且具有遇水膨胀、失水收缩的工程特性。泥岩崩解是指在温度变化、干湿循环作用、毛细作用等作用下，膨胀性矿物如高岭石、伊利石和蒙脱石等，沿内部各种微裂隙，呈网状、树枝状、羽状、鳞片状、层片状、球状剥裂或剥落，并最终形成泥状、碎屑状风化产物。

三峡库区红层段泥岩岸坡，多在宽谷段产出，岸坡两侧坡度较缓，一般地形坡度在30°以下。受水位变化的影响，泥岩岸坡受到水的物理冲蚀、磨蚀作用，加上水对岩体的浸泡使岸坡岩体快速崩解，如此周而复始，在宽谷段形成了大量浪蚀型坎状岸坡。

该类型库岸在水位退去后，由于泥岩风化产物具备良好的植被生长条件，在下次水位上涨前，于岸坡上可快速长出植物。

由于该类型库岸一般分布于江面宽广且坡度较缓的地段，整体的破坏失稳不具规模性和突发性，库岸的再造与崩解后退一般不会引起大规模的损失和破坏。但在长期的机械侵蚀下，可使碎屑岩类红层岸坡浅表层发生强烈侵蚀，同时在消落带中可形成大量的凹槽和空洞，破坏力较强，特别是浅表层原有的岩体结构发生巨大变化，是一种明显的宏观岩体劣化现象，极容易引起局部坡段连片的塌岸。该种破坏往往“有迹可循”，需进行长期的关注、跟踪可明显降低致灾风险。

2. *差异风化致岩体崩塌失稳*

红层地层一般成砂岩、泥岩互层状产出，砂岩往往结构致密、力学强度较高，泥岩力学强度较低，在平缓岩层地段，受层面及裂隙切割影响（邓华锋等，2012；刘新荣等，2018），砂岩、泥岩互层往往形成高陡的危岩体，其特征表现为基座与上部岩体中部夹泥岩的夹层状结构。该种结构通常发育于构造轴部附近位置，在江津、渝北、长寿、丰都、忠县、万州等区县较为常见，但在临江段库岸较为少见。

该类岩体一般情况下上部砂岩岩体后缘受裂隙切割，与坡面平行形成数条贯穿至半贯穿的裂缝，砂岩下部夹一层厚薄不一的泥岩带，受差异风化作用影响，砂岩下部的泥岩一般风化形成凹腔，上部砂岩体处于悬空状态。在水的作用条件下，泥岩的风化和崩解速度将大大加快，由此导致砂岩下部凹腔的发育空间增大。当凹腔增大后，上部砂岩由于裂隙的抗拉能力不足以支持岩体的自重，即可能发生坠落或者倾倒式破坏。

由于该破坏模式仅在万州、丰都、渝北、巴东等库岸段局部存在，且由于临江岩体高度较小，该种破坏往往具有较为显著的塌岸、崩解迹象，需进行长期的关注、跟踪即可明显降低致灾风险。

3. *顺层岩体劣致滑移失稳*

三峡库区红层软硬相间岩体，在不同区段呈现不同的构造模式。自三峡工程蓄水以来，在缓倾层状岸坡段却多次发生沿近水平层的顺向滑移，其成灾模式受到专家和学者的关注（杨宗佶等，2008；缪海波，2012；周美玲，2016；Yan et al.，2019）。以下分述两种顺层滑坡的劣化成灾机理。

1）平缓层状软硬互层岸坡顺层破坏失稳模式

三峡库区内大量发育有平缓软硬岩层互层的“三明治”边坡和下软上硬的高陡斜坡，这些边坡主要由近水平的灰岩、砂岩、页岩及泥岩构成。库区内软硬相间岩组主要分布在中—下侏罗统（泥岩、砂岩互层）、中—上志留统（泥岩、粉砂岩、砂岩互层）等中。其中，在重庆市大量发育侏罗系平缓层状软硬相间岩体，经详细调查发现这些斜坡岩体变形剧烈，形成了大量滑坡和危岩体。此类滑坡和危岩体以万州最为典型，前期有大量专家和学者对其成因和失稳破坏机制进行了研究，本次科研在结合水位变动岩体劣化的基础上，对其失稳破坏模式进行总结。

软硬互层岸坡，通常是指上下层为质地较硬的砂岩，中间夹杂一层性质较差的泥岩、页岩，形成“三明治”结构。在强降雨入渗情况下，岩体裂缝后缘充水，产生较高的静水压力，同时，由于砂泥岩交接面雨水入渗，产生与岩体自重方向相反的扬压力，为滑坡的滑动提供了动力条件。通过对软弱结构的化学、力学分析，部分区段的泥岩具有较强的膨胀性质，膨胀力的作用一方面降低软弱面的力学性质，另一方面在土体内部产生膨胀推力。在重力作用下，上覆岩层对软弱层起到挤压蠕变，使软弱面产生蠕滑–拉裂变形，最终导致破坏。

三峡库区蓄水后，位于水下的泥岩受水位浸泡作用，其物理力学性质大大降低，随着水位的下降，泥岩出露于水面的位置应力将进行重新调整。如此周而复始，位于水位变动带内的泥岩长期受浸水、失水作用，崩解和泥化速率大大加快，砂泥岩交界面将出现泥化夹层形成极易滑动的软弱带，库岸前缘涉水劣化段将随着下部泥岩的性质变化呈现塑流–拉裂破坏。随着前缘的岩体出现平推式破坏，处于后缘的岩体在雨水入渗，偶发性强降雨情况下，将可能出现进一步的多级平推式滑动（图 6.9）。

2）中陡倾顺层岸坡滑移–溃屈失稳模式

该类型岸坡的破坏失稳建立在破碎且顺向的岩层组合结构模式下，由于砂岩和泥岩呈交互产出，砂岩与泥岩交界面往往形成软弱夹层带，且软弱夹层带往往出现多层。随着长江三峡的下切成形，以重力为主导的顺向岸坡，在地下水和软弱夹层的控制下，受库区蓄水的影响，该类库岸多发生沿软弱夹层面的整体滑移式破坏（图 6.10）。

（1）长江河谷不断深切，切穿岩层及多层软弱夹层面，使库岸形成高达百米的顺向临空结构。

（2）在岩体自重作用下，岩体内部应力逐步调整，斜坡中部沿着易滑软层产生顺层蠕动滑移变形，且沿切层裂隙与斜坡上部岩体逐渐拉裂分开，部分库岸下部坡脚一带顺层岩体产生弯曲–隆起（如藕塘滑坡、木鱼包滑坡）。

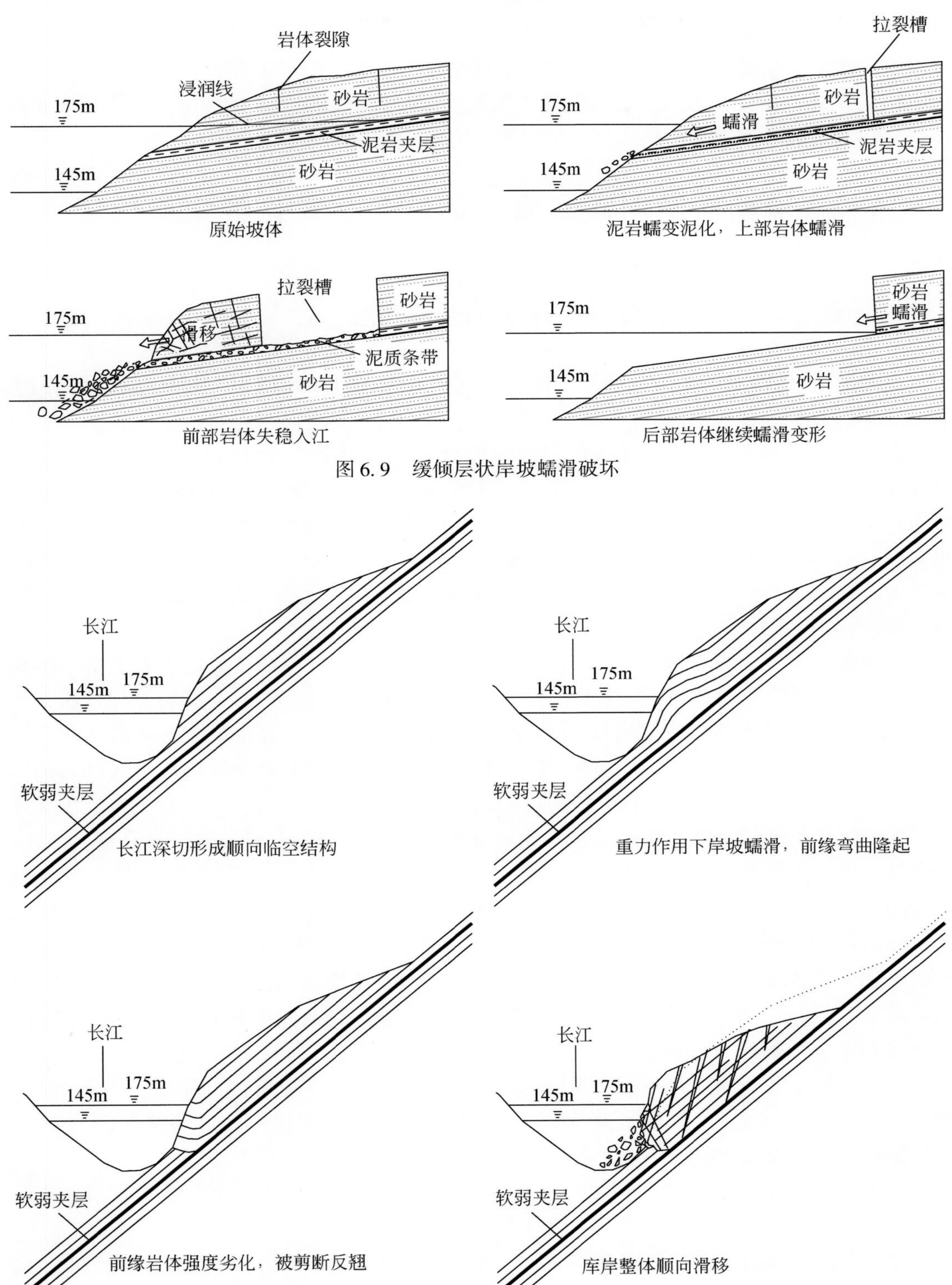

图 6.9　缓倾层状岸坡蠕滑破坏

图 6.10　中陡倾顺层岸坡滑移–溃屈失稳模式

（3）在库水规律涨落影响下，位于库岸前缘临空面的滑体岩体力学强度极速降低，岩体沿特定软弱夹层面被剪断，被剪断区域岩体呈反弯形态，前缘阻滑力大大减弱。

（4）滑体在前缘剪断后，蠕动变形大大加快，滑体上出现大量的裂缝，后缘出现张拉裂缝，顺层滑坡整体形成，将出现整体沿顺层向的失稳破坏。

6.4 碳酸盐逆向碎裂岩层岸坡典型劣化类型与机理

6.4.1 碳酸盐逆向碎裂岩层岸坡典型劣化类型

以龚家坊-独龙一带的逆向碎裂岩体，在巫峡段内极具破坏代表性和典型性（闫国强等，2020）。

龚家坊—独龙段库岸位于巫峡峡谷段（谭维佳等，2020），西起龚家坊 4 号斜坡，东至独龙 8 号斜坡，长江航道里程为 167.25～163.40km，库岸全长 3.95km。该段库岸长江河道较窄，145 水位时河道一般宽 380～500m，江水抬升至 175m 附近后，江面平均加宽 40～142m。区内山势呈 NEE 向展布，岸坡整体坡向为 177°～192°，地形坡角为 35°～60°，地势上北西高、南东低，山脊从西向东为文峰观—大石坡—望天坪—阴坡—棺材盖一线，最高点高程为 1234.0m。

区域构造上位于横石溪背斜北西翼，出露岩性为出露三叠系嘉陵江组—志留系纱帽组。岩层产状整体上倾向 NW，优势产状为 320°～350°∠55°～67°，受区内岩体弯折的影响龚家坊至独龙段各斜坡坡面岩层倾角变缓。区内岸坡主要为岩质岸坡，在局部库岸段（龚家坊 3 号及独龙 4 号、5 号）为土质库岸。岸坡结构类型主要为反向坡，局部为横向坡。区内仅见小断层，无区域性断层通过，地质构造简单。区内的人类工程主要表现在岸坡治理时削坡形成的边坡，其中龚家坊 2 号危岩治理时分台阶放坡形成了总高度约 125m 的边坡，区内人类工程活动复杂。

2008 年 11 月 23 日，龚家坊 2 号斜坡（G2，龚家坊危岩）崩滑（Yin et al.，2016），产生的高约 13m 的涌浪，并在上游约 3km 的巫山县城码头形成了高约 3m 的涌浪，2009 年 5 月 18 日，龚家坊 2 号危岩体再次发生崩塌，总方量约 1.5 万 m^3，产生的涌浪高 5m，巫山港涌浪高约 1m。2009～2014 年该区域先后完成了斜坡调查，库岸段详细勘查的工作，2009 年以来该段库岸带进行专业监测。

2009～2014 年重庆地勘局 107 地质队对龚家坊至独龙段岸坡进行了调查、勘查、施工勘查和专业监测，将龚家坊至独龙段 3.9km 的岸坡划分为 17 段不稳定斜坡（图 6.11），潜在崩滑体总规模约 2080 万 m^3。

2010～2012 年完成了龚家坊 2 号斜坡的治理工作；2013～2014 年完成了茅草坡 4 号库岸的治理工作；2016 年完成了茅草坡 3 号库岸的治理工程。

随着水位的不断涨落变化，龚 3、龚 4、独 1、独 2、独 8 段已做工程防护，根据目前的监测动态，属稳定状态，但也应该指出，龚 2 段坡脚仍有大量崩坡积碎块石，表明其仍有掉块崩塌现象。龚 3、独 4、独 5 段土质库岸受机械掏蚀-侵蚀作用，表面岩土体呈浪坎

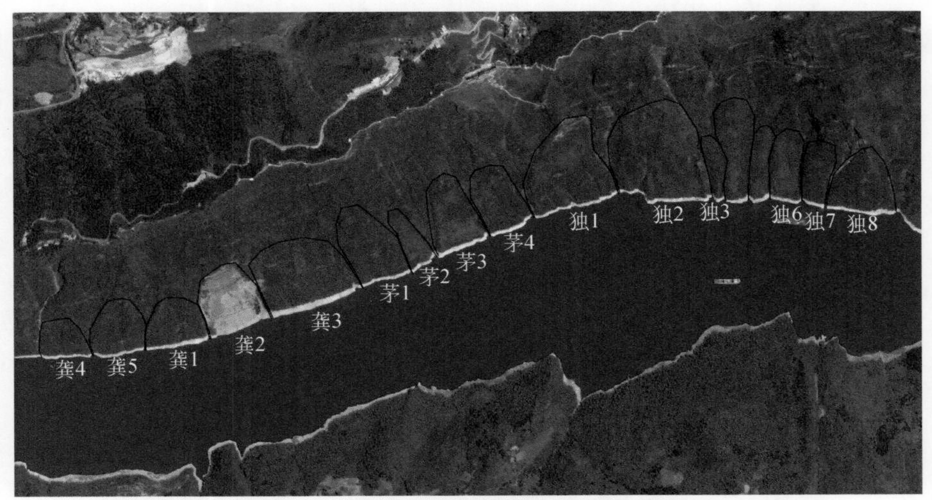

图6.11　巫山龚家坊—独龙段库岸分段图

状和冲蚀状现象（陈小婷等，2020）明显，其余库岸段岩体形态都有不同程度的变化。

逆向碎裂岩库坡在水位变动影响下，主要有以下两种形态变化：

（1）小范围崩塌。由于受岩层及裂隙切割，库岸岩体极其破碎，库岸受水的物理冲蚀作用，每年均有不同程度地崩塌，崩塌区域一般位于表层岩体，崩塌部分位于坡面浅表部位和冲沟侧向部位。局部上部岩体由于水位变动带内岩体崩塌而引起上部崩塌，如独龙1号坡在2017年就曾经出现了由下部崩塌引起上部200m^{3}岩体小型崩塌的情况。

（2）岩体架空。受水位变动影响，位于原本极破碎岩体间的钙泥质胶结物受到物理化学作用，逐渐被流水溶蚀或掏蚀，且速度远远大于其他岩体完整区域，最终导致位于水位变动带内的大小不一的岩体呈架空状态。由于架空尺度属于微观范围，岩体间的架空导致岩体相互结合松动，大大降低了岩体的强度，从而导致整个岸坡物理力学强度降低。

6.4.2　碳酸盐逆向碎裂岩层岸坡劣化破坏机理

碎裂岩层岸坡岩体具有类土质岩体特性，区别于传统的土质岸坡和岩质岸坡，具有岩质岸坡的原生结构面，但由于坡体破碎程度高，不能用传统土力学理论和岩体力学理论进行求解（邹丽芳等，2009；Tallini et al.，2013；Dochez et al.，2014）。

三峡库区碎裂岩层岸坡一般具有如下基础地质特性（殷坤龙等，2014）：①岸坡由灰岩、泥灰岩、白云岩、页岩、片麻岩、板岩等脆性并富含亲水性矿物的岩石组成，岩体结构介于碎裂状和块体状之间，裂隙表层存在1～2cm的风化层，风化层富含蒙脱石、伊利石等亲水性黏土矿物，类土体遇水后岩块之间致滑效果明显；②岸坡卸荷作用强烈，河流下切诱发岸坡岩体强烈卸荷是类土质岸坡发生破坏的关键环节；③区域构造应力场是类土质岸坡发生破坏的宏观地质基础，一般情况下，受区域构造影响，由层面和多组裂隙切割形成的块体呈豆腐块状（块体三个主应力方向近乎垂直），极易产生破坏。

在巫峡区域，具备该类型特征的库岸主要是龚家坊—独龙段库岸、神女溪库岸段。以龚家坊段库岸为例，该类型库岸破坏机理如下：

（1）由岩层与裂隙相互切割，将坡体切割成极其破碎的类土体结构。岸坡区位于横石溪背斜近轴部及北西翼，岩层呈单斜产出，正常岩层产状为 320°～350°∠55°～62°，区内岩体中发育一组纵张裂隙，产状为 150°～170°∠42°～80°，该组裂隙与坡向一致，冲沟两侧山脊上多见，裂面平直，部分张开度为 2～10cm，一般延伸长度为 5～10m，最长为 50m，间距为 0.8～1.2m/条。另外发育两组“X”形剪切裂隙，产状分别为 80°～100°∠60°～78°和 220°～240°∠62°～80°，该组裂隙短小，一般延伸 0.6～1.5m，间距为0.3～0.8m/条。由于裂隙发育，加上风化卸荷作用，坡面岩体部分地段极破碎（图 6.12）。

图 6.12　巫山龚家坊库岸段岩体破碎照片

（2）岩体间填充大量胶结物，根据岸坡不同结构部位，胶结物呈钙质、泥质状态。在水位的规律性涨落条件下，胶结物受水力的物理和化学作用，如冲蚀、掏蚀、溶蚀、水解等作用，逐渐脱离原岩体，在坡体上留下大量的空洞和孔隙。由于胶结物的脱离，形成的孔隙使原本破碎的岩体力学强度大大降低，为后续岸坡自下而上的破坏提供了条件。

（3）胶结物在水位变化情况下的流失，导致岸坡产生了不可逆的劣化，大量破碎岩体呈现空洞和悬空状态，裂隙的抗剪强度大大降低甚至趋向于零，碎块体的力学作用完全丧失，岸坡整体达到临界平衡状态。

（4）在外部条件发生变化的情况下，水位变动带岸坡块体发生局部或大范围失稳，上部破碎岩体失去下部支撑，引起整个库岸垮塌（图 6.13、图 6.14）。

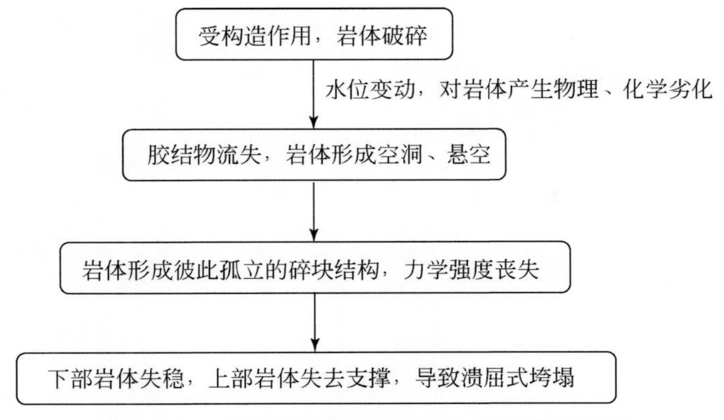

图6.13　碳酸盐岩逆向岸坡劣化破坏形成机制

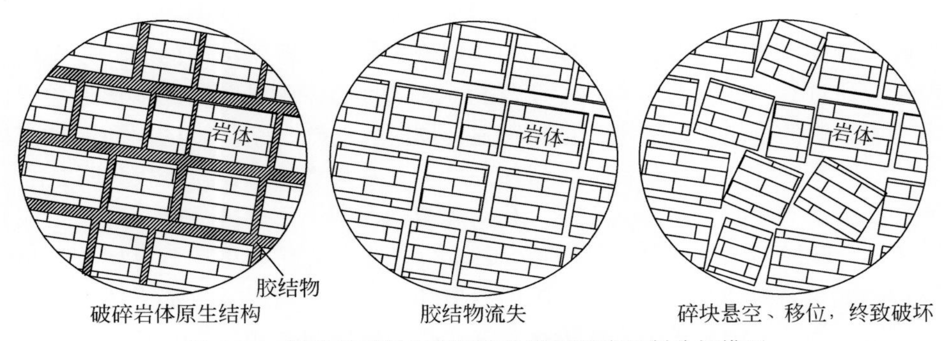

图6.14　碳酸盐岩逆向岸坡劣化破坏形成机制分析模型

6.5　碳酸盐顺向岩层岸坡典型劣化类型与机理

6.5.1　顺层灰岩潜在不稳定岸坡典型劣化变形破坏

巫峡区域顺层岸坡主要发育在长江南岸青石至抱龙河、北岸神女峰剪刀峰一带（余姝等，2019）。两则顺向段库岸总长约8km。受构造影响，两侧岩层发育情况差异较大。在秭归郭家坝香溪大桥附近、兵书宝剑峡、秭归县泄滩乡等处亦有顺向碳酸盐岩岸坡分布。

青石–抱龙河一带，库岸段全长约5.0km，库岸高度为775～815m，库岸段总体地形坡度为35°～45°，受地形影响局部表现为顺向临空陡崖带。水位变动带地形坡角约30°～38°，出露岩性为下三叠统嘉陵江组二、三段（T_1j^{2-3}）泥质灰岩、白云岩、灰岩，岩体裂隙极发育，岩体破碎，库岸有局部滑移特征（黄波林等，2020b），滑移面较新鲜，库岸在逐渐后退。除此以外，在消落带发现九处明显发育的顺向挤压弯曲带，发育高程为145～175m、宽度为0.3～0.8m、长度为25～70m，发育方向与岸坡走向基本一致，弯曲带上岩体呈破碎状（图6.15），与岸坡构造裂隙呈小角度相交。

图 6.15　巫峡顺层岸坡典型挤压弯曲带照片

在水位变动条件下，散落于岩面的岩体被水流带走，在冲沟地段可见大量散落的岩块，挤压弯曲带内的表层岩体破碎程度逐年增加，坡表原生的网状裂隙在短时间内未见明显的增大或者延伸，裂隙内部充填物受水力作用流失严重，嵌入坡内的岩体未见明显的挤压滑移现象。通过三年时间的观测和专业监测，顺向坡整体未见明显的变形迹象，但水位变动带内浅表岩体的崩塌坍落现象还是较明显，同时，结合三个年度的顺向斜坡声波对穿试验及其他试验，顺向区域水位变动带岩体强度劣化在局部区域仍然是较为明显的。

从神女峰脚下向下游方向至剪刀峰、孔明碑至烂泥湖、黄草坡一带，顺向岩层倾角逐渐加大坡体发育陡倾乃至陡立结构同倾坡。神女峰一带，岩层属中厚至厚层状产出，其水位变动带岩体主要以松动脱落为主，裂隙的发展和扩张相对较缓，上部岩体由于临空不时有崩塌掉块情况。孔明碑一带，岩层近乎直立，受构造应力作用，在水位变动下，下部岩体有局部反倾，上部岩体微微向临江面倾倒。剪刀峰一带，岩层倾角较大，岩面由前期顺层滑移形成较为光滑。水位变动带岩体表面发育三组主要裂隙，裂隙面多呈闭合状态，在水位逐年变化过程中，岩体表面裂隙逐渐扩张和发展，局部裂隙出现新生情况。根据三峡大学项目组资料，剪刀峰水位变动带局部岩体（范围约 6.7m×8m）2012 年与 2017 年的对比素描显示新显现了大量裂隙（图 6.16 中红线）。该区岩性为三叠系嘉陵江组灰白色中薄层白云岩、泥质灰岩和白云质灰岩组成。主要发育三组结构面，产状分别为 290°～300°∠60°～70°、40°～70°∠45°～60°、250°～270°∠45°～70°。从新显现裂缝的产状来看以第一组和第三组节理发育居多。有的新显化节理是沿老的节理延伸，沟通已存的节理；有的则是原有闭合裂缝张开，产状大多与构造节理类似。在素描区，红色的显化或延展裂缝条数为 52 条，最长的新增裂缝长度为 0.78m，平均长度约 0.4m。假定这些裂缝为连续持续延展，年最大延伸率约 0.15m/a，年平均延伸率约 0.08m/a。

对秭归大量缓倾层状碳酸盐岩消落带岩体调查发现，沿节理裂隙和层面发育有大量的溶洞、溶隙、溶槽。例如，在链子崖东侧 1km 岸坡消落带，地层为下三叠统大冶组（T_1d）和嘉陵江组（T_1j）灰岩，岸坡消落带可见多处已溶蚀（潜蚀），形成了溶蚀孔洞、溶腔、溶槽（图 6.17）。同时，沿节理裂隙发育有长条状溶隙和溶槽，大型溶槽可达 0.3m（宽）×2m（高）×0.6m（深）。这些溶蚀孔洞、溶腔、溶槽使得岸坡岩体完整性降低、质量严重下降，易发生溶蚀破裂。

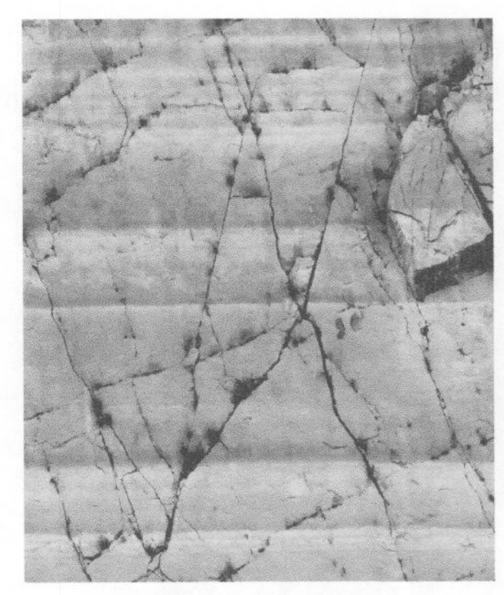
陡倾顺层岩体节理裂隙照片
(剪刀峰，2012年7月15日)

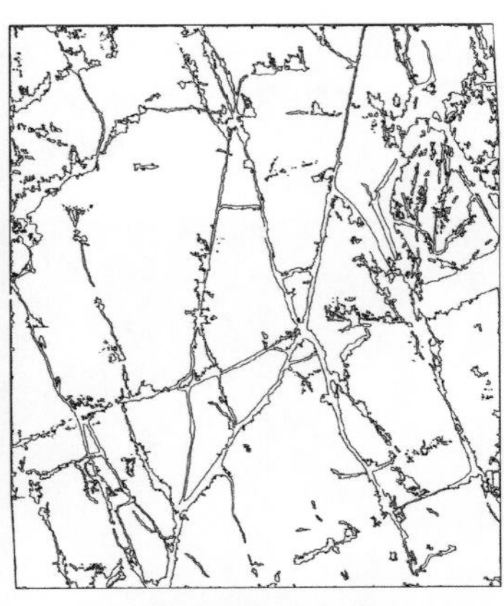
陡倾顺层岩体节理裂隙照片
(剪刀峰，2017年7月23日)

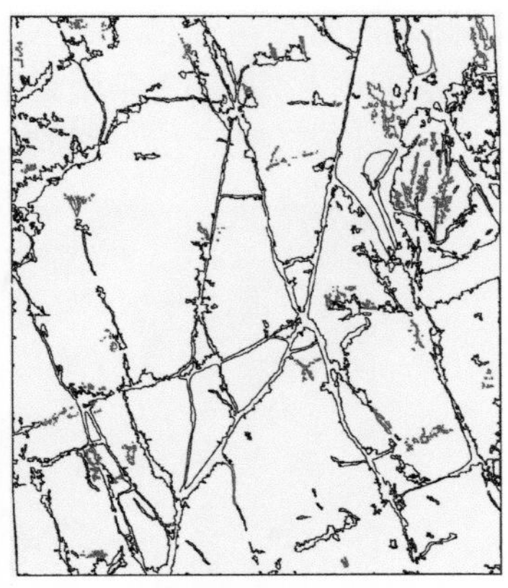
裂缝显化与扩展情况(对比时间：
2012年7月15日—2017年7月23日)

图6.16　巫峡陡倾顺层岩体劣化之节理裂隙扩展与新生现象（据黄波林等，2019b）

图6.17　兵书宝剑峡缓倾顺向岸坡厚层岩体裂隙潜蚀劣化现象

对郭家坝香溪大桥附近库岸的潜蚀现象进行详细调查，发现裂隙在高程175m上下的显现情况基本相近，但沿裂隙发育的溶蚀沟槽却有非常明显的差异。在175m高程之下，这些溶蚀沟槽在岩石崖立面上形成了众多近平行的椭圆形，长轴倾角近100°，长轴高度为0.2～2m不等，短轴宽度为0.1～0.5m不等，深入岩土内部的深度大于0.3m。在兵书宝剑峡库岸500m范围内，175m高程上下裂缝的密度比（175～195m高程间裂缝单位面积发育条数与155～175m高程下裂缝单位面积发育条数之比）约60%，但175m高程上下溶蚀槽的密度比（175～195m高程间单位面积发育溶蚀槽个数与155～175m高程下单位面积发育下溶蚀槽个数之比）约12%。

在聚集坊、九畹溪、镇江寺的局部区域发育有岩石表层溶蚀现象。岩石表面有大量沿斜坡倾向的微型溶蚀槽，溶蚀槽间残留的岩石隔挡薄似刀刃。在聚集坊斜坡的局部区域93cm 范围内共发育 13 条微型溶蚀槽。这些溶蚀槽的平均宽度约 3cm，延伸长短不一，都超过 50cm；溶蚀深度平均为 3 ~ 5cm，最深的达 14cm（图 6.18）。

图 6.18　秭归聚集坊典型碳酸盐岩类岸坡消落带岩体劣化现象

秭归县泄滩乡榨坊沱村岸坡段岩性为中三叠统巴东组（T_2b^3）浅灰色中厚层灰岩、泥灰岩夹白云岩，岩层产状为 7°∠51°。岸坡类型为顺向岸坡，以薄层至中厚层灰岩为主，层面受库水位升降水动力作用影响，逐渐出现岸坡表层岩体层面及节理面裂缝显化与扩张，表层岩体脱离母岩，在动水冲蚀作用下出现破裂、掉块等劣化现象（图 6.19）。

图 6.19　巴东镇江寺顺向岸坡岩体劣化之节理裂隙扩展现象（镜头方向：SE15°）

在香溪大桥东侧，出露厚–中厚层灰岩斜顺层中三叠统嘉陵江组（T_2j）灰岩，部分区域有溶蚀小孔洞，结构面十分发育。在岸坡消落带 145 ~ 175m 范围内，通过对结构面发育程度进行详细调查发现，对于岸坡结构为顺向、斜顺向岸坡，裂缝显化与扩张主要以层理结构面为主［图 6.20（a）］；岸坡结构为逆向、横向岸坡，裂缝显化与扩张主要以节理结构面为主［图 6.20（b）］。与消落带之上的岩体相比，消落带内裂缝数量增多，裂缝宽度、迹长普遍增大，劣化特征显著。

图 6.20　秭归香溪大桥附近裂隙发育与扩展现象

新生或扩展裂隙系统以构造配套为主，构造节理裂隙经水动力、水化学等作用，可形成新生或扩张裂隙（图 6.18）。裂缝扩张与显化的演化机制较复杂，其与地表水与地下水的水环境演化作用、温差作用及水-力耦合作用密切相关（黄波林等，2019b）。

研究区内岸坡消落带机械侵蚀现象分布较多。其主要表现特征为岩体裂隙充填物被掏蚀，在软弱岩层或裂隙带形成小的凹腔。在机械冲刷作用下，造成原生节理裂隙进一步扩张延伸，向凹腔内部发展。在岩溶碎裂岩体岸坡中，还可能由于流水冲力侵蚀、降雨冲刷侵蚀、地下水流潜蚀或携沙水体磨蚀等机械力侵蚀造成碎裂岩体岸坡发生形态上的改变（图 6.21）（黄波林等，2019b）。

图 6.21　秭归西陵峡碎裂岩体岸坡坡面侵蚀及侧向侵蚀劣化现象

6.5.2　顺层岸坡劣化滑移式破坏机理

顺层岸坡劣化破坏，是指岸坡由于水位变动带岩体强度（物理、力学）的弱化，导致岸坡整体沿坡面向结构面失稳的破坏模式。三峡库区重庆段碳酸盐岩类顺层滑移破坏主要集中在巫峡青石、剪刀峰区域，沿长江南北两岸形成总计长约 6.4km 的顺向斜坡带，在秭归郭家坝香溪大桥附近、兵书宝剑峡、秭归县泄滩乡等处也有零星分布。

根据岩层倾角及地质构造的差异，顺层岸坡的破坏模式分为三类：沿层面“滑移-弯曲”破坏、沿层面及裂隙的松脱式滑移、沿层面的斜向或倾倒破坏（梁学战，2013）。分别叙述如下。

6.5.2.1　沿层面“滑移-弯曲”破坏

在三峡库区巫山县青石社区下游长江右岸发育有一段灰岩顺向岸坡——青石-抱龙一

带顺层库岸。该段库岸沿长江至上游的巫山县城约 16km，沿长江至下游的巴东县城约 32km。该段库岸起始于青石社区下游 300m，止于下游抱龙河口，沿长江约 3. 7km 长。库岸中分布有 20 条冲沟，将库岸分割为 21 个自然库岸，分别命名为青石 1 号—青石 20 号斜坡。这些斜坡部分发现有变形迹象。青石 6 号—青石 8 号斜坡区域，在水位变动带范围内 165m 高程附近，发现了多处浅层岩体的波状弯曲（图 6. 22），这些弯曲区近似在一条线上。这种波状弯曲的转折端多为角砾岩或角砾填充的裂缝。在弯曲岩层的层间可见隆起现象，角砾岩填充或中空。

图 6. 22　青石顺向岸坡坡面地表岩层的波状弯曲

在重力作用下斜坡岩体沿层状结构面滑移可以产生弯曲现象。这种滑移–弯曲机制很早就被一些研究者报道过。它主要发育在中–陡倾角的层状斜坡中，尤以薄层状岩体及延性较强的碳酸岩中为多见。

此类灰岩顺向斜坡的变形和破坏分为三个典型阶段：轻微弯曲阶段、强烈弯曲–隆起阶段和溃屈贯通阶段（闫国强等，2021）。

（1）轻微弯曲阶段［图 6. 23（a）］。坡面轻微隆起，岩体轻微松动，弯曲部位仅出现局部压碎和类似褶曲现象。弯曲隆起部位通常出现在坡脚或地形凹处。

（2）强烈弯曲–隆起阶段［图 6. 23（b）］。地面显著隆起，岩体松动加剧，弯曲–隆起区内拉应力的增强导致缓倾滑移面出现。由于弯曲部位岩体强烈扩容，往往剪出口附近出现局部的崩落或滑落。

（3）溃屈贯通阶段［图 6. 23（c）］。当下滑力大于弯曲–隆起区滑移面岩桥强度时，弯曲板梁溃曲破坏，滑移面贯通，形成大规模的滑动。

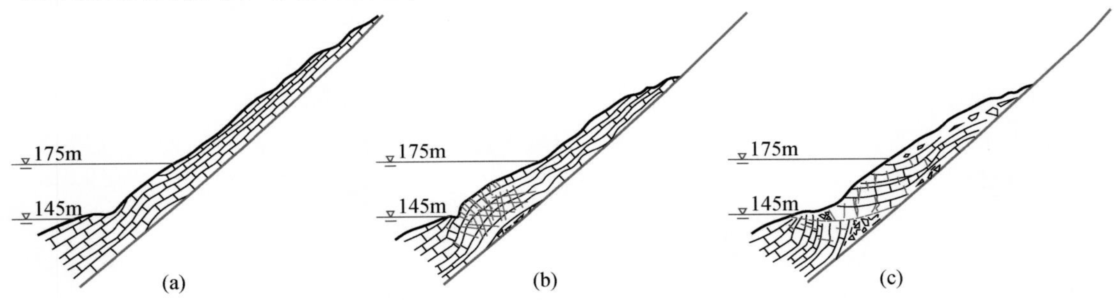

图 6. 23　“滑移–弯曲”滑坡演化过程（据闫国强等，2021）

根据破坏演化过程图，可以看见，在局部应力集中段，岩体的快速劣化将导致岸坡加剧失稳破坏。由于水位周期性涨落，水体对岸坡的物理、化学作用将导致该作用的速度大大加快。根据本次科研原位试验结果，位于死水位下（145m）的岩体劣化速度远远小于水位变动带（145～175m），尤其是150～165m左右（水位波动频率和幅度大）的岩体速度。而青石6号斜坡附近出现的弯曲带发育高程在160m左右，恰好为岸坡岩体劣化效果最为强烈的地段，水体的物理化学作用导致岩体快速破裂，强度快速降低。可以预见，如果不对该类型岸坡进行提前防治，后期的防治难度和防治费用均可能大大增加。

6.5.2.2　沿层面及裂隙的松脱式滑移

青石顺向坡区域，以及神女峰坡脚区域，在岩体层面控制下，在坡体上发育多组裂隙（图6.24），尤其以近似平行于坡面走向和垂直于走向的两组裂隙最为发育。裂隙与层面相互切割，将坡体切割为大小不一的孤立层状岩块，岩块间通过钙泥质胶结，局部处于无填充中空状态，部分区段如神女峰轿顶峰一带层间还发育钙泥质软弱夹层带。

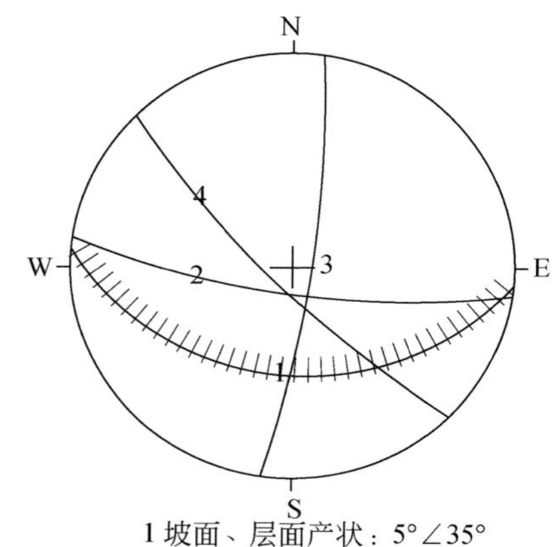

图6.24　青石岸坡照片及赤平投影图

在此种情况下，岩体层面间和裂隙间的充填物一旦流失，势必造成岩块间失去相互作用力，在重力作用下，沿层面发生局部的松脱式滑移。在青石4号斜坡附近坡面处就有一处坡面局部滑移的现象（图6.25），坡面的擦痕仍然可见，可以推测，坡面的滑移年代并不久远。

该类型库岸失稳破坏机理（图6.26）如下：

（1）原始状态下，库岸岩体呈顺向产出，库岸坡度与岩层倾角近乎一致，岩体受裂隙切割，形成大小不一的岩石块体，各块体间裂隙内通常为钙泥质胶结，层间通常为钙质胶结，层面往往较平直，裂隙面通常较粗糙，由于岩石强度及胶结强度较高，一般情况下该类型库岸均能处于长期稳定状态。

（2）在水位变动作用下，层间和裂隙间的胶结物受到掏蚀、潜蚀及溶蚀等作用，逐渐流失，部分区段的胶结物部分甚至完全流失，导致层面和裂隙完全松脱处于架空状态。

图 6. 25　青石 4 号斜坡新近局部滑移照片

（3）岩体在层面和裂隙架空后，在重力作用下，逐渐松动脱落，在坡表形成高低上下不一致的破裂面。随着大量的水位变动带岩体松动脱落，最终上部岩体在失去下部岩体支撑后，将打破现有的稳定状态，发生大范围的整体滑移。

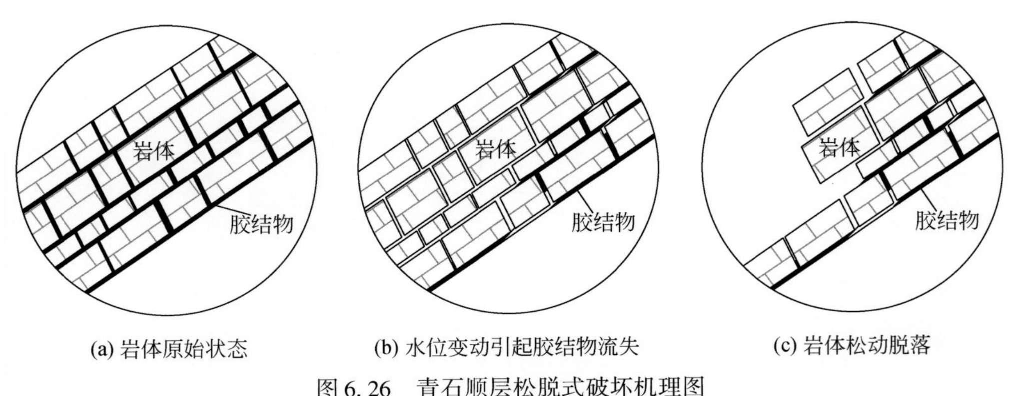

(a) 岩体原始状态　(b) 水位变动引起胶结物流失　(c) 岩体松动脱落

图 6. 26　青石顺层松脱式破坏机理图

6. 5. 2. 3　沿层面的斜向或倾倒破坏

从神女峰脚下向下游方向至剪刀峰、孔明碑至烂泥湖、黄草坡一带，顺向岩层倾角逐渐加大坡体发育陡倾乃至陡立结构同倾坡（图 6. 27），岸坡稳定性状况和失稳模式逐渐发生显著的变化并形成各自独特的地貌特征。

巫山剪刀峰一带位于神女溪–官渡口向斜北翼，由三叠系嘉陵江组三段灰岩构成同坡顺向坡，剖面“X”节理发育，岩体被“X”节理和层面裂隙切割成菱形结构体，块体“X”沿节理滑移向两侧凌空方向滑移、脱离母岩后向长江方向或两侧冲沟崩落（图

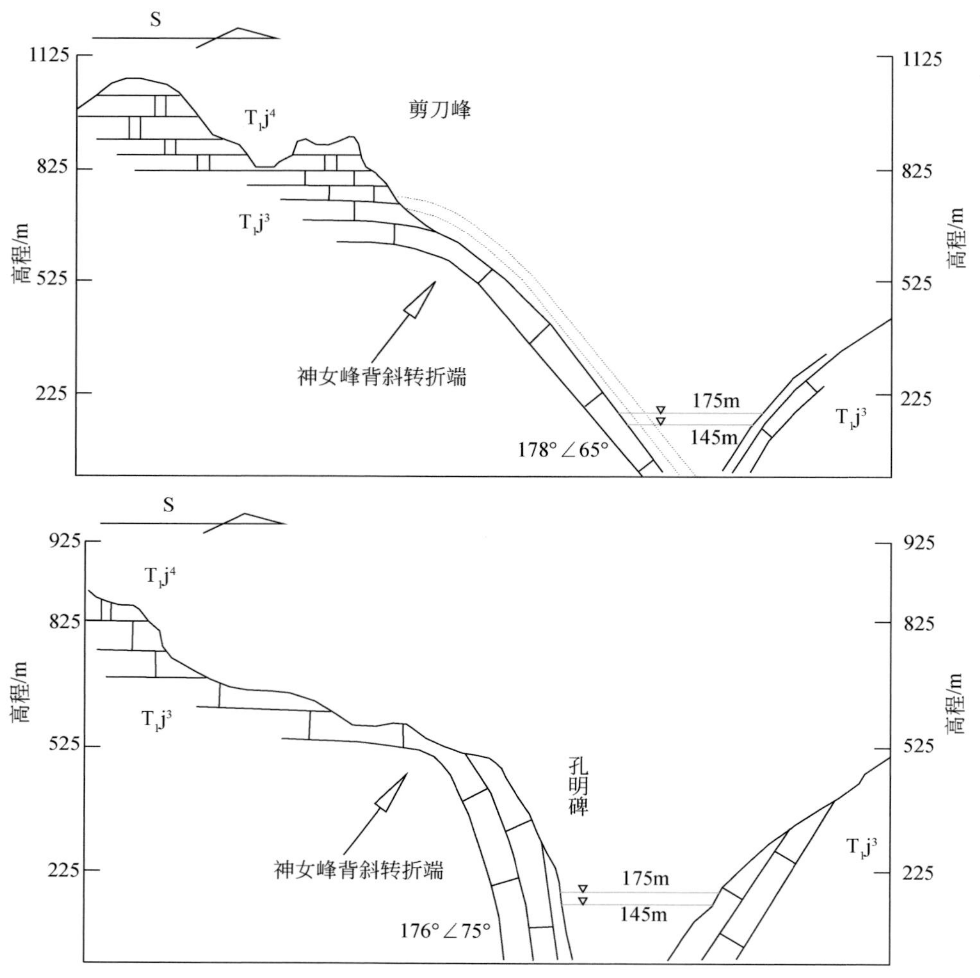

图 6.27　巫山剪刀峰-孔明碑一带工程地质剖面图

6.28)，形成小型崩塌或落石，在特定的条件下可以形成一定规模的崩塌，对过往船只构成威胁。这类失稳模式形成的典型地貌为三角面和“V”形沟（图 6.29)。剪刀峰崩塌体即是这一变形失稳类型的典型代表。三峡库区规律性蓄水后，岩体质量劣化表现为裂隙的扩张和新生，位于水位变动带内的岸坡岩体“X”形节理数量和规模较蓄水前均有较大幅度的增长，同时基于测窗内的裂隙对比，可以显见裂隙的发育呈增长增多态势。由于该段库岸岩体质量较好，本体强度和变形参数均较高，能够引起库岸失稳的决定性因素仍然是贯通性结构面的发育情况。位于水位变动带内的岩体“X”形裂隙发育速度远远领先于其他位置，由裂隙切割的菱形岩体将从水位变动带开始逐渐松脱解体，最终自下而上形成凹腔，上部岩体在失去支撑情况下发生局部乃至整体失稳。

巫山孔明碑一带岩体由三叠系嘉陵江组三段（T_1j^3）中薄层含燧石结核灰岩、白云质灰岩构成，神女溪官渡口向斜北翼自西向东岩层产状逐渐由缓倾转而陡倾乃至局部倒转，岸坡失稳由“顺向结构岸坡侧向滑移式”向“陡立结构岸坡的倾倒失稳模式”转变。调查

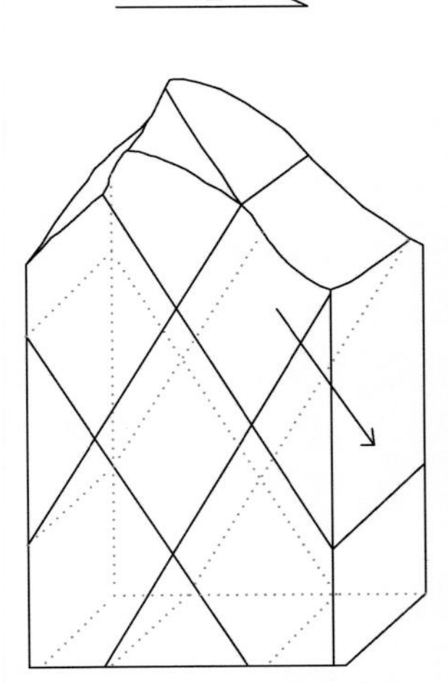

图 6.28　巫山剪刀峰一带顺向结构岸坡失稳模式

图 6.29　巫山剪刀峰三角面和“V”形沟

发现，当岩层倾角大于 75°时，坚硬的嘉陵江组三段灰岩构成板裂结构岩体，并形成向外张开的竖直板梁式危岩体，由于受剖面“X”节理及斜交层面倾向坡内的结构面切割影响，直立板梁的完整性受到破坏，在重力作用及板梁之间充填碎块石底劈作用下，加之在水位变动条件下，临水面的板状岩体裂隙发育数目和发育速度将远远领先于其他部位，由此在水位变动带内形成应变较为集中的区域，随着岩体强度的劣化，岩体下部出现的低强度带使上部岩体的重心出现偏移（图 6.30），破裂的直立板梁易发育溃屈–倾倒失稳（图 6.31）。

图 6.30　巫山孔明碑陡立顺向结构照片

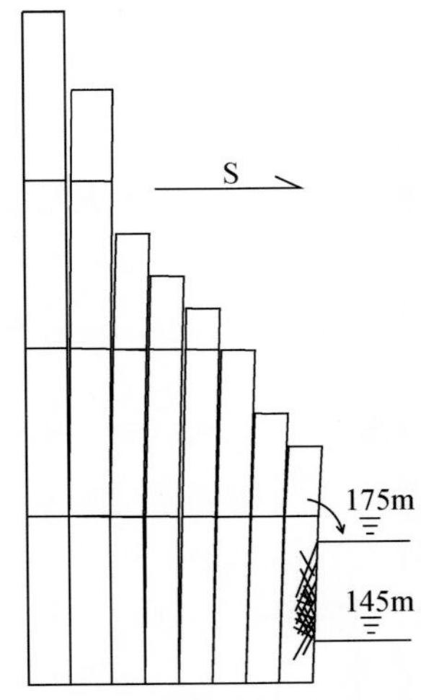

图 6.31　巫山孔明碑顺向结构岸坡失稳模式

6.6 碳酸盐岩平缓厚层岸坡典型劣化类型与机理

平缓层状岸坡一般较为稳定，但是当岸坡底部处于消落带劣化区域时或底部为软弱夹层互层时岸坡稳定性大大降低，极易发生“滑移-压致拉裂”“弯曲-倾倒”破坏。三峡库区碳酸盐岩平缓厚层岸坡在巫峡、瞿塘峡、西陵峡等有零星分布，其中典型的碳酸盐岩平缓厚层危岩体有箭穿洞危岩体、黄岩窝危岩群段、棺木岭危岩体。由于该类危岩体基座岩体长期受水岩劣化作用，岩体逐渐趋于碎裂、解体，岸坡有整体“压致溃屈”破坏趋势。岸坡溃屈破坏不仅对临近航道船只航行构成威胁，同时崩滑体入江激发涌浪可能会对远处的居民点、船只构成潜在威胁。现已对箭穿洞危岩体、黄岩窝危岩体进行了提前人工防治。

6.6.1 碳酸盐岩平缓厚层危岩体工程地质特征

碳酸盐岩平缓厚层危岩体都有相似的工程地质特征。首先，它们都发育在陡崖斜坡上，三维边界较为清晰，呈板柱状或柱状，其重心投影都位于坡体内部。其次，构成危岩体（包括基座）的岩性构成均为传统认识上的硬质岩石——灰岩、白云岩等，基座岩体只是相对软的岩体——泥质条带白云岩、泥质灰岩等。因此，柱状危岩体岩性构成了“硬—相对软—硬”的硬岩岩性组合。这一岩性组合，决定了柱状危岩体的变形破坏受坡体内部结构面或基座岩体控制。在自然条件下，由于应力腐蚀或风化造成的基座岩体破坏和内部控制性结构面贯通是一个漫长的过程（Konietzky et al.，2009；Li and Konietzky，2015；Wang et al.，2020a，2020b，2020c）。一些柱状危岩体，如神女峰上的“神女”耸立千年，“问天简”危岩体也逾时千载，稳定性较好。在没有外界环境的急剧变化条件下，这些柱状危岩体的稳定状态会长期保持。因此，本节所述的柱状危岩体特指受水位变动影响的危岩体，它们的部分岩体或基座岩体处于水位变动带上，如箭穿洞危岩体［图 6.32（a）］和棺木岭危岩体［图 6.32（b）］。一些危岩体位于较高高程的斜坡上，岩体质量不受或较少受水位变动影响，不在本章研究范围之类。

6.6.2 碳酸盐岩平缓厚层危岩体劣化失稳机制分析

碳酸盐岩平缓厚层危岩体可能的失稳破坏模式一般主要有两种：基座压裂型崩塌、基座滑移型崩塌。基座压裂型崩塌［图 6.33（a）］：将基座岩体视为一个大型岩样，那么基座岩体实际上是处于近似单轴抗压的状态。基座内部的岩体小单元基本处于低围压甚至无侧限的抗压状态。当消落带上部岩体较坚硬，基座底部岩体压应力集中，会导致基座岩体和接触岩体出现压致拉裂现象。基座破坏时，大量的拉裂缝和剪裂缝会出现，进而导致岩体整体失稳。该种失稳形态既有滑动，又有倾倒，是一种混合类型。基座滑移型崩塌［图 6.33（b）］：由于底部消落带岩体较为软弱，在上部压力作用下，下部软弱岩体可能会发生剪切破坏。同时也可将塔柱状岩体视为荷载桩体，当斜坡地基承载力不够时，斜坡地基

(a) 巫山箭穿洞危岩体

(b) 秭归棺木岭危岩体

图 6.32　典型碳酸盐岩平缓厚层危岩体

会出现滑移破坏。基座压裂型崩塌时基座岩体主要产生张破坏，而基座滑移型则主要产生剪破坏。巨大的压力将软弱基座挤出，从而发生后靠滑移式的整体破坏。

碳酸盐岩平缓厚层危岩体基座岩体结构起始未受水岩耦合损伤的情况下多是平缓层状-块状结构为主，在压力作用下开始出现一些细小的裂隙［图 6.34（a）］。随着基座岩体劣化持续进行，裂隙增多，许多灰岩隐形层面逐渐显现并张开［图 6.34（b）］。这进一步促进了岩体劣化加速［图 6.34（c）］。基座岩体结构劣化过程是层状-块状结构→中薄层结构→碎裂结构。

基座岩体强度下降是材料弱化，基座岩体局部破坏、侵蚀是结构弱化。岩体强度降低造成基座更易破坏；结构弱化造成作用在剩余岩体上的有效应力增加，基座裂隙逐步增加，岩体强度就会下降。因此，材料弱化和结构弱化二者互相促进，最终会导致整个结构与材料崩溃——即危岩体失稳。基座岩体的加速劣化与破坏，将极大推动整个危岩体失稳的进程。自然条件下，一些柱状危岩体的失稳模式以结构性失稳为主，如滑移、倾倒等。这一种结构性失稳模式的条件是存在控制性结构面，如缓倾的滑移面或非常软弱的基座。如果结构性失稳的条件不存在时，危岩体的稳定性将比较好。水位周期性变动造成碳酸盐岩平缓厚层危岩体低高程岩体快速劣化后，稳定性下降。但值得注意的是，消落带岩体强度的下降是材料的弱化，它会缓慢形成结构上的弱化，即基座进一步破坏或新生形成大型控制性结构面。岩体强度的降低和结构的弱化造成作用在剩余岩体上的力增加，基座裂隙

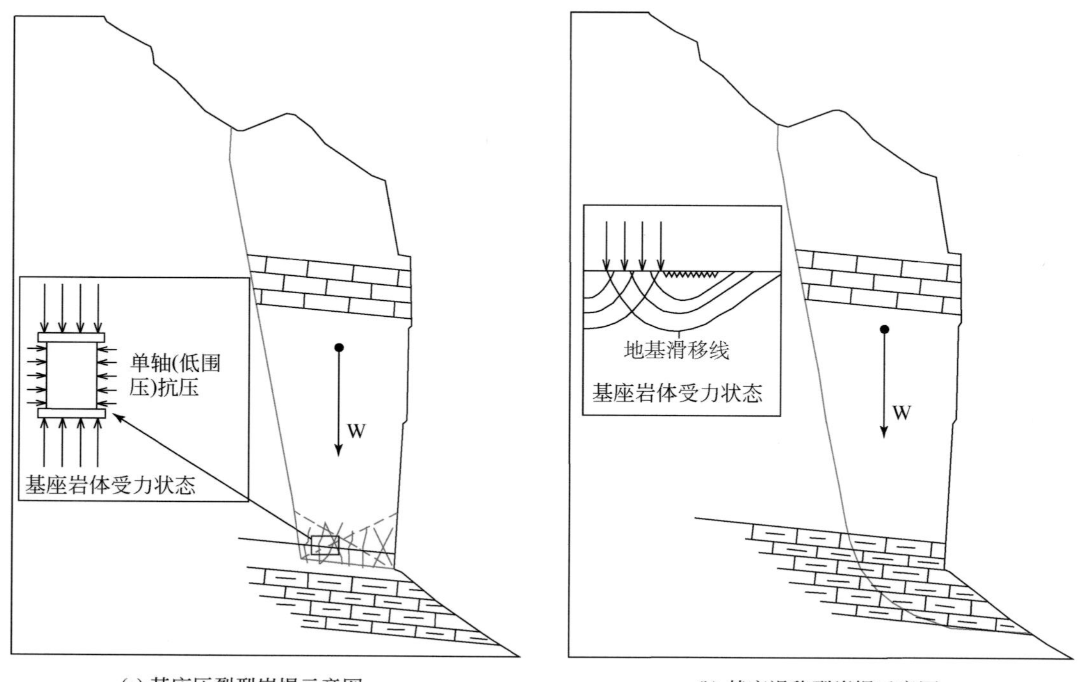

(a) 基座压裂型崩塌示意图　　(b) 基座滑移型崩塌示意图

图 6.33　碳酸盐岩平缓厚层危岩体失稳破坏模式图

图 6.34　碳酸盐岩平缓厚层危岩体基座岩体结构演化过程图

逐步增加，岩体强度进一步下降。材料弱化和结构弱化二者互相促进，最终会导致整个结构与材料的崩溃-危岩体的失稳。因此，碳酸盐岩平缓厚层危岩体的压溃崩塌实际上是材料破坏引起的整体结构破坏。

6.7　岩溶角砾岩不稳定岸坡典型劣化类型与机理

6.7.1　岩溶角砾岩不稳定岸坡典型劣化变形破坏特征

三峡库区灰岩区域存在一类较为特殊的岩性——岩溶角砾岩（Sauro，2016），它崩解后为颗粒状块石或角砾，胶结后又可成为较为坚硬的岩石。同时，在三叠系嘉陵江组中也存在这样一组岩性段。尽管它的出露并不多，但由于它特殊工程地质性质，造成了它极易发生地质灾害。在巫峡段区域附近有两处这样的典型岸坡青石滑坡、黄南背西库岸斜坡（图 6. 35）。

(a) 青石滑坡

(b) 黄南背西库岸斜坡

图 6. 35　巫峡典型岩溶角砾岩不稳定岸坡

岩溶角砾岩岸坡破坏模式及变形特征与其岸坡结构形式密切相关。对于青石滑坡这种岩溶角砾岩组成的堆积体岸坡来讲，其劣化变形特征受控于前缘消落带岩体。前缘消落带岩体变形可能形成对岸坡后部的牵引作用。斜坡前缘的强变形区对后缘堆积体的变形提供了很好的临空面和空间，可以说岸坡整体稳定性取决于滑坡前缘强变形区的稳定性。一般的，滑坡整体稳定性略高于前缘强变形区的稳定性，前缘强变形区启滑，进而诱发整体滑移变形。所以对此类岩溶角砾岸坡的防护在于前缘局部强变形区的稳定性提高和整治（图 6. 36），前缘的局部整形加固可以较好地提高岸坡整体稳定性（图 6. 37）。

图 6. 36　巫山青石滑坡前缘消落带防护前后照片

对于黄南背西危岩体来讲，属于一种典型的“基座溃屈”上部滑移–倾倒–崩解碎裂变形的复合型破坏。该类岸坡的关键区域是底部的岩溶角砾岩基座岩体，由于溶蚀作用，

图 6.37　巫山青石滑坡前缘近年照片

基座岩体上发育着许多的溶蚀孔洞（图 6.38），这些溶蚀孔洞大多沿节理或层面发育，形成直径为 1～10cm 的串珠状孔洞和不连续的线状孔洞。这些溶蚀洞缝最终会加剧岩溶角砾岩基座岩体的水解作用以及节理裂隙的扩张，而导致“压致溃屈”破坏。

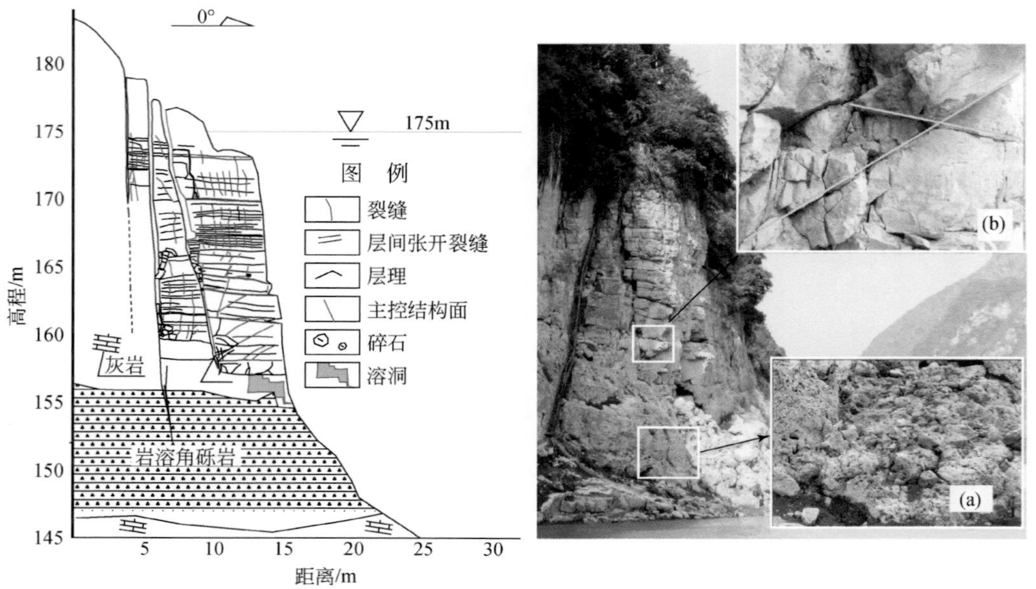

图 6.38　黄南背西危岩体基座及岩体劣化图

6.7.2　岩溶（溶塌）角砾岩不稳定岸坡典型劣化变形机理

对于青石类似岩溶角砾岩堆积岸坡通常是大量架空结构的松散岩土体堆积于斜坡体上，在自重作用和坡脚的破坏情况下，会不断发生结构和应力的调整，地下水进一步把细颗粒的物质带到隔水层附近，下滑力又不断地挤压这些细颗粒物质，逐渐构成了滑带的雏形。由于松散体堆积于陡倾岸坡上，这种结构上的不稳定形成了推力式的下滑，在这种模式下裂缝最优先出现在滑坡体后缘。三峡水库蓄水以后，加速了这一过程。滑坡区自然条件发生显著变化，水位抬升造成河流侵蚀基准面和地下水位升高，使临水部分陡峭斜坡松散堆积体发生塌岸，临水岸坡逐渐塌滑导致滑坡前缘临空卸荷，破坏了其原有的平衡状态。在自重等作用下应力重分布，诱发、带动后部老崩滑堆积体拉张变形、形成裂缝，形成牵引式滑移破坏（Yin et al.，2020）。在这一阶段，牵引过程是前缘塌岸破坏引发的斜坡整体结构调整，具体体现为早期青石滑坡大型裂缝从时间上和空间上均是不断出现新裂缝朝后缘发展，出现的裂缝宽度、长度从前缘往后缘递减。该阶段滑坡变形是以典型的牵引模式为主。滑坡体前缘特别是临水部分受江水位涨落引起的岩体劣化，致使坡体前缘进一步塌落，滑坡体受牵引作用进一步加剧、侧缘产生剪切裂缝，当下滑力超过抗滑力时，滑移面逐渐形成、贯通，整体滑坡处于不稳定状态，滑坡变形将转换为前缘受牵引作用，整体受推力作用的模式。根据这一模式，滑坡前缘稳定性影响着整体稳定性，而滑坡前缘的稳定性又受库区水位变动带来的岸坡岩体劣化影响（Huang et al.，2020）。

对于黄南背西危岩体类似危岩体极易在其底部发生“压裂-溃屈”（张枝华等，2018）破坏。当危岩体底部岩体中应力值显著集中后，基座溶蚀的孔洞岩腔边帮岩体会率先发生失稳破坏，底部岩体出现破碎或崩解溃落。危岩体后缘主控制结构面发育贯通，最终发生失稳。基座底部岩体破碎解体后发生下错，一部分上方岩体在160m高程附近发生滑移剪切破坏；另一部分岩体则发生倾倒和坠落破坏。危岩体的顶部和底部的失稳速度低于中部的速度。危岩体底部岩体受压并发生压裂破坏、库水位周期性波动加剧，危岩体底部岩体劣化和基座岩溶角砾岩遇水水解组成了威胁黄南背西危岩体失稳的三大主要因素。在多因素耦合作用下，复杂的复合型破坏模式将成为现实。该失稳过程首先是危岩体底部岩体发生压溃破坏，随后底部岩体破碎解体，上部岩体发生下错滑移，最终，失稳岩体以倾倒（任光明等，2009）和坠落的方式发生破坏。简而言之，可确定该破坏模式为滑移、倾倒和坠落的复合型破坏模式。

6.8　小　　结

根据详细野外调查和历史资料对比分析，首次对三峡库区消落带岸坡岩体劣化特征与机理进行了系统划分与研究；主要认识如下：

（1）根据野外地质调核查，三峡库区自长寿至秭归段库岸两岸总长约1070km，其中岸坡劣化强烈区段长约205km，主要分布于云阳左岸、奉节顺向区、巫山高陡峡谷区、巴东上游碳酸盐岩高陡峡谷区、巴东下游至郭家坝碎屑岩段和秭归碳酸盐岩高陡峡谷区。

（2）三峡库区水位变动带岸坡岩体劣化主要受江水位变动带来的物理、化学和应力作用，包括孔隙水压力变化引起的岩体强度降低、应力集中造成岩体破坏以及矿物溶解作用、水解作用、水化作用等对消落带岩体完整性的影响，导致岩体发生劣化，改变岸坡整体应力平衡和稳定状态，导致不同特征的岸坡发生不同类型的变形破坏。

（3）利用不同岩性不同结构的劣化岩体案例，分析了不同的劣化特征带来的破坏机理；可细分为泥岩岸坡风化崩解后退、差异风化致岩体崩塌失稳、顺层岩体劣致滑移失稳、类土质岸坡劣化破坏、顺层岸坡劣化滑移式破坏、塔柱状岸坡劣化溃屈式破坏、板状岸坡劣化崩塌式破坏等多个亚段类型。通过对各种类型的破坏机制进行阐述分析，基本概括了长江干流的水位变动带库岸岩体劣化致灾破坏类型。通过对破坏机制和模式的总结，为下一步典型库岸水位变动带岩体劣化分析，提供了理论基础。

第7章　水库消落带岸坡劣化带三维模型构建

7.1　概　　述

三峡工程库区2008年蓄水175m后，由于防洪的需要，形成了145～175m的水位消落带。由于地表水和斜坡内地下水的周期性波动，裂隙碳酸盐岩岩体周期性处于地表水冲蚀、酸性雨水溶蚀、温差张裂和应力疲劳等状态下，引起了水位变动带岩体劣化（Cojean and Ca，2011；黄波林等，2019b），导致岩体质量和物理力学性质下降。地面调查显示，三峡库区消落带碳酸盐岩形成了溶蚀-溶解、裂隙扩展和机械掏蚀等宏观劣化现象，这些劣化都是围绕结构面进行的（黄波林等，2019b）。裂隙岩体劣化主要与裂隙扩展有关。例如，2018年11月，由于消落带裂隙岩体持续劣化，导致巫峡青石区域顺层斜坡出现约300m^2的顺层滑移。事实上，在三峡库区，裂隙岩体劣化诱发加速了如箭穿洞、板壁岩等新生地质灾害形成（黄波林等，2012；黄波林和殷跃平，2018）。黄波林等（2019b）利用原位探测技术分析了三峡库区消落带岩溶岩体劣化空间分布特征；认为劣化区分布与有水力联系的裂隙网络分布有关。但当前能够说明劣化空间位置的研究甚少，它却是影响库岸裂隙岩体（长期）稳定的关键。

从岩体劣化的三维空间调查方法来看，激光扫描（Ouyang and Xu，2013）、无人机调查（Ersoz et al.，2017）、立体摄影法（宋宏勋等，2015）等能观测岩体表面的裂隙；X-CT扫描（De Kock et al.，2015）、NMR扫描（许玉娟等，2012）、SEM电镜扫描（Pestman and Munster，1997）都是针对岩样（最大不超过5cm×10cm）且仅能在室内观测；钻探、井孔电视等能探测钻孔孔壁岩体宏观结构面变化情况，但费用高且观测面非常有限。

物探方法属于一种非侵入式探测方法，能够在不破坏地下或岩体内部的情况下对地质异常进行有效探测，探测深度可以从地下几十千米深至地表几厘米。在区域地质勘探中重力和航空磁测数据可以揭示30km之内的深层地质结构（Peng et al.，2016）。应用岩石物理工具将地质参数和趋势与地震特性联系起来，根据地震振幅数据可以预测千米级的岩石和流体特性（Avseth，2010）。Dutta等（2006）在印度马赫什瓦拉姆流域进行了多电极电阻率成像系统、地面磁和甚低频（very low frequency，VLF）的勘探调查，借助所有二维剖面的准三维图像，清晰地显示了研究区域不同部分的百米级风化断裂带。密集的三维探地雷达技术能够对岩体中的裂隙、沉积结构、考古和地质记录等进行有效探测，从10MHz到2000MHz频率天线的雷达系统在水平和垂直方向上能产生具有米级-亚米级-厘米级分辨率的图像（Grasmueck et al.，2005）。Dochez等（2014）利用探地雷达（ground penetrating radar，GPR）对1.5m×1.6m×1.8m的灰岩岩体进行了结构探测，发现了三组结构面，且他们之间存在岩桥。地球物理勘探由于仪器设备分辨率问题，探测精度越高，能探测的尺度越小。因此，针对不同探测环境下的探测对象，要合理选择相应探测精度的物探设备。

另外，多期次的岩体结构探测与对比，可以查明岩体结构的变化情况。由于野外工作条件、相应设备与技术原因，原位岩体结构变化探测则具有巨大挑战。Lee 等（2011）对爆炸引起的新鲜和受损区域对花岗岩岩壁进行了一系列现场试验，利用基于小波变换的表面波法，通过比较衰减小波系数来确定受损深度。Walton 等（2015）在瑞典的一场硬岩挖掘中，通过二维地球电阻率分析和地面穿透雷达数据，发现挖掘破坏区在挖掘表面以下 15～35cm 延伸。显然，原位岩体结构变化研究相对较少，水位变动引起岩体结构变化的研究更少。

观测或探测岩体结构后，可以开展结构面的模型构建与水力联系分析。裂隙网络由大量的裂缝组成，裂缝相互交切，水力联系使得裂缝相互关系更加复杂。裂缝和裂缝网络的建模和模拟通常在二维或三维空间中进行；维度的选择主要取决于研究的性质和预期目标（Dershowitz et al., 2000；Jing and Stephansson, 2007；Fadakar et al., 2014；Moein et al., 2019）。Assari 和 Mohammadi（2017）讨论了示踪试验下，裂隙岩石中水体流动和溶质传输的相关问题。王环玲等（2005）将裂隙网络渗流模型引入岩溶区坝基岩体渗流分析中，分析了二维裂隙网络渗流规律。刘晓丽等（2008）编制了 RFNM 程序，实现了裂隙岩体模型的自动生成，研究了含裂隙岩体的水力学特性。张彦洪和柴军瑞（2012）应用离散裂隙网络模型，研究水位变化条件下裂隙岩体渗流应力耦合特性。倪绍虎等（2012）通过编制裂隙岩体渗流优势水力路径分析程序，研究优势水力路径的主要表现形式及其应力相关性。Liu 等（2016，2018）综述了岩石裂隙网络的等效渗流数学表达，提出了与二维裂缝网络参数相关的渗透性预测模型。显然，岩体裂隙网络的渗流研究成果较多，但也鲜有与渗流相关的岩体劣化空间方面的进展。

本章旨在消落带岩体结构观测和探测基础上，开展岸坡劣化带三维模型构建与岩体劣化空间分析。研究内容包括：①消落带三维岩体裂隙网络调查；②消落带三维岩体裂隙网络数学模型与可视化；③典型消落带岩体结构模型构建；④典型岩体劣化空间分布分析。消落带岩体结构模型与岩体劣化空间分布分析方法将为水库区岩质岸坡长期稳定性分析提供技术依据，为库区防灾减灾提供支撑。

7.2　消落带三维岩体裂隙网络调查

7.2.1　测线法与测窗法调查

测线法和测窗法是开展岩体裂隙网络调查的基本方法。以三峡库区巫峡段青石 6 号斜坡为例，利用测线法和测窗法开展消落带岩体裂隙网络调查。

沿高程 160m 对青石 6 号斜坡消落带岩体进行了测线法结构面调查。测线总长约 150m，测线走向约 80°。测线法共测得结构面（包括层面）52 条。其中相邻间距指相邻两条裂缝的距离，为 0 则两条裂缝相交。同时，由于坡面起伏，测线并不在一个平面上，因此测线上有多个层面（当新的坡面或层面出现时）。

对这 52 条结构面进行赤平投影分析，采样上半球法进行极点等角投影，可见图 7.1。从赤平投影分析来看，青石 6 号斜坡的层面总体产状为 350°～360°∠45°～50°，同时存在有两组优势结构面，A 组为 100°～110°∠75°～80°、B 组为 200°～210°∠40°～45°。其中，A 组结构面更为发育，其发育密度约是 B 组的两倍。图 7.2 分析了这 52 个结构面在测线上的两两相邻距离。由于存在相交现象，因此有一些结构面为零间距。除去零间距的，其他结构面的平均间距约为 5.1m。如果计算所有结构面，则结构面的平均间距约为 2.8m。由 AB 两组优势结构面和层面切割形成的结构面形状为六面体或多面体，在斜坡上清晰可见这样的块体（图 7.3、图 7.4）。

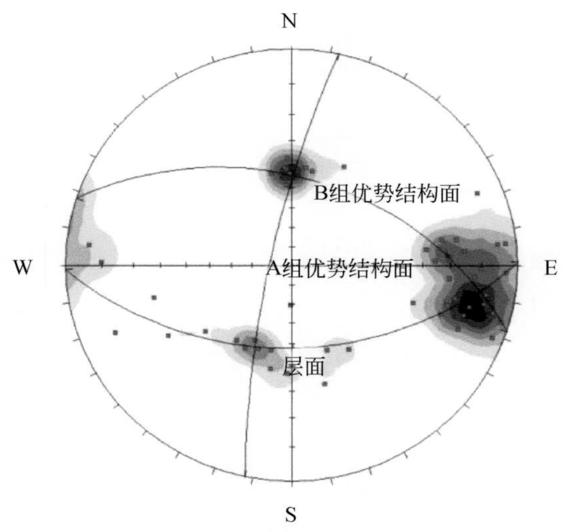

图 7.1　青石 6 号斜坡测线结构面赤平投影分析图

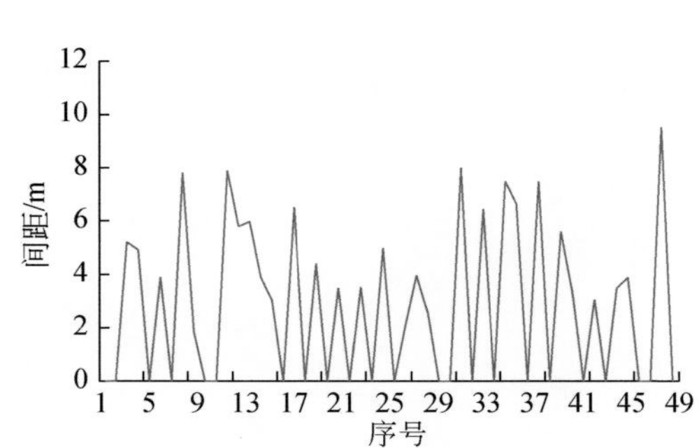

图 7.2　青石 6 号斜坡裂隙间距统计图

图 7.3　青石 6 号斜坡切割形成的多面体

图 7.4　青石 6 号斜坡尚未完全切割开的多面体

图 7.5 为野外拍摄的青石 6 号斜坡岩质边坡工程区的高清照片，为了便于研究青石 6 号斜坡岩体裂隙发育情况，需对图片进行滤镜、镜头校正等相关处理。

图 7.5　青石 6 号斜坡原始照片

由于相机拍摄角度不同，造成拍摄照片质量参差不齐，加上镜头本身存在畸变、四角失光等情况，需要通过相关软件对这些方面进行修正（图 7.6）。

图 7.6　青石 6 号斜坡照片镜头校正图

位图（如照片、图像素材等）是由像素构成的，每一个像素都有自己的位置和颜色值，滤镜就是通过改变像素的位置或颜色来生成各种特殊效果的。素描滤镜用来在图像中添加纹理，使图像产生模拟素描、速写及三维的艺术效果，利用这一原理，可以生成青石 6 号斜坡照片撕边素描灰度图（图 7.7）。

将导出的灰度图（图 7.7）添加进入 GIS 软件，运用 GIS 对灰度图影像图进行栅格转化，转化为可编辑的面要素，即栅格数据转化为矢量数据（图 7.8）。将可编辑的面要素导出为 CAD 可读取编辑的 dxf 格式，便于进行裂缝长度的快速读取（图 7.9）。

以青石 6 号斜坡研究区域内 10m×10m 测窗区域，作为青石 6 号斜坡统计裂隙迹长区域。图 7.10 和图 7.11 分别为青石 6 号斜坡岩体节理裂隙照片和节理裂隙图。

图 7.7　青石 6 号斜坡照片撕边素描灰度图

图 7.8　青石 6 号斜坡照片栅格转面图

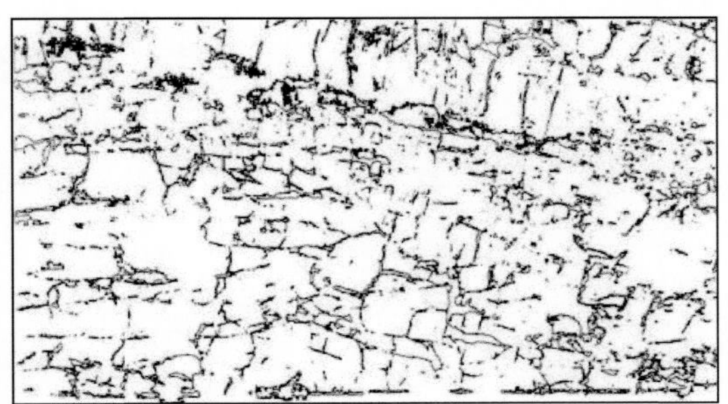

图 7.9　青石 6 号斜坡面要素转 CAD 图

图 7.10　青石 6 号斜坡岩体节理裂隙照片

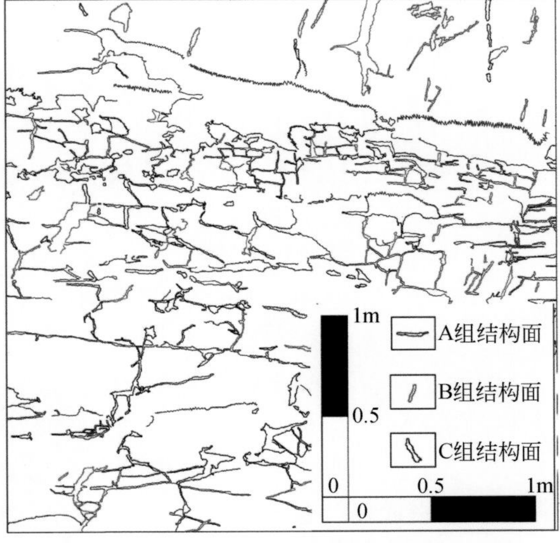

图 7.11　青石 6 号斜坡岩体节理裂隙图

通过 CAD 软件分别测量到了青石 6 号斜坡岩体节理裂隙图中（图 7.11）每条节理裂隙的迹长以及相邻迹长间的间距。从图 7.11 中可以看出，有三组（A 组、B 组、C 组）节理面控制着青石 6 号斜坡节理裂隙发展，结合统计数据，绘制所得三组节理面控制的节理裂隙数量统计图如图 7.12 ~ 图 7.17 所示。

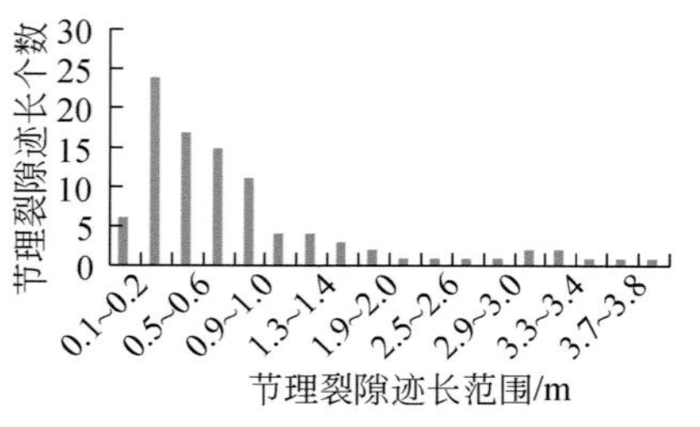

图 7.12　青石 6 号斜坡 A 组节理迹长统计

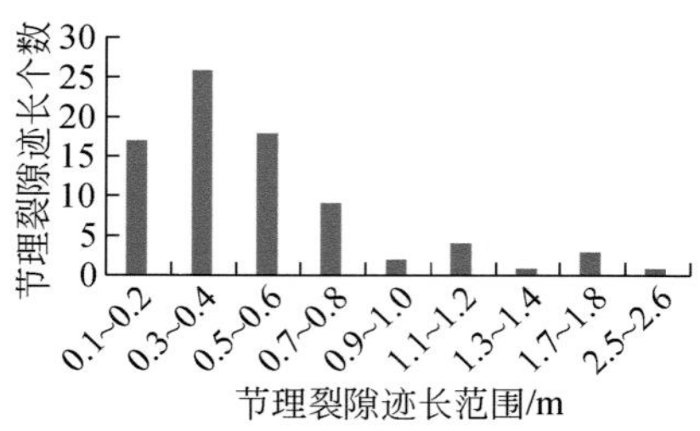

图 7.13　青石 6 号斜坡 B 组节理迹长统计

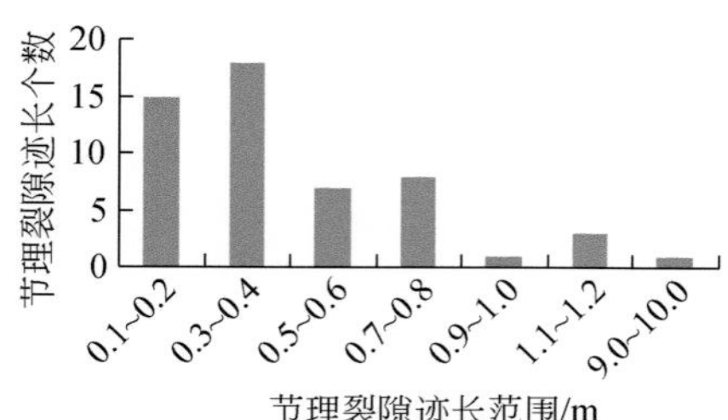

图 7.14　青石 6 号斜坡 C 组节理迹长统计

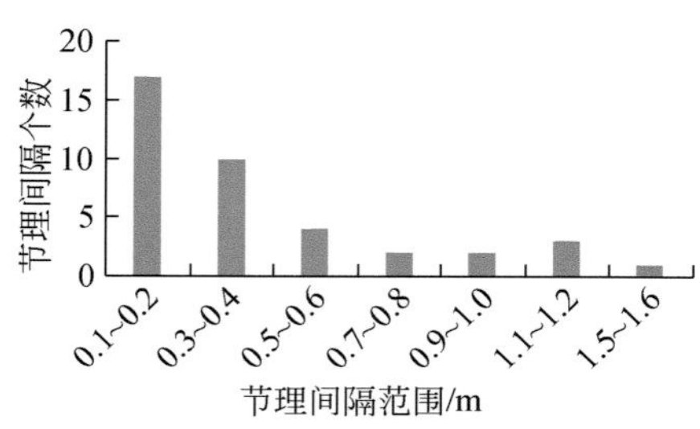

图 7.15　青石 6 号斜坡 A 组节理间距统计

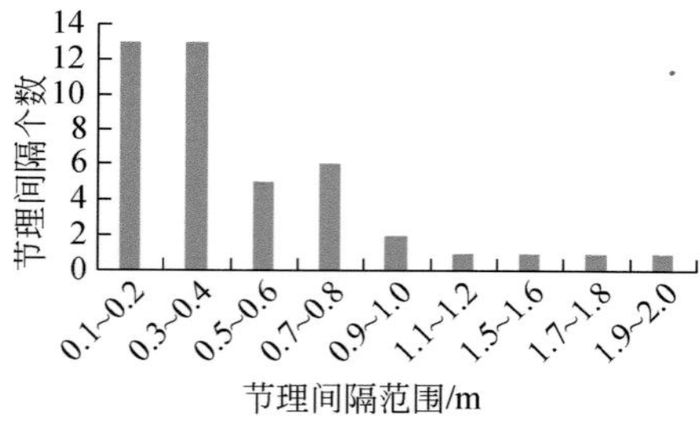

图 7.16　青石 6 号斜坡 B 组节理间距统计

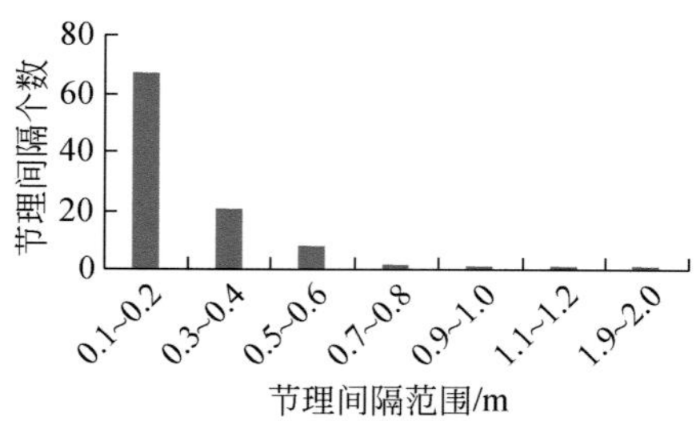

图 7.17　青石 6 号斜坡 C 组节理间距统计

因此，在青石 6 号斜坡优势结构面有 1 ~ 2 组，间距为 2.8 ~ 5.1m。从表层岩体来看，岩体结构完整，岩体属于层状–块状结构。这些是青石 6 号斜坡的表层裂隙网络展示的岩体结构特征，同时可利用 2017 年钻孔影像资料分析地下岩体结构特征。

2017 年青石斜坡上布设了六对 12 个钻孔，垂直进尺分别为 20m、35m 和 45m。钻孔完成后，进行了洗孔和孔内摄影。采用 JKX-2 钻孔全孔壁成像系统，利用反光锥镜摄取 360°孔壁图像，形成连续的全孔壁展开图像。孔壁图像从北侧向南侧连续顺序展开。通过孔内影像可知，各钻孔内岩体结构面较发育（图 7.18，ZK04A），深度 30m 以下仍有结构面发育。从孔内影像和钻孔岩心来看，结构面（裂隙）以层面为主（倾角为 50°～60°），层面有些为钙质胶结物填充（图 7.18，ZK01A 中的白色条带），有些则是张开状态（图 7.18，ZK05A 中的层面），有些是闭合的。同时，从 ZK03A 及其他孔内影像来看，深部岩体很多地方明显存在岩溶现象，如沿结构面的溶蚀条带和小型的溶蚀坑。

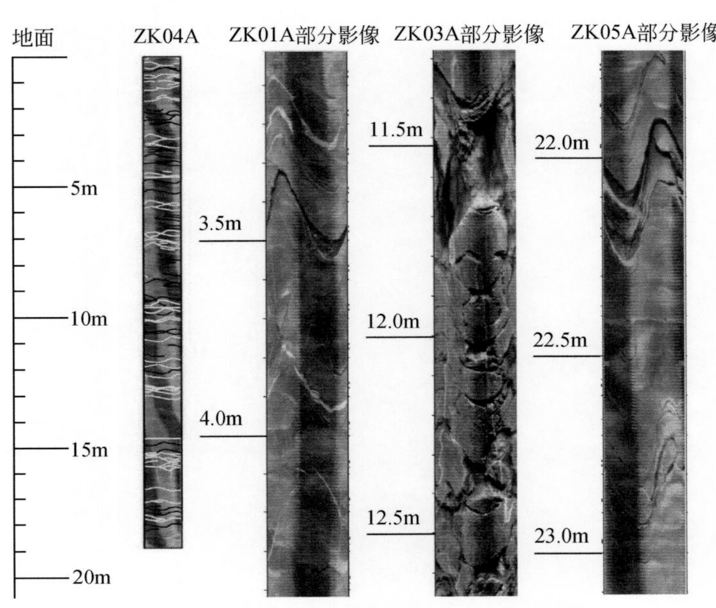

图 7.18　青石 6 号斜坡典型钻孔影像和节理裂隙图

ZK04A 中的黄色线为张开状态的结构面；黑色线为闭合状态的结构面

从钻孔影像上很难精确判断结构面及层面的产状，但可以对结构面的位置进行精确定位。因此，钻孔影像可以很好地分析地下岩体结构面的发育情况。图 7.19 展示了 ZK01-1—ZK06-2 的六对 12 个钻孔内相邻结构面间距（上图）和结构面深度位置（下图），图中序号为结构面序号。

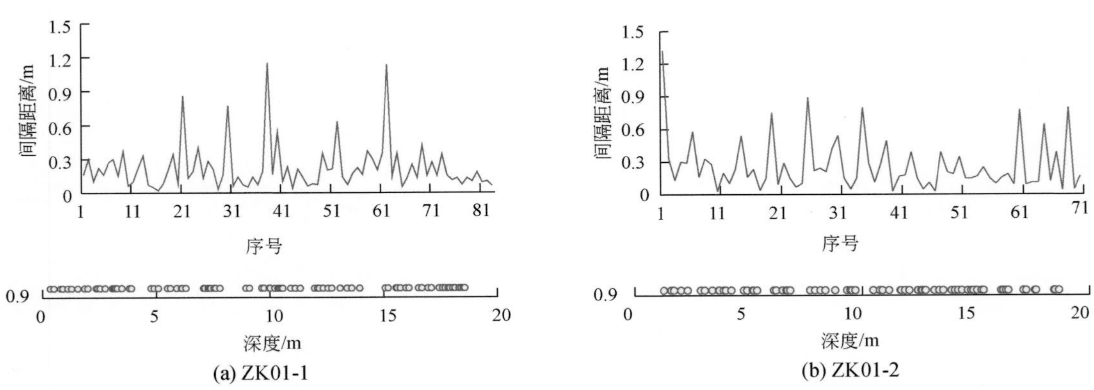

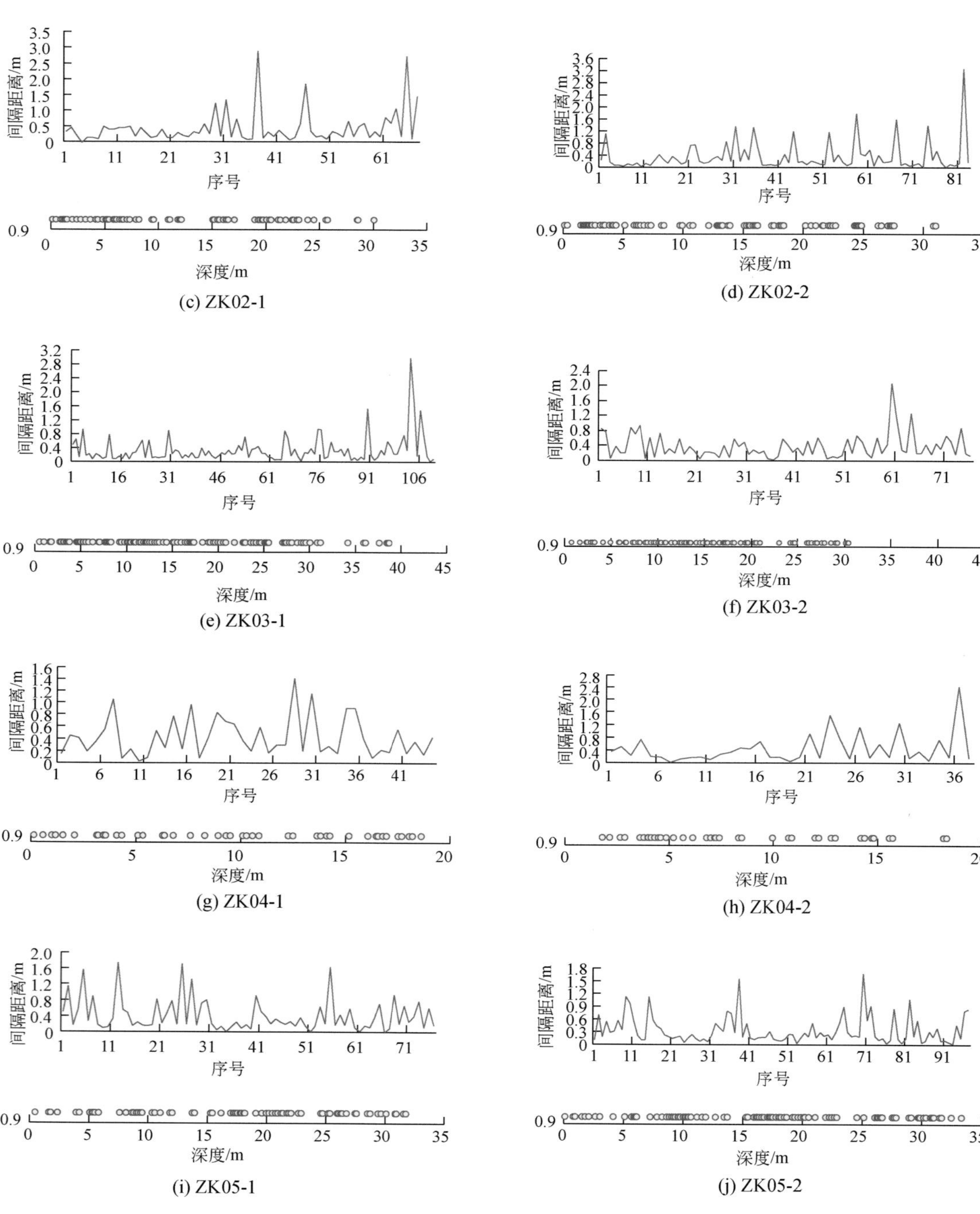
间隔距离/m
序号
深度/m
0.9
(c) ZK02-1
(d) ZK02-2
(e) ZK03-1
(f) ZK03-2
(g) ZK04-1
(h) ZK04-2
(i) ZK05-1
(j) ZK05-2

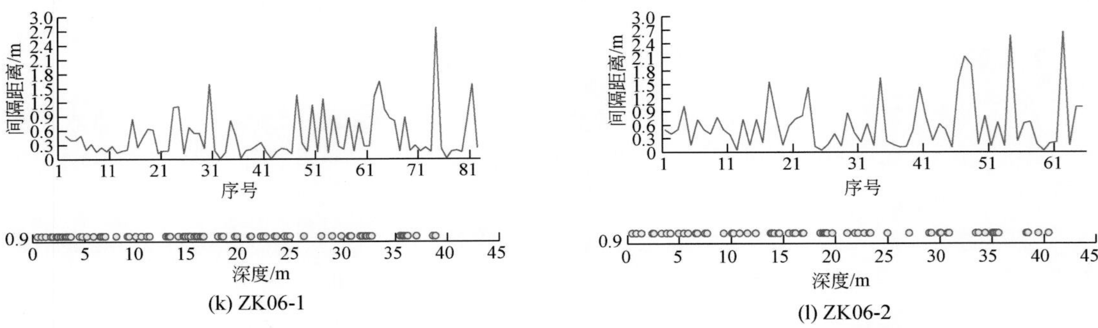

图 7. 19　青石 6 号斜坡 ZK01-1—ZK06-2 中孔内结构面间距和结构面深度图

从图 7. 19 来看，地下岩体结构面的分布规律性并不强，总体上略有随深度增加而裂隙减少和间距变大的趋势。表 7. 1 统计了各钻孔内的平均间距和裂隙总条数。表中 *R* 值是结构面间距长度大于 10cm 的岩心段长度之和与钻孔深度的比值。

表 7. 1　青石 6 号斜坡钻孔结构面统计表

钻孔号	深度/m	裂隙数	平均间距/m	*R* 值	钻孔号	深度/m	裂隙数	平均间距/m	*R* 值
ZK01-1	20	84	0. 22	0. 90	ZK01-2	20	71	0. 27	0. 87
ZK02-1	35	68	0. 44	0. 83	ZK02-2	35	84	0. 37	0. 86
ZK03-1	45	111	035	0. 84	ZK03-2	45	77	0. 40	0. 97
ZK04-1	20	44	0. 42	0. 94	ZK04-2	20	38	0. 46	0. 89
ZK05-1	35	76	0. 42	0. 90	ZK05-2	35	97	0. 34	0. 93
ZK06-1	45	81	0. 48	0. 85	ZK06-2	45	65	0. 62	0. 90

除了 ZK01-1 和 ZK01-2 的平均间距较小外，其他钻孔结构面平均间距都超过 0. 35m，甚至达到 0. 62m。从图 7. 19 和表 7. 1 来看，ZK01-1—ZK06-2 的 12 个钻孔内裂隙的分布更倾向于平均分布，其平均结构面间距约 0. 40m，误差值约 0. 05m。

7. 2. 2　探地雷达调查

探地雷达原位观测法利用发射天线向地下介质发射电磁脉冲，遇到介电常数、电导率等有差异的裂隙或孔洞就会产生反射雷达回波信号，并被地面的接收天线所接收，通过数据处理和分析就可以推断地下介质的异常。为了能探测到较细小的裂隙，使用了 1500MHz 的探地雷达天线，理论探测深度约 2m，测点间距约 0. 5cm，空间异常的分辨率为厘米级。由于电磁波的发射具有极化方向，对于近似垂直岩体表面裂隙的探测，当雷达小车前进的方向与裂隙的延伸方向垂直时能接受到较强的信号。

三维观测系统可由多条二维测线组成。测点的定位在三维观测中非常重要，否则会导致三维数据体的采集质量很差。结合激光定位实现了对地下管道、采石场、树根分布进行了三维有效探测；但是，在陡峭的江边岸坡上结合激光定位或伺服控制的操作非常困难，因此得寻找一种现场易于施工的、简单有效的方法解决测线和测点的定位问题。

7.2.2.1 数据采集

针对野外现场探测情况，经过多次试验，本章设计了当前改进的探地雷达三维观测系统（图 7.20），其核心是通过固定运行轨道来进行测点定位，并设计了两套正交方向上的雷达扫描观测系统，来增强对裂隙网络系统的调查能力。

将内空 2m×2m 的铁框用铆钉固定在岩壁上，雷达小车的运行范围固定在 2m×2m 的范围内，保持了每条二维测线长度以及起始-终止位置相同便于形成规则三维数据体。由于坡度较陡不利于试验人员站立，铆钉的另外一个重要作用就是提供落脚点。固定在岩壁上的铁框，还能为多期探地雷达原位调查提供固定的测试区域来进行数据分析对比。在铁框上设置相距 10cm 的固定孔，通过螺丝将厚度为 2cm 的铁质测杆固定在铁框上，可形成间距为 10cm 的测线；通过将四根厚度为 2cm 的木质测杆叠至在铁质测杆上，进一步在相邻固定孔之间形成 2cm、4cm、6cm、8cm 的四条加密测线；让雷达小车严格沿着铁质测杆壁或木质测杆壁前进。一般来说，测线间距越小，越有利于追踪地质体的连续性。

雷达天线具有方向性和极化性，它向不同方向辐射或接收电磁波的能力是不同的、辐射时形成的电场强度的方向也是不同的。尹燕京等（2021）试验了对垂直放置的两根金属管的探测，发现当天线扫描方向垂直金属管时雷达回波能量最强，当天线扫描方向平行金属管时雷达回波能量最弱；对于具有放射状形态的地下树根的探测表明，顺着圆周近似垂直树根的方向进行雷达扫描可以获得最佳的探测效果。由于岩体中众多裂隙其产状分布具有随机性，当扫描方向固定时，会导致某些方向的裂隙产生雷达回波较强、而正交方向上分布的裂隙产生的雷达回波较弱，可能导致某些裂隙的探测能力下降。如果同时考虑某一方向和其正交方向的天线扫描，就会减小漏测裂隙的概率。

本章采用了两种扫描方式，来采集两套三维的探地雷达回波数据。如图 7.20（a）所示，天线扫描的方向沿着 X 方向（H-Scan），在 Y 方向上共采集了 93 条测线的数据。由于雷达小车被限制在 2m×2m 的铁框内移动，考虑雷达小车车身的影响，总测线数并不能达到理论上的 100 条。每条测线在 Y 方向上的长度为 2m、间距为 2cm、测点间距为 0.5cm，正交方向上的采样点密度之比为 1：4。在每个测点上单道雷达回波的时间采样长度为 15ns，采样点数为 1024 个点。这样便得到了一个 400×93×1024 的近似规则三维数据体。在图 7.20（b）中，天线的扫描方向沿着 Y 方向（V-Scan），通过类似的工作方法可以得到一个 93×400×1024 的三维雷达数据体。

由于 GPR 的数据是严格按照运行轨迹进行采集的，因此，这些三维数据体是有确定位置的，本采集装置避免了使用激光定位等难以在调查现场开展的技术；由于测线和测点的位置规则，也避免了散乱点数据插值带来的误差。所有采集数据点可依据自身空间位置经过计算来进行点位的排列与关联。H-Scan 和 V-Scan 两种扫描模式的扫描方向互相垂直、互相补充探测能力的不足，只是工作量增加了两倍。

另外，该地区岸坡比较陡峭，岩体表面具有一定的起伏差，导致了两个不利影响：一是不利于雷达小车的稳定运行，二是显著影响数据采集质量造成了雷达剖面上地质体形态的畸变。最好的解决办法是使用水泥来整平岩体表面，但是铺设的水泥会影响后期岩体的

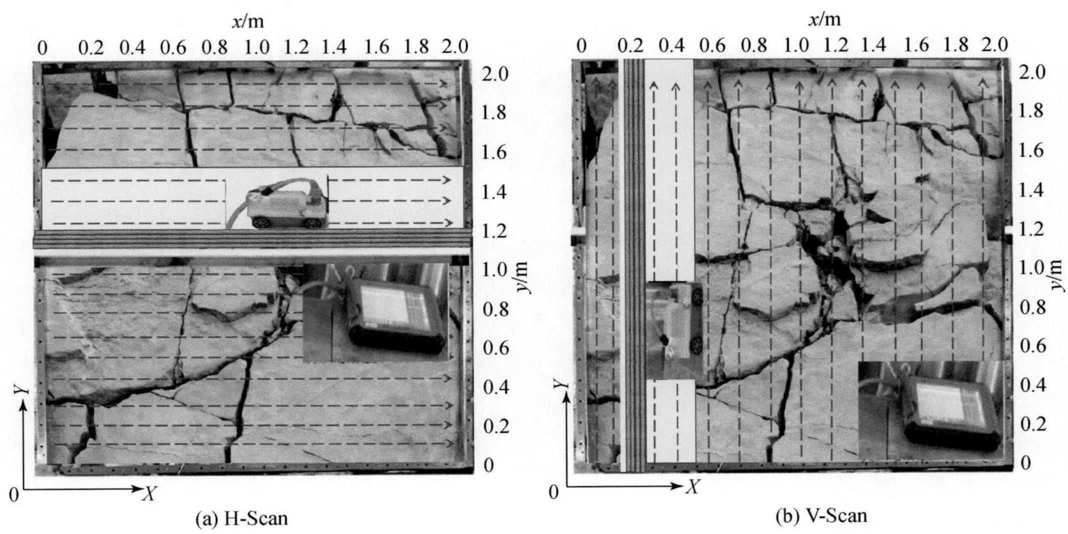

(a) H-Scan (b) V-Scan

图7.20 岩体宏观结构面的正交方位扫描三维GPR探测系统示意图

劣化。我们试验了纸壳、毛毯、PVC板等薄板，将其垫在雷达小车下方并紧贴岩体表面，发现2mm厚的PVC板最适合于用来做垫板，来减小微地形起伏对采样数据质量的影响，同时又不影响岩体裂隙的探测效果。

改进的数据采集方法适用于在复杂岩体岸坡地区获取高质量的原始数据，为了形成方便解译地质体的三维展布和劣化程度对比分析，还得对原始数据进行处理。

7.2.2.2 数据处理

常规的探地雷达软件数据处理功能主要是针对二维数据体，主要技术处理流程：①数据规则化；②零点位置校正；③去直流分量；④去直达波；⑤增益；⑥叠后时间偏移成像；⑦希尔伯特变换；⑧时深转换。我们借助MATLAB软件平台编写代码，将上述二维数据处理流程扩展为三维处理流程，其中，流程的子模块②、③、④、⑤、⑦、⑧直接使用适用于三维情形，子模块⑥和⑧可以合并为叠后深度成像模块，因此，需要扩展的模块主要是三维数据体的规则化和三维数据的叠后深度偏移成像。

三维数据体规则化包括X方向的数据规则化和Y方向的数据规则化。本章结合傅里叶变换技术实现全局插值，即每个数据点的插值都受到所有已知数据点的影响。以H-Scan扫描为例，由于地形的起伏不平，导致在X方向上每条测线的测点数稍微不同，通过统计发现测点数值在400±10个，采样间隔在0.5cm左右。对于每条测线剖面数据（x，z）进行二维傅里叶正变换，在X方向上采用三次样条插值，进行二维傅里叶反变换，使得每条测线的测点数都变得相同，X方向的空间采样间隔变为0.5cm。由于原始数据中方向的空间采样间隔为2cm插值，需要通过插值技术使得采样间隔也变成0.5cm。具体做法是对上一步的处理数据（x，y，z）进行三维傅里叶正变换，然后在Y方向上采用三次样条插值，进行三维傅里叶反变换，使得Y方向上具有与X方向的相同空间采样间隔。

偏移成像技术是雷达数据处理和地震数据处理中的关键技术。在原始的雷达数据剖面中，一个点状地质体被映射成了二维空间中的一条双曲线或三维空间中的一个旋转双曲面、一个倾斜反射界面，真倾角被映射成了假倾角，这增加了对地下结构体几何形态的解译难度。偏移成像技术的功能就是通过算法使得双曲线或双曲面收敛为一个散射点，倾斜反射界面正确归位，对地下结构进行正确地成像。地震勘探数据处理中的偏移成像技术种类繁多，各自适用的范围和精度不同。根据数据叠加和偏移成像的先后顺序，可以分为叠前偏移和叠后偏移；根据叠加算法，可以分为基尔霍夫偏移、单程波偏移和双程波逆时偏移等；根据偏移的方向，又可分为时间偏移和深度偏移。我们的三维数据体属于自激自收的雷达剖面，适合于采用叠后偏移算法；考虑到成像精度，逆时偏移是目前最高的成像算法；深度剖面比时间剖面更容易理解地下三维空间地质信息，深度偏移相当于实现了时间偏移加时深转换的功能；三维成像算法要好于二维成像算法，能将旋转双曲面正确收敛为一个点；如果采集的是多个方位的三维数据体，还得考虑将多个方位的成像信息融合在一起。借鉴于地震勘探中的偏移算法，我们提出了适合于本章的正交方位下三维 GPR 叠后深度逆时偏移成像方法。

叠后深度逆时偏移成像算法基于爆炸反射面原理，利用零时刻成像条件对等收发天线距的雷达剖面进行地下反射界面成像。由于反射界面可视为由靠得很近的很多反射点组成，同时反射点产生的电磁波场具有线性叠加性质，因此可针对一个反射点的情形来分析逆时偏移成像算法过程。

以二维情形为例，在探地雷达调查过程中，收发天线之间的距离可以忽略不计，地表上每个测点 P（P_1、P_2、P_3）在发射电磁波后将同时在该测点 P 接收来自反射点 R 反射的电磁波［图 7.21（a)］，随着雷达小车的移动所有的测点 P 都将重复这一探测过程，从而在 $z=0$ 处采集到自激自收雷达回波记录，它具有双曲线特征。对于地表下这个反射点，电磁波以传播速度 v 从任意测点 P 出发到达反射点 R 后再返回该测点 P 所用的传播时间，其值等于 $t=0$ 时刻电磁波以 0.5 倍传播速度从反射点 R 直接出发传播到测点 P 所用传播时间［图 7.21（b)］。反射点 R 可视为一个二次虚拟激励源或“爆炸点”，从该“爆炸点”正向传播产生的球面电磁波以 0.5 倍传播速度被地表的所有测点 P 所接收得到的雷达记录与自激自收雷达剖面完全一致。如果将地表 $z=0$ 处的自激自收雷达记录以 0.5 倍传播速度进行反向或逆时传播到 $t=0$ 时刻［图 7.21（c)］，原先“爆炸点”产生的球面波将收敛到反射点 R，这就是所谓的零时刻成像条件，它将雷达剖面上的双曲线重新映射成为一个点，来实现对地下反射点 R 的成像。所有的反射点皆遵循这一过程，从而不同的反射界面形态被恢复出来。

下面是具体算法实现过程。

在笛卡儿直角坐标系中，电磁波的三个电场分量和三个磁场分量皆满足标量波动方程形式，不考虑天线的形状、电导率和磁导率等的影响，以电场分量 E_y 为例，三维情形下偏微分形式的雷达波波动方程可表示为

$$\frac{1}{v_e^2}\frac{\partial^2 E_y}{\partial t^2}-\left(\frac{\partial^2 E_y}{\partial x^2}+\frac{\partial^2 E_y}{\partial y^2}+\frac{\partial^2 E_y}{\partial z^2}\right)=F \tag{7.1}$$

$$F(x,y,z=0,t)=\mathrm{inD}(x,y,z=0,t=[N:-1:0]\times\Delta t) \tag{7.2}$$

式中，x、y、z 为空间坐标；t 为时间坐标；F 为边界条件，定义为 $z=0$ 处输入的逆时自激

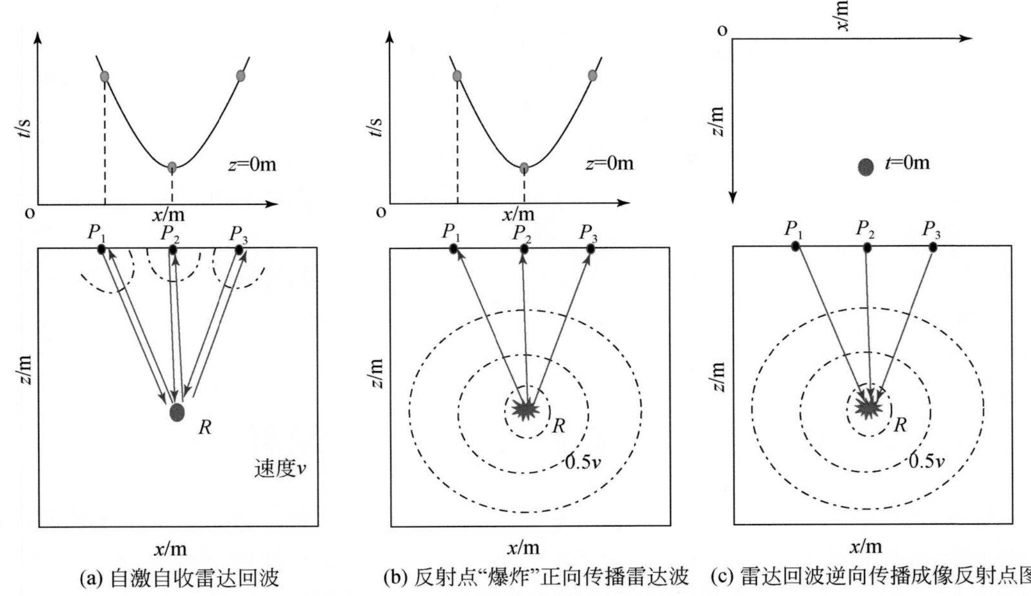

(a) 自激自收雷达回波　(b) 反射点“爆炸”正向传播雷达波　(c) 雷达回波逆向传播成像反射点图

图 7.21　叠后逆时偏移成像基本原理图

自收雷达记录（inD），N 为时间采样点数；Δt 为时间采样间隔或迭代时间步长；v_e为地下空间介质中电磁波速度的一半：

$$v_e(x,y,z)=\frac{c_0}{2\sqrt{\varepsilon_r(x,y,z)}} \tag{7.3}$$

式中，c_0为真空中电磁波速度；ε_r为相对介电常数。理论上相对介电常数模型可以是任何复杂地质模型，此时的成像结果也最准确，但实际上很难有效获取复杂介质的相对介电常数。对于我们探测的灰岩岩体介质，相对介电常数在 6～8。为了确定最佳成像速度（v_e），可以采用尝试法来选择一个较好的ε_r平均值。选择绕射双曲线显著的一条二维探地雷达剖面，使用不同的ε_r值，通过偏移成像处理观察双曲线收敛聚焦效果。收敛聚焦效果最好时对应的ε_r值将被用来做三维情形下的偏移成像，通过测试，这个ε_r值为 7.8。

采用二阶差分精度的时空域有限差分法在时间方向上对式（7.1）进行显式地递推迭代求解：

$$\begin{aligned}E_y^{n-1}(i,j,k)=&2E_y^n(i,j,k)-E_y^{n+1}(i,j,k)+(i,j,k)[E_y^n(i+1,j,k)+E_y^n(i-1,j,k)\\&+E_y^n(i,j+1,k)+E_y^n(i,j-1,k)+E_y^n(i,j,k+1)+E_y^n(i,j,k-1)-6E_y^n(i,j,k)]\end{aligned} \tag{7.4}$$

式中，i、j、k 分别为 x、y、z 方向上的网格节点；n 表示迭代时间步数；系数矩阵 **cf** 定义为

$$\mathbf{cf}(i,j,k)=\frac{v_e^2(i,j,k)\Delta t^2}{\Delta h^2} \tag{7.5}$$

式中，$\Delta h=\Delta x=\Delta y=\Delta z$ 为空间步长，Δx、Δy、Δz 分别为 x、y、z 方向上的空间步长。

当电磁波逆时传播到 $t=0$ 时刻，此时的空间波场E_y为偏移成像结果：

$$\text{outI}_H(x,y,z)=E_y(x,y,z,t=0) \tag{7.6}$$

式中，$outI_H$为 H-Scan 模式下的探地雷达成像结果。通过相同算法，还可得到 V-Scan 模式下的成像结果 $outI_V$ 由于 H-Scan 模式能较好地反映 Y 方向延伸的裂隙，V-Scan 模式能较好地反映 x 方向延伸的裂隙，如果对两个三维成像结果进行相关叠加，就可以降低漏掉裂隙的可能性。正交方位成像的相关叠加可表示为

$$outI(x,y,z)=outI_H(x,y,z)+outI_V(x+s_x,y+s_y,z) \tag{7.7}$$

式中，outI 为最终的偏移成像输出结果；s_x 和 s_y 为两个三维数据体 $outI_H$ 和 $outI_V$ 在 xoy 平面上做互相关时最大相关系数所在的延迟距离。

通过正交方位下三维 GPR 叠后深度逆时偏移成像方法，原先的两个三维时间剖面变成了一个三维深度剖面，不同延伸方向的地质体皆得到了较好的成像，提高了地质体的解译准确程度。

7.3 消落带岩体裂隙网络数学模型与可视化

几乎所有的地下溶蚀都沿层面、节理和断层等裂隙网络发育，地下碳酸盐岩体劣化的发生显然离不开流动的水和管道-裂隙-孔隙这一多尺度的导水网络（柴军瑞和仵彦卿，2000；杜广林等，2000）。斜坡中多尺度导水网络多是通过导水通道的确定性结构面和随机性结构面数值模拟融合形成（徐光黎等，1993；仵彦卿和张倬元，1995）。

对岩溶岸坡中的大型确度性结构面（断层、大型结构面、软弱夹层、管道等）可作为主干裂隙，这些裂隙一般通过野外调查和勘查可以确定。在数值模型中这些可定位的确定性主干裂隙，可依据其真实展布，形成大型裂隙。对次一级的中小型节理或裂隙，可通过测线法或测窗法进行节理裂隙统计。调查节理-裂缝产状（倾向、倾角）、延伸长度、间距及张开度；对裂隙各参数进行数据分组，确定优势方位范围，拟合各要素的概率分布函数。根据节理-裂隙的展布函数，采用数值模拟形成随机裂隙模型。对含孔隙、极小裂隙-节理的较完整灰岩岩体，具有典型的孔隙率低、透水性差的特点，可以概化为低渗透性的等效多孔介质网络。因此，三维岩溶岩体裂隙网络可由确定性主干裂隙、随机裂隙网络和等效多孔介质网络组成。

由于碳酸盐岩一般较为致密，其透水性非常低；岩溶岩体的导水性基本取决于裂隙网络，岩体劣化也主要发生在结构面附近。因此本章关注确度性结构面与随机结构面，不对等效多孔介质网络进行分析。确定性结构面利用野外资料进行定位形成；随机结构面则可借助相关成熟数学模型进行模拟。

7.3.1 裂隙位置的数学模型

Baecher 模型是具有完备特征的离散裂隙模型之一（Baecher et al.，1977）。该模型采用泊松过程，将裂隙中心均匀地置于空间中，并根据半径和方向规则将裂隙生成圆盘状。增强型 Baecher 模型通过提供裂缝边界和更一般的裂缝形状扩展了 Baecher 模型（Dershowitz，1979）。增强的 Baecher 模型可以形成多边形的裂缝形状，多边形从三到二十条边。

在增强的 Baecher 模型中，所有的裂隙都是由中心点位置产生的。中心点在空间上概率均匀，仅由一个密度参数控制，即在单位体积上的平均数。对于每个裂隙，模型检查裂隙是否与边界裂隙面相交，决定是否在交叉点截断裂隙。如果裂隙在交叉点处终止，则会丢弃交叉点以外的裂隙部分。

$$P_{\mathrm{L}}[x,y,z]=1/V \tag{7.8}$$

式中，V 为模拟裂隙区域的体积；x、y、z 为中心点位置；P_{L} 为概率函数。显然，增强 Baecher 模型模拟的裂隙在空间上是均匀的，这与一些实际情况是一致的（伍法权，1993；赵阳，2012）。但以也有很多学者认为一些岩体节理裂隙在空间上不是均一分布的，他们呈聚簇分布（董少群等，2018）。对这种空间分布的裂隙网络，可以采用 Levy-Lee 分形模型。

Levy-Lee 分形裂隙模型基于"Levy flight"（Levy 飞行）过程（Mandelbrot，1985）。Levy 飞行过程是一种随机行走，每一步的长度 L 由概率函数给出。

$$P_{\mathrm{L}}[L\geqslant L_{\mathrm{s}}]=L_{\mathrm{s}}^{-D} \tag{7.9}$$

式中，D 为断裂中心点场的分形质量维数；L_{s} 为上一次生成裂隙中从一个裂隙到下一个裂隙的距离。对于 $D=0$，分形步长的分布是恒定的，裂缝均匀分布。对于较大的 D，步长的概率很低，形成的裂缝是密集的簇状物。

7.3.2　裂隙产状的分布模型

裂隙产状（倾向、倾角）的分布也可以由若干概率分布模型进行刻画，如双变量 Fisher 分布模型和双变量正态分布模型。这些分布是根据它们的概率密度函数 P（ϕ'，θ'）表示的，（ϕ'，θ'）是（ϕ，θ）的增量。

双变量 Fisher 分布模型由以下概率密度函数定义（Baecher et al.，1977）：

$$P(\phi,\theta)=C^{-1}\sin\phi'\exp\left[(K_1\sin^2\theta'+K_2\cos^2\theta')\cos\phi'\right] \tag{7.10}$$

式中，ϕ' 为倾角，$0\leqslant\phi'\leqslant\dfrac{\pi}{2}$；$\theta'$ 为倾向，$0\leqslant\theta'\leqslant2\pi$；$C$ 是正态常数，定义为

$$C=\iint_{00}^{2\pi\pi/2}\sin\phi'\exp\left[(K_1\sin^2\theta'+K_2\cos^2\theta')\cos\phi'\right]\mathrm{d}\phi'\mathrm{d}\theta' \tag{7.11}$$

式中，K_1 和 K_2 为分布参数（由用户指定）。当 $K_1=K_2$ 时，此分布减少到单变量 Fisher 分布；当 $K_1>K_2$ 时，分布更集中于 $\theta=0°$ 和 $\theta=180°$ 方向，并且更分散于 $\theta=90°$ 和 $\theta=270°$ 方向；当 $K_1<K_2$ 时，则正好相反。

双正态分布模型可以由以下概率密度函数定义（Baecher et al.，1977）：

$$P(\phi,\theta)=\frac{1}{2\pi\,\phi_\sigma\theta_\sigma\sqrt{1-\rho^2}}\exp\left\{-\frac{1}{2(1-\rho^2)}\left[\left(\frac{\phi-\phi^\circ}{\phi_\sigma}\right)^2-2\rho\,\frac{(\phi-\phi^\circ)(\theta-\theta^\circ)}{\theta_\sigma\phi_\sigma}+\left(\frac{\theta-\theta^\circ}{\theta_\sigma}\right)^2\right]\right\} \tag{7.12}$$

式中，（ϕ_σ，θ_σ）为倾角和倾向的标准差；（ϕ°，θ°）为倾角和倾向的均值；ρ 为相关系数。减少 ϕ_σ 和 θ_σ 将产生更集中于均值产状的分布。

7.3.3　裂隙网络的可视化

1. 三维裂隙网络数值可视化

在上述数学模型的基础上，利用 MATLAB 等计算机语言可以编译形成三维裂隙可视化程序。程序可利用上述离散模型形成随机节理，也可以输入定位清晰的主干裂隙网络。其生成随机裂隙的基本步骤流程如下：

①定义裂缝形成区域。定义裂缝形成区域的大小，在区域外的裂缝将会被边界所裁剪。②对裂缝进行分组模拟。利用每组裂缝的分布情况，选择不同分布函数，输入不同参数模拟形成不同组的裂缝。③利用多边形显示三维裂缝网络。将多组裂缝进行多边形显示并空间叠加，形成可视化的三维裂隙网络。

图 7.22 为模拟某消落带岩体的典型三维离散裂隙网络图，利用三角形、四边形和五边形模拟了均匀分布的三组节理–裂隙；这一 30m×30m×30m 岩体中包括多达 2500 条结构面。

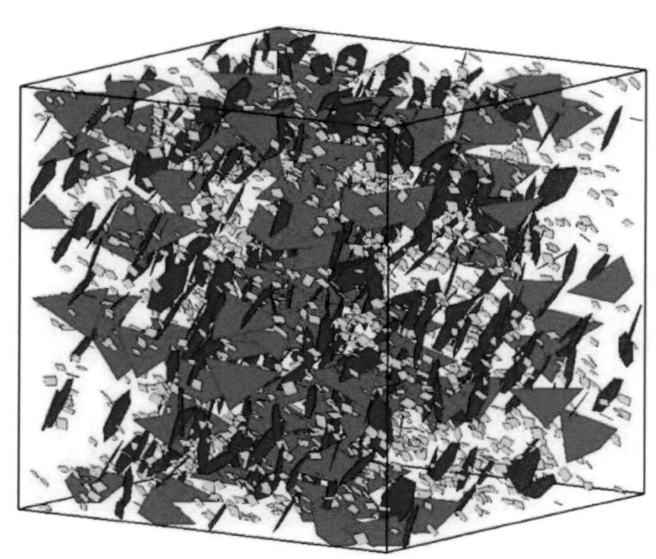

图 7.22　离散裂隙网络三维模型示意图

2. 探地雷达裂隙数据可视化

2019 年 5 月 21 日，利用改进的三维 GPR 数据采集技术得到了 93 条测线的其中 $y=$ 0.2m、0.4m、0.6m、0.8m 处四条测线的探地雷达数据（图 7.23）。可以看出，相邻测线之间的 GPR 数据既有相似性，又存在着一定的差异性。空气与岩体表面的分界面、岩体内部层面处往往为相对介电常数改变最大的地方，该地方的反射雷达回波振幅最强，表现为连续性较好的水平同相轴能量团形态，其中岩体表面①因离雷达小车最近而雷达回波反射最强。对于平行岩体表面的水平裂隙，若对应的雷达回波反射振幅较强，说明岩层面脱空明显：在深度约 0.2m 处存在顺层结构面②，其在 X 方向的延伸长度分别出现在图 7.23

(a) 中 0m 到 0.7m 处和图 7.23 (b) 中的 0.5m 到 0.8m；在深度 0.5m 处、0.7m 处、1.3m 处存在着脱空程度和连通性程度差异较大的顺层结构面③、④和⑤ [图 7.23 (c)、(d)]。整体上，从岩体表面到岩体内部深度，从雷达剖面上可判断出岩体的风化程度从强到弱。

垂直裂隙的顶端或底端可视为点状异常体，它们的 GPR 响应曲线一般具有双曲线形态。在图 7.23 中可以发现好几组双曲线（绿色箭头所指），指示着该处存在着近似垂直岩体岸坡表面的裂隙。尽管它们的能量与平行于岩体表面的裂隙所对应的 GPR 能量相比要弱得多，但可以通过双曲线形态来识别它们。双曲线的振幅能量越强，越有助于识别垂直裂隙。

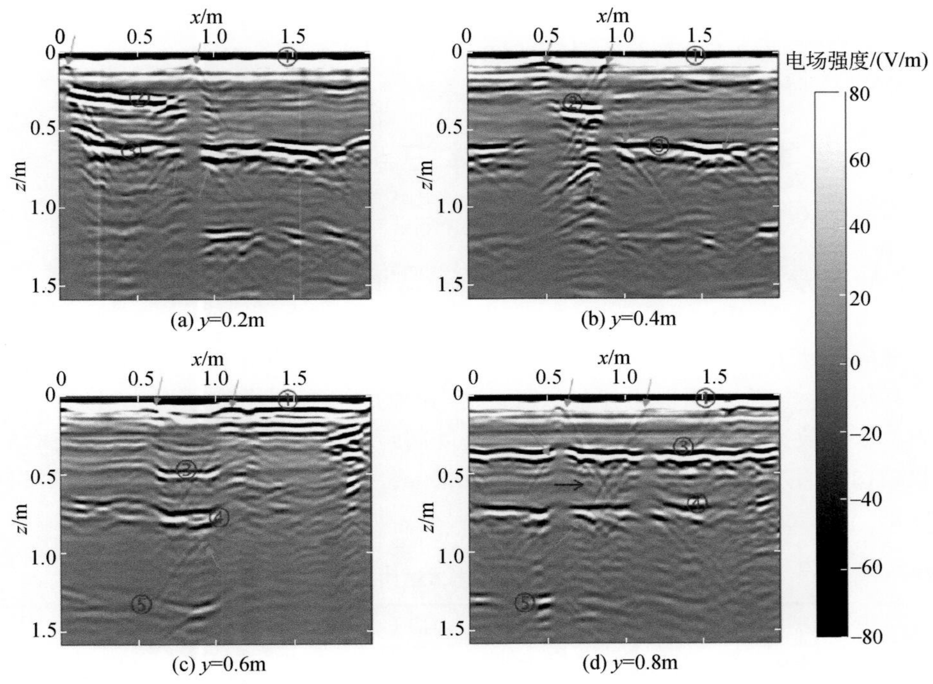

图 7.23　青石 6 号斜坡 GPR 反射地质体的识别图

通过对原始的 GPR 数据进行偏移成像处理，可以有助于还原真实裂隙的形态并进行人工解译。图 7.24 (a) 为图 7.23 (d) 中二维测线数据的偏移成像处理结果，裂隙端点处的双曲线形态得到了较好的收敛、倾斜裂隙的视倾角也被恢复成了真倾角（蓝色箭头所示)、水平裂隙的连续性也得到提高。但是，这些带有一定波瓣宽度的裂隙 GPR 响应与真实的裂隙在形态上并不一致，需要借助人工解译的方式来揭示。从人工解译后的剖面上 [图 7.24 (b)] 可以看出，在 Z 方向上从浅到深存在三组顺层层间水平裂隙（绿色点划线)，它们的劣化程度依次减弱；还发育着三组陡倾角裂隙（紫色线段)，有些倾斜的裂隙已经穿过第一个顺层结构面发育，即将与第二顺层结构面连通。

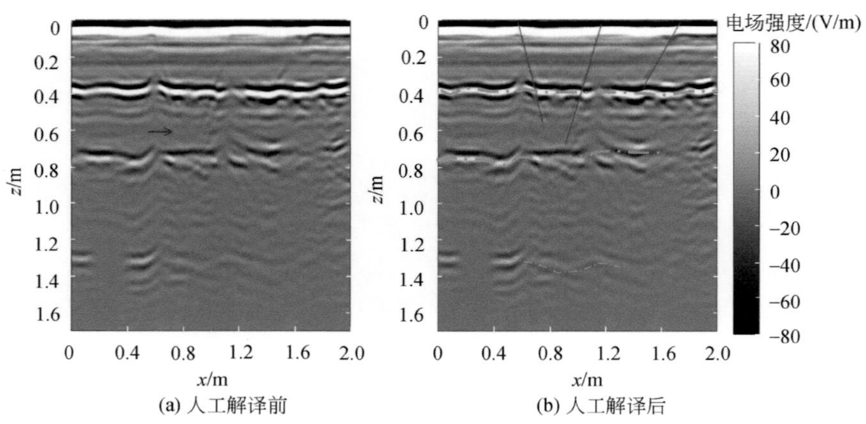

图 7.24　青石 6 号斜坡 GPR 解译岩体内部裂隙（$y=0.8$m）

7.4　典型消落带岩体三维裂隙模型构建

7.4.1　基于统计的青石 6 斜坡岩体三维裂隙数值模型

综合地表和地下岩体结构面情况，青石 6 号斜坡岩体共发育三组结构面，包括两组裂隙结构面和层面；均为近似平均分布。三组结构面的裂隙统计分布情况表可以见表 7.2。

从表 7.2 的数据来看，岩体结构主要还是受间距较小的层面控制，因此岩体结构类型属于层状结构。通过离散裂隙网络（discrete fracture network，DFN）可以对大型岩体结构面进行展示，将岩体结构可视化。

表 7.2　青石 6 号斜坡岩体结构面特征统计表

结构面优势组次	结构面产状		间距		迹长		空间分布特征
	倾向/(°)	倾角/(°)	平均值/m	标准差/m	平均值/m	标准差/m	
A	180	40	0.43	0.13	0.99	0.10	均匀
B	270	75	0.52	0.19	0.54	0.18	均匀
C	345	45	0.26	0.06	0.78	3.06	均匀

对青石 6 号斜坡中的随机中小型节理或裂隙，可根据节理裂隙统计情况采用数值模拟形成随机裂隙模型。生成随机裂隙的基本步骤流程如下：

（1）定义裂缝形成区域。定义裂缝形成区域的大小，在区域外的裂缝将会被边界所裁剪。

（2）对裂缝进行分组模拟。利用每组裂缝的分布情况，选择不同分布函数，输入不同参数模拟形成不同组的裂缝。

（3）利用多边形显示三维裂缝网络。将多组裂缝进行多边形显示并空间叠加，形成可视化的三维裂隙网络。

图 7.25（a）展示了 30m×30m×30m 的空间内节理 A 组的分布情况，图 7.25（b）展示了 30m×30m×30m 的空间内层面 B 组的分布情况，图 7.25（c）展示了 30m×30m×30m 的空间内 A 组和 B 组优势结构面的叠加情况，图 7.25（d）展示了30m×30m×30m 的空间内 A 组、B 组和 C 组优势结构面的叠加情况。图 7.25 从整体到部分的反映了该消落带岩体整体上受岩层控制，局部受二组结构面控制，是典型的层状结构岩体。

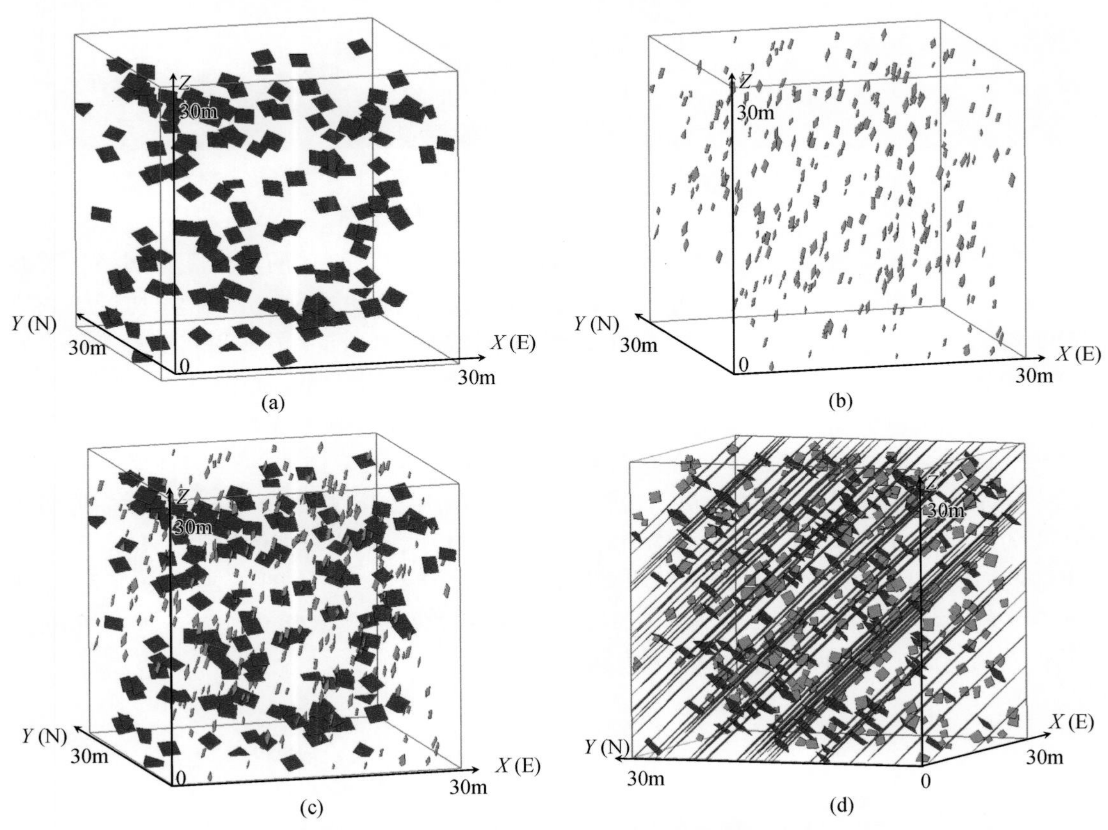

图 7.25　青石 6 号斜坡岩体结构三维离散裂隙网络图

7.4.2　基于统计的龚家坊斜坡岩体三维裂隙数值模型

龚家坊位于三峡库区巫山县长江干流左岸，是 2008 年 175m 试验性蓄水新生的第一例岩质崩滑体。2008 年 11 月 23 日崩塌发生后，出露的岩层新鲜面近等腰梯形（图 7.26、图 7.27），暴露的新鲜岩体中可见斜坡岩体内部结构面十分发育（Huang et al., 2012）。

龚家坊为逆向岩质岸坡，斜坡消落带发育岩性为三叠系大冶组中薄层灰岩，岩层产状为 315°∠45°。对龚家坊消落带岩体进行了结构面测量，79 条中小结构面显示了三组优势结构面。A 组大致平行于坡面，产状为 125°~135°∠45°~60°，平均迹长为 0.3m，间距为 0.05m/条。B 组和 C 组大致垂直于坡面，产状为 245°~255°∠60°~65°和 55°~65°∠60°~70°，平均迹长约 1.5m，间距约 1m。消落带中有一条明显的大型结构面，产状为 200°∠45°。

图 7.26　巫山龚家坊滑坡

图 7.27　巫山龚家坊裂隙岩体照片

采用定位输入与随机模拟的方式模拟了龚家坊消落带典型岩体的三维裂隙网络。对大型结构面 L11 利用定位信息确定其中心点，然后输入其产状和大小。由于龚家坊岩体裂隙明显呈均匀分布，对结构面 A 组、B 组和 C 组利用增强的 Baecher 模型和双变量 Fisher 分布模型构建裂隙位置和方位，利用均一的平均尺寸来刻画裂隙大小，裂隙开度也默认为1×10^{-6}m。图 7.28 展示了龚家坊消落带典型岩体三维裂隙网络，其中 X 向为正东向、Y 向为正北向。该裂隙网络由四组 4801 条裂隙组成，其中的绿色结构面为确定性结构面 L11（面积为 1185.7m^2），其他均为随机节理裂隙。A 组结构面的平均面积为 0.289m^2，平均开度体积为 $2.89\times10^{-7}m^3$；B 组结构面的平均面积为 7.11m^2，平均开度体积为 $7.11\times10^{-7}m^3$；C 组结构面的平均面积为 7.02m^2，平均开度体积为 $7.02\times10^{-7}m^3$。图 7.29 展示了图 7.28 中所有结构面的极点投影图，显示了明显的四组优势结构面及其相对关系。这三组 4801 个结构面的总面积为 7996.5m^2，总开度体积为 0.008m^3。

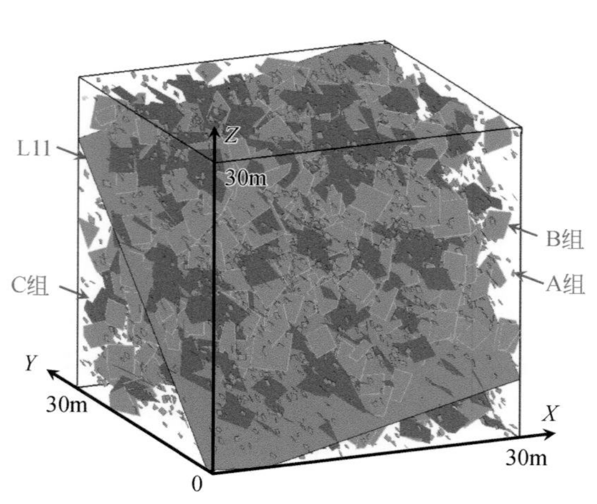

图 7.28　巫山龚家坊三维裂隙网络图

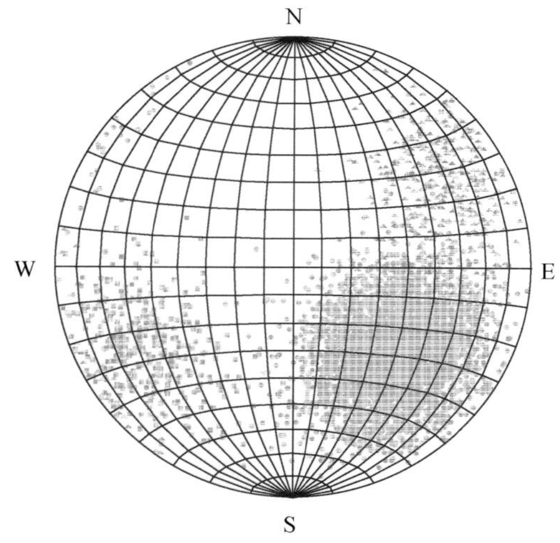

图 7.29　巫山龚家坊三组结构面极点投影图（上半球等角）

红点为结构面 A 组；绿点为结构面 B 组；蓝点为结构面 C 组

7.4.3 基于探地雷达的青石6号斜坡岩体三维裂隙数值模型

图7.30是通过三维数据规则化、偏移成像处理后的解释结果。比较图7.30（a）和（b），可以发现偏移成像后双曲线收敛为一个点，虽然能量弱比较难识别，但是解释起来与裂缝一一对应并排除了干扰。另外，倾斜或起伏的反射层位得到正确的归位，连续性更好。使用红色的线条对垂直层面的裂缝、层间裂缝做出了解释，并与岩体表面观测的裂缝进行比较，图7.30（a）中第一层的三条裂缝与图7.30（b）中的三条裂缝对应得非常好［图7.30（b）中蓝色线表示图7.30（a）中的测线］。与岩体表面观测结果不同：图7.30（a）可以看见岩体内部的裂缝分布，三条裂缝间的两个结构体基本上与围岩母体完全剥离开来，成为最不稳定的岩体。

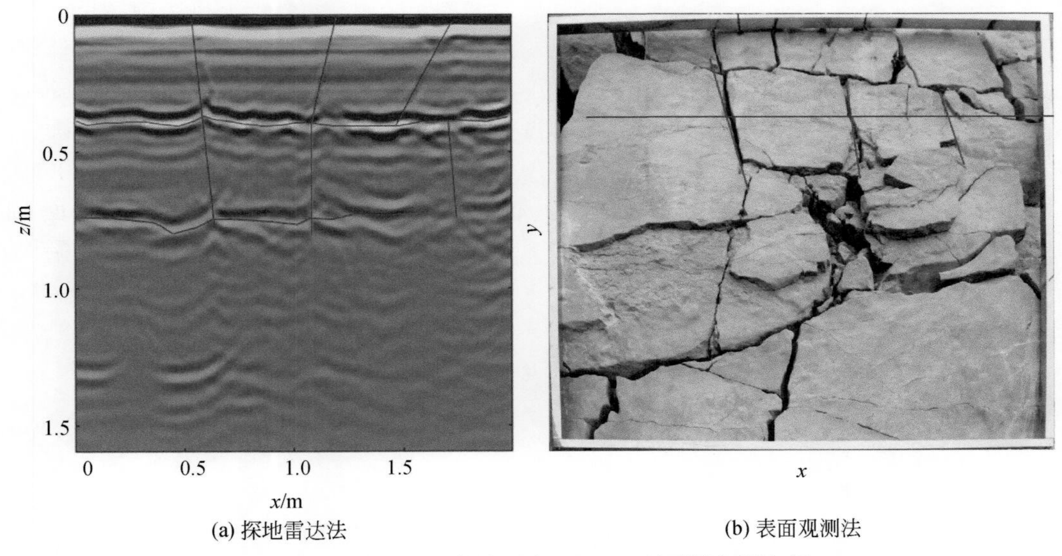

(a) 探地雷达法　　(b) 表面观测法

图7.30　青石6号斜坡测窗 $y=1.6$m 处裂缝探测解译

图7.31中裂缝突变点处的反射波双曲线经过偏移成像处理后得到了很好的收敛，同时层间裂缝的反射波同相轴更加连续。与岩体表面观测进行比较，该处岩体的劣化也比较显著，岩体几乎与母岩剥离开来，很有可能顺层崩塌。在该测线0～1m，岩体内部有三个层间裂缝，位置分别在0.5m、0.7m和1.3m处。

图7.32是三维探地雷达数据的切片显示，可以看出层间裂缝还是显著发育的，并呈现出不连续的形态，后期发育将会贯通变得连续。虽然三维切片能从整体上把握雷达数据的三维解释，但是像素分辨率没有测线剖面的显示精度高，特别是垂直裂缝很难在图中识别。这需要用其他的三维显示方式来展现裂缝的分布。

图7.33采用三视图，在MATLAB平台上，采用最佳的观察角度来展示表面裂缝和层间裂缝。可以看出，探地雷达法与表面观测法的表面裂缝展布吻合得比较好。但是，探地雷达技术能够对岩体内部的裂缝进行较好的展示，特别是层间顺层裂缝：0.3m处的裂缝

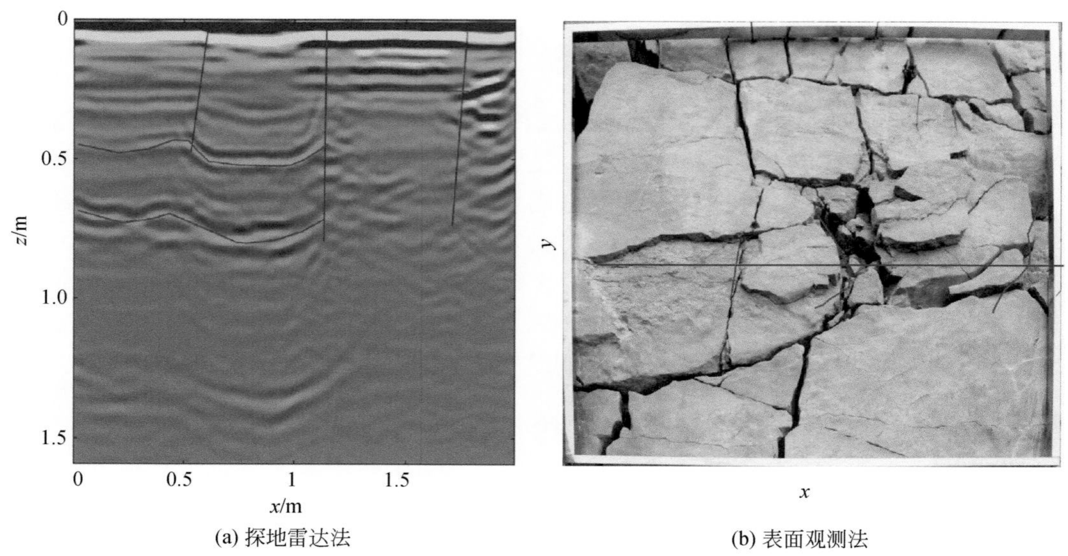

(a) 探地雷达法

(b) 表面观测法

图 7.31　青石 6 号斜坡测窗 $y=0.8$m 处裂缝探测解译

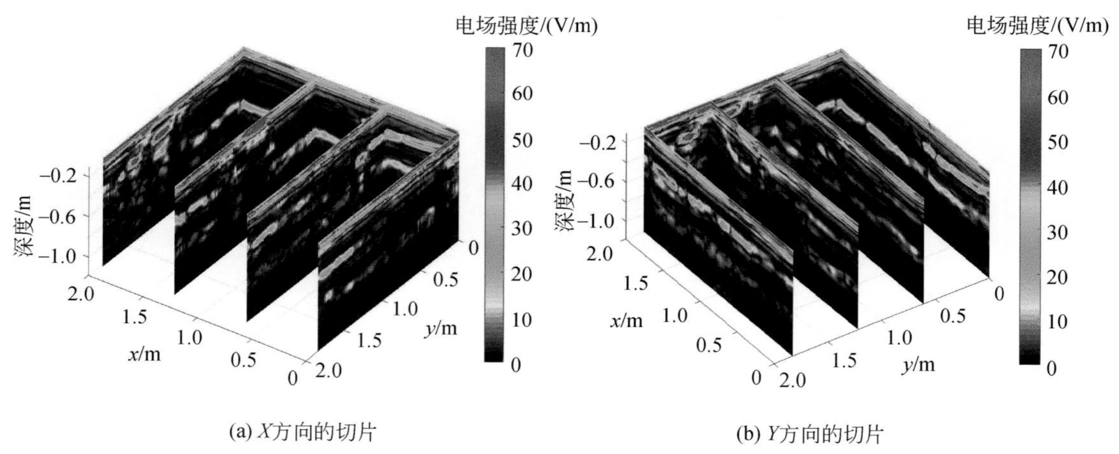

(a) X方向的切片

(b) Y方向的切片

图 7.32　青石 6 号斜坡测窗 H-Scan 扫描模式下三维探地雷达数据切片

只延伸了一小段；0.7m 处的层间裂缝脱空很明显；1.3m 的岩层也有脱空的迹象。

图 7.33 对裂缝的展示还是不够，图 7.34 将表面裂缝在水平面上延伸和深度方向上的延伸同时展布出来。使用三维等值面显示技术，将不同电场强度的能量图进行离散划分，并将不同的三维等值数据体叠加显示。图 7.34（b）还结合了三维切片显示技术，在背景三维数据解释结果的衬托下，裂缝的三维展布更加形象。通过这种展示，将最早的一维曲线结果展示，上升为二维平面结果展示，进一步上升为三维切片结果展示甚至是任意形状裂缝结构体的真三维显示。通过真三维的内部结果展示，能够清晰地了解裂缝的三维形态延伸。这也是在探地雷达探测裂缝技术上的一个重要进展。

图 7.35 采用三维体显示技术，对探测区域内部第一层沿层裂缝进行了显示：第一层

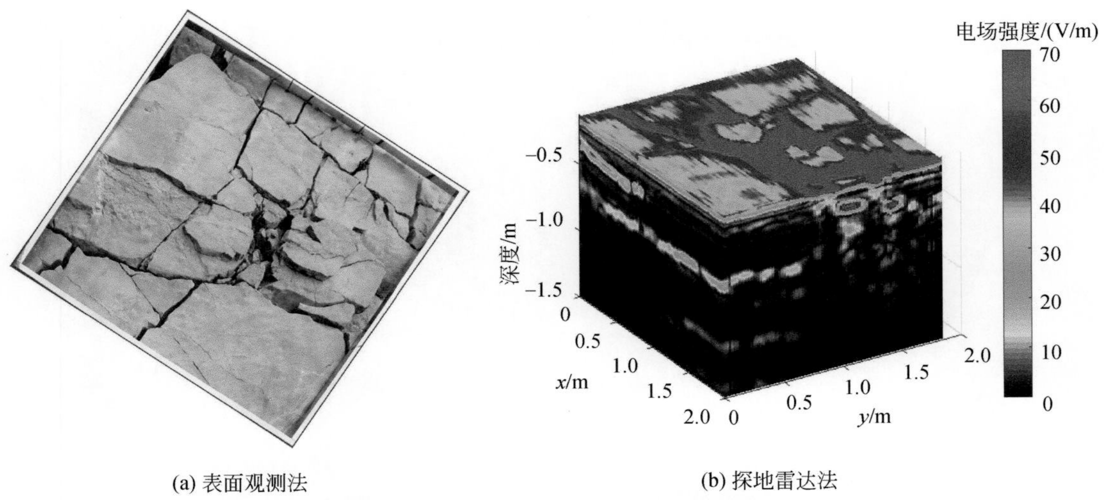

(a) 表面观测法　　(b) 探地雷达法

图 7.33　不同方法的青石 6 号斜坡测窗岩体结构面探测

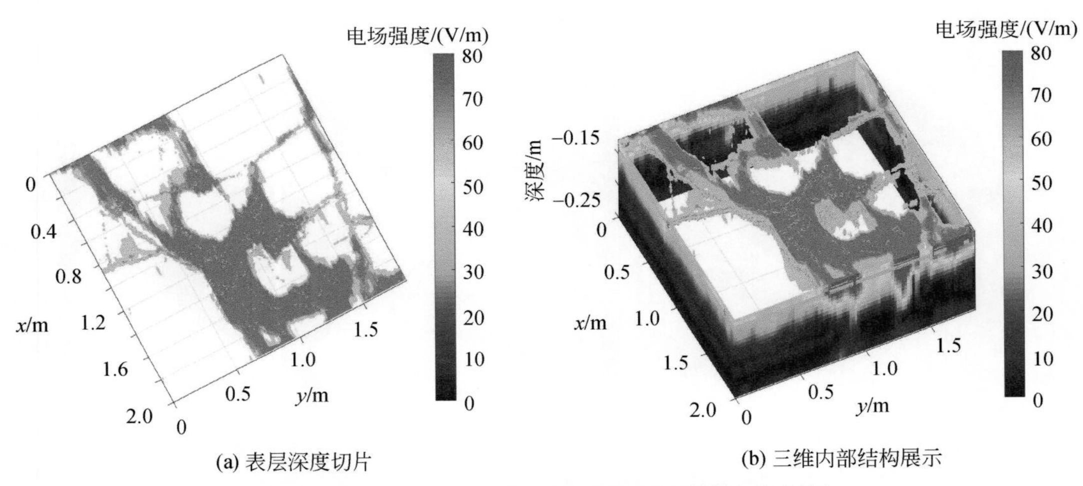

(a) 表层深度切片　　(b) 三维内部结构展示

图 7.34　青石 6 号斜坡测窗岩体浅层宏观结构面解译图

的层间脱空裂缝并没有完全扩展开来；裂缝发育的大致厚度、延伸形态也比较形象得展布出来。需要说明的是：由于受探测精度影响，探地雷达探测的只是一个比较显著的轮廓形态，对细节部分很难展示，因此，裂缝对应的三维体体积或面积有可能比真实的大。

图 7.36 是采用三维体展示技术对岩体内部的第二层沿层裂缝显示：可以看出，该顺层脱空裂缝正在逐渐发育，还没连成片，大部分地区呈现断断续续的离散分布形态。内部的第三层沿层裂缝对应的能量团已经非常微弱，因此在这里没有进行显示。

在成像处理后的三维数据体中，每个横剖面或纵剖面的测线总条数接近 400 条，如果对所有的测线做裂隙的人工解译，工作量十分巨大；同时探地雷达云图的能量团连续性很差、强弱差异也大，这给识别裂隙和追踪裂隙带来很大困难。

通过做希尔伯特变换来进行时频分析处理，提取瞬时振幅值，有助于识别裂隙信息。

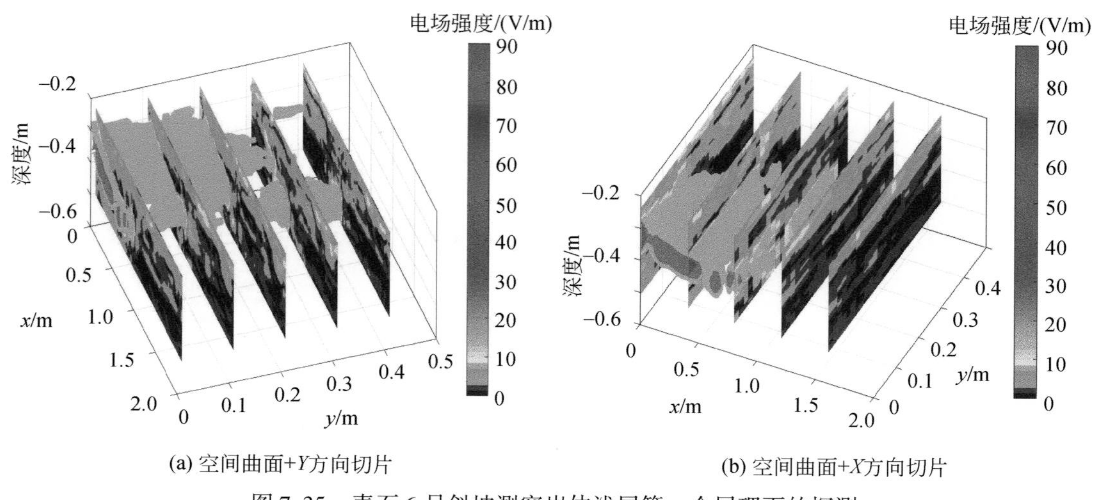

图 7.35　青石 6 号斜坡测窗岩体浅层第一个层理面的探测

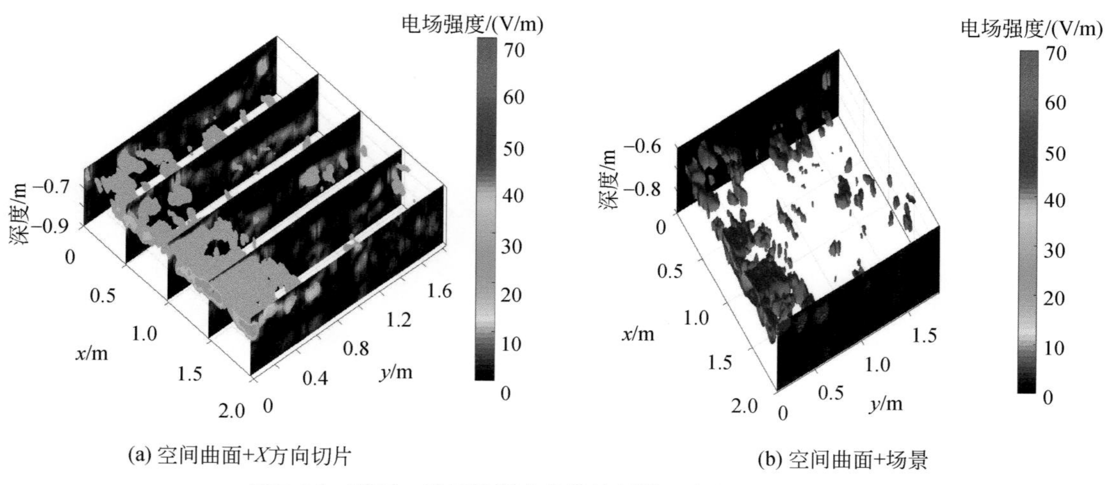

图 7.36　青石 6 号斜坡测窗岩体浅层第二个层理面的探测

图 7.37 将探地雷达三维数据体中的提取的 $z=0$ 处深度切片［图 7.37（b）］与实际的裂隙摄影二值化照片［图 7.37（a）］相比较，发现它们在形态上具有较高的相似性，因此，可以使用岩体表面真实裂隙数据对 $z=0$ 处的三维 GPR 数据进行标定，然后将标定的结果应用到 $z>0$ 的浅地表三维 GPR 数据，来实现岩体内部裂隙的展示。标定后，发现电场强度值大于 40V/m 的 GPR 数据与真实裂隙对应得较好。从裂隙摄影照片上能清晰揭示岩体表面的破碎程度、裂隙的精确张合程度；从探地雷达云图上能揭示岩体表面裂隙的主要轮廓，它也可以用来揭示岩体内部裂隙的主要轮廓。

理论上，某一反射界面处电场强度振幅值与反射系数成正比，岩体表面裂隙的电场强度标定值可以应用到岩体内部较深的地方。但是，雷达电磁波在传播过程中存在着球面扩散、透射损失、介质吸收衰减、采集数据仅在 $z=0$ 边界进行、偏移成像时所采用的速度不

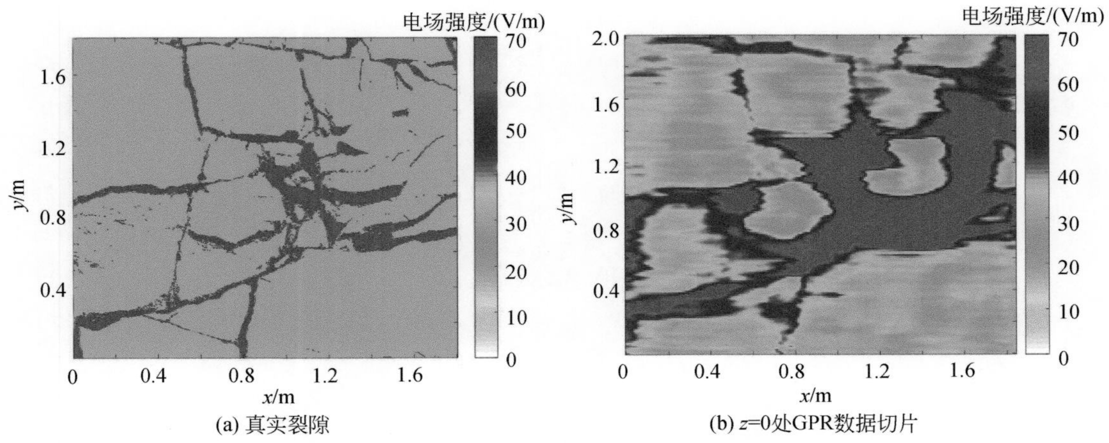

(a) 真实裂隙　　(b) z=0处GPR数据切片

图 7.37　青石 6 号斜坡测窗岩体表面裂隙数据对比及标定

准确等导致了反射系数恢复时失真，因此岩体表面的电场强度振幅标定值不能直接应用到岩体内部较深的地方。一个可行的解决办法是采用相对振幅值对岩体内部不同深度处的裂隙进行标定，挑选典型雷达测线二维剖面，先识别出主要的顺层水平裂隙，给定一个振幅阈值，如规定 2/3 最大振幅值作为标定值，大于这个标定值的视为裂隙区域，并将这个标定值应用到该深度附近的三维数据体中。在多期的三维探地雷达裂隙调查过程中，保持标定值不变，就可以将感兴趣的裂隙区域的劣化空间揭露出来。

通过三维显示技术，岩体表面裂隙和内部裂隙的分布可以得到较好地展示。在图 7.38（a）中，使用三维表面切片技术可用来展示岩体表面裂隙系统的分布和岩体内部裂隙的存在。岩体表面裂隙的分布深度在 0 ~ 0.2m，第一个主要的顺层水平裂隙的分布深度在 0.2 ~ 0.5m，第二个主要的顺层水平裂隙的分布深度在 0.5 ~ 0.7m。在图 7.38（b）中，通过三维等值曲面技术将图 7.38（a）中第一个主要的顺层水平裂隙分布进行展示，可以发现这些裂隙的连通性断断续续、分布不均，体现了不同地方岩层张裂联通情况。此时裂隙的识别使用的电场强度振幅标定值为 20V/m。三维表面切片技术和三维等值曲面技术可以结合起来，有利于识别和展示裂隙在三维空间的分布。

当在不同时期进行三维 GPR 扫描后，对这些岩体中的裂隙等结构体进行对比就可以得到这段时间内岩体劣化的空间分布情况。

在三维空间中，顺层水平裂隙在垂直方向上具有厚度，垂直层面裂隙在水平方向上具有宽度，可用来分析探地雷达的垂直分辨率和横向分辨率。对于垂直分辨率，根据瑞雷标准定义的分辨率极限是 1/4 个波长，对于 1500MHz 雷达天线，灰岩介质的相对介电常数约 7，雷达波长约 0.076m，故垂直分辨率约 1.9cm。横向分辨率与第一菲涅耳带直径 $2\sqrt{\frac{1}{2}\lambda z+\frac{1}{16}\lambda^2}$ 有关，式中，λ 为雷达波长；z 为目标埋深。当 $z=0$、0.25m、0.5m、0.75m 时，能够分辨的垂直裂隙宽度为 0.038m、0.199m、0.278m、0.340m。探地雷达对地质体的探测深度受仪器系统参数、地下介质电性参数、地质体的尺寸、地质体与周围介质的电

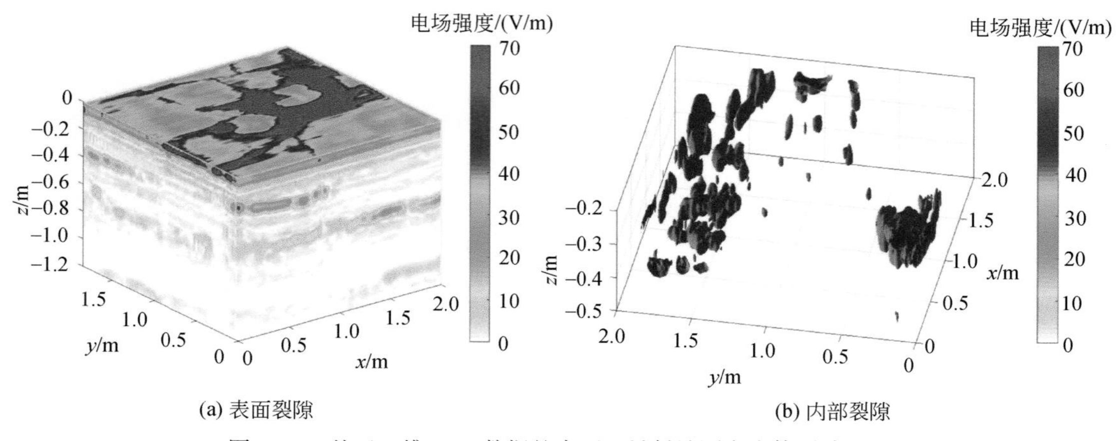

(a) 表面裂隙　　(b) 内部裂隙

图 7.38　基于三维 GPR 数据的青石 6 号斜坡测窗岩体裂隙展示

性差异等多方面因素影响。一般来说，在低损耗介质传播、体积越大的地质体和电性差异越大时，探测深度越深；另外，不同厂家生产的仪器其探测深度往往也有较大差别。对于中国电波传播研究所开发的 LTD 雷达系统，使用 1500MHz 天线对灰岩介质内部异常体进行探测时，经大量测试发现，其探测深度可达 2m。

7.5　典型岩体劣化空间分布分析

7.5.1　基于探地雷达的青石 6 号斜坡岩体劣化空间分布分析

三峡大坝库水位的周期性变动对水位变动带之间的岩体产生了较大的影响；在三峡库区的汛期，雨水频繁，消落带岩体暴露湿热的空气中，岩石表面的昼夜温差可达 30°。这种环境有利于裂隙扩展和岩体劣化。为了采用探地雷达技术来研究裂隙岩体的劣化空间，必须在固定区域进行多期原位观测。在不同期次雷达剖面上，能量团的几何形态变化和能量团强弱的变化，可能揭示着岩体裂隙的张开与闭合。尽管岩体内部的裂隙是随机的、几何形态是不规则的，岩体介质是非均匀的、各向异性的，雷达回波最大振幅能量团的形态及其变化是复杂的，但是，可以通过分析均匀介质中规则裂缝，来寻找岩体裂隙劣化与雷达回波变化之间的关系，指导复杂岩体裂隙劣化的认识。

从雷达探测时的垂直分辨率和横向分辨率分析可知，当裂隙在垂直方向上的延伸大于 1.9cm 时、在水平方向上的延伸至少大于 3.8cm 时，裂隙的几何形态延伸及其变化信息可以被检测到。由于自然界中碳酸盐岩的溶蚀速率具有较长的时间效应，这些厘米级的几何形态变化可能需要以年为周期的调查才能被探测到。但是值得幸运的是，由于裂隙的相邻两个边界在靠得较近时，其产生的雷达回波会产生干涉叠加；当两个边界的距离发生变化时，叠加后的雷达回波振幅强弱也将发生相应变化。因此，除了通过雷达回波能量团的几何形态来判断较大尺度裂隙的几何形态外，还可以借助雷达回波振幅的强弱异常来揭示较小尺度裂隙的劣化。

图7.39是基于爆炸反射面原理正演合成的雷达回波记录，通过分析雷达剖面中的电场强度最大振幅值，可以用来反映岩体中裂隙的厚度和宽度变化。

从图7.39（a）可以看出，对于不同深度0.25m、0.50m、0.75m处的顺层水平裂隙，当它们的垂直厚度发生改变时，其雷达回波最大振幅响应曲线具有相同的特征，可以分为典型的三个阶段：单调递增阶段、单调下降阶段、稳定阶段。图中紫色点表示裂隙的垂向分辨率约为0.019m。对于比较薄的顺层裂隙当厚度小于0.014m时，如果多期雷达回波最大振幅逐渐增加，则表明裂隙在逐渐张开，它们之间具有近似的线性关系；当裂隙厚度大于0.019m时，如果雷达剖面上相邻反射界面的最大峰值的距离在逐渐增加，则表明裂隙厚度也随着增加，且增加的距离为裂隙增加的厚度；当裂隙的厚度在0.014m和0.019m变化时，雷达回波振幅的变化可能会导致对裂隙厚度相对变化的误判，但是这个区间很小对整体影响不是很大。

图7.39（b）是不同深度0.25m、0.50m、0.75m处的垂直层面裂隙的顶端，当它们的水平宽度发生改变时，其雷达回波最大振幅响应曲线具有类似的特征，但是深度的影响比较明显。在最大回波振幅曲线上平稳阶段的开始处，不同深度对应的裂隙宽度值分别是0.20m、0.28m、0.34m，这与前面通过第一菲涅耳带直径计算的横向分辨率结果完全一致。对于不同深度处大于横向分辨率门限值的裂隙，雷达回波最大振幅不发生变化但最大振幅能量团宽度增加，说明裂隙宽度发生了增加，其最大振幅能量团的宽度就是裂隙的宽度；在曲线单调上升阶段处，对于裂隙宽度较小的裂隙，若雷达回波最大振幅继续增大，表明岩体中的裂隙宽度度发生了增加，最大振幅的增加和裂隙宽度的增加具有近似线性关系。曲线单调下降阶段的区间相对较小，可以忽略它们对裂隙宽度的相对变化产生的误判。

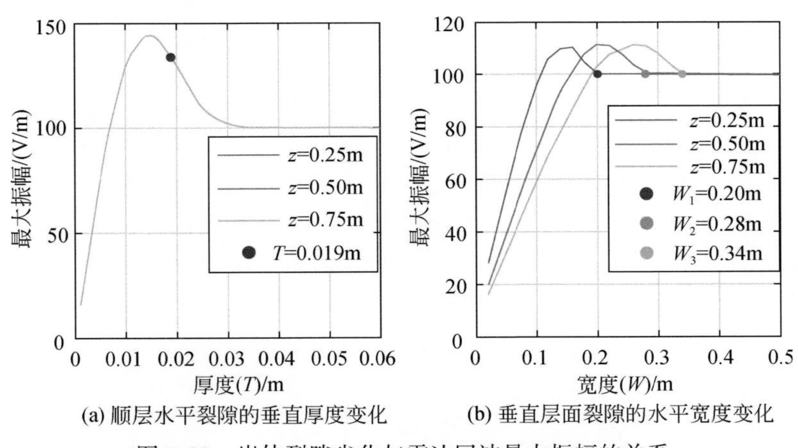

(a) 顺层水平裂隙的垂直厚度变化　(b) 垂直层面裂隙的水平宽度变化

图7.39　岩体裂隙劣化与雷达回波最大振幅的关系

需要注意的是，裂缝充填介质的电性参数改变，也会导致雷达回波最大振幅的变化。雷达回波最大振幅与反射点的反射系数正相关，而反射系数与裂隙及其围岩的电性参数之间的差异有关。介质之间的相对介电常数差异越大，反射系数越大，雷达回波最大振幅越大。空气的相对介电常数为 1，水的相对介电常数可达 80，不同含水量的土质充填物其相对介电常数变化范围较大。因此，含水量和充填介质对雷达回波振幅影响较大。但是，如果在空气干燥、低库水位时期去调查库水位变动带的裂隙，水的影响可以忽略不计，再考虑到裂隙中可能充填的泥沙绝大部分被先前的雨水或库水冲刷带走，可认为裂隙主要为空气充填，从而降低了问题研究的复杂性。

雷达回波最大振幅的变化和几何形态的变化为岩体裂隙的劣化调查奠定了理论基础，可以使用振幅劣化率、面积劣化率或体积劣化率来描述岩体劣化空间的变化。由于裂隙的电性参数分布的不均匀性以及深度对裂隙横向分辨率的影响，不同裂缝空间位置的裂隙产生的雷达回波最大振幅是不同的，因此可以使用一个小于全局最大振幅值的阈值来圈定裂隙几何形态并统计体积和面积。比如前面所说的裂隙标定值。对于指定深度范围的裂隙，首先定义一个指示空间裂隙存在与否的变量（G_n）为

$$G_n(i,j,k)=\begin{cases}-1, & n=1\text{ 且 }E_n(i,j,k)\geqslant E_{\mathrm{M}}\\ 1, & n>1\text{ 且 }E_n(i,j,k)\geqslant E_{\mathrm{M}}\\ 0, & E_n(i,j,k)<E_{\mathrm{M}}\end{cases} \tag{7.13}$$

式中，i、j、k 分别为 x、y、z 方向上三维规则网格点编号；n 为裂隙调查的期数；E_n 为雷达回波的电场强度瞬时振幅值；E_{M} 为某一深度范围内标定裂隙的电场强度瞬时振幅阈值。

岩体的体积劣化率（$D_{\mathrm{Ve}}^{(n,1)}$）定义为

$$D_{\mathrm{Ve}}^{(n,1)}=\frac{\sum\limits_{i,j,k}\left[G_1(i,j,k)+G_n(i,j,k)\right]}{\sum\limits_{i,j,k}\left|G_1(i,j,k)\right|} \tag{7.14}$$

对于三维空间中某一小体积单元，第 n 期调查相对于第 1 期调查，如果裂隙或非裂隙不变化，$G_1(i,\ j,\ k)+G_n(i,\ j,\ k)$ 的值为 0；如果第 1 期的非裂隙张开了，$G_1(i,\ j,\ k)+G_n(i,\ j,\ k)$ 的值将为 1；如果第一期的裂隙闭合了，$G_1(i,\ j,\ k)+G_n(i,\ j,\ k)$ 的值将为 -1。对这些值进行统计，就可以得到第 n 期裂隙相对于第 1 期裂隙在体积上的变化。

也可以定义某一感兴趣深度岩体裂隙的面积劣化率（$D_{\mathrm{Se}}^{(n,1)}$）为

$$D_{\mathrm{Se}}^{(n,1)}=\frac{\sum\limits_{i,j}\left[G_1(i,j,k_{\mathrm{s}})+G_n(i,j,k_{\mathrm{s}})\right]}{\sum\limits_{i,j}G_1(i,j,k_{\mathrm{s}})} \tag{7.15}$$

式中，k_{s} 可设为 z 方向上最大裂隙面积所对应的深度网格编号。

另外，也可在某一深度范围内，利用异常振幅来定义劣化率，异常振幅劣化率（$D_{\mathrm{Me}}^{(2,1)}$）为

$$D_{\mathrm{Me}}^{(n,1)}=\frac{\sum\limits_{i,j,k}\left[E_n(i,j,k)-E_1(i,j,k)\right]}{\sum\limits_{i,j,k}E_1(i,j,k)} \tag{7.16}$$

2019 年 5 月 21 日和 2019 年 8 月 21 日对如图 7.30 所示的斜坡开展了两期三维探地雷达原位观测。图 7.40（a）、（b）为两期探测结果展示的 0 ~ 0.2m 深度岩体浅表层的裂隙系统分布，单期观测结果除了在岩体表面上裂隙纵横分布相互连通与实际岩体表面裂隙调查结果比较吻合外，在深度方向上的不同延伸可以观察到，最大可以达到 0.2m，这与实

际观测情况也比较一致。两期观测结果大致形似，很难肉眼看见差别。图7.40（c）对两期观测结果进行了相减，三处有比较明显的劣化，经过调查发现：①指大约为边长20cm的岩块掉落；②和③指岩体出现了较大的松动。其他地方的劣化程度很轻或没有变化。

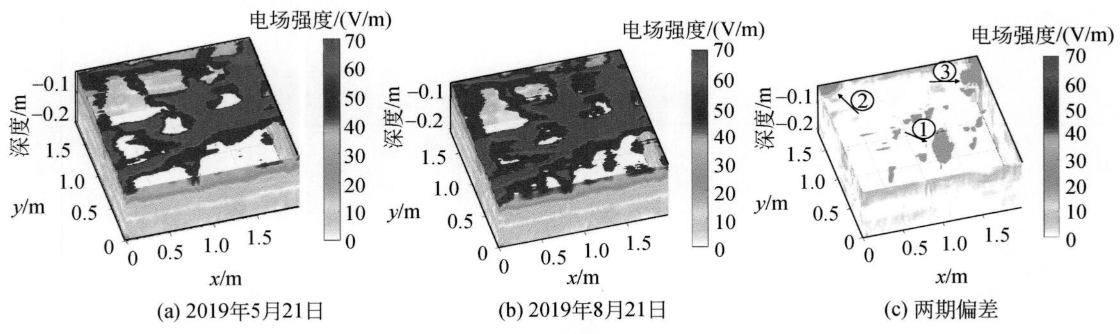

(a) 2019年5月21日　(b) 2019年8月21日　(c) 两期偏差

图7.40　青石6号斜坡测窗岩体表层裂隙的三维GPR调查（$z=0\sim0.2$m）

图7.41（a）、（b）为两期探测结果展示的0.5～0.7m深度范围内岩体内部的顺层结构面脱空裂隙系统分布，这些岩体内部裂隙分布很难通过其他方法探测出来。两期数据之间相似程度更高，黑色箭头所指也能看出细微差别。图7.41（c）也对两期观测结果进行了差值比较，在岩体下方有着轻微的岩体弱化。实际上，该处岩体的下方靠近临空面，相对于岩体的其他地方更容易劣化。可以看出，多期探地雷达数据能够较好地反映岩体浅表层和内部的岩体劣化。

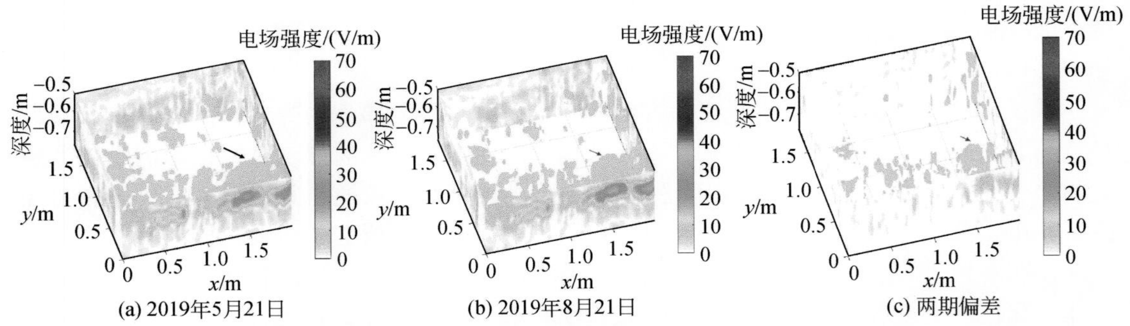

(a) 2019年5月21日　(b) 2019年8月21日　(c) 两期偏差

图7.41　青石6号斜坡测窗岩体深层裂隙的三维GPR调查（$z=0.5\sim0.7$m）

对比图7.40和图7.41中不同深度处的岩体劣化结果发现：岩体表面裂隙的劣化程度（色标值大约在20V/m附近）要强于约0.6m深度处顺层裂隙的劣化程度（色标值在5附近）。从劣化分布区域来看，GPR数据中表层裂隙和深层裂隙出现的范围主要是目标岩体的下部和右部，而实际的岩体其下边缘和右边缘皆为临空面，这说明靠近临空面处岩体裂隙的劣化程度更强，并从临空面向岩体的深部和远方发展。

表7.3对不同深度范围内岩体裂隙进行了劣化率计算。从图7.38（a）可以看出，该区域存在三处明显的裂隙带。利用前面定义的三种劣化率公式计算了第二期三维GPR调查相对于第一期三维GPR的裂隙相对变化量。表中，V_A为某深度范围内岩体的总体积，

$V_F^{(n)}$ 为第 n 期数据中该深度范围内的岩体裂隙，$S_{Fm}^{(n)}$ 为第 n 期数据中深度方向上最大的岩体裂隙面积。从岩体表面到岩体内部深度，体积劣化率（$D_{Ve}^{(2,1)}$）、面积劣化率（$D_{Se}^{(2,1)}$）、振幅异常劣化率（$D_{Me}^{(2,1)}$）都呈下降趋势，说明越靠近岩体表面，劣化程度越强。如果能采集多于两期的数据，通过不同时期劣化率的比较，就有可能得到不同深度范围内裂隙的扩展速率。

表 7.3　两期三维 GPR 调查的青石 6 号斜坡测窗岩体相对劣化率

深度/m	V_A/m³	$V_F^{(1)}$/m³	$V_F^{(2)}$/m³	$S_{Fm}^{(1)}$/m²	$S_{Fm}^{(2)}$/m²	$D_{Ve}^{(2,1)}$/%	$D_{Se}^{(2,1)}$/%	$D_{Me}^{(2,1)}$/%
0～0.2	0.800	0.257	0.261	0.997	0.109	1.56	2.13	0.023
0.2～0.5	1.200	0.138	0.140	0.336	0.440	1.45	2.05	0.017
0.5～0.7	0.800	0.093	0.094	0.225	0.227	1.08	1.36	0.008

7.5.2　基于裂隙网络的龚家坊消落带岩体劣化空间分布分析

三峡库区水位周期性在高程 145～175m 波动，在溶蚀-溶解、裂缝新生与扩展和机械掏蚀等作用下岩体质量持续劣化（Huang et al.，2016b）；碳酸盐岩体的劣化与岩体可溶性有关。Derek 和 Paul 认为溶蚀约有 80% 发生在近地表 10m 以内或者灰岩露头处，并且溶蚀程度随深度逐渐变小（或离 CO_2 的供应越小则溶蚀程度变小）（Derek and Paul，2007）。地下水通过近地表的裂隙网络向下渗流，并使裂隙溶蚀变宽，但是裂隙的密度和张开度随着深度增加而逐渐降低，溶蚀裂隙向深部尖灭，数量逐渐变小。同时岩石的透水性也随深度降低（Derek and Paul，2007）。因此，消落带岩溶岩体的劣化机理与地表-地下水的活动密不可分。

从流域尺度上看，地下水径流的方向取决于地下水水力梯度的方向，但是在局部地段径流的方向取决于相互联系的裂隙和由孔隙构成的地下水径流通道。良好连通的裂隙通道是降水、地表水与地下水沟通的优先路径。良好的地下水径流通道是水进入岩体进行劣化改造的重点区域，因此裂隙的连通性对劣化岩体空间分布分析非常重要。同时，水力边界条件控制着地表-地下水位势能及流向，它对岩溶地下水径流、赋存非常重要。因此，从岩体劣化机理上来看，基于裂隙网络的连通性和水力边界条件的劣化岩体空间分析方法是可行的。

这一分析方法可以这样进行：①首先开展裂隙的相交分析，将相交的裂隙留下来，过滤掉独立的裂隙；②对相交裂隙的条数进行设定，并过滤掉小于这个数量的相交裂缝区；③根据水力边界条件分析导水情况，对剩下的裂缝联通区进行空间相交分析，确度岩体劣化的可能空间分布。以龚家坊消落带岩体裂隙网络为例，展示劣化岩体空间分析方法。

图 7.42 展示了龚家坊消落带岩体中相交裂隙数大于 5 的连通区。从连通区来看，绿色联通区是该区域内最大的一个，它联通了 340 个结构面，面积约 2473.148m²。相交裂隙数大于 5 的连通区共有 61 个（不同颜色代表不同的连通区），共联通了 803 个结构面，占总结构面数的 16.7%。

从水力边界条件来看，Z_{max} 面是地表水压力边界，地表水通过裂隙向下渗流。Y_{max} 面是接受上部地下水补给的边界。因此，与 Z_{max} 面和 Y_{max} 面相交的连通区都有非常活跃的地表-地下水流动，该区域的裂隙岩体都会有不同程度的劣化。图 7.43 展示了与 Z_{max} 面和 Y_{max} 面相交的连通区，共有 14 个，共连通的结构面有 478 个，面积约 3080.2m^2，其中绿色的联通区域最大，它的面积约 2473.1m^2。这些连通区有地表水或地下水入渗，流动性强。根据岩体劣化机理，这些连通区实际上表述了龚家坊消落带劣化岩体的主要空间分布情况（图 7.43）。

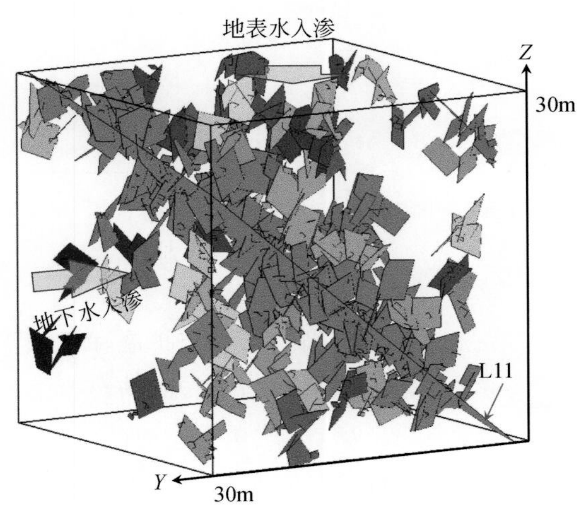

图 7.42　巫山龚家坊消落区岩体裂隙连通性分析图

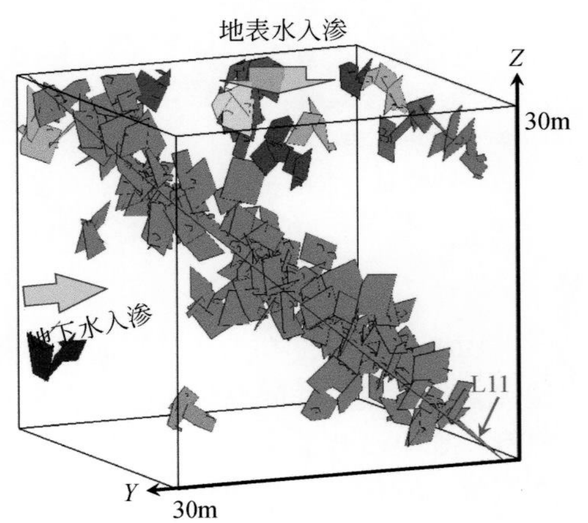

图 7.43　巫山龚家坊消落区岩体劣化区空间分布图

从图 7.42 和图 7.43 上可见，沿绿色联通区是主要的劣化发生区域，岩溶岩体劣化区域具有高度的不均一性。而从实际情况来看，长大结构面之上的岩体劣化松动明显，结构面之下岩体尽管裂缝仍然发育但都处于闭合状态（图 7.27）。长大结构面张开且松弛明显，局部被流水掏蚀。因此，这一劣化空间分析与实际情况非常相符，这也能验证这一基于裂隙网络的连通性和水力边界条件的劣化岩体空间分析方法是有效的、可行的。

显然，劣化岩体的空间分布与裂隙展布有关，尤其是大型结构面有关。一般来讲，大型结构面在沉积岩中除了发育的大型拉张或剪切裂缝外，有时还会有层面。对碳酸盐岩岩层，没有破坏的岩层层面由于其致密性，基本不能考虑为结构面。但张开的层面或者破裂的层面会在岸坡岩体中形成贯穿性的结构面，会极大地影响地下水流场。在岩体劣化空间分析中是否考虑层面为结构面，需要在野外调查和深部钻孔勘查中进行调查确定。

在龚家坊案例中，如果考虑层面为结构面时，其三维裂隙网络模型为图 7.44。相交裂隙数大于 5 的连通区为图 7.45，尽管仅存在两个连通区，但共有 3232 个裂缝相交形成了其中一个非常大的连通区，占所有结构面的 66.8%，其总面积约 39435m^2。另外一个连通区仅五个裂缝相通。基本所有连通的结构面都会导水，因此，在这种情况下约 2/3 的消落带岩体都会发生劣化。那么，斜坡破坏发生时，基本 2/3 的岩体都会松动破坏，而不是沿着 L11 结构面发生破坏。由此可见，岩层的破裂或张开在相关分析中需要慎重处理。

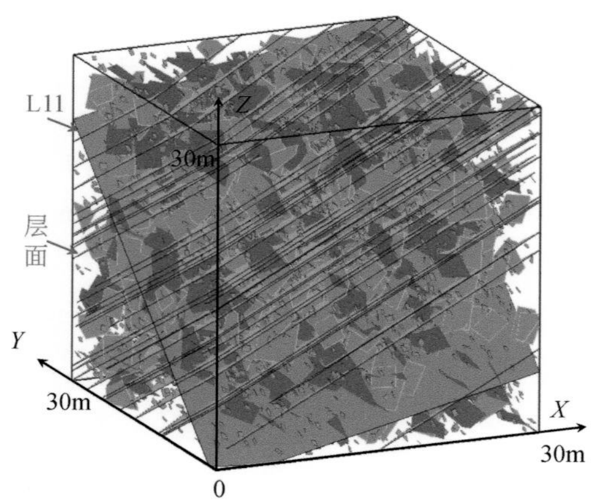

图 7.44　巫山龚家坊消落区带层面时三维裂隙网络图

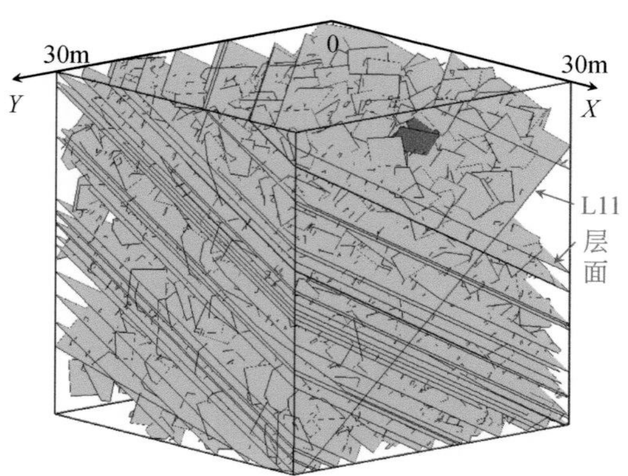

图 7.45　巫山龚家坊消落区带层面时岩体裂隙连通区图

如果岩体中没有大型结构面，则很难形成大型的导水通道，地表-地下水循环会非常缓慢，劣化发生空间非常有限，有不利于岩体劣化发生，有利于斜坡稳定性。例如龚家坊案例，如果没有 L11 和层面裂隙，则其连通区如图 7.46 所示。尽管有 79 个连通区，625 个裂隙相互连通，总面积约 2673.3m^2；但是却没有在深度方向上形成连片的大面积连通区域。从裂隙迹线图上同样可见，随机裂隙在深部有一定的连通区，但没有裂隙通道能让水深入其中（图 7.47）。因此，岩体劣化仅在 Z_{max} 面和 Y_{max} 面表层的裂隙区内发生，不会对深层岩体产生影响；对斜坡整体稳定影响并不大。因此，大型结构面的发育确实对岩体劣化非常重要。大型结构面的遗漏，不仅会造成相关分析的错误，而且会导致岩质斜坡长期稳定性的误判。

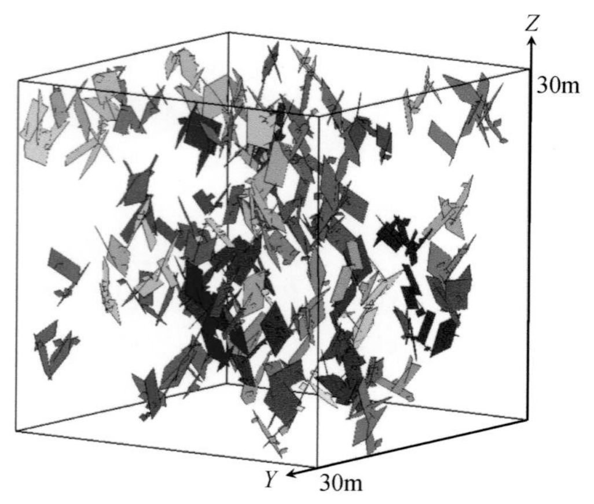

图 7.46　巫山龚家坊消落区三组随机裂隙的连通区图

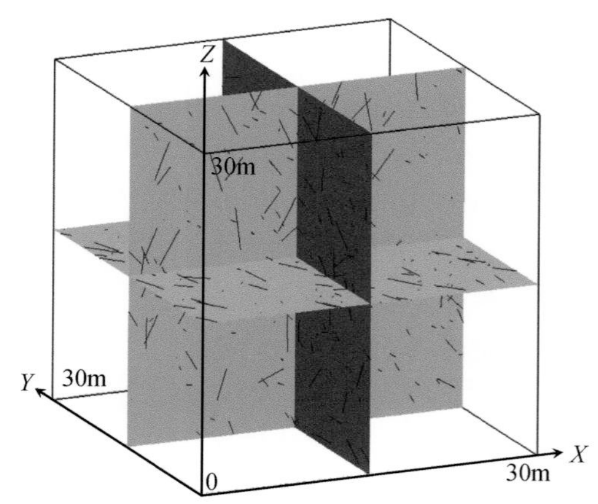

图 7.47　巫山龚家坊消落区三个正交切片的随机裂隙迹线图

7.6 小　　结

本章使用三维探地雷达技术和三维离散裂隙网络空间分析来调查三峡库区岩溶岸坡岩体内部裂隙的劣化情况，主要结论如下：

（1）采用定位裂隙与随机裂隙叠加的方式可以构建消落带岩体中主干裂隙和次级裂隙，随机裂隙位置可采用的数学模型包括增强 Baecher 模型和 Levy-Lee 分形裂隙模型，裂隙方位可采用的数学模型包括双变量 Fisher 分布模型和双变量正态分布模型。

（2）根据消落带岩溶岩体劣化形成机理与地表–地下水的活动密不可分，本章首次提出了基于裂隙网络的连通性和水力边界条件的劣化岩体空间分析方法，并给出了其分析步骤。以龚家坊典型消落带岩体为例，确定了围绕大型结构面 L11 的大型连通区为主的岩体劣化空间分布情况。这一分布与岩体失稳位置吻合，表明本章所提的分析方法有效可行。

（3）构建了一套适用于斜坡岩体上 2m×2m 区域、测线间距为 2cm、天线频率为 1500Hz 的三维探地雷达观测系统，通过三维数据采集、处理、解释和显示技术，能够对深达 2m 的岩体内部的裂隙形态进行展布，其垂向分辨率和横向分辨率为厘米级。既能观察垂直岩体表面的裂隙，又能观察平行岩体表面的岩体内部顺层裂隙。

（4）多期的三维雷达数据对比可以用来分析青石区域岸坡岩体的空间劣化程度。分析表明，顺层裂隙面的贯通程度、垂直裂隙的空间扩张可以通过雷达云图上电场强度振幅的强弱和能量团几何形态的改变来体现。该区岩体在靠近临空面的方向劣化程度较强，并向岩体内部和远方减弱。三维激光扫描技术可以作为一种辅助手段，用来精细地计算岩体表面的溶蚀量及其变化、刻化裂隙的边界及其变化。

为了更好地研究三维空间中裂隙形态和物理性质的改变所引起的探地雷达响应的改变，并用于岩体空间劣化程度指导，有必要开展三维的探地雷达数值模拟或室内物理模拟试验。另外，多尺度、多分辨率岩体劣化调查是下一步需开展的工作。

第8章 水库消落带岸坡劣化参数试验测试研究

8.1 概 述

三峡库区地处大巴山断褶带、川东褶皱带和川鄂湘黔隆起褶皱带三大构造单元的交汇处，地貌以山地、丘陵为主，地形破碎，历来是地质灾害的频发区域（刘广润等，1992；殷跃平，2005）。自2008年三峡库区实现试验性蓄水之后，其最高控制水位是175m，最低控制水位为145m；随着库区水位升降次数的增加，在库区两岸形成了高达30m的水位变动带。该区域的岩土体长期处于复杂的动态力学环境下，以可见的速度持续劣化，成为现阶段诱发库岸斜坡失稳破坏的关键因素。

其中，三峡库区巫山段是高陡库岸危岩的集中分布区域，该区域高差600～1200m，地形坡角为35°～75°。巫峡区域先后经历过多期强烈的地质构造活动，在最近的喜马拉雅运动地质历史时期，区域内地层经历了间歇性隆升、倾斜形成了多级断层陡崖，该类型的地质地貌导致巫峡坡体后缘的陡崖易发生崩塌灾害（王垚等，2000；殷坤龙等，2014）。

在经历了多个水文年的周期性涨落之后，因库岸岩体劣化所诱发的高风险区域不断扩大，截至2021年，在巫峡段共标定了总长度约18km的库岸劣化带重点防控区域，包括了龚家坊劣化带、剪刀峰劣化带、青石劣化带、箭穿洞危岩带、黄岩窝危岩带以及板壁岩危岩带。

根据前期现场调查及试验探究可知（Wang et al.，2019，2020b，2020c），由于高陡库岸危岩的基座区域位于劣化带，所涉及的动态力学环境涵盖了上覆岩体的持续压力以及库水位的周期波动，形成多因素协同作用的复杂演化体系，反映为渐进式累积变形以及非线性加速演化。在库区高水位运营的环境下，高陡库岸危岩失稳破坏所引发的涌浪次生灾害，将进一步加大灾害防控的难度，严重威胁长江航运和库区群众的生命财产安全（Huang et al.，2019；霍志涛等，2019；陈丽霞等，2021）。例如，巫峡段龚家坊滑坡（Huang et al.，2012，2014）和红岩子滑坡（Huang et al.，2016a）发生之后激发的涌浪高达6～13m，涌浪在库区上下游的影响范围最远可达5km。

三峡库区消落带岩体劣化研究多针对室内岩样，难以应用到现场岸坡稳定性分析评价中。本章将以三峡库区岩质库岸为研究对象，运用水库实际运行状态下原位跨孔声波测试、井下电视等原位测试方法，开展原位岩体参数评价；主要内容包括：①消落带岩石多工况力学试验研究；②库水位波动下岩石的劣化试验分析；③基于原位试验的岸坡岩体劣化过程地质强度指标研究。本研究可为岸坡岩体劣化评估、稳定性分析和工程治理提供更加科学合理的参数。

8.2　国内外研究现状

针对水库消落带岸坡劣化的试验及测试研究，本章从三个方面阐述已有的研究现状，分别是岩质库岸的动态力学环境、岩体损伤演化分析及岩体劣化参数分析。

8.2.1　岩质库岸的动态力学环境

库水位的周期性波动是推进库岸危岩失稳破坏的关键因素，所涉及的动态力学环境可以从干湿循环、多场耦合及时间效应三个方面来考虑。

针对干湿循环作用下库岸岩体劣化研究，Wang 等（2017）通过引入饱水-失水循环作用后岩石的累积损伤率，改进了 Hoek-Brown（H-B）强度准则；Deng 等（2019）开展了模拟库水位周期性升降的干湿循环试验，在试验过程中采用循环加卸载方式模拟地震作用的影响，并重点考虑了干湿循环和循环加卸载的次序；傅晏（2010）、刘新荣等（2014）、王子娟（2016）在宏细观试验的基础上，结合离散元软件，分析了干湿循环作用下岩石的损伤劣化机理；Wang 等（2020）通过干湿循环试验及理论推导，对库岸砂岩的长期劣化趋势进行了分析。

针对多因素协同作用下岩质库岸的复杂演化体系，需要进一步阐述多场耦合作用下岩石的演化过程。朱万成等（2009）进行了不同地应力条件下多场耦合过程的数值模拟，探讨了水压力对于岩石损伤过程的作用机制；刘泉声和刘学伟（2014）总结了裂隙岩体多场耦合的机制、模型、方法及研究内容，认为在分析多场耦合作用时需要重点考虑裂隙网络的扩展演化；Wang 等（2019）对比分析了单轴压缩和多场耦合作用下岩石的力学特征，通过引入损伤力学的相关设定，提出了具有非线性加速特征的岩石演化本构模型。

在库水位的周期性波动作用下，岩质库岸会在特定力学状态下持续一定的时间，因而，需要对时间效应下岩体的演化机理进行重点分析。国内外一般采用流变试验和相关的本构模型来表征时间效应对岩体力学性质的影响（蔡美峰等，2013）。例如，赵茉莉（2014）基于双重介质渗流-应力耦合流变模型对大岗山水电站的开挖过程进行了数值分析；Zhu 等（2019）开展了软弱夹层剪切流变力学试验，建立了适合软弱夹层各演化阶段的非线性损伤流变力学模型，从力学角度揭示了受软弱夹层控制的层状基岩滑坡的失稳机理；李任杰等（2019）根据流变试验的阶段特征，引入适用于结构面的非线性元件，建立了一种非贯通结构面的剪切流变损伤本构模型；在室内试验的基础上，Wang 等（2018）通过改进的流变本构模型研究了渗流场-应力场耦合作用下岩石的力学特性。

8.2.2　岩体损伤演化分析

岩土损伤力学主要研究岩土材料中微裂纹的萌生、扩展、贯通直至破坏的全过程（袁建新，1993；唐春安，1993）。本章拟以损伤演化为主线，分析动态力学环境下高陡岩质库岸的演化趋势，进而揭示其渐进式变形和突发性破坏的灾变机制。因此，有必要进一步阐述岩体损伤力学的研究现状。

Kachanov（1958）首次提出损伤力学及损伤因子的概念；Dougill 等（1976）将损伤力学引入岩土工程；Dragon 和 Mroz（1979）提出岩土体连续损伤力学的断裂面概念；在 Kachanov（1982）、Krajcinovic（1984）、Kemeny 和 Cook（1986）学者的努力下，损伤力学的应用范围已经涵盖了静力学、动力学、弹性、弹塑性、完整岩石及含节理裂隙的不完整岩体等研究领域。

在数值分析方面，Zhao 等（2017）将微震监测结果作为源参数，通过有限差分数值方法分析了岩体的损伤过程，定位出了采矿过程中的失稳区域；刘学伟等（2018）基于统计损伤本构模型，定量化微裂隙萌生对裂隙岩体应力状态造成的影响，提出了考虑损伤效应的数值流形方法；蔡永博等（2019）结合 FLAC3D 数值模拟及现场试验，研究了下伏煤岩体卸荷损伤变形演化特征；高文根等（2021）开展了三种不同应力水平的等幅周期荷载数值试验，分析了周期荷载应力水平对煤样破坏循环次数、声发射计数及损伤演化特征的影响。

在试验分析方面，Erarslan 和 Williams（2012）研究了岩体损伤演化过程中结构面抗剪强度的劣化趋势；赵程等（2015）采用自主开发的图像分析软件结合数字图像相关技术，从细观层次量化分析了裂纹起裂-扩展规律及岩石变形损伤演化特征；邓华锋等（2017）基于连续损伤力学和统计理论，建立了水岩作用下砂岩的统计损伤本构方程；Wei 等（2019）基于声发射试验数据模拟和预测了巴西劈裂和单轴压缩试验下试样的损伤演化过程；苗胜军等（2020）探究了循环荷载作用下岩石耗散能、摩擦耗能、破碎耗能的损伤演化特征。

此外，许多学者将岩石损伤力学的分析方法与实际工程应用进行了整合，如 Mortazavi 和 Molladavoodi（2012）通过岩石的损伤本构模型分析了开挖巷道的实际工况，并结合现场监测数据对模型进行了验证；徐奴文等（2016）利用 RFPA3D 分析软件，研究了锦屏一级水电站左岸岩质边坡在破坏过程中微破裂的萌生、演化、扩展、相互作用和贯通机制；常治国（2019）利用控制变量法和正交试验法研究边坡稳定性影响因素对损伤劣化的敏感性，构建了具有不同时效强度的边坡模型。

8.2.3　岩体劣化参数分析

目前库区岩体劣化过程的时效性表达以及结构演化研究，多是基于室内标准岩心开展（Ghobadi and Torabi-Kaveh，2014；Liu et al.，2015；邓华锋等，2016；Wang et al.，2020c）。室内标准岩心由于采样工艺及实验条件的限制，多是类均质、无宏观损伤及宏观结构面的岩样，与岩体现场劣化条件不符。实际岸坡更多的是岩石与宏观结构面这一连续—不连续集合体的劣化损伤，宏观结构面在劣化过程中起到了催化、加速劣化损伤的作用（黄波林等，2019b；刘广宁等，2017）。

实践证明，以室内岩石力学试验为基准，综合考虑岩体中结构面和尺寸效应的影响（Huang H. et al.，2020），将岩石力学参数进行修正换算成岩体力学参数，可以较好满足工程需要（夏开宗等，2013）。此类方法中，Hoek-Brown（H-B）准则由于较全面地反映了岩体的结构特征对岩体强度的影响，是发展较完善的方法（朱合华等，2013）。用 H-B 准则预测岩体力学参数时，关键在于确定地质强度指标（geological strength index，GSI）（苏永华等，2009；李硕标和薛亚东，2016；朱万成等，2018）。传统的 GSI 多是通过现场查表取值结合 H-B 准则对围岩、边坡岩体强度进行估算（Hoek et al，1998；Marinos et al.，2005），是静态定性的评估，难以进行连续动态的岩体劣化观测，且传统的 GSI 系统需要经验丰富的地质工作者确定，具有较强的主观性（Marinos and Carter，2018）。

针对 GSI 量化取值、广义 Hoek-Brown 准则的应用拓展方面现已有不少学者开展了大量的研究工作（朱合华等，2013）。例如，周元辅和邓建辉（2016）建立了基于纵波波速的 GSI 系统，据此获得大岗山坝区岩体的 GSI，通过对比分析基于 GSI 的岩体变形模量的预测值与实测值的分布规律及其相关性，探讨了将岩体完整系数和岩石风化程度系数作为 GSI 系统输入参数的可行性。闫长斌和徐国元（2005）建立了可以考虑岩体受扰动程度的修正系数 K_m、K_s，给出了 Hoek-Brown 强度准则的改进公式；Dai 和 Liu（2020）基于跨孔声波建立了原位岩体节理变形模量的估算方法，并通过现场变形监测检验了方法的有效性。修正系数 K_m、K_s 由完整性系数 K_v 来表征，既能反映岩体受扰动程度，又方便获取，克服了 Hoek-Brown 公式和前人改进公式的不足。宋彦辉和巨广宏（2012）以黄河上游玛尔挡水电站坝基岩体为例，在岩体质量分级基础上，引入规范建议值及现场原位大型剪切试验结果，建立岩体抗剪强度指标与 BQ 岩体质量分级的相关关系。同时利用实测资料建立 BQ 与 GSI 的相关关系，运用 Hoek-Brown 准则估算各试验点岩体的抗剪强度指标。目前，大量学者基于大量岩体统计资料对 GSI 的量化取值与 Hoek-Brown 准则的拓展应用取得了系列成果（齐消寒和张东明，2016；Rafiei and Martin，2020；朱永生和李鹏飞，2020），但对于库岸边坡岩体结构面劣化过程的时效性表达以及强度劣化分析尚缺乏针对性的研究。

综上，已有的研究在库岸的动态力学环境、岩体损伤演化、岩体劣化参数分析等方面取得了重大的进展，但是在开展水库消落带岸坡劣化参数试验测试研究时，仍然需要做进一步的整合、深化和延伸，本章将以三峡库区巫峡段岩质库岸为研究重点，综合采用现场勘查、监测数据分析、室内试验、原位劣化试验、理论推导及数值模拟等研究方法，开展库水位作用下岩质岸坡的劣化参数试验及测试研究，为库岸地灾防控提供重要参考。

8.3　消落带岩石多工况力学试验研究

8.3.1　宏观力学参数的对比

在单个水文年中，消落带岩石有两个极限状态，分别是干燥状态和水力耦合状态；且此处涉及的水力耦合状态具有低围压、无侧限的特点，本节将采用由中山大学研制的多尺度试验设备模拟这种特殊的水力耦合状态。在此基础上，对消落带岩体进行多种工况的试验分析（图 8.1），包括干燥状态下岩石的单轴压缩试验、饱和状态下岩石的单轴压缩试验以及不同围压下岩石的水力耦合试验。其中，针对水力耦合试验围压的设定，设计方案简述如下：三峡库区最高控制水位为 175m，最低控制水位为 145m，水位高差最大为 30m，因此，以 0.3MPa 围压为基础，并逐级拓展至围压 1MPa 和 3MPa，共开展三组不同围压的岩石水力耦合试验。

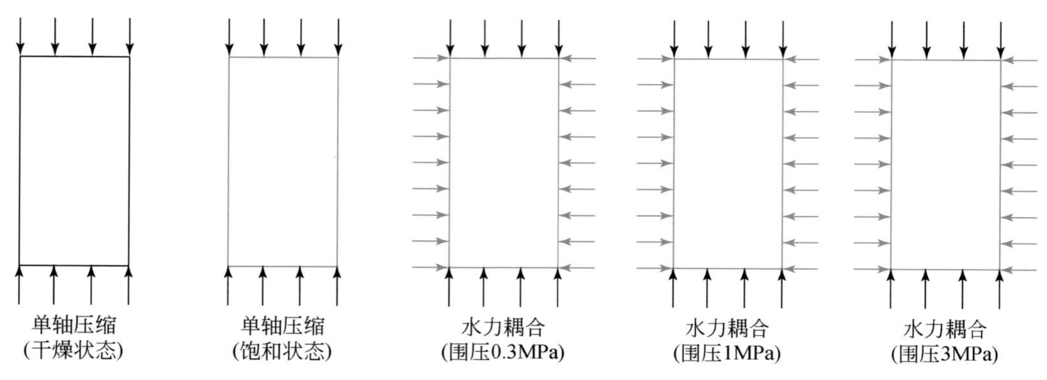

图 8.1　试验工况对比

试验所采用的试样取自箭穿洞危岩坡脚，每个工况进行三组试验，不同力学状态下所得到应力-应变曲线图 8.2 所示。根据试验结果，可以得到以下结论：

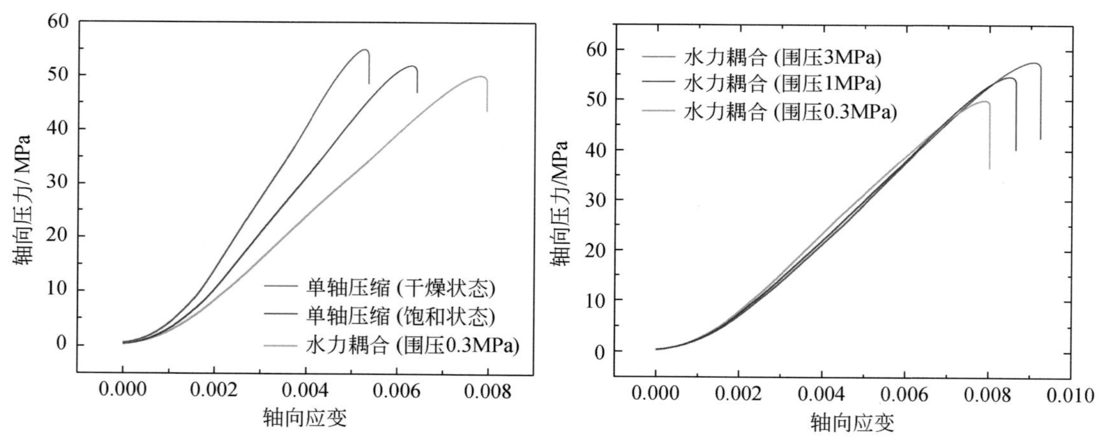

图 8.2　不同工况下灰岩的应力-应变曲线

（1）对于试验所选用的致密灰岩，饱和状态下岩石的单轴抗压强度与干燥状态相比，降幅较小，只有 5.10%。这说明饱和状态对于致密灰岩的强度影响较小。需要注意的是，饱和状态下岩石峰值强度所对应的应变比干燥状态的峰值应变高，这说明饱和状态下岩石的塑性特征更加明显。当岩石在干燥状态和饱和状态下进行转换时，岩石塑性特征的差异有可能会被进一步放大，相关的试验探究将在 8.4 节进行深入分析。

（2）与饱和状态下灰岩的峰值强度相比，低围压水力耦合状态下灰岩强度（0.3MPa）进一步降低。其中，0.3MPa 水力耦合状态下灰岩的强度比饱和状态降低了 3.64%，且比干燥状态下灰岩的强度降低了 8.56%。这表明水力耦合状态下岩石演化过程中，水的参与程度有所增加；水力耦合不仅可以软化岩石之间的颗粒，还可以通过已有的微裂隙加速岩石的破坏过程。

（3）当水力耦合状态的围压持续增加时，灰岩的峰值强度逐渐增加。结合实际工况可知，与浅水区域相比，深水区域岩石的峰值强度将有所增加，但是其塑性变形特征也更加明显。通过数值模拟得到岩石的微观力学参数之后，会对此进一步展开对比分析。

8.3.2　微观力学参数的标定

本节采用颗粒流模拟（particle flow code，PFC）对不同力学状态下岩石的微观力学性质进行定量分析。PFC 软件主要用于模拟有限尺寸颗粒的运动和相互作用，而颗粒是自带质量的刚性体，可以平移和转动。颗粒通过内部惯性力、力矩，以成对接触力方式产生相互作用，接触力通过更新内力、力矩产生相互作用（Cundall，1971；Hart et al.，1988；Potyondy，2015）。

与几种常见数值模拟方法相比（有限元法、块体离散单元法、快速拉格朗日法），PFC 不受变形量限制，可方便地处理非连续介质力学问题，体现多相介质的不同物理关系，可有效地模拟介质的开裂、分离等非连续现象，可以反映机理、过程、结果。

本节采用接触黏结模型定义颗粒之间的力学性质，该模型可用来模拟岩石的力学破坏行为。根据宏观力学参数，通过数值试验标定微观参数，所得到的数值试验结果如图 8.3 所示。

由图 8.3 可知，PFC 数值计算所得到的结果与试验数据基本一致，且颗粒之间的微观力学性质也可以通过数值试验得到，为跨尺度定量分析提供了数据支撑。

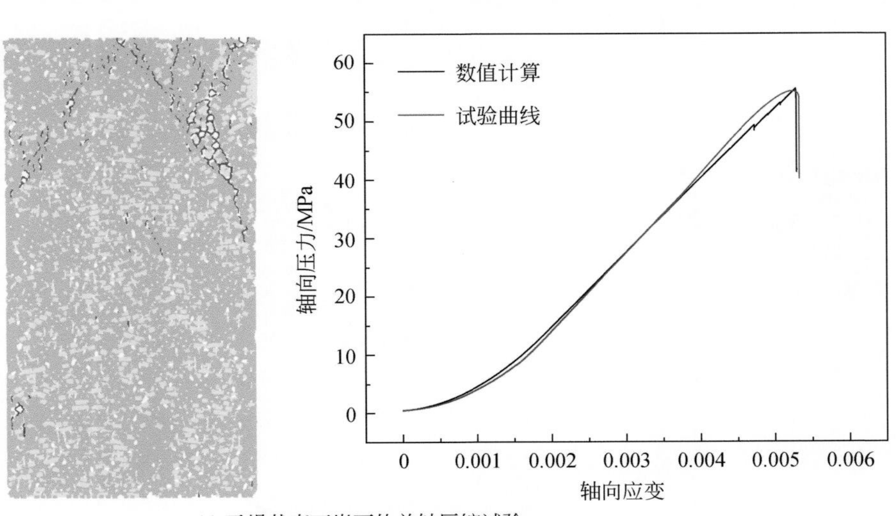

(a) 干燥状态下岩石的单轴压缩试验

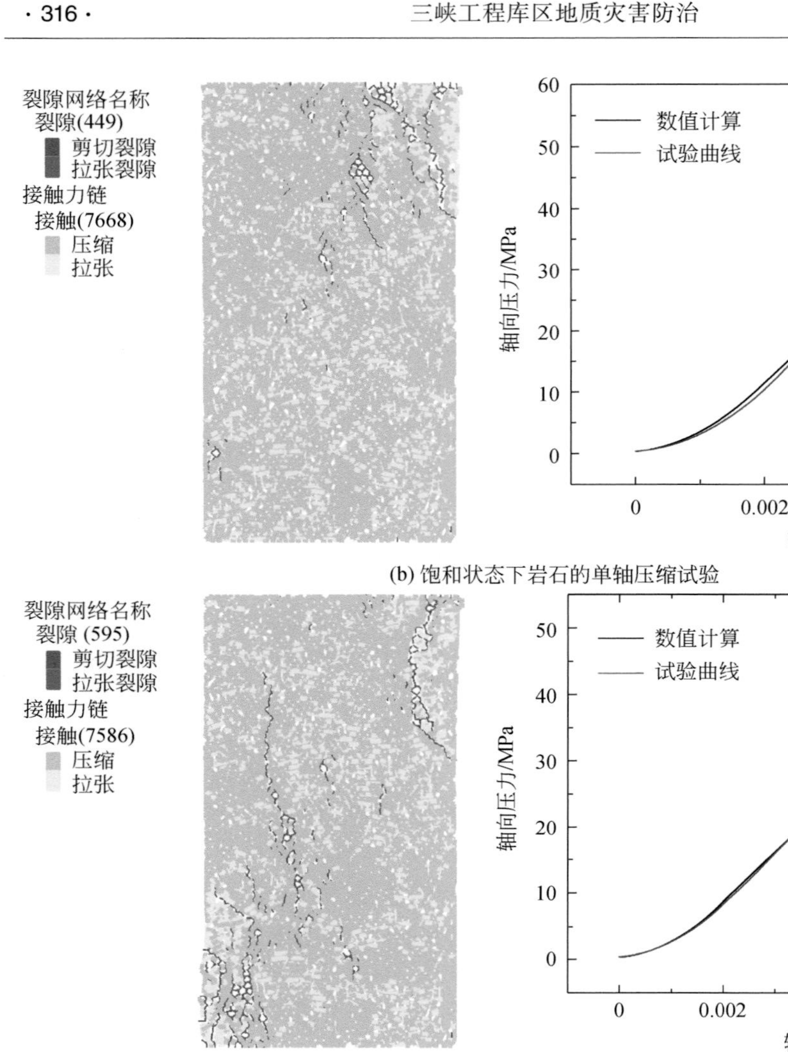

(b) 饱和状态下岩石的单轴压缩试验

(c) 水力耦合试验(围压0.3MPa)

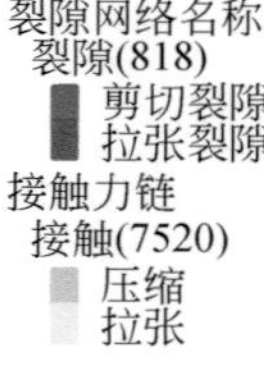

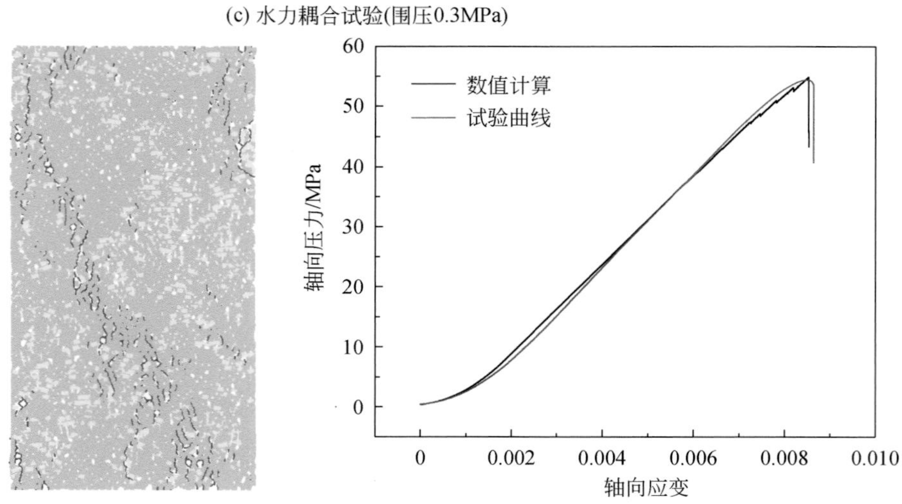

(d) 水力耦合试验(围压1MPa)

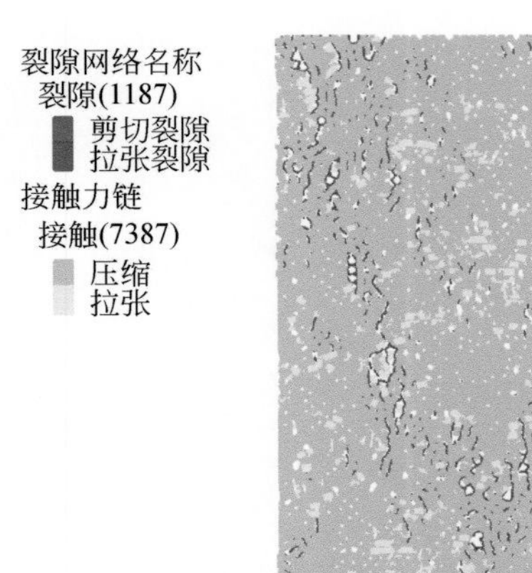

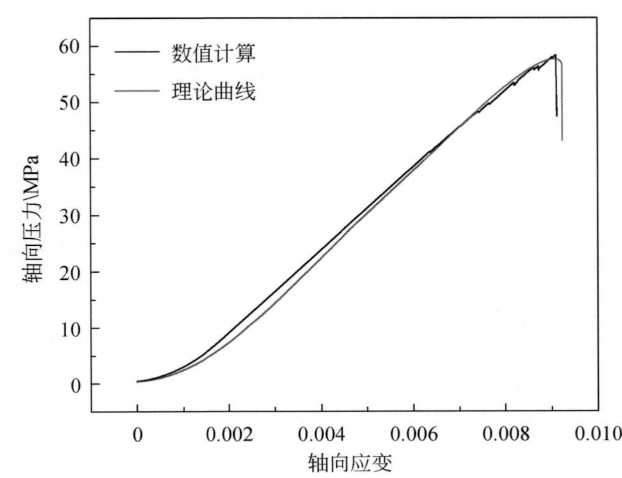

(e) 水力耦合试验(围压3MPa)

图 8.3　数值试验结果对比

8.3.3　岩石力学性质的定量分析

数值模拟过程中所涉及的宏观–微观力学参数如表 8.1 所示，其对比分析如图 8.4 所示。

表 8.1　不同力学状态下岩石的宏观–微观力学参数

力学参数	单轴压缩（干燥状态）	单轴压缩（饱和状态）	水力耦合（围压 0.3MPa）	水力耦合（围压 1MPa）	水力耦合（围压 3MPa）
峰值强度试验值/MPa	54.9	52.1	50.2	54.5	58.6
泊松比试验值	0.25	0.25	0.26	0.26	0.26
弹性模量试验值/GPa	12.5	9.82	7.5	7.42	7.21
拉伸模量理论值/GPa	9.615	7.262	5.762	5.707	5.54
线性接触有效模量/GPa	6.518	5.112	2.845	2.78	1.532
平行黏结有效模量/GPa	6.615	4.852	4.373	4.351	4.223
刚度比	1.2	1.05	1.0	1.0	1.0
黏结强度比	1.2	1.2	1.2	1.2	1.2
法向黏结强度/MPa	28.49	28.2	27.3	23.39	21.89
切向黏结强度/MPa	23.74	23.5	22.8	19.99	18.24

在数值实验中，利用六个关键微观参数来确定岩体的力学特性，即线性接触有效模量、平行黏结有效模量、刚度比、黏结强度比、法向黏结强度和切向黏结强度。结合接触–黏结模型的构成关系和微观参数的敏感性分析，可以得到如下结论：

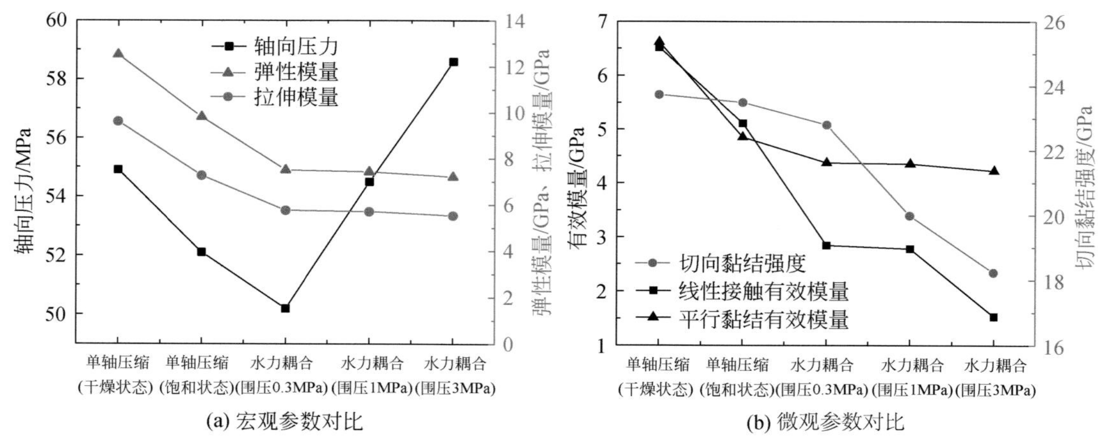

图 8.4　岩石宏观-微观力学参数的对比分析

随着岩石从干燥状态变为饱和状态，再到水力耦合状态，弹性模量持续降低，而塑性特征越来越明显。从微观角度进行分析可知，颗粒之间的线性接触有效模量和平行黏结有效模量也在降低。当水的参与度越来越高时，粒子的平行黏结有效模量在压缩和拉伸过程中持续降低；当颗粒之间的接触力键断裂，平行黏结模型退化为线性接触模型后，颗粒之间的有效模量也相应降低；水的参与加速了粒子之间的变形趋势，最终导致岩体的塑性变形增加。

同样，由于水的参与度较高，颗粒之间的黏结接触会更小。颗粒之间力键断裂的数量增加之后，将进一步加速岩石的破坏，并最终导致峰值强度下降。

在饱和状态下，当水的赋存空间被压缩时，水将被转移，进而弱化水对颗粒之间接触的影响。在水力耦合状态下，水的赋存空间被压缩后并不会影响水压，水压可以持续削弱颗粒之间力键，加速颗粒之间力键的断裂，并在水压的作用下推进这些微裂缝的延伸。这是造成饱和状态和水力耦合状态下岩石的力学差异的原因。

当水压从 0.3MPa 增加到 1MPa，然后增加到 3MPa 时，虽然宏观力学强度有所增加，但是微观力学参数持续降低。这是由于水压的增加在一定程度上限制了岩体的变形，进一步降低了粒子之间的力键强度。需要注意的是，宏观弹性模量的降低幅度相对较小。当力键断裂形成微裂纹时，水压的增加对颗粒之间的线性黏结有效模量的影响较小，但对平行黏结有效模量的影响更大。不同力学状态下颗粒之间的力学特性如图 8.5 所示。

选择不同力学状态下岩石断裂面的电镜扫描结果进行对比分析（图 8.6）。对微观结构的观察表明，干燥状态下的断裂表面粗糙且松散；水力耦合状态中的岩石松散碎屑的含量最少，其次是饱和状态。当水参与度较高时，破坏颗粒之间力键所需的能量较低，断裂的表面比较光滑，产生的松散碎屑会更少。这一现象可以证明通过数值模拟建立微观-宏观的联系是可行的，而且为水力耦合状态下岩石的力学特性分析提供了依据。

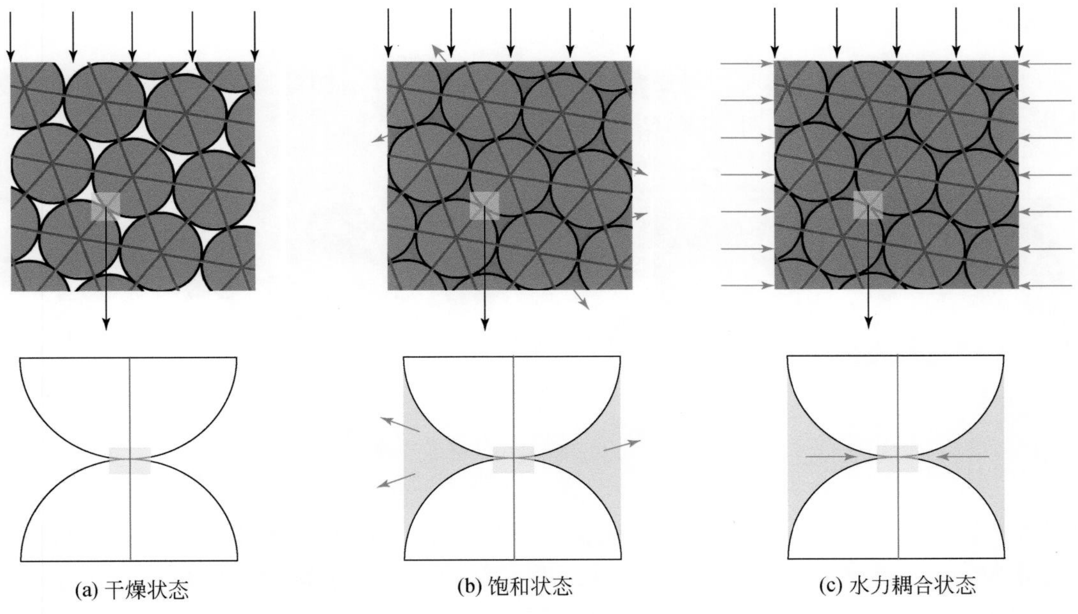

(a) 干燥状态　　(b) 饱和状态　　(c) 水力耦合状态

图 8.5　不同力学状态下颗粒之间的力学特性

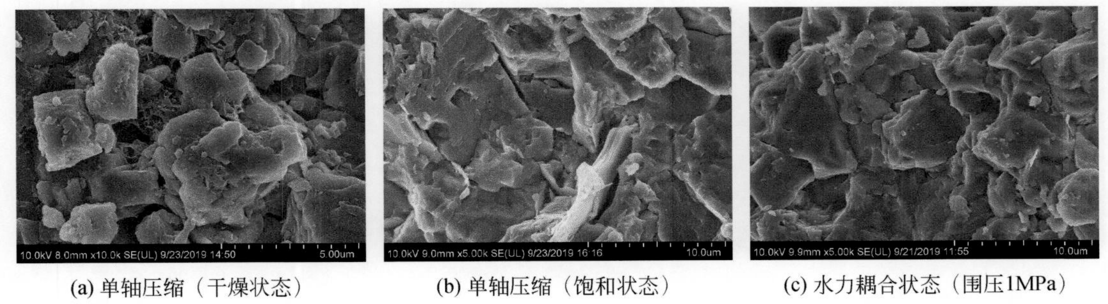

(a) 单轴压缩（干燥状态）　　(b) 单轴压缩（饱和状态）　　(c) 水力耦合状态（围压1MPa）

图 8.6　不同力学状态下岩石断裂面的微观图像（放大倍数为 5000）

8.3.4　岩石的演化全过程分析

根据前文的分析，库岸危岩的基座部分处于干燥状态和水力耦合状态交替循环的力学环境下。因此，选择单轴压缩（干燥状态）和水力耦合（围压 0.3MPa）进行对比分析。在实验过程中，通过声学发射实验记录能量的释放过程，并采用非接触式全场应变测量系统（此处使用的设备为 VIC-3D）研究了变形过程。在此基础上，对极限状态下岩体的演化全过程进行了研究。

8.3.4.1　变形演化过程

采用 VIC-3D 测量变形时，主要有四个步骤：散斑制作、图像校正、试验记录和数据计算（Zhou et al.，2019），相关测试步骤如图 8.7 所示。

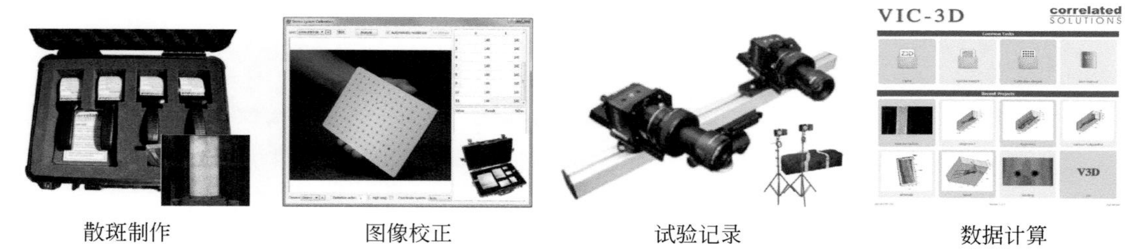

图 8.7　VIC-3D 系统的测试步骤

在测试过程中，每 0.5s 记录一次图像。根据内置的 VIC-3D 数据处理程序，对结果进行计算和分析，得出试验样品的变形演化过程。单轴压缩（干燥状态）和水力耦合（围压 0.3MPa）的实验结果如图 8.8、图 8.9 所示。

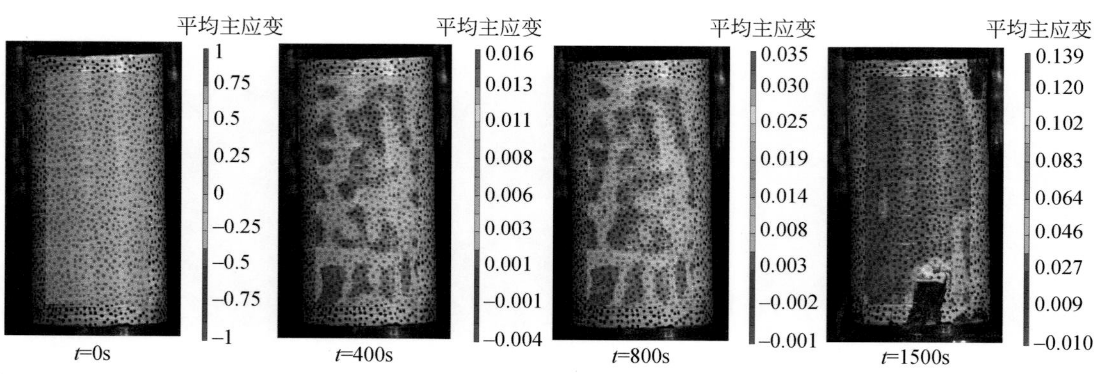

图 8.8　单轴压缩（干燥状态）平均主应变演化过程

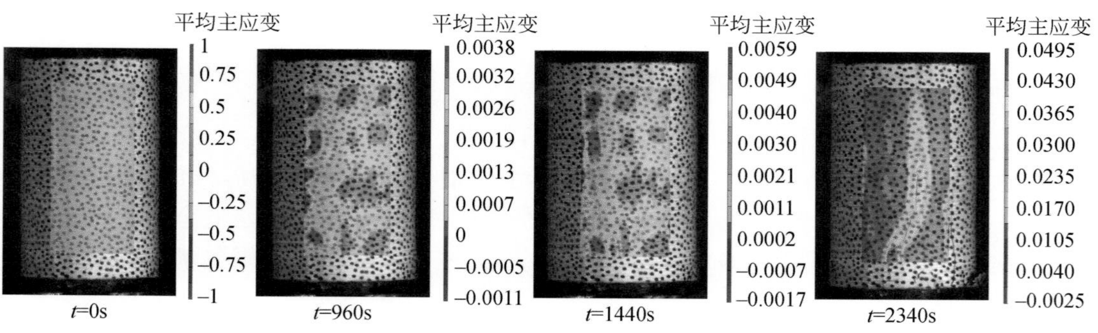

图 8.9　水力耦合（围压 0.3MPa）平均主应变演化过程

此外，通过进一步提取数据，可以获得不同力学状态平均主应变的演化过程（图 8.10）。

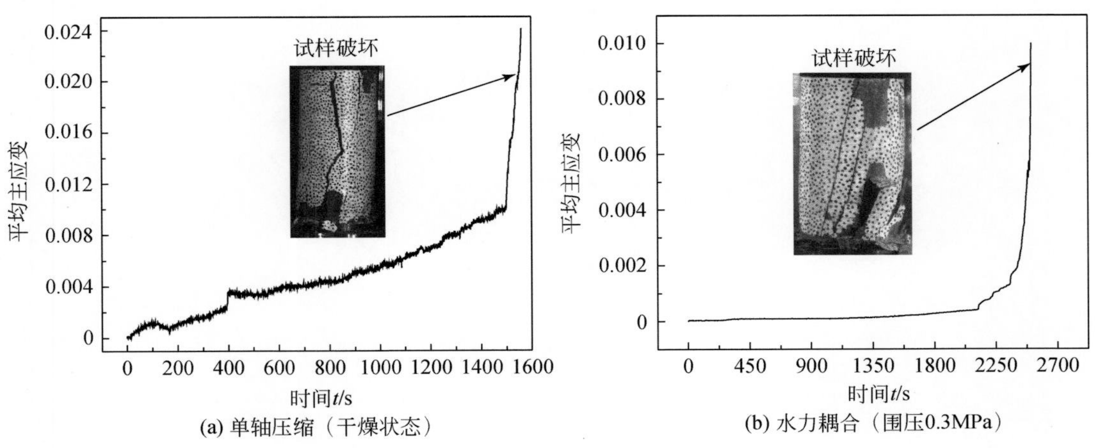

图 8.10　平均主应变的演化过程

对变形演化过程进行分析表明，单轴压缩状态与水力耦合状态的变形趋势相似。具体来说，前期变形速度相对较低；在弹性变形阶段，变形速度基本不变；进入加速阶段后，变形速度迅速提升，最终导致试样破坏。

武隆甄子岩崩塌是典型的厚层危岩体，可为变形趋势提供可参照的监测数据（图 8.11；He et al.，2019）。监测数据显示，甄子岩在崩塌前四个月变形速度缓慢上升，崩塌前十天变形速率迅速上升。这种位移趋势与实验获得的变形演化过程相似，证明低围压压缩实验能够有效反映厚层危岩体的演化过程。

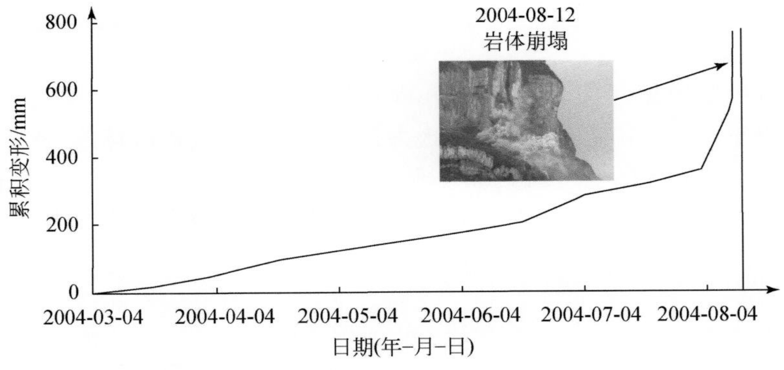

图 8.11　甄子岩崩塌前变形监测资料（据 He et al.，2019）

在概化力学模型以及前期参数校准结果的基础上，进行了单轴压缩和水力耦合作用下岩石的破坏过程分析。通过数值模拟对简化力学模型进行定性分析，该数值模型包括上部的坚硬岩体和下部的软弱岩体。数值模型以及相应的应力–应变曲线如图 8.12 所示。此处所采用的坚硬岩体力学参数如表 8. 2 所示，下部的软弱岩体的力学参数可参照表 8. 1。

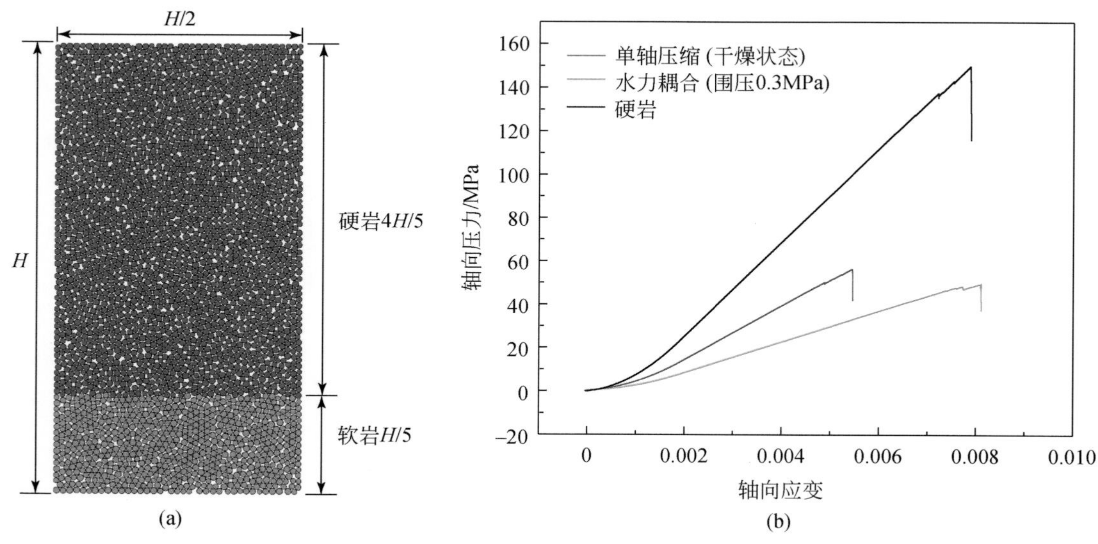

图 8. 12　数值模型（a）以及相应的应力-应变曲线（b）

表 8. 2　坚硬岩体力学参数

参数	线性接触有效模量/GPa	平行黏结有效模量/GPa	黏结强度比	刚度比	法向黏结强度/MPa
值	11. 2	11. 25	1. 2	1. 2	77. 69
参数	切向黏结强度/MPa	峰值强度/MPa	泊松比	弹性模量/GPa	拉伸模量/GPa
值	64. 74	150	0. 25	21. 5	16. 5

通过对岩石破坏模型（图 8. 13）的分析和对比，可以发现由于基座岩体强度较低，在持续变形过程中，基座岩体的累积变形成为控制数值模型失稳破坏的关键因素。这种破坏模式与前文提出的力学模型一致。如果基座岩体强度较低，就会产生更多的裂缝，进而导致基座有效应力增加，岩体在失稳破坏过程中可能会碎裂成更多的岩块。

8. 3. 4. 2　基于声发射试验的损伤演化分析

当岩石受力变形时，岩石中原有或新生裂隙周围应力集中，应变能较高；当应变能增大到一定程度时，有裂缝缺陷部位会发生微观屈服或变形，裂缝扩展，应变能做功能量快速释放，同时贮藏的部分能量产生瞬态弹性波，这就是岩石材料的声发射现象（acoustic emission，AE）。对这种弹性波进行观测和分析就是岩石的声发射技术。借助于这一技术，岩石破裂过程中内部结构状态的变化就可以通过声发射的监测结果来反映。岩石的声发射技术通过接收岩石介质内部发生微破裂时的声波，记录微破裂发生的时间、位置和强度，从而在时间、空间和强度上分析岩石破裂过程中各阶段的力学行为与岩石介质内部缺陷的

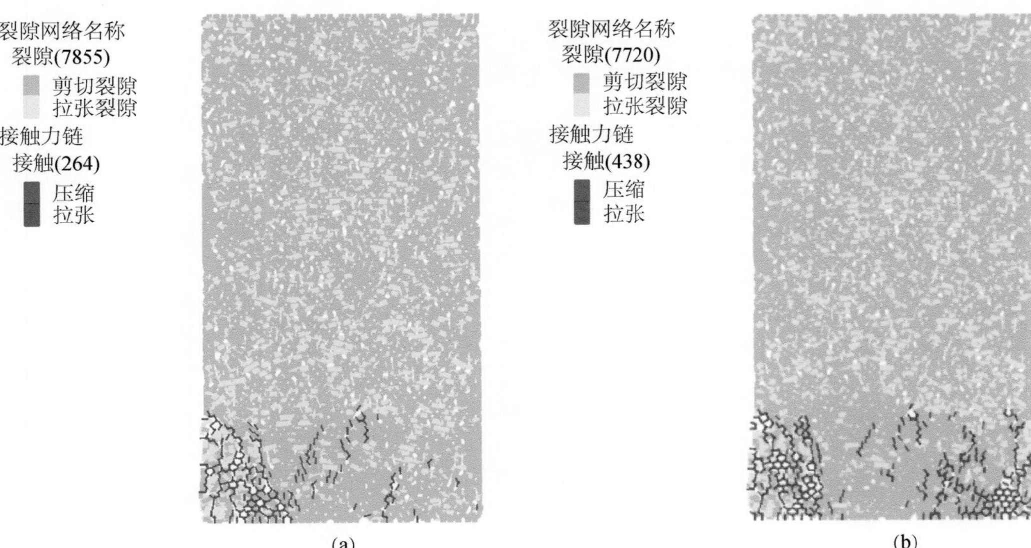

图 8.13　单轴压缩（a）及水力耦合（b）失稳破坏模式

当前状态。声发射技术在国内外岩土工程中的应用目前已相当广泛，但将声发射测试技术直接应用于崩塌灾害的研究还不多见（Zhou et al.，2010；Xu et al.，2016）。

声发射信号中包含位置、幅值、能量等信息，因此可利用声发射信号来分析岩石破坏过程中的损伤演化行为。对声发射信号的处理是岩石声发射试验中的重要环节。目前主要有两大类处理方法：一是用若干简化后的波形特征参数表征声发射信号，对其进行分析；二是对声发射信号的波形进行直接处理和分析。其中特征参数法因为可以化繁为简且突出重点，所以使用最为普遍。本节通过提取声发射信号中的振铃数进行损伤模型的构建。

岩石在荷载作用下产生变形时，裂纹出现后会导致应力集中，且应变能会很高。当应变能增加时，会发生微变形，裂纹扩展，能量迅速释放，并且部分存储的能量会产生瞬态弹性波，这是岩石材料的声发射现象。声发射设备可以通过观察和分析瞬态弹性波来监测岩石破裂过程中内部结构状态的变化。在岩石内部的微裂缝中接收到声波后，记录微裂缝的时间、位置和强度，并可以分析岩石破坏的力学行为和岩石材料内部缺陷的当前状态(图 8.14)。

根据声发射试验，构建损伤本构模型，现定义损伤变量（D）为

$$D=\frac{A_{\mathrm{d}}}{A} \tag{8.1}$$

式中，A_{d}为材料因发生压密、蠕变导致新裂纹的产生、扩展直至宏观破坏等损伤过程中的损伤截面积；A 为材料在无损伤状态时的完整截面积。

声发射计数可表征材料的损伤状态，若材料截面 A 因为损伤作用而完全破坏，将此时材料的累计声发射计数设为C_0，对截面微分，则可以得到单位面积微元破坏时材料的累计

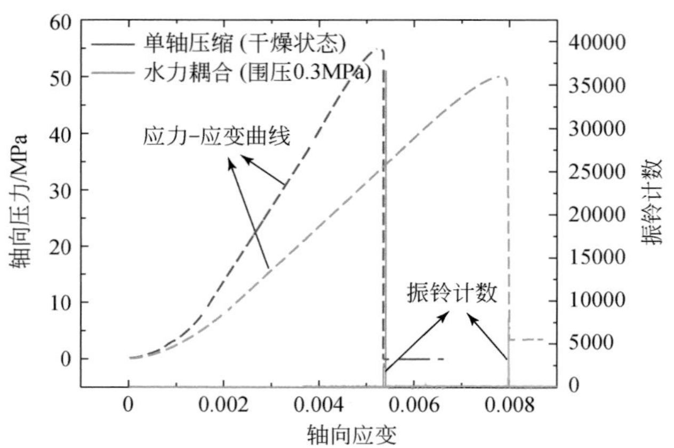

图 8.14　应力-应变曲线及振铃计数

声发射计数（C_w）为

$$C_w=\frac{C_0}{C_A} \tag{8.2}$$

那么当断面损伤面积达A_d时，对应材料的累计声发射计数（C_d）为

$$C_d=C_wA_d=\frac{C_0}{A}A_d \tag{8.3}$$

由式（8.1）~式（8.3）可得

$$D=\frac{C_d}{C_0} \tag{8.4}$$

在试验过程中，由于岩样破裂条件的不同以及其他因素的影响，可能出现岩石损伤状态与破坏状态并不对应的情况，因此将损伤变量修正为

$$D=D_u\frac{C_d}{C_0} \tag{8.5}$$

式中，D_u为损伤临界值。此处，将损伤临界值进行归一化处理，得到

$$D_u=1-\frac{\sigma_r}{\sigma_p} \tag{8.6}$$

式中，σ_p为岩石峰值强度；σ_r为岩石残余强度。需要说明的是，当$\sigma_r=\sigma_p$时，$D_u=0$，此时可将岩样视为理想弹塑性材料，损伤变量为 0；当$\sigma_r=0$ 时，$D_u=1$，表示岩样压缩过程中完全破坏。

对于式（8.6），需要注意的是，在水-应力耦合试验的应力环境下构建损伤变量时，试样破坏之后所产生的声发射信号均不列入损伤变量的统计。水力耦合作用下压缩试验所对应的D_u为 0.912，单轴压缩试验所对应的D_u为 1，表明试样在单轴压缩试验下最终的损伤程度大于水力耦合试验。因此，通过式（8.4）构建得到的水-应力耦合作用下岩石试样的损伤变量如图 8.15 所示，分析可知，损伤变量的演化曲线可以分为两个阶段，详述如下：

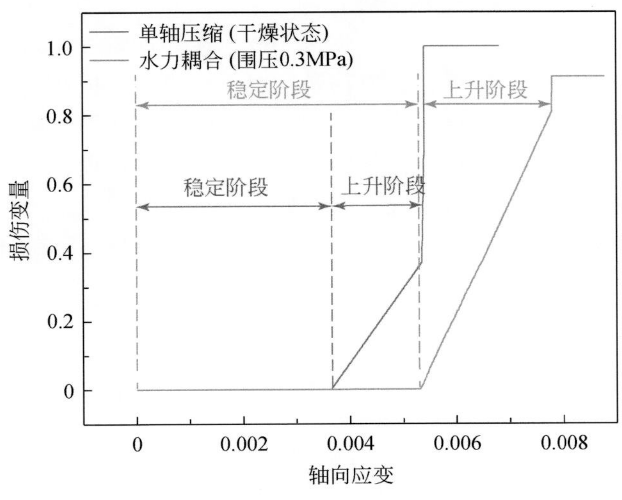

图 8.15　损伤变量曲线

第一阶段为稳定阶段，又称初始损伤阶段。这一阶段损伤变量为 0 或接近于 0，因为试样处于弹性变形阶段，初始微裂隙与微孔洞只有轻微的协调变形或无变形，没有足够的能量使其出现进一步变化，所以没有新的微破裂产生，声发射活动很少。此阶段与传统三轴试验得到的损伤变量特征相似。

第二阶段为上升阶段，又称损伤发展与突变阶段。这一阶段是损伤演化的重要部分，损伤变量在该阶段内变化巨大。随着荷载的增大，试样进入塑性阶段，开始有应变能对微裂纹和微孔洞做功使其开裂扩展，新的微破裂逐步产生，声发射活动也逐渐活跃。本阶段初期，损伤变量增长连续且稳定，但随着能量的累积，在本阶段末期，试样承载力达到极限，曲线迅速抬升，损伤变量出现突发性的急剧增长，伴随着微裂纹的扩展、融合、贯通，试样出现宏观破坏，声发射活动也在本阶段末期达到顶峰。相对于传统三轴试验，水-应力耦合作用下的力学环境存在显著的不同，随着原有裂隙的扩展延伸以及新生裂隙的不断产生，在水压作用下侵入岩石裂隙的水会顺着裂隙进入润湿岩石的全部自由面上的每个矿物颗粒，从而削弱粒间联系，使强度降低，进而推进裂纹的扩展，因而在损伤发展阶段其所引发的损伤积累更为彻底和有效，表现在曲线趋势上，即斜率更大。也正是因为前期损伤发展的累积较多，在突发阶段，虽然其振铃数也有量级上的倍增，但是与传统三轴试验相比，其倍增的量级仍然较小。

常规三轴试验得到的损伤变量一般还会将峰后上升阶段作为第三阶段，即试样在破坏之后声发射信号仍然比较活跃（Arash et al.，2014；贺凯，2015；Li et al.，2017）。在本节所涉及的力学环境下，损伤变量骤增之后试样破坏，由于处于低围压状态，其残余强度较小；相对于危岩体，在上覆岩体的重力作用下此时的危岩基座已经失稳并发生了崩塌破坏。此外，在峰后的上升阶段产生的声发射振铃信号，均为岩体失去承压强度之后破碎岩体的相互碰撞或进一步破碎所引发的，对于所研究的危岩基座损伤的意义不大。因此，本节仅采用前两个阶段对损伤变量进行分析。

将损伤变量-应变与应力-应变的曲线叠加，可以发现二者对应关系良好，损伤变量随应变的变化表征了岩石的损伤演化过程（图 8.16）。在弹性阶段，岩石处于初始损伤；进入塑性阶段后，随着岩石变形的增大，损伤变量也逐渐增大，损伤由稳定发展变为加速发展，直到应力达到峰值，损伤演化曲线也急剧抬升，此时试样发生破坏。关于损伤演化有两点需要特别注意，一是岩石损伤演化是单向发展的不可逆过程，也就是说损伤变量不论是随着时间还是随着应变都只可能增大，不能减小；二是通过以上分析不难看出损伤区灰岩的损伤演化是复杂的非线性变化过程，所揭示的损伤特征与实际破坏过程中表现出的特点是一致的。

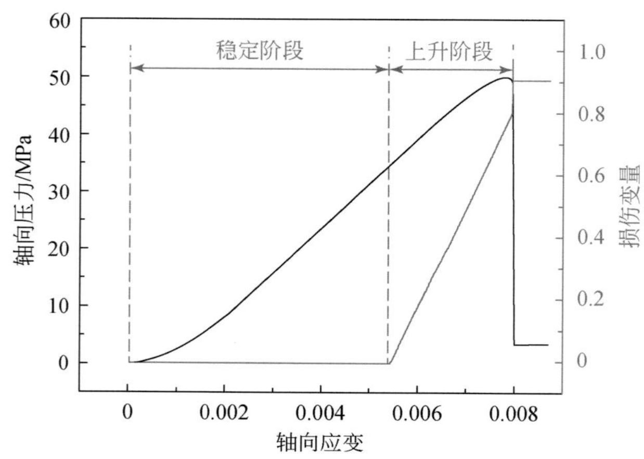

图 8.16　损伤变量及应力-应变曲线对比分析

8.3.4.3　引入损伤演化后库岸厚层危岩的破坏模式

结合实际工况，将损伤演化引入判定涉水危岩稳定性的力学模型。设未受损伤或初始损伤阶段损伤程度很小时岩体的有效承载面积也即平均截面面积为 A_0；岩体破坏时有效承载面积随损伤演化而显著减小，设为 A_D，由连续损伤理论有

$$A_D = A_0(1-D) \tag{8.7}$$

损伤区岩体受到的等效荷载应力为

$$\sigma_D = \frac{\gamma(H-h)A_0}{A_D} = \frac{\gamma(H-h)}{1-D} \tag{8.8}$$

式中，γ 为重度；H 为危岩高度；h 为基座厚度。当有效应力（σ_D）大于基座岩体的抗压强度（σ_c）时，危岩会发生溃屈崩塌。上部岩体的自重所对应的轴压值是恒定的，且随着基座岩体损伤的累积，有效轴向压力将持续增加。需要注意的是，此处所涉及的演化分析并未考虑时间效应，更为详细的损伤演化过程将在 8.4 节基于库水位波动实验做进一步讨论。

8.3.4.4　有效轴向压力的放大效应

式（8.8）中 $1/(1-D)$ 值可以定义为有效轴压的放大系数，通过引入损伤变量可以来量化实际工况中损伤的放大效应。随着变形量的增加，由损伤所引起的有效轴压放大效应如图 8.17 所示，进而可以概化库岸厚层危岩破坏失稳的全过程曲线。根据损伤变量分析，渐进变形和突发性破坏的现象比较突出。在稳定阶段，库水波动作用下岩体强度的降低是控制危体稳定的关键因素，此时基座的损坏并没有放大上部岩体的轴向压力。在上升阶段的单位变形下，损伤引起的放大效应远大于变形反映的速度。根据本节的试验，水力耦合作用下岩石的累积损伤量更大，水会进一步加速岩体的劣化和裂缝的扩展。

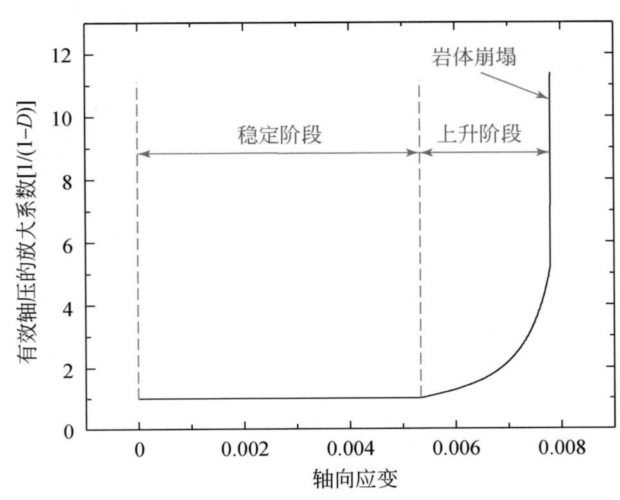

图 8.17　有效轴向压力的放大效应

根据箭穿洞危岩的长期监测数据，基座压力持续增加。在上覆岩体的自重保持不变的情况下（3.24MPa），基岩压力的非线性增加证明了损伤的放大效应，且其失稳趋势处于失稳的上升阶段，必须尽快进行相应的防护。

综上，基于岩质库岸的力学环境，本节采用颗粒流数值模拟、非接触式全场应变测量和声发射技术，研究了不同力学状态下岩石试样的演化过程，总结如下：

（1）随着岩体从干燥状态、饱和状态再到水力耦合状态，其强度不断降低，塑性特性不断增强；水参与程度的增加会降低颗粒之间的力键强度并加速变形趋势，最终导致塑性变形增加和峰值强度降低。

（2）水力耦合状态下水压会持续削弱颗粒之间的力键强度；因此，与饱和状态相比，水力耦合状态可以加速颗粒之间力键的断裂，进一步促进微裂纹的扩展。

（3）水力耦合状态下，水压的增加会在一定程度上限制岩体的变形，进一步削弱颗粒之间的力键强度，导致峰强度的增加和微观力学参数的减小。

（4）根据试验所揭示的岩体演化全过程可知，损伤可以进一步放大基座岩体的有效应力；将损伤力学引入危岩的演化模型后，可以有效地反映库岸厚层危岩非线性加速变形的演化趋势。

8.4　库水位波动下岩石的劣化试验分析

本节通过干湿循环实验和数值模拟，分析了岩体宏观及微观力学参数的变化趋势。在此基础上，通过力学状态转变下岩石的流变试验探究了考虑时间效应下库岸厚层危岩的演化过程。相应的研究成果可用于库岸厚层危岩损伤演化特征的分析。

8.4.1　干湿循环作用下岩石的劣化试验

经过5次和10次干湿循环后，分别对岩石试样进行干燥状态下单轴压缩试验和0.3MPa围压下水力耦合试验，所得结果如图8.18所示。

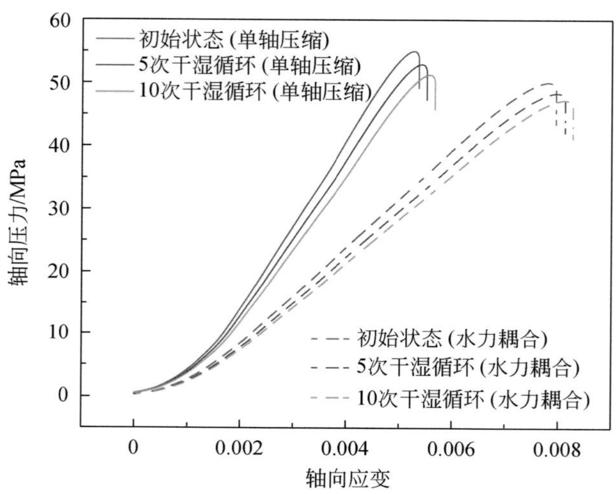

图8.18　干湿循环作用下岩石应力–应变曲线

在试验基础上，采用11.2节所述方法分析了干湿循环作用下岩石试样微观力学参数的演变趋势。干湿循环下岩体的宏观–微观参数见表8.3，干湿循环下的数值模拟结果如图8.19所示。

表8.3　干湿循环作用下岩石宏观–微观力学参数

力学参数	单轴压缩（干燥状态）			水力耦合（围压0.3MPa）		
	0次干湿循环（初始状态）	5次干湿循环	10次干湿循环	0次干湿循环（初始状态）	5次干湿循环	10次干湿循环
峰值强度/MPa	54.9	53.1	51.2	50.2	48	47.1
泊松比	0.25	0.25	0.25	0.26	0.26	0.26
弹性模量/GPa	12.5	12.0	11.5	7.5	7.0	6.5
拉伸模量/GPa	9.615	9.23	8.84	5.762	5.38	5.02

续表

力学参数	单轴压缩（干燥状态）			水力耦合（围压 0.3MPa）		
	0 次干湿循环（初始状态）	5 次干湿循环	10 次干湿循环	0 次干湿循环（初始状态）	5 次干湿循环	10 次干湿循环
线性接触有效模量/GPa	6.518	6.257	5.996	2.845	2.655	2.466
平行黏结有效模量/GPa	6.615	6.35	6.08	4.373	4.1	3.82
刚度比	1.2	1.2	1.2	1.0	1.0	1.0
黏结强度比	1.2	1.2	1.2	1.2	1.2	1.2
法向黏结强度/MPa	2.849	2.755	2.657	2.386	2.271	2.229
切向黏结强度/MPa	2.374	2.296	2.214	1.988	1.893	1.857

裂隙网络名称
裂隙(377)
剪切裂隙
拉张裂隙
接触力链
接触(7782)
压缩
拉张

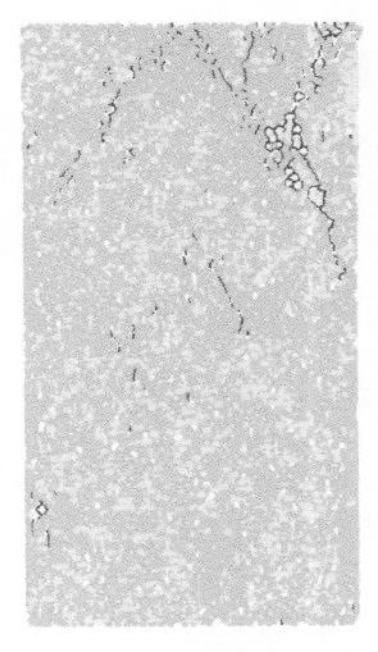

5次干湿循环

裂隙网络名称
裂隙(333)
剪切裂隙
拉张裂隙
接触力链
接触(7804)
压缩
拉张

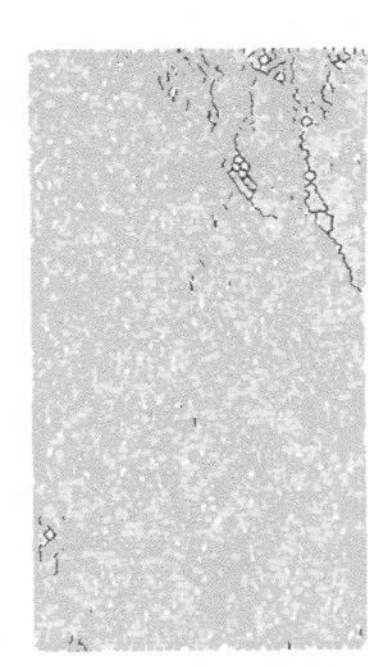

10次干湿循环

5次干湿循环 (单轴压缩)
10次干湿循环 (单轴压缩)
轴向压力/MPa
轴向应变
0 0.001 0.002 0.003 0.004 0.005 0.006
0 10 20 30 40 50 60

应力-应变曲线

(a) 干湿循环作用下单轴压缩试验的数值模拟

裂隙网络名称
裂隙(774)
剪切裂隙
拉张裂隙
接触力链
接触(7532)
压缩
拉张

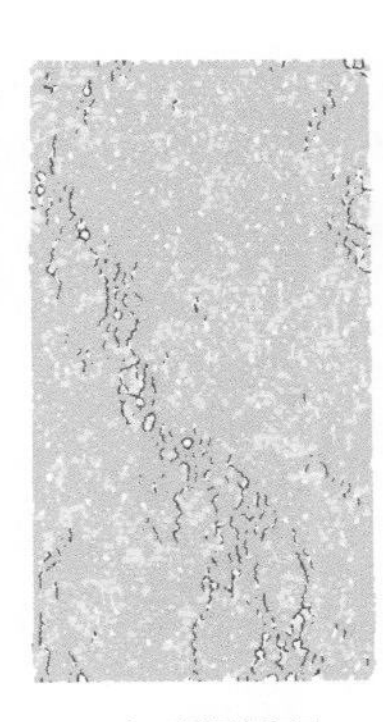

5次干湿循环

裂隙网络名称
裂隙(820)
剪切裂隙
拉张裂隙
接触力链
接触(7472)
压缩
拉张

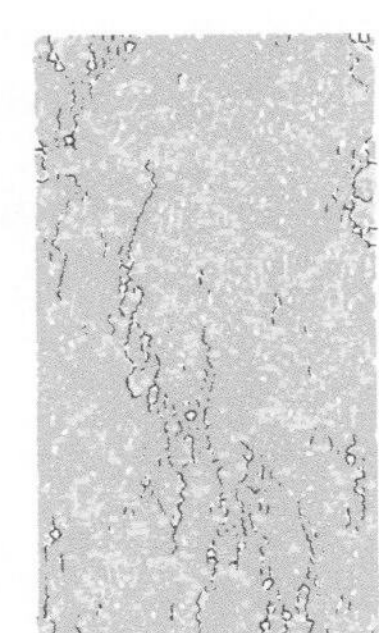

10次干湿循环

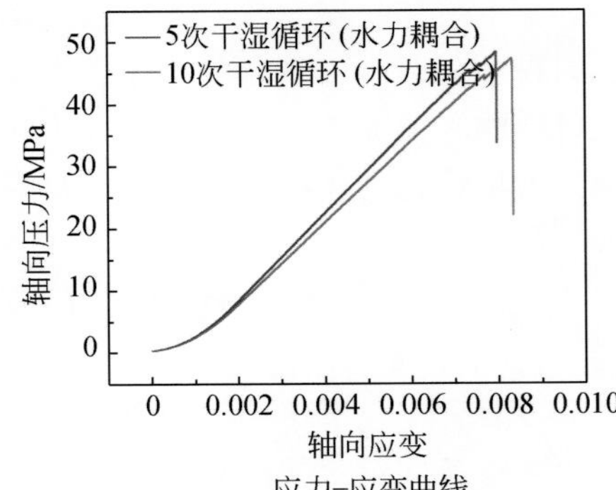

应力-应变曲线

(b) 干湿循环作用下水力耦合试验的数值模拟

图 8.19　干湿循环作用下试验的数值模拟

由图 8.18 和图 8.19 可知，试验结果与数值计算结果基本一致，从而可以确定岩石试样宏观-微观力学参数定量关系，分析干湿循环作用对岩体力学性质的影响（图 8.20）。

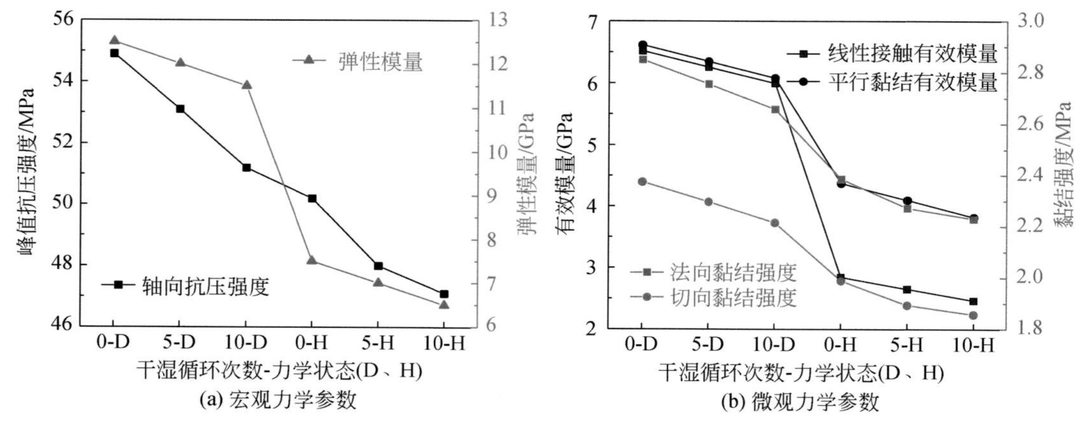

图 8.20　干湿循环作用下岩石力学参数演化趋势

D. 干燥状态；H. 水力耦合状态

根据试验结果可知，水力耦合状态下试样的强度会有小幅降低，其降低幅度约 8.5%；随着干湿循环次数的增加，试样的强度逐渐降低，但是降低幅度不大，在单轴压缩状态和水力耦合状态下，试样强度的降幅约 6%；对比初始单轴压缩状态的峰值强度（54.9MPa）与 10 次干湿循环后水力耦合状态下的峰值强度（47.1MPa）时，试样的强度降幅可达 14.2%。

结合数值模拟所得到的微观力学参数进行分析可知，复杂水力耦合作用下颗粒间的力键强度与单轴压缩试验相比降低了约 16%；经过 10 次干湿循环后，颗粒之间力键强度下降了 6%。相应的，颗粒之间变形参数的变化更为显著。

综上可知，对于致密程度较高的灰岩岩体，干湿循环状态的改变对于岩体强度本身的影响较小；在水力耦合的力学状态下，岩石的塑性状态更加明显，表现为更大的形变量以及更低的峰值强度；在不同力学状态下，岩体强度的差值将会明显增加，因此，可以预见，力学状态的转换将对试样的自身强度产生重要的影响。

8.4.2　力学状态转换下的岩石流变试验

该部分完成了单轴压缩流变、水力耦合流变以及力学状态转换流变三组对比试验，相应的试验条件对比如图 8.21 所示，依据基础试验数据，三组流变试验均以 5MPa 为单位进行加载。其中，力学状态转换流变试验将在干燥状态和水力耦合状态下进行转换，力学状态每转换一次作为一次水文周期，在完成一次水文周期后，将在下一个周期的干燥状态时进行轴压加载。在单个水文年内，三峡库区的最高水位为 175m、最低水位为 145m，其最大水位高差为 30m，因此，本节所涉及的水力耦合试验，会对试样施加 0.3MPa 的围压（30m 水深）。

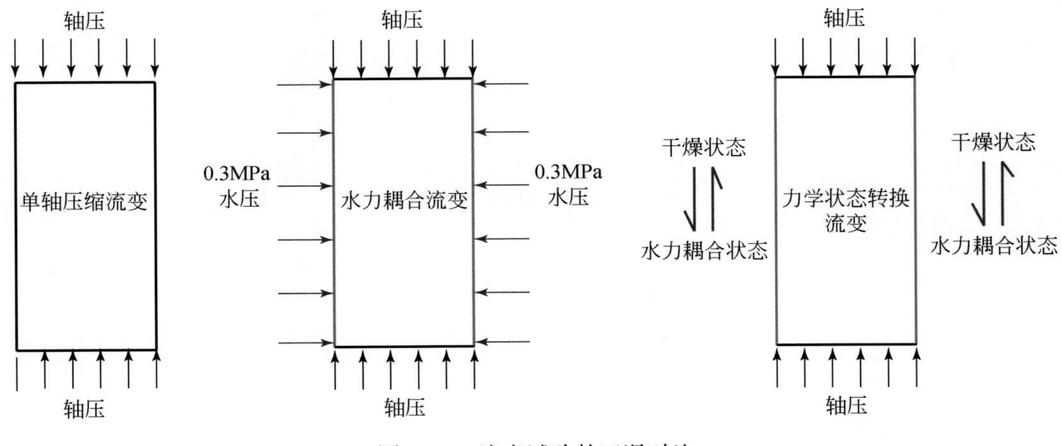

图 8.21　流变试验的工况对比

8.4.2.1　试验曲线分析

三组流变试验的全过程曲线如图 8.22 所示，结合干湿循环试验得到的基础试验数据，对流变试验曲线进行分析可知：

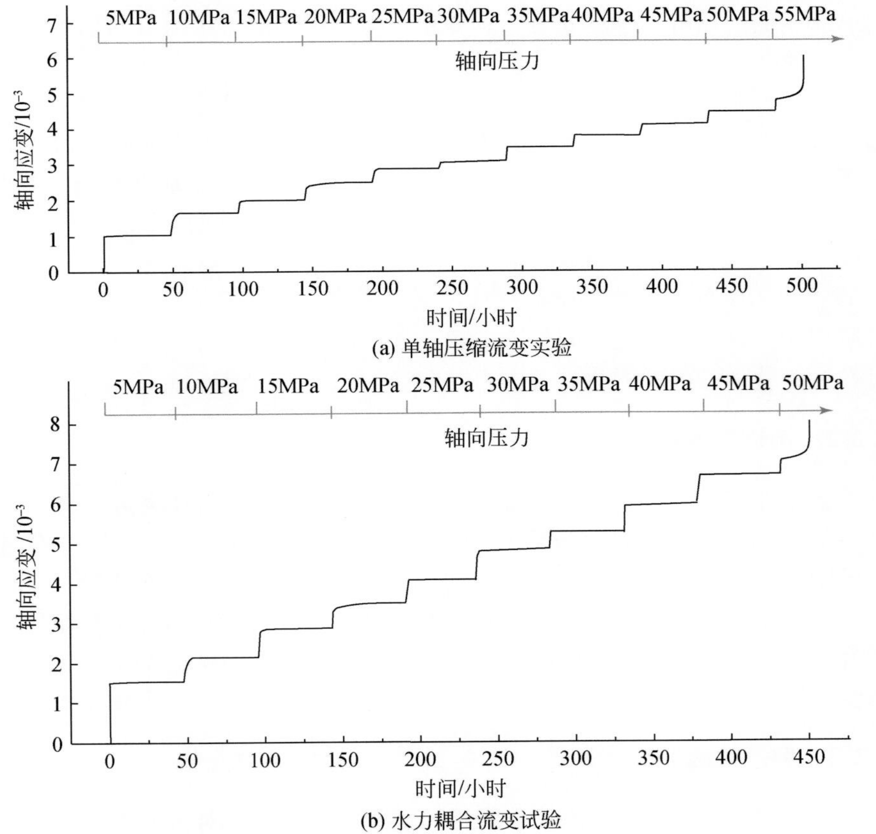

(a) 单轴压缩流变实验

(b) 水力耦合流变试验

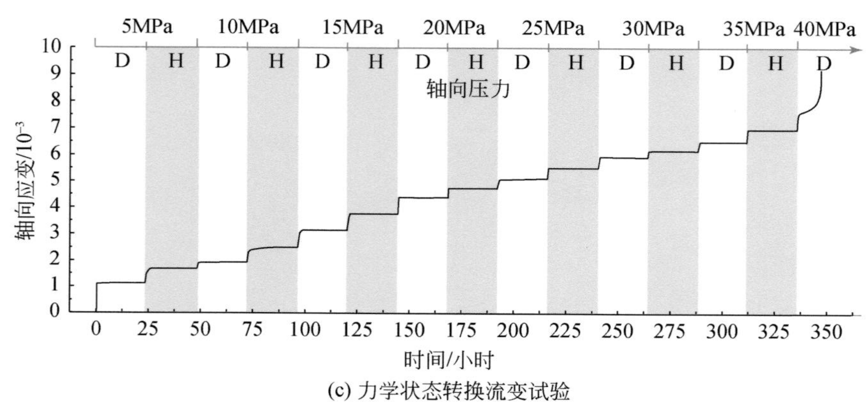

(c) 力学状态转换流变试验

图 8.22　流变试验结果

D. 干燥状态；H. 水力耦合状态

（1）三种流变试验的演化过程相似，其中，当轴压未超过试样的长期强度，单个轴压加载过程会经历瞬时弹性变形、减速流变及稳定流变三个阶段；当轴压超过试样的长期强度后，试样会在经历之前的三个阶段后进入加速流变阶段，进而发生破坏。

（2）单轴压缩流变以及水力耦合流变试验所得到的峰值强度，与单轴压缩以及水力耦合试验时所获得的初始峰值强度相近，即在单一力学状态下，因流变试验所引发的时间累积效应对于致密灰岩的影响较小。

（3）对于力学状态转换流变试验，在试样破坏之前，经历了七次力学状态转换，其峰值强度与单轴压缩流变相比降低了 27.27%，与水力耦合流变相比降低了 20%，该降幅同时也超过了 10 次干湿循环后的试样强度最大降幅（14.2%）。该结果表明，考虑时间效应的力学状态转换会持续推进岩体劣化，大幅降低岩体的峰值强度，进而加速岩体的破坏进程。

（4）在进行力学状态转换的试验过程中，由干燥状态转换为水力耦合状态所引发的轴向变形有所增加，这是由于在不同的力学状态下，试样的力学性质存在一定的差异，而这种差异可在之前的力学强度弱化试验中得到印证。

8.4.2.2　渐进式累积变形

通过重新整理流变试验结果，将流变试验曲线分为未达到长期强度（渐进式累积变形时期）及达到长期强度（突发性破坏时期）两部分进行分析。其中，针对渐进式累积变形时期，可以得到如图 8.23 所示的流变试验数据对比示意图。分析可知，在力学状态转换过程中，其演化速度以及累积形变量明显大于单一力学状态；结合干湿循环试验数据可知，由于流变试验过程中为单个周期下力学状态转换的应力调整提供了充足的时间，其渐进式累积变形更为有效，最终导致力学状态转换后岩体的宏观强度明显降低。

8.4.2.3　突发性破坏

基于试验数据，通过构建考虑损伤演化的流变本构模型，对试样的突发性破坏时期进

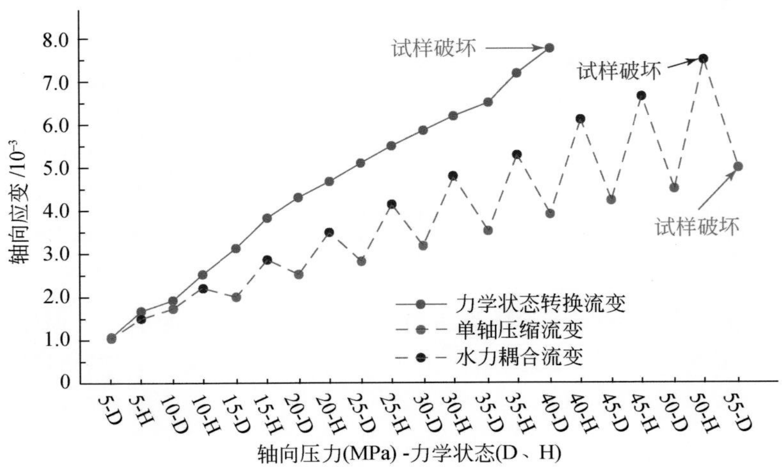

图 8.23　流变试验渐进式累积变形阶段

D. 干燥状态；H. 水力耦合状态

行定量化分析。所采用的损伤演化本构模型如图 8.24 所示，该损伤演化本构模型由弹性损伤体及 Kelvin 体构成，可以表征岩体非线性加速流变的全过程（袁靖周，2012）。

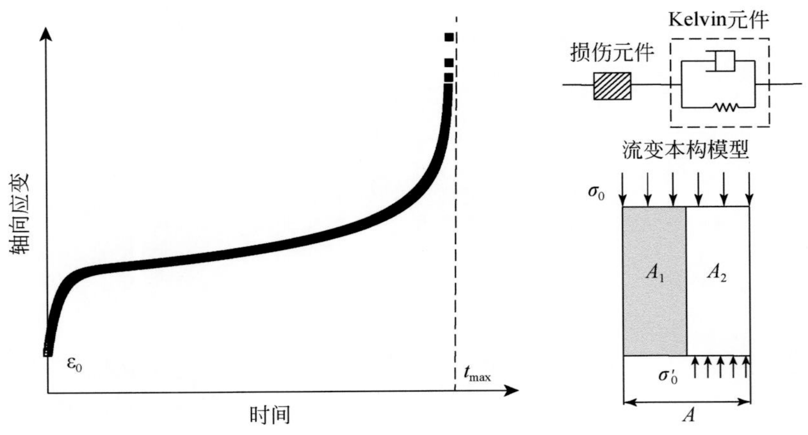

图 8.24　流变损伤本构模型示意图

所采用的损伤演化本构公式如下：

$$\varepsilon(t)=\varepsilon_0(1-D)^{-1}+\frac{\sigma_0}{E_1}\left[1-\exp\left(-\frac{E_1 t}{\eta}\right)\right] \tag{8.9}$$

式中，$\varepsilon(t)$ 为 t 时刻所对应的应变；ε_0 为初始 $t=0$ 时刻瞬时弹性应变；D 为表征试样损伤演化的损伤变量，且 $D=1-\left(1-\frac{t}{t_{\max}}\right)^a$，$a$ 为损伤变量参数，$t_{\max}$ 为流变过程中的试样破坏时间；σ_0 为轴向压力；E_1 和 η 为黏弹性参数。通过对试验数据进行处理，可以得到相关的本构模型参数（表 8.4）。

表 8.4　岩石流变损伤本构模型参数

力学状态	σ_0/MPa	$\varepsilon_0/10^{-3}$	t_{max}/h	E_1/GPa	η/(GPa·h)	a
单轴压缩流变	55	4.50	21.26	179.192	44.010	0.02355
水力耦合流变	50	6.70	18.67	84.783	21.937	0.02763
力学状态转换流变	40	7.18	10.29	74.595	20.775	0.02936

拟合所得到的演化曲线与试验数据进行对比（图 8.25）可知，该损伤演化模型可以很好地模拟试验曲线，因此，相关的流变模型参数可为判定试样演化特征提供重要的参照数据。

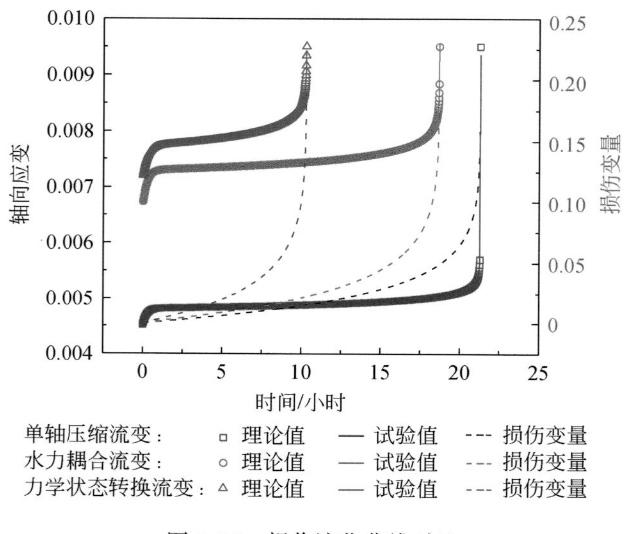

图 8.25　损伤演化曲线对比

对比损伤本构模型的定量化参数可知，不同力学状态的流变演化性质存在一定的差异性，即前期的累积变形导致试样的力学性质发生了改变。在突发性破坏过程中，轴向压力均超过了试样的长期强度，流变试验均经历了瞬时弹性变形、减速流变、稳定流变以及加速流变四个阶段。

通过对比流变过程中的试样破坏时间（t_{max}）可知，力学状态转换下的演化破坏速度最快，水力耦合状态的演化速度次之，单轴压缩的演化破坏速度最慢；根据损伤变量（D）的演化趋势可知，三种力学状态下的演化过程均呈现了非线性加速的特征，且力学状态转换下的流变损伤累积速率最快。

根据前期对于损伤本构模型参数的定义及分析，通过参数的定量化对比发现，在瞬时弹性变形阶段、减速流变阶段及稳定流变阶段，其相关性质对应的流变参数为黏弹性参数 η 力学状态转换下所对应的瞬时变形增幅最大，稳定流变阶段的斜率最大，位移累积速率最大，与之对应的水力耦合状态和单轴压缩状态的相关趋势逐渐递减。

在加速流变阶段，其相关力学性质所对应的流变参数为黏弹性参数E_1及损伤变量参数a，力学状态转换下损伤演化曲线的损伤变量参数a最大，黏弹性参数E_1最小，表明由稳定流变阶段转换为加速流变阶段的速度增幅最大（与黏弹性参数E_1有关），且加速流变的演化速度最快（与损伤变量参数a有关），水力耦合状态和单轴压缩状态的相关趋势逐渐递减。

8.4.3　库岸危岩的演化过程分析

基于试验结果以及现场勘查资料，结合箭穿洞危岩体前期研究成果以及甄子岩基座溃屈的动态破坏过程，提出了库区涉水厚层危岩体的演化过程（图 8.26）：

（1）基座初始损伤区的形成（A 阶段）。在库区水位周期性升降的作用下，库岸形成了具有一定高度的劣化带，位于劣化带区域的危岩体基座部分成为控制厚层危岩体破坏失稳的初始损伤区。

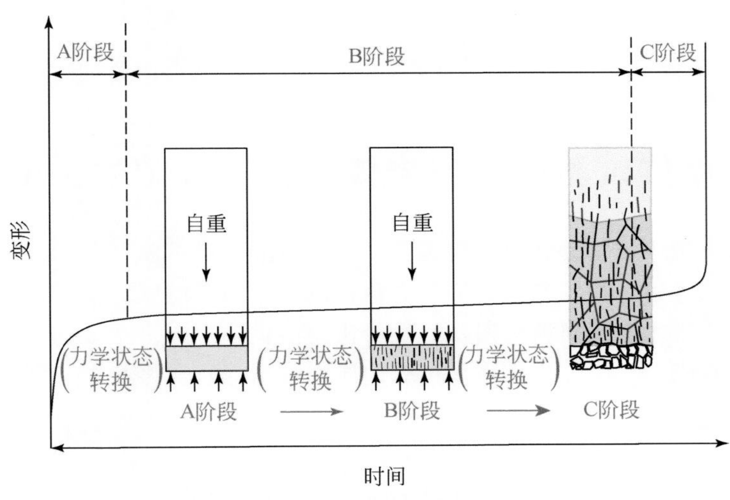

图 8.26　库岸危岩演化过程分析

（2）渐进式累积变形（B 阶段）。基座损伤区形成之后，该损伤区长期处于上部岩体自重荷载的作用下，并且库区周期性水位升降导致基座损伤区持续在干燥状态及低围压水力耦合状态进行周期性转换。本节所涉及的试验结果表明（图 8.23、图 8.24），这种持续加载下的周期性力学状态转换加速了岩体的渐进性位移累积，增加了基座岩体的变形速度，并最终降低了基座岩体破坏时的峰值强度。

（3）突发性破坏（C 阶段）。当轴向压力大于损伤累积后的基座岩体有效强度时，基座岩体将会发生突发性破坏，该破坏过程具有非线性加速的特征，并会在短时间内引发整个危岩体的失稳破坏；与单一力学状态的演化破坏相比，前期的周期性力学转换所完成的渐进式累积变形程度更高，导致在突发性破坏过程中，瞬间变形、减速流变、稳定流变及加速流变的演化速率更快，且在各阶段的转换过程中相关增幅会更大。

本节通过一系列室内实验研究了库水位波动作用下库岸危岩体的损伤演化过程，得到如下结论：

（1）根据干湿循环试验及相关数值模拟可以发现，干湿循环对于致密灰岩的力学性质影响不大。然而，当力学状态转换时，不同力学条件下岩石试样塑性特征和峰值强度的差异将成为加速岩体劣化的关键。

（2）与单一力学状态下岩石流变试验相比，考虑时间效应的力学状态转换将进一步推进岩体的劣化，极大地降低岩体的峰值强度，加速了岩体的破坏；由于流变试验可以为每个力学状态的应力调整提供充足的时间，其渐进式累积变形更为有效，最终导致岩体的宏观强度明显降低。

（3）结合现场调查及试验结果，将库区涉水厚层危岩体的演化全过程分为基座初始损伤区的形成、渐进式累积变形以及突发性破坏三个时期。其中，库区周期性水位升降导致涉水危岩体基座初始损伤区的形成；力学状态的周期性转换会进一步加速渐进式累积变形的演化速度，进而降低基座岩体破坏的峰值强度；当轴向压力大于试样的长期强度时，试样进入突发性破坏时期，该时期的演化过程将呈现非线性加速的特征，且与单一力学状态相比，力学状态转换下的演化速度更快。该研究结果将为库区危岩体的研究和治理提供重要的参考价值。

8.5 基于原位试验的岸坡岩体劣化过程地质强度指标研究

消落库岸劣化带原位物理力学试验涵盖了原位声波对穿试验、贴面式岩体声波测试及回弹测试、基于探地雷达物探方法的岩体劣化检测等；相关测试方法的应用，可以揭示岩质库岸的劣化趋势，为库岸斜坡长期稳定性分析及演化趋势提供重要的参考趋势。在原位声波对穿试验的基础上，岸坡岩体劣化过程地质强度指标研究将在本节做进一步的讨论和分析。

8.5.1 改进 GSI 系统与 Hoek-Brown 强度准则

8.5.1.1 狭义 Hoek-Brown 强度准则

Hoek-Brown（H-B）准则源自于 Hoek（1965）对完整岩石脆性破坏的研究以及 Brown（1970）对节理岩体行为的模型研究。最初的 H-B 准则是基于完整岩石强度的脆性拉剪破坏发展而来的。大量证据表明，岩石、混凝土、陶瓷、玻璃等脆性材料的破坏是由完整材料的微裂纹或缺陷引起的。在岩石中，这些缺陷是典型的晶界或粒间裂纹，以及沿裂纹发生摩擦滑动时从尖端向外扩展的拉伸裂纹。Griffith（1921，1924）对该脆性破坏进行了系统的研究，并将微小缺陷简化为椭圆尖端裂缝。Jaeger 和 Cook（1969）对早期 Griffith 相关拓展理论进行了进一步深入研究和汇总。基于上述非线性 Griffith 破坏准则，Hoek 和 Brown（1980a，1980b）在大量三轴实验的基础上提出了完整岩石的经验强度公式即为狭义的 H-B 强度准则：

$$\sigma_1=\sigma_3+\sigma_{ci}\sqrt{m_i\frac{\sigma_3}{\sigma_{ci}}+1} \tag{8.10}$$

式中，σ_1和σ_3分别为最大和最小主应力；σ_{ci}为无侧限单轴抗压强度；m_i为完整岩石材料参数。式（8.10）的确立和获取是通过最小二乘法对室内三轴实验数据结果（至少五组及以上）进行拟合回归得到，式（8.10）可以按照如下形式进行变形：

$$y=m_i\sigma_{ci}x+\sigma_{ci}^{\ 2} \tag{8.11}$$

其中，$x=\sigma_3$，$y=(\sigma_1-\sigma_3)^2$；通过 n 组完整岩石三轴实验数据进行回归拟合可以得到m_i以及σ_{ci}数值。根据 Hoek 和 Brown（1980a）研究指出三轴实验时围压需处于$0<\sigma_3<0.5\sigma_{ci}$状态；Schwartz（1964）根据印度灰岩三轴实验得出该准则的适用范围是从剪切破坏到延性破坏的转折点$\sigma_1=4.0\ \sigma_3$之前，该准则被最新版 H-B 准则（2019 年）所采纳；Mogi（1966）通过三轴实验在研究了大量岩石物理力学实验的基础上指出，该剪切破坏到延性破坏的转折点是$\sigma_1=3.4\ \sigma_3$。可见即便对于完整岩石强度的估算，H-B 准则的适用范围更多的仅适用于剪张脆性破坏，对于高围压状态下的深埋硐室与矿山边坡强度估算是不合理的（朱勇等，2019），不能随意扩大 H-B 准则的适用外延（图 8.27）。

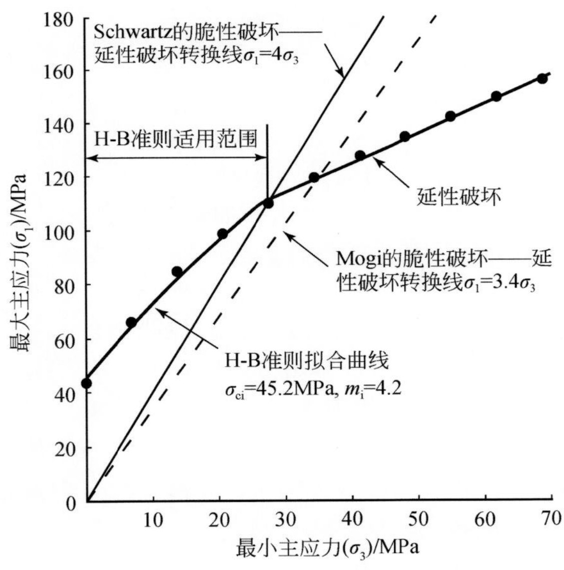

图 8.27　H-B 准则的适用范围

8.5.1.2　基于 GSI 的广义 H-B 强度准则

随着 H-B 准则在各个领域的广泛应用，人们发现现实生产生活中很难发现有概念上的完整岩石，多是由结构面切割的完整—碎裂岩体的集合。为此 Hoek 等（1995）引入了可以将实际工程地质条件与传统完整岩石破坏准则统一到一起的地质强度指数 GSI，该系统可以根据地质工程师对现场详细的调查，给出一个半定量化的评价参数 GSI（Hoek，1994）。GSI 系统结合狭义的 H-B 准则形成了如今的广义 H-B 准则，该准则相比传统的狭义 H-B 准则更具有普适性。GSI 系统考虑到了原位岩体分布的节理、结构面等缺陷，更符合工程实际。但是 GSI 的评估需要经验丰富的工程师进行现场调查和确定具体的参数，可能会存在因人而异的经验主观性。广义的 H-B 准则公式具体如下：

$$\sigma_1=\sigma_3+\sigma_{ci}\left(m_b\frac{\sigma_3}{\sigma_{ci}}+s\right)^a \tag{8.12}$$

其中，m_b、s、a 可通过 GSI 指数求取，具体为

$$m_b=m_i\exp[(\text{GSI}-100)/(28-14D)] \tag{8.13}$$

$$s=\exp[(\text{GSI}-100)/(9-3D)] \tag{8.14}$$

$$a=1/2+1/6(e^{-\text{GSI}/15}-e^{-20/3}) \tag{8.15}$$

式中，D 为扰动因子，根据岩体爆炸破坏和应力松弛的扰动程度而定 $0<D<1$；对于无明显人为扰动的工况可取 $D=0$。

根据 Ramsey 和 Chester（2004），以及 Bobich（2005）进行的大量直接张拉实验，将广义 H-B 准则曲线推广至拉应力（负值），引入材料参数m_i给出了一个近似的拉压比经验公式。具体的是单轴抗压（σ_{ci}）与单轴抗拉强度（σ_t）之比为

$$\frac{\sigma_{ci}}{|\sigma_t|}=0.81\,m_i+7 \tag{8.16}$$

Hoek 和 Diederichs（2006）根据中国大量工程实例通过 GSI 以及完整岩石变形模量（E_i）得出岩体变形模量（E_{rm}）的经验公式如下：

$$E_{rm}=E_i\left\{0.02+\frac{1-D/2}{1+\exp[(60+15D-\text{GSI}/11)]}\right\} \tag{8.17}$$

同时 Hoek 和 Diederichs 指出当无法进行有效的室内实验获取完整岩石变形模量（E_i）时，可以根据 Deere（1968）提出的岩石折减系数进行等效替换，并得出经验关系式如下：

$$E_{rm}=10^5\frac{1-D/2}{1+\exp[(75+25D-\text{GSI})/11]} \tag{8.18}$$

对于完整岩体材料参数有m_i、$s=1$、$a=0.5$，且对于完整岩体来讲 GSI=100，此时式（8.12）变形为式（8.10），可见狭义的 H-B 准则是广义 H-B 准则的一种特殊情况。由广义 H-B 准则可知，由于 GSI 取值需要通过地质工程师现场调查取值，存在人为主观不确定性。同时 GSI 取值是静态定性不连续的，无法对岩体进行综合全面的连续描述。特别是岩体劣化这一考虑时效性、空间性的特征描述，存在着天然缺陷。GSI 的现场判定主要依据两个因素：结构（或块度）和节理条件。

8.5.1.3　改进的 GSI 系统和 H-B 准则

实际的岸坡岩体是连续-不连续体结构，由均值连续的岩石和不连续结构面二元组成。但岩体的劣化损伤却是渐近连续的。这样形成了一个矛盾统一体，如何对二元离散体结构的连续损伤评价是一个关键命题。传统 GSI 系统可以评价岩体这一二元离散结构的强度，但无法考虑岩体连续损伤的时效性，GSI 无法精确量化取值误差较大。采用基于原位多年的跨孔声波测试数据，根据原位波速比时序曲线构建与 GSI 之间的取值关系。根据波速比以及岩石强度确定岩体分级是我国规范规定的 BQ 分级标准。本节采用的研究思路是根据已有 BQ 分级与国际 RMR 分级之间存在经验公式，而 RMR 可以与 GSI 进行等价互换，这

样就建立了从声波波速比（K_V）、国标 BQ 分级、RMR 至 GSI 系统、H-B 准则之间的技术路线。具体来讲根据国标《工程岩体分级标准》（GB/T 50218—2014）4.2.2 条款规定有

$$BQ=100+3R_C+250K_V \tag{8.19}$$

根据文献（许宏发等，2014）研究，BQ 与 RMR 之间关系有

$$BQ=170\ln\frac{15+0.24RMR}{5.7-0.06RMR} \tag{8.20}$$

而当 RMR≥23 时，有（Hoek et al.，2002）

$$GSI=RMR-5 \tag{8.21}$$

式中，R_C为岩石饱和单轴抗压强度；K_V为声波波速比，表征现场岩体完整性指数，与节理切割、岩石块度相关，为了更好地定量化测量，可以通过现场跨孔声波测量，具体有$K_V=(v_{pm}/v_{pr})^2$，v_{pm}为岩体弹性纵波速度（km/s），v_{pr}为岩石弹性纵波速度（km/s）；RMR 为 1989 年版本的 RMR 系统取值。不难看出上述式（8.19）~式（8.21）中主要与K_V这唯一的变量值有关，其他数据皆为定值，而K_V的取值仅与岩体的弹性纵波速度有关。这样通过跨孔声波测试将原位岩体的 GSI 取值科学有效的定量化了，避免了 GSI 取值因人而异的弊端。借鉴损伤变量概念结合波速比K_V采用连续介质的方式对岩体劣化进行定义：$D_e=1-K_V=1-(v_{pm}/v_{pr})^2$，很明显有$0\leqslant D_e\leqslant 1$。跨孔声波测试可以进行由表及里的连续量测，可获得岸坡二维岩体劣化的时空演化信息，通过后续多个钻孔的声波数据有望进一步形成岩体岸坡的真三维岩体劣化信息。

联立式（8.19）~式（8.21）可得

$$RMR=\frac{5.7e^{\frac{BQ}{170}}-15}{0.24+0.06e^{\frac{BQ}{170}}} \tag{8.22}$$

$$GSI=\frac{5.7\exp\left(\dfrac{100+3R_C+250K_V}{170}\right)-15}{0.24+0.06\exp\left(\dfrac{100+3R_C+250K_V}{170}\right)}-5 \tag{8.23}$$

引入劣化损伤变量（D_e）则式（8.23）进一步变形为

$$GSI=\frac{5.7\exp\left[\dfrac{100+3R_C+250(1-D_e)}{170}\right]-15}{0.24+0.06\exp\left[\dfrac{100+3R_C+250(1-D_e)}{170}\right]}-5 \tag{8.24}$$

通过式（8.23）、式（8.24）即可建立原位跨孔声波波速比（K_V）以及劣化损伤变量（D_e）与 GSI 取值之间的量化关系，然后将式（8.23）计算得到的值代入广义 H-B 准则即式（8.12）~式（8.18）中，即可得到岩体劣化各参数时序曲线。

8.5.2　考虑时间效应的 GSI(t) 与 Hoek-Brown 准则应用研究

2008 年至 2019 年间对三峡库区巫峡段岩溶岸坡进行了长期跟踪调查。岩溶岸坡的主要地层层位为二叠系和三叠系，其中又以三叠系大冶组和嘉陵江组最为发育。为了深入定量化研究巫峡岸坡岩体劣化结构特征，2017～2019 年在青石 6 号斜坡 175～145m 消落带

附近六对 12 个深孔中进行了多水文年的跨孔声波测速。六对钻孔沿着高程 145 ~ 175m 消落带分散布置，具体工程布置图如图 8. 28 所示。

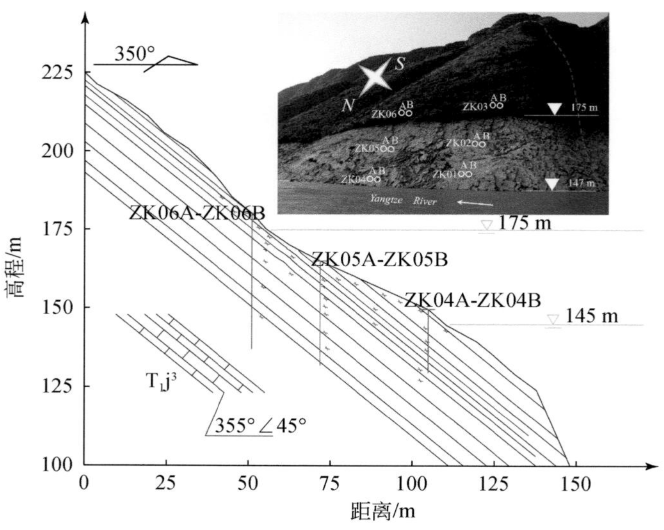

图 8. 28　三峡库区青石 6 号斜坡钻孔布置图

以典型钻孔 ZK05A-ZK05B 为例进行分析，ZK05A-ZK05B 钻孔位于三峡库岸消落带中部，钻孔高程为 166. 06m（图 8. 28），ZK05A-ZK05B 钻孔经受了多次库水位变动引起的物理化学劣化作用，对其进行水位循环消落的跨孔声波测试，其结果可以表征库岸岩体的劣化过程。对比 ZK05A-ZK05B 钻孔首期声波速度图与井下电视图发现，声波速度与岩体结构面有较好的一致对应性［图 8. 29（a）］。结构面分布密集的位置，声波速度较小。岩体表层较深部岩层结构面发育，呈现出由表及里劣化程度趋弱的大趋势。进一步对比 ZK05A-ZK05B 钻孔水位循环消落的数据发现［图 8. 29（b）］，结构面、裂隙密集分布的位置，声波波速持续出现较为明显的下降。而原来结构面、裂隙较为稀疏的高波速区域，声波波速比下降不明显，可见结构面的存在对岩体质量起到一种控制性作用。取八个结构面密集分布的特征深度分别为 6. 2m、8. 4m、12. 6m、14. 2m、17. 6m、23. 2m、27. 0m、30. 8m 提取水位循环消落的声波数据进行深入对比（表 8. 5）。发现即使是结构面波速下降率最小的位置（深 12. 6m）也高达 14. 1%，远超同期完整岩体下降率在 2% 左右。由井下电视图可知，浅层岩体较为破碎、裂隙分布密集，声波波速下降率高达 44. 8% ~67. 1%，可见单从声波波速劣化下降的角度看，结构面密集分布可能导致岩体劣化加速高达 7 ~45 倍，结构面、裂隙等缺陷的存在是岸坡岩体劣化的主要因素。同时结构面处声波波速下降并不均一，与岩体结构面的分布、岩层埋深密切相关，呈现出岩体劣化的不均一性。

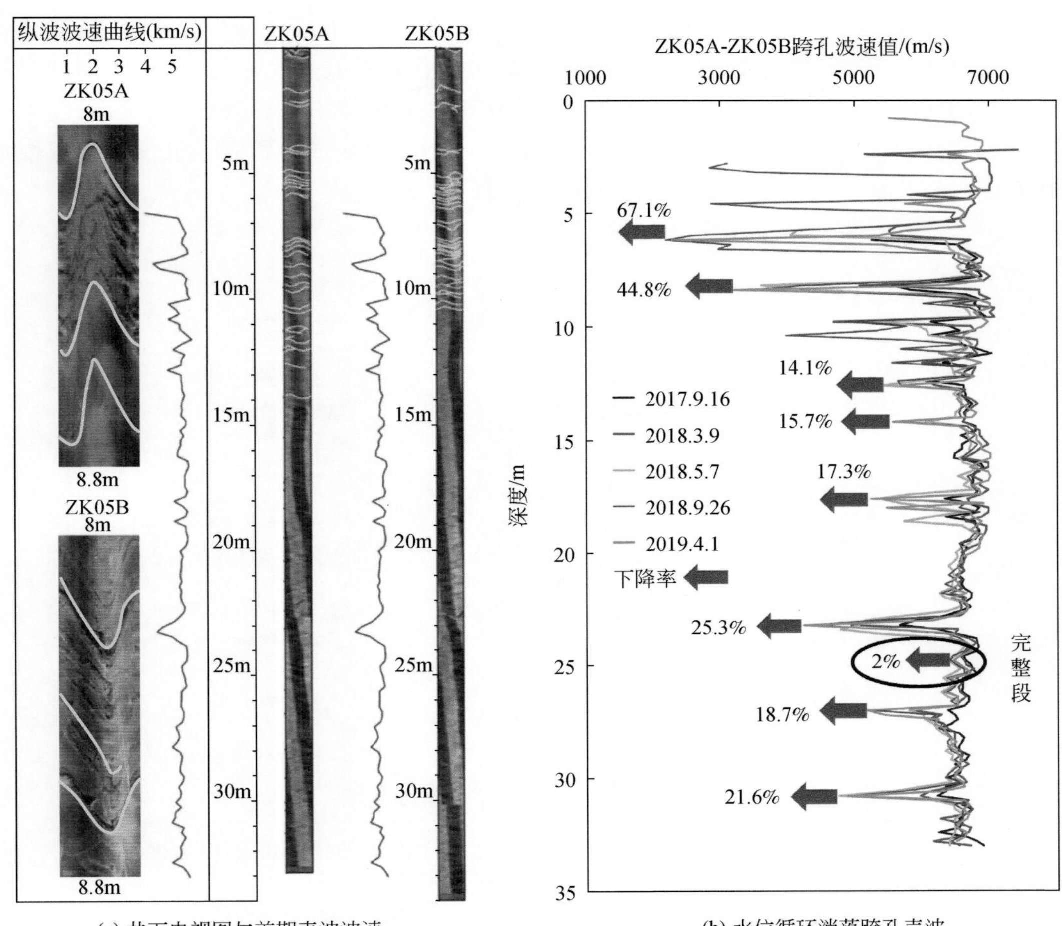

(a) 井下电视图与首期声波波速　　(b) 水位循环消落跨孔声波

图 8.29　ZK05A-ZK05B 钻孔井下电视图与多水文年跨孔声波数据对比

表 8.5　ZK05A-ZK05B 钻孔岩体典型结构面跨孔声波数据　（单位：m/s）

时间（年．月．日）	深度＝6.2m	深度＝8.4m	深度＝12.6m	深度＝14.2m	深度＝17.6m	深度＝23.2m	深度＝27.0m	深度＝30.8m
2017.9.16	6.527	5.826	6.617	6.602	6.329	5.665	6.37	6.209
2018.3.9	5.556	5.848	6.198	6.608	6.667	4.934	5.837	5.952
2018.5.7	4.054	4.348	5.435	6.048	5.357	5.051	5.792	4.747
2018.9.26	2.206	3.488	5.682	5.660	5.357	4.451	5.245	4.870
2019.4.1	2.147	3.214	5.685	5.565	5.237	4.234	5.178	4.870
总下降率/%	67.1	44.8	14.1	15.7	17.3	25.3	18.7	21.6

由 ZK05A-ZK05B 钻孔跨孔声波深度数据结合式（8.19）和式（8.23）可得到 ZK05A-ZK05B 钻孔的 BQ、劣化损伤变量（D_e）、GSI 深度数据。同时根据前期室内三轴实验可知，完整灰岩岩样的R_C＝78.75MPa，V_{pr}＝7.616km/s，m_i＝7；观察多水文年 BQ、D_e、GSI 深度曲线图可知，BQ 与 GSI 均呈现出不等速劣化下降趋势，劣化损伤变量（D_e）

则呈现不等速增长。在节理面密集分布位置处 BQ 与 GSI 下降明显，下降率分别高达 32.1%、43.6%，对应位置处劣化损伤变量（D_e）增长量达 0.655（图 8.30）。而在岩体较为完整的区段，岩体劣化损伤不明显，同时节理面劣化并非是等速的，有浅表层劣化快、深层劣化较慢的规律（表 8.6）。整体来看 BQ、D_e、GSI 值与跨孔声波深度曲线数据规律呈现一致，都受岩体中节理面与软弱层的控制。

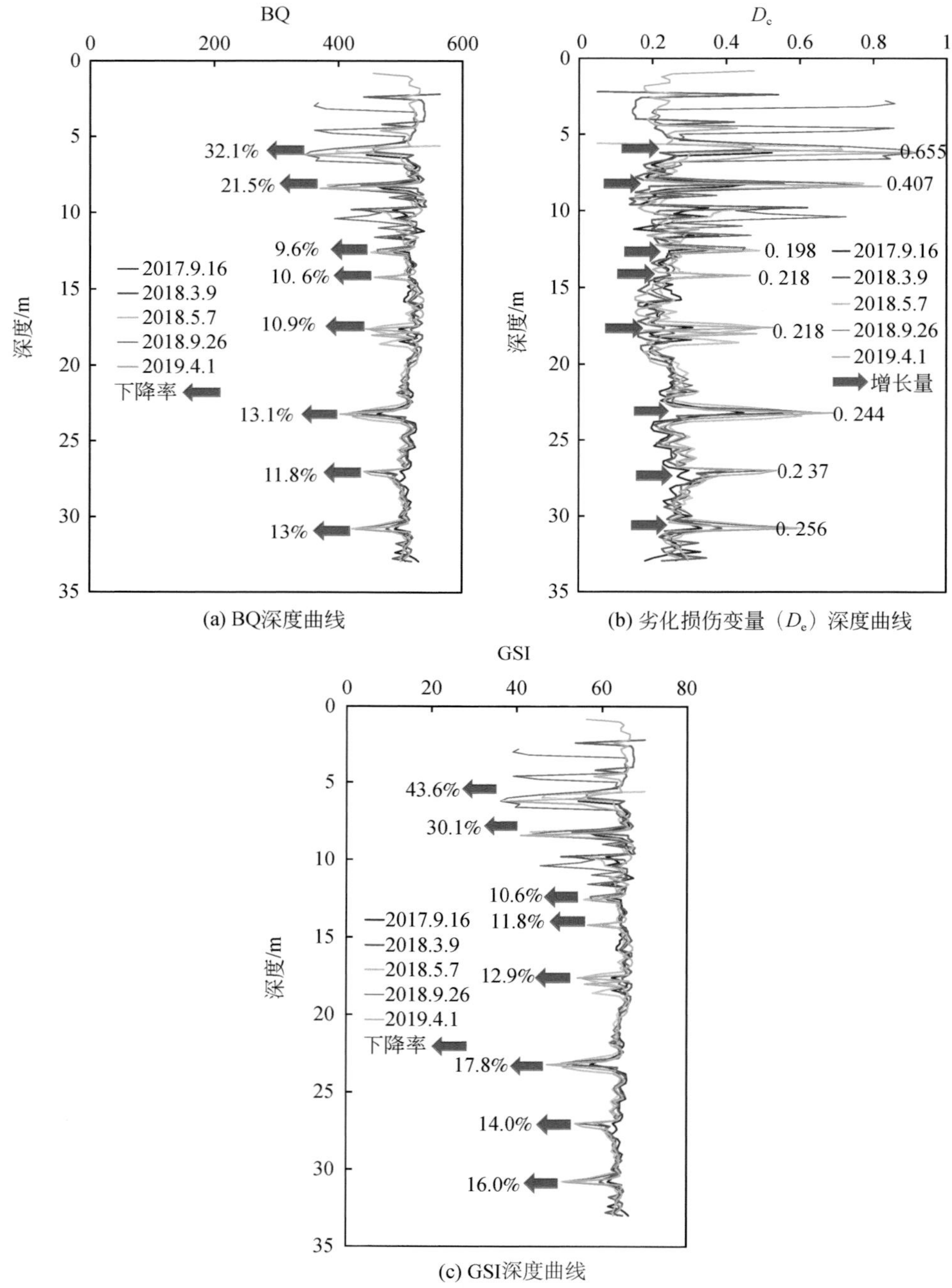

图 8.30　ZK05A-ZK05B 钻孔多水文年 BQ、劣化损伤变量（D_e）、GSI 深度曲线图

表 8.6　ZK05A-ZK05B 钻孔岩体典型结构面 GSI

时间（年．月．日）	深度=6.2m	深度=8.4m	深度=23.2m	深度=27.0m
2017.9.16（设为第 0 天）	63.8	58.7	57.5	62.7
2018.3.9（对应第 174 天）	56.7	58.8	52.1	58.8
2018.5.7（对应第 233 天）	46.1	48.0	53.0	58.4
2018.9.26（对应第 375 天）	36.2	42.6	48.7	54.4
2019.4.1（对应第 562 天）	36.0	41.0	47.2	53.9
总下降率/%	43.6	30.1	17.8	14.0

由表 8.6 可知节理面处 GSI 值下降明显，由表及里呈现出劣化趋弱。限于篇幅节选深度 6.2m 处 GSI 值结合广义 H-B 准则，绘制其强度方程及其包络线（图 8.31）进行展示，由于 GSI=36.2 与 GSI=36.0 两强度包络线无限接近，此处为了更直观的研究劣化趋势仅取 GSI=36.0 进行揭示。由强度包络线发现随着 GSI 值的下降，强度包络线逐渐平缓内缩，呈现明显的强度劣化。特别当围压$\sigma_3=0$时，此时由式（8.12）变形为$\sigma_1=\sigma_{ci}s^a$。此刻最大主应力（σ_1）相当于单轴抗压强度，可分别得到 GSI=63.8、56.7、46.1、36.0 对应的$\sigma_1=10.4642$MPa、6.9736MPa、3.7602MPa、2.0190MPa（图 8.32）。对于特定工程而言，围压σ_3通常通过现场地应力测试或者数值分析获取，在缺乏现场实测数据的条件下，可根据公式$\sigma_3=\gamma H$大致估计。当水平构造应力大于垂直应力则该式可由水平构造应力取代。此式虽非围压的精准估计，但可相对精确快速估算出不同 GSI 值对应 H-B 准则的适用范围（朱勇等，2019）。因为节理面深度为 6.2m（灰岩容重取 30kN/m^3），估算出此处节理面$\sigma_3=0.186$MPa。则可得到 GSI=63.8、56.7、46.1、36.0 对应的$\sigma_1=11.9043$MPa、8.5461MPa、5.4843MPa、3.7808MPa（图 8.32）。同时考虑到脆-延转换线$\sigma_1=4\sigma_3$的限制与四条强度包线相交于四点，明显看到随着岩体劣化的逐渐演化 GSI 值降低，H-B 准则的适用范围越来越小。当 GSI 降至 36.0 时，H-B 准则的适用范围为$0<\sigma_3<5.7882$MPa。当$\sigma_3=5.7882$MPa 时，则可得到 GSI=63.8、56.7、46.1、36.0 对应的$\sigma_1=37.0973$MPa、32.5890MPa、27.2858MPa、23.1528MPa（图 8.32）。根据公式$\sigma_3=\gamma H$可大致估计 5.7882MPa 对应岩体埋深约为 193m，远大于该处节理埋深 6.2m，证明改进 GSI 系统与广义 H-B 准则适用。此处也侧面反映出即使岩体劣化至 GSI=36.0，广义 H-B 准则的适用范围仍是较为宽泛的。

观察图 8.31 及图 8.32 发现随着 GSI 值的降低，在围压（σ_3）一定的情况下，最大主应力（σ_1）逐渐减小。对于$\sigma_3=0$时，节理面处最大主应力（σ_1）下降率高达 80.71%（GSI 从 63.8 降至 36.0）；对于$\sigma_3=0.186$MPa 时，节理面处最大主应力（σ_1）下降率高达 68.24%（GSI 从 63.8 降至 36.0）；对于$\sigma_3=5.7882$MPa 时，节理面处最大主应力（σ_1）下降率高达 37.59%（GSI 从 63.8 降至 36.0）。可见在 GSI 为一定值的情况下，随着围压的增大最大主应力（σ_1）逐渐增大。且同等范围的 GSI 下降，对应的最大主应力（σ_1）下降幅度，高围压状态要小于低围压状态。这表明岩体的三轴受压应力状态对岩体的强度提高有促进作用，同时高围压状态可有效抑制岩体劣化的程度，这与原位跨孔声波测试及井下电视观察结果是一致的。

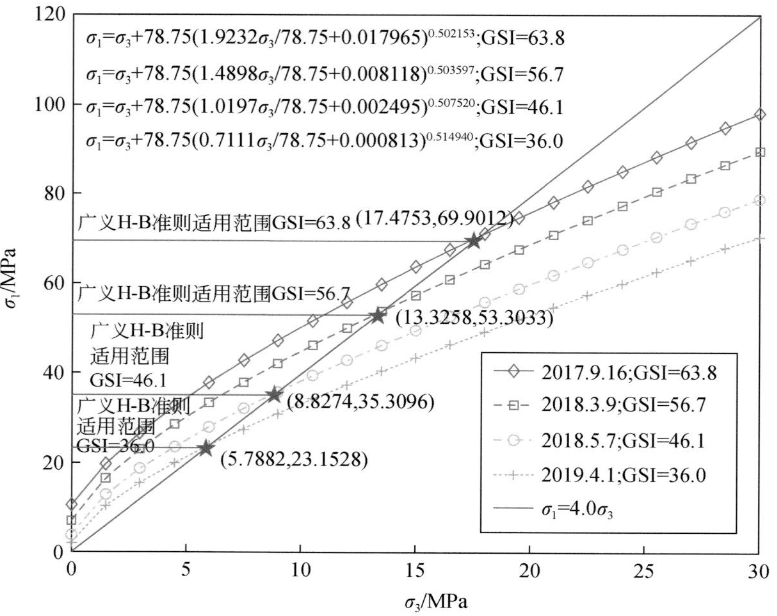

图 8.31　考虑 GSI 时空劣化的 H-B 准则强度包线（节理面深度 = 6.2m）

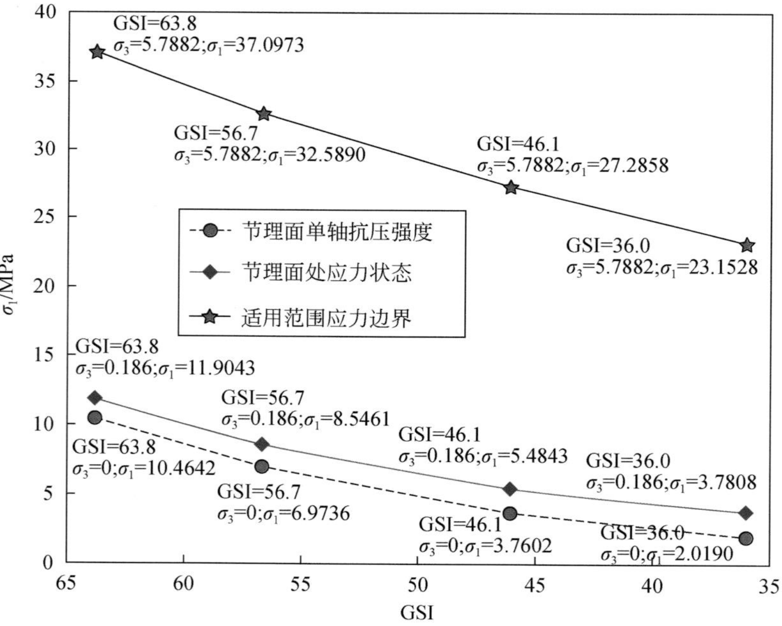

图 8.32　不同 GSI、特征围压（σ_3）对应的最大主应力强度（σ_1）（节理面深度 = 6.2m）

为了表达岩体的连续劣化效应建立劣化时序方程——GSI(t)。可通过 GSI 实测数值进行拟合回归获得 GSI(t) 时序曲线。设首次测量日 2017. 9. 16 对应第 0 天，则不难解算多期测量日对应的序数（表 8. 6，图 8. 33），根据前期岩体干湿循环等劣化实验结果（Huang et al.，2016b；黄波林等，2019b；Wang et al.，2020b），灰岩岩样经受 30 ~ 50 次干湿循环后，饱和（干燥）单轴抗压强度累计下降率为 27. 0% ~33. 9%（21. 4% ~28. 5%），平均每周期下降率为 0. 7% ~0. 9%（0. 6% ~0. 7%），参数劣化遵循指数下降规律，且采用指数回归具备相应的物理含义和较高的拟合度（Mutlutürk et al.，2004；黄波林等，2019b）。选取 $y = ae^{bx}$ 作为回归母式进行岩体劣化时效曲线 GSI(t) 分析。根据此式对节理

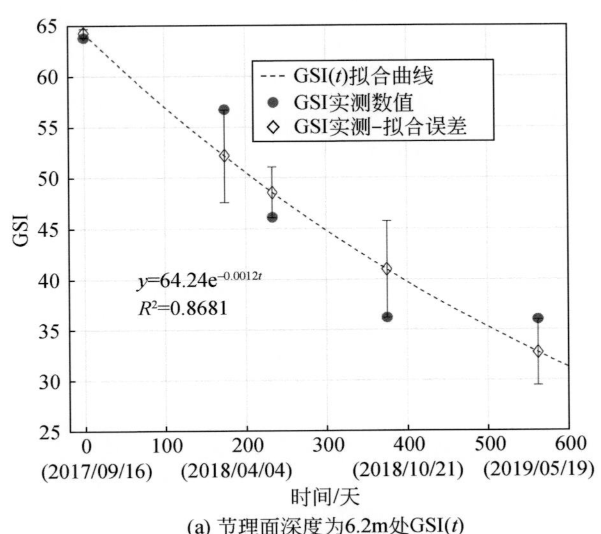

(a) 节理面深度为6.2m处GSI(t)

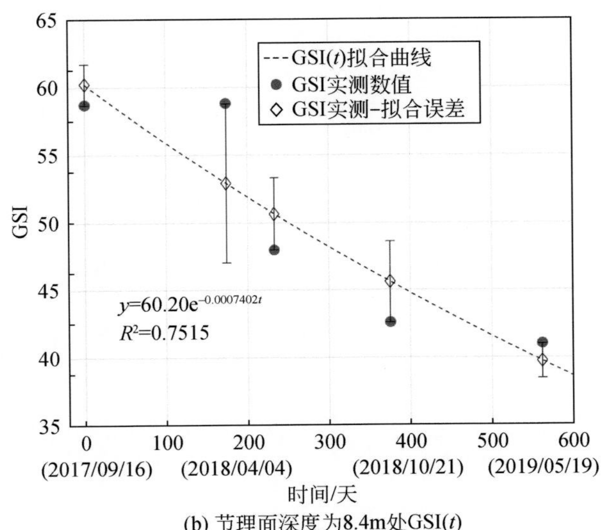

(b) 节理面深度为8.4m处GSI(t)

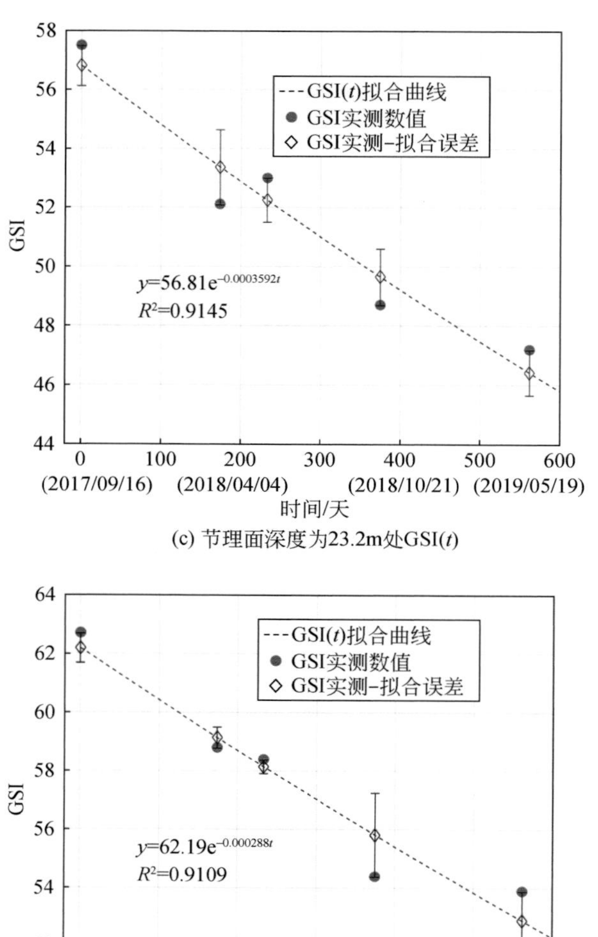

(c) 节理面深度为23.2m处GSI(t)

(d) 节理面深度为27m处GSI(t)

图 8.33　不同特征深度 GSI(t) 拟合曲线以及与实测值之间的误差分布

面深度为6.2m处GSI实测数据进行回归，发现相关系数（R^2）高达0.8681，证明采用$y=ae^{bx}$进行回归是合理的［图8.33（a）］。同时对节理面深度分别为8.4m、23.2m、27.0m进行拟合回归，相关系数（R^2）也非常的好，甚至高达0.9145（图8.33）。以节理面深度为6.2m处的GSI(t)为例，进行求解展示：

$$\mathrm{GSI}(t)=64.24e^{-0.0012t} \tag{8.25}$$

将式（8.25）代入式（8.12）~式（8.15）中即可得到节理面深度为6.2m处的强度劣化方程为

$$\sigma_1=\sigma_3+78.75\left[m_b(t)\frac{\sigma_3}{78.75}+s(t)\right]^{a(t)} \tag{8.26}$$

式中，

$$m_b(t)=m_i\exp\{[\mathrm{GSI}(t)-100)]/(28-14D)\} \tag{8.27}$$

$$s(t)=\exp\{[\mathrm{GSI}(t)-100)]/(9-3D)\} \tag{8.28}$$

$$a(t)=1/2+1/6(\mathrm{e}^{-\mathrm{GSI}(t)/15}-\mathrm{e}^{-20/3}) \tag{8.29}$$

则联立式（8.26）和式（8.27）可得节理面深度为 6.2m 处的三维强度劣化方程 $f=(\sigma_1,\sigma_3,t)$ 如下：

$$\sigma_1=\sigma_3+78.75\left[7\exp\left(\frac{64.24\mathrm{e}^{-0.0012t}-100}{28}\right)\frac{\sigma_3}{78.75}+\exp\left(\frac{64.24\mathrm{e}^{-0.0012t}-100}{9}\right)\right]^{1/2+1/6(\mathrm{e}^{-64.24\mathrm{e}^{-0.0012t}/15}-\mathrm{e}^{-20/3})} \tag{8.30}$$

同样的不难得出节理面深度分为 8.4m、23.2m、27.0m 处的三维强度劣化方程 $f=(\sigma_1,\sigma_3,t)$ 如下：

$$\sigma_1=\sigma_3+78.75\left[7\exp\left(\frac{60.20\mathrm{e}^{-0.0007402t}-100}{28}\right)\frac{\sigma_3}{78.75}+\exp\left(\frac{60.20\mathrm{e}^{-0.0007402t}-100}{9}\right)\right]^{1/2+1/6(\mathrm{e}^{-60.20\mathrm{e}^{-0.0007402t}/15}-\mathrm{e}^{-20/3})} \tag{8.31}$$

$$\sigma_1=\sigma_3+78.75\left[7\exp\left(\frac{56.81\mathrm{e}^{-0.0003592t}-100}{28}\right)\frac{\sigma_3}{78.75}+\exp\left(\frac{56.81\mathrm{e}^{-0.0003592t}-100}{9}\right)\right]^{1/2+1/6(\mathrm{e}^{-56.81\mathrm{e}^{-0.0003592t}/15}-\mathrm{e}^{-20/3})} \tag{8.32}$$

$$\sigma_1=\sigma_3+78.75\left[7\exp\left(\frac{62.19\mathrm{e}^{-0.000288t}-100}{28}\right)\frac{\sigma_3}{78.75}+\exp\left(\frac{62.19\mathrm{e}^{-0.000288t}-100}{9}\right)\right]^{1/2+1/6(\mathrm{e}^{-62.19\mathrm{e}^{-0.000288t}/15}-\mathrm{e}^{-20/3})} \tag{8.33}$$

根据式（8.30）~式（8.33）通过 MATLAB 不难绘制其对应特征深度节理面的三维强度劣化包线和对应的二维强度屈服带见图 8.34。这样通过 GSI(t) 系统结合广义 H-B 准则获得了岩体各个时刻连续的岩体强度包线。同时在图 8.34 中可以明显看到二维强度劣化屈服带由浅层 6.2m 到深层 27.0m 逐渐变窄，这表征了岩体由浅层到深层其劣化敏感性逐渐趋弱，换言之，深层岩体相对表层更难劣化，节理面劣化相对缓慢些。这与表 8.6 和图 8.33 揭示的各个结构面参数总下降率由表层到深层趋弱的规律是一致的。同时根据脆延转换线$\sigma_1=4.0\,\sigma_3$得到与二维强度劣化屈服带的交点，获得岩体广义 H-B 准则的适用范围。不同特征深度节理面都表现出随着岩体劣化的逐渐进行（第 0 ~ 600 天）适用范围逐渐降低，且不同深度节理面 H-B 准则适用范围的下降程度也是不同的。通过适用范围围压σ_3的下降率进行量化，节理面深度分别为 6.2m、8.4m、23.2m、27.0m 的下降率分别是 73.79%、57.36%、34.79%、31.34%。对比相同劣化时间（第 0 ~ 600 天）不同特征深度节理面围压σ_3的下降率发现，在钻孔纵向深度上，表层岩体广义 H-B 准则适用范围下降得更快，随着岩体劣化进展，更容易向塑性破坏发展，同时也侧面反映出，表层岩体节理面较深层岩体更容易发生劣化。由表层节理面深度为 6. 2m 处二维强度劣化包线可知，劣化至第 600 天对应的适用围压值$\sigma_3 = 4.6524\text{MPa}$。根据公式$\sigma_3 = \gamma H$ 可大致估计 4. 6524MPa 对应岩体埋深约为 155m 远大于该处节理埋深 6. 2m，表明广义 H-B 准则与 GSI(t)系统的广泛适用性。

在后续的岸坡岩体离散元数值模拟中，只需要将构建的三维岩体强度包线赋值于特定的离散节理面中，理论上只要有对应节理面的连续跨孔实测数据，即可建立其对应的三维强度包线并一一赋值在节理面中，这样岸坡离散元模拟可以通过节理面处的 GSI(t)劣化准则构建，而完整的岩体部位则可通过传统完整岩石的干湿循环建立其强度劣化损伤本构。综上，通过节理面处的快速劣化，联合完整岩石部位的极缓慢劣化，就可以很好地构建岸坡二元离散劣化结构，符合岸坡岩体劣化工程实际。

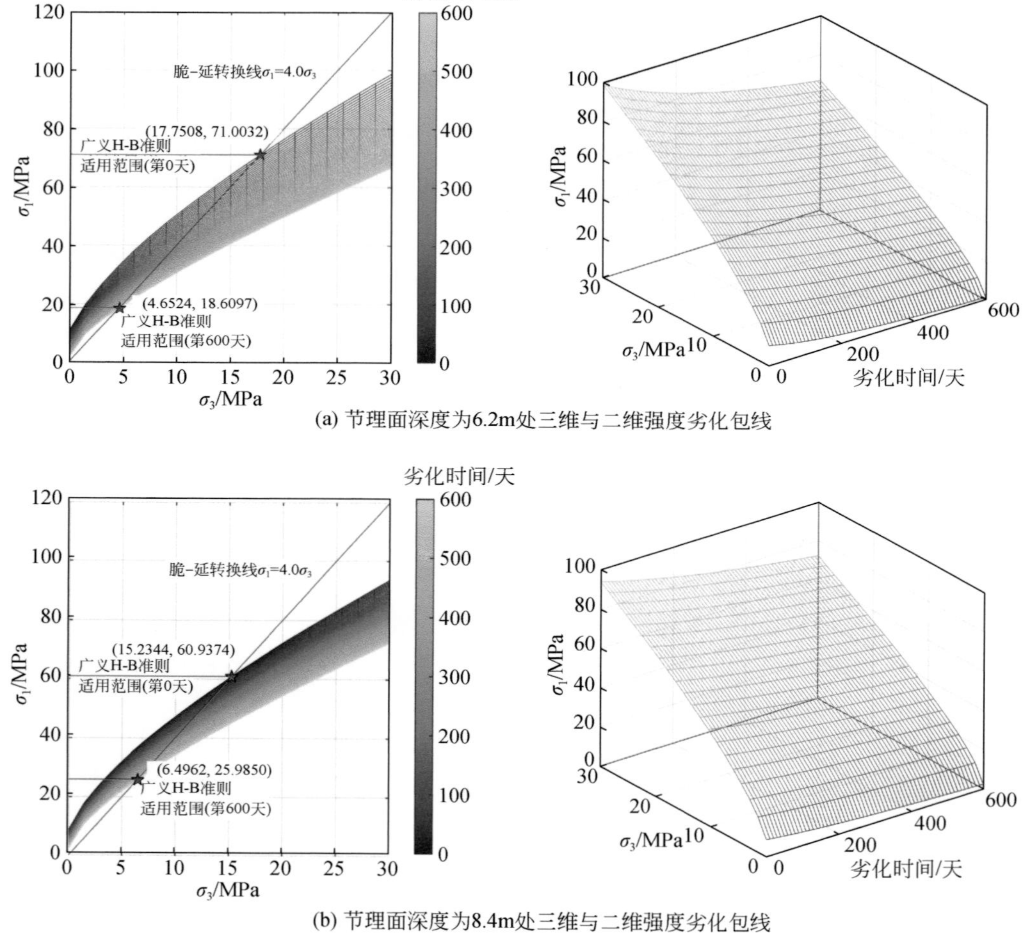

(a) 节理面深度为6.2m处三维与二维强度劣化包线

(b) 节理面深度为8.4m处三维与二维强度劣化包线

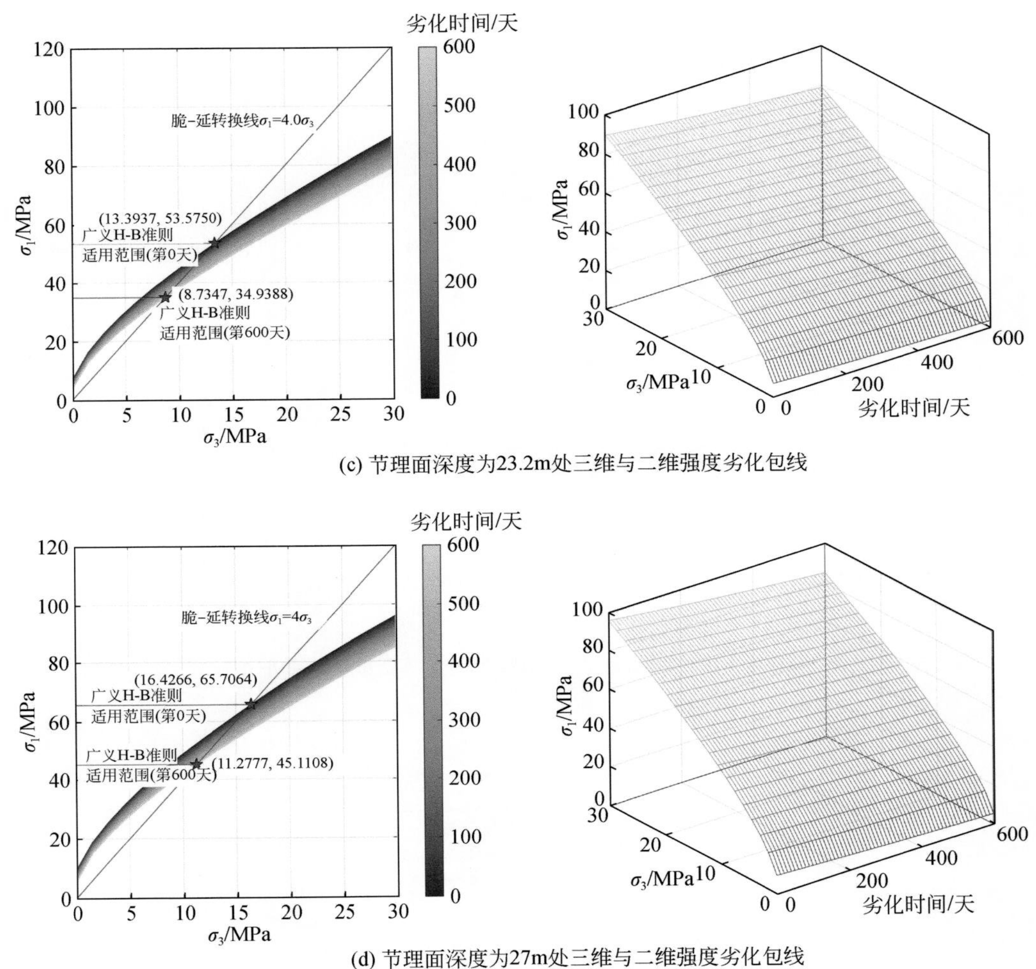

图 8. 34　不同特征深度节理面三维强度劣化包线

同样由表 8. 6 中特征深度的 GSI 值结合式（8. 19）可得到不同深度部位岩体变形模量（E_{rm}）（图 8. 35）。明显看到随着时间的演化，岩体变形模量（E_{rm}）逐渐劣化递减，与岩体的 GSI 值呈现出近乎完全一致的规律，同样的由表层向岩体深部，岩体变形模量（E_{rm}）受劣化影响趋弱。类比 GSI(t) 系统对 E_{rm} 实测数据进行拟合回归建立 $E_{rm}(t)$ 系统图 8. 36，相关系数（R^2）最高可达 0. 9363，反映出通过幂指数回归建立的 $E_{rm}(t)$ 系统是可行的。且明显看到随着时间演化，E_{rm} 劣化速率趋缓。钻孔前岩体轻微劣化或者不劣化。而在钻孔揭露岩体结构面后，打通了地下水-库水的联系，在一定程度上加速了岩体劣化。值得注意的是，钻孔只是加剧了不完整岩体特别是结构面处的劣化趋势，对完整部位的岩体劣化相对仍不明显。根据 H-B 准则可知劣化不仅导致岩体强度降低，同时岩体变形模量（E_{rm}）也逐步降低，双重劣化作用会导致岸坡稳定性下降，蠕滑变形逐渐增大。

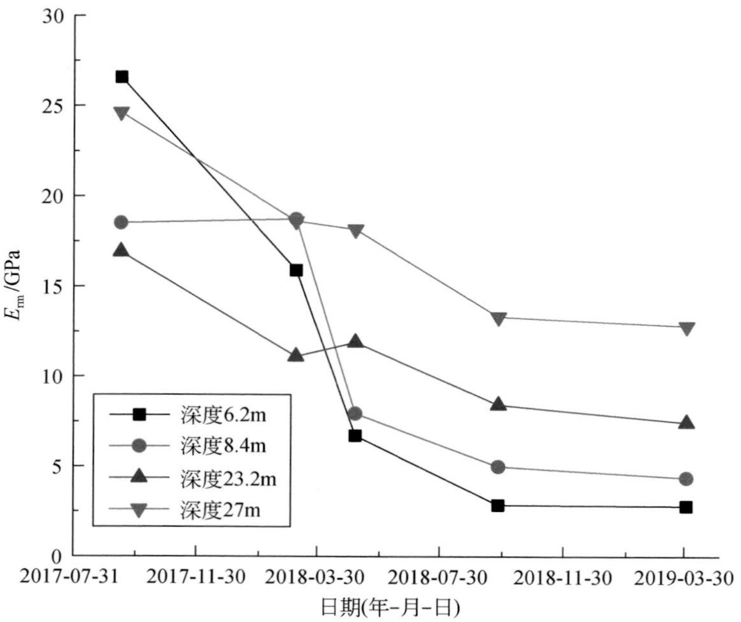

图 8.35　ZK05A-ZK05B 钻孔四个特征深度结构面处变形模量岩体变形模量（E_{rm}）对比图

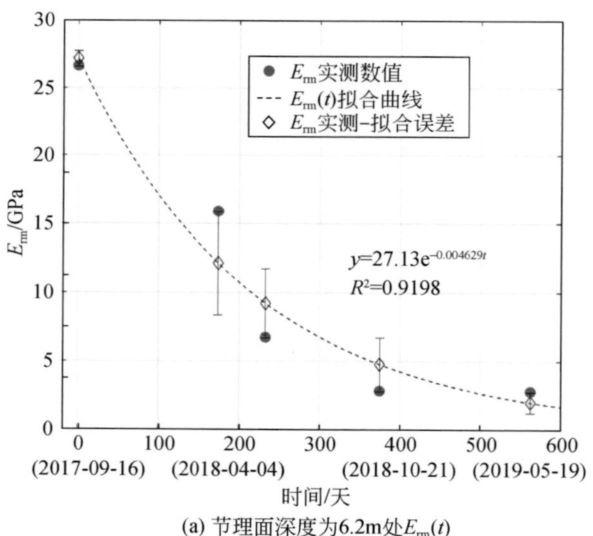

(a) 节理面深度为6.2m处$E_{rm}(t)$

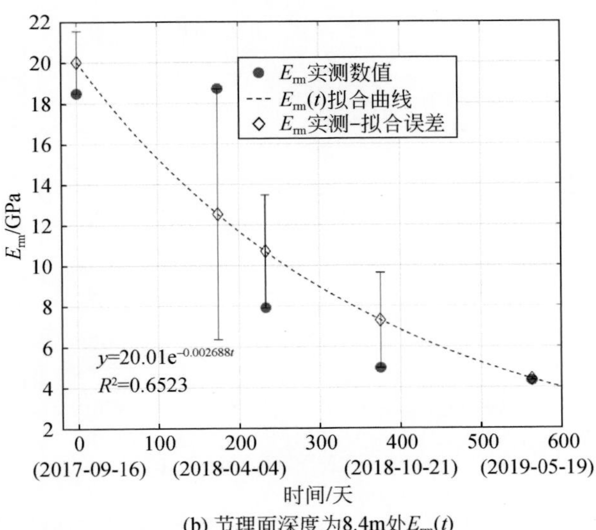

(b) 节理面深度为8.4m处$E_{rm}(t)$

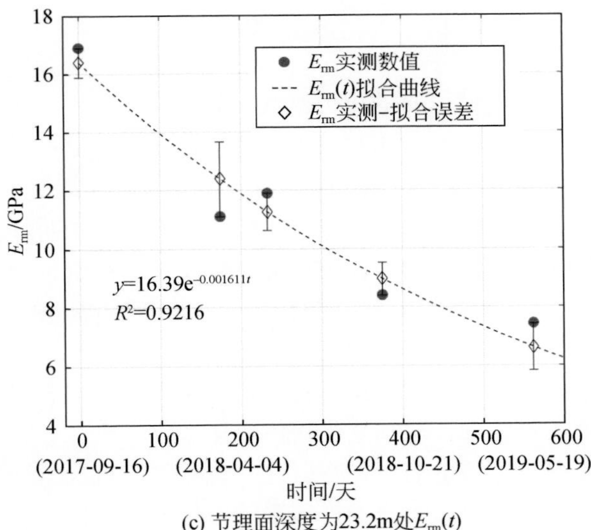

(c) 节理面深度为23.2m处$E_{rm}(t)$

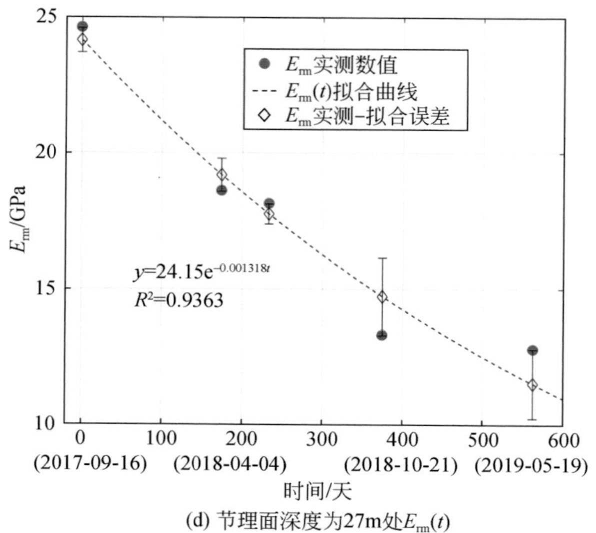

(d) 节理面深度为27m处$E_{rm}(t)$

图 8.36　不同特征深度 $E_{rm}(t)$ 拟合曲线以及与实测值之间的误差分布

8.5.3　三维地层劣化分析

根据室内三轴实验确定完整岩石的相关参数，如σ_{ci}、m_i、E_i。根据现场原位跨孔声波波速比（K_V）确定 D_e、GSI。结合室内岩石力学参数进而获得原位岩体劣化时空分布曲线如 GSI(t) 等（图 8.31、图 8.33、图 8.34）。通过 GSI(t) 以及 H-B 准则计算所得二维、三维岩体强度劣化包线可以进行库岸边坡稳定性演化计算。由于跨孔声波测速是多期连续测量的，通过 GSI(t) 以及 H-B 准则计算的相关参数及岸坡稳定性也是与时间、空间相关的，可以很好表征岸坡劣化的时空信息。同时根据持续的实测数据可以不断优化调整 GSI(t) 系统以及二维、三维岩体强度劣化包线。

岩体的稳定性受控于结构面及软弱层，特别是三峡库区的岸坡岩体受到循环波动水位的侵蚀，岩体密集分布的结构面及软弱层是岩体快速劣化重要区域。传统的室内相关岩石力学劣化损伤实验多是基于完整的岩石进行研究、观测的，而这与岸坡岩体宏观劣化严重不符。岸坡岩体的劣化主要是完整岩石的极缓慢的劣化叠加结构面、软弱层区域的快速劣化。这与岸坡岩体连续-不连续的二元结构密不可分。本节通过跨孔声波波速的变化可以突出反映结构面、软弱层的存在、演化。通过声波波速比（K_V）求解 BQ 值，并借助于 BQ、RMR 建立起与 GSI 之间的关系，这样将 GSI 系统进行量化取值并与时间建立联系形成了 GSI(t) 系统。结合广义 H-B 准则即可获得岩体深度方向上的时-空劣化信息：三维、二维强度包线、$E_{rm}(t)$ 曲线（图 8.34、图 8.36），如果联立多个层面甚至多个钻孔的 GSI(t) 曲线，不难形成岸坡岩体的三维劣化信息 GSI(t, h)。此处选取典型钻孔 ZK05A-ZK05B 表 8.6 中的数据进行示范，通过多项式三维拟合生成 GSI(t, h)（图 8.37）及多项式如下：

$$\mathrm{GSI}(t,h)=56.45-0.06188t+2.228h-0.0002267t^2+0.007101th-0.2363h^2+3.411\times10^{-7}t^3 -1.481\times10^{-6}t^2h-0.0001419th^2+0.006001h^3 \quad (8.34)$$

不难看出拟合公式 t、h 的阶数一致且都为 3，表征在岩体劣化过程中劣化时间（t）以及劣化深度（h）对于岩体强度 GSI 劣化的影响权重是相近的。且回归式子拟合度 R^2 高达 0.876，进一步证明了 GSI(t，h）函数可以很好地表征岩体钻孔的三维劣化信息，不难预期获取后续长期多水文年原位监测数据后，可以进一步优化完善 GSI(t，h）以及三维地层劣化信息，为下一步的数值模拟计算奠定基础。

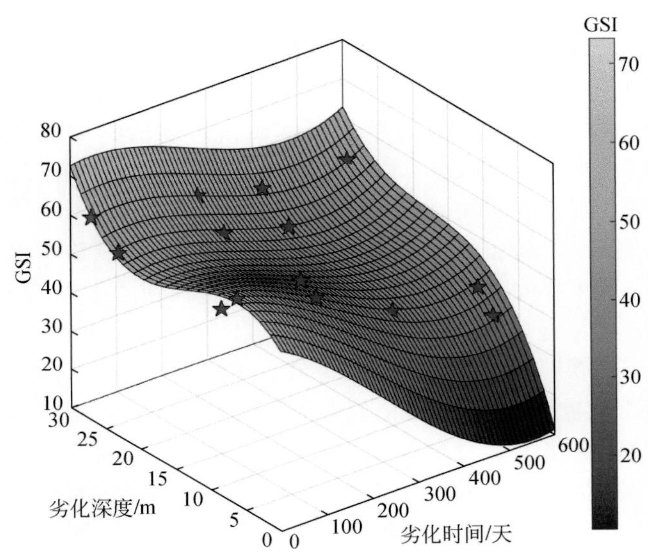

图 8.37　ZK05A-ZK05B 钻孔三维地层劣化 GSI(t，h）图

本节开展了水库实际运行状态下的原位测试研究，采用原位跨孔声波测试和井下电视等方法获取了不同深度下岩体的物理力学参数，改进了 GSI 系统对岸坡劣化带岩体的描述，拓展了广义 Hoek-Brown（H-B）准则在劣化带岩体强度评价的应用，得出主要结论如下：

（1）广义 H-B 准则可以估算、描述原位岸坡岩体强度。结合水位循环消落原位跨孔声波测速，借助于 BQ、RMR 构建了 GSI 量化取值方法。

（2）GSI 结合广义 H-B 准则，得到特征深度的强度包线，结果表明，三轴受压应力状态可以提高岩体强度，且可明显抑制岩体劣化；脆–延转换线 $\sigma_1=4.0\sigma_3$ 计算的 H-B 准则适用范围表明 GSI 系统对岩体劣化评价有宽泛的适用性，且随着 GSI 下降适用范围明显下降。

（3）通过指数回归构建了考虑劣化过程的 GSI(t)、$E_{\mathrm{rm}}(t)$ 时效曲线，并基于 GSI(t) 解得不同深度结构面处二维强度劣化屈服带、三维强度劣化屈服面；强度劣化包线显示表层结构面的劣化敏感性高于深层，且表层受劣化影响 H-B 准则适用范围下降最为明显。

（4）结合多层面 GSI(t) 曲线可得三维结构面 GSI(t，h）时空函数。建议在后续研究中进一步加强原位跨孔声波监测，不断优化 GSI(t) 时效函数以及二维、三维岩体结构面强度劣化包线，为下一步研究损伤劣化至蠕滑变形的岸坡稳定性分析提供研究基础。

8.6 小　结

针对消落带岩体劣化原位测试参数少，难以应用到现场岸坡稳定性分析评价中的参数问题；本章通过系列原位劣化试验对水库消落带岸坡的力学参数进行了分析和研究，得到了以下认识：

(1) 随着岩体从干燥状态、饱和状态再到水力耦合状态，其强度不断降低，塑性特性不断增强；水的参与程度的增加会降低颗粒之间的力键强度并加速变形趋势，最终导致塑性变形增加和峰值强度降低。水力耦合状态下水压会持续削弱颗粒之间的力键强度；因此，与饱和状态相比，水力耦合状态可以加速颗粒之间力键的断裂，进一步促进微裂纹的扩展。水力耦合状态下水压的增加会在一定程度上限制岩体的变形，进一步削弱颗粒之间的力键强度，导致峰强度的增加和微观力学参数的减小。根据试验所揭示的岩体演化全过程可知，损伤可以进一步放大基座岩体的有效应力；将损伤力学引入危岩的演化模型后，可以有效地反映库岸厚层危岩非线性加速变形的演化趋势。

(2) 当力学状态转换时，不同力学条件下岩石试样塑性特征和峰值强度的差异将成为加速岩体劣化的关键。与单一力学状态下岩石流变试验相比，考虑时间效应的力学状态转换将进一步推进岩体的劣化，极大地降低岩体的峰值强度，加速了岩体的破坏；由于流变试验可以为每个力学状态的应力调整提供充足的时间，其渐进式累积变形更为有效，最终导致岩体的宏观强度明显降低。结合现场调查及试验结果，将库区涉水厚层危岩体的演化全过程分为基座初始损伤区的形成、渐进式累积变形以及突发性破坏三个时期。其中，库区周期性水位升降导致涉水危岩体基座初始损伤区的形成；力学状态的周期性转换会进一步加速渐进式累积变形的演化速度，进而降低基座岩体破坏的峰值强度；当轴向压力大于试样的长期强度时，试样进入突发性破坏时期，该时期的演化过程将呈现非线性加速的特征，且与单一力学状态相比，力学状态转换下的演化速度更快。该研究结果将为库区危岩体的研究和治理提供重要的参考价值。

(3) 结合原位多水文年跨孔声波测速，借助于 BQ、RMR 构建 GSI 量化取值方法。GSI 结合广义 H-B 准则，可以得到特征深度的强度包线、岩体变形模量（E_{rm}）时间演化曲线，进而估算、描述原位岸坡岩体强度。根据特征深度节理面强度包线可知，三轴受压应力状态可以提高岩体强度，且可明显抑制岩体劣化；脆-延转换线$\sigma_1=4.0\sigma_3$计算的 H-B 准则适用范围表明 GSI(t) 系统对岩体劣化评价有宽泛的适用性，且随着 GSI 下降适用范围明显下降。通过幂指数回归构建了具有时间效应的 GSI(t)、$E_{rm}(t)$ 曲线，并基于 GSI(t) 解得不同深度岩体的三维强度劣化屈服面、二维强度劣化屈服带；强度劣化包线表明表层岩体的劣化敏感性高于深层岩体，且表层受劣化影响 H-B 准则适用范围下降最为明显。通过改进的 GSI(t) 与广义 H-B 准则估算得到的与时间相关的三维强度劣化包线及岩体变形模量 $E_{rm}(t)$，可进一步结合三维地层 GSI(t, h) 图进行数值模拟，进行考虑岩体劣化效应的蠕滑变形与稳定性分析，为下一步原位岸坡岩体劣化评估提供了思考。

第9章　水库消落带岸坡劣化力学响应与长期稳定性

9.1　概　　述

三峡库区175m蓄水后，每年水位在145～175m高程波动，形成了高差30m的水位变动带。三峡库区由于其复杂的地质构造、多变的岸坡结构和丰富的岩体结构，形成了多样化的岩质岸坡类型（黄波林等，2008；Yin et al.，2016）。水位变动是未来库区岩质岸坡的常态工况，劣化带岩体“强度衰减”与“结构碎裂”两大因素同样影响岸坡稳定性。因此非常有必要研究水位变动和岩体劣化下不同类型岩质岸坡的力学响应情况，支撑渗流场下岩质岸坡长期变形演化过程研究。

三峡库区柱状危岩体较多，开展过相关稳定性与变形机理研究（Huang et al.，2016b；黄波林等，2019a；陈小婷等，2019）。例如，冯振（2012）经过对中国西南灰岩山区的调查认为柱状危岩体的失稳模式可分为滑移、旋转崩塌和压溃崩塌。在三峡地区灰岩（顺层）滑坡较少发生很少见到相关文献报道。少量被报道的滑坡发生机制也非常特殊，如武隆鸡尾山的视倾向滑动机制，滑坡主要受重力、岩溶和采矿影响，侧向挤压滑动（Xu et al.，2010；邹宗兴等，2012）。武隆鸡尾山滑坡的发生与关键阻滑块体的压碎密切相关（Yin et al.，2011）。灰岩顺层滑坡还存在一些弯曲或溃屈等特殊的机制（殷跃平等，2020；Yan et al.，2021），尤其是当其产出倾角较大时。例如，雅砻江金龙山变形体主要岩性为玄武岩和灰岩，它是一个受控于软弱层间挤压带的滑移弯曲变形体（张倬元等，1994）。而巫峡龚家坊崩塌后，关于逆向碎裂岩体破坏的研究也受到了关注（Huang et al.，2012）。

本章选取巫峡典型的岩质岸坡类型，开展相关水位变动下的力学响应分析；主要内容包括：①塔柱状危岩体力学响应分析；②碎裂岩体岸坡力学响应分析；③顺层岩体岸坡力学响应分析；④岩溶角砾岩岸坡力学响应分析。本章内容分析长期水位波动下库区各类型岩质岸坡破坏模式，为三峡库区岩质岸坡长期稳定和防灾减灾提供技术支撑。

9.2　塔柱状危岩体力学响应分析

9.2.1　黄岩窝危岩体概况

黄岩窝危岩带位于重庆市巫山县培石乡（110°07′32″E、31°01′53″N），处于长江右岸峡谷陡崖带，属构造-侵蚀、剥蚀低山峡谷地貌。黄岩窝危岩带总长约700m，地形从崖顶至崖脚呈现缓坡—陡崖—台阶状陡坡，陡崖倾角为 80°～90°，根据其发育特征，总体分为东西两段（图 9.1）。黄岩西段（*AB* 段）地形呈现缓坡—陡崖—台阶状陡坡，坡角为 20°～40°。黄岩东段（*BC* 段）地形呈现缓坡—陡崖—陡坡。

图 9.1　黄岩窝危岩全貌及分段

勘查区地下水主要靠长江及大气降雨补给，地下水主要类型为岩溶水，根据现场水位观测，稳定水位高程为 181m。

区内地形坡度陡，降雨时迅速向长江的岸坡的沟谷汇集向长江排泄，部分雨水沿基岩的裂隙下渗，顺裂隙通道向长江径流排泄。只临江面岩层面发现有地下水渗透。区内地下水主要受长江水位控制，地下水受长江江水补给。

根据岩石物理力学试验统计结果可知：中风化灰岩天然重度为 26.82kN/m^3，饱和重度为 26.91kN/m^3，天然含水率为 1.16%，孔隙率为 2.21%；天然单轴抗压强度标准值为 46.23MPa，饱和单轴抗压强度标准值为 40.62MPa，为较硬岩，为 V 类岩；天然抗拉强度标准值为 2.71MPa，饱和抗拉强度标准值为 2.14MPa；天然状态下抗剪强度黏聚力（c）标准值为 3.83MPa，内摩擦角（φ）标准值为 42.9°，饱和状态下抗剪强度黏聚力（c）标准值为 3.30MPa，内摩擦角（φ）标准值为 41.47°；变形模量标准值为 0.81 万 MPa，弹形模量标准值为 0.93 万 MPa，泊松比标准值为 0.20。

灰岩层面天然状态抗剪强度黏聚力（c）标准值为 0.23MPa，内摩擦角（φ）标准值为 30.29°；饱和状态抗剪强度黏聚力（c）标准值为 0.18MPa，内摩擦角（φ）标准值为 26.25°。

9.2.2　岸坡基本特征及变形破坏评价

AB 段岸坡长约 450m，岩层产状为 18°～25°∠3°～22°，坡向为 350°～10°，倾角为 85°～90°，高差为 80～180m，岸坡类型为顺向岩质岸坡，发育两组裂隙：①320°～5°∠72°～88°，②75°～87°∠66°～88°；*BC* 段岸坡长约 250m，坡向为 355°～358°，倾角为 85°～90°，岩层产状为 127°～160°∠3°～20°，发育两组裂隙：①80°～85°∠75°～84°，

②320°～350°∠80°～85°，岸坡类型为反向岩质岸坡（王吉亮等，2015）。

AB 段岸坡陡崖段发育有外倾的卸荷裂隙，根据赤平投影图分析（图 9.2），岩层倾向坡外，岩层受裂隙 2、3 切割后，在卸荷裂隙和岩层面控制作用下消落带岩体易发生外倾滑移，目前未见大规模变形迹象，现状处于稳定状态。

BC 段岸坡主要受构造裂隙控制，根据赤平投影图分析（图 9.2），危岩带斜坡结构类型为反向坡，受裂隙切割岩体形成楔形体，在陡崖临空面局部发生坠落掉块。在临近江面 145～175m 水位变动带岩体水位侵蚀掏空作用呈强风化破碎状，岩壁发生掉块形成凹岩腔，目前未见大型凹岩腔及掉块，现状处于稳定状态。

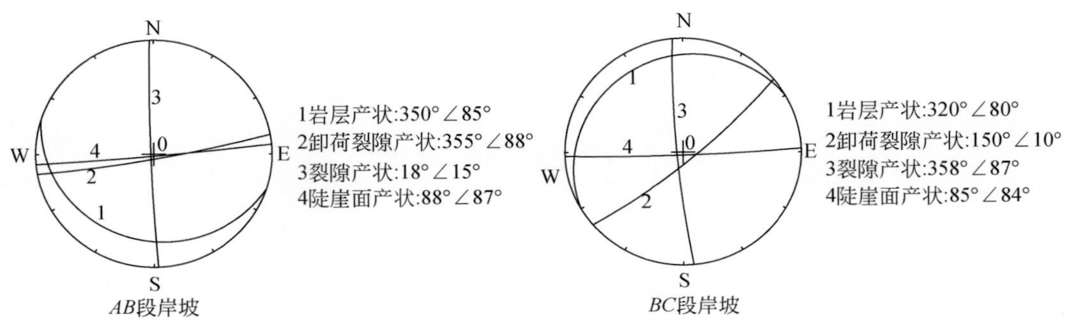

图 9.2　黄岩窝危岩赤平投影图

9.2.3　危岩特征及稳定性评价

9.2.3.1　危岩体劣化变形特征

黄岩窝东段分布有 W1、W2 危岩体，陡崖受卸荷带控制，W1 分为 W1-1～W1-5 岩块，W2 分为 W2-1、W2-2 岩块，陡崖坡向为 350°～10°，倾角为 85°～90°，岩层产状为 18°～25°∠3°～22°，为顺向坡。黄岩窝西段分布有 W3～W6 危岩体，坡向为 355°～358°，倾角为 85°～90°，岩层产状为 127°～160°∠3°～20°，为反向坡。

黄岩窝危岩带基岩为嘉陵江组三段灰岩、薄–中厚层状泥质灰岩构成，主要裂隙：①320°～5°∠72°～88°、②75°～92°∠70°～85°控制。在消落带 145～170m 段为浅灰色薄层状灰岩，晶质结构，钙泥质胶结，夹白色条带状方解石脉，发育有溶蚀裂隙、晶洞孔隙，临江面岩体风化呈块体，卸荷裂隙外倾。170m 以上为中–厚层状灰岩，岩体相对较完整，局部可见蜂窝状溶蚀孔洞及晶洞，夹有泥质团块及方解石条带，岩质较硬（图 9.3）。

陡崖带分布六处危岩体，单体危岩体方量为 5200～540000m^3，总体方量为 954730m^3，危岩体宽度为 20～300m、高度为 30～120m、厚度为 4～41.3m，主崩方向为 358°～4°（表 9.1）。

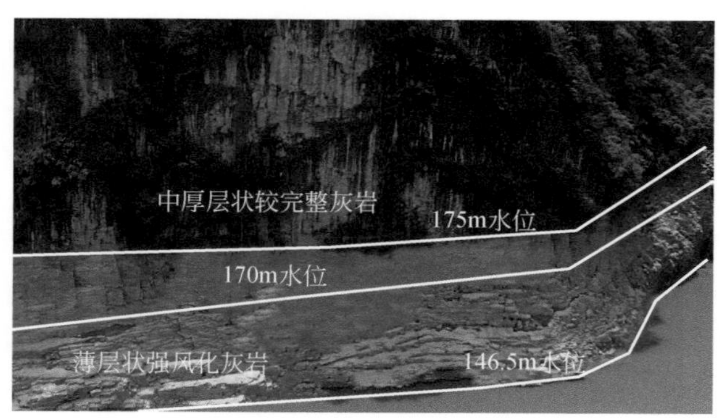

图 9.3　黄岩窝危岩临江面岩体风化差异

表 9.1　黄岩窝危岩单体形态特征

危岩编号	危岩形态			规模/m³	主崩方向/(°)
	宽/m	高/m	厚/m		
W1	280～300	100～120	20～41.3	540000	3
W2	100～120	100～110	25～32	360000	2
W3	20～50	70	9	22050	358
W4	50	30～45	5	9000	4
W5	28～35	90～100	7	18480	1
W6	20	65	4	5200	2
合计规模/m³	954730				

根据现场调查结合槽探、物探、钻探、水平钻孔内高清摄像、三维倾斜摄影（贾曙光等，2018）、多波束水下测量（许新发等，2003）等资料分析，危岩带 145～175m 受水位波动造成消落带岩体劣化，主要影响因素及变形表现为溶蚀作用、卸荷张裂、水位变动带掏蚀、消落带岩体劣化。

（1）溶蚀作用：在消落带 145～170m 段，受水位涨落影响灰岩溶蚀作用加剧，临江面岩体风化溶蚀破碎，形成软弱破碎带及凹岩腔。170m 以上，岩体相对较完整，局部可见溶蚀掉块及临空面。

（2）卸荷张裂：根据物探剖面分析及现场调查测绘，陡崖顶部主要发育平行于长江流向 LF1～LF5 等卸荷裂隙（图 9.4），走向为 260°～275°，倾角为 83°～88°，局部裂缝从陡崖顶部延伸至江面，在崖壁面呈上宽下窄延伸趋势。垂直于陡崖走向裂隙主要走向为 170°～180°，倾角为 66°～85°，垂直于岩壁延伸，贯通性差。

（3）水位变动带掏蚀：受库水位涨落、波浪掏蚀作用影响，危岩体在库水位变动带附近破碎岩块被水流带走的现象，随着时间的推移，可能引起局部掉块、崩塌。W1、W2 受水位变动带浪蚀和软化作用，发育有凹岩腔，溶蚀孔洞发育，局部岩体破碎易坠落掉块；W4 受构造裂隙及岩层面切割，底部发育有凹岩腔及风化剥落松散岩体。

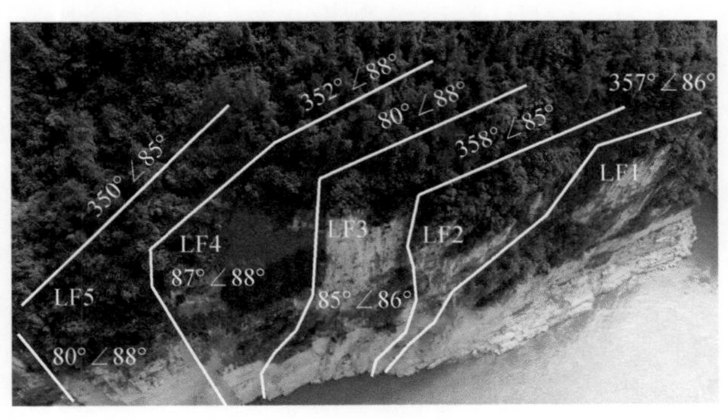

图 9.4　黄岩窝危岩卸荷带裂缝分布图

（4）消落带岩体劣化：针对消落带岩体劣化主要运用调查测绘、水平钻孔波速测试、物探测试解译以及孔内高清摄像进行分析。在 W2 下游侧可见溶蚀裂缝及破碎带，破碎带宽度为 2 ~ 4m，岩体呈碎块状，块径为 5 ~ 40cm，钙泥质胶结，破碎带岩体胶结程度较好。

根据水位线以上部分的地质调查测绘，危岩带前缘临江面消落带部分岩体受构造、风化及库水位影响下，裂隙较发育。调查测绘 W1、W2 周边共调查测绘 37 条裂缝，裂缝分布情况及发育特征如图 9.5 所示。

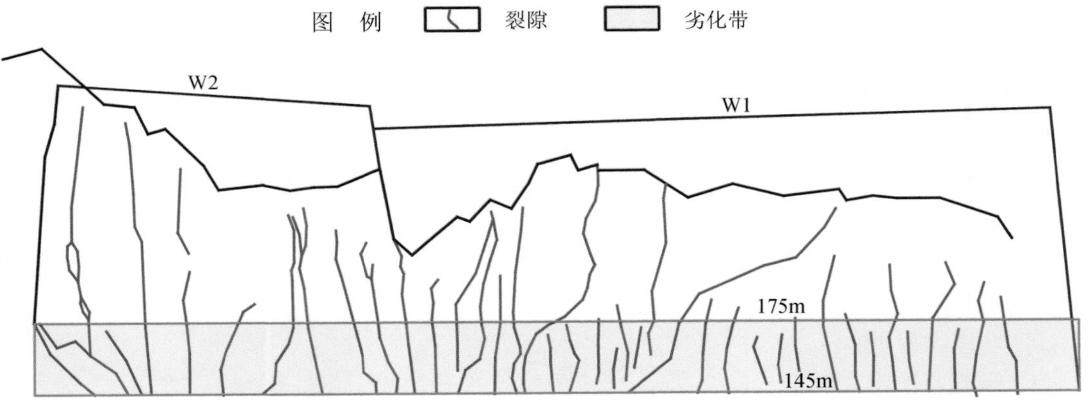

图 9.5　黄岩窝危岩消落带崖面裂隙分布

9.2.3.2　危岩体破坏模式及影响因素

区域内危岩体失稳方式受多方面因素的影响，对危岩带和危岩体形态、发育规模、边界特征、空间分布特征、节理裂隙发育特征、消落带岩体劣化、溶蚀破碎带发育特征等进行了较为详细的调查之后，判定黄岩窝危岩的失稳破坏方式主要为危岩在库区水位涨落影响及自重作用下，危岩沿消落带岩体劣化破碎区发生重力溃屈，进而诱发滑移式、坠落式、倾倒式破坏（陈洪凯等，2004；陈洪凯和唐红梅，2005；徐刚等，2017）。

（1）重力溃屈（滑移式）。危岩在库区水位涨落掏蚀、地表水渗入裂隙及自重等作用下加剧岩体劣化破碎程度，危岩体沿破碎带或结构面发生溃屈变形，进而引起上部岩体坠落、倾倒等变形。

（2）坠落式。通常底部岩体比较破碎，岩体劣化程度高，危岩从凹腔或临空破碎带发生溃屈变形，在自身重力作用及水位涨落掏蚀、冲刷下，剪断岩体而失稳发生坠落破坏。

（3）倾倒式。随着岩体劣化、溶蚀破碎带发育及变形，危岩重心逐渐外倾，危岩体沿外倾支点向临空方向倾倒，形成倾倒破坏，破坏时顶部先脱离母岩。

主要影响因素具体如下：

1）地质因素

危岩带顶部高程为220～280m，底部高程为85～110m，相对高差为135～170m。陡崖带分布中厚层状灰岩，岩石属硬岩-坚硬岩，硬质岩体强度较高，积存有较高的弹性应变能。在消落带为薄层状灰岩，在水位变动区域溶蚀作用较发育，常年受风化及库区江水侵蚀溶蚀等作用影响，易形成危岩破碎带及危岩体。

2）地质构造因素

危岩带位于官渡向斜南翼末端，沿江侧发育次级构造，陡崖中上部岩层平缓，临江面岩层倾角为4°～20°。危岩的形成主要受两组优势裂隙结构面控制，切割陡崖岩体，促使边界条件形成，在外部因素触发下形成危岩崩塌。

3）危岩主要诱发因素

（1）库区水位变动。消落带岩体及结构面在多次水的掏蚀、侵蚀及水位升降裂隙水压力的影响下，加剧岩体劣化破碎、溶蚀破碎区及裂缝外倾等；由于危岩体体积大，在重力作用下陡崖底部破碎带或软弱结构面压裂变形，水位变动区域裂隙或破碎区域应力集中，不断加剧了劣化带岩体的劣化程度，导致抗剪强度的降低，危岩体沿破碎带或岩体劣化破碎区发生重力溃屈。

（2）大气降水。大气降水可促进溶蚀作用，同时裂隙水可产生静水压力，并对裂隙内充填物质有软化作用，降低裂缝充填物的黏聚力，使结构面抗剪强度降低，诱发危岩崩塌破坏的发生。

（3）植物根劈作用。

（4）温差作用。

受上述劣化因素影响，危岩体未来可能的发展趋势：

（1）受库区水位涨落影响，岩体参数弱化之后，滑移区域位移、应力及应变均有所增加。岩体参数弱化后145m水位下稳定性与175m水位相比有所下降，消落带岩体劣化将导致危岩稳定性持续降低。

（2）由于库区水位变动，在145m水位下剖面稳定性与175m水位相比有所下降，消落带岩体劣化将导致破碎带应力集中，进而加剧岩体的劣化速度，在危岩自重作用下危岩稳定性持续降低。

（3）危岩体目前处于稳定状态，局部存在掉块现象，由于库区水位涨落影响，加剧岩体劣化及破碎带软化程度和速度，危岩稳定性急剧下降。

9.2.4　岩体劣化及水位波动下危岩体的演化趋势分析

采用有限元强度折减法（赵尚毅等，2002；郑颖人等，2004）对危岩体的典型剖面进行稳定性计算，在数值计算时，考虑岩体劣化及水位波动对危岩体的影响。对于危岩体区域以1m为单位进行剖分网格，基岩区域以3m为单位剖分网格，其余区域以梯度的形式完成网格剖分，合计剖分了6169个网格。危岩体左侧控制了横向变形，底部控制了横向及纵向变形；右侧为水位波动区域，将实际监测的库区水位作为边界条件进行计算。

数值计算过程中，岩体均采用莫尔-库仑（M-C）本构模型（邓楚键等，2006；贾善坡等，2010），其岩体参数由室内试验得到，如表9.2所示。

表9.2　黄岩窝危岩有限元数值计算岩体参数

岩性	本构模型	弹性模量/MPa	泊松比	容重/(kN/m^3)	黏聚力/MPa	内摩擦角/(°)
水下灰岩（基岩）	M-C	47800	0.26	27.2	5.21	44.4
灰岩（消落带）	M-C	42000	0.24	24.5	4.82	40.2
破碎带	M-C	27200	0.33	26.50	1.79	37.6
水上灰岩（基岩）	M-C	50400	0.28	27.10	5.48	44.4

在数值计算时，对危岩体的力学状态进行实时监测，得到水位波动过程中危岩体的最大位移、最大剪应力以及稳定性系数通过岩体劣化及水位波动的耦合计算，破碎带岩体力学参数的劣化由室内试验得到。

在单个水文年中，特选取175m水位（水位最高）、145m水位（水位最低）及162m水位（50年一遇暴雨下的库水位）的危岩体渗流场及力学状态进行分析。

不同水位下的孔隙水压力、变形、剪应力、塑性应变云图如图9.6～图9.9所示，分析可知，危岩体的最大变形区均集中在危岩体涉水前两部分的分割岩体位置；剪应力均分布在贯穿裂隙的尖灭位置；危岩体的塑性应变区均集中分布在临水第二条贯穿裂缝尖端区域。在175m水位下，危岩体的最大孔隙水压力为735.50kPa、最大位移为0.2409m、最大剪应力为7823.63kPa、最大塑性应变为0.0632；在145m水位下，危岩体的最大孔隙水压力为442.06kPa、最大位移为0.2254m、最大剪应力为7323.27kPa、最大塑性应变为0.0592；在162m水位下，水位上升时的最大孔隙水压力为612.72kPa、最大位移为0.2268m、最大剪应力为7368.33kPa、最大塑性应变为0.0595，略大于水位下降时的最大孔隙水压力为608.60kPa、最大位移为0.2266m、最大剪应力为7359.36kPa、最大塑性应变为0.0595。

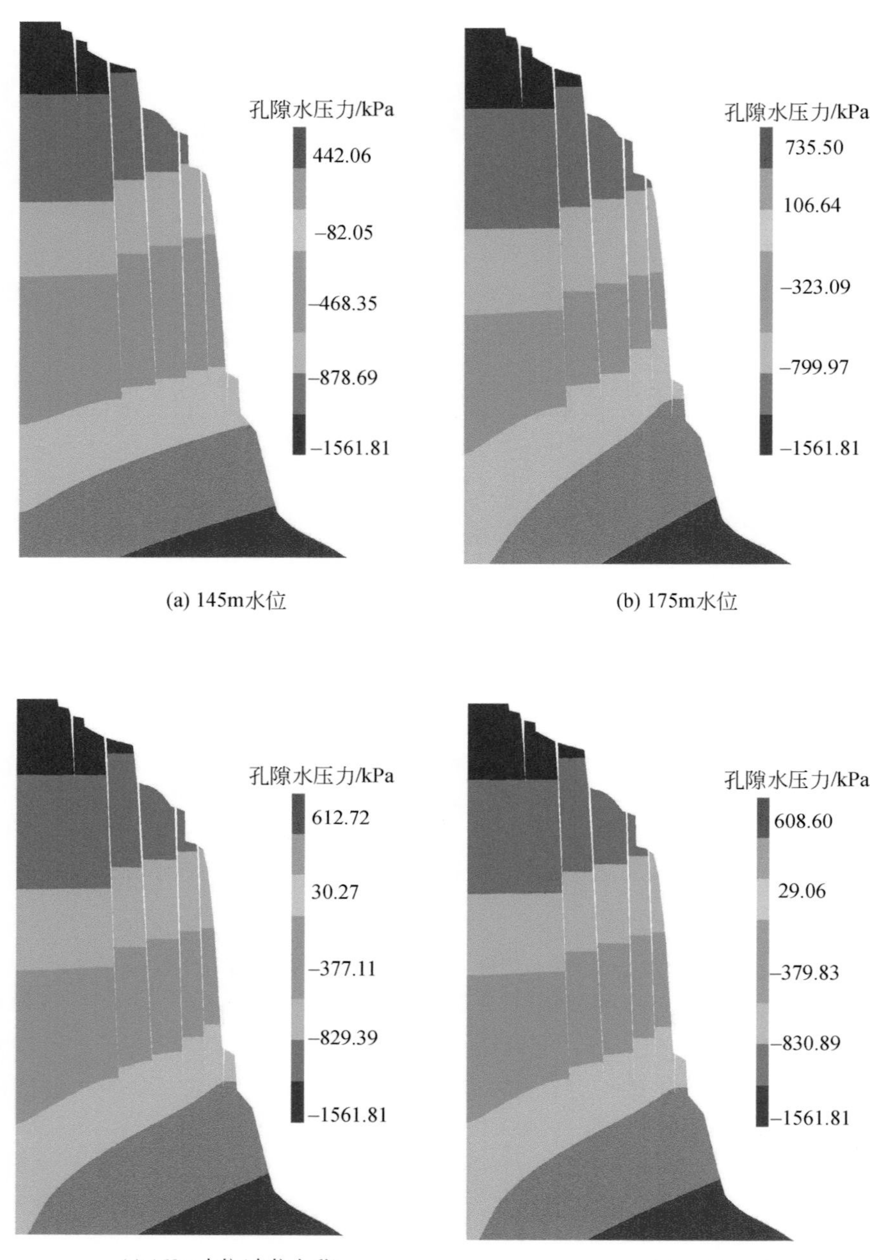

(a) 145m水位　　(b) 175m水位

(c) 162m水位(水位上升)　　(d) 162m水位(水位下降)

图 9.6　黄岩窝危岩不同工况下的孔隙水压力云图

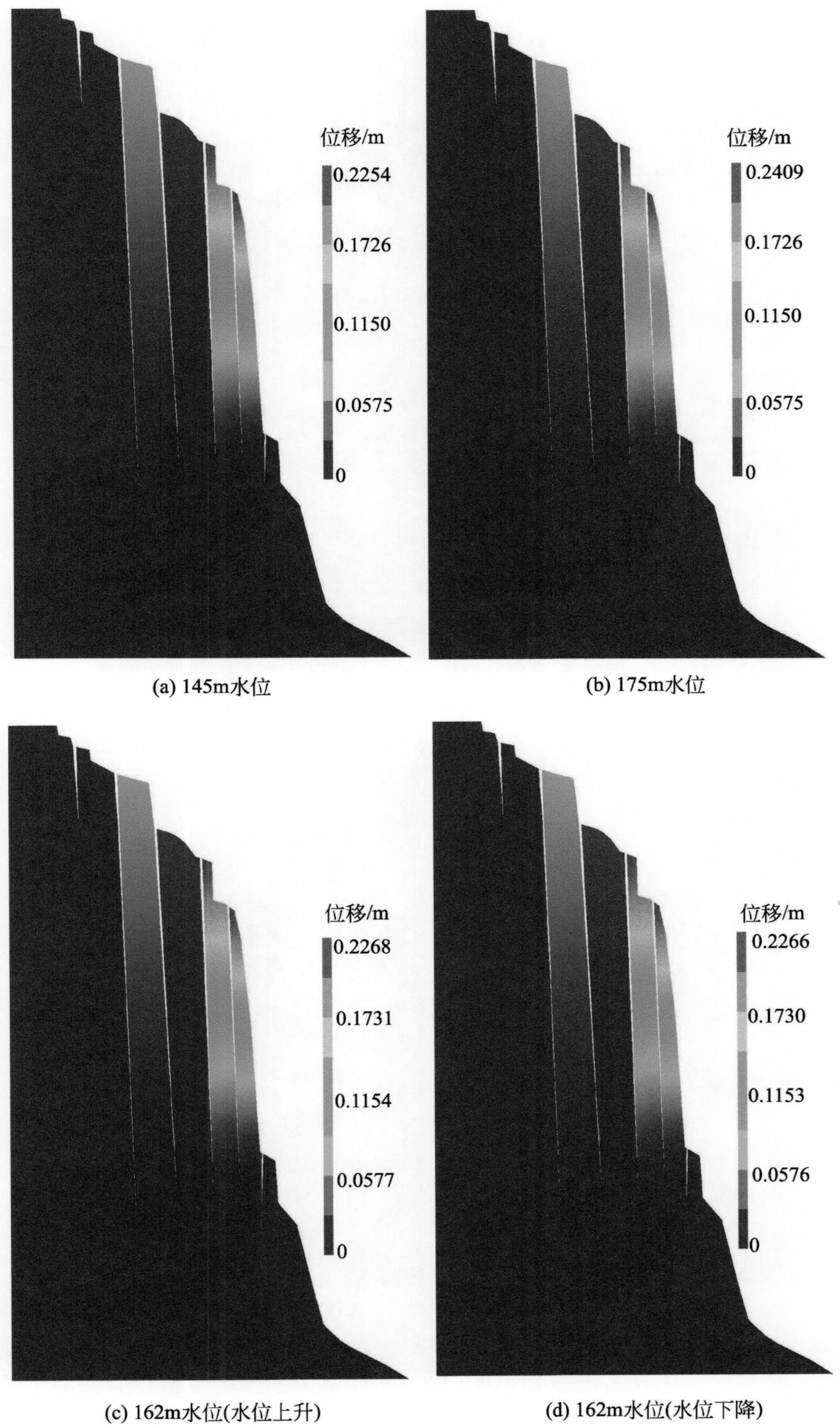

(a) 145m水位　(b) 175m水位

(c) 162m水位(水位上升)　(d) 162m水位(水位下降)

图 9.7　黄岩窝危岩不同工况下的位移云图

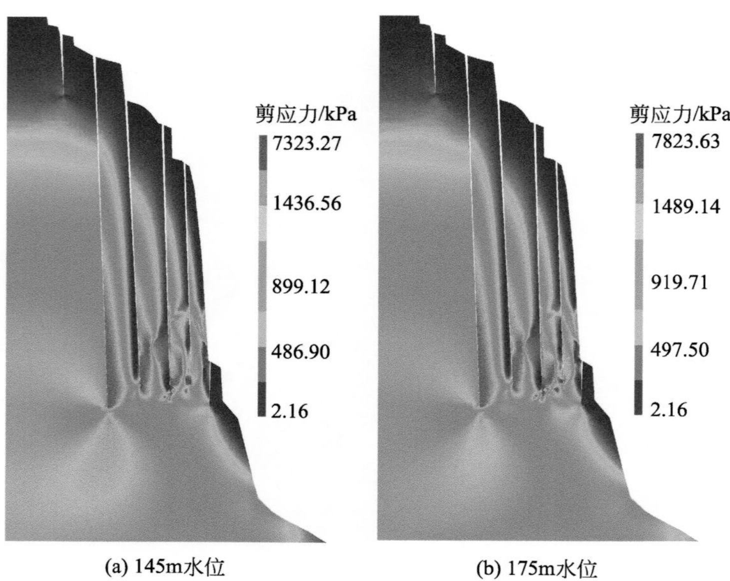

(a) 145m水位　(b) 175m水位

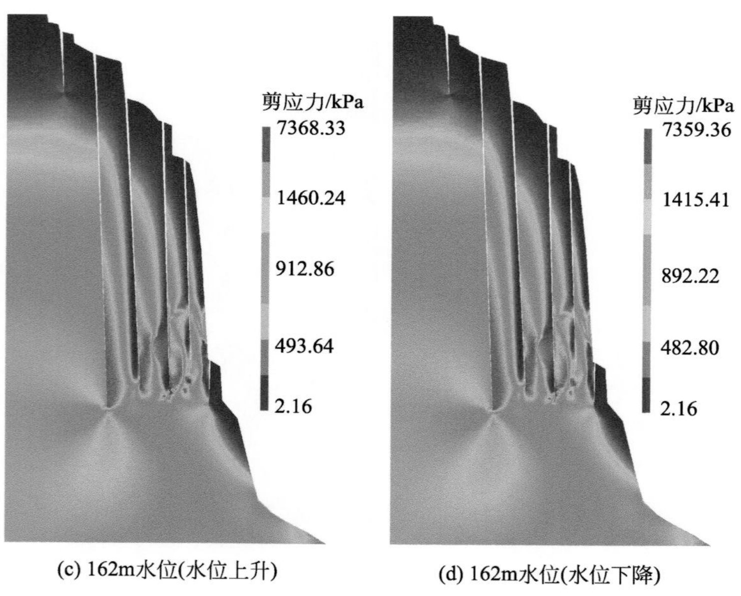

(c) 162m水位(水位上升)　(d) 162m水位(水位下降)

图 9.8　黄岩窝危岩不同工况下的剪应力云图

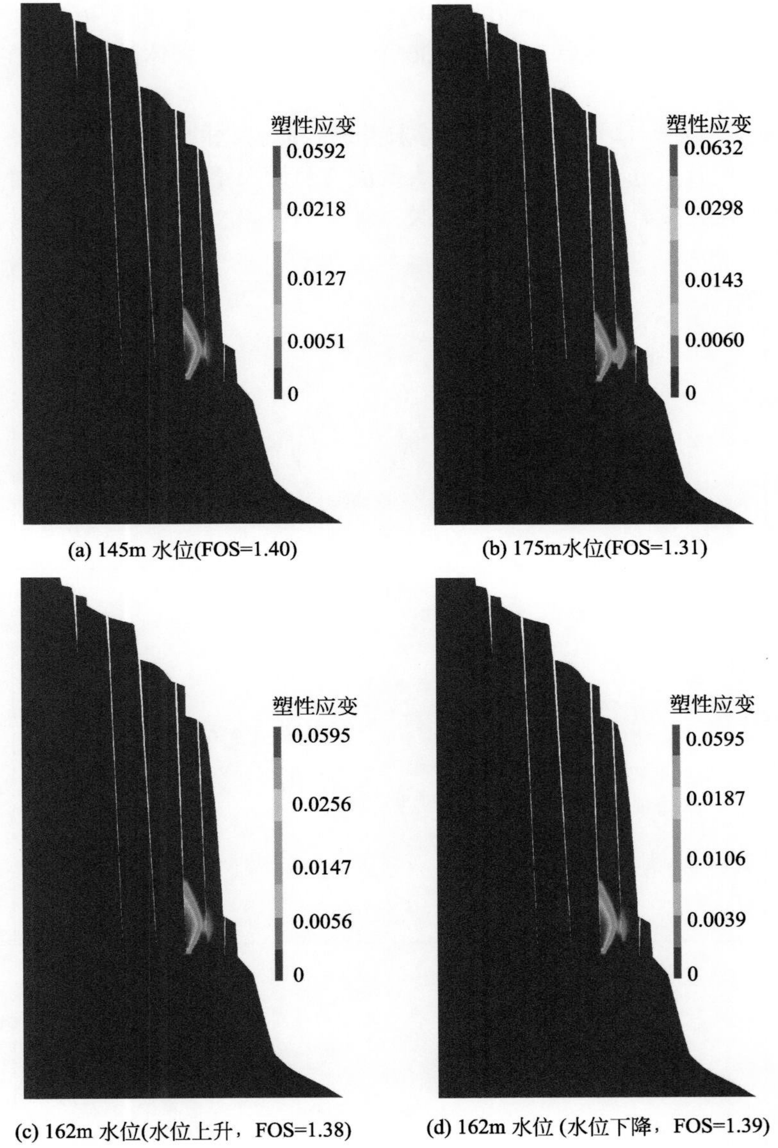

(a) 145m 水位(FOS=1.40)　(b) 175m水位(FOS=1.31)

(c) 162m 水位(水位上升，FOS=1.38)　(d) 162m 水位 (水位下降，FOS=1.39)

图 9. 9　黄岩窝危岩不同工况下的塑性应变云图

自初始状态计算至危岩体失稳，共完成了 36 个水文年的计算，其变化曲线如图 9. 10 所示。分析多个水文年下危岩体稳定性-最大剪应力-位移曲线可知，在单个水文年中，危岩体的位移、最大剪应力及稳定性均随水位升降而变化。水位上升时，危岩体的位移及最大剪应力增大，且危岩体稳定性下降；水位下降时，危岩体的位移及最大剪应力减小，且危岩体稳定性上升。水位达到 175m 时，危岩体的稳定性最低且位移最大，水位达到 145m 时，危岩体的稳定性最高且位移最小。

在考虑干湿循环作用下基座软弱岩体的劣化之后，随着水位波动次数的增加，危岩体的位移及最大剪应力逐渐增加，且危岩体的稳定性逐渐降低；在第 30 个水文年，危岩体稳定性在 175m 水位达到临界状态；在第 36 个水文年后，危岩体的稳定性在 145m 水位达到失稳状态。

在 36 个水文年后，对考虑岩体劣化与未考虑岩体劣化的危岩体力学状态进行对比分析可知，岩体劣化后，危岩体的位移、最大剪应力及最大塑性应变均大幅增加。因此，水位波动与岩体劣化为黄岩窝危岩体失稳的关键加速因素。

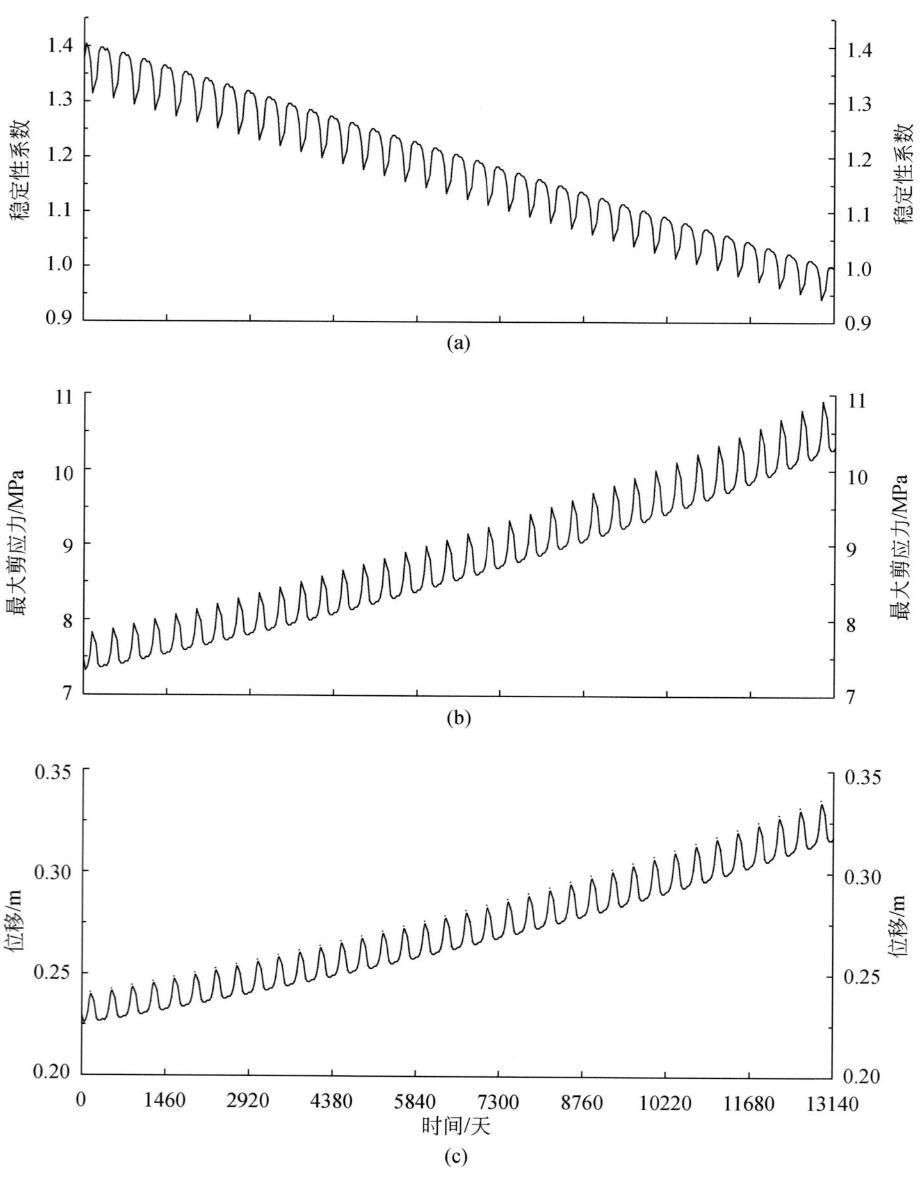

图 9.10　多个水文年下危岩体稳定性-最大剪应力-位移曲线

9.3　碎裂岩体岸坡力学响应分析

2008 年 11 月 23 日首次蓄水至 172.8m 时，巫峡龚家坊发生滑坡，产生涌浪灾害。龚家坊斜坡为逆向碎裂岩体岸坡，滑动方量为 36 万 m^3，产生最大涌浪为 13m。2009 年和 2010 年其残留体又发生了几次零星崩塌落石。在巫峡，类似龚家坊的斜坡有近 4.5km 长，位于巫山长江大桥至独龙一带，它们在水位波动下的力学响应机制受到广泛关注。

本节以龚家坊下游 1km 处的茅草坡 4 号斜坡为例，开展水位变动下碎裂岩体岸坡力学响应分析。

9.3.1　茅草坡 4 号碎裂岩体岸坡概况

巫山县茅草坡 4 号斜坡（M4）位于长江左岸，距巫山城区水平距离为 5km 左右，为典型的碎裂岩体岸坡（图 9.11）。斜坡两侧以季节性冲沟为界，中偏东侧有一季节性冲沟，前缘为长江。斜坡地形北高南低，前缘高程为 80m、后缘高程为 440m，相对高差为 360m。斜坡平面形态呈长舌状，宽约 200m，纵向长约 507m，面积约 10.14 万 m^2，体积约 182 万 m^3，为岩土质斜坡。

图 9.11　茅草坡 4 号斜坡区位图

茅草坡位于巫山向斜东翼、横石溪背斜北西翼，岩层呈单斜产出，正常岩层产状为 320°~350°∠55°~62°，500m 高程以下冲沟两侧山脊近地表发生弯折，岩层产状变缓，倾角为 23°~45°。下三叠统大冶组四段泥质灰岩中多见揉皱现象。隆起的脊状地形处坡体前缘由于岩体变形其产状为304°～350°∠24°～36°。区内未发现断层通过，地质构造简单。

区内以碳酸盐岩为主的地层，为含水层，赋存溶蚀裂隙水，其受大气降雨的影响大。地表局部分布第四系崩坡积层及冲洪积层，赋存松散岩类孔隙水，富水性差。

斜坡区地形坡角为35°～48°，接受大气降水补给，大部分降水顺坡直接向长江排泄，仅少量经过岩土体裂隙渗入地下，再向长江排泄。水位变动带地下水受库水涨落而涨落。结合三峡库区库水位实际运行情况与巫山降雨量，统计了2011年1月1日—2016年11月23日的库水位波动与降雨量如图9.12所示，记录的最大的日降雨量为2016年6月24日的87mm。

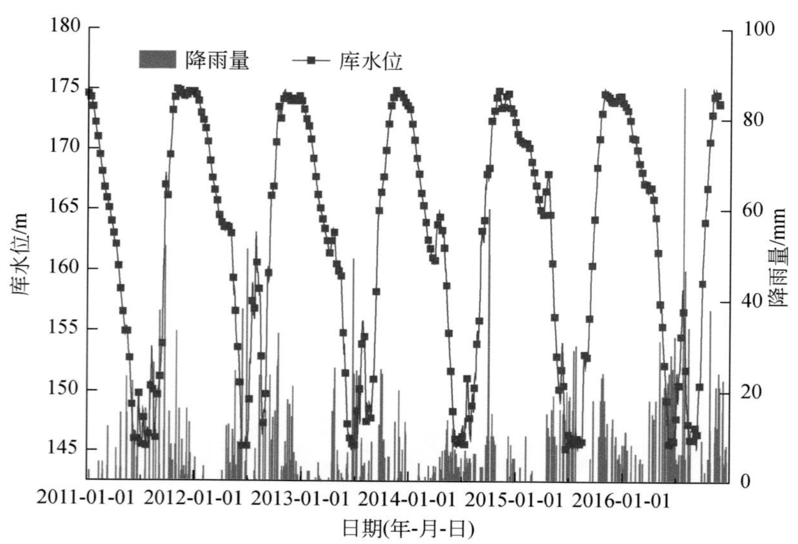

图9.12　三峡库区水位运行图与巫山降雨量图

9.3.2　现场宏观变形现象

斜坡岩性为薄层夹中厚层状灰岩、泥质灰岩，局部夹页岩，岩层正常产状为335°～350°∠52°～65°，隆起的脊状地形处坡体前缘由于岩体变形其产状为304°～350°∠24°～36°。据调查，坡体外倾裂隙较发育（图9.13）裂面平直，部分张开度为2～12cm，一般延伸长度为5～15m，间距为0.6～1.2m/条，特别是在厚层灰岩中发育，多张开。

斜坡前部岩体呈散裂状、碎裂状，产生塌岸，表层土体厚1～4m，基岩强风化带厚度为8～10m，在145～175m水位线土体垮滑，后缘垮滑垂直位移为3～4m，侧壁垮滑为1～2m，部分土体已滑入江中，土体入江导致临近岸坡湖面呈现浑浊现象。岸坡现状整体欠稳定。坡体表面裂隙发育、破碎，呈“砖墙状”，沿外倾结构面滑移，滑面倾角为32°～52°，在160～180m岩体已发生滑落，滑入江中，上部未滑落部分形成危岩体，呈薄板状。部分岸坡出现局部塌岸现象（图9.14）。

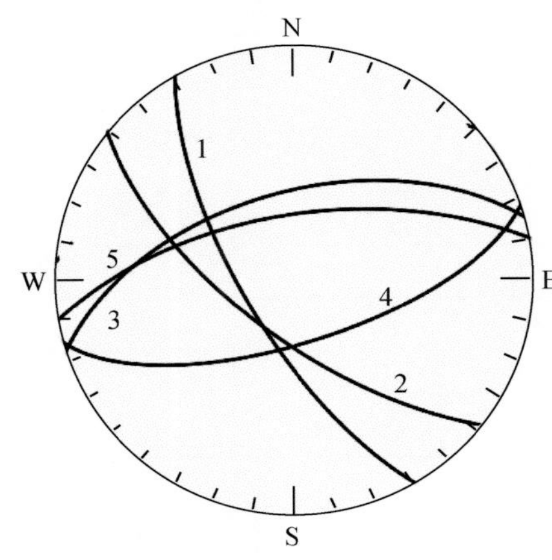

1裂隙产状：40°~80° ∠50°~80°
2裂隙产状：32°~45° ∠50°~80°
3裂隙产状：150°~170° ∠45°~75°
4岩层产状：335°~350° ∠52°~65°
5斜坡坡向：156° （M4-1）
170° （M4）
坡角：44°~54°

图 9.13　巫山茅草坡 4 号斜坡（M4）结构面赤平投影图

(a) “砖墙状”碎裂岩体

(b) 茅草坡4号斜坡局部塌岸现象

图 9.14　茅草坡现场调查宏观变形现象

9.3.3　水位变动下逆向岸坡碎裂岩体的演化趋势分析

斜坡的破坏方式为坡面岩土体可能沿卸荷带底界弯折破坏面发生规模较大的滑移。结合斜坡破坏模式，考虑渗透水压力、应力-应变与滑坡稳定性的多场耦合，采用加拿大 GeoStudio 岩土工程数值分析软件中的 SEEP/W、SIGMA/W、SLOPE/W 模块（Mishal and Khayyun，2018；Malik and Karim，2020），对茅草坡 4 号斜坡的典型剖面进行数值模拟。

同时结合茅草坡 4 号斜坡勘查报告中试验参数（表 9.3），具体的茅草坡 4 号斜坡通过工程类比获取其渗透系数，结合室内土工试验获得滑坡岩土体的饱和含水率、体积含水量等，同时根据 D. G. Fredlund 经验拟合公式（Leong and Rahardjo，1997；汪东林等，2009）拟合可得到滑体、滑带、滑床的土水特征曲线和渗透性曲线。

表 9.3　茅草坡 4 号斜坡黏土试验成果汇总统计表

样品编号	岩性	物理性质			天然快剪	
		天然含水量/%	天然密度/(g/cm³)	土粒比重	内摩擦角/(°)	黏聚力/kPa
TC1-1	黏土	39.6	1.80	2.54	8.0	9.6
TC2-1	黏土	40.8	1.82	2.56	8.4	10.2
L2	黏土	41.2	1.84	2.56	9.2	11.4
L1	黏土	42.0	1.87	2.58	9.8	12.6
TC4-7	黏土	41.6	1.85	2.55	8.9	11.8

模型建立：选取典型剖面建立滑坡二维有限元网格模型如图 9.15 所示，单元尺寸划分为 5m 与 2m，不动基岩网格尺寸为 5m，上覆松散碎裂岩体与第四系松散崩坡积物为 2m，网格划分为 5912 个节点、3467 个单元，网格类型为四边形单元和三角形单元融合。

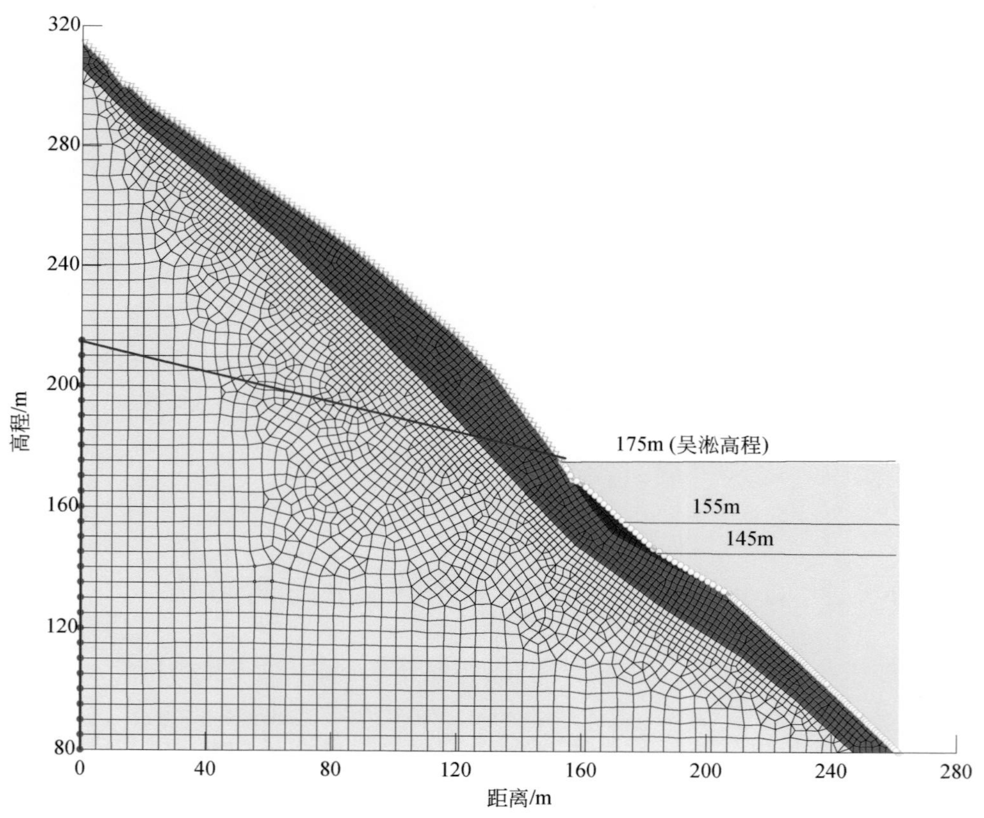

图 9.15　茅草坡 4 号斜坡 SEEP/W 渗流数值模型

为了研究库水位周期波动与岩土体之间的动态渗流、应力-应变的响应，斜坡前缘设置175m水头边界，根据勘查资料以及工程类比可知，初始斜坡浸润峰呈15°向后延展。弯折破坏面以下简化为不动基岩，以弯折面作为上覆松散岩土层与下部基岩的分界，坡体前缘坡脚位置的崩积物单独作为一个材料属性分区。截取三峡库区水位运行图中的2014年11月28日—2016年11月23日共计三个水位年、两个完整的库水调度周期727天作为前缘库水的水力边界条件。同样的后续的应力变形SIGMA/W计算也采用同样时间段的水力-应力边界条件进行模拟分析，其他斜坡部位设置为潜在渗流边界。

一般库水下降对岩体的影响大于库水上升，因此在第一个库水下降周期中（第1～216天），截取三个代表性的典型水位，观察其孔隙水压力及渗流情况。弯折面以下的不动基岩，在库水位下降过程中，浸润峰并无明显下降，渗流量较弱，对应的孔隙水压力下降或变化也并不明显。而位于弯折破坏面以上的松散碎裂岩体的孔隙水压力及渗流变化极为明显、剧烈（图9.16）。

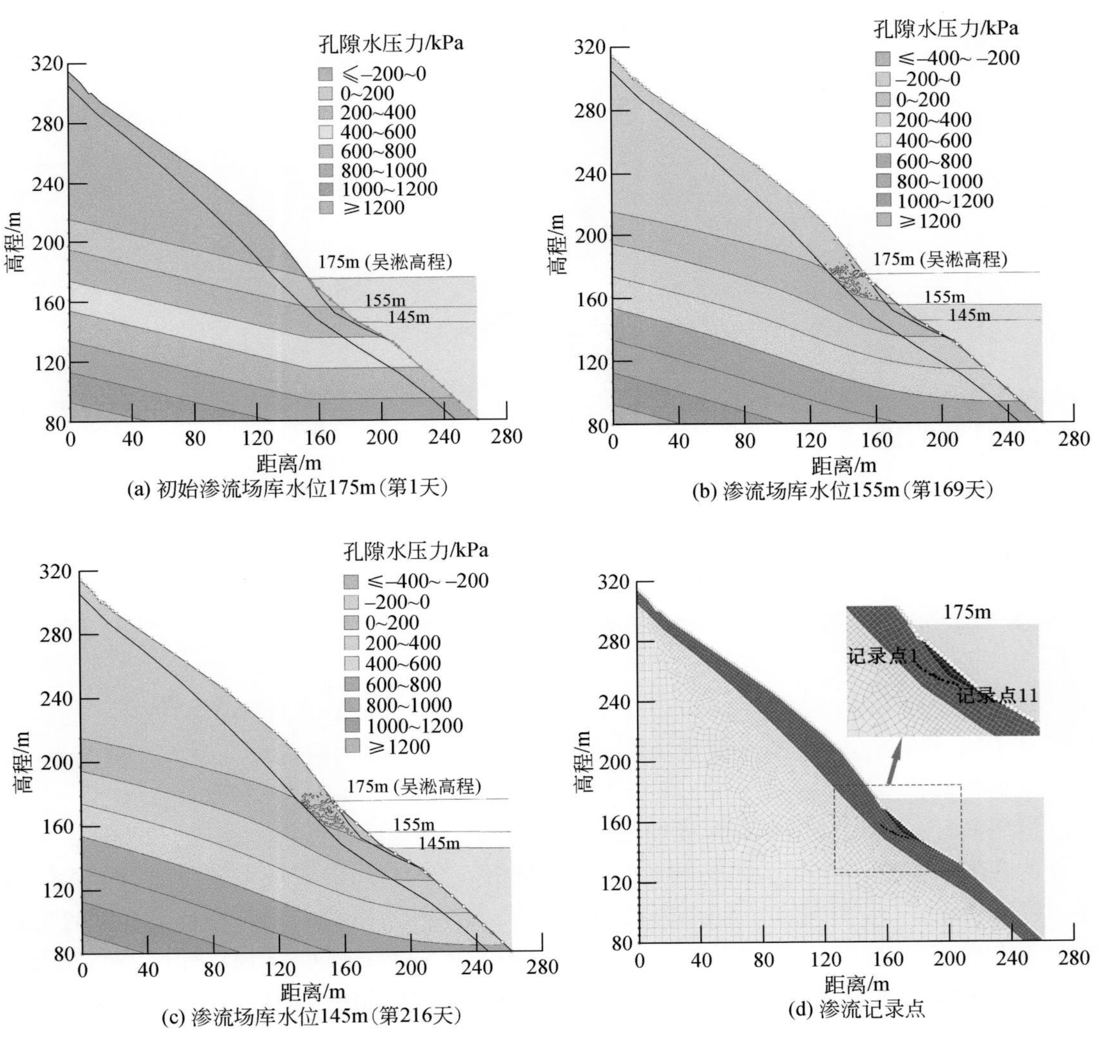

图9.16　茅草坡4号斜坡渗流场浸润线及孔隙水压力分布图

对 155～145m 的库水位波动带，提取渗流场记录点的孔隙水压力以及水力梯度可以明显看到 145m（第 216 天）对应的水力梯度和坡降明显大于 155m（第 169 天）时的水力坡降，这表明，随着库水位下降，水力梯度逐渐增高，直至库水位下降至最低值时 145m 位置处对应的水力梯度最高为 0.4～0.45，动水压力最大，此时，斜坡的稳定性最低。但是当随着时间的延展，库水位处于静止或者上升，浸润峰会趋于平缓，水力梯度减小，动水压力也随之趋于低值（图 9.17）。

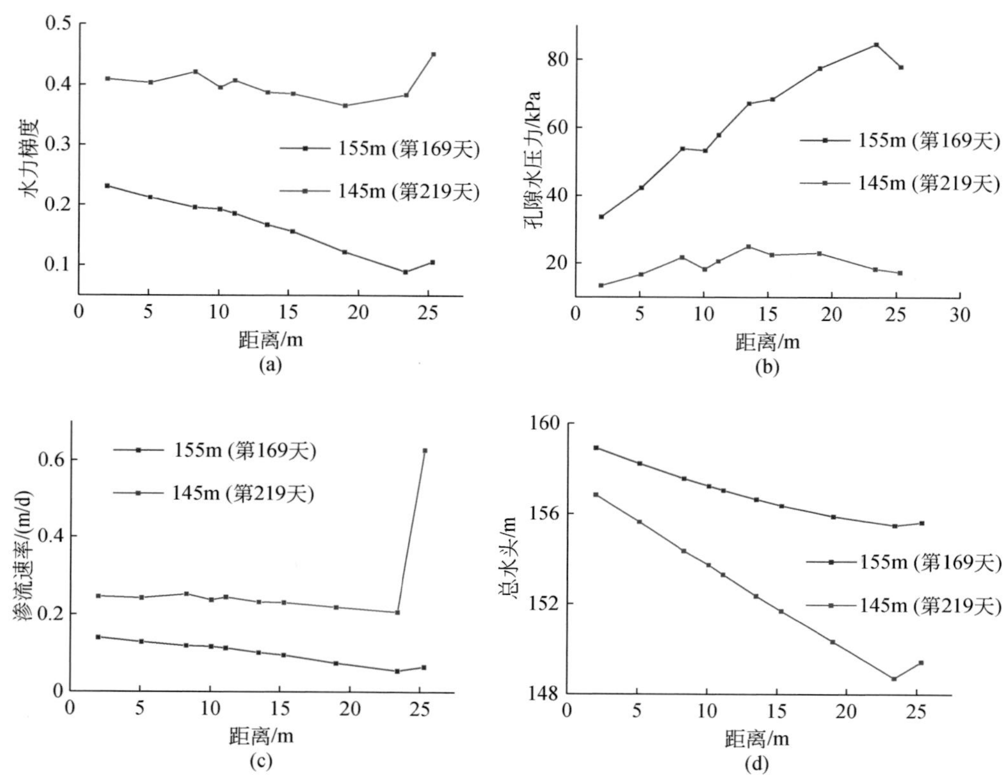

图 9.17　茅草坡 4 号斜坡渗流记录点水力梯度、孔隙水压力、渗流速率与总水头（155～145m 下降段）

对比库水位第一个周期下降段，发现与上升段（图 9.18）存在类似的规律，这说明仅就渗流场分析而言，在库水位循环波动时，库水位对水体渗流的影响巨大，但与上升、下降段无明显关系。

运用 GeoStuido 中 SIGMA/W 模块与 SEEP/W 模块进行耦合（韦立德等，2006），可对斜坡的孔隙水压力、应力、变形进行多场耦合分析（图 9.19）。斜坡左侧后部约束 X 向边界，底部约束 X、Y 两向边界，同时前缘库水位不仅增加了对应的动态库水边界同时也包含由于库水压力所形成的水力应力-应变边界，其他部位与 SEEP/W 模块相同。此外表层堆积土采用弹塑性本构（Daouadji et al.，2001；姚仰平和侯伟，2009），碎裂块石以及基岩采用线弹性本构模型（廖雄华等，2002）。

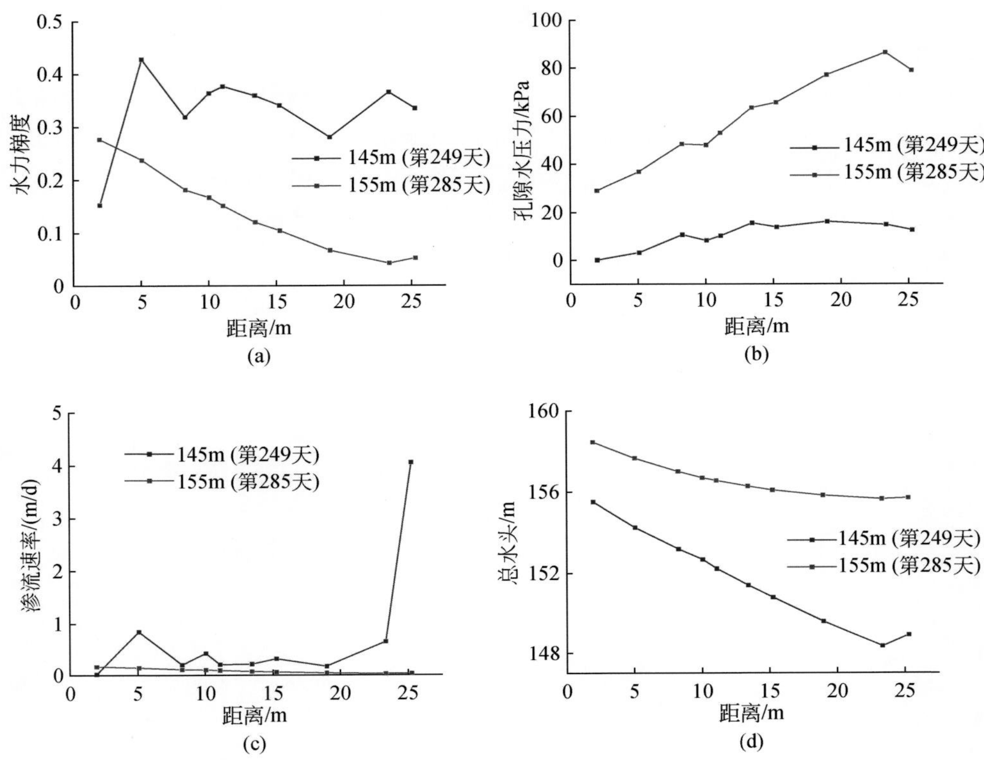

图 9.18　茅草坡 4 号斜坡渗流记录点水力梯度、孔隙水压力、渗流速率与总水头（145～155m 上升段）

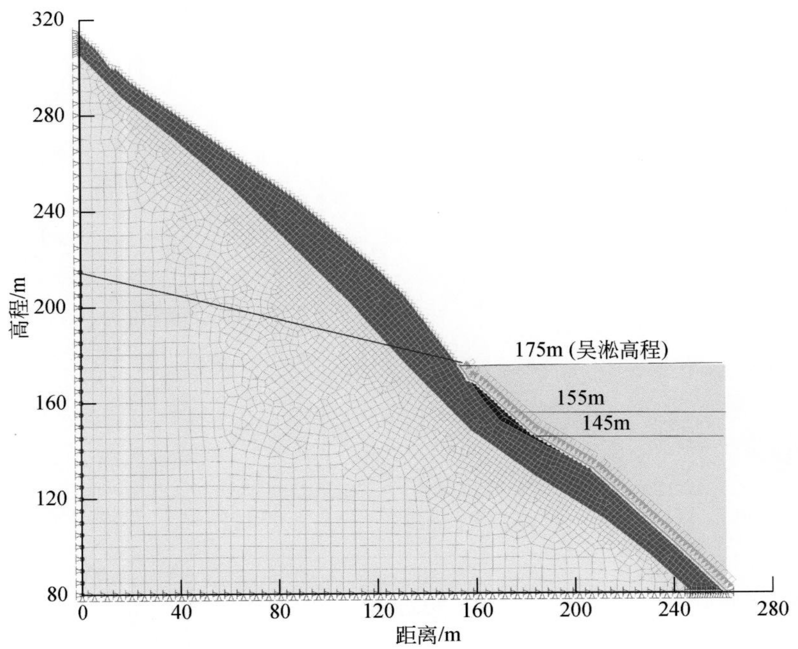

图 9.19　茅草坡 4 号斜坡 SIGMA/W 应力场数值模型

类比渗流场分析中，对比三个典型库水位对应的总应力、有效应力-变形矢量图（图 9.20～图 9.22），弯折面以下的基岩整体几乎无变形，仅在 175～145m 库水波动段，有微弱的变形现象。变形主要集中于 175～145m 库水波动段，且滑塌的变形方位与现场观测塌岸现象几乎一致，随着库水位的下降，145m 对应变形明显大于 155m 对应位置的变形。175～145m 向下坍滑变形，牵引后方坡体变形，逐级向前滑移。对比三个库水位对应的 Y 向总应力云图发现，在不同库水位下 Y 向总应力并无变化，但是随着库水位的下降，水体逐渐向外渗流，Y 向有效应力出现不同程度的升高。

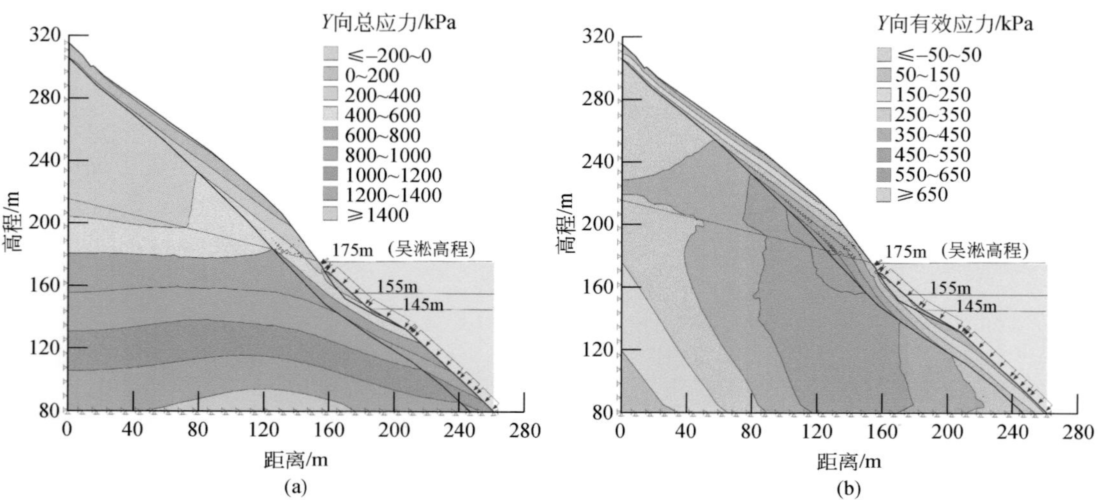

图 9.20　茅草坡 4 号斜坡 Y 向总应力、有效应力-变形矢量图（对应库水位 175m，第 1 天）

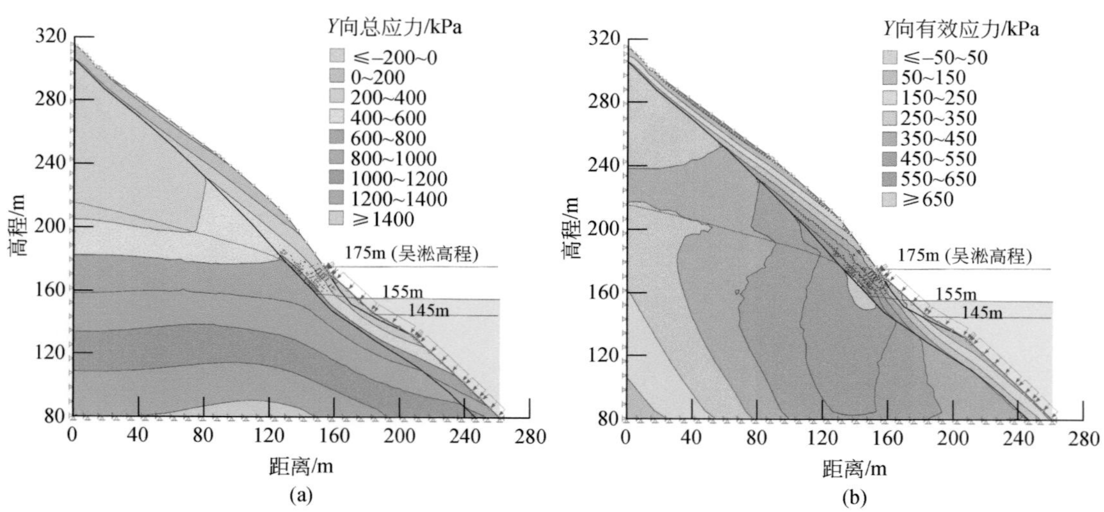

图 9.21　茅草坡 4 号斜坡 Y 向总应力、有效应力-变形矢量图（对应库水位 155m，第 169 天）

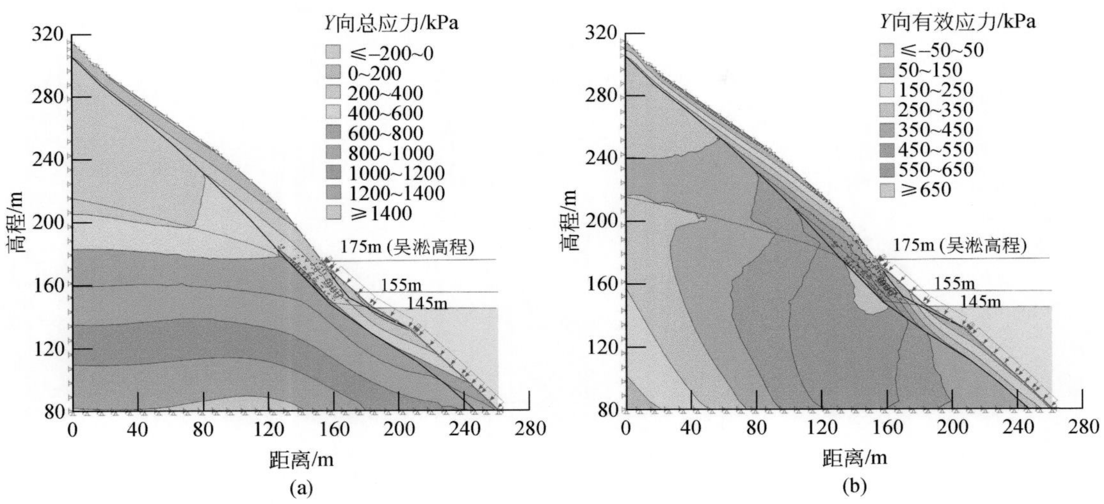

图 9.22　茅草坡 4 号斜坡 Y 向总应力、有效应力-变形矢量图（对应库水位 145m，第 216 天）

沿 175 ~ 145m 段库岸高程均匀设置记录点，并提取三个水位年、两个循环周期共计 728 天的记录点的位移与库水位进行比较，如图 9.23 所示。不难看出 175 ~ 145m 段 12 个坡内记录点整体位移变形与库水位波动呈现出良好的一致对应性。岸坡变形与库水位存在着明显的负相关关系。库水快速下降段对应岸坡快速变形增长段，库水位下降至最低 145m 波谷段，对应岸坡变形出现三个变形波峰段［图 9.23（c）中红色虚线框内］。相反的库水位运行至高水位（如 175m 左右）时，岸坡变形趋于减小甚至为 0，充分反映出库水波动与岸坡变形的负相关性，这与前文 SEEP/W 模块分析是一致的。同时在坡体表面设置记录点，并提取坡面记录点位移信息，发现坡体表面的变形信息与坡体内部相同，但是坡体表面对应变形的峰值要明显大于坡体内部。

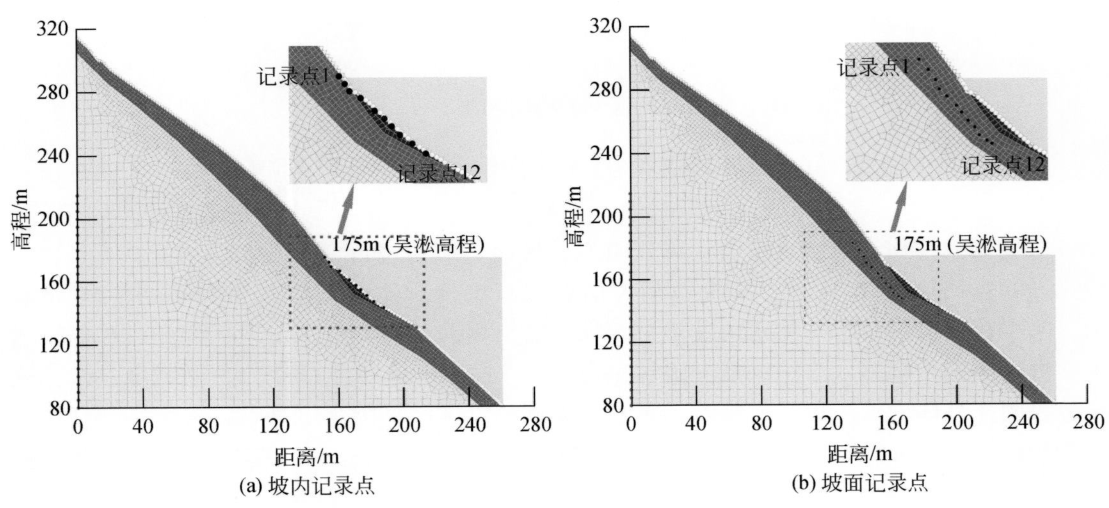

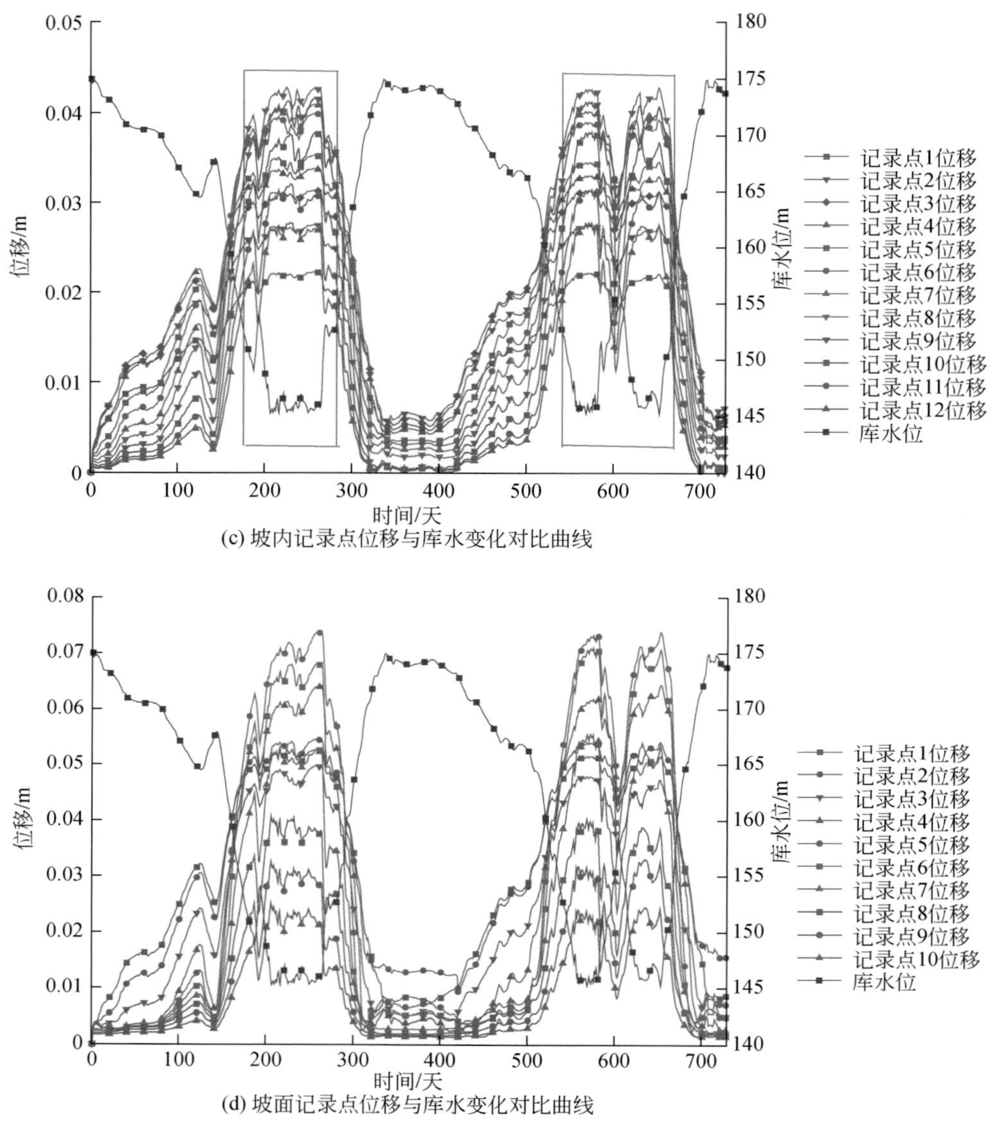

(c) 坡内记录点位移与库水变化对比曲线

(d) 坡面记录点位移与库水变化对比曲线

图 9.23　茅草坡 4 号斜坡坡内、坡面模拟全过程对应记录点位移对比

对坡体内位移、孔隙水压力、有效应力、最大剪应力进行全面分析，坡体内沿 145 ~ 175m 均匀设置八个记录点，并提取相关信息与库水位对比制图如图 9.24 所示。不难看出，八个记录点的位移与库水位波动呈现完美的负相关对应关系，出现三个变形峰值，与上文分析相同。观察八个记录点孔隙水压力与库水位的关系，曲线变化几乎完全一致，这充分表明，坡体内渗流场受库水波动影响巨大，可以说库水位变化对岸坡渗流场起到主控因素的作用。*Y* 向有效应力与库水位波动呈现微弱的负相关性。综合多项因素，库水位快

速消落时，虽然岸坡由于部分疏干有效应力得到微弱提高，但是相比渗透力的增加与最大剪应力的增加而言，综合来讲库水位快速下降对岸坡的稳定性非常不利。

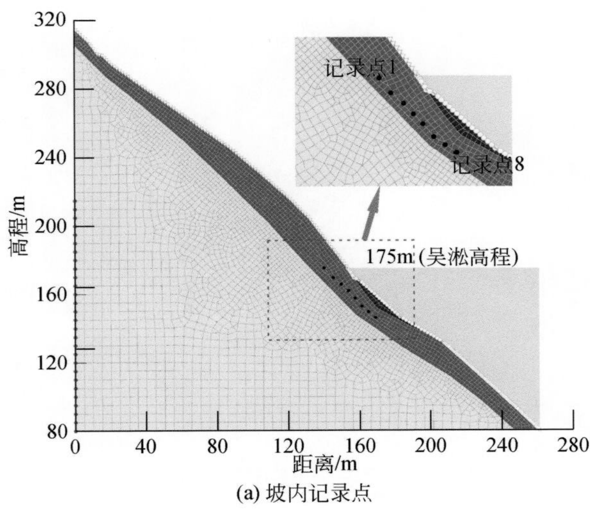

(a) 坡内记录点

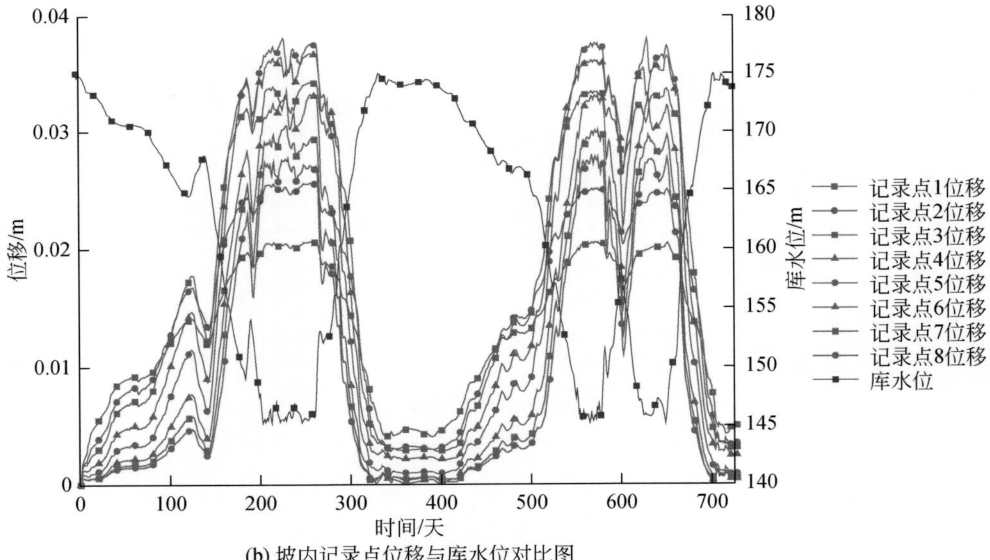

(b) 坡内记录点位移与库水位对比图

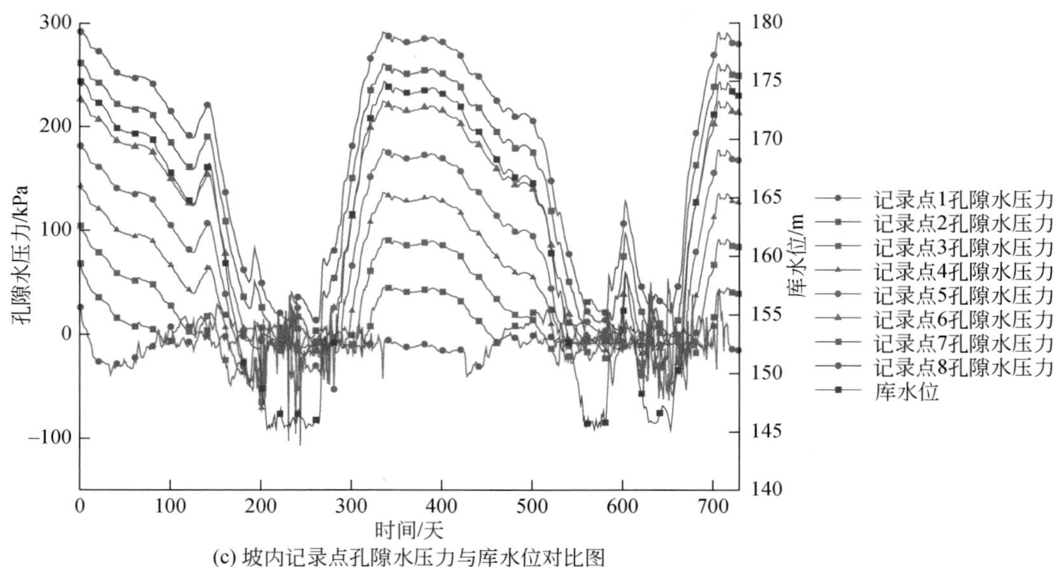

(c) 坡内记录点孔隙水压力与库水位对比图

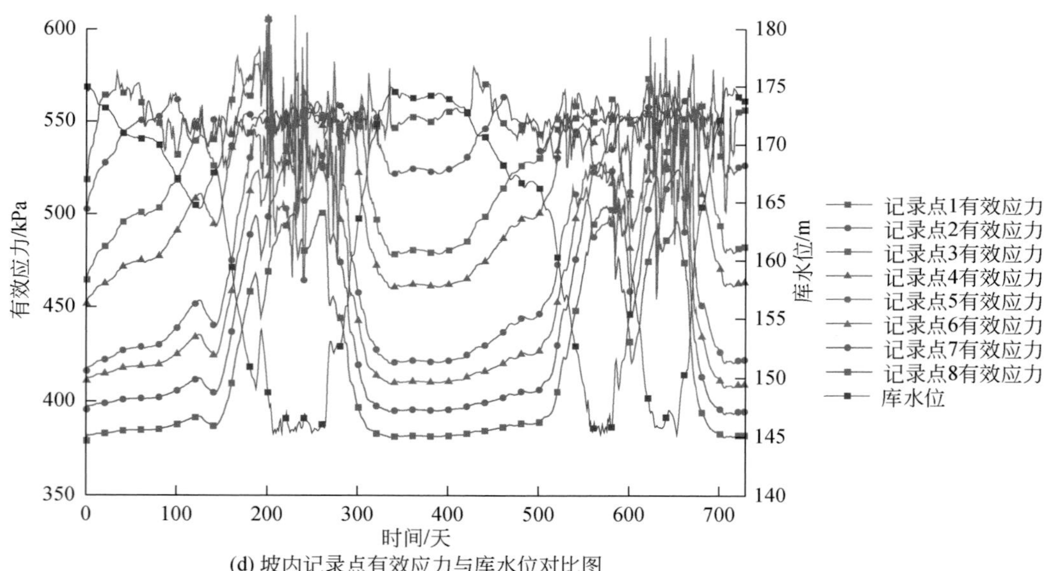

(d) 坡内记录点有效应力与库水位对比图

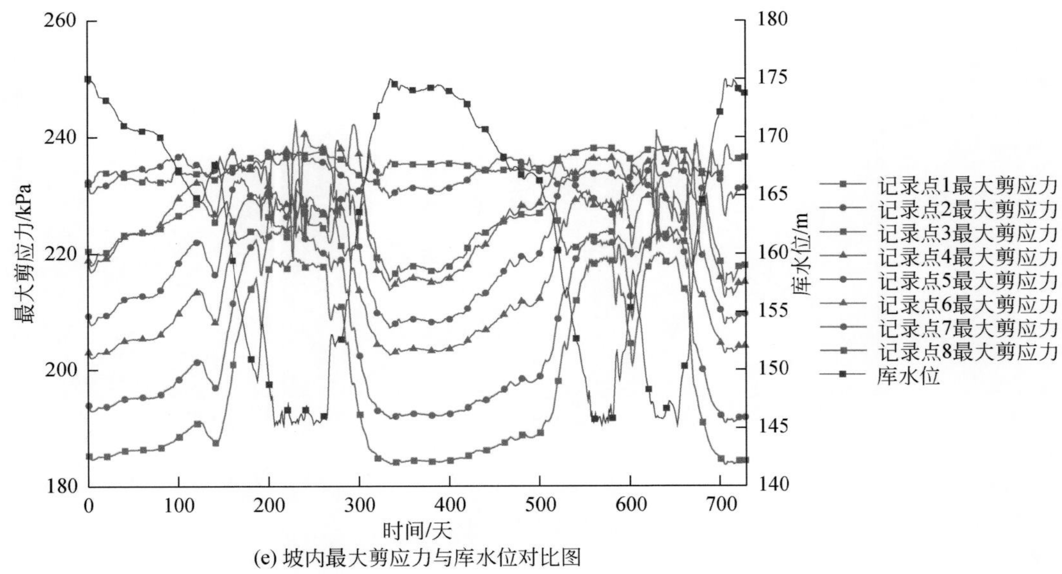

(e) 坡内最大剪应力与库水位对比图

图 9. 24　茅草坡 4 号斜坡坡内模拟全过程记录点位移、孔隙水压力、有效应力、最大剪应力与库水位对比图

根据现场变形情况以及塌岸调查，在弯折面以上采用完全指定的方法确定了两个滑移面上下限，然后利用邻域搜索优化算法，在所指定的滑面 1、滑面 2（图 9. 25）中搜索临界滑面 3，特类似于上文分析研究选取三个典型的库水位面 175m（对应第 1 天）、155m（对应第 169 天）、145m（对应第 216 天）所对应的优化滑面，然后基于优化后的临界滑面观察其稳定性系数与库水位波动之间的关系。同时岩土力的物理力学参数并没有考虑受库水浸泡而劣化衰减的现象，仅针对库水波动下渗透力、孔隙水压力的多场耦合情况下的分析。

两个典型的库水位面 175m（对应第 1 天）、145m（对应第 216 天）所对应的优化滑面如图 9. 26 所示。

将模拟全过程稳定性系数提取并与库水位进行对比制图如图 9. 27 所示。可以明显看到优化后的临界滑面 3 对应的稳定性系数时程曲线与库水位波动对应性较好，整体随着库水下降，稳定性系数快速下降，且最小值为 1. 223（库水位为 145. 22m）；随着库水位上升，稳定性系数有逐渐回升，最高值为 1. 272（库水位为 172. 85m）这与前文中 SEEP/W 渗流场、SIGMA/W 应力场及其变形相一致。

9. 3. 4　基于强度弱化耦合水力作用的力学响应及变形机理讨论

通过耦合循环波动的库水位与 SEEP/W 模块，得到茅草坪 4 号斜坡动态渗流场，结果表明，斜坡体受库水循环影响较大。在库水位上升时，总水头、孔隙水压力上升，水力梯度相对削弱，对坡体相对较为有利。库水位下降时，总水头、孔隙水压力下降，水力梯度上升，由于动水压力的作用，较高的水力梯度会形成一个牵引坡体向外变形的作用，对坡

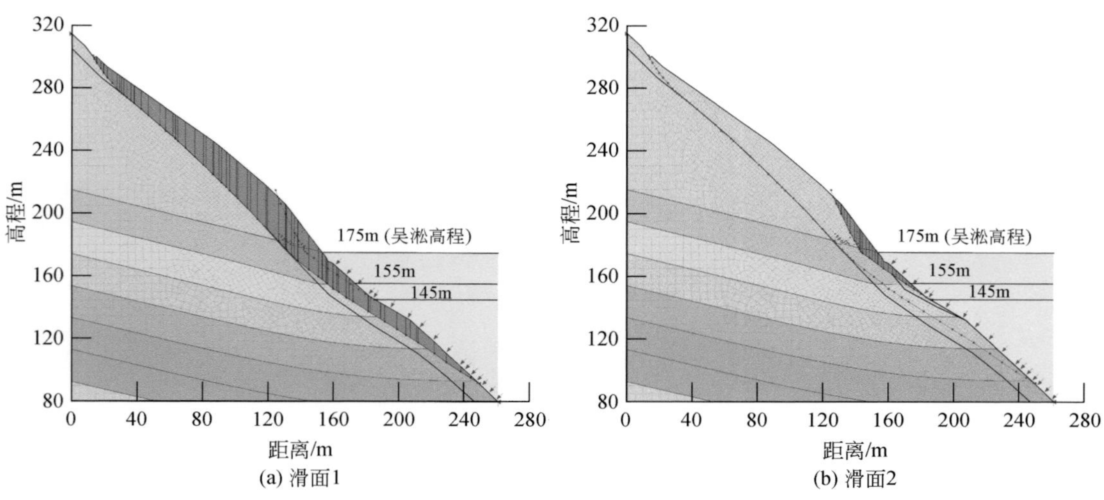

(a) 滑面1　　(b) 滑面2

图 9.25　茅草坡 4 号斜坡完全指定滑面 1、滑面 2

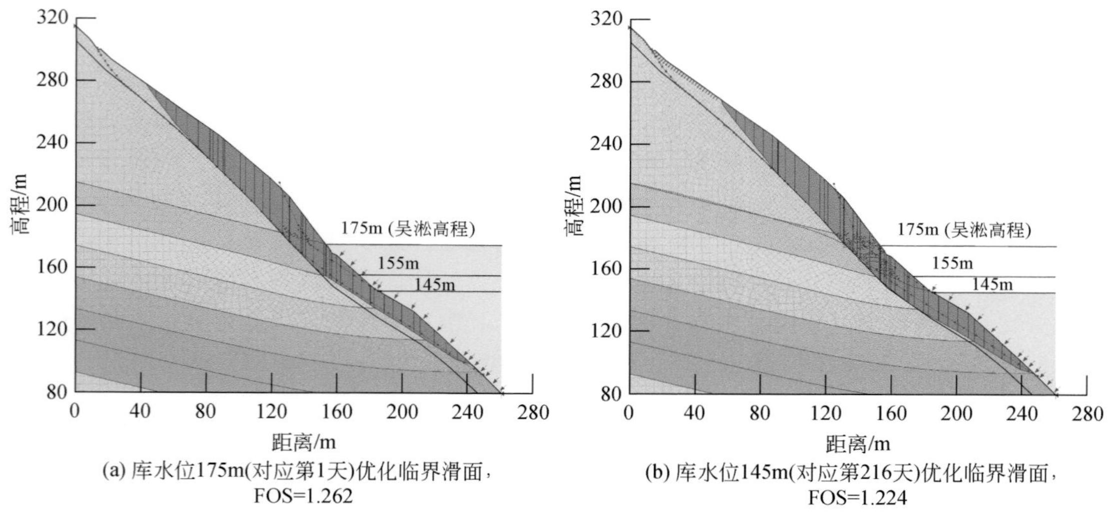

(a) 库水位175m(对应第1天)优化临界滑面，FOS=1.262　　(b) 库水位145m(对应第216天)优化临界滑面，FOS=1.224

图 9.26　茅草坡 4 号斜坡优化临界滑面

体稳定不利。但是无论是斜坡上升段还是下降段，在低水位时，斜坡体内的渗流速度要大于高水位时的渗流速度。

通过耦合循环波动的库水位与 SEEP/W、SIGMA/W 模块，得到茅草坪 4 号斜坡动态应力场及其坡体变形，结果表明，在不同库水位下 Y 向总应力并无变化，但是随着库水位的下降，Y 向有效应力出现不同程度的升高，抗剪强度提高，有利于坡体的稳定。由于并未考虑岩土体的劣化，坡体的变形与库水具有周期性的态势。弯折面以下的基岩整体几乎无变形，变形主要集中于 175 ~ 145m 库水波动段，表层变形大于内部，且滑塌的变形方位

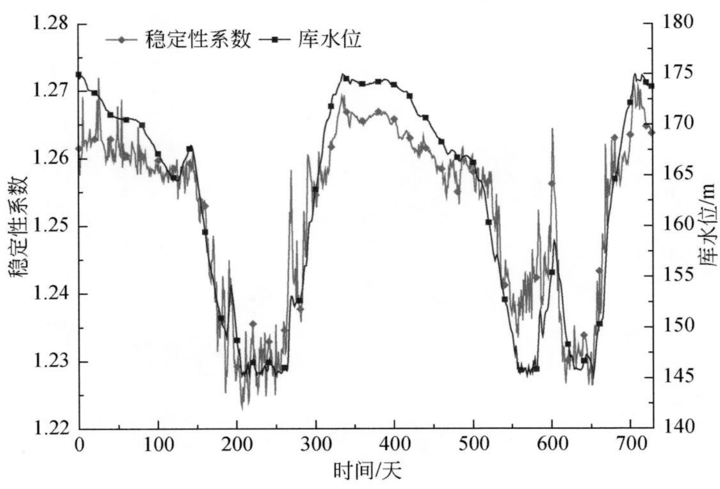

图 9.27　茅草坡 4 号斜坡稳定性系数与库水位波动时程曲线

与现场观测塌岸现象几乎一致，随着库水位的下降，145m 对应变形明显大于 155m、175m 对应位置的变形。

通过耦合循环波动的库水位与 SEEP/W、SIGMA/W、SLOPE/W 模块，得到茅草坪 4 号斜坡动态稳定性系数与库水位之间的关系。在未考虑岩土体物理力学参数的劣化情况下，稳定性系数时程曲线与库水位呈现周期循环往复的变形态势。这与前文中 SEEP/W 渗流场、SIGMA/W 应力场及其变形相一致，证明了模拟的准确合理性。

为了更加全面的考虑岩土体受岩体劣化的影响，参考室内实验及相关文献（汤连生等，2002；刘新荣等，2009；王运生等，2009；Huang et al.，2016b），10 次干湿循环后岩土体的物理力学参数劣化衰减率约 15%。为了快速观察劣化效果，本次数值模拟验证，采用三个水文年、两个循环周期劣化下降率约 15%，并将其平分在 728 天内，进行和上文相似的 SEEP/W、SLOPE/W 渗流稳定性耦合分析，求得的稳定性系数与库水位制图并对比分析如下。

对比不考虑岩土劣化可以明显看到，考虑岩土体劣化后（图 9.28），稳定性系数随着库水循环波动，稳定性系数逐天呈现下降的总体趋势。同时与库水位波动进行对比，不难发现与上文类似的规律，即对应着库水位快速下降段，岸坡的稳定性系数下降极快，而对应库水稳定或者上升段，岸坡的稳定性系数变化较小，甚至无明显下降趋势。这表明，库水位波动产生的渗透力对岸坡的影响较大，尤其是叠加岩土体力学参数的劣化衰减后，稳定性系数急剧下降，最低值为 1.00918（对应第 652 天，与不考虑岩土体劣化工况最小稳定性系数不在同一天），几乎接近于 1，岸坡处于整体失稳的临滑状态，可见岩土体的劣化对岸坡的稳定性影响巨大，不容忽视。

从大量的参考文献和工程实例来看（任光明等，2003；Zheng et al.，2018），反倾岩质斜坡倾倒变形后主要存在两种破坏形式：一种是倾倒变形转滑移破坏，另一种是倾倒破坏。逆向斜坡中大规模倾倒变形破坏的发生与岩性、宽厚比等有关。坚硬岩层易发生

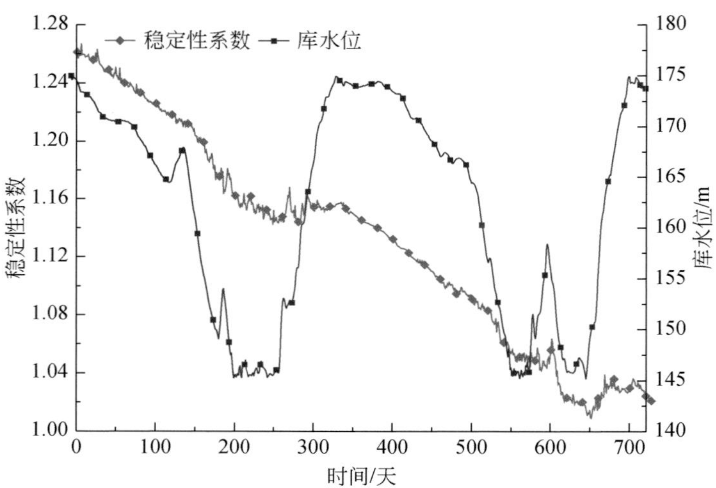

图 9.28　茅草坡 4 号斜坡考虑岩土体劣化的稳定性系数与库水位波动时程曲线

"V"形倾倒，岩块弯曲倾倒多发育软硬相间的岩层中，而软岩则易发生弯曲倾倒。当弯曲倾倒和岩块弯曲倾倒发生后，会慢慢形成一个弯曲变形的界线面。界线面之上的岩体，在重力下滑力作用下，岩体沿界线面附近进行蠕滑。蠕滑后，在滑移面附近的岩层出现拖曳现象，形成 S 形岩层形态。夹杂其中的较硬岩层会以折断的岩块来表达这种 S 形态。(Chigira，1992）将这种 S 形态的岩层定义为逆向坡的重力拖曳褶皱。蠕滑面形成后，如果不加以控制，滑动会一直持续，滑动面基本由相间其中的碎、块石黏土和残留的空洞为主，以压剪应力为主。当下滑力超过阻滑力后，斜坡会沿着蠕滑面发生滑动破坏。

McAffee 和 Cruden（1996）指出倾倒岩体可能会沿着近似统一的破裂面进行滑动。当倾倒的裂隙面完全贯通或随着贯通的发展时，滑动就产生了。这一滑动同样也显示了累进性变形特性，像倾倒一样。但一个是岸坡变形阶段的累进性变形，一个是失稳阶段的累进性变形。这两者之间没有清晰的界限，可能是相互伴随或互为主辅。

茅草坪 4 号斜坡为典型的碎裂岩体岸坡，由于宏观变形明显，对过往船只通航存在极大的潜在风险和威胁。因此重庆市三峡地防办委托 107 地质队开展相关的调查、应急治理与监测工作。Ⅰ期施工期：2013 年 7 月 5 日—2013 年 9 月 6 日；Ⅱ期施工期：2014 年 6 月 1 日—2014 年 9 月 1 日。工程完工后，进行了三个水位年的监测，具体时间为 2014 年 9 月 15 日—2017 年 9 月 15 日。通过变形监测成果可知，应急治理工程取得很好的效果，坡体表面塌岸现象不再发生，有效延缓了岸坡的继续劣化和变形。具体监测平面布置图和相关监测变形记录如图 9.29、图 9.30 所示。

由图 9.30 变形监测点可知，茅草坡 4 号斜坡经过工程治理后，坡体的变形已经趋于收敛。水平位移量基本在 20mm 左右附近波动。垂直方向的位移量基本上也是 20mm 左右的位移量级波动，明显小于数值模拟中库水位波动下的应力变形，变形量仅仅是数值模拟的 1/3。这充分说明应急工程治理的有效性。

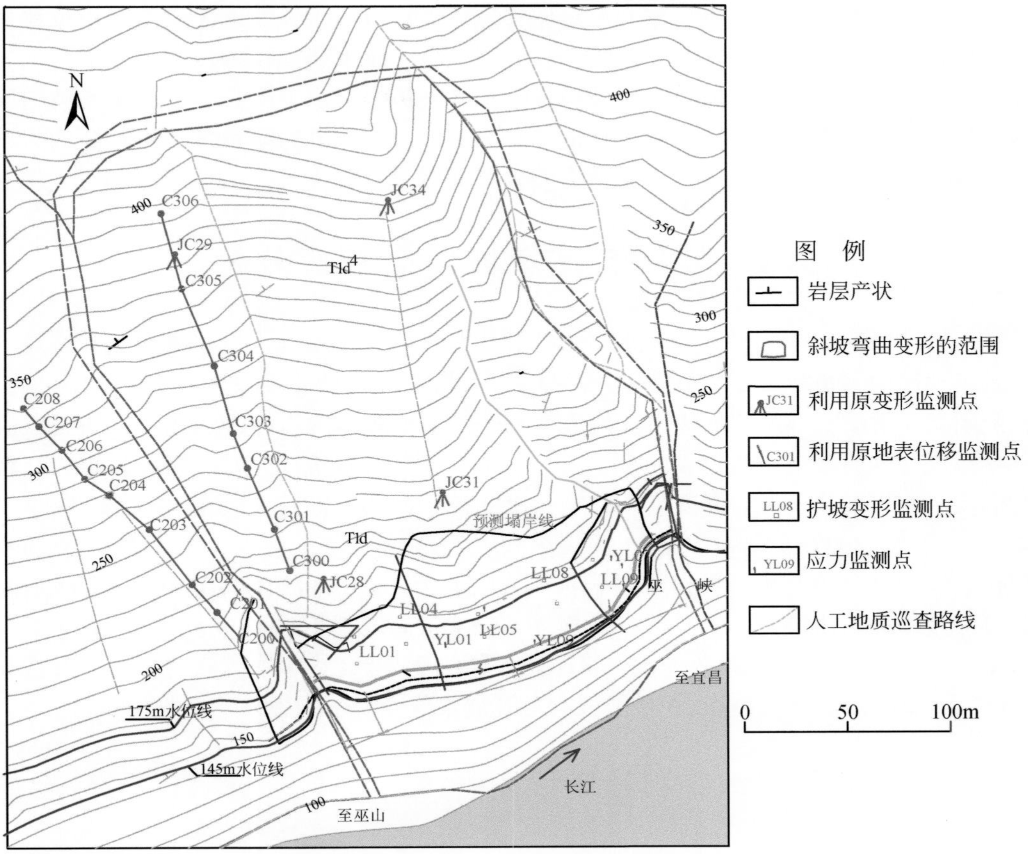

图 9.29　茅草坡 4 号斜坡监测平面布置图

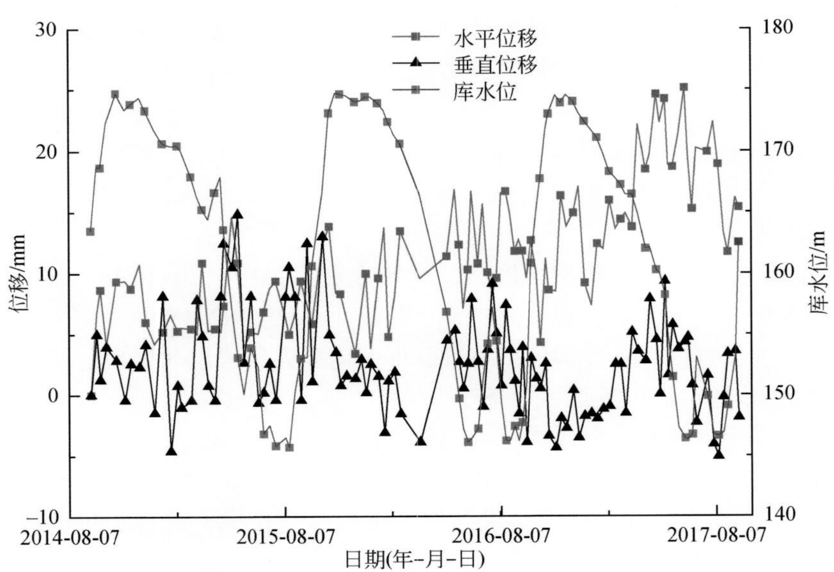

图 9.30　茅草坡 4 号斜坡 GNSS 监测曲线图

取其中一个监测点的水平位移和垂直位移进行线性拟合后，发现无论是水平位移量还是垂直位移量整体都有微弱的上扬趋势。这说明，由于库水周期性的侵蚀、地下水水岩耦合导致岩体岸坡劣化，茅草坡4号斜坡稳定性不可避免的呈现下降趋势。对于岸坡与库水之间的劣化、溶蚀等定量化评价则需要进一步的深入研究，可为茅草坡4号斜坡的长期稳定性预测、预报以及工程有效性的评估提供重要支撑。

9.4 顺层岩体岸坡力学响应分析

在三峡地区灰岩（顺层）滑坡较少发生，少量被报道的滑坡发生机制也非常特殊。例如，武隆鸡尾山（殷跃平，2010）的视倾向滑动机制，滑坡主要受重力、岩溶和采矿影响，侧向挤压滑动。武隆鸡尾山滑坡的发生与关键阻滑块体的压碎密切相关，灰岩顺层滑坡还存在一些弯曲或溃屈等特殊的机制，尤其是当其产出倾角较大时。又如，雅砻江金龙山变形体主要岩性为玄武岩和灰岩，它是一个受控于软弱层间挤压带的“滑移-弯曲”变形体（黄润秋，2007）。

在三峡库区巫山县青石社区下游长江右岸发育有一段灰岩顺向岸坡——青石-抱龙一带顺层库岸。该段库岸起始于青石社区下游300m，止于下游抱龙河口，沿长江约有3.7km长。库岸中分布有20条冲沟，将库岸分割为21个自然库岸，分别命名为青石0号斜坡—青石20号斜坡。以青石6号斜坡为例开展水位变动下的力学响应分析。

9.4.1 青石6号滑坡工程地质特征概述

青石6号顺层滑坡位于三峡库区巫山县青石社区下游1.2km的长江右岸（图9.31）。地貌上，青石6号斜坡由临江的平直斜坡、马鞍状斜坡和岩溶浅丘平台构成。构造上，该斜坡处于官渡口紧闭向斜的南翼和楠木园背斜的北翼，地层稳定，无断裂通过。出露基岩为下三叠统嘉陵江组三段地层，岩性主要为浅灰色薄-中厚层泥粒灰岩及中薄层白云岩夹泥质灰岩。

青石6号滑坡的上下游边界均为冲沟，斜坡前缘插入长江，后缘高程约300m，总体坡向为345°。由于坡度略小于岩层倾角，坡面由多个岩层面组成，平均坡角约40°，为典型的顺向岩质岸坡。

青石6号坡面上发育两组小型结构面，产状分别为270°∠80°和34°∠70°。在裸露的岩层面上发现大量方解石擦痕，擦痕走向为325°，倾角约48°。在坡面高程165m附近发现多处浅层岩体波状弯曲。在冲沟内，发现深度方向上大量岩层均出现了起伏不一的“弯曲”（图9.32），这些弯曲区近似在一条线上。

一般来讲，顺层滑坡的抗滑段在下部（Stead and Eberhardt，2013）。为了进一步调查该滑坡的地质结构和阻滑段情况，在165～180m区域沿纵轴方向布置了八个、四对钻孔[图9.33（a）]。利用孔内井壁成像技术开展了钻孔结构探视，并利用超声波透射技术测试了钻孔间的声波波速。

井壁成像显示，在钻孔ZK01A-ZK01B、ZK02A-ZK02B在深度10m以内高倾角近平行

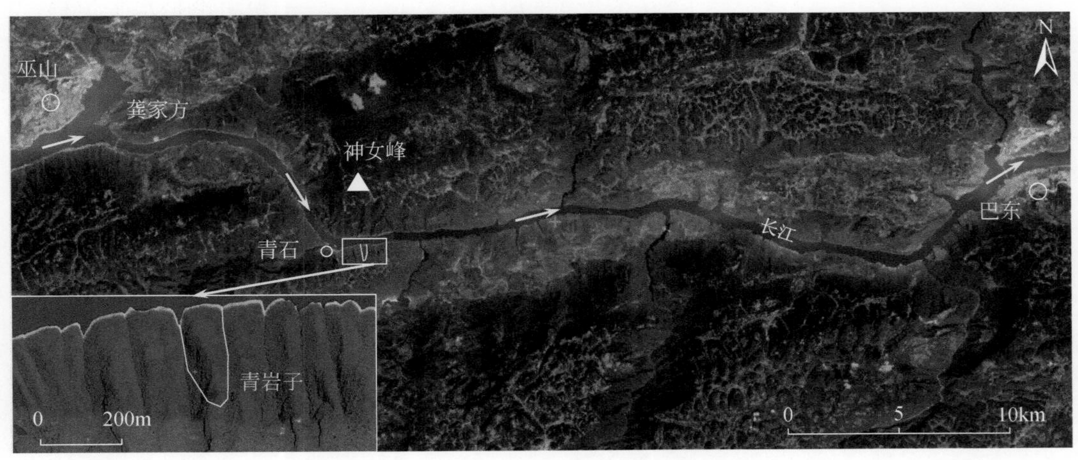

图 9.31　青石 6 号滑坡地理位置示意图

(a) 坡面地表岩层的波状弯曲现象照片
(弯曲的高程在165m左右)

(b) 冲沟内底部岩层的波状弯曲现象照片
(岩层隆起高度约20cm)

图 9.32　青石 6 号滑坡现场调查照片

的裂隙较发育，裂隙的倾角在 45°左右［图 9.33（b）］。钻探取心后，发现裂隙面大多为沿层面破裂，显示出多个层面之间出现过错动。岩性样品显示大部分的裂隙都充填有黄色的泥质薄膜或泥质充填物［图 9.33（a）］。地表 20 多个岩层厚度统计显示，岩层厚度为 9～15cm，平均约 12cm。井壁成像和岩心样品显示，深部岩层厚度不一，总体表层岩层间距较小。

超声波透射测试显示［图 9.33（b）］（殷跃平等，2020），在深度 8m 以内声波波速平均为 3500～4000m/s。在深度 10m 附近也有一个相对低波速带。这一规律在各个钻孔中都存在。根据钻内成像、岩心样品和声波波速，说明浅层滑体平均厚度为 8～10m，滑坡体积约 34.8 万 m^3。

在青石 6 号滑坡的外围也进行了详细地质调查。在该滑坡的下游斜坡中发现了更为强烈的波状“弯曲”现象。岩层弯曲后出露的岩层倾角十分平缓，并以类似“逆断层”方式接触其下部岩层［图 9.34（a）］。

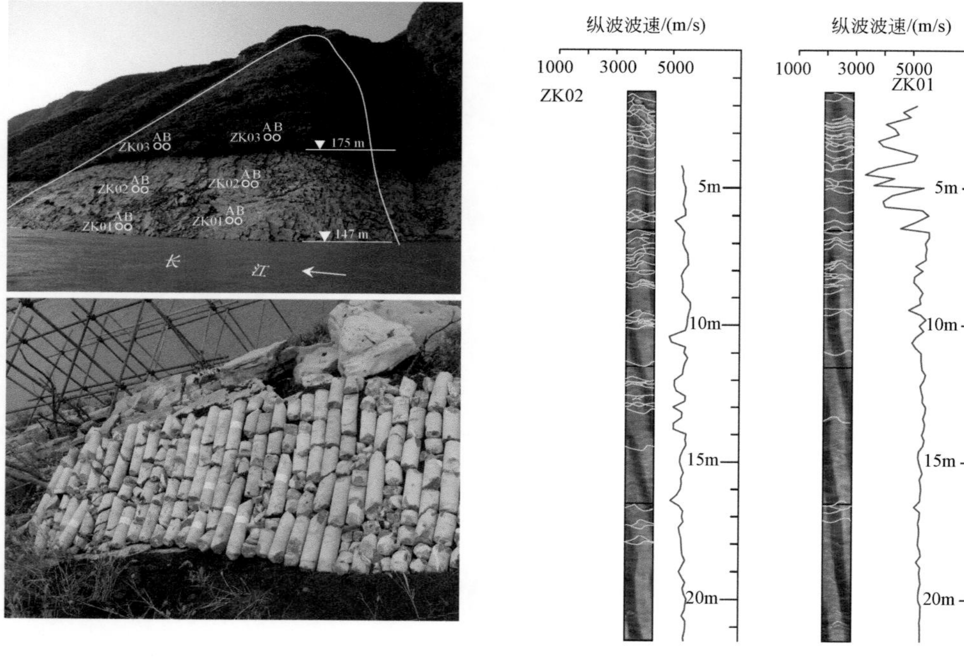

(a) 青石6号滑坡钻孔平面布置图及ZK02岩性照片　(b) 典型孔内彩电+声波测试对应的图片

图 9.33　青石 6 号滑坡钻孔及井壁成像

青石 6 号滑坡的波状“弯曲”继续挤压就会形成与这一“逆断层”现象［图 9.34（b）］。青石 6 号滑坡和临近斜坡上出现的这种弯曲和“逆断层”现象在空间上不连续，弯曲程度不一致，不具有区域性。因此，它们不是地质构造成因，而是后期重力作用造成的。

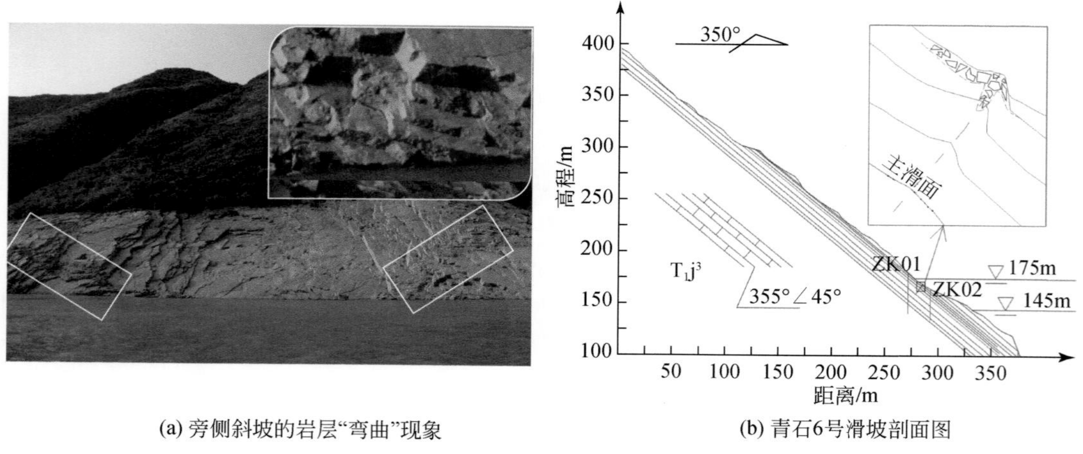

(a) 旁侧斜坡的岩层“弯曲”现象　(b) 青石6号滑坡剖面图

图 9.34　青石 6 号滑坡弯曲及剖面图

9.4.2　青石 6 号顺层滑坡变形机理分析

在重力作用下斜坡岩体沿层状结构面滑移可以产生弯曲现象。这种滑移-弯曲机制很早就被一些研究者报道过（孙广忠，1988；Hutchinson，1988；Zhang et al.，1993）。它主要发育在中-陡倾角的层状斜坡中，尤以薄层状岩体及延性较强的碳酸岩中为多见（Zhang et al.，1993）。

为了深入理解这一重力造成的弯曲现象及今后发展趋势，采用 UDEC 进行数值分析。非连续力学方法范畴的 UDEC 程序基于离散的角度来对待物理介质，它可将岩体的两个基本组成对象——岩块和结构面分别以连续力学定律和接触定律加以描述。

根据青石 6 号滑坡的工程地质特征，构建了一个二维的 UDEC 数值模型。模型中岩体采用连续介质的 Mohr-Coulomb 本构模型，层面为不连续介质的 Coulomb slip 模型。采用的青石 6 号滑坡岩石、结构面的相关物理力学参数见表 9.4。数值模型长约 400m，高约 400m，采用的层厚不等，层厚范围为 0.4 ~ 2.8m［图 9.35（a）］。

表 9.4　青石 6 号滑坡岩体节理参数表

岩体属性	密度 /(kg/m^3)	体积模量 /GPa	剪切模量 /GPa	黏结力 /MPa	内摩擦角 /(°)	抗拉强度 /MPa	剪胀角 /(°)
浅层岩体	2500	3.2	2	0.2	35	0.3	0
基岩	2600	5.6	3.3	5.2	42	2.8	0
一般层面	—	2	1	0.006	25	—	—
主滑移面	—	2	1	0.003	12	—	—

经过 1200000 时步的计算后，在 170m 高程附近出现了明显隆起现象，主滑面岩层隆起高度约 0.19m，与当前在沟底所看的岩层隆起高度和隆起位置相近［图 9.35（b）］。160m 高程以下斜坡坡度变缓，滑移岩层在高程 160m 以下出现急剧增厚的覆盖岩层，滑移严重受阻。

从应力上来看，主应力迹线有明显偏转，最大主应力方向由垂直过渡到倾斜；在浅表层，最大主应力方向平行坡面。在 170m 高程附近压应力集中，驱使岩层弯曲。弯曲显著后，岩层会隆起，出现架空或充填，地面也会出现隆起（图 9.36）。层状体较薄时，滑移弯曲变形加剧后，弯曲的岩层形成褶曲的弯曲形态（Liu and Zhu，2014）。由于受力状态不一样，平直滑移段岩体以拉破坏为主，弯曲-隆起段岩体则存在拉张破坏和剪切破坏。

9.4.3　灰岩顺层滑坡演化过程及变形机理讨论

在三峡库区除了青石 6 号滑坡上下游存在约 2.5km 长类似的灰岩顺层斜坡外，也还有很多地方发育有灰岩顺向斜坡。根据青石 6 号滑坡调查、数值分析和其他研究者的成果，可将灰岩顺向斜坡的变形分为三个典型阶段：轻微弯曲阶段、强烈弯曲-隆起阶段和溃屈

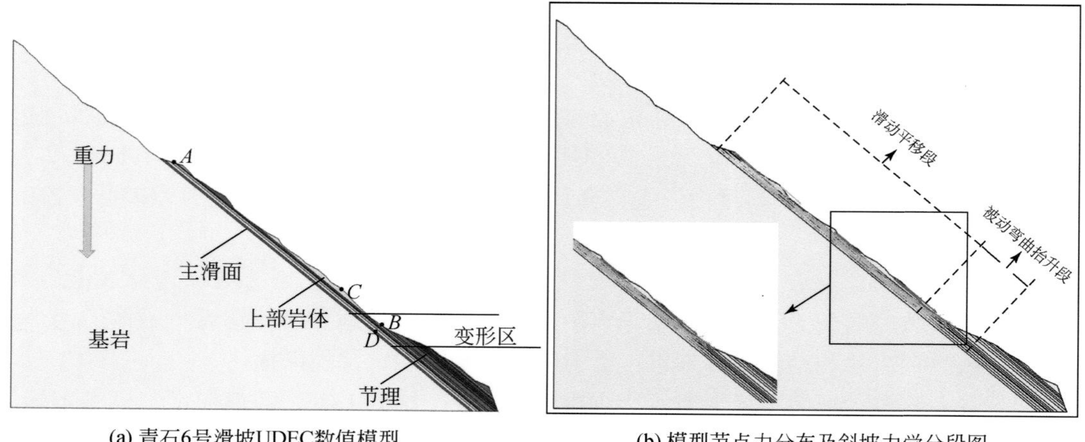

(a) 青石6号滑坡UDEC数值模型　　(b) 模型节点力分布及斜坡力学分段图

图 9.35　青石 6 号滑坡数值模型及节点力分布图

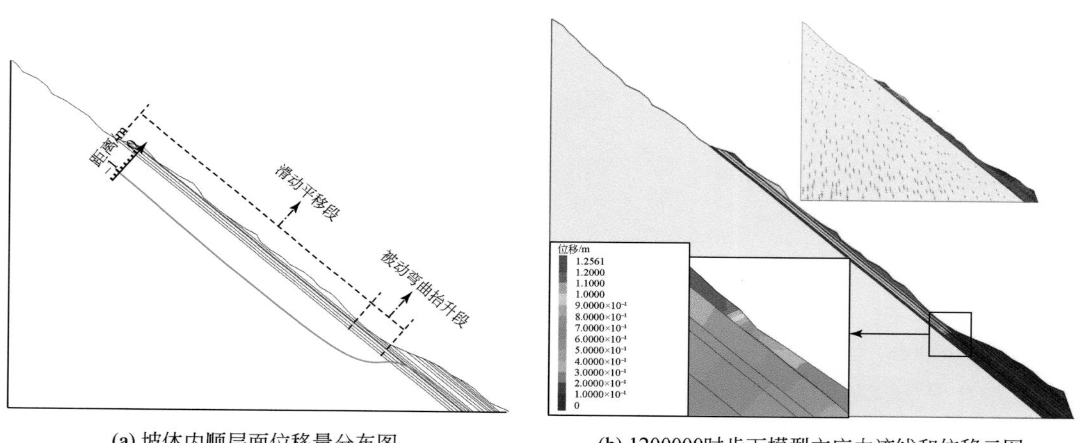

(a) 坡体内顺层面位移量分布图　　(b) 1200000时步下模型主应力迹线和位移云图

图 9.36　青石 6 号滑坡模型位移分布、主应力迹线和位移云图

贯通阶段（严明等，2005；魏玉峰等，2009；闫国强等，2021）。

（1）轻微弯曲阶段［图 9.37（a）］。坡面轻微隆起，岩体轻微松动，弯曲部位仅出现局部压碎和类似褶曲现象。弯曲隆起部位通常出现在坡脚或地形凹处。

（2）强烈弯曲-隆起阶段［图 9.37（b）］。地面显著隆起，岩体松动加剧，弯曲-隆起区内拉应力的增强导致缓倾滑移面出现。由于弯曲部位岩体强烈扩容，往往剪出口附近出现局部的崩落或滑落。

（3）溃屈贯通阶段［图 9.37（c）］。当下滑力大于弯曲-隆起区滑移面岩桥强度时，弯曲板梁溃曲破坏，滑移面贯通，形成大规模的滑动。

青石 6 号滑坡的滑移-弯曲应变速率较低，造成了当前岩体弯曲类似“流变”，应力增

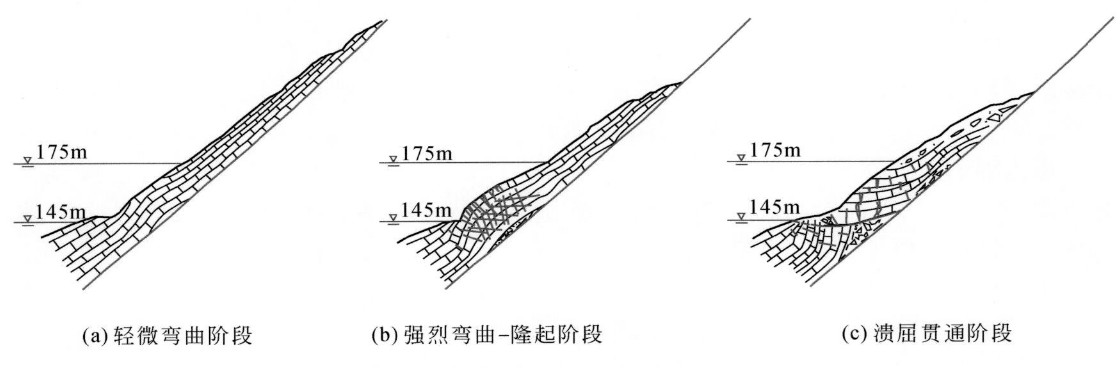

图 9.37 青石 6 号滑坡滑移-弯曲型滑坡演化过程（据闫国强等，2021 修改）

加较小，松动破坏较少。说明了当前青石 6 号滑坡处于滑移-弯曲变形的早期阶段，主要以累进性变形为主。

显然，被动挤压区是应力集中区和整个灰岩顺层滑坡结构稳定的控制器。弯曲隆起区的溃屈破坏与武隆鸡尾山关键块体被压缩破坏类似（Xu et al.，2010；Yin et al.，2011），都是灰岩经过累进性的挤压被破坏。这可能是灰岩顺层滑坡破坏的共同点。由于可能的溃屈区域在水位变动带内，岩体劣化将加快岩体溃屈的进度，加速滑坡的演化过程。

对这种滑移-弯曲机制的顺层滑坡，如果仅仅防护当前的被动挤压区或消落带，可能是不够的。青石 6 号滑坡平直滑移段长约 200m，这一平直下滑段很长，当消落带被加固后，可能在消落带加固工程后缘形成新的被动挤压区。因此，对于这种机制的滑坡防治，多级抗滑桩或应力拱圈是必要的，用以承担不同高程段的下滑力。同时，宜在轻微弯曲阶段就开展防治，此阶段滑坡的岩体完整度高，防治效果好且经济。

9.4.4 青石 6 号斜坡长期稳定性分析

2008 年三峡水库周期性蓄水后，145 ~ 175m 高程为水位变动带。165m 高程附近区域为滑坡的弯曲变形区。水位变动造成的岩体劣化具有时间效应，因此分析水位变动下的岩质岸坡演化也需要考虑时间。

层状岩体的滑移-弯曲是累进性变形，不是在较短时间内完成的。在自然状态下，这一累进性过程非常的缓慢。Campo Vallemaggia 滑坡是一个典型的岩质顺层滑移型滑坡，这一斜坡运动在 1892 ~ 1995 年的约 200 年内的平均速度约 5cm/a（Bonzanigo et al.，2007）。从 1994 年以来，Cassas 滑坡一直处于活动状态，蠕滑速度约 2cm/a（Ceccucci et al.，2004）。即便是受（周期性水位波动造成的）岩体劣化强烈影响的三峡库区箭穿洞危岩体，在 2013 ~ 2015 年的监测中，其变形速率为 1 ~ 3cm/a（王文沛等，2016）。由此可见，岩质斜坡早期的年累积性变形量都非常小，约 2cm。由于青石 6 号滑坡为新近发现的滑坡，没有长期监测资料。但根据上述案例，可将 2cm 作为青石 6 号顺层滑坡的年累积性变形量。

为了简化研究，在本次研究中将 4 ~ 9 月认为是高水位期（消落带岩体处于浸泡状态），10 月至次年 3 月为低水位期（消落带岩体处于出露状态）。在多周期水下浸泡—露出曝晒循环条件下，开展了三峡库区灰岩、白云岩、泥灰岩的抗压、抗剪、抗拉等物理力学性质试验，获得了随着不同循环周期次数的物理力学性质参数变化。20 次的水下浸泡—露出曝晒周期会造成岩体抗压抗拉强度下降 15% ~38%。20 次循环荷载下，弹性模量下降 16% ~35%（黄波林等，2019b，2020b；闫国强等，2020）。在本次研究中对岩体强度变化进行了以下假定。在每次循环中，水位上升后消落带岩石被完全浸泡，造成岩体强度下降约 15%；水位下降后，岩体强度上升约 14%。每次循环造成岩体强度总体下降约 1%，20 次循环造成岩体强度总体下降约 20%。

水位周期引发的岩体劣化周期开始后，形变场的整体形态并未发生大的改变。从点上位移来看，起初青石 6 号滑坡的位移仍然按照原来的线性趋势发展，12 个周期后位移曲线开始呈弧形大幅上扬。图 9.38 中的 *A*、*B* 和 *C* 点均为地表位移的数值监测点。*A* 和 *C* 点属于平直滑移段，它们的水平方向（*X* 方向）和垂直方向（*Y* 方向）的变形趋势一致。*B* 点属于弯曲–隆起段，*B* 的 *X* 方向有持续位移，趋势类似于 *A* 和 *C* 点；而 *Y* 方向则在后期近乎水平，增量较少。由于 *B* 点为被动挤压区，*A* 和 *C* 点的持续位移应该导致 *B* 点的持续隆起（*B* 点 *Y* 方向位移的持续增加）。但 *B* 点 *Y* 方向的位移增量少，说明在消落带岩体劣化下弯曲–隆起区段变长了，中和了来自主动滑移区的位移量。根据位移图来看，弯曲段长度较未发生水位周期前长约 20%。

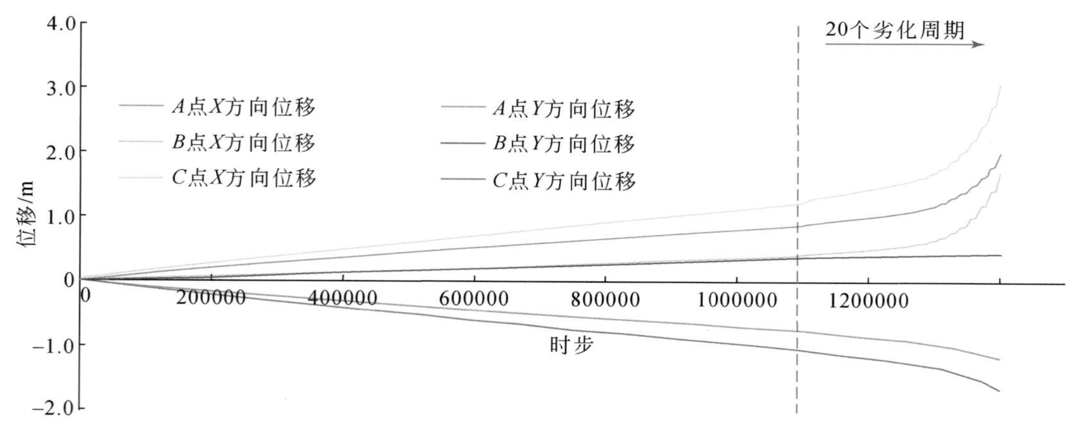

图 9.38　青石 6 号滑坡监测点的位移–时步曲线

弯曲–隆起区处于消落带内，该区是被动挤压区也是该滑坡的阻滑区。当阻滑区的岩体强度下降后，滑坡稳定性下降，整体位移肯定会大幅上升。同时消落带岩体变弱后，也更易被挤压弯曲。消落带岩体劣化是导致弯曲–隆起区变长和整体位移急剧增加的关键原因。

水位周期性的变化造成岩体强度周期性发生变化，使得青石 6 号滑坡的位移增量也有一定的周期性。变形曲线在一个水文年中有快速变形期和缓慢变形期。在多水文年中，快速变形期和缓慢变形期周期性交替出现。总体上，浅层岩体位移增量早期呈线性增长［图 9.39（a)］，快速变形期不明显；后期位移曲线上扬趋势明显，快速变形期明显。对深部岩体，尤其是紧靠主滑面以下的岩体，由于岩体强度劣化，也开始出现了变形；且变形曲线也呈明显的弧形上升［图 9.39（b)］。这表明岩体劣化强烈后不仅浅表层滑坡变形会明显加剧而且会导致深层岩体开始变形。值得注意的是，增量位移时间主要发生在高水位期，这一点在后期尤为明显。

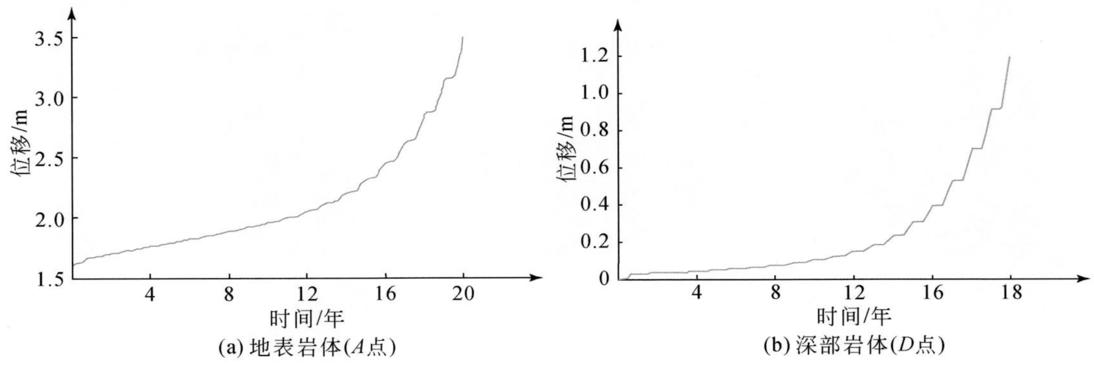

图 9.39　青石 6 号滑坡岩体劣化条件下地表岩体和深部岩体的位移-时间曲线

9.5　岩溶角砾岩岸坡力学响应分析

三峡库区灰岩区域存在一类较为特殊的岩性——岩溶角砾岩，它崩解后为颗粒状块石或角砾，胶结后又可成为较为坚硬的岩石。同时，在三叠系嘉陵江组中也存在这样一组岩性段。尽管它的出露并不多，但由于它特殊工程地质性质，造成了它易发生地质灾害。本节以黄南背西塔柱状危岩体和青石滑坡为例，分析这类岩溶角砾岸坡的力学响应和机理问题。

9.5.1　黄南背西库岸段力学响应分析及变形破坏机理研究

9.5.1.1　黄南背西库岸概况

黄南背西危岩体位于三峡库区巫山县培石乡长江右岸，地处于鳊鱼溪入江口斜对岸处（图 9.40)。危岩体所在斜坡近似 SN 向展布，坡面产状为 0°～10°∠70°～85°。危岩体岩性以厚层状白云质灰岩为主，岩层产状为 0°∠13°。从斜坡剖面上观察，黄南背西斜坡在地貌上呈现陡崖与中缓坡交替的阶梯状三级台阶斜坡地貌，斜坡上部呈折线状，下部基座较为平缓，整体呈“缓—陡—缓”型的折线坡面。长江在该危岩体区域的河床高程约 40m。

其上游边界为斜切临江坡体的两条裂缝，裂缝内填充少量碎石土，一条边界的总体产

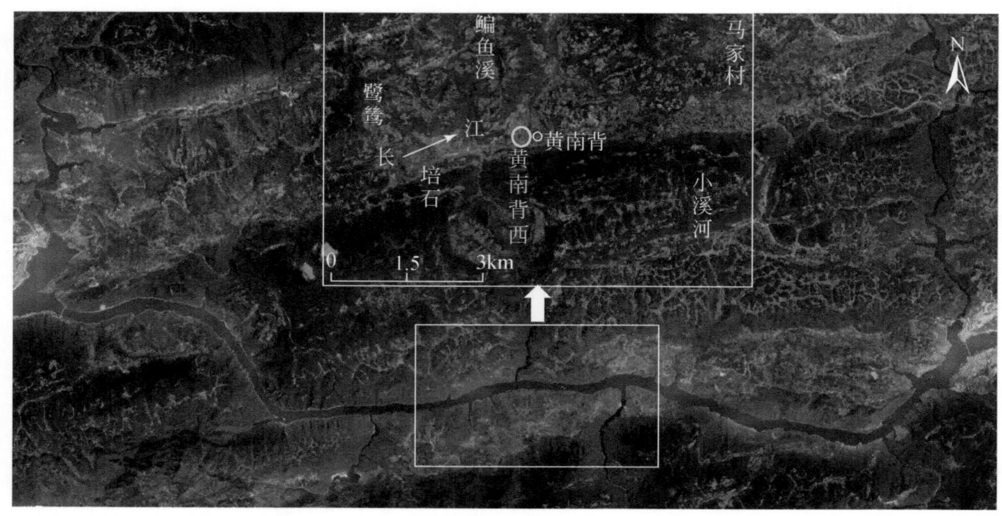

图 9.40　黄南背西危岩体位置图（据王健等，2018）

状为 90°∠75°，该边界裂缝上部陡立，底部平缓。从表面上看尚未连续贯通的另一条边界裂缝由上下两段产状为 90°∠45°的裂缝和中间一段层面裂缝构成［图 9.41（a）］。下游边界为一陡崖临空面，产状为 95°∠85°［图 9.41（b）］。危岩体的后缘为两条近平行的裂缝，产状大致为 20°∠83°，裂缝的最大宽度达 1.5m，自上至下宽度逐渐变窄，裂缝底部堆积着从危岩体顶部坠落而下的石块。

(a) 上游侧边界

(b) 下游侧临空面及后缘边界

图 9.41　黄南背西危岩体边界情况

黄南背西危岩体基座岩性为岩溶角砾岩，基座横宽约20m，平均层厚约8m，基座顶面高程约155m。基座岩体中角砾之间的胶结物质主要以方解石为主，含少量石膏结晶体。

由于溶蚀作用，基座岩体上发育着许多的溶蚀孔洞［图9.42（a）］，这些溶蚀孔洞大多沿节理或层面发育，形成直径为1～10cm的串珠状孔洞和不连续的线状孔洞。

图9.42 黄南背西危岩体基座岩体破坏现象

根据现场观察，危岩体底部东侧岩体为破碎集中区。该区域内存在一组角度近似45°的结构面（产状为178°∠45°）和一组较为平缓的层面结构面（产状为0°∠13°），两组结构面相交形成大量的“X”形节理［图9.42（b）］，进而导致危岩体底部岩体破碎严重。为了进一步认识破碎区岩体的物理力学强度，针对该区域开展了贴壁式声波测试和回弹测试，测试区域处于层状灰岩与岩溶角砾岩交界线的上方，高程在155～158m。测试区的长度为20m（20个测试区），能够完全覆盖危岩体底部破碎集中区域。由于破碎区域内大小型裂缝很多。测试时测量点跨越小型裂缝或紧邻大裂缝，测量区选择尽量为平面；在岩溶角砾岩中尽量选择了不跨孔洞。测区岩体素描见图9.43。

从现场原位测试结果来看（图9.44），在贴壁式声波测试方面，破碎区域平均波速值为1.51km/s，外围区域的平均值为1.96km/s；在回弹测试方面，破坏区域的平均回弹值为41.8，而外围区域的平均值高达48.8。不难看出，无论是声波测试还是回弹测试，破碎区域岩体的测试数值明显低于外围岩体所测数值。两组原位测试数据表明：破碎区域岩体相对于外围岩体有着较低的物理力学强度，所以危岩体底部岩体进一步的劣化将对危岩体的稳定性构成极大威胁。

9.5.1.2 黄南背西库岸危岩带水位变动力学响应分析

为了更直观地理解上述黄南背西危岩体底部岩体的破坏现象及未来发展趋势，本节引入了UDEC进行数值分析。

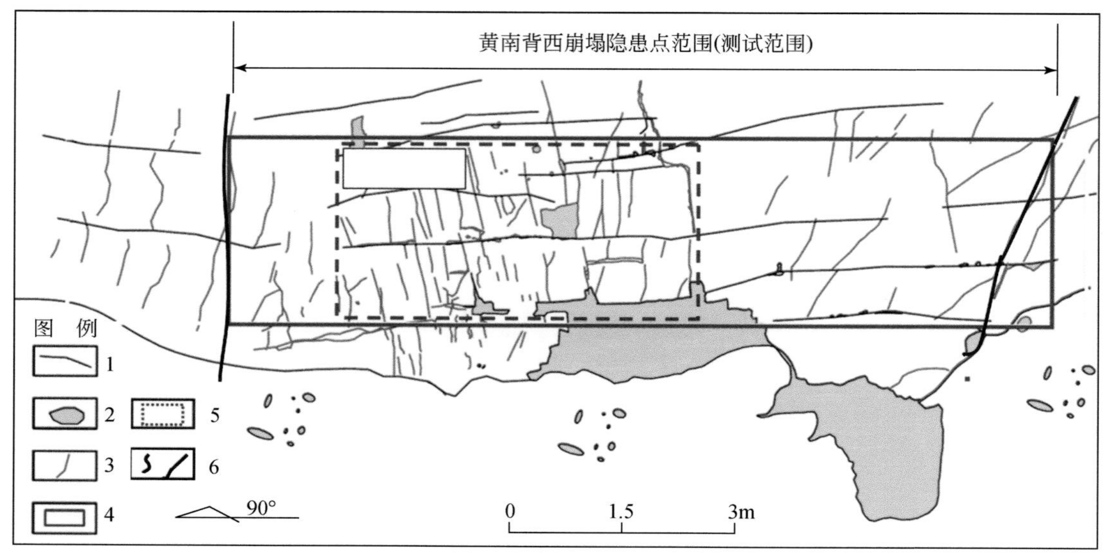

图 9.43　黄南背西声波测试岸坡岩体素描图

1. 层面；2. 岩溶溶洞；3. 裂缝；4. 测试区域；5. 破碎集中区域；6. 危岩体边界

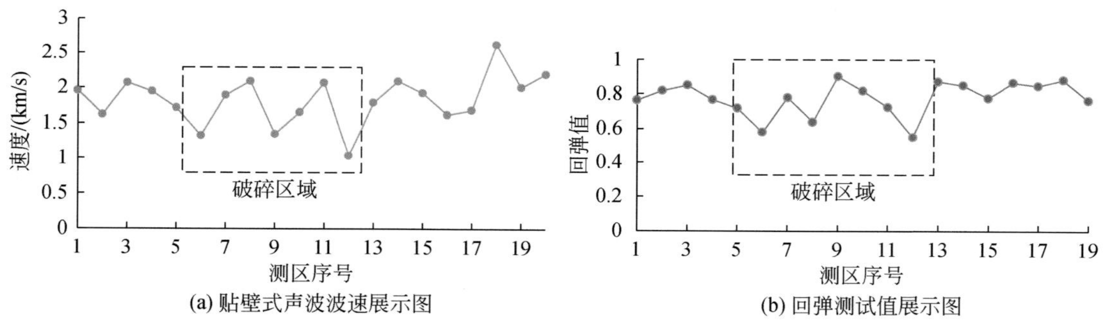

图 9.44　黄南背西危岩体现场原位测试结果图（据王健等，2018）

根据黄南背西危岩体的地质剖面图［图 9.45（a）］，构建一个二维的 UDEC 数值模型［图 9.45（b）］，模型尺寸与现场实体比例为 2：1，本模型利用三角形三节点单元进行剖分，采用边长为 9m 的网格对基座岩体和坡内岩体进行单元划分，针对潜在失稳岩体进行网格加密处理，采用 3m 边长的网格单元进行划分［图 9.45（c）］。

本数值模拟采用“连续介质+非连续介质”（薛守义，1999；徐日庆等，2014）方案构建模型，模型中岩体采用 Mohr-Coulomb 本构模型，主控结构面则采用了 Coulomb slip 模型。在构建数值模型时综合了各部位岩体的物理力学性质，结合三峡地区灰岩岩体、结构面的相关物理力学参数，根据试算综合取值，各计算参数见表 9.5。

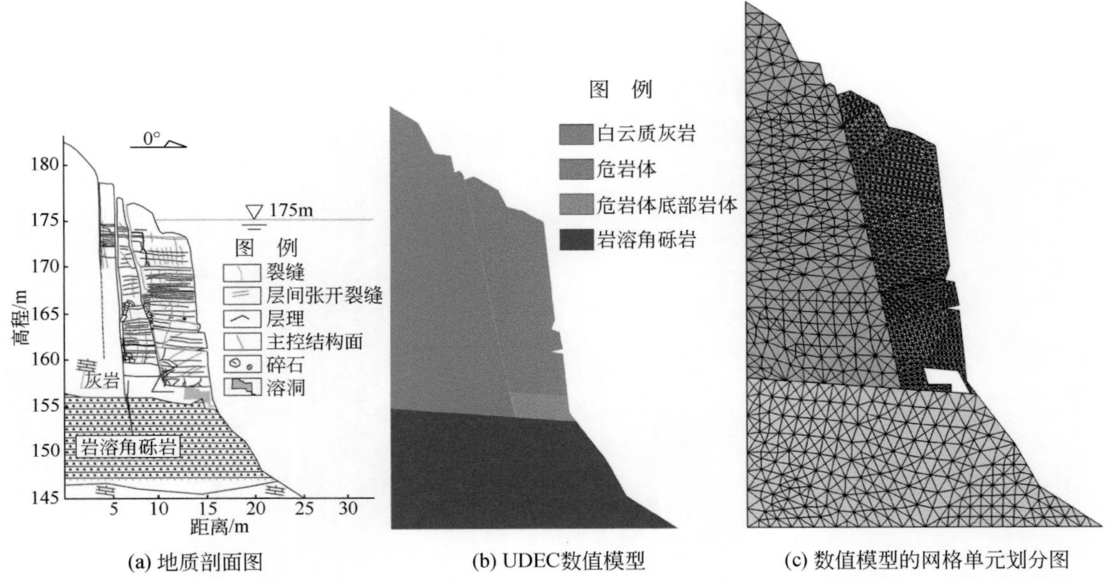

(a) 地质剖面图　(b) UDEC数值模型　(c) 数值模型的网格单元划分图

图 9.45　黄南背西危岩体地质剖面图、UDEC 数值模型及其网格单元划分图（据王健等，2018）

表 9.5　黄南背西危岩体数值计算参数表

岩性	密度 /(kg/m³)	体积模量 /GPa	剪切模量 /GPa	黏聚力 /MPa	内摩擦角 /(°)	抗拉强度 /MPa
白云质灰岩（1）	2600	22.6	11.1	7	45	2
岩溶角砾岩（2）	2500	9	5	5	40	1.2
基座岩体（3）	2500	8	4	4.5	40	1
危岩体（4）	2500	9	4	6.5	45	0.8

数值模型经过 25000 时步的计算后，危岩体在高程 155m 处附近出现了明显挤压现象。由主应力云图来看［图 9.46（a）］，危岩体中的主应力迹线有明显向危岩体底部岩体和溶洞边帮岩体上偏转集中的趋势，根据主应力梯度指示，危岩体底部岩体的主应力值为 1×10^6，危岩体底部以上岩体的主应力值为 1×10^5。溶洞边帮附近岩体的主应力值是其他岩体的 10 倍之多。由此可见，危岩体底部岩体和溶洞边帮岩体承受着上方岩体的巨大重力。于是该部位岩体质量的好坏直接影响着危岩体的失稳破坏。

根据图 9.46（b）可见，危岩体上部岩体的位移量大于底部岩体的位移量，在其底部发生“压裂-溃屈”（张枝华等，2018）形变的岩体高度约 2m。当危岩体底部岩体中应力值显著集中后，孔洞的边帮岩体会率先发生失稳破坏，底部岩体出现破碎或崩解溃落。危岩体后缘主控制结构面发育贯通，最终发生失稳。基座底部岩体破碎解体后发生下错，一部分上方岩体在高程 160m 附近发生滑移剪切破坏；另一部分岩体则发生倾倒和坠落破坏。根据速度矢量梯度指示，危岩体的顶部和底部的失稳速度低于中部的速度。

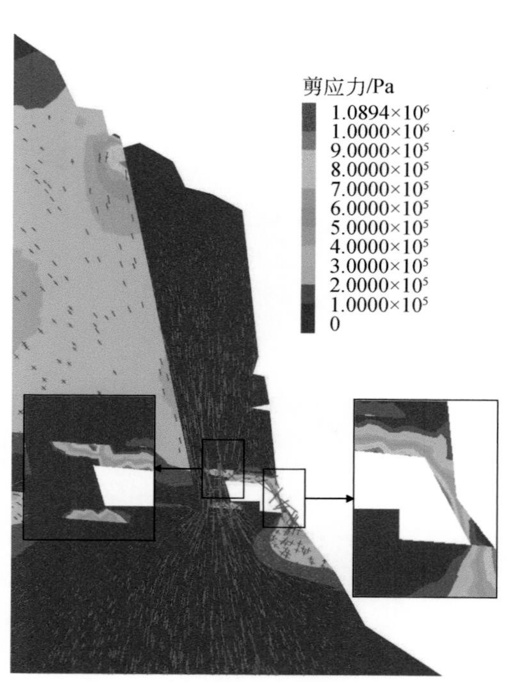

(a) 主应力迹线和主应力云图

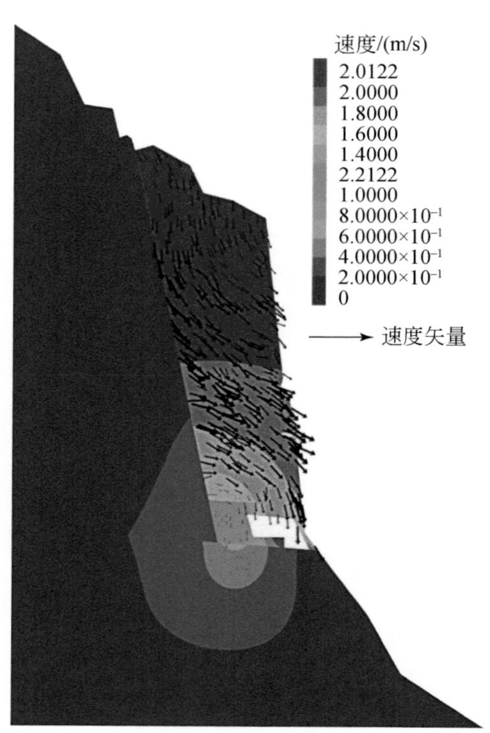

(b) 位移云图和运动速度矢量图

图 9.46　黄南背西危岩体 25000 时步下模型主应力迹线和主应力云图（a）、位移云图和运动速度矢量图（b）

危岩体底部岩体受压并发生压裂破坏、库水位周期性波动加剧，危岩体底部岩体劣化和基座岩溶角砾岩水解组成了威胁黄南背西危岩体失稳的三种主要因素。在多因素耦合作用下，复杂的复合型破坏模式将成为现实。该失稳过程首先是危岩体底部岩体发生压溃破坏，随后底部岩体破碎解体，上部岩体发生下错滑移，最终，失稳岩体以倾倒（任光明等，2009）和坠落的方式发生破坏。简而言之，可确定该破坏模式为滑移、倾倒和坠落的复合型破坏模式。

9.5.2　青石滑坡力学响应分析及破坏机理研究

9.5.2.1　青石滑坡概况

青石滑坡位于巫山县抱龙镇青石村八、九社，长江一级支流神女溪右岸单斜陡坡（109°58′50″E、31°00′53″N）。青石滑坡为一典型岩溶角砾岩岸坡（徐则民等，2011）。

滑坡区属不对称 V 字形深切河谷地貌，地形总体呈南高北低、两侧高中间低。呈现明显圈椅状地貌。滑坡区东侧以基岩出露陡壁（坎）处岩体交界面为界（发育剪切裂缝），西侧边界以冲沟为界（有泉点出露），青石滑坡平均宽度约 600m、平均纵长约 825m，主滑方向为 30°，滑体厚度由后缘向前缘逐渐递增，平均厚度约 80m，滑面呈折线型发育，滑面角度在 20°～30°，分布面积为 0.495km^2，体积约 4000 万 m^3，属特大型滑坡（图 9.47）。

图 9.47　青石滑坡概貌

滑体主要为第四系崩滑堆积层（Q_4^{col}），滑体上部（0～20m）以灰、深灰和肉红色灰岩块石为主夹褐黄色黏土、碎块石，岩溶溶蚀现象明显；滑体中下部岩块岩溶侵蚀少，滑面以塑状黏土夹粉砂状碎石颗粒及碎块石的破碎带形式呈现，组成较复杂，多为含黏土质的摩擦粗颗粒、磨圆度较好的碎石。滑带沿着老滑坡堆积体与下伏基岩界面发育，形成折线型滑面（带）。

青石滑坡的滑床为下三叠统嘉陵江组（T_1j）基岩地层，其岩性为上部厚层含泥质灰岩、灰岩、灰质白云岩；中部灰色带肉红色中厚层含白云质灰岩、灰岩夹白云岩，局部具角砾状构造；下部灰色薄夹中厚层含泥质灰岩、灰岩具缝合线构造。

9.5.2.2　青石滑坡变形现象及监测分析

2009 年三峡库区试验性蓄水至 156m 期间，青石滑坡前缘靠东侧发生过一次约 1500m^3 的滑塌。同时形成三个塌陷坑。2010 年 10 月 11 日，受三峡水库影响，滑坡前缘出现坍塌；2010 年 10 月 18 日，高程 315m 附近新增宽 1～20cm 的张裂缝，延伸长达 487m；至 11 月 23 日，整个坡体新增九条以上不同方向裂缝，开始形成次级滑塌，青石滑坡前缘逐步解体。根据的滑坡变形特征，可将滑坡分为强变形区和弱变形区。

自 2010 年 10 月开始对滑坡进行应急抢险阶段的监测，至 2011 年 2 月底，应急抢险监测工作结束，立即转入预警专业监测，至 2016 年 12 月，已完成青石滑坡六个水文年的专业监测。监测期间，于 2014 年 5 月对滑坡进行了应急处置，于 2014 年 11 月竣工，其具体施工措施如下：

（1）排水沟：第一级排水沟布置在滑坡体后部，长 514.2m；第二级排水沟布置在强变形区后缘，长 592.0m。

（2）裂缝封闭：针对滑坡体后缘、后缘东侧及强变形区 19 条后缘裂缝，采用黏土进行封填、夯实。

（3）坡体前缘危石清理：在加强坡体变形监测的基础上，清除坡体前缘垮塌区表面不稳定块体，清方量为 22771m^3。

（4）强变形区 A 区顶部削坡+主动防护网：强变形区 A 区顶部根据现场实际情况削坡，削坡结束后，在强变形区 A 区坡挂主动防护网。

竣工后，滑坡 B 区及 C 区总体上变形速率减小并有收敛趋势，D 区监测点位移量整体上呈缓慢增加状态。

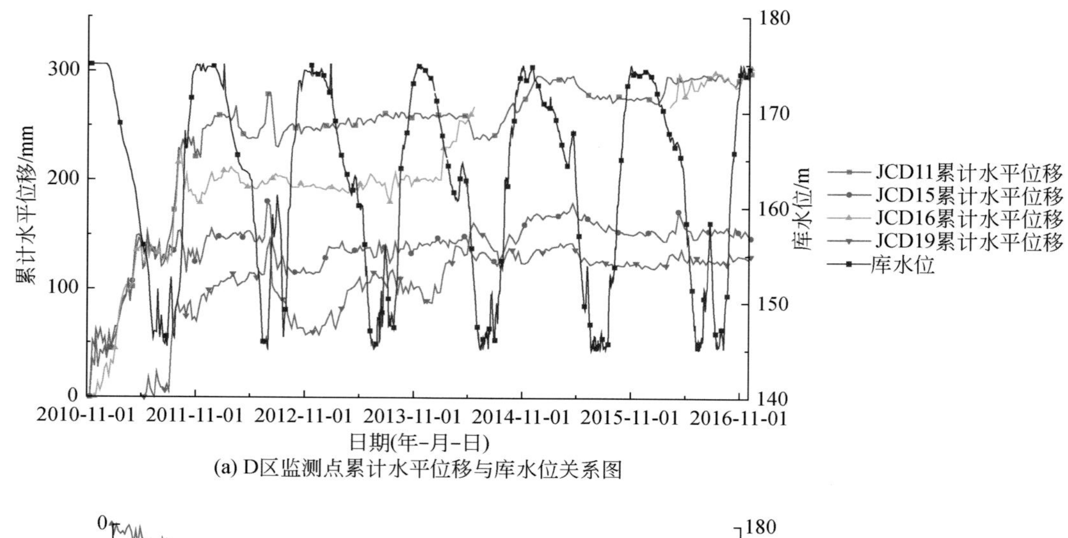

(a) D区监测点累计水平位移与库水位关系图

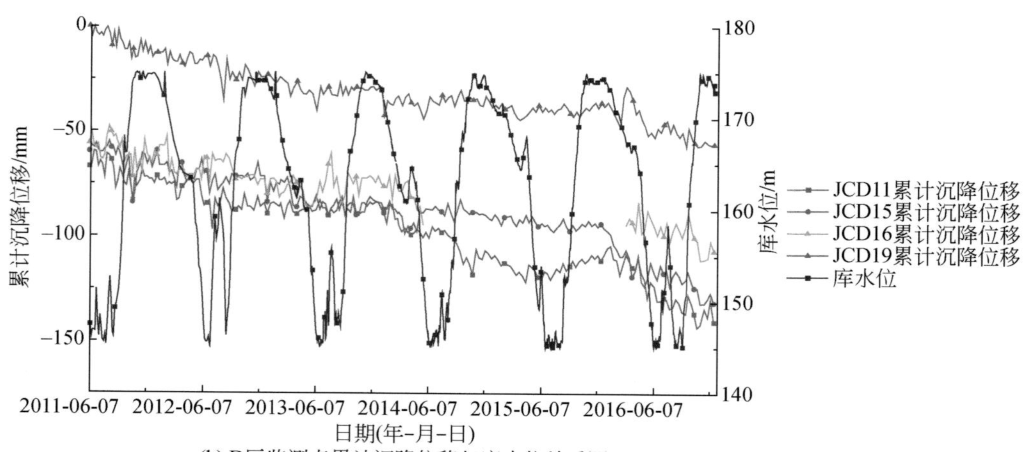

(b) D区监测点累计沉降位移与库水位关系图

图 9.48　青石滑坡 D 区监测点位移-时间-库水位综合曲线图

A 区变形：滑坡 A 区变形主要以前缘斜坡的垮塌为主，在 2009～2011 年初，滑坡 A 区发生数次规模较大的垮塌，总方量 10 万余立方米；在 2011 之后 A 区变形减弱，但在降雨后仍在发生数十方至数百立方米的垮塌。由近几年的监测，A 区在应急处置后，无大规模的垮塌现象发生，也无明显新的变形迹象。因此，综合判断滑坡 A 区在应急处置施工后，现状处于基本稳定状态，近期发生大规模垮塌的可能性很小。

D 区变形：根据 D 区监测点累计位移-时间曲线（图 9.48），应急抢险监测阶段及第一个水文年，监测曲线呈上升趋势，斜率较大，滑坡变形速率快，年水平位移量为 65.3～196.5mm，年沉降位移量为 17.6～45.3mm，滑坡地表变形明显，坡体发育拉张裂缝。

2014 年 5 月对滑坡进行了应急处置，于 2014 年 11 月竣工。竣工后，滑坡 B 区及 C 区总体上变形速率减小并有收敛趋势，D 区监测点位移量整体上呈缓慢增加状态。历年的监测概况如表 9.6 所示。

由变形监测点可知，青石滑坡经过工程治理后，坡体的整体变形已经趋于收敛。这充分说明应急工程治理的有效性。但是我们同时也看到 D 区监测点的水平位移和垂直位移仍有微弱的上扬趋势。这说明，青石滑坡目前仅进行的坡体表层的顶部削坡+主动防护网虽然对坡体的护坡以及短时间的防治塌岸起到了显著的效果，但是由于库水周期性的侵蚀、水岩耦合会导致岩体岸坡劣化，青石滑坡的稳定性依然值得关注。

表 9.6　青石滑坡监测基本情况表

监测阶段	监测期限	预警级别	监测结论	突发异常情况及其他
应急监测	2010.11—2011.2	橙色	加速变形阶段 匀速变形阶段	前缘 A 区出现垮塌，裂缝逐渐增大
专业监测	2011.3—2012.2	橙色	匀速变形阶段	前缘裂缝逐渐增大，后缘出现新增裂缝
	2012.3—2013.2	橙色	匀速变形阶段	无
	2013.3—2014.2	橙色	匀速变形阶段	无
	2014.3—2015.2	橙色	蠕变阶段	对滑坡进行应急处置
	2015.3—2016.2	橙色	蠕变阶段	C 区东侧出现小规模崩塌，总方量约 $200m^3$，防护网内出现落石
	2016.3—2016.12	黄色	蠕变阶段	坡体上在暴雨后偶见表层土溜

9.5.2.3　水位波动下青石滑坡演化趋势分析

同时结合青石滑坡勘查报告中试验参数（表 9.7），具体的青石滑坡通过工程类比获取其渗透系数，结合室内土工试验获得滑坡岩土体的饱和含水率、体积含水量等，同时根据 Fredlund 经验拟合公式拟合可得到滑体、滑带、滑床的土水特征曲线和渗透性曲线。

表 9.7 巫山青石坡滑坡数值模拟参数

部位	容重(γ)/(kN/m^3)	变形模量(E)/MPa	泊松比(μ)	黏聚力(c)/kPa	内摩擦角(φ)/(°)	渗透系数(K)/(m/d)	饱和含水率/%	残余含水率/%
前缘堆积块石	25	25	0.38	25	50	1	25	2.5
滑体	26	23	0.35	34	35	0.7	30	3
滑带	22	20	0.3	27	30	0.5	35	3.5
滑床	25	1700	0.18	—	—	0.2	10	1

模型建立：选取典型剖面建立滑坡二维有限元网格模型如图 9.49 所示，单元尺寸划分为 5m、2m、1m，不动基岩网格尺寸为 5m，上覆松散碎裂岩体与第四系松散崩坡积物为 2m，滑带位置进行加密划分为 1m，网格划分为 11738 个节点、11999 个单元，网格类型为四边形单元和三角形单元融合。

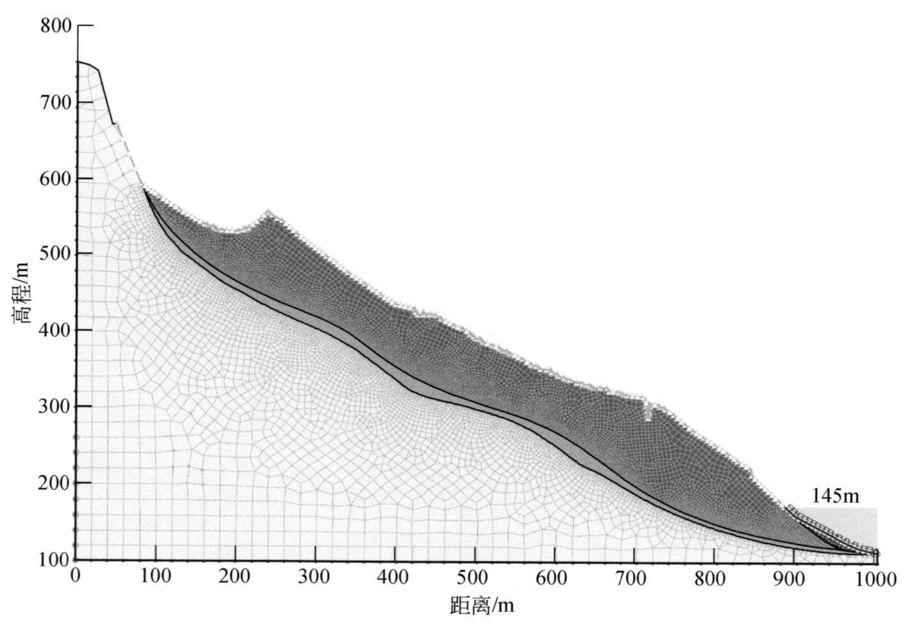

图 9.49 青石滑坡 SEEP/W 渗流数值模型

一般库水下对斜坡的影响大于库水上升，因此在第一个库水下降周期中（图 9.50），截取三个代表性的典型水位，观察其孔隙水压力及渗流情况。滑带下部基岩，在库水位下降过程中，浸润峰并无明显下降，渗流量较弱，对应的孔隙水压力下降或变化也并不明显。而位于滑带以上的松散碎裂岩体的孔隙水压力及渗流变化极为明显、剧烈。

对 155 ~ 145m 的库水位波动带，提取坡体内部（靠近滑带位置）渗流场记录点的孔隙水压力以及水力梯度可以明显看到 145m（第 216 天）对应的水力梯度和坡降明显大于 155m（第 169 天）时的水力坡降，且两者的水体梯度在距离方向上变化较为相似（图

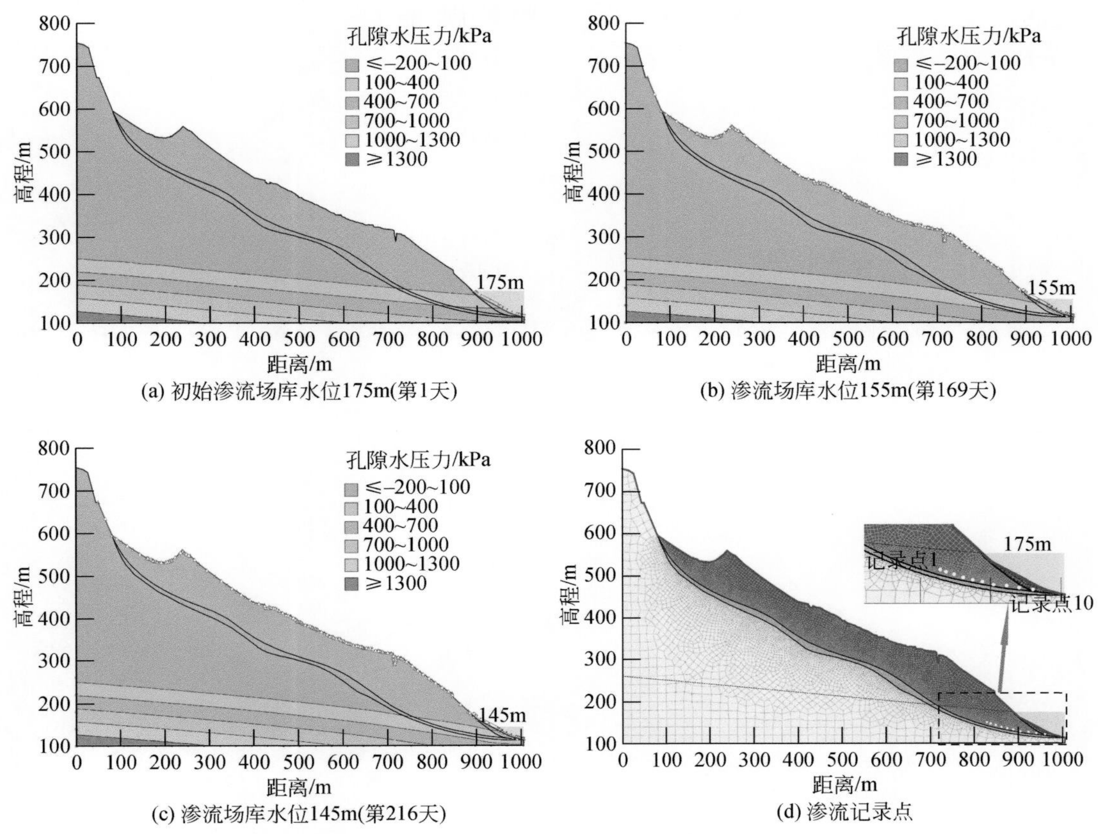

(a) 初始渗流场库水位175m(第1天)
(b) 渗流场库水位155m(第169天)
(c) 渗流场库水位145m(第216天)
(d) 渗流记录点

图 9. 50　青石滑坡渗流场浸润线及孔隙水压力分布图

9. 51）。同时进一步的从流记录点渗流速率与总水头图可以看出（图 9. 52），库水位 145m（第 216 天）对应的渗流速率明显大于 155m（第 169 天）时，这从不同库水位对应的渗流场图上也可以看出，低水位时水分向外渗流的速率明显要大；对应于孔隙水压力的下降，渗流记录点的总水头值也逐步下降，这个不难理解，随着库水位以及浸润峰的下降，低水位 145m（第 216 天）对应的总水头必然小于 155m（第 169 天）时。

对比库水位第一个周期上升段（图 9. 53、图 9. 54），发现与下降段存在类似的规律，这说明仅就渗流场分析而言，在库水位循环波动时，库水位对水体渗流的影响巨大，但与上升下降段无明显关系。

运用 GeoStuido 中 SIGMA/W 模块与 SEEP/W 模块进行耦合，可对斜坡的孔隙水压力、应力、变形进行多场耦合分析。

类比渗流场分析中，在第一个库水下降周期中（第 1 ~216 天），截取三个代表性的典型水位。对比三个库水位对应的 Y 向总应力云图发现，在不同库水位下 Y 向总应力并无变化，但是随着库水位的下降，Y 向的有效应力出现不同程度的升高。同时由剪应力云图可

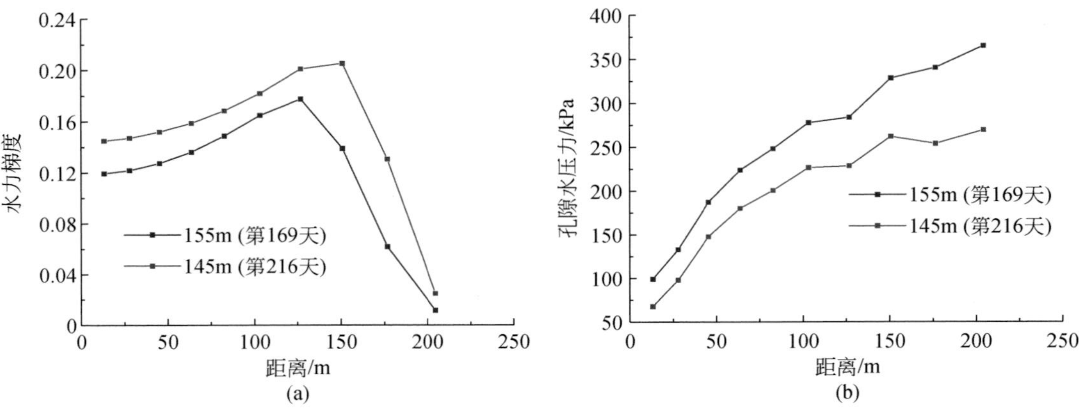

图 9.51　青石滑坡渗流记录点水力梯度与孔隙水压力（155～145m 下降段）

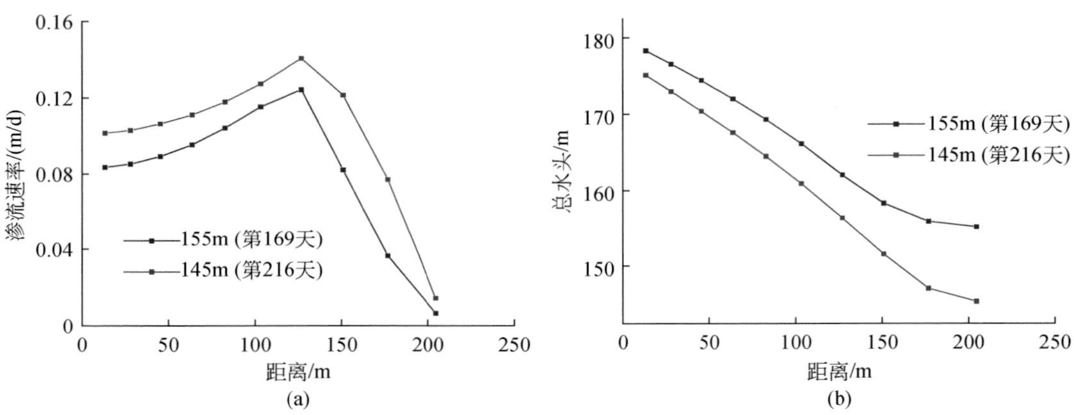

图 9.52　青石滑坡渗流记录点渗流速率与总水头（155～145m 下降段）

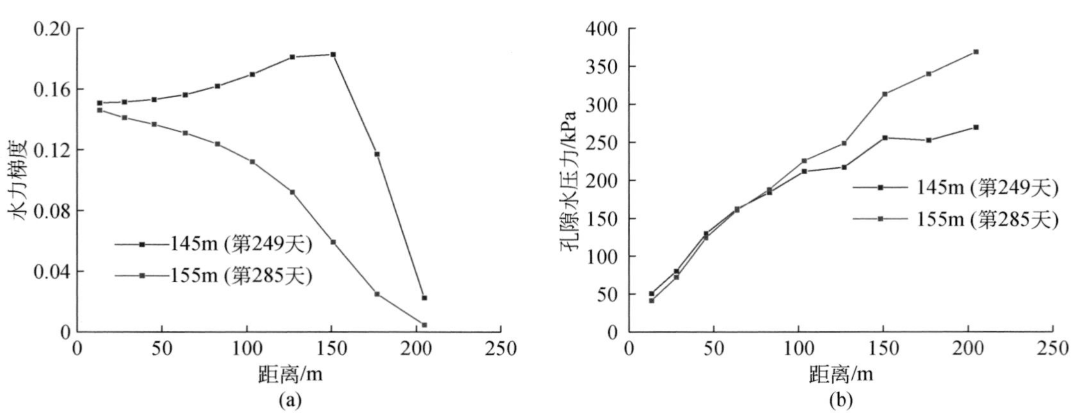

图 9.53　青石滑坡渗流记录点水力梯度与孔隙水压力（145～155m 上升段）

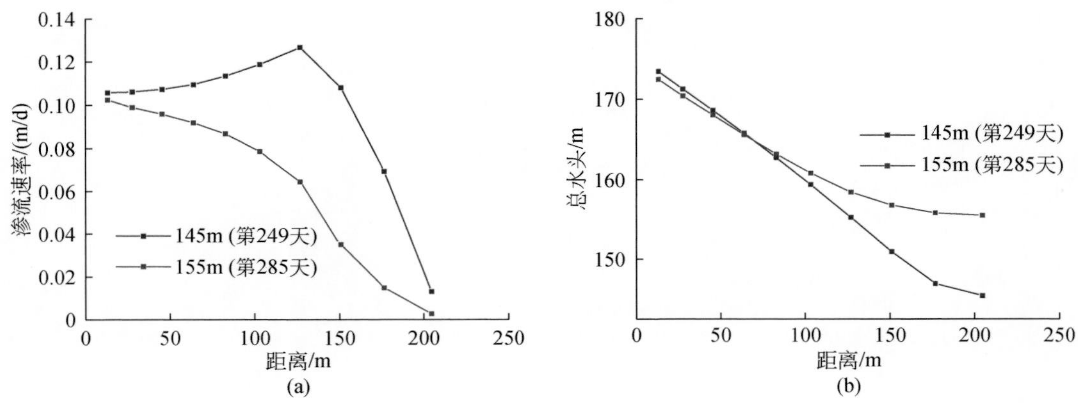

图 9.54　青石滑坡渗流记录点渗流速率与总水头（145～155m 上升段）

知最大剪应力分布于滑坡内部，侧面揭示了滑移破坏主要沿着滑带开始出现（图 9.55～图 9.57）。

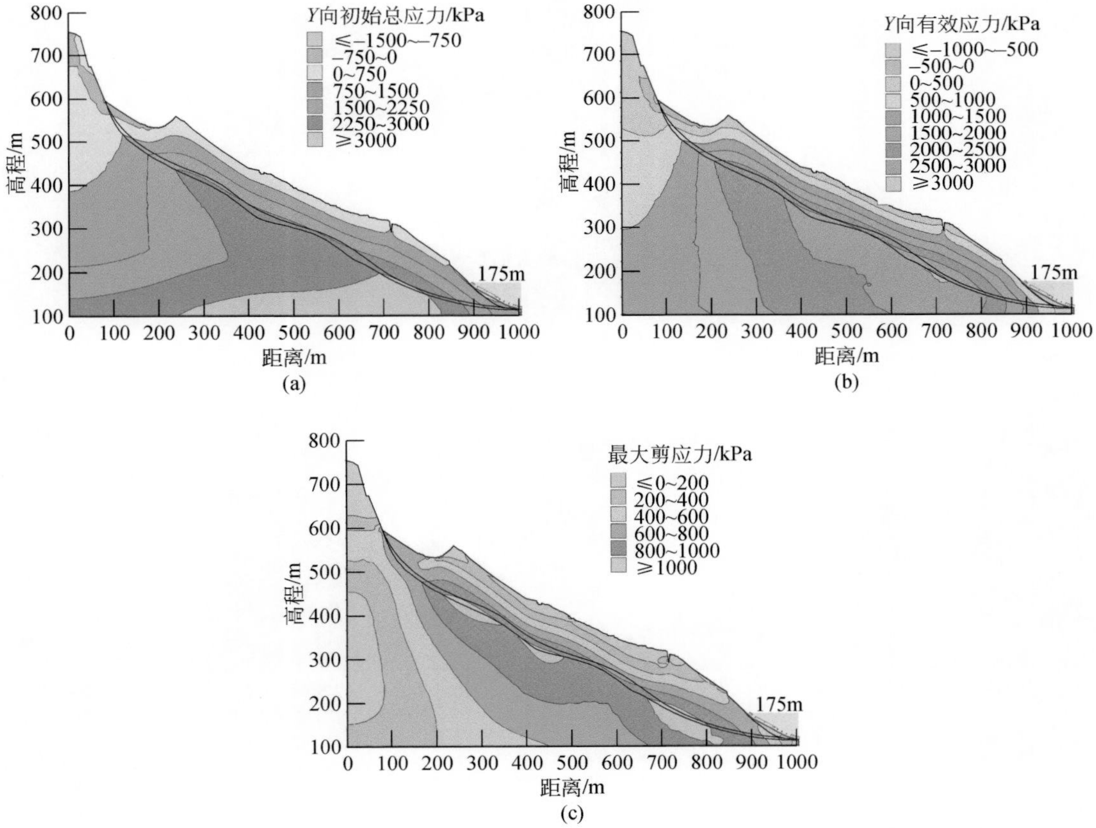

图 9.55　青石滑坡 Y 向初始总应力、有效应力、最大剪应力云图（对应库水位为 175m，第 1 天）

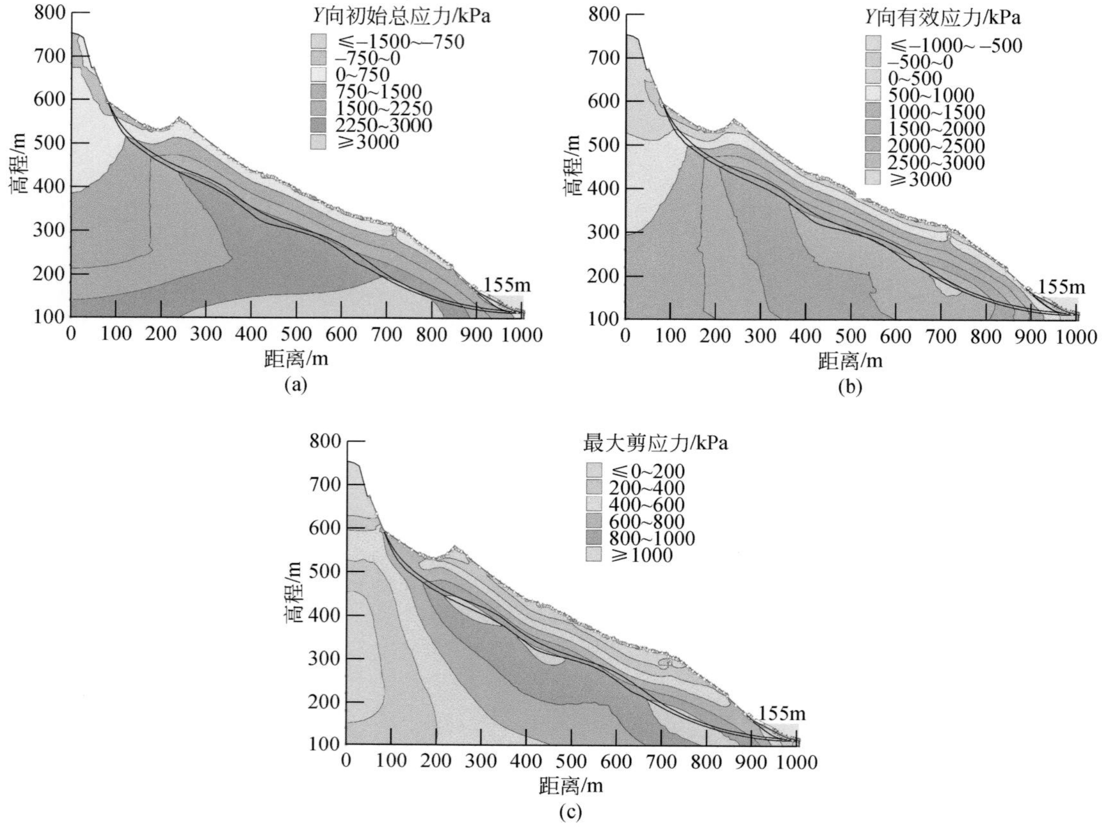

图 9.56　青石滑坡 Y 向初始总应力、有效应力、最大剪应力云图（对应库水位为 155m，第 169 天）

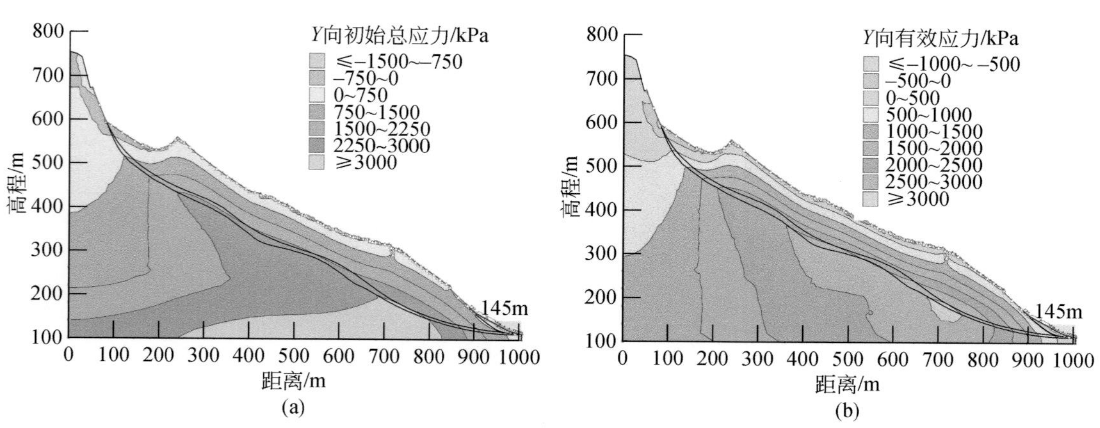

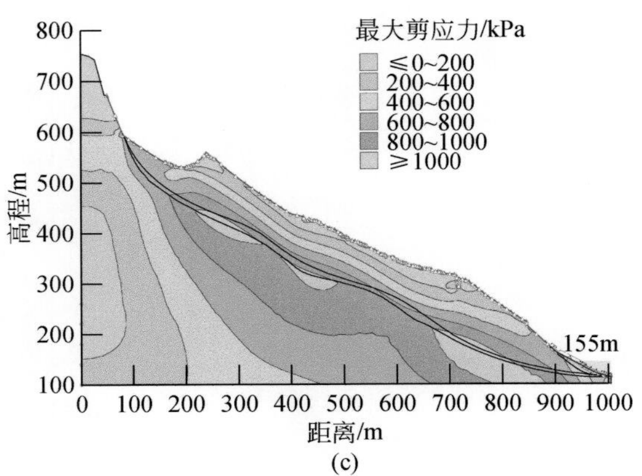

(c)

图 9.57　青石滑坡 Y 向初始总应力、有效应力、最大剪应力云图（对应库水位为 145m，第 216 天）

沿 175～145m 段库岸高程附近均匀设置记录点，并提取三个水位年、两个循环周期共计 728 天的记录点的位移与库水位进行比较如图 9.58 所示。不难看出 175～145m 段八个记录点整体位移变形与库水位波动呈现出良好的一致对应性。岸坡变形与库水位存在着明显的负相关关系。这与前文 SEEP 模块分析是一致的。同时在坡体表面设置记录点，坡体表面的变形信息与坡体内部大致相似，但是坡体表面对应变形的峰值要明显大于坡体内部，坡内变形量峰值约在 90mm，坡面变形峰值约在 23cm，这与前文的变形监测大体相似。同样我们还可以发现，坡面表形与库水位的同步性要好于坡面内部，这个在第一个下降段的急剧波动点与第一个上升段至 175m 位置处有很好的体现，坡内位移与库水位对比呈现出一定的变形滞后效应。这与库水在渗流、浸润坡体内部的时效性有关。

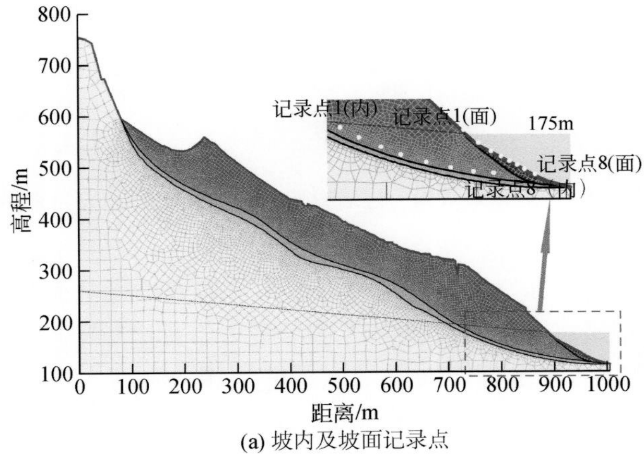

(a) 坡内及坡面记录点

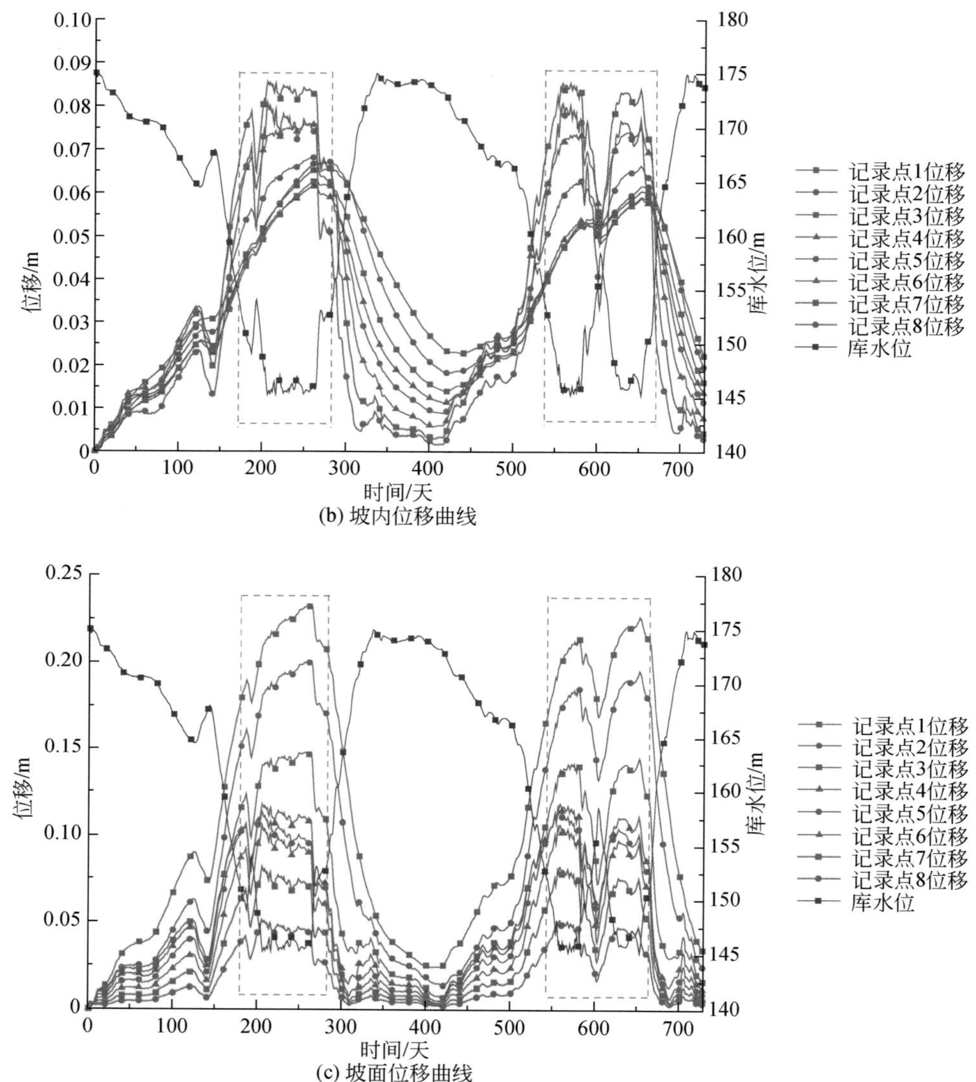

(b) 坡内位移曲线

(c) 坡面位移曲线

图 9.58　青石滑坡坡内、坡面记录点模拟全过程对应位移对比

对坡体内位移、孔隙水压力、有效应力、最大剪应力进行全面分析，坡面内沿 145 ~ 175m 均匀设置 10 个记录点，并提取相关信息与库水位对比制图如图 9.59 所示。不难看出，10 个记录点的位移与库水位波动呈现完美的负相关对应关系，出现三个变形峰值。观察 10 个记录点孔隙水压力与库水位的关系，曲线变化与库水位几乎完全一致。*Y* 向有效应力与库水位波动呈现微弱的负相关性。同时可以看到，岸坡上最大剪应力也与库水位呈负相关关系。

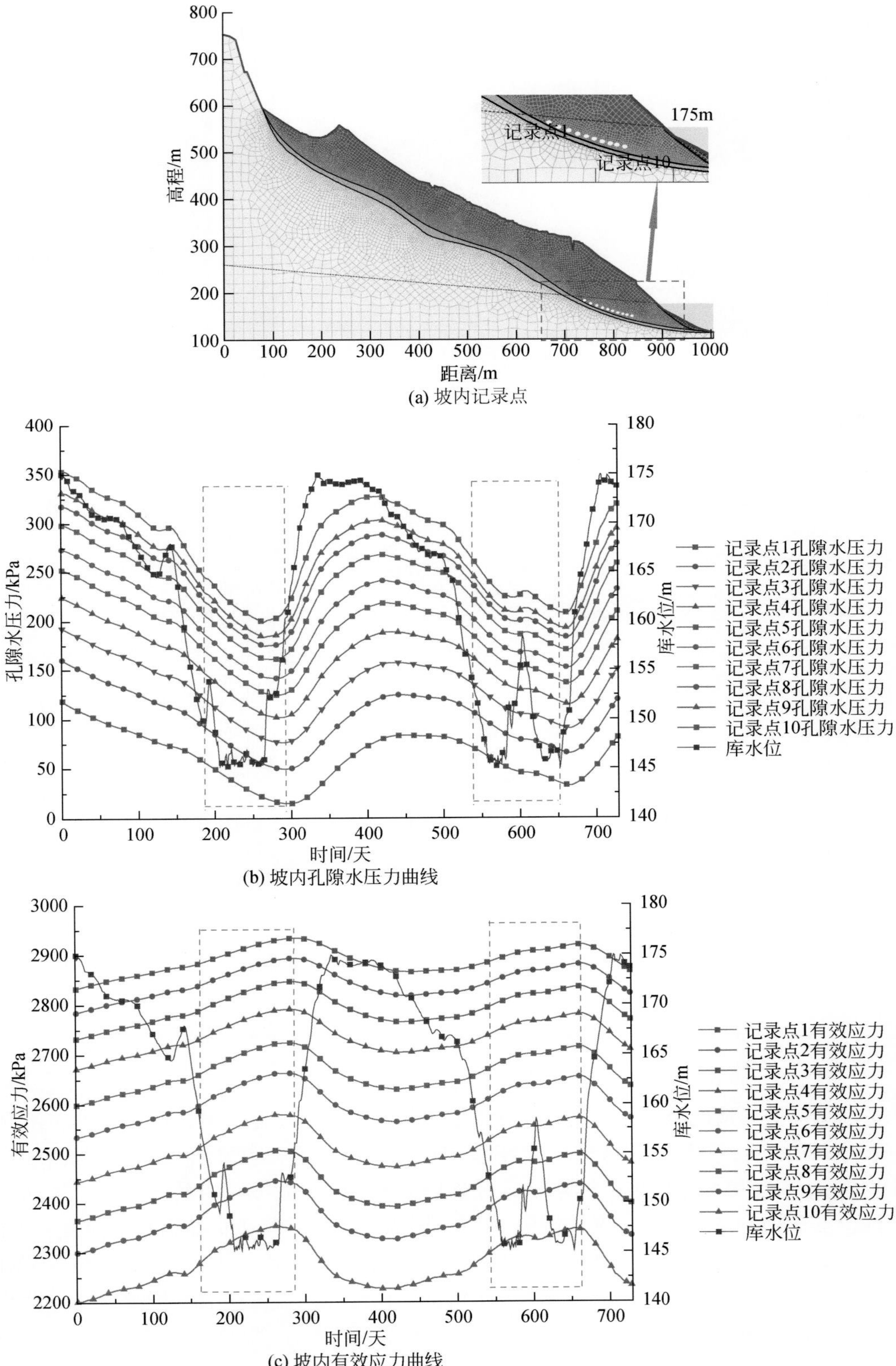

(a) 坡内记录点

(b) 坡内孔隙水压力曲线

(c) 坡内有效应力曲线

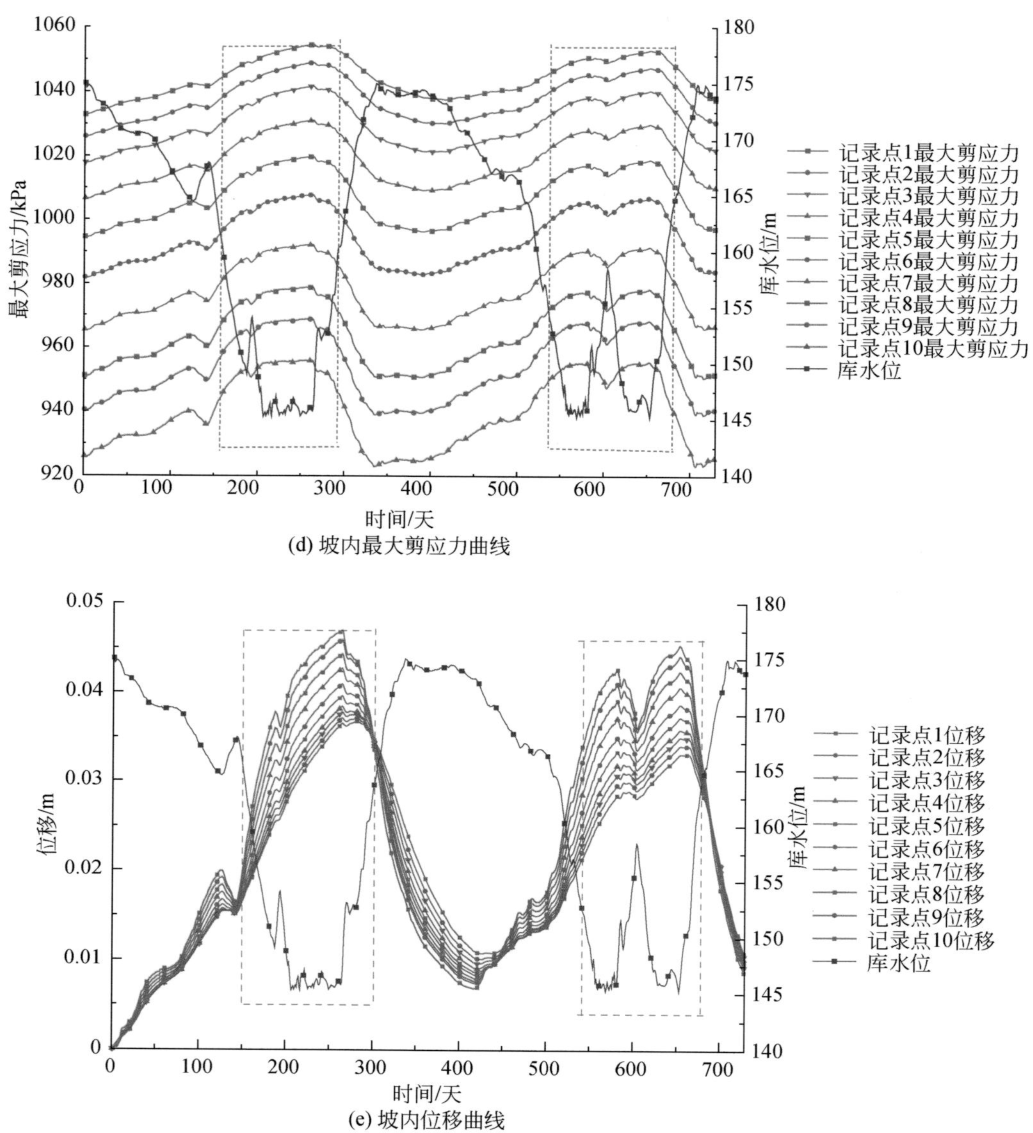

(d) 坡内最大剪应力曲线

(e) 坡内位移曲线

图 9.59　青石滑坡坡内记录点位移、力学特征与库水位关系模拟结果

根据现场变形情况以及塌岸调查，在青石滑坡采用完全指定的方法确定了两个滑移面上下限。利用邻域搜索优化算法，在所指定的滑面 1、滑面 2 中搜索临界滑面 3（图 9.60）。由于前缘库水边界采用的是实际三个水文年、两个循环周期共计 728 天的动态水位，耦合了 SEEP/W、SIGMA/W 模块，所以不同库水位对应的优化的临界滑面微有不同，特类似于上文分析研究选取三个典型的库水位面 175m（对应第 1 天）、155m（对应第 169 天）、145m（对应第 216 天）所对应的三个滑面的稳定性系数，然后分析观察稳定性系数与库水位波动之间的关系。本章稳定性系数求解采用了力与力矩严格平衡的 Morgenstern-

Price（M-P）算法。同时岩土力的物理力学参数并没有考虑受库水浸泡而劣化衰减的现象，仅针对库水波动下渗透力、孔隙水压力的多场耦合情况下的分析。

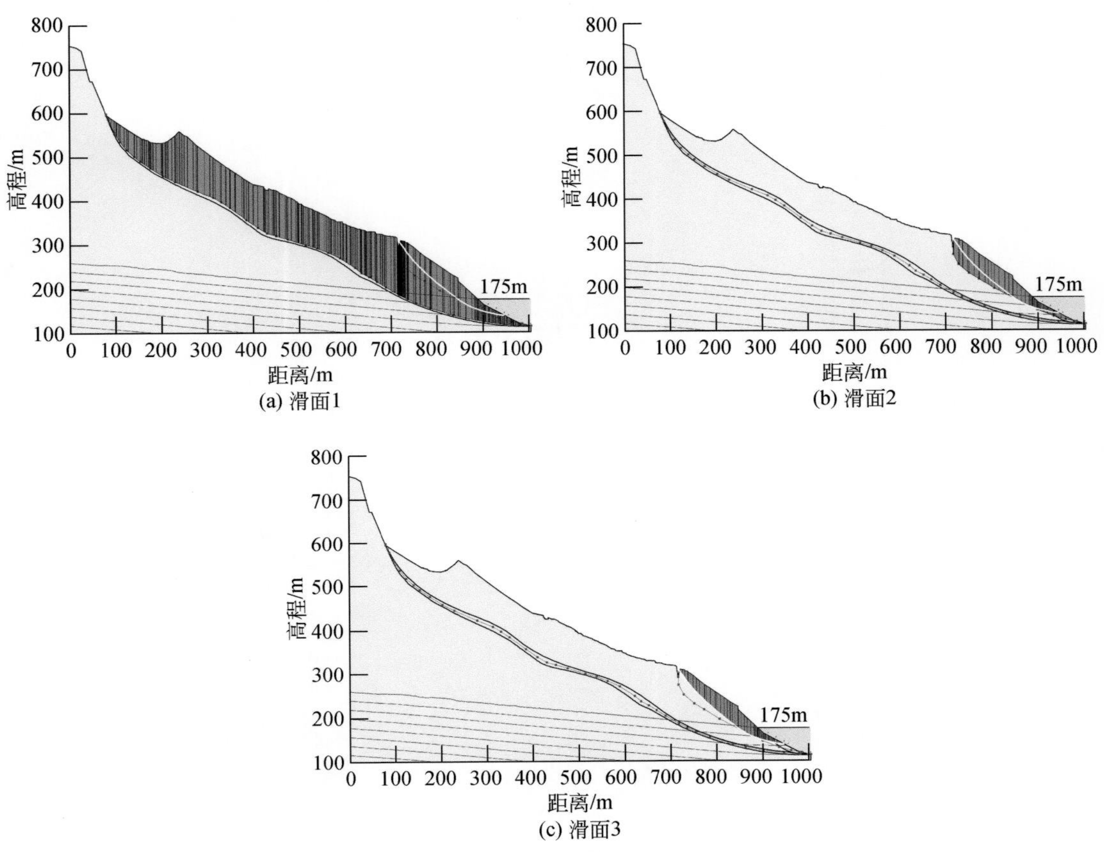

(a) 滑面1

(b) 滑面2

(c) 滑面3

图 9.60　青石滑坡完全指定滑面 1、滑面 2、滑面 3

由图 9.60 可知，优化滑面（最危险临界滑面）主要是滑面 2 对应的前缘坡体。将三个滑面模拟全过程稳定性系数提取并与库水位进行对比制图如图 9.61 所示。可以明显看到滑面 1、2 对应的稳定性系数时程曲线与库水位波动对应性较好，整体随着库水下降，稳定性系数快速下降，滑面 1 对应最小值为 1.207（库水位为 147.39m），滑面 2 对应最小值为 1.174（库水位为 147.39m）；随着库水位上升，稳定性系数有逐渐回升，滑面 1 对应最高值为 1.221（库水位为 172.42m），滑面 2 对应最高值为 1.203（库水位为 174.06m）。可见，在低水位运行时，岸坡的稳定性系数最低，这与前文中 SEEP/W 渗流场、SIGMA/W 应力场及其变形相一致。证明了模拟的准确合理性。临界滑面 3 的稳定性系数时程曲线较为波动，同时局部出现稳定性系数小于 1 的时段，这也表明了青石滑坡最危险的滑移面是在滑体前缘，而整体相对来说稳定性较好，这与现场前缘塌岸调查完全吻合，进一步证明了模拟的可靠性。同时对比滑面 1、滑面 2、优化后的临界滑面 3 的稳定性系数时程曲

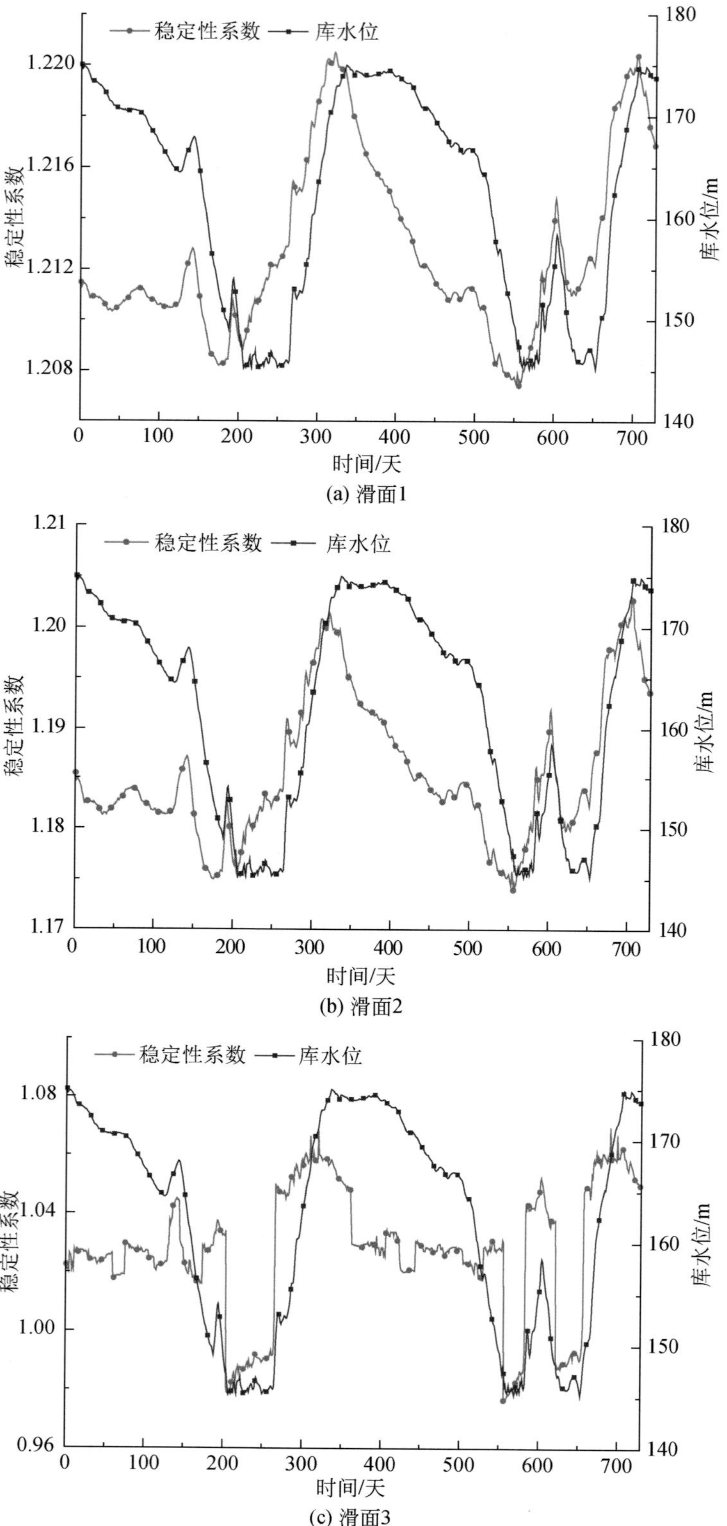

图 9.61　青石滑坡稳定性系数-库水位时程曲线

线发现，从整体来讲稳定性系数存在如下的规律：滑面 1>滑面 2>滑面 3，也就是说青石滑坡整体处于基本稳定状态，但是滑坡前缘处于稳定与不稳定的临滑状态，前缘岸坡在极端降雨等天气下将会发生局部坍滑。

为了更加全面的考虑岩土体受岩体劣化的影响，参考室内实验及相关文献，10 次干湿循环后岩土体的物理力学参数劣化衰减率约 12%。为了快速观察劣化效果，本次数值模拟验证，采用了三个水文年、两个循环周期劣化下降率约 12%，并将其平分在 728 天内，进行和上文相似的 SEEP/W、SLOPE/W 渗流稳定性耦合分析，求得的稳定性系数与库水位制图并对比分析如下。对比不考虑岩土劣化可以明显看到，考虑岩土体劣化后，稳定性系数随着库水循环波动，稳定性系数逐天呈现下降的总体趋势。同时与库水位波动进行对比，不难发现与上文类似的规律，即对应着库水位快速下降段，岸坡的稳定性系数下降极快，而对应库水稳定或者上升段，岸坡的稳定性系数变化较小，甚至无明显下降趋势。这表明，库水位波动产生的渗透力对岸坡的影响较大，尤其是叠加岩土体力学参数的劣化衰减后，稳定性系数急剧下降。尤其是临界优化滑面 3 在库水运行第 106 天时处于失稳的临界状态，稳定性系数为 1，之后稳定性系数全部小于 1，已经发生了坍滑。可见岩土体的劣化对岸坡的稳定性影响巨大，不容忽视，尤其是前缘库区岸坡在考虑岩体劣化后稳定性系数急剧下降应引起重视和进一步的深入研究。

9.5.2.4　青石滑坡讨论与小结

通过耦合循环波动的库水位与 SEEP/W 模块，得到青石滑坡动态渗流场，结果表明，斜坡体受库水循环影响较大。在库水位上升时，总水头、孔隙水压力上升，水力梯度相对削弱，对坡体相对较为有利。库水位下降时，总水头、孔隙水压力下降，水力梯度上升，由于动水压力的作用，较高的水力梯度会形成一个牵引坡体向外变形的作用，对坡体稳定不利。但是无论是斜坡上升段还是下降段，在低水位时，斜坡体内的渗流速度要大于高水位时的渗流速度（图 9.62）。

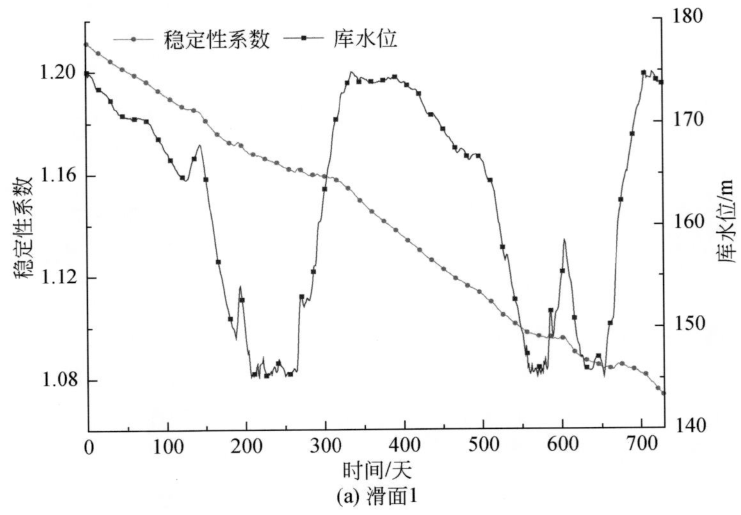

(a) 滑面1

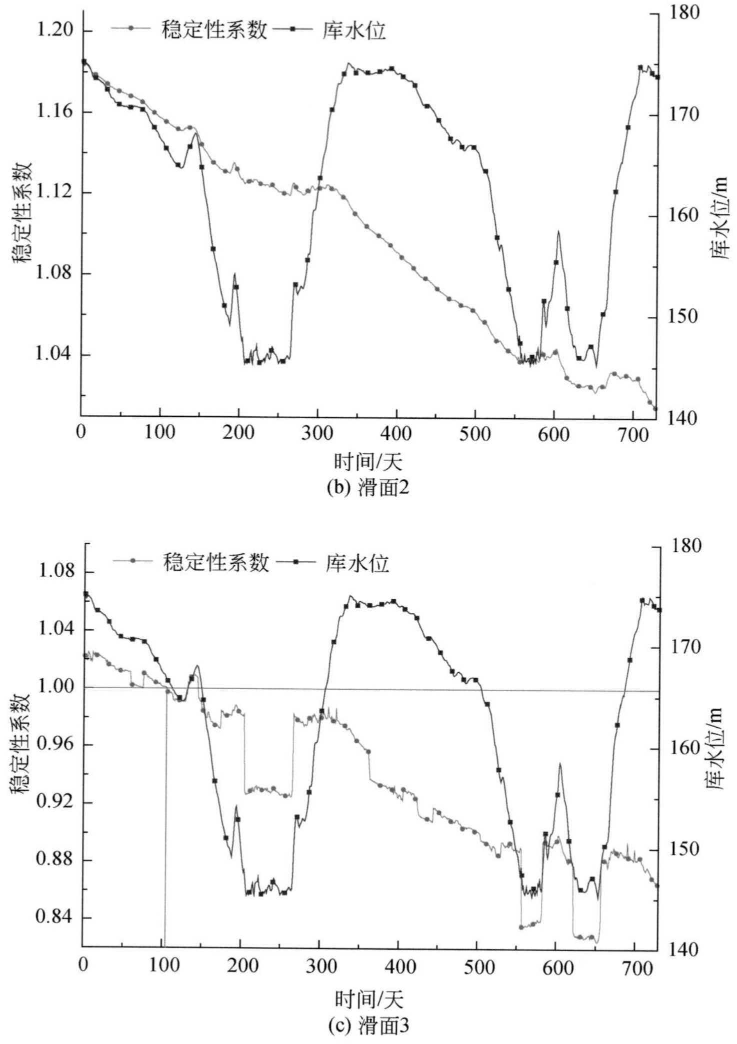

(b) 滑面2

(c) 滑面3

图 9.62　青石滑坡稳定性系数-库水位时程曲线（考虑劣化）

通过耦合循环波动的库水位与 SEEP/W、SIGMA/W 模块，得到青石滑坡动态应力场及其坡体变形，结果表明，在不同库水位下 Y 向总应力并无变化，库水位快速消落时，虽然岸坡由于部分疏干有效应力得到微弱提高，但是相比渗透力的增加与最大剪应力的增加而言，库水位快速下降对岸坡的稳定性非常不利。且对比坡体变形与库水位，变形与库水位波动呈现良好的对应性，在库水下降段，受指向坡体外侧动水压力的牵引作用，坡体变形增大，库水位上升阶段，坡体不变形或变形几乎为 0。由于并未考虑岩土体的劣化，坡体的变形与库水具有周期性的态势。

通过耦合循环波动的库水位与 SEEP/W、SIGMA/W、SLOPE/W 模块，得到青石滑坡动态稳定性系数与库水位之间的关系。稳定性系数时程曲线与库水位波动对应性较好，整体随着库水下降，稳定性系数快速下降，这与前文中 SEEP/W 渗流场、SIGMA/W 应力场及其变形相一致，证明了模拟的准确合理性。从整体来讲稳定性系数存在如下的规律：滑面 1>滑面 2>滑面 3，也就是说青石滑坡整体处于基本稳定状态，但是滑坡前缘处于稳定与不稳定的临滑状态，前缘岸坡在极端降雨等天气下将会发生局部坍滑。

在未考虑岩土体物理力学参数的劣化情况下，稳定性系数时程曲线与库水位呈现周期循环往复的变形态势。结合室内物理力学实验以及相关文献，考虑岩土体力学参数 12% 的劣化率后，稳定性系数随着库水循环波动，稳定性系数逐天呈现下降的总体趋势。库水位波动产生的渗透力对岸坡的影响较大，尤其是叠加岩土体力学参数的劣化衰减后，稳定性系数急剧下降。可见岩土体的劣化对岸坡的稳定性影响巨大，不容忽视，尤其是前缘库区岸坡在考虑岩体劣化后稳定性系数急剧下降应引起重视和进一步的深入研究。

9.6　小　　结

在数值分析基础上，本章选取巫峡四种典型的岩质岸坡类型，开展了水位变动下的力学响应与长期稳定性分析；得到以下认识：

（1）三峡库区岸坡在 145 ~ 175m 常态化运营下，劣化带岩体强度逐渐下降，并趋于崩解碎裂。由于劣化带往往是三峡库区岸坡的阻滑段或者坡脚部位，岸坡劣化带的结构性碎裂、强度降低无疑对岸坡整体稳定性构成极大威胁。这在三峡库区发育的四种典型岸坡中都有所体现：塔柱状危岩体、反倾碎裂岩体、顺层岸坡岩体以及岩溶角砾岩岸坡。

（2）黄岩窝危岩体为典型的塔柱状危岩体，自然状态下破坏失稳模式是压致溃屈或滑移–倾倒破坏。随着消落带基座处的循环劣化，黄岩窝危岩体的位移及剪应力逐渐增加，稳定性降低；模拟计算表明在第 30 个水文年，危岩体稳定性在 175m 水位达到临界状态，呈压致溃屈崩塌失稳模式。

（3）茅草坡 4 号反倾碎裂岩体前期更多是弯曲倾倒破坏，随着消落带岩体劣化、碎裂、侵蚀、掏空加剧，岸坡呈现沿着弯折面逐渐滑移–剪出趋势。计算模拟表明当岩土体物理力学参数劣化下降约 15% 时，稳定性系数由 1. 25 左右下降趋近极限平衡状态。茅草坡 4 号斜坡经过治理后，消落带处的岩体劣化现象得到有效遏制，岸坡变形收敛，整体位移量在 20mm 左右长期波动。

（4）青石 6 号斜坡为典型的顺层灰岩岸坡，其变形失稳模式为前期在长期自重下的滑移弯曲、波状挠曲变形。受到前缘消落带持续劣化损伤作用，加剧了消落带处的隆起、碎裂、变形，最终可能发生劣化溃屈破坏。离散元模拟表明，岩土体物理力学参数劣化下降约 20% 时，岸坡由起始缓慢的近线性变形到最后急剧突变，且浅表弯曲隆起段对应位移最为突出明显，表征岸坡结构整体可能发生溃屈破坏。

（5）岩溶角砾岩岸坡主要受岩溶角砾岩基座处的劣化或前缘消落带处侵蚀、碎裂变形的影响，最终可能诱发岸坡失稳。黄南背西危岩体的基座空腔处极易应力集中，在上覆荷载作用下叠加基座劣化可能使得底部基座首先碎裂解体，上部岩体下挫滑移，最后发生滑移–倾倒复合破坏。青石滑坡在 2009 年前缘发生局部滑塌和塌陷，更多受库水波动和前期溶蚀作用影响，之后在 2010 年以及 2014 年分别进行简单的应急处置后，岸坡整体处于基本稳定状态。但由于库水周期性的侵蚀、水岩耦合导致的岩体劣化作用始终存在，青石滑坡的稳定性依然值得长期跟踪关注。

（6）三峡库区周期性水位波动的水力环境条件下，岸坡低高程区岩体结构劣化加快了岸坡整体演化进程，总体破坏模式为“低高程区岩体劣化—低高程区结构失效—岸坡整体变形失稳”。如何有效遏制消落带岩体的劣化演化进程，将“劣化带”变为“固化带”是对后续三峡库区岸坡的整体稳定性防治的挑战。该类岸坡的防治应将重点落脚于劣化带岩体“强度衰减”与“结构碎裂”这两大因素上，并结合各个岸坡结构类型进行针对性的防治，或可较好的提高岸坡的长期稳定性。

第10章　三峡库区岩质岸坡成灾模式与涌浪风险评价

10.1　概　　述

三峡库区是我国滑坡涌浪高发区。1985年6月12日新滩发生滑坡，滑坡体积约3000万m^3，滑动速度约31m/s，产生最大涌浪高度为53m，影响航道长约20km，造成77艘船只翻沉和12人死亡。

水库蓄水后，滑坡涌浪灾害风险显著增加。第一，蓄水后发生滑坡的概率升高，尤其三峡库区消落带岩体劣化增加了高陡岸坡失稳风险。第二，大部分滑坡坡脚在水库中，滑坡滑动就会直接推动水体运动。第三，蓄水后，长江通航量急剧增加，移民新的城镇区也多在江边，中小型的滑坡失稳就可能形成很大的涌浪灾害。例如，2003年水库开始蓄水以来，发生了秭归千将坪、巫峡龚家坊、巫山红岩子等多起滑坡涌浪灾害。龚家坊滑坡的体积为38万m^3，红岩子滑坡的体积为23万m^3，远小于蓄水前发生滑坡涌浪的滑坡体积，但所触发的涌浪均对长江航道及沿岸码头船只带来了巨大危害和人员伤亡。

水库运行下岩质岸坡涌浪风险研究是近年来国内外相关领域的热点，是未来水库地质灾害研究的重要方向。滑坡涌浪研究方法包括经验法、理论公式法、概化物理模型试验法、缩尺物理模型试验法和数值模拟法（黄波林等，2019a）。滑坡涌浪的研究正在从早期的灾害案例反演、潜在涌浪危害分析转向滑坡涌浪风险评价（Huang et al., 2012；Yin et al., 2015, 2016）。

本章将在典型岩质岸坡案例分析的基础上，系统展示新型滑坡涌浪模拟技术和分析方法，构建滑坡涌浪风险评价技术框架。研究内容包括：①典型岩质岸坡成灾模式；②柱状危岩体崩塌的涌浪产生机制；③典型柱状危岩体涌浪预测；④水库滑坡涌浪风险评价研究。

10.2　典型岩质岸坡成灾模式

在杉树槽滑坡和龚家坊滑坡涌浪等典型案例剖析的基础上，系统总结和分析三峡库区滑坡致灾模式滑坡涌浪致灾模式。

10.2.1　滑坡致灾模式

三峡库区滑坡、崩塌致灾造成巨大经济损失的较多，近期以沙镇溪镇杉树槽滑坡最为典型，它直接摧毁了一座小型水电站。杉树槽滑坡位于三峡库区长江二级支流锣鼓洞河左岸（图 10.1），锣鼓洞河是青干河的一条支流。滑坡距离沙镇溪镇仅 300m。千将坪滑坡在其西北方的青干河旁。

图 10.1　杉树槽滑坡位置图

如图 10.2 所示，杉树槽斜坡位于大岭斜坡的下游，由凹槽的两侧岩土体构成。斜坡在 300m 高程附近有一小平台。斜坡最高点高程为 425m，是青干河与锣鼓洞河的分水岭。杉树槽斜坡的上游侧以顺层基岩陡崖为主，下游侧斜坡表层覆盖有 1 ~ 10m 的土层。斜坡基岩岩性为侏罗系聂家山组（$J_{1-2}n$），上部为灰绿色厚层砂岩，下部为紫红色薄-中层砂岩夹薄层泥质粉砂岩，其产状为 115°∠20°。土体主要为残坡积物含砂岩碎块石。斜坡为顺层斜坡，斜坡的坡向约 105°。斜坡坡度与基岩倾角近似，平均坡度约 21°。斜坡植被发育较好，陡崖斜坡主要由树木覆盖，土质斜坡区主要为柑橘林。

G348 公路从杉树槽斜坡区穿过，为从宜昌市至沙镇溪镇、巴东县最近的一条交通动脉。更重要的是，杉树槽斜坡内有一座小型水电站——大岭水电站。大岭水电站是 2008 年建成的引水式水电站，装机容量为 1000kW。在该斜坡上分布有该电站的主体建筑——一栋五层楼的宿舍楼、300m^{2}的厂房、压力管和蓄水前池。电站内常驻有 20 多人。大岭水电站的水引自锣鼓洞河的上游冲沟。水通过隧洞管道穿过大岭斜坡进入杉树槽斜坡的蓄水前池，然后进入压力管道进行发电。

2014 年 9 月 2 日早上 9 点左右，大岭水电站发电用的前池渠道开始出现渗水，压力管出现断裂并漏水，但附近地面没有变形出现。12 点 30 分左右，压力管漏水情况开始加剧，从原来的冒水变成有压喷水（图 10.3）。这表明这期间压力管道变形加剧，裂缝变大。此时，压力管道附近斜坡及上方 G348 公路仍没有宏观变形出现。

在 13 点 5 分左右，压力管变形加剧，地下水突然涌出，坡体正在加速变形。沙镇溪

图 10.2　杉树槽滑坡前照片（红色虚线是杉树槽滑坡范围，拍摄于 2014 年 7 月）

图 10.3　杉树槽滑坡临滑前压力管破裂漏水照片

政府和秭归国土局进行了应急预警。大岭水电站员工、附近的村民和沙镇溪镇初级中学师生进行了果断撤离。在约 15 分钟内共有 950 多名人员撤离了潜在滑坡区。

在 13 点 10 分左右，杉树槽滑坡的上游侧 G348 公路开始出现剪断，滑坡体内及下游侧公路依旧完整。其后，开始坡体内公路开始鼓胀，但没有剪断或拉裂出现。13 点 19 分滑坡整体启动，快速下滑。伴随着巨大轰隆声和粉尘，杉树槽滑坡主体约滑动 2 分钟。其后，滑坡后缘及侧缘有零星崩塌。

滑坡发生后对杉树槽滑坡进行了详细的野外调查。滑坡现场首先看到的明显区别是南侧为明显基岩滑动；北侧表层土体发生了滑动。滑坡明显南侧基岩区的位移大于北侧滑体的位移，根据公路的残骸测量岩体滑动运动距离约 110m。北侧的滑动距离随着远离基岩滑动区，而明显减少，呈明显的平面旋转滑动现象。北侧滑坡区内越往北，公路残骸的高程越高，滑距越小。到滑坡最北侧，挡土墙 B 的剪断处，滑坡将剪断的挡土墙仅平推约 11.9m，挡土墙下错了 3.5m（图 10.4）。平面旋转滑动的动力应来源于岩质滑动的边界牵引。当岩质滑坡快速滑动时，会给北侧的滑体一个极大的滑动方向上的剪切力。在该剪切力的牵引下，北侧滑体发生平面旋转滑动。

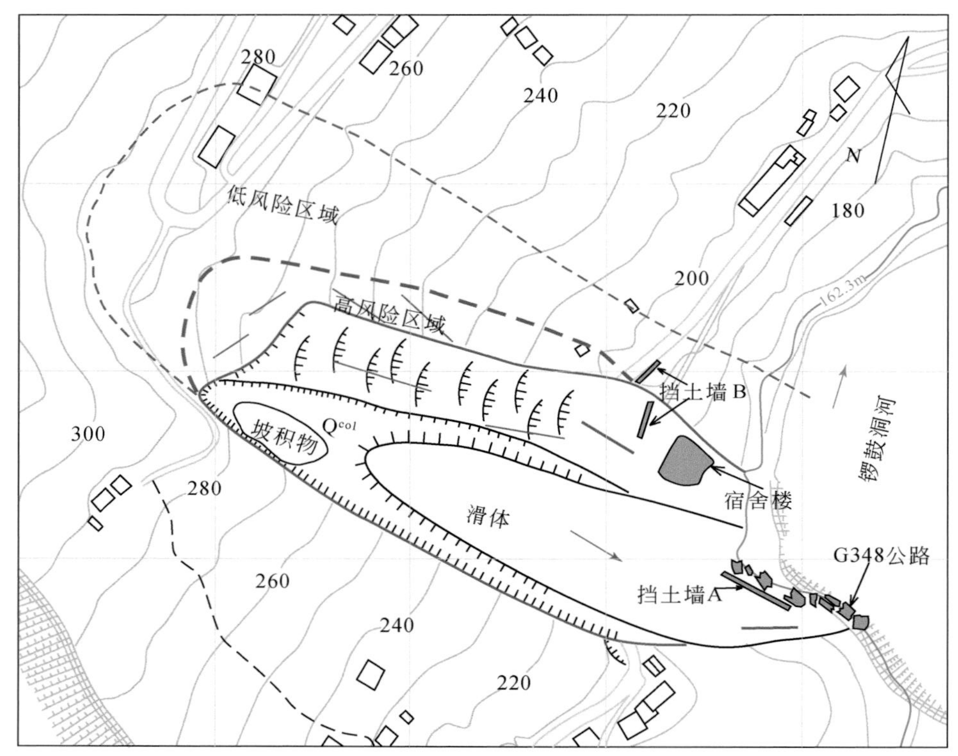

图 10.4　杉树槽滑坡平面示意图（滑坡外围地形图为 2009 年测绘；单位：m）

根据地下水涌出的高程判断滑坡的剪出口在 180m 附近，其岩层正好和北侧土体下伏的基岩（可能为古滑床）层位一致。根据野外调查，滑带可能是发育在泥质粉砂岩中的薄层粉砂质泥岩（图 10.5）。该粉砂质泥岩呈页岩状，手摸时感觉非常光滑，易脆，强度极低，局部残留块石手捏即呈碎屑状。

滑坡后缘高程为 285m，滑坡剪出口在 180m，滑坡堆积物滑入了锣鼓洞河（当日水位高程为 162.3m）。基岩滑动区的面积为 1.55 万 m^2，土体滑动区的面积为 0.93 万 m^2，滑坡总面积约 2.5 万 m^2。滑坡堆积平面形态呈长条形，纵向长约 350m、横向宽 80 ~ 120m，

图 10.5　杉树槽滑坡滑带母岩——粉砂质泥岩照片

面积约 3 万 m^3（图 10.4）。据此，估算滑坡体积约 46.5 万 m^3。

根据约 2 分钟左右的滑动时间和最大约 110m 的滑动距离，利用牛顿运动定律简单估算南侧岩质滑坡的最大运动速度在 2m/s 左右。南侧岩质滑体的整体性非常好，图 10.6 是公路抢修时挖开的滑体。滑坡岩体上部为灰绿色厚层砂岩，下部为紫红色粉砂岩与灰绿色砂岩互层。厚层砂岩完整性高于互层岩体的完整性。滑坡岩体内主要有两组节理，产状分别为 25°∠75°和 285°∠70°。这两组节理与稳定斜坡区节理走向稍有夹角，这是由于滑动偏转造成的。

图 10.6　杉树槽复建公路开挖暴露出的中部滑体

造成滑动不按照其真倾向滑动的原因，除了其坡向（110°）与真倾向（115°）有小角度夹角外，下部剪出口附近山脊地貌的阻挡作用不可忽视。由于山脊地貌的阻挡作用，前缘岩质滑体明显偏转，滑体破碎程度高于坡体中部的滑体（图 10.7）。这一山脊地貌的阻挡作用也造成滑坡的滑动方向先为 110°，后转为 75°。

岩质整体滑动形成了岩质滑体周围的拉裂槽（图 10.8、图 10.9）。岩质滑体与南侧基

图 10.7　杉树槽滑坡前缘破碎岩体

岩侧壁的拉裂槽宽度为 12 ~ 23m（图 10.6），拉裂槽近似呈“U”形，底部有大量块石堆积。岩质滑体与北侧土体间的拉裂槽呈“V”形，平均宽度为 1 ~ 3m。

图 10.8　杉树槽岩质滑体与南侧滑壁间的拉裂槽照片

图 10.9　杉树槽岩质滑体与北侧滑体间的拉裂槽照片

图 10.10 展示了杉树槽滑坡发生后的全景。该滑坡摧毁了整个大岭水电站，其中房屋和厂房三栋，电站各类管道、前池、发电及输供电设备等全部被损毁或掩埋。G348 公路约 200m 损毁中断，损毁镇村公路约 450m。300 亩（1 亩约为 666.67m^2）柑橘园受到不同程度损伤，约 60 亩柑橘园完全被毁。16 个村（居委会）133 个供电台区全部停止供电，三个供电台区的线路受到破坏，损毁电线杆 27 根，电线约 3500m。估算直接经济损失 3220 万元。因预警及时准确、撤离迅速，未造成人员伤亡。滑坡后，立即对滑坡对岸进行了调查，未发现明显的涌浪破坏植被痕迹，也没有涌浪造成的损失。

图 10.10　杉树槽滑坡中部和后部远眺

三峡库区滑坡、崩塌破坏案例非常多，表 10.1 列出了滑坡、崩塌发生时间和造成的危害。由于大多是滑坡范围内和崩塌较短路径范围内的承灾体遭受损失，这些人员或经济损失与滑坡、崩塌本体及近场区的承灾体（人员、建筑物为主）有关。

表 10.1　三峡库区滑坡、崩塌灾害情况简表

序号	时间	滑坡名称	灾情描述
1	2019 年 12 月 10 日	秭归卡门子湾滑坡（Yin et al., 2020；何钰铭和王金波，2020）	滑坡前缘岩体劣化，加上高水位运行导致滑坡滑移，滑动体积约 4.27×$10^5$$m^3$，堵塞泄滩河，造成泄牛路损毁等，经济损失约 580 万元
2	2011 年 10 月 21 日	巫山望霞危岩（李俊男，2018）	长期的采煤活动掏空了下部岩层，降雨促进危岩的破坏失稳。危岩变形总量约 6.8×$10^5$$m^3$，毁坏近 200m 的乡村道路，中断了长江航道的正常运行，经济损失达 8000 万元
3	2009 年 6 月 5 日	重庆武隆鸡尾山滑坡（邓茂林，2014）	长期蠕变和采矿，导致 5×$10^6$$m^3$ 的灰岩滑移形成高位滑坡，席卷铁匠沟内 12 户民房，及梁山组铁矿矿井入口，造成 74 人死亡、8 人受伤

续表

序号	时间	滑坡名称	灾情描述
4	2008 年 5 月 12 日	巫山横石溪危岩体（刘广宁等，2010）	汶川地震诱发岩体崩塌，崩塌体积约 $300m^3$，经济损失约 30 万元
5	2001 年 5 月 1 日	武隆县“5·1”滑坡（殷跃平，2001）	开挖切脚，形成高陡边坡，加上未做防护导致滑移，滑坡体积约 1.6 万 m^3，造成 79 人死亡、7 人受伤
6	2001 年 1 月 17 日	云阳五峰山滑坡（郭希哲等，2001）	斜坡为顺向坡，岩层裂隙发育，降雨充沛，突发滑移，滑移体积约 5 万 m^3，经济损失 300 多万元
7	1995 年 10 月 29 日	巴东三道沟滑坡（喻学文和吴永锋，1996）	地形较陡，降雨和江水涨落直接导致滑体失稳，滑动面积约 2.2 万 m^2，体积约 20 万 m^3，入江土石约 4 万 m^3。滑断公路百余米，经济损失约 2000 多万元
8	1994 年 4 月 30 日	重庆武隆鸡冠岭崩塌（邓茂林，2014）	地下采矿和降雨导致岩崩塌，崩塌体积约 $4.24\times10^6 m^3$，经济损失近 1 亿元
9	1987 年 9 月 1 日	巫溪南门湾危岩体（胡显明等，2011）	受河流侵蚀、构造剥蚀及人工掏蚀等作用形成，松动带方量约 $3.02\times10^5 m^3$，造成 98 人死亡
10	1982 年 7 月 16 ~ 18 日	鸡扒子滑坡（李晓和张年学，2011）	大暴雨，诱发了鸡扒子滑坡，滑坡面积为 $7.74\times10^5 m^2$，滑体土石方量约 $1.500\times10^7 m^3$，约 $1.8\times10^6 m^3$ 滑体滑入长江洪水位下，严重阻塞长江航道。经济损失约 600 万元

同时，从杉树槽滑坡和表 10.1 的案例可以看出，滑坡、崩塌的致灾主要是岩土体运动造成了房屋、建筑被掩埋、冲击、拉裂或错断，这一岩土体运动的范围是在滑坡和崩塌近场区内，且岩土体运动并没有转化为另外一种运动形式。因此，滑坡、崩塌致灾是单一动力形式致灾，是较为简单的致灾模式，也是滑坡、崩塌致灾的主要作用模式。

10.2.2　滑坡涌浪致灾模式

三峡库区滑坡造成涌浪，并导致巨大经济损失和人员伤亡的事件并不少见；近期以巫山县龚家坊滑坡涌浪最为典型。

龚家坊斜坡失稳是从中下部开始的，整个破坏面地表贯通是两侧缘裂隙同时向后缘延伸形成的，这印证了倾倒破坏机理分析过程。这一过程中不仅伴随着巨大的声音，而且两侧和前缘不断有物质滚落水中。在录像 1.96s 时后缘出现黄白色的岩石面（它是新暴露出来的岩石面），标志着总体上破坏面的贯通（图 10.11）。这一阶段水面之上的滑体坡面上并没有大型的分割裂隙，基本上是处于完整的形态。

从破坏面贯通后各个时段来看（图 10.11），崩塌体在运动中有破碎撕裂的现象，崩塌体不是刚性的，而是不断变形的。岩土体的运动特征一般取其质心进行计算分析。但由于三维变形滑体的质心很难根据照片进行判断，因此本书利用崩塌体的总体后缘作为标志点来估算其整体性的运动。假定在某个很小的时段内其加速度为一致的，在已知滑动时间和滑动距离的情况下，滑体下滑速度可以根据普通物理学运动定律来估算。

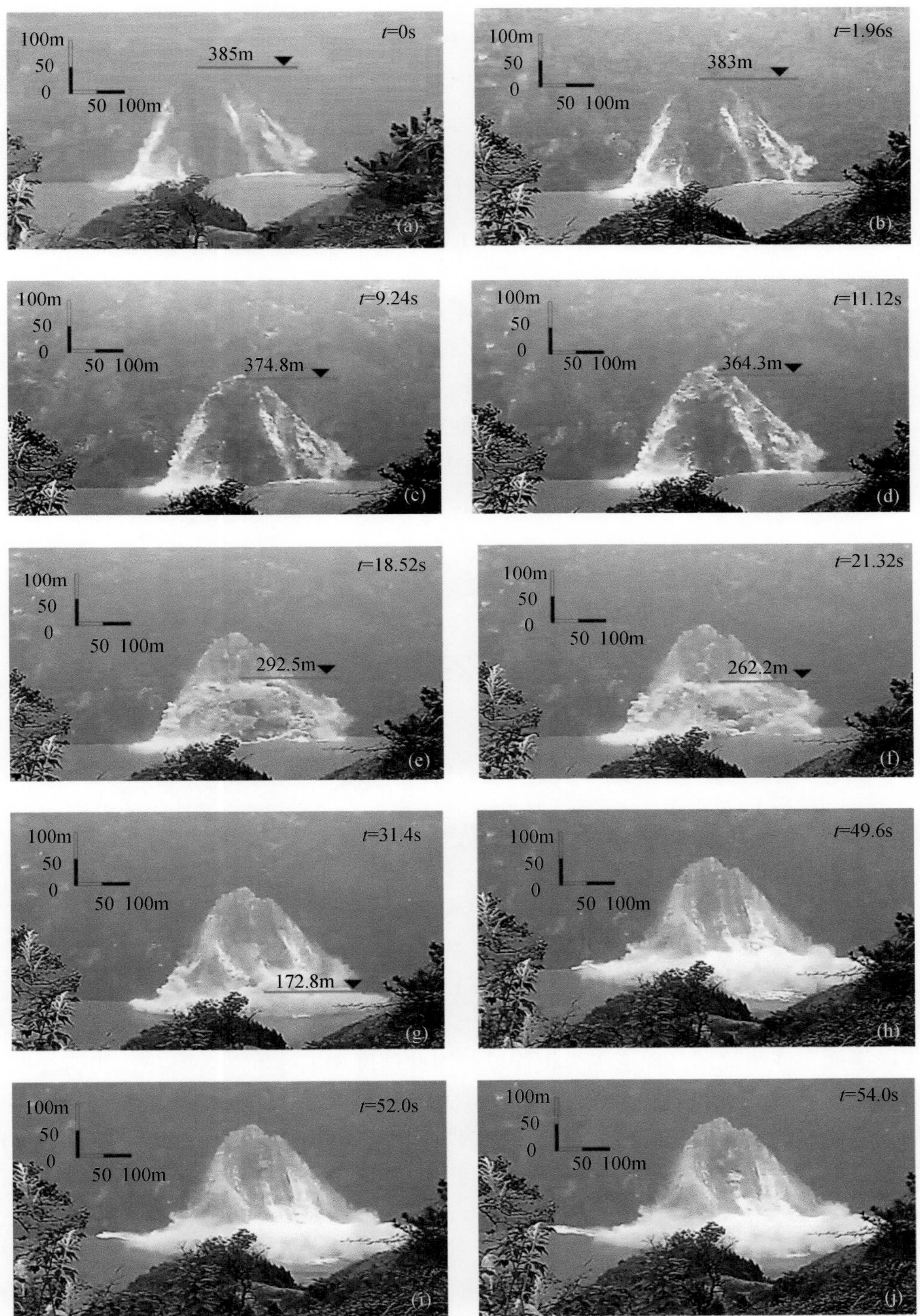

图 10.11　龚家坊滑坡发生过程全记录

$$\overline{V_{i+1}}=\frac{h_{i+1}-h_i}{t\sin\alpha} \tag{10.1}$$

$$V_{i+1}=2\ \overline{V_{i+1}}-V_i \tag{10.2}$$

$$a=\frac{V_{i+1}-V_i}{t} \tag{10.3}$$

式中，i 为时段；i+1 为下个时段；t 为两个时段的时间间隔；h_i为 i 时段后缘点运动的垂直高度；α 为滑面斜坡的坡角；$\overline{V_{i+1}}$为 i 至 i+1 时段平均速度；V_{i+1}为 i+1 时间的即时速度；a 为 t 时间间隔内的平均加速度。

通过式（10.1）~式（10.3）计算，得到了滑体在入水过程中的速度和加速度变化曲线。图 10.12 显示滑体启动时很慢，但在 9.24s 左右开始加速。当时间为 18.52s 时，水面上滑体约 1/2 滑入水中，这时滑体的速度最大，为 11.65m/s。然后速度开始缓慢下降，在 31.4s 后滑体完全淹没入水中，此时的速度为 7.8m/s。从图 10.13 的加速度图可以看出，滑体的受力很不一致，总体上在 18.52s 之前为加速度，之后为减速度。加速度在启动时基本为 0，然后开始增加。在 11.12s 时达到最大，为 2.23m/s^2。然后加速度开始减少，逐渐变成减速度。

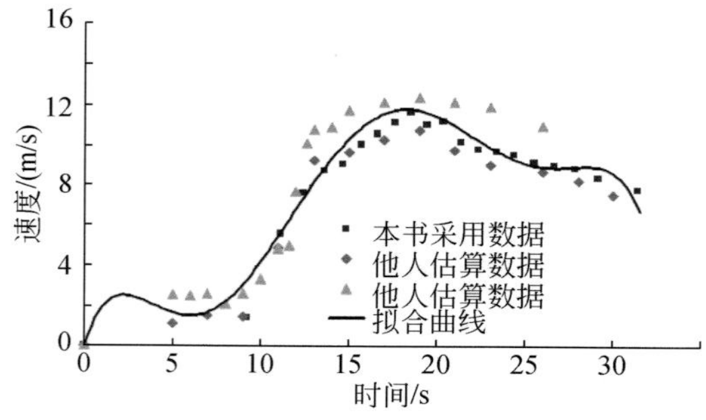

图 10.12　估算的龚家坊滑体速度历时图

滑体速度和加速度图（图 10.12、图 10.13）表明，在 10s 前，在崩塌过程中坡体的摩擦阻力在逐步减少。在 11.12s 左右，加速度达到最大值（2.23m/s^2）。这反映出滑体在开始阶段滑面存在粗糙凹凸面或局部锁固段，因此速度和加速度均非常小。当粗糙凹凸面被滑坡体逐渐磨平或局部锁固段破坏后，滑体开始加速运动，并出现最大的加速度值。此后，加速度呈指数形态下降。这是因为入水的岩土体不断增加、水阻力不断增加、水的浮托力增加、有效重力减少，造成速度变大的同时，加速度开始变小。当水面上约 1/2 滑体入水后，速度达到最大，加速度处于临界值 0m/s^2，然后水中的阻力开始大于下滑力，速度持续减缓，加速度最终变为-0.2m/s^2。

崩塌体在入水过程中，形成了大量的粉尘。在运动气流的作用下，笼罩在入水河面附近，并逐渐向对岸扩散，阻碍了对涌浪形成及传播的观测。在 37s 时开始有波浪突破粉尘包围圈，可见部分涌浪的发展和传播。对能捕捉到的涌浪进行了有限的波浪特征分析。

根据比例尺换算了捕捉到的波高历时变化情况（图 10.14），河面上点的运动是三维

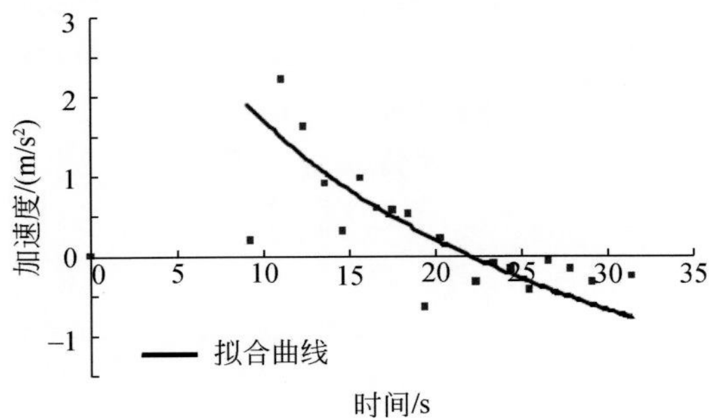

图 10. 13　估算的龚家坊滑体加速度历时图

的，而且无地物标志进行参照，无法做到对某个点定位进行分析。但是跟踪最大波峰的推进，根据 i 至 $i+1$ 时间段内最大波峰的传播距离，粗糙地估算了时段内波的总体平均传播速度（图 10. 14）。图 10. 15 表明在 49. 6s 时最大的波高 31. 8m，在 53s 传播 82m 后波高已下降至 15. 2m，因此近场区平均衰减率达 4. 88m/s。图 10. 15 显示近场区最初传播速度为 18. 36m/s，波浪的传播速度受微地貌影响，但总体上波速逐渐变小。

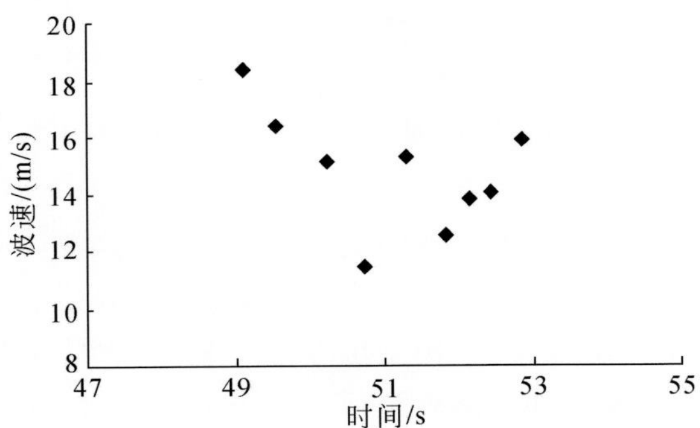

图 10. 14　估算的龚家坊滑坡涌浪波速图

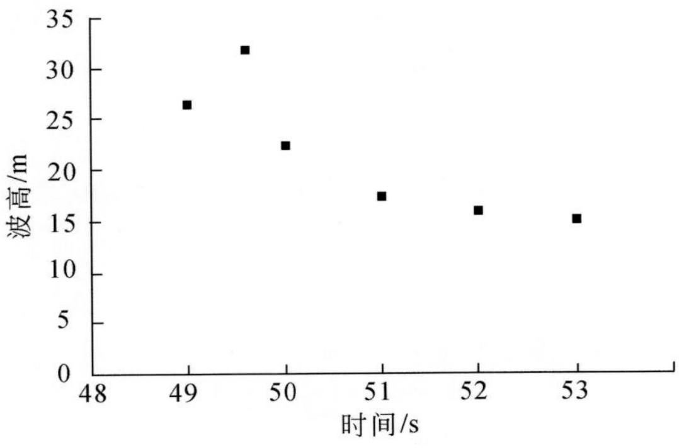

图 10. 15　捕捉到的龚家坊滑坡涌浪波高历时图

2008 年 11 月 24 日对龚家坊滑坡涌浪的沿岸爬高进行了调查。调查结果显示涌浪的爬高为中心总体向两侧递减，越靠近中心区，递减速率越大。龚家坊北岸上游 300 多米处产生涌浪爬高为 13.1m，在距崩塌体上游 5km 的巫山码头产生 1.1m 爬高浪，波浪来回波动近半小时才停止。在其下游 6km 横石溪水泥厂处涌浪爬高为 2.1m（图 10.16）。涌浪造成沿岸航标灯塔和其他设施受到不同程度损毁，多条大型旅游船只船底受损，直接经济损失达 800 万元。

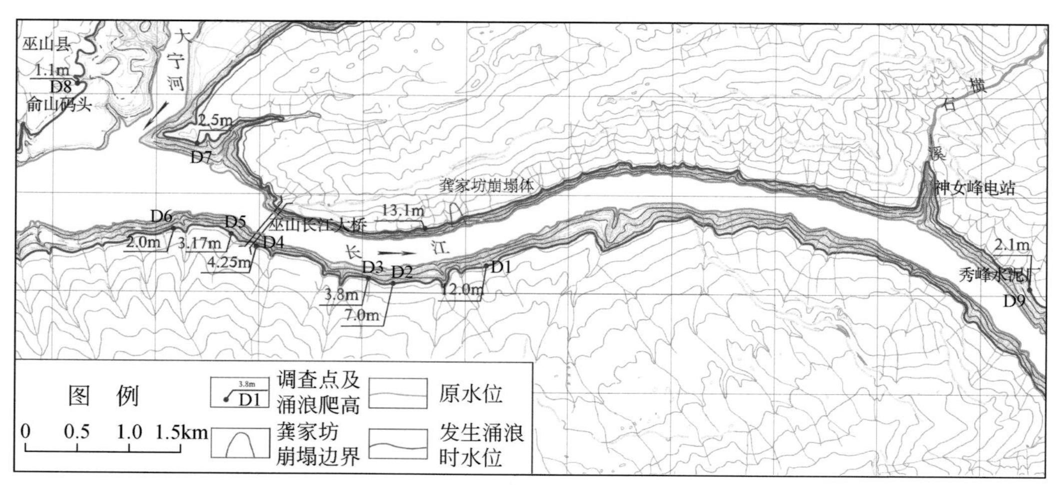

图 10.16　2008 年 11 月 24 日调查龚家坊涌浪爬高情况

三峡工程蓄水以来，库区大量地质灾害出现险情；一些崩滑体失稳入水造成了较大的涌浪灾害；同时，一些崩滑体出现险情后，应对潜在涌浪风险采取的措施也导致了大量经济损失。在治理龚家坊残余危岩体时，由于担心岩土体入江产生大规模涌浪，施工期对长江巫峡段进行了多次限时封航，每次封航造成的经济损失高达 8000 万元。2010 年三峡水库进行 175m 试验性蓄水期间，巫山支流神女溪内青石滑坡发生大规模变形破坏。由于担心该滑坡发生大规模崩滑堵江并形成涌浪，重庆市政府对该支流的旅游景区进行了长时间封闭，造成了过亿的经济损失。据不完全统计，蓄水以来，三峡库区重庆段遭受地质灾害涌浪威胁的次数多达 40 多次。表 10.2 记录了蓄水以来重大滑坡、崩塌（潜在）涌浪灾害情况。

表 10.2　三峡水库重大滑坡、崩塌（潜在）涌浪灾害情况表

序号	时间	地点	滑坡涌浪灾情描述
1	2003 年 7 月 13 日	秭归千将坪滑坡	千将坪滑坡造成滑坡体上居民 11 人死亡（失踪），大量建筑物及公路被摧毁。滑坡堵江并形成最高约 43m 的坝体，涌浪共造成 3km 内 22 艘渔船翻沉，13 人失踪
2	2008 年 11 月 5 ~ 9 日	秭归泥儿湾滑坡	总体积约 80 万 m^3 的滑坡体持续变形，第一次剧烈变形在对岸产生了 1m 左右的涌浪爬高。潜在涌浪风险造成 200m 高程以下的居民和学校撤离约两个星期，归州河航道限行封航

续表

序号	时间	地点	滑坡涌浪灾情描述
3	2008 年 11 月 23 日	巫山龚家坊崩塌	涌浪造成 13km 沿岸航标灯塔和其他设施受到不同程度损毁，停靠在码头的多条船只缆绳拉断，多条大型旅游船只船底受损，直接经济损失达 500 万元
4	2008 年 11 月	巫溪川主村滑坡	总体积约 150 万 m^3 的滑坡滑入大宁河，堵塞 1/4 河道，形成了涌浪，大宁河航道限行封航
5	2009 年 3 ~ 4 月	云阳凉水井滑坡	总体积约 360 万 m^3 的滑坡体持续强烈变形，潜在的涌浪风险造成长江航道长时限航，经济损失巨大
6	2010 年 10 月 21 日	巫山望霞崩塌	崩塌发生后，潜在涌浪风险造成长江航道巫峡段多次长时限航、封航，经济损失过亿元
7	2010 年 10 月 11 日	巫山青石滑坡	滑坡前缘剧烈变形后，潜在的涌浪风险造成神女溪景区关闭 1 年多，直接经济损失超过亿元
8	2012 年 12 月 28 日	兴山昭君大桥旁侧山体崩塌	体积约 0.6 万 m^3，入水后形成的水浪高约 16m，漫过昭君大桥桥面约 2m。一辆客车受到冲击，两名行人为滚石所伤，涌浪传播至对岸的爬高在 3.4 ~ 5.2m，破坏了对岸的部分农田及桥面上的商贩摊位
9	2015 年 6 月	巫山红岩子滑坡	总体积约 23 万 m^3 的滑坡滑入大宁河与长江交汇处，形成最大 12m 的爬高，造成 2 人死亡，13 艘船只翻沉
10	2015 年 7 月	巫山干井子滑坡	总体积约 200 万 m^3 的滑体持续破坏，造成长江航道巫峡段限航，经济损失巨大

2003 年，千将坪滑坡是三峡水库蓄水后的第一起滑坡涌浪事件。千将坪滑坡开始变形后，也开展了监测预警工作，成功进行了滑坡预警。但由于没有涌浪风险防范意识，没有开展涌浪预警。这直接造成了滑体外的人员伤亡超过滑体内的人员伤亡的后果。2008 年龚家坊崩滑体产生涌浪后，2009 ~ 2013 年间许多地质灾害在预警和治理时都考虑了涌浪风险，开展了涌浪避让防范工作。2014 年重庆市国土房管局决定对三峡库区巫山县箭穿洞危岩体开展防治工程，其主要致灾效应是涌浪，主要危害对象是航道安全。从 2003 年无涌浪风险防范意识，到涌浪风险的被动规避，再到 2014 年开始涌浪风险的主动防治，三峡库区滑坡涌浪风险防范意识正在逐步提高。

据不完全统计，蓄水以来三峡库区重庆段遭受滑坡涌浪威胁的次数多达 40 多次。总体来讲，175m 试验性蓄水后，滑坡涌浪灾害风险显著增加。第一，蓄水后发生滑坡的概率升高；第二，大部分滑坡坡脚在水库中，滑坡滑动就会直接推动水体运动；第三，蓄水后，长江通航量急剧增加，移民新的城镇区也多在江边，中小型的滑坡失稳就可能形成很大的涌浪灾害。例如，龚家坊滑坡的体积为 38 万 m^3，红岩子滑坡的体积为 23 万 m^3，远小于蓄水前发生滑坡涌浪的滑坡体积，但所触发的涌浪均对航道及码头带来了危害。

同时，从红岩子滑坡涌浪和表 10.2 的案例可以看出，滑坡涌浪的致灾形式主要是岩土体运动冲击水体造成涌浪，涌浪袭击了船只和沿岸经济生活带。这一受灾范围远离了滑坡和崩塌近场区内，运动形式从岩土体运动转化为了水体运动。因此，滑坡涌浪致灾是两种动力形式相互转化的致灾，是较为复杂的长距离大范围的致灾模式；一般涉及固液两相动力场，有时还涉及气体运动。图 10. 17 展示了滑坡涌浪致灾概化图，这一岩土体运动既可以是滑坡，如千将坪滑坡和红岩子滑坡，滑动入水产生涌浪致灾；也可以是崩塌，如箭穿洞危岩体和冠木岭危岩体。

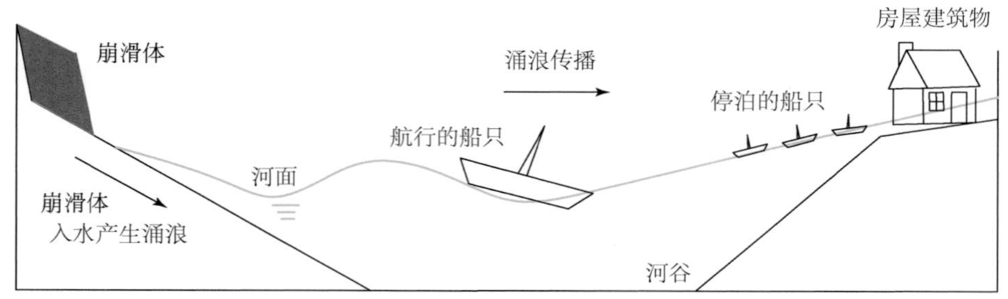

(a) 滑坡(崩塌)体入江涌浪灾害示意图

(b) 千将坪滑坡照片

(c) 红岩子滑坡全景照片

(d) 箭穿洞危岩体照片

(e) 冠木岭危岩体照片

图 10. 17　滑坡涌浪致灾示意图

10.3　柱状危岩体崩塌的涌浪产生机制研究

开展滑动入水产生涌浪的物理试验研究较多，本节不再累述，可参考相关文献差异。本次研究更关注柱状危岩体崩塌产生涌浪的产生机制。

10.3.1　物理试验设计

基于弗劳德（Froude）相似准则和 PIV 技术需要，构建了柱状崩塌产生涌浪的试验装置平台，如图 10.18 所示。水槽由钢框架+钢化玻璃构成，宽 16m、厚 0.3m、高 1.5m。崩塌体由颗粒组成，其触发由高速抽出的垂直提拉门控制。颗粒柱体宽（W_i）和高（H_i）可根据试验设计进行调整，H_i最大为 1.2m。

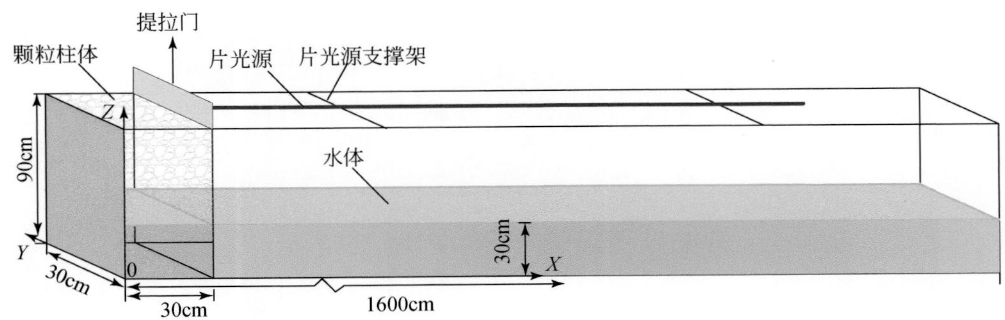

图 10.18　柱状崩塌产生涌浪的物理试验装置示意图

本次研究中利用的 PIV 技术通过观测一定时间段的示踪水体的颗粒和滑体颗粒来计算水体和滑体的运动。更详细的 PIV 技术信息可参考 Adrian（1991）、Fritz 等（2003）和 Gollin 等（2017）等的文献。

试验使用的水为当地自来水，其密度一般为 1.01g/cm^3。水体运动由高密度、均匀的漂浮颗粒和悬浮颗粒示踪展示。漂浮颗粒采用聚乙烯料白色颗粒，呈乳白色透明状颗粒，形状为圆球形［图 10.19（a）］，粒径为 5±1mm，密度为 0.94～0.96g/cm^3。悬浮颗粒采用密度稍大的聚碳酸酯（polycarbonate，PC）颗粒材料，颗粒形状为柱状［图 10.19（b）］，颗粒粒径为 2±0.5mm，密度为 1.01～1.02g/cm^3。颗粒被片光源照亮，高速照相机进行同步采集。采用的高速照相机像素为 2560×2048，以 100Hz 的频率进行图像采集。

根据 Froude 相似准则，崩塌体采用了白色灰岩颗粒模拟，这一材料与三峡库区峡谷区内危岩体的材质基本一致，密度基本一致。颗粒形状为形态各异的次棱角状［图 10.19（c）］。颗粒粒径在 10～15mm，平均粒径约 13mm。平均颗粒密度约 2.86g/cm^3，堆积密度约 1.46g/cm^3，休止角约 30.8°，与水槽底面的摩擦角约 22.9°。

以往研究表明，在空气中重力作用下颗粒柱体崩塌模式的主要控制因素是柱体的形状系数为 $a = H_i/W_i$。当 a 小于某个阈值 a_0时，Nguyen 等（2015）、Lajeunesse 等（2004）、

图 10.19　物理试验中用到的岩石颗粒照片

Lube 等（2005）、王健等（2020）认为 a_0 分别为0.65、0.7、1.15、1.5，柱体会沿某一面发生下滑且初始顶面会有少量保留。当 a 超过 a_0 后，柱体发生复杂的崩塌现象。阈值不同的原因可能与试验所采用的颗粒材质等有关。在本次试验的预备试验中发现 $a_0<2$ 时，颗粒柱体以滑动为主，原始顶面会保留一部分。大型柱状危岩体的失稳模式以复杂的崩塌为主，它们的形状系数（a）大多大于2，如箭穿洞的 a 为2.5，肖家危岩体的 a 为3.5，重庆市甑子岩崩塌的 a 为5（He et al.，2019；Huang et al.，2016b）本次研究关注颗粒柱状崩塌产生的涌浪，因此主要对 $a\geqslant 2$ 的颗粒柱体进行试验分析。

试验的变量分别为颗粒柱体宽度（W_i）、颗粒柱体高度（H_i）和水体高度（H_w）。其中，W_i 值分别为10cm、20cm、30cm、40cm；H_i 值分别在10～120cm变化，H_w 值分别为0cm、10cm、30cm、50cm。试验设计的 a 值范围为2～12，主要集中在2～4。颗粒柱体与水体的相对淹没高度为 H_w/H_i，则试验设计的相对淹没高度为0～0.5。相对淹没高度表明试验中颗粒柱体大部分是露出水面，这与实际案例情况相符。共设计了52组（No.1～No.52）颗粒柱体崩塌试验，见表10.3。

表 10.3　颗粒柱体崩塌产生涌浪的物理试验设计表

W_i/cm，H_i/cm	a	$H_w=0$	$H_w=10$cm	$H_w=30$cm	$H_w=50$cm
10，20	2	No. 1	—	—	—
10，30	3	No. 2	—	—	—

续表

W_i/cm，H_i/cm	a	$H_w=0$	$H_w=10$cm	$H_w=30$cm	$H_w=50$cm
10，40	4	No. 3	No. 8	—	—
10，60	6	No. 4	No. 9	No. 13	—
10，80	8	No. 5	No. 10	No. 14	—
10，100	10	No. 6	No. 11	No. 15	No. 17
10，120	12	No. 7	No. 12	No. 16	No. 18
20，40	2	No. 19	No. 24	—	—
20，60	3	No. 20	No. 25	No. 29	—
20，80	4	No. 21	No. 26	No. 30	—
20，100	5	No. 22	No. 27	No. 31	No. 33
20，120	6	No. 23	No. 28	No. 32	No. 34
30，60	2	No. 35	No. 38	No. 41	—
30，90	3	No. 36	No. 39	No. 42	No. 44
30，120	4	No. 37	No. 40	No. 43	No. 45
40，80	2	No. 46	No. 48	No. 50	—
40，120	3	No. 47	No. 49	No. 51	No. 52

10. 3. 2　部分淹没柱体崩塌运动特征

本次研究的颗粒柱体的动力特性，如颗粒运动存在静止区、滑动区、剪切区等，或者颗粒运动阶段可分自由坠落、扩展和停止三个阶段等，均与干颗粒柱体和水下颗粒柱体的相关动力分区和阶段性相似，但又有明显不一样的地方（Girolami et al.，2012；Xu et al.，2019）。

当 $a \geqslant 2$ 的不同水深试验中，颗粒柱体崩塌产生涌浪的全过程基本相同。以 No. 42 为例，展示崩塌产生涌浪的四个典型阶段（图 10. 20）：

（1）预备阶段。门被上提的瞬时，柱体内自重应力重分布。在重分布的应力作用颗粒下沉，形成了梯形的下沉区。门提升后，水迅速进入颗粒柱体孔隙中［图 10. 20（a）］。

（2）开始阶段。柱体颗粒快速下沉，临空颗粒并被挤出门外。柱体颗粒临空挤出剖面呈镜像 S 型，突出部分为柱体的底部和水面附近。颗粒运动以垂直运动为主。水体开始被侵占，靠近柱体的局部水体开始抬升，水质点以不同角度向 X 方向和 Z 方向运动［图 10. 20（b）］。相对于颗粒，水体的运动速度较小。固体–流体能量开始传递。

（3）涌浪产生阶段。柱体内颗粒斜向外运动，底部存在不动区域。柱体外上部颗粒垂直崩塌为主，柱体外下部颗粒斜向滑移，底部颗粒开始停止运动–沉积下来。颗粒在水中的崩塌过程中，有明显的翻滚和架空现象。与水下颗粒柱体崩塌逐渐形成较大的负波（波谷）不同（Xu et al.，2019），靠近崩塌区的水体逐渐形成大的波峰［图 10. 20（c）］。在这一阶段，最大初始涌浪波峰形成。固体–流体充分相互作用，颗粒和临近水体的运动速度相近。

(4) 涌浪传播阶段。颗粒以斜向外继续运动。涌浪最大波峰离开产生区，开始沿水槽向 X 方向传播［图 10.20（d）］。最大涌浪波峰离开不久后，颗粒崩塌运动才会基本停止。相对于颗粒，水体的运动速度大。固体运动对水体运动的影响大幅下降。

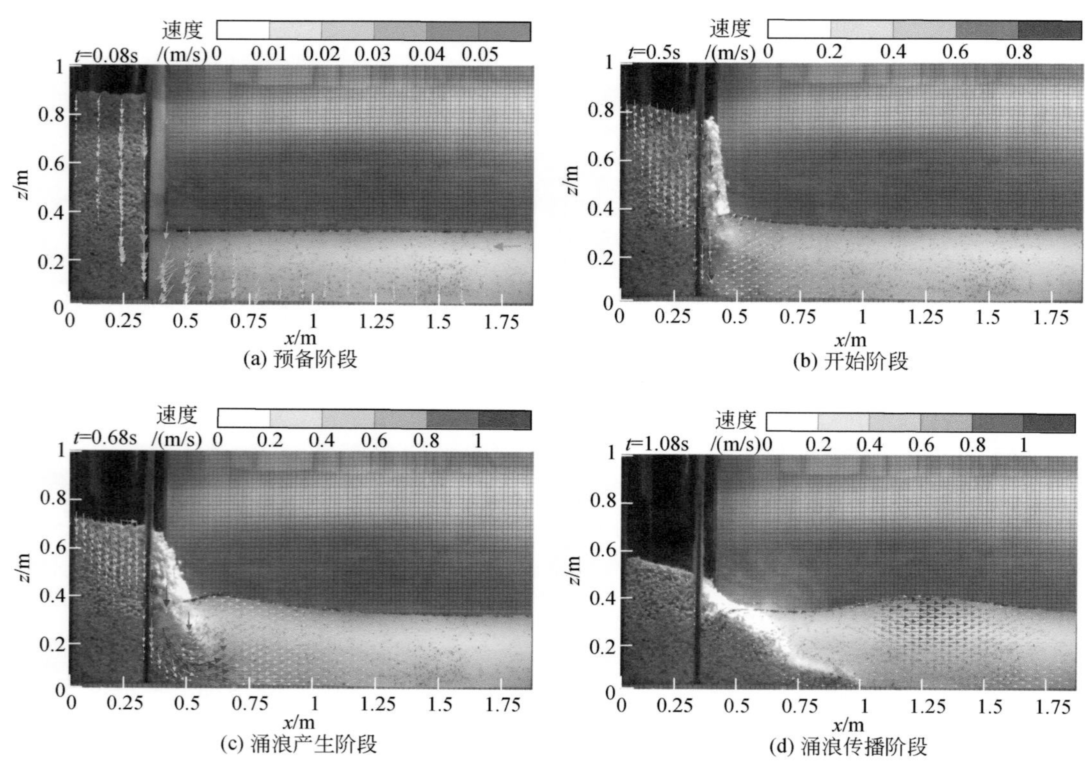

图 10.20　No. 42 组试验的颗粒柱体崩塌产生涌浪四个阶段

这四个阶段在很短的时间内迅速转化发生，譬如在 No. 42 试验在约 1.5s 内发生，它们之间没有绝对的界线。从“开始阶段”和“涌浪产生阶段”来看，水的存在明显导致颗粒柱体崩塌过程复杂。以 No. 42 试验和它的无水试验（No. 36）为例，图 10.21 和图 10.22 展示了有水和无水情况下颗粒柱体的崩塌地表形貌演化过程。在 0.3s 之前，两组试验的颗粒地表形貌基本类似，有水时临空侧颗粒较内侧颗粒运动更快些。在 0.3 ~ 0.8s 时，有水试验中镜像 S 型的中下部颗粒集发生崩塌，而无水试验中的上部颗粒维持下沉为主，下部颗粒维持斜向滑动。0.8s 后两组试验的运动又类似了。显然，水-颗粒相互作用使得颗粒体运动发生了较大变化。

从图 10.21 和图 10.22 可见，$H_w \geq 10$cm 和 $H_w = 0$ 时颗粒柱体崩塌后运动距离（run-out）和堆积高度并不一致。统计分析了 W_i 为 10cm、20cm、30cm 的所有试验中运动距离、运动时间和形状系数（图 10.23、图 10.24）。在同一柱体宽度下，不同 H_w 的运动距离相近，最大相差约 25.5%。多组不同柱体宽度系列试验都显示，干颗粒体运动距离较 $H_w \geq$

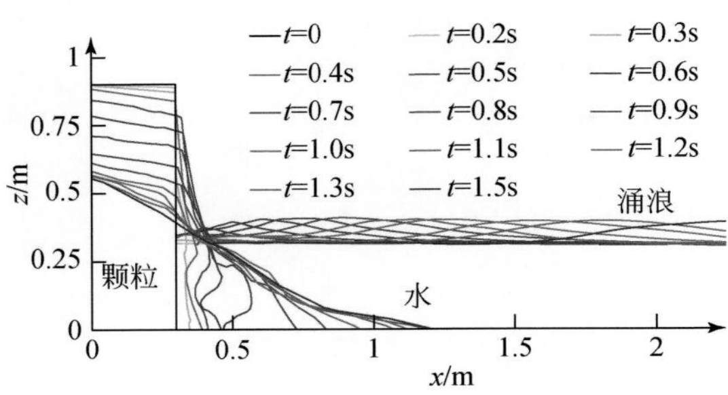

图 10.21　No.42 组试验表面形貌演化过程图

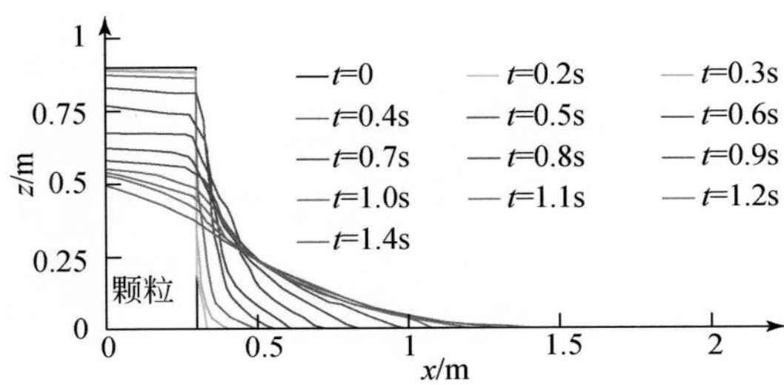

图 10.22　No.36 组试验表面形貌演化过程图

10cm 的颗粒体运动距离远。水的存在，增加了颗粒运动阻力。柱体宽度分别为 10cm、20cm、30cm 时，$H_w \geqslant 10$cm 的颗粒体运动距离分别约是干颗粒运动距离的 0.53 ~ 0.74 倍、0.43 ~ 0.70 倍和 0.63 ~ 0.57 倍。其他条件不变，a 值变大时，颗粒体运动距离变大。对比同一 a 值、同一 H_w 值的各组试验结果显示：柱体宽度越大，颗粒体运动距离越远（Girolami et al.，2012）。

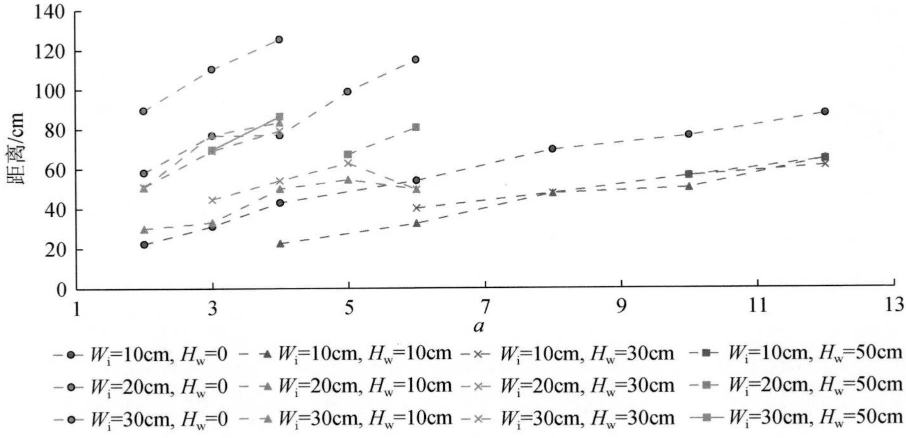

图 10.23　各系列试验的形状系数与运动距离的关系图

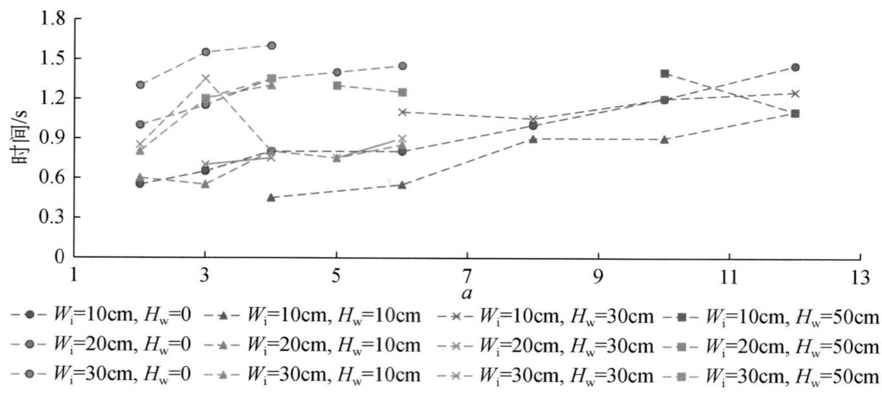

图 10.24　各系列试验的形状系数与崩塌时间的关系图

颗粒运动时间方面的规律与运动距离的规律类似。本次采用的颗粒运动时间为前缘推进速度大于 0.1m/s 的持续时间。干颗粒体运动时间一般较 $H_w \geqslant 10$cm 的颗粒体运动时间长。由于颗粒体冲击水体产生涌浪和漩涡，对表层颗粒运动产生了影响。这一影响至少反映在两个方面：一方面是表层颗粒在波浪拖曳和漩涡作用下时有小的运移（Kumar et al., 2017）；另一方面是 $H_w \geqslant 10$cm 时，颗粒的运动时间随 a 值和 H_w 值变化的规律性不强。

在物理试验中，形状系数（a）与颗粒集（granular assemblies）前缘最大推进速度（u）的关系不明显（图 10.25）。当 $H_w = 0$ 时，随着 a 增加 u 不呈线性增加，而是波状上升。当 a 值一定，水深一定，随着 W_i 变大时，u 变大。当 $H_w \geqslant 10$cm 时，随着 a 增加，u 的变化规律性不强。当 a 值一定、W_i 值一定，水深在 0、10cm、30cm、50cm 间变化时，u 变化也没有规律。总体来看，a 值与 u 并没有正相关关系。

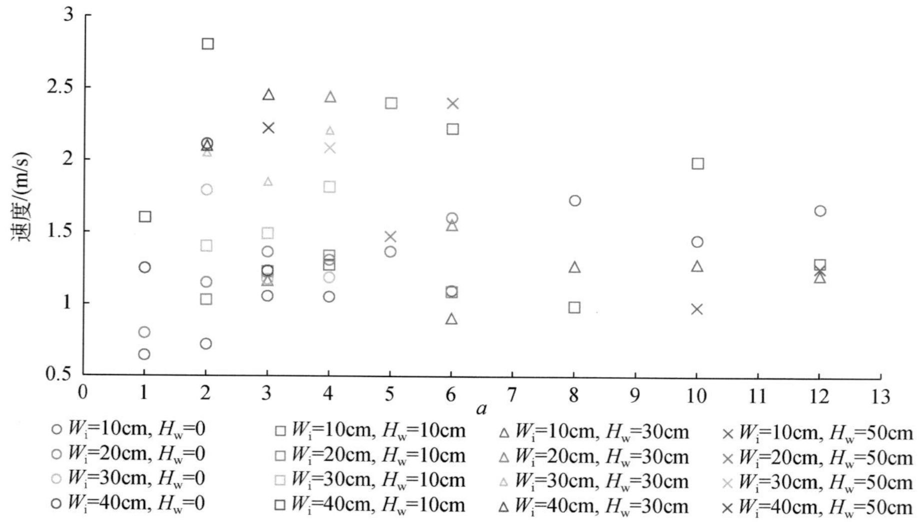

图 10.25　不同系数试验中颗粒集最大推进速度与形状系数散点图

当 u 与 $\sqrt{gH_i}$ 进行正态化形成无量纲最大速度后，形成了图 10.26。无量纲最大速度、a、W_i 和 H_w 之间的变化规律仍不明显。很有意思的是，当 $H_w=0$ 时，75% 的无量纲最大速度都低于 0.6，所有的无量纲速度都低于 0.75。当 $H_w \geqslant 10$cm 时，无量纲最大速度有约 50% 的值都大于 0.6；25% 的值大于 0.8，最大值达到 1.3。同时，在 $a \leqslant 6$ 的试验中，无量纲最大速度较大的值都是 $H_w \geqslant 10$cm 的试验。一个物体从 H_i 高度自由落体产生的最大速度为 $\sqrt{2gH_i}$。无量纲速度范围为 0.8 ~ 1.3，意味着 u 为自由落体最大速度的 0.57 ~ 0.92 倍，这是一个非常大的倍数。

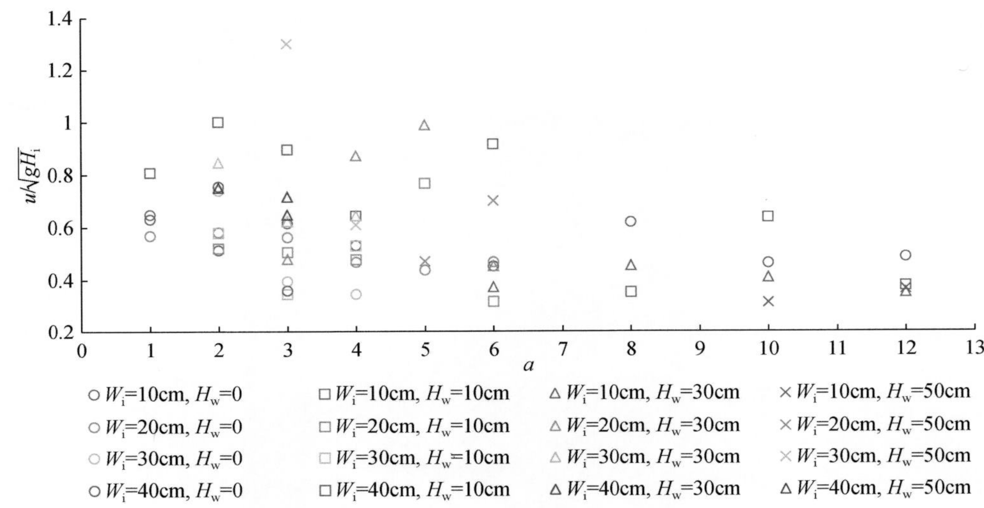

图 10.26　不同系列试验中颗粒集无量纲速度与形状系数散点图

这似乎表明一些水槽试验中颗粒集的推进速度变得更快了但距离又短了，变得没有规律了。详细查看影像发现，最大速度基本发生在镜像 S 型颗粒体崩塌触底时。它是所有过程中最短暂又大量的一次突变的颗粒堆积，这形成了这一最大的前缘速度。它与干颗粒柱体或水下颗粒柱体连续在前缘堆积的机制及形式都不一样。由于自由液面的存在，镜像 S 型颗粒体崩塌与水体的复杂作用相关，并不一定与 a、W_i 或 H_w 具有明显的相关性。因此，当前这一突变形成的最大前缘运动速度并不能反映柱体的运动能力。结合运动速度、运动距离和运动时间的分析，在本次试验中，水在颗粒运动过程中的作用以阻力为主，颗粒体与水耦合后运动距离变短了（图 10.23）。

尽管试验中可以观测到，在水的作用下崩塌体前缘的部分颗粒被水托浮，发生了水滑（hydroplaning）现象，造成前缘颗粒运动稍远（Mohrig et al.，1998）。这形成了前缘堆积的坡度平缓（图 10.21）。但总体上，有水试验中颗粒体的流动性变差了（图 10.23）。水怎么会造成了颗粒柱体的流动性变差？首先水对水下的颗粒体形成了一定的静水压力，水填充颗粒间的孔隙后形成了“液桥”，在静水压力和“液桥”黏滞作用下颗粒柱体的静止区大于干颗粒的静止区（standstill region）。这些造成了空气中的颗粒与水中的颗粒运动不同步，也是颗粒体在“开始阶段”和“涌浪产生阶段”临空面呈镜像 S 型的重要力学原因。

同时，在“涌浪产生阶段”的颗粒崩塌中，可以发现固体颗粒明显裹挟水体（water entrainment），造成颗粒体的瞬时堆积密度（pack density）下降和外围颗粒在水中分散（图 10.27）。图 10.27 中蓝色环内为明显的低堆积密度区，A 框内颗粒个数为 108 个、B 框内颗粒个数为 71 个。B 框堆积密度明显小于 A 框。水的裹挟与颗粒的分散都会导致能量耗散。在这一崩塌过程中，由于颗粒-水体相互作用，在颗粒体和水体中均会形成或大或小的漩涡或翻滚。水较深时，水漩涡或颗粒翻滚较为明显（图 10.28）。图 10.28 蓝色环内为典型现象区。黄色箭头方向为运动矢量方向，箭头大小为速度大小，最大速度值约 1.05m/s。水漩涡和颗粒翻滚是能量耗散的主要形式之一（Dean and Dalrymple，1991）。同时，颗粒在水中运动时普遍会受拖曳力，阻力变大，运动性也会变差。

图 10.27　崩塌试验过程中典型颗粒集松散裹水现象

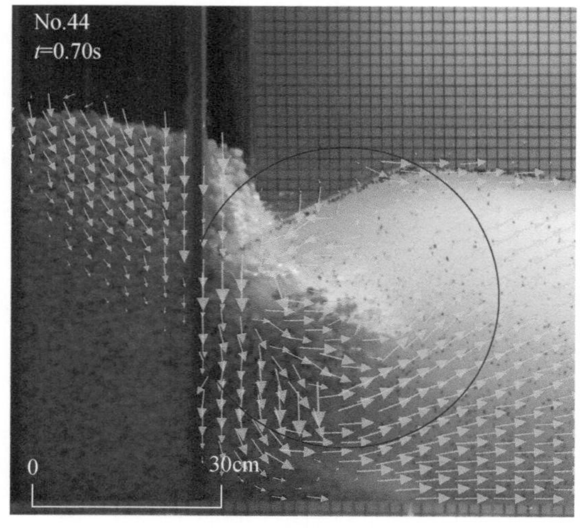

图 10.28　崩塌试验过程中颗粒翻滚与水体漩涡现象

裹水、漩涡、滚动和黏滞性拖曳阻力的水力机制可以解释颗粒柱体在流体中的能量耗散和低流动性（Kumar et al., 2017）。

10.3.3　崩塌产生的涌浪特征

颗粒柱体崩塌过程中冲击水体，侵占其位置，水体获得了能量，形成了涌浪。从本次试验产生的涌浪现象来看，水波主要分为三类重力波类型：非线性过渡波、类孤立波和潮波。非线性过渡波是由一个主波峰、一个波谷以及一个色散波列组成的（Fritz et al., 2004）。浪水体在深度方向上都具有速度，但上部水体速度稍快。同时，水质点不仅具有向前推移速度，也有上下震荡速度。速度第一列波（首浪）过后，第二列波浪的波幅迅速衰减，波形很不稳定（图 10.29）。当第一个波列（首浪）的波长变为无穷大时，非线性过渡波接近转为孤立波。

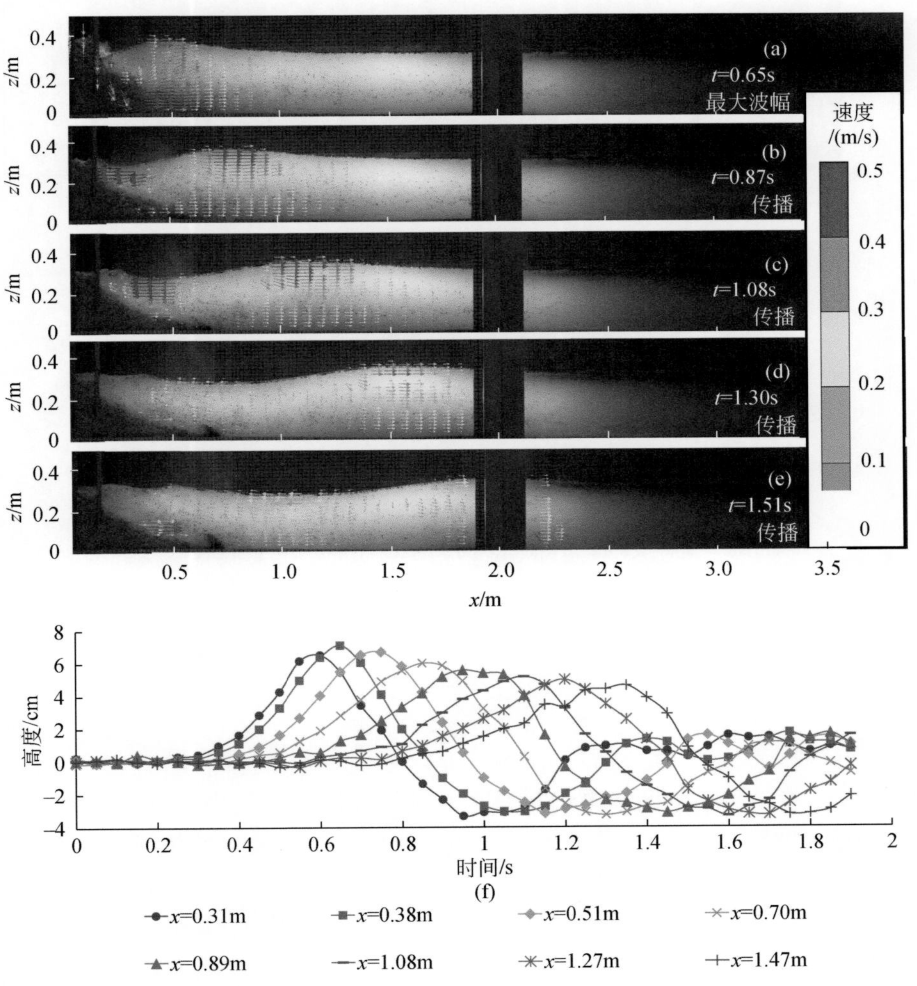

图 10.29　No. 14 试验中典型非线性过渡波过程图

（a）～（e）展示了第一列波波幅慢慢衰减过程，水质点推移速度减缓，同时第二列波开始小幅震荡；（f）为 X 轴上不同位置点的水位过程线，高度 0 为静止液面只有一个主波峰的波列属于孤立波或类孤立波。孤立波的表面位移完全高于静水水位，因此仅由一个波峰组成（Fritz et al.，2004）。在孤立波传递中，水体的深度方向（从底层至自由表面）几乎都在近等速运动（图 10.30），是典型的推移波。在传播过程中，孤立波的波幅下降很缓慢。孤立波波峰运动 1.5m，最大波幅仅下降不到 0.5cm。

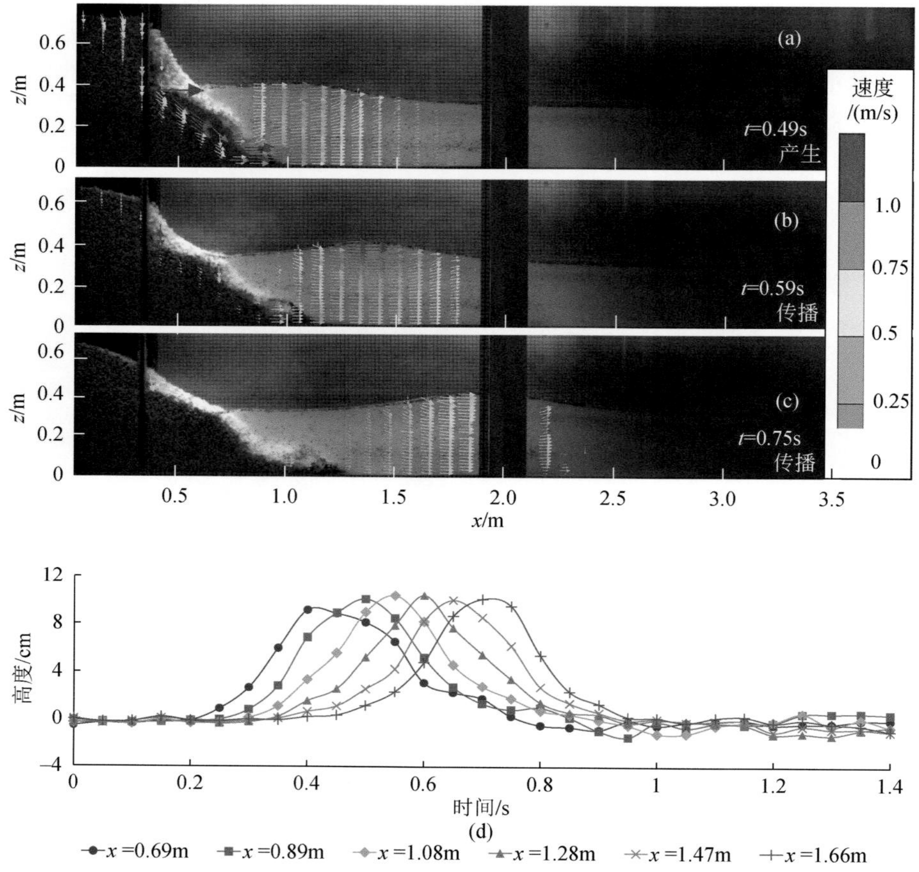

图 10.30　No. 43 试验中典型类孤立波过程图

（a）~（c）展示了从孤立波在深度方向上仅等速推移和传播衰减；（d）为 X 轴上不同位置点的水位过程线，高度 0 为静止液面

当首浪波峰振幅（A_c）超过静水深度（H_w）的 0.8 倍时，能够观测到了波破过程。这一认识与 Fritz 等（2004）的观测结果基本一致。在第一列波中，仅有波峰的冠部发生波破。第一列波过后，第二列波的波幅非常小。波破是由于波浪前锋线太陡而倾倒形成。这一现象符合非线性波理论的波破标准，定义为 $A_c/H_w>0.78$（Dean and Dalrymple，1991）。波破后波幅下降，波峰的冠部部分由带裹气的波浪组成，颜色比其他水体要稍亮。No. 10 试验中潮波的形成过程显示（图 10.31），在 $t=0.86$s 先形成最大首浪。在传递过程中由于波峰冠的运动速度明显快于下部的水体［图 10.31（a）、（b）］，而导致波浪前锋线越来越陡，然后在 $t=1.02$s 时开始波破，形成潮波向前推进。波破后，潮波以静止水面以

上的水体向前推进为主 [图 10.31 (c)、(d)]，速度大的波峰冠逐步破碎，使得在后期整个潮波波峰的速度基本一致 [图 10.31 (e)]。潮波波峰运动 1.5m，最大波幅高度从 10.2cm 下降至 7.8cm。

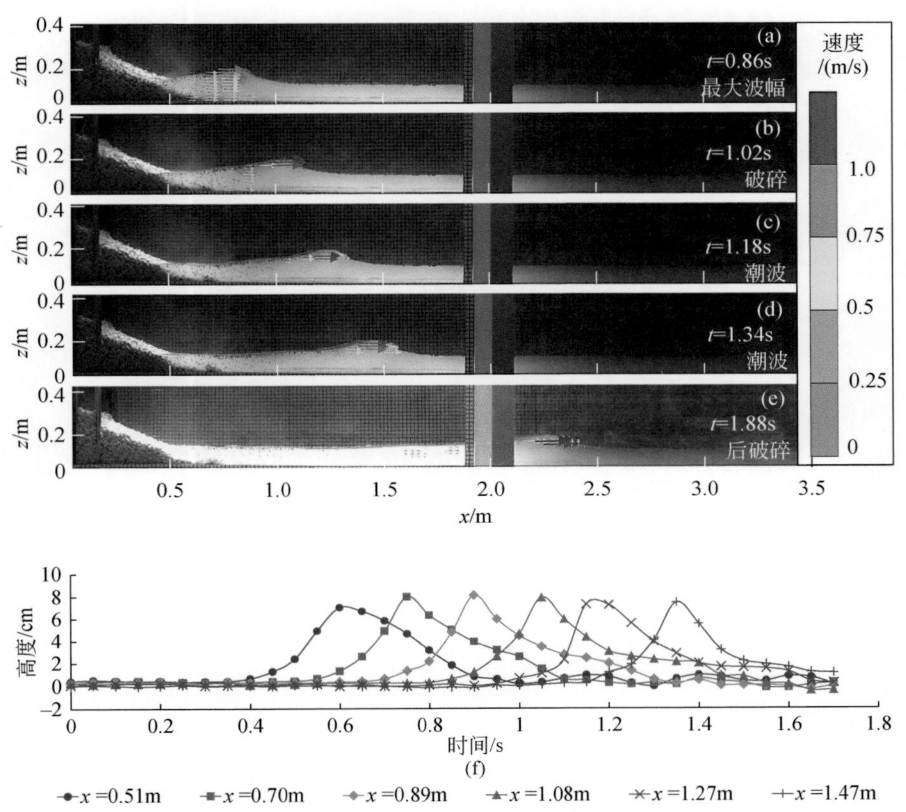

图 10.31　No. 10 试验中潮波过程图

(a) ~ (e) 展示了潮波的形成全过程，包括最大涌浪波的形成、波破和形成潮波；(f) 为 X 轴上不同位置点的水位过程线，高度 0 为静止液面

Noda (1970) 和 Fritz 等 (2004) 认为由刚性块体下降或滑动造成的涌浪波类型可由理论解和试验结果所界定。他们的分类主要基于滑块的相对厚度 (S)，$S=W_i/H_w$，和滑动弗劳德 (Froude) 数 (Fr)，$\mathrm{Fr}=u/\sqrt{gH_w}$。如上文所述，本次得到的前缘最大滑动速度 ($u$) 不能反映柱体的运动能力，因此利用这一速度计算得到的 Fr 并不能较好地反映实际颗粒体对水体的冲击性。同时，利用各组滑坡涌浪试验的 Fr 和 S 投影得到的散点分布杂乱无章，三种类型的波浪点相互交织，没有规律。

但是，对颗粒柱体而言，柱体的形状系数其实是代表着它的运动能力的 (Lube et al., 2005; Lajeunesse et al., 2004)。利用各试验的形状系数 (a) 和相对厚度 (S) 投影得到了散点分布情况，如图 10.32 所示。它展示了与 Fritz 等 (2004) 涌浪类型分区类似的层序。不同的是，本次的分区界线为幂函数。颗粒柱体崩塌产生涌浪的类型可由形状系数

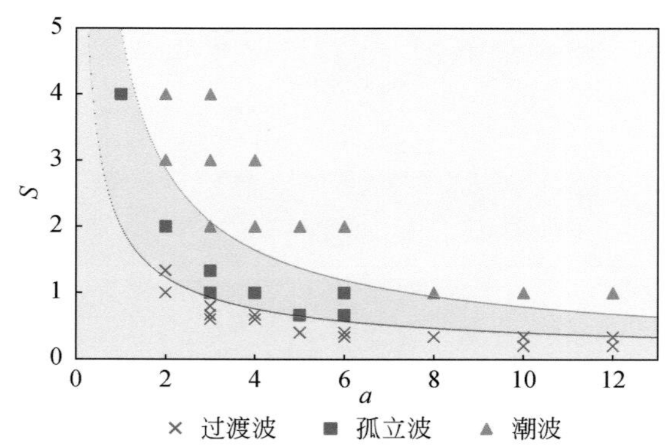

图 10.32 涌浪波类型分区图

黄色为潮波，蓝色为孤立波，红色为过渡波

(a) 和相对厚度 (S) 决定。如果相对厚度 (S) 满足经验关系式 (10.4)，那么一个非线性过渡波可以被观测到。也就是说，高的形状系数和小的相对厚度易形成非线性过渡波。a 和 S 满足以下经验关系：

$$S<2a^{-0.7} \tag{10.4}$$

式 (10.4) 标定了孤立波的下限。与过渡波相比，孤立波的形成有着稍大的相对厚度。a 和 S 满足以下经验关系：

$$2a^{-0.7}\leqslant S<5a^{-0.8} \tag{10.5}$$

式 (10.5) 标定了潮波的下限。相对孤立波，潮波是在大的相对厚度试验中形成的。潮波可以被观测到，则 a 和 S 满足：

$$S\geqslant 5a^{-0.8} \tag{10.6}$$

10.4 典型柱状危岩滑坡涌浪预测分析

三峡库区龙门寨危岩体位于中国长江支流大宁河水域小三峡中的龙门峡右岸，与龙门峡口相距660m，重庆市巫山县位于龙门峡口下游（图 10.33）。巫山县城距离重庆红岩子滑坡点的直线距离约 2.9km，与重庆市巫峡龚家坊滑坡点的直线距离约 5.0km。大宁河小三峡是中国著名旅游景区，每年接待成千上万的国内外游客；本书所研究的龙门峡龙门寨危岩体距离巫山县城不足 1km，这些数据都显示出龙门寨危岩体潜在的崩塌涌浪危害较大、影响范围较广，值得重点关注。

10.4.1 龙门寨危岩体简介及数值模型

龙门寨斜坡由下三叠统嘉陵江组三段（T_1j^3）薄–中层状灰泥灰岩、粒泥灰岩夹白云岩和嘉陵江组四段（T_1j^4）中厚层白云岩构成，基岩产状为 355°∠5°。构造上，处于巫山向斜和齐岳山背斜之间的龙门峡次级背斜的核部。地貌上，该斜坡为一坡度近直立的陡

图 10.33　巫山县城附近主要地质灾害点分布图

崖，朝向约 60°（图 10.34）。斜坡的最高山顶高程为 550m，山顶较为平缓。该区河床高程约 85m，蓄水后河谷宽度约 190 ~ 200m，为非常狭窄的“V”形峡谷。龙门寨危岩体位于该斜坡的下游侧，由 T_1j^3 构成（图 10.35），具有较明显的边界。

图 10.34　大宁河龙门寨危岩体照片

该危岩体的上游侧边界为一条大型张开的裂隙，裂隙从山顶贯穿至基座，近直立。该大型裂隙延伸长度约 180m，张开度为 0.1 ~ 2.3m，局部有条状块石充填。下游侧边界上部为大型结构面形成的冲沟崖，下部为闭合的结构面。危岩体下部发育一厚约 0.5m 的泥灰岩，形成了宽 1 ~ 0.3m 的小平台，植被发育。泥灰岩下部为泥质灰岩陡崖，呈碎裂结构，垂向劈理发育。危岩体后缘被大型结构面切割，剥离母岩形成了陡坎，陡坎高约 2m。危岩体内部明显存在四条纵向的平行上下游边界的裂缝（图 10.34），它们延伸长度不一，有的闭合，有的张开。局部岩块已经沿着这些裂缝发生了破坏。

在这些大型结构面的切割下，龙门寨危岩体后缘顶部高程约 350m，泥灰岩的底顶界高程为 175 ~ 177m，压裂区的底界高程约 160m。危岩体高度约 190m，平均宽度和厚度均约 40m，总体积约 30.4 万 m^3。龙门寨危岩体的高宽比为 4.75，为典型的柱状危岩体（图 10.35）。由于基座岩体常年处于 145 ~ 175m 水位变动带中，在应力–水–岩周期性作用下，

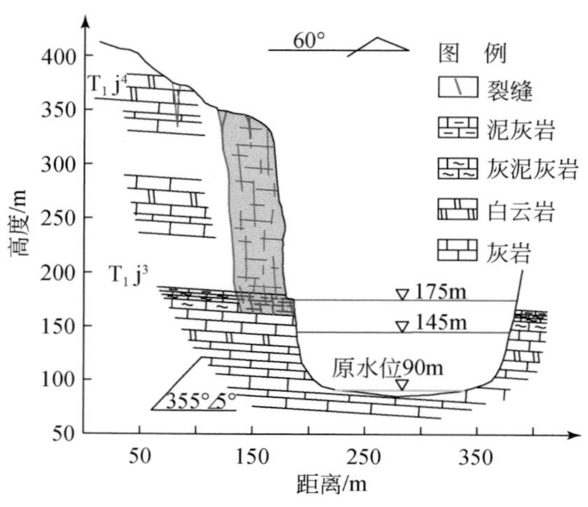

图 10.35　大宁河龙门寨危岩体剖面图

基座岩体强度逐年下降。当前，160～177m 岩体的劈裂说明基座压力和水岩作用已经开始对基座岩体产生压破坏。当压破坏越来越强烈时，基座会被完全压碎，导致整个危岩体发生基座压裂的压溃式破坏，产生下坠-解体-滑动、倾倒等复杂的破坏运动过程。柱状危岩体的崩塌将强烈冲击水体，产生巨大涌浪。

岩质崩塌形成过程是一个岩土体与外界物理、化学环境相互作用的过程（王军朝和孙金辉，2019）。现阶段对危岩体崩塌可采用的计算简化模型有多种，如刚性体、可变形体和颗粒体模型等。根据龙门寨危岩体可能的解体破坏特点，本次研究采用颗粒体模型（黄波林等，2019a）。颗粒体的流动状运动特性可利用剪切应力（τ）或剪切率来描述（Teufelsbauer et al.，2011）。本书的剪切应力模型采用 Mih 模型（Huang et al.，2017）。Mih 模型是在 Bagnold 的颗粒流物理试验和相应等式基础上，通过试验而得到的球形颗粒的剪应力等式。颗粒内部剪切应力与颗粒间流体黏滞度、颗粒几何尺寸（直径）、密度、碰撞弹性恢复系数和运动速度密切相关。上述等式与 Mih（1999）所做颗粒流试验结果吻合度很高。

颗粒与水体的相互作用采用了两相流模型。两相流模型通过假定同一单元内的不同相满足连续动量平衡而进行力和运动的传递。两相流模型由水和颗粒各自的速度和体积百分比、流体压力、拖曳系数等控制。单纯的水体运动所采用的是较为常用的 RNG $k-\varepsilon$ 湍流模型（Zhang et al.，2008），它有利于描述涌浪的复杂运动和能量耗散。

利用上述耦合数值模型，构建出了长 7280m、宽 3580m、高 305m 的龙门寨危岩体崩塌产生涌浪的计算模型。采用 10m×10m×10m 的网格进行离散，共计 7.8×10^6 个网格单元，X、Y 边界均为外流（outflow）边界，Z-是墙（wall）边界，Z+是自由液面边界（零压力边界）。因为龙门寨危岩体岩性与龚家坊、箭穿洞岩体碎屑流性质相同（王文沛等，2016；黄波林等，2019a），所以模拟出龙门寨危岩体的物质参数如下：颗粒粒径为 0.3m，颗粒弹性恢复系数为 0.2，颗粒内摩擦角为 29°，颗粒休止角为 32°，颗粒堆积密度为 2860kg/m³。龙门寨危岩体初始时为静止的原始柱状，水体初始时为静止状态。模型始终在重力作用下运行，重力加速度为 9.8m/s²，耦合计算时长为 300s，计算工况为 145m、175m 两种水位工况。在龙门寨危岩体耦合数值模型建立了 23 个监测点，巫山县各码头处的监测点分别为 10、13、14、15、16 号，各监测点具体位置见图 10.36。

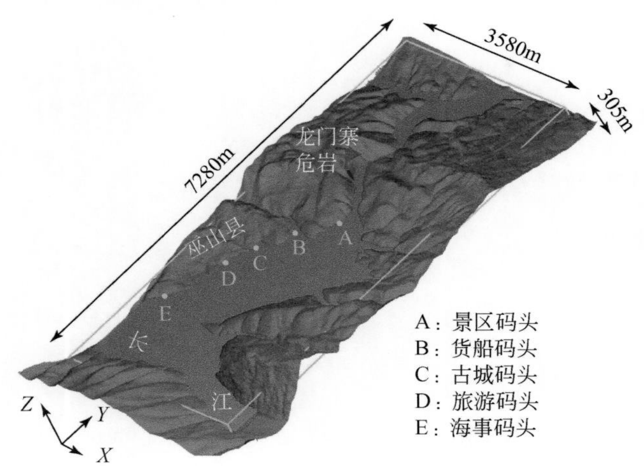

图 10.36　巫山大宁河龙门寨危岩体模型以及监测点位置

10.4.2　龙门寨危岩体涌浪预测

根据上述龙门寨危岩体模型，分别分析 145m、175m 水位工况下，龙门寨危岩体崩塌后模型 *X*–*Z* 面及 *X*–*Y* 面危岩体入水产生涌浪以及涌浪传播特性。

在 145m 水位工况下，当耦合计算时间为 t=2.9s，危岩体失稳产生的少量碎屑物入水后作用于水体并逐步兴起涌浪波，在碎屑颗粒入水处水体速度约 0.2m/s，但水体液面高度未见明显变化［图 10.37（a）］。t=4.9s 时危岩体入水，入水的危岩体冲击水体，涌浪产生，此时涌浪高度并未达到最高；且由于受到崩塌碎屑颗粒的冲击作用，入水处形成了明显“水坑”，并随着危岩体碎屑颗粒进一步入水，“水坑”深度逐渐增大［图 10.37（b）］。t=6.9s 时，自由液面呈现出 S 形［图 10.37（c）］，此时水体最大速度达到 52.0m/s，造成这一现象的原因可能是危岩体重力势能转化为动能，并将动能传给水体［图 10.37（c）侧视图红色部分］，所以传播速度快，而未与危岩体接触的水体得到的能量较小，所以传播速度较慢，形成浪头；此现象也有可能与河谷形状有关，从图 10.37（c）俯视图中也可看出涌浪携带大量动能向对岸以及四周传播。t=9.0s 时，涌浪高度达到最高值 17.9m［图 10.37（d）］。t=11.9s 时，涌浪传播至对岸山体，并产生涌浪爬高［图 10.37（e）］；通过图 10.37（e）俯视图看出，当涌浪爬高至最大时，涌浪水体动能转化为重力势能，速度明显降低，在水体拍打对面岸坡耗尽动能之后，涌浪在重力作用下开始回落并向反方向运动，与暂未传播至岸坡的涌浪发生“冲撞”，形成“对冲浪”，这种“对冲浪”的出现对正在航道上行驶的船舶构成极大威胁。

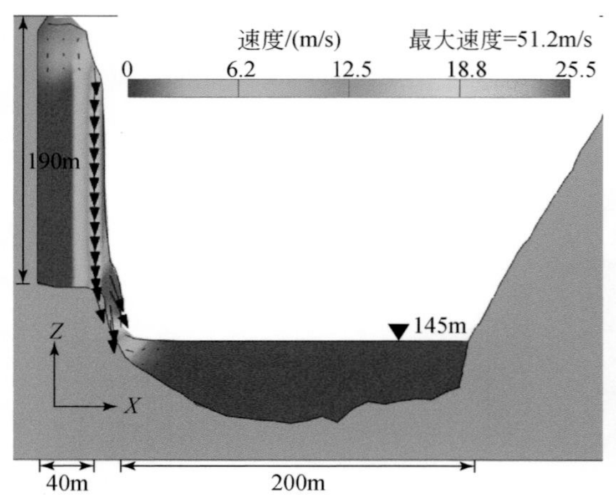

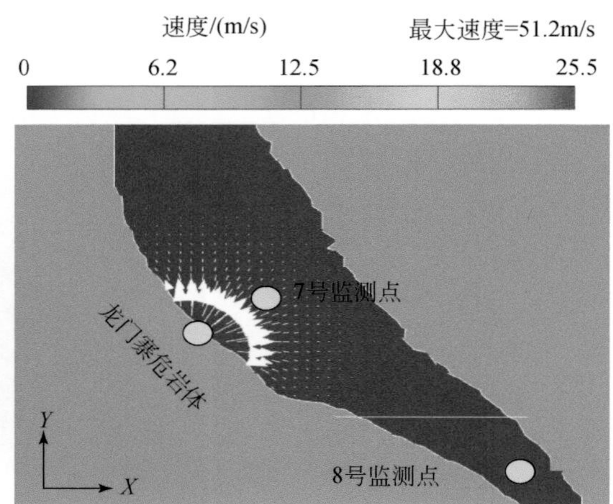

(a) t=2.9s

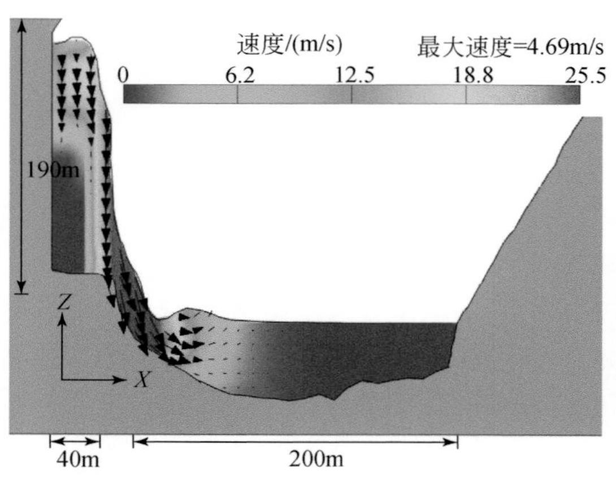

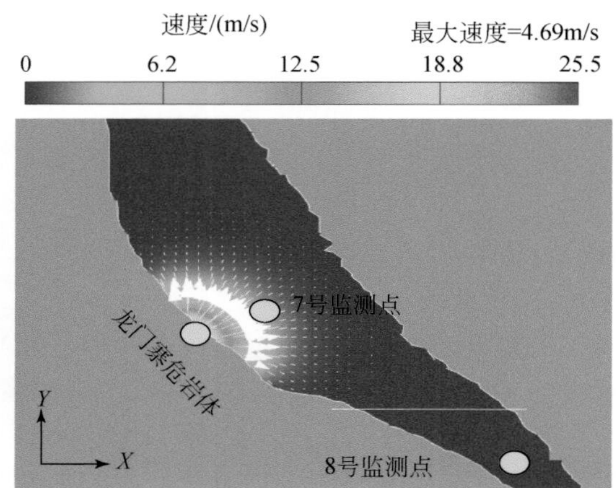

(b) t=4.9s

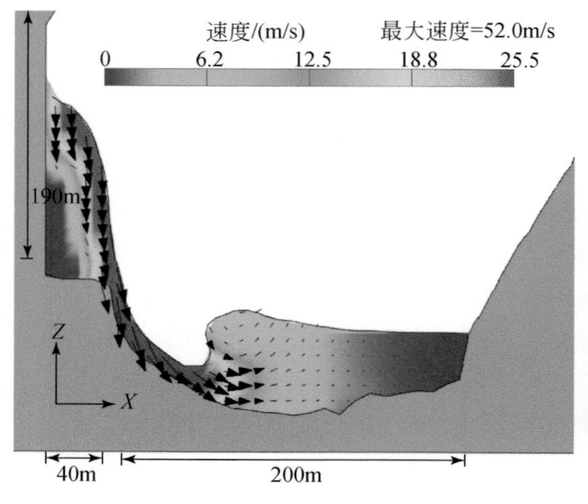

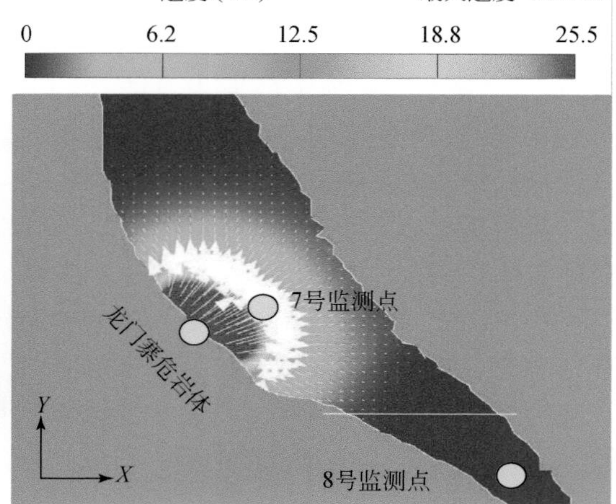

(c) t=6.9s

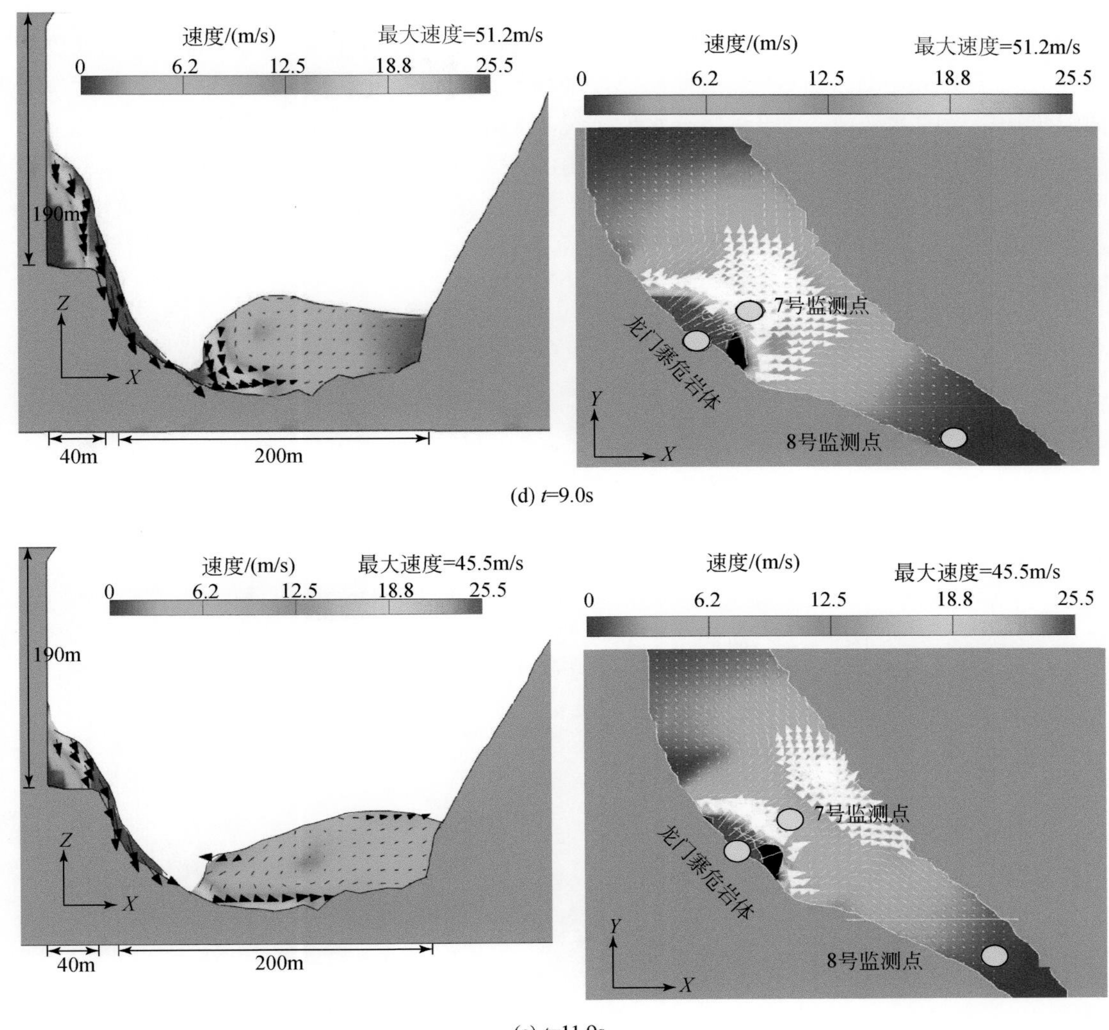

(d) t=9.0s

(e) t=11.9s

图 10.37　龙门寨危岩体模型 X-Z 面、X-Y 面涌浪传播过程

175m 水位工况下测得涌浪最大高度为 11.6m，最大爬高为 15.2m。当危岩体入水后，自由液面呈现出相同的 S 形。但由于 175m 水位工况下的水体体积远远大于 145m 水位工况，所以传播过程中所损失的能量也大大增加，导致涌浪的高度与沿岸爬高均小于 145m 水位工况下涌浪的高度与沿岸爬高。

为进一步了解龙门寨危岩体崩塌所产生涌浪的传播过程，通过监测点距离与监测点所测涌浪的时间间隔的比值来确定涌浪的平均传播速度。因为 7 号监测点最先监测到涌浪，故以 7 号监测点为分界点，按上下游分组将涌浪速度做成曲线图（图 10.38）并形成河道深泓线最大涌浪图（图 10.39）。

在两种水位工况下，涌浪速度在传播过程中具有一定相似性，即涌浪在向上游的传播过程中，会经历一个短暂的速度上升阶段，接着速度值会下降再上升，最后随着传播距离的增大涌浪速度出现下降（图 10.38）。在这个过程中，145m 水位工况下涌浪前期速度增加值会大于 175m 水位工况下涌浪前期速度增加值。而在速度上升阶段，175m 水位工况下涌浪传播速度的增加值会大于 145m 水位工况下涌浪速度的增加值。涌浪向下游的传播过程中，两种水位工况下，涌浪传播速度都会出现“下降—上升—再下降”的过程，并且速度变化值较大。在整个传播过程中，涌浪传播速度在 175m 水位工况下更大，表明 175m 水位工况下，危岩体崩塌产生的涌浪传播至巫山县各码头所用时间更短，给人们反应的时间也更短。

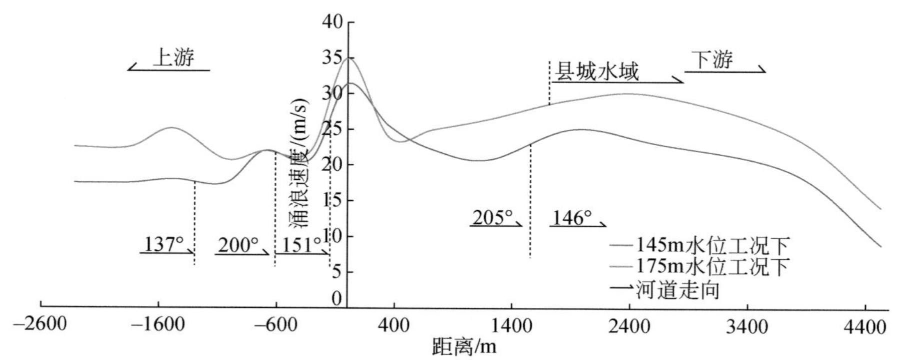

图 10.38　龙门寨危岩体涌浪速度分布图

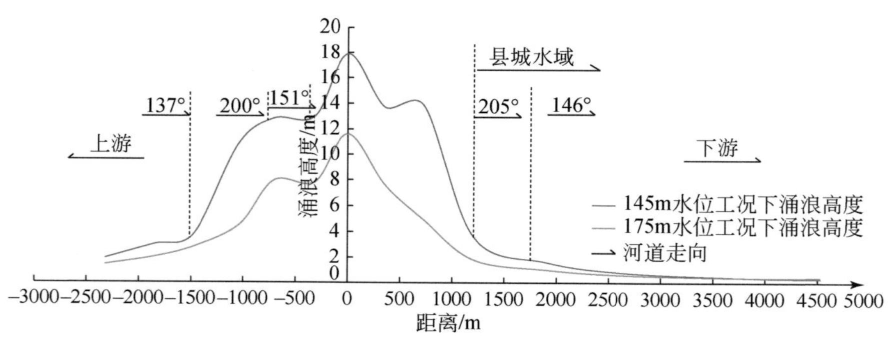

图 10.39　龙门寨危岩体附近河道深泓线最大涌浪图

为了解龙门寨危岩体崩塌产生的涌浪对整个河道的影响，将模型所模拟计算出的各监测点在两种水位工况下所得涌浪最大高度标记在模型上（图 10.40）。

根据图 10.37 各监测点监测的涌浪最大值可发现涌浪高度在 145m 水位工况下会更高。开阔河道处（3 号监测点）涌浪高度比狭窄河道出口处（4 号监测点）小很多；此现象在下游两监测点（9 号、17 号监测点）处更为明显。涌浪高度的迅速变化，反映出波幅的增大，结合河道涌浪传播速度分布图（图 10.40）可知，上下游开阔河道处涌浪的传播速度均大于 15m/s。高速、高波幅的涌浪，对于船只具有极大的危险性。

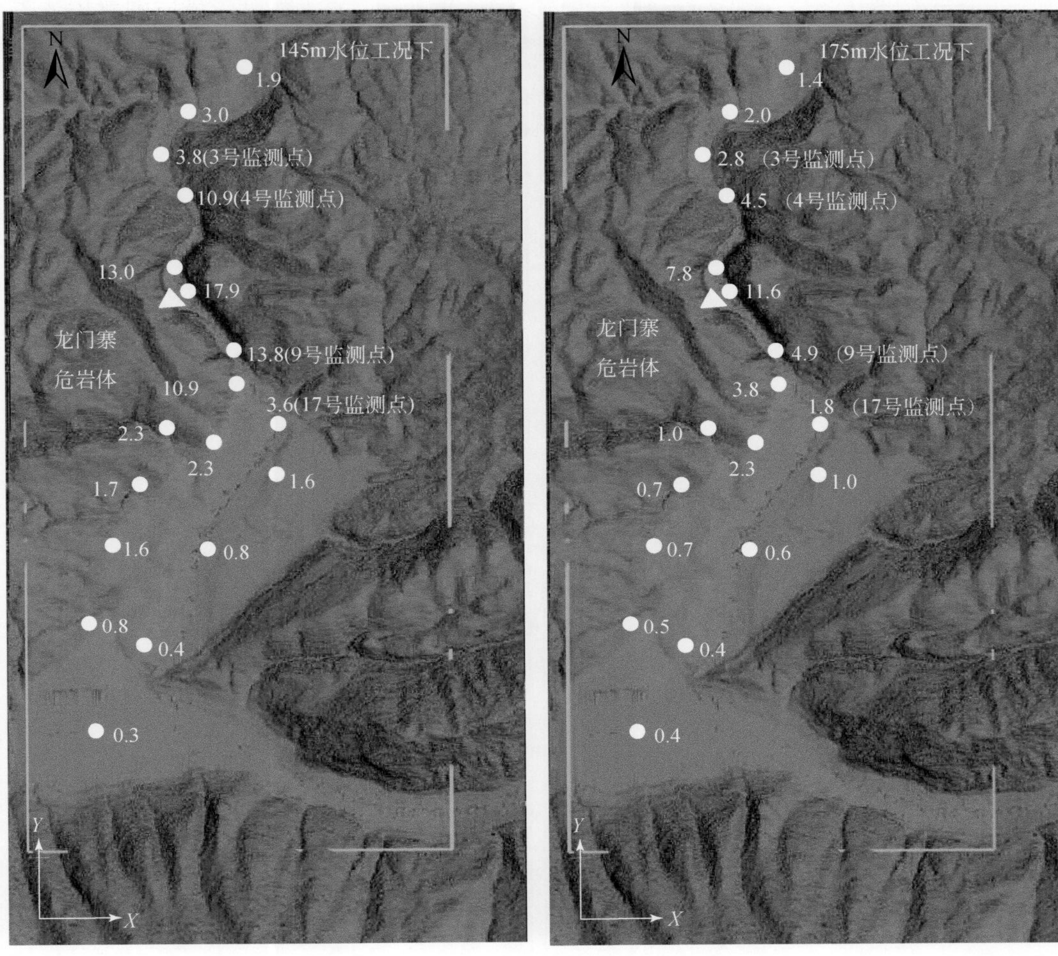

图 10.40　巫山大宁河龙门寨附近河道各监测点涌浪最大高度（单位：m）

根据各监测点涌浪高度，对龙门寨危岩体崩塌产生的涌浪在两种水位工况下的危险程度进行了危险区域划分。据《滑坡涌浪危险性评估规范》的相关规定（中国岩石力学与工程学会，2021），涌浪高度低于 0.5m 的河道划分为低危险区；涌浪高度在 0.5～1.0m 的河道划分为中危险区；涌浪高度在 1.0～1.5m 的河道划分为高危险区；涌浪高度在 1.5～2.0m 的河道划分为很高危险区；涌浪高度大于 2.0m 的河道则被划分为极高危险区（图 10.41）。

由危险分区图可以看出，龙门寨危岩体所在的狭窄河道在两种水位工况下均处于极高危险区；巫山县的五处码头，在 145m 水位工况下，除海事码头处于中危险区外，货运、古城、旅游码头处于很高危险区，景区码头处于极高危险区；在 175m 水位工况下，景区码头处于极高危险区，古城、货运、旅游码头均处于高危险区，海事码头仍然处于中危险区。从危险分区图中还可以看出长江主干道处于低危险区，表明龙门寨危岩体崩塌在两种

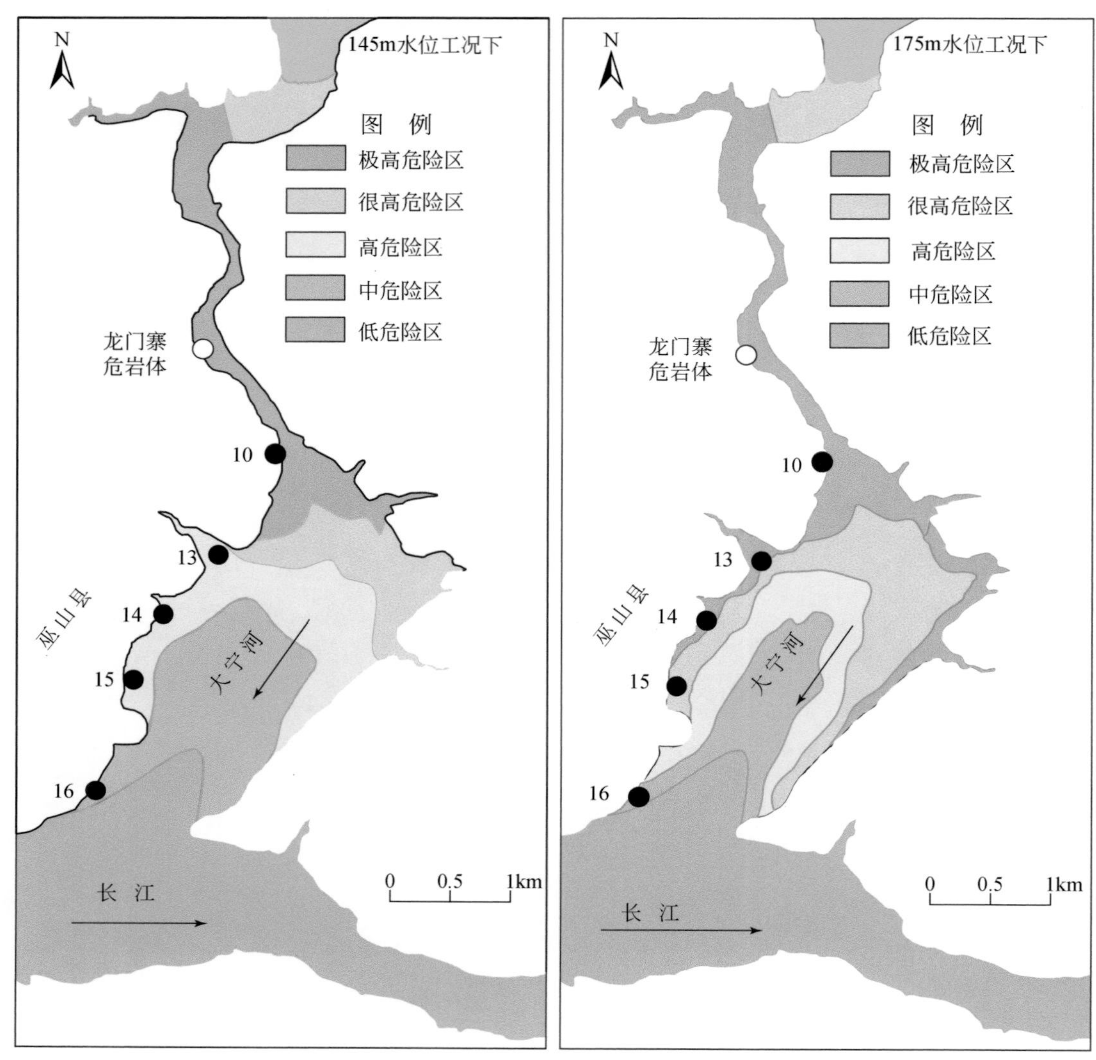

图 10.41　两种水位工况下巫山大宁河龙门寨滑坡涌浪危险分区图

监测点号：10. 景区码头；13. 货运码头；14. 古城码头；15. 旅游码头；16. 海事码头

不同水位工况下，对于长江主干道的影响较小。

巫山县为旅游强县，每年有成千上万的国内外游客来此旅游，巫山县的各个码头每天都有许多游船、渔船、货船在此处停泊，有必要根据各码头分区，对其进行更深入的研究。为了解龙门寨危岩体崩塌所产生的涌浪对码头的影响，本书绘制了巫山县景区码头（10 号监测点）、古城码头（14 号监测点）、旅游码头（15 号监测点）三处在 145m 和 175m 水位的涌浪高度曲线图（图 10.42、图 10.43）。

龙门寨危岩体崩塌后，在 175m 水位工况下，涌浪到达各码头所花费的时间小于 145m 水位工况下（图 10.42、图 10.43）。这三个码头中，最危险的码头为 10 号监测点处的景

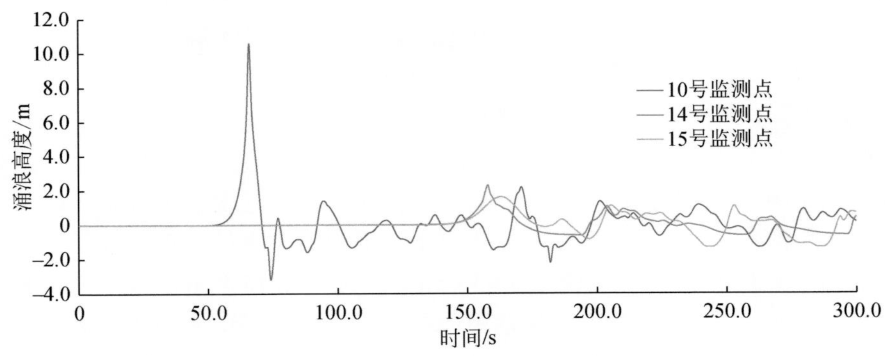

图 10.42　145m 水位巫山码头涌浪高度过程线

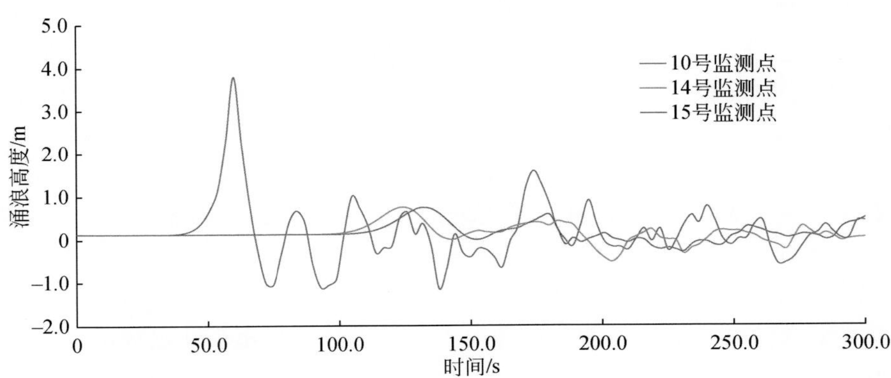

图 10.43　175m 水位巫山码头涌浪高度过程线

区码头，该码头最先受到涌浪灾害的影响，涌浪爬高在 145m、175m 水位工况下分别达到了 10. 9m 与 3. 8m。2008 年发生在距离巫山县 3. 5km 的龚家坊滑坡，涌浪到达码头的最大爬高为 2. 0m（黄波林等，2015）；2015 年巫山县红岩子滑坡，距巫山县 1. 0km，滑坡所产生的涌浪到达码头时涌浪爬高达到 6m（Zhou et al.，2016）。这两起滑坡均造成了船只不同程度的翻沉与损坏。对比龙门寨危岩体崩塌产生涌浪抵达景区码头的最大爬高，推断出龙门寨危岩体对于景区码头是十分危险的。

14 号、15 号监测点设置在古城码头与旅游码头。古城码头在 145m、175m 水位工况下涌浪爬高分别为 2. 3m 与 1. 1m；旅游码头在 145m、175m 水位工况下涌浪爬高分别为 1. 6m 与 1. 0m。结合红岩子滑坡、龚家坊滑坡数据，这两处码头同样会受到龙门寨危岩体崩塌的影响，船只仍然会有翻沉损坏的可能；而且这两处码头人流量较大，人员组成复杂，龙门寨危岩体崩塌所产生的涌浪到达此处，还可能造成较大的人员伤亡。处于中危险区的海事码头在 145m、175m 两种水位工况下的爬高分别为 0. 8m 与 0. 7m，这两种水位工况下的涌浪爬高对停泊在海事码头的船只存在一定危险性。

10.5 水库滑坡涌浪风险评价研究

三峡蓄水后，大坝上游江段通航条件明显改善，大量货运选择水上交通。长江三峡通航管理局的统计数据显示，三峡船闸2004年货物量为3400多万吨，2011年货运量首次达到1亿吨，提前19年达到设计能力。2015年，船闸货运量已增长至近1.2亿吨。长江三峡成为真正的黄金水道。然而，随着三峡水库滑坡涌浪灾害事件增多，长江航道因滑坡涌浪灾害或潜在滑坡涌浪而封航、限航变得多起来。例如，2016年6月底巫山县长江南岸干井子滑坡持续强烈变形，由于担心产生涌浪问题，长江航道巫山段关闭三天。长江航道的封闭或限制造成了巨大的经济损失和不良社会影响。这些是三峡水库区开展滑坡涌浪风险研究的驱动力。

风险评估（risk assessment）和风险管理（risk management）概念的提出由来已久，滑坡风险评价与管理已经有了很多的研究成果和较为成熟的应用实例。目前在中国香港、美国、加拿大等地已经有不少基于风险的边坡控制管理或环境控制方面较为成熟的应用实例（Ho et al.，2000；Baum et al.，2005；Galli and Guzzetti，2007），并就滑坡风险开展了大量的讨论和理论研究。例如，van Westen等（2006）提出滑坡风险评估技术框架，对Fell（2000）的理论框架的技术细节方面做了更加详细的补充，形成了比较完整的滑坡风险评估层次及技术流程。Wu（2012）基于中国的滑坡管控现状，完善建立了滑坡风险评估的基础理论、基本理念、原则、技术方法与流程。

河道或水库滑坡涌浪风险评估研究则相对较少。Huang等（2016a）以三峡库区红岩子滑坡为例，预测了变形滑体可能产生涌浪的预警区域，提出了航道风险应急管控措施。Lee等（2016）以Baekdusan火山为例，分析了潜在火山活动产生的涌浪，划分了淹没区和最大深度，为风险评估服务。总体来看，当前内陆区滑坡涌浪风险评估主要根据涌浪大小或淹没（爬高）区与危害对象进行定性分析。

然而，与内陆滑坡涌浪较类似的海洋海啸在风险评估方面则取得了较大进展。Freire等（2013）以一次极端海啸场景建立了里斯本都市区（Lisbon Metropolitan Area）海啸淹没图（tsunami inundation susceptibility map），分析了白天和晚上人口分布情况，评估了处于海啸淹没区的人口情况、逃离路径及所需时间；这一基于撤离模型的涌浪风险分析表明：在白天，人群即使得到预警迅速撤离，也会有约700人不能幸存。Charalampakis等（2007）分析了科林斯湾（Corinth Gulf）产生海啸对Xylocastro城的淹没情况，计算淹没区人群撤离时间和最佳路线，分析表明人群如果得到及时预警，基本可以安全撤离。Jelínek等（2012）回顾了海啸风险评估方法历程，推荐了使用范围界定、危险性分析、脆弱性分析、风险估计和风险评估等五个步骤来开展海啸风险评估工作，并以西班牙加的斯（Cadiz）城为例开展了海啸风险评估。Cankaya等（2016）采用NAMIDANCE数值分析软件分析了二个断裂活动造成地震海啸的场景，基于GIS平台利用多因素的AHP法形成了伊斯坦布尔（Istanbul）的叶尼迦比（Yenikap）区脆弱性图和撤离复原图，并推荐使用$Risk=H\times(\mathrm{VL}/\mathrm{RE})$来计算风险，式中，$H$为最大海啸淹没深度；VL和RE分别为该点的脆弱性和疏散复原值。Xie等（2012）数值计算了Cascadia断裂引发的海啸，分析表明加拿大西海岸的温哥华（Vancouver）岛和 Vancouver 城的海啸风险很高。Barberopoulou 等（2011）计算了多断裂激发产生最大糟糕的海啸，分析了圣地亚哥（San Diego）遭受海啸的可能性。Sato 等（2003）采用两个比率来简化分析海啸风险，即近海最大波高与海堤墙高比率和最大海啸抵达时间与人员撤离完成时间比率。Dilmen 等（2015）利用 NAMIDANCE 数值分析软件精确的分析了地震概率下土耳其的费特希耶湾（Gulf of Fethiye）可能遭受的海啸大小，支撑了海啸风险评价。

从上述研究进展上可见，滑坡灾害的承灾体或风险损害的对象为基础设施、构筑物和人等。海啸灾害的承灾体多为沿海居民集聚区、城镇或海岛。而内陆滑坡涌浪灾害的承灾体为航道中的行进或停止的船只、沿江基础设施和构筑物（如码头、临江公路等）、沿江居民聚集区和城集镇。由于风险损害对象的差异，地质灾害风险评价、海啸风险评估与内陆滑坡涌浪风险评估方法有差异；但是，毫无疑问，前二者可为后者提供非常好的借鉴。

本书借鉴地质灾害风险评估和海啸风险评估，定义水库区滑坡涌浪风险，探索建立第一个适用于中国水库航道的水库滑坡涌浪风险评估方法，并以下巫峡段为例开展航道的滑坡涌浪风险评估。

10.5.1　滑坡涌浪风险定义及评价技术体系

10.5.1.1　定义

不同的人、不同的领域对风险都有各自的定义和理解。“风险”最早由 1655 年 *Oxford English Dictionary* 收录，其定义为“（暴露后）损失、受伤及其他不利或不受欢迎状况的可能性，出现这种可能性的机会或情况”。国际标准协会 ISO31000（2009 年）中定义风险为“不确定性对目标的影响”。这里“不确定性”包括事件的不确定性和信息的不确定性，包括正面和负面效应。世界气象组织（World Meteorological Organization，WMO）采取了广泛认同的风险定义，该定义基于风险三角形概念：“风险是一种损失可能性，他依靠于三个方面：危险性、脆弱性和暴露度，如果三个方面的任何一面上升或者下降，则风险相应上升或下降”。

在中国，地质灾害风险也有认同度较高的定义。向喜琼和黄润秋（2000）认为地质灾害风险评价可定义为对特定影响因子造成暴露于该因子的单体或区域地质灾害发生的概率及对人类社会产生危害的程度、时间或性质进行定量描述的系统过程。吴树仁等（2009）认为地质灾害风险评价重点分析评价地质灾害的综合危险性和后果，地质灾害风险评估是在地质灾害空间预测评价的基础上综合考虑人员、社会经济要素和抗灾能力的综合预测评价，不仅需要评价时间概率，还需要进行空间预测。

美国国家海啸灾害减灾计划（National Tsunami Hazard Mitigation Program，NTHMP）定义海啸风险为“海啸发生可能性与因海啸可能导致人民生命财产损失之积”（Oppenheimer et al.，2009）。Clague 等（2003）定义海啸风险为危险性与暴露度之积。Grezio 等（2012）认同 Fournier（1979）的风险定义，他认为是危险性、暴露度和脆弱度之积。

对内河或水库区管理者或政府部门而言，开展滑坡涌浪风险评估的主要目的是进行风险管控，降低或消灭涌浪对承灾体的危害。实现这一目的的最佳办法是当某一滑坡可能引发的涌浪为高风险时对该滑坡进行治理。亦即，将风险排序当成工程防治的优先顺序来制定防治规划。对内河或水库航道使用者而言，也可以以航道的涌浪风险情况为依据，考量航运安全性，购买相应航运保险，降低财产损失的可能性。对沿江活动的人员而言，需要知道航道涌浪预警分级情况，了解疏散通道情况，增加风险预警意识，以提高生存概率。

这三种用户需要的风险评估产品有较大差异。管理者需要了解单个滑坡的涌浪风险等级，而且尽可能的定量化。在多个滑坡的情况下，需要确定优先顺序。航道使用者则需要知道在最坏情况下整个运输航道内滑坡涌浪风险情况，这可能是多个滑坡同时产生涌浪的风险情况或者是历史上最大涌浪时的风险情况。沿江活动人群需要涌浪源及其可能的淹没情况和疏散专题图件。

在中国，内河或水库区管理者或政府部门对滑坡涌浪风险承担更多的责任，因此对滑坡涌浪风险产品有着更迫切和明确的需求。这使得水库滑坡涌浪风险评估转为了围绕某个滑坡，评估该滑坡可能产生的涌浪风险问题。这一点与澳大利亚、希腊、新西兰等国家以沿海城集镇为对象，评估它可能遭受的海啸风险完全不一样（Rynn and Davidson，1999；Papathoma and Dominey-Howes，2003；Cochran et al.，2006）。因此，我们定义了以下有关概念：

（1）风险情况由可能的伤亡人员（死亡、受伤）以及可能的经济损失（直接的或间接的，例如由于营业中断而造成的损伤）来表述。在大多数研究中，风险的计算仅考虑人员损失或者直接经济损失（Clague et al.，2003；Freire et al.，2013）。

（2）水库区滑坡涌浪风险评估定义为水库区潜在滑坡涌浪造成人员、财产的可能损失。研究对象是某个或某段内多个滑坡涌浪的风险情况。滑坡是广义上的岩土体运动。涌浪风险的承灾体（risk receptor）主要为暴露在涌浪灾害下的（潜在）船只、沿江基础设施和构筑物、居民集聚区。承灾体的易损性（vulnerability）则考虑不同承灾体的抗灾能力和逃离能力。

（3）滑坡涌浪风险管控定义为为了减少滑坡涌浪灾害风险而采取的措施，包括人员疏散、预警预报工程、快速疏散通道工程、滑坡治理工程、滑坡分项治理、涌浪消减工程、航道关闭、航道限制等。

（4）由于评估水库滑坡涌浪风险时，已经假设滑坡发生破坏。因此滑坡发生的可能性或概率性不在水库滑坡涌浪风险评估的考虑之列。

10.5.1.2 评价方法

尽管地质灾害风险评估和海啸风险评估可以以决定性方法（deterministic analysis）和统计学方法（statistical analysis）或者两者相结合的方式来进行。但是就像澳大利亚地质力学学会（Australian Geomechanics Society，2000 年）认为的一样：无论何时，只要有可能，风险评估就应该以定量分析为基础，尽管结果可能用定性的术语来总结。同时，由于产品需求与目的，水库滑坡涌浪风险评估应以定量或定量-定性结合的方式（半定量）进行，这能定量化风险值，为今后风险划分和管控提供基础。

采用定量分析的方法计算涌浪强度和范围，可用方法有理论公式法、经验公式法、物理实验公式法、数值分析方法和缩尺物理实验法。这些方法都可以获得特定输入参数下涌浪的相关输出结果。数值分析方法能获得更全面的滑坡涌浪数据。采用定量或半定量的方式分析承灾体及其易损性。调查并（半）定量化人口分布及其密度情况、交通道路情况、船只通行数量速度及概率分布、构筑物价值及抗冲击能力。滑坡涌浪灾害以及它潜在后果之间的关系可以通过风险矩阵投影展示或聚类分析。也可以在地理信息系统中形成风险主题地图来呈现，如展示每个单元网格中损失（人、财、物）的可能性。

根据用户的需求，借鉴地质灾害风险评估方法和海啸风险评估方法，推荐使用以下步骤来实现水库区滑坡涌浪风险评价：

（1）评估范围界定（scope definition）：滑坡涌浪风险评估产品用户需求及问题的确定，可能引发涌浪的滑坡的确定，地形地貌范围的确定，评估方法的确定。

（2）危险性分析（hazard analysis）：计算分析河道内潜在涌浪的最大高度分布、最大爬高分布、涌浪抵达时间分布等涌浪灾害强度。

（3）易损性分析（vulnerability analysis）：确定潜在涌浪的承灾体（risk receptor），承灾体的分布情况及暴露情况，以及承灾体脆弱性（抵抗涌浪的能力和逃离能力）。

（4）风险评估（risk estimation）：叠加（2）和（3）的信息，定量或半定量评估承灾体的风险情况或风险值。

（5）风险区划（risk division）：最后，将风险评估情况进行对比分级或排序。如果存在高风险，提出对应措施来降低风险。

图 10.44 展示了主要的分析步骤及预期成果。由于中国社会仍然没有形成有效的风险可接受标准，风险划分以风险排序和风险管控建议为主。为了进一步说明所提出的水库滑坡涌浪风险评估框架及方法，将它应用于三峡库区巫峡段中的单体（板壁岩危岩体体）和区域（巫峡段）滑坡涌浪风险评估。

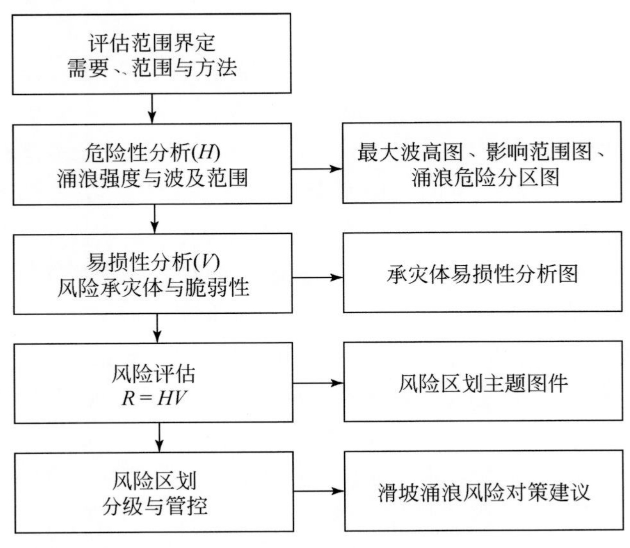

图 10.44　水库滑坡涌浪风险评估过程和产品图

10.5.2　典型单体滑坡涌浪风险评估

三峡库区巫峡崩塌隐患点众多；巫峡也是近年来涌浪灾害发生较多的区段。板壁岩崩塌隐患点是新近发现的大型崩塌隐患点之一，当地政府非常关注。以板壁岩崩塌隐患点为例，示范说明单体滑坡涌浪风险评估方法及过程。

10.5.2.1　板壁岩崩塌隐患点概况

板壁岩危岩体地处长江巫峡左岸，距上游巫山县城直线距离约20km，距下游巴东县城直线距离约25km，距下游培石码头居民区约2.5km（图10.45）。板壁岩斜坡由下三叠统嘉陵江组三段（T_1j^3）薄-厚层状灰岩、泥灰岩构成，基岩产状为110°～120°∠3°～5°。该段岸坡坡向为350°，地形陡峻，局部地段近于直立形成陡崖面。板壁岩危岩体发育于陡崖前缘凸出部分。

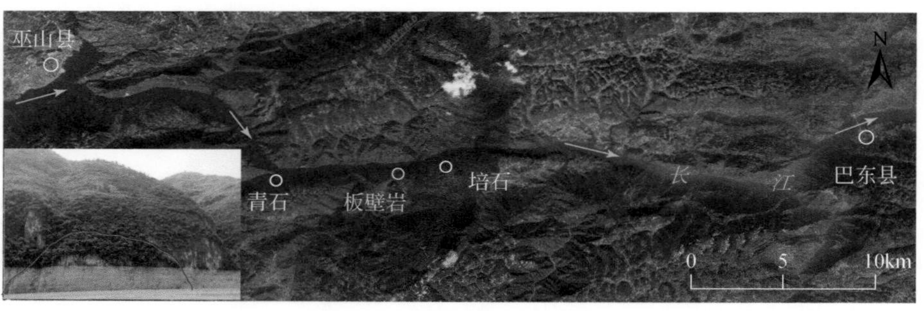

图10.45　板壁岩危岩体位置图及照片

该危岩体东侧边界为一条长大张开的裂隙，裂隙产状为354°∠87°，延伸长度约50m，张开度为30～70cm，可见深度超过5m，局部为碎块石充填。西侧边界为下游崖壁面及其延伸的裂隙，产状为裂隙产状为124°∠85°。危岩体后缘以四条不连续的卸荷裂隙为界。据后缘探槽调查揭露，卸荷裂隙走向与坡面走向一致。这四条裂隙走向为70°～85°，延伸长度为27～54cm，张开度为10～55cm，局部粉质黏土填充。危岩体底边界面为两条近平行的层间剪切带，剪切带形成的弯折面产状为350°∠50°。岩层弯折方向显示剪切带非现今重力场造成，应是构造成因。第一条剪切带剪出口高程约162m，剪切带宽0.3～0.8m；第二条剪切带发育规模较大，剪出口高程约145m，剪切带宽0.5～1.7m（图10.46）。除崖壁面上有几条延伸不远的垂直闭合裂缝外，危岩体上暂未发现其他结构面，危岩体内部结构较完整。

在这些边界条件控制下，危岩体沿江长度约300m，厚度平均约13m，高度约70m，总方量约270000m³。由于剪切带基本处于145～175m水位变动带上，长期浸泡—曝晒风干循环作用下剪切带强度将出现大幅下降。在145m水位附近目前已经可见该条剪切带被掏蚀，局部掏空，底部弯折面清晰可见。在上覆危岩体重力作用下，剪切带弯折面将进一步连通。最终，危岩体以剪切带弯折面为底滑面，以滑移方式失稳。

图 10.46　板壁岩危岩体中剪切带近照

10.5.2.2　评估范围界定及潜在涌浪危险分析

板壁岩斜坡上没有居民点或重要基础设施，没有直接危害对象。因此，板壁岩滑坡涌浪风险评估的主要问题是滑坡涌浪对航道的危害问题。本次评估采用定量计算的方式开展，大于 0.5m 的涌浪影响范围要被区划出来。类比以往滑坡涌浪案例，评估范围应超过 10km。因此，确定河道计算区域大致从青石至马鬃山（长约 15km），支流主要有抱龙河、培石河和鳊鱼溪，临江居民点有培石和青石，码头有培石码头和鹭鸶码头。

岩土体的运动过程是一个能量传递、转化和耗散的过程；在与水体左右过程中，岩土体的动能传递给水体，从而形成涌浪波。准确计算板壁岩的潜在涌浪灾害情况，首要关键是估算板壁岩的运动速度计算。开展崩滑体的运动计算有多种方法，目前国内外应用较多的方法有经验公式法、理论公式法、数值分析方法。经验公式法以等效摩擦系数经验公式为代表，理论公式法多基于牛顿定律和岩土力学，数值分析方法主要假定崩滑体为牛顿体或非牛顿体或颗粒体开展运动分析。理论公式法从研究崩滑体运动体系能量转换出发，具有物理概念明确、可操作性强的优点，应用较多，水库崩滑体运动中水阻力是重要因素。汪洋和殷坤龙（2003）通过物理实验发现，运动时产生的压强水头增量与速度平方成正比。考虑浮力、水阻力和摩擦力，根据牛顿运动定律，可得崩滑体质点的加速度计算公式为

$$(G-F_{\mathrm{f}})\sin\alpha-f(G-F_{\mathrm{f}})\cos\alpha-0.5\,u^{2}\rho_{水}s=ma \tag{10.7}$$

式中，G 为重力；F_{f}为浮力；α 为斜坡角度；f 为摩擦系数；u 为即时运动速度；$\rho_{水}$为水的密度；s 为迎水面面积。

根据板壁岩剖面图（图 10.47），代入相关参数，迭代计算可以得到 145m、175m 水位工况下的板壁岩运动速度如图 10.48 所示。145m 水位时，最大运动速度为 21.1m/s；175m 水位时，最大运动速度为 13.6m/s。175m 水位时危岩体下部浸泡在水中，运动初始就要抵抗水阻力，运动速度要小于 145m 水位工况时。

采用经过龚家坊等滑坡涌浪案例验证过的 FAST 程序开展板壁岩潜在涌浪计算。参照

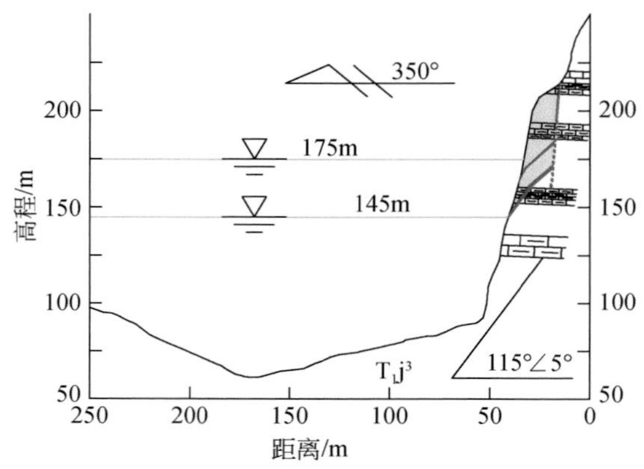

图 10.47　板壁岩剖面图

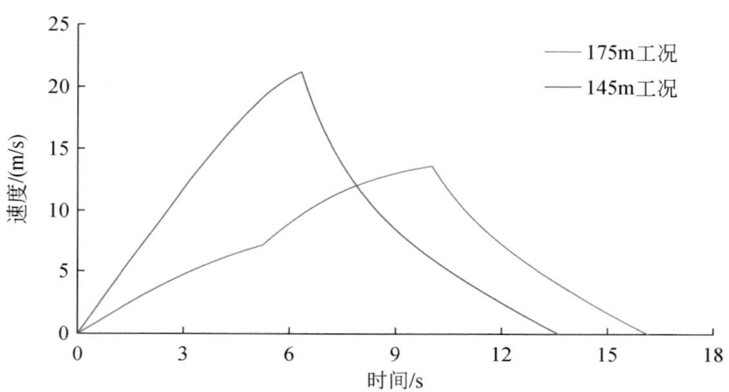

图 10.48　不同水位条件下巫山板壁岩运动速度过程图

上述板壁岩滑坡几何参数、水文参数和运动参数，输入板壁岩危岩体初始涌浪的计算参数。FAST 的相关原理、计算步骤和计算结果有效性验证内容等可参见第 3 章、第 4 章和其他文献，本书仅利用该方法进行涌浪大小及波及范围计算。

175m 水位时，板壁岩产生的河道涌浪最大波幅可达 32m，最大爬高为 11.5m；在白鹭鸶沟内的最大爬高为 5.1m，在培石村的最大爬高为 2.5m。根据涌浪预警分区，河道内最大波幅超过 3m 的河道（红色预警区）长约 2.0km，最大波幅在 2～3m 的河道（橙色预警区）长约 2.1km；最大波幅大于 1m 的河道（黄色预警区）长约 4km（图 10.49）。

145m 水位时，板壁岩产生的河道涌浪最大波幅可达 48m，最大爬高为 20.0m；在白鹭鸶沟内的最大爬高为 6.8m，在培石村的最大爬高为 3.8m。河道内最大波幅超过 3m 的河道（红色预警区）长约 3.0km，最大波幅在 2～3m 的河道（橙色预警区）长约 1.5km，最大波幅大于 1m 的河道（黄色预警区）长约 2.2km。

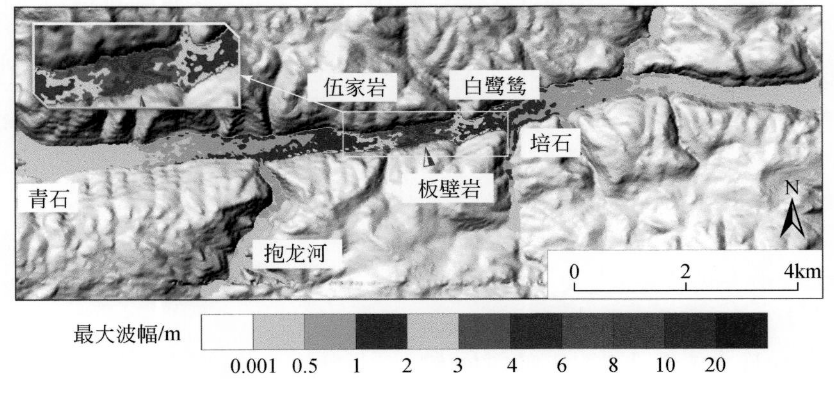

图 10.49　175m 水位巫山板壁岩可能产生的最大波幅分布图

10.5.2.3　承灾体易损性分析

承灾体易损性是针对突发条件下，而不是有涌浪预警条件下的承灾体易损性。针对滑坡涌浪事件开展承灾单元的认定和易损性分析，包括人员分布、可能损失或受伤估计，建筑物分布及可能损毁情况估计，船只分布及可能受损或翻沉估计，恢复重建的难易程度与财产损失估计。

理论上，根据滑坡涌浪波浪荷载或冲击力以及承灾体的抗冲击能力，可以定量反映承灾体的脆弱性和抵抗能力，从而定量化承灾体易损性。但是当前滑坡涌浪波浪荷载和冲击力研究尚处于起步阶段，尚不能支持定量化评估承灾体易损性。因此，本次研究易损性仍以相关定性和半定量方式进行。

在水库滑坡涌浪易损性研究中，有一些承灾体是固定的，如码头趸船、停靠的船只和沿江建筑物。固定的承灾体是否受灾一般需要考虑两个方面：一个是承灾体在涌浪灾害中的暴露度；二是承灾体是否有能力抵抗这一暴露度带来的伤害。暴露度可以根据涌浪灾害与承灾体的空间分布来确定。抗灾能力的考量则较为复杂，本次研究暂不考虑抗灾能力问题。

如果涌浪高度高于临江居民建筑高程，将对临江居民造成威胁，这一危害度可以暴露百分比和当地人口数或建筑物价值来折算统计，为

$$V_p = \sum N \times R/H_c \tag{10.8}$$

式中，V_p为居民区易损性；N 为居民区人口数或建筑物数量；R 为房屋暴露在涌浪下的高度；H_c为房屋高度。

175m 水位条件下，滑坡涌浪抵达培石村的最大爬高为 2.5m，有三栋房屋的支撑框架或支撑墙暴露在涌浪下，V_p为 0.8。145m 水位条件下，临江居民区没有暴露在涌浪下。

长期来看，停靠码头的船只数量与分布基本是固定的。巫山码头的船只停靠数约 200 艘，停靠青石码头的船只数量约 60 艘，停靠培石码头的船只数量约 9 艘，停靠鹭鸶码头的船只约 4 艘。码头停靠船只易损性与涌浪爬高直接相关。在红岩子滑坡涌浪事件中，巫

山渔山码头最大爬坡高为 6m，造成了 13 艘船只翻沉，船只直接损失价值约 500 万元。在龚家坊滑坡涌浪事件中，巫山渔山码头最大爬坡高 1.1m，没有船只翻沉，仅少量受损，船只直接经济损失约 30 万元。基于上述案例，大致建立经济损失（财产易损性）与停靠船只数量、爬高的线性关系式为

$$V_b = (95.9R - 75.5) \times N_b / 200 \tag{10.9}$$

式中，V_b为经济损失（财产易损性）；R 为大于 1.1m 的爬高；N_b为停靠船只数量。

175m 水位条件下，抵达青石的涌浪最大爬高低于 1.1m，对青石码头没有冲击。抵达培石码头的涌浪最大爬高为 2.5m，培石码头经济损失价值约 7.4 万元。抵达鹭鸶码头的涌浪最大爬高为 5.1m，鹭鸶码头经济损失约 8.3 万元。

145m 水位条件下，抵达青石的涌浪最大爬高低于 1.1m，对青石码头没有冲击。抵达培石码头的涌浪最大爬高为 3.8m，培石码头经济损失价值约 13 万元。抵达鹭鸶码头的涌浪最大爬高为 6.8m，鹭鸶码头经济损失约 11.5 万元。

与固定承灾体不同，水库区内有一些承灾体是流动的，如航道中行进的船等。航道中行进的船只易损性与涌浪的高度分布有密切关系。评估区暴露在红色预警区、橙色预警区和黄色预警区内的船只会有不同程度的损伤概率。评估范围内河道长约 15km，货船和邮轮的平均航速约 15km/h，因此船行该河道需要 1 小时。通过多天统计发现（图 10.50），1 天平均约 235 艘船通行巫峡，1 小时约有 9 ~ 10 艘船通过。假定船只等间距航行，结合涌浪预警区河道长度，则可计算出处于各预警区的船只数量。红色预警区的船只损伤概率以 80% 计算，橙色区的按 40% 计算，黄色区的按 20% 计算。则行进中船只的易损性计算公式为

$$V_m = (N/15) \times l \times a \tag{10.10}$$

式中，V_m为船只易损性；N 为 1 小时内评估区船只数量；l 为红色预警区、橙色预警区和黄色预警区的河道长度；a 为各预警区船只损失概率。

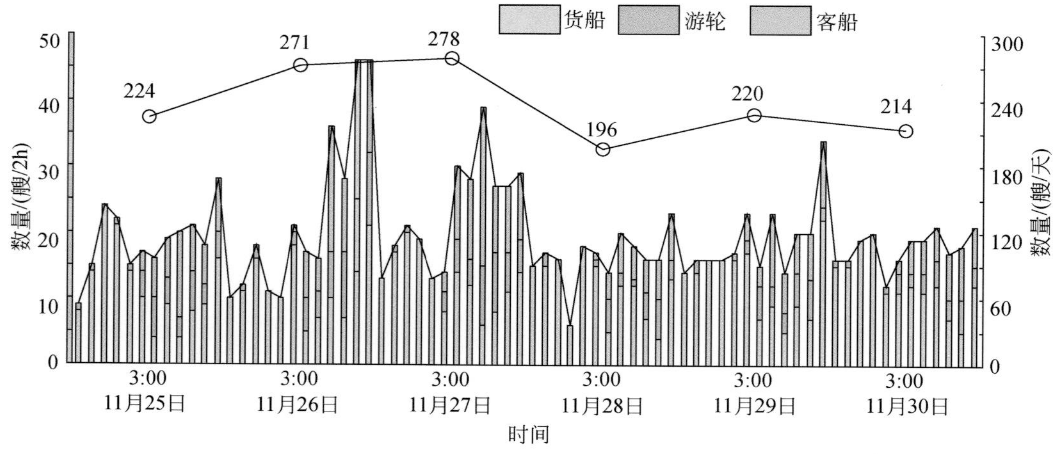

图 10.50　巫峡航道船只统计图

根据不同水位不同预警区的长度来简单计算航道船只易损性。175m 水位条件下，V_m 为 2. 16，即约两艘船可能因涌浪而受到损伤。145m 水位条件下，V_m 为 2. 29，即约两艘船可能因涌浪而受到损伤。

10. 5. 2. 4　滑坡涌浪风险评估与区划

耦合涌浪危险信息和承灾体易损性信息，可以计算滑坡产生涌浪的风险情况。涌浪风险计算公式一般表述为

$$R=H\times V \tag{10. 11}$$

式中，R 为风险值；H 为波高值，代表灾害性；V 为承灾体易损性值。根据本次研究的实际情况，板壁岩涌浪风险计算公式可进一步表述为

$$R=H\times(V_p,V_b,V_m) \tag{10. 12}$$

板壁岩滑坡涌浪造成的风险情况可按照居民房屋、停泊和行进船只易损性分别计算。当 175m 水位下时，潜在涌浪风险情况如下：居民房屋风险值为 2，码头停泊船只风险为 60. 8，航道行进船只风险为 23. 5。145m 水位下时，潜在涌浪风险情况如下：居民房屋风险值为 0，码头停泊船只风险为 127. 6，航道行进船只风险为 42. 2。对比板壁岩在不同水位下的滑坡涌浪风险情况可知，对临江居民区，高水位下培石区域存在一定风险；对船只，高水位下的风险值小于低水位下的风险值。

根据不同水位下滑坡风险值和对应的风险区域，可以综合区划板壁岩的滑坡涌浪风险区域。滑坡入江上下游 1. 5km（共约 3km）河段为高风险区（图 10. 51 红色区域），该区域包括鹭鸶码头。滑坡入江上下游共约 2km 河段为中风险区，培石社区及码头处于中风险区，中风险区位于高风险区外围（图 10. 51 橙色区域）。低风险区位于中风险区外围，共约 2km 长（图 10. 51 黄色区域）。板壁岩出现破坏迹象后，高-低风险河段长约 7km，范围从抱龙河口至鳊鱼溪河口。

10. 5. 3　水库区域滑坡涌浪风险评估

以巫峡为例，开展水库区域滑坡涌浪风险评估，展示区域滑坡涌浪风险评估过程和产品。巫峡是长江三峡的中间一个峡谷，地理位置如图 10. 52 所示，从重庆市巫山县城下游至湖北省巴东县城上游，总长约 30km。巫峡以景色秀美而闻名世界，著名的神女峰位于巫峡中段。无论什么时候都有大量游客乘船旅游观光。同时，巫峡航道作为长江航道的一部分，是货运、客运的重要流通通道。

巫峡段也是地质灾害密集发育的区域。Huang 等（2010）基于 2006 年至 2008 年对巫峡段的地质调查发现该段存在约 104 处危岩。三峡水库 175m 蓄水以来，巫峡航道因（潜在）滑坡涌浪而限制或关闭的事件最多，滑坡涌浪灾害损失也最严重。2008 年 11 月 23 日龚家坊滑坡涌浪造成直接经济损失约 500 万元。2010～2011 年由于龚家坊残留危岩体清除施工，长江航道多次间歇性限制通行，经济损失超过 1000 万元。2010 年 8 月 14 日望霞危岩体失稳滑移后，停留在高程 1000m 处；长江巫峡段封航三日。2011 年 9 月 17 日对望霞危岩体进行爆破清除。2010 年 8 月 14 日—2011 年 9 月 18 日期间多次进行了巫峡航道管制

图 10.51　巫山板壁岩滑坡涌浪风险区划简图

图 10.52　巫峡位置图

A. 红岩子滑坡；B. 龚家坊滑坡；C. 茅草坡滑坡；D. 龚家坊 4 号滑坡；E. 干井子滑坡；F. 望霞崩塌；G. 箭穿洞危岩体；H. 曲尺滩危岩体；I. 板壁岩危岩体

和封闭。2016 年 6 月 23 日红岩子滑坡产生涌浪，造成 2 人死亡、4 人重伤，13 艘船只翻沉。

目前，巫峡段仍存在许多可能产生涌浪的滑坡隐患点。遵循前述的框架，开展了巫峡段滑坡涌浪风险评估，进一步展示分析方法，以期能提出风险管控建议。

10.5.3.1　评估范围及方法界定

在三峡库区以往地质灾害防治是根据地质灾害可能产生的损失来评判地质灾害是否优先防治，但并不包括涌浪可能产生的损失。2010 年后三峡库区开始重视滑坡涌浪灾害，涌浪的可能损失情况也成为防治的依据。但是，三峡水库区滑坡涌浪的风险评价研究较少，特别是针对承灾体的风险研究非常少。因此，本次巫峡滑坡风险评估的主要驱动力来源于地方政府希冀了解该峡谷区风险情况和有限防治资金下重要滑坡优先排序情况。

这些年持续的工作表明，巫峡段已经发现且可能引发巨大涌浪的滑坡有茅草坡滑坡、龚家坊 4 号滑坡、干井子滑坡、箭穿洞危岩体、曲尺滩危岩体、板壁岩危岩体。他们都已经完成了滑坡涌浪灾害计算分析（Yin et al.，2015，2016）。这些滑坡的可能失稳模式、几何参数、估计最大冲击速度、滑动角等条件可见表 10.4。

表 10.4　巫峡段重要滑坡相关参数

编号	滑坡名称	水位/m	失稳模式	滑坡几何参数			滑动角/（°）	估计最大冲击速度/（m/s）
				长/m	宽/m	厚/m		
C	茅草坡滑坡	145	滑动	597	236	15	45	12.7
		175	滑动	597	236	15	45	11.2
D	龚家坊 4 号滑坡	145	滑动	755	210	15	45	16.8
		175	滑动	755	210	15	45	15.2
E	干井子滑坡	145	滑动	440	130	15	30	10.8
		175	滑动	440	130	15	30	8.1
G	箭穿洞危岩体	145	复杂	135	50	55	—	38.0
		175	复杂	135	50	55	—	31.0
H	曲尺滩危岩体	145	倾倒	112	16	7	—	31.7
		175	倾倒	112	16	7	—	25.8
I	板壁岩危岩体	145	滑动	50	300	23	50	21.1
		175	滑动	70	300	13	50	13.6

茅草坡滑坡、龚家坊 4 号滑坡、干井子滑坡、箭穿洞危岩体、曲尺滩危岩体和板壁岩危岩体详细描述可参见文献（黄波林等，2015；Yin et al.，2015，2016）。

各个滑坡可能产生的涌浪灾害分析采用定量分析方法计算。定量计算方法均能得到大量的涌浪灾害信息，包括各点的涌浪抵达时间、最大浪高和爬高等。因计算机资源有限，各个滑坡涌浪数值计算范围不一。但是他们的范围均在重庆市巫山县城下游至湖北省巴东县城上游之内（图 10.52 的红线地理范围），红线范围基本覆盖了这些滑坡涌浪可能危害的区域。

10.5.3.2　危险性分析

涌浪灾害分析集中在波浪爬高的大小、抵达时间、持续时间、危害范围等涌浪强度特征上。茅草坡滑坡、龚家坊 4 号滑坡、干井子滑坡和板壁岩危岩体先后利用基于 Boussinesq 等式的水波动力学方法进行了涌浪灾害分析（Yin et al.，2016）。箭穿洞危岩体变形破坏机制复杂，采用 Naiver-Stokes 的流体固体耦合方法和水波动力学的方法计算了可能的涌浪情况（Yin et al.，2015）。采用《三峡库区地质灾害防治工程地质勘查技术要求》的物理试验公式开展了曲尺滩可能的涌浪计算，计算工况包括 145m 和 175m 两个水位条件。这些涌浪灾害分析方法目前较为成熟和程序化，计算结果大都和相似案例进行了对比验证，结果有效，可以直接利用。由于本书关注于涌浪风险，对单点涌浪灾害分析过程就不展开描述（图 10.53～图 10.56）。

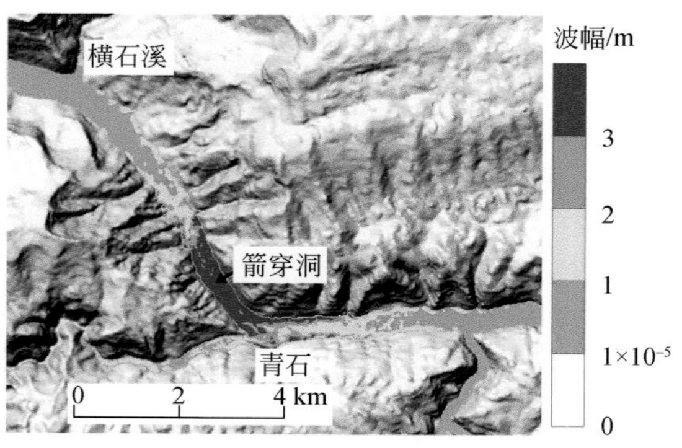

图 10.53　175m 水位下箭穿洞危岩体可能产生的涌浪波高分布图（据 Huang et al.，2015 修改）

图 10.54　青石滑坡可能的最严重爬高情况（175m 水位时箭穿洞危岩体失稳造成）

表 10.5 简单总结了上述六个滑坡在两个水位下产生的涌浪情况。红色预警区是指涌浪高度大于 3m 的区域，橙色预警区是涌浪高度在 2～3m 的区域，黄色预警区是涌浪高度在 1～2m 之间的区域。从最大波幅和最大爬高从大到小排序，为 I、G、C、D、E、H。从红色预警范围从大到小排序，为 I、H、G、E、D、C。

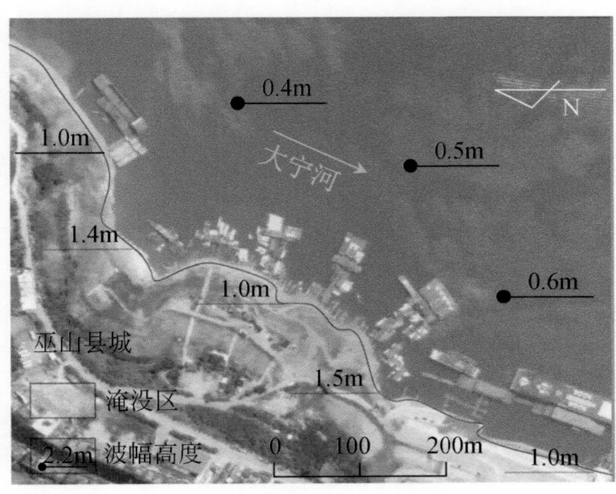

图 10.55　巫山县城码头可能的最严重爬高情况（145m 水位时龚家坊 4 号滑坡造成）

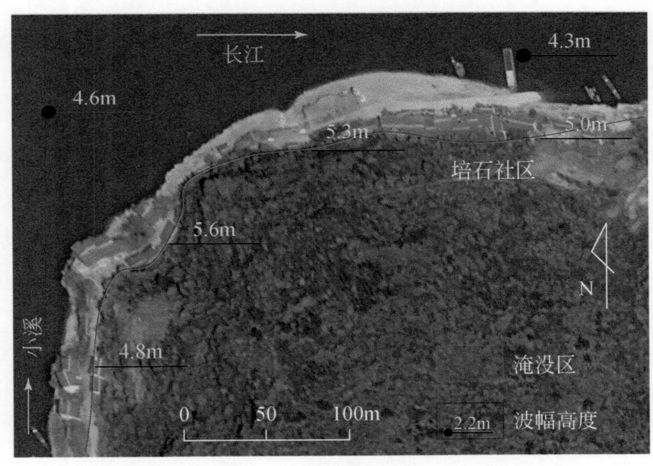

图 10.56　巫山培石可能的最严重淹没情况（175m 水位时板壁岩失稳造成）

表 10.5　巫峡六个重要滑坡的涌浪灾害情况简表

潜在涌浪源		最大波幅/m	最大爬高/m	平均波速/（m/s）	预警范围/m^3		
					红色	橙色	黄色
茅草坡滑坡（C）	145m	34.3	14.0	15.1	840	310	3500
	175m	29.7	8.4	21.6	490	300	3500
龚家坊 4 号滑坡（D）	145m	34.3	13.4	13.0	950	970	2500
	175m	15.2	9.4	20.6	490	690	2500
干井子滑坡（E）	145m	17.2	6.6	12.1	950	900	1300
	175m	22	10.0	15.6	1030	915	1200

续表

潜在涌浪源		最大波幅/m	最大爬高/m	平均波速/（m/s）	预警范围/m^3		
					红色	橙色	黄色
箭穿洞危岩体（G）	145m	35.0	18.2	45.0	1300	800	1400
	175m	47.1	19.0	50.0	1500	950	1500
曲尺滩危岩体（H）	145m	16.5	—	37.5	1700	900	1500
	175m	18.6	—	41.7	1800	950	1600
板壁岩危岩体（I）	145m	48.0	20.0	26.2	3000	1500	2200
	175m	32.0	11.5	31.8	2000	2100	4000

从沿岸爬高-淹没来看，各滑坡涌浪表现不一。对县城码头淹没最严重的是龚家坊4号滑坡产生的涌浪，最大爬高为1.5m，长约1000m。箭穿洞产生的涌浪对青石淹没最严重，最大爬高为6.6m，高1m的爬高带连续分布，长约1500m。对培石淹没最严重的是板壁岩产生的涌浪，最大爬高为5.6m，近5m的爬高带基本覆盖培石居民集聚区。

10.5.3.3　承灾体脆弱性分析

巫峡区域滑坡涌浪承灾体脆弱性分析方法与10.5.2节滑坡单体承灾体脆弱性方法一致。把单体的分析，使用于各个滑坡涌浪中，得到区域滑坡涌浪的承灾体脆弱性。

分析显示，白天与晚上的承灾体并不相同，特别是流动人员和船只。为了简化分析，便于决策，本次仅考虑承载体可能最高的易损性。巫峡段主要承灾体的分布及其在滑坡涌浪中的暴露度可以估算巫峡段各滑坡涌浪承灾体的易损性，详见表10.6。

表10.6　巫峡段各滑坡涌浪承灾体的易损性分析

潜在涌浪源		承灾体的最大易损情况				
		码头趸船/万元	停靠的船只/万元	居民集聚区-构筑物	浮桥上的人	航行的船只（数量）
茅草坡滑坡（C）	145m	495	11	—	—	0.75
	175m	480	20	—	—	0.61
龚家坊4号滑坡（D）	145m	720	78	—	—	0.82
	175m	666	59	—	—	0.59
干井子滑坡（E）	145m	630	0	—	—	0.69
	175m	545	0	—	—	0.72
箭穿洞危岩体（G）	145m	460	0	—	高	1.55
	175m	610	0	高	高	2.05

续表

潜在涌浪源		承灾体的最大易损情况				
		码头趸船/万元	停靠的船只/万元	居民集聚区-构筑物	浮桥上的人	航行的船只（数量）
曲尺滩危岩体（H）	145m	125	0	—	—	1.01
	175m	120	0	—	—	1.07
板壁岩危岩体（I）	145m	375	0	—	—	2.29
	175m	360	0	中	—	2.16

由于航行的船只上有大量的船员或乘客，因此当财产易损性差异不大时，航行船只的易损性显得很重要。从滑坡涌浪各水位工况来看，茅草坡滑坡、龚家坊 4 号滑坡在 145m 水位时承灾体易损值更大。干井子滑坡、箭穿洞危岩体、曲尺滩危岩体在 175m 水位时承灾体易损值更大。而板壁岩危岩体在 175m 水位时有包括培石居民集聚区在内更广泛的承灾体。从承灾体的易损性值来看，箭穿洞危岩体和板壁岩危岩体由于涉及居民集聚区承灾，而具有更大的易损值。

10.5.3.4　涌浪风险评估

耦合灾害信息和易损性信息，可以计算各个滑坡产生涌浪的风险情况。涌浪风险计算公式一般表述为（Rynn and Davidson，1999）

$$R = H \times V \tag{10.13}$$

式中，R 为风险值；H 为波高值，代表灾害性；V 为承灾体易损性值。根据上述 10.5.2 节的分析，本次研究的涌浪风险计算公式可进一步表述如下：

$$R = H \times (V_c, V_p, V_b, V_h, V_m) \tag{10.14}$$

式中，V_c 和 V_b 为财产易损性；V_p 为人员（居民区）易损性；V_h 为临江构筑物易损性；V_m 为船只（货轮或邮轮）易损性。某个滑坡涌浪造成的风险情况可按照财产、人数和船只易损性分别计算。根据停泊船只风险、航行船只风险、构筑物和人员风险，可参照表 10.7 进行滑坡涌浪风险区划。

表 10.7　巫峡滑坡涌浪风险区划指标表

指标	高风险	高中风险	中风险	中低风险
停泊船只风险/万	>500	100 ~ 500	10 ~ 100	<10
航行船只风险	>1	0.5 ~ 1	0.1 ~ 0.5	<0.1
构筑物和人员风险	高脆弱性	中脆弱性	低脆弱性	—

但是对单个滑坡而言，涌浪风险区划图更为实用。根据易损性分布和波高预警分级分布图（图 10.57），可以定性区划茅草坡滑坡、龚家坊 4 号滑坡、干井子滑坡、箭穿洞危

岩体、曲尺滩危岩体、板壁岩危岩体不同水位下的涌浪风险分布情况。当 175m 水位下箭穿洞产生涌浪时，青石临江路和青石水位站处于高风险区［图 10.57（a)］。巫山码头在水位 145m 龚家坊 4 号斜坡失稳时处于高-中风险区［图 10.57（b)］。175m 水位下干井子滑坡产生涌浪时，横石溪码头处于高风险区［图 10.57（c)］。板壁岩在 175m 水位下失稳时，仅 1.2km 的航道为高风险区，此时培石社区处于高-中风险区［图 10.57（d)］。

图 10.57　典型巫峡滑坡涌浪风险区划图

红色区域为高风险区域；橙色为高中风险区域；黄色为中风险区域；绿色为中低风险区域；蓝色为低风险区域

10.5.3.5　涌浪风险区划

不同滑坡产生的涌浪大小及分布位置不同，造成涌浪对承灾体的暴露度不同，风险情况大有差异。这些风险值的对比可成为滑坡防治优先顺序的依据。将各个滑坡涌浪主要承灾体的风险情况合并同类项求集，可以得到各个滑坡涌浪的主要风险情况。亦即采用以下公式进行风险值合并：

$$R = \sum H_i \times (V_{ic}, V_{ib}, V_{ip}, V_{ih}, V_{im}) \tag{10.15}$$

式中，下标 i 为主要承灾体的序号；H_i为各承灾体对应的波高。

表 10.8 统计了六个滑坡涌浪下主要承灾体区域的风险值。各滑坡涌浪在不同水位的风险情况与易损性一致。通过六个滑坡风险值的对比，巫峡段目前潜在滑坡最大风险情况排序为箭穿洞危岩体、板壁岩危岩体、曲尺滩危岩体、龚家坊 4 号斜坡、茅草坡、干井子滑坡。这一顺序可为巫峡段地质灾害优先防治次序提供依据。

表 10.8　巫峡潜在滑坡涌浪风险表

潜在涌浪源		承灾体的风险值				
		码头趸船/万元	停靠的船只/万元	居民集聚区-构筑物	浮桥上的人	航行的船只（数量）
茅草坡滑坡（C）	145m	453	10	—	—	6.95
	175m	311	20	—	—	3.88
龚家坊 4 号滑坡（D）	145m	850	82	—	—	7.95
	175m	679	125	—	—	2.54
干井子滑坡（E）	145m	2324	—	—	—	4.48
	175m	1619	—	—	—	5.78
箭穿洞危岩体（G）	145m	2189	—	—	3.1 *	16.72
	175m	3180	—	6.6 *	3.5 *	31.84
曲尺滩危岩体（H）	145m	240	—	—	—	7.30
	175m	290	—	—	—	8.49
板壁岩危岩体（I）	145m	1110	—	—	—	23.5
	175m	1020	—	5.6 **	—	422

* 高脆弱性；** 中脆弱性。

10.5.3.6　讨论

显然，作为正在发展的滑坡涌浪风险评价技术从流程到方法都有很多值得探讨的地方：

（1）从本质上讲，滑坡涌浪风险是岩土体失稳造成的，但是这一次并未考虑各滑坡的失稳概率。是否有必要在滑坡涌浪风险评价中增加滑坡失稳概率一个值得思考的问题。正面来看，滑坡涌浪分析肯定是在滑坡有失稳迹象时进行的分析，失稳概率分析显得有点多余，而且至少又增加了一个的假设，风险评价不确定性增加。但是，不可否认，有变形破坏现象的滑坡其失稳概率还是有差异的。

（2）从风险区划上看，滑坡涌浪的高低风险标准并也未考虑。目前由于三峡库区特殊的社会敏感性，对财产损失、船只的损毁和人员伤亡的容许程度并未形成。因此，社会可接受的风险标准尚没有达成一致，甚至没有公开讨论过。

（3）从滑坡源上讲，可能没有完全包括潜在产生涌浪的地质灾害体。因此，在评估范围中尤其注意界定哪些滑坡是计入其中的。

10.6　小　　结

三峡库区蓄水和消落带岩体劣化增加了高陡岸坡滑坡涌浪风险，危及沿江居民和长江航道安全。通过案例调查分析、物理试验和数值模拟分析，本章对三峡库区岩质岸坡涌浪风险进行了系统研究。主要认识如下：

（1）2008 年龚家坊滑坡产生了约 13m 涌浪，影响航道约 9km 长，至巫山县城码头仍有 1 ~ 2m 涌浪，造成多艘船只损毁，直接经济损失约 500 万元。龚家坊滑坡涌浪案例显示滑坡涌浪致灾是两种动力形式相互转化的致灾，是较为复杂的长距离大范围的致灾模式。

（2）基于 PIV 技术，构建了新型滑坡涌浪粒子量测系统，实现了物理模拟从点测量和定性描述到全场测量和矢量描述的跨越。采用物理试验研究了颗粒柱体重力崩塌产生涌浪的全过程。坡脚淹没颗粒与干颗粒体的崩塌过程有较大差异，在水面附近颗粒体呈镜像 S 型向外运动。坡脚有水后，颗粒体的运动距离和运动时间均变短。裹水、漩涡、翻滚和黏滞拖曳等水力机制加剧了颗粒柱体的能量耗散，降低了颗粒体的流动性。35 组试验显示，颗粒柱体产生的涌浪有三种类型，包括潮波、孤立波和非线性过渡波；它们的分区可由形状系数和相对厚度构成的函数不等式进行区划。

（3）龙门寨危岩体总体积约 30.4 万 m^3，距离巫山县城仅 1km。利用 FLOW3D 软件，模拟了 145m、175m 两种水位工况下龙门寨危岩体崩塌产生涌浪过程和涌浪传播过程。模拟结果表明，涌浪在 145m 水位工况下最大浪高约为 17.9m，175m 水位工况下最大浪高约为 11.6m；在巫山县的五个码头处，两种水位工况最大涌浪爬高分别约 10.9m、3.8m；根据涌浪高度，对大宁河进行危险分区，145m 水位工况下极高危险区长度约 4.4km，很高危险区长度约 1.9km；175m 水位工况下极高危险区长度约 3.0km，很高危险区长度约 1.0km。

（4）借鉴滑坡和海啸风险评价技术，引入和建立了航道、人口等承灾体脆弱性计算方程，形成了水库滑坡涌浪风险评价技术框架和流程，它包括有风险评估范围界定、涌浪灾害分析、脆弱性分析、涌浪风险估计、涌浪风险划分这五个大的步骤。以板壁岩和巫峡为例，开展了单体和区域的滑坡涌浪风险评价。水库及沿岸的承灾体在不同工况，不同滑坡涌浪作用下暴露度不一样，滑坡涌浪风险差异大。单体滑坡涌浪风险评价有利于涌浪预警，区域滑坡涌浪分析评价有利于滑坡涌浪风险排序和区域防灾减灾。

第11章 失稳岸坡应急整治工程研究——巫峡龚家坊滑坡

11.1 概 述

2008年11月23日，三峡工程初次开始175m高设计水位试验性蓄水期间，巫峡龚家坊发生滑坡，约38万m^3岩土体在短短几分钟内滑入长江，由其引起的涌浪最高达31.8m（Huang et al.，2012，2014），在其上游4.5km的巫山新县城监测到浪高达1～2m，造成直接经济损失超过800万元。

龚家坊滑坡发生后，后部尚残留部分危岩体，且多次发生局部崩塌。2009年5月18日，该危岩再次发生了崩塌，崩塌岩体总量约1.5万m^3，产生高约5m的涌浪。危岩崩塌处坡体仍残留高位危岩，在水库水位运行及降雨影响下，残留危岩体极可能失稳入江产生涌浪，严重威胁长江航道巫山段的安全。2008年11月—2011年对龚家坊斜坡持续开展了调勘查，2010年8月进入应急抢险施工阶段。在对其进行治理过程中，为防止岩土体入江引起的涌浪威胁来往船只，在施工期间对该段航道多次实行了限时封航，每次封航造成多达8000万元的经济损失。

在高陡峡谷失稳岸坡中开展应急防治难度非常大，勘查、设计、施工单位进行了持续性施工补充勘查，动态设计和信息法施工，龚家坊失稳岸坡防治的经验可为地质灾害应急抢险防治提供借鉴。

本章将以巫峡龚家坊岸坡为实例，研究库区反倾碎裂岩层岸坡变形失稳机理特征，提出失稳库岸应急处置工程和快速治理技术。主要内容包括：①巫峡龚家坊岸坡工程地质条件；②库区下三叠统反倾碎裂岩层岸坡易滑结构特征；③巫峡龚家坊反倾碎裂岩层岸坡结构与稳定性；④蓄水运行反倾碎裂岩层岸坡渗流稳定性分析；⑤巫峡龚家坊反倾碎裂岩层岸坡应急防治工程设计。本章研究为三峡库区失稳高陡岸坡应急处置提供设计模式和方法借鉴。

11.2 巫峡龚家坊岸坡工程地质条件

11.2.1 地形地貌

龚家坊斜坡位于横石溪背斜北西翼，在巫峡口一带岩层呈单斜产出（图11.1）。坡体陡峻，山顶高程在750m左右，相对高差在600m左右。原始平均坡度为53°，原始长江水位为90m。坡体内发育狭窄的冲沟，滑坡体以冲沟外侧的山脊为界，后缘高程为

450m。龚家坊滑坡位于两冲沟之间的突出山梁部分，使得滑体呈现三面临空的形态（图 11.2）。自然斜坡总体呈撮箕状，斜坡方向 161°。斜坡侧缘以两侧季节性冲沟为界，坡角为 30°～40°，中部较陡坡角为 60°～65°，后缘地形坡度为 40°～45°，坡顶呈略为下凹负地形（图 11.3）。

图 11.1　巫峡龚家坊滑坡及其相邻岸坡

图 11.2　巫峡龚家坊岸坡原始地貌图（2006 年 8 月）

滑坡滑面呈近似等腰梯形，上部宽 45m，上游腰长为 267m，下游腰长为 272m，高差为 210m，水面处宽 194m。岸坡的坡角呈上陡下缓特征，上部坡角为 64°、下部坡角为 44°。将该岸坡滑坡前与滑坡后的地形对比，推算出滑动方向为 160°，面积为 25178m^2，平均厚度为 15m，体积为 380000m^3（图 11.4）。

图 11.3　巫峡龚家坊滑坡（2008 年 11 月）

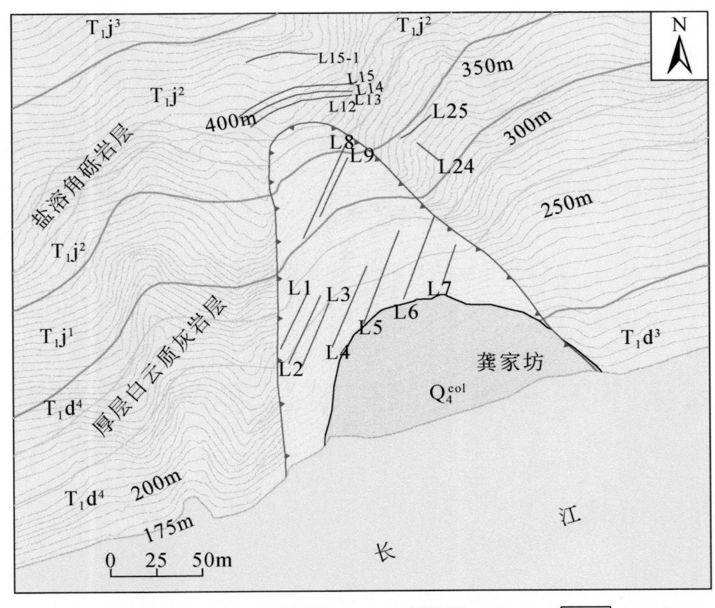

图 11.4　巫峡龚家坊岸坡工程地质图（滑坡后）

11.2.2　地层岩性

龚家坊岸坡基岩产状为 348°∠40°，坡向为 160°，其岸坡结构为反倾向坡体。该区内分布的地层为一套滨海-潟湖-浅海相碳酸盐岩地层，从下三叠统嘉陵江组—大冶组均有出露（图 11.5）。

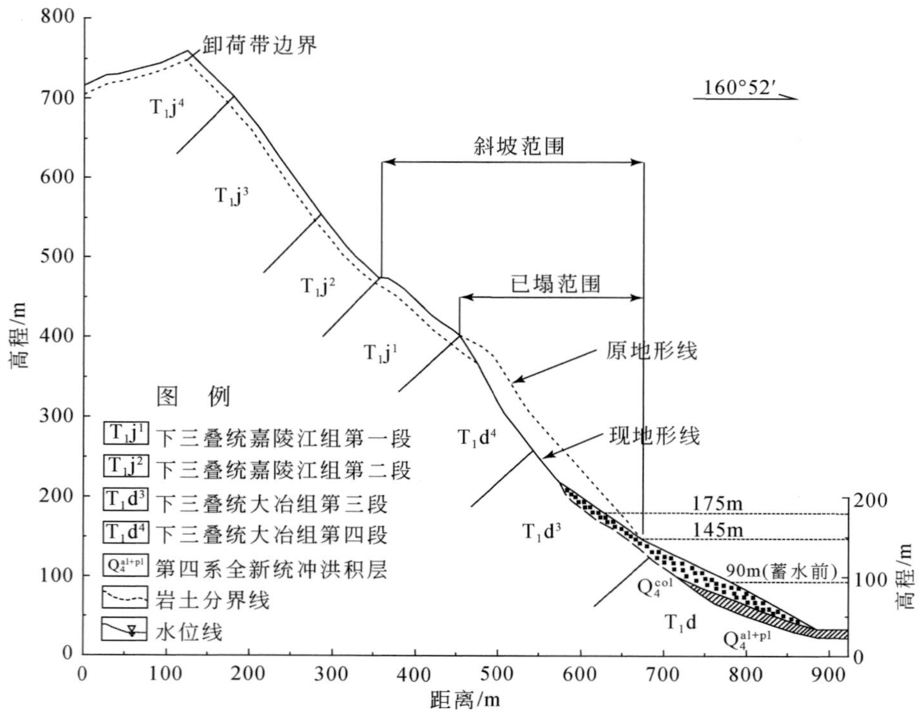

图 11.5　巫峡龚家坊岸坡工程地质剖面图

11.3　库区下三叠统反倾碎裂岩层岸坡易滑结构特征

11.3.1　地质环境特征

11.3.1.1　地层岩性

研究区分布下三叠统嘉陵江组—下二叠统梁山组，斜坡前缘零星分布第四系崩坡积体、河流阶地冲积物、新近变形的滑坡堆积物。各地层特征分述如下：

1. 第四系全新统

（1）滑坡和崩塌堆积层（$Q_4^{del+col}$）：块碎石土，由灰岩、泥灰岩块碎石土及黏土组成，块碎石粒径为 2～80cm，含量为 50%～80%，在 145～200m 水位变动的岸坡地带内普遍分布。

（2）冲洪积层（Q_4^{al+pl}）：块碎石土，由灰岩、泥灰岩块碎石土及黏土组成，块碎石的边缘有磨蚀痕迹，厚 4～10m。主要分布在茅草坡 2 号、3 号和独龙 4 号、5 号 145～300m 高程的斜坡上，岩土界面倾角为 35°～42°。

2. 下三叠统嘉陵江组

嘉陵江组分布在研究区中上部斜坡，受构造影响由西向东出露高程增加，在龚家坊、茅草坡斜坡出露该组地层第一至第四段，独龙斜坡出露地层第一至第三段，石鼓斜坡出露第一和第二段。该组地层为一套浅海台地相碳酸盐岩沉积，岩性以厚层状灰岩、白云岩为主。

各段地层如下：

（1）四段（T_1j^4）：灰色夹肉红色厚层状致密状灰岩夹白云岩、含泥质白云质灰岩，下部为含泥质灰质白云岩，中、上部夹角砾状及假鲕状灰岩。

（2）三段（T_1j^3）：灰色夹肉红色厚层状、致密状灰岩夹白云岩；中部夹燧石团块，局部见蠕虫状、条带状构造。

（3）二段（T_1j^2）：浅灰、灰色厚层状灰岩、白云质灰岩夹不规则的盐溶角砾岩。

（4）一段（T_1j^1）：灰、浅灰色薄至中厚层状灰岩、泥质灰岩及白云质灰岩。

3. 下三叠统大冶组

大冶组分布在研究区中下部斜坡，是组成斜坡的最主要地层，也是构成崩滑灾害的主要地层。该组地层为一套浅海台地相和陆棚相碳酸盐岩沉积，岩性较为单一，主要为浅灰、肉红色薄层微晶灰岩，夹中厚层微晶灰岩、泥灰岩，下部普遍夹黄绿色页岩。

各段地层如下：

（1）四段（T_1d^4）：灰、肉红色薄层状含泥质灰岩、灰岩，具缝合线及条带状构造，构造揉皱现象发育［图 11.6（a）］。

（2）三段（T_1d^3）：灰、浅灰色薄层状灰岩，顶部及中部夹厚 5～10m 的灰色中-厚层状灰岩。

（3）二段（T_1d^2）：灰、浅灰色薄层状灰岩、泥质灰岩夹黄灰色页岩，具缝合线及波痕构造，形成陡坡，该层弯折明显。

（4）一段（T_1d^1）：灰、灰黄色（含）钙质页岩、页岩夹薄-中厚状层泥质灰岩［图 11.6（b）］。

4. 上二叠统大隆组、长兴组（P_2c+d）

上部黄灰色页岩夹燧石层或灰岩透镜体；中部为深灰色块状生物屑灰岩或白云岩夹燧石薄层或团块；下部为灰黑色燧石层与薄层状灰岩互层。分布于东部斜坡中下部，形成陡坡。

5. 上二叠统吴家坪组（P_2w）

深灰色中厚层状含泥质灰岩，底部为黏土岩、碳质页岩、粉砂岩、粉砂质页岩及煤层。分布于东部斜坡下部，形成陡坡。

6. 下二叠统茅口组（P_1m）

下部灰、深灰色含泥质灰岩，底部为黑色有机质页岩；中部为深灰色厚层状粉屑生物微晶灰岩夹深灰色厚层状含生物屑泥质灰岩；上部为深灰色厚层白云岩夹泥质灰岩，含燧石团块。分布于研究区东部斜坡中下部，形成陡坡。

(a) T_1d^4薄层状含泥质灰岩　　(b) T_1d^1下部页岩

图 11.6　下三叠统大冶组岩层现场照

7. 下二叠统栖霞组（P_1q）

为深灰色中-厚层状生物碎屑灰岩，局部夹黑色页岩，偶含燧石团块或条带。分布于研究区东部斜坡下部，形成陡坡。

8. 下二叠统梁山组（P_1l）

碳质、铝质、砂质页岩及薄层泥质粉砂岩夹似层状煤层。下部灰色中-厚层状石英砂岩。分布于研究区东部斜坡下部，区内出露较少。

11.3.1.2　地质构造

龚家坊到独龙段岸坡地处于新华夏系与大巴山弧形褶带的交接复合部位，即巫山向斜南东翼横石溪背斜北西翼，横石溪背斜轴向 N60°～70°E，齐岳山断裂带以及一些褶曲形成其构造形迹，构造线与长江河谷斜交（图 11.7）。

图 11.7　横石溪背斜照片

该区段背斜顶部及翼部均为嘉陵江组，在横石溪一带长江两岸核部最老出露志留系，两翼由泥盆系—三叠系构成，背斜顶部产状平缓，常为十几度，翼部变陡至 60° ~ 70°；轴面呈直立状，轴向为 NE70°，北西翼倾角为 17° ~ 50°、南东翼倾角为 10° ~ 70°，背斜总体形态近似箱形，延伸长度达到 100km 以上。横石溪背斜属于紧密型褶皱，褶皱枢纽朝向 SWW 倾斜，倾伏为 6° ~ 8°，同时有裂隙发育的小型断裂，此类构造作用常形成滑坡与崩塌（图 11.8；黄波林，2014）。

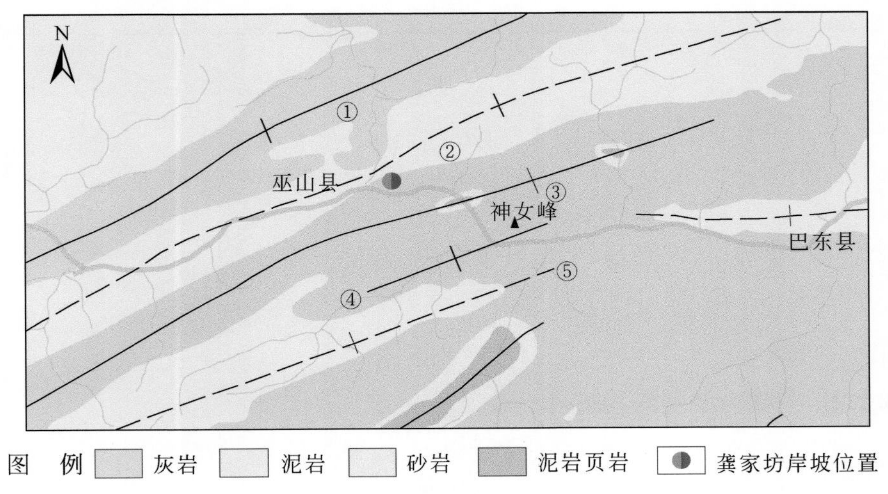

图 11.8　龚家坊岸坡区域构造地质简图

①齐岳山背斜；②巫山向斜；③横石溪背斜；④神女峰背斜；⑤楠木园向斜

龚家坊岸坡岩层在剖面上呈单斜产出，正常岩层产状为 320° ~ 350°∠55° ~ 62°，500m 高程以下的冲沟两侧的山脊近地表处出现弯折，岩层产状变缓，倾角为 23° ~ 45°。下三叠统大冶组第四段泥质灰岩中多见揉皱现象。

新构造运动与研究区岸坡段的地形地貌密切相关，间歇性上升是其主要模式，该段构造的主要特点表现为结构面和岩体裂隙极其破碎。从白垩纪开始，四川盆地在燕山运动作用下不断上升，尤其是新生代以后，四川盆地在喜马拉雅造山运动作用下普遍隆起，使得古近系、新近系红层和白垩系随之陆续遭受侵蚀作用，进而逐渐形成长江的雏形。长江河谷现有的四到五级高阶地地貌以及多级夷平面地貌均产生于区域的间歇性上升。从更新世早期至晚期（三峡期），隆起幅度增大，全新世地壳上升速度最快同时也伴随着剧烈的河谷下切运动，这些因素综合作用形成了长江流域高陡的河谷岸坡，同时也形成了现有的一至三级阶地地貌，此外还产生了大量崩塌体，或堆积于高阶地前缘，或剥蚀高阶地致其消失（图 11.9）。

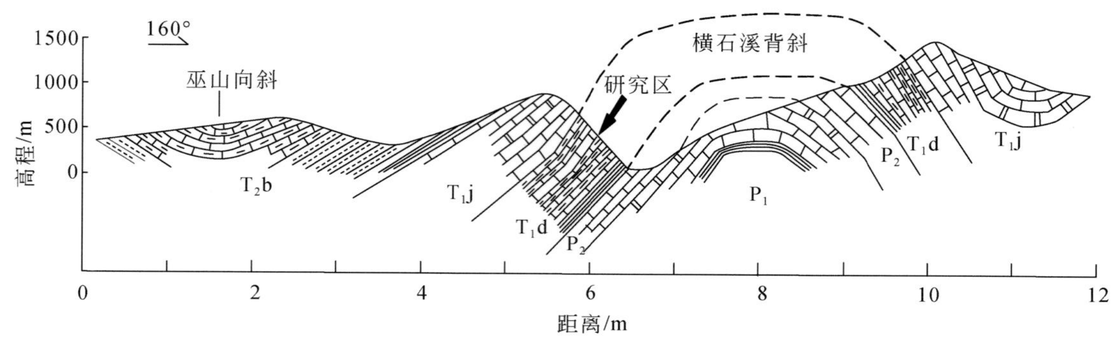

图 11.9　横石溪背斜和巫山向斜构造图

P_1. 下二叠统；P_2. 上二叠统；T_1d. 下三叠统大冶组；T_1j. 下三叠统嘉陵江组；T_2b. 中三叠统巴东组

11.3.2　岩组特征及交切关系

11.3.2.1　岩组分类及组合关系

1. 岩组分类

研究区内地层岩性和结构存在着差异，按照岩质软硬、岩石构造和结构建造大体可划分为如下四类（图 11.10）：

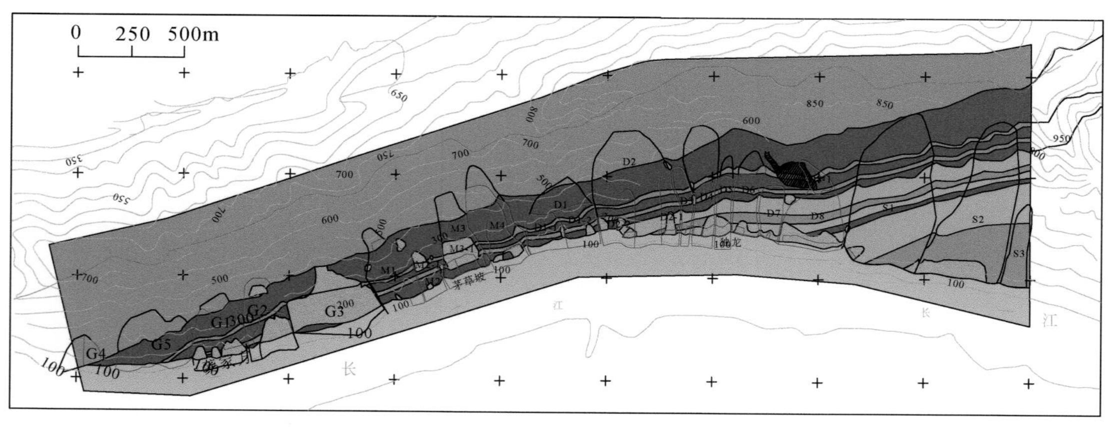

图　例　坚硬-半坚硬中厚层状碳酸盐岩(A)　半坚硬薄层碳酸盐岩(B)　软弱薄层泥质碎屑岩(C)　松散土夹碎石(D)　G1 斜坡范围及编号　预测可能崩滑的范围

图 11.10　巫峡龚家坊至独龙区域岩组分布图

1）坚硬-半坚硬中厚层状碳酸盐岩（A）

岩质坚硬-半坚硬，构造为中、厚层状，岩性为灰岩、白云岩和泥质灰岩。该岩组包括下三叠统嘉陵江组（T_1j），下三叠统大冶组三段（T_1d^3）、二段（T_1d^2）夹层，上二叠统吴家坪组（P_2w），下二叠统茅口组（P_1m）和下二叠统栖霞组（P_1q）。该岩组结构面不发育，岩体相对较完整，斜坡变形主要受控于下伏软弱岩层，同时，与溶蚀风化作用有关。研究区斜坡上部、顶部的危岩体多分布在此类岩组内。

2）半坚硬薄层碳酸盐岩（B）

岩质半坚硬，构造为薄层状，岩性为灰岩和泥质灰岩。该岩组包括下三叠统大冶组四段（T_1d^4）、三段（T_1d^3）和二段（T_1d^2），上二叠统大隆组、长兴组（P_2c+d）。该岩组结构面十分发育，受构造影响岩体破碎，斜坡内构造变形和重力变形普遍发育，易发生崩滑地质灾害。龚家坊 2 号崩滑体、龚家坊 3 号崩滑堆积体的原岩主要来源于该岩组。

3）软弱薄层泥质碎屑岩（C）

岩质软弱，薄层状构造，岩性为页岩和泥质粉砂岩。该岩组包括下三叠统大冶组二段（T_1d^2）、第一段（T_1d^1），上二叠统大隆组、长兴组（P_2c+d）和下二叠统梁山组（P_1l）。该岩组岩体破碎，构造变形和重力变形普遍发育，构成研究区斜坡的软弱基座，地下水和地表水作用下容易发生溶蚀、软化，引发上部岩体的拉裂、崩滑。

4）松散土夹碎石（D）

结构松散，主要物质为土夹碎块石。该岩组为第四系滑坡和崩塌堆积层（$Q_4^{del+col}$）和冲洪积层（Q_4^{al+pl}），在库水和降雨作用下，容易发生沿土、岩接触面的滑动或表层的侵蚀。

2. 岩组组合关系

不同的岩性组合常常是斜坡失稳的关键，研究区分布的均为层状沉积岩，总体上表现为上硬（嘉陵江组）、下软（大冶组）的岩性组合关系，而组内又表现为软硬相间的组合关系。经统计，研究区斜坡存在四种型式的岩组组合关系（表 11.1）。

表 11.1　斜坡岩组组合关系、分布和特征说明表

序号	类型	组合关系	分布	特征
Ⅰ	坚硬-半坚硬组合斜坡	A-B(A)	龚家坊 1 号、2 号、4 号、5 号，茅草屋 1 号、2 号、3 号、4 号以及独龙 1 号	斜坡上部为坚硬厚层碳酸盐岩、下部为坚硬-半坚硬碳酸盐岩。下部岩体重力弯曲变形明显，结构面发育，易发生崩滑灾害
Ⅱ	上硬、下软组合斜坡	A-B(A)-C(A)	独龙 2 ~ 8 号以及石鼓 1 号西段	斜坡上部为坚硬-半坚硬碳酸盐岩、下部为软弱泥质碎屑岩。下部岩体重力弯曲变形明显，结构面发育，泥质岩构成软弱基座，易发生崩滑灾害
Ⅲ	上软、下硬型组合斜坡	B(A)-C(A)-A	石鼓 1 号东段和石鼓 2 号	斜坡上部为半坚硬-软弱碳酸盐岩或碎屑岩、下部为坚硬碳酸盐岩。下部硬质岩基座稳定，仅发育小型崩塌
Ⅳ	岩土组合岸坡	D-A、B、C	龚家坊 3 号以及独龙 4 ~ 8 号	斜坡前缘地表分布碎块石土，库水作用下土体易发生表层垮塌，库水长期作用下容易沿土石接触面滑动

（1）坚硬-半坚硬组合斜坡（组合Ⅰ）：组合关系为上 A、下 B 夹 A，分布在龚家坊 1 号、2 号、4 号、5 号，茅草屋 1 号、2 号、3 号、4 号以及独龙 1 号斜坡。斜坡上部为坚硬厚层碳酸盐岩，地层为下三叠统嘉陵江组（T_1j），下部为坚硬-半坚硬碳酸盐岩组，地层为下三叠统大冶组四段（T_1d^4）、三段（T_1d^3）。根据现场调查情况，下部岩体重力弯曲

变形明显，结构面发育，易发生崩滑灾害。控制下部斜坡稳定性的结构面为顺坡向的构造节面和弯曲、重力卸荷形成的张裂隙。库水作用下，下部岩体易解体失稳，进而牵引上方的B类岩组失稳。由于存在A类夹层，常表现为分段的失稳，如龚家坊2号崩塌。整个斜坡的上部岩组A相对较稳定，仅存在小型的崩塌。

（2）上硬、下软组合斜坡（组合Ⅱ）：组合关系为上A和B夹A、下C夹A，分布在独龙2～8号以及石鼓1号西段斜坡。斜坡上部为坚硬–半坚硬碳酸盐岩，地层为下三叠统嘉陵江组（T_1j），以及下三叠统大冶组四段（T_1d^4）、三段（T_1d^3）；下部为软弱泥质碎屑岩，地层为下三叠统大冶组二段（T_1d^2）、一段（T_1d^1），以及上二叠统大隆组、长兴组（P_2c+d）。根据现场调查情况，中、下部岩体重力弯曲变形明显，结构面发育，泥质岩构成软弱基座，易发生崩滑灾害。控制中、下部斜坡稳定性的结构面为顺坡向的构造节面和弯曲、重力卸荷形成的张裂隙。库水作用下，下部岩体易解体、软化，在斜坡前缘的崩滑堆积体表明下部斜坡容易发生崩滑。在软弱基座失稳后，中部的B类岩组，沿弯折面也容易发生失稳。整个斜坡的上部岩组A相对较稳定，仅存在小型的崩塌。

（3）上软、下硬型组合斜坡（组合Ⅲ）：组合关系为上B夹A、中C夹A、下A，分布在石鼓1号东段和石鼓2号斜坡。斜坡上部为坚硬–半坚硬碳酸盐岩，地层为下三叠统大冶组四段（T_1d^4）、三段（T_1d^3）；中部为软弱泥质碎屑岩，地层为下三叠统大冶组二段（T_1d^2）、一段（T_1d^1），以及上二叠统大隆组、长兴组（P_2c+d）；下部为坚硬–半坚硬中厚层状碳酸盐岩，地层为上二叠统吴家坪组（P_2w）、下二叠统茅口组（P_1m）和栖霞组（P_1q）。下部硬质岩基座稳定，仅发育小型崩塌。

（4）岩土组合岸坡（组合Ⅳ）：组合关系为下层A、B和C，表层D，分布在龚家坊3号以及独龙4～8号斜坡。表层的松散碎块石土多分布在斜坡前缘，库水作用下土体易发生表层垮塌，库水长期作用下容易沿土石接触面滑动。

11.3.2.2 斜坡交切关系

该区域斜坡以逆向坡为主，部分区段为斜交坡。逆向边坡变形、失稳的控制界面是反倾向节理裂隙。该区域的逆向坡中普遍发育一组与坡向近乎平行的节理，该组节理是控制斜坡稳定性的关键结构面。在大冶组薄层灰岩和泥灰岩地层内，顺坡向的节理受重力弯折和卸荷作用的影响，节理存在张开、贯通的现象，弯折带的底面是构成崩滑的关键部位。在逆向坡中，部分坡段还发育与坡面直交的节理，此类节理可构成崩滑体的侧向边界，当节理延伸较长时，易发生大规模的崩滑灾害。

11.3.3 结构面特征

通过野外详细调查，研究区的高陡岸坡岩体内小型断层、节理、裂隙及破碎带等各类原生构造结构面及次生结构面极其发育，依据结构面的特征、规模及其对高陡岸坡岩体结构体力学性质和稳定性的影响程度，研究区高陡岸坡结构面按其可划分为Ⅳ、Ⅴ级（表11.2）。

表 11.2　结构面规模分级表

级别		名称	规模		主要地质特征	工程意义	结构面发育位置
			长度（*L*）/m	宽度（*b*）/m			
Ⅳ		小断层 大型裂隙	<100	<0.5	多大于 10m，有一定宽度，局部有填充。小断层只发现一条，由于现场条件限制，大型裂隙发育超过近百条，只调查出 87 条	软弱结构面、破坏岩体完整性，构成稳定性的控制性结构面	岸坡中部发育
Ⅴ	Ⅴ1	长大裂隙	>10	<0.2	间距大于 2m，陡裂面，有填充，折线粗糙	控制岩体的完整性，是岩体结构类型划分的主控因素、部分构成危岩体边界	岸坡中部
	Ⅴ2	一般裂隙	<10	<0.1	主要发育两组，两组相互垂直，部分张开，无填充		岸坡顶部、底部

通过在巫峡口至独龙区域进行 1662 多条的结构面测量，测量高程主要集中在 150 ~ 172m 附近。该测量区域处于三峡库区水位变动带内，植被覆盖少，露头好；其他高程区域灌木等植被发育，不易测量。巫峡口区域斜坡的优势结构面发育基本一致。主要发育有两组优势性结构面：一组平行于斜坡坡面，产状为 140° ~ 180° ∠30° ~ 60°；另一组基本垂直于坡面，产状为 50° ~ 85° ∠50° ~ 85°。两组优势结构面中的断裂面当中一部分明显为起伏的，另一部分为平直的。其显示了结构面中有早期原生的构造结构面，也有在后期变形中次生的拉剪、拉张破裂面。十分值得注意的是，由于测量区多分布在变形岩体中，冲沟内节理、裂隙发育较少；因此，结构面尤其是平行坡面的结构面并不是最初的优势结构面方向；而是倾倒之后的优势结构面方向。

结构面发育密度因岩层厚度不同而不同，大冶组四段的 10m 厚层白云质灰岩的节理密度为 5 ~ 10m/条；但大冶组三段薄层泥灰岩中的节理密度为 0.05m/条。层面和两组结构面共同切割岩体，总体上形成了块度为 6cm×10cm×12cm 的岩块，斜坡就仿佛是由大小不一的岩块相砌而成，结构为极其破碎的碎裂状岩体。在同一斜坡的不同部位进行结构面测量，测量结果显示，高陡斜坡坡面的节理、裂隙可见率大大低于冲沟一侧出露的可见率。故高陡岸坡突出的山脊表面看上去岩体结构十分完整，曾经被认为是三峡库区稳定性较好的岩质岸坡段，但实际情况并非如此，这说明这些潜在不稳定的高陡斜坡具有极强的隐蔽性。

11.4　巫峡龚家坊反倾碎裂岩层岸坡结构与稳定性

Ashby（1971）首次提出“倾倒”概念，将其列为除滑坡与崩塌之外的第三种边坡变形破坏模式，并提出了一种评价反倾岩质边坡变形破坏模式的简单准则。Varnes（1978）、Hungr 等（2014）将斜坡的破坏通常存在滑动（sliding）、倾倒（topple）、崩塌（falls）、楔形体破坏（wedge）和扩离（spreading）等五种类型，其中倾倒破坏就是反倾向层状结构斜坡的主要破坏模式。Goodman 和 Bray（1976）对边坡的倾倒破坏模式分为三类，揭示出了坡体岩性组合和变形模式的重要关系，即在薄层状岩体中主要产生弯曲倾倒破坏，在脆性硬岩中多产生块体倾倒破坏，而在岩层软硬相间的岩层中主要产生块状弯曲倾倒，此外还有一些次生倾倒破坏模式。Hoek 和 Bray（1981）将次生倾倒进一步划分为①滑移-坡顶倾倒（slide head toppling）、②滑移-基底倾倒（slide base toppling）、③滑移-坡脚倾倒（slide toe toppling）、④拉张-倾倒（tension cracktoppling）与⑤塑流-倾倒（toppling and slumping）五种类型。张倬元等（1994）阐述了边坡产生倾倒变形的结构条件，根据反倾边坡的岩层倾角大小分类阐述了其变形失稳原理和过程：对于岩层倾角在30°左右的薄层状反倾边坡，常出现深部蠕滑-拉裂破坏；对于岩层倾角为35°~65°的反倾边坡，常出现弯曲-倾倒变形，当弯曲变形发展至一定程度，强烈弯曲变形部位常出现折断现象。关于反倾边坡变形破坏的影响因素，可分为内部因素和外部因素两方面，国内外很多学者都对其进行了研究。韩贝传和王思敬（1999）指出坡内存在的反倾结构面，减弱了岩体的稳定性，是边坡倾倒变形的决定因素。殷跃平（2004a）通过研究三峡库区巴东组紫红色泥岩的工程地质特征，指出应当特别关注水库蓄水初期库水位显著变化对边坡稳定性的影响。徐佩华等（2004）在对解放沟反倾岸坡的变形机理研究中认为，反倾层状高边坡产生的深部岩层弯曲倾倒变形是在河谷快速下切作用下边坡发生深部卸荷松弛而产生的。左保成等（2005）发现岩层的层厚和层面剪切强度对边坡稳定性起重要作用，随着层厚和层面强度增大，边坡岩层的抗倾倒能力逐渐增大。张以晨等（2011）采用悬臂梁模型，将岩块简化为板梁，用最大拉应力作为板梁的倾倒失稳判据，研究了反倾边坡倾倒变形的影响因素。卢海峰等（2012）采用改进的悬臂梁模型，用各岩层剩余不平衡力作为反倾边坡的倾倒失稳判据，分析了坡角、坡高和岩层倾角、岩体及结构面强度等因素对反倾边坡稳定性的影响。程东幸等（2005）采用离散元程序3DEC建立数值模型，分析了边坡结构、力学强度、初始地应力这三方面因素对反倾边坡稳定性的影响，并提出反倾边坡岩层优势角的范围。刘红岩和秦四清（2006）采用石根华创造的数值流形方法模拟了层状边坡的倾倒变形破坏，得出结论：若不考虑层间黏结力，则层间摩擦角决定边坡稳定性，稳定性随层间摩擦角增大而升高。苏立海（2008）以锦屏水电站岸坡为例，采用FINAL数值模拟方法，研究了反倾边坡稳定性的影响因素和岸坡的主要破坏模式。姚晔等（2021）通过基底摩擦试验研究了反倾层状碎裂结构岩质边坡的破坏机制。对于反倾边坡变形破坏的影响因素，目前的研究大多是对边坡倾倒变形与各影响因素的关系所进行的简单统计与定性分析，较少对统计结果开展详尽深入的研究和分析，也并对其成因机理进行分析。因此，要想确切了解反倾边坡变形破坏成因机理，必须对其影响因素和破坏模式之间关系进行深入研究和定量分析。

三峡库区边坡结构类型可划分为顺层边坡、平缓软硬岩层互层边坡、滑崩堆积体边坡、溶塌角砾岩边坡、层状碎裂岩体边坡等（殷跃平，2005）。库区反倾岩层滑坡除了具有反倾层状岸坡特征之外，还具有库岸型边坡的很多特点，边坡稳定性受自身岩体结构和库水的双重影响，除此以外，倾倒变形和破坏常常表现出沿某一河段集中分布的特点（黄润秋等，2017）；殷坤龙等（2014）提出龚家坊滑坡存在中部厚层的阻滑结构；谭维佳（2015）以龚家坊滑坡为例，将反倾岩层滑坡失稳过程概括为四个阶段，针对不同阶段提出相应的防治措施（谭维佳等，2017）。本节将以龚家坊岸坡为实例，总结库区反倾碎裂岩层岸坡易滑结构特征，分析反倾碎裂岩层岸坡结构与失稳模式。

11.4.1　龚家坊反倾碎裂岩层岸坡变形特征

龚家坊岸坡由于构造上受横石溪大背斜的控制，斜坡均为反倾层状岩质边坡，岩组结构为薄层状泥灰岩、灰岩与中厚层状灰岩互层，层面与外倾结构面发育，薄层状岩体受层面与裂隙影响多呈碎裂状，在外动力因素（重力、降雨、库水位）的作用下，易发生弯曲倾倒变形。

龚家坊滑坡发生以后，相关部门对巫山峡口从龚家坊段岸坡到下游茅草坡段岸坡，再到独龙段岸坡都进行了详尽的地质调查，发现龚家坊及其沿岸同类岸坡均存在以下变形特征：岩体倾倒变形、岩体层间剪切变形、消落带岩体劣化等。

11.4.1.1　岩体倾倒变形

通过对龚家坊岸坡的详细调查，由岩层产状的变化规律表明，龚家坊岸坡的岩体发生了倾倒变形。岸坡山脊处岩体发育有中风化或者强风化的节理，岩层产状为 301°～351°∠26°～56°（图 11.11），岸坡两侧的冲沟内岩体弱风化，冲沟内岩层产状为 331°～341°∠56°～66°，在同一高程，山脊处岩层的倾角普遍小于冲沟内部岩层倾角，可见山脊处岩体倾角比冲沟内岩体倾角变小，即岩层变缓，岩层倾向也产生了一定变化，整体表现为岩层产状从坡内逐渐向坡面变缓，呈三维性变化。这种岩层产状变缓趋势直到沟底的弱风化岩层处回复常态，从岸坡的顶部直到岸坡坡脚，位于滑面处的岩层产状由陡变缓，在坡脚处岩层产状最为平缓。

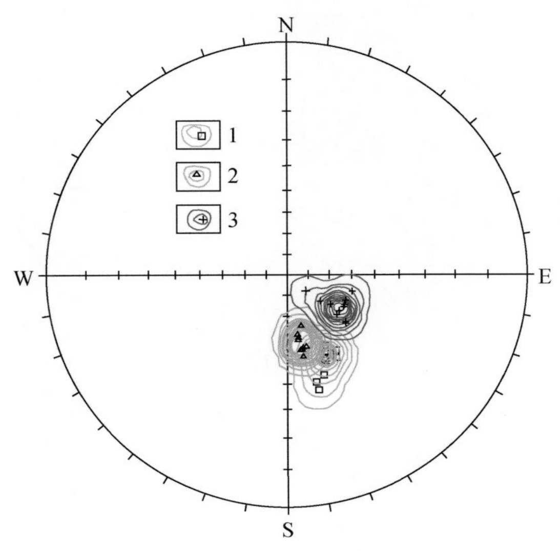

图 11.11　龚家坊斜坡同一高程岩层产状变化图

1. 上游冲沟内测量；2. 山脊处测量；3. 下游冲沟侧测量（等角下半球投影各 11 个点）

倾倒变形，通常指层状反倾向结构及部分陡倾角顺层边坡的表部岩层，在自重和上部岩层重力的作用下因蠕动变形而向临空方向做悬臂梁弯曲，产生弯曲、折断，形成所谓的“点头哈腰”现象。主要表现为弯曲、张裂、滑动以及转动等形式，在倾倒岩体和深部完整的岩体之间，常发生折断或错动现象。

在龚家坊滑坡发生前并未对其有过详细调查了解，难以得知该岸坡早期变形破坏的趋势和特点。因此只能通过调查其上下游一定范围内同类型岸坡的变形形态，对龚家坊岸坡早期倾倒变形类型进行推测，得出两种可能情况：V 状倾倒和弯曲复合式倾倒。

1. V 状倾倒

V 状倾倒，指存在显著折断面的岩层倾倒现象，此类岩层变形模式存在明显的折断面，常表现在岩层倾角在折断处显著变缓，岩层产状在折断处前后变化较大甚至剧烈变化，因此在岸坡表面常常会造成很大的拉张裂缝或者槽状塌落，而岩层产状在折断处之前和之后的岩层内部几乎只有极小的变化，整体上看整个岩层像被从中折断，形成 V 状结构［图 11. 12（a）、（b）］，故称其为 V 状倾倒。此类变形常发生在岸坡浅表层，具有显著的刚脆性特征和短时突发性特征，折断面较统一。

一个反倾层状岸坡上大型结构面的存在，与该岸坡是否发生 V 状倾倒具有一定相关性，反倾层状岸坡上顺坡向大型结构面的存在常可能伴随着 V 状倾倒的存在，相反，如果反倾层状岸坡上没有顺坡向大型结构面的发育，常可能发生弯曲倾倒变形。

(a) V状倾倒照片

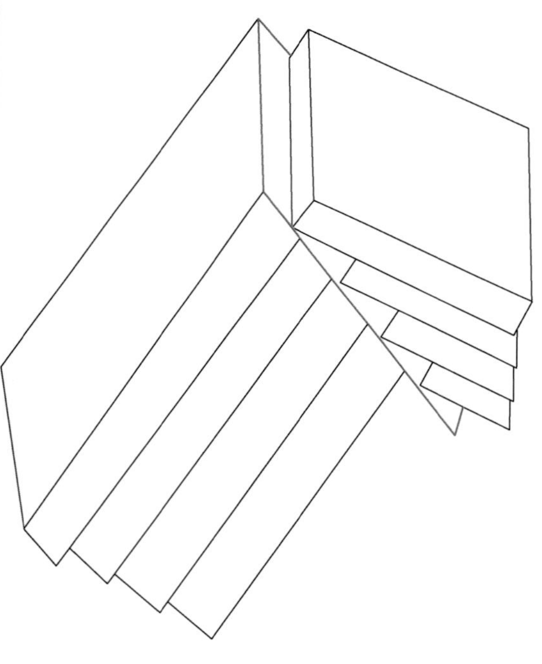

(b) V状倾倒示意图

图 11. 12　V 状倾倒照片及示意图

反倾层状岩质岸坡内中大型结构面的发育对其稳定性有极大的影响作用。龚家坊未发生滑坡前，岸坡岩体内主要发育两组结构面：130°～170°∠50°～70°，210°～240°∠70°～85°。其中存在一组外倾结构面，产状为 150°～170°∠48°～60°，裂面倾角与坡角基本一致，为该岸坡内的大型结构面，在不同高程均有出露，出露长度均大于 15m。同时由位于龚家坊岸坡坡脚的 L11 裂隙（图 11.13）来看，其岩层倾角小于基岩倾角约 21°，显然该裂隙是 V 状倾倒的折断面，综合以上分析可知，龚家坊岸坡岩体的倾倒破坏应主要是 V 状倾倒类型，此外龚家坊到独龙段同类反倾层状岩质岸坡很多发育有此类变形现象。

图 11.13　巫山龚家坊岸坡坡脚处裂隙

2. 弯曲复合式倾倒

弯曲复合式倾倒是不连续岩块的缓慢变形，是由于岩块倾角逐渐变化形成的弯曲变形，类似于连续弯曲变形的岩层。由于此类变形中相连块体间倾角变化微小（<5°），但各个块体倾角的微小变化逐渐累积，因而使岩层整体看似连续的塑性弯曲变形。由于岩块的此类弯曲倾倒变形是各个块体倾角的微小变化逐渐累积，因而在坡体表面只出现很少的地表张裂隙以及反坡陡坎［图 11.14（a）、（b）］。龚家坊到独龙段同类反倾层状岩质岸坡，很多也发育有此类倾倒现象。

岩块的弯曲复合式倾倒，形似构造产生的背斜弯曲褶皱，但其产生机理与背斜弯曲褶皱完全不同。

（1）构造成因产生的背斜弯曲褶皱，其内部节理多为构造应力的产物，常为闭合的原生裂隙，此类弯曲褶皱常为连续平滑的，其转轴端并无实际的转轴线或面，而只是一个界线。

（2）重力成因的岩块累积性弯曲倾倒变形，是一种类似于连续弯曲的岩块突变，其常表现出典型的重力作用特征，如向下的运动方向以及多出现在岸坡浅表层等，累进性倾倒变形中岩块由于重力成因多产生张开的裂隙。重力成因的弯曲倾倒转轴端由一系列倾倒后的裂隙面构成，该转轴为可见实物面，在此转轴面上裂隙发育，有些裂隙被岩块或碎屑填充。此外，弯曲复合式倾倒都是由于节理裂隙的张开和滑移错位而形成，二者可能相伴

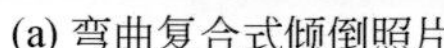

(a) 弯曲复合式倾倒照片

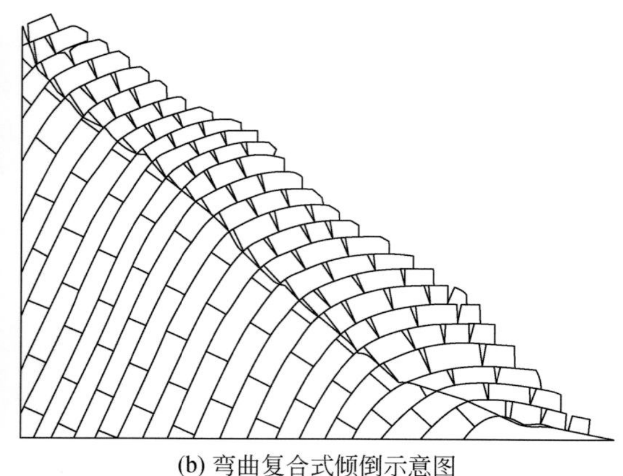

(b) 弯曲复合式倾倒示意图

图 11.14　弯曲复合倾倒照片及示意图

产生。

在龚家坊到独龙段岸坡范围内的反倾层状岩质岸坡，有些呈现出弯曲复合式倾倒模式，有些呈现了 V 状倾倒模式，还有些岸坡同时出现两种变形模式。茅草坡岸坡位于龚家坊岸坡下游 1km 处，在对该岸坡的调查中发现，岩块的弯曲复合式倾倒现象和 V 状倾倒现象同时在该岸坡上出现。

弯曲复合式倾倒多发育在软硬相间的岩层中，V 状倾倒多发育在硬质岩层中。不论是岩块弯曲复合式倾倒破坏，还是 V 状倾倒破坏，变形破坏累积到一定阶段都会产生折断面，而折断面的贯通，会导致岸坡进一步变形破坏直到失稳状态，因此岸坡岩层的倾倒变形现象，会极大威胁岸坡的稳定状态。

11.4.1.2　岩体层间剪切变形

在龚家坊岸坡坡体的露头处［图 11.15（a）］、坡脚崩塌堆积的岩块上［图 11.15（b）］和龚家坊周围的岸坡坡体露头处，均发现有被方解石覆盖的岩层面擦痕，其中部分方解石又遭受侵蚀。根据方解石的残留阶步，可推断出龚家坊岸坡岩层的相对运动方向为岩层上盘朝坡内侧运动，而岩层下盘朝坡外侧运动。

出现在岸坡岩层面以及崩塌块石上的擦痕，显然是由于层间的剪切错动而形成，但在岸坡漫长的构造和变形过程中，首先是构造成因的横石溪背斜成型过程，后期有坡体自重作用影响下的累进性倾倒变形，二者均可能产生擦痕。如何分辨岸坡岩层面的擦痕是哪种成因，就需要根据岩层面在擦痕上下的运动方向来判别。

（1）横石溪背斜成型过程，受构造应力的影响，背斜东翼岸坡中的位于擦痕上部的岩层做向下运动，而下部岩层做向上运动。

（2）对于自重作用下倾倒变形产生的擦痕，若以倾倒岩块的折断处即擦痕处作为转轴线，则位于转轴线西翼的岩体，即为下部岩体做向上运动，同时也是擦痕面下部岩层做向上相对运动。

(a) 岸坡岩层面擦痕　　(b) 崩塌堆积块石表面擦痕

图 11.15　巫山岩体层间剪切

基于以上分析，可判定龚家坊岸坡岩层间剪切现象应该是坡体自重作用下倾倒变形过程中产生的。

11.4.1.3　消落带岩体劣化

三峡水库蓄水后，水位秋冬季高、春夏季低，每年经受一次 175m→145m 降水位过程和 145m→175m 升水位过程，极大影响了岸坡的水文地质环境，消落带常年反复经历冬季浸水夏季暴晒的循环过程，岩体强度不断降低，结构不断遭受破坏，库水位循环涨落使得岸坡整体稳定性不断变化。岸坡消落带岩体显示出一定的劣化现象。

结合龚家坊岸坡及周围岸坡共同的不利因素组合，可将该段库岸坡脚的破坏模式分为坍（崩）塌型、冲蚀-剥蚀型两种类型。

1）坍（崩）塌型

岸坡在库水的作用下，基座弱化或掏空，被卸荷裂隙分割的岩体将向河水坍（崩）塌。该种类型主要发生在地形坡度较陡的基岩卸荷带岸坡，具突发性。斜坡坡脚碎裂岩体，可能发生坍（崩）塌型塌岸。

2）冲蚀-剥蚀型

在水的冲蚀、浪蚀作用下，岸坡后退，一般发生在岩质岸坡强风化带，变化较慢，规模较小。

本区为反向斜坡，但存在外倾结构面，结构面倾角一般 52°～65°的裂隙为主，大于斜坡坡角，局部可见陡倾（70°～82°）或缓倾（32°～45°）的张开裂隙，冲沟两侧山脊上多见，裂面平直，地表可见部分张开度为 10～25cm，一般延伸长度为 7～12m。上游侧外倾结构面倾角小于坡角，局部发生滑移型塌岸。

图 11.16 为 2006 年 8 月水位下降以后龚家坊岸坡 135～143m 高程新出露的塌岸（黄波林，2014），由图可见，龚家坊岸坡坡脚不同程度的产生了塌岸现象，呈连拱形，塌岸最大部分高程达 160m。塌岸形成后，以 143m 为分界线，其下主要分布块碎石，其上塌岸新鲜面为黄褐色黏土含碎石。

现阶段，库岸水位变动带（消落带）风化破碎岩体在库水冲蚀、掏蚀作用下发生规模

图 11.16　龚家坊岸坡塌岸现象（库水位为 135m，2006 年 8 月）

较小的塌岸，下游侧强风化岩体可能发生坍塌。消落带发生的塌岸或坍塌将使坡面碎石土以下的碎裂岩体直接暴露于坡表，库水将直接对碎裂岩体进行冲刷和劣化。消落带塌岸或坍塌现象的发生加快了岸坡下部的破坏速度，也促进了岸坡整体的破坏进程。

11.4.2　龚家坊反倾碎裂岩层岸坡失稳模式

11.4.2.1　岩层倾倒破坏模式

龚家坊滑坡发生崩滑部分的岩性以薄层状泥质灰岩为主，但在滑体中部分布一组强度较高的厚层灰岩，经现场调查得知该层完整性高于滑坡体的其他部位，为此库岸段独有特征［图 11.17（a）、(b)］。

由前述内容可知，在反倾层状岩质岸坡中发育岩体倾倒、层间剪切和消落带的冲刷、掏蚀现象。其中，当消落带强度逐渐降低，岸坡下部对上部岩体的承载能力逐渐减小，岸坡中部的厚层岩梁逐渐失去下部支撑，应力增大；随着消落带强度进一步降低，岩梁区岩体应力逐渐累积，内部发生累进性破坏，当岩梁区岩体达到应力极限时，发生脆性剪断破坏。

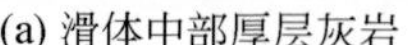
(a) 滑体中部厚层灰岩

(b) 厚层灰岩

图 11.17　龚家坊岸坡厚层灰岩

根据上述变形特征分析可知，龚家坊岸坡除了具备反倾层状岩质岸坡普遍的变形特征以外，还具有中部内嵌厚层岩梁的特殊结构，对此类岸坡倾倒变形的演化模式分析如下：

（1）当岩层发生倾倒变形后，将逐渐演化为以下两种破坏模式：滑移破坏和 G-B 型倾倒破坏。

滑移破坏（图 11.18）：当岩层中出现弯曲倾倒和弯曲复合式倾倒变形以后，都会在岩层中逐渐形成产生一个弯曲变形的分界面，位于分界面之上的岩体，由于受重力作用产生的下滑力驱动，在分界面附近会发生向下的蠕滑，随着岩体的向下蠕滑运动，分界面周围的岩层会产生拖曳现象，致使岩层呈现 S 状扭曲，此形态岩层称为反倾向坡的重力拖曳褶皱。对于软硬相间的岩层，较软岩层的向下蠕滑会使得较硬岩层发生剪断，进而促成整体的向下蠕滑至 S 状扭曲，同时形成岩层的蠕滑面，该蠕滑面的物质组成主要为块碎石黏土或残留空洞，蠕滑面主要受到压剪应力。岩层蠕滑面一旦形成，若不采取措施阻止蠕滑进一步发展，变形将不断的缓慢进行，岩层蠕滑面的摩阻力不断减小，直到抗滑力小于下滑力以后，岸坡将沿蠕滑面出现滑移破坏。

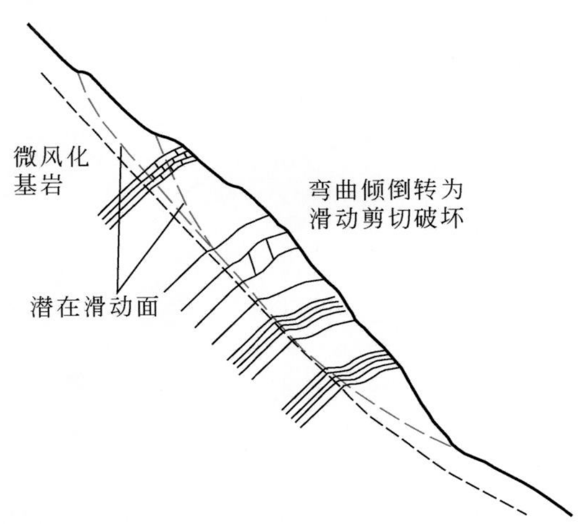

图 11.18　弯曲倾倒变形转为滑移破坏示意图

G-B 型倾倒破坏（图 11.19）：在柱状节理发育或陡立岩层区域，常产生 V 状倾倒，当岩层中出现 V 状倾倒后，会产生明显折断面，折断面以上的岩块可分为三个区域，由下往上依次为滑动区、倾倒区、稳定区。

（2）改进 G-B 模型：由以上两种倾倒变形的演化模式，结合龚家坊反倾层状岩质岸坡的变形特征可知，龚家坊岸坡的倾倒破坏具有 G-B 型倾倒破坏的部分特征，即龚家坊岸坡下部区域为压缩区和滑动区，而中上部是 V 状倾倒变形区，并且后缘残留的部分岩体属于基本稳定区域。

此外，该岸坡中部分布一厚层岩梁，使得折断面以上的岩块可分为四个区域：滑动区、岩梁区、倾倒区和稳定区。本书将这种新的变形区划分模式称为改进 G-B 模型。当岸坡发生改进 G-B 模式的倾倒破坏时，由于岩梁的存在，对其上部倾倒变形起到了锁固作用，岩梁成为滑动区和倾倒区的分界处，更多地承担了上覆岩体的重力分力，使下部滑动

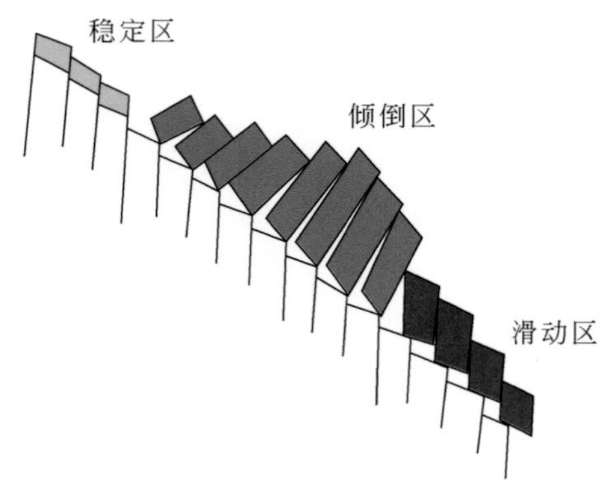

图 11.19　G-B 型倾倒破坏模型

区岩体受力减少，对岸坡稳定起到了很大的作用（图 11.20）。

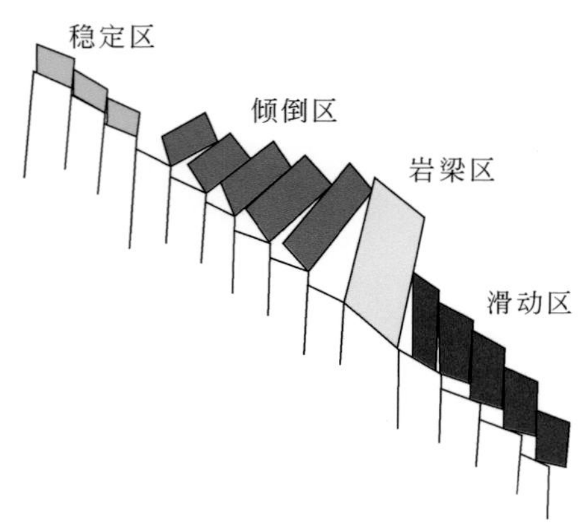

图 11.20　内嵌岩梁式倾倒变形模型（改进 G-B 模型）

11.4.2.2　岸坡失稳滑移模式

根据对龚家坊岸坡工程地质条件的分析可知，其属于反倾碎裂岩层岸坡，坡体内发育大型顺坡向结构面以及大量微小裂隙，岸坡中部存在中厚层灰岩。岸坡岩层主要发生 V 状倾倒变形和弯曲复合式倾倒，坡脚为较软的薄层泥灰岩，坡脚库水消落带有岩体劣化，塌岸频发。对龚家坊岸坡变形破坏过程进行解析，将该过程划分为以下四个阶段（图 11.21）：其中，（1）和（2）属于长效变形阶段，（3）和（4）属于破坏失稳阶段。

（1）河谷形成期岸坡小变形阶段：在河谷下切成型过程中，岸坡逐渐产生反倾的岩层以及平行于坡面的纵张节理，岸坡坡体发生卸荷回弹作用，岸坡应力分布发生变化，临空面周围出现应力集中带，岸坡临空面浅层岩体出现微小裂隙，同时，由于上部岩层的重力作用，岸坡岩体弯折，平行于坡面的纵张节理逐渐延伸贯通。

（2）岩层倾倒变形阶段：岸坡成型后，在降雨和风化作用下，岩体发生风化剥蚀和崩

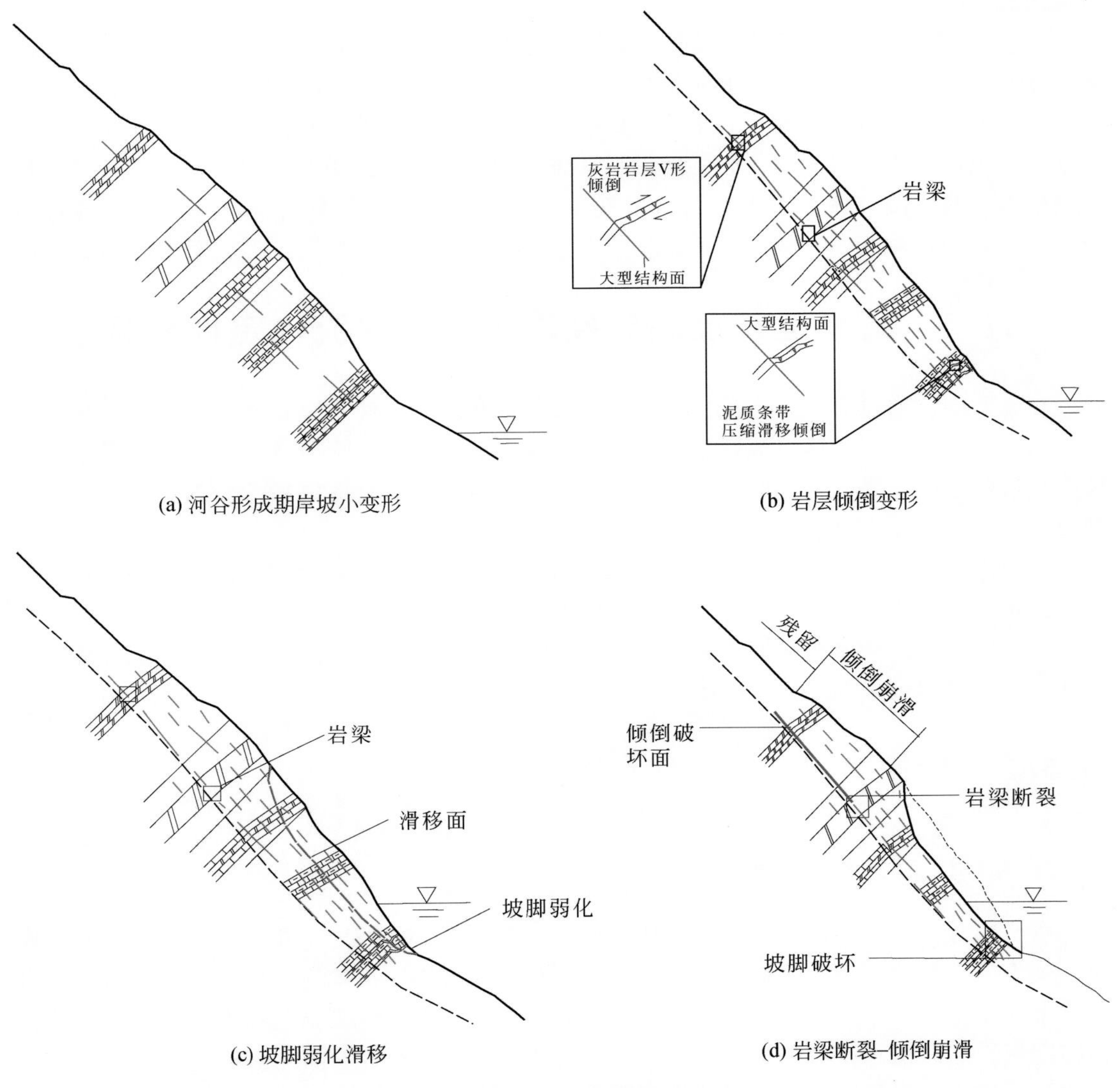

(a) 河谷形成期岸坡小变形　(b) 岩层倾倒变形

(c) 坡脚弱化滑移　(d) 岩梁断裂–倾倒崩滑

图 11.21　龚家坊反倾碎裂岩层岸坡变形破坏四个阶段示意图

解，坡形变陡，坡脚压缩，坡脚对上部坡体支撑力逐渐减小，岸坡变形加剧。岸坡岩层在重力作用下出现倾倒大变形，中上部较硬岩层发生 V 状倾倒，下部较软岩层发生弯曲压缩，导致岩层发生拉断或压裂破坏并伴有较小裂隙产生。由于岸坡中部岩梁以及结构面间的岩桥的存在，承担了上部坡体的部分压力，坡体内无长大贯通面，总体处于基本稳定状态。

（3）坡脚弱化滑移阶段：三峡蓄水后，坡脚消落带经受库水位周期性波动、冲刷、掏蚀作用，岩体弱化，强度降低，岩体加剧碎裂；结构面强度降低，岩桥剪断。坡脚形成较小贯通面，该部分岩体在库水作用下出现塌岸或小范围滑移，贯通面逐渐向上延伸，岸坡表现为自下而上的滑动模式。由于岸坡中部存在较高强度的厚层岩梁，当滑坡发展到该层时会出现不连续的滑动。

（4）岩梁断裂–倾倒崩滑阶段：当下部贯通面延伸至岩梁时，岸坡下部滑动区对其上部岩体基本失去支撑作用，上部倾倒区岩体的重力全部由中部岩梁承担并无法向下传递，此时中部岩梁将维持岸坡的受力平衡和稳定性，岩梁应力逐渐累积，当其应力大于其最大强度，或超过其疲劳强度时，岩梁出现脆性破坏，上下滑动面贯通，整个岸坡出现结构性倾倒崩塌。此阶段破坏的发生极具突发性；由于整体出现崩滑解体，岩土体运动速度较快，破坏在极短时间内完成。岸坡总是中下部先破坏，然后上部岩体失去支撑而崩塌。

11.5 蓄水运行反倾碎裂岩层岸坡渗流稳定性分析

在本节中，通过有限元方法，研究三峡水库蓄水运行条件下反倾碎裂岩层岸坡稳定性与库水位升降速率和滑体渗透性之间的关系，得到了库水位升降速率、滑体渗透系数与岸坡稳定性的响应关系，为库区反倾碎裂岩层滑坡稳定性的研究提供参考，为三峡水库运行期间库水位的科学调度提供借鉴。

三峡水库每年 11 月至次年 4 月，以 175m 高水位运行，6 ~ 9 月以防洪限制水位 145m 运行；水位变幅为秋冬季高、春夏季低的特点，为了解库水位的变动对反倾碎裂岩层滑坡稳定性的影响，以龚家坊岸坡为例，对三种不同渗透系数的岸坡体在五种库水位升降速率条件下，岸坡稳定性的变化趋势进行分析研究。

11.5.1 渗流稳定性计算模型

11.5.1.1 计算模型及参数选取

本节的计算涉及 GeoStudio 软件中的渗流分析模块 SEEP/W。SEEP/W 为渗流分析模块，用于模拟孔隙水在多孔渗水介质（如土壤和裂隙岩体）里的运动以及孔隙水压力在多孔渗水介质里的分布状态；此模块既能模拟饱和渗流，亦可模拟非饱和渗流，饱和渗流视为稳定流，而非饱和渗流则为非稳定流，在软件中均通过求解不同的渗透方程来实现，因此比其他渗流模拟程序应用范围更为广泛。在此模块中，认为渗透系数和体积含水量或贮水率孔隙水压力的函数，对没有岩土体渗透性试验曲线时，可以采用经验方程所定义的渗透曲线，这比用不符合实际的阶梯函数来表达渗透系数和含水量（或贮水率）与孔隙水压力的关系更为接近客观事实。

基于有限元 SEEP/W 软件，以龚家坊 G2-1 工程地质剖面建立有限元的计算模型（图 11.22），将岸坡物质结构分为崩坡积碎石土和基岩；由于基岩的渗透性远低于碎石土，因此，可将基岩视为不透水物质；坡体左边及底面设置为不透水边界，坡体右边设置为变水头边界，175m 以下坡面为入渗边界，不考虑作用于滑体上的渗透动水压力（体积力）。

据岸坡的前期地质勘查资料，从滑后坡体物质结构来看，滑体以崩坡积层碎块石为主。岸坡岩土体物理力学参数以勘查资料提供的数据并结合工程地质类比综合确定。

设计库水位从 145m 上升到 175m（或从 175m 下降到 145m），水位落差为 30m，升降期为 6 个月，逐级假定库水位升降速率分别为 0.2m/d、0.4m/d、0.6m/d、1.0m/d、2.0m/d，同时基于龚家坊段岸坡潜在滑体的岩性，将其渗透系数（K）由小到大分为 0.1m/d、1m/d、10m/d。研究反倾碎裂岩层滑坡在以上三种不同渗透系数和五种库水位升降速率条件下安全系数的动态变化趋势。

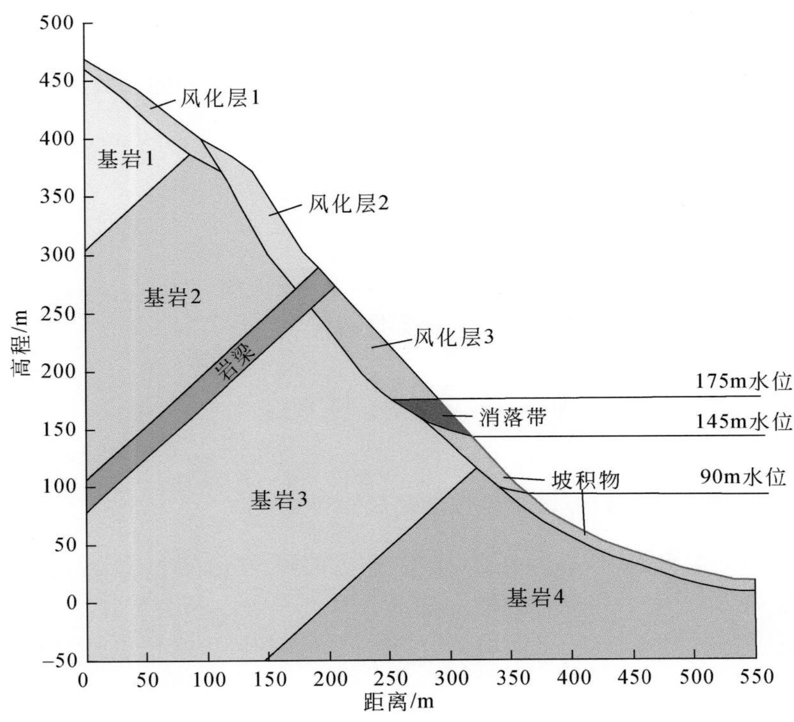

图 11.22　滑坡有限元计算模型

11.5.1.2　计算理论

D. G. Fredlund 证明了坡体的安全系数对基质吸力的导数均为正值，说明随着基质吸力的升高，坡体稳定性有所增加，其中基质吸力（ψ）的表达式为

$$\psi = u_a - u_w \tag{11.1}$$

式中，u_a为孔隙气压力；u_w为孔隙水压力。

此外，非饱和土强度理论定义非饱和土抗剪强度（τ_{ff}）表达式为

$$\tau_{ff} = (\sigma_f - u_a)\tan\varphi' + c' + (u_a - u_w)\tan\varphi^b \tag{11.2}$$

式中，σ_f 为法向应力；φ^b 为与基质吸力相关的角；$(u_a - u_w)\tan\varphi^b$ 为基质吸力影响项。

为了研究库水位变动条件下坡体非饱和渗流场，忽略渗透过程中应力改变和土颗粒骨架的变形，将达西定律应用于非饱和土非稳定流，推导获得其二维计算公式为

$$\frac{\partial}{\partial x}\left(K_x \frac{\partial h}{\partial x}\right) + \frac{\partial}{\partial y}\left(K_y \frac{\partial h}{\partial y}\right) = \gamma_w \frac{\partial \theta_w}{\partial \psi} \frac{\partial h}{\partial t} \tag{11.3}$$

式中，K_x、K_y为渗透性函数；θ_w为体积含水量。其中岩土体体积含水量（θ_w）与基质吸力（ψ）之间关系为土-水特征曲线，依据该土-水特征曲线可推到非饱和渗透函数。

通常采用经验公式法推导体积含水率与基质吸力之间关系曲线，目前较为通用的为Van Genuchten 方法（V-G 模型），其计算原理如下：

$$\theta_w = \theta_r + \frac{\theta_s - \theta_r}{\left[1+\left(\frac{\psi}{\alpha}\right)^n\right]^m} \tag{11.4}$$

式中，θ_r为剩余含水量；θ_s为饱和含水率；α、n、m 为非线性回归系数。

非饱和土渗透性函数推导表达式为

$$K = \frac{K_S\ \{[1-\alpha \cdot \psi^{(n-1)}][1+(\alpha \cdot \psi)^n]^{-m}\}^2}{[(1+\alpha \cdot \psi)^n]^{m/2}} \tag{11.5}$$

式中，K_S 为饱和渗透系数。

由上述 V-G 经验模型推导获取土-水特征曲线、渗透系数函数，结合坡体的边界条件可分析不同库水位波动条件下坡体动态的稳定性趋势。

11.5.2 库水位升降速率对岸坡稳定性的影响

11.5.2.1 库水位上升时岸坡稳定性变化规律

由不同库水位上升速率条件下不同渗透系数岸坡稳定性系数与时间关系曲线（图 11.23～图 11.27）分析可知：当库水位上升时，岸坡稳定性系数呈先增加、后减少、最后趋于稳定的趋势，但最终稳定值均高于初始值。在相同库水位上升速率时，滑体渗透系数越小，岸坡稳定性系数越高。在相同渗透系数时，库水位上升速率越快，岸坡稳定性系数增加速率越快，岸坡越快达到稳定性系数峰值。

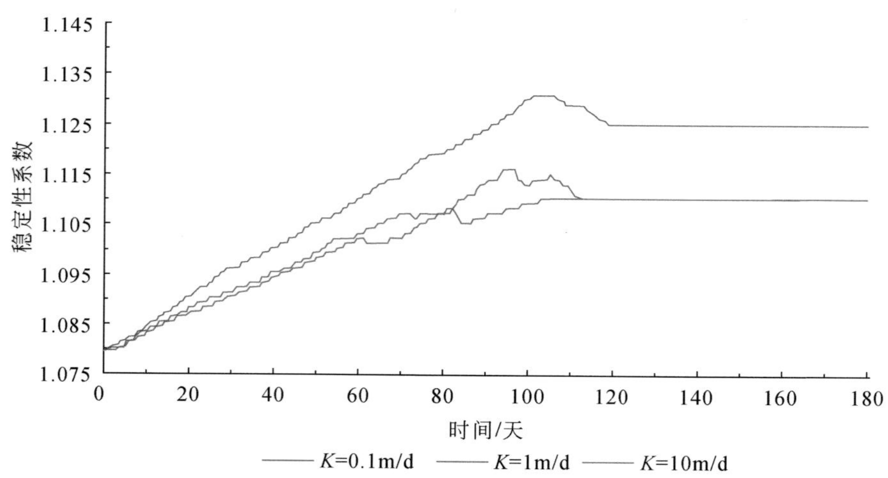

图 11.23　库水位上升速率为 0.2m/d 时岸坡稳定性系数变化曲线

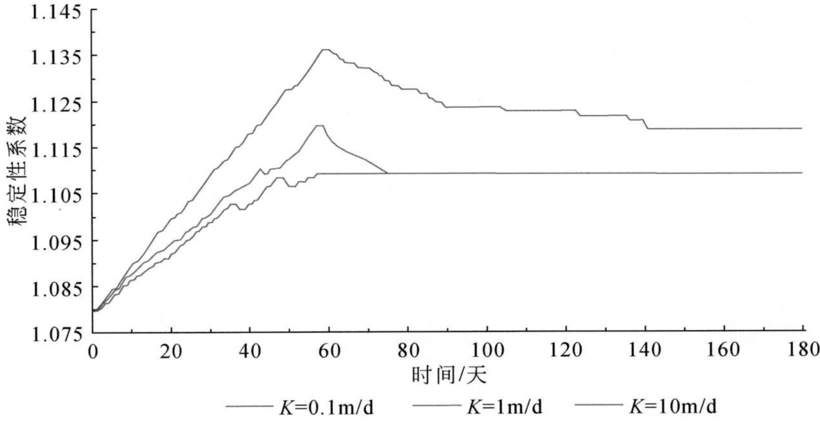

图 11.24　库水位上升速率为 0.4m/d 时岸坡稳定性系数变化曲线

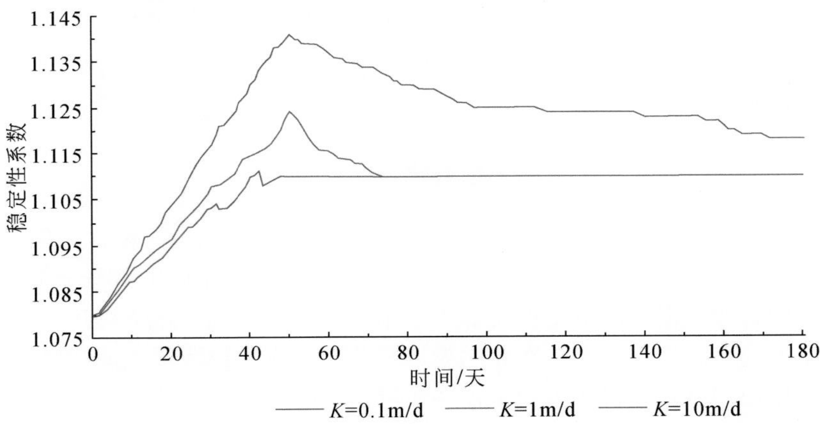

图 11.25　库水位上升速率为 0.6m/d 时岸坡稳定性系数变化曲线

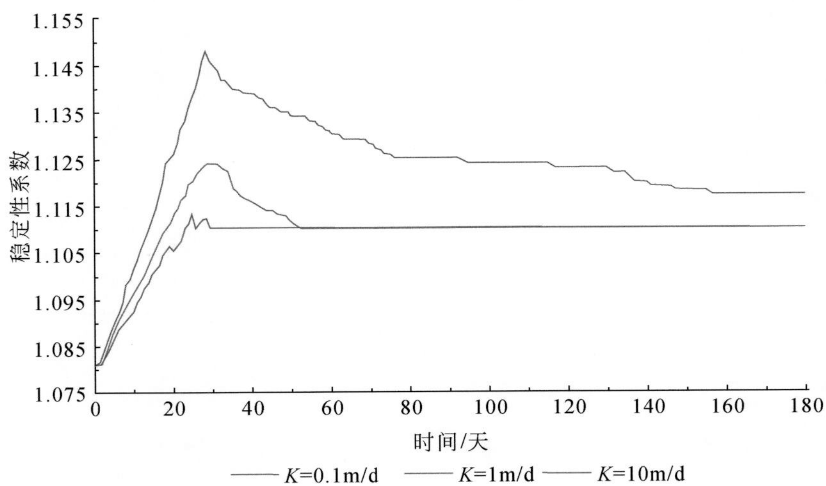

图 11.26　库水位上升速率为 1m/d 时岸坡稳定性系数变化曲线

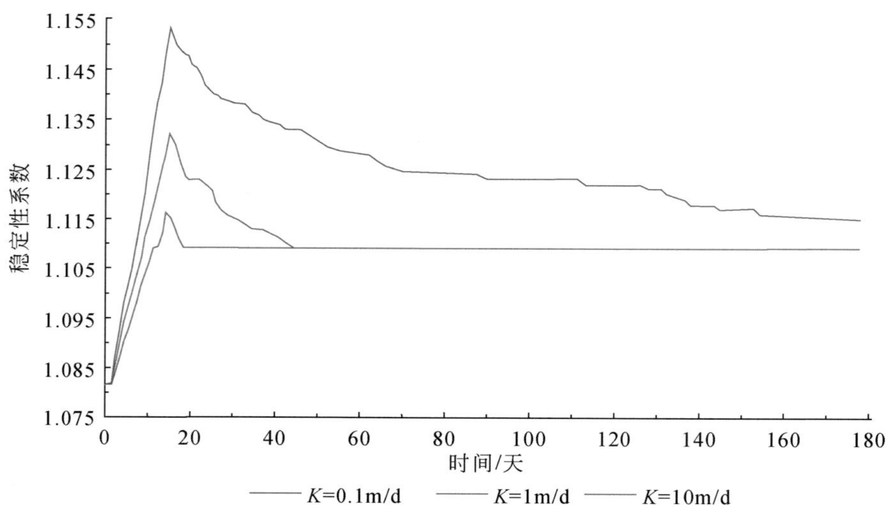

图 11.27　库水位上升速率为 2m/d 时岸坡稳定性系数变化曲线

11.5.2.2　库水位下降时岸坡稳定性变化规律

由不同库水位下降速率条件下不同渗透系数岸坡稳定性系数与时间关系曲线(图 11.28 ~ 图 11.32) 分析可知：当库水位下降时，岸坡稳定性系数呈先减少、后增加、最后趋于稳定的趋势，但最终稳定值均低于初始值。在相同库水位下降速率时，滑体渗透系数越小，岸坡稳定性系数越高。在相同渗透系数时，库水位下降速率越快，岸坡稳定性系数下降速率越快，岸坡越快达到稳定性系数峰值。

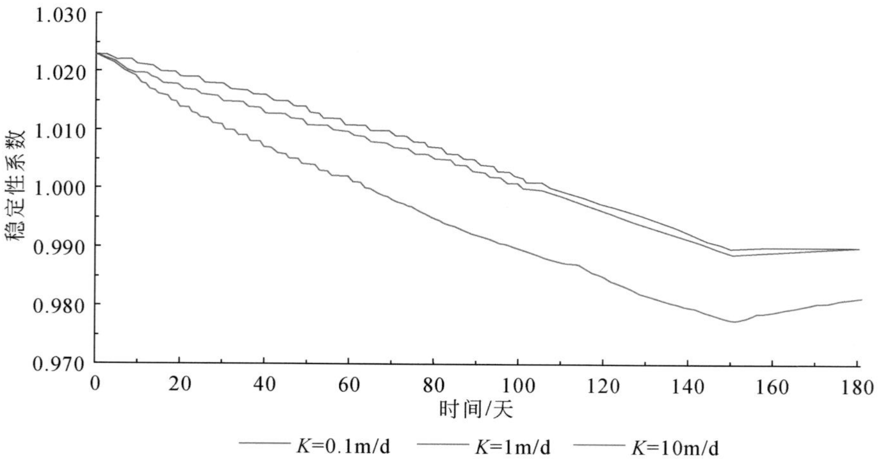

图 11.28　库水位下降速率为 0.2m/d 时岸坡稳定性系数变化曲线

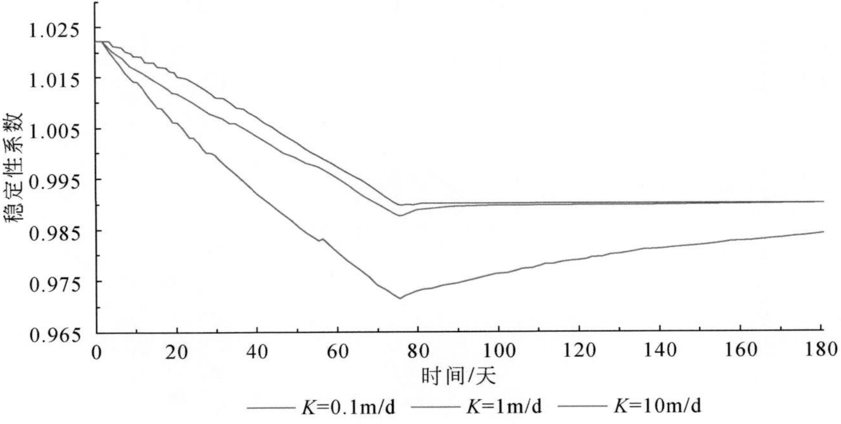

图 11.29　库水位下降速率为 0.4m/d 时岸坡稳定性系数变化曲线

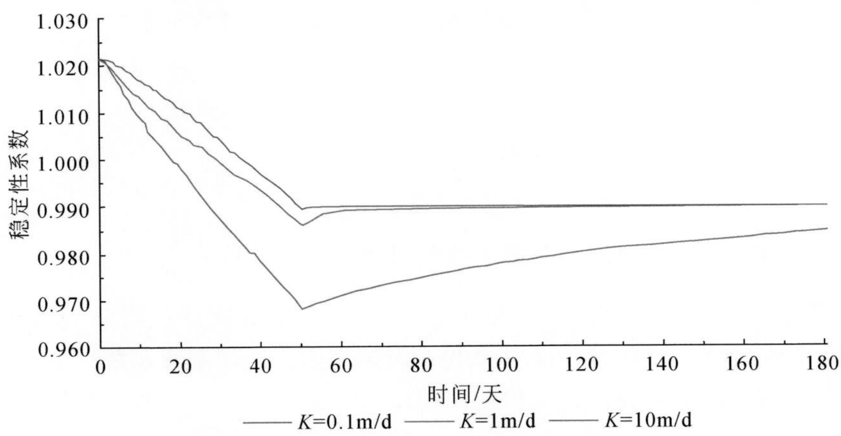

图 11.30　库水位下降速率为 0.6m/d 时岸坡稳定性系数变化曲线

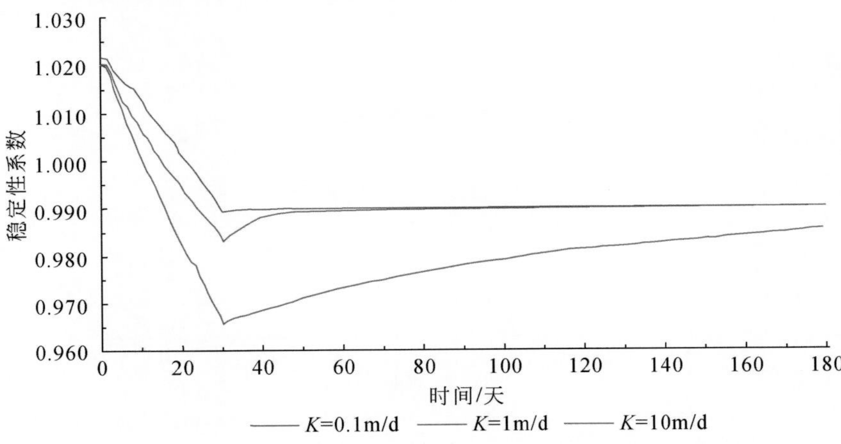

图 11.31　库水位下降速率为 1m/d 时岸坡稳定性系数变化曲线

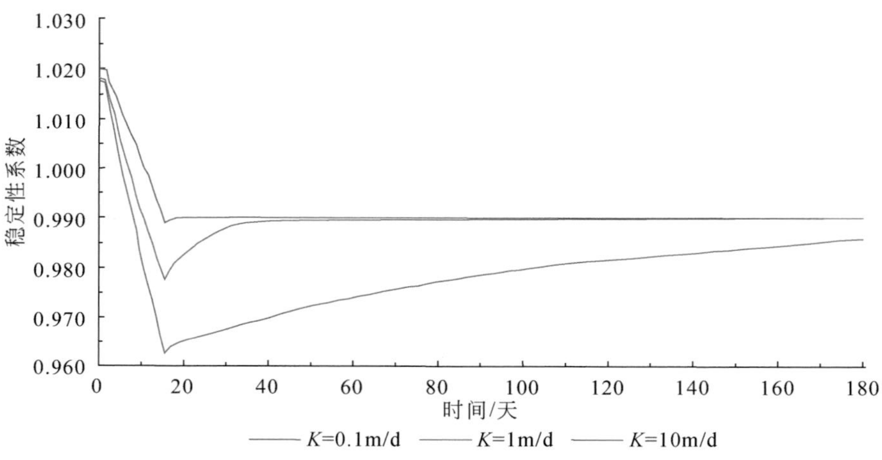

图 11.32　库水位下降速率为 2m/d 时岸坡稳定性系数变化曲线

11.5.3　滑体渗透系数对岸坡稳定性的影响

11.5.3.1　库水位上升时滑体渗透系数对岸坡稳定性的影响

由不同渗透系数条件下不同库水位上升速率岸坡稳定性系数与时间关系曲线（图 11.33～图 11.35）分析可知：在相同库水位上升速率时，滑体渗透系数越小，岸坡稳定性系数波动幅度越大，波动后越慢趋于稳定。在相同渗透系数时，库水位上升速率越大，岸坡稳定性系数峰值越大，趋于稳定的稳定性系数则越小。

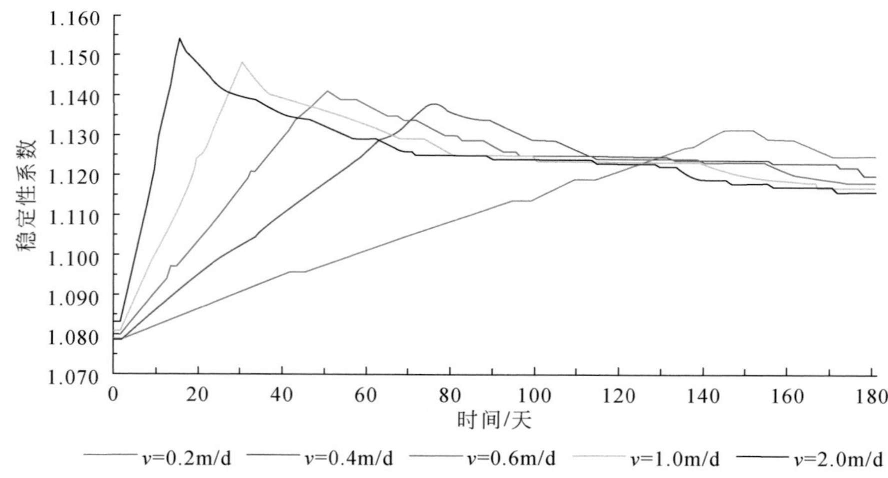

图 11.33　不同水位上升速率时岸坡稳定性系数变化曲线（$K=0.1$m/d）

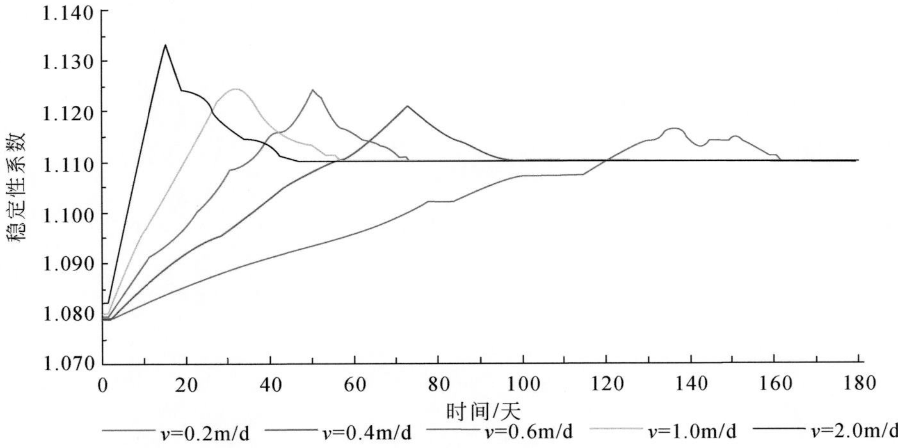

图 11.34　不同水位上升速率时岸坡稳定性系数变化曲线（K=1.0m/d）

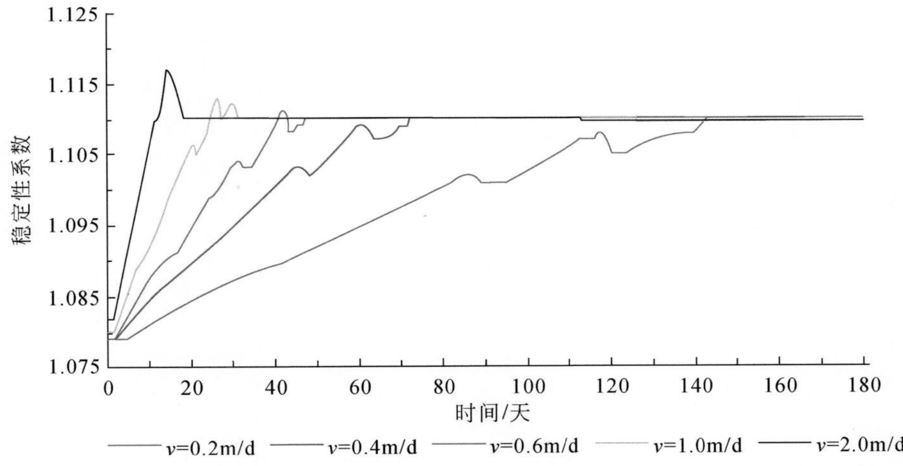

图 11.35　不同水位上升速率时岸坡稳定性系数变化曲线（K=10m/d）

11.5.3.2　库水位下降时滑体渗透系数对岸坡稳定性的影响

由不同渗透系数条件下不同库水位下降速率对应的岸坡稳定性系数与时间关系曲线（图 11.36～图 11.38）分析可知：在相同库水位下降速率时，滑体渗透系数越大，岸坡稳定性系数波动幅度越大，波动后越慢趋于稳定。在相同渗透系数时，库水位下降速率越大，岸坡稳定性系数最小值越小，趋于稳定的稳定性系数则越大。

综上通过有限元方法，以反倾碎裂岩层滑坡为对象，研究库水升降速率和滑体渗透性对岸坡稳定性的影响，对三种不同渗透系数的岸坡体在五种库水位升降速率条件下，岸坡的稳定性变化趋势进行分析，得到以下规律。

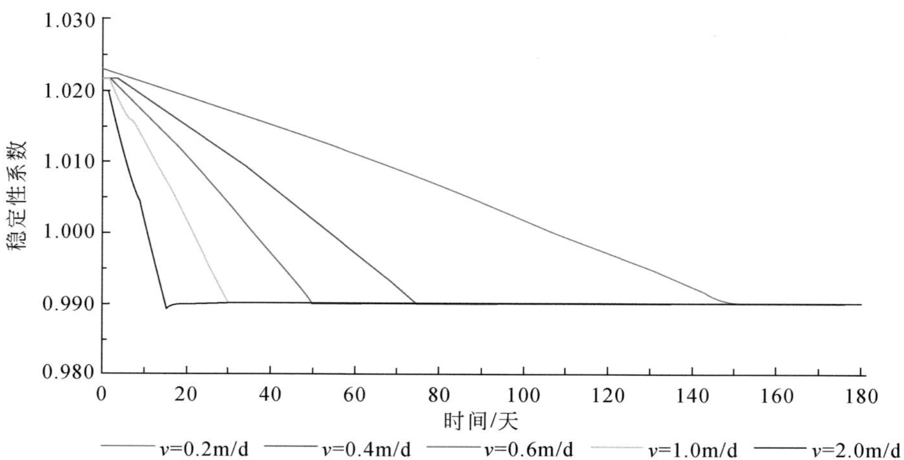

图 11.36　不同水位下降速率时岸坡稳定性系数变化曲线（K=0.1m/d）

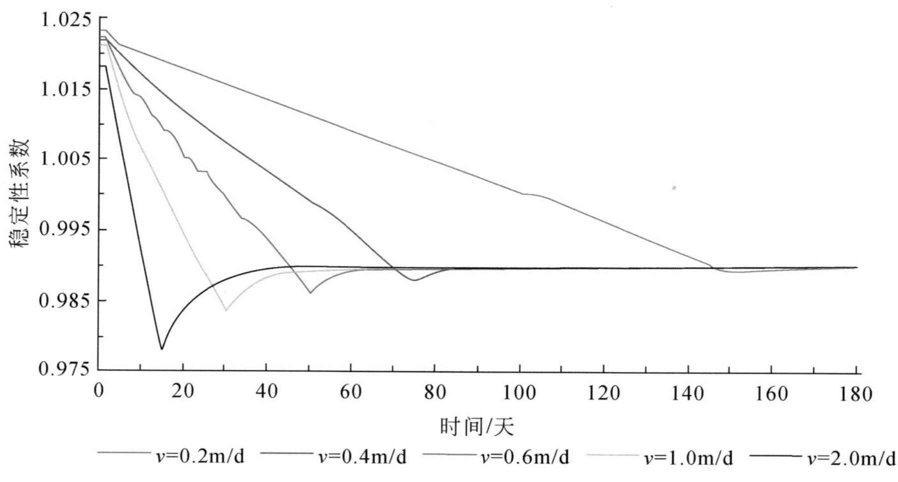

图 11.37　不同水位下降速率时岸坡稳定性系数变化曲线（K=1.0m/d）

（1）岸坡稳定性的变化趋势与库水位升降速率密切相关，当库水位上升时，岸坡稳定性系数呈先增加、后减少、最后趋于稳定的趋势，当库水位下降时，岸坡稳定性系数呈先减少、后增加、最后趋于稳定的趋势。在相同渗透系数时，库水位上升速率越快，岸坡稳定性系数增加速率越快，库水位下降速率越快，岸坡稳定性系数下降速率越快；库水位升降速率越快，岸坡越快达到稳定性系数峰值。

（2）岸坡稳定性的变化趋势与滑体的渗透系数密切相关，不论在库水位上升期还是下降期，当库水位升降速率相同时，滑体渗透系数越小，岸坡稳定性越高。

（3）对于三峡库区反倾碎裂岩层滑坡，滑体渗透系数越大、库水位下降速率越快，岸坡越容易发生失稳破坏。

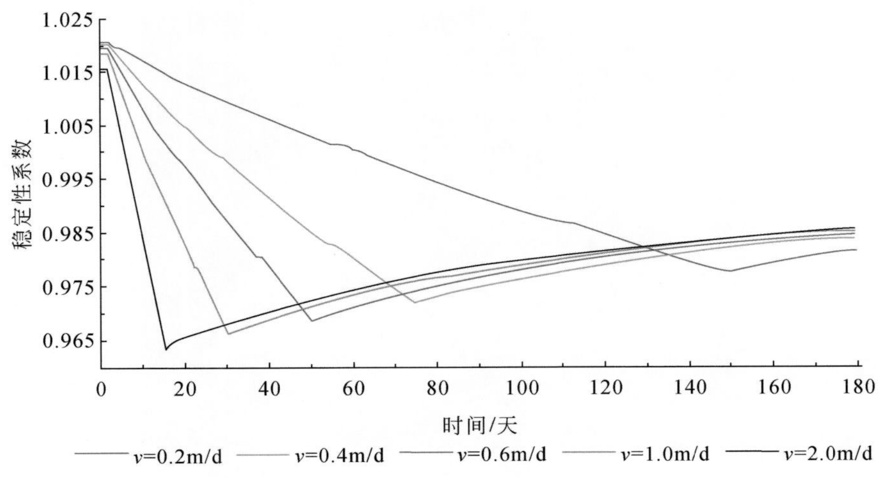

图 11.38　不同水位下降速率时岸坡稳定性系数变化曲线（$K=10\text{m/d}$）

11.6　失稳岸坡应急防治设计研究

11.6.1　龚家坊残留危岩体概况

11.6.1.1　龚家坊残留危岩体工程地质概况

龚家坊危岩残余体后缘顶部高程为 444m，为最后缘卸荷裂隙发育的顶部位置。从塌滑后形成的侧壁可以看出，岩体主要为强风化破碎泥质灰岩，裂隙非常发育，平均厚度在 10m 左右。据调查，在高程 250m 处有一处卸荷裂缝，向下延伸长约 5m，裂缝宽约 30cm；在 170m 处可见贯通裂缝向上延伸长约 6m，裂缝宽约 40cm。根据危岩体关系、失稳模式和裂缝分布位置，将龚家坊危岩残余体分为Ⅰ区和Ⅱ区（图 11.39）。

Ⅰ区面积约 3200m^2，平均厚度约 10m，岩体方量估测为 3.20 万 m^3；Ⅱ区面积约 1.27 万 m^2，欠稳定岩体平均厚度约 9m，岩体方量估测为 11.38 万 m^3。上述Ⅰ区和Ⅱ区为建议应急抢险清除的残余体范围，总方量为Ⅰ区和Ⅱ区的总和，共 14.58 万 m^3。

根据《地质灾害防治工程设计规范》（GB 50/5029—2004），区内危岩带属于特大型危岩带，危岩体都属于特大型危岩体，按其相对高差，都属于高位危岩体。

通过 2008 年 11 月至今多次调查，发现崩塌体Ⅰ区范围（高程为 400 ~ 445m）内共发现六条拉裂缝，裂缝的编号由临空面至后缘分别编号为 LF1 ~ LF6。裂缝由临空面 LF1 至 LF6 间距分别约为 6m、5m、5.8m、26m、10m。LF1 至 LF6 总间距约 52.8m。

2010 年 11 月以来调查期间，后部残留岩体一直处于变形阶段。最后缘裂缝 LF6 有较为明显的延长。该裂缝总体延伸走向为 63° ~ 70°，延伸长度约 110m。裂缝沿坡后一岩质

图 11.39 龚家坊滑坡残留体防治分区示意图

陡壁外侧发育，下错 0.1 ~ 0.8m，张开度为 0.3 ~ 0.6m，可见深度为 0.6 ~ 1.8m。西侧延伸近沟底（高程约 390m），东侧延伸至沟壁破碎岩体中。东侧段裂缝宽度较小，约 0.1m，可见深度小，中段裂缝宽度较大，为 0.3 ~ 0.6m，下错较深，约 1.8m。LF1 ~ LF5 裂隙张开度均有明显增大，LF1、LF2、LF5 裂缝向两侧延伸 2.8 ~ 38m。

根据应急调查和施工时的临时监测点监测数据，在后缘的六个临时监测点均有平面位移变化，平面位移量最大为 171.6mm，最大沉降量为 94.9mm。大型机械进场施工后，最大临时测点的平面位移速率为 17.90mm/d，高程沉降速率为 5.87mm/d，较之前期变形速率明显加快，与大型机械的施工震动和滚石的不断砸击密切相关。龚家坊不稳定斜坡的变形区在本监测期间的工况条件下处于匀速变形阶段，目前有变形速率明显加快趋势。

龚家坊危岩通过钻探揭露其不稳定地质体破碎带厚度可达 20m 以上，根据调查分析产状可知，裂隙产状为 160° ~ 170°∠50° ~ 55°为危岩垮塌的主控裂隙，原龚家坊危岩已垮塌体主要沿该裂隙面呈滑移式垮塌，计算表见表 4.1。因此确定龚家坊危岩仍会沿该裂隙（产状为 160° ~ 170°∠50° ~ 55°）呈滑移式垮塌，其破坏模式为滑移式破坏。

11.6.1.2 龚家坊残留体稳定性分析

根据危岩体的受力情况及最初滑移破坏的形式，危岩体易沿裂隙面产状为 160° ~ 170°∠50° ~ 55°呈滑移式破坏，因此按滑移式模型分别进行计算。危岩稳定性计算所采用的工况可分为工况Ⅰ：自重+地表荷载；工况Ⅱ：自重+地表荷载+50 年一遇暴雨；工况Ⅲ：自重+地表荷载+50 年一遇暴雨+地震。

危岩稳定性计算中各工况考虑的荷载组合应符合下列规定：

（1）对工况Ⅰ、工况Ⅱ和工况Ⅲ应考虑自重，同时对滑移式危岩和倾倒式危岩应考虑现状裂隙水压力、暴雨时裂隙水压力。

（2）对工况Ⅲ应考虑自重和地震力，同时对滑移式危岩、倾倒式危岩应考虑暴雨时裂隙水压力。

根据经验值，岩体天然重度取 25. 2kN/m^3、饱和重度取 25. 8kN/m^3。控制危岩体的边界裂隙按已贯通考虑，因此计算时裂隙面及岩层面均不考虑抗拉强度。由于龚家坊斜坡裂隙汇水面积小，裂隙中一般有少量充填物，因此现状工况裂隙水头高取 0. 33 倍裂隙深度；暴雨工况裂隙水头高取 0. 4 倍裂隙深度。

计算参数的选择考虑裂隙的贯通程度、裂隙的填充程度及裂隙的结合情况，参考《建筑边坡工程技术规范》（GB 50330—2013）表 4. 5. 1 结构面抗剪强度指标标准值来确定裂隙面黏聚力（c）及内摩擦角（φ），同时根据前期已滑移的龚家坊斜坡体进行反算。根据已垮塌的滑坡计算得出天然状态裂隙面黏聚力（c）为 200kPa，内摩擦角（φ）为 33. 8°；饱和状态裂隙面黏聚力（c）为 185kPa，内摩擦角（φ）为 27°。剩余残留的危岩体通过该参数进行计算。岩体抗拉强度根据室内岩石抗拉强度试验值按《地质灾害防治工程勘察规范》（DB 50/143—2013）的折减要求进行折减，折减时考虑陡崖体的裂隙贯通程度：岩体抗压强度折减系数取 0. 33，岩体抗拉强度在倾倒式计算时折减系数取 0. 40，在坠落式计算时折减系数取 0. 20，岩体黏聚力折减系数取 0. 20，岩体内摩擦角折减系数取 0. 85。

从抗滑稳定性计算可知，在天然工况下（工况Ⅰ），危岩体处于基本稳定状态（FOS=1. 25）；在暴雨工况下（工况Ⅱ），处于欠稳定状态（FOS=1. 04）；在地震+暴雨工况下（工况Ⅲ）处于不稳定状态（FOS=0. 99）。稳定性计算结果与实际相符合。

11. 6. 2　龚家坊残留危岩体防治工程设计

11. 6. 2. 1　治理工程总体设计

根据《三峡库区三期地质灾害防治工程地质勘察技术要求》2. 2. 1 地质灾害程度分级：危岩危害对象为国道（长江航道），地质灾害危害程度分级为Ⅱ级，安全系数为 1. 15。

根据《三峡区库三期地质灾害防治工程设计技术要求》表 2. 2 确定该危岩防治工程设计荷载组合为荷载组合 5：自重+地表荷载+N 年一遇暴雨，安全系数为 1. 15。防治工程结构设计基准期为 50 年。治理范围为龚家坊危岩的Ⅰ区和Ⅱ区危岩。

治理目标为防止危岩崩塌坠落于长江造成涌浪，以保护长江航道。

危岩治理的方式一般有锚固、清除、支撑、凹腔嵌补、主动防护网和被动防护网等形式，龚家坊危岩所处地形高陡、规模大，受施工地形条件限制，不宜采用整体锚固措施，危岩破坏模式为滑移型，不存在基座凹腔，不宜采用支撑、凹腔嵌补措施，危岩下滑力大、位置高，破坏后能量大，不宜采用主动防护网和被动防护网防护措施。综合确定本次应急治理方案为“清除危岩+局部危岩块体锚固+高边坡锚固+主动防护网坡面防护+地面排水+裂缝封闭+植被恢复”的复合治理措施。龚家坊残留危岩体应急防治设计简图见图 11. 40。

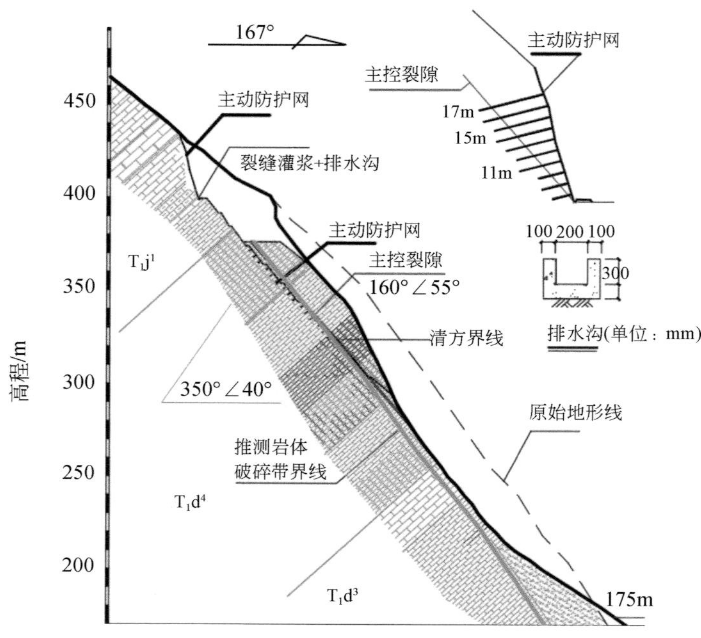

图 11.40　龚家坊残留危岩体应急防治设计简图

11.6.2.2　分项治理工程设计

1. *危岩清除工程*

危岩清除采用台阶式浅眼循环爆破方式松动、破碎岩体，再采用机械（挖掘机）将破碎岩体挖运倾倒于危岩两侧冲沟。爆破清除至设计坡面 1m 时采用光面爆破，目的是充分保护母岩的稳定和使清除危岩后的坡面平整美观。

Ⅱ区危岩采用“清除危岩+局部危岩块体锚固+高边坡锚固+主动防护网坡面防护+地面排水+裂缝封闭+植被恢复”的方案。Ⅱ区危岩清除范围为已崩塌区顶面高程 456m 至塌滑中部高程 283m 之间。

通过对裂缝 LF6 外侧孤石采用机械开挖及人工浅眼循环爆破后，揭露出裂缝 LF6 有逐步变形的趋势。故以裂缝 LF6 为竖向开挖边界，坡面应按裂缝自然坡面大致清理平顺。沿裂缝开挖至 398m 高程处，留落石平台，平台宽度为 4.1～4.8m。对 LF6 进行裂缝灌浆处理。对平台下崩塌残余体进行浅眼爆破及机械清除，下三叠统嘉陵江组（T_1j）放坡坡率为 1∶0.5，下三叠统大冶组（T_1d）放坡坡率为 1∶0.75。每隔 10m 设置一道碎落台（兼作施工平台），平台宽 1.5m。平台上砌筑种植台，填充耕植土后种植藤爬植物。对削方后的基岩体坡面锚固并挂主动防护网，对个别不宜清除的危岩单体采用点锚的方式锚固。

Ⅰ区危岩采用“清除危岩+局部危岩块体锚固+主动防护网坡面防护+裂缝封闭+植被恢复”的方案。Ⅰ区危岩清除范围为 175～340m 高程，岩性为下三叠统大冶组（T_1d），其放坡坡率为 1∶0.75，每隔 10m 设置一道碎落台（兼作施工平台），平台宽度约 1.5m。

挖掘机逐级向下挖掘时，施工作业面逐步变窄。挖掘机到达 323m 高程作业面后，为了保证安全，挖掘机可在长江下游方向修建施工便道接上山道路后退场。Ⅱ区危岩清除至 323m 高程以下，Ⅰ区危岩清除至 283.64m 高程以下以及其上的局部平台边缘部位，采用人工爆破清除。对削方后的基岩体坡面挂主动防护网，对局部不宜清除的危岩体采用点锚的方式锚固。

Ⅱ区清除至 323.76m 高程以下，Ⅰ区清除至 283.64m 高程以下以及其上的局部平台边缘部位时，机械（挖掘机）挖运存在较大安全风险，危岩应在爆破松动后人工清除。

2. 高边坡及危岩单体锚固工程

对后缘 25 ~ 43m 高边坡进行锚固支护，锚固段长度按主控裂隙 50°计算锚杆长度，锚固段不小于 3m，锚杆上下排垂直间距为 3.0m，水平间距按 3.0m 布置；锚杆钢筋为 1Φ28 的热轧 HRB335（Ⅱ级）钢筋，锚杆入射角为 15°，锚孔为 Φ91 点锚，锚杆全长黏结。高边坡锚杆长 2685m，共 271 根。

高边坡西侧由于裂隙切割形成危岩体 W1，对危岩体 W1 采用点锚的方式锚固。单独危岩锚固按锚杆上下排垂直间距为 3.0m，水平间距按 3.0m 布置（共设置两列锚杆）；锚杆钢筋较其他未发现变形的岩体有所加强，为 2Φ28 的热轧 HRB335（Ⅱ级）钢筋，锚固段长不小于 3m，锚孔为 Φ110 点锚，锚杆全张黏结。危岩体 W1 锚杆长 164m，共 14 根。

对局部不能完全清除的危岩体采用点锚的方式锚固。需进行点锚的岩体由勘查、设计、监理及施工单位根据现场实际情况确定。单独危岩锚固按锚杆上下排垂直间距为 3.0m，水平间距按 3.0m 布置；锚杆钢筋为 1Φ28 的热轧 HRB335（Ⅱ级）钢筋，锚固段长不小于 3m，锚孔为 Φ91 点锚，锚杆全张黏结。

3. 坡面防护工程

每完成一级平台开挖，需及时复核地层岩性，若遇到泥岩、页岩等软岩夹层，需对坡面进行锚固和封闭处理。下三叠统大冶组（T_1d）软岩放坡坡率为 1∶0.8，放坡后及时对岩体进行锚固，锚杆长度计算按主控裂隙和岩体破裂角中的较小值计算，锚固段长度不小于 3m，锚杆上下排垂直间距为 3.0m，水平间距按 3.0m 布置；锚杆钢筋为 1Φ28 的热轧 HRB335（Ⅱ级）钢筋，锚杆入射角为 15°，锚孔为 Φ91 点锚，锚杆全长黏结。锚头采用 C25 混凝土封闭软岩坡面，素喷厚度为 10cm，防止其风化形成新的危岩体。

后缘 18 ~ 43m 高边坡及Ⅰ、Ⅱ区坡面防护采用主动防护网防护，防护网采用网型 GSS2A 型 SNS 柔性主动防护网，GSS2A 型采用带锚垫板的钢筋锚杆将 S250 型 SPIDER 绞索网张紧固定覆盖于边坡上。SPIDER 绞索网菱形网孔内切圆直径 250mm，网片标准规格 10m×3.5m，选用 SO/2.2/50 格栅网。网片建议采用绿色过塑处理，使其更好地与周边环境融为一体。钢筋锚杆长度为 2.25m，外露段长度为 15cm。锚杆采用 1Φ25 HRB335 锚筋，锚孔为 Φ42，入射倾角近垂直坡面。锚孔采用 M30 水泥砂浆灌注，锚钉水平间距为 3.5m，竖向间距为 4m。斜面处断面网面长度为 12m。

4. 排水工程

后壁 25 ~ 43m 岩质高边坡坡脚设排水沟。坡脚排水沟断面尺寸为 30cm×30cm。C10 砼砌筑，壁厚 10cm。坡底排水沟长度为 100m。

5. 裂缝灌浆

由于裂缝 LF6 切割产生新的危岩体，已将危岩体顶部部分清除，形成了一处 25 ~ 43m 岩质高边坡。高边坡坡角处留 4.1 ~ 4.8m 宽平台，对裂缝 LF6 灌浆处理，修建坡脚排水沟。灌浆采用自流法灌浆，灌浆量按裂隙深度 1/3 计量，砂浆采用 M30 砂浆，砂浆中需添加速凝剂，加快砂浆固结速度。裂缝较宽时，可在裂缝中加入部分毛石、片石。

6. 植被恢复工程

危岩清除按台阶式浅孔分次爆破集合机械开挖削方，台阶高度为 10m，每个台阶设置一道碎落台（兼作施工平台），平台宽 1.5m，设置向外排水坡度为 5%。平台外侧，设一道花坛。

花坛护壁距平台边缘 30cm，护壁嵌入平台深度为 20cm，出露 50cm，壁厚 24cm，采用 C10 砼砌筑。护壁上设泄水孔，间距为 3.0m。花坛内上层为 35cm 根植土，中层为 15cm 碎石反滤层。

对治理工程影响范围内进行生态恢复工程，采用耐旱、成活率高、生长速度快的藤蔓植物进行栽植，建议采用爬山虎、常春藤等，株距×行距 = 1m×1.5m。第一级平台（398m 高程）种植耐旱、易成活灌木，间距为 1m×1m。施工便道回填土压实后，在填土上开挖直径 50cm、深 50cm 的种植坑，种植灌木，株距×行距 = 100cm×150cm，梅花形布置（图 11.41）。

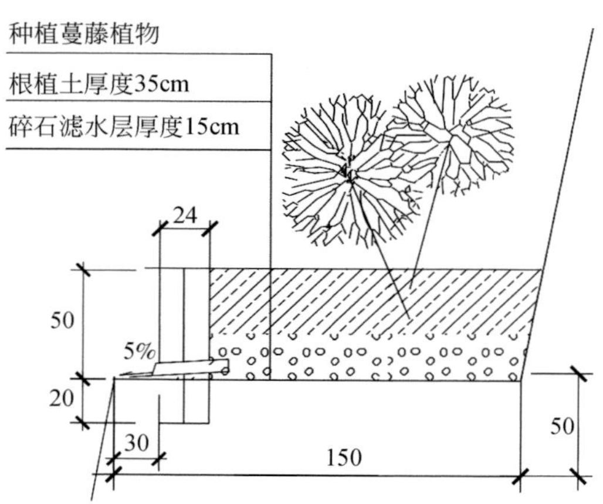

图 11.41　平台花坛大样图（单位：cm）

11.7　小　　结

本章以三峡库区龚家坊岸坡为例，研究了三峡库区下三叠统反倾碎裂岩层岸坡易滑结构特征，分析反倾碎裂岩层岸坡结构与稳定性，研究蓄水运行反倾碎裂岩层岸坡渗流稳定性，探讨反倾碎裂岩层滑坡的应急防治模式。得出如下几点结论：

（1）根据反倾碎裂岩层岸坡的倾倒变形特征，可将此类岸坡变形区划分为滑动区、倾倒区和稳定区。若边坡局部存在厚层岩体，则该区域岩体将可能对其上部倾倒变形起到了锁固作用，使其成为滑动区和倾倒区的分界处，更多地承担了上覆岩体的重力作用，使下部滑动区岩体受力减小，厚层岩体将成为边坡稳定的关键区域。

（2）反倾碎裂岩层岸坡的变形破坏过程可划分为以下四个阶段：①河谷形成期岸坡小变形阶段；②岩层倾倒变形阶段；③坡脚弱化滑移阶段；④滑面贯通–倾倒崩滑阶段。其中，①和②属于长效变形阶段，③和④属于破坏失稳阶段。此类岸坡多见中下部先破坏，然后上部岩体失去支撑而崩塌。

（3）反倾碎裂岩层岸坡稳定性的变化趋势与库水位升降速率密切相关，当库水位上升时，岸坡稳定性系数呈先增加、后减少、最后趋于稳定的趋势，当库水位下降时，岸坡稳定性系数呈先减少、后增加、最后趋于稳定的趋势。在相同渗透系数时，库水位上升速率越快，岸坡稳定性系数增加速率越快，库水位下降速率越快，岸坡稳定性系数下降速率越快；库水位升降速率越快，岸坡越快达到稳定性系数峰值。

（4）以龚家坊滑坡及其残留危岩体为例，提出了高陡岸坡应急防治模式，即“清除危岩+局部危岩块体锚固+高边坡锚固+主动防护网坡面防护+地面排水+裂缝封闭+植被恢复”的复合治理措施。

第12章　临失稳岸坡防治工程研究——巫峡箭穿洞危岩

12.1　概　　述

三峡工程蓄水运行以来，由于消落带岩体劣化过程加速，导致有些地段岸坡变形和应力明显增加，显示加速进入临失稳阶段，作者将此类岸坡称为“临失稳”岸坡，以巫峡箭穿洞危岩最为典型。

箭穿洞危岩位于巫山县两坪乡望霞村1社，长江左岸的神女峰西侧坡脚，距巫山县城约12km，分布高程为155～305m，潜在崩塌体方量约35.75万m^3（图12.1）。危岩壁立在长江边，扼守长江黄金水道，危害对象主要为长江航道内通行的船只、青石水文站、长江上游约500m的神女峰风景区管理站、长江下游约700m的长江海事救援船和神女溪风景区管理站等，经常停靠在神女溪口的总统系列、维多利亚系列等五星级旅游豪华游轮，每天均有多艘五星级和2～3艘顶级旅游豪华游轮以及大量船只从箭穿洞危岩体下方通过，以及巫山至培石段长江主航道、神女溪和抱龙河等区域的临水作业和水上作业的人员，可能危害人数大于2000人，可能造成的经济损失大于1亿元，地质灾害危害程度为Ⅰ级（Yin et al.，2015；张枝华等，2018）。

图12.1　箭穿洞危岩所在区域地形、地貌

水库临失稳岸坡的防治风险大、挑战多。本章以箭穿洞危岩体防治工程为例，提出了临失稳阶段岸坡的工程整治方法。本章主要内容包括：①巫峡箭穿洞危岩体工程地质特征；②巫峡箭穿洞危岩结构与演化特征；③蓄水运行期箭穿洞危岩基座劣化过程评价；④基于175m蓄水运行的箭穿洞危岩体稳定性分析；⑤箭穿洞危岩体入江涌浪灾害风险评估；⑥库水动力作用下箭穿洞危岩体防治设计研究；⑦特大型高陡临失稳危岩体防治施工

技术。本章研究成果为其他临失稳高陡岸坡整治提供方法和模式借鉴。

12.2　巫峡箭穿洞危岩工程地质特征

箭穿洞危岩所处地层主要为下三叠统大冶组四段（T_1d^4），高程 280m 以上为下三叠统嘉陵江组一段（T_1j^1），基座以下为下三叠统大冶组三段（T_1d^3），危岩体岩性及结构特征（图 12.2）自上而下分述如下：

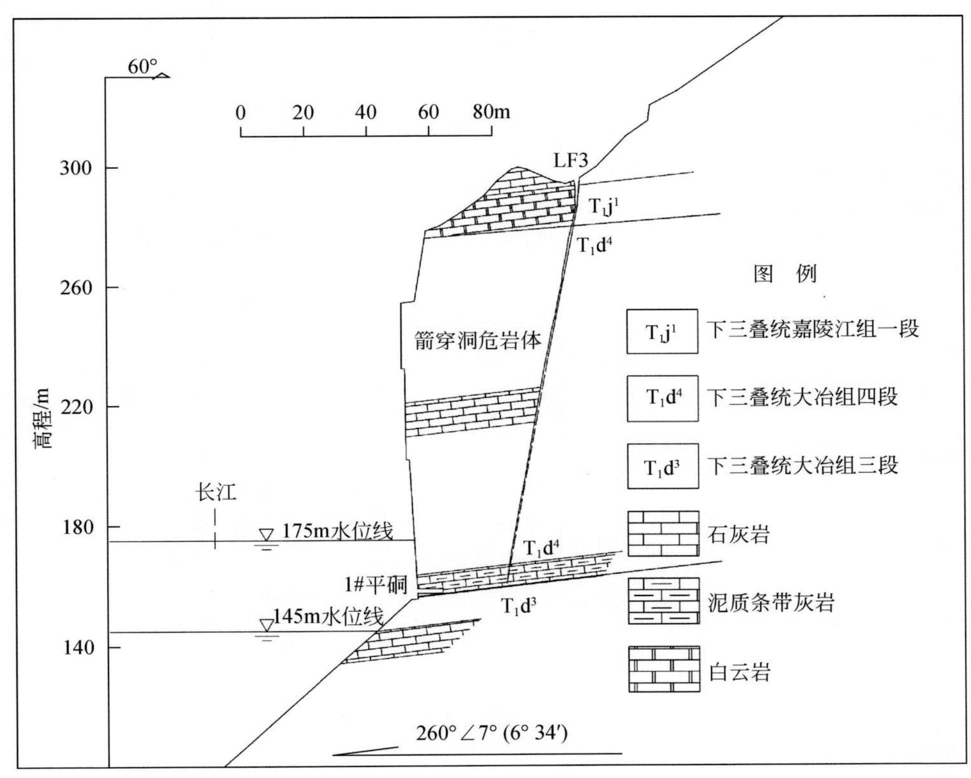

图 12.2　箭穿洞危岩体结构剖面图

1. 下三叠统嘉陵江组一段（T_1j^1）

分布于危岩体陡崖顶部斜坡一带，高程 280m 以上岩性为薄-中厚层状的白云岩，中风化岩体较完整，表层风化强烈，强风化层厚度为 1～1.5m，层厚约 15m；其上为浅灰色中厚层状的泥质灰岩，岩体较完整，锤击声脆，强度高，强风化层缺失。

2. 下三叠统大冶组四段（T_1d^4）

箭穿洞危岩体主要由该层组成，分布高程为 155～280m，岩性主要为灰、肉红色的中-厚层状的泥质灰岩、灰岩，顶部见波痕，岩体较完整，锤击声脆，强度高，强风化层缺失，层厚约 115m；基座为灰白色的泥质条带状灰岩，泥质条带厚度为 1～15mm，呈薄-

中厚层状，岩体较破碎，锤击易碎，强度较低，强风化层缺失，层厚约10m。

3. 下三叠统大冶组三段（T_1d^3）

位于基座以下，岩性为浅灰色的泥质灰岩，中厚层状构造，岩体较完整，锤击声脆，强度高，强风化层缺失。

箭穿洞危岩位于神女峰背斜轴部–南东翼的转折段，区内无断层及活动性断裂。轴部岩层产状为255°～265°∠5°～7°，南东翼岩层产状为150°～160°∠10°～24°（表12.1、表12.2）。

表12.1　神女峰背斜轴部岩层产状及优势裂隙一览表

构造部位 / 结构面	轴部	结构面特征
岩层层面	235°～245°∠5°～7°	大部分闭合，在平硐可见层间被侵蚀、掏蚀，张开度为1～15cm，延伸长度为1～2.9m，部分充填岩屑，部分未充填，层面平直，底部的泥质条带灰岩层面结合程度差；其余为结合一般–好，属硬性结构面
裂隙1	255°～265°∠77°～80°，为箭穿洞危岩体的主控外倾结构面	属构造横张裂隙，大部分张开度为1～70cm，后缘卸荷裂隙处张开度达3.15m，部分充填碎块石或岩屑，裂面凹凸不平，裂隙间距为2.2～4.9m，多数间距为3.3m，延伸长度多数大于50m，裂隙面结合程度差，属硬性结构面
裂隙2	325°～335°∠78°～88°，控制危岩体上游（北西侧）边界	属构造纵张裂隙，大部分张开度为1～20cm，上游边界处张开达1.25cm，大部分部分充填碎块石或岩屑，裂面凹凸不平，裂隙间距为1.7～4.1m，多数间距为2.4m，延伸长度多数大于50m，裂隙面结合程度差，属硬性结构面

表12.2　神女峰背斜南东翼岩层产状及优势裂隙一览表

构造部位 / 结构面	南东翼	结构面特征
岩层层面	150°～160°∠10°～24°	大部分闭合，层面平直，为结合一般–好，属硬性结构面
裂隙1	180°～200°∠75°～85°，为构造裂隙	属构造横张裂隙，大部分张开度为1～20cm，大部分部分充填碎块石或岩屑，裂面凹凸不平，裂隙间距为1.5～3.7m，多数间距为2.7m，延伸长度多数大于50m，裂隙面结合程度差，属硬性结构面
裂隙2	300°～315°∠78°～82°，控制危岩体下游（南东侧）边界	属构造纵张裂隙，大部分张开度为1～30cm，下游边界处张开度达2.6m，部分充填碎块石或岩屑，裂面凹凸不平，裂隙间距为1.8～4.6m，多数间距为3.1m，延伸长度多数大于50m，裂隙面结合程度差，属硬性结构面

12.3　巫峡箭穿洞危岩结构与演化特征

12.3.1　危岩体范围、规模及形态

箭穿洞危岩平面呈“四边形”（图 12.3），后缘边界主要沿产状为 255°～265°∠70°～80°的构造裂隙发育，有沿走向 SW 的构造裂隙穿层现象，形成了总体走向 NW 的卸荷裂缝，后缘高程为 278～305m；北西侧（上游边界）以陡崖和产状为 325°～335°∠78°～88°的结构面为界，在沟源处与后缘卸荷裂缝相交；南东侧（下游）边界在陡崖边缘处沿产状为 305°～315°∠60°～85°的构造裂隙发育的拉裂缝清楚、明显，向山内延伸约 10m 裂缝被充填，该裂缝与后缘裂缝相交；基座以大冶组四段和三段的分界线为界。危岩体在北东侧（后缘）、北西侧（上游）、南东侧（下游）等三个与山体接触部位均被裂缝所切割孤立，斜靠在北东侧和南东侧山体上，立面形态呈高耸的“塔柱状”，后缘高程为 278～305m，基座高程为 155m，高差为 123～150m，平均高差为 130m，平均危岩横宽约 50m，平均厚度约 50m，立面面积约 6500m^2，破坏模式为基座泥质条带灰岩压碎、压裂垮塌后，上部岩体发生拉裂、倾倒破坏，主崩方向约 250°，崩塌体方量约 35.75 万 m^3。

图 12.3　箭穿洞危岩全貌（2018 年 8 月）

12.3.2　危岩变形特征

危岩基座为大冶组的泥质条带灰岩，岩石强度较低，在上部荷载和坡体应力作用下出现劈裂状裂缝（图 12.4）；平硐顶板的岩体呈网状（图 12.5），平硐底板岩体在江水的作用下顺着纵张裂缝逐渐被掏蚀，形成宽 0.1 ~ 1.0m、深 1 ~ 2m 的裂缝，平硐端头岩体层间泥质条带被冲刷（图 12.6）。2012 年，重庆市地勘局 208 水文地质工程地质队对危岩调查时，曾在 1#平硐内发现危岩向 SW 方向变形的岩层层面擦痕（图 12.7），且擦痕方向与危岩的主崩方向基本一致。

图 12.4　基座岩体裂纹

图 12.5　平硐顶部裂缝

图 12.6　平硐端头岩体层间泥质条带被冲刷

图 12.7　基座岩体层面擦痕

通过 2006 年以来的连续调查（图 12.8），在库水位的周期升降作用下，基座岩体出现了明显的变形破坏现象。

(a) 2006年10月

(b) 2012年6月

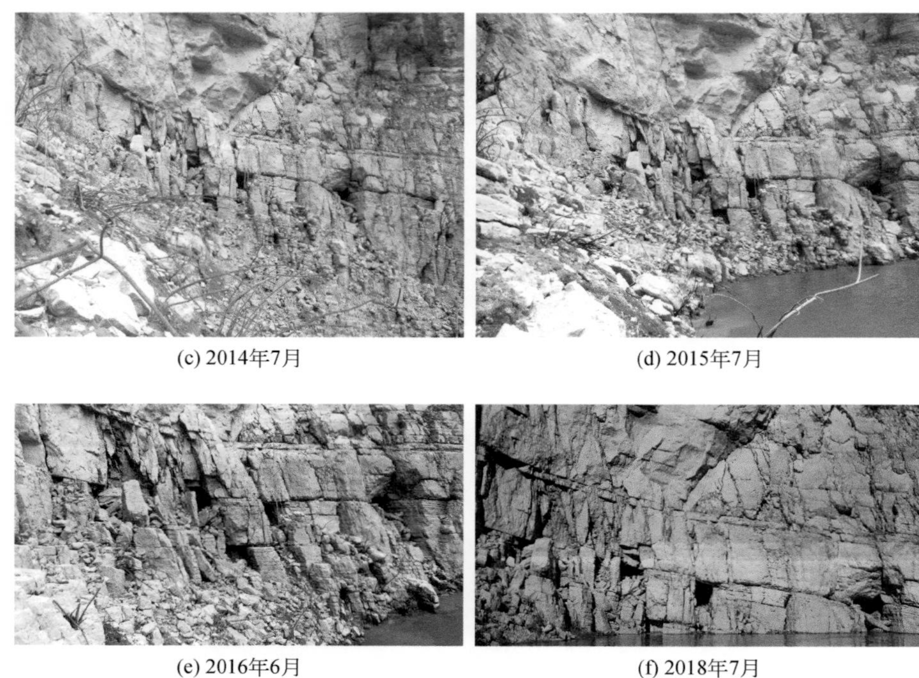

(c) 2014年7月　(d) 2015年7月

(e) 2016年6月　(f) 2018年7月

图 12.8　箭穿洞危岩基座岩体历年变化状况

2006 年，3#平硐顶板发生垮塌；2012 年 7 月，2#平硐顶板垮塌；2013 年 5 月，1#平硐顶部和斜上方基座岩体发生垮塌；2014 年、2015 年，1#平硐附近岩体均发生小规模垮塌。与此同时，基座岩体裂缝逐渐被江水掏蚀，部分裂缝张开达 0.1 ~ 0.5m；在临空陡崖面，基座岩层间泥质条带被掏空，形成高 5 ~ 20cm 的层间裂缝（图 12.9）。在重力、江水掏蚀和周期性曝晒—浸泡循环荷载等综合作用下，基座岩体出现了被压裂、掉块并有加速劣化的趋势（图 12.10），不利于危岩体的稳定。

图 12.9　基座临空侧岩层间泥质条带被掏空

图 12.10　基座被压裂、掉块

12.3.3　专业监测情况

1. 监测点布置

箭穿洞危岩监测主要采用了自动裂缝监测、大地（水平、垂直）位移监测、基座压力监测三种手段（表 12.3）。自动裂缝监测主要布置在上下游和后缘的裂缝内，共布置八个监测点（LF1 ~ LF8）；大地位移监测布置了三条剖面，以大致穿过危岩中心为主剖面，两侧靠近边界附近各布置一条副剖面；在基座平硐内布置自动压力监测，其中 1#平硐监测点四个（a0、a1、b0、b1）、2#平硐监测点两个（c0、c1）、3#平硐监测点两个（d0、d1）；另外设置雨量观测点一个（图 12.11）。

表 12.3　监测内容、方法、精度及频率一览表

序号	监测内容	监测方法	监测精度	监测频率
1	水平位移监测	拓普康机器人 IS201	1.5mm	每月 3 次
2	垂直位移监测	拓普康机器人 IS201	0.5mm	每月 3 次
3	自动裂缝监测	WYZ-501 位移智能监测系统	0.5mm	每天 1 次
4	基座压力监测	TC 压电动态土压力监测系统	0.1MPa	每天 1 次

2. 监测数据分析

1）大地位移监测

2012 年 10 月—2017 年 12 月，各大地形变监测点的水平和垂直位移如表 12.4 所示。各监测点的累计水平位移量为 12.0（JC2）~ 29.0（JC4）mm，总体呈缓慢上升趋势；垂直位移量为-16.0（JC3）~ -26.9（JC4）mm，总体呈缓慢下降趋势。

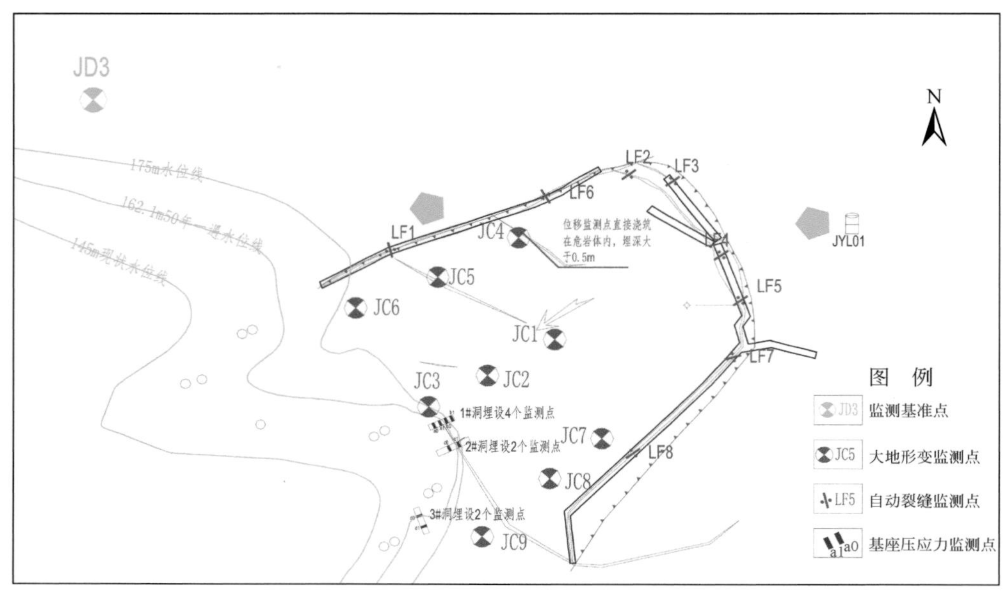

图 12.11　箭穿洞危岩监测点布置图

表 12.4　大地形变监测点累计变形量一览表

监测点号	累计水平位移/mm	累计垂直位移/mm	备注
JC1	19.8	-26.6	统计时间截至 2017 年 12 月
JC2	12.0	-23.0	统计时间截至 2017 年 12 月
JC3	17.5	-16.0	统计时间截至 2017 年 12 月
JC4	29.0	-26.9	统计时间截至 2017 年 12 月
JC5	18.8	-20.4	统计时间截至 2017 年 12 月
JC6	21.6	-25.3	统计时间截至 2017 年 12 月
JC7	21.1	-26.1	统计时间截至 2017 年 12 月
JC8	20.9	-21.2	统计时间截至 2017 年 12 月
JC9	13.7	-20.0	统计时间截至 2017 年 12 月

2）自动裂缝监测

自动裂缝监测数据见表 12.5，LF4、LF5、LF7 监测点的监测曲线见图 12.12。

表 12.5　自动裂缝监测点累计变形数据一览表

监测点号	累计变化量/mm	备注
LF1	5.7	统计时间截至 2017 年 12 月

续表

监测点号	累计变化量/mm	备注
LF2	−1. 9	统计时间截至 2017 年 12 月
LF3	0	统计时间截至 2017 年 12 月
LF4	54. 3	统计时间截至 2017 年 12 月
LF5	29. 6	统计时间截至 2017 年 12 月
LF6	0. 5	统计时间截至 2017 年 12 月
LF7	−4. 2	统计时间截至 2017 年 12 月
LF8	−1. 1	统计时间截至 2017 年 12 月

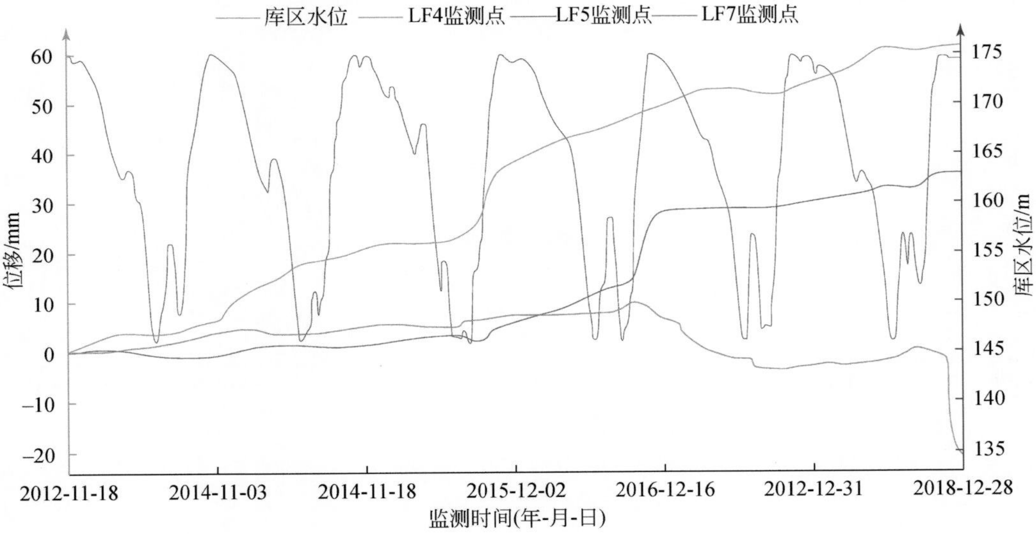

图 12. 12　LF4、LF5、LF7 自动裂缝监测曲线图

2012 年 11 月—2017 年 12 月底，北西侧边界自动裂缝监测点（LF1、LF2、LF3、LF6、LF8）基本无变形，LF1 监测点的位移是由于树枝掉落在拉线上造成；后缘 LF4 和 LF5 监测点一直存在变形，其中 LF4 的监测曲线平均斜率约为 0. 36，在 2015 年 9 月 12 日—10 月 12 日蓄水期间位移有突变，增大约 10mm，截至 2017 年 12 月底累计位移为 54. 30mm；LF5 监测点在 2012 年 11 月—2015 年 10 月位移一直较小，绝对值小于 3mm，但从 2015 年 10 月起位移逐渐增大，截至 2017 年 12 月底累计位移为 29. 60mm，2016 年 9 ~ 10 月蓄水期间位移有突变，增大约 13mm；南东侧边界自动裂缝监测点 LF7 的监测数据在 2016 年开始出现压缩变形，截至 2017 年 12 月底，压缩变形量为−4. 2mm。

3）基座应力监测

基座压力监测点最大压应力数据见表 12.6，监测曲线见图 12.13。

表 12.6　2013 ~ 2017 年各监测点最大压应力数据统计表

时间	最大压应力/MPa							
	a0	a1	b0	b1	c0	c1	d0	d1
2013 年 8 月 3 日	2.17	0.99	1.27	0.83	1.75	1.10	1.28	1.99
2014 年 6 ~ 9 月	1.50	3.87	1.96	1.12	1.95	1.84	1.64	2.28
2015 年 6 ~ 9 月	1.36	4.74	3.32	1.77	2.09	2.01	2.73	2.63
2016 年 6 ~ 9 月	2.04	6.10	3.84	2.10	2.65	2.88	3.00	—
2017 年 6 ~ 9 月	2.32	6.73	2.73	1.35	3.56	3.48	—	2.85

注：监测点 a0、a1、b0、b1 位于 1#平硐；监测点 c0、c1 位于 2#平硐；监测点 d0、d1 位于 3#平硐。

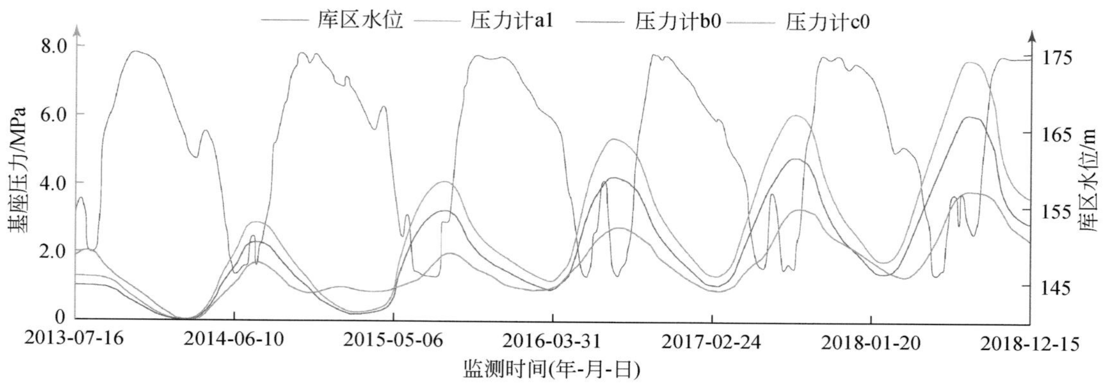

图 12.13　基座压应力监测曲线

2013 年 8 月 3 日建点初期，压应力监测数据为 0.83（b1）~2.17（a0）MPa，2017 年汛期压应力监测数据为 1.35（b1）~6.73（a1）MPa，各监测数据单点值增大 0.15（a0）~5.74（a1）MPa，基座 1#（a0、a1、b0、b1）、2#（c0、c1）、3#（d0、d1）平硐平均增大分别为 1.97MPa、2.10MPa、1.29MPa，但 1#平硐内距离崖面约 2m 的 b0、b1 监测点在 2017 年压应力下降 0.75 ~ 1.11MPa；根据历年江水淹没后的监测数据统计，受到江水浮力作用，压应力减小 0.83（b1）~1.75（c0）MPa，其中 1#、2#平硐内的监测点在 2014 年和 2015 年 175m 水位期间监测数据减小为 0，当水位下降后，压应力又恢复。

综合野外调查、监测数据和监测曲线，监测期间箭穿洞危岩上部有变形但裂隙没有宏观表现，而基座岩体宏观变形和破坏十分明显，特别是基座的压应力逐年增大。1#平硐 b0、b1 监测点在 2017 年压应力下降是由于近坡面岩体被压溃，应力松弛造成。危岩主要变形区为基座岩体，上部变形主要由基座变形引起，2016 年以后危岩变形速率、基座岩体劣化有加剧的趋势，至工程治理前危岩处于等速变形阶段的后期。

12.3.4 主要影响因素

影响箭穿洞危岩形成和发育的主要影响因素有地形地貌、地质构造、地层岩性、长江江水、人类工程活动等。

(1) 地形地貌：箭穿洞危岩所处区域属于中低山中深切割侵蚀长江"V"形峡谷地带，地形为陡崖与中陡坡交替，陡崖带高度为 125～220m，中陡坡整体坡度为 40°～50°，其间零星夹杂有高度为 5～20m 的陡崖。危岩分布的走向与斜坡坡向基本一致，坡度较陡近直立。下部软弱基座轻微内凹，为危岩形成提供了临空条件。

(2) 地质构造：箭穿洞危岩位于神女峰背斜轴部，岩体应力集中，构造裂隙多为纵张裂隙，特别是在轴部与翼部的转折处，应力更加集中，裂隙的贯通性和张开度更好，危岩体的北西和南东侧裂缝张开情况就说明这点，控制了箭穿洞危岩体两侧边界的发育。

(3) 地层岩性：危岩构成主体为大冶组四段灰、肉红色的中-厚层状致密的泥质灰岩、灰岩；顶部为灰白色的薄-中厚层状白云岩、泥质灰岩；基座为大冶组四段的砾屑、砂屑灰岩，为接触式胶结，胶结物为泥钙质，具条带状构造，该层厚度约 10m，强度较低，且层间具条带状构造，为软弱夹层，极易被江水掏蚀。上硬下软的岩性组合，提供了危岩变形的物质基础。

(4) 长江江水：危岩体基座高程约 155m，长江 175m 水位将淹没基座 20m，行船时的浪高约 1m。在江水浸泡下，危岩基座的砾屑、砂屑灰岩易软化。在江水波浪频繁的掏蚀作用下，基座岩体层间的条带状物质被掏空，并且破坏砾屑、砂屑灰岩的胶结，使得岩体逐渐崩解，形成凹岩腔，破坏基座岩体的完整性，加剧危岩体的变形。此外，长江江水 175m—145m—175m 的周期性升降，导致基座岩体处于夏季高温暴晒、冬季低温浸泡的干湿循环状态，经年累月，基座岩体逐渐软化，强度逐渐降低。

(5) 人类工程活动：危岩基座有三个抗战时期修建的长江防线防御工事坑道，平硐底板高程约 158m，硐室截面尺寸为 2m×2m，向坡内延伸长度分别为 6.2m、13.7m、11m。平硐为江水灌入基座内部创造了条件，175m 水位时平硐被江水淹没，附近的基座岩体被逐渐掏蚀。此外，平硐未进行支护，围岩压力加剧了硐室岩体的破坏。因此，基座平硐的存在破坏了基座的完整性，加剧了危岩的变形。

12.3.5 形成机理及破坏分析

箭穿洞危岩体的上游侧边界以陡崖和产状为 330°∠70°～80°的结构面为界，下游侧以产状为 324°∠65°的结构面为界，这两条结构面为同一组结构面，与神女峰背斜的轴线走向一致。而危岩附近区域的几条大型结构面，近放射状与神女峰背斜岩层相交，走向也与背斜轴线近一致（图 12.14），说明这些结构面是在神女峰背斜形成过程中产生的，为明显的背斜构造裂隙。随着长江的下切，岸坡岩体会产生卸荷回弹变形，峡谷两岸的陡倾角节理逐渐松弛张开，形成了箭穿洞危岩体的后缘裂缝。危岩三维边界基本形成后，危岩的变形在重力的主导作用下发展。

图 12.14　神女峰背斜与大型结构面的交切关系图

箭穿洞危岩呈塔柱状，内部不存在潜在剪切面或潜在倾倒变形的控制性结构，变形以基座的变形破坏为主，这种变形破坏发展有两种趋势：基座压裂型崩塌（图 12.15）和基座滑移型崩塌（图 12.16）。当有控制性结构面时，一般以结构破坏为主，如倾倒、平面滑移等；当没有结构面控制时，可能发生材料破坏，如岩体内部剪切、拉张破坏，材料的破坏一般属于累进性破坏。因此，上述两种崩塌类型都具有累进性变形和突发性破坏的特征（Huang et al.，2016b）。

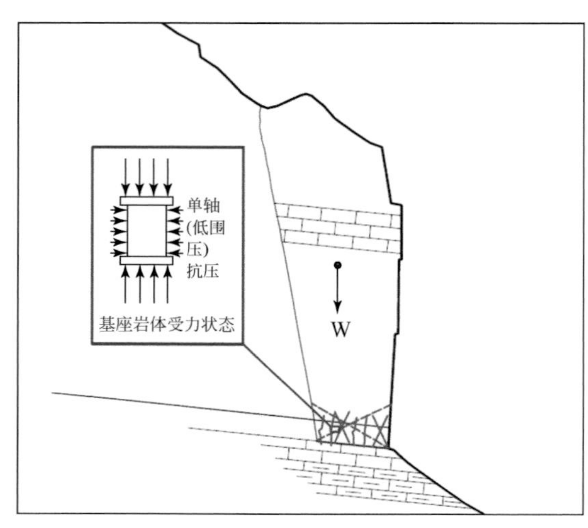

图 12.15　基座压裂型崩塌示意图

基座压裂型崩塌：将基座岩体视为一个大型岩样，那么基座岩体实际上是处于单轴抗压的状态。基座内部的岩体小单元基本处于低围压和有侧限的抗压状态。当缓坡岩体较坚硬，基座底部岩体受压，应力集中时，会导致基座岩体和接触岩体出现压致拉裂现象。基座破坏时，大量的拉裂缝和剪裂缝会出现，而导致岩体整体失稳。危岩体失稳的状态，既有滑动又有倾倒，是一种混合类型，类似于坐落破坏，重庆南川甄子岩崩塌即为此类型崩塌。

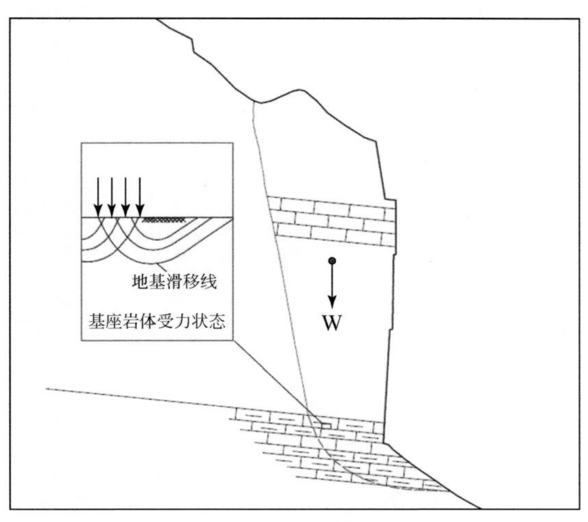

图 12.16　基座滑移型崩塌示意图

基座滑移型崩塌：当缓坡岩体较为软弱，在上部压力作用下，下部软弱岩体可能会发生剪切破坏。同时也可将塔柱状岩体视为载荷桩体，当斜坡地基承载力不够时，斜坡地基会出现剪切滑移破坏，巨大的压力将软弱基座挤出，从而发生后靠滑移式整体破坏，重庆巫山望霞危岩崩塌即属于此类型崩塌。

12.4　蓄水运行期箭穿洞危岩基座劣化过程评价

箭穿洞危岩的整体稳定性受控于基座的稳定性，而基座岩体劣化与其所处的地质环境条件（主要是库水浸泡软化、库水波动造成的岩体劣化和风化）息息相关。145m 高程以下的基座岩体，一般情况下库水位长期高于此高程，岩体长期处于浸泡状态，库水对岩体有软化作用。145 ~ 175m 高程段的基座岩体，处于夏季高温暴晒、冬季低温浸泡的干湿循环状态（Huang et al., 2016b）。

对基座泥质条带灰岩取样，分别进行 0 次、5 次、15 次、20 次、30 次干湿循环工况下的力学强度试验（Wang et al., 2020b, 2020c）。结果表明：从参数变化来看，经过 30 次干湿循环后，岩体单轴抗压强度下降 21% ~ 26%；抗拉强度和黏聚力下降约 28%；岩石内摩擦角下降约 17%；变形参数下降约 40%，变形模量趋于减小，泊松比趋于增大。从劣化趋势来看，随着干湿循环次数增加，各强度指标的劣化率有所下降，但未收敛；其中，岩石内摩擦角在 15 次循环后劣化率有增大趋势，说明岩体的抗剪强度将持续降低；变形参数在 15 次循环后劣化率有增大趋势，说明岩体质量将持续降低（图 12.17）。

灰岩的抗风化能力较强，岩体强度因风化下降速率非常缓慢。因此，从地质环境上来看，基座岩体强度下降源于库水的软化作用和干湿循环荷载下的劣化作用。从上述不利作用结果来看，经过 30 次循环后（这意味着水库运行近二十年左右），175m 高程以下斜坡岩体强度下降 20% ~ 30%；并且重要的是，上部压力作用下裂隙将持续扩展，水的存在加

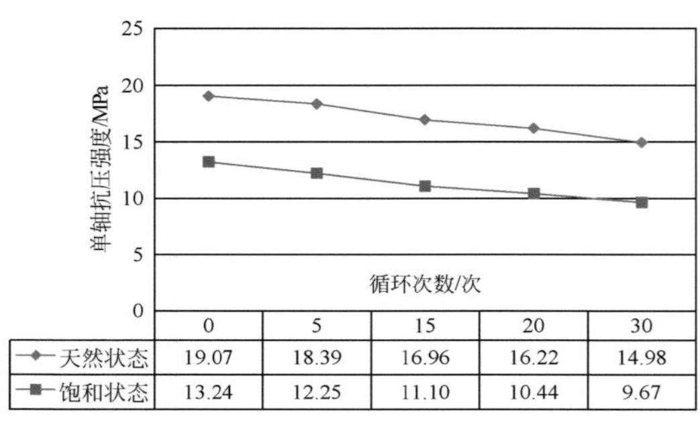

(a) 岩体单轴抗压强度

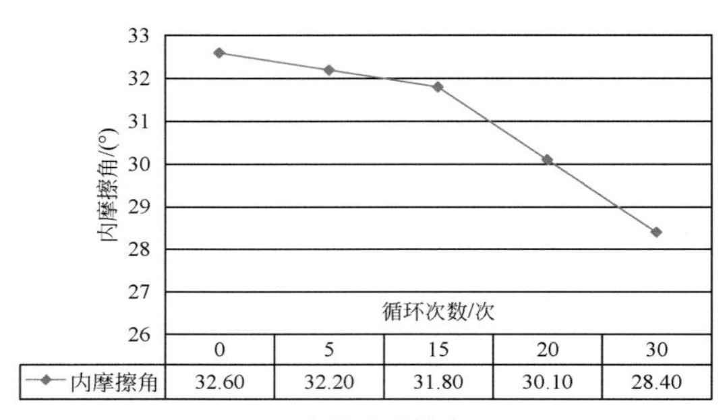

(b) 岩体内摩擦角

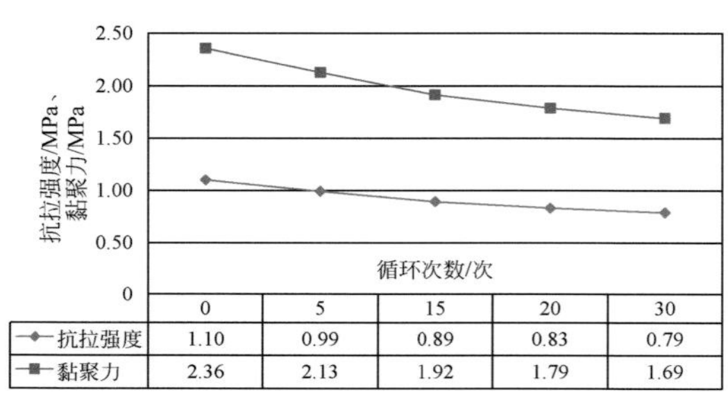

(c) 岩体抗拉强度、黏聚力

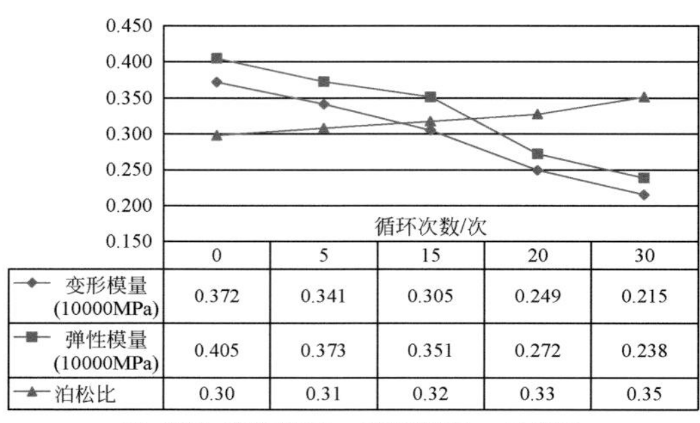

(d) 岩体变形模量、弹性模量、泊松比

图 12.17　干湿循环条件下泥质条带灰岩力学指标变化曲线

速了裂隙宏观发展，裂隙率的增大，提高了岩体的含水量，大幅降低了岩体强度，使得岩体能够进一步劣化。因此，库水软化+干湿循环劣化+基座压裂作用会使岩体强度持续、加速降低。

同时，对箭穿洞危岩体这样一个孤立危岩体而言，基座的形态也决定着危岩体的稳定状态，甚至起着至关重要的作用。对基座形态有影响的因素主要有两个，一个是水库波浪侵蚀，另一个是压裂造成基座局部破坏。由于是灰岩近横向结构岸坡，波浪对完整岩体的侵蚀作用较小，但对破碎岩体的侵蚀能力较强，将加速基座岩体的剥落。从 2006 年至 2015 年的周期性调查显示，基座岩体逐步被侵蚀掉，且存在加速的趋势。

箭穿洞危岩体基座岩体结构原来是以平缓层状、块状结构为主，在压力作用下出现一些小的裂隙［图 12.18（a）］。随着时间推移，许多灰岩隐形层面逐渐显现并张开，岩体裂隙增多［图 12.18（b）］。在库水波动下，岩体劣化加速，目前基座临空面部分岩体已成劈裂化或碎裂化状态［图 12.18（c）］。这说明，基座岩体结构正在劣化，且其岩体结构的演化方向为层状、块状结构→中薄层结构→碎裂结构。

基座岩体强度的下降是材料的弱化，基座岩体局部破坏、侵蚀是结构的弱化。岩体强度的降低，造成基座更易破坏；结构的弱化造成作用在剩余岩体上的应力增大，基座裂隙逐步增加，岩体强度就会下降。因此，材料弱化和结构弱化二者互相促进，最终会导致整个材料与结构的崩溃，即危岩体失稳。基座岩体的加速劣化与破坏，将极大地推动整个危

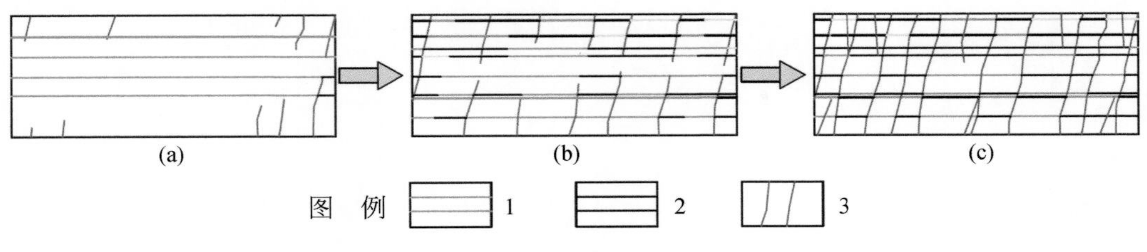

图 12.18　基座岩体结构演化过程图

1. 层面；2. 张开的层面；3. 裂隙

岩体失稳的进程。

12.5　基于 175m 蓄水运行的箭穿洞危岩体稳定性分析

12.5.1　危岩稳定性宏观分析

根据箭穿洞危岩的赤平投影分析图（图 12.19），走向 SW 的纵张裂隙控制危岩体的两侧边界，走向 SE 的构造裂隙为外倾裂隙。随着长江下切，岸坡岩体产生卸荷回弹变形，在后缘形成贯通的卸荷裂缝，控制危岩体后缘边界，岩层层面倾角平缓，但基座岩体软弱，易发生压碎变形，降低基座岩体的抗剪和抗拉强度，在后缘裂隙瞬时充水作用下，出现压碎滑移破坏或倾倒破坏。

箭穿洞危岩体后缘、两侧和基座的边界条件清楚。后缘卸荷裂隙在竖直方向从高程 305 ~ 160m 左右贯通；在水平方向与两侧 SW 走向的纵张裂隙贯通，延伸长度为 40 ~ 60m，距离危岩临空坡面约 60m，外倾不临空。后缘和两侧边界裂缝的贯通大大降低了箭穿洞危岩体受到周围岩体的拉力，并且成为地下水径流-排泄的通道，带走易溶物质，降低结构面强度，破坏岩体完整性；在持续降雨期间短暂地存储地下水，形成水压力，作用方向倾向坡外。箭穿洞危岩体基座岩体为泥质条带灰岩，岩体强度低，抗战时期修建的平硐又破坏了基座岩体的完整性，为江水的灌入提供了良好的条件，在上部岩体荷载和长江江水软化、侵蚀、掏蚀作用下，基座岩体完整性急剧降低，至治理工程开工时压裂裂缝间距为 0.3 ~ 1.5m/条，贯通长度为 2 ~ 8m。根据基底应力监测数据，基底压应力为 1.50 ~ 3.00MPa，而基座破碎岩体地基承载力按裂隙发育考虑强度折减后仅为 2.38MPa，无法承受上部岩体的荷载。

箭穿洞危岩体后缘和上下游边界条件清晰，基座岩体软弱，部分已被压碎，但治理前尚具有一定的承载能力，从治理前的监测数据来看，危岩体一直在处于缓慢变形，基座坡面的破碎岩体每年在水位升降过程中都会发生小规模的崩塌。因此，箭穿洞危岩体在治理前整体基本稳定，处于蠕变阶段，但在江水和上部岩体荷载作用下基座岩体完整性还将继续降低，在干湿循环作用下，岩体强度也将继续降低，坡面破碎岩体将逐渐被掏蚀、崩解，基座岩面逐渐后退形成凹岩腔，基座的抗滑段和支撑段减小，到一定程度后，变形将

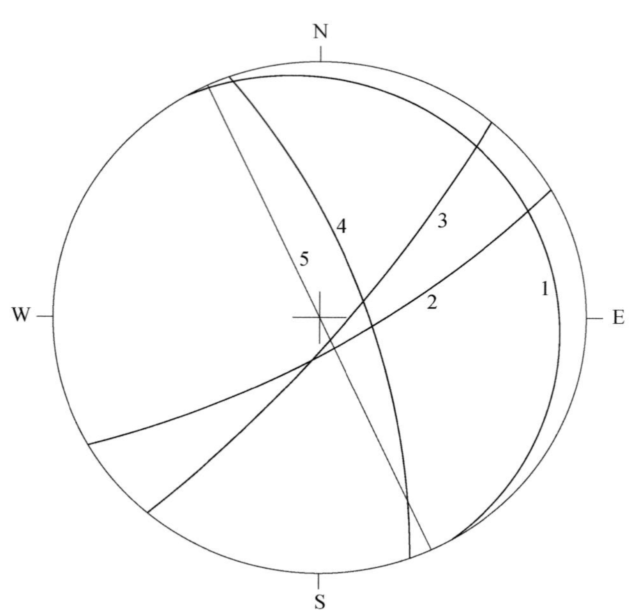

图 12.19　箭穿洞危岩赤平极射投影分析图

1. 危岩岩层，产状为 240°∠7°；2. 上游边界，产状为 330°∠75°；3. 下游边界，产状为 310°∠80°；
4. 后缘边界，产状为 250°∠70°；5. 危岩坡面，产状为 245°∠90°

急剧增强，从而导致危岩失稳，从治理前危岩的变形和发展趋势来看，箭穿洞危岩失稳是必然的。

12.5.2　危岩应力应变数值模拟分析

箭穿洞危岩体的基座是碎裂结构，难以用具体的节理裂隙进行刻画，因此可以采用表征单元体（representative elementary volume，REV）的方式代替，而外围的大型结构面切割形成了箭穿洞危岩体，危岩体内部基本没有大型结构面；因此箭穿洞危岩体可以用连续介质的方式来分析其内部的应力应变关系。本节采用大变形的拉格朗日法进行模型确定和失稳模式分析。

采用 FLAC3D 构建箭穿洞危岩体的力学模型，模型为假三维模型，将二维剖面模型拉伸 50m 形成的三维模型（图 12.20）。整个模型中共有 92778 个单元体、104836 个节点。本构方程采用理想弹塑性模型，强度准则采用莫尔-库仑准则，变形模式采用大应变变形模式。模型“3”分组前缘建有口径为 2m，深度分别为 11m、14m、8m 的空壳模型，以示平硐。模型的 *X*、*Y* 方向为平面方向，*X* 正方向（*X*+）为 NE 向，*Y* 正方向（*Y*+）为 NW 向，*Z* 负方向（*Z*-）为垂向方向（重力方向）。模型的底界 *Z*-平面为约束固定边界，*X*、*Y*、*Z* 方向均固定；顶界 *Z*+平面为自由边界；模型“1”分组代表危岩体，模型除“1”分组外其余分组的 *Y*+平面和 *Y*-平面在 *Y* 方向上均为约束边界；模型的 *X*+方向边界为约束固定边界，X、Y 方向均固定，不考虑库水位上升或下降造成的地下水及静水压力作用。应力场计算时步为 25000 步。

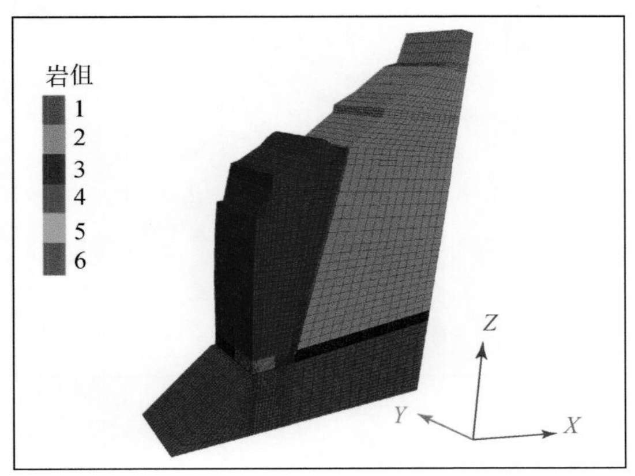

图 12.20　箭穿洞危岩 FLAC3D 力学模型

模型物质分为危岩体的灰岩岩体、基座条带岩体、斜坡灰岩岩体和斜坡条带岩体和斜坡下部灰岩岩体等类型，有关计算参数可参见表 12.7。

表 12.7　箭穿洞危岩应力应变数值模拟使用的计算参数表

分组编号	岩性	密度/(kg/m³)	单轴抗压强度/MPa		杨氏模量/MPa	泊松比	抗拉强度/kPa	黏聚力/kPa	内摩擦角/(°)
			天然	饱和					
1	危岩体灰岩	2710	29.41	26.13	7155	0.22	822	1644	40
2	稳定山体灰岩	2710	29.41	26.13	7155	0.22	822	1644	40
3	稳定山体泥质条带灰岩	2650	12.78	8.87	3000	0.28	330	710	34.2
4	基座较完整泥质条带灰岩	2650	6.29	4.37	2600	0.30	220	472	32.6
5	基座破碎泥质条带灰岩	2650	5.35	3.45	1740	0.33	167	358	30.1
6	基座以下灰岩	2710	29.41	26.13	7155	0.22	822	1644	40

从 X 方向位移图来看（图 12.21），X 位移最大值处于基座条带底部，方向为 X-（SW 向），意味着基座条带岩体被挤出，而沿垂向方向随着高程增加 X 位移减小，反映危岩体后靠趋势；从 Y 方向位移图来看（图 12.22），总体位移方向为 Y-（SE 向），基座位移最大，说明基座条带灰岩被压缩挤出；从 Z 方向位移图来看（图 12.23），危岩体沉降有一定的差异，南东侧基座沉降位移最大，说明危岩体有竖向新生裂缝的可能，裂缝由下往上发展。

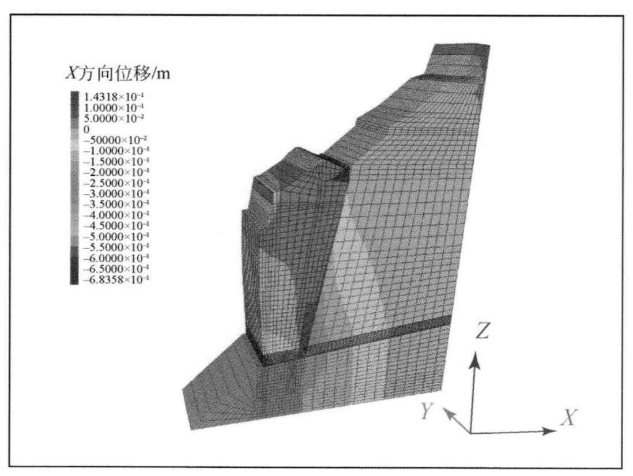

图 12.21　X 方向（X+为 NE）位移云图

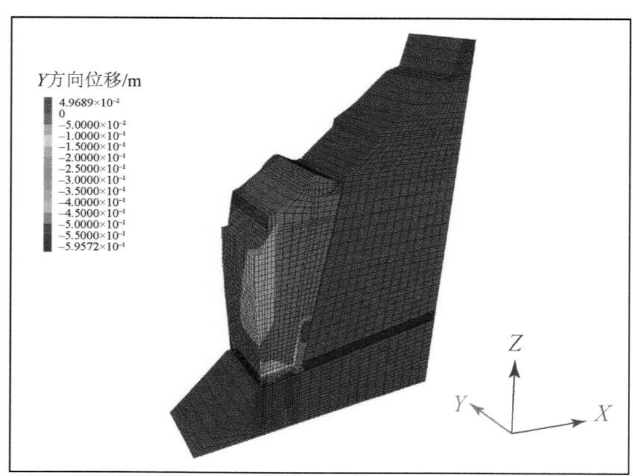

图 12.22　Y 方向（Y+为 NW）位移云图

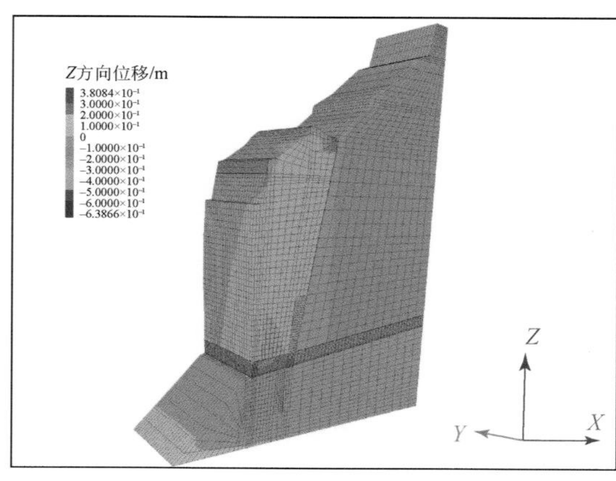

图 12.23　Z 方向位移云图

从综合位移矢量图看（图 12.24），主要以竖向沉降和南西向挤出为主，随着高度增加危岩体有向南东侧旋转位移趋势。从 σ_{xx} 和 σ_{yy} 可以清楚地看到（图 12.25、图 12.26），

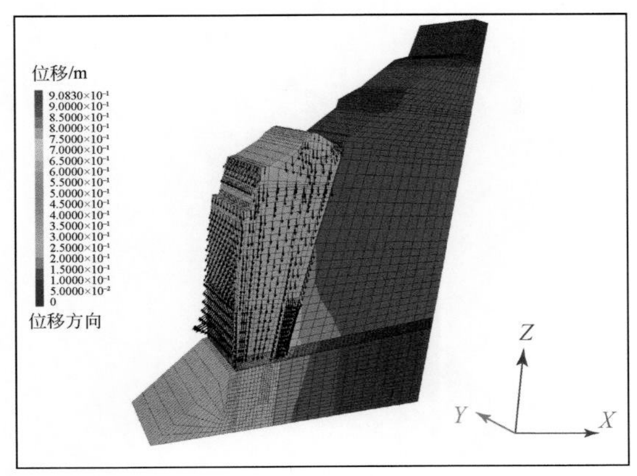

图 12.24　综合位移矢量图

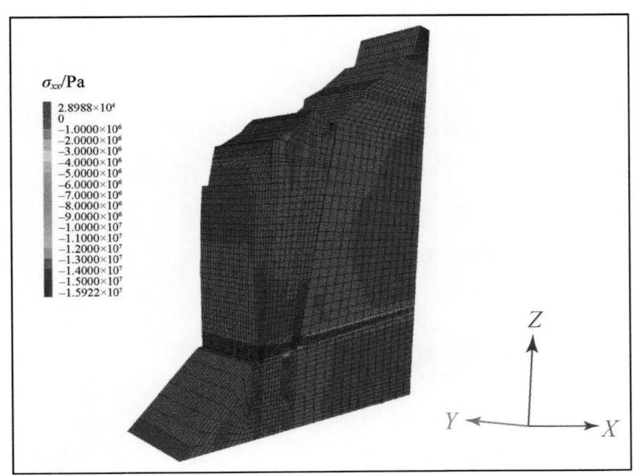

图 12.25　*X* 方向应力云图

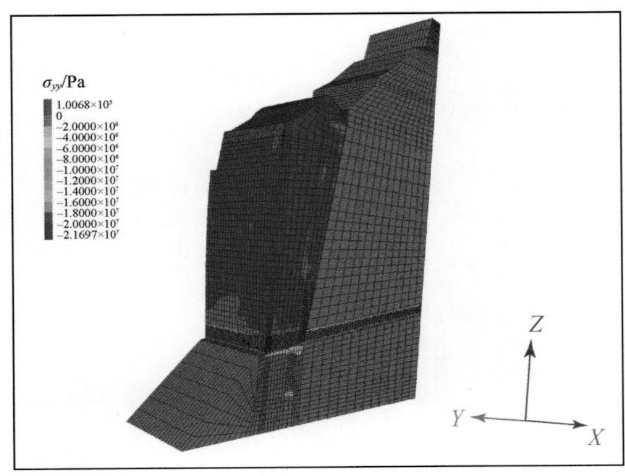

图 12.26　*Y* 方向应力云图

应力主要集中在软弱条带灰岩段，σ_{xx}方向为 X-（SW 向），σ_{yy}方向为 Y-（SE 向）；σ_{zz}（图 12.27）基座应力以压应力集中为主，压应力集中区在基座内侧后缘裂缝处。

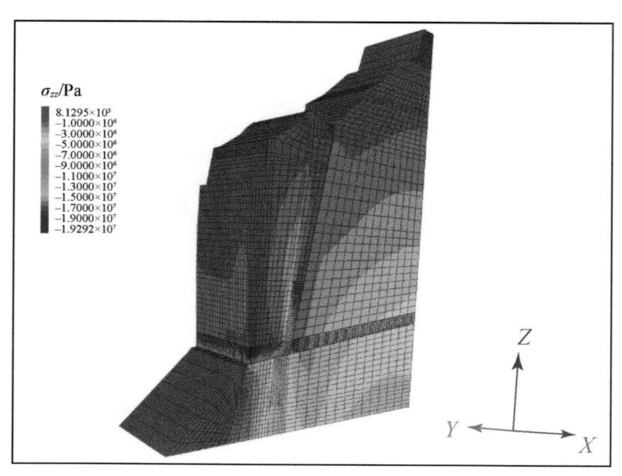

图 12.27　Z 方向应力云图

综上，危岩体水平位移、沉降位移均表现为下部大于上部，沉降仍然是下部大于上部，SE 向大于 NW 向，危岩体受基座岩体的控制而出现沉降、蠕滑；不断向临空侧运动拉裂后缘。随着时间推移，由于下部运动快于上部，危岩体后靠形成座滑。由于沉降不均，危岩体会形成新的竖向裂隙，造成解体失稳。因此，总体来看，危岩体的失稳模式为座滑+竖向解体失稳，失稳机制较复杂。

12.5.3　危岩变形破坏数值模拟

鉴于箭穿洞危岩变形破坏机制较复杂，采用有限元/离散元（finite element method/discrete element method，FEM/DEM）耦合分析方法来进行危岩体变形破坏数值模拟。图 12.28 为箭穿洞危岩体的 FEM/DEM 模型，模型长 384m、高 222m。

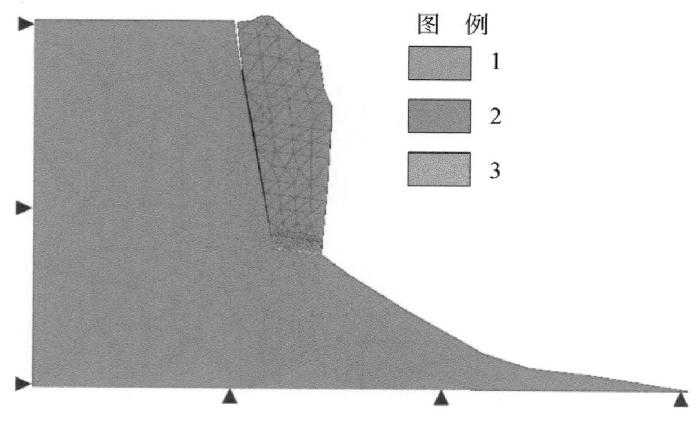

图 12.28　箭穿洞危岩的 FEM/DEM 模型图

1. 斜坡灰岩岩体；2. 危岩体灰岩岩体；3. 基座泥质条带灰岩岩体

模型设定斜坡岩体为不离散单元，危岩体及基座为可离散单元。模型中岩体和结构面所用参数可见表 12.8，模型采用了弹性的莫尔–库仑准则和拉张破坏准则。

表 12.8　模型中岩体和结构面参数表

参数	斜坡灰岩岩体	箭穿洞灰岩岩体	基座泥质条带灰岩岩体
密度/(kg/m^3)	2710	2710	2650
变形模量	1×10^{10}	1×10^{10}	1.9×10^{9}
泊松比	0.22	0.22	0.28
内摩擦力/(°)	40	40	30
黏聚力/kPa	1644	1644	522
接触刚度	2.9×10^{8}	2.9×10^{8}	1×10^{6}
切向刚度	1×10^{10}	1×10^{10}	1×10^{10}
抗拉强度/kPa	822		124
结构面黏聚力/kPa	130		60
Ⅰ型断裂能	1500		1000000
Ⅱ型断裂能	87000		2000000
断裂刚度	2.65×10^{11}		1×10^{10}

从起初危岩体受力来看（图 12.29），基座及其附近岩体明显有应力集中现象。基座部位的拉应力主要受上部荷载的压致拉裂效应而产生。从此时基座岩体的运动矢量来看(图 12.30)，基座岩体受压向两侧和向下运动明显。

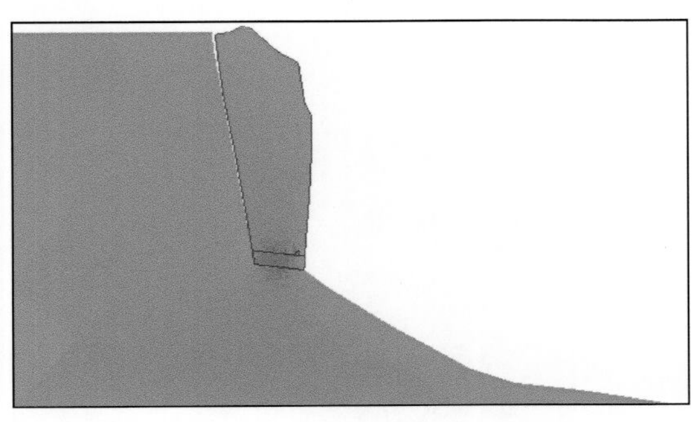

图 12.29　基座岩体的应力集中现象

裂隙最开始出现在基座泥质条带灰岩以及与泥质条带灰岩接触的灰岩。基座泥质条带灰岩区由于压力作用，裂隙虽然出现破坏但尚未分离，因此显示为局部出现空洞，而不是红色的裂隙。基座裂隙最先出现在两端（图 12.31）。上部危岩体的裂隙大多是从底部开始往上延伸，呈典型的压致拉裂形成机制，上部危岩体裂隙最开始出现的位置靠近内侧(图 12.32)。

基座和危岩体出现裂隙后，裂隙网络迅速开始发展。裂隙网络最终将危岩体分成三个

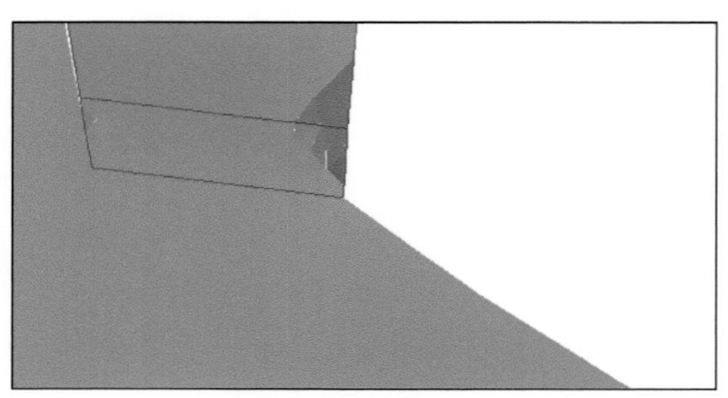

图 12.30　基座岩体运动方向

红色为 X-方向，蓝色为 X+方向

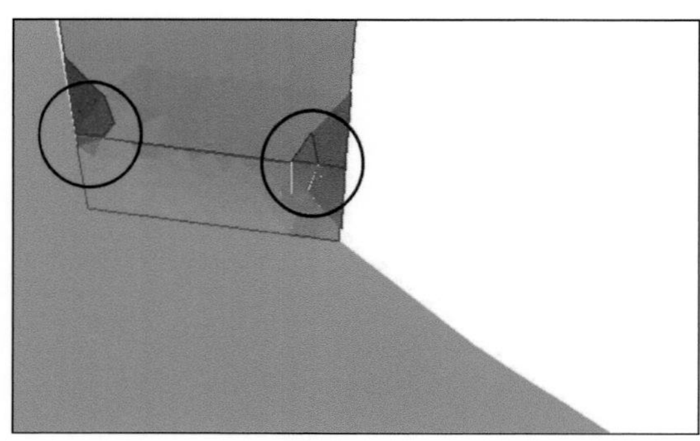

图 12.31　基座岩体最初破坏位置图

黑色圈为破坏位置

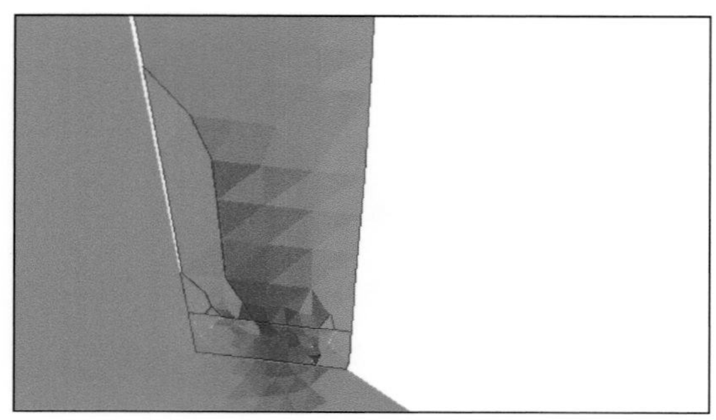

图 12.32　危岩体初始破坏图

红色线为岩体出现张开的裂隙

相互关联的岩柱，裂隙网络的发展和基座的破坏导致了单个岩柱出现破坏。破坏从临空面开始，基座开始垮塌，然后上部的岩柱或滑动或垮落或倾倒。当临空侧的岩柱开始倒塌后，剩余的岩柱也加速运动，最后整个危岩体解体失稳。整个破坏过程，有滑移、坠落、倾倒等状态。图 12.33 展示了裂隙网络发展、危岩体失稳和堆积过程。

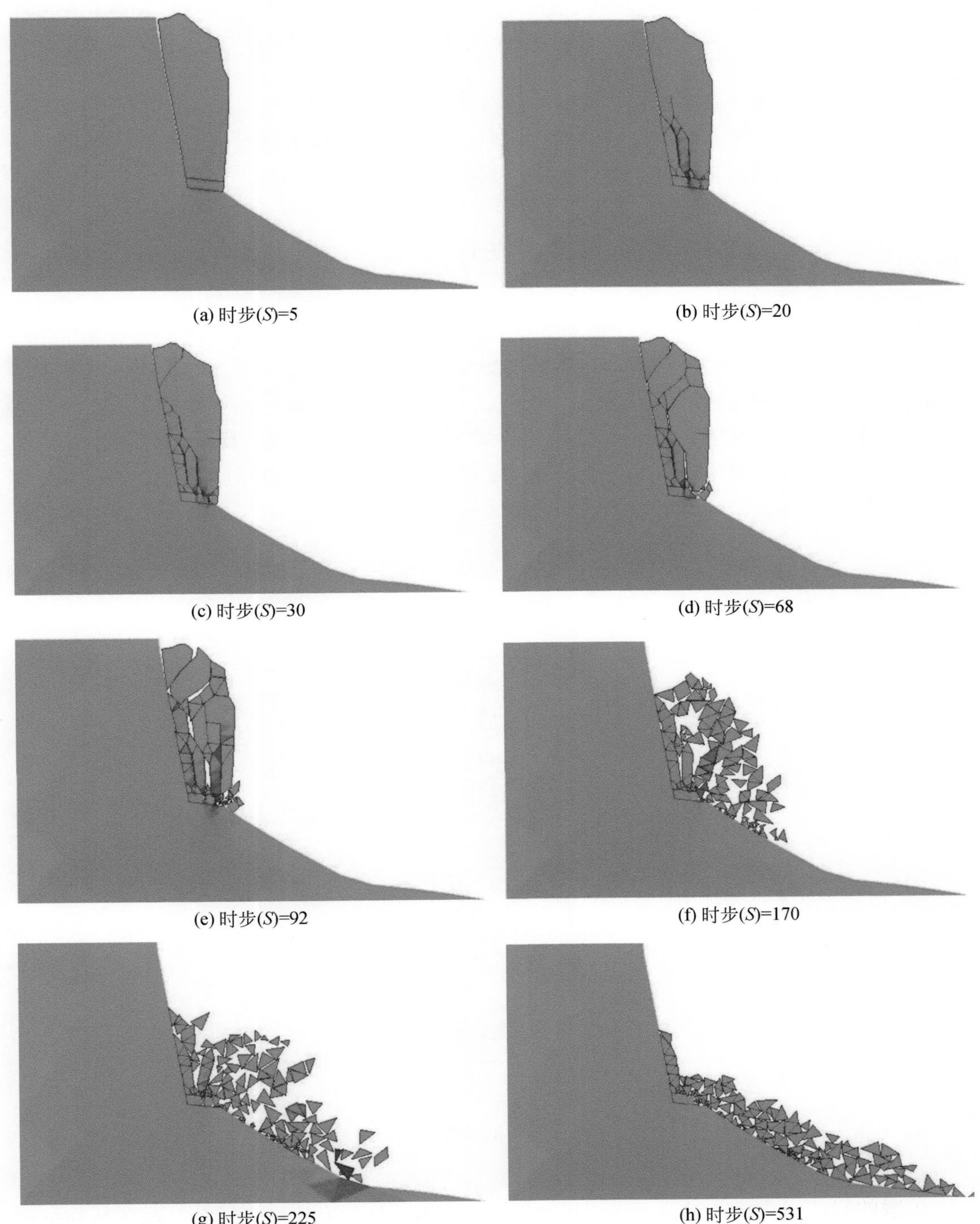

(a) 时步(*S*)=5　(b) 时步(*S*)=20

(c) 时步(*S*)=30　(d) 时步(*S*)=68

(e) 时步(*S*)=92　(f) 时步(*S*)=170

(g) 时步(*S*)=225　(h) 时步(*S*)=531

图 12.33　箭穿洞危岩体变形破坏全过程数值模拟图

FEM/DEM 方法预演了箭穿洞危岩体可能的变形破坏过程。从上述分析来看，箭穿洞危岩体新生裂隙的主要形成机制为压致拉裂，这与变形失稳模式的定性分析结果一致。压致拉裂主要是基座岩体被压缩导致的拉张破坏。破坏的基座岩体向临空面运动，从而引起危岩体的垮落。

根据变形破坏模式分析可知，在箭穿洞危岩体的变形破坏数值模拟中我们看到基座岩体经历了三个阶段：①基座岩体两侧裂缝出现并张开；②基座岩体裂缝发展；③裂隙贯通并向外滑移。至治理前危岩处于整体蠕变、基座裂缝发展阶段。

12.5.4　基于静力学方法的稳定性计算

1. 计算模型

根据 12.5.1 节的宏观分析和 12.5.2、12.5.3 节的数值模拟分析，危岩体自重压力的作用导致基座岩体完整性降低，库水位周期性升降又使处于干湿循环状态的下基座软弱岩体强度逐渐降低，最可能出现的失稳破坏模式为危岩体沿基座软弱破碎岩体发生切层滑动，危岩静力学分析模型如图 12.34 所示。定量计算模式如下：以基座软弱岩体后缘层顶至前缘层底连线作为潜在滑动面的顺层滑移失稳，沿泥质条带灰岩层面切层滑移失稳和倾倒失稳。

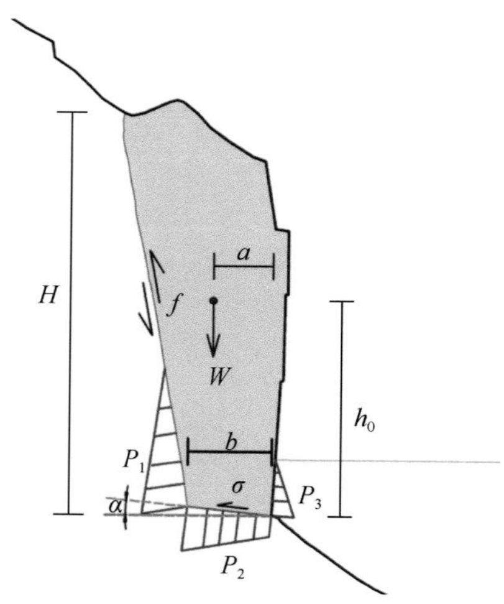

图 12.34　箭穿洞危岩静力学分析模型

2. 计算工况及安全系数

1）计算工况

按《三峡库区地质灾害防治工程地质勘察技术要求》，确定稳定性计算工况为天然工况和暴雨工况，其中天然工况分为 145m（吴淞高程）水位和 175m（吴淞高程）水位工况，工况设置如下：

工况Ⅰ：自重+地表荷载+145m水位；

工况Ⅱ：自重+地表荷载+175m水位；

工况Ⅲ：自重+地表荷载+50年一遇暴雨（坝前水位162.0m）。

按倾倒式危岩计算，仅计算工况Ⅱ和工况Ⅲ。

上述工况分别计算强度未降低、5次、15次和20次干湿循环等四种情况。

2）安全系数

按滑移式滑坡计算，工况Ⅰ和工况Ⅱ取1.25，工况Ⅲ取1.20；按倾倒式危岩计算，安全系数取1.50；校核工况安全系数取1.05。

3. 计算公式

（1）对岩体完整或比较完整的滑移式危岩，稳定性系数为

$$F_S = R/T \tag{12.1}$$

$$R = N\mathrm{tg}\varphi + cl \tag{12.2}$$

$$T = W\sin\theta + V\cos\theta \tag{12.3}$$

$$N = W\cos\theta - V\sin\theta - U \tag{12.4}$$

$$W = V_u\gamma + V_d\gamma_{sat} + F \tag{12.5}$$

$$V = \frac{1}{2}\gamma_w h_w{}^2 \tag{12.6}$$

$$U = \frac{1}{2}\gamma_w l h_w \tag{12.7}$$

式中，F_S为危岩稳定性系数；R为危岩体抗滑力，kN/m；T为危岩体下滑力，kN/m；N为危岩体在滑动面法线上的反力，kN/m；c为滑面黏聚力标准值，kPa；φ为滑面内摩擦角标准值，（°）；l为滑动面长度，m；W为危岩体自重，kN/m；V_u为危岩体单位宽度岩土体的浸润线以上体积，m^3/m；V_d为危岩体单位宽度岩土体的浸润线以下体积，m^3/m；θ为滑面倾角，（°）；γ_w为水的容重，kN/m^3；γ为岩土体的天然容重，kN/m^3；γ_{sat}为岩土体的饱和容重，kN/m^3；h_w为裂隙充水高度，m；V为后缘裂隙水压力，kN/m；U为滑面水压力，kN/m。

（2）对由底部岩体抗拉强度控制的倾倒式危岩，稳定性系数为

$$F_S = \frac{\frac{1}{2}f_{lk} \cdot b^2 + W \cdot a}{V\left(\frac{1}{3}\frac{h_w}{\sin\beta} + b\cos\beta\right)} \tag{12.8}$$

式中，h_w为裂隙充水高度，m；a为危岩体重心到倾覆点的水平距离，m；b为后缘裂隙未贯通段下端到倾覆点之间的水平距离，m；W为危岩体自重，kN/m；f_{lk}为危岩体抗拉强度标准值，kPa，根据岩石抗拉强度标准值乘以0.4的折减系数确定；β为后缘裂隙倾角，（°）。

4. 计算参数

基座泥质条带灰岩层面和构造裂隙结构面的结合程度差，属硬性结构面，天然黏聚力取60kPa，天然内摩擦角取22°，饱和黏聚力取50kPa，饱和内摩擦角取18°；泥质条带灰

岩抗拉强度标准值取 224kPa；灰岩天然重度取 27.1kN/m³，饱和重度取 27.2kN/m³。暴雨工况下根据后缘裂缝的性质，整体计算时按后缘 LF3 裂缝张开、贯通和地表水的补给情况，在标高 226m 以上裂隙临空且大部分没有充填，不会充水形成裂隙水压力；标高 226m 以下充填碎块石土，且没有直接临空，在暴雨时可能形成裂隙水压力，结合地形条件取标高 226m 以下裂隙裂缝的高度，为 60m；现状工况不考虑后缘裂隙水压力。根据对箭穿洞危岩基座泥质条带灰岩取样进行的干湿循环试验，计算参数取值如表 12.9 所示。

表 12.9 泥质条带灰岩干湿循环后岩体力学参数一览表

循环次数	单轴抗压强度标准值/kPa		抗拉强度标准值/kPa	抗剪强度标准值		变形指标标准值		
	天然	饱和		$tg\varphi$	c/kPa	变形模量/万 MPa	弹性模量/万 MPa	泊松比(μ)
0	6293	4369	220	0.64	472	0.260	0.283	0.30
5	6069	4043	198	0.63	426	0.239	0.261	0.31
15	5597	3663	179	0.62	383	0.218	0.246	0.32
20	5353	3445	167	0.58	358	0.174	0.190	0.33
30	4943	3191	158	0.54	339	0.150	0.167	0.35

5. 计算结果

按滑移式危岩（岩体完整或比较完整）计算的稳定性结果汇总见表 12.10，按倾倒式危岩（由底部岩体抗拉强度控制）计算的稳定性结果汇总见表 12.11。稳定性计算过程分别见表 12.12 和表 12.13。

表 12.10 按滑移式危岩计算的稳定性结果汇总

计算模式	计算工况	安全系数	稳定性系数	剩余下滑力/（kN/m）	稳定性状态
按滑移式危岩顺层计算	工况Ⅰ	1.25	3.954	—	稳定
	工况Ⅱ	1.25	2.677	—	稳定
	工况Ⅲ	1.25	1.374	—	稳定
按滑移式危岩切层计算（循环 0 次）	工况Ⅰ	1.25	2.049	—	稳定
	工况Ⅱ	1.25	1.817	—	稳定
	工况Ⅲ	1.25	1.386	—	稳定
按滑移式危岩切层计算（循环 5 次）	工况Ⅰ	1.25	1.994	—	稳定
	工况Ⅱ	1.25	1.767	—	稳定
	工况Ⅲ	1.25	1.346	—	稳定
按滑移式危岩切层计算（循环 15 次）	工况Ⅰ	1.25	1.941	—	稳定
	工况Ⅱ	1.25	1.719	—	稳定
	工况Ⅲ	1.25	1.309	—	稳定

续表

计算模式	计算工况	安全系数	稳定性系数	剩余下滑力/（kN/m）	稳定性状态
按滑移式危岩切层计算（循环 20 次）	工况Ⅰ	1.25	1.814	—	稳定
	工况Ⅱ	1.25	1.607	—	稳定
	工况Ⅲ	1.25	1.224	1779	基本稳定

表 12.11　按倾倒式危岩计算的稳定性结果汇总

计算模式	计算工况	安全系数	稳定性系数	剩余倾覆力矩/（kN·m）	稳定性状态
按倾倒式计算	工况Ⅱ	1.50	45.851	—	稳定
	工况Ⅲ	1.50	6.854	—	稳定

表 12.12　按滑移式危岩进行稳定性计算的成果一览表

计算工况	危岩重度/(kN/m^3)	危岩面积/m^2	危岩自重/(kN/m)	裂隙充水高度/m	滑面倾角/(°)	滑面黏聚力/kPa	滑面内摩擦角/(°)	滑面长度/m	稳定性系数
按滑移式岩体较完整的危岩顺层计算									
工况Ⅰ	27.10	5519.02	149565.44	0	6	60	22	28.61	3.954
工况Ⅱ	27.10	5519.02	149565.44	30	6	50	20	28.61	2.677
工况Ⅲ	27.10	5519.02	149565.44	60	6	40	18	28.61	1.374
按滑移式岩体较完整的危岩切层循环 0 次计算									
工况Ⅰ	27.10	5418.02	146828.34	0	20	472	32.6	31.10	2.049
工况Ⅱ	27.10	5418.02	146828.34	30	20	472	32.6	31.10	1.817
工况Ⅲ	27.10	5418.02	146828.34	60	20	472	32.6	31.10	1.386
按滑移式岩体较完整的危岩切层循环 5 次计算									
工况Ⅰ	27.10	5418.02	146828.34	0	20	426	32.2	31.10	1.994
工况Ⅱ	27.10	5418.02	146828.34	30	20	426	32.2	31.10	1.767
工况Ⅲ	27.10	5418.02	146828.34	60	20	426	32.2	31.10	1.346
按滑移式岩体较完整的危岩切层循环 15 次计算									
工况Ⅰ	27.10	5418.02	146828.34	0	20	383	31.8	31.10	1.941
工况Ⅱ	27.10	5418.02	146828.34	30	20	383	31.8	31.10	1.719
工况Ⅲ	27.10	5418.02	146828.34	60	20	383	31.8	31.10	1.309
按滑移式岩体较完整的危岩切层循环 20 次计算									
工况Ⅰ	27.10	5418.02	146828.34	0	20	358	30.1	31.10	1.814
工况Ⅱ	27.10	5418.02	146828.34	30	20	358	30.1	31.10	1.607
工况Ⅲ	27.10	5418.02	146828.34	60	20	358	30.1	31.10	1.224

表 12.13　按倾倒式危岩进行稳定性计算的成果一览表

计算工况	危岩重度/(kN/m³)	危岩面积/m²	危岩自重/(kN/m)	底部岩体抗拉强度/kPa	后缘裂隙下端至倾覆点水平距离/m	后缘裂隙充水高度/m	后缘裂隙倾角/(°)	重心至倾覆点水平距离/m	裂隙水压力/(kN/m)	稳定性系数
工况Ⅱ	27.1	5519.02	149565.442	224	28.5	30	80	20.43	4500	45.851
工况Ⅲ	27.1	5519.02	149565.442	224	28.5	60	80	20.43	18000	6.854

12.5.5　箭穿洞危岩损伤演化分析

1. 箭穿洞危岩溃屈失稳的判定模型

1）试验数据分析

取危岩体位于劣化带区域的岩石试样，通过室内干湿循环试验，得到不同干湿循环次数下岩体的全应力-应变曲线，示意图如图 12.35 所示。

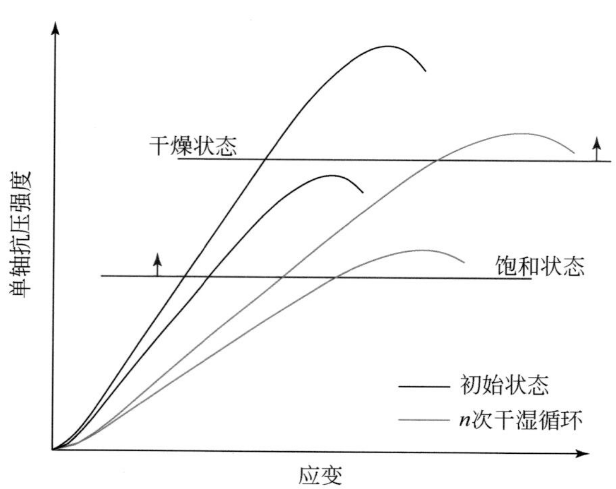

图 12.35　劣化带岩体全应力-应变示意图

2）统计损伤本构模型的构建

在典型的库区水位升降过程中（图 12.36），假定劣化带区域软弱基座所在高程为H_2-H_1，库区实时水位为$h(t)$，根据室内干湿循环试验及概率统计损伤本构模型，可得到第n个水文周期下的劣化带岩体的损伤本构模型，其中干燥状态下［$h(t)\leqslant H_1$］的干湿循环损伤本构模型为

$$
\begin{cases}
\sigma_1^{\mathrm{d}}(n)=E_n^{\mathrm{d}}\varepsilon_1^{\mathrm{d}}(n)\times(1-D_n^{\mathrm{d}})\\
D^{\mathrm{d}}(n)=1-\exp\left[-\dfrac{E_n^{\mathrm{d}}\varepsilon_1^{\mathrm{d}}(n)^{m_n^{\mathrm{d}}}}{F_0^{\mathrm{d}}(n)}\right]\\
m_n^{\mathrm{d}}=\dfrac{1}{\ln\left[\dfrac{E_n^{\mathrm{d}}\varepsilon_{1\mathrm{c}}^{\mathrm{d}}(n)}{\sigma_{1\mathrm{c}}^{\mathrm{d}}(n)}\right]}\\
F_0^{\mathrm{d}}(n)=E_n^{\mathrm{d}}\varepsilon_{1\mathrm{c}}^{\mathrm{d}}(n)m_n^{\mathrm{d}\frac{1}{m_n^{\mathrm{d}}}}
\end{cases}
\tag{12.9}
$$

饱和状态下 ［h （t） $\geqslant H_2$］ 的干湿循环损伤本构模型为

$$
\begin{cases}
\sigma_1^{\mathrm{s}}(n)=E_n^{\mathrm{s}}\varepsilon_1^{\mathrm{s}}(n)\times(1-D_n^{\mathrm{s}})\\
D^{\mathrm{s}}(n)=1-\exp\left[-\dfrac{E_n^{\mathrm{s}}\varepsilon_1^{\mathrm{s}}(n)^{m_n^{\mathrm{s}}}}{F_0^{\mathrm{s}}(n)}\right]\\
m_n^{\mathrm{s}}=\dfrac{1}{\ln\left[\dfrac{E_n^{\mathrm{s}}\varepsilon_{1\mathrm{c}}^{\mathrm{s}}(n)}{\sigma_{1\mathrm{c}}^{\mathrm{s}}(n)}\right]}\\
F_0^{\mathrm{s}}(n)=E_n^{\mathrm{s}}\varepsilon_{1\mathrm{c}}^{\mathrm{s}}(n)m_n^{\mathrm{s}\frac{1}{m_n^{\mathrm{s}}}}
\end{cases}
\tag{12.10}
$$

水位上升时($H_2\geqslant h(t)\geqslant H_1$)的干湿循环损伤本构模型为

$$
\begin{cases}
\sigma_1^{\mathrm{u}}(n)=E_n^{\mathrm{d}}\varepsilon_1^{\mathrm{d}}(n)\times(1-D_n^{\mathrm{d}})-\dfrac{h(t)-H_1}{H_2-H_1}\left[E_n^{\mathrm{d}}\varepsilon_1^{\mathrm{d}}(n)\times(1-D_n^{\mathrm{d}})-E_n^{\mathrm{s}}\varepsilon_1^{\mathrm{s}}(n)\times(1-D_n^{\mathrm{s}})\right]\\
D^{\mathrm{u}}(n)=1-\exp\left[-\dfrac{E_n^{\mathrm{d}}\varepsilon_1^{\mathrm{d}}(n)^{m_n^{\mathrm{d}}}}{F_0^{\mathrm{d}}(n)}\right]+\dfrac{h(t)-H_1}{H_2-H_1}\left\{\exp\left[-\dfrac{E_n^{\mathrm{d}}\varepsilon_1^{\mathrm{d}}(n)^{m_n^{\mathrm{d}}}}{F_0^{\mathrm{d}}(n)}\right]-\exp\left[-\dfrac{E_n^{\mathrm{s}}\varepsilon_1^{\mathrm{s}}(n)^{m_n^{\mathrm{s}}}}{F_0^{\mathrm{s}}(n)}\right]\right\}
\end{cases}
\tag{12.11}
$$

水位下降时($H_2\geqslant h(t)\geqslant H_1$)的干湿循环损伤本构模型为

$$
\begin{cases}
\sigma_1^{\mathrm{f}}(n)=E_n^{\mathrm{s}}\varepsilon_1^{\mathrm{s}}(n)\times(1-D_n^{\mathrm{s}})+\dfrac{H_2-h(t)}{H_2-H_1}\left[E_n^{\mathrm{d}}\varepsilon_1^{\mathrm{d}}(n)\times(1-D_n^{\mathrm{d}})-E_n^{\mathrm{s}}\varepsilon_1^{\mathrm{s}}(n)\times(1-D_n^{\mathrm{s}})\right]\\
D^{\mathrm{f}}(n)=1-\exp\left\{-\dfrac{E_n^{\mathrm{s}}\varepsilon_1^{\mathrm{s}}(n)^{m_n^{\mathrm{s}}}}{F_0^{\mathrm{s}}(n)}\right\}-\dfrac{H_2-h(t)}{H_2-H_1}\left\{\exp\left[-\dfrac{E_n^{\mathrm{d}}\varepsilon_1^{\mathrm{d}}(n)^{m_n^{\mathrm{d}}}}{F_0^{\mathrm{d}}(n)}\right]-\exp\left[-\dfrac{E_n^{\mathrm{s}}\varepsilon_1^{\mathrm{s}}(n)^{m_n^{\mathrm{s}}}}{F_0^{\mathrm{s}}(n)}\right]\right\}
\end{cases}
\tag{12.12}
$$

式中，$\sigma_1(n)$为应力；D_n 为损伤变量；E_n 为弹性模量；$\varepsilon_1(n)$为应变；$\varepsilon_{1\mathrm{c}}(n)$为峰值应变；$\sigma_{1\mathrm{c}}(n)$为峰值应力；$F_0(n)$和$m_n$为损伤本构参数；作为右上角角标的 d、s、u、f 分别为干燥状态、饱和状态、水位上升及水位下降的标识；上式所涉及参数均可由室内干湿循环作用下全应力-应变曲线得到。

3）损伤变量的迭代累积

将水位波动作用下岩体的损伤累积进行量化如下：

$$
D_{\mathrm{E}}(n-1)=1-\frac{\sigma_{\mathrm{E}}(n-1)}{E_{n-1}^{\mathrm{s}}\varepsilon_1^{\mathrm{s}}(n-1)}
\tag{12.13}
$$

$$
\sigma_{\mathrm{E}}(n)=E_n^{\mathrm{d}}\varepsilon_1^{\mathrm{d}}(n)\times\left[1-D_{\mathrm{E}}(n-1)\right]
\tag{12.14}
$$

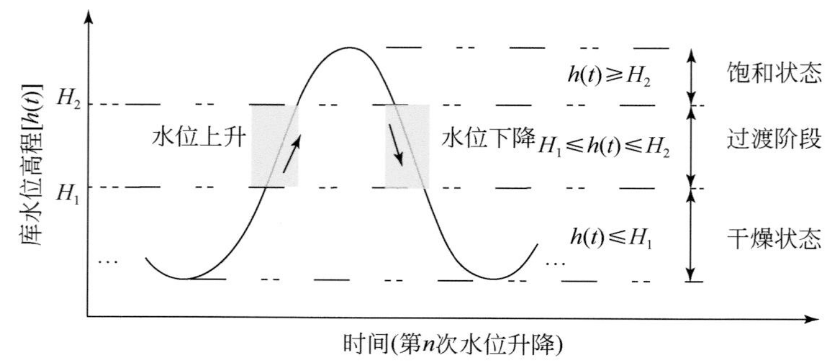

图 12.36　库区水位波动示意图

式中，$\sigma_E(n-1)$和$\sigma_E(n)$分别为第 $n-1$ 次和第 n 次水位周期涨落后危岩体基座的有效应力，其中 $n\geqslant 1$，且$\sigma_E(0)$为危岩体自重；$\varepsilon_1^s(n-1)$为第 $n-1$ 次水位周期涨落后危岩体基座的有效应力所对应的有效应变（此时为饱和状态）；E_{n-1}^s为第 $n-1$ 次水位周期涨落后危岩体基座的弹性模量（此时为饱和状态）；$D_E(n-1)$为第 $n-1$ 次水位周期涨落后危岩体基座的有效损伤变量；$\varepsilon_1^d(n)$为第 n 次水位周期涨落后危岩体基座的有效应力所对应的有效应变（此时为干燥状态）；E_n^d为第 n 次水位周期涨落后危岩体基座的弹性模量（此时为干燥状态）。

4）稳定性趋势预测

考虑基座岩体损伤及库水位周期涨落后，危岩体稳定性的定量评价参数如下：

$$F_S=\frac{\sigma_c(n)}{\sigma_E(n)} \tag{12.15}$$

式中，F_S为考虑干湿循环作用下岩体强度降低及损伤演化的稳定性系数；$\sigma_c(n)$ 为第 n 次水位周期涨落后劣化带的峰值应力；$\sigma_E(n)$ 为第 n 次水位周期涨落后劣化带的有效应力。

2. 箭穿洞危岩损伤演化判定

根据箭穿洞危岩体的力学环境可知，其基座区域的岩体长期处于上覆岩体的自重作用下，并且基座岩体的强度随干湿循环次数的增加不断降低，另外，基座岩体在干燥状态及饱和状态下的力学性质相差较大，其力学强度呈现波动状态。但是根据损伤力学的假定，基座岩体的杆件断裂是持续增加且不可逆的，因而，针对涉水危岩体的稳定分析，通过引入损伤力学进行损伤的叠加计算，能够有效地反应基座岩体在持续自重作用下干湿循环过程中岩体力学强度的降低，进而持续追踪其力学状态，得到其稳定参数。

在概化模型的基础上，不考虑室内试验岩体试样强度与实际工况岩体强度的差异性，将实际工况的力学环境引入到室内试验结果，其分析步骤如下。

取上部岩体自重作为初始控制轴压：

$$\sigma_{E0}=\gamma\times H=27.1\times 0.12=3.24\text{MPa} \tag{12.16}$$

初始计算值与监测曲线的峰值接近，也间接证明了该力学模型的有效性。在进行方法推导时，存在以下设定：基座岩体的轴压保持不变，即一直保持为 3.24MPa，但是随着损伤的累积，基座岩体的有效承压面积降低，因而所承担的有效轴压增加，该设定与压力监测曲线及裂缝变形的趋势是一致的；损伤的递进增加以及有效轴压的增加是不可逆的，因而，当损伤变量及有效轴压提升到一个较高的值之后，不会因为力学环境的变动（此处为干湿循环）而产生回落。

基于上述设定，进行理论值的推导如下：

（1）将初始控制轴压代入 0 次干湿循环可知，对于干燥工况下的岩石，3.24MPa 所对应的损伤变量为 0.00039，可以理解为此时岩体内部产生了量化为 0.00039 的损伤；对于饱和工况下的岩石，3.24MPa 对应的损伤变量为 0.000636，与干燥工况相比，其损伤变量增加了 38.68%。在进入下一次干湿循环时，将采用饱和工况下的 0.000636 进行分析。

（2）将 0 次干湿循环下累积的损伤变量 0.000636 代入 1 次干湿循环的损伤本构模型可知，此时干燥工况下所对应的有效轴压提升到了 3.815MPa，在该轴压下饱和工况所对应的损伤变量增加为 0.001144，在进行下一次干湿循环时，将采用饱和工况下的 0.001144 进行分析。由于篇幅有限，2～7 次干湿循环的相关推导方法是一致的，此处不再展开，所推导参数如表 12.14 所示。

（3）当进行到 8 次干湿循环时，上一次累积的损伤变量已经达到了 0.070953，此时由干燥工况下岩体的损伤本构模型所确定的有效轴压也已经达到了 11.721MPa，在该轴压下饱和工况所对应的损伤为 0.195443。在进入下一次干湿循环时，将采用饱和工况下的 0.195443 进行分析。

（4）当进行到 9 次干湿循环时，将损伤变量 0.195443 代入干燥工况下岩体的损伤本构模型分析可知，此时的有效轴压达到了 15.615MPa，当由干燥工况转到饱和工况时，有效轴压超过了 9 次干湿循环下岩体的饱和抗压强度，危岩体将发生失稳破坏。

表 12.14　箭穿洞危岩体损伤演化参数

干湿循环次数	有效轴压/MPa	轴压递进量/%	损伤变量累积值	损伤变量递进量/%
0	3.24	—	0.000636	—
1	3.82	17.90	0.001144	79.87
2	4.32	13.09	0.002047	78.93
3	4.88	12.92	0.003602	75.96
4	5.576	14.31	0.007743	114.96
5	6.668	19.58	0.015997	106.60
6	7.949	19.21	0.032893	105.61
7	9.555	20.20	0.070953	115.71
8	11.721	22.67	0.195443	175.45
9	15.615	33.22	崩塌	崩塌

对图 12.37 进行分析可知，随着干湿循环次数的增加，危岩体的稳定性逐渐降低，在 9 次干湿循环由干燥状态转至饱和状态的过程中到达危岩体的临界值，将发生整体的失稳破坏。由于岩体干燥状态与饱和状态下的强度差异，在干湿循环作用的前期，所引发的岩体稳定性波动极大，随着干湿循环次数的增加，这种波动逐渐减小。

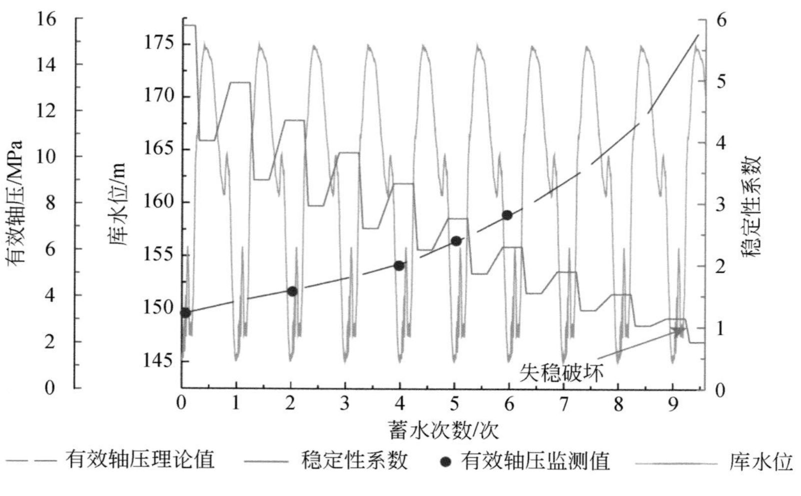

图 12.37　基于损伤演化的箭穿洞危岩稳定性分析

与常规静力学分析对比可知，箭穿洞危岩体在倾倒式破坏或者滑移式破坏的静力学评价标准下，30 次干湿循环之后，危岩体仍然保持稳定。在概化模型基础上进行底部溃屈评价时，危岩体将在 30 次干湿循环前后发生失稳破坏；若引入损伤变量进行定量评价之后，危岩体将在 9 次干湿循环前后发生失稳破坏。该定量评价方法所得到的理论值与实际监测曲线的契合度很高，并且将危岩体的稳定性从持续稳定推进到了 9 次干湿循环的临界状态。此外，引入损伤变量的定量评价方法，不仅可以将库区水位周期性涨落下的时间关联定量化，还实现了岩体损伤与宏观强度的跨尺度分析，而这两个方面是危岩体静力学评价及溃屈破坏评价未曾涉及的。

12.5.6　危岩稳定性综合分析

综合专业监测变形特征、数值模拟分析和干湿循环条件下静力学定量计算分析：专业监测和宏观巡查显示危岩变形部位与危岩体的应力应变数值模拟较为吻合；危岩体 FLAC3D 应力-应变数值模拟和 FEM/DEM 变形破坏数值模拟的危岩应力主要集中在基座靠后缘侧和临空面侧，主要受剪切和张裂作用，基座泥质条带灰岩被剪切破坏，基座裂缝（裂隙）逐渐向上部岩体发展发生张裂破坏，这与危岩难以倾倒破坏和干湿循环作用岩体强度劣化后可能发生切层滑移失稳的静力学计算模型基本吻合，但静力学模型无法定量计算危岩发生张裂破坏（压溃式破坏）。因此，在掌握了箭穿洞危岩体空间形态、近五年专业监测变形数据和基座岩体干湿循环强度参数劣化规律的基础上，建立和调试的数值分析模型较为符合危岩体的现状条件，数值模型进行的应力应变和变形破坏趋势预测分析极具参考，故箭穿洞危岩的破坏模式可能为滑移、压溃或滑移+压溃，破坏模式较复杂。

箭穿洞危岩体边界条件清晰，被裂缝切割成孤立柱状块体，斜靠在北东侧和南东侧山体上，基座为软弱的泥质条带灰岩，危岩中轴线以东岩体极为破碎，1#平硐和 3#平硐间形成了明显的三角压裂区，基座泥质条带灰岩及三角压裂区是控制危岩破坏模式和稳定性的关键块体。

从野外调查、各个监测点的数据和监测曲线来看，治理前箭穿洞危岩上部有变形但节理裂隙没有宏观表现，而基座岩体宏观变形和破坏十分明显，特别是基座的压应力逐年增大，1#平硐 b0、b1 监测点在 2017 年压应力下降分析是由于近坡面岩体被压溃，应力松弛造成，说明基座岩体的完整性降低。因此，主要变形区为基座岩体，上部变形主要由基座变形引起。基座岩体处于压裂状态，正在逐步形成、扩大压裂带和压裂区范围，箭穿洞危岩体在 2016 年后变形速率有加剧趋势，特别是基座岩体的劣化加剧，箭穿洞危岩治理前处于等速变形阶段的后期，不久将进入加速变形初期阶段，至治理前箭穿洞危岩体处于基本稳定状态。

30 次干湿循环试验后岩石抗压、抗剪等强度参数普遍下降 20% ~30%，并且劣化趋势尚未收敛。因此，在长江江水冲刷、干湿循环作用和上部岩体自重压力作用下，基座岩体的完整性和强度将持续降低，压裂区、压裂带高度和范围逐渐发展、扩大，压剪带逐渐形成、发展、贯通，危岩体将失稳。按照岩石干湿循环后强度劣化规律推测，箭穿洞危岩体基座在经历30 ~40 次干湿循环后将处于极限平衡状态。

12.6　箭穿洞危岩入江涌浪灾害风险评估

12.6.1　公式法估算崩塌涌浪高度

对崩滑体涌浪灾害的计算分析研究，物理（经验）公式法、数值分析法和物理模型试验法是目前国内外主流的三种研究方法。

崩滑体高约 130m，宽约 50m，厚度约 55m，体积约 36 万 m^3。假定崩滑体完全入水、采用质点法计算和经验滑动摩擦系数，可得危岩体入水速度为 15 ~29m/s。其他参与计算的参数为容重 27g/cm^3，河底高程约 70m，对岸坡脚为 55°。以下计算公式的参数意义：η 为涌浪高度，m；d 为水深，m；λ 为滑体最大厚度，m；l 为滑体长度，m；h 为滑体厚度，m；α 为滑动面倾角，(°)；w 为滑坡平均宽度，m；ρ_s 为滑体密度，g/cm^3；ρ 为水的密度，g/cm^3；v_s 为入水速度，m/s；k 为综合影响系数，取平均值 0.12；V 为滑体体积，m^3，水科院公式法中滑体体积（V）单位为万 m^3。

1. 美国土木工程师协会推荐法

由图 12.38、图 12.39，根据 v_r 值 $\left(v_r=\dfrac{v_s}{\sqrt{gd}}\right)$ 可先求出滑体落水点（$x=0$）处的最大涌浪高度（η_{max}）。

当以 15m/s 的入水速度计算箭穿洞危岩体 145m、156m 和 175m 水位工况下的涌浪时，得到最大涌浪高度为 31.9m、29.7m、26.9m，当以 29m/s 的入水速度计算箭穿洞危岩体 145m、156m 和 175m 水位工况下的涌浪时，得到最大涌浪高度为 46.1m、45.1m、44.0m。

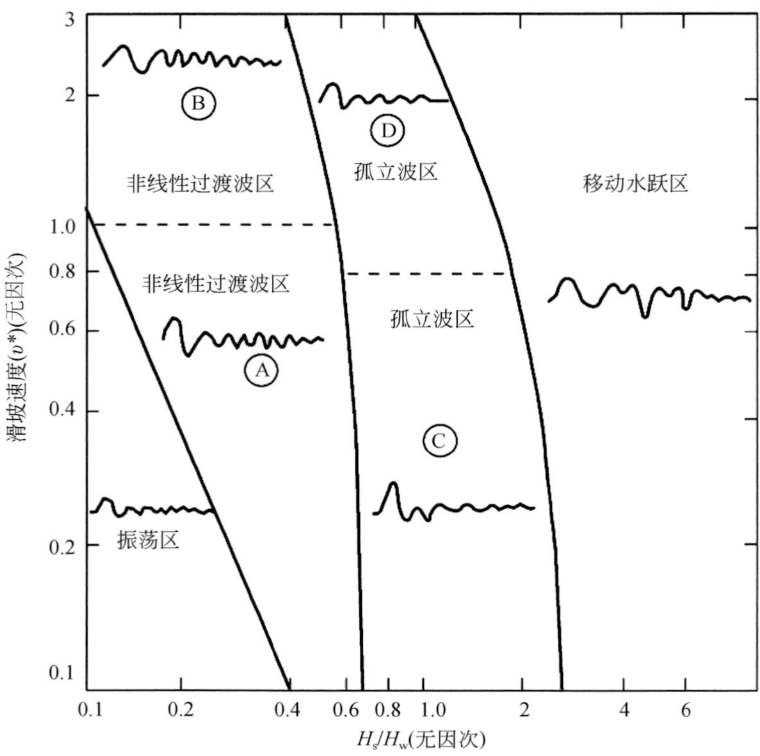

图 12.38　波浪特性分区图

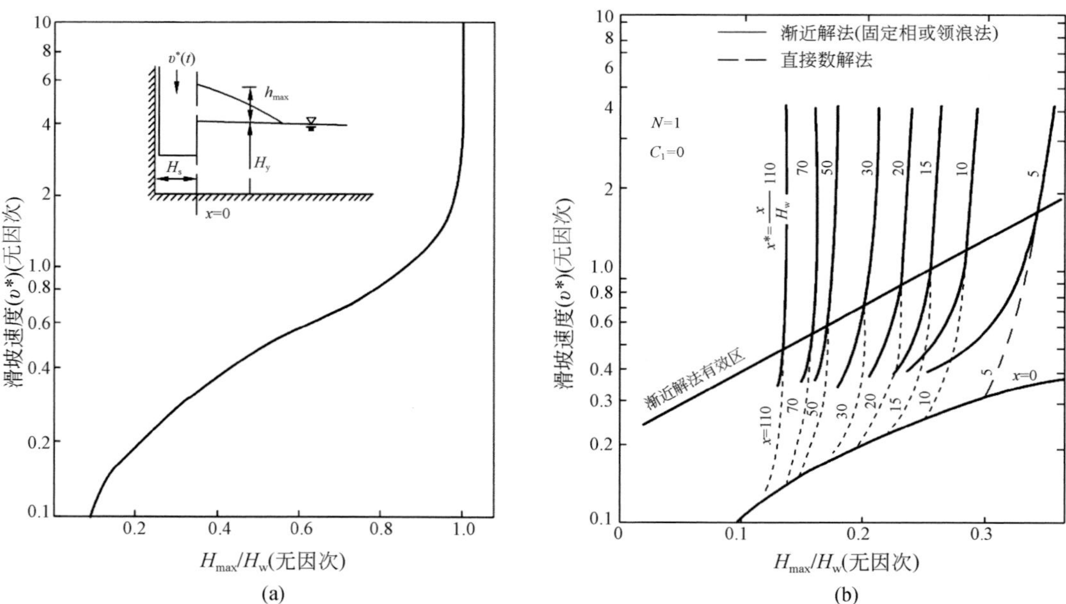

图 12.39　滑坡涌浪预测图

2. Noda 法

Noda 法（1970）提出最大涌浪高度的计算公式为$\eta_{max}=\frac{v_s}{\sqrt{gd}}\lambda$。

当入水速度为 15m/s，在 145 ~ 175m 工况下，水深为 75 ~ 105m，计算得到箭穿洞危岩体 145m、156m 和 175m 水位工况下的最大涌浪高度为 31.6m、29.5m、26.7m。当入水速度为 29m/s，在 145 ~ 175m 工况下，水深为 75 ~ 105m，计算得到箭穿洞危岩体 145m、156m 和 175m 水位工况下的最大涌浪高度为 59.8m、55.9m、50.6m。

3. Slingerland 和 Voight 法

R. L. Slingerland 和 B. Voight（1979）计算公式为

$$\log\left(\frac{\eta_{max}}{d}\right)=a+b\log(\mathrm{KE}),\mathrm{KE}=0.5(lhw/d^3)(\rho_s/\rho)[v_s^{\ 2}/(gd)]$$

式中，$a=-1.25$；$b=0.71$。

经过计算后，结果偏小，与实际不符，该方法不适宜应用于箭穿洞危岩体。

4. Huber 和 Hager 法

Huber 和 Hager（1997）法最大涌浪高度计算公式为

$$\eta_{max}=0.88\sin\alpha\ (\rho_s/\rho)^{0.25}(V/w)^{0.5}(d/s)^{0.25}$$

代入参数，计算结果见表 12.15。

表 12.15　Huber 和 Hager（1997）法最大涌浪高度计算结果

量	计算结果		
水位/m	175	156	145
密度比（ρ_s/ρ）	2.8		
滑体体积（V）/m^3	360000.00		
滑体平均宽度（w）/m	50.00		
滑动面倾角（α）/（°）	45.00		
最大滑动距离（x）/m	90.00	100.00	75.00
最大涌浪高度（η_{max}）/m	56.83	57.05	59.48

5. 水科院公式法

水科院公式法的公式为

$$\eta_{max}=k\frac{u^{1.85}}{2g}V^{0.5}\tag{12.17}$$

该方法与水位工况无关。代入参数，计算结果见表 12.16。

表 12.16　水科院公式法计算结果

量	计算结果	
综合影响系数（k）	0.12	0.12

续表

量	计算结果	
滑体体积（V）/万 m^3	36.00	36.00
入水速度（v_s）/（m/s）	15.60	29.50
最大涌浪高度（η_{max}）/m	5.92	19.24

6. 相似试验法

武汉地质调查中心相关人员开展了滑坡涌浪物理模型，研究了三峡库区高陡岸坡崩滑体的几何形状、初始位置与水面落差、滑动面倾角、受纳水深等因素对涌浪首浪高度的影响（黄波林等，2015）。利用正交表对测得的首浪高度值进行极差分析与方差分析，得出对首浪高度有显著影响的因素及首浪高度随各因素的变化趋势，然后通过量纲分析及回归分析得到首浪高度与显著影响其值的各因素之间的关系式为

$$\frac{\eta}{d}=0.529\left(\frac{v_s^2}{gd}\right)^{0.334}\left(\frac{w}{h}\right)^{0.754}\left(\frac{l}{h}\right)^{0.506}\left(\frac{h}{d}\right)^{1.631} \tag{12.18}$$

代入各参数，计算结果见表 12.17。

表 12.17　相似试验法计算结果

水位工况	175m 水位	156m 水位	145m 水位	175m 水位	156m 水位	145m 水位
水深（d）/m	73.00	54.00	43.00	73.00	54.00	43.00
入水速度（v_s）/（m/s）	15.60	15.60	15.60	29.50	29.50	29.50
滑体平均宽度（w）/m	50.00	50.00	50.00	50.00	50.00	50.00
滑体厚度（h）/m	55.00	55.00	55.00	55.00	55.00	55.00
滑体长度（l）/m	130.00	130.00	130.00	130.00	130.00	130.00
最大涌浪高度（η_{max}）/m	40.69	36.22	40.69	62.27	55.44	62.27

在进行涌浪计算时，美国土木工程师协会推荐法、Noda 法计算结果相近，在入水速度为 15m/s、水位在 145～175m 时最大涌浪高度均在 26.0～32.0m；在入水速度为 29m/s、水位在 145～175m 时美国土木工程师协会推荐法最大涌浪高度为 44.0～46.0m，Noda 法最大涌浪高度在 50.0～60.0m。Huber 和 Hager 法水位在 145～175m 时最大涌浪高度在 56.00～70.00m。水科院公式法当入水速度为 15m/s 时最大涌浪高度为 5.92m，当入水速度为 29m/s 时最大涌浪高度为 19.24m。相似试验法在入水速度为 15m/s、水位在 145～175m 时最大涌浪高度在 36.00～41.00m，在入水速度为 29m/s、水位在 145～175m 时最大涌浪高度为 55.00～63.00m。

12.6.2　危岩入江涌浪数值模拟分析

箭穿洞潜在涌浪风险评估主要采用 FLOW3D 软件开展（Huang et al., 2019）。在

FLOW3D 中建立了一个 3.5km×3.2km 的河谷模型，单元网格大小为 10m×10m×10m，计算域高程在 40～330m，总共有单元格 3034850 个，如图 12.40 所示。

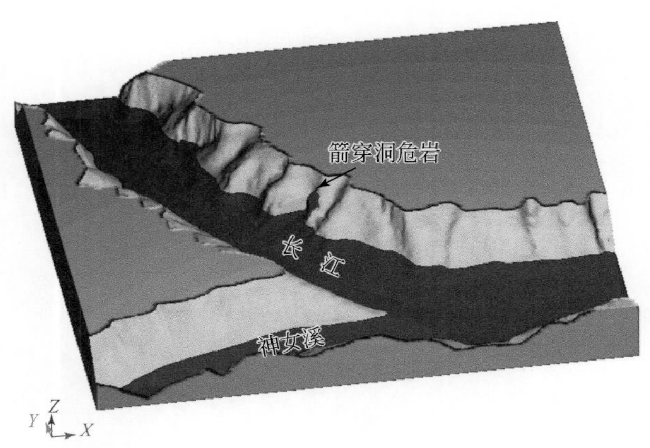

图 12.40　箭穿洞危岩入江涌浪数值模拟 FLOW3D 模型

根据上述失稳模式研究可知，箭穿洞危岩体可能倾倒或滑动入水；同时，这一失稳可能在 145～175m 的任意水位下发生。由于箭穿洞危岩体并未发生破坏，其运动特征也需考虑。在 FLOW3D 中，物体自由运动时运动特征由地形、法向碰撞弹性恢复系数和摩擦系数控制。为了规避涌浪灾害风险，使计算结果偏安全，箭穿洞危岩体运动时弹性恢复系数取值为 0.2，摩擦系数取值为 0.2。基于上述理解，设计了表 12.18 计算工况。

表 12.18　计算工况表

工况	失稳模式	水位	弹性恢复系数（e）	摩擦系数（f）
A	倾倒	175m	0.2	0.2
B		145m	0.2	0.2
C	滑移	175m	0.2	0.2
D		145m	0.2	0.2

经过大量的计算，得到了四个计算工况的大量数据。从 GMO 的运动特征来看，虽然弹性恢复系数和摩擦系数一致，但同一失稳模式运动速度有一定差异（图 12.41）。175m 水位下倾倒和滑动的重心点最大速度分别为 31m/s 和 23m/s。145m 水位下倾倒和滑动的重心点最大速度分别为 38m/s 和 25m/s。

从图 12.42 的块体倾倒阶段图可见，柱状块体以基座为转动点，向外转动。在块体接触水面时，激烈地拍打并向下挤压水体形成最初的涌浪，剧烈地冲击形成了巨大的涌浪。在 175m 水位时，河道中最大涌浪高度为 47.1m；在 145m 水位时，河道中最大涌浪高度为 35.0m。

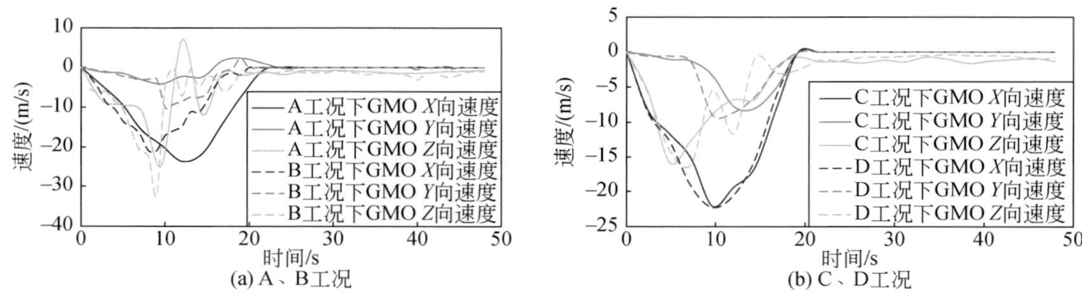

图 12.41　A、B、C、D 工况下 GMO 各向速度图

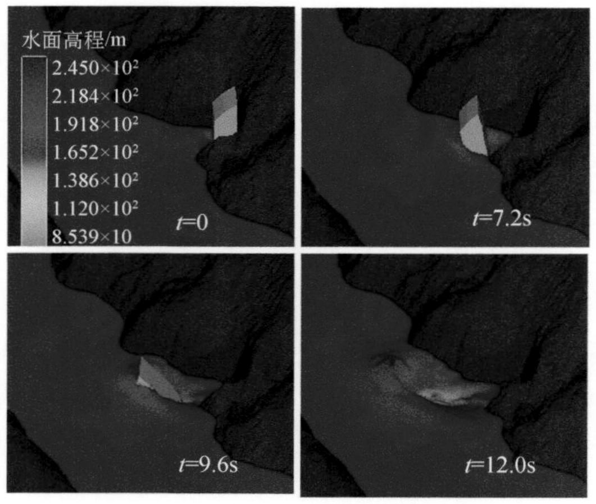

图 12.42　175m 水位时块体倾倒阶段图

图 12.43 展示了 145m 水位时滑动失稳产生涌浪的过程。滑动时，滑块最开始从母岩中缓慢分离，然后块体向后倾斜沿斜坡面发生滑动。滑动面最开始是原来的危岩体基座，

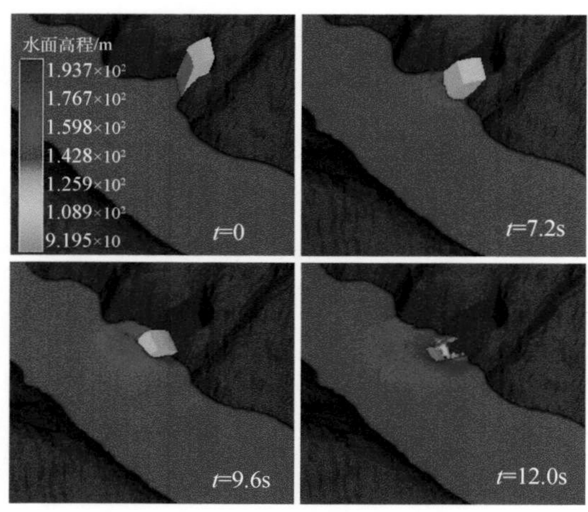

图 12.43　145m 水位时块体滑动阶段图

滑动后靠后，块体原来的拉裂后壁慢慢与斜坡面接触变成滑动面。水体波浪主要是块体剧烈向前推动造成。在 175m 水位工况时，河道中最大涌浪高度为 12.5m，在 145m 水位工况时，河道中最大涌浪高度为 17.3m。

交叉对比失稳模式的各项数据发现，滑动模式使得水体获得了更多的能量；但倾倒在涌浪形成区形成了更大的涌浪高度。进一步对比各工况下沿岸的爬高和河道涌浪高度发现（图 12.44、图 12.45），越远离块体入水点，各工况下河道涌浪值的差异越小。

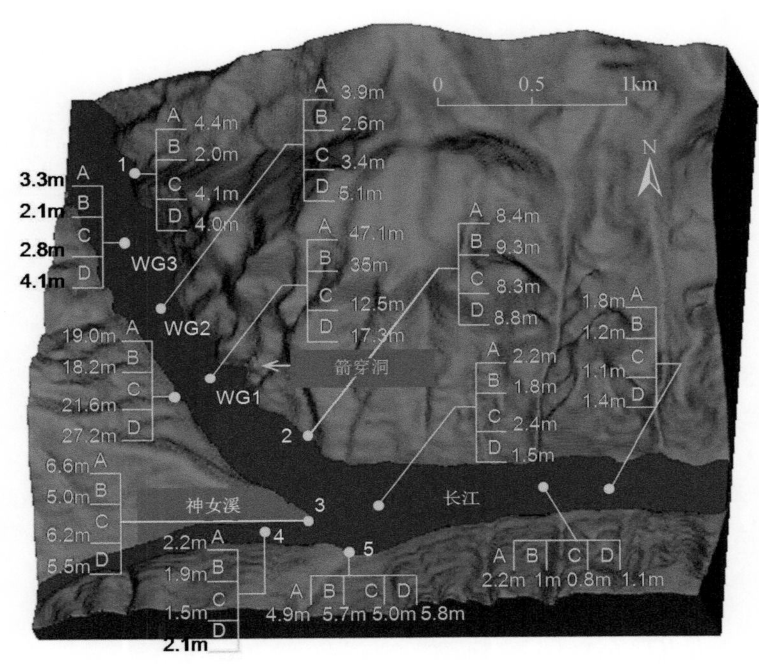

图 12.44　沿岸河道最大涌浪值、爬高值对比图

A、B、C、D 代表各个工况，各数值代表各工况下的爬高值或涌浪值。1、2. 神女峰旅游接待区；3. 青石水文观测站；4. 神女溪旅游接待区；5. 青石居民集聚区。WG1 ~ 3. 水位观察点位置

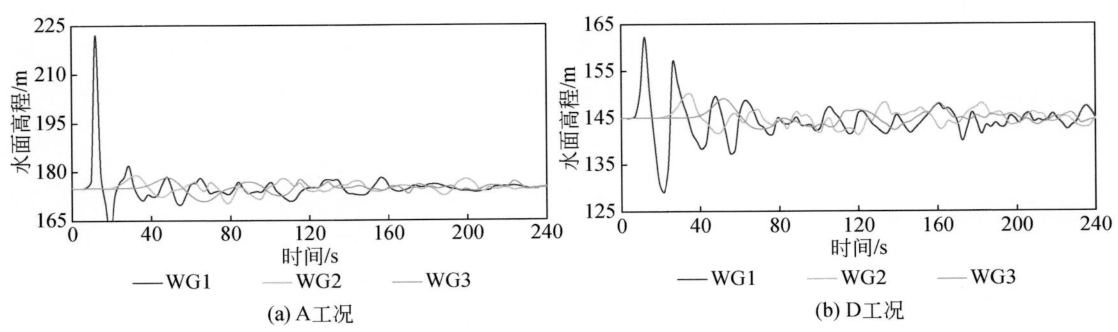

图 12.45　A 和 D 工况下 WG1 ~ 3 的水位过程线

综合各计算工况中河道涌浪的最大值和最小衰减情况，采用0.085、0.05、0.001、7×10^{-4}、5×10^{-4}、4×10^{-4}、3×10^{-4}的梯级衰减率，估算了涌浪高度大于1m的长江河道区域（图12.46）。根据中国国家海洋局发布的《风暴潮、海浪、海啸和海冰灾害应急预案》进行河道灾害预警级别的划分，涌浪高度大于3m为红色预警区、2~3m为橙色预警区、1~2m为黄色预警区、小于1m为蓝色预警区。

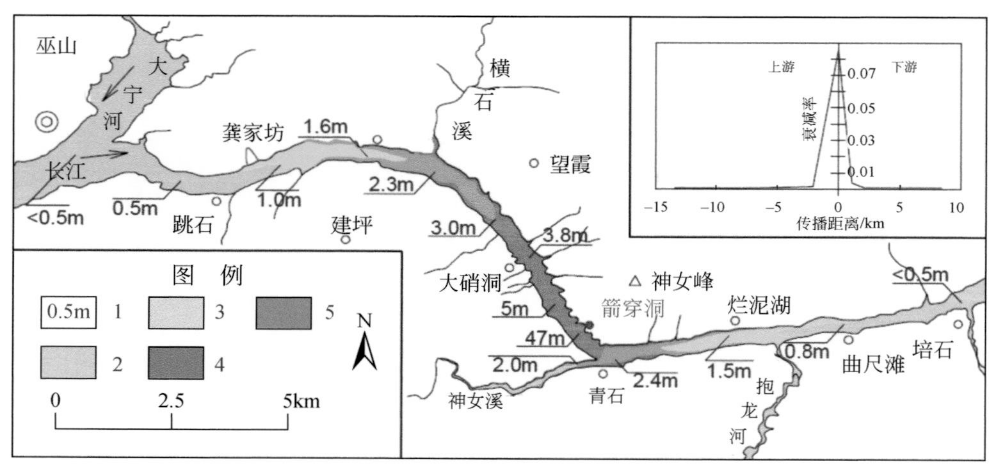

图12.46　箭穿洞危岩体涌浪危害区域评估图

右上图为河道涌浪评估采用的衰减率曲线。1. 河道中涌浪高度；2. 涌浪高度低于1m的蓝色预警区；3. 涌浪高度为1~2m的黄色预警区；4. 涌浪高度为2~3m的橙色预警区；5. 涌浪高度大于3m的红色预警区

12.6.3　危岩崩塌涌浪风险评价

12.6.1节和12.6.2节分别采用公式法和数值模拟的方法对箭穿洞危岩体产生的涌浪进行了分析。175m水位箭穿洞危岩体坐滑入水产生的涌浪采用公式法预测为25~35m，采用数值模拟方法时，最大涌浪高度为47.1m。不同方法预测的结果是有差异的，这是因为各种方法的假定条件不同，各方法都有优越性和固有的缺陷。

综合公式法和数值模拟得到的涌浪数据，鉴于区内有龚家坊危岩失稳涌浪的经验数据，数值模拟分析与其相近，具有较高的参考价值，故对应的各工况涌浪参考值主要参照数值模拟结果取值见表12.19。

表12.19　各工况下涌浪高度参考值

失稳模式	坐滑入水		倾倒入水	
水位/m	145	175	145	175
涌浪高度参考值/m	30~40	20~30	35~45	45~55

根据危岩的破坏模式和岸坡的地形特征，即便危岩发生滑移破坏，但基座以下岸坡坡

度较陡，危岩入水方式极可能转化为倾倒，因此箭穿洞危岩失稳产生的涌浪威胁范围建议参照 175m 水位倾倒入水的传播范围（图 12.43）进行预警（Yin et al.，2015）。

12.7　库水动力作用下箭穿洞危岩体防治设计研究

箭穿洞危岩防治工程设计在综合考虑危岩的破坏模式和地形地质条件的前提下，基于风险管控、未病先治的理念，以减小崩塌入江形成涌浪风险，确保长江航道安全为目的，选在危岩尚未进入加速变形、风险可控阶段开展工程治理，工程投资相对较低、施工安全隐患较小（Yin et al.，2016）。设计方案针对危岩“上硬下软”的岩性组合，提出基座补强加固、消落带防掏蚀是关键，通过对削方、抗滑键、支墩等多种工程方案在经济、技术、施工难度以及对周边环境影响等方面的比选，最终选择了“基座软弱岩体补强加固+防护工程（锚索、被动防护网、主动防护网、水下柔性防护垫）”的治理方案（图 12.47、图 12.48）。

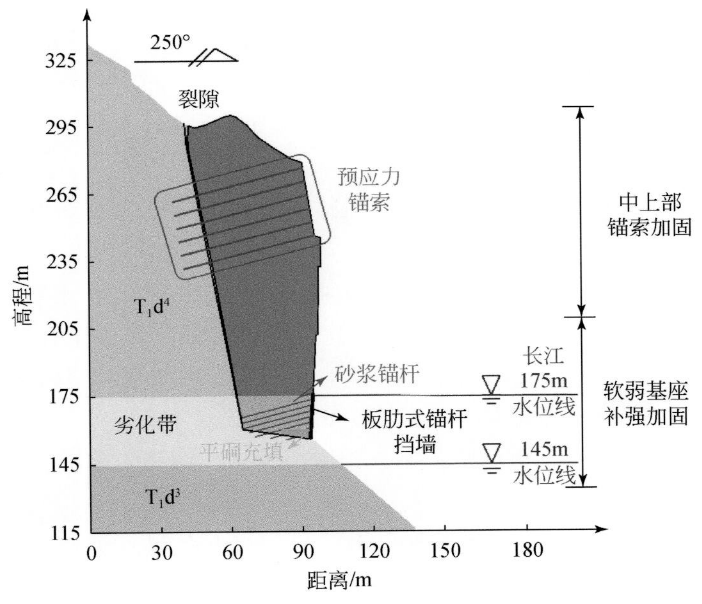

图 12.47　危岩防治方案剖面示意图

（1）基座软弱岩体补强加固：主要包括平硐键体充填+基座平台、板肋式锚杆挡墙、固结注浆等分项工程。

平硐键体充填+基座平台：采用 C30 钢筋混凝土键体充填支撑；在 153.60m、156.10m 分别设置 C30 混凝土台阶，防护基座岩体，兼做上部岩体防治施工操作平台；基底设置 3 排 3Φ25（HRB400 级钢筋）锚桩，锚固段长度 6.00m，伸入 C30 混凝土平台 2.00m，顶端弯钩长度 1.00m。

板肋式锚杆挡墙：标高 156.10～177.00m 段坡体位于江水变动带，为防止江水冲刷掏蚀，破坏岩体完整性，采用板肋式锚杆挡墙进行防护，面板厚度为 20cm，肋柱截面为

图 12.48　危岩治理工程施工

30cm×50cm，肋柱间距为 2.00m，锚杆水平间距为 2.00m，竖向间距为 2.50m，锚筋采用 2Φ20（HRB400 级）钢筋。

固结注浆：标高 158.60 ~ 173.60m 段七排锚孔兼做固结灌浆孔，标高 166.10 ~ 173.60m 段四排锚孔，延长 7.00 ~ 28.50m 作为固结灌浆钻孔，注浆孔穿过危岩体进入稳定岩层深度不小于 2.00m，注浆材料采用 0.5 : 1 ~ 3 : 1 水泥浆，遇较大大裂隙、裂缝或溶洞空腔时采用水泥砂浆或细石混凝土充填。

（2）防护工程：主要包括被动防护网、预应力锚索、主动防护网、水下柔性防护垫等分项工程。

被动防护网：为防止危岩体上部陡崖危石滚落危及下部施工安全，在危岩体顶部布设 RXI-100 型被动防护网，高 7.00m、长 50.00m。

预应力锚索：考虑危岩“塔柱状”的形态特征，为了避免基座补强加固施工扰动危岩诱发失稳和保障施工人员的安全，在危岩体中上部布置锚索和坡面主动防护网进行防护，在危岩体标高 246.00 ~ 275.00m 区域呈梅花形布置六排共 26 根 2000kN 级压力分散型锚索，水平、竖向间距均为 6.00m，每根锚索由 16Φ15.2mm 钢绞线构成，锚固段总长度为 17.00m，按照 3.00m、3.00m、2.50m、3.00m、3.00m、2.50m 分六段设置。考虑锚索承载力大、设计长度达到 67m（最长 76.50m），在结构选型上采用压力分散锚索，优化锚索受力性能，提高锚固工程可靠度（图 12.49）。

主动防护网：在危岩体标高 200.00 ~ 275.00m 的陡崖壁上布设，面积约 3100m^2。

水下柔性防护垫：标高 150.00m 以下段出露水面时间很短，很难进行常规支护工程的施工，故采用能够快速施工的“水下土工柔性防护垫”设计方案，主要由土工布、土工格栅、防腐加强筋带、尼龙沙袋等组成，土工布起防冲刷、保护岩体不被降水带走的作用，土工格栅起保护土工布的作用，加强筋带和土工格栅起主要承载作用，下部尼龙沙袋起悬吊作用，使柔性透水保护膜不被降水掀起，紧贴基岩表面（图12.50）。

图12.49　压力分散锚索构造

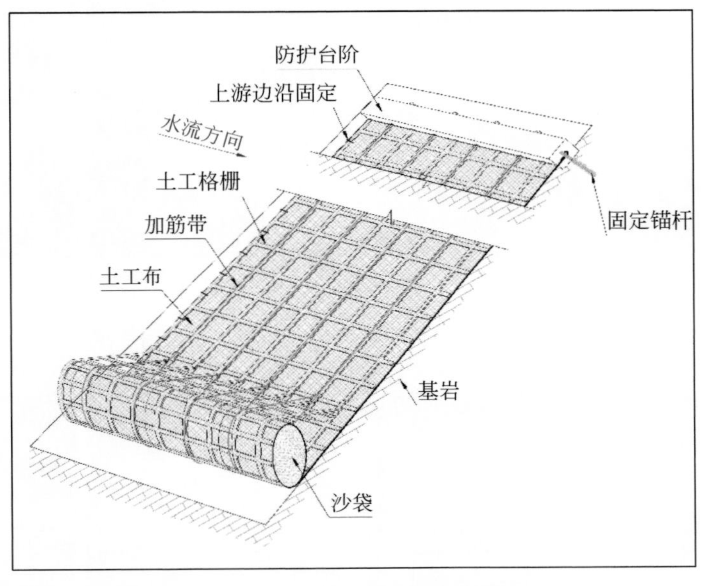

图12.50　水下柔性防护垫构造图

在设计方法上，主要采用有限元数值分析方法对箭穿洞危岩治理效果进行了分析（图12.51～图12.53），结果表明防治工程能够控制危岩基座部位的偏压变形和应力集中等相关问题，减小危岩整体变形。通过远期效果预测模拟，防治工程能有效地提高危岩整体稳定性（图12.54）。

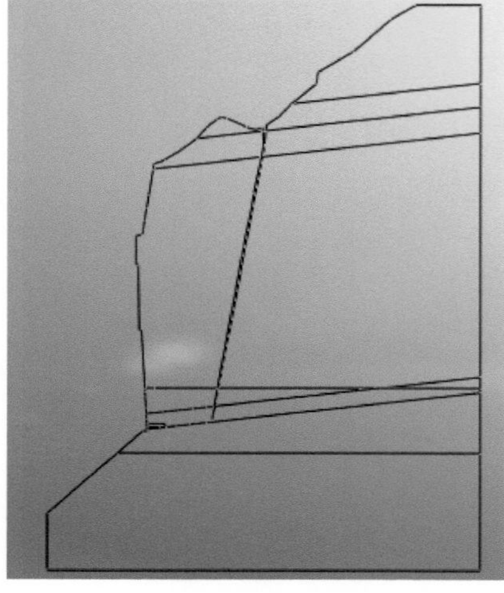

(a) 危岩治理前模型

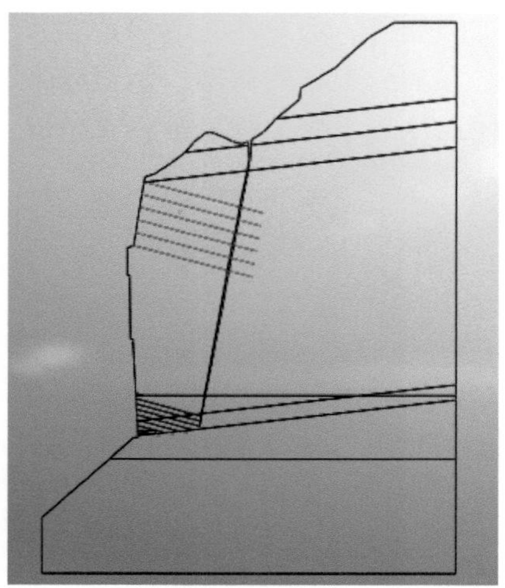

(b) 危岩治理后模型

图 12. 51　箭穿洞危岩治理前后数值计算模型

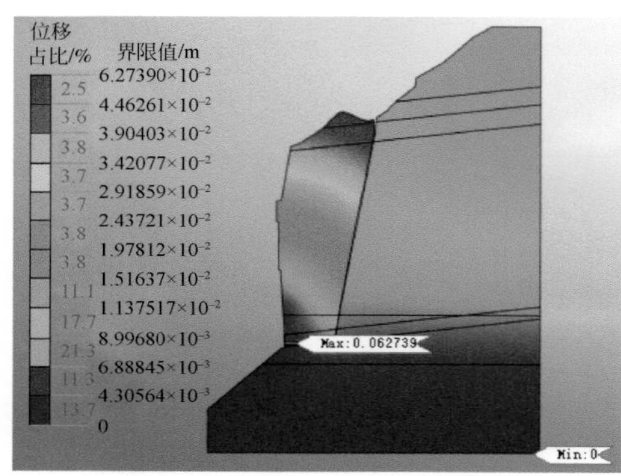

(a) 危岩治理前位移云图

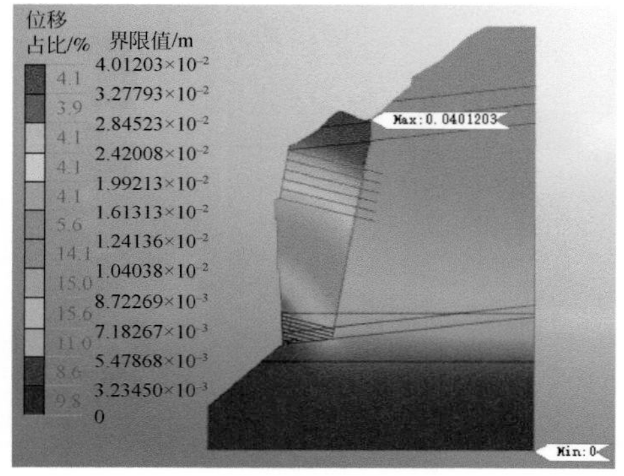

(b) 危岩治理后位移云图

图 12. 52　箭穿洞危岩治理前后位移云图

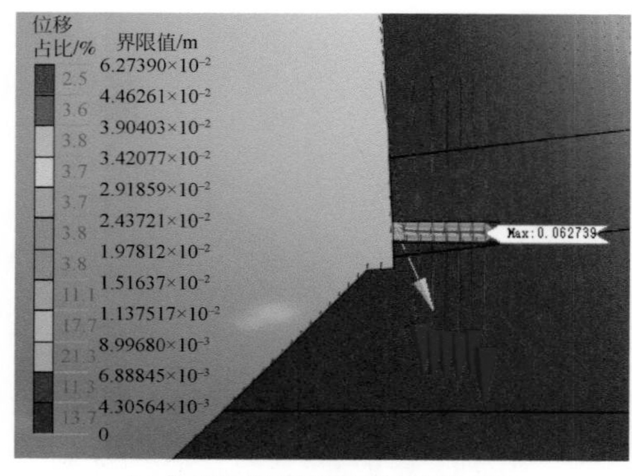

(a) 危岩治理前平硐区域位移云图

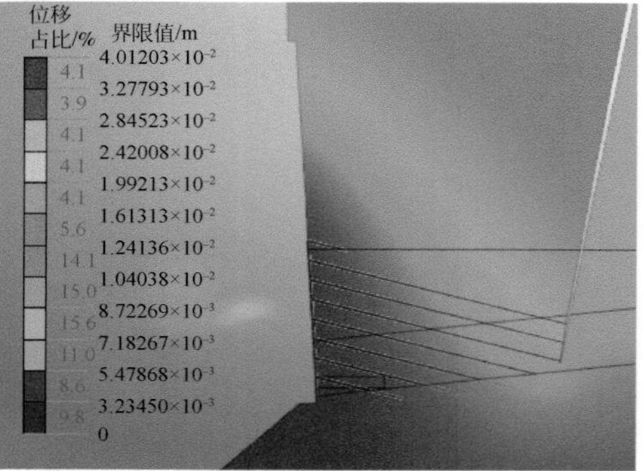

(b) 危岩治理后平硐区域位移云图

图 12. 53　箭穿洞危岩治理前后平硐区域位移云图

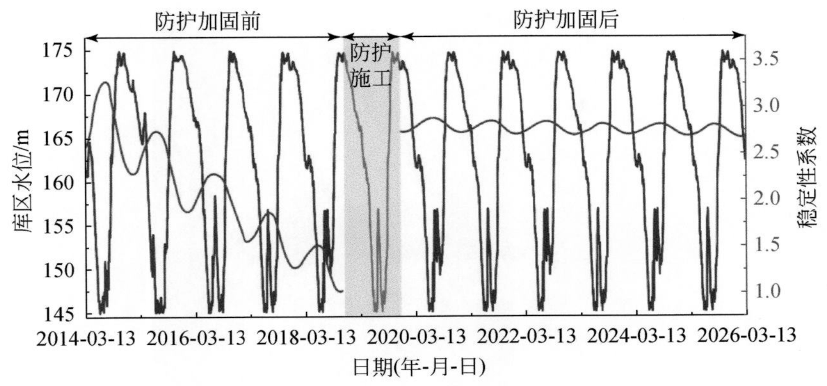

图 12.54　箭穿洞危岩治理后稳定性远期预测

12.8　特大型高陡临失稳岩体防治施工技术

箭穿洞危岩地处长江主航道巫峡风口段，风力、风向变化较大，锚索施工区域（246.00～276.00m 高程）距离 175m 蓄水位高差达到 71m，高陡临空崖壁的超长锚索施工不同于普通锚索施工，安全风险大，是危岩治理工程施工的关键重要环节。施工现场无法搭设锚索脚手架平台，通过在 246.00～276.00m 高程段搭设型钢悬挑式脚手架，为锚索施工创造操作平台。通过驳船搭设临时码头提供锚索制作及材料堆放场地，材料运输通过塔机完成，锚索钻孔选用哈迈 XYZ70A 型钻机，锚索安装通过塔机配合吊装。塔机安装、悬挑式脚手架、锚索钻孔及安装等施工技术难度大。

1. 塔机参数及主要施工技术

经研究场地条件并组织专家论证后，塔机基座选址在箭穿洞危岩下游斜坡平台（标高 225.00m），与危岩体距离为 10m，与 175m 水位线水平距离为 32m，垂直距离为 50m（图 12.55）。因平台面积有限，塔机基础无法嵌入基岩，考虑到工程区常年风力、风向变化较大，在基座下部采用 81Φ25 HRB400 级的钢筋地锚锚固，每根长度为 3.50m，锚入基岩 2m，基座采用 C35 砼浇筑，体积为 70m^3。

塔机采用 QTZ250（7520）型，臂长为 75m，独立高度为 48m，最大幅度起吊重量 2t。塔机安装、拆除均采用大型浮吊完成，浮吊为 800 吨级（图 12.56），臂长为 87m（含副臂 15m），起吊高度为 78m。塔机区域每天风力多为 6 级以上，经过充分利用风力间歇时间，历时 12 天完成安装作业。塔机的安装为工程治理施工作业的材料、设备运输周转和后续工程顺利进行奠定了坚实基础（图 12.57）。

2. 型钢悬挑式脚手架参数及主要施工技术

在型钢悬挑式脚手架安装前，完成坡顶被动网和崖面主动防护网施工，确保施工期间无滚石掉落。型钢悬挑式脚手架主要参数如表 12.20 所示，悬挑梁设计示意图如图 12.58 所示，悬挑脚手架施工如图 12.59 所示。

图 12. 55　塔机安装

图 12. 56　800 吨级浮吊

图 12.57　安装完成的塔吊

表 12.20　型钢悬挑式脚手架主要参数

项目	参数	项目	参数
脚手架排数	3	纵横向水平杆叠置方式	横向水平杆在上
搭设高度	18m	钢管类型	Φ 48mm×3. 5mm
立杆纵距	1. 5m	立杆横距	1. 05m
立杆步距	1. 2m	脚手板（竹）	4 步 1 设
挡脚板	4 步 1 设	连墙件布置方式	2 步 2 跨
横向斜撑	4 跨 1 设	安全网	双层网兜
连墙件连接方式	钢管扣件加钢丝绳	锚固点设置方式	M40 砂浆灌注
基本风压	0. 25kN/m^2	主梁悬崖外悬挑长度	4000mm
悬挑方式	预埋主梁悬挑	主梁合并根数	50 根
锚固螺栓直径	18mm	主梁山体内锚固长度	5000mm
主梁外锚固距离	3900mm	主梁材料规格	18 号 H 型钢
灌注砼强度等级	M40	人行步梯宽度	不小于 1000mm

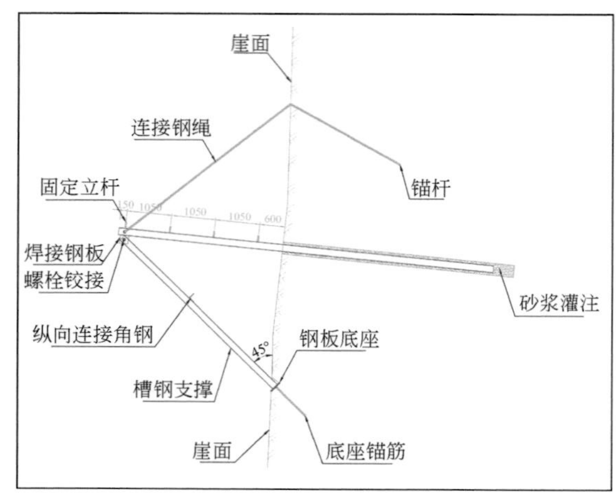

图 12.58　悬挑梁设计示意图

图 12.59　悬挑脚手架施工

3. 锚索施工技术参数及主要施工方法

锚索钻孔：施工采用的钻机型号为哈迈 XYZ70A 型，钻孔直径为 190mm（图 12.60）。钻机开孔时为低压、慢转导向钻进，为便于控制钻机的倾角和方位角，每钻进 0.20 ~ 0.30m 后校核角度，确认无误后再继续钻进，施工中严格检查和控制钻孔斜度。

孔洞处理：钻孔过程中发现，危岩体（自由段区）分别于孔深 17 ~ 22m、27 ~ 31m、43 ~ 46m、50 ~ 57m 见溶蚀破碎带和空洞，宽 1 ~ 3m；母岩体（锚固区）分别于孔深 56 ~ 59m、65 ~ 68m 见溶蚀破碎带和溶洞，最大宽约 3m。溶蚀破碎带的存在导致成孔效率极低，且常规灌浆工艺会造成大量浆液损耗，经多种方法试验后，对危岩体（自由段区）采用水泥浆+发泡剂+锯木粉末混合的方式对裂隙及破碎带进行注浆填充，对母岩体（锚固

图 12.60　锚孔钻进施工

区）出现的溶蚀破碎带采用水泥砂浆进行注浆填充，注浆饱和后再次造孔，确保锚固段的完整性和受力性能。根据钻探反映的地质情况，对锚索成孔深度进行了调整，钻孔成孔最深达 76.50m。

锚索制作：锚索按照实际成孔深度下料，编制完成后，统一编号存放（图 12.61）。场地由两艘停靠在危岩下方的 500 吨级驳船拼接而成（图 12.62），以便于锚索安装时塔机吊运，驳船通过地锚固定。

图 12.61　制作完成的锚索

锚索安装：编制好的锚索每根重约 1.5 吨，安装时采用塔机配合吊装（图 12.63），吊装时合理设置锚索吊点，采用一根比锚索长约 5m 的 12#钢丝绳与锚索同体绑扎固定，当锚索吊至锚固段端头与锚孔处于同一高度时，将钢丝绳通过安装在锚孔侧面两个定滑轮与钻机上的钻杆固定相连，通过钻机转动收紧钢丝绳，牵引锚索向孔内移动，利用机械拉力并结合人力将锚索送至锚孔内。

图 12.62　锚索制作现场

图 12.63　锚索吊装

锚索张拉：张拉前埋设锚索应力监测计，为便于后期根据监测数据调整张拉力，初次按照设计值的 25%（500kN）张拉锁定后不封锚。危岩防治主体工程完成时，根据危岩防治工程施工期间的监测数据反映，基座软弱岩体补强加固起到了良好的效果，后期锚索进行二次张拉的可能性较小，基于“动态设计、信息法施工”的原则，经专家会商后，按照锚索设计值 50%（1000kN）的荷载锁定，永久性封闭锚头。

12.9　讨论与建议

12.9.1　讨论

箭穿洞危岩地处巫峡高陡峡谷地区，地质条件复杂、交通不便、施工条件差、危岩治理难度极大。防治工程设计基于风险管控的理念，以减小危岩崩塌入江形成涌浪风险，确保长江航道安全为目的，科学合理制定工程治理方案，因地制宜、周密完善进行施工组织设计，通过施工期间反馈的检测、监测数据，实时开展由专家和参建各方参加的会商、研判，实现了在“效果跟踪”基础上的“动态设计”，确保了危岩防治工程的顺利实施，在工程投资相对较低、施工安全隐患较小的阶段抓住时机，及时消除了地质灾害隐患。

12.9.2　建议

巫峡等高陡峡谷区地质环境复杂，地质灾害演化和发展具有很强的隐蔽性和突发性，应加强地质灾害的早期识别和监测预警方面的研究；对已发生明显变形的地质灾害治理要把握主动，果断处置，尤其是临江危岩一旦变形造成航道封航，社会影响巨大，经济损失严重，因此要果断、快速处置，防止险情进一步加剧，增大处置难度。

建议将风险管控的理念引入防治工程设计，以减小地质灾害体失稳入江形成涌浪风险，确保长江航道安全为目的；在风险可控阶段内开展防治工作，创新设计方法，运用新型技术；后期通过专业监测跟踪地质灾害发展趋势，判明防治效果，积累防治经验。

建议开展三峡工程消落区岩体劣化调（勘）查工作和岩体劣化灾变风险与防控技术研究。通过斜坡劣化带调（勘）查，提出斜坡劣化带防治工作建议，为后续相关地灾防治工作提供基础资料；同时也为相关主管部门决策、工作安排提供依据。通过开展三峡工程消落区岩体劣化灾变风险与防控技术研究，以消落区岸坡岩体为研究对象，揭示消落区岩体劣化及岸坡灾变演进机理与规律，构建消落区岩体劣化早期防控技术体系，做到防治工程关口前移，有效遏制涌浪等地质灾害链的形成，为长江经济带和三峡库区经济社会发展提供地质安全保障。

12.10　小　　结

采用野外调勘查、专业监测、室内外物理力学试验和数值模拟分析，针对临失稳箭穿洞危岩体的工程地质特征、失稳模式、涌浪灾害和工程防治进行了系统研究，得到了以下认识：

（1）箭穿洞危岩体位于三峡库区巫峡长江北岸，箭穿洞危岩体的平面形态呈不规则的“长条状”，崩滑体长约130m，宽约50m，厚度约55m，体积约35.75万m^3。155～165m高程的基座由泥质条带灰岩组成，该岩体十分破碎。历年的调查显示消落带基座正在加速劣化和破坏。监测数据表明，危岩体一年的变形量在2cm左右。基座最大压应力逐年增大，最大应力由初始的0.99MPa增至6.73MPa。

（2）传统危岩体滑移和倾倒的稳定性系数计算结果与箭穿洞危岩体实际情况不符。以目前的计算公式，箭穿洞危岩体达到滑移和倾倒破坏需要的条件很难实现。提出了采用水位周期涨落后劣化带的峰值应力与劣化带有效应力之比作为危岩溃屈稳定性系数的定量评价方法，预测危岩体在10年左右的时间会达到极限平衡状态，此时基座岩体强度下降约10%。采用FEM/DEM方法分析了箭穿洞危岩体变形破坏全过程，预演了岩体压致拉裂的裂隙网络形成、破碎岩体运动和堆积过程。

（3）采用GMO耦合RNG方程数值模拟了箭穿洞危岩体破坏激发涌浪全过程。箭穿洞危岩体175m水位下倾倒和滑动的重心点最大速度分别为31m/s和23m/s。145m水位下倾倒和滑动的重心点最大速度分别为38m/s和25m/s。倾倒破坏时，在175m水位河道中最大涌浪高度为47.1m；在145m水位河道中最大涌浪高度为35.0m。滑动破坏时，在175m水位河道中最大涌浪高度为12.5m。在145m水位河道中最大涌浪高度为17.3m。

（4）设计方案针对危岩“上硬下软”的岩性组合，提出基座补强加固、消落带防掏蚀是关键，通过对削方、抗滑键、支墩等多种工程方案在经济、技术、施工难度以及对周边环境影响等方面的比选，最终选择了“基座软弱岩体补强加固+防护工程（锚索、被动防护网、主动防护网、水下柔性防护垫）”的治理方案。

（5）针对涉水高陡塔柱状危岩的特点，在评价模式和方法、涌浪灾害链风险评价、防治工程结构和治理施工技术等方面开展了理论创新、技术攻关和方法融合。危岩防治效果表明，上述新技术、新方法和新工艺的运用是切实可行和科学有效的，可为三峡库区以箭穿洞危岩为代表的同类危岩以及临失稳库岸整治工程的防治技术研究及有效治理提供一定的经验借鉴。

第 13 章　亚失稳岸坡防护工程研究——巫峡板壁岩危岩

13.1　概　　述

亚失稳岸坡指被多组大型优势软弱结构面分离，但破坏面尚未完全贯通的，稳定性正在持续下降的岸坡。由于水库变动导致消落区规律性新生裂纹或裂缝扩张，宏观上未发生明显变形破坏，且监测数据未显示明显异常，但持续劣化下将会发生较大规模破坏或整体崩滑失稳。在巫峡区域内还存在大量的亚失稳库岸区域，如青石-抱龙河库岸段、神女峰剪刀峰至孔明碑库岸段、青岩子库岸段、板壁岩库岸段、黄南背库岸段、黄岩窝库岸段等区域。

在青石-抱龙河区域，余姝等（2019）通过连续-非连续数值分析方法研究表明，在这一带岸坡中约 200m 的主动平直滑移段下滑力驱动了约 30m 的被动弯曲隆起段变形，被动弯曲隆起段位移地形变缓、岩层增厚。闫国强等（2021）结合巫峡段顺层灰岩岸坡“滑移-弯曲”破坏实例，基于弹塑性板翘曲模型，考虑岩体动态劣化概念，结合广义 H-B 准则中 GSI(t) 岩体参数动态指标，推导得出临界挠曲段平衡方程。在神女峰剪刀峰至孔明碑库岸段，黄波林等（2010）认为随着岩层产状的变化，该段岸坡的变形失稳模式以滑动式→板裂-滑动复合→板裂倾倒式进行变化。在板壁岩库岸段，吴晓宾和王平（2019）采用 GeoStudio 软件对板壁岩 W1 危岩体进行有限元数值计算，得到不同工况下典型剖面的稳定性系数以及应力、应变、位移分布云图。在黄南背库岸段，王健等（2018）以黄南背西危岩体为典型案例，深入分析了该危岩体未来失稳的破坏模式和变形成因机理，认为底部角砾岩岩体劣化加剧了基座压溃破坏。

在三峡库区以往的工程实践中，众多专家和学者就不同种类的水库型滑坡、危岩的防治开展了大量的研究（Xie et al.，2012；郑轩等，2016；Jiang et al.，2016；谭维佳等，2017；易庆林等，2018；王春燕和王力，2019；van Tho，2020；Wang et al.，2020a，2020b，2020c；Zou et al.，2020；蒋先念和张晨阳，2021。此类工程实践对致灾机理和模式确定的滑坡、危岩等有良好的适应性和可行性，但随着水位的规律性涨落，此类工程实践又不能直接用于本章所说的“亚失稳”库岸的有效防治。

本章以三峡库区巫峡高陡峡谷岸坡重大地质灾害板壁岩危岩带为例，介绍亚失稳库岸防护工程示范治理方案。主要内容包括：①巫峡板壁岩危岩概况；②巫峡板壁岩危岩变形特征；③巫峡板壁岩危岩稳定性分析；④巫峡板壁岩危岩稳定性分析；⑤巫峡板壁岩危岩防治示范性设计。基于“亚失稳”较为特殊的地质灾害特征，本章成果将为三峡库区或非库区类似地质灾害的防治工作提供借鉴。

13.2　巫峡板壁岩危岩概况

13.2.1　研究区地质背景条件

板壁岩危岩带（图 13.1）位于三峡库区巫峡右岸，航道里程编号为 K148+689，行政区划属重庆市巫山县培石乡。危岩带距三峡大坝 148.7km，距巫山县城航线距离约 22km，研究区以水上航运与城区相连（图 13.2）。研究区内斜坡地形坡度陡，无人居住，陆路交通不便，长江是该区段的唯一交通路线。

图 13.1　巫峡板壁岩危岩全貌照片

研究区及周边属构造溶蚀中低山峡谷地貌，地形上表现为南高北低，最高点位于研究区南侧斜坡坡顶，高程为650.70m，最低点位于北侧长江江心，高程为-9.52m，相对高差为660.22m。岸坡临江侧微地形为陡崖，陡崖崖顶标高为 189.50 ~ 295.20m，崖底标高为 88.50 ~ 109.67m，相对高差为 101 ~ 185.53m；陡崖顶部后侧区域主要以缓-陡坡地形相间分布，坡度多为 35° ~ 55°，局部呈陡坎状，近直立，陡崖高度为 3.5 ~ 14.1m。根据多波速对水下地形进行扫描分析，板壁岩水下岸坡 88.50 ~ 109.67m 高程至 145m 水崖线区域为陡崖地貌，倾角为 75° ~ 85°；88.50 ~ 109.67m 高程至江底为 30° ~ 60°的斜坡地貌，局部呈陡坎状地形。

研究区岸坡中后部（约 420 ~ 486m 以上区域）主要为下三叠统嘉陵江组三段（T_1j^3）泥质白云岩、泥灰岩；岸坡中前部（约 420 ~ 486m 以下区域）主要由下三叠统嘉陵江组二段（T_1j^2）灰岩、泥灰岩、泥质灰岩组成。岸坡前缘临江面危岩带分布区域主要为下三叠统嘉陵江组二段（T_1j^2）薄-中厚层灰岩。

该层灰岩呈灰色，表层受浸染后呈黄灰色，层厚多为 0.1 ~ 0.3m，陡崖表层岩体受风化及库水位影响裂隙较发育。根据钻探及地面调查揭露，该层灰岩强风化层厚 1 ~ 1.4m，强度相对较低，后侧岩体整体完整性较好，局部在危岩带破碎带发育区域呈碎块状。危岩带灰岩属硬质岩，积存有较高的弹性应变能，岩体卸荷易发生松弛、回弹，其薄层的结构抗剪强度相对较低；该岩体为碳酸性岩溶岩，在降雨及库水位影响下易溶蚀，本次调查在崖壁面可见规模较小的溶蚀空穴，孔径为 5 ~ 15cm，局部可见规模较小的溶蚀裂缝。

研究区位于青石背斜南翼近核部，呈单斜地貌，岩层产状为 145° ~ 195° ∠2 ~ 24°，未发现有断层通过。

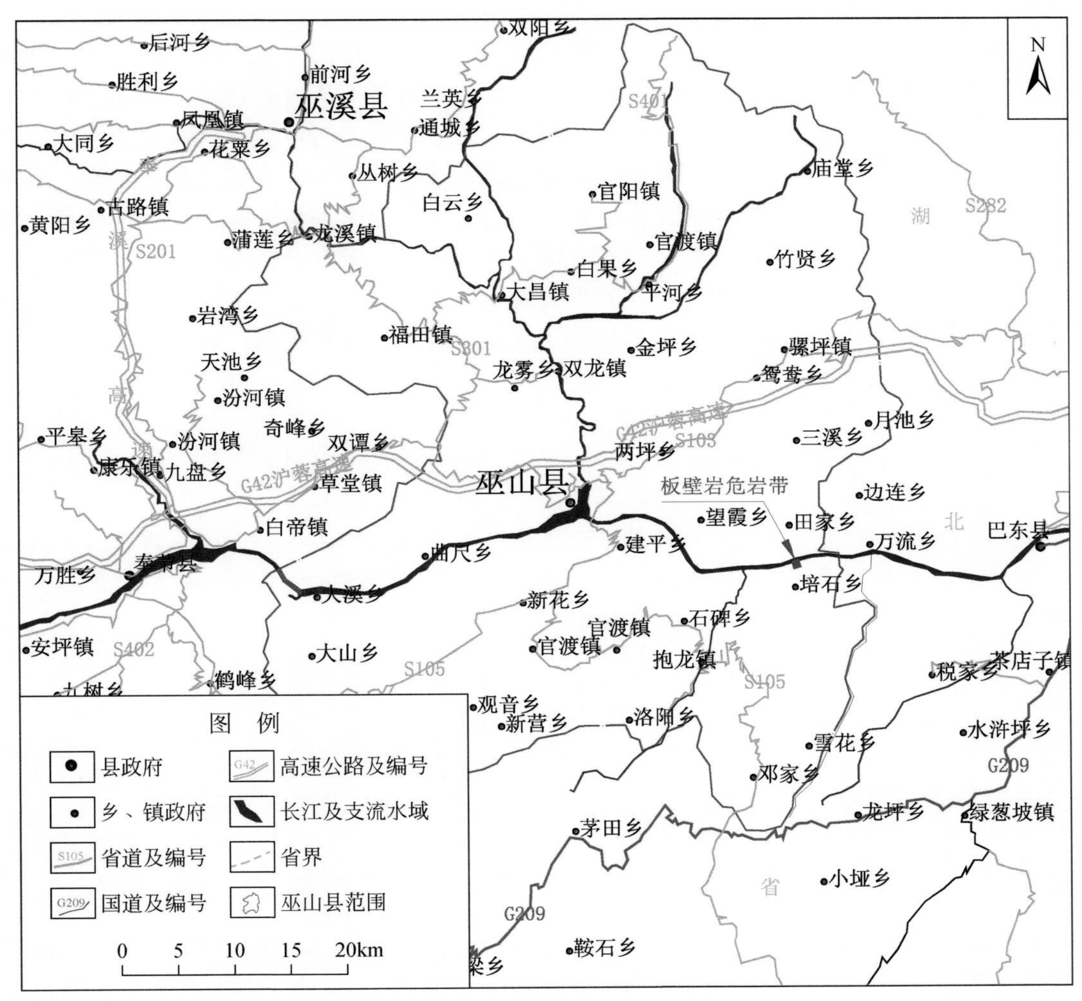

图 13. 2　巫峡板壁岩交通位置图

研究区主要发育两组优势裂隙：LX1：产状为 70° ~ 90° ∠68° ~ 88°，主要为地质构造作用形成，延伸长度为 7 ~ 45m，张开度为 0. 1 ~ 30cm，裂面较平整，局部碎块石充填，间距为 2 ~ 6m；LX2：产状为 320° ~ 355° ∠60° ~ 85°，为地质构造及岩体卸荷作用下共同形成，延伸长度为 6 ~ 62m，张开度为 0. 1 ~ 65cm，发育间距为 3 ~ 12m，裂面较平整，表层多为粉质黏土夹碎块石充填。此外，产状为 240° ~ 265° ∠10° ~ 12° 的裂隙主要发育在板壁岩危岩带下游研究区以外岸坡，对研究区岸坡影响小。

研究区地下水主要靠长江及大气降雨补给，该区域长江现为三峡水库库区范围，水位受三峡水库调节，地下水位受长江水位的变动而影响，又由于该区域陡崖底部主要为嘉陵江组灰岩，属碳酸类盐溶岩，故地下水主要类型为裂隙岩溶水；当长江水位上涨时，水通过基岩裂隙反渗入岩体内，基岩地下水位呈现离岸边越远而略有降低的现象，当长江水位下降时，地下水又通过裂隙通道向水位相对较低的长江汇流而呈现离岸边越远而略有升高的现象。

板壁岩危岩带上下游冲沟仅为下雨时汇集雨水，向长江排泄，长江江面以上无其他地表水体。区内地形坡度陡，降雨时迅速向长江的岸坡的沟谷汇集向长江排泄，部分雨水沿基岩的的裂隙下渗，顺裂隙通道向长江径流排泄。根据在板壁岩危岩体后缘裂缝、侧边界裂缝和基座的调查，均未见泉点或暗河，只是临江面崖壁局部有滴水痕迹和石灰化等钙化现象，研究区危岩带岩壁上未发现溶洞，斜坡上也未发现有落水洞、漏洞等溶蚀现象，仅局部发育有 1 ~ 15m 的溶蚀孔洞及小的溶蚀裂隙。研究区位于青石背斜南翼近轴部，构造裂隙较发育，且贯通性好，有利于地下水的补给、径流和排泄，但在侵蚀基准面以上不利于地下水的储存，赋水性差。因此，区内地下水主要受长江水位控制，地下水主要受长江江水补给。

13. 2. 2　危岩体基本特征

危岩带 145m 水位线高程处宽度为 278. 50m，整体高度（145m 以上）为 50 ~ 120m，上下游分别以冲沟为天然界线，根据裂隙切割情况可划分为彼此独立的三处危岩单体，详见图 13. 3，危岩基本特征情况详见表 13. 1。

表 13. 1　巫峡板壁岩危岩单体特征表

危岩编号	宽度/m	厚度/m	相对高差/m	立面面积/m^2	体积（方量）/m^3	空间形态
W1	278. 50	33. 00 ~ 54. 00	162. 54	35200	71. 78 万	不规则板柱状
W2	20. 25	8. 60 ~ 18. 50	60. 14	1285	1. 69 万	不规则棱柱状
W3	10. 95	2. 50	22. 73	274	685. 00	薄板状

W1 危岩为涉水危岩，呈不规则板柱状，危岩下游以 318°∠86°边界裂缝为界，上游以冲沟处为界，危岩体上下边界处都被构造裂隙切割。危岩 145m 水下部分地质情况目前无条件查清，根据裂隙水上部分贯通性，推断其可能延伸至水下崖底面。危岩体顶部高程为 259. 54m，推测水下最低基底高程约 97. 00m，相对高差为 162. 54m，危岩整体立面面积约 35200m^2，总方量约 71. 78 万 m^3。危岩后期可能沿岩基座破碎带压剪滑移破坏，破坏方向为 348°。

W2 危岩基座位于库水位以上，顶部高程为 254. 00m，基底高程为 193. 97m，整体相对高差为 60. 14m，危岩整体立面面积约 1285m^2，总方量约 1. 69 万 m^3。危岩整体呈不规则棱柱体，后期可能沿危岩基座破碎带压剪滑移破坏，破坏方向为 348°。

图 13.3　巫峡板壁岩危岩分布图

W3 危岩基座位于库水位以上，呈薄板状发育，岩体呈凸出状，受后缘卸荷裂隙（产状为 354°∠76°）切割影响，两侧边界明显，边界裂缝基本贯通整个危岩体；危岩顶部高程为 256.70m，基底高程为 233.97m，整体相对高差为 22.73m，危岩宽度为 10.95m，厚度为 2.50m，立面面积约 274m^2，方量约 685.00m^3。危岩后期可能沿后侧外倾裂隙面压剪基座岩体产生滑移破坏，破坏方向为 330°。

研究区危岩体发育于产状较平缓的薄-中厚层灰岩陡崖上，岩层产状为 145°～195°∠2°～24°，陡崖坡向为 346°～357°，岸坡类型为反向岩质岸坡；危岩体所处陡崖总体倾向 N，走向 EW，在走向上呈西高、东低；陡崖面坡度一般为 73°～87°，危岩体主崩方向与陡崖倾向基本一致。

危岩体顶部斜坡上局部覆盖第四系残坡积粉质黏土夹碎石层，呈棕褐色，由黏土夹碎石组成，碎石粒径多为 2～12cm，含量为 25%～45%，碎石成分为强风化的泥灰岩、泥质灰岩等组成，且土体多含植物根系。危岩带区基岩为嘉陵江组二段灰岩，根据地面调查、钻探取样岩心段及孔内成像分析，该层灰岩表层呈黄灰色，岸坡内侧区域多呈灰色，成分主要为石英，钙质胶结，细粒结构，薄-中厚层状构造，内部方解石脉发育，局部可见少量泥质条带及团块，质硬，岩心锤击声较清脆。

受区域地质构造及岩体卸荷影响，危岩带区域裂隙较发育，区内主要的两组裂隙 LX1（产状为 70°～90°∠68°～88°）与 LX2（产状为 320°～355°∠60°～85°）相互切割影响形成板壁岩三处五个危岩单体。此外，受裂隙切割、风化作用及库水位影响，在危岩体崖壁面易形成小的崩塌块体。

13.3　巫峡板壁岩危岩变形特征

13.3.1　W1 危岩变形破坏特征

W1 危岩受上游边界裂缝、中部贯通裂缝、下游边界裂缝切割控制，其正面全貌如图 13.4 所示。

1. W1 危岩边界裂缝变形特征

下游边界裂缝：产状为 318°∠86°，该裂缝张开度为 35～65cm，可见深度为 4～6m，贯通至顶，裂面较平整，局部可见早期溶蚀迹象，裂缝在顶部多由块石充填，往上游方向呈闭合收敛趋势。

上游边界裂缝：该裂缝为外倾陡倾裂缝，产状为 355°∠63°，裂缝顶部高程约 198m，向下延伸至水下。预测裂缝水下临空高程约 106m。裂缝张开度为 2～10cm，局部块石充填，可见深度为 0.5～1.2m，延伸长度约 35m，裂面较弯曲，局部可见溶蚀迹象。裂隙前后两侧岩体产状基本保持一致，层间无明显错动迹象。

中部贯通裂缝：产状为 32°∠71°，从危岩体顶部一致切割贯穿至 175m 高程附近，与该高程处破碎带相连。裂缝张开度为 4～23cm，裂面局部可见溶蚀、泥质浸染，裂缝较平整，无明显层间错动迹象。上、中、下游边界裂缝照片见图 13.5。

图 13.4　巫峡板壁岩 W1 危岩裂缝切割正面全貌照片

(a) 下游边界

(b) 中游边界

(c) 上游边界

图 13.5　巫峡板壁岩 W1 危岩下、中、上游边界裂缝照片

2. 后侧岩体卸荷

危岩体后侧岸坡载地质构造及岩体卸荷的耦合作用下裂隙较发育。危岩体后侧岸坡主要发育六道裂隙，其最大卸荷宽度约 56m，其中控制性裂缝为 LX4。LX4 产状为 345°～355°∠80°～88°，最大贯通长度约 31.37m，张开度为 2～17cm，裂面较顺直，裂缝内被第四系残坡积土层充填，裂缝内溶蚀现象不强烈，该道裂缝主要发育在危岩下游侧岸坡上，往上游方向追踪其发育不明显。板壁岩 W1 危岩后侧裂隙分布情况见图 13.6 所示。

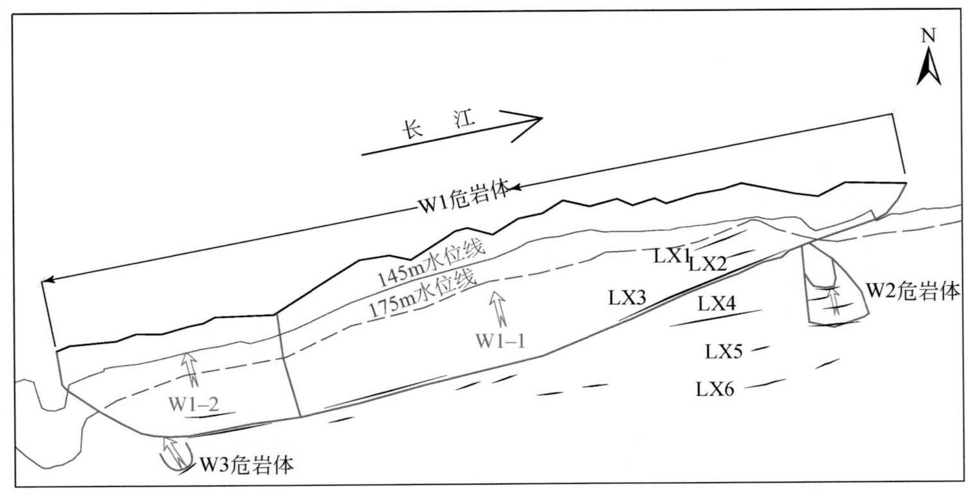

图 13.6　巫峡板壁岩 W1 危岩后侧岸坡裂隙分布平面示意图

3. W1 危岩消落带岩体劣化

板壁岩危岩消落带区域发育贯通性较好的裂缝共 33 条（图 13.7）。裂缝产状为 52° ~ 118°∠67° ~ 88°，贯通长度为 10.22 ~ 93.86m，裂缝在消落带区域呈密集分布发育。消落带区域岩体裂缝沿江发育线密度为 1.11 条/10m、面密度为 0.37 条/100m^2；非消落带区域裂缝沿江线密度为 0.79 条/10m、面密度为 0.15 条/100m^2。

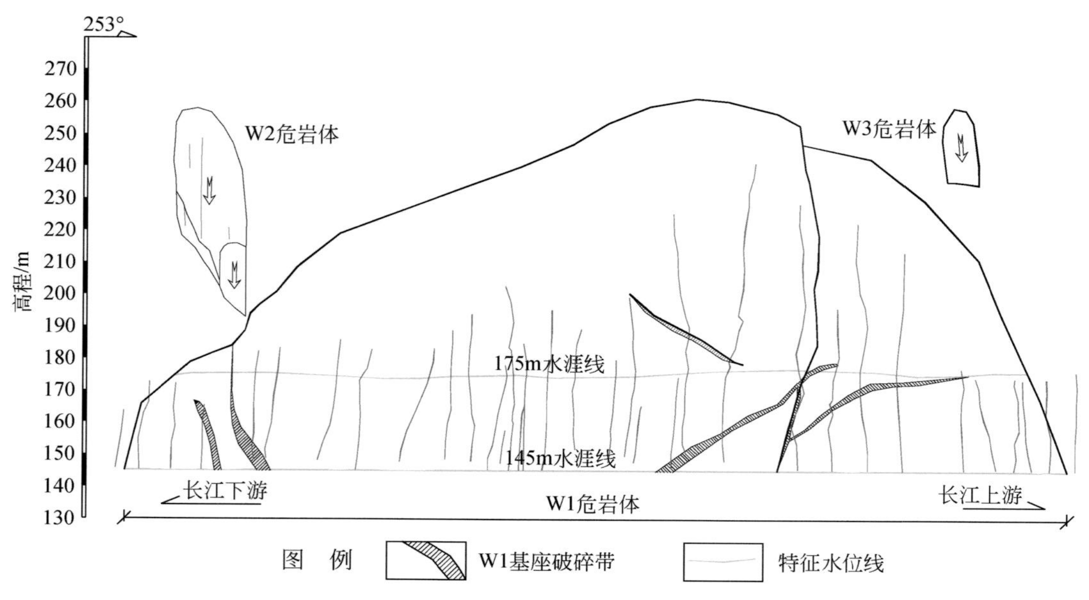

图 13.7　巫峡板壁岩危岩带临江面裂隙分布图

4. W1 危岩基座变形破坏特征

W1 危岩基座为嘉陵江组二段薄–中厚层灰岩，受早期地质构造作用控制，在后期风化及危岩自重应力影响下，崖壁面在 145m 水位以上共发育有六处、上下四道破碎带（图 13.8、图 13.9）。破碎带库水位以上发育高程为 145 ~ 199.71m，宽度为 0.4 ~ 1.8m，岩性为薄层状灰岩，局部可见泥质条带及团块分布，部分岩体呈碎块状，块径为 10 ~ 65cm，局部岩块崩落入江，形成小岩腔。

13.3.2　W2 危岩变形破坏特征

1. 边界裂缝

W2 危岩整体呈不规则棱柱状［图 13.10（a）］。后侧裂缝［图 13.10（b）］：受地质构造及岩体卸荷影响，共发育有四道裂缝。其中，第一道裂缝产状为 343°∠87°，张开度为 3 ~ 47cm，贯通至顶，裂面较弯曲，往上游方向呈闭合收敛趋势；第二道卸荷裂缝产状为 340°∠85°，张开度为 5 ~ 26cm，裂面较弯曲，多被第四系残坡积层充填，溶蚀迹象不明显；第三道卸荷裂缝产状为 339°∠87°，张开度为 2 ~ 13cm，裂面较弯曲，顶部被第四

图 13.8　巫峡板壁岩 W1 危岩基座破碎带分布图

图 13.9　巫峡板壁岩典型破碎带发育特征图

系残坡积层充填，溶蚀迹象不明显；第四道卸荷裂缝产状为 341°∠85°，张开度为 5 ~ 48cm，裂面较弯曲，顶部被第四系残坡积层充填，溶蚀迹象不明显。

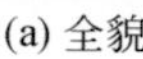

(a) 全貌

(b) 后侧裂缝

图 13.10　巫峡板壁岩 W2 危岩全貌（a）及后侧裂缝（b）照片

两侧边界：危岩下游侧岩体呈凸出状，上游受微地貌及构造裂隙（产状为 62°∠85°）切割形成边界（图 13.11），裂缝张开度为 0.2 ~ 12cm，裂面较平直，从基底贯穿至 W2 危岩顶部，该组裂隙在危岩前端基座区域发育较密集，间距为 1.2 ~ 2.5m，向上延伸逐步消失。裂隙局部被残坡积层粉质黏土夹碎石填充，溶蚀现象不明显。

2. W2 危岩基座变形破坏特征

W2 危岩下部基座为嘉陵江组薄层灰岩，层间泥质条带较发育。受构造及长期应力作用下，基座逐步形成了一条带状破碎带（图 13.12）。破碎带从 205.58m 一直倾斜延伸至 230.67m，宽 0.7 ~ 1.4m，倾角约 56°，底部基座处岩体较上部破碎，岩体从下至上呈较破碎-较完整；目前该破碎带岩体受构造、自重应力及风化等作用下已崩塌掉块形成 1.2 ~ 4.5m 的岩腔；破碎带上表面局部已贯通形成裂隙面，裂隙张开度为 0.2 ~ 6.5cm，裂面呈齿状，无充填。W2 危岩前部不规则棱柱体基座从 193.97m 至 212.62m 发育有一道破碎带，破碎带外宽 0.6 ~ 1.2m，倾角约 53°，岩体呈碎块状，块径为 8 ~ 37cm，局部含泥质成分较重。破碎带靠后侧裂缝处破碎程度较高，有早期压裂迹象，溶蚀不强烈。下游侧破碎带外侧已形成长 5.3m、高 1.8m、深 1.5m 的斜形凹腔。

(a) 上游边界裂缝局部照片　(b) 上游边界裂缝局部照片

图 13.11　巫峡板壁岩 W2 危岩上游边界裂缝照片

(a) 基座斜侧照片

(b) 基座处仰视照片

图 13.12　巫峡板壁岩 W2 危岩后侧岩体基座变形特征

13.3.3　W3 危岩变形破坏特征

W3 危岩受后侧裂隙切割，形成薄板状危岩体，其主要变形为后缘裂隙（图 13.13）及基座（图 13.14）。后缘卸荷裂隙产状为 354°∠76°，从基底发育贯穿至顶，裂面较平直，下游侧边界裂缝张开度为 3～20cm，上游侧张开度为 1～3cm，侧边局部可见碎块石充填，顶部被第四系残坡积土层充填。危岩基座岩体受层面、裂隙切割后逐步崩塌形成宽 1～1.5m 的临空区，临空岩体后侧壁局部有剪出裂缝发育，目前未贯通整个危岩基座。此外，危岩基座下部可见早期溶蚀及水蚀痕迹。

图 13.13　巫峡板壁岩 W3 危岩侧面特征照片

图 13.14　巫峡板壁岩 W3 危岩基底特征照片

13.4　巫峡板壁岩危岩稳定性分析

13.4.1　定性分析

W1 危岩后侧裂缝多为早期构造作用及岩体卸荷作用形成，裂缝表层被第四系残坡积土层填充，植被较茂密，无明显新近变形破坏迹象；基座破碎带破碎程度相对较高，局部发育贯通的裂面，但破碎带在岸坡内侧未完全贯通，破碎带大部分岩体未被切断，W1 危岩目前处于稳定状态，后期随着岩体劣化，裂缝的发育贯通，危岩体可能沿破碎带出现滑移破坏。

W2 危岩后缘裂缝大多已发育贯通至底，目前在后侧裂缝区域未发现明显新近变形破坏迹象；基座破碎带底端有部分裂缝在贯通，局部小规模的崩塌掉块，目前在不利工况下处于基本稳定-欠稳定状态。

W3 危岩后侧裂隙已贯穿至危岩体顶部，基座岩体局部可见剪出裂缝，由于其基座为早期构造、风化剥落形成的凹岩腔，岩体厚度较薄。目前危岩体在不利工况下处于欠稳定状态。

13.4.2　极限平衡法定量计算

1. 计算参数

岩体参数根据室内岩石物理力学试验参数结合现行规范进行换算得到：中风化灰岩岩体天然密度为 2.68g/cm^3，饱和密度为 2.69g/cm^3；天然抗压强度标准值为 21.71MPa，饱和抗压强度标准值为 18.21MPa，天然抗拉强度标准值为 0.46MPa，饱和抗拉强度标准值为 0.40MPa；天然状态下黏聚力为 1350.00kPa，内摩擦角为 37.49°，饱和状态下黏聚力为 1080.00kPa，内摩擦角为 35.69°；风干变形模量标准值为 4800MPa，弹性变形模量标准值为 5200MPa，泊松比标准值为 0.15，属较软岩（抗压强度换算值取 0.67，抗拉强度换算值取 0.2，内摩擦角换算值取 0.90，黏聚力换算值取 0.3，变形指标及泊松比换算值取 0.7）。

破碎带及结构面参数见表 13.2，破碎带 50 次干湿循环后参数见表 13.3。

表 13.2　巫峡板壁岩破碎带及结构面取值参数一览表

破碎带及结构面	天然		饱和	
	c/kPa	φ/（°）	c/kPa	φ/（°）
岩体较破碎段	35.81	32.61	20.79	26.48
基座岩体相对较完整段	1350.00	37.49	1080.00	35.69
W3 危岩外倾结构面	25.00	18.00	23.00	15.00

表 13.3　巫峡板壁岩破碎带 50 次干湿循环后取值参数一览表

破碎带及结构面	天然		饱和	
	c/kPa	φ/（°）	c/kPa	φ/（°）
岩体较破碎段	28.65	26.09	16.63	21.18
基座岩体相对较完整段	1080.00	29.99	864.00	28.55

2. 计算工况

按《三峡库区地质灾害防治工程设计技术要求》，对于涉水滑坡工况的组合，涉水危岩采用工况工况Ⅰ、工况Ⅱ、工况Ⅲ为三种工况进行计算，非涉水危岩按照工况Ⅳ、工况Ⅴ两种进行计算，计算采用滑移式破坏模型，以危岩体后侧主控裂缝为界、下部基座破碎带或潜在贯通面为滑移面。

工况Ⅰ：自重+地表荷载+175m 水位（q 枯：枯水季）；

工况Ⅱ：自重+地表荷载+50 年一遇暴雨（坝前水位 162m）；

工况Ⅲ：自重+地表荷载+145m 水位（q 全：50 年一遇连续 5 天暴雨）；

工况Ⅳ：自重+地表荷载；

工况Ⅴ：自重+地表荷载+50 年一遇暴雨。

天然工况按库水位的运行状态计算，计算时考虑自重及库水位以下危岩体的浮重度，在天然工况下不考虑裂隙水压力；暴雨工况按 50 年一遇连续 5 天暴雨（q 全）进行计算，计算时考虑危岩自重、库水位以下危岩体的浮重度和暴雨时裂隙水压力，裂隙水压力参照有关规定，根据汇水面积、裂隙蓄水能力和降雨强度情况等综合确定等综合确定，当汇水面积和蓄水能力较大时，取裂隙深度的 1/3～1/2。板壁岩危岩带地质灾害危害性等级为一级，各危岩单体破坏模式为压剪–滑移破坏，安全系数取 1.4。

3. 稳定性计算及评价

根据稳定性计算结果，W1 危岩在天然及暴雨工况下均为稳定状态，W2、W3 危岩在天然状态下为稳定状态，在暴雨工况下为基本稳定至欠稳定状态。各计算工况下对应的稳定性系数见表 13.4。

表 13.4　巫峡板壁岩危岩单体稳定性现状评价结果一览表

危岩	工况情况	稳定性系数	稳定性判断
W1-1 沿破碎带 1 滑移	工况Ⅳ（天然）	1.850	稳定
	工况Ⅴ（暴雨）	1.469	稳定
W1-1 沿破碎带 2 滑移 3-3′剖面	工况Ⅰ（175m+q 枯）	1.662	稳定
	工况Ⅱ（162m+q 全）	1.420	稳定
	工况Ⅲ（145m+q 全）	1.421	稳定
W1-1 沿破碎带 3 滑移 3-3′剖面	工况Ⅰ（175m+q 枯）	1.751	稳定
	工况Ⅱ（162m+q 全）	1.485	稳定
	工况Ⅲ（145m+q 全）	1.407	稳定

续表

危岩	工况情况	稳定性系数	稳定性判断
W1-1 沿破碎带 2 滑移 4-4′剖面	工况Ⅰ（175m+q 枯）	1.619	稳定
	工况Ⅱ（162m+q 全）	1.411	稳定
	工况Ⅲ（145m+q 全）	1.415	稳定
W1-1 沿破碎带 3 滑移 4-4′剖面	工况Ⅰ（175m+q 枯）	1.938	稳定
	工况Ⅱ（162m+q 全）	1.418	稳定
	工况Ⅲ（145m+q 全）	1.410	稳定
W1-2 破碎带	工况Ⅳ（天然）	2.218	稳定
	工况Ⅴ（暴雨）	1.654	稳定
W2-1	工况Ⅳ（天然）	1.510	稳定
	工况Ⅴ（暴雨）	1.136	欠稳定
W2-2	工况Ⅳ（天然）	1.718	稳定
	工况Ⅴ（暴雨）	1.195	基本稳定
W3	工况Ⅳ（天然）	1.452	稳定
	工况Ⅴ（暴雨）	1.128	欠稳定

基于干湿循环试验强度弱化结果，对 W1 危岩基座按 50 次干湿循环后的强度进行折减计算，发现此时的稳定性系数已有较大幅度的降低，稳定性已由现状的稳定状态降为基本稳定至欠稳定状态。计算结果见表 13.5。值得注意的是，该试验结论为理想状态下的试验结论，用于板壁岩危岩的稳定性预测计算是在对岩体的整体性质和边界条件做了简化后得到的结果，计算结果虽然为定量计算，在本次试算中仅能作为定性预测分析使用和参考。

表 13.5　涉水 W1 危岩干湿循环后计算结果一览表（50 次干湿循环）

危岩	工况情况	稳定性系数	稳定性判断
W1-1 沿破碎带 2 滑移 3-3′剖面	工况Ⅰ（175m+q 枯）	1.331	基本稳定
	工况Ⅱ（162m+q 全）	1.130	欠稳定
	工况Ⅲ（145m+q 全）	1.123	欠稳定
W1-1 沿破碎带 3 滑移 3-3′剖面	工况Ⅰ（175m+q 枯）	1.419	稳定
	工况Ⅱ（162m+q 全）	1.194	基本稳定
	工况Ⅲ（145m+q 全）	1.117	欠稳定
W1-1 沿破碎带 2 滑移 4-4′剖面	工况Ⅰ（175m+q 枯）	1.287	基本稳定
	工况Ⅱ（162m+q 全）	1.129	欠稳定
	工况Ⅲ（145m+q 全）	1.121	欠稳定

续表

危岩	工况情况	稳定性系数	稳定性判断
W1-1 沿破碎带 2 滑移 4-4′剖面	工况Ⅰ（175m+q 枯）	1.558	稳定
	工况Ⅱ（162m+q 全）	1.136	欠稳定
	工况Ⅲ（145m+q 全）	1.114	欠稳定

13.4.3 数值模拟分析

采用 GeoStudio 软件 SLOPE/W 以及 SIGMA/W 模块对板壁岩典型剖面进行有限元数值计算，在是否考虑消落带区域岩体劣化的因素下，将数值计算划分为两种工况，并计算得到不同工况下 145m 水位及 175m 水位下典型剖面的稳定性系数以及应力、应变、位移分布云图。

1. 稳定性计算

通过指定滑移面，绘制水位线，得到 145m 水位以及 175m 水位下稳定性系数，沿破碎带 2 和破碎带 3 计算的稳定性系数结果见表 13.6。

表 13.6 稳定性计算结果一览表

滑移面位置	工况	水库水位	稳定性系数
沿破碎带 2 滑移	不考虑消落带岩体劣化	145m	1.445
		175m	1.686
	考虑消落带岩体劣化	145m	1.196
		175m	1.413
沿破碎带 3 滑移	不考虑消落带岩体劣化	145m	1.411
		175m	1.754
	考虑消落带岩体劣化	145m	1.186
		175m	1.498

根据计算结果岩体参数未弱化时，该剖面稳定性系数均在 1.40 以上，即目前危岩处于稳定状态；145m 水位下剖面稳定性与 175m 水位相比有所下降；随着干湿循环次数的增加，消落带区域岩体劣化将导致危岩稳定性持续降低。危岩消落带岩体经 50 次干湿循环其稳定性最低已降至 1.186。同时，相比同条件情况下 145m 水位和 175m 水位的稳定性系数，175m 高水位运行时稳定性系数要大于低水位 145m 运行时的稳定性系数，故应着重关注板壁岩危岩低水位运行期的稳定性。

2. 应力–应变分析

应力–应变分析结果见图 13.15 ~ 图 13.20。根据应力–应变分析，消落带岩体力学参数弱化以及库水位变化对于剖面位移、应力、应变的分布影响不大；在 175m 水位下由于

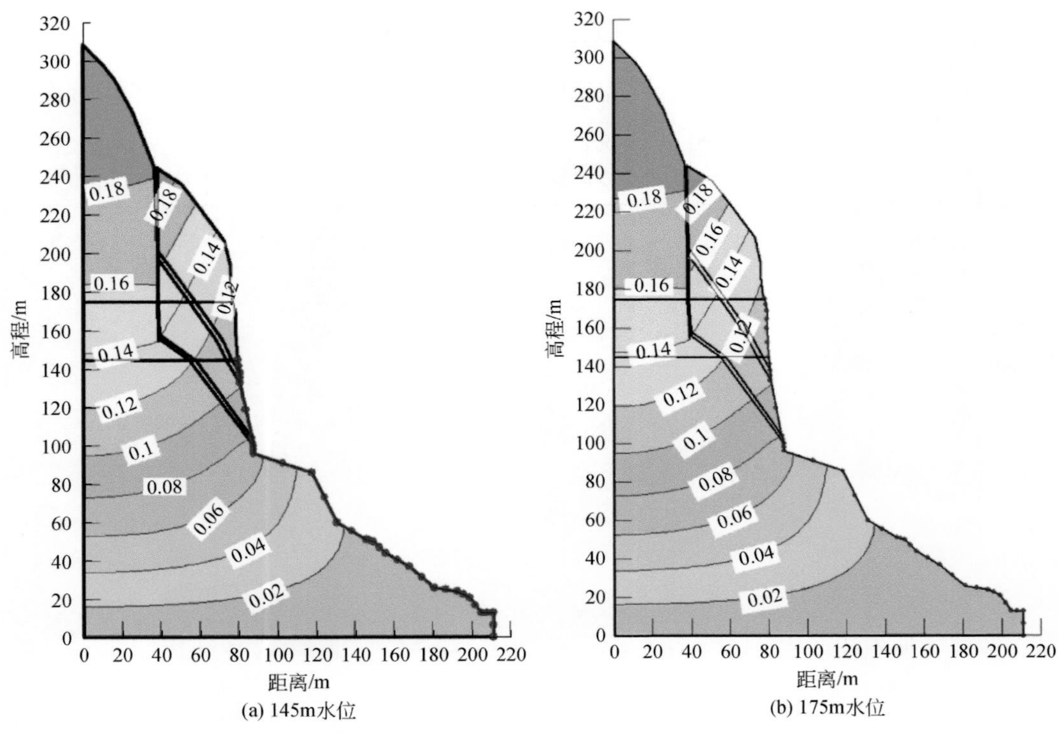

图 13.15　巫峡板壁岩位移分布云图（现状）（单位：mm）

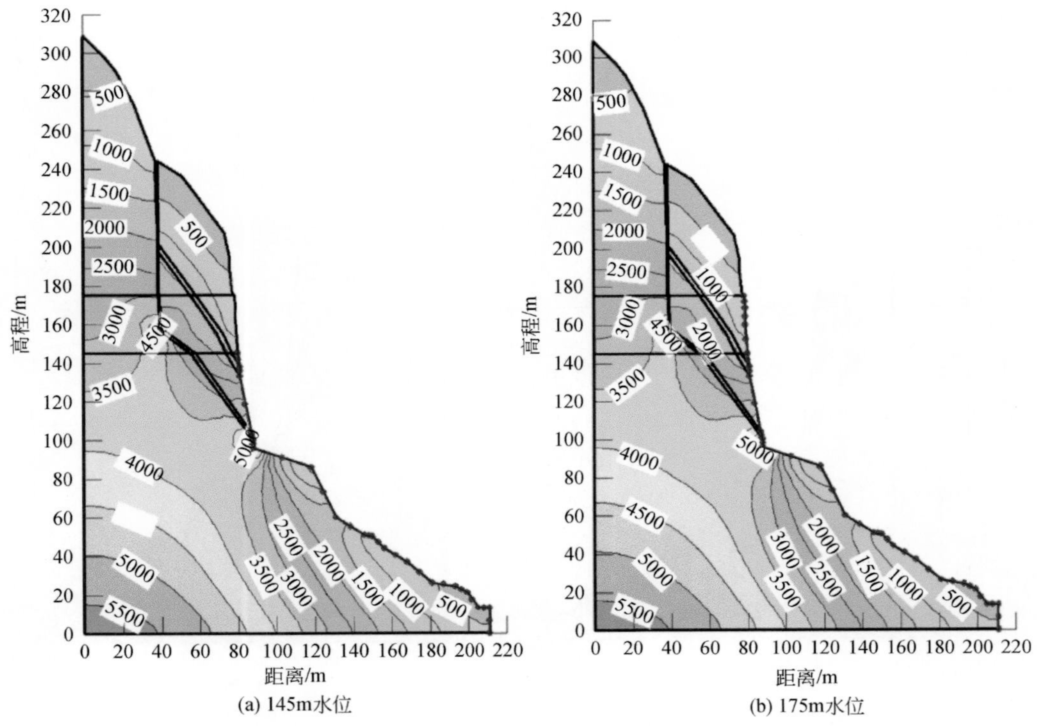

图 13.16　巫峡板壁岩最大应力分布云图（现状）（单位：kPa）

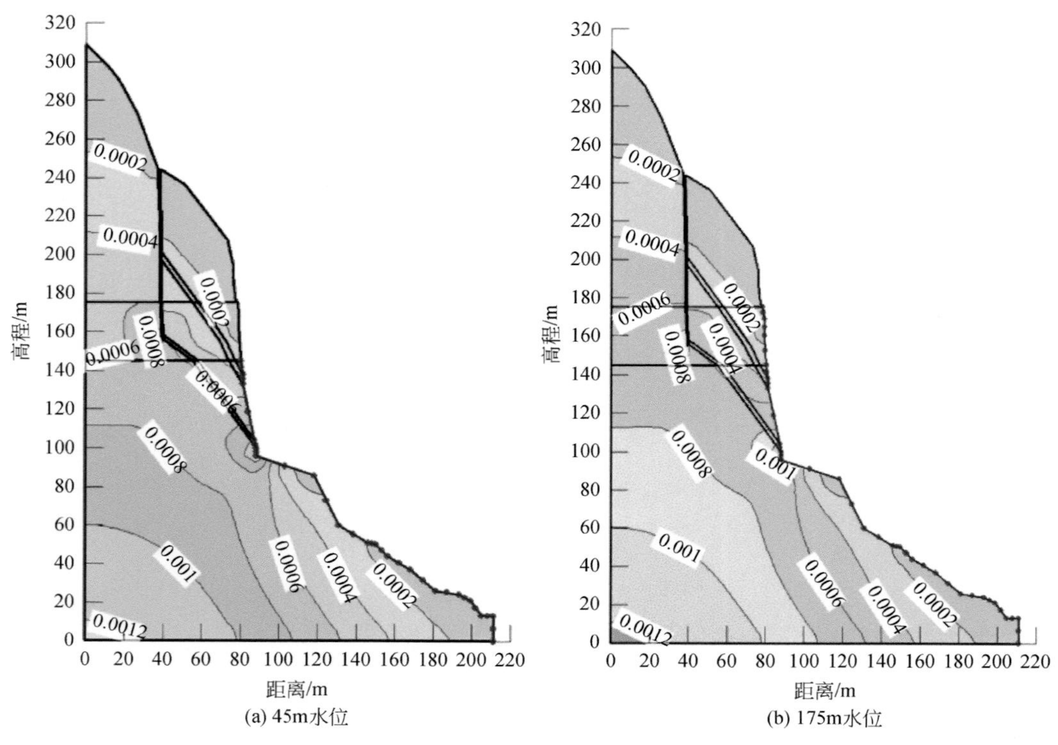

图 13.17　巫峡板壁岩最大应变分布云图（现状）

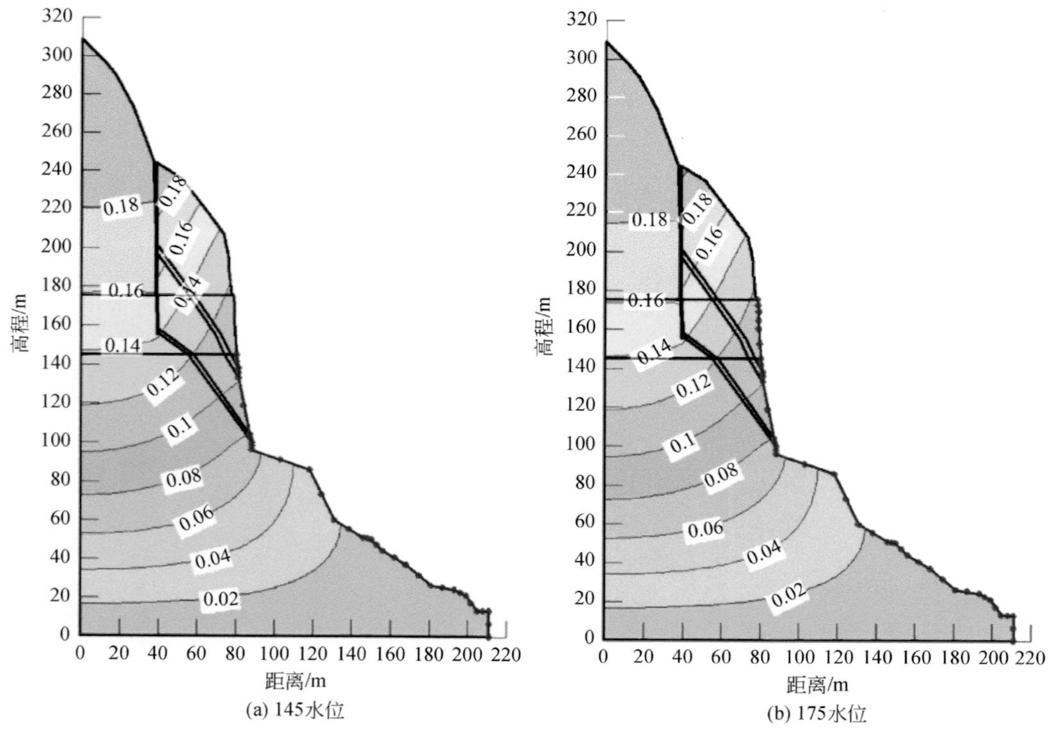

图 13.18　巫峡板壁岩位移分布云图（考虑 50 次循环岩体劣化）（单位：mm）

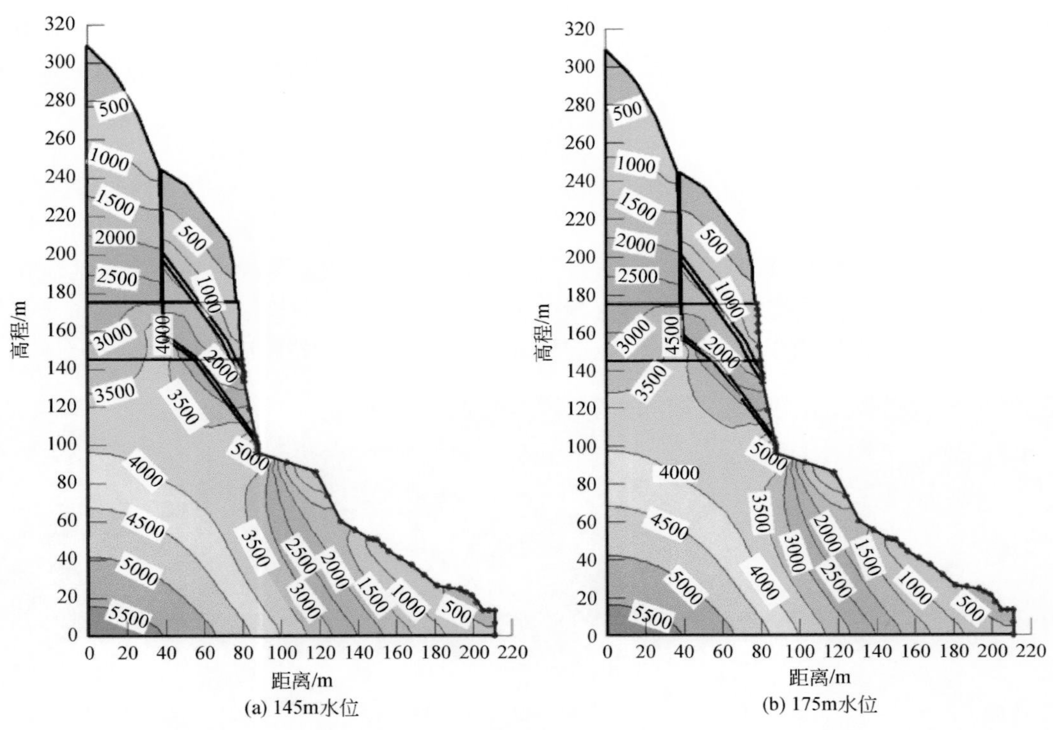

图 13.19　巫峡板壁岩最大应力分布云图（考虑 50 次循环岩体劣化）（单位：kPa）

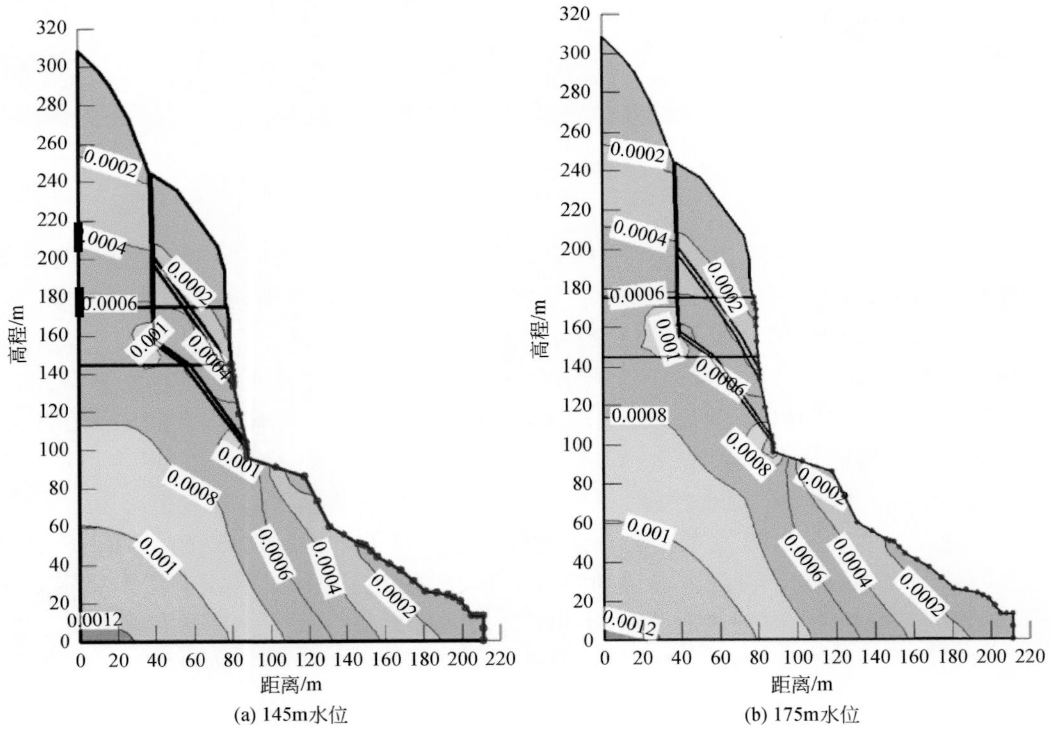

图 13.20　巫峡板壁岩最大应变分布云图（考虑 50 次循环岩体劣化）

消落带岩体处于饱和状态，消落带岩体参数逐渐弱化，水位下降后，岩体参数弱化导致145m水位下裂隙底端应力、应变更为集中；随着岩体参数弱化之后，滑移区域位移、应力及应变值以及其集中区域均有所扩展。

13.4.4 专业监测分析

2017年12月启动了板壁岩危岩带的专业监测，布置专业监测设备有GNSS地表位移监测点3个、裂缝监测点10个、倾斜监测点6个、应力监测点4个、多点位移计1个。至今已完成了两个水文年的专业监测工作，其监测点布置示意图见图13.21。

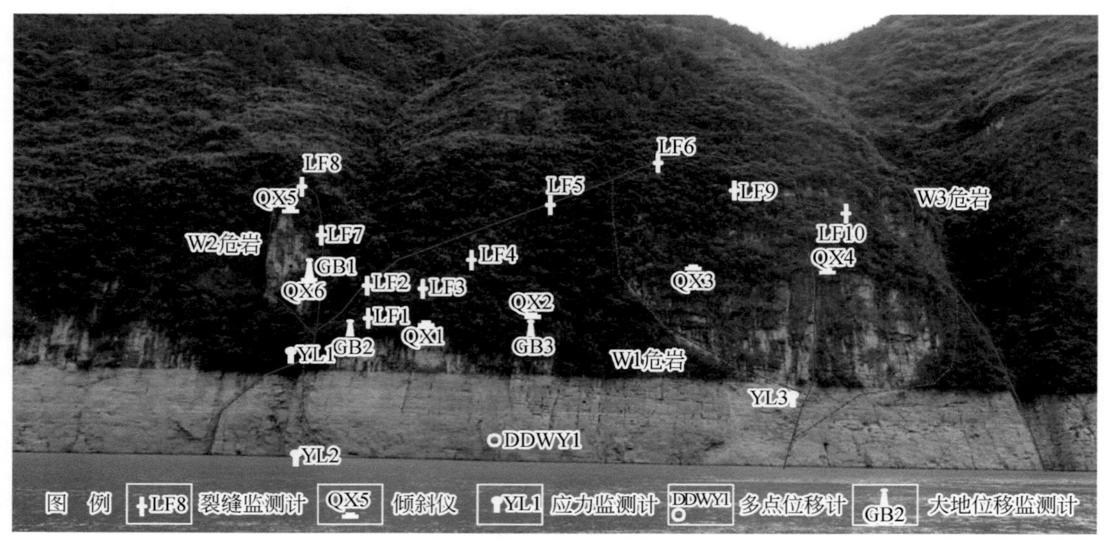

图13.21　巫峡板壁岩危岩带监测点布置图

根据“重庆三峡库区巫山县巫峡板壁岩危岩带2018年度应急专业监测预警总结报告”和“重庆三峡库区巫山县巫峡板壁岩危岩带2019年度应急专业监测预警总结报告”，2018～2019年主要的监测曲线如图13.22～图13.24所示。

根据监测曲线进行分析，W1-1危岩潜在剪出1区地表未产生明显的地表位移，整体处于稳定状态；潜在剪出2、3区地表未产生明显的地表位移，基座破碎带应力无明显变化，目前危岩体整体处于稳定状态。W1-2危岩未发生明显变形，整体处于基本稳定状态。W2危岩地表未产生明显的地表位移，但由于危岩体边界条件清晰、裂缝贯通性强，与母岩已完全脱开，危岩体基座发育顺向外倾的破碎带，目前岩体已被压碎，形成贯通性裂缝，基座处见水蚀痕迹。因此，宏观判断危岩体在暴雨工况条件下处于基本稳定状态。W3危岩地表未产生明显的地表位移，但由于危岩体边界条件清晰、裂缝贯通性强，临空岩体后壁局部有剪出裂缝发育，目前未贯通整个危岩基座。因此，宏观判断危岩体在暴雨工况条件下处于基本稳定状态。

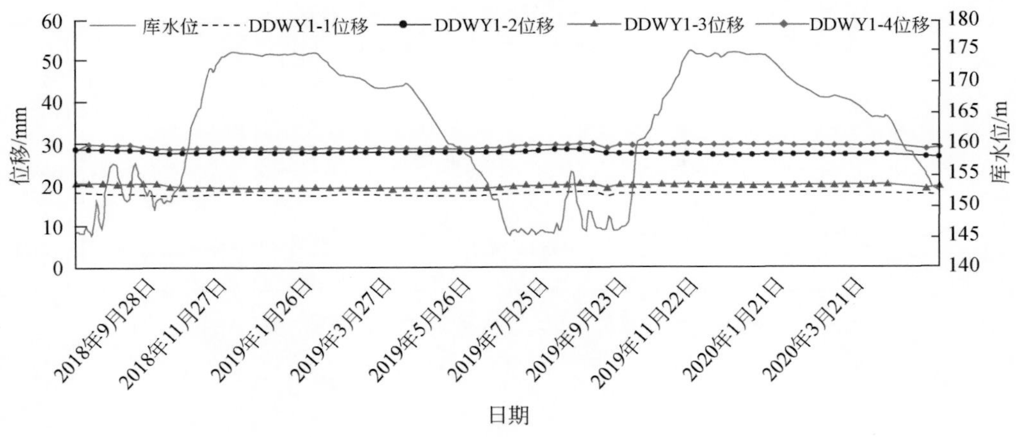

图 13.22　巫峡板壁岩危岩带多点位移累计变形曲线图

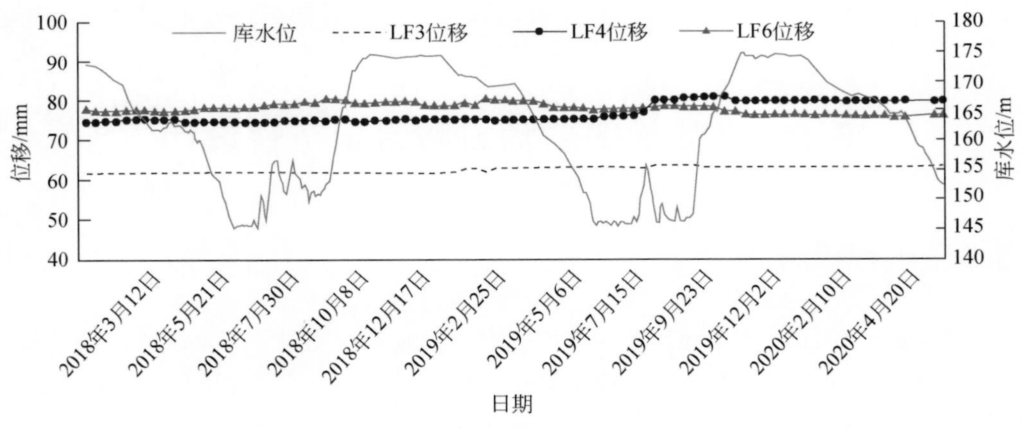

图 13.23　巫峡板壁岩危岩带裂缝位移累计变形曲线图

13.4.5　稳定性综合分析

通过板壁岩危岩体定性判断、极限平衡法计算、数值模拟及结合专业监测数据，其危岩体最终稳定性判断基本一致。综合分析认为：目前板壁岩 W1 危岩稳定性较好，处于稳定状态；W2-1 危岩处于稳定-欠稳定，W2-2 危岩处于稳定-基本稳定，W3 危岩处于稳定-欠稳定。W2-1、W3 危岩破坏结构面已基本形成，在近期裂隙进一步切割贯通、风化及暴雨等外动力因素作用下，可能失稳产生剪切滑移崩塌；目前，W2-2 危岩基座岩体较破碎，但破碎带未完全贯通，且未形成贯通的裂缝，后期随着降雨、风化等因素的影响，其结构面的抗剪强度会逐步降低，可能发生滑移破坏；W1 危岩目前其稳定性整体较好，但其大部分基座位于库水位以下，随着库水位不断升降，基座岩体不断干湿循环，岩体强

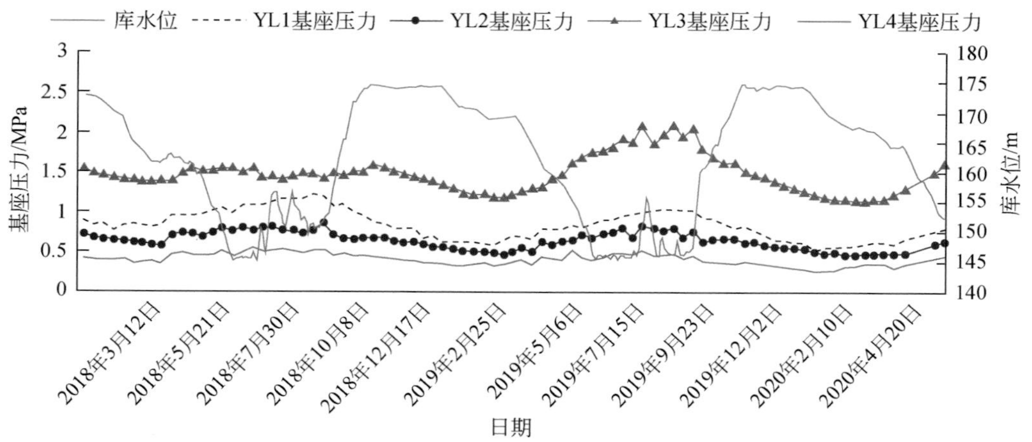

图 13.24　巫峡板壁岩危岩带基座压力曲线图

度不断衰减，破碎带不断发育贯通，稳定性将逐步变差，后期可能发生大规模、突发性破坏。

13.5　巫峡板壁岩危岩防治示范性设计

13.5.1　工程设计理念

自 2009 年起至 2019 年十年间，在工程区附近区域先后完成了茅草坡 4 段、茅草坡 3 段、独龙 2 号、独龙 8 号、独龙 1 号库岸治理工程，加上先前的龚家坊危岩治理工程，该区域已经进行了六个工作区段的地质灾害（示范）防治工作。

该区域岸坡的示范治理主要是在岸坡消落带区域，通过工程措施，将岸坡消落带进行锚固；同时，通过护面工程减缓长江库水位对岸坡的冲、剥蚀破坏。从设计理念来讲可总结为“固腰+护面”，其治理效果还需通过后期多期效果监测数据来检验。而对于望霞危岩、箭穿洞危岩及干井子滑坡的治理为地质灾害综合治理工程，其设计是从根本上解决地质灾害体的稳定性问题，通过工程治理可达到消除隐患的。所有以上两类工程措施的出发点及设计理念存在较大区别。

根据现有三峡库区消落区劣化带初步调查结果，目前在库区存在大量这种处于亚失稳状态（“亚健康”）的斜坡库岸段。对于该类库岸段的防治，是十分必要而且急迫的。

对亚失稳状态库岸在其稳定状态相对较好时提前进行干预，前移防治关口，可以防止此类岸坡在后期临失稳状态下防治时剧增的防治难度和经费投入。在亚失稳状态下，库岸本身的稳定性具有足够的安全储备，在近期内也不会产生重大的变形破坏，此时的工程介入以防结构劣化为主，所需工作量少，且防治方法可比选方案多，施工时间相对宽裕，从工程可行性和经济性方面来说，具备良好的可行性。

对亚失稳状态库岸进行提前干预，可以大大降低后期库岸失稳带来的地质风险。根据多年的监测，库区消落区的岩体劣化现象十分明显，在岩体劣化持续扩展的情况下，众多受地质结构影响和岩体结构影响的薄弱库岸段在未来一段时间内不可避免会产生局部或整体大规模失稳。在临失稳状态下，对库区数十万立方米至数百万立方米的高位危岩采用工程治理的方式已基本不可能，其设计抗力将大大超越当前工程防护材料（钢筋、砼、新型纤维复合材料等）的防护范畴。在这种状况下，对此类岸坡的处理只存在两种方式：要么花费巨额防治经费对其进行全面支挡，要么提前停航转移影响区的受胁对象任其失稳。很显然，两种方式均无法消除由于库岸失稳所带来的地质风险，对于此类库岸，“等待”的成本无疑实在太高。

对亚失稳库岸的防治，以力学支挡结构为辅，以补强加固和生态防护为主，为综合恢复长江生态功能提供稳定的地质条件。在蓄水前 10 余年中，在龚家坊至独龙区域进行了几段试验性岸坡治理工程，工程适宜性和可行性都尚可，虽然工程造价不一，但仍为后来的工作提供了可借鉴的工程实例和经验。唯一不足的是，由钢筋混凝土全覆盖方式防治的库岸导致消落带斜坡的生态性功能完全丧失。长江三峡作为国家 5A 级景区，每年约有半年时间处于低水位运行状态，高达 30m 的白色水位变动带岸坡裸露于两岸，除了带来地质生态的环境问题外，还给往返的游人旅客带来极不协调的视觉冲击。当亚失稳库岸段无需考虑用过多的力学支挡结构去“束腰”“固脚”，无需再将大量的钢筋混凝土暴露在岸边坡上时，对于库岸的生态防护工作即可以放心大胆提上日程。三峡越是雄奇险峻的地方，地质结构越是复杂多变，生态协调越是迫在眉睫。工程不影响生态，工程恢复生态，是三峡库区劣化带防护需要着重考虑的内容之一。

因此，对于库区消落区劣化带的工程防治，可结合医学的方式，通过“未病先治”（叶建红，1999；雷清震，2000；何学艳，2003；孙有智等，2016；曹俊杰等，2017）的方式，对处于“亚健康”状态的库岸进行“保健”和“疗养”，使其处于长期的“健康”状态。“未病先治”，即是在库岸岩体在周期性水位涨落下的劣化过程中，通过人为干预，采用加固、补强等方式，对其劣化关键部位如裂隙、层面、溶孔等进行胶结、封闭、固化，以提高其整体防劣化能力，进而提升库岸整体稳定性。

对库岸的“未病先治”，主要是以加固和补强、养护等为主，可结合生态防护等工程协同实施，设计中通常不以力学抗力计算作为设计依据（若有计算抗力，则库岸对应为临失稳状态，应主要采用工程支护手段），不以大受力构件（如高强锚索、高强混凝土等）作为主要支挡构件。通过选用合适的材料和施工工艺，提升岸坡岩体自身的整体受力稳定性、安全储备及防劣化能力。

本示范性设计研究的板壁岩危岩带，根据前期调（勘）查资料，即属于典型的亚失稳状态危岩。在地质构造及破坏模式上，与其他危岩相比有其特殊性，其设计思路及理念有异于之前临近地段及库区其他地段的地灾处置或示范性设计。首先，板壁岩危岩带其成因机制、破坏模式等复杂，各危岩单体规模、稳定性、致灾危险性、危害性存在差异；危岩带中主要的危岩单体 W1 其基础置于水下，其水下基座劣化情况暂不清楚，其整体治理难度大、工程投资大、施工风险大，且设计参数取值及依据不充分。通过两年来的专业监测及前期专项调勘查报告综合揭露，板壁岩危岩带主要的危岩体目前处于稳定状态，局部方量较小的危岩体稳定性稍差，其近期的灾害风险为局部危岩单体的失稳致灾。但基于水下基座劣化的不确定性，同时板壁岩危岩带一旦失稳将对长江主航道及上下游临近居民点及码头造成重大影响，其危害性极大，潜在损失极大。

基于板壁岩危岩带的特殊性，本次示范性设计研究在前期地质资料及专业监测结论的基础上，突破常规的治理工程设计思路及理念，采用“应急排危+补强加固”方案。通过应急处置和工程措施提高危岩带整体的安全储备，降低其成灾风险。同时，对主要危岩体进行补强加固，以“未病先治”设计理念对处于“亚健康”的危岩体进行提前处置。

13.5.2　板壁岩危岩设计参数

为综合开展板壁岩危岩的示范性设计，在板壁岩区域，创新性地开展了原位点荷载试验、岩样室内干湿循环试验、常规物理力学试验等试验，获取在水位变动情况下，板壁岩库岸段岩石（体）的力学参数及强度弱化参数。

1. 点荷载试验

点荷载试验是一项测定岩石强度的试验，主要用于岩石分类及岩石各向异性的测定，并可计算其单轴抗压强度和抗拉强度。由于试件可直接选用钻探岩心及不规则的岩块，因此它适用于野外，尤其是对室内试验制样困难的风化岩石、软弱破碎岩石等。试验时将试样夹在两个球状加荷锥头之间，施以荷载直至压裂试样。根据达到破坏时的最大荷载和两锥头端点间距，即可求出试样的抗拉强度，据此可经验地计算出试样的抗压强度。这一方法的优点是仪器设备轻便，可携带至现场进行试验，试样无需加工，可及时获得试验数据。

为了获取板壁岩库岸区域水位变动带各段岸坡原始岩石抗压强度值，本次研究设计在板壁岩库岸段完成72个点样的原位点荷载试验。测试试验分析见表13.7。

2. 室内干湿循环试验

通过人工循环烘干-饱和的规律状态，模拟在水位变化时库岸岩（石）体的强度变化情况，以一次完整的烘干-饱和为一周期，分别测定在0次、5次、10次、15次、20次、25次、30次、35次、40次、45次、50次周期循环后的岩石强度及形变参数，可以半定量评价库区岸坡岩体在水位变动下的强度弱化规律。

本次试验从板壁岩库岸取回的试样，即使是取自同一岩块的岩石，仍具备大量肉眼可见的溶孔溶隙，岩块完整程度和质量不能保证一致。在此基础上，如果不对试样进行筛选，其试验结果将具备极大的离散性。本次研究采用重庆奔腾数控WSD-2A数字声波检测仪，对所有参与试验的岩块进行了波速选样，具体流程如下：

（1）将取自同一库岸位置的样品进行分组；

（2）舍弃部分外观上具备较多溶隙和溶孔、节理、充填的试样；

（3）对保留的样品进行岩石波速测试，统计样品波速集中的区间；

表 13.7　巫峡板壁岩原位点荷载试验分析表

试样编号	样品直径/mm	破坏截面尺寸/mm	破坏荷载/kN	点荷载强度/MPa	试样编号	样品直径/mm	破坏截面尺寸/mm	破坏荷载/kN	点荷载强度/MPa
1	55.1	42.8	10.61	3.53	37	41.5	29.0	5.58	3.64
2	55.2	45.8	7.53	2.34	38	39.1	35.7	6.23	3.50
3	42.3	30.9	5.08	3.05	39	61.0	26.9	10.20	4.88
4	97.5	33.5	10.06	2.42	40	69.5	30.5	9.26	3.43
5	51.6	26.2	7.48	4.34	41	47.9	27.5	7.02	4.18
6	70.5	40.3	11.49	3.17	42	82.5	40.2	9.90	2.34
7	66.9	48.0	15.38	3.76	43	52.5	35.5	5.17	2.18
8	65.9	48.2	14.90	3.68	44	52.8	37.9	6.33	2.48
9	85.2	40.8	9.97	2.25	45	38.7	23.9	5.69	4.83
10	103.3	37.1	11.03	2.26	46	54.5	27.0	7.42	3.96
11	45.0	36.1	7.26	3.51	47	60.0	44.5	8.78	2.58
12	54.7	26.8	6.44	3.45	48	51.5	41.5	6.78	2.49
13	83.5	21.5	5.63	2.46	49	43.5	33.5	7.23	3.89
14	55.5	33.3	5.83	2.48	50	49.8	29.0	5.86	3.19
15	35.0	30.0	3.34	2.50	51	33.9	27.0	5.95	5.10
16	41.3	31.2	6.51	3.97	52	78.0	33.8	14.03	4.18
17	49.2	28.7	2.42	1.35	53	52.0	34.2	11.00	4.86
18	52.3	29.4	4.86	2.48	54	66.2	30.7	11.56	4.47
19	53.0	44.1	6.45	2.17	55	46.5	30.5	5.69	3.15
20	75.3	31.5	9.81	3.25	56	51.0	35.5	10.05	4.36
21	68.9	40.0	11.19	3.19	57	75.1	47.0	19.01	4.23
22	79.5	35.3	6.41	1.79	58	46.5	54.5	13.30	4.12
23	61.3	40.5	6.45	2.04	59	72.5	33.0	17.89	5.87
24	82.7	32.3	11.49	3.38	60	44.5	33.5	15.10	7.95
25	63.7	24.5	10.19	5.13	61	64.5	26.5	11.89	5.46
26	71.1	28.5	6.58	2.55	62	72.7	40.5	12.91	3.44
27	44.5	24.9	8.15	5.77	63	51.5	40.5	11.55	4.35
28	64.1	22.0	7.00	3.90	64	82.5	43.0	16.18	3.58
29	48.0	28.5	12.75	7.32	65	68.9	38.8	18.66	5.48
30	69.9	31.8	11.21	3.96	66	46.5	44.7	11.17	4.22
31	36.0	32.8	6.86	4.56	67	32.5	29.8	7.05	5.71
32	50.5	30.7	7.79	3.94	68	67.5	31.8	12.70	4.64
33	51.2	39.9	5.94	2.28	69	45.5	28.2	10.30	6.30
34	44.1	33.9	10.19	5.35	70	67.2	23.9	5.71	2.79
35	48.0	34.5	5.57	2.64	71	58.5	64.1	6.83	1.43
36	42.5	27.5	7.86	5.28	72	97.0	35.5	13.07	2.98

注：据《工程岩体试验方法标准》（GBT 50266—2013），通过图解得到$I_{5(50)}=3.7\text{MPa}$。

（4）根据波速相对集中的区间，将样品分为 4500 ~ 5800m/s、5800 ~ 7000m/s 两个波速段；

（5）按两个波速区间对样品进行整理和编号，进行下一步试验；

（6）根据破坏试验所需样品数要求，在满足统计要求的情况下，单轴抗压试验为每组六个样、变形试验为每组五个样，每一大组根据试验要求准备 11 组试样（0 ~ 50 次每五次为一组）。

试验时间从 2017 年 10 月至 2018 年 12 月，历时共计 14 个月。干湿循环试验照片见图 13. 25 ~ 图 13. 27。

(a) 现场凿石采样

(b) 样品装船转运

图 13. 25　采样工作照片

(a) 室内制样

(b) 试样成品

图 13. 26　制样工作照片

(a) 干湿循环试样池

(b) 破坏试验

图 13. 27　干湿循环及破坏试验照片

根据试验结论，在干湿循环条件下，三峡库区巫峡板壁岩危岩带岩体力学性质变化情况详见表 13.8 ~ 表 13.10。

表 13.8　巫峡板壁岩岩体强度劣化结果一览表　　（单位：MPa）

采样点	岩性	点荷载强度	试验初始强度	干湿循环试验强度值										强度降低值
				5 次	10 次	15 次	20 次	25 次	30 次	35 次	40 次	45 次	50 次	
板壁岩危岩	灰岩	84.0	56.0	56.1	52.7	50.8	51.5	45.8	45.9	46.8	46.3	44.2	44.6	−11.4
			53.9	55.5	52.0	50.5	51.6	49.2	46.0	48.3	47.1	46.1	45.7	−8.2
			31.4	31.5	29.9	30.0	29.2	29.1	28.4	28.5	27.1	27.2	26.3	−5.1
			31.0	30.2	28.7	28.5	29.1	27.8	26.8	27.4	26.7	25.5	25.1	−5.9

表 13.9　巫峡板壁岩岩体强度劣化率一览表

采样点	岩性	波速段/(m/s)	干湿循环试验劣化率/%									
			5 次	10 次	15 次	20 次	25 次	30 次	35 次	40 次	45 次	50 次
板壁岩危岩	灰岩	5800 ~ 7000	−0.1	5.9	9.4	8.0	18.3	18.1	16.4	17.4	21.1	20.4
			−3.1	3.5	6.3	4.1	8.7	14.5	10.3	12.6	14.5	15.2
		4500 ~ 5800	−0.3	4.9	4.4	7.0	7.3	9.4	9.3	13.8	13.4	16.1
			2.6	7.4	8.2	6.3	10.4	13.5	11.7	14.0	17.7	19.0

表 13.10　巫峡板壁岩干湿循环变形参数一览表

采样点	岩性	波速段/(m/s)	变形模量值/万 MPa											最终弱化率/%
			初始值	5 次	10 次	15 次	20 次	25 次	30 次	35 次	40 次	45 次	50 次	
板壁岩危岩	灰岩	5800 ~ 7000	1.568	1.523	1.497	1.496	1.451	1.362	1.309	1.231	1.196	1.186	1.178	24.9

根据试验结果，得到如下结论：

（1）通过原位点荷载强度转化为单轴抗压强度的值和室内单轴抗压强度测试对比，可发现岩石强度具有明显的尺寸效应。原位测试的试样由于岩块体积较小，内部微裂纹发育程度低，得到的岩石强度值普遍较室内试验偏高，这证明库岸原始岩体内部裂纹发育比较强烈。

（2）本研究共对岩石做了 50 次干湿循环试验，通过波速选样，将波速位于 4500 ~ 7000m/s 的灰岩分为两个波速段，以避免岩石内部裂纹的发育不均匀造成岩石强度差异过大导致的试验结果离散性问题。整体看来，岩石波速越高，岩石内部裂纹发育越轻微，岩石强度较高；反之，岩石波速越低，岩石内部裂纹发育越密集，岩石强度越低。本次试验段的岩石强度弱化率为 15.2% ~20.4%。

（3）根据变形数据测试结果，该库岸段灰岩样品的 50 次干湿循环变形模量弱化率为 24.9%。

（4）根据试验结果，剔除波动数值后，可以看到，岩石的劣化在50次循环后并未呈现明显的收敛趋势，表明随着时间的推迟，岩石的劣化并未达到一个稳定的数值，库岸的稳定性也势必进一步受到岩体劣化的影响，该现象值得后续继续关注。

在库岸失稳破坏过程中，其破坏位置和破坏时间具有随机性，本次研究对于抗压强度取中间试验数据作为代表库岸段的强度弱化参数，通过回归分析建立各个代表库岸段的数学物理方程，其基本形式为

$$\sigma_c(n)=f(n), E(n)=f(n) \tag{13.1}$$

式中，σ_c为抗压强度；E为变形模量。

根据上述基本表达式，经数据分析后整理形成拟合公式见表13.11。

表13.11 巫峡板壁岩岩体强度弱化拟合公式表

采样点与参数	板壁岩
抗压强度/MPa	$\sigma_c=30.638e^{-0.004n}$
变形模量/万 MPa	$E=1.5966e^{-0.007n}$

注：所涉及数据分别采用指数、线性、多项式回归模型进行拟合，选择最优拟合式（R^2>0.90）作为选用公式。

通过对以上方程进行分析，可发现如下规律：

（1）最优拟合模型均为指数型，对于指数型回归式，具备初始斜率大（变化速率快）、后期斜率缓的特点，对应岩石强度参数弱化规律解释为随着水位的变化，在初期一定年度内，岩石的强度参数弱化速率较快，越到后期强度弱化速率越缓，但持续性的弱化将始终存在，最终弱化值将接近于0；

（2）在岩石干湿循环过程中，其力学参数和变形参数均按照一定的规律同步弱化，虽然在短时间内各参数弱化率不一致，但从长期弱化趋势分析，最终各参数弱化速率都将趋于一致；

（3）本试验未对各采样点进行抗剪强度测试，但根据上述对比可以推测，岩石抗剪强度的弱化也较大概率遵循以上规律，在抗剪强度弱化的情况下，可以对岸坡的稳定性在水位变动情况下做出定量的评价。

3. 设计参数

根据研究性试验所得参数与常规物理力学试验参数，板壁岩危岩带设计参数一览表见表13.12。

13.5.3 防治示范设计目标

1. 治理范围及等级划分

治理范围：板壁岩危岩带治理范围包含W1危岩范围以及W2、W3危岩范围，涉及库岸长度为280m。

防治工程安全等级：危害对象主要为长江航道内通行的船只、培石码头以及培石至青石段长江主航道和抱龙河等区域的临水作业和水上作业的人员等，潜在危害人数大于2000

人，可能造成的经济损失大于 1 亿元，其防治工程等级划分为Ⅰ级。

表 13.12　巫峡板壁岩设计参数一览表

参数		设计取值
中风化灰岩	天然密度/(g/cm³)	2.68
	饱和密度/(g/cm³)	2.69
	天然抗压强度标准值/MPa	21.71
	饱和抗压强度标准值/MPa	18.21
	天然抗拉强度标准值/MPa	0.46
	饱和抗拉强度标准值/MPa	0.40
	天然黏聚力/MPa	1.35
	天然内摩擦角/(°)	37.49
	饱和黏聚力/MPa	1.08
	饱和内摩擦角/(°)	35.69
	抗压强度弱化公式/MPa	$\sigma_c=30.638e^{-0.004n}$
	变形模量弱化公式/万 MPa	$E=1.5966e^{-0.007n}$
基座破碎带	天然黏聚力/kPa	35.81
	天然内摩擦角/(°)	32.61
	饱和黏聚力/kPa	20.79
	饱和内摩擦角/(°)	26.48
	黏聚力弱化公式/kPa	$c=20.79e^{-0.007n}$
	内摩擦角弱化公式/(°)	$\varphi=26.48e^{-0.007n}$

注：表中黏聚力弱化公式与内摩擦角弱化公式根据试验相似性推导得到，仅供本次试算参考。

2. 设计目标

根据 13.4.2 节计算结果（表 13.4），W2、W3 危岩为不涉水局部崩塌体，不属于本次示范设计的亚失稳范围。在现状条件下，板壁岩 W1 危岩属整体稳定状态，经 50 次干湿循环后的结果试算（理想和假设条件下），危岩将劣化处于基本稳定至欠稳定状态。利用干湿循环试验所推导的抗剪强度弱化公式，在 108 次干湿循环后（理想和假设条件下），危岩将处于极限平衡状态。

基于室内试验推导结论代入经典理论计算和数值模拟分析，可见随着规律性的水位涨落，岩体和破碎带的劣化必然导致板壁岩整体稳定性的降低。经力学分析，当板壁岩危岩主控结构面（破碎带）强度弱化使危岩整体稳定性达到极限平衡状态的时候，在考虑安全系数的情况下，危岩设计推力可达 50000kN/m²，如此巨大的推力，是任何工程防治措施均难以处置的。

基于以上定性以及定量分析，在现阶段，针对板壁岩危岩的防护治理，由于基于极限平衡的定量计算在现阶段没有设计推力，故对于此类亚失稳库岸的工程防治，应以考虑关键劣化带的加固补强为主要防治手段。

在板壁岩区域，可以通过对关键劣化带（破碎带）采取注浆封闭，同时在水位涨落区基座溶蚀带内嵌植工字钢，使岩体深部裂隙以及溶蚀孔洞共同封闭形成相对完整的整体，避免规律涨落的江水对内外的岩体裂隙产生物理和化学潜蚀溶蚀作用。

当基座岩体通过钢材和浆体黏结成为相对完整的整体后，岩体在江水规律涨落下的劣化作用将被大大减缓。前期试验证明，江水对完整岩体的劣化作用十分缓慢，当岩体内的裂隙不再受水作用时，劣化作用基本处于静止状态。对于这类无外倾不利结构面的厚层完整灰岩区域，其劣化溃屈破坏的时间将被大大延长，数百年内其发生整体失稳的概率几降为零。

基于以上分析，现阶段针对板壁岩的设计目标是，封闭板壁岩软弱结构面附近至临江面处受江水影响的裂隙区域，减弱或消除江水规律涨落对裂隙岩体的劣化作用；使基座岩体形成相对完整的受力体；使软弱面强化并隔离江水；使岩体不再产生内外共同的劣化作用，延长基座的寿命；使危岩在相当长的一段时间内不会由于基座劣化而产生整体失稳。

13.5.4　方案设计

1. 防治技术方案设计

根据工程设计理念和防治示范设计目标，结合板壁岩的稳定性分析计算及可能的失稳破坏模式，板壁岩危岩所在的库岸段区域，在当前条件下属于稳定状态，随着水位规律性的涨落对内部裂隙、岩体自身强度的持续性弱化后，板壁岩库岸段将由稳定状态逐步向不稳定状态转变。对板壁岩危岩的防治，以“未病先治、补强加固”为基本设计思路，具体方案为“应急排危+裂缝封闭+消落带岩体灌浆补强+消落带坡面防护+专业监测”，设计中不考虑受力情况，以当前板壁岩宏观稳定性状态及前期勘探工作所揭示的岩体浅部至深部的软弱结构面作为依据，通过构造控制和封闭岩体内部裂隙和结构面，使岩体形成相对完整的整体，阻隔岩体内外水力联系，消除规律性的水位涨落对岩体内外强度产生的持续性劣化影响。

2. 工程总体布置

板壁岩危岩示范治理工程立面布置示意图见图 13.28，典型设计剖面图见图 13.29。

（1）应急排危：对岸坡顶部已查明的不稳定孤石区域，采取人工小型机具就地破碎后清除，以防止孤石滚落入江对过往船只造成威胁；W2、W3 危岩稳定性较差，其发育位置距离库水位高度较高，采用数码电子雷管和非电雷管控制的多排孔毫秒微差逐孔起爆方式进行控制爆破，以解除高坠风险。

（2）裂缝封闭：对危岩体后侧卸荷带裂缝进行封闭，以防止强降雨条件下裂缝渗水产生高压水压力加剧危岩体破坏，采用 C20 细石砼对裂缝顶部进行“盖板式”封闭。

（3）消落区岩体注浆补强：对 W1 危岩消落带 150 ~ 177m 高程区域采取“工字钢+固结灌浆”加固。通过钻孔植入型钢，可有效地将岩体浅部至深部贯穿的岩体裂缝进行连接，同时型钢具备普通锚杆不具备的抗剪能力，可一定程度上分散由于消落区岩体劣化可能导致的基座压力增大；通过钻孔实施的压力注浆，对钻孔通过区的岩体裂隙进行封闭，防止水体在岩体内部关键部位（如软弱带、大规模溶蚀区）持续产生的潜蚀、溶蚀等作用

图 13.28　板壁岩危岩示范治理设计工程布置图

对整体强度的弱化。

（4）消落带坡面防护：对消落带破碎带出露区域进行平整，通过注浆封闭裂缝、人工修整辅以刻槽固土、生态护面等方式，综合开展消落区的坡面防护。

（5）专业监测：继续做好板壁岩危岩带的专业监测及预警工作，同时在消落区留孔以开展长期监测和研究工作。

3. 分项工程设计

1）坡表清危设计

（1）对岸坡顶部已查明的不稳定孤石 GS1 ~ GS7，采取人工小型机具就地破碎后清除，破碎后的石料部分可以用作裂缝盖板的材料用，清除方量约 158.7m^3。

（2）对临江陡崖面上危石、浮石采取“人工清除”，方量预计 300m^3。

2）控制爆破设计

为保证爆破后岩石的稳定性，减少爆破震动对被保留母岩体的扰动，本工程采用浅孔台阶爆破与预留 3m 坡面母岩体保护层浅孔爆破相结合的方法爆破施工，本次台阶爆破工程采用数码电子雷管和非电雷管控制的多排孔毫秒微差逐孔起爆方式。

3）裂缝封闭设计

危岩带后侧裂缝 LX1 ~ LX6 采用 C20 细石砼按照“盖板式”进行封闭，防治降雨的入渗。砼盖板施工前，需清理危岩裂缝及周边的表层浮土及植被等，让细石砼与危岩岩体紧贴在一起；施工过程中如遇坡度较陡的区域可采用模板进行固定；施工过程中需特别注意盖板与危岩体内侧壁的衔接，不得留孔洞或裂缝。封闭裂缝总长度约 460m，平均盖板厚度为 10cm，宽度为 50cm。

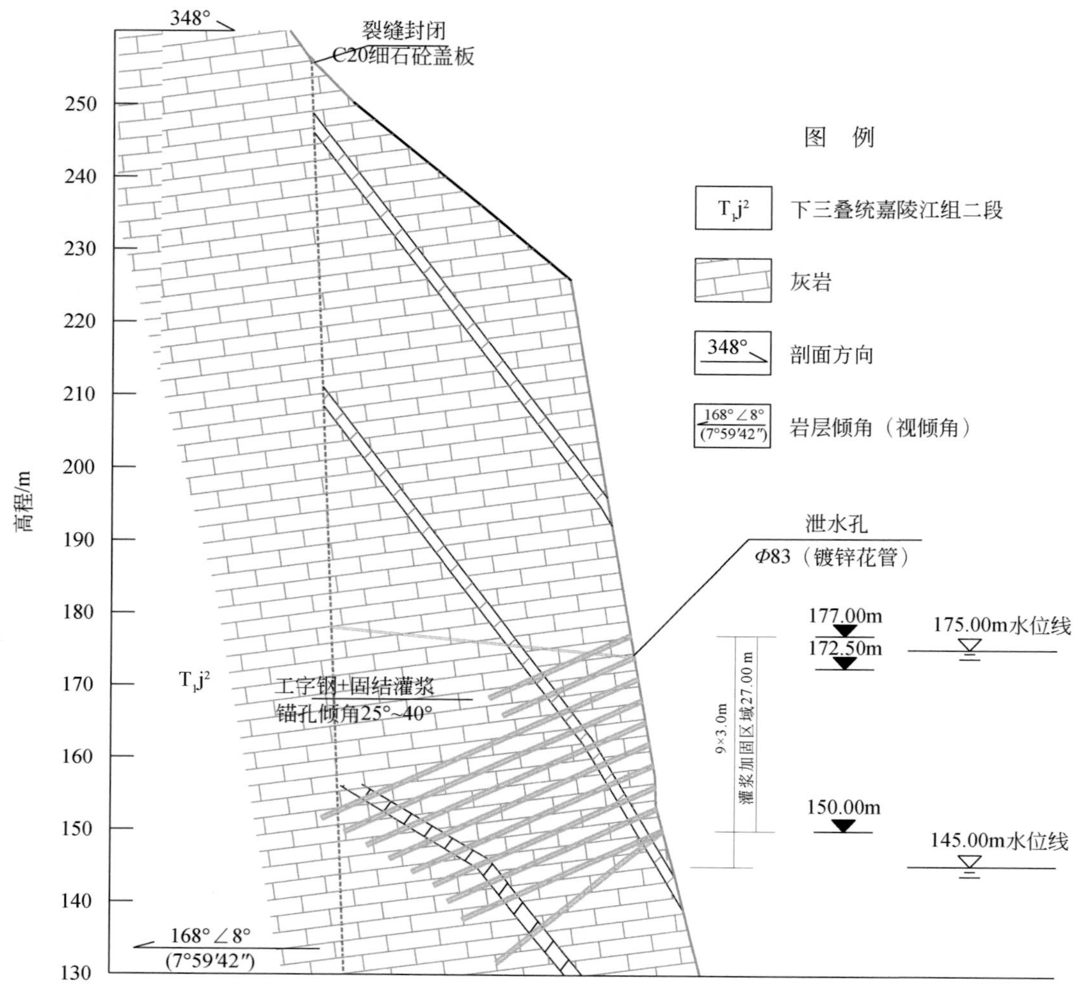

图 13.29　板壁岩危岩示范治理典型设计剖面图

4）消落区岩体注浆补强

对 W1 危岩消落带 150 ~ 177m 高程区域采取“工字钢+固结灌浆”加固。

（1）灌浆加固孔采用潜孔锤成孔，按照 3.0m×3.0m 梅花形布置，孔径为 150mm，倾角为 20° ~ 40°，成孔洗孔后选取典型钻孔进行孔内摄像，进行地质编录，根据孔内成像进一步核实破碎带及主控裂隙发育情况。

（2）注浆孔内插 9.0m 长的 10 号工字钢，在破碎带（主控裂隙）前后等长布置（岩体较薄，不能等长布置时保证后侧长 4.5m）；注浆孔采用 M40 水泥砂浆注浆封孔，采用低压注浆施工，注浆压力≤0.1MPA。

（3）在崖壁面 172.5m 高程按照 6m 横向间距布置泄水孔，采用潜孔锤成孔，孔径为 91m，倾角 3°，内置 $d=83$mm，$t=4$mm 加工镀锌花管，花管加工泄水孔直径（Φ）= 40mm，按照间距 200mm 梅花形布置，镀锌花管外裹土工布，让花管与泄水孔紧密贴合在一起。

5）消落带坡面防护

（1）清除坡表松散块体、平整剖面，对凹腔采用 M30 浆砌块石填补。

（2）采用 M40 水泥砂浆对该区域破碎带表层裂缝及孔隙注浆，注浆仍采用低压注浆，注浆压力≤0.1MPA。

6）专业监测

板壁岩区域已经建立专业的监测网络，前期采取裂缝监测、倾斜监测、应力监测、视频监测、GNSS 监测、多点位移计监测等方法建立了监测网络。在后期实施示范性防治中，可增加 3～5 对陡倾斜向钻孔，每对钻孔间距为 1m，设置为长期监测和研究性测试孔，通过采取跨孔声波测试手段对岩体的劣化情况开展长期的研究性监测。

13.6　小　　结

以板壁岩危岩体这一“亚失稳”库岸的防治工程为案例，本章通过工程地质条件、变形破坏特征、稳定性分析和防治示范性设计等方面的研究，得到了以下认识：

（1）板壁岩危岩体总体呈不规则板柱状板，由多条大型卸荷裂隙和层间剪切破碎带切割。壁岩 W1 危岩体顶部高程约 259m，推测水下最低基底高程约 97m，相对高差约 162m，危岩整体立面面积约 35200m^2，总方量约 71.78 万 m^3。W2 和 W3 危岩体方量分别为 1.69 万 m^3 和 685m^3。由于层间剪切破碎带高角度倾向坡外，危岩可能沿岩基座破碎带压剪滑移破坏，破坏方向为 348°。

（2）板壁岩危岩带消落带区域发育贯通性较好的裂缝共 33 条，裂缝产状为 52°～118°∠67°～88°，贯通长度为 10.22～93.86m，裂缝在消落带区域呈密集分布发育。消落带区域岩体裂缝沿江发育线密度为 1.11 条/10m、面密度为 0.37 条/100m^2；非消落带区域裂缝沿江线密度为 0.79 条/10m、面密度为 0.15 条/100m^2。同时，破碎带岩性为薄层状灰岩，局部可见泥质条带及团块分布；部分岩体呈碎块状，块径为 10～65cm；局部岩块崩落入江，形成小岩腔。

（3）专业监测显示危岩体潜在剪出口区地表未产生明显的地表位移，基座破碎带应力无明显变化，整体处于稳定状态。自然状态下，危岩体剖面稳定性系数均在 1.40 以上；145m 水位下剖面稳定性与 175m 水位相比有所下降。随着水位波动循环次数和岩体劣化程度的增加，消落带区域岩体劣化将导致危岩稳定性持续降低。危岩消落带岩体经 50 次干湿循环其稳定性最低已降至 1.186，处于基本稳定状态。

（4）针对类似板壁岩危岩的亚失稳岸坡防治工程，提出以“未病先治”的补强加固基本设计思路。板壁岩的防治具体方案为“应急排危+裂缝封闭+消落带岩体灌浆补强+消落带坡面防护+专业监测”。设计中没有考虑受力情况，以当前板壁岩宏观稳定性状态及前期勘探工作所揭示的岩体浅部至深部的软弱结构面作为依据，通过构造控制和封闭岩体内部裂隙和结构面，使岩体形成相对完整的整体，阻隔岩体内外水力联系，消除规律性的水位涨落对岩体内外强度产生的持续性劣化影响。

（5）对亚失稳库岸的防治，以力学支挡结构为辅，以补强加固和生态防护为主，为综合恢复长江生态功能提供稳定的地质条件。对库岸的“未病先治”，主要是以加固和补强、养护等为主，可结合生态防护等工程协同实施，设计中通常不以力学抗力计算作为设计依据，不以大受力构件（如高强锚索、高强混凝土等）作为主要支挡构件。应更多地选用可封闭、耐冲刷、耐久的水稳定性胶结和锚固新型材料，对劣化关键部位（如裂隙、层面、溶孔等）进行胶结、封闭、固化；以提高其整体防劣化能力，进而提升岸坡整体稳定性。

第 14 章　劣化岸坡生态地质修复工程——巫峡茅草坡岸坡

14.1　概　　述

本章拟讨论劣化岸坡稳定性评价和防护问题。对应于第 11 章失稳岸坡，第 12 章临失稳岸坡和第 13 章亚失稳岸坡，本章定义的劣化岸坡主要指存在未完全贯通的大型优势软弱结构面但岩体相对破碎的岸坡，在水位升降下导致消落区出现掏蚀、坍塌等局部破坏，长期持续劣化将会引发上部岸坡发生较大规模破坏或整体崩滑失稳。

在岸坡劣化带工程治理的早期，采用了现有行业和地方地质灾害防治规范进行设计，但与实际情况出入非常大。由于这些岸坡并未存在贯通性的破坏面，因此，在一般工况和特殊工况下，很难计算滑动力。同时，考虑长江生态保护和环境美观的需要。逐渐提出了开展水位消落区“劣化岸坡生态+地质修复工程”的概念。

针对“劣化岸坡生态+地质修复工程”理念，本章将以巫峡茅草坡 4 号不稳定斜坡体（M4）库岸为例，从生态修复与防护工程相结合的角度，探讨两种生态修复技术在该区域应用的可行性。主要内容包括：①巫峡茅草坡库岸段概况；②巫峡茅草坡库岸段变形特征及稳定性分析；③巫峡茅草坡库岸试验性防护修复工程实例；④巫峡茅草坡库岸生态修复工程探讨。本章成果为三峡库区劣化岸坡修复防护提供思路和方法借鉴。

14.2　巫峡茅草坡库岸段概况

巫峡茅草坡库岸段位于长江干流左岸，地形坡角为 38°~74°，地形起伏变化大，相对高差为 1200m；该区域地质环境条件复杂，区内出露地层为三叠系嘉陵江组—大冶组，岩性有灰岩、泥灰岩、盐溶角砾岩、页岩，坡面部分地段存在第四系崩坡积及冲洪积块碎石土，岩土组成种类多，结构复杂；坡体为逆向坡，岩体裂隙发育，岩体较破碎-极破碎，存在外倾结构面；岩土体的性质对水较敏感。

14.2.1　自然条件

巫山县巫峡镇龚家坊-独龙一带斜坡位于巫山县城码头东 3.5km，长江北岸，西起巫峡镇龚家坊斜坡，东至独龙斜坡（图 14.1）；行政区划隶属重庆市巫山县巫峡镇；区内最高海拔为 1211m、最低海拔为 145m（最低水位线），相对高差为 1066m。区域地处长江三峡景区的核心地段，水路交通较为便利，拥有独特的天然景观资源。

该地处亚热带季风性温湿气候区，主要受地理位置、大气环流、地形起伏等因素的影响。受东南季风影响，且县境北部有高山屏障，境内气候温和、雨量充沛、日照充足、四季分明。由于境内地貌复杂，高低悬殊，气候随着海拔增高而出现垂直递变，气候类型多样，垂向温差和降水量变化较大。巫山县年均气温为 18.3℃。多年平均降水量为 1087.4mm，最大日降水量为 371.3mm（1985 年 6 月 21 日）。降水主要集中于 5～9 月，占全年降水量的 68.8%，由于降水集中，常诱发危岩、滑坡、泥石流等地质灾害。

三峡水库 2003 年蓄水至 135m，2004 年蓄水至 143.2m，2006 年蓄水至 156m，2008 年 11 月试验蓄水至 172.8m，2010 年 10 月 25 日蓄水至 174.9m。

巫山县距三峡大坝 124.3km，坝前 145m 接 20% 的洪水位线巫山断面为 145.1m；坝前 175m 接 20% 的洪水位线巫山断面为 175.1m。

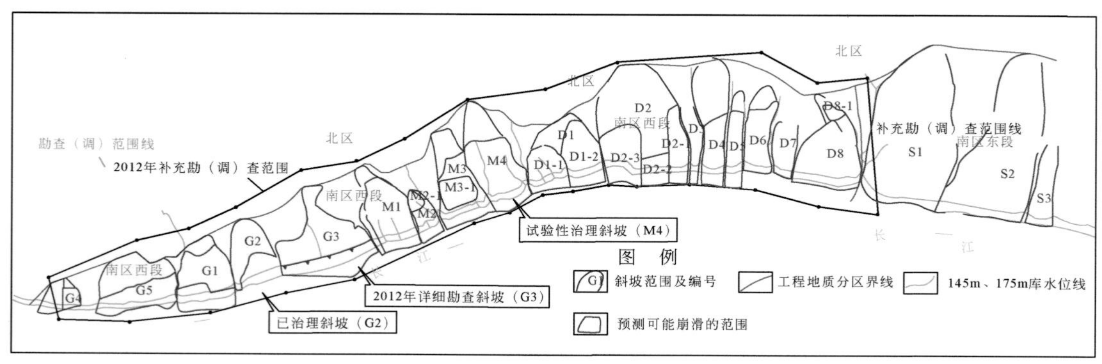

图 14.1　巫山县巫峡镇龚家坊-独龙斜坡总平面示意图

图中 G1 代表龚家坊 1 号斜坡，M1 代表茅草坡 1 号斜坡，D1 代表独龙 1 号斜坡以此类推。前期监测显示稳定性较好的斜坡：G4、G5、M1、D2-3、D2-2、D3、D4（整体）、D5（整体）、D6、D7；前期监测显示稳定性差的斜坡：G1、G2（已垮塌）、G3（已勘查）、M2、M3、M4、D1、D2-1、D4（前缘土体欠稳定）、D5（前缘土体不稳定）、D8；已治理的斜坡：G2、M3、M4、D1、D2、D2-1、D8；正在治理的斜坡：M2、G4

14.2.2　地质环境条件

14.2.2.1　地形地貌

区内属侵蚀中低山河谷地貌区（图 14.2）。山势呈 NEE 向展布，山脊从西向东为长江大桥—大石坡—望天坪—阴坡—棺材盖一线，山脊高程为 730（文峰观）～1211.5m（棺材盖），山脊宽度为 5～10m。据访问长江谷底高程为 30m 左右，相对高差为 1181.5m。山脊南侧为逆向坡，500m 高程以下坡角为 35°～55°。斜坡发育横向冲沟，越靠近江边，切割越深。冲沟宽度一般为 3～6m，沟两侧底部呈直立状，冲沟切割深度为 5～50m，独龙一带切割深度较大，冲沟内呈跌坎状，跌坎高度为 5～12m，冲沟两侧山体突出（图 14.3）。

14.2.2.2　地层岩性

测区内分布的地层为一套滨海-潟湖-浅海相碳酸盐岩地层，从下三叠统嘉陵江组—下

图 14.2　巫山县巫峡镇龚家坊-独龙区域总体地貌

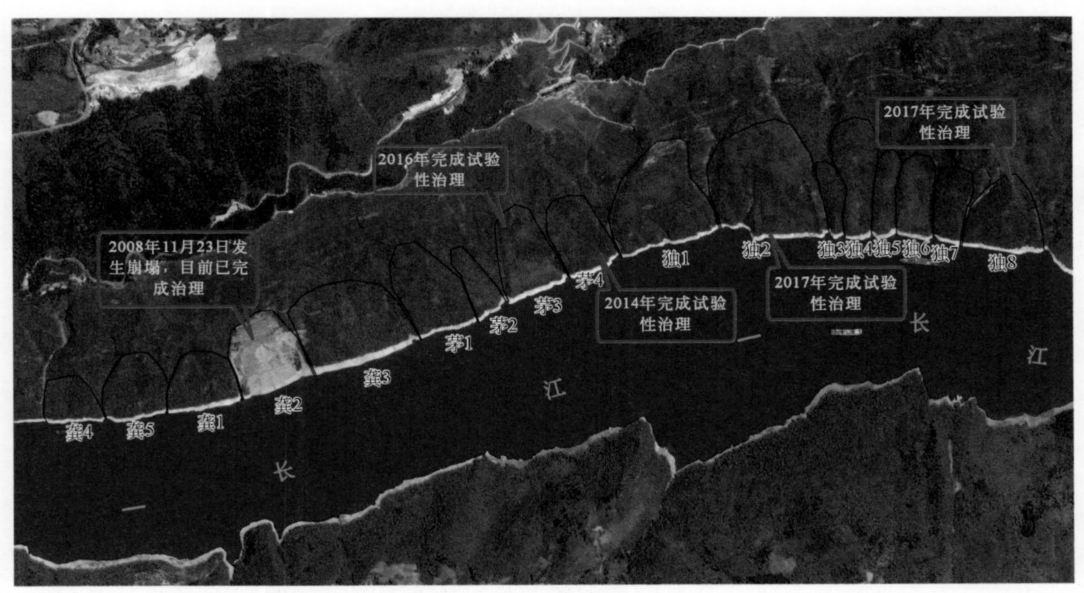

图 14.3　巫山县巫峡镇龚家坊-独龙区域地形地貌正射影像图

二叠统梁山组均出露。斜坡上分布有少量的第四系崩坡积体、河流阶地冲积物、新近变形的滑坡堆积物。库岸区域地层特征分述如下。

下三叠统大冶组四段（T_1d^4）：灰、肉红色薄层状含泥质灰岩、灰岩，夹中厚层状灰岩，具缝合线及条带状构造，多见揉皱现象。厚 148.42m，分布于勘测区斜坡中上部，形成陡坡（图 14.4）。

下三叠统大冶组三段（T_1d^3）：灰、浅灰色薄层状灰岩，顶部及中部夹厚 5～10m 的灰

(a) T_1d^4薄层状泥灰岩

(b) G2斜坡开挖后T_1d^2破碎岩体

图 14.4　下三叠统大冶组四段岩体现场照片

色中-厚层状灰岩（图 14.5）。厚 175.46m，分布于勘测区斜坡中下部，形成陡坡，薄层灰岩弯折明显。

下三叠统大冶组二段（T_1d^2）：灰、浅灰色薄层状灰岩、泥质灰岩夹黄灰色页岩，具缝合线及波痕构造，单层厚 1～7cm，页岩厚 0.5～1cm（图 14.5）。厚 322.8m，分布于勘测区斜坡中下部，形成陡坡，该层弯折明显。

(a) T_1d^2厚层状灰岩

(b) T_1d^2灰岩夹页岩

图 14.5　下三叠统大冶组二段岩体现场照片

下三叠统大冶组一段（T_1d^1）：灰、灰黄色（含）钙质页岩、页岩夹薄-中厚状层泥质灰岩（图 14.6）。厚 97.76m，分布于勘测区东部斜坡中下部，形成陡坡，而在勘查区西部，多没于长江江面以下，为区内的主要软弱基座。

14.2.2.3　地质构造

区内斜坡位于横石溪背斜近轴部及北西翼（图 14.7），剖面上看岩层呈单斜产出，正

图 14.6　下三叠统大冶组一段岩体现场照片

常岩层产状为 320°～350°∠55°～62°。在平面上，背斜展布于洞溪湾-周家包-四堰塘一带，延伸长度达 100km 以上。核部在横石溪长江两岸出露最老地层为志留系罗惹坪组，两翼由泥盆系—三叠系组成。背斜顶部产状较平缓，一般几度至十几度，向两翼变陡至 60°～70°。轴面直立，轴向 NE70°，为一直立开阔的箱式褶皱，区内褶皱枢纽向 SWW 倾斜，倾伏 6°～8°。

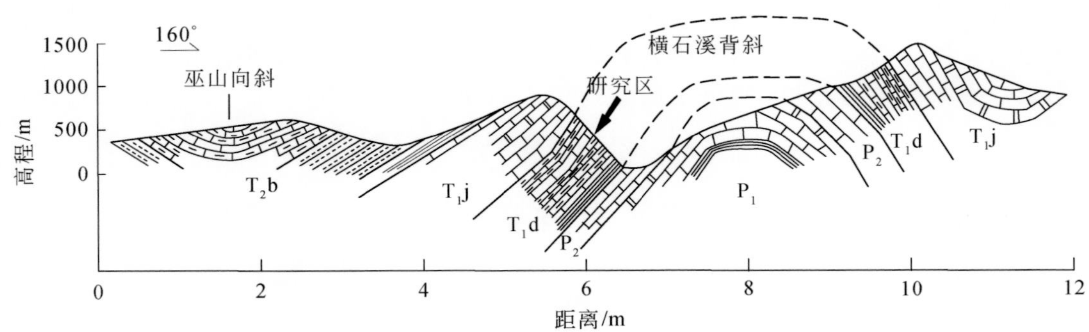

图 14.7　横石溪背斜和巫山向斜构造图

P_1. 下二叠统；P_2. 上二叠统；T_1d. 下三叠统大冶组；T_1j. 下三叠统嘉陵江组；T_2b. 中三叠统巴东组

斜坡 500m 高程以下冲沟两侧山脊近地表岩体在重力作用下发生弯折变形，岩层产状变缓，倾角为 23°～45°。下三叠统大冶组四段泥质灰岩中多见揉皱现象。区内未发现断层通过，地质构造简单。

通过野外调查统计节理裂隙［图 14.8（a）］，区内岩体中发育一组纵张裂隙，产状为 150°～170°∠42°～80°；另外发育两组“X”形剪切裂隙，产状分别为 80°～100°∠60°～

78°和 220° ~ 240° ∠62° ~ 80°。区内裂隙发育，库岸岩体由于长期的重力弯曲折断和卸荷作用，冲沟以上的凸出的岩体部分地段极破碎［图 14.8（b）］，根据冲沟切割的深度和 G2 崩滑体的厚度推测，易滑的破碎岩体厚 5 ~ 20m。

(a) 坡脚岩层产状变缓

(b) 坡面弯折破碎岩体

图 14.8　坡脚及坡面岩体变形特征

14.2.2.4　水文地质条件

区内以上三叠统嘉陵江组—中石炭统黄龙组碳酸盐岩为主，为含水层，赋存溶蚀裂隙水；下三叠统大冶组一段和下二叠统吴家坪组页岩为相对隔水层；地表局部分布第四系崩坡积层及冲洪积层，赋存松散岩类孔隙水。

斜坡接受大气降水补给，大部分降水顺坡直接向长江排泄，仅少量经过岩土体裂隙渗入地下，再向长江排泄。区内地下水受地形条件控制，汇水面积小，在地表浅部地下水贫乏，裂隙仅为地表水、地下水的快速过水通道。水位变动带地下水受库水涨落而涨落。

14.3　巫峡茅草坡库岸段变形特征及稳定性分析

14.3.1　茅草坡 1 号不稳定斜坡体库岸

14.3.1.1　库岸评价

茅草坡 1 号不稳定斜坡体（以下简称 M1）库岸为岩质岸坡（图 14.9），长 178.85m，整个库岸段库岸类型、破坏模式一致，未分段，整体进行评价，岸坡地形坡角为 37° ~ 52°，岸坡的变形特征如表 14.1 所示。

图 14.9　巫峡龚家坊-独龙斜坡 M1 库岸全貌

表 14.1　M1 库岸特征一览表

编号	库岸长度/m	岸坡岩土类型	工程地质特征	变形特征	塌岸类别
M1	178.85	岩质	岸坡地形坡角为 37°～52°。基岩出露，为下三叠统大冶组三段薄层状的泥质灰岩，为较软岩，岩层正常产状为 335°～350°∠52°～65°，东侧隆起的脊状地形处坡体前缘由于岩体变形其产状为 356°∠36°。岩体内发育三组结构面，裂隙延伸长一般为 0.4～2.5m，间距为 0.2～1.8m，微张 1～3mm，岩体破碎，岩体基本质量等级为Ⅴ级	已经成小规模的岩质塌岸 M1-T1 及 M1-T2，其中 M1-T1 位于 M1 库岸上游段，主要为零星分布的土体及表层岩层的塌岸	冲蚀、剥蚀型

14.3.1.2　塌岸预测评价

茅草坡岸坡的稳定性问题主要破碎岩体的稳定性问题。结合不同的不利因素组合，M1 库岸属于冲蚀剥蚀型塌岸。

1. 图解法预测

根据图解法对 M1 库岸进行了预测，有关各剖面预测塌岸宽度见表 14.2。

表 14.2　M1 库岸预测成果（图解法）

编号	预测剖面编号	175m 以上塌岸宽度/m	塌岸上边界高程/m	塌岸强烈程度	破坏模式
M1	M1-1	35.35	213.07	强烈	冲蚀、剥蚀型
	M1-2	29.16	200.47	强烈	冲蚀、剥蚀型
	M1-3	28.00	194.61	强烈	冲蚀、剥蚀型

2. 塌岸预测评价

根据前面采用图解法对库岸进行的预测，并以最不利情况考虑塌岸宽度及塌岸上界高程。根据预测结果表明 175m 水位以上塌岸宽度为 28. 00 ~ 35. 35m，塌岸上边界高程为 194. 61 ~213. 07m，M1 库岸塌岸的强烈程度为强烈。

14. 3. 1. 3　斜坡稳定性分析

根据地质灾害专业监测数据显示，各变形监测点在 2020 年度监测期间，各点的水平位移量在 3. 1 ~5. 7mm 变化，垂直位移在-0. 8 ~3. 0mm 变化，各监测点变形值整体较小。

结合位移曲线图综合分析来看，库水位的升降及大气降水未对斜坡的整体稳定性造成明显影响，在无特殊工况条件下，斜坡体上各变形监测点无明显变形趋势（图 14. 10）。

(a) 2015年5月　(b) 2017年4月

(c) 2019年7月　(d) 2020年6月

图 14. 10　巫峡龚家坊-独龙斜坡 M1 库岸劣化带

14. 3. 1. 4　斜坡稳定性评价及预测

斜坡稳定性评价：经监测数据分析及结合斜坡区地质勘查结论后认为，近期 M1 整体处于基本稳定状态。

斜坡稳定性预测：如无特殊工况（三峡库区水位升降过快、地震、强降雨或连续强降雨等）的影响，M1 整体在未来的一段时间将保持基本稳定状态。

14.3.2　茅草坡 2 号不稳定斜坡体库岸

14.3.2.1　库岸评价

茅草坡 2 号不稳定斜坡体（以下简称 M2）库岸为岩质岸坡，库岸长 141.25m（图 14.11）。该岸坡地形坡角较陡，下游冲沟侧面坡角为 60° ~ 70°，正面坡角为 44° ~ 51°，岸坡中部劣化带覆盖有少量块碎石土，厚为 0.5 ~ 1.2m，基岩为下三叠统大冶组三段泥质灰岩夹灰岩，层间夹页岩，上游冲沟侧岩层弯曲变形不明显。

图 14.11　巫峡龚家坊-独龙斜坡 M2 库岸全貌

库岸为反向坡，发育外倾裂隙，产状为 150° ~ 170°∠38° ~ 65°，裂隙倾角局部小于坡角，延伸长为 2 ~ 10m，最长为 27m，张开宽一般为 0.3 ~ 5.0cm，间距为 0.2 ~ 3.0m。该段库岸未分段，整体进行评价（图 14.12）。库岸主要发生冲蚀-剥蚀型塌岸，当库岸发生塌岸形成陡坡后，当外倾结构面临空时，局部可能发生滑移型滑塌岸（图 14.13）。M2 库岸特征一览表见表 14.3。

14.3.2.2　塌岸预测评价

M2 库岸为岩质库岸，库岸分布少量土体，土体薄，分布范围小，岸坡稳定性主要是破碎岩体的稳定性问题。结合各种不利因素组合，M2 库岸属于冲蚀剥蚀型塌岸。

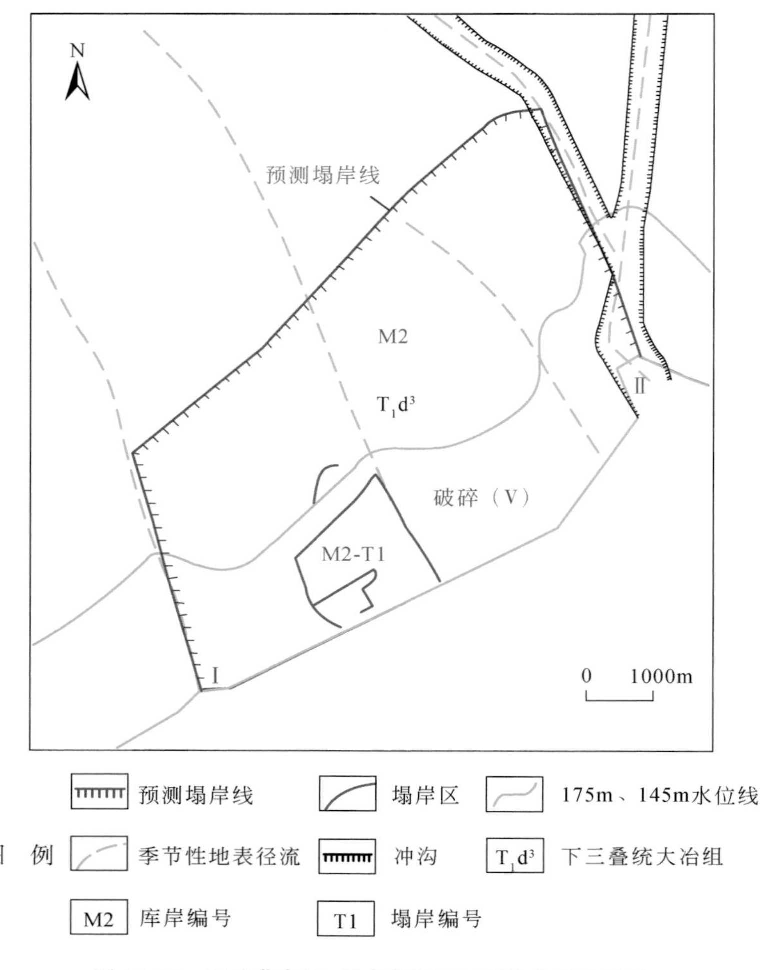

图 14.12　巫峡龚家坊-独龙斜坡 M2 库岸分段示意图

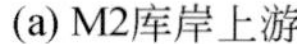
(a) M2库岸上游

(b) M2库岸下游

图 14.13　巫峡龚家坊-独龙斜坡 M2 库岸上下游

表 14.3　M2 库岸特征一览表

编号	库岸长度/m	岸坡岩土类型	工程地质特征	变形特征	塌岸类别
M2	141.25	岩质	该岸坡地形坡角较陡，下游冲沟侧面坡角为 60°～70°，正面坡角为44°～51°，岸坡中部水位变动带坡上覆盖有少量块碎石土，基岩为下三叠统大冶组三段泥质灰岩夹灰岩，层间夹页岩，为反向坡，岸坡发育三组裂隙较发育，裂隙间距为 0.3～1.0m，结合差。基岩强风化层厚 3～8m，岩体破碎；中等风化层厚 4～8m，岩体较破碎，局部较完整。总体该段岩体破碎，下游一侧破碎岩体厚度大，表层强风化岩体基本质量等级为Ⅴ级	M2-T1：土质塌岸长约 49m，宽约 27m，其塌岸高程为 177m，土体厚度薄，范围小，对斜坡整体稳定性影响小。岩质岸坡局部剥落	冲蚀、剥蚀型

1. 图解法预测

根据图解法对 M2 库岸进行了预测，有关各预测塌岸情况见表 14.4。

表 14.4　M2 库岸预测成果（图解法）

编号	预测剖面编号	175m 以上塌岸宽度/m	塌岸上边界高程/m	塌岸强烈程度	破坏模式
M2	M2-1	37.66	208.29	强烈	冲蚀、剥蚀型
	M2-2	54.16	219.62	强烈	冲蚀、剥蚀型

2. 塌岸预测评价

根据采用图解法对库岸进行的预测，并以最不利情况考虑塌岸宽度及塌岸上界高程。根据预测结果表明 175m 水位以上塌岸宽度为 37.66～54.16m，塌岸上边界高程为 208.29～219.62m，M2 库岸塌岸的强烈程度为强烈。

14.3.2.3　斜坡稳定性分析

根据各变形监测点在 2020 年度监测期间的监测数据统计分析，斜坡体上各变形监测点的水平位移量在 3.1～5.7mm 变化，垂直位移在-0.8～3.0mm 变化，各监测点变形值整体较小。

结合位移曲线图综合分析来看，在无特殊工况条件下，斜坡体各变形监测点无明显变形趋势（图 14.14）。

14.3.2.4　斜坡稳定性评价及预测

斜坡稳定性评价：经监测数据分析及结合斜坡区地质勘查结论后认为，在近期，M2 整体处于基本稳定状态。

斜坡稳定性预测：如无特殊工况（三峡库区水位升降过快、地震、强降雨或连续强降

(a) 2014年8月　(b) 2016年6月

(c) 2018年5月　(d) 2020年6月

图 14.14　巫峡龚家坊-独龙斜坡 M2 库岸劣化带

雨等）的影响，M2 整体在未来的一段时间将保持基本稳定状态。但斜坡为反向坡，存在外倾结构面，裂隙面平直，当库岸消落带发生塌岸，形成陡坡，外倾结构面临空后，可能发生滑移型塌岸，故应加强对 M2 岩体劣化带局部垮塌的宏观巡视。

14.3.3　茅草坡 3 号不稳定斜坡体库岸

14.3.3.1　库岸分段特征

茅草坡 3 号不稳定斜坡体（以下简称 M3）库岸为岩质库岸，总长为 261m，根据库岸划分原则、塌岸类型的不同及岩体基本质量等级将 M3 库岸分为三段（图 14.15、图 14.16）。各段特征描述和塌岸发育情况见表 14.5、表 14.6，各段变形特征和塌岸发育情况如图 14.17 所示。

图 14.15　巫峡龚家坊-独龙斜坡 M3 库岸全貌

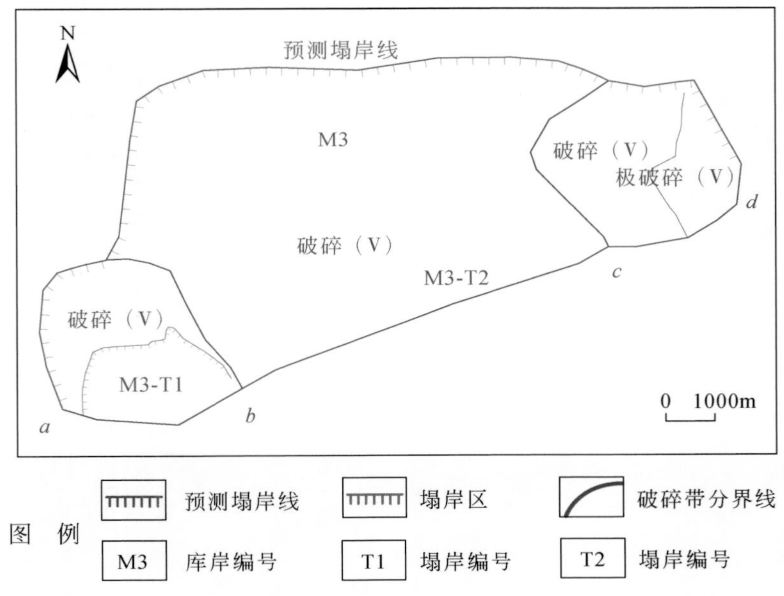

图 14.16　巫峡龚家坊-独龙斜坡 M3 库岸分段示意图

表 14.5　M3 库岸分段一览表

编号	库岸分段编号	塌岸类型	破坏模式	库岸岩体质量等级
M3	*a*-*b* 段	岩质	冲蚀、剥蚀型+滑移型	V
	b-*c* 段	岩质	冲蚀、剥蚀型	V
	c-*d* 段	岩质	冲蚀、剥蚀型+滑移型	V

表 14.6　M3 库岸特征一览表

分段编号	库岸长度/m	岸坡岩土类型	工程地质特征	变形特征	塌岸类别
M3*a*-*b* 段	60.3	岩质	岸坡坡角为48°～51°，基岩为下三叠统大冶组三段泥质灰岩夹灰岩，层间夹页岩，反向坡。岩体中发育三组裂隙，上游冲沟斜坡中部发育一条贯通外倾裂隙，倾角由下至上为34°、45°、31°、75°，沿倾向长为53.6m，裂面张开，上部张开度为2～10cm。结构面上下岩层产状明显发生变化，裂面之上岩体破碎，岩体呈碎块状，大小为10～25cm。基岩强风化层厚8～10m，岩体破碎，中等风化岩体厚6～10m，岩体较破碎。表层强风化岩体基本质量等级为Ⅴ级	M3-T1：岩质塌岸，宽48m，塌岸逐年扩大，现有塌岸高程为178m	冲蚀、剥蚀型+滑移型
M3*b*-*c* 段	132.2	岩质	岸坡坡角为52°～56°，基岩为下三叠统大冶组三段泥质灰岩夹灰岩，层间夹页岩，反向坡。岸坡风化严重，发育两组裂隙，裂隙间距为0.3～1.0m，结合差，一般长度为1.2～5m。基岩强风化层厚8～20.8m，岩体破碎，中等风化层厚9～14m，岩体破碎、较破碎、部分地段较完整。总体该段岩体破碎，破碎带厚度大，表层强风化岩体基本质量等级为Ⅴ级	M3-T2：岩质塌岸，宽124m。在145～150m水位线发生局部岩块坠落现象，变形轻微	冲蚀、剥蚀型
M3*c*-*d* 段	68.5	岩质	岸坡坡角为50°～55°，基岩为下三叠统大冶组三段泥质灰岩夹灰岩，层间夹页岩，为反向坡，岸坡风化严重，发育三组裂隙，裂隙间距为0.2～1.2m，延伸长度为8～20m，张开度为0.2～4cm，近坡面张开度为8～15cm。基岩强风化层厚6～10m，岩体破碎、极破碎，中等风化层厚12～14m，岩体破碎、较破碎。总体该段岩体破碎-极破碎，破碎带厚度大，岩体基本质量等级为Ⅴ级	M3-T3：岩质塌岸，宽约25m，反向坡，岩体风化强烈，坡面岩体已沿外倾结构面部分滑移，垮滑段长44m，中部垮滑残留段形成危岩体（W1），塌岸高程为176m	冲蚀、剥蚀型+滑移型

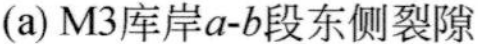

(a) M3库岸*a*-*b*段东侧裂隙

(b) M3库岸*c*-*d*段

(c) M3库岸c-d段坡面破碎岩体

(d) M3库岸c-d段近坡面张开裂隙

图 14.17　巫峡龚家坊–独龙斜坡 M3 库岸劣化带变形特征

14.3.3.2　塌岸预测评价

M3 库岸属岩质库岸，岸坡稳定性主要是破碎岩体的稳定性问题。

1. 图解法预测

按图解法对 M3 库岸 b-c 段、c-d 段进行了预测，图解法解得勘查区 175m 水位线上塌岸宽度为 42.82 ~ 76.40m，塌岸上界高程为 210.72 ~ 234.13m。有关各剖面预测塌岸宽度见表 14.7。

表 14.7　M3 库岸预测成果（图解法）

分段编号	预测剖面编号	175m 以上塌岸宽度/m	塌岸上边界高程/m	塌岸强烈程度	破坏模式
M3b-c 段	M3-1	76.40	234.13	强烈	冲蚀、剥蚀型
	M3-2	57.81	228.73	强烈	冲蚀、剥蚀型
M3c-d 段	M3-3	42.82	210.72	强烈	冲蚀、剥蚀型

2. 传递系数法预测

根据岸坡形态及其可能失稳方式，对可能产生滑移的库岸进行稳定性计算，M3 库岸具备滑移型库岸特征。斜坡稳定性受结构面控制，M3 库岸斜坡外倾裂面参数综合现场大剪试验、G2 岩体参数及地区经验值，外倾裂面的计算参数综合取值见表 14.8。

滑体为强风化破碎泥质灰岩，天然重度取 25.20kN/m^3，饱和重度取 25.80kN/m^3。

在对剖面进行条分时，采用三种工况进行计算（图 14.18、图 14.19），M3 滑移型库岸稳定性计算结果见表 14.9。

表 14.8　M3 库岸斜坡外倾裂面稳定性计算参数推荐表

抗剪强度 / 风化程度	天然		饱和	
	c/kPa	φ/(°)	c/kPa	φ/(°)
外倾结构面	90	28	78	26.5

注：目前该库岸裂隙在侧面可见贯通，向坡体内连通性降低，取值大于大剪试验值。

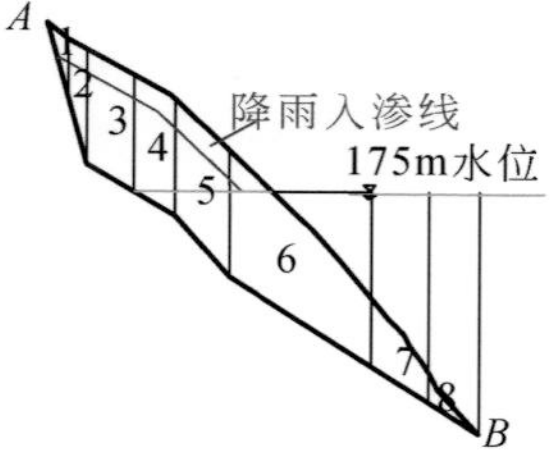

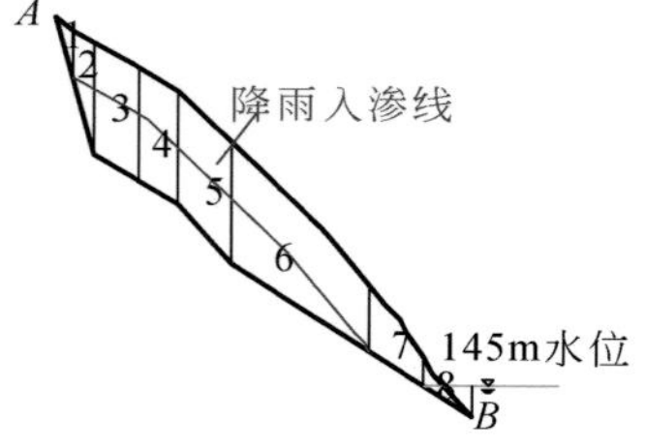

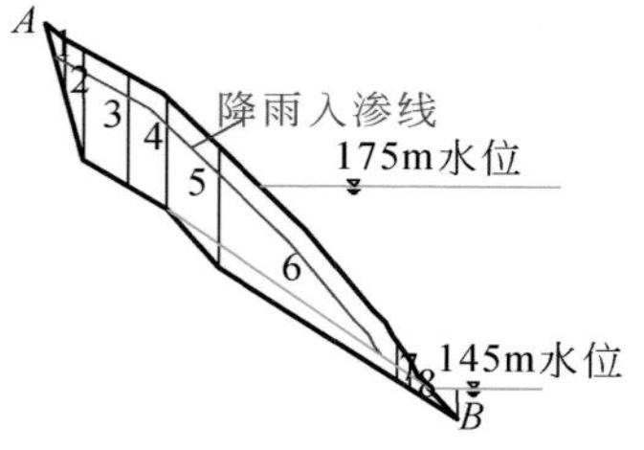

图 14.18　M3-4 滑移库岸典型计算剖面图

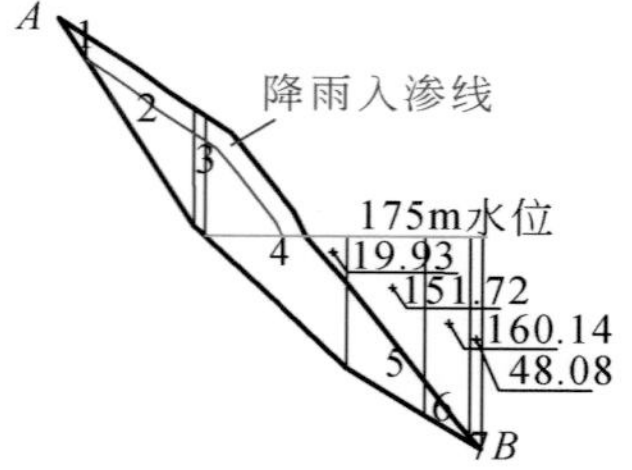

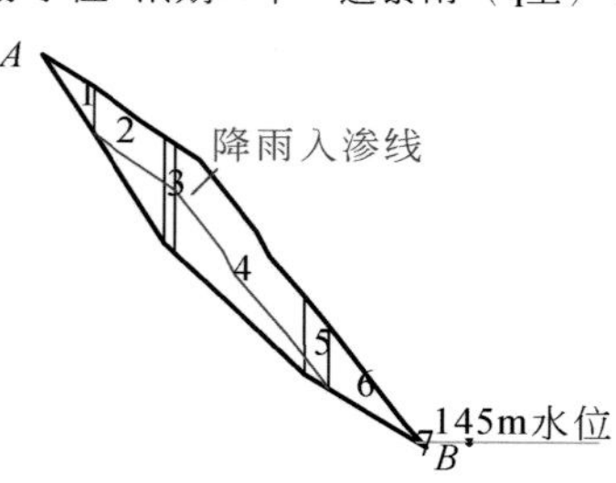

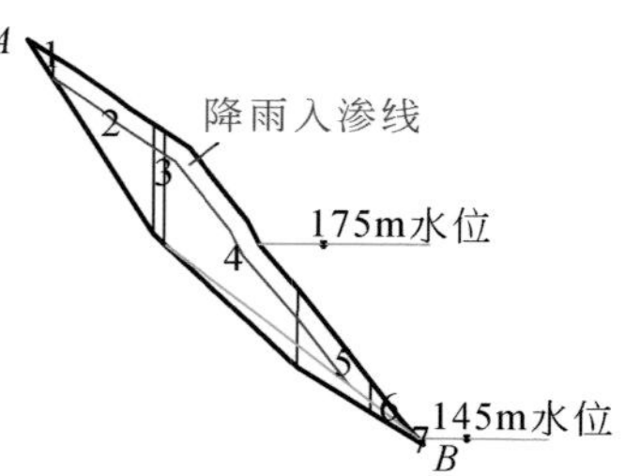

图 14.19　M3-5 滑移库岸典型计算剖面图

表 14.9　M3 滑移性库岸稳定性一览表

分段编号	剖面编号	计算块段	工况	安全系数	稳定性系数	稳定状态	剩余下滑力/kN
M3*a*-*b* 段	M3-4	*AB* 段	工况 2	1.20	1.517	稳定	−190.23
			工况 3	1.20	1.325	稳定	−588.41
			工况 5	1.15	1.147	基本稳定	17.79
M3*c*-*d* 段	M3-5	*AB* 段	工况 2	1.20	1.234	稳定	−147.61
			工况 3	1.20	1.162	基本稳定	336.04
			工况 5	1.15	1.098	基本稳定	463.72

计算表明：

M3 库岸 *a-b* 段：M3-4 剖面在工况 2、3 下均处于稳定状态，工况 5 处于基本稳定状态，计算结果和库岸现状吻合，仅在临江段产生局部滑塌，产生冲蚀剥蚀型塌岸，进而诱发沿外倾结构面整体滑移。

M3 库岸 *c-d* 段：工况 2、3 处于稳定状态，工况 5 处于基本稳定状态。计算结果与现场实际现状基本吻合，库岸下游岩体在库水作用下发生局部坍（崩）型塌岸，进而诱发沿外倾结构面整体滑移。

根据外倾结构面对 M3 库岸 *a-b* 段、*c-d* 段进行了塌岸预测，175m 水位线上塌岸宽度为 31. 10 ~ 34. 62m，塌岸上界高程为 198. 45 ~ 204. 92m。有关各剖面预测塌岸宽度见表 14. 10。

表 14. 10　M3 库岸预测成果（沿外倾结构面）

分段编号	预测剖面编号	175m 以上塌岸宽度/m	塌岸上边界高程/m	塌岸强烈程度	破坏模式
M3*a-b* 段	M3-4	31. 10	198. 45	强烈	冲蚀、剥蚀型+滑移型
M3*c-d* 段	M3-5	34. 62	204. 92	强烈	崩坍型+滑移型

14. 3. 3. 3　涌浪预测

M3 库岸 *a-b* 段、*c-d* 段可能产生滑移型塌岸，通过预测计算可能产生的涌浪高度在 145m 水位时在入水处为 7. 36 ~ 9. 31m，到长江南岸的涌浪高度为 3. 76 ~ 4. 39m。

14. 3. 3. 4　斜坡稳定性分析评价

M3 库岸于 2015 年试验性治理施工完毕。治理工程实施后，结合位移曲线图综合分析来看，在无特殊工况条件下，斜坡体各变形监测点无明显变形趋势。宏观地质巡查该库岸，护坡面上未发现异常情况（图 14. 20）。

(a) 2018年6月巡视情况

(b) 2020年6月巡视情况

图 14. 20　巫峡龚家坊–独龙斜坡 M3 库岸现场巡视照片

14.3.4　茅草坡 4 号不稳定斜坡体库岸

14.3.4.1　库岸分段特征

茅草坡 4 号不稳定斜坡体（以下简称 M4）库岸为岩质库岸，总长为 211.30m，根据库岸划分原则、塌岸类型的不同及岩体基本质量等级将 M4 库岸分为四段（图 14.21 ~ 图 14.23）。各段特征描述和塌岸发育情况如表 14.11、表 14.12 所示。

图 14.21　巫峡龚家坊-独龙斜坡施工期 M4 库岸全貌

表 14.11　M4 库岸分段一览表

编号	分段编号	塌岸类型	破坏模式	库岸岩体质量等级
M4	*a*-*b* 段	岩质	冲蚀、剥蚀型	Ⅳ
	b-*c* 段	岩质	冲蚀、剥蚀型	Ⅴ
	c-*d* 段	岩质	坍塌型	Ⅴ
	d-*e* 段	岩质	冲蚀、剥蚀型	Ⅳ

14.3.4.2　塌岸预测评价

M4 库岸属岩土质库岸，但土体薄，分布范围小，岸坡的稳定性主要是研究破碎岩体的稳定性问题。结合区段不同的不利因素组合，可将该段库岸的破坏模式分为坍（崩）塌型、冲蚀剥蚀型两种类型。坍（崩）塌型：岸坡在库水的作用下，基座软化或掏空，被卸荷裂隙分割的岩体将向河水坍（崩）塌。该种类型主要发生在地形坡度较陡的基岩卸荷带岸坡，具突发性。M4 斜坡下游侧碎裂岩体，可能发生坍（崩）塌型塌岸。冲蚀、剥蚀型：在水的冲蚀、浪蚀作用下，岸坡后退，一般发生在岩质岸坡强风化带，变化较慢，规模较小。

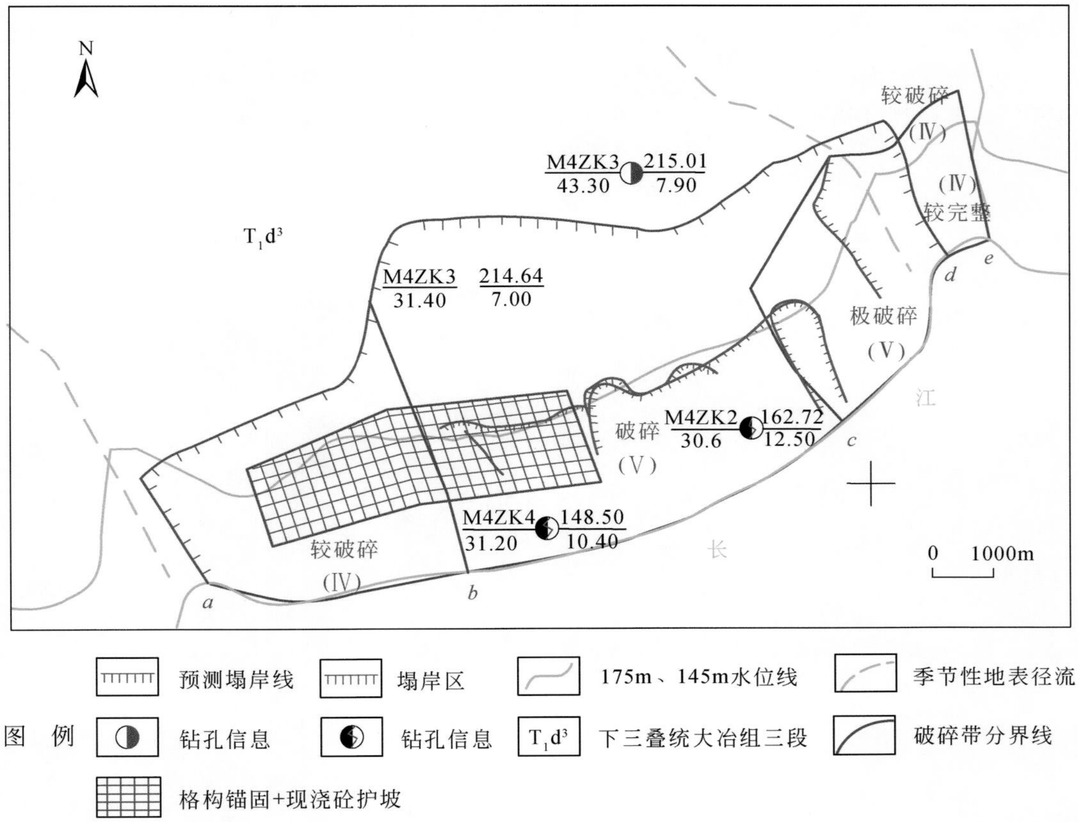

图例：预测塌岸线；塌岸区；175m、145m水位线；季节性地表径流；钻孔信息；钻孔信息；T_1d^3 下三叠统大冶组三段；破碎带分界线；格构锚固+现浇砼护坡

图 14.22　巫峡龚家坊–独龙斜坡 M4 库岸分段示意图

(a) M4上游库岸*a*-*b*段

(b) M4库岸中部*b*-*c*段

(c) M4下游库岸*c*-*d*段、*d*-*e*段

(d) M4-T1全貌

(e) M4-T1前缘松散岩块和土体

(f) M4上游侧冲沟坡面

(g) M4上游侧冲沟(148~175m高程)

(h) M4下游库岸*c*-*d*段极破碎岩体

图 14.23　巫峡龚家坊-独龙斜坡 M4 库岸劣化带变形特征

表 14.12　M4 库岸特征一览表

分段编号	库岸长度/m	岸坡岩土类型	工程地质特征	变形特征	塌岸类别
a-*b* 段	59.40	岩质	地形坡角较陡，冲沟侧面坡角为 70°，正面坡角为 38°～51°，局部为陡坎，坡上覆盖有少量块碎石土，厚 0.3～3.6m，基岩为下三叠统大冶组三段泥质灰岩夹灰岩，层间夹页岩，上游冲沟中岩层弯曲不明显，岸坡发育三组裂隙，裂隙间距为 0.3～1.0m，结合差。外倾张开裂隙长 10～17m，张开度为 5～28cm。基岩强风化层厚 1～2m，岩体破碎，中等风化层厚 3～8m，岩体较破碎。该段斜坡岩体较破碎，岩体基本质量等级为Ⅳ级	该段库岸上游侧冲沟未见明显变形迹象，目前未发现塌岸	冲蚀、剥蚀型
b-*c* 段	90.00	岩质	地形坡角较陡，坡角为 40°～52°，坡上覆盖有少量块碎石土，厚 1.5～4m，未滑塌部分稍密，下部垮塌部分松散，基岩为下三叠统大冶组三段泥质灰岩夹灰岩，层间夹页岩，钻孔显示岩层弯曲明显，岸坡发育三组裂隙，裂隙间距为 0.3～0.6m，结合差，地表可见外倾张开裂隙长 7～12m，张开度为 0.5～4cm。根据钻孔揭露情况，基岩强风化层厚 5.70～11.00m，岩体极破碎、破碎，中等风化岩体厚 5.95～13.91m，破碎-较破碎，岩体基本质量等级为Ⅳ级	据现场调查，该段库岸坡面强风化岩体及块碎石土在库水作用下发生滑塌，塌岸高程为 176.54m，土体较岩体的塌岸高度高，塌岸长 88m	冲蚀、剥蚀型
c-*d* 段	51.70	岩质	地形坡角较陡，冲沟侧面坡角为 75°，正面坡角为 48°，基岩为下三叠统大冶组三段泥质灰岩夹灰岩，层间夹页岩，坡面岩体弯曲明显，岸坡发育两组裂隙。其中一组发育两条外倾延伸长 30～40m，张开度一般为 2～8.0cm，间距为 6m；另一组裂隙，长度为 1.0～2.0m，间距为 0.1～0.3m，张开。总体冲沟以上 145～184m 高程岩体破碎-极破碎，破碎岩体厚 10～20m	据现场调查，该段库岸坡面强风化岩体及块碎石土在库水作用下发生部分滑塌，塌岸高程为 184m	崩（坍）型
d-*e* 段	10.22	岩质	地形坡角较陡，坡角为 52°，基岩为下三叠统大冶组三段泥质灰岩夹灰岩，层间夹页岩。175m 水位线以下岩石新鲜，发育两组裂隙，长度为 1.0～2.0m，间距为 1.0～2.0m，多闭合，岩体较完整	该段库岸段为冲沟，在 175m 水位线附近坡面强风化岩体发生少量滑塌，塌岸高程为 176m	冲蚀、剥蚀型

1. 图解法预测

根据图解法对 M4 库岸进行了预测，有关各剖面预测塌岸宽度见表 14.13。

表 14.13　M4 库岸预测成果（图解法）

分段编号	预测剖面编号	175m 以上塌岸宽度/m	塌岸上边界高程/m	塌岸强烈程度	破坏模式
a-*b* 段	M4-1	13.57	184.46	较强烈	冲蚀、剥蚀型
b-*c* 段	M4-2	48.93	232.64	强烈	冲蚀、剥蚀型
	M4-3	30.19	203.76	强烈	冲蚀、剥蚀型
c-*d* 段	M4-4	40.68	208.73	强烈	崩坍型
d-*e* 段	M4-5	—	—	轻微	冲蚀、剥蚀型

2. 塌岸预测评价

根据前面采用图解法对库岸进行的预测，并以最不利情况考虑塌岸宽度及塌岸上界高程。根据预测结果表明 M4 库岸 175m 水位以上塌岸宽度为 13.57～48.93m，塌岸上边界高程为 184.46～232.64m。塌岸强烈程度为较强烈–强烈。

14.3.4.3　斜坡稳定性分析评价

M4 库岸于 2014 年试验性治理施工完毕（图 14.24）。结合位移曲线图综合分析来看，在无特殊工况条件下，斜坡体各变形监测点无明显变形趋势。宏观地质巡查该库岸，护坡面上未发现异常情况。

图 14.24　治理后巫峡龚家坊–独龙斜坡 M4 库岸 *c*-*d* 段运行情况（2020 年 6 月）

14.4　巫峡茅草坡库岸试验性防护修复工程实例

通常岩质斜坡地质灾害防治的重点是控制变形，由于受库水位变幅的影响，斜坡前缘水位变动带成为斜坡变形较为集中的区域，也是斜坡整体变形控制的关键地带。巫峡茅草坡不稳定斜坡为反倾层状岩质边坡，岩组结构为薄层状泥岩、灰岩互层为主，层面与外倾结构面发育，在重力作用下，斜坡岩体发生向坡外的弯曲变形。

弯曲过程中沿层理产生相互剪切错动和向临空方向的转动位移。当沟谷切割至某一位置时，弯曲变形达到极限状态，滑移面贯通，转入滑移阶段。龚家坊 2 号崩滑体的变形具有自下而上分级滑动的特征，滑坡过程可概括为滑动前坡脚软化—初始滑动—下部滑体分级滑动—上部滑体错落崩滑四个阶段。

通过 2009 年 9 月至 2014 年 9 月历时四年对巫峡茅草坡库岸监测的分析，认为该区段整体基本稳定。处于初始滑动阶段。

库岸水位变动带风化破碎岩体在库水冲蚀、掏蚀作用下发生规模较小的塌岸，塌岸范围逐年加大，向后扩展。由此可见库岸稳定性直接关系到斜坡的整体稳定，是斜坡稳定的关键区域，通过加固库岸从而达到稳固斜坡坡脚，提升斜坡整体稳定性的作用，也是该段库岸试验性修复工程的基本设计原理。

14.4.1　劣化库岸试验性防护修复工程方案拟定

巫峡茅草坡劣化库岸实验性修复工程通过对劣化带的防护，阻止塌岸和初始滑动的产生。从而达到增强此区域斜坡整体稳定性的效果。因此，茅草坡库岸修复方案的拟订围绕三个主要工程问题展开：库岸稳定性加固问题，坡面防护问题和坡脚防掏蚀问题。

14.4.1.1　库岸稳定性加固方案选取

M3 库岸的 c-d 段和 M4 库岸的 c-d 段均为极破碎岩体段。该段坡面岩体弯曲明显，岸坡发育多组外倾结构面。破碎岩体厚 10 ~ 20m，在库水位变幅影响下，稳定性差，有发生滑塌的可能性。

因此必须采用内部加固方案来阻止变形进一步扩展。防止岩体沿外倾结构面变形的常用方法为锚杆和抗滑桩，由于施工地质环境条件，水位变动的影响，考虑造价等经济因素，选用施工难度小，造价低，同时能满足工程结构需要锚固工程作为加固的主体工程，局部区域进行注浆补强。

1. 混凝土格构锚固工程

锚杆长度根据岩体破碎层厚度、地形坡角和预测塌岸线确定。例如，M4 的极破碎 c-d 段，破碎岩体厚 10 ~ 20m，在此段锚杆相应增长。

2. 注浆加固补强

在极破碎段局部大张拉裂隙，张开度一般为 2.0 ~ 8.0cm。表层岩体形成多处空洞和鼓胀，根据上述变形特点在锚杆钻孔中增设了注浆工程，对岩体内部进行结构补强。主要应用在 M4 的极破碎 c-d 段。

14. 4. 1. 2　坡面防护方案选取

浆砌石格构及六棱块护坡工程是长江库岸较为常见的土质缓坡的防护工程，此工程适用的岸坡角度缓倾，库岸整体稳定性好，内部土体无滑动、空洞等不良地质现象。但此方案存在很多限制条件，如在巫山县城的部分土质库岸中，当坡角大于约 35°时，六棱块自稳性就出现问题，造成多处护坡面破坏，六棱块塌落无序的堆积于水下缓坡地带，库岸防护功能基本失效。

各斜坡坡脚堆积大量的残坡积及崩坡积体，结构松散。易形成塌岸，实施具体措施前需对其进行整平清理。对于治理工程区的堆积，应全部清除，以确保工程的支护效果。平整工程以清除残留不稳定岩体，平整坡形，减缓堆积坡度为主，坡形可按照实际地形进行调整，不宜将堆积层全部清除，加速底部基岩的风化。平整坡面过程中发现土洞或岩洞，宜采用 M15 浆砌块石充填处理，以保证坡面的平顺性。

对于岩质库岸，只对坡面危石和不稳定部位进行局部修正，做到分片平直，依山就势，形成比较顺畅的曲面。这样做一是便于支护结构施工，二是提高坡面的观赏效果；对于土质边坡，主要采取整形方法，土体不外运。将不利于稳定的土体移除到有利于稳定的部位，然后进行坡面顺畅整形。

由于茅草坡库岸岩体呈破碎或极破碎状，因此必须连接内部加固工程，采用全封闭的方案对其进行坡面防护。

试验性工程针对各库岸段的特点分别采用了四种不同的护坡形式：

（1）现浇混凝土面板+肋柱。主要针对迎水面段或冲沟侧的强烈水流冲刷和碎石撞击；主要应用在 M4 的 a-b 段。

（2）格构梁+框架内填充砂砾石袋+喷射混凝土面板。主要针对坡面掏蚀形成的空洞和凹腔。主要应用在 M4 的 b-c 段。

（3）多层素喷钢纤维混凝土面板。不挂设钢筋网、不设置肋柱，施工速度快，可适应复杂多变的地形条件，主要应用在极破碎段或无法刻槽施工的区域。该面板造价低，施工效率高，适应性强，但工程自身的稳定性和耐久性相对其他的方案要差一些。主要应用在 M4 的极破碎 c-d 段。

（4）喷射（玻纤维、聚丙烯纤维）混凝土面板+肋柱。施工难度和造价较（1）和（2），但大于（3）；结构的安全稳定和耐久性较（3）强。由于其安全、经济、便于实施、适应性强等方面的优越性，在巫峡龚家坊–独龙斜坡区的多个工程都采用了此方案。其主要适用在岩体较破碎区域，如茅草坡库岸段的 M4 岸坡 b-c 段、M3 全段和 M2 全段。

14. 4. 1. 3　坡脚防掏蚀方案选取

在长江库岸很多防护工程在经过一段时间的运行期后都出现了，局部被掏蚀的现象，造成护坡结构悬空失效，结构破坏的情况，直接影响工程的耐久性和防护寿命。因此防治库水掏蚀也是该段库岸防护工程的重点。

例如，2013 年 9 月至 2014 年 5 月库水高水位运行期间，茅草坡 4 号斜坡在未实施防护工程的下游段和下游极破碎段新增了三处塌岸，估算塌岸体积约 1000m^3。尤其是在Ⅰ期工程边界位置处，发生进一步坍塌的坡体和已防护的坡体之间形成了明显的坡形起伏，塌岸所形成的凹腔与Ⅰ期工程防护段坡体形成了明显的对比。根据现场调查分析，试验工程在消落带库岸防护的效果还是十分明显的，为了防止下游段塌岸继续扩大、加深，对全段坡脚实施防护工作。

1. 微型桩工程

微型桩桩长 5 ~ 7m，微型桩必须嵌入预测塌岸线以下的岩体中，防止消落带岩体在浪蚀作用下逐层剥蚀。主要应用在 M4 的极破碎 *c-d* 段。

2. 混凝土挡墙

现浇混凝土挡墙截断了江水从低水位逐步从护坡结构内侧掏蚀的途径。墙高 2 ~ 3m。由于其良好的耐久性和稳固性，在岩体较破碎区域应用，如 M4 的 *a-b* 段、*b-c* 段和 M2 全段。

3. 柔性防护网

该防护网采用两层镀锌钢丝网和一层土工布制成，土工布置于两层镀锌钢丝网之间，并采用尼龙线将三层材料缝合形成一个整体；对于水上具有施工条件的柔性防护网，应用锚钉将柔性防护网固定于坡面，土工布具有良好的力学功能，透水性好，并能抗腐蚀、抗老化、抗紫外线光照，能适应凹凸不平的基层，能抵抗施工外力破坏，长期荷载下仍能保持原有的功能。柔性防护网上端采用锚杆固定，下端设置下坠物，以使防护网与坡面更加贴合，下坠物采用 Φ160 PVC 管内填充 C30 混凝土制成。该工程在后续运行中，出现局部钢丝网、土工布破损、下坠物丢失、网面翻卷等的问题，需要不定期地对破损区域进行维护。该工程主要应用在 M3 全段。

14.4.2　M4 库岸试验性防护修复工程

14.4.2.1　设计方案布设及尺寸拟定

茅草坡 4 号库岸防治重点是，通过对消落带的防护，阻止塌岸和初始滑动的产生。表层岩体弯曲变形不再加剧，不会形成分级滑动及斜坡体整体失稳。通过对茅草坪 4 号库岸消落带防治，达到增强此段斜坡整体稳定性的效果。因此，茅草坪 4 号斜坡治理工程首先应解决库岸稳定性问题，其次还需考虑护坡结构的稳定性问题。

设计方案按照勘查成果分区进行布置，由于 M4 库岸下游较完整段，岩体完整性较好，通过地质条件分析将取消此段防护工程，防护范围由原设计的 200m 变更为 190m。

a-b 段迎水面部分：以肋锚结合护坡工程为主。工程主要布置在 151 ~ 178m 高程处，护岸面积约 1285. 1m^2。锚固工程共设置 10 排锚杆。锚杆长 8m 和 10m，交错布置。在 151m 高程处设置混凝土挡墙，墙高 3m、长 22m，在挡墙顶设置底梁。护坡采用现浇混凝土面板，板厚 25cm，主筋采用单层 Φ10@ 200，肋柱截面尺寸为 30cm×40cm。

a-b 段局部及 *b-c* 段：以格构锚固护坡工程为主，工程布置在 151 ~ 178m 高程处。格

构梁间距为 3m×3m，锚杆长 8m 和 10m，交错布置。格构梁间采用喷射玻璃纤维混凝土面板护坡。面板配置单层双向 Φ10@200 钢筋网片。面板内侧采用砂砾碎石包填充凹腔。在 151m 高程处设置混凝土挡墙和微型桩。挡墙段长 73m、高 3～3.5m。在挡墙顶设置底梁，护岸面积约 2576.9m^2。

微型桩桩长 5m。10 根桩为一组，每组间留 5cm 泄水缝，每组桩水平间距为 0.15m，形成连续的微型桩墙。桩中心放置 Φ30 PVC 注浆管，因涉及水下压浆作业，将注浆压力调整为 1MPa。微型桩孔径 Φ150。5m 微型桩要求最小嵌入预测塌岸线以下 2m。灌注 C30 细石混凝土灌注，细石混凝土粗骨料最大粒径小于 10mm，采用普通硅酸盐水泥强度等级 32.5，水灰比为 1：1.2，浆液中应添加速凝剂、早强剂，采用 Φ30 注浆 PVC 管。受力主筋为 2Φ32，入射角垂直于水平面。注浆后形成连续的微型桩墙。桩顶设置顶梁，梁截面尺寸为 40cm×50cm。

c-d 段：以注浆锚杆和微型桩墙工程为主，注浆前预喷射混凝土封闭坡面和坡面防护为辅的方案。工程主要布置在 151～178m 高程处，护岸面积约 1649.3m^2。

预喷射混凝土封闭坡面，便于脚手架工程和注浆加固工程的施工，也便于监测观察坡面局部变形情况，封闭层厚度为 5cm，采用喷射 C30 钢纤维混凝土。锚杆钻孔完成后，进行坡体加固注浆，利用锚孔注浆，注浆材料采用 M30 砂浆。共设置 10 排注浆锚孔，孔深为 14～17m，注浆孔与水平方向成 15°夹角，共 140 孔。

护坡采用肋柱间喷射钢纤维混凝土面板。肋柱截面尺寸为 0.3m×0.3m，间距为 3m×3m，板厚 15cm（含封闭层厚度 5cm），素喷钢纤维混凝土不再挂设钢筋网。151m 高程处排微型桩，桩长 7m，在微型桩顶设置顶梁。人工清除 W18 号危岩，确保施工安全，清除方量约 450m^3。工程典型剖面图和大样图见图 14.25、图 14.26。

14.4.2.2　施工难点及解决方案

本工程的施工条件极其艰难，施工难度远高于其他岸坡防护工程。由于工程的特殊性，该工程施工期分为两期：Ⅰ期工程工期为 2013 年 6 月至 9 月；Ⅱ期工程工期为 2014 年 6 月至 9 月。施工难度大主要体现在无施工操作平台上。施工区域地处深切峡谷地带，坡体整体呈 40°～50°倾斜，并延伸至水下几十米深，无缓坡地带可以开挖成施工平台。施工区域紧贴水面，库水水位变动对施工有巨大的影响。坡脚锚杆施工和坡面防护施工全部在涉水坡面脚手架的支撑下进行。

为了解决无场地布置设备材料，无安全的紧急避险场地的问题。工程实施单位在斜坡体一侧设置 300 吨的驳船六艘，每艘驳船夹板可使用面积约 50m^2。船体甲板作为材料堆放场，甲板还可兼做人员临时休息和紧急避险场地。

14.4.2.3　防护措施运行效果和总结

M4 库岸试验性修复工程采用了多种工程措施（包括格构锚固、肋柱挡墙、锚孔注浆、混凝土挡土墙、微型桩、喷射玻璃纤维面板、喷射钢纤维面板、现浇混凝土面板等工程），尝试了新的设计思路，通过观测、监测各类工程方案在库水正常运行条件下的防护效果和对斜坡稳定性的加固作用。得到各工程在此类地质条件下的实际作用和耐久程度。借助监

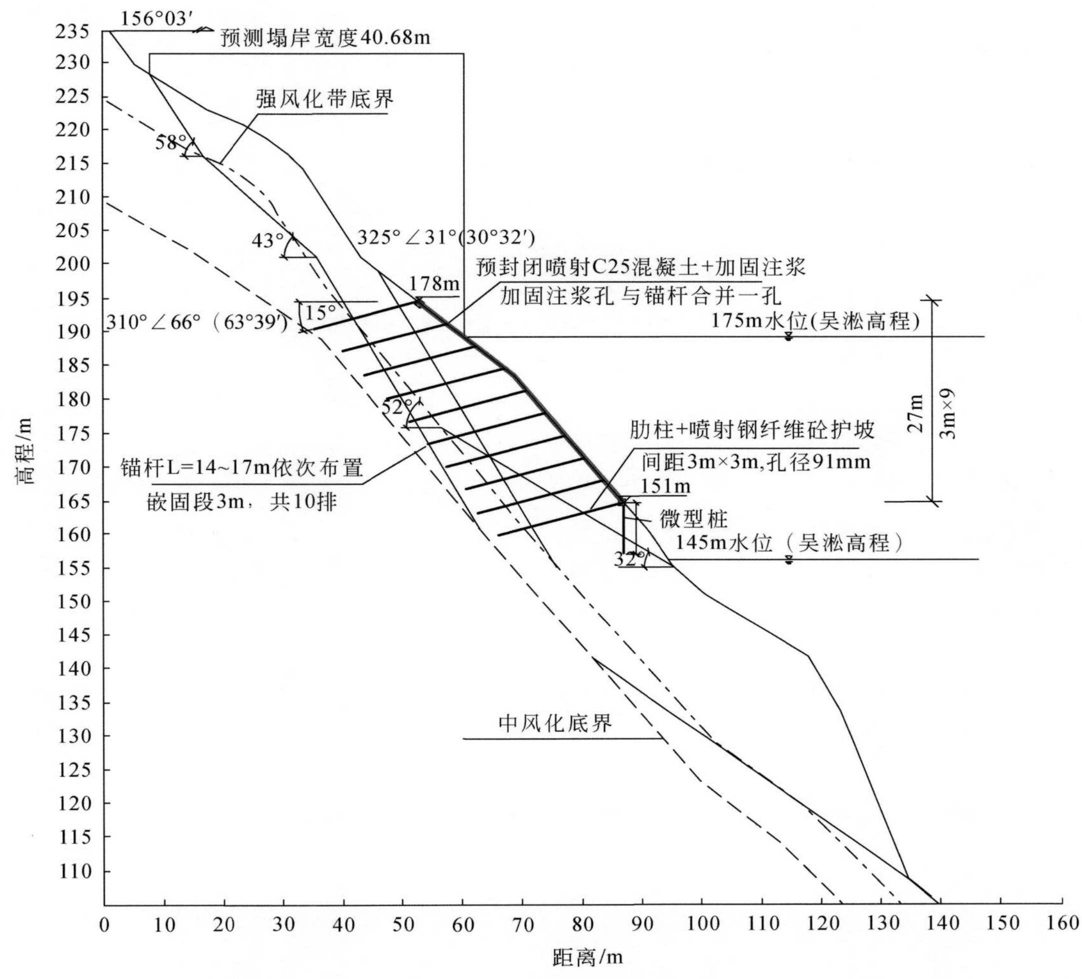

图 14.25　巫峡龚家坊-独龙斜坡 M4 库岸防护试验工程剖面图

测结果综合分析其优缺点，为巫峡龚家坊至独龙段其余 16 处库岸段的治理积累经验，提供借鉴。

2014 年 9 月该项目竣工，竣工后现场见图 14.27。M4 库岸防护试验性工程运行正常，通过多次实地观察，防护结构未出现变形、开裂和大面积破损等现象，工程运行正常。

对各个工程结构从结构稳定性、材料耐久性、环境美化性、投资经济性施工难度等方面综合比较发现现浇混凝土面板和喷射（玻纤维、聚丙烯纤维）混凝土面板有诸多优点。

现浇混凝土面板——结构稳定性、材料耐久性、环境美化性、投资经济性最优，但模板施工难度大，需要单次浇筑的混凝土量大，不适应复杂地形。

喷射（玻纤维、聚丙烯纤维）混凝土面板——现场施工的可操作性、施工工期短，适应复杂地形，地质条件的能力最优，投资也相对较少。但在局部表层发现分层、开裂现象。仅影响工程美观程度，不影响结构的防护作用。

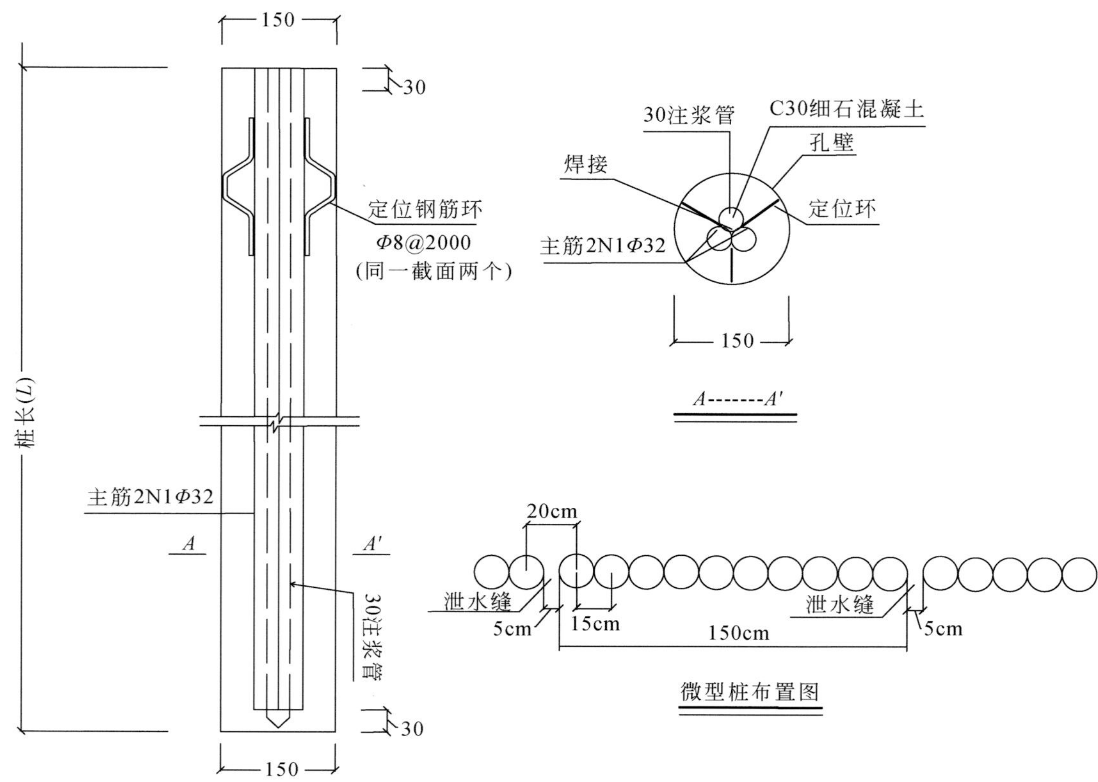

图 14.26　巫峡龚家坊-独龙斜坡 M4 库岸防护试验工程微型桩大样（单位：mm）

图 14.27　巫峡龚家坊-独龙斜坡 M4 试验性护坡治理工程竣工后全貌

微型桩截断塌岸的效果好，但造价过高，可适当根据地质情况加大桩间距和桩长来减少投资。局部桩前岩体垮塌，桩体暴露，但不影响桩体拦截效果和桩体嵌固稳定性。

抗滑挡墙开挖量较大，建议在岩体较破碎区域使用，不建设在极破碎区域使用。

14.4.3　M3 库岸试验性防护修复工程

总结 M4 库岸的实践经验，M3 库岸提出采用“坡面平整+肋柱锚+锚喷射混凝土+柔性防护网”的设计方案。这也是首次在巫峡库岸尝试使用柔性防护技术。

M3 斜坡坡脚堆积大量的残坡积、崩坡积体及下游冲沟旁 W1 危岩体，结构松散，易形成塌岸，需对其进行整平清理。平整工程以清除残留不稳定岩体、平整坡形、减缓堆积坡度为主，坡形可按照实际地形进行调整，不宜将堆积层全部清除，加速底部基岩的风化。

消落带顶部已崩滑的岩土体，采用干砌石回填、若回填较少，则采用 C15 混凝土回填。压实恢复原有坡度后，再在其表面进行喷射混凝土护坡。设计方案按照勘查成果分区进行布置：

a-*b* 段、*b*-*c* 段、*c*-*d* 段局部采用锚喷射混凝土（含聚丙烯纤维）。锚杆上下排垂直间距 3m，水平间距按 3m 布置，锚杆钢筋为 1Φ25。锚杆长度为 3.0 ~ 18.0m，锚杆钻孔 Φ90，锚杆固结水泥砂浆 M30，锚杆锚固长度不小于 3.0m，锚杆倾角为 20°，面层喷射 C30 混凝土（含聚丙烯纤维），聚丙烯纤维掺量为 0.2% ~0.3%，喷射厚度为 150mm，挂网钢筋采用 A8@200mm×200mm 钢筋。坡面按 3.0m×3.0m 设置泄水孔，泄水孔采用 A50 透水软管制作，需预钻孔，孔深为 0.5m。锚杆根数为 737 根。

c-*d* 极破碎段采用肋柱锚喷射混凝土（含聚丙烯纤维）防护。肋柱宽 250mm、高 350mm，间距为 3.0m，采用 C30 混凝土现浇，肋柱纵筋采用 2Φ18，肋柱嵌入坡面 20cm；该段锚杆上下排垂直间距为 3.0m，水平间距按 3.0m 布置，锚杆钢筋为 2Φ25。锚杆长度为 10 ~ 17m，锚杆孔 Φ130，锚杆固结水泥砂浆 M30，锚杆锚固段位于极破碎带时，锚固长度不小于 5.5m，锚杆锚固段位于破碎带时，锚固长度不小于 4.0m，锚杆倾角为 20°；在肋柱之间的坡面采用喷射 C30 混凝土（含聚丙烯纤维），聚丙烯纤维掺量0.2% ~0.3%，喷射厚度为 150mm，挂网钢筋采用 A8@200mm×200mm 钢筋。坡面按 3.0m×3.0m 设置泄水孔，泄水孔采用 A50 透水软管制作，需预钻孔，孔深 0.5m。该段锚杆根数为 132 根。

全段在 145 ~149m 高程处设置柔性防护网覆盖坡面，该防护网采用 2 层镀锌钢丝网和一层土工布制成；对于水上具有施工条件的柔性防护网，应用锚钉将柔性防护网固定于坡面，锚钉布置间排距为 1.5 ~2.0m，在镀锌钢丝网（土工布）相邻搭接范围内，应设置一列锚钉，锚钉长度为 1.0m，垂直坡面布置，钻孔孔径为 90mm，采用 1Φ20 钢筋，采用 M30 水泥砂浆灌注；内侧（近坡面）镀锌钢丝网网孔尺寸为 25mm×25mm，采用 14 号镀锌钢丝，外侧（远坡面）镀锌钢丝网网孔尺寸为 50mm×50mm，采用 8 号镀锌钢丝；土工布采用规格为 800g/m^{2}的长丝针刺无纺土工布。柔性防护网上端采用锚杆固定，下端设置下坠物，以使防护网与坡面更加贴合，下坠物采用 A160 PVC 管内填充 C30 混凝土制成。工程典型剖面图和大样图见图 14.28、图 14.29，2016 年 4 月该项目竣工，竣工后现场图见图 14.30。

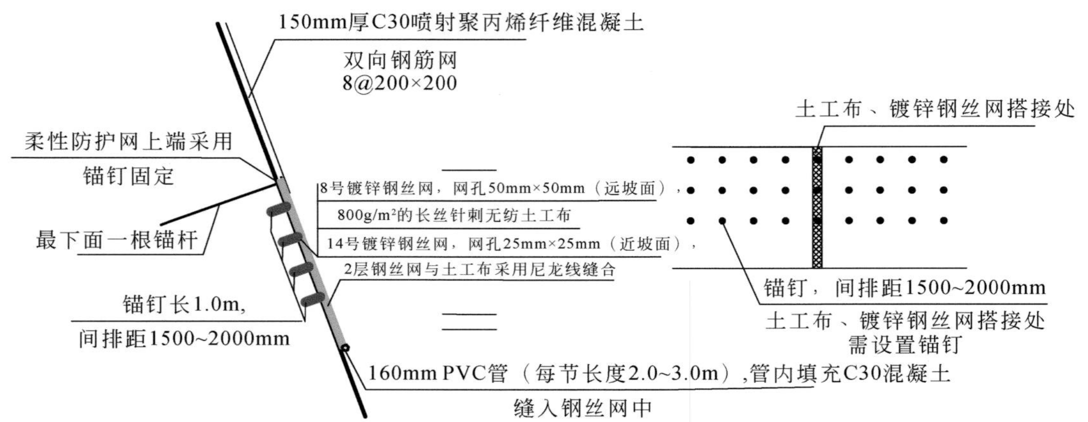

图 14.28　巫峡龚家坊-独龙斜坡 M3 试验性护坡治理工程柔性防护网

相邻土工布之间采用尼龙线缝合；水上部分柔性防护网采用锚钉固定于坡面，锚钉间排距为 15～20m

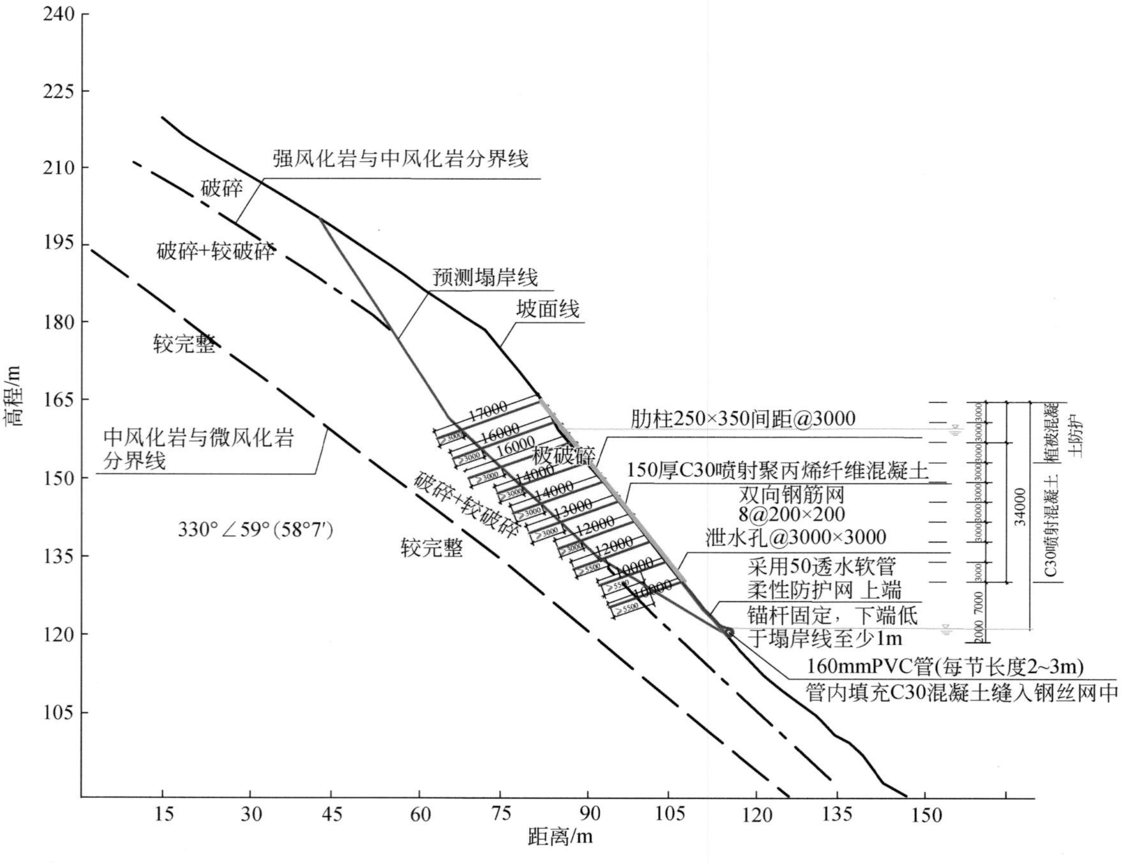

图 14.29　巫峡龚家坊-独龙斜坡 M3 试验性护坡治理工程设计剖面图（单位：mm）

图 14.30　巫峡龚家坊-独龙斜坡 M3 试验性护坡治理工程竣工后全貌

14.4.4　M2 库岸试验性防护修复工程

2018～2019 年对 M2 库岸进行试验性修复治理设计工作，目前该工程还未开展实施。

根据地质勘擦报告斜坡稳定分析和变形监测结果表明，M2 斜坡总体处于基本稳定状态。M2 库岸可能破坏模式主要为冲蚀剥蚀型，基于这种情况整体上设计塌岸治理方案。此外，由于为库岸区域施工工期有限，结合水位变动时间和施工工期选取，147.5m 高程下采用护脚墙工程，147.5m 高程上仍采用常规支护措施，治理方案与工程布置如下：

145～147.5m（黄海高程）水下护岸：采用“护脚墙阻隔塌岸”方案。在 147.5m 高程的护坡脚设置长度为 164.7m 的护脚墙和一根尺寸为 0.5×0.5m 的岸边固定梁，在固定梁上按水平间距 2.5m 设置由 2Φ25（HRB400 钢筋）组成的锚杆，锚杆长度为 10.0m，锚杆共 66 根。

147.5～180m（黄海高程）标高结构：由于局部 M2-T1 为土质塌岸，因此该部分采用平整坡面+锚杆+200mm×200mm 暗肋+喷砼护面支护；锚杆 1Φ22（HRB400 钢筋）@2500mm×2500mm，孔 Φ75，倾角为 15°，喷 C30 砼面板厚 200mm，湿喷砼工艺，网片钢筋 Φ10@200mm×200mm（双层），肋柱尺寸为 200mm×200mm，排水孔 Φ75@2500mm×2500mm。

其余段均为岩质斜坡，地质条件总体较好，因此采用平整坡面+锚杆+喷砼护面支护，支护高程为 147.5～175m。锚杆 1Φ22（HRB400 钢筋）@2500mm×2500mm，孔 Φ75，倾角为 15°，喷 C30 砼面板厚 150mm，湿喷砼工艺，网片钢筋 Φ10@200mm×200mm（单层双向），排水孔 Φ75@2500mm×2500mm。典型工程剖面见图（图 14.31）。

为了提高喷射砼的延性，混凝土中统一加入聚乙烯纤维，聚乙烯纤维参量为水泥重量的 4%。

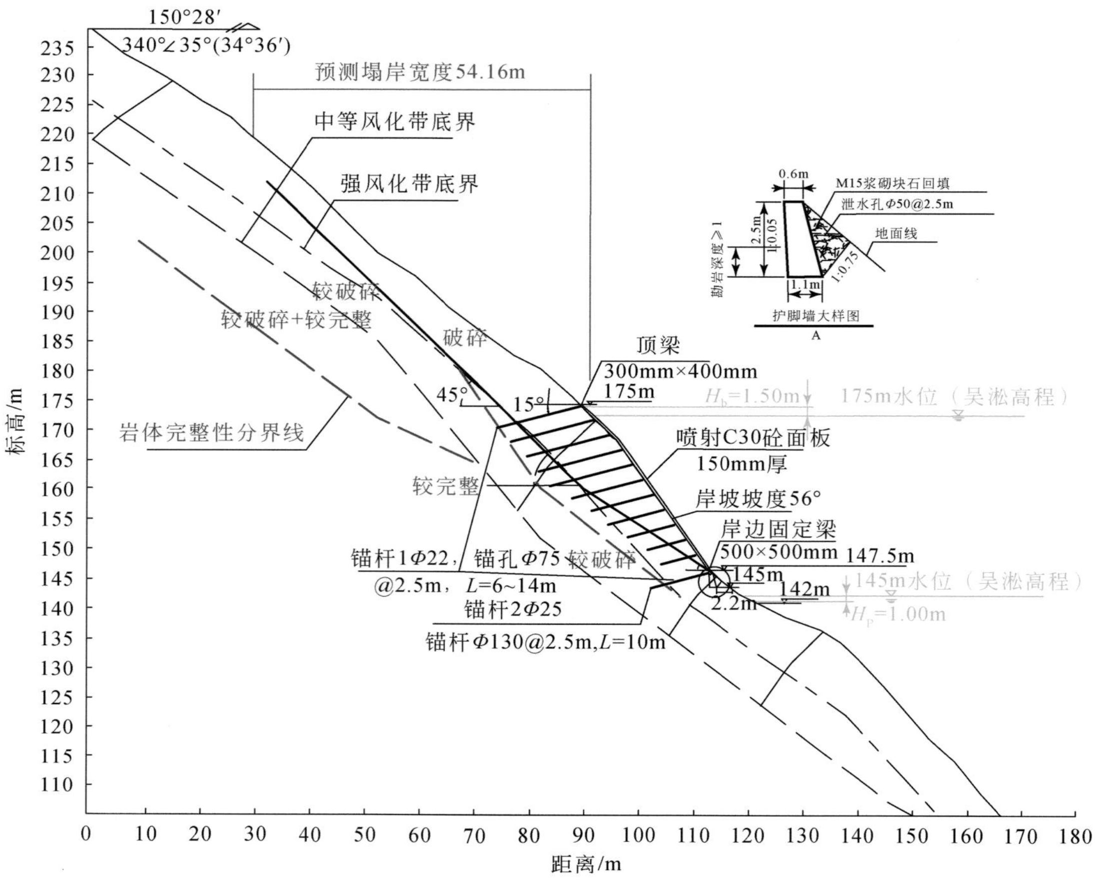

图 14.31　巫峡龚家坊–独龙斜坡 M2 试验性护坡治理工程设计剖面图

14.5　巫峡茅草坡库岸生态修复工程探讨

巫峡茅草坡岩质岸坡，由于库水位变幅、波浪侵蚀、地形陡峭等因素的叠加，该区域可供植被生长的土壤已流失殆尽。库水位变幅区坡体裸露，不仅岩体劣化日益加剧，而且无植被覆盖，消落带与上部草木繁茂的坡体形成了鲜明的分界。为了实现绿水与青山的“无缝”连接，本节从生态修复与防护工程相结合的角度，探讨 OATA 生态防护和生态袋防护等技术在巫峡茅草坡库岸修复工程中应用的可行性。

14.5.1　OATA 生态防护技术应用探讨

14.5.1.1　OATA 生态防护技术系统

OATA 生态防护技术采用由有机质层、反滤垫层、草皮增强垫和锚固系统组成的生态防护系统对坡面进行防护，在降低江水对岸坡的冲蚀和浪蚀作用的同时，对坡面进行生态修复的技术。

1. 有机质层

有机质层为生态微孔基质。生态微孔基质旨在建立土壤条件，提高种子萌发率和促进植物生长，从而可以大面积并长期控制水土流失。生态微孔基质是一系列由土壤与泥炭苔藓、微营养物和活性菌根接种物的特殊混合物，可帮助土壤恢复活力，可在严重退化的土壤内促使植物茁壮成长。

内层有机质层喷射于岩面上，采用生态微孔基质层 A，为植被根系生长提供初始“土壤层”；外层有机质层喷射于草皮增强垫上，采用混合草籽的生态微孔基质层 B，为植被快速生长提供营养，促进植被生长。

2. 反滤垫层

反滤垫层具有长期透水不淤堵的性能，有效降低冲刷 98% 以上，极大程度保证了泥沙稳定减少冲刷。

3. 草皮增强垫

草皮增强垫采用具有独特截面形状的纤维通过经线和纬线的垂直编织形成的三维立体结构；结构单个的网孔由一系列的开放矩阵组成，呈倒四棱锥形（图 14.32）。相邻结构单元通过对应的底边相互衔接，各单元结构的棱锥定点为岸坡表面相贴靠的支撑部。各结构单位的底边为相对远离岸坡表面的缓冲部。

草皮增强垫主要作用为保护植物根茎，增强河道和岸坡的抗冲刷能力和减少植物的抗冲蚀疲劳；开放的矩阵结构式草皮增强垫有利于泥沙的富集，有利于植被的后期生长。

(a) 草皮增强垫结构示意图

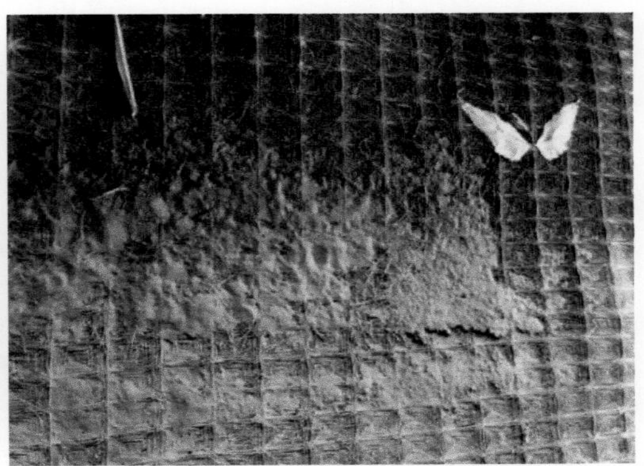

(b) 草皮增强垫现场照

图 14.32　草皮增强垫

稳定、精确、高强度的三维矩阵结构，保证了草皮增强垫整体强度高；具有长期耐久性，抵抗化学、生物、物理和紫外线损伤；具有足够的厚度，提供高效的侵蚀控制和植被加固作用。由反滤垫层和草皮增强垫组成的面层保护层，经其他区域试验表明，抗水流冲蚀和浪蚀作用的能力可达 90% 以上。

4. 锚固系统

坡面顶部和两端（147m 高程以上）设置压顶梁结合普通锚杆固定，其他区域设置自锁锚杆进行坡面固定。压顶梁刻槽置于坡面内；反滤垫层和草皮增强垫均置于压顶梁下方；顶部位置草皮增强垫翻过顶部压顶梁铺设于坡面；两端位置草皮增强垫从底部穿过两端压顶梁，翻过顶部压顶梁，并采用相邻自锁锚杆固定。

143 ~ 147m（吴淞高程）：在坡面依次铺设反滤垫和草皮增强垫，设置自锁锚杆进行坡面固定。

自锁锚杆由锚头、承载板和连接锚头和承载板的锚索组成。施工时，承载板可通过锚索自锁定，锚头采用预先钻好的锚孔灌浆锚固，从而实现对面层的草皮增强垫和反滤层的固定，并且通过灌浆，增加坡体浅表层的稳定性（图 14.33）。

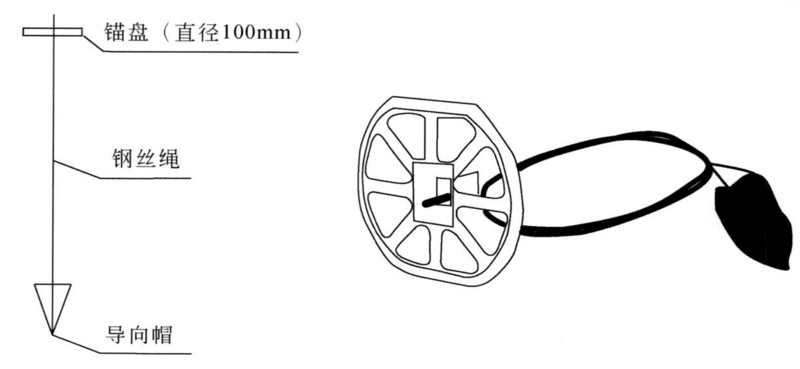

图 14.33　自锁锚杆结构示意图

5. 环保性能

草皮增强垫（图 14.34）与过滤垫均为 100% 聚丙烯为原料，添加抗氧化剂，光稳定剂及防老化母料制作而成，其环保性能如表 14.14 所示。

表 14.14　反滤垫和草皮增强垫的环保性能

项目	环保指标
原材料-100% 聚丙烯	对水的稳定性特别好，耐强酸、碱
添加剂-抗氧化剂	酚类 $C_{15}H_{24}O$，不溶于水及稀碱溶液，无污染性
添加剂-光稳定剂	UV-Chek AM 340 $C_{29}H_{42}O_3$，挥发性小，化学稳定，耐酸碱

承载板：采用锌合金加工而成，锌合金熔点低、流动性好，易熔焊、钎焊和塑性加工，在大气中耐腐蚀。有很好的常温机械性能和耐磨性。

14.5.1.2　OATA 生态防护技术工程应用

采用 OATA 生态防护技术对茅草坡 1 号不稳定斜坡（以下简称 M1）进行生态修复（图 14.35）。

(a) 草皮增强垫拉张试验1

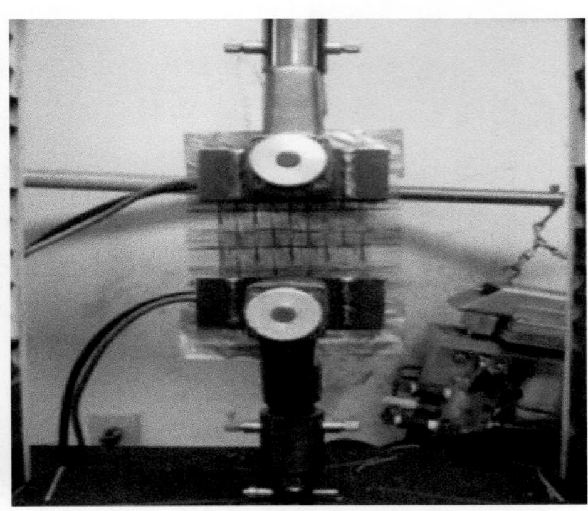

(b) 草皮增强垫拉张试验2

图 14. 34　草皮增强垫张拉试验

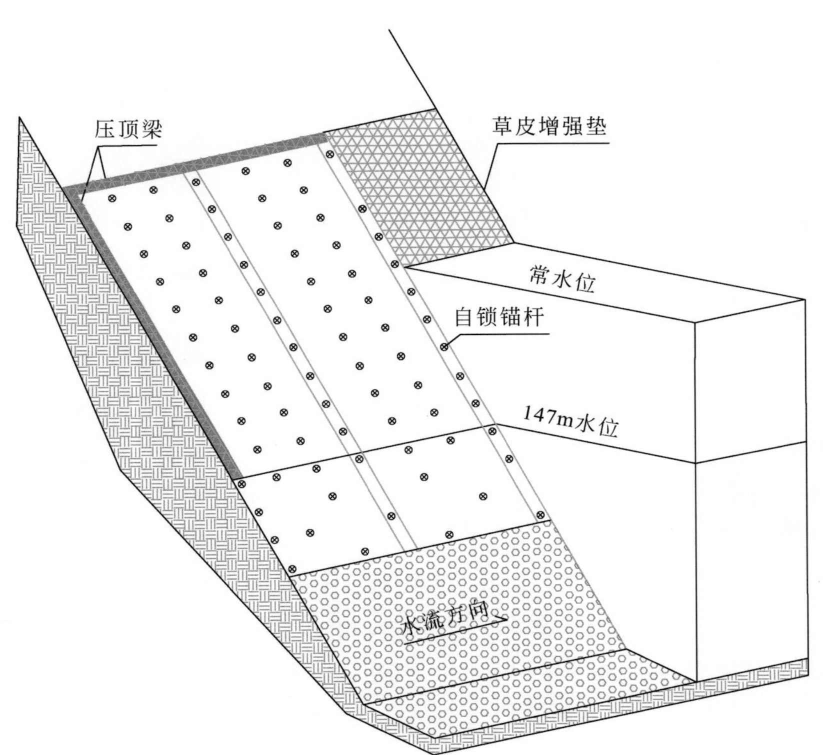

图 14. 35　OATA 生态防护技术 M1 工程布置示意图

工程布置如下：

(1) 坡体表面浮石、松散、凸起岩体，坡面局部凹腔采用喷射黏土嵌补，使面层平整；

（2）坡面采用 OATA 生态防护技术防护。

147～178m（吴淞高程）：在坡面依次铺设镀锌钢丝网、喷射有机质层、铺设反滤垫、草皮增强垫以及喷射含草籽有机质层；顶部和两端（147m 高程以上）设置压顶梁结合普通锚杆固定，其他区域设置自锁锚杆进行坡面固定。锚孔直径为 50cm，采用 3.0m、2.0m 长矩形布置，M30 水泥砂浆灌注，顺坡横竖向间距为 1.5m。

143～147m（吴淞高程）：在坡面依次铺设反滤垫和草皮增强垫，设置自锁锚杆进行坡面固定，锚孔直径为 50cm，采用 2.0m 长梅花形布置，M30 水泥砂浆灌注，横向间距为 3.0m、竖向间距为 1.8m。

OATA 生态防护技术由钢丝网有机质层、反滤垫、草皮增强垫和锚固系统组成，各项具体设计参数如下。

1. 钢丝网

坡面铺设镀锌钢丝网，为有内层有机质层提供骨架；钢丝网采用镀锌钢丝网，钢丝直径为 4.0mm，网孔间距为 150mm×150m。

2. 有机质层

内层有机质层喷射于岩面上，采用生态微孔基质层 A。喷播量为 250g/m^2。技术指标：40% 机械及热处理秸秆及柔性麻纤维，57% 专业级水藓泥炭土，1.26% 生长促进剂，小于 1% 含量菌根真菌。

外层有机质层喷射于草皮增强垫上，采用生态微孔基质层 B。喷播量为 150g/m^2。技术指标：保水率大于 1200%，有机物质含量大于 95%，土壤修复后即时抗暴雨冲刷能力 40 分钟，草籽采用狗牙根种子。

3. 反滤垫

内层有机质层外铺设反滤垫层，由 100% 聚丙烯为原料制作而成；具有长期透水不淤堵的性能，有效降低冲刷 98% 以上，极大程度保证了泥沙稳定减少冲刷。

4. 草皮增强垫

铺设于反滤垫层外。草皮增强垫采用具有独特截面形状的纤维通过经线和纬线的垂直编织形成的三维立体结构，结构单个的网孔由一系列的开放矩阵组成，呈倒四棱锥形。

5. 锚固系统

147～178m（吴淞高程）：坡面顶部和两端（147m 高程以上）设置压顶梁结合普通锚杆固定，其他区域设置自锁锚杆进行坡面固定。压顶梁截面尺寸为 200mm×200mm，刻槽置于坡面内，C25 混凝土浇筑；反滤垫层和草皮增强垫均置于压顶梁下方；顶部位置草皮增强垫翻过顶部压顶梁铺设于坡面；两端位置草皮增强垫从底部穿过两端压顶梁，并翻过顶部压顶梁，并采用相邻自锁锚杆固定，保护边长为 50cm；反滤垫层和草皮增强垫正面朝上。锚孔直径为 50cm，采用 3.0m、2.0m 长矩形布置，M30 水泥砂浆灌注，顺坡横竖向间距为 1.5m。

143～147m（吴淞高程）：在坡面依次铺设反滤垫和草皮增强垫，设置自锁锚杆进行坡面固定，锚孔直径为 50cm，采用 2.0m 梅花形布置，M30 水泥砂浆灌注，横向间距为

3. 0m、竖向间距为 1. 8m。图 14. 36 为实施后的效果图。

(a) 正面网垫铺设后效果

(b) 正面植被恢复效果

(c) 侧面网垫铺设后效果

(d) 侧面植被恢复效果

图 14. 36　工程实施效果图

14. 5. 2　生态袋修复技术应用探讨

生态袋边坡复绿措施主要应用于格构梁内，采用聚丙烯生态袋柔性护坡系统，构筑稳定的植物生长结构面，结合混播与栽植对坡面进行绿色防护。选用的生态袋应严格选用优质材料，具有透水不透土的过滤功能，而且对植物根系和生态环境友好。

14. 5. 2. 1　生态袋护坡系统

生态袋为冲刷强烈的堤岸边坡提供理想的播种模块，生态袋具有透水不透土的过滤功能，能够有效降低流水对土壤材料的冲蚀，而且对植物根系友好。生态袋选用高质量的环保材料，易于植物生长，袋体经久不降解、抗老化、抗紫外线、使用寿命长。其主要特点是它允许水从袋体渗出，从而减小袋体的静水压力。但不允许袋中土壤泻出袋外，达到了水土保持的目的，成为植被赖以生存的介质。袋体柔软，整体性好。

生态袋施工工艺：在格构内坡顶和坡底的梁体上进行钻出膨胀螺栓孔，膨胀螺栓选用 M24 螺栓，垂直钻孔。格构内上下各设置两个膨胀螺栓，两侧膨胀螺栓距格构内边缘 50cm，所有膨胀螺栓距格构梁外缘 50cm，将长立筋沿坡向放置，首尾两端和中间分别与坡顶、坡中和坡底处的短锚杆焊接，立筋钢筋为 Φ20mm，立筋长约 3. 5m，并在立筋中部增设一道加固土钉，土钉长 1. 5m，直径为 75mm，钢筋采用 1E20，土钉钢筋与立筋焊接，对外露部分钢筋进行防锈处理，镀锌或环氧树脂涂层（图 14. 37）。

以坡比 1 ∶ 0. 75 为例，每个框格单元内的受力分析如下，由此可见生态袋的结构稳定可靠，适宜于巫峡茅草坡的陡倾岩质岸坡。

将种植土装入生态袋中；生态袋沿格构梁底部横向垒砌，在相邻生态袋顶部放置三维排水联结扣；上层生态袋按交错方式叠放在下层生态袋上，相邻两层生态袋交错排列；每垒砌一层生态袋需使用夯实机具或用小型机具振动夯实生态袋，使用拍子对生态袋外面进行拍打，使之整洁美观。每两层生态袋，设置钢筋挂钩，钢筋挂钩穿过立筋，并通过弯钩

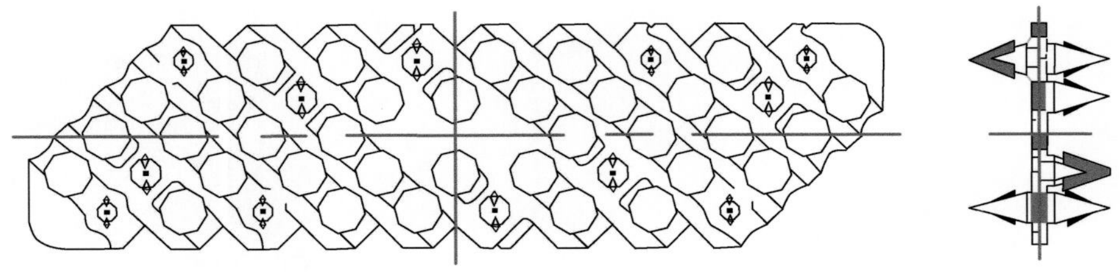

图 14.37　联结扣大样图

与三维排水连接扣相连，弯钩插入三维排水联结孔内，并压入生态袋中；坡面生态袋垒砌完成后对坡面进行浇水沉降，对于沉降后出现的空隙用同等规格生态袋进行填充压实处理，严禁坡面出现空隙（图 14.38 ~ 图 14.41）。

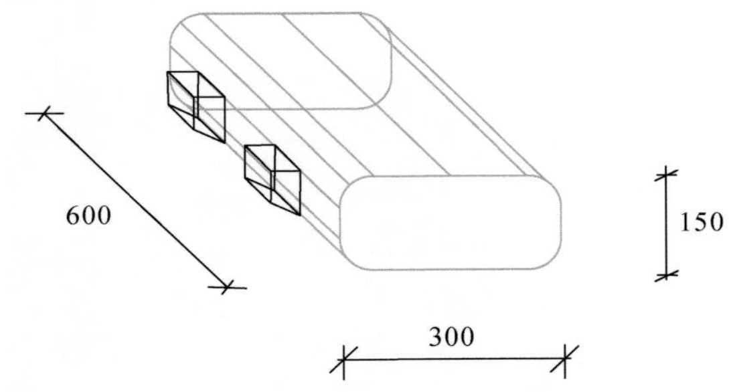

图 14.38　生态袋砌成大样图（单位：mm）

图 14.39　其他工程生态袋砌成照片

14.5.2.2　生态袋防冲刷、防腐蚀能力分析

生态袋袋体阻止袋中土壤泻出袋外，达到了袋体内水土保持的目的。

除了袋体本身的防止水土流失功能外，生态袋在框格梁内垒砌后，对格构内的坡面形

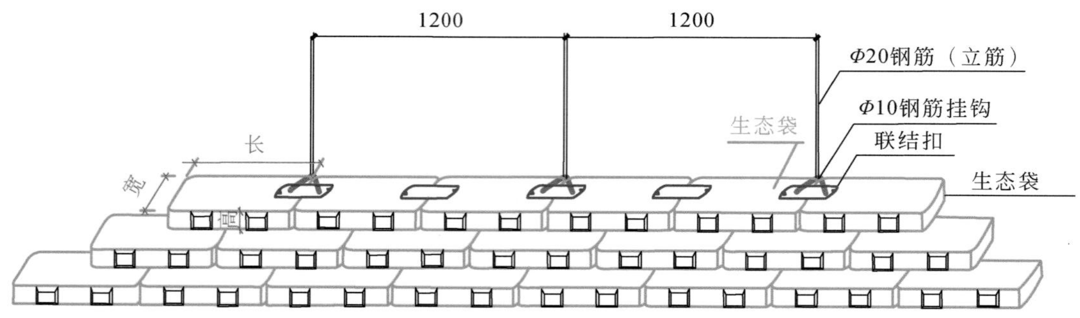

图 14.40 钢筋挂钩、联结扣及生态袋施工示意图（单位：mm）

图 14.41 其他工程生态袋护坡复绿工程照片

成全面覆盖。可以阻隔浪潮对坡面的直接冲刷、掏蚀，同时将阻止坡体表面土壤的流失。

连接扣为由聚丙烯挤压成型的高强度材料，连接扣棘爪的位置分布与结构力学相匹配，能将集中应力合理分散，充分发挥其柔性结构的受力特点，形成稳定的正三角加固紧锁结构，增加了生态袋与生态袋之间的剪切力，进而加强了生态系统的抗拉强度和防冲刷能力。

据已有资料反映，生态袋已广泛用于高速路工程边坡和地质灾害治理等项目，生态袋的袋体和缝合线等材料均由经久不降解、抗老化、抗紫外线，经过专业试验检验证明，理论使用寿命可长达 70 年。

联结扣由聚丙烯挤压成型的高强度材料，该材料制成的连接扣可以抵紫外线的侵蚀，不受土壤中的化学物质的影响，不发生质变或腐蚀。

外露钢筋部分做镀锌涂层和环氧树脂涂层双重防护，保证实用寿命。

14.5.2.3 选种植物的成活率分析

三峡库区消落带高差达到 30m，且呈周期性的水位变化，就要求选用同时具备耐寒、耐水淹的水陆两栖植物。目前并没有成功的植物应用案例，对植物的应用也只是处于摸索阶段，通过比选，可采用狗牙根、香根草、空心莲子草、扁穗牛鞭草、野古草等植物进行试验研究。

植物通过点播，混播的方式种植在生态袋表面。随着水库水位的下降植被逐渐接触到空气开始进行萌发，从上到下依次进行复绿。地位运行与植物生长季相同，对植物生长有增益效果。江面外来植物在袋体表面缝隙的驻留也有一定的概率生长成苗。

冬季高位运行植被完全被淹没，植物完全被淹没，无法进行呼吸作用，在长时间完全水淹情况下难以存活。下一次水位下降时，只能依靠人为栽植或自然状态留存的植物种子自然生长来进行边坡复绿。

在坡顶 170～175m 高程区域，由于水位一直处于波动状态，可采用两栖植物进行局部复绿尝试。

14.5.2.4　施工技术及养护管理要求

生态袋修复技术的施工流程、技术，如图 14.42 所示。

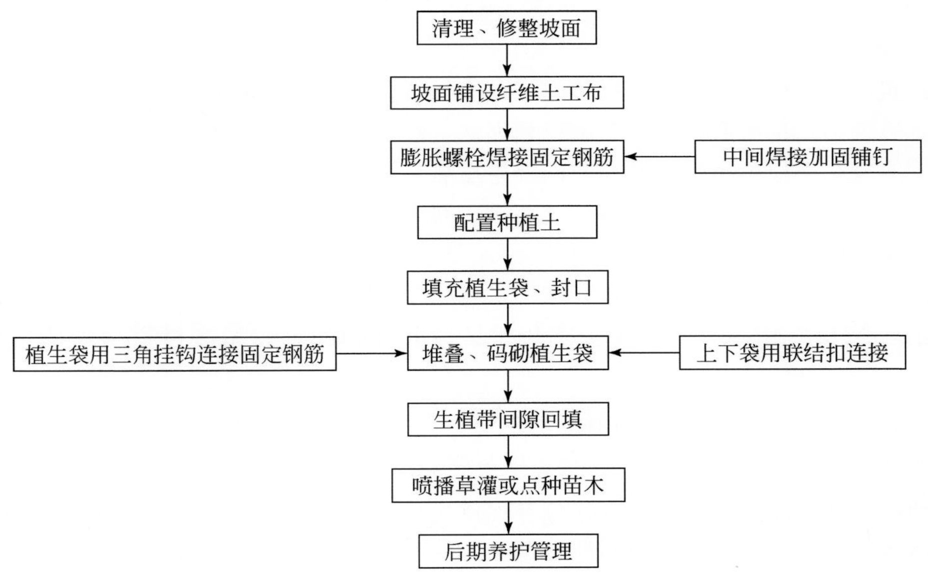

图 14.42　生态袋施工流程图

1. 土工布铺设施工

坡面整平后，检查基层是否平整、坚实。根据现场情况，确定土工布尺寸，土工布尺寸应大于紧贴框架坡面尺寸 60cm，土工布四边修剪紧贴格构框架梁 30cm，土工布四边角采用 U 型土钉加固，裁剪后予以试铺。铺设施工过程中应及时检查撒拉宽度是否合适，搭接处应平整，松紧适度。

2. 膨胀螺栓施工

沿格构梁底部以上 5cm 位置设置膨胀螺栓，施工前应进行膨胀螺栓抗拔试验，钻孔过程中应注意进行地质资料编录，并及时将有关资料和信息反馈给设计单位，以便根据施工揭露的信息确定是否需要调整膨胀螺栓的大小、位置以及补充新的施工技术要求等。

膨胀螺栓的钻孔位置位于格构梁上下梁的内壁，膨胀螺栓选用 M24 螺栓，垂直钻孔。格构内上下各设置两个膨胀螺栓，膨胀螺栓距格构梁外沿 50cm。

膨胀螺栓打孔时应垂直用力，不要摆动，防止孔洞直径偏大，而造成膨胀螺栓锚固不稳，安装后套管不外露、加垫片并将螺母紧固，紧固螺母时禁止采用手持长杆套筒的做法。

3. 立筋施工

将长立筋沿坡向放置，首尾两端和中间分别与坡顶、坡底处的膨胀螺栓进行一一对应焊接。注意螺纹将有螺纹的一侧面向外侧。

4. 加固锚钉施工

为保证柔性生态护坡整体稳定性，在立筋中间位置设置一道加固锚钉，锚钉直径 75mm，钢筋采用 1E20，钢筋与立筋焊接，接头位置做防腐处理。

5. 生态袋施工

将配置好的种植基质充填生态袋内，填实封装后当天施工用完，如遇降雨应进行遮盖处理。生态袋沿格构梁底部横向垒砌；相邻两生态袋放置三维排水联结扣；上层生态袋按交错方式叠放在下层生态袋上，相邻两层生态袋交错排列；每垒砌一层生态袋需使用夯实机具或用小型机具振动夯实生态袋，使用拍子对生态袋外面进行拍打，使之整洁美观。

第 1 层，以后每隔两层生态袋（即第 1、3、6、9、12 层）设置钢筋挂钩连接立筋和生态袋；立筋处的生态袋上先放置三维排水联结扣，将钢筋挂钩穿过竖向锚杆，弯勾插入三维排水联结扣的孔内，并压入生态袋中；钢筋挂钩的开口角度可根据现场情况进行调整。

施工完成后对生态袋浇水沉降，完全沉降后，对格构内露出的空隙用生态袋填充。

6. 植被栽植

植被选用耐水淹耐贫瘠抗逆性强的香根草、狗牙根、扁穗牛鞭草、苍耳和空心莲子草等，栽植方式选用袋体表面定点栽植的方式进行，将香根草等幼苗栽种在生态袋的外侧的小袋内，栽种的时间最好选择在水位开始下降的时期，保证植物根系有一定的生长时间。植物种植采用专用工具开口，开口不得破坏植生袋整体结构，种植后浇水一次，每天适量补水，直到植物成活再转正常的养护管理。

7. 养护管理

养护抚育期，植物种植后应及时进行养护抚育，养护抚育分为施工后初期和后期两个阶段：

（1）初期养护阶段主要采取加强苗木管理、灌溉等措施进行管护，在达到设计目标的植物成型期间，应根据消落带植物在淹没期死亡等可能出现的问题，适时采取基质修补、植物补播和浇灌等措施；

（2）后期养护阶段随着植被演替发展，应重点进行保育（培育）和更新等维护作业，开展病虫害防治。同时应重视植物生长情况，及时进行更新作业。

养护过程中，应全面普查植被生长状况，对于自然灾害和人为损坏应采取一定的补植措施。对生长不良、枯死、损坏、缺株的植物应及时更换或补栽。

植物成活率应符合以下规定：

（1）采用藤蔓垂直绿化技术，当年枯水期成活率应≥40%。草本植物当年枯水期覆盖率应≥90%。

（2）经过蓄水期后，随着水位下降，植物会逐渐恢复发芽生长的过程，此时应对植物品种进行筛选和调查，补种淹没期后易成活的植物品种，尤其是易繁衍的一年生草本植物；做好植物的存活率统计，并根据当年存活率和存活率要求制定相应的补喷补栽措施。

14.6　小　　结

本章以巫峡茅草坡岸坡为例，讨论了水位消落区“劣化岸坡生态+地质修复工程”的问题。主要认识如下：

（1）巫峡茅草坡库岸段位于长江干流左岸，地形坡角为 38°～74°，地形起伏变化大，相对高差为 1200m；出露地层为三叠系嘉陵江组—大冶组，岩性有灰岩、泥灰岩、盐溶角砾岩、页岩，坡体为逆向坡，岩体较破碎-极破碎，存在外倾结构面；岩土体的性质对水较敏感。茅草坡 1 号（M1）至茅草坡 4 号（M4）库岸塌岸均属于冲蚀-剥蚀型强烈塌岸，局部可能发生滑移型滑塌岸。斜坡体上各变形监测点无明显变形趋势。监测数据分析及结合斜坡区地质勘查结论后认为，近期茅草坡 1 号至茅草坡 4 号库岸整体处于基本稳定状态。

（2）结合茅草坡各段库岸劣化的程度和工程地质的要求，总结出该区域劣化库岸防护工程主要围绕解决三个问题展开，即库岸稳定性加固问题、坡面防护问题和坡脚防掏蚀问题。在茅草坡 4 号库岸展开了试验性修复治理工作，该段库岸修复工程尝试了多种手段和方法的组合，最终总结出浇混凝土面板和喷射（玻纤维、聚丙烯纤维）混凝土面板有诸多优点。也给出了其他各类治理措施的适用条件，为后续各段治理积累经验，提供借鉴。

（3）茅草坡 3 号库岸提出采用坡面平整+肋柱锚+锚喷射混凝土+柔性防护网的设计方案，这也是首次在巫峡库岸尝试使用柔性防护技术。茅草坡 2 号库岸段采用平整坡面+普通锚杆（局部暗肋）+聚乙烯纤维砼面板支护+护脚墙阻隔塌岸的治理方案。以 M1 库岸无可供植被生长的土壤条件为工程背景，探讨 OATA 生态防护和生态袋防护等技术在巫峡茅草坡库岸修复工程中应用的可行性，并提出了复绿工程的施工方法。

（4）尽管本书提出了水位消落区“劣化岸坡生态+地质修复防护工程”的概念，但是生态加地质修复防护工程本身就涉及了大量的学科交叉，需要探索这类防护工程的原则、目标和绩效评价，同时劣化岩体的加固技术、消落带生态复绿技术也亟待加强。

第 15 章　三峡库区长期地质安全保障研究

15.1　概　　述

三峡库区易滑地质结构发育，受水位循环消落、暴雨和人类工程活动等因素影响，地质灾害具有高易发性和复杂性。从时间上，三峡库区地质灾害发育演化可分为四个阶段：第一阶段为 1994 年之前（三峡移民工程开工建设之前），库区地质灾害主要由河流冲蚀和降雨等自然因素诱发，如 20 世纪 80 年代初发生的云阳特大鸡扒子滑坡和秭归新滩特大滑坡，摧毁了村镇，入江涌浪并堵塞长江航道，造成了严重灾害；第二阶段为 1994 年至 2003 年（三峡库区百万移民就地后靠迁建安置期间），强烈的城镇边坡开挖和建设等人类工程活动成为诱发地质灾害的主要因素，由于就地后靠安置，形成了大量的切坡和工程弃渣，滑坡和泥石流灾害明显增加，特别是在 1998 年形成高峰；第三阶段为 2003 年之后（三峡工程开始 135m 高程蓄水），由库水变动形成的渗透压力成为滑坡灾害的主要诱发因素，特别是 2008 年开始 175m 水位试验性蓄水，为老堆积层滑坡高发期，并将延续到 175m 蓄水之后；第四阶段始自 2008 年以来（175m 高程正常高设计水位蓄水运行），库水周期性变动及降雨成为三峡库区的正常工况，由于水位每年循环消落导致了岸坡岩体结构劣化失稳，形成了以消落区岩体结构破坏导致的新生型基岩滑坡。

本章将回顾三峡工程规划建设之前，移民迁建期间和蓄水运行后地质灾害特征与防治状况，重点对三峡工程蓄水运行期间长期地质安全问题提出对策建议。主要内容包括：①库区地质灾害防治基本情况；②库区移民城镇地质灾害防治；③蓄水运行期间地质灾害特征；④库区长期地质安全风险控制研究。本章总结了三峡库区地质灾害情况，提出了长期地质安全风险空间对策建议，为三峡库区长期运营提供地质安全保障。

15.2　库区地质灾害防治基本情况

自 20 世纪 50 年代以来，三峡库区开展了多期工程地质调查勘测、监测预警和工程治理，特别是对威胁长江航运安全和城镇的重大地质灾害进行了治理。最为典型的是开展了三峡库区云阳鸡扒子滑坡灾害应急治理、秭归新滩滑坡监测预警和灾后治理，以及秭归链子崖危岩体和巴东黄腊石滑坡重大地质灾害隐患整治工程的实施（李玉生，1984；陆业海，1985；郭希哲等，1999）。

链子崖危岩体和黄腊石滑坡是长江三峡库区稳定性差且风险极高的特大地质灾害体，自 20 世纪 90 年代以来出现变形异常，受到了国家高度重视，成立专门队伍进行了工程整治。链子崖危岩体位于长江南岸，下距宜昌市 73km，距三峡坝址 27km，对岸为 1985 年滑动入江的新滩特大滑坡。黄腊石滑坡位于长江北岸，下距宜昌市 101km，距三峡坝址

64km，巴东老县城位于其斜对岸。两处地质灾害体具有长期活动历史，直接威胁着长江的航运和附近城镇居民的安全。1989 年，由多部门联合开展了防治工程可行性研究。1992 年 7 月，国务院责成原地矿部（现自然资源部）组织实施长江链子崖危岩黄腊石滑坡整治工程，并于 1998 年竣工验收。链子崖危岩体和黄腊石滑坡整治工程历经了三峡工程 135m、156m 和 175m 试验性蓄水检验，保障了长江航道的安全，达到了预期效果。

随着三峡工程的兴建，将被水库蓄水淹没的库区百万移民将实施就地后靠搬迁，因此迁建城镇地质灾害防治问题被提到紧迫议程。2001 年 5 月 1 日，重庆武隆新城区发生体积仅 1.9 万 m^3 的人工边坡滑坡，摧毁一栋八层高楼，79 人遇难，震惊全国。同年 7 月，武隆“5 · 1”滑坡灾害发生二个月后，国家加强了三峡库区地质灾害防治力度，设立 40 亿元专项对涉及二期蓄水 135m 高程水位必须防治的地质灾害进行治理（简称“二期规划”）。规划范围包括：坝前 135m 水位接非汛期 20 年一遇洪水水面线回水范围内的受二期蓄水影响的涉水崩滑体（前缘高程低于 135m 水位回水线），位于二期移民迁建区和专业设施复建区的崩塌、滑坡，以及库区内需紧急治理的崩塌、滑坡。主要涉及湖北夷陵区、秭归、兴山、巴东，以及重庆巫山、奉节、云阳、万州、忠县、石柱、丰都、涪陵等区县的库区范围。2003 年水库蓄水 135m 后，又对涉及 2007 年汛后三期蓄水（坝前水位 156m）后到 2009 年汛后四期蓄水（坝前水位 175m）前受影响的地质灾害体和库岸进行防治（简称“三期规划”）。防治范围包括：坝前 175m 水位接非汛期 20 年一遇回水水面线范围和位于三期、四期移民迁建区和专业设施复建区的崩塌、滑坡。

库区二、三期规划地质灾害避让搬迁项目 646 处，涉及 7 万人。库区二、三期规划地质灾害群测群防监测点共计 3113 处，监测保护人口近 60 万人。在移民迁建区，实施了高切坡治理，共 2874 处，范围为除重庆市主城区外，受三峡工程蓄水影响的库区各县（区）内移民搬迁安置规划区和重大专项设施复建区，包括：湖北省宜昌市夷陵区、秭归县、兴山县、恩施州巴东县，重庆市巫山县、巫溪县、奉节县、云阳县、万州区、忠县、开州区、石柱县、丰都县、涪陵区、武隆区、长寿区、渝北区、江北区、九龙坡区、大渡口区、渝中区、沙坪坝区、南岸区、北碚区、巴南区、江津区 26 个县（区）。总体上，三峡库区实施完成的第二、第三期地质灾害防治，有效地控制了地质灾害的发生，极大地减少了因地质灾害造成的人员伤亡，有效地控制了蓄水后可能出现的涉水崩塌、滑坡的集中复活和塌岸的大范围的产生，保障了库区城镇和航运的地质安全（图 15.1）。

2008 年三峡工程实施 175m 正常高设计水位试验性蓄水后，国家继续加强了库区地质灾害的防治，国务院于 2011 年批复了《三峡工程后续工作总体规划》（2011 ~ 2020 年），其中，后续工作地质灾害防治项目包括：崩塌滑坡工程治理、塌岸工程防护、高切坡防护工程、地质灾害搬迁避让、地质灾害监测预警与应急抢险等。后续工作期间进行治理的地质灾害体数量和体积均已经超出规划确定的规模。通过地质灾害防治工程实施，为移民安置区和生态屏障区人民生命财产安全提供了重要保障。经蓄水运行检验，工程防护效果良好，保障了库区移民迁建城镇、复建港口、码头、道路、文物等的地质安全，由水库蓄水引发的地质灾害已由高发期向低风险水平的平稳期过渡。监测预警项目的全面实施，推进了三峡库区地质灾害监测预警体系建设与完善，使规划范围内地质灾害得到有效的监测，及时预警 450 多起地质灾害，有效转移险区人员约 5 万人，实现了库区地质灾害“零”伤亡。

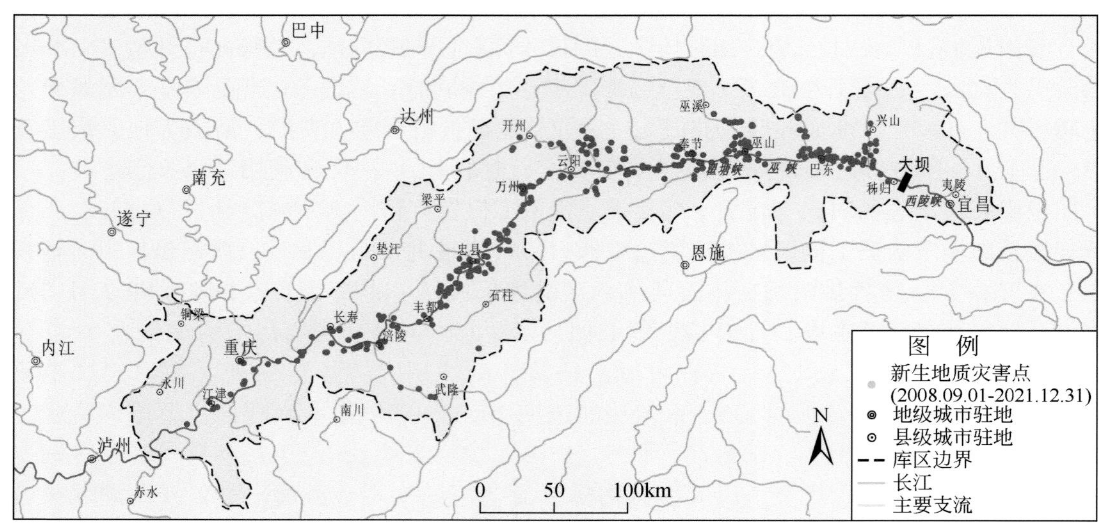

图 15.1　三峡库区主要城市及蓄水诱发滑坡分布图

15.3　库区移民城镇地质灾害防治

15.3.1　城镇地质灾害防治规划简述

在三峡工程建设的第二期和第三期，实施完成了库区 13 个县级及以上城市城区内 132 处崩塌、滑坡治理工程，其中，兴山县新城区 1 处、巴东新城区 9 处、巫山县新城区 19 处、奉节县新城区 22 处、云阳县新城区 17 处、万州区城区 26 处、忠县新城区 4 处、丰都县新城区 3 处、丰都县老城区 6 处、涪陵区城区 8 处、武隆县城区 7 处、长寿区城区 7 处、渝中区城区 3 处。同时，实施完成了库区 59 个乡级城镇、集镇所在地的 97 个崩塌、滑坡治理工程，其中，夷陵区 1 个城镇 3 处、秭归县 6 个城镇 15 处、兴山县 3 个城镇 6 处、巴东县 4 个城镇 10 处、巫山县 4 个城镇 5 处、奉节县 7 个城镇 9 处、云阳县 8 个城镇 11 处、万州区 7 个城镇 9 处、开州区 2 个城镇 2 处、忠县 3 个城镇 5 处、石柱县 2 个城镇 5 处、丰都县 2 个城镇 2 处、涪陵区 6 个城镇 11 处、武隆县 1 个城镇 1 处、长寿区 1 个城镇 1 处、九龙坡区 1 个城镇 1 处、沙坪坝区 1 个城镇 1 处。

15.3.2　典型城市地质灾害治理工程

15.3.2.1　秭归新城

秭归老县城位于长江北岸与归州河出口一带，距三峡大坝约 40km。老县城人口约

10416 人，县城拥挤，面积狭小，可建设用地仅 1.0km^2，后山坡陡，存在滑坡隐患，无发展空间［图 15.2（a）］。1998 年整体搬迁到位于库首区的茅坪镇，地势相对开阔，目前城区面积达 15km^2，人口达 15 万人［图 15.2（b）］。秭归新城属低山丘陵区，大面积出露花岗岩，地表风化，形成浑圆状的山丘，无陡坡峭壁，地质条件良好，滑坡等地质灾害较轻。蓄水后，沿江一带易形成崩岸，对港口码头建设和土地的优化利用带来不利影响。在二期地质灾害治理期间，实施了库岸防护。典型工程如：

凤凰山塌岸防护工程凤凰山库岸位于秭归县新县城西北侧，沿江长约 5km，距三峡大坝上游 2km 处，属新县城范围。治理前，这里沟壑纵横、岸坡厚度大、地形陡、结构松散，在水位波动下产生塌岸，严重威胁移民区复建设施和移民生命安全。

(a) 秭归老县城远眺照片(归州河口)(2000年)

(b) 秭归新县城远眺(茅坪新址)(2009年)

图 15.2　秭归县城新旧对比照片

凤凰山至果品批发市场塌岸防护是三峡库区二期地质灾害防治工程治理项目。塌岸防护方案为回填放坡、砌石护坡、排水、植被护坡。治理时将过去长度约 1600m 的 U 形库岸通过切脊填沟裁弯取直，筑一条 730m 长的堤坝，拉直成 1300m 的直线库岸。既缩短需治理的库岸长度和减少护坡面积，又填沟造地，新增城市用地 400 亩。在人均不足一亩耕地、寸土寸金的秭归县城，新增的 400 亩土地有效缓解了县城当时建设用地供需矛盾。库岸治理后有效保护了沿岸基础设施，新增 400 亩土地现已开发成集商业、住宅、服务为一体的居民小区。昔日荒芜的库区塌岸变成了当地老百姓心中的“外滩公园”。置身其中，面朝三峡大坝，气势雄浑，背靠屈原古祠，美不胜收。港湾还被国家体育总局确定为龙舟训练基地和比赛场地。凤凰山库岸治理工程既达到地质灾害治理的目的，又为秭归县营造了一块宜居之地，实现了环境效益、社会效益和经济效益的统一。

15.3.2.2　巴东新城

巴东老县城位于长江南岸，是库区重要的港口城市，为恩施州的航运交通门户。老县城人口稠密，城区面积不足1.0km^2，人口达15300人，后山为陡倾的嘉陵江组灰岩和巴东组泥灰岩、泥岩顺向斜坡，地质条件差，无发展空间。1991年8月6日，巴东老城遭受特大暴雨袭击，24小时降雨达182.9mm，导致县城后坡金字山北坡暴发30万m^{3}泥石流，冲入县城造成3人死亡、78人重伤、93人轻伤，直接经济损失8968万元。20世纪90年代中期，新城往西上移后靠建设，由西瀼坡、云沱、白土坡、大坪、黄土坡五个民居聚集地构成，自西向东沿长江呈带状分布。城区建设面积8km^2，人口约8.5万人（图15.3）。

(a) 黄土坡滑坡及移民小区(2000年7月)

(b) 黄土坡滑坡治理工程(2005年10月)

图15.3　巴东县城新黄土坡滑坡治理工程及移民安置远眺

巴东新城坐落在中三叠统巴东组之上。该地层分为四段，其中，巴东组一、三段主要为泥灰岩地层；巴东组二、四段主要为紫红色的泥岩，水敏性极强，成为库区的“易滑地层”。因此，巴东新城也是库区地质条件最差、滑坡危害最为严重的城市之一。自20世纪90年代中期开始，国家一直加强对巴东县城地质灾害的防治与研究，有效保障了县城的地质安全。典型的滑坡治理工程如下。

1. 黄土坡滑坡

黄土坡滑坡2001年被列为三峡库区“四大滑坡”之一，位于巴东县城黄土坡民居聚集地，由两个临江崩滑堆积体、变电站滑坡、园艺场滑坡组成，前缘高程为50～70m，后缘高程为600m，总面积为130万m^2，体积为6934万m^3，坡面上陡、中缓、临江陡。滑坡区内有县人民医院、中学等企事业单位及部分居民，常住人口1.8万人，建筑面积为54 万 m^2。

黄土坡区曾多次发生浅层小型滑坡，造成人员财产损失。2001 年 10 月，为防止塌岸导致滑坡失稳，对滑坡前缘实施塌岸防护工程，主要完成了施工削坡整形 67 万 m^3、锚杆 1.7 万根、格构护坡 18 万 m^2、抗滑桩 183 根、地表排水沟总长 1 万 m。

巴东黄土坡地区地质结构复杂，滑坡体上安置移民多达 2 万人，其整体稳定性受到高度关注。为了降低黄土坡滑坡的灾害风险，当地政府已将黄土坡滑坡区居民易地搬迁长江北岸的神农小区。鉴于神农小区地处官渡口向斜北翼，为巴东组地层，顺向岸坡，地质条件仍很复杂，存在校场坝、五里堆等 11 处滑坡，仍应对地质灾害给予足够重视。

2. 红石包滑坡治理工程

红石包滑坡位于巴东县城所在地信陵镇。滑坡前缘高程为 70m，后缘高程为 270m，南北长约 600m、东西宽约 500m，面积约 30 万 m^2，平均厚 25 ~ 35m，体积约 176 万 m^3。

主要治理工程：抗滑桩 52 根（其中锚拉桩 31 根，断面为 2m×3m；悬臂桩 21 根，断面为 3m×3.5m），桩总长 1832m，混凝土 14773m^3；锚索 31 根，总长 1100m；排水沟 1 条，总长 1300m；浆砌石 625m^3；挡土墙 1 万 m^3；削坡减载 11 万 m^3。治理工程保护了湖北恩施石油分公司总库容 2 万 m^3的巴东油库、300m 城市沿江公路以及长江航运安全。

3. 太矶头滑坡治理工程

太矶头滑坡位于巴东县官渡口移民新镇西南部，是一大型顺层滑动的岩土混合滑坡，由两个次级滑坡体组成，总体积为 527.58 万 m^3。

该滑坡是三峡库区二期工程治理项目。主要治理工程：抗滑桩 42 根（其中锚拉抗滑桩 26 根）；格构锚护坡，格构梁截面为 0.3m×0.55m，总长 16855m，格构梁混凝土浇筑 2824m^3，锚杆 2133 根，总长 11092m；干砌石护坡 5425m^3；浆砌石护坡 1512m^3；土石削方 26751m^3；土石压脚 9185m^3；挡墙总长 324m；地表截（排）水沟三条，长 788m。滑坡治理保障了官渡口移民新镇及巴东长江大桥的安全（图 15.4）。

图 15.4　巴东县城官渡口新城区与库岸滑坡治理工程照片（2021 年 6 月）

15.3.2.3　巫山新城

巫山老县城位于长江干流与支流大宁河汇合的西北平缓台地上，县城面积狭小，约

0.82km^2，人口约16200人［图15.5（a）］。自1997年以来，新县城就地后靠建设，目前城区面积已达7.6km，居住人口约8万人。巫山新城位于三峡库区腹地，地形起伏大、地表坡度陡、地质环境条件较复杂，新城区广泛分布巴东组地层，岩体破碎，地质灾害发育。新城范围内分布有滑坡、崩塌等地质灾害30处，不稳定库岸总长15km（江东嘴—红石梁）。二、三期地灾防治已治理崩滑体19处，库岸长8km。其余11处崩滑体、7km库岸正实施监测，涉及群众约2万人，拟结合三峡后续地质灾害防治规划，按照“连线和集中成片”的原则，将地质灾害防治扩展为地质环境工程进行综合整治，整体提高安全等级，建设地质安全综合立体监测预警体系，保障城镇安全和发展［图15.5（b）］。

(a) 搬迁之前的老县城(2000年7月)

(b) 就地后靠的新城(2017年4月)

图15.5　巫山县城新旧对比全景照片

自20世纪90年代中期开始，国家一直加强巫山县城地质灾害防治工程的实施，建立了库区移民城镇首个地质灾害实时监测预警示范站，有效保障了县城的地质安全。典型的滑坡治理工程和监测预警示范站如下。

1. 秀峰寺滑坡

随着移民迁建工程的逐步实施，移民安置与可用土地间的矛盾日益突出，迫切需要开辟新的可用土地和将滑坡、崩塌堆积体改良为移民迁建工程建筑场地。秀峰寺滑坡防治工程是一典型范例，它结合巫山新城沿江大道规划、滑坡防治、土地整治、环境保护和沿江移民安置等工程，将灾害地质体的整治与土地综合开发利用有机地结合起来，妥善解决了巫山县城移民搬迁新址中寸土寸金的实际问题，对三峡库区类似地质环境条件的移民新址土地开发利用规划和工程建设起到示范指导作用（殷跃平等，2004）。

秀峰寺滑坡位于巫山新城重要地段，贯穿新城集仙东路、平湖东路和沿江大道，滑坡面积约 6.12 万 m^2，体积约 140 万 m^3，前缘高程约 160m。因此，对该滑坡的治理，不仅将确保新城的建设和发展，而且还将为巫山新城重要地段提供约 10 万 m^2的建设用地。采用了如下方案：①通过滑坡前缘的谭家沟和凹地进行回填压脚，将有效地阻止平湖东路下方的次级土质滑坡，为沿江大道的建设与土地开发提供安全可靠的基础；同时，将容纳巫山新城建设边坡开挖弃渣约 56 万 m^3，另外，在巫峡中学台地前缘修建浆砌块石库岸防护工程，可容纳巫山新城建设边坡开挖弃渣约 64 万 m^3，有效地避免了弃渣随意倾倒可能诱发的滑坡泥石流灾害，并增加了建设用地 5.2 万 m^2。②通过在平湖东路一带对下方次级土质滑坡后缘和上方基岩老滑坡前缘结合部位采用钢筋砼格构护坡，不仅确保了平湖东路的安全，而且有效地控制了平湖东路上方基岩老滑坡的变形破坏，改善了该地段的旅游景观。平湖东路格构护坡工程实施后，不仅将在其上方基岩老滑坡地段提供约 4.57 万 m^2的可建设用地，也可通过对下方次级土质滑坡后缘削坡，将道路拓宽 14m，为平湖东路内侧提供了宽约 12m、长约 260m 的建设用地。③对滑坡体所在的翠屏路、集仙东路和平湖东路内侧以及滑坡体上和其两侧已有的排水沟进行修缮，以提高滑坡体整体稳定性（图 15.6）。

(a) 滑坡防治与利用工程

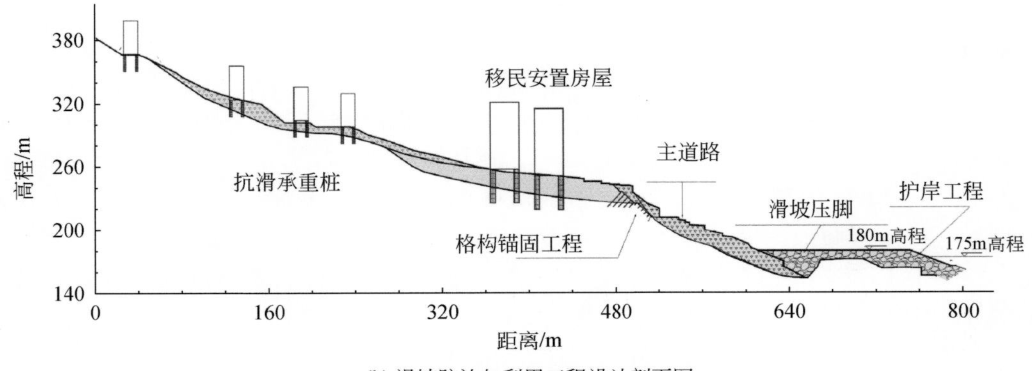

(b) 滑坡防治与利用工程设计剖面图

图 15.6　巫山新城秀峰寺滑坡治理及土地利用工程

2. 玉皇阁滑坡

自 2003 年蓄水以来，以玉皇阁滑坡为重点，在巫山县新城区建立了具有国际先进水平的地质灾害实时监测预警示范站。针对三峡库区移民新城的特点，还研制开发了 TDR、孔隙水压力监测仪、滑坡地下水微流速监测仪、地温与氡气监测仪、监测数据采集传输仪等一批适用于地质灾害监测且具有自主知识产权的新仪器，解决了监测数据实时采集、传输、处理、发布等一系列关键技术难题，依托 GPRS 无线通信技术、计算机信息管理技术、自动控制技术及互联网（Internet）技术实现了实时化监测的目标，将我国地质灾害监测预警技术提升至国际先进水平。示范站具有以下主要特点：①远程获取监测数据实时性。示范站采用了中心站-现场站二级管理模式，依托 GPRS 无线通信技术、计算机信息管理技术、自动控制技术及 Internet 技术实现了监测信息的实时采集、传输、处理和发布，做到了全程无人值守，实时的特性最大限度地解放了劳动力，降低了监测人员风险和运营成本。②监测技术方法的先进性。示范站采用了高精度双频 GPS 监测地表位移，固定式钻孔倾斜仪和 TDR 技术监测深部位移，孔隙水压力监测仪监测水压力参数，同时兼顾了降雨量、温湿度的实时监测，形成了多手段的立体化监测网。采用的仪器均为同类尖端产品，以引进应用为主，自行研发相配合，充分保证了监测数据的精度和可靠性。③光纤传感技术的应用。在我国首次探索了光纤应变分析技术——布里渊光时域反射计（Brillouin optical time-domain reflectometer，BOTDR）用于滑坡监测的可行性，铺设光纤近 17000m。对适用于变形监测的光纤类型、铺设方式、施工工艺、测试方法、成果解释及温度影响等进行了有益探索，取得了一定的经验。示范结果表明，将光纤铺设于滑坡格构等治理工程体中，不仅可以直接检测治理工程的质量、评价治理的效果，而且可间接判断滑坡的稳定性状况。④基于 GPRS 的远程无线传输技术。示范站中心站与各现场站间采用了 GPRS 无线传输技术，实现了监测数据的远程无线传输。传输系统硬件采用通用型 GPRS-MODEM，自行研发了传输控制程序，在 GPRS 信号稳定的条件下能够及时、准确地完成现场站-中心站间的数据自动传输任务。⑤基于 Internet 的信息发布系统。巫山示范站中心站通过 ADSL 接入互联网，使管理和决策者可以在世界各地通过 Internet 实时掌握滑坡变形动态（图 15.7）（Yin et al.，2010）。

15.3.2.4　奉节新城

奉节老县城位于长江干流与支流梅溪河汇合的西北平缓台地上，县城拥挤狭小，面积约 1.56km^2，人口约 3 万人。自 1997 年以来，新县城就地后靠沿长江左岸及支流朱衣河建设，形成长约 20km 的窄条带状城市。目前城区面积已达 9.0km^2，居住人口约 17 万人。县城地处三峡库区腹地，地形起伏大，地表坡度陡，地质环境条件较复杂，发育大小冲沟 13 条，新城区广泛分布巴东组地层，岩体破碎，地质灾害发育。新城范围内分布有滑坡、崩塌等地质灾害 53 处；不稳定库岸总长 15km。二、三期地灾防治已治理崩滑体 22 处、水淹没 3 处、其他建设工程填没 5 处、搬迁 2 处；暂未治理 21 处，涉及群众约 3 万人，已纳入三峡后续地质灾害防治规划开展防治工作。正按照“连线和集中成片”的原则，将地质灾害防治扩展为地质环境工程进行综合整治，整体提高安全等级，建设地质安全综合立体监测预警体系，保障城镇安全和发展。

(a) 滑坡治理工程照片（2005年3月）

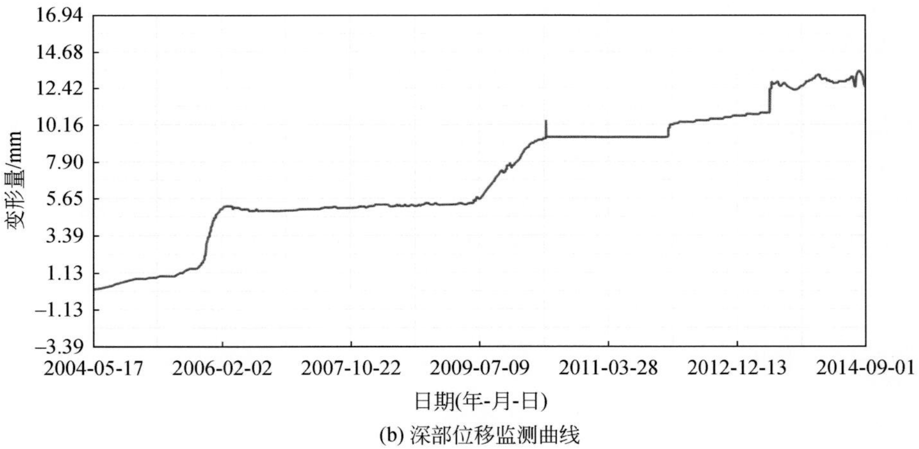

(b) 深部位移监测曲线

图 15.7　巫山新城玉皇阁滑坡治理工程

自 20 世纪 90 年代中期开始，国家一直加强对奉节县城地质灾害防治工程和高切坡防护工程的实施，有效保障了县城的地质安全。典型的滑坡治理工程如下。

奉节县猴子石滑坡猴子石滑坡位于奉节县新县城中心，前缘高程为 90m、后缘高程为 250m，面积为 12 万 m^2，体积为 450 万 m^3，为基岩切层滑坡；滑坡体上有大量移民迁建单位和居民住宅及市政设施，房屋面积 20 万 m^2，常住人口 5000 人，流动人口 3 万人（图 15.8）。

图 15.8　奉节猴子石滑坡防治工程及移民建筑照片

该滑坡分两期治理：一期工程治理措施为“排水+回填压脚+护坡”。2002 年 10 月开工，2003 年 6 月竣工，工程治理到 150m 高程，确保了三峡水库 135m 蓄水安全。续建工程治理措施为“阶梯型置换阻滑键+水下抛石+护坡+排水”。2006 年 5 月开工，2008 年 5 月竣工，保障了三峡水库 156m 和 175m 如期蓄水。通过工程竣工近三年的专业监测，滑坡整体处于稳定状态，治理效果明显［图 15.9（a）］。

猴子石滑坡防治工程建立了较为完善的立体监测系统，包括地表变形、深部位移、伸缩仪、位错计等。地表位移监测表明，猴子石滑坡前部 160 马道一带水平位移为 9 ~ 12mm，垂直位移为 6 ~ 9mm。变形主要在 2008 年 11 月至 2009 年 5 月水下浸泡期间，水平位移和垂直位移曲线呈收敛的趋势，整体无持续变化趋势［图 15.9（b）］。

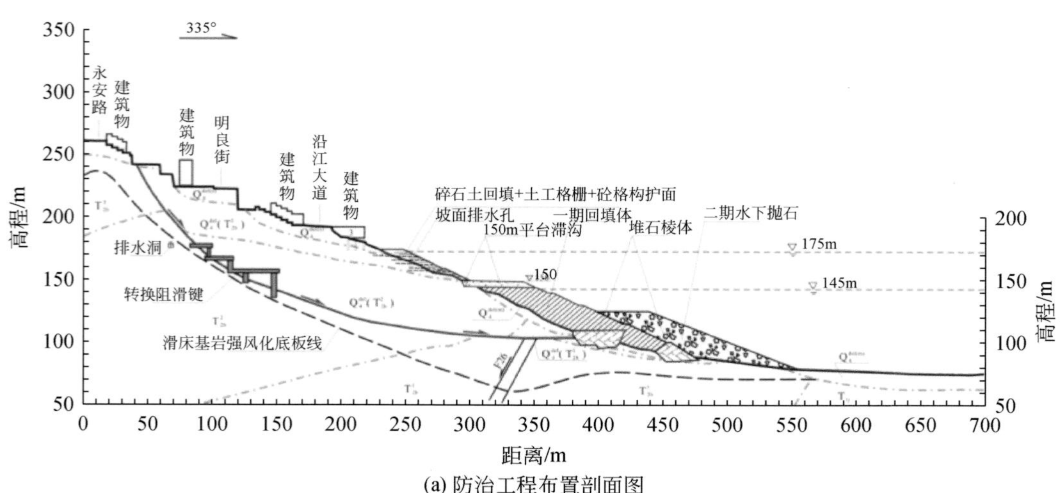

(a) 防治工程布置剖面图

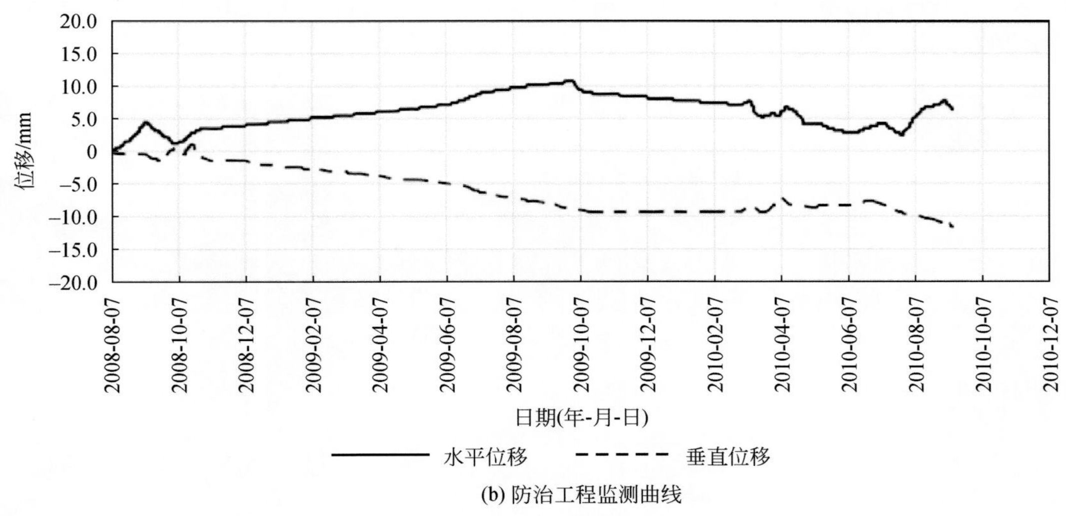

(b) 防治工程监测曲线

图 15.9 奉节猴子石滑坡防治工程

15.3.2.5 云阳新城

云阳老县城位于长江干流与支流汤溪河汇合的西北斜坡台地上，县城拥挤狭小，面积约 $1.2km^2$，人口约 2.2 万人［图 15.10（a）］。县城主体坐落在稳定性差的西城滑坡上，后山为不稳定斜坡及东城滑坡。西城滑坡 2001 年被列为三峡库区“四大滑坡”之一。2001 年 1 月 17 日，后山上部的五峰山发生顺层滑坡，体积约 80 万 m^3，对县城近万人的生命财产构成严重威胁。随后，进行了整体搬迁到上游相对平缓的双江镇。云阳新县城面积为 $23.3km^2$，现居住人口约 20 万人。新城区地质环境条件较复杂，新城区广泛分布侏罗系沙溪庙组巨厚层砂泥岩互层，岩层倾角在 10°～30°，相对于巫山、奉节来说，地质灾害主要以缓倾角的大型滑坡为主。新城范围内分布有滑坡、崩塌等地质灾害 66 处，不稳定库岸 18 段 25km，威胁 11.5 万人。二、三期地灾防治已治理崩滑体 18 处；结合治理库岸 7 段 12.8km，消除滑坡、崩塌等地质灾害隐患 48 处；单独治理库岸 11 段 12.2km。

云阳新城建设中，将地质灾害防治结合城市环境工程进行综合整治，提高了城区安全等级，提升人居环境，促进了经济发展［图 15.10（b）］。最为成功的经验是开展了库岸地质灾害、沟岔、弃渣等的综合防治。云阳县新城库岸线总长 12.8km，原始地貌多为滩涂和冲沟，区内分布有深沟子、桑树湾沟、洪湾沟等数条大冲沟。勘查表明，整个新城库岸区内共分布有 7 处塌岸、11 处滑坡变形体、31 处危岩隐患。

2001 年，云阳新城库岸塌岸治理工程列为三峡库区首批地质灾害防治项目。初步设计方案为“沟口筑坝+护坡”。云阳县将库岸防护与城市码头建设、城市防洪、城市景观建设、土地开发利用等相结合，通过筑堤、回填、护坡等综合治理措施，实施了云阳县新城库岸综合整治工程，使有限的地质灾害防治资金发挥了显著的综合效益。2002 年 5 月动工，2005 年 9 月完成，历时三年多，通过采取综合治理措施，在消除地质灾害隐患的同时，将 12. 8km 长的城市滨江库岸截弯取直，容纳了新城建设弃土近 1000 万 m^3，整理开发新增城市用地 1200 余亩，建成了三峡库区最大的滨江公园。

(a) 云阳老县城全景照片(云安镇)(2001年)

(b) 云阳新县城全景照片(双江镇)(2014年)

图 15. 10　云阳新旧县城全景对比照片

云阳新城库岸综合治理项目实施效果明显，体现了地质灾害防治、防止水土流失、建设弃土利用、城市防洪、土地开发利用“五大综合效益”。

15. 3. 2. 6　万州新城

万州老城市（原万州市，包括天成、龙宝和五桥三区）主体位于长江干流与支流苎溪河汇合地带，坐落在七大古滑坡堆积体上，后山发育有上百处危岩体，面积约 15km^2。三峡水库蓄水后，沿江地带将被淹没于水下，城市干道形成“断头路”，功能下降［图 15. 11（a）］。万州新城在原地建设的基础上，向周边，特别是向长江南岸扩展。因此，地质灾害防治工程重点一方面是避免滑坡、崩塌灾害，另一方面要进行主干道路功能恢复，保障城市可持续发展。目前，万州新城区面积约 57. 6km^2，现居住人口约 80. 5 万人，2020 年预测人口达 150 万。新城区广泛分布沙溪庙组地层，崩坡积层厚，岩体裂隙多，地质灾害发育。新城范围内分布有滑坡、崩塌等地质灾害 120 处；不稳定库岸总长 50km。二、三期地灾防治已治理崩滑体 53 处，库岸长 22km，其余 67 处崩滑体，28km 库岸正实施监测，涉及群众约 2 万人，拟结合三峡后续地质灾害防治规划和万州区级地质灾害防治规划，按轻重缓急分期分批实施工程治理，并建立健全地质灾害综合立体监测预警体系，确保城市地质安全和经济发展。重点地质灾害治理工程如下。

1. 和平广场滑坡治理工程

和平广场滑坡在 2001 年曾被列为“库区四大滑坡”之一，位于万州主城区，地处长江与其一级支流苎溪河交汇处。滑坡前缘高程为 108～147m、后缘高程为 210～215m，面积约 105 万 m^2，体积约 1950 万 m^3。滑坡治理工程分两期实施，一期工程于 2002 年 10 月开工，2003 年 5 月完工，二期工程结合北滨路实施，于 2006 年底完成治理，主要治理措施为回填压脚+抗滑桩+护坡+度汛石笼。其中抗滑桩 142 根，桩身砼约 2.1 万 m^3，钢筋制安约 2100 吨，清基土方约 5 万 m^3，清淤约 11 万 m^3，土方挖运约 13 万 m^3，回填压脚约 75 万 m^3，护坡约 4 万 m^3，度汛石笼约 3.4 万 m^3，抛石约 1.1 万 m^3 [图 15.11 (b)]。

(a) 滑坡治理前照片(2001年)

(b) 滑坡治理后全景照片(2014年)

图 15.11　万州和平广场滑坡治理前后对比照片

和平广场滑坡治理后，保护了万州 60 万 m^2的繁华老城区，使滑坡范围内的建筑设施及其上的人口免于搬迁，使滨江路得以顺利修建，形成了城市内环道路，极大的缓解了城市交通压力，同时滑坡滨江环湖地带成了市民休闲观光场所（图 15.12）。

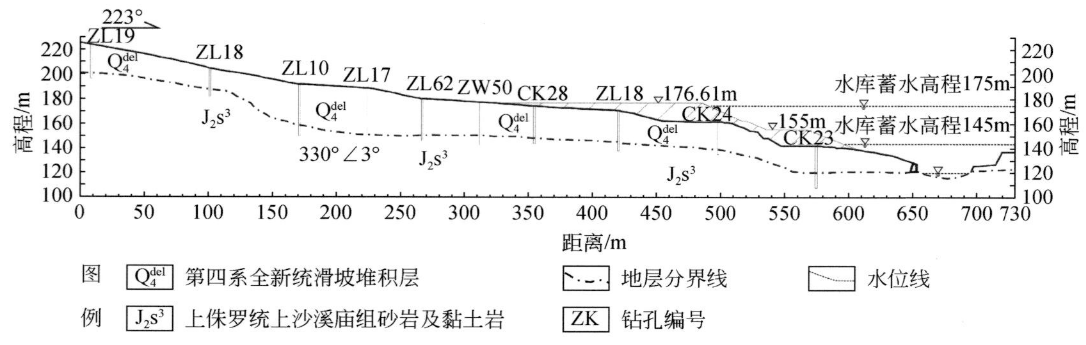

图 15.12　万州城区和平广场滑坡治理工程剖面图

2. 关塘口滑坡治理工程

关塘口滑坡在2001年与和平广场滑坡一样，被列为“库区四大滑坡”之一。关塘口滑坡治理工程位于万州区太白岩街道，东起国本路大地房地产公司锦绣苑一线，西至拦池沟，南起沙龙路，北抵苎溪河。滑坡体宽约800m、长约500m，高程为140～220m，厚度为18.5～35.6m，面积约40万m^2，体积约1080万m^3。该滑坡危及小天鹅综合批发市场、综合公司、电视台、泰兴通讯电脑城、三峡游泳馆、大地房地产公司商住楼、移民还房、厂矿企业、企业单位约2万～3万人员生命财产安全，直接经济损失约10亿元。该治理工程主要采取的工程措施为抗滑桩+桩顶锚杆+桩间挡板+排水沟。其中，抗滑桩共152根，截排水沟2373m（图15.13）。

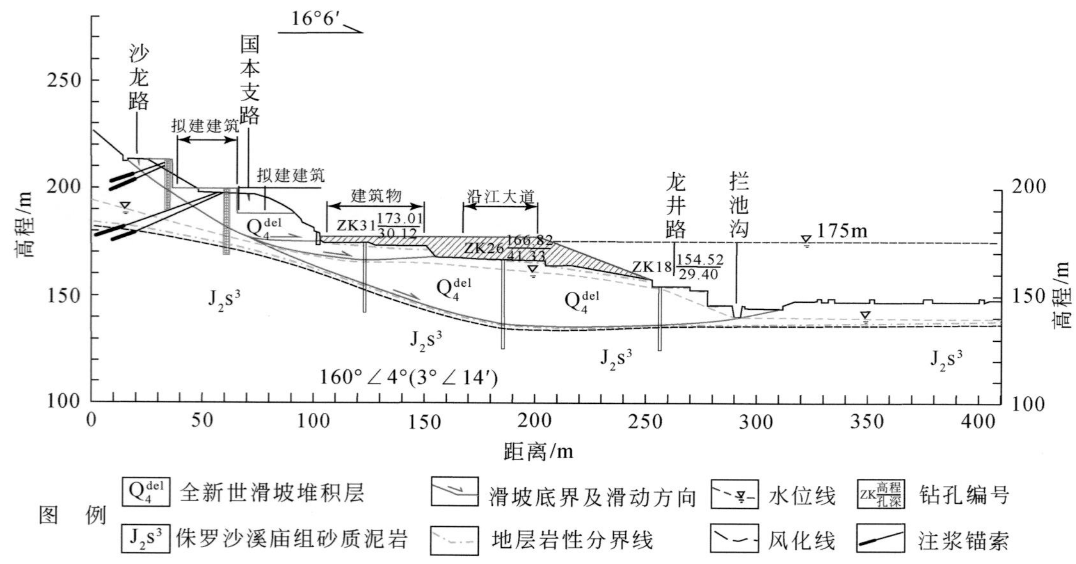

图 15.13　万州关塘口滑坡治理工程

15.4　蓄水运行期间地质灾害特征

2008 年开始 175m 试验性蓄水以来，因水库水位周期性升降变化，改变了库岸地质条件，诱发了 420 多处滑坡等灾情险情。通过不断摸索总结经验，特别是开展了水库调度与地质灾害监测预警会商联动，蓄水引发的库岸滑坡已从 2008 年的 333 次下降到近几年的 10 次之下（Yin et al., 2016）。干、支流滑坡涌浪、移民城集镇边坡问题及峡谷区消落带岩体劣化带是三峡水库蓄水后地质安全的重点（黄波林等，2019a）。本节拟结合典型案例来阐述各类型地质灾害的特征。

15.4.1　干流滑坡涌浪灾害

三峡水库蓄水后，库水位周期性抬升与下降，打破了数万年以来大自然塑造的地质环境平衡，诱发了水库滑坡，质滑坡均有发生，如巫山县红岩子滑坡和龚家坊崩滑体（黄波林等，2014，2019b）。

15.4.1.1　红岩子滑坡

红岩子滑坡位于三峡库区巫山县城对岸，大宁河东岸，距离长江河口仅 500m（图 15.14）。大宁河在此区域流入长江，河口处河谷开阔，最宽处约 1.3km、最窄处约 0.88km。2015 年 6 月 24 日下午 18 时，红岩子滑坡发生，滑动落差约 100m，滑距约 150m。滑坡平面呈勺形，纵长约 180m、横宽约 130m，平面分布面积约 2 万 m^2，滑体体积约 23 万 m^2，主滑方向为 310°，为中型土质滑坡。滑坡后缘以滑坡壁为界，呈弧形，高程约 275m。前缘以陡缓交接面为剪出口，高程约 130m。左右侧边界以滑坡坎为界，滑塌区因发生整体滑动微地貌呈 U 形槽状地貌。滑坡当日，三峡水库水位为 145.3m，该段斜坡坡脚附近的水深为 25m 左右。该斜坡的平均坡度为 34°，坡向为 310°，为顺向岸坡。勘查钻孔显示该滑坡平均厚度为 25m，主要由崩坡积物组成。据钻探揭露的强风化带灰岩岩溶较发育，主要表现为溶隙、溶孔等，岩心较破碎，多呈块状、短柱状，钻孔揭露强风化带厚度为 1.4 ~ 6.8m。土体沿着强风化界线附近发生滑动（图 15.42）。该斜坡区内下伏和出露的主要基岩地层为下三叠统嘉陵江组（T_1j），产状为 320°∠35°，岩性为浅灰色微晶-细晶灰岩为主，中厚层、块状结构。底部见有浅灰色薄层白云质灰岩，上部为灰色白云质灰岩及灰岩、角砾状灰岩。三峡水库蓄水前，滑坡前部为大宁河河漫滩，宽阔平坦，高程在 100 ~ 125m。

滑坡发生前滑坡体内人员进行了及时预警疏散，无人员伤亡。滑坡入水后在江中形成了约 5 ~ 6m 高的涌浪。涌浪造成了停靠在长江及大宁河岸边 1 艘 14m 海巡艇沉没、12 艘渔船翻沉、8 处码头钢缆不同程度受损，由于 3 处钢缆被波浪拉断，造成岸上观望群众 2 人死亡、4 人受伤。滑坡及涌浪造成的直接经济损失约 500 万元，间接经济损失约 7000 万元以上。据分析，库水位持续快速下降可能是造成红岩子滑坡滑动入江主因（Huang et al., 2015）。

图 15. 14　巫山县城对岸红岩子滑坡远眺

15. 4. 1. 2　龚家坊滑坡

2008 年 11 月 23 日，重庆市巫山县巫峡龚家坊发生滑坡，约 38 万 m^3滑坡体在短短几分钟内滑入长江，由其引起的涌浪最高达 31. 8m，龚家坊北岸上游 300 多米处产生涌浪爬高 13. 1m，在距崩塌体上游 5km 的巫山码头产生 1. 1m 爬高浪，波浪来回波动近半小时才停止。在其下游 6km 横石溪水泥厂处涌浪爬高 2. 1m（图 15. 15）。涌浪造成沿岸航标灯塔和其他设施受到不同程度损毁。在其上游 4. 5km 的巫山新县城监测到浪高达 1 ~ 2m，停靠在码头的多条船只缆绳拉断，多条大型旅游船只船底受损，直接经济损失达 500 万元。从地质条件上看，龚家坊滑坡位于横石溪背斜北西翼，在巫峡口一带岩层呈单斜产出。坡体陡峻，山顶高程为 750m 左右，相对高差为 600m 左右。原始平均坡度为 53°。坡体内发育狭窄的冲沟，滑坡体以冲沟外侧的山脊为界，后缘高程为 450m。

图 15. 15　巫峡左岸龚家坊滑坡远眺（2010 年 10 月）

该滑坡发生于2008 年 11 月 23 日，正值三峡工程 175m 试验性蓄水初期，此次滑坡及涌浪灾害受到了高度关注，随后，三峡库区加强了峡谷地段岸坡劣化带的调查与监测，并实施了工程治理，消除了多处岸段的地质灾害高风险。

15.4.2　支流滑坡灾害

自 2003 年三峡水库蓄水后，长江支流与干流一样，水位也发生变动，水库蓄水诱发的滑坡涌浪也时有发生。2003 年 7 月 13 日，三峡工程 135m 二期蓄水初期，支流秭归青干河发生了千将坪滑坡，涌浪高达 43m。2008 年 175m 试验性蓄水初期，支流秭归归州河发生了泥儿湾滑坡，对对岸的水田坝场镇构成了涌浪灾害威胁；支流大溪河发生了土狗子洞滑坡，对支流航道构成了威胁。

盐关滑坡位于长江支流香溪河右岸的秭归县归州镇盐关村（图 15.16）。2017 年 10 月，三峡工程进入 175m 蓄水水位上涨过程中，出现多处局部变形现象。10 月 26 日下午，对滑坡威胁的 4 户 19 人采取临时避险搬迁措施，划定威胁区，禁止车辆行人进入险情，通知电力、通讯部门对滑坡体内的设施进行应急处置。2017 年 10 月 27 日凌晨 5 时，滑坡后缘变形加剧，出现贯通性弧形拉张裂缝，长约 120m，张开宽 0.2 ~ 0.5m，前缘下错 2 ~ 5m。2017 年 10 月 30 日 7 时，滑坡发生大规模的滑移变形，后缘村道滑移距离约 120m，前缘省道滑移距离 60m，摧毁房屋四栋建筑面积约 1200m^2，省道约 250m，村道约 300m，柑橘园 150 亩，电力和通信杆线若干。因监测预警及时，当地政府现场管控严格有力，滑坡未造成人员伤亡和涌浪灾害。

图 15.16　长江支流香溪河右岸盐关滑坡远眺（2018 年 4 月）

盐关滑坡为老滑坡，物质结构松散。斜坡区地貌上属于低山，最高山顶高程为 416m，河谷高程为 70 ~ 80m。滑坡处于向东倾斜的单面山坡上。盐关滑体主滑方向为 115°，平面形态呈喇叭形，后缘呈圈椅形。滑坡剪出口高程低于 140m，后缘标高约 320m，前部宽约 171m，后部宽约 120m、纵长约 476m，平均厚度为 18m，体积约 125 万 m^3。2017 年 9 ~ 10

月，秭归县遭受长期连阴雨天气，期间还出现过强降雨过程，因此，降雨与库水位上升共同诱发了该老滑坡复活。

由于三峡库区支流地质调查勘查工作程度远低于干流，因此，支流的地质灾害风险大于干流，特别要高度重视九畹溪、香溪河、青干河、神农溪、抱龙河、神女溪、大宁河等旅游人员较多的支流。

15.4.3　移民城集镇边坡

三峡工程蓄水运行以来，库区航道干支流条件明显改善，特别是沿江高速公路和铁路的建设，极大促进了库区城集镇发展。随着移民集镇开始扩容，城区容积率明显提高，建设面积急剧扩张。由于三峡库区移民城集镇区大多坐落在山地，建设用地大量的切坡、填方来创造平坦的建筑场地，从而形成了大量的人工边坡。人工边坡加固不当，不仅影响新建房屋自身安全，也会对周边建筑物构成危害，同时，已有人工边坡如果维护不好，也会带来地质安全风险。一旦这些边坡发生破坏，往往造成巨大影响和损失（殷跃平，2005）。

2016 年 6 月 27 日 9 时，巫山县国宾酒店外侧圣泉东路边坡发生险情，变形段长约 50m，挡墙顶部出现贯通的张拉裂缝，裂缝长约 30m、宽为 5 ~ 15cm，呈近似弧形展布，局部下错 3 ~ 5cm，墙面鼓胀明显。圣泉东路内侧高边坡位于巫山新县城人口密集处，高边坡主要危国宾酒店大楼和江临天下小区住宅楼。当地政府和相关部门及时撤离了险区 100 多户、300 多名居民，并快速进行应急清方减载，并采用重力式挡墙+格构+自由放坡处理（图 15.17）。监测表明，加固后的边坡总体稳定性良好，居民安全已返回。

图 15.17　巫山新城国宾酒店边坡险情应急处置工程（2018 年 4 月）

15.4.4　消落带岩体劣化与滑坡风险

三峡工程 175m 高程水位蓄水运行后，因汛期防洪需要，在 145 ~ 175m 形成了 30m 高差的水位消落带，岸坡岩体处于年复一年周期性浸泡-风干状态，岩体裂缝开度变宽、深度变大和潜蚀作用加剧等，造成了岩体不同程度损伤劣化甚至失稳入江，威胁长江航道和移民城镇的地质安全。

自 2008 年 11 月巫峡龚家坊滑坡涌浪发生后，开展了巫峡龚家坊至独龙一带水库消落带岸坡稳定性调查评价，发现该段岸坡长约 4.5km 三叠系大冶组中-薄层灰岩、泥灰岩反倾向岸坡岩体质量较差，在水库蓄水运行中，多处出现变形和滑塌等。随后，纳入试验性治理和专业监测。自 2016 年以来，在西陵峡、巫峡和瞿塘峡系统开展了消落带岸坡岩体劣化调查评价，发现了多处劣化失稳地段，如西陵峡支流九畹溪冠木岭［图 15.18（a）］、巫峡神女溪和抱龙岸坡［图 15.18（b）］、青岩子-板壁岩岸坡、大宁河龙门寨岸坡［图 15.18（c）］等。岩体劣化加速了岸坡朝不稳定方向演化，岩体劣化带斜坡是当前三峡库区最易新生滑坡的区域，也是相对工作薄弱区。

(a) 九畹溪冠木岭危岩体与劣化带

(b) 神女溪石柱子景区危岩体与劣化带

(c) 大宁河景区龙门寨危岩体与劣化带

图 15.18　三峡库区支流消落带岩体劣化现象

15.5　库区长期地质安全风险控制研究

15.5.1　瓦依昂水库滑坡涌浪灾难教训

自 20 世纪 60 年代意大利瓦依昂水库发生人类历史上最严重的滑坡涌浪灾难以来，水库蓄水运行带来的地质安全风险受到了全球的高度关注（Müller，1964；王兰生，2007）。瓦依昂水库坝高约 262m，库容约 1.69 亿 m^3。瓦依昂水库位于阿尔卑斯造山带南部托克山（Toc）的北侧。1957 年 1 月开始动工修建，1960 年 2 月水库蓄水运行。1963 年 10 月 9 日，左岸约 2.7 亿 m^3的顺层滑坡以约 25m/s 的速度整体下滑，激起 250m 高的涌浪，翻越坝顶，冲毁了坝下游的兰加隆镇和附近五个村庄，死亡 1925 人。从地质上看，滑坡体岩层形态上陡下缓，前缘具有良好的临空条件。滑坡母岩主要为碳酸盐岩，完整性较差，发育有构造破碎带和岩溶裂隙带，表层风化强烈，存在大量卸荷裂隙。滑坡约 200m 深处存在高塑性黏土夹层，在饱和情况下极易软化成泥浆，为滑坡滑动带。瓦依昂水库自 1960 年开始蓄水至 1963 年滑动期间的降水情况、库水位变动情况、坡体变形速率和地下水测压高度分别如图 15.19 所示，从中可以看出滑坡的变形与水库蓄水活动直接相关。

自 1960 年以来，水库经历了三次蓄水过程，显示了滑坡变形失稳与水位上升的正相关关系，其中：

第一次蓄水过程，自 1960 年 2 月至 1960 年 11 月，库水位由 580m 上升到 650m 高程，监测到斜坡最大位移速率达 39mm/d，岸坡局部发生了一起规模为 70 万 m^3的堆积体滑坡，且整个斜坡的后缘出现长约 2km 的 M 型的张拉裂缝。随后，库水位持续消落 50m，到 1961 年 1 月至 600m 高程，至 1961 年 10 月，一直保持在 590～600m 高程水位运行，滑坡整体稳定性明显提升，变形速率小于 2mm/d。

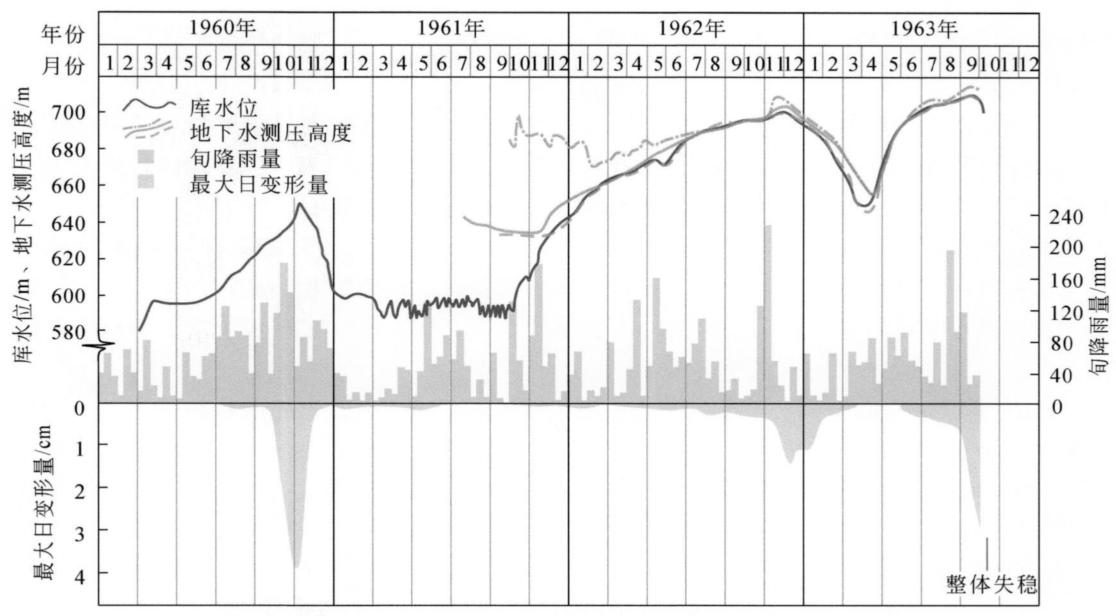

图 15.19　意大利瓦依昂滑坡库水位和变形监测曲线

第二次蓄水过程，自 1960 年 11 月至 1962 年 11 月，水位由 590m 持续上升至 700m 高程，滑坡变形速率由初始的 1mm/d 到 15mm/d，呈变形加速趋势。因此，采取了管控措施，水库停止蓄水并消落，至 1963 年 3 月消落至 650m 高程，滑坡变形速率明显趋缓，小于 1mm/d。

第三次蓄水过程，自 1963 年 4 月至 1963 年 9 月，水位由 650m 持续上升至 710m 高程（为水库蓄水的最高水位），滑坡变形速率由初始的 1mm/d 到 8 月的 8mm/d，到 9 月，由于仍继续蓄水，导致了滑坡变形速率陡增，最高到达了 30mm/d。此后，尽管库水位被紧急消落，但变形速率增长几乎失控，到 10 月 9 日时，日变形量达到 200mm（Müller，1987a）。

最终，在 1963 年 10 月 9 日 22 点 39 分，惨剧发生。瓦依昂水库南岸长度约 2km、体积约 3 亿 m^3 的岩石坡体突然整体失稳、快速下滑入水库。巨大的动能使滑坡体穿过 100m 宽的河流后，继续冲到对岸并沿着对岸坡体爬高大约 140m。水库里约 1.15 亿 m^3 的水被滑坡体巨大的推力尽数推挤出库，形成高出坝顶约 240m 的涌浪越过坝顶，坠入 400 多米深的峡谷，使峡谷下游的龙加罗、皮拉戈、比利亚诺瓦、里瓦尔塔和费村等村镇遭受了毁灭性的冲击，造成近 2000 人的遇难和数百人的受伤。事实上，早在 1960 年 6 月，Müller（1987b）就已提出了瓦依昂水库南岸存在发生 2.5 亿 m^3 规模的滑坡的可能。在灾难发生之前，工程师们并没有采用系统科学的工程地质分析原理和滑坡分析模型指导库岸稳定性监测和评价工作。尤其从 1961 年底开始，盲目采用调整库水位高度和蓄水速率的方法，来控制库岸岩体的变形和滑动速率，终酿成祸。

15.5.2　三峡库区地质灾害防控初步成效

三峡库区是滑坡和涌浪灾害的高发区，为避免类似意大利瓦依昂水库滑坡涌浪的灾难在三峡库区重演，自2003年开始135m高程二期设计水位蓄水以来，三峡库区地质安全一直受到国家和地方的极端重视，地质灾害风险防控取得了显著成效：

通过二、三期和后续地质灾害防治工程的系统全面实施，为移民安置区和生态屏障区人民生命财产安全提供了重要保障。经蓄水运行检验，工程防护效果良好，保障了库区移民迁建城镇、复建港口、码头、道路、文物等的地质安全，由水库蓄水引发的地质灾害已由高发期向低风险水平的平稳期过渡。

2001年以来，近300个勘查、设计、施工队伍约3万多名工程技术参加了二、三期地质灾害防治工程。已经实施完成了430个滑坡、崩塌治理工程项目，21个县级以上城市和69座乡镇302段库岸防护工程项目。2011年以来，根据175m正常高设计水位试验性蓄水后出现的地质问题，又实施了后续地质灾害防治规划，提出了工程治理（355处，威胁人口14.47万人）、地质灾害搬迁避让（489处，搬迁人口10.90万人）、塌岸防护（166段，150.50km，受影响人口12.86万人）、移民安置区高切坡防护（895处，109.30km）、监测预警（专业监测预警182处，受保护人口10.31万人；群测群防监测预警5084处，受保护人口71.88万人）。

自2003年三峡工程开始135m蓄水以来，库区地质灾害防治工程经受住了三峡水库175m试验性蓄水、2010年特大暴雨洪水（最大入库流量为7.0万m^3/s）和2020年特大暴雨洪水（最大入库流量为7.5万m^3/s）的考验，保障了库区移民迁建城镇、复建港口、码头、道路、文物等的地质安全，由水库蓄水引发的地质灾害已由高发期向低风险水平的平稳期过渡。2020年11月，三峡工程完成整体竣工验收全部程序。

通过地质灾害综合治理，明显缓和了库区地质灾害高发地区城镇移民安置和用地短缺的矛盾。以秭归、巴东、兴山、巫山、奉节、云阳、万州等三峡移民县、区为重点的地质灾害防治，不但使三峡工程库区百余座移民城镇地质安全得到加强，也确保了新建移民小区的地质环境安全，而且将防灾与兴利结合，通过开发性治理将滑坡体改造成可建设的用地，在一定程度上缓解了当地对用地需求的矛盾，保障了三峡工程库区百万移民社会经济与国家的同步发展。

三峡工程库区沿江地质灾害的治理，显著改善了川江航道通航条件，三峡船闸自2003年6月试通航以来，过闸货运量快速增长，2011年首次突破1亿吨，2019年达到1.46亿吨，有力推动了长江经济带发展。

三峡库区群专结合的地质灾害监测预警能力不断提升。经历了135m、139m、156m和175m试验蓄水和大暴雨的考验，及时预警480多起地质灾害，有效转移险区人员约4.9万人，实现了连续18年地质灾害零伤亡，切实保护了库区人民生命安全。三峡库区在地质灾害监测预警方面积累了非常丰富的经验，取得了举世瞩目的显著成效。1985年6月12日，位于长江西陵峡的新滩镇后山发生滑坡，总体积约2000万m^2，滑坡摧毁了位于其前缘的新滩古镇，形成的滑坡涌浪在对岸爬高为49m，但由专业队伍对滑坡早有监测预报，撤离组织得力，使滑坡区内居民 1371 人无一伤亡。2004 年 9 月 4 日至 5 日 9 时，暴雨袭击重庆万州区，引发铁峰乡特大山体滑坡，体积达 995 万 m^3，由于当地政府建立了完善的群测群防体系，及时启动预警预案，68 户 320 余人撤离幸免于难。

自 2003 年 135m 蓄水以来，三峡库区不断创新地质灾害“人防”与“技防”的群专结合，湖北省推广了构建“区定网、网定格、格定员、员定责”的四位一体网格责任体系和重庆市推广了由群测群防员、片区负责人、驻守地质队员、区县技术管理员构建的“四重网格化管理”新模式，建成了专业监测和群测群防相结合的监测预警体系，完成了 28 个县（区）级监测站的专业能力建设和县（区）、乡、村组三级群测群防监测体系建设。通过控制全库区的三级 GPS 控制网、综合立体监测和遥感监测，开展了 255 处重大地质灾害点的专业监测，并对 3049 处地质灾害隐患点进行群测群防监测，覆盖人口达 59.5 万人。2008 年 175m 试验性蓄水以来，加强了专业监测队伍的建设，近 300 名专家驻守库区现场（俗称“守水专家”），及时指导当地开展地质灾害巡查、勘查和应急处置。通过这些措施，已成功预报和处置了湖北秭归卧沙溪滑坡，重庆巫山龚家坊崩塌、青石村滑坡、李家坡滑坡，奉节鹤峰乡滑坡、凉水井滑坡，万州塘角村滑坡、三舟溪滑坡，巫溪川主村滑坡等 300 多起地质灾害险情。

15.5.3　长期地质安全风险控制对策建议

自 2008 年 175m 正常高设计水位蓄水运行以来，三峡库区地质灾害出现了新的特点：一是由于水库运行库水位每年循环涨落 30m，造成库岸岩体结构劣化软化，增加了滑坡涌浪复合型灾害风险；二是移民城镇高切坡防护工程已运行二十余年，失稳失效案例增多，监测预警能力亟待智能化升级；三是库区新一轮建设正在向前期地质勘查程度偏低的支流和更高山地发展，面临新的地质灾害风险。因此，提出如下对策建议：

（1）高度重视岸坡劣化带造成的滑坡、崩塌灾害风险，并加快分区分期综合治理。近年来，库区干流峡谷区及支流九畹溪、神龙溪，大宁河、神女溪、抱龙河等消落区岸坡岩体均出现了不同程度劣化问题。其中，易发生滑坡、崩塌高风险的地段岸线总长度约 20.5km，包括干流巫峡箭穿洞–剪刀峰和青石–黄岩窝等地段（长约 15km）、瞿塘峡左家槽段（长约 1km），以及支流大宁河龙门峡龙门寨至九龙柱（长约 1.5km）、神女溪月亮湾段（长约 3km）。一旦滑坡、崩塌入江将会造成数米至数十米高的涌浪灾害，威胁长江航道和城镇安全。建议加快峡谷区高陡岸坡岩体劣化调查、监测、评价工作；以预警避让和坡体养护为主，工程治理为辅的原则，结合自然景观资源保护，因地制宜采用新型锚固材料和新型护坡/灌浆材料等适配性加固技术，尽早对劣化程度高，滑坡、崩塌导致涌浪风险大的岸坡劣化带实施工程防护，甚至工程整治。特别是要高度关注支流大宁河和巫峡神女溪等景区航道和游客的安全，对稳定性差的地段加快进行实时监测和工程处置。

（2）进一步加强库区城镇扩展新区不良地质工程和潜在滑坡灾害整治，探索划定地质灾害红线。目前，三峡库区城镇因移民就地后靠迁建已经结束，进入到了城镇新扩展区规划建设阶段。城镇新扩展区的建设规模甚至超过了移民就地后靠迁建的规划建设规模。在移民就地后靠迁建阶段，新城镇规划选址和建设发展主要沿江而建，经过了比较严格的勘查论证。国家对移民城镇区内的滑坡、高边坡和库岸等也都投入上百亿元巨资进行了系统且规范的治理，场区和地基稳定性明显提升。但是，新扩展的规划建设区主要向工程地质勘查程度相对偏低，甚至是地质灾害隐患更高的支流和后山扩建。开发商等仅能考虑小范围局部地基稳定性问题，以地基基础加固为主。由于未进行系统且符合规范的更大范围场区前期勘查和整治，带来了地质安全风险，甚至遭受了特大地质灾害。对城镇扩展新区建设用地应先期开展区域和场地地质安全评价与综合整治。应规范城镇建设用地适宜性评估，开展地质灾害精细调查和风险区划，探索划定地质灾害红线，并作为库区城镇国土空间规划的限制性因素。

（3）加强移民城镇的地质灾害风险管理和地质安全诊断。自 2008 年以来，三峡工程蓄水运行带动了三峡库区，乃至长江流域的经济发展，在长江生态保护和长江经济带发展中地位重要。随着库区城镇建设速度加快，高楼林立，地质环境容量严重不足，不得不利用滑坡体作为建设场地，带来了新的地质问题。不少治理后的边坡被改造为建筑物地基，加载严重，甚至毁损了已有防护工程，地质灾害风险加大。因此，进一步贯彻落实长江经济带绿色发展和适度发展的模式需要科学合理布局与调整城镇功能，遵循“生态优先、绿色发展”战略导向，规范城镇建设用地适宜性评估，严格科学管控库区城镇建设规模和各类工程建设规模，保障地质安全和可持续发展。同时，自 20 世纪 90 年代以来先后在移民迁建城镇区实施的滑坡防治工程、高切坡防护工程和库岸防护工程已开始随着时间推移出现“老化”现象，建议定期进行移民城镇区重点滑坡危岩灾害风险地段的“健康诊断”，及早发现隐患，科学进行处置。

15.6　小　　结

本章回顾了三峡工程规划建设之前，移民迁建期间和蓄水运行后地质灾害特征与防治状况，对三峡工程蓄水运行期间长期地质安全问题提出对策建议。自 2001 年以来，国家系统开展了三峡库区地质灾害综合治理，以秭归、巴东、兴山、巫山、奉节、云阳、万州等三峡移民县、区为重点的地质灾害防治，不但使三峡工程库区百余座移民城镇地质安全得到加强，也确保了新建移民小区的地质环境安全，而且将防灾与兴利结合，通过开发性治理将滑坡体改造成可建设的用地，在一定程度上缓解了当地对用地需求的矛盾，保障了三峡工程库区百万移民社会经济与国家的同步发展。三峡库区群专结合的地质灾害监测预警能力不断提升。2008 年 175m 试验性蓄水以来，加强了专业监测队伍的建设，成功预报和处置了湖北秭归卧沙溪滑坡，重庆巫山龚家坊崩塌、青石村滑坡、李家坡滑坡，奉节鹤峰乡滑坡、凉水井滑坡，万州塘角村滑坡、三舟溪滑坡，巫溪川主村滑坡等 300 多起地质灾害险情。

从时间上，三峡库区地质灾害发育演化可分为四个阶段：第一阶段为 1994 年峡移民工程开工建设之前，库区地质灾害主要由河流冲蚀和降雨等自然因素诱发；第二阶段为 1994 年至 2003 年库区百万移民就地后靠迁建安置期间，强烈的城镇边坡开挖和建设等人类工程活动成为诱发地质灾害的主要因素，由于就地后靠安置，形成了大量的切坡和工程弃渣，滑坡和泥石流灾害明显增加，特别是在 1998 年形成高峰；第三阶段为 2003 年三峡工程开始 135m 蓄水之后，由库水变动形成的渗透压力成为滑坡灾害的主要诱发因素；第四阶段始自 2008 年以来（175m 高程正常高设计水位蓄水运行），库水周期性变动及降雨成为三峡库区的正常工况，由于水位每年循环消落导致了岸坡岩体结构劣化失稳，形成了以消落区岩体结构破坏导致的新生型基岩滑坡。

本章针对自 2008 年 175m 正常高设计水位蓄水运行以来，三峡库区地质灾害出现了新的特点，提出了高度重视岸坡劣化带造成的滑坡、崩塌灾害风险，并加快分区分期综合治理；进一步加强库区城镇扩展新区不良地质工程和潜在滑坡灾害整治，探索划定地质灾害红线；加强移民城镇的地质灾害风险管理和地质安全诊断。

参 考 文 献

白云峰．2005. 顺层岩质边坡稳定性及工程设计研究．成都：西南交通大学博士研究生学位论文．

蔡美峰，何满潮，刘东燕．2013. 岩石力学与工程．北京：科学出版社．

蔡永博，王凯，袁亮，等．2019. 深部煤岩体卸荷损伤变形演化特征数值模拟及验证．煤炭学报，44(5)：1527-1535.

曹俊杰，唐艳平，庞贞平．2017. 未病先防对亚健康人群健康状况的影响．中国实用医药，12(18)：189-190.

柴军瑞，仵彦卿．2000. 岩体渗流场与应力场耦合分析的多重裂隙网络模型．岩石力学与工程学报，19(6)：712-717.

常治国．2019. 力-温度场作用下裂隙岩体损伤机理及边坡时效稳定性分析．北京：中国矿业大学博士研究生学位论文．

陈崇希，林敏，成建梅．2011. 地下水动力学．北京：地质出版社．

陈洪凯，唐红梅．2005. 长江三峡水库区危岩分类及宏观判据研究．中国地质灾害与防治学报，4(4)：57-61.

陈洪凯，唐红梅，王蓉．2004. 三峡库区危岩稳定性计算方法及应用．岩石力学与工程学报，4(4)：614-619.

陈丽霞，杜鹃，张文，等．2021. 重庆市三峡库区滑坡涌浪灾害评价与风险评估技术要求．武汉：中国地质大学出版社．

陈明东，王兰生．1988. 边坡变形破坏的灰色预报方法//中国地质学会工程地质专业委员会．全国第三次工程地质大会论文选集．成都：成都科技大学出版社．

陈为公，贺可强．2015. 加卸载响应比理论在地质灾害预测领域的研究进展．力学与实践，37(1)：25-32.

陈祥义，肖文发，黄志霖，等．2015. 1951—2012 年三峡库区降水时空变化研究．生态环境学报，24(8)：1310-1315.

陈小婷，王健，黄波林，等．2019. 库水位变动条件下柱状危岩体变形破坏机理．中国地质灾害与防治学报．30(2)：9-18.

陈小婷，黄波林，李滨，等．2020. 三峡水库碳酸盐岩区岩溶作用与斜坡破坏．中国岩溶，39(4)：10.

陈瑜，曹平，蒲成志，等．2010. 水-岩作用对岩石表面微观形貌影响的试验研究．岩土力学，31(11)：3452-3458.

陈志坚，游庆仲，林闽，等．2002. 振弦式压力盒在刚性接触面应力监测中的应用研究．中国工程科学，4(12)：80-85.

程东幸，刘大安，丁恩保，等．2005. 层状反倾岩质边坡影响因素及反倾条件分析．岩土工程学报，27(11)：1362-1366

程温鸣．2012. 基于专业监测的三峡库区蓄水后滑坡变形机理与预警判据研究．武汉：中国地质大学博士研究生学位论文．

重庆市建筑委员会，重庆市国土资源和房屋管理局．2004. 地质灾害防治工程设计规范(DB 50/5029—2004)．重庆：重庆市建设委员会．
代贞伟．2016. 三峡库区藕塘特大滑坡变形失稳机理研究．西安：长安大学博士研究生学位论文．
代贞伟，殷跃平，魏云杰，等．2015. 三峡库区藕塘滑坡特征、成因及形成机制研究．水文地质工程地质，42(6)：145-153.
代贞伟，李滨，陈云霞，等．2016a. 三峡大树场镇堆积层滑坡暴雨失稳机理研究．水文地质工程地质，43(1)：149-156.
代贞伟，殷跃平，魏云杰，等．2016b. 三峡库区藕塘滑坡变形失稳机制研究．工程地质学报，24(1)：44-55.
邓楚键，何国杰，郑颖人．2006. 基于M-C准则的D-P系列准则在岩土工程中的应用研究．岩土工程学报，4(6)：735-739.
邓华锋，李建林，王孔伟，等．2012. 饱和-风干循环过程中砂岩次生孔隙率变化规律研究．岩土力学，33(2)：483-488.
邓华锋，周美玲，李建林，等．2016. 水-岩作用下红层软岩力学特性劣化规律研究．岩石力学与工程学报，35(S2)：3481-3491.
邓华锋，胡安龙，李建林，等．2017. 水岩作用下砂岩劣化损伤统计本构模型．岩土力学，38(3)：631-639.
邓茂林．2014. 视倾向滑移型滑坡形成条件与失稳机理研究．成都：成都理工大学博士研究生学位论文．
邓清禄，王学平．2000. 长江三峡库区滑坡与构造活动的关系．工程地质学报，8(2)：136-141.
邓文锋，杨何，汤明高，等．2020. 三峡库区消落带岸坡岩体劣化特性测试及质量评价．水利学报，51(11)：1360-1371.
董少群，曾联波，Xu C S，等．2018. 储层裂缝随机建模方法研究进展．石油地球物理勘探，53(3)：11，200-216.
杜广林，周维垣，赵吉东．2000. 裂隙介质中的多重裂隙网络渗流模型．岩石力学与工程学报，19(S)：1014-1018.
杜娟，殷坤龙，柴波．2009. 基于诱发因素响应分析的滑坡位移预测模型研究．岩石力学与工程学报，28(9)：1783-1789.
封瑞雪，刘军旗，姚梦辉，等．2019. 三峡水库蓄水前后重庆气候变化分析．长江流域资源与环境，28(4)：994-1002.
冯夏庭，丁梧秀．2005. 应力-水流-化学耦合下岩石破裂全过程的细观力学试验．岩石力学与工程学报，24(9)：1465-1473.
冯振．2012. 斜倾厚层岩质滑坡视向滑动机制研究．北京：中国地质科学院博士研究生学位论文．
傅晏．2010. 干湿循环水岩相互作用下岩石劣化机理研究．重庆：重庆大学博士研究生学位论文．
高文根，段会强，杨永新．2021. 周期荷载作用下煤岩声发射特征的颗粒流模拟．应用力学学报，38(1)：262-268.
郭希哲，黄学斌．2001. 长江三峡库区云阳五峰山滑坡和由此引发的体会．中国地质灾害与防治学报，4(2)：86-88.
郭希哲，黄学斌，徐开祥，等．1999. 长江三峡链子崖危岩体和黄腊石滑坡防治工程．中国地质灾害与防治学报，(4)：16-22，35.
韩贝传，王思敬．1999. 边坡倾倒变形的形成机制与影响因素分析．工程地质学报，7(3)：213-217.
何学艳．2003. 浅谈未病先防．黑龙江中医药，(2)：58.
何钰铭，王金波．2020. 卡门子湾滑坡及周边碎屑岩岸坡劣化变形机制初步研究．资源环境与工程，

34(4)：554-560.
贺凯．2015. 塔柱状岩体崩塌机理研究．西安：长安大学博士研究生学位论文．
贺凯，殷跃平，李滨，等．2015. 塔柱状岩体崩塌运动特征分析．工程地质学报，23(1)：86-92.
贺可强．1992. 堆积层滑坡剪出口形成判据的研究．中国地质灾害与防治学报，(2)：33-40.
贺可强，孙林娜，郭宗河．2008a. 堆积层滑坡加卸载响应比动力学参数及其应用．青岛理工大学学报，29(6)：1-6.
贺可强，王荣鲁，李新志，等．2008b. 堆积层滑坡的地下水加卸载动力作用规律及其位移动力学预测．岩石力学与工程学报，27(8)：1644-1651.
胡明鉴，汪发武，程谦恭．2009. 基于高速环剪试验易贡巨型滑坡形成原因试验探索．岩土工程学报，31(10)：1602-1606.
胡明军，张枝华，殷跃平，等．2022. 三峡库区巫峡段消落带碳酸盐岩强度弱化研究．工程地质学报，1-14.
胡显明，晏鄂川，杨建国，等．2011. 巫溪南门湾危岩体稳定性分区研究．工程地质学报，(3)：397-403.
胡亚波，王丽艳．2005. 三峡水库调度对库岸斜坡体内渗透压力与斜坡稳定性影响研究．岩石力学与工程学报，24(16)：2994-2997.
滑帅．2015. 三峡库区黄土坡滑坡多期次成因机制及其演律研究．武汉：中国地质大学(武汉) 博士研究生学位论文．
黄波林．2014. 水库滑坡涌浪灾害水波动力学分析方法研究．武汉：中国地质大学(武汉) 博士研究生学位论文．
黄波林，殷跃平．2018. 水库区滑坡涌浪风险评估技术研究．岩石力学与工程学报，37(3)：621-629.
黄波林，刘广宁，彭轩明．2008. 三峡水库西陵峡峡谷段岩质岸坡类型分析．水土保持研究，4(2)：263-265.
黄波林，陈立德，刘广宁，等．2010. 岩体结构对三峡库区岸坡变形失稳模式的影响．人民长江，41(19)：41-44.
黄波林，陈小婷，殷跃平．2012. 基于蒙特卡罗法的崩塌涌浪分析方法．岩石力学与工程学报，31(6)：1215-1221.
黄波林，殷跃平，陈小婷，等．2014a. 地质灾害涌浪研究综述．水文地质工程地质，41(1)：112-118.
黄波林，殷跃平，刘广宁，等．2014b. 三峡库区龚家方崩滑体涌浪物理原型试验与数值模拟对比研究．岩石力学与工程学报，33(S1)：2677-2682.
黄波林，刘广宁，王世昌，等．2015. 三峡库区高陡岸坡成灾机理研究．北京：科学出版社．
黄波林，殷跃平，王世昌，等．2019a. 滑坡涌浪分析．北京：科学出版社．
黄波林，殷跃平，张枝华，等．2019b. 三峡工程库区岩溶岸坡消落带岩体劣化特征研究．岩石力学与工程学报，38(9)：1786-1796.
黄波林，王健，殷跃平，等．2020a. 基于裂隙网络的消落带岩体劣化区域分布研究．地下空间与工程学报，16(6)：8.
黄波林，殷跃平，李滨，等．2020b. 三峡工程库区岩溶岸坡岩体劣化及其灾变效应．水文地质工程地质，47(4)：51-61.
黄润秋．2007. 20 世纪以来中国的大型滑坡及其发生机制．岩石力学与工程学报，(3)：433-454.
黄润秋，许强．1997. 斜坡失稳时间的协同预测模型．山地研究，15(1)：7-12.
黄润秋，李渝生，严明．2017. 斜坡倾倒变形的工程地质分析．工程地质学报，25(5)：1165-1181.
黄润秋，邓辉，向喜琼．2001. 岩土工程信息技术应用(上)．岩土工程界，(6)：50-55.

黄志全，王思敬．2003. 边坡失稳时间预报的协同-分岔模型及其应用．中国科学：E辑，33：94-100.
霍志涛，黄波林，王鲁琦，等．2019. 三峡库区三门洞滑坡潜在涌浪风险研究．灾害学，34(4)：107-112.
贾善坡，陈卫忠，杨建平，等．2010. 基于修正Mohr-Coulomb准则的弹塑性本构模型及其数值实施．岩土力学，31(7)：2051-2058.
贾曙光，金爱兵，赵怡晴．2018. 无人机摄影测量在高陡边坡地质调查中的应用．岩土力学，39(3)：1130-1136.
简文星，许强，吴韩，等．2014. 三峡库区黄土坡滑坡非饱和水力参数研究．岩土力学，35(12)：3517-3522.
姜彤，马瑾，许兵．2007. 基于加卸载响应比理论的边坡动力稳定分析方法．岩石力学与工程学报，26(3)：626-631.
蒋先念，张晨阳．2021. 三峡库区典型顺斜向岩质滑坡变形破坏特征及失稳机制分析．中国地质灾害与防治学报，32(2)：36-42.
雷清震．2000. 论《内经》“治未病”思想及影响．科学中国人，(12)：52.
李红英，谭跃虎，李二兵．2013. 库区单体滑坡灾害风险定量评估研究．地下空间与工程学报，9(S2)：2040-2046.
李俊男．2018. 三峡库区望霞危岩破坏与解体机制研究．重庆：重庆交通大学硕士研究生学位论文．
李沛．1981. 土体原位大剪试验研究．工程勘察，(3)：40-42.
李任杰，吉锋，冯文凯，等．2019. 隐伏非贯通结构面剪切蠕变特性及本构模型研究．岩土工程学报，41(12)：2253-2261.
李生林，蒲遵昭，秦素娟，等．1982. 土中结合水译文集．北京：地质出版社．
李硕标，薛亚东．2016. Hoek-Brown准则改进及应用．岩石力学与工程学报，35(s1)：2732-2738.
李晓，张年学．2011. 三峡库区云阳宝塔滑坡西边界的更正与反思——古滑坡鉴别问题探讨．工程地质学报，19(4)：555-563.
李晓，李守定，陈剑，等．2008. 地质灾害形成的内外动力耦合作用机制．岩石力学与工程学报，27(9)：1792-1806.
李新志．2008. 降雨诱发堆积层滑坡加卸载响应比规律的物理模型试验及其破坏机理研究．青岛：青岛理工大学硕士研究生学位论文．
李玉生．1984. 鸡扒子滑坡的特征和稳定性分析．水文地质工程地质，(6)：5-9.
梁学战．2013. 三峡库区水位升降作用下岸坡破坏机制研究．重庆：重庆交通大学博士研究生学位论文．
廖红建，盛谦，高石夯，等．2005. 库水位下降对滑坡体稳定性的影响．岩石力学与工程学报，24(19)：3454-3458.
廖雄华，王蕾笑，张克绪，等．2002. 土体非线弹性-塑性本构模型．岩土力学，4(1)：41-46.
廖野澜，谢谟文．1996. 监测位移的灰色预报．岩石力学与工程学报，15(3)：269-272.
林德生，吴昌广，周志翔．2010. 三峡库区近50年来的气温变化趋势．长江流域资源与环境，19(9)：1037-1041.
刘广宁，陈立德，黄波林，彭轩明．2010. 影响巫峡横石溪马鞍子危岩体稳定性的因素分析．华南地质与矿产，4(2)：66-70.
刘广宁，黄波林，王世昌．2015. 三峡库区巫峡口—独龙高陡岸坡变形破坏机理研究．长江科学院院报，32(2)：92-97.
刘广宁，齐信，黄波林，等．2017. 库水波动带岸坡原位声波测试及劣化特性研究．工程地质学报，25(2)：367-375.

刘广润，楚占昌，郭希哲，等．1992. 长江三峡工程重大地质与地震问题研究主要成果综述．中国地质灾害与防治学报，(1)：9-16.

刘红岩，秦四清．2006. 层状岩石边坡倾倒破坏过程的数值流形方法模拟．水文地质工程地质，5：22-25

刘礼领，殷坤龙．2003. 离散单元法在水库库岸滑坡稳定性分析中的应用．水文地质工程地质，30(4)：63-66.

刘泉声，刘学伟．2014. 多场耦合作用下岩体裂隙扩展演化关键问题研究．岩土力学，35(2)：305-320.

刘晓丽，王恩志，王思敬，等．2008. 裂隙岩体表征方法及岩体水力学特性研究．岩石力学与工程学报，27(9)：1814.

刘新荣，傅晏，王永新，等．2009. 水－岩相互作用对库区岸坡稳定的影响研究．岩土力学，30(3)：613-616.

刘新荣，张梁，傅晏．2014. 酸性环境干湿循环对泥质砂岩力学特性影响的试验研究．岩土力学，35(S2)：45-52.

刘新荣，袁文，傅晏，等．2018. 干湿循环作用下砂岩溶蚀的孔隙度演化规律．岩土工程学报，40(3)：527-532.

刘学伟，刘泉声，刘滨，等．2018. 考虑损伤效应的岩体裂隙扩展数值模拟研究．岩石力学与工程学报，37(S2)：3861-3869.

卢海峰，刘泉声，陈从新．2012. 反倾岩质边坡悬臂梁极限平衡模型的改进．岩土力学，(2)：577-584.

卢书强，易庆林，易武，等．2014. 库水下降作用下滑坡动态变形机理分析——以三峡库区白水河滑坡为例．工程地质学报，22(5)：869-875.

陆业海．1985. 新滩滑坡征兆及其成功的监测预报．水土保持通报，(5)：1-9.

苗胜军，刘泽京，赵星光，等．2021. 循环荷载下北山花岗岩能量耗散与损伤特征．岩石力学与工程学报，40(5)：928-938.

缪海波．2012. 三峡库区侏罗系红层滑坡变形破坏机理与预测预报研究．武汉：中国地质大学博士研究生学位论文．

倪绍虎，何世海，汪小刚，等．2012. 裂隙岩体渗流的优势水力路径．工程科学与技术，44(6)：111-118.

齐消寒，张东明．2016. 钻孔成像在 GSI 系统估算深部岩体力学参数中的应用．中国安全科学学报，26(4)：131-136.

秦四清．2005. 斜坡失稳过程的非线性演化机制与物理预报．岩土工程学报，27(11)：1241-1248.

任光明，聂德新，刘高．2003. 反倾向岩质斜坡变形破坏特征研究．岩石力学与工程学报，(S2)：2707-2710.

任光明，夏敏，李果，等．2009. 陡倾顺层岩质斜坡倾倒变形破坏特征研究．岩石力学与工程学报，28(S1)：3193-3200.

三峡库区地质灾害防治工作指挥部．2014. 三峡库区地质灾害防治工程地质勘查技术要求．武汉：中国地质大学出版社．

时卫民，郑颖人．2004. 库水位下降情况下滑坡的稳定性分析．水利学报，3：76-80.

宋丙辉．2012. 滑坡滑带土工程特性试验研究．兰州：兰州大学硕士研究生学位论文．

宋宏勋，马建，王建锋，等．2015. 基于双相机立体摄影测量的路面裂缝识别方法．中国公路学报，28(10)：18-25，40.

宋彦辉，巨广宏．2012. 基于原位试验和规范的岩体抗剪强度与 Hoek-Brown 准则估值比较．岩石力学与工程学报，31(5)：1000-1006.

苏立海．2008. 反倾层状岩质边坡破坏机制研究．西安：西安理工大学硕士研究生学位论文．

苏永华，封立志，李志勇，等．2009. Hoek-Brown 准则中确定地质强度指标因素的量化．岩石力学与工程学报，28(4)：679-686.

孙广忠．1988. 岩体结构力学．北京：科学出版社．

孙有智，罗畅，赵益．2016.“治未病”思想在疾病预防应用中的问题及对策．中国中医基础医学杂志，22(12)：1633-1634.

谭淋耘，黄润秋，裴向军．2021. 库水位下降诱发的特大型顺层岩质滑坡变形特征与诱发机制．岩石力学与工程学报，40(2)：302-314.

谭玲．2011. 三峡水库运行期间凉水井滑坡稳定性变化特性．重庆交通大学学报(自然科学版)，30(S1)：624-628.

谭维佳．2015. 三峡库区反倾层状内嵌岩梁式岩质岸坡失稳机理和防治研究．西安：长安大学博士研究生学位论文．

谭维佳，代贞伟，陈云霞，等．2017. 三峡库区反倾岩质滑坡防治措施研究．地质力学学报，23(1)：78-87.

谭维佳，张枝华，覃雯．2020. 四川水泥．三峡库区巫山县龚家方至独龙斜坡地质灾害特征与稳定性评价，(10)：347-348.

汤连生，张鹏程，王思敬．2002. 水-岩化学作用的岩石宏观力学效应的试验研究．岩石力学与工程学报，4(4)：526-531.

汤罗圣，殷坤龙．2012. 加卸载响应比理论在水库型滑坡时间预测预报中的应用研究．水文地质工程地质，39(6)：93-96.

唐春安．1993. 岩石破裂过程中的灾变．北京：煤炭工业出版社．

唐大雄，刘佑荣．1985. 工程岩土学．北京：地质出版社．

汪东林，栾茂田，杨庆．2009. 重塑非饱和黏土的土-水特征曲线及其影响因素研究．岩土力学，30(3)：751-756.

汪洋，殷坤龙．2003. 水库库岸滑坡的运动过程分析及初始涌浪计算．地球科学，(5)：579-582.

王春燕，王力．2019. 三峡库区涉水重点滑坡危险性评价方法及防治对策——以白家包滑坡为例．三峡大学学报(自然科学版)，41(5)：47-52.

王恒，蒋先念，李树建，等．2019. 三峡库区危岩体劣化特征及变形破坏模式研究．重庆交通大学学报(自然科学版)，38(12)：92-96.

王洪德，高幼龙，薛星桥，等．2001. 链子崖危岩体防治工程监测预报系统功能及效果．中国地质灾害与防治学报，(2)：62-66.

王环玲，徐卫亚，余宏明．2005. 岩溶地区岩体裂隙网络渗流分析．岩土力学，(7)：1080-1084.

王吉亮，杨静，陈又华，等．2015. 复杂层状高陡岩质边坡变形与稳定性研究．水利学报，46(12)：1414-1422.

王健，黄波林，赵永波，等．2018. 三峡库区黄南背西危岩体变形机理研究及失稳模式预测．华南地质与矿产，34(4)：339-346.

王健，黄波林，张全，等．2020. 碎裂化柱状危岩体崩塌-堆积特征概化模型研究．水利水电技术，51(2)：136-143.

王军朝，孙金辉．2019. 川东红层缓倾角岩质崩塌特征与稳定性分析．地质力学学报，25(6)：1091-1098.

王兰生．2007. 意大利瓦依昂水库滑坡考察．中国地质灾害与防治学报，(3)：145-148.

王明华，晏鄂川．2007. 水库蓄水对库岸滑坡的影响研究．岩土力学，28(12)：2722-2725.

王念秦，曾思伟，吴玮江，等．1999. 滑坡宏观迹象综合分析预报方法研究．甘肃科学学报，11(1)：

34-38.
王伟，龚传根，朱鹏辉，等．2017. 大理岩干湿循环力学特性试验研究．水利学报，48(10)：1175-1182.
王文沛，李滨，黄波林，等．2016. 三峡库区近水平厚层斜坡滑动稳定性研究——以重庆巫山箭穿洞危岩为例．地质力学学报，22(3)：725-732.
王新刚．2014. 饱水-失水循环劣化作用下库岸高边坡岩石流变机理及工程应用研究．武汉：中国地质大学博士研究生学位论文．
王垚，李述靖，王学佑，等．2000. 长江三峡库区崩滑地质灾害的形成与分布规律研究．中国地质灾害与防治学报，2：27-32，57.
王运生，吴俊峰，魏鹏，等．2009. 四川盆地红层水岩作用岩石弱化时效性研究．岩石力学与工程学报，28(S1)：3102-3108.
王子娟．2016. 干湿循环作用下砂岩的宏细观损伤演化及本构模型研究．重庆：重庆大学博士研究生学位论文．
韦立德，杨春和，徐卫亚，等．2006. 考虑饱和-非饱和渗流场和应力场耦合的三维强度折减有限元程序研制．水文地质工程地质，4(3)：16-20.
魏玉峰，聂德新，吕生弟，等．2009. 溃曲软硬相间顺层斜坡滑移–弯曲破坏机制分析．成都理工大学学报(自然科学版)，36(3)：287-291.
吴碧辉，李华秀，姚明伙．2010. 巫山县龚家方至独龙一带斜坡变形破坏机制．地下空间与工程学报，6(S2)：1656-1659.
吴树仁．2012. 滑坡风险评估理论与技术．北京：科学出版社：8-75.
吴树仁，石菊松，张春山，等．2009. 地质灾害风险评估技术指南初论．地质通报，28(8)：995-1005.
吴晓宾，王平．2019. 软件 Geo-Studio 在重庆市巫山县板壁岩 W1 危岩体稳定性分析应用．矿产与地质，33(3)：535-541.
伍法权．1993. 统计岩体力学原理．武汉：中国地质大学出版社．
伍法权，王年生．1996. 一种滑坡位移动力学预报方法探讨．中国地质灾害与防治学报，(S1)：38-41.
仵彦卿，张倬元．1995. 岩体水力学导论．成都：西南交通大学出版社．
武慧铃，周建中，田梦琦，等．2021. 三峡水库蓄水前后气候变化分析．水力发电，47(5)：30-35.
夏金梧．2020. 三峡工程水库诱发地震研究概况．水利水电快报，41(1)：28-35.
夏开宗，陈从新，刘秀敏，等．2013. 基于岩体波速的 Hoek-Brown 准则预测岩体力学参数方法及工程应用．岩石力学与工程学报，32(7)：1458-1466.
夏其发，汪雍熙，曾昭民．1988. 长江三峡工程水库诱发地震危险性的初步评价//中国地质学会工程地质专业委员会．全国第三次工程地质大会论文选集．成都：成都科技大学出版社．
向喜琼，黄润秋．2000. 地质灾害风险评价与风险管理．地质灾害与环境保护，11(1)：38-41.
肖诗荣，胡志宇，卢树盛，等．2013. 三峡库区水库复活型滑坡分类．长江科学院院报，30(11)：39-44.
徐刚，张志斌，范泽英．2017. 危岩失稳模式分类研究．2017 年全国工程地质学术年会论文集，398-407.
徐光黎，潘别桐，唐辉明，等．1993. 岩体结构模型与应用．北京：中国地质大学出版社．
徐进军，王海城，罗喻真，等．2010. 基于三维激光扫描的滑坡变形监测与数据处理．岩土力学，31(7)：2188-2196.
徐奴文，李彪，戴峰，等．2016. 基于微震监测的顺层岩质边坡开挖稳定性分析．岩石力学与工程学报，35(10)：2089-2097.
徐佩华，陈剑平，黄润秋，等．2004. 锦屏水电站解放沟反倾高边坡变形机制的探讨．工程地质学报，12(3)：247-252.

徐日庆，荣雪宁，王兴陈，等．2014．两相非连续介质固结理论．岩石力学与工程学报，33(4)：817-825.

徐则民，刘文连，黄润秋．2011．金沙江寨子村巨型古滑坡的工程地质特征及其发生机制．岩石力学与工程学报，30(S2)：3539-3550.

许宏发，陈锋，王斌，等．2014．岩体分级 BQ 与 RMR 的关系及其力学参数估计．岩土工程学报，36(1)：195-198.

许建聪，尚岳全，郑束宁，等．2005．强降雨作用下浅层滑坡尖点突变模型研究．浙江大学学报(工学版)，39(11)：1675-1679.

许强，黄润秋，李秀珍．2004．滑坡时间预测预报研究进展．地球科学进展，19(3)：478-483.

许新发，李建锋，樊宜，等．2003．多波束水下测量超声仪(SeaBat8101)在水利工程中的应用．水利水电技术，4(6)：60-64.

许玉娟，周科平，李杰林，等．2012．冻融岩石核磁共振检测及冻融损伤机制分析．岩土力学，33(10)：3001-3005.

薛守义．1999．论连续介质概念与岩体的连续介质模型．岩石力学与工程学报，4(2)：112-114.

闫长斌，徐国元．2005．对 Hoek- Brown 公式的改进及其工程应用．岩石力学与工程学报，22：4030-4035.

闫国强，黄波林，代贞伟，等．2020．三峡库区巫峡段典型岩体劣化特征研究．水文地质工程地质，47(4)：11.

闫国强，黄波林，王勋，等．2021．基于岩体劣化顺层灰岩岸坡滑移-弯曲失稳机理和评价．工程地质学报，29(3)：668-679.

严春杰，唐辉明，陈洁渝，等．2002．三峡库区典型滑坡滑带土微结构和物质组分研究．岩土力学，23(Supp)：23-26.

严明，陈剑平，黄润秋，等．2005．岩质边坡滑移-弯曲破坏中间状态的工程地质分析．水利水电技术，4(11)：41-44.

晏同珍．1989．滑坡发生时间的预测预报//《滑坡论文选集》编辑委员会．滑坡论文选集．成都：四川科学技术出版社：216-222.

杨达源．2006．长江地貌过程．北京：地质出版社．

杨红，陈向阳，曾凡清．2012．变形监测技术在野猫面滑坡中的应用与分析．测绘通报，(6)：54-57.

杨金，简文星，杨虎锋，等．2012．三峡库区黄土坡滑坡浸润线动态变化规律研究．岩土力学，33(3)：853-858.

杨宗佶，乔建平，陈晓林，等．2008．三峡库区万州侏罗系红层滑坡成因机制研究．世界科技研究与发展．30(2)：174-176.

姚仰平，侯伟．2009．土的基本力学特性及其弹塑性描述．岩土力学，30(10)：2881-2902.

姚晔，章广成，陈鸿杰，等．2021．反倾层状碎裂结构岩质边坡破坏机制研究．岩石力学与工程学报，40(2)：365-381.

叶建红．1999．治未病思想的源与流．山西中医，(3)：52.

易庆林，文凯，覃世磊，等．2018．三峡库区树坪滑坡应急治理工程效果分析．水利水电技术，49(11)：165-172.

殷坤龙．2004．滑坡灾害预测预报．武汉：中国地质大学出版社．

殷坤龙，晏同珍．1996．滑坡预测及相关模型．岩石力学与工程学报，15(1)：1-8.

殷坤龙，杜娟，汪洋．2008．清江水布垭库区大堰塘滑坡涌浪分析．岩土力学，29(12)：3266-3270.

殷坤龙，周春梅，柴波．2014．三峡库区巫峡段反倾岩石边坡的破坏机制及判据．岩石力学与工程学报，

33(8)：1635-1643.
殷跃平．2001. 重庆武隆“5·1”滑坡简介．中国地质灾害与防治学报，4(2)：101.
殷跃平．2002. 三峡工程库区移民迁建区地质灾害与防治．地质通报，2(12)：876-880.
殷跃平．2003. 三峡库区地下水渗透压力对滑坡稳定性影响研究．中国地质灾害与防治学报，3：4-11.
殷跃平．2004a. 长江三峡工程移民迁建区地质灾害及防治研究．北京：地质出版社．
殷跃平．2004b. 中国地质灾害减灾战略初步研究．中国地质灾害与防治学，15(2)：1-8.
殷跃平．2005. 三峡库区边坡结构及失稳模式研究．工程地质学报，13(2)：145-154.
殷跃平．2010. 斜倾厚层山体滑坡视向滑动机制研究——以重庆武隆鸡尾山滑坡为例．岩石力学与工程学报，29(2)：217-226.
殷跃平，胡瑞林．2004. 三峡库区巴东组(T_2b)紫红色泥岩工程地质特征研究．工程地质学报，2：124-135.
殷跃平，彭轩明．2007. 三峡库区千将坪滑坡失稳探讨．水文地质工程地质，34(3)：51-54.
殷跃平，唐辉明，李晓，等．2004. 长江三峡库区移民迁建新址重大地质灾害及防治研究．北京：科学出版社．
殷跃平，成余粮，王军，等．2011. 汶川地震触发大光包巨型滑坡遥感研究．工程地质学报，19(5)：674-684.
殷跃平，王猛，李滨，等．2012. 汶川地震大光包滑坡动力响应特征研究．岩石力学与工程学报，31(10)：1969-1982.
殷跃平，胡时友，石胜伟，等．2018. 滑坡防治技术指南．北京：地质出版社．
殷跃平，闫国强，黄波林，等．2020. 三峡水库消落带斜坡岩体劣化过程地质强度指标研究．水利学报，51(8)：883-896.
殷跃平，黄波林，李滨，等．2021. 三峡库区消落带溶蚀岩体劣化指标研究．地质学报，95(8)：2590-2600.
尹祥础，刘月．2013. 加卸载响应比——地震预测与力学的交叉．力学进展，43(6)：555-580.
尹祥础，尹灿．1991. 非线性系统失稳的前兆与地震预报——响应比理论及其应用．中国科学：B 辑，21(5)：512-518.
尹燕京，李冬冬，骆旭佳．2021. 探地雷达在地下管线探测工程中的应用．大坝与安全，2：51-55.
尤辉，秦四清，朱世平，等．2001. 滑坡演化的非线性动力学与突变分析．工程地质学报，9(3)：331-335.
余姝，张枝华，黄波林，等．2019. 三峡库区青石—抱龙段顺层灰岩库岸坡变形破坏机理．中国地质灾害与防治学报，30(3)：18-23.
於汝山，杨宜，许冬丽．2018. Hoek-Brown 强度准则在深部岩体力学参数估算中的应用研究．长江科学院院报，35(1)：123-127.
喻学文，吴永锋．1996. 长江三峡巴东县城区三道沟滑坡成因研究．中国三峡建设，4(1)：17-18.
袁建新．1993. 岩体损伤问题．岩土力学，14(1)：1-31.
袁靖周．2012. 岩石蠕变全过程损伤模拟方法研究．长沙：湖南大学硕士研究生学位论文．
乐琪浪，王洪德，薛星桥，等．2011. 巫山县望霞危岩体变形监测及破坏机制分析．工程地质学报，19(6)：823-830.
张静，刘增进，肖伟华，等．2019. 三峡水库蓄水后库区气候要素变化趋势分析．人民长江，50(3)：113-116，165.
张年学．1993. 长江三峡工程库区顺层岸坡研究．北京：地震出版社．
张鹏，张森林，黄波林，等．2021. 岸坡消落带岩体劣化的新生型滑坡(崩塌)隐患演化模式研究．工程地质学报，29(5)：1416-1426.
张奇华，严忠祥．2002. 柘林水电站扩建工程厂房后坡安全监测与预测分析．岩土力学，23(4)：516-519.
张彦洪，柴军瑞．2012. 岩体离散裂隙网络渗流应力耦合分析．应用基础与工程科学学报，20(2)：253-262.
张以晨，佴磊，沈世伟，等．2011. 反倾层状岩质边坡倾倒破坏力学模型．吉林大学学报(地球科学版)，(S1)：207-213.
张永双，郭长宝，周能娟．2013. 金沙江支流冲江河巨型滑坡及其局部复活机理研究．岩土工程学报，35(3)：445-453.
张永兴，胡居义，文海家．2003. 滑坡预测预报研究现状述评．地下空间，23(2)：200-202.
张枝华，杜春兰，余姝，等．2018. 三峡库区巫峡箭穿洞危岩体稳定性分析及防治工程设计．中国地质灾害与防治学报，29(2)：48-54.
张倬元，王士天，王兰生．1994. 工程地质分析原理(第2版)．北京：地质出版社．
赵程，田加深，松田浩，等．2015. 单轴压缩下基于全局应变场分析的岩石裂纹扩展及其损伤演化特性研究．岩石力学与工程学报，34(4)：763-769.
赵茉莉．2014. 复杂坝基岩体渗流应力耦合流变模型研究及应用．济南：山东大学博士研究生学位论文．
赵瑞欣．2016. 三峡工程库水变动下堆积层滑坡成灾风险研究．北京：中国地质大学(北京)博士研究生学位论文．
赵瑞欣，殷跃平，李滨等．2017. 库水波动下堆积层滑坡稳定性研究．水利学报，48(4)：435-444.
赵尚毅，郑颖人，时卫民，等．2002. 用有限元强度折减法求边坡稳定安全系数．岩土工程学报，(3)：343-346.
赵阳．2012. 土中三维随机裂隙网络的重构与数值模拟．哈尔滨：哈尔滨工业大学硕士研究生学位论文．
郑轩，邹从烈，高润德，等．2016. 三峡库区猴子石滑坡治理工程设计及实施综述．人民长江，47(6)：73-77，86.
郑颖人，唐晓松．2007. 库水作用下的边(滑)坡稳定性分析．岩土工程学报，8：1115-1121.
郑颖人，赵尚毅．2004. 有限元强度折减法在土坡与岩坡中的应用．岩石力学与工程学报，23(19)：3381-3388.
郑颖人，时卫民，孔位学．2004. 库水位下降时渗透力及地下水浸润线的计算．岩石力学与工程学报，18：3203-3210.
中国岩石力学与工程学会．2021. 滑坡涌浪危险性评估规范．北京：中国标准出版社．
中华人民共和国国家质量监督检验检疫总局，中国国家标准化管理委员会．2016. 滑坡防治工程勘查规范(GB/T 32864—2016)．北京：中国标准出版社．
中华人民共和国建设部，中国人民共和国国家质量监督检验检疫总局．2002. 岩土工程勘察规范(GB 50021—2001)．北京：中国建筑工业出版社．
中华人民共和国建设部，中国人民共和国国家质量监督检验检疫总局．2008. 土的工程分类标准(GB/T 50145—2007)．北京：中国计划出版社．
周美玲．2016. 考虑水-岩作用的三峡库区红层软岩蠕变特性研究．三峡大学硕士研究生学位论文．
周元辅，邓建辉．2016. 基于纵波波速的块状岩体 GSI 系统．岩石力学与工程学报，35(5)：948-956.
朱本珍，孙书伟，郑静．2011. 微型桩群加固堆积层滑坡原位试验研究．岩石力学与工程学报，30(Supp1)：2858-2864.
朱大鹏．2010. 三峡库区典型堆积层滑坡复活机理及变形预测研究．武汉：中国地质大学博士研究生学位论文．

朱合华，张琦，章连洋．2013. Hoek-Brown 强度准则研究进展与应用综述．岩石力学与工程学报，32(10)：945-1963.

朱万成，魏晨慧，田军，等．2009. 岩石损伤过程中的热-流-力耦合模型及其应用初探．岩土力学，30(12)：3851-3857.

朱永生，李鹏飞．2020. Hoek-Brown 强度准则研究进展及岩体力学参数取值．现代隧道技术，57(1)：8-17.

朱勇，周辉，张传庆，等．2019. Hoek-Brown 准则的脆性不等式及其对 GSI 取值的限制．岩石力学与工程学报，38(S2)：3412-3419.

邹丽芳，徐卫亚，宁宇，等．2009. 反倾层状岩质边坡倾倒变形破坏机理综述．长江科学院院报．(5)：29-34.

邹宗兴．2014. 顺层岩质滑坡演化动力学研究．武汉：中国地质大学博士研究生学位论文．

邹宗兴，唐辉明，熊承仁，等．2012. 大型顺层岩质滑坡渐进破坏地质力学模型与稳定性分析．岩石力学与工程学报，31(11)：2222-2231.

左保成，陈从新，刘小魏，等．2005. 反倾岩质边坡破坏机理模型试验研究．岩石力学与工程学报，24(19)：3505-3511.

Adrian R J. 1991. Particle-imaging techniques for experimental fluid mechanics. Annual Review of Fluid Mechanics，23(1)：261-304.

Alonso E，Pinyol N M. 2009. Slope stability under rapid drawdown conditions. First Italian Workshop on Landslides，11-27.

Alonso E，Pinyol N M. 2010. Criteria for rapid sliding I. A review of Vaiont case. Engineering Geology，114(3-4)：198-210.

Arash B，Hwa K C，Tomoki S. 2014. Advanced structural health monitoring of concrete structures with the aid of acoustic emission. Construction and Building Materials，66：282-302.

Ashby J. 1971. Sliding and toppling modes of failure in models and jointed rock slopes. London：University of London，Imperial College，PhD Thesis.

Assari A，Mohammadi Z. 2017. Assessing flow paths in a karst aquifer based on multiple dye tracing tests using stochastic simulation and the MODFLOW-CFP code. Hydrogeology Journal，25(6)：1-24.

Avseth P. 2010. Explorational Rock Physics-The Link Between Geological Processes and Geophysical Observables. Berlin，Heidelberg：Springer.

Baecher G B，Lanney N A，Einstein H H. 1977. Statistical description of rock properties and sampling. In：Proceedings of the 18th US Symposium on Rock Mechanics，American Institute of Mining Engineers，5C1-8.

Barberopoulou A，Legg M R，Uslu B，et al. 2011. Reassessing the tsunami risk in major ports and harbors of California I：San Diego. Natural Hazards，58(1)：479-496.

Baum R L，Coe J A，Godt J W，et al. 2005. Regional landslide-hazard assessment for Seattle，Washington，USA. Landslides，2(4)：266-279.

Bobich J K. 2005. Experimental analysis of the extension to shear fracture transition in Berea sandstone. Texas：Texas A & M University，MS Thesis.

Bonzanigo L，Eberhardt E，Loew S. 2007. Long-term investigation of a deep-seated creeping landslide in crystalline rock. Part I. Geological and hydromechanical factors controlling the Campo Vallemaggia landslide. Canadian Geotechnical Journal. 44(10)：1157-1180.

Brown E T. 1970. Strength of models of rock with intermittent joints. Journal of the Soil Mechanics and Foundations Division，96(SM6)：1935-1949.

Cankaya Z C, Suzen M L, Yalciner A C, et al. 2016. A new GIS-based tsunami risk evaluation: MeTHuVA (METU tsunami human vulnerability assessment) at Yenikapi, Istanbul. Earth, Planets and Space, 68(1): 133-154.

Ceccucci M, Ferrari M, Magrì B. 2004. The role of monitoring of the triggering factors in the risk management of a landslide: the Cassas example. Management Information Systems, 9: 235-244.

Charalampakis M, Stefatos A, Ferentinos G, et al. 2007. Towards the Mitigation of the Tsunami Risk by Submarine Mass Failures in the Gulf of Corinth: The Xylocastro Resort Town Case Study. Dordrecht: Springer: 367-375.

Chigira M. 1992. Long-term gravitational deformation of rocks by mass rock creep. Engineering Geology, 32(3): 157-184.

Clague J J, Munro A, Murty T. 2003. Tsunami hazard and risk in Canada. Natural Hazards, 28 (2-3): 435-463.

Cochran U, Berryman K, Zachariasen J, et al. 2006. Paleoecological insights into subduction zone earthquake occurrence, eastern North Island, New Zealand. Geological Society of America Bulletin, 118 (9-10): 1051-1074.

Cojean R, Ca Y J. 2011. Analysis and modeling of slope stability in the Three-Gorges Dam Reservoir (China) — the case of Huangtupo landslide. Journal of Mountain Science, 8(2): 166-175.

Cundall P A. 1971. A computer model for simulating progressive large-scale movements in blocky rock systems. In: Proceedings of the Symposium of the International Society for Rock Mechanics, Society for Rock Mechanics (ISRM), France, Ⅱ-8.

Dai G L, Liu J. 2020. Using P-wave propagation velocity to characterize damage and estimate deformation modulus of in-situ rock mass. European Journal of Environmental and Civil Engineering: 1-15.

Daouadji A, Hicher P Y, Rahma A. 2001. An elastoplastic model for granular materials taking into account grain breakage. European Journal of Mechanics, 20(1): 113-137.

De Kock T, Boone M A, De Schryver T, et al. 2015. A pore-scale study of fracture dynamics in rock using X-ray Micro-CT under ambient freeze—thaw cycling. Environmental Science & Technology, 49(5): 2867-2874.

Dean R G, Dalrymple R A. 1991. Water Wave Mechanics for Engineers and Scientists. Upper Saddle River: Prentice-Hall.

Deere D U. 1968. Geological considerations. In: Stagg K G, Zienkiewicz O C (eds). Rock Mechanics in Engineering Practice. London: Wiley: 1-20.

Deng H F, Zhang Y C, Zhi Y Y, et al. 2019. Sandstone dynamical characteristics influenced by water-rock interaction of bank slope. Advances in Civil Engineering, (3): 1-11.

Derek F, Paul W. 2007. Karst Hydrogeology and Geomorphology. Chichester: John Wiley & Sons Ltd.

Dershowitz W S. 1979. A probabilistic model for the deformability of jointed rock masses. Cambridge, MA: Massachusetts Institute of Technology, MS Thesis.

Dershowitz W S, La-Pointe P R, Doe T W. 2000. Advances in discrete fracture network modeling. In: Proceeding of the Us EPA/NGWA Fractured Rock Conference: 882-894.

Dilmen D I, Kemec S, Yalciner A C, et al. 2015. Development of a tsunami inundation map in detecting tsunami risk in Gulf of Fethiye, Turkey. Pure and Applied Geophysics, 172(3-4): 921-929.

Dochez S, Laouafa F, Franck C, et al. 2014. Multi-scale analysis of water alteration on the rock slope stability framework. Acta Geophysica, 62(5): 1025-1048.

Dougill J W, Lau J C, Burt N J. 1976. Toward a theoretical model for progressive failure and softening in rock, concrete and similar materials. Mechanics in Engineering, 102: 333-355.

Dragon A, Mroz Z. 1979. A continuum model for plastic-brittle behaviour of rock and concrete. International Journal of Engineering Science, 17(2): 121-137.

Duncan J M, Wright S G, Wong K S. 1990. Slope stability during rapid drawdown. In: Proceedings of the H Bolton Seed Memorial Symposium.

Dutta S, Krishnamurthy N S, Arora T, et al. 2006. Localization of water bearing fractured zones in a hard rock area using integrated geophysical techniques in Andhra Pradesh, India. Hydrogeology Journal, 14(5): 760-766.

Erarslan N, Williams D J. 2012. The damage mechanism of rock fatigue and its relationship to the fracture toughness of rocks. International Journal of Rock Mechanics and Mining Sciences, 56: 15-26.

Ersoz A B, Pekcan O, Teke T. 2017. Crack identification for rigid pavements using unmanned aerial vehicles. In: IOP Conference Series Materials Science and Engineering, 236(1): 012101.

Fadakar A Y, Dowd P A, Xu C. 2014. Connectivity field: a measure for characterizing fracture networks. Mathematical Geosciences, 47(1): 63-83.

Fell R. 2000. Landslide risk management concepts and guidelines. Australian Geomechanics Society Sub-Committee on landslide Risk Management, International Union of Geological Sciences: 51-93.

Fournier D E M. 1979. Objectives of volcanic monitoring and prediction. Journal of the Geological Society, 136: 321-326.

Freire S, Aubrecht C, Wegscheider S. 2013. Advancing tsunami risk assessment by improving spatio-temporal population exposure and evacuation modeling. Natural Hazards, 68(3): 1311-1324.

Fritz H M, Hager W H, Minor H E. 2003. Landslide generated impulse waves. Experiments in Fluids, 35(6): 505-519.

Fritz H M, Hager W H, Minor H E. 2004. Near field characteristics of landslide generated impulse waves. Journal of Waterway, Port, Coastal, and Ocean Engineering, 130(6): 287-302.

Galli M, Guzzetti F. 2007. Landslide vulnerability criteria: a case study from Umbria, central Italy. Environmental Management, 40(4): 649-665.

Ghobadi M H, Torabi-Kaveh M. 2014. Assessing the potential for deterioration of limestones forming Taq-e Bostan monuments under freeze—thaw weathering and karst development. Environmental Earth Sciences, 72(12): 5035-5047.

Girolami L, Hergault V, Vinay G, et al. 2012. A three-dimensional discrete-grain model for the simulation of dam-break rectangular collapses: comparison between numerical results and experiments. Granular Matter, 14(3): 381-392.

Gollin D, Brevis W, Bowman E T, et al. 2017. Performance of PIV and PTV for granular flow measurements. Granular Matter, 19(3): 42.

Gong W, Juang C, Wasowski J. 2021. Geohazards and human settlements: lessons learned from multiple relocation events in Badong, China—engineering geologist's perspective. Engineering Geology, 285: 106051.

Goodman R E, Bray J W. 1976. Toppling of rock slopes. In: Proceedings Specialty Conference on Rock Engineering for Foundations and Slopes: 201-234.

Grasmueck M. 2005. First look at 4D GPR imaging of permeable zones around the borehole. In: Expanded Abstracts of the 75th Annual International Meeting: Society of Exploration Geophysics: 2440-2443.

Grasmueck M, Weger R, Horstmeyer H. 2005. Full-resolution 3D GPR imaging. Geophysics, 70(1): K12.

Grezio A, Gasparini P, Marzocchi W, et al. 2012. Tsunami risk assessments in Messina, Sicily-Italy. Natural Hazards and Earth System Sciences, 12(1): 151-163.

Griffith A A. 1921. The phenomena of rupture and flow in solids. Philosophical Transactions of the Royal Society of London (Series A), 221(2): 163-198.

Griffith A A. 1924. Theory of rupture. In: Proceedings of the 1st International Congress on Applied Mechanics: 55-63.

Gu D M, Huang D, Yang W, et al. 2017. Understanding the triggering mechanism and possible kinematic evolution of a reactivated landslide in the Three Gorges Reservoir. Landslides, 14(6): 2073-2087.

Guo J, Xu M, Zhao Y. 2015. Study on reactivation and deformation process of Xierguazi ancient-landslide in Heishui reservoir of southwestern China. In: 12th International IAEG Congress, 1135-1141.

Hart R, Cundall P A, Lemos J. 1988. Formulation of a three-dimensional distinct element model—Part Ⅱ. mechanical calculations for motion and interaction of a system composed of many polyhedral blocks. International Journal of Rock Mechanics and Mining Sciences & Geomechanics Abstracts, 25(3): 117-125.

He K, Chen C L, Li B. 2019. Case study of a rockfall in Chongqing, China: movement characteristics of the initial failure process of a tower-shaped rock mass. Bulletin of Engineering Geology and the Environment, 78(5): 3295-3303.

Ho K, Leroi E, Roberds B. 2000. Quantitative risk assessment: application, myths and future direction. International Society for Rock Mechanics, 1: 269-312.

Hoek E. 1965. Rock fracture under static stress conditions. CSIR report MEG. Pretoria, South Africa, 383.

Hoek E. 1994. Strength of rock and rock masses. ISRM News Journal, 2(2): 4-6.

Hoek E, Bray J. 1981. Rock slope engineering. London: The Institute of Mining and Metallurgy.

Hoek E, Brown E T. 1980a. Underground excavations in rock. London: Institution of Mining and Metallurgy.

Hoek E, Brown E T. 1980b. Empirical strength criterion for rock masses. Journal of the Geotechnical Engineering Division, 106(GT9): 1013-1035.

Hoek E, Diederichs M S. 2006. Empirical estimation of rock mass modulus. International Journal of Rock Mechanics and Mining Sciences. 43(2): 203-215.

Hoek E, Kaiser P K, Bawden W F. 1995. Support of Underground Excavations in Hard Rock. Rotterdam: AA Balkema.

Hoek E, Marinos P, Benissi M. 1998. Applicability of the geological strength index (GSI) classification for very weak and sheared rock masses. Bulletin of Engineering Geology and the Environment, 57(2): 151-160.

Hoek E, Carranza-Torres C, Corkum B. 2002. Hoek-Brown failure criterion-2002 edition. In: Proceedings of the North American Rock Mechanics Society NARMS-TAC.

Hu X, Wu S, Zhang G C, et al. 2021. Landslide displacement prediction using kinematics-based random forests method: a case study in Jinping reservoir area, China. Engineering Geology, 283: 105975.

Huang B L, Chen L, Peng X, et al. 2010. Assessment of the risk of rockfalls in Wu Gorge, Three Gorges, China. Landslides, 7(1): 1-11.

Huang B L, Yin Y P, Liu G N, et al. 2012. Analysis of waves generated by Gongjiafang landslide in Wu Gorge, Three Gorges reservoir, on November 23, 2008. Landslides, 9(3): 395-405.

Huang B L, Yin Y P, Wang S C, et al. 2014. A physical similarity model of an impulsive wave generated by Gongjiafang landslide in Three Gorges reservoir, China. Landslides, 11(3): 513-525.

Huang B L, Yin Y P, Du C L. 2016a. Risk management study on impulse waves generated by Hongyanzi landslide in Three Gorges reservoir of China on June 24, 2015. Landslides. 13(3): 603-616.

Huang B L, Zhang Z H, Yin Y P, et al. 2016b. A case study of pillar-shaped rock mass failure in the Three Gorges reservoir area, China. Quarterly Journal of Engineering Geology & Hydrogeology, 49(3): 195-202.

Huang B L, Yin Y P, Wang S C, et al. 2017. Analysis of the Tangjiaxi landslide-generated waves in the Zhexi reservoir, China, by a granular flow coupling model. Natural Hazards and Earth System Sciences. (5): 657-670.

Huang B L, Yin Y P, Tan J M. 2019. Risk assessment for landslide-induced impulse waves in the Three Gorges reservoir, China. Landslides, 16(3): 585-596.

Huang B L, Yin Y P, Yan G, et al. 2020. A study on in situ measurements of carbonate rock mass degradation in the water-level fluctuation zone of the Three Gorges reservoir, China. Bulletin of Engineering Geology and the Environment, 80(12): 1-11.

Huang D, Gu D, Song Y, et al. 2018. Towards a complete understanding of the triggering mechanism of a large reactivated landslide in the three gorges reservoir. Engineering Geology, 238: 36-51.

Huang H, Shen J, Chen Q, et al. 2020. Estimation of REV for fractured rock masses based on geological strength index. International Journal of Rock Mechanics and Mining Sciences, 126: 104179.

Huang R, Li W. 2011. Formation, distribution and risk control of landslides in China. Journal of Rock Mechanics and Geotechnical Engineering, 3(2): 97-116.

Huber A, Hager W H. 1997. Forecasting impulse waves in reservoirs. In: Proceedings of the 19th Congres Des Grands Barrages, ICOLD, 31: 993-1005.

Hungr O, Leroueil S, Picarelli L. 2014. The Varnes classification of landslide types, an update. Landslides, 11(2): 167-194.

Hutchinson J N. 1988. General report: morphological and geotechnical parameters of landslides in relation to geology and hydrogeology. In: Proceedings of the 5th International Symposium on Landslides, 1: 3-35.

Jaeger J C, Cook N G W. 1969. Fundamentals of Rock Mechanics, 3rd ed. London: Chapman and Hall.

Jelínek R, Krausmann E, Gonzάlez M, et al. 2012. Approaches for tsunami risk assessment and application to the city of Cάdiz, Spain. Natural Hazards, 60(2): 273-293.

Jian W X, Wang Z J, Yin K L. 2009. Mechanism of the Anlesi landslide in the Three Gorges reservoir, China. Engineering Geology, 108(1-2): 86-95.

Jiang J W, Ehret D, Wei X, et al. 2011. Numerical simulation of Qiaotou landslide deformation caused by drawdown of the Three Gorges reservoir, China. Environmental Earth Sciences, 62(2): 411-419.

Jiang Q, Wei W, Xie N, et al. 2016. Stability analysis and treatment of a reservoir landslide under impounding conditions: a case study. Environmental Earth Sciences, 75(1): 1-12.

Jing L, Stephansson O. 2007. Fundamentals of Discrete Element Methods for Rock Engineering Theory and Applications. Amsterdam: Elsevier.

Jones F O, Embody D R, Peterson W L. 1961. Landslides along the Columbia River Valley, northeastern Washington, with a section on seismic surveys. Washington: US Government Printing Office.

Kachanov M L. 1958. Time of the rupture process under creep conditions. Izvestiia Akademii Nauk SSSR, Otdelenie Teckhnicheskikh Nauk, 8: 26-31.

Kachanov M L. 1982. A microcrack model of rock inelasticity part Ⅱ: propagation of microcracks. Mechanics of Materials, 1(1): 29-41.

Kemeny J, Cook N G W. 1986. Effective moduli, non-linear deformation and strength of a cracked elastic solid. International Journal of Rock Mechanics and Mining Sciences & Geomechanics Abstracts, 23(2): 107-118.

Kilburn C R J, Petley D N. 2003. Forecasting giant, catastrophic slope collapse: lessons from Vajont, northern Italy. Geomorphology, 54(1-2): 21-32.

Konietzky H, Heftenberger A, Feige M. 2009. Life-time prediction for rocks under static compressive and tensile loads: a new simulation approach. Acta Geotechnica, 4(1): 73-78.

Krajcinovic D. 1984. Continuum damage mechanics. Applied Mechanics Reviews, 37(1): 15-20.

Kumar K, Delenne J Y, Soga K. 2017. Mechanics of granular column collapse in fluid at varying slope angles. Journal of Hydrodynamics, 29(4): 529-541.

Lajeunesse E, Mangeney-Castelnau A, Vilotte J P. 2004. Spreading of a granular mass on a horizontal plane. Physics of Fluids, 16(7): 2371-2381.

Lane P, Griffiths D. 2000. Assessment of stability of slopes under drawdown conditions. Journal of Geotechnical & Geoenvironmental Engineering, 126(5): 443-450.

Lee K H, Kim S W, Kim S H. 2016. Simulating floods triggered by volcanic activities in the Cheon-ji caldera lake for hazards and risk analysis. Journal of Flood Risk Management, 11(S1): S479-S488.

Lee S, Park K H, Lee J G . 2011. Blast-induced damage identification of rock mass using wavelet transform analysis. Procedia Engineering, 14: 3142-3146.

Leong E C, Rahardjo H. 1997. Review of soil-water characteristic curve equations. Journal of Geotechnical & Geoenvironmental Engineering, 123(12): 1106-1117.

Li D Y, Sun Y Q, Yin K L, et al. 2019. Displacement characteristics and prediction of Baishuihe landslide in the Three Gorges Reservoir. Journal of Mountain Science, (9): 2203-2214.

Li L R, Deng J H, Zheng L, et al. 2017. Dominant frequency characteristics of acoustic emissions in white marble during direct tensile tests. Rock Mechanics and Rock Engineering, 50(5): 1337-1346.

Li X, Konietzky H. 2015. Numerical simulation schemes for time-dependent crack growth in hard brittle rock. Acta Geotechnica, 10(4): 513-531.

Li Y, Utili S, Milledge D, Chen L, et al. 2021. Chasing a complete understanding of the failure mechanisms and potential hazards of the slow moving Liangshuijing landslide. Engineering Geology, 281: 105977.

Liu C, Zhu Y. 2014. Buckling failure mode of inclination-paralleled rock slopes. Journal of Geological Hazards and Environment Preservation, 1: 82-86.

Liu R C, Li B, Jiang Y J, et al. 2016. Review: Mathematical expressions for estimating equivalent permeability of rock fracture networks. Hydrogeology Journal, 24(7): 1623-1649.

Liu R C, Zhu T, Jiang Y, et al. 2018. A predictive model correlating permeability to two-dimensional fracture network parameters. Bulletin of Engineering Geology and the Environment, 78: 1589-1605.

Liu Y, Liu C, Kang Y, Wang D, et al. 2015. Experimental research on creep properties of limestone under fluid-solid coupling. Environmental Earth Sciences, 73(11): 7011-7018.

Lu Y F. 2015. Deformation and failure mechanism of slope in three dimensions. Journal of Rock Mechanics and Geotechnical Engineering, 7(2): 109-119.

Lube G, Huppert H, Sparks S, et al. 2005. Collapses of two dimensional granular columns. Physical Review E, 72(4): 041301.

Luo S, Jin X, Huang D. 2019. Long-term coupled effects of hydrological factors on kinematic responses of a reactivated landslide in the three gorges reservoir. Engineering Geology, 261: 105271.

Malik M K, Karim I R. 2020. Seepage and slope stability analysis of 1Haditha Dam using Geo-Studio software. In: IOP Conference Series: Materials Science and Engineering, 928: 022074.

Mandelbrot B B. 1985. Self-affine fractals and fractal dimension. PhysicaScripta, 32(4): 257.

Marinos V, Carter T G. 2018. Maintaining geological reality in application of GSI for design of engineering structures in rock. Engineering Geology, 239: 282-297.

Marinos V, Marinos P, Hoek E. 2005. The geological strength index: applications and limitations. Bulletin of Engineering Geology and the Environment, 64(1): 55-65.

McAffee R P, Cruden D M. 1996. Landslides at rock glacier site, Highwood Pass, Alberta. Canadian Geotechnical Journal. 33(5): 685-695.

Mih W C. 1999. High concentration granular shear flow. Journal of Hydraulic Research, 37(2): 229-248.

Mishal U R, Khayyun T S. 2018. Stability analysis of an earth dam using GEO-SLOPE model under different soil conditions. Engineering and Technology Journal, 36(5): 523-532.

Moein M J A, Benoît Valley, Evans K F. 2019. Scaling of fracture patterns in three deep boreholes and implications for constraining fractal discrete fracture network models. Rock Mechanics and Rock Engineering, 52: 1723-1743.

Mogi K. 1966. Pressure dependence of rock strength and transition from brittle fracture to ductile flow. Bulletin Earthquake Research Institute, 44: 215-232.

Mohrig D, Ellis C, Parker G, et al. 1998. Hydroplaning of subaqueous debris flows. Geological Society of America Bulletin, 110(3): 387-394.

Morgenstern N. 1963. Stability charts for earth slopes during rapid drawdown. Geotechnique, 13(2): 121-131.

Mortazavi A, Molladavoodi H. 2012. A numerical investigation of brittle rock damage model in deep underground openings. Engineering Fracture Mechanics, 90: 101-120.

Mutluturk M, Altindag R, Turk G. 2004. A decay function model for the integrity loss of rock when subjectedto recurrent cycles of freezing-thawing and heating-cooling. International Journal of Rock Mechanics and Mining Sciences, 41(2): 237-244.

Müller L. 1964. The rock slide in the Vajont Valley. Rock Mechanics and Engineering Geology, 2: 148-212.

Müller L. 1968. New considerations on the Vaiont slide. Rock Mechanics and Engineering Geology, 6: 1-91.

Müller L. 1987a. The Vajont catastrophe- Apersonal review. Engineering Geology, 24: 423-444.

Müller L. 1987b. The Vajont slide. Engineering Geology, 24(1): 513-523.

Nakamura H, Wang G. 1990. Disscussion on reservoir landslide. Bull Soil Water Conserv, 10(1): 53-64.

Nguyen C T, Bui H H, Fukagawa R. 2015. Failure Mechanism of True 2D Granular Flows. Journal of Chemical Engineering of Japan, 48(6): 1-8.

Noda E. 1970. Water waves generated by landslides. Journal of waterways, Harbors and Coastal Engineering Division ASCE, 96(WW4): 835-855.

Nonveiller E. 1987. The Vajont reservoir slope failure. Engineering Geology, 24(1-4): 493-512.

Oppenheimer D, Rhoades J M, Roberts C, et al. 2009. National tsunami hazard mitigation program 2009-2013 strategic plan. Silver Spring: US National Tsunami Hazard Mitigation Program, 34.

Ouyang W, Xu B. 2013. Pavement cracking measurements using 3D laser-scan images. Measurement Science and Technology, 24(10): 105204.

Papathoma M, Dominey-Howes D. 2003. Tsunami vulnerability assessment and its implications for coastal hazard analysis and disaster management planning, Gulf of Corinth, Greece. Natural Hazards and Earth System Sciences, 3(6): 733-747.

Paronuzzi P, Rigo E, Bolla A. 2013. Influence of filling-drawdown cycles of the Vajont reservoir on Mt. Toc slope stability. Geomorphology, 191: 75-93.

Peng C, Xue L F, Liu Z H, et al. 2016. Application of the non-seismic geophysical method in the deep geological structure study of Benxi-Huanren area. Arabian Journal of Geosciences, 9(4): 310.

Pestman B J, Munster J G V. 1997. Microstructural analysis of a uniaxially deformed sandstone—Evidence of intergranular microcrack growth. International Journal of Rock Mechanics and Mining Sciences, 34 (3-4): 374-374

Pinyol N M, Alonso E E, Corominas J, et al. 2012. Canelles landslide: modelling rapid drawdown and fast potential sliding. Landslides, 9(1): 33-51.

Potyondy D O. 2015. The Bonded-Particle Model as a Tool for Rock Mechanics Research and Application: Current Trends and Future Directions. Geosystem Engineering, 18(1): 1-28.

Rafiei R H, Martin C D. 2020. Slope stability analysis using equivalent Mohr-Coulomb and Hoek-Brown criteria. Rock Mechanics and Rock Engineering, 53(1): 13-21.

Ramsey J M, Chester F M. 2004. Hybrid fracture and the transition from extension fracture to shear fracture. Nature, 428: 63-66.

Rynn J, Davidson J. 1999. Contemporary assessment of tsunami risk and implications for early warnings for Australia and its island territories. Science of Tsunami Hazards, 17(2): 107-125.

Sato H, Murakami H, Kozuki Y, et al. 2003. Study on a simplified method of tsunami risk assessment. Natural Hazards, 29(3): 325-340.

Sauro U. 2016. Coastal speleogenesis and collapsing by emptying of karst breccia-pipes on the marine cliffs of the Gargano Peninsula (Apulia, Italy). Acta Carsologica, 29(2): 185-193.

Schuster R L. 1979. Reservoir-induced landslides. Bulletin of the International Association of Engineering Geology, 20(1): 8-15.

Schwartz A E. 1964. Failure of rock in the triaxial shear test. In: Proceedings of the 6th Rock Mechanics Symposium, University of Missouri, 109-151.

Slingerland R L, Voight B. 1979. Occurrences, properties and predictive models of landslides-generated impulse waves. Rockslides andAvalanches, 14: 317-397.

Song K, Wang F W, Yi Q L. 2018. Landslide deformation behavior influenced by water level fluctuations of the Three Gorges reservoir (China). Engineering Geology, 247: 58-68.

Stead D, Eberhardt E. 2013. Understanding the mechanics of large landslides. Italian Journal of Engineering Geology and Environment, 6: 85-108.

Tallini M, Parisse B, Petitta M, et al. 2013. Long-term spatio-temporal hydrochemical and ^{222}Rn tracing to investigate groundwater flow and water-rock interaction in the Gran Sasso (central Italy) carbonate aquifer. Hydrogeology Journal, 21(7): 1447-1467.

Tang H, Wasowski J, Juang C H. 2019. Geohazards in theThree Gorges reservoir area, China—lessons learned from decades of research. Engineering Geology, 261: 105267.

Tang M, Xu Q, Yang H, et al. 2019. Activity law and hydraulics mechanism of landslides with different sliding surface and permeability in the Three Gorges reservoir area, china. Engineering Geology, 260: 105212.

Terzaghi K. 1950. Mechanism of landslides. Engineering Geology Berkley Volume, The Geological Society of America: 83-123.

Teufelsbauer H, Wang Y, Pudasaini S P, et al. 2011. DEM simulation of impact force exerted by granular flow on rigid structures. Acta Geotechnica, 6(3): 119.

Trzhtsinskii Y B. 1978. Landslides along the Angara reservoirs. Bulletin of the International Association of Engineering Geology, 17(1): 41-42.

van Asch Th W J, Buma J, van Beek L R H. 1999. A view on some hydrological triggering systems in landslides.

Geomorphology, (30): 25-32.

van Tho N. 2020. Coastal erosion, river bank erosion and landslides in the Mekong Delta: causes, effects and solutions. In: Long P D, Dung N T (eds). Geotechnics for Sustainable Infrastructure Development. Singapore: Springer: 957-962.

van Westen C, Asch T, Soeters R. 2006. Landslide hazard and risk zonation—why is it still so difficult? Bulletin of Engineering Geology and the Environment, 65(2): 167-184.

Varnes D J. 1978. Slope movement types and processes. Special Report, 176: 11-33.

Walton G, Lato M, Anschütz H, et al. 2015. Non-invasive detection of fractures, fracture zones, and rock damage in a hard rock excavation-Experience from the Äspö Hard Rock Laboratory in Sweden. Engineering Geology, 196: 210-221.

Wang F W, Zhang Y M, Huo Z T, et al. 2008a. Mechanism for the rapid motion of the Qianjiangping landslide during reactivation by the first impoundment of the Three Gorges Dam reservoir, China. Landslides, 5(4): 379-386.

Wang F W, Zhang Y M, Huo Z T, et al. 2008b. Movement of the Shuping landslide in the first four years after the initial impoundment of the Three Gorges Dam reservoir, China. Landslides, 5(3): 321-329.

Wang L Q, Yin Y P, Huang B L, et al. 2019. Damage evolution and stability analysis of the Jianchuandong dangerous rock mass in the Three Gorges reservoir area. Engineering Geology, 265: 105439.

Wang L Q, Huang B L, Zhang Z, et al. 2020a. The analysis of slippage failure of the HuangNanBei slope under dry-wet cycles in the Three Gorges reservoir region, China. Geomatics, Natural Hazards and Risk, 11(1): 1233-1249.

Wang L Q, Yin Y P, Huang B L, et al. 2020b. A study of the treatment of a dangerous thick submerged rock mass in the Three Gorges reservoir area. Bulletin of Engineering Geology and the Environment, 79(5): 2579-2590.

Wang L Q, Yin Y P, Zhou C Y, et al. 2020c. Damage evolution of hydraulically coupled Jianchuandong dangerous rock mass. Landslides, 17: 1083-1090.

Wang M, Qiao J P. 2013. Reservoir-landslide hazard assessment based on GIS: a case study in Wanzhou section of the Three Gorges reservoir. Journal of Mountain Science, 10(6): 1085-1096.

Wang X G, Wang J D, Gu T F, et al. 2017. A modified Hoek-Brown failure criterion considering the damage to reservoir bank slope rocks under water saturation-dehydration circulation. Journal of Mountain Science, 14(4): 771-781.

Wang X G, Yin Y P, Wang J D, et al. 2018. A nonstationary parameter model for the sandstone creep tests. Landslides, 15: 1377-1389.

Wang X G, Lian B Q, Wang J D, et al. 2020. Creep damage properties of sandstone under dry-wet cycles. Journal of Mountain Science, 17(12): 3112-3122.

Wei J, Zhu W C, Guan K, et al. 2019. An acoustic emission data-driven model to simulate rock failure process. Rock Mechanics and Rock Engineering, 53(4): 1605-1621.

Wu S R. 2012. Theory and Technology of Landslide Risk Assessment. Beijing: Science Press.

Xia M, Ren G M, Xin L M. 2013. Deformation and mechanism of landslide influenced by the effects of reservoir water and rainfall, Three Gorges, China. Natural Hazards, 68(2): 467-482.

Xie J S, Ioan N, Tad M. 2012. Tsunami risk for Western Canada and numerical modelling of the Cascadia fault tsunami. Nat Hazards, 60: 149-159.

Xu Q, Fan X, Huang R, et al. 2010. A catastrophic rockslide-debris flow in Wulong, Chongqing, China in

2009: background, characterization, and causes. Landslides, 7(1): 75-87.

Xu W J, Dong X Y, Ding W T. 2019. Analysis of fluid-particle interaction in granular materials using coupled SPH-DEM method. Powder Technology, 353: 459-472.

Xu X J, Liu B, Li S C, et al. 2016. The electrical resistivity and acoustic emission response law and damage evolution of limestone in Brazilian split test. Advances in Materials Science and Engineering, (6): 1-8.

Yan G Q, Huang b L, Qin Z, et al. 2022. Rock mass deterioration model of bank slope based on high-precision 3D multiperiod point clouds in the Three Gorges reservoir, China. Quarterly Journal of Engineering Geology and Hydrogeology, 2. doi: 10.1144/qjegh2020-100.

Yang D K, Lu Y, Li Z W, et al. 2010. GNSS-R data acquisit ionsystem design and experiment. Chinese Science Bulletin, 55(33): 3842-3846.

Yin Y P, Wang H D, Gao Y L, et al. 2010. Real-time monitoring and early warning of landslides at relocated Wushan Town, the Three Gorges reservoir, China. Landslides, 7(3): 339-349.

Yin Y P, Sun P, Zhang M, et al. 2011. Mechanism on apparent dip sliding of oblique inclined bedding rockslide at Jiweishan, Chongqing, China. Landslides, 8: 49-65.

Yin Y P, Huang B L, Liu G N, et al. 2015. Potential risk analysis on a Jianchuandong dangerous rockmass-generated impulse wave in the Three Gorges reservoir, China. Environmental Earth Sciences, 74(3): 2595-2607.

Yin Y P, Huang B L, Wang W, et al. 2016. Reservoir-induced landslides and risk control in Three Gorges Project on Yan gtze River, China. Journal of Rock Mechanics and Geotechnical Engineering, 8: 577-595.

Yin Y P, Huang B L, Zhang Q, et al. 2020. Research on recently occurred reservoir-induced Kamenziwan rockslide in Three Gorges reservoir, China. Landslides, 17(2): 1-15.

Zangerl C, Eberhardt E, Perzlmaier S. 2010. Kinematic behaviour and velocity characteristics of a complex deep-seated crystalline rockslide system in relation to its interaction with a dam reservoir. Engineering Geology, 112(1-4): 53-67.

Zhang C, Yin Y, Yan H, et al. 2021. Reactivation characteristics and hydrological inducing factors of a massive ancient landslide in theThree Gorges reservoir, China. Engineering Geology, 292(1): 106273.

Zhang M L, Shen Y M. 2008. Three-dimensional simulation of meandering river based on 3-D RNG κ-ε turbulence model. Journal of Hydrodynamics, 20(4): 448-455.

Zhang T T, Yan E C, Cheng J T, et al. 2010. Mechanism of reservoir water in the deformation of Hefeng landslide. Journal of Earth Science, 21(6): 870-875.

Zhang Z, Wang S, Wang L. 1993. Geo-engineering Analysis Theory. Beijing: Geology Press.

Zhao Y, Yang T H, Zhang P H, et al. 2017. The analysis of rock damage process based on the microseismic monitoring and numerical simulations. Tunnelling and Underground Space Technology, 69: 1-17.

Zheng Y, Chen C X, Liu T T, et al. 2018. Study on the mechanisms of flexural toppling failure in anti-inclined rock slopes using numerical and limit equilibrium models. Engineering Geology, 237(5): 116-128.

Zhou C Y, Lu Y Q, Liu Z, et al. 2019. An innovative acousto-optic-sensing-based triaxial testing system for rocks. Rock Mechanics and Rock Engineering, 52(9): 3305-3321.

Zhou J W, Xu W Y, Yang X G. 2010. A microcrack damage model for brittle rocks under uniaxial compression. Mechanics Research Communications, 37(4): 399-405.

Zhou J W, Xu F G, Yang X G, et al. 2016. Comprehensive analyses of the initiation and landslide-generated wave processes of the 24 June 2015 Hongyanzi landslide at the Three Gorges reservoir, China. Landslides, 13(3): 589-601.

Zhu S N, Yin Y P, Li B, et al. 2019. Shear creep characteristics of weak carbonaceous shale in thick layered Permian limestone, southwestern China. Journal of Earth System Science, 18(2): 28.

Zou Z, Lu S, Wang F, et al. 2020. Application of well drainage on treating seepage-induced reservoir landslides. International Journal of Environmental Research and Public Health, 17(17): 6030.

后　记

本书付梓之际，恩师胡海涛院士带我初到三峡从事地质工作的情景历历在目。20世纪50年代，胡先生就在三峡大坝从事工程地质勘查与选址研究，他为1979年选址会议最终确定三峡工程坝址做出了重要贡献；1997年盛夏，先生仙逝前一年，他仍冒着38℃高温酷暑参加三峡库区移民迁建工程地质调研，为三峡库区工程地质做出了贡献。胡先生指引我从事三峡库区地质灾害防治与研究近40年的征程。谨以此书献给恩师胡海涛先生。

2003年7月，三峡工程开始实施135m高程二期蓄水。随着库水位抬升达70多米，乘船近距离观察到了库区高陡岸坡原先未能发现的大量地质问题。随后，作者主持开展了峡谷区和支流高陡岸坡的调查，提出了三峡水库水位长期消落引发岸坡劣化失稳机理和崩滑入江涌浪复合成灾模式。2008年11月，三峡水库初次进行175m高程正常高设计水位试验性蓄水期间，触发了巫峡龚家坊滑坡及涌浪等数百起地质灾害。自此，作者带领中国地质调查局地质灾害科研团队，与重庆和湖北地勘队伍专家一起，持续开展了蓄水运行期间地质灾害调查、勘查、监测、防治和科学研究工作。在这期间，作者还先后培养了从事三峡库区地质灾害研究的八位博士，他们是：黄波林（博士论文《水库滑坡涌浪灾害水波动力学分析方法研究》）、谭维佳（博士论文《三峡库区反倾层状内嵌岩梁式岩质岸坡失稳机理和防治研究》）、赵瑞欣（博士论文《三峡工程库水变动下堆积层滑坡成灾风险研究》）、代贞伟（博士论文《三峡库区藕塘特大滑坡变形失稳机理研究》）、王鲁琦（博士论文《三峡库区劣化带厚层危岩体溃屈机理研究》）、闫国强（博士论文《三峡库区典型灰岩顺层岸坡劣化演变与失稳机理研究》）、张晨阳（博士论文《三峡库区特大水力型滑坡复活机制及防治设计研究》）、王雪冰（博士论文《三峡库区巫峡高陡岸坡剪切溃屈失稳机理研究》）。马飞、张枝华等从事三峡库区地质灾害工作的一批地勘队伍中的年青专家也在防灾减灾实战中逐渐成长。正是得益于他们的贡献，才使本书的出版得以如愿。感谢他们对本书做出的贡献。

三峡工程是大国重器。三峡工程的规划建设与安全运行，一直受到党中央、国务院高度重视。国务院三峡工程建设委员会于1999年6月成立了三峡枢纽工程质量检查专家组。2008年175m试验性蓄水运行后，库区地质灾害防治工作面临新的挑战，因此，2011年3月，国务院三峡工程建设委员会专门下文增补作者为三峡枢纽工程质量检查专家组地质灾害防治专家。在潘家铮院士（首任专家组长）、陈厚群院士、郑守仁院士、陈祖煜院士等专家指导下，作者等持续跟踪研究了三峡工程175m试验性蓄水运行地质灾害的发育分布特征，开展了枢纽工程调度与地质灾害风险防控的研究，提出了风险防控的综合指标。与此同时，自2008年以来，作者还先后四次参加了中国工程院牵头的三峡工程评估，包括："三峡工程论证阶段性评估项目"三峡库区地质与地震课题研究（2008年）、"三峡工程试验性蓄水阶段性评估"地震地质部分（2013年）、"三峡工程建设第三方独立评估项目"地质灾害课题（2015年）和"三峡工程库区后续工作规划实施情况评估"地质灾害防治部分（2018 年）。作者还参加了中国工程院 2021 年重点战略咨询项目“新三峡库区城镇和航道长期地质安全保障战略研究”。这些工作极大开拓了作者的视野，为本书打下系统全面的基础。

2020 年 11 月 1 日，三峡工程完成整体竣工验收全部程序，转入正常蓄水运行阶段。保障新三峡工程库区城镇和航道长期地质安全保障战略研究，是我们义不容辞的重任。希望本书的出版对三峡工程，乃至西部大江大河水电工程库区地质灾害防灾减灾起到抛砖引玉的作用。

2022 年 10 月 10 日